BAILEY'S INDUSTRIAL OIL AND FAT PRODUCTS

Sixth edition

“十二五”
国家重点出版物
出版规划项目

国家出版基金项目
NATIONAL PUBLICATION FOUNDATION

贝雷油脂化学与工艺学

第六版

【加拿大】 Fereidoon Shahidi 主编
王兴国 金青哲 主译

第二卷

食用油脂产品：食用油

Edible Oil and Fat Products: Edible Oils

Volume 2

中国轻工业出版社 | 全国百佳图书出版单位

图书在版编目（CIP）数据

贝雷油脂化学与工艺学：第6版．第2卷，食用油脂产品：食用油/（加）沙希迪（Shahidi,F.）主编；王兴国，金青哲主译.—北京：中国轻工业出版社，2016.10

国家出版基金项目，“十二五”国家重点出版物出版规划项目

ISBN 978－7－5184－0895－5

Ⅰ.①贝… Ⅱ.①沙… ②王… ③金… Ⅲ.①油脂化学 ②油脂制备—生产工艺 ③食用油—研究 Ⅳ.①TQ64 ②TS225

中国版本图书馆CIP数据核字（2016）第071587号

责任编辑：贾　磊　　策划编辑：李亦兵　张　靓　　责任终审：劳国强
整体设计：刘　微　　责任校对：燕　杰　李　靖　　责任监印：张　可

出版发行：中国轻工业出版社（北京东长安街6号，邮编：100740）
印　　刷：三河市万龙印装有限公司
经　　销：各地新华书店
版　　次：2016年10月第1版第1次印刷
开　　本：787×1092　1/16　印张：43.5
字　　数：980千字
书　　号：ISBN 978－7－5184－0895－5　定价：138.00元
著作权合同登记　图字：01－2007－5812
邮购电话：010－65241695　传真：65128352
发行电话：010－85119835　85119793　传真：85113293
网　　址：http://www.chlip.com.cn
Email:club@chlip.com.cn
如发现图书残缺请直接与我社邮购联系调换
070979K1X101ZYW

《贝雷油脂化学与工艺学（第六版）》第二卷
编者、译者和审校人员

章 节	编 者	译 者	审校人员
前 言	Fereidoon Shahidi	金青哲	王兴国
1 黄油	David Hettinga	单 良	季 敏
2 卡诺拉油	R. Przybylski T. Mag N.A.M. Eskin B.E. McDonald	姜元荣	谢 丹
3 椰子油	Elias C. Canapi Yvonne T. V. Agustin Evangekube A. Moro Economico Pedrosa Jr., María Luz J. Bendaño	刘亚轩	牛跃庭
4 玉米油	Robert A. Moreau	金 俊	黄 磊
5 棉籽油	Richard D. O’ Brien Lynn A. Jones C. Clay King Phillip J. Wakelyn Peter J. Wan	王 霞	张晋芳
6 亚麻油和高亚麻酸油	Roman Przybylski	刘 贺	兰念念
7 橄榄油	David Firestone	刘晓君	张 瑜
8 棕榈油	Yusof Basiron	宋志华	马银辉
9 花生油	Harold E. Pattee	王凤艳	王珊珊
10 米糠油	Frank T. Orthoefer	梁 丽	张渊博
11 红花油	Joseph Smith	李 明	孙 聪
12 芝麻油	Lucy Sun Hwang	慕鸿雁	张慧君
13 大豆油	Earl G. Hammond Lawrence A. Johnson Caiping Su Tong Wang Pamela J. White	石龙凯	高 盼
14 葵花籽油	Maria A. Grompone	惠 菊	苏 杭

全书由王兴国、金青哲总校

《贝雷油脂化学与工艺学(第六版)》编委会

《贝雷油脂化学与工艺学(第六版)》撰稿人

R. G. ACKMAN:Canadian Institute of Fisheries Technology, Dalhousie University, Halifax, Nova Scotia, Canada, *Fish Oils.*

YVONNE T. V. AGUSTIN: *Coconut Oil.*

KLAUS A. ALEXANDERSEN: *Margarine Processing Plants and Equipment.*

DAN ANDERSON: *A Primer on Oils Processing Technology.*

YUSOF BASIRON: *Palm Oil.*

MARÍA LUZ J. BENDAÑO: *Coconut Oil.*

ANTHONY P. BIMBO: International Fisheries, Kilmarnock, Virginia, *Rendering.*

MICHAEL J. BOYER: AWT-Agribusiness and Water, Cumming, Georgia, *Environmental Impact and Waste Management.*

D. D. BROOKS: Oil-Dri Corporation, Chicago, Illinois, *Adsorptive Separation of Oils.*

MICHAEL R. BURKE: *Soaps.*

ELIAS C. CANAPI: *Coconut Oil.*

VANCE CAUDILL: *Packaging.*

ARMAND B. CHRISTOPHE: Ghent University Hospital, Ghent, Belgium, *Structural Effects on Absorption, Metabolism, and Health Effects of Lipids.*

MICHAEL M. CHRYSAN: *Margarines and Spreads.*

W. DE GREYT: De Smet Technologies & Services, Brussels, Belgium, *Deodorization.*

NURHAN TURGUT DUNFORD: Oklahoma State University, Stillwater, Oklahoma, *Germ Oils from Different Sources.*

SEVIM Z. ERHAN: National Center for Agricultural Utilization Research, Peoria, Illinois, *Vegetable Oils as Lubricants, Hydraulic Fluids, and Inks.*

N. A. M. ESKIN: University of Manitoba, Winnipeg, Manitoba, Canada, *Canola Oil.*

S. ESWARANANDAM: University of Arkansas, Fayetteville, Arkansas, *Edible Films and Coatings From Soybean and Other Protein Sources.*

WALTER E. FARR: Walter E. Farr & Associates, Olive Branch, Mississippi, *Hydrogenation: Processing Technologies.*

DAVID FIRESTONE: United States Food and Drug Administration, Washington, DC, *Olive Oil.*

BRENT D. FLICKINGER: Archer Daniels Midland Company, Decatur, Illinois, *Diacylglycerols.*

GRECORIO C. GERVAJIO: *Fatty Acids and Derivatives from Coconut Oil.*

MARIA A. GROMPONE: *Sunflower Oil.*

FRANK D. GUNSTONE: *Vegetable Oils.*

MONOJ K. GUPTA: MG Edible Oil Consulting International, Richardson, Texas, *Frying of Foods and Snack Food Production*; *Frying Oils.*

ÖZLEM GÜÇLÜ-ÜSTÜNDAĞ: University of Alberta, Edmonton, Alberta, Canada, *Supercritical Technologies for Further Processing of Edible Oils.*

MICHAEL J. HAAS: Eastern Regional Research Center, Agricultural Research Service, Wyndmoor, Pennsylvania, *Animal Fats.*

EARL G. HAMMOND: Iowa State University, Ames, Iowa, *Soybean Oil.*

RICHARD W. HARTEL: University of Wisconsin, Madison, Wisconsin, *Crystallization of Fats and Oils.*

BERNHARO HENNIG: University of Kentucky, Lexington, Kentucky, *Dietary Lipids and Health.*

ERNESTO HERNANDEZ: Texas A&M University, College Station, Texas, *Pharmaceutical and Cosmetic Use of Lipids.*

P. B. HERTZ: Agriculture and Agri-Food Canada, Saskatoon, Saskatchewan, Canada, *Vegetable Oils as Biodiesel.*

NAVAM S. HETTIARACHCHY. University of Arkansas, Fayetteville, Arkansas, *Edible Films and Coatings From Soybean and Other Protein Sources.*

DAVID HETTINGA: *Butter.*

STEVEN E. HILL: *Cooking Oils, Salad Oils, and Dressings.*

CHI-TANG HO: Rutgers University, New Brunswick, New Jersey, *Flavor Components of Fats and Oils.*

LUCY SUN HWANO: National Taiwan University, Taipei, Taiwan, *Sesame Oil.*

LAWRENCE A. JOHNSON: Iowa State University, Ames, Iowa, *Soybean Oil.*

LYNN A. JONES: Collierville, Tennessee, *Cottonseed Oil.*

AFAF KAMAL-ELDIN: SLU, Uppsala, Sweden, *Minor Components of Fats and Oils.*

Y. K. KAMATH: *Leather and Textile Uses of Fats and Oils.*

RAKESH KAPOOR: Bioriginal Food and Science Corp., Saskatoon, Saskatchewan, Canada, *Conjugated Linoleic Acid Oils*; *Gamma Linolenic Acid Oils.*

M. KELLENS: De Smet Technologies & Services, Brussels, Belgium, *Deodorization.*

TIMOTHY G. KEMPER: *Oil Extraction.*

C. CLAY KING: Texas Women' s University, Denton, Texas, *Cottonseed Oil.*

DAVID D. KITTS: University of British Columbia, Vanuouver, British Columbia, Canada, *Toxicity and Safety of Fats and Oils.*

XIAOHUA KONG: Agri-Food Materials Science Centre, University of Alberta Edmonton, Alberta, Canada, *Vegetable Oils in Production of Polymers and Plastics.*

S. SEFA KOSEOGLU: Extraction and Refining Program, A Division of Filtration and Membrane World LLC, College Station, Texas, *Membrane Processing of Fats and Oils.*

R. G. KRISHNAMURTHY: *Cooking Oils, Salad Oils, and Dressings.*

PAUL KRONICK: *Leather and Textile Uses of Fats and Oils.*

YONG LI: Purdue University, West Lafayette, Indiana, *Dietary Lipids and Health.*

K. F. LIN: Paints, Varnishes, and Related Products.

LAN LIN: Extraction and Refining Program, A Division of Filtration and Membrane World LLC, College Station, Texas, *Membrane Processing of Fats and Oils.*

GARY R. LIST: Iowa State University, Ames, Iowa, Storage, *Handling, and Transport of Oils and Fats.*

JERROLD W. LITWINENKO: University of Guelph, Guelph, Ontario, Canada, *Fat Crystal Networks.*

EDMUND E. LUSAS: *Fats and Oils in Feedstuffs and Pet Foods.*

JESSE L. LYNN, JR.: *Detergents and Detergency.*

T. MAG: University of Manitoba, Winnipeg, Manitoba, Canada, *Canola Oil.*

LINDA J. MALCOLMSON: Canadian International Grains Institute, Winnipeg, Manitoba, Canada, *Flavor and Sensory Aspects.*

ALEJANDRO G. MARANGONI: University of Guelph, Guelph, Ontario, Canada, *Fat Crystal Networks.*

NOBORU MATSUO: Kao Corporation, Tochigi, Japan, *Diacylglycerols.*

W. W. MCCALLEY: Agriculture and Agri-Food Canada, Saskatoon, Saskatchewan, Canada, *Vegetable Oils as Biodiesel.*

D. JULIAN MCCLEMENTS: The University of Massachusetts, Amherst, Massachusetts, *Lipid Emulsions.*

B. E. MCDONALD: University of Manitoba, Winnipeg, Manitoba, Canada, *Canola Oil.*

THOMAS A. MCKEON: USDA-ARS Western Regional Research Center, Albany, California, *Transgenic Oils.*

SERPIL METIN: Cargill Inc., Minneapolis, Minnesota, *Crystallization of Fats and Oils.*

DOUGLAS J. METZROTH: *Shortenings: Science and Technology.*

HOMAN MIRALIAKBARI: Memorial University of Newfoundland, St. John's, Newfoundland, Canada, *Tree Nut Oils.*

ROBERT A. MOREAU: United States Department of Agriculture, Agricultural Research Service, *Corn Oil.*

EVANGEKUBE A. MORO: *Coconut Oil.*

HARIKUMAR NAIR: Bioriginal Food & Science Corp., Saskatoon, Saskatchewan, Canada, *Gamma*

Linolenic Acid Oils.

Suresh S. Narine: Agri-Food Materials Science Centre, University of Alberta, Edmonton, Alberta, Canada, *Vegetable Oils in Production of Polymers and Plastics.*

Richard D. O' Brien: Plano, Texas, *Cottonseed Oil*; *Shortenings*: *Types and Formulations.*

Frank T. Orthoefer: *Rice Bran Oil.*

John W Parry: University of Maryland, College Park, Maryland, *Oils from Herbs, Spices, and Fruit Seeds.*

Harold E. Pattee: North Carolina State University, Raleigh, North Carolina, *Peanut Oil.*

Economico Pedrosa, Jr. : *Coconut Oil.*

M. D. Pickard: *By-Product Utilization.*

A. Proctor: University of Arkansas, Fayetteville, Arkansas, *Adsorptive Separation of Oils.*

Roman Przybylski: University of Manitoba, Winnipeg, Manitoba, Canada, *Canola Oil*; *Flax Oil and High Linolenic Oils.*

Colin Ratledge: Lipid Research Centre, University of Hull, Hull, United Kingdom, *Oils from Microorganisms.*

Martin Reaney: Bioriginal Food and Science Corp. , Saskatoon, Saskatchewan, Canada, *Conjugated Linoleic Acid Oils.*

M. J. T. Reaney: Agriculture and Agri-Food Canada, Saskatoon, Saskatchewan, Canada, *Vegetable Oils as Biodiesel.*

Mian N. Riaz: Texas A&M University, College Station, Texas, *Extrusion Processing of Oilseed Meals for Food and Feed Production.*

Geoffrey G. Rye: University of Guelph, Guelph, Ontario, Canada, *Fat Crystal Networks.*

Kiyotaka Sato: Graduate School of Biosphere Science, Hiroshima University, Higashi-Hiroshima, Japan, *Polymorphism in Fats and Oils.*

K. M. Schaich: Rutgers University, New Brunswick, New Jersey, *Lipid Oxidation*: *Theoretical Aspects.*

Keith Schroeder: CC Engineering Ltd. , *Glycerine.*

Charlie Scrimgeour: Scottish Crop Research Institute Dundee, Scotland, *Chemistry of Fatty Acids.*

S. P. J. Namal Senanayake: Martek Biosciences Corporation, Winchester, Kentucky, *Dietary Fat Substitutes*; *Modification of Fats and Oils via Chemical and Enzymatic Methods.*

Fereidoon Shahidi: Memorial University of Newfoundland, St. John' s, Newfoundland, Canada, *Antioxidants*: *Regulatory Status*; *Antioxidants*: *Science, Technology, and Applications*; *Citrus Oils and Essences*; *Dietary Fat Substitutes*; *Flavor Components of Fats and Oils*; *Lipid Oxidation*: *Measurement Methods*; *Marine Mammal Oils*; *Modification of Fats and Oils via Chemical and En-*

zymatic Methods; *Novel Separation Techniques for Isolation and Purification of Fatty Acids and Oil By-Products*; *Quality Assurance of Fats and Oils*; *Tree Nut Oils.*

JOSEPH SMITH: *Safflower Oil.*

VIJAI K. S. SHUKLA: International Food Science Center, Lystrup, Denmark, *Confectionery Lipids.*

VIJAI K. S. SHUKLA: Iowa State University, Ames, Iowa, *Storage, Handling, and Transport of Oils and Fats.*

CLYDE E. STAUFFER: *Emulsifiers for the Food Industry*; *Fats and Oils in Bakery Products.*

CAIPING SU: Iowa State University, Ames, Iowa, *Soybean Oil.*

BERNARD F. SZUHAJ: Szuhaj & Associates LLC, Fort Wayne, Indiana, *Lecithins.*

DENNIS R. TAYLOR: DR Taylor Consulting, Port Barrington, Illinois, *Bleaching.*

FERAL TEMELLI: University of Alberta, Edmonton, Alberta, Canada, *Supercritical Technologies for Further Processing of Edible Oils.*

MICHAL TOBOREK: University of Kentucky, Lexington, Kentucky, *Dietary Lipids and Health.*

SATORU UENO: Graduate School of Biosphere Science, Hiroshima University, Higashi-Hiroshima, Japan, *Polymorphism in Fats and Oils.*

PHILLIP J. WAKELYN: National Cotton Council, Washington, DC, *Cottonseed Oil.*

PETER J. WAN: USDA, ARS, New Orleans, Lowsiana, *Cottonseed Oil.*

P. K. J. P. D. WANASUNOARA: Agriculture and Agri-Food Canada, Saskatoon Research Center, Saskatoon, Saskatchewan, Canada, *Antioxidants: Science, Technology, and Applications*; *Novel Separation Techniques for Isolation and Purification of Fatty Acids and Oil By-Products.*

UDAYA N. WANASUNDARA: POS Pilot Plant Corporation, Saskatoon, Saskatchewan, Canada, *Novel Separation Techniques for Isolation and Purification of Fatty Acids and Oil By-Products.*

TONG WANG: Iowa State University, Ames, Iowa, *Soybean Oil*; *Storage, Handling, and Transport of Oils and Fats.*

BRUCE A. WATKINS: Purdue University, West Lafayette, Indiana, *Dietary Lipids and Health.*

JOCHEN WEISS: The University of Massachusetts, Amherst, Massachusetts, *Lipid Emulsions.*

NEIL D. WESTCOTT: Bioriginal Food and Science Corp., Saskatoon, Saskatchewan, Canada, *Conjugated Linoleic Acid Oils.*

PAMELA J. WHITE: Iowa State University, Ames, Iowa, *Soybean Oil.*

MAURICE A. WILLIAMS: Anderson Corporation, Cleveland, Ohio, *Recovery of Oils and Fats from Oilseeds and Fatty Materials.*

JAMES P. WYNN: Martek Biosciences Corporation, Columbia, Maryland, *Oils from Microorganisms.*

LIANGLI (LUCY) YU: University of Maryland, College Park, Maryland, *Oils from Herbs, Spices, and Fruit Seeds.*

YING ZHONG: Memorial University of Newfoundland, St. John's, Newfoundland, Canada, *Antioxidants: Regulatory Status*; *Citrus Oils and Essences*; *Lipid Oxidation: Measurement Methods*; *Marine Mammal Oils.*

KEQUAN ZHOU: University of Maryland, College Park, Maryland, *Oils from Herbs, Spices, and Fruit Seeds.*

译者序

油脂是人类食品最重要的成分之一。时至今日，油脂科技已跨越了以油脂的理化性质和以脂肪酸营养为主要研究内容的两个阶段，进入到了甘油酯、脂肪伴随物及其延伸物的功能、构效关系研究和产品开发等更高层次。因此，开拓新油源，开发各种新型结构的功能性油脂和食品专用油以减少和预防慢性病，以及开发精准适度加工技术，保证油脂天然性、安全性，减少有害物形成，减少废弃物并对其进行无害化、资源化处理，都已经成为当前世界迫切需要解决的问题。

《贝雷油脂化学与工艺学》是油脂及油脂化学领域的一部经典著作。本书第一版由美国杰出的油脂专家奥尔顿·爱德华·贝雷编写。后人为了纪念这位对油脂科学的发展作出巨大贡献的学者，本书历次修订版本仍然延用此书名至今。修订版主编通常由美国油脂界著名学者担任，各章均由专项技术的权威人士撰稿。由于作者具有丰富的理论知识和实践经验，并掌握大量资料，故本书内容丰富，资料新颖，数据可靠，论述精辟，并附有大量参考文献，可供读者深入研究之用。因此，本书修订版的出版也一直是世界油脂界一件盛事。

本书是第六版，与第五版相比增加了第三卷，详述特种油脂及其制品；同时，第六版在有关卷中增加了油脂结晶、油脂物理性质、油脂氧化理论、抗氧化剂等新的章节，对微生物油脂、转基因油料、鱼油和海洋哺乳动物油脂，以及油脂加工高新技术、油脂工业应用等前沿领域也设置了专门章节。总之，第六版的内容包括油脂化学、化工、营养和安全、生命科学、日化产品、医药、能源等多个领域，做到了油脂化学理论、加工技术、产品开发应用并重，形成了内容更新型庞大、结构更完整、学科交叉性更强的科学体系。

主译者组织了国内油脂学科相关各著名高等院校、研究机构和大型企业的数十位专家学者，历时五年多时间，共同努力，几易其稿，终于将《贝雷油脂化学与工艺学（第六版）》中文版出版，以飨读者。在此，对参与本书翻译审校工作的专家学者深表感谢。

由于本书内容涉及范围广，译文中疏漏与不足之处难免，敬请读者指正。

王兴国　金青哲

前言

油脂是食品的重要组成部分，油脂及其衍生物和它们的反应产物也在非食品领域中扮演着重要的角色。在食品中，油脂是一种主要的能量来源，同时也是脂溶性成分的载体。它们也可以作为食品加工的传热介质，赋予产品理想的质地、风味和口感。油脂源于植物和动物。植物油脂来源包括油籽、热带植物果实、藻类；动物油脂可来自陆地动物、鱼类、海洋哺乳动物和其他相关来源。食品脂质的主要成分是甘油三酯，但次要成分对脂质的品质特征、稳定性和应用也具有很重要的作用。脂肪酸的类型与不饱和程度、次要成分的种类与含量都影响着油品质量，某些特定的次要成分，如植物甾醇，还可用于油脂原料的指纹和身份鉴别。

油脂的物理状态及晶体结构对油脂产品的应用是很重要的。此外，在制作具有特殊用途的食品，如面包、糖果、油炸食品、沙拉酱、人造黄油、涂抹脂的时候，需要油脂有适合这些用途的特殊性质。因此，每种油脂原料的物理和化学性质及其作为食品成分的稳定性都是很重要的。

在油脂领域，近期的发展侧重于从诸如果实种子、坚果和其他少见的植物等新资源中生产特种脂质。此外，研制各种结构脂质，以满足食品领域广泛应用需求，一直是人们的兴趣所在。在油脂的加工过程中可将其次要成分，如卵磷脂、植物甾醇、生育酚、生育三烯酚等分离出来，用于保健品和功能性食品配料。显然，此类产品潜在的功能特性也是人们的兴趣点之一。

在油脂领域还需着重考虑的是，开发使油脂及其相关产品在货架期内保持可接受的感官特性、风味的加工技术，以及可生产出特定产品的深加工技术。油脂可以用于生产大宗食品，油脂的某些组分也可以用于动物饲料及其他应用中。油脂有很多非食用方面的用途，如洗涤剂、肥皂、甘油和聚合物、油墨、润滑油和生物柴油都可以由脂肪酸及其衍生物制备。在多个非食用领域，油脂可以替代合成材料或环境友好材料。

与第五版的五卷本相比，《贝雷油脂化学与工艺学（第六版）》为六卷本，对相关主题进行了全面的描述。本版增加的第三卷内容主要是特种油脂及其副产物或次要成分，以及低热量脂肪替代品和结构脂质，其中有一个章节论述了鱼油和海产哺乳动物油。其他卷虽然部分与第五版的标题相同，但所涉及的素材与第五版有实质性的不同，有新的章节、新的参考资料、新的素材，有些章节的新作者在这些方面贡献甚多。第一卷安排了与油脂的结晶和物理性质有关的三个新章节，也有抗氧化剂理论和法规管理以及脂质过氧化机制与测定等方面的新章节，有一个新章节介绍了油脂品质保证的内容。第二卷介绍食品脂质的主要来源，有介绍芝麻油、米糠油的新章节。第四卷主要介绍油脂的应用领域，有关于糖果脂、煎炸油和休闲食品生产的新章节。第五卷介绍加工技术，有超临界技术、膜技术和挤压技术的章节。最后，第六卷论述油脂的非食用用途，有生物柴油、液压油、润滑剂、油墨以及脂质药物和化妆品用途的章节，其中一个章节是关于大豆油在可食性薄膜和黏合剂生产上的应用。由此可见，第五版与第六版的内容有本质的不同。

感谢各位作者和章节综述者的杰出贡献。咨询委员会成员也提供了宝贵意见，起到了重要作用。另外，John Wiley & Sons 出版社在本套书的编辑和出版工作等方面提供了诸多帮助。本套书可以作为油脂行业、学术界和政府科学家、技术人员的信息汇编和基本信息来源，也可作为食品科学、营养学、膳食科学、生物化学和相关学科的高年级本科生和研究生的参考书。本套书中大量的参考书目也为读者提供了获取更多信息和资料的机会。

FEREIDOON SHAHIDI

目录 CONTENTS

1 黄油

David Hettinga

1.1 引言

制成黄油是保存牛乳中脂肪组分的最古老方式之一，黄油的生产可追溯到早期的一些历史记载，其中提及黄油应用于祭祀、药品、化妆品之中，在公元前黄油就已作为人类的食物。 文献记载表明，至少在古代，驯服和驯养动物是人类文化和文明的起源。 因此，我们有充分的理由相信，挤取动物的乳汁并其此制造黄油的起源比有组织和有持久记载的人类活动还早。

黄油制造技术的发展与加工设备的研制和应用息息相关。 18 世纪末期，人们开始重视搅乳和黄油制作设备（不同于木头制造的设备）的开发和应用，并且发明了圆桶搅乳器。

19 世纪中期，人们致力于改善搅乳提取奶油的方法，这些努力促使深度凝固方法的问世。 而在此之前，人们一直采用浅盘法提取奶油。 采用深度凝固法缩短了搅乳所需的时间，而且制得的稀奶油质量较好。 1864 年，巴伐利亚调制器的发明孕育了运用实验室离心机原理的构思。 1877 年，一位德国工程师成功地设计出一台尽管粗糙但是可以作为间歇式操作机使用的机器。 1879 年，瑞典、丹麦、德国的工程师们成功制造出全连续式操作的稀奶油分离器[1]。

1870 年，即引入工厂化生产黄油的前一年，美国黄油总产量高达 23.3 万 t，这些黄油基本上都是在农牧场中生产的。 目前虽缺乏早期黄油制造厂情况的史实记录，但可查证美国艾奥瓦州于 1871 年就建立了首家黄油生产厂，而且该厂还引入了用于搅乳操作的牛乳贮池系统[1]。

对黄油行业的发展有所帮助的另外一些发明，包括 1890 年可以准确地测定出牛乳和稀奶油中脂肪含量的巴布科克试验、保持牛乳和稀奶油品质的巴氏消毒法、乳酸菌的纯发酵法以及保持稀奶油品质的冷藏法。

如今，包括乳脂油、无水黄油、乳脂 – 植物油混合脂和乳脂分提制品等各种乳脂肪制品的制造已经遍及全球。在过去，将乳脂肪制成黄油是保存牛乳脂肪的主要技术，而如今优先选择的保存方法是把乳脂加工成无水黄油，然后充氮密封包装，从而大幅度提高产品的货架寿命，降低产品变质的速率。

历史上，无论是液态乳、稀奶油还是黄油、牛乳脂一直保持着最高贵的地位。历来牛乳脂的消费量与较高的生活水平相关。近期，随着西方国家的繁荣，人均乳脂消费量反而逐渐下降。具有讽刺意味的是这种现象与历史上乳脂的消费和利用模式是互相矛盾的。发生这种降低现象的原因是多方面的。本章将阐述黄油和乳脂的化学组成、销售、技术、加工、品质、法规限制和应用。

1.2 化学组成

本节中介绍的某些内容直接来源于《贝雷》（第四版）[2]。Jensen 和 Clark[3] 对黄油的脂质成分做了全面的概述，本节选用他们的数据加以阐述。

牛乳脂肪的成分是较为复杂的。虽然甘油三酯是牛乳脂肪的主要组分，占到 98% 左右（包括少量的甘油二酯、甘油一酯和游离脂肪酸），但是也可检出其他种类的脂质。牛乳脂质中已检出的脂肪酸约有 500 多种；可能还有其他脂肪酸仍有待鉴别。在这些脂肪酸中，主要的脂肪酸只有约 20 种，其余均是次要成分，以微量或痕量存在[4,5]。除甘油三酯外，其他成分包括磷脂、脑磷脂和甾醇（胆固醇和胆固醇酯）等。此外，少量的脂溶性维生素（主要是维生素 A、维生素 D、维生素 E）、抗氧化剂（生育酚）、色素（胡萝卜素）、风味物质（乳酸、醛聚合物、酮）等也存在于牛乳脂质中。

牛乳脂质的总组成见表 1.1[4,5]。典型牛乳脂肪球的结构和组成异常复杂。这种脂球体的直径为 2 ~ 3 μm，由一层 9nm 厚的膜包裹着 98% ~ 99% 的甘油三酯内核。牛乳脂膜的成分与牛乳脂肪本身的成分大相径庭，其 60% 左右为甘油三酯，大大低于牛乳脂肪中甘油三酯的含量（表 1.2）[6,7]。

表 1.1 牛乳中总脂质组成[4,5]

脂质	质量分数/%	脂质	质量分数/%
碳氢化合物	痕量	甘油一酯	0.016 ~ 0.038
甾醇酯	痕量	游离脂肪酸	0.10 ~ 0.44
甘油三酯	97 ~ 98	游离甾醇	0.22 ~ 0.41
甘油二酯	0.28 ~ 0.59	磷脂	0.2 ~ 1.0

表 1.2 乳脂球膜中脂质的组成[6,7]

类脂组成	占膜脂质百分比/%	类脂组成	占膜脂质百分比/%
胡萝卜素（色素）	0.45	胆固醇	5.2
角鲨烯	0.61	甘油二酯	8.1
胆固醇酯	0.79	甘油一酯	4.7
甘油三酯	53.4	磷脂	20.4
游离脂肪酸	6.3*		

注：* 含有一定量的甘油三酯。

通常认为乳脂肪由约 15 种的主要脂肪酸和约 12 种的次要（痕量）脂肪酸组成。 甘油三酯一般是以其碳数，也即甘油三酯分子中脂肪酸的碳原子数来分类的，甘油的三个碳原子不计。 因为牛乳脂肪的脂肪酸色谱图主要是偶碳数脂肪酸，所以甘油三酯的谱图也是如此。 不过，具有奇数碳数甘油三酯的比例大约是奇数碳数脂肪酸的 3 倍。

尽管脂肪酸组成和甘油三酯分布之间存在明显的相关性，但是根据脂肪酸组成情况来预测甘油三酯的分布尚缺乏详尽的信息。 而关于奶牛乳腺中复杂系列的脂肪酸如何合成各种甘油三酯的机制还有待深入了解，但这些内容并不神秘。 了解这些内容对于一些工艺的掌握是必需的，例如全年都能生产出质量一致的产品。 实际上，牛乳脂肪的详细组成结构至今尚未了解。 也许这种不了解并不令人吃惊，因为仅就 15 种主要的脂肪酸而言，用随机分布模型就可算得有 15^3（3375）种甘油三酯结构。

表 1.3 总结了多篇文献[8~12]关于乳脂一般性质和组成的信息，需要留意其中数据的范围。 由于存在乳汁分泌阶段、饲料来源、奶牛品系等可变因素，使得数据精确性和重现性不佳。 虽然表中列出了 16 种脂肪酸的大致含量，但也应注意乳脂中存在其他一些微量、痕量的脂肪酸。 对营养和乳品科学而言，这些数据是有价值的，但从全面的科学观点来看，这些数据对乳脂的实际脂肪酸组成仅是粗略的概括。 而表 1.4[13,14]则提供了较为完整的组成情况。

表 1.3 乳脂的组成和特性

特性	值①	范围②	气相色谱分析结果③
碘值/(g I/100g)	32.9	—	—
皂化当量/(mg KOH/g)	236.3	—	—
赖克特 - 迈斯尔值	32.5	—	—
波伦斯基值	—	—	—
基尔石钠值	—	—	—
脂肪酸质量分数/%			

续表

特性	值①	范围②	气相色谱分析结果③
$C_{4:0}$	3.5	2.8~4.0	3
$C_{6:0}$	1.4	1.4~3.0	1
$C_{8:0}$	1.7	0.5~1.7	1
$C_{10:0}$	2.6	1.7~3.2	3
$C_{12:0}$	4.5	2.2~4.5	4
$C_{14:0}$	14.6	5.4~14.6	12
$C_{16:0}$	30.2	26~41	29
$C_{18:0}$	10.5	6.1~11.2	11
$>C_{18}$	1.6	—	2
饱和脂肪酸总量	70.6	—	66
$C_{10:1}$	0.3	0.1~0.3	—
$C_{12:1}$	0.2	0.1~0.6	—
$C_{14:1}$	1.5	0.6~1.6	2
$C_{16:1}$	5.7	2.8~5.7	4
$C_{18:1}$	18.7	18.7~33.4	25
$C_{18:2}$	2.1	0.9~3.7	2
C_{20}和C_{22}不饱和脂肪酸	0.9	—	1
不饱和脂肪酸总量	29.4	—	34

注：①来自参考文献［8，9］。
②来自参考文献［10，11］。
③来自参考文献［12］。

表1.4　牛乳脂肪和乳脂的脂肪酸组成①

脂肪酸②	6月份③	12月份④	平均值⑤	Moore和合作者⑥
$C_{4:0}$	4.22	3.51	3.57	3.98
$C_{6:0}$	2.53	2.24	2.22	2.36
$C_{8:0}$	2.34	1.07	1.17	1.36
$C_{9:0}$	0.05	0.05	0.03	—
$C_{10:0}$	2.24	2.57	2.54	2.76
$C_{10:1}$	0.32	—	—	—
$C_{11:0}$	0.34	0.29	0.33	—
$C_{12:0}$	2.40	2.77	2.81	3.14
$C_{13:0}$（$C_{12:1}$）	0.29	0.29	0.33	0.14
C_{14}（br）⑦	0.23	0.14	0.17	0.12

续表

脂肪酸②	6 月份③	12 月份④	平均值⑤	Moore 和合作者⑥
$C_{14:0}$	9.01	10.58	10.06	8.39
$C_{14:1}$（15br）	1.54	1.61	1.63	1.84
$C_{15:0}$	1.29	1.11	1.09	1.34
C_{16}（br）	0.42	0.39	0.38	0.35
$C_{16:0}$	22.05	25.98	24.97	30.05
$C_{16:1}$（17br）	2.29	2.98	2.55	2.80
$C_{17:0}$	0.69	1.08	0.91	1.00
$C_{17:1}$（18br）	—	—	—	0.37
$C_{18:0}$（br）	0.31	0.40	0.38	—
$C_{18:0}$	14.27	11.58	12.07	11.74
$C_{18:1}$	30.41	24.75	27.09	24.93
$C_{18:8}$⑧	0.24	1.56	1.26	—
$C_{18:2}$	1.23	2.75	2.39	1.78
$C_{18:3}$（$C_{20:0}$）	2.61	2.30	2.06	1.23

注：①以质量分数（%）计。
②对结构的说明是象征性的，不完全准确，将大多数类似的结构归在同一类下。
③数据来自美国斯托尔斯（美国康涅狄格州）动物产业局农业实验站；408 只样品是乳品加工厂在 1960 年 6 月—1961 年 6 月生产的。
④数据来自美国斯托尔斯农业实验站提供的 4～8 号样品。
⑤来自 108 只样品。
⑥参考文献［14］。
⑦br—支链脂肪酸。
⑧通过保留时间/链长半对数法作图方法获得的碳数。

1956—1983 年，出现了大量的关于乳脂中许多微量组分方面的资料。此后对这方面的关注程度有所减弱，但深入研究的信息仍不断出现，而且我们可以预期，随着对奶牛饲喂与相应乳脂脂肪酸组成之间相关性研究的深入，有关乳脂方面的数据将还会增加。

乳脂中种类繁多的脂肪酸无法在此详述，仅涉及大量报道的一部分。乳脂中含有大量的十八碳一烯酸和痕量的十四碳一烯酸、十八碳二烯酸以及高不饱和 C_{20} 和 C_{22} 脂肪酸；并已检出痕量的二羟基十八烷酸和羟基十六烷酸[8,9]。其所含的十八碳一烯酸中，不仅包括油酸，还包括反-11,12-异构酸和反-11-十八碳烯酸[8,9]。有资料报道，乳脂所含的十八碳二烯酸中，66% 为常规的亚油酸，其余包括顺-9,反-12 或反-9,顺-12 异构酸[15]；但是无疑同时存在一些在其他位置的立体异构体[4]，见表 1.5[16]。

表 1.5 牛乳脂质脂肪酸的位置和立体异构[16] 单位：%

双键位置	顺式异构体				反式异构体	
	14：1	16：1	17：1	18：1	16：1	18：1
5	1.0	痕量	—	—	2.2	—
6	0.8	1.3	3.4	—	7.8	1.0
7	0.9	5.6	2.1	—	6.7	0.8
8	0.6	痕量	20.1	1.7	5.0	3.2
9	96.6	88.7	71.3	95.8	32.8	10.2
10	—	痕量	痕量	痕量	1.7	10.5
11	—	2.6	2.9	2.5	10.6	35.7
12	—	痕量	痕量	—	12.9	4.1
13	—	—	—	—	10.6	10.5
14	—	—	—	—	—	9.0
15	—	—	—	—	—	6.8
16	—	—	—	—	—	7.5

以前鲜有关于乳脂多种脂肪酸分布情况的资料，直到 Iverson 等[17]报道了采用尿素分提和气－液相色谱（GLC）得到的乳脂中 82 种脂肪酸的定量数据（表 1.6）。表 1.7 提供了奶牛乳脂肪的脂肪酸组成。

表 1.6 乳脂中 82 种脂肪酸的分布情况①

饱和②		支链③		单烯		二烯		多烯		多支链⑤	
脂肪酸	质量分数/%	脂肪酸	质量分数/%	脂肪酸	质量分数/%	脂肪酸	质量分数/%	脂肪酸	质量分数/%	脂肪酸	质量分数/%
—	—	12：0i	0.01	10：1	0.48	14：2	0.04	18：3	1.03	16：0br3	0.01
8：0	0.69	13：0i	痕量	12：1	0.05	16：2	0.02	18：4	0.10	17：0br3	0.01
10：0	1.88	14：0i	0.03	13：1	0.003	18：2	2.22	20：3	0.05	18：0br3	0.16
11：0	0.12	15：0i	0.14	14：1	0.75	20：2	0.12	20：4	0.07	—	—
12：0	2.96	15：02	0.23	15：1	0.02	22：2	0.14	20：5	0.02	—	—
13：0	0.10	16：0i	0.2	16：1	1.84	24：2	0.02	22：3	0.03	—	—
14：0	11.2	17：0i	0.36	17：1	0.2	26：2	0.0004	22：4	0.04	—	—
15：0	1.52	18：0i	0.02	18：1	30.3	—	—	22：5	0.02	—	—
16：0	27.8	19：0br	0.01	19：1	0.14	19：0br4④	0.02	—	—	—	—
17：0	0.71	20：0br	0.01	—	—	20：0br4	0.14	—	—	—	—
18：0	12.1	21：0br	0.01	—	—	21：0br4	0.02	—	—	—	—
19：0	0.05	22：0br	0.02	—	—	22：0br4	0.02	—	—	—	—

续表

饱和②		支链③		单烯		二烯		多烯		多支链⑤	
脂肪酸	质量分数/%	脂肪酸	质量分数/%	脂肪酸	质量分数/%	脂肪酸	质量分数/%	脂肪酸	质量分数/%	脂肪酸	质量分数/%
20：0	0.02	23：0br	0.01	—	—	23：0br4	0.01	—	—	—	—
21：0	0.06	24：0br	0.02	—	—	24：0br4	0.10	—	—	—	—
22：0	0.04	25：0br	0.0004	—	—	25：0br4	0.10	—	—	—	—
23：0	0.01	26：0br	0.0004	—	—	26：0br3	0.01	—	—	—	—
24：0	0.02	20：1	0.52	—	—	27：0br4	0.04	—	—	—	—
25：0	0.02	21：1	0.01	—	—	28：0br3	0.02	—	—	—	—
26：0	0.02	22：1	0.02	—	—	28：0br4	0.12	—	—	—	—
27：0	0.00004	23：1	0.05	—	—	28：0br5	0.01	—	—	—	—
28：0	0.00004	24：1	0.0008	—	—	—	—	—	—	—	—
—	—	25：1	0.0008	—	—	—	—	—	—	—	—
—	—	26：1	0.0008	—	—	—	—	—	—	—	—

注：①1965 年采用尿素分提和气液色谱法测得的结果[17]。

②低于 $C_{8:0}$ 的脂肪酸未加检测（在脱溶过程中这些脂肪酸部分或全部丢失）；同样未测定反式异构体、共轭二烯和三烯和酮酸。

③i 指 iso（异构酸）；br（支链酸）指异构酸或/和反式异构酸（anti－iso）。对多支链脂肪酸而言，所示的数字表示甲基支链的个数。

④br 后面的数字代表多支链脂肪酸甲基支链的个数。

⑤对尿素分提馏分用薄层色谱保留时间的半对数图进行初步鉴定。

表 1.7 1983 年 8 月奶牛乳脂质的脂肪酸组成[3]

数目	类别	特征
27	正构饱和	2～28
25	单支链饱和	24；13、15、17、18 有三个或三个以上位置异构体
16	多支链	16～28
62	顺式单烯	10～26 除 11：1 之外，12：1、14：1、16：1～18：1 的位置异构体，和 23：1～25：1
58	反式单烯	12～14，16～24；14：1、16：1～18：1 的位置异构体，和 23：1～25：1
45	二烯	14～26 只有偶数：顺顺、顺反或反顺和反反的立体异构体、非共轭和共轭和位置异构体
10	三烯	18、20、22；立体，位置，共轭和非共轭异构体
5	四烯	18、20、22；位置异构体
2	五烯	20、22
1	六烯	22

续表

数目	类别	特征
38	氧代（含氧）饱和	10、12、14、15～20、22、24；位置异构体
21	含氧不饱和	14、16、18：羰基和双键位置异构体
16	羟基，2 位 羟基，4 和 5 位	14：0、16：0～26：0、16：1、18：1、21：1、24：1、25：1 10：0～16：0、12：△-6 和 12：1-△-9
60	其他位置	
1	环状，己基	11：末端环己基

甘油一酯、甘油二酯和甘油三酯的气相色谱分析新技术的问世[18,19]，大大有助于对乳脂中特定甘油三酯组分的分析，目前已经可以鉴别和定量奶牛乳清中约 168 种不同分子质量的甘油三酯，但不包括对映异构体。Nutter 和 Privett[20] 曾采用液-液萃取和硝酸银薄层色谱法（TLC），结合胰脂酶酶解法进行甘油三酯分析。由于反刍动物乳脂中甘油三酯的饱和度较高，难以采用硝酸银薄层色谱法进行甘油三酯组分分析，可采用聚酯柱的气相色谱法。

乳脂的脂肪酸组成具有明显的季节性变化特征。通常夏季乳脂的碘值要比冬季的高出几个单位，并且不饱和脂肪酸和饱和脂肪酸的相对含量也相应地改变。在寒冷天气下，这种季节性差异略有增大。这种变化通常与不同季节中喂养动物的饲料不同有密切的关系，但是并非完全如此：放牧于绿草牧场上的奶牛，即使它们食用与绿草饲料固形物量一样的干草或青贮饲料，生产的乳脂仍然较软。

不同品种的奶牛即便用相同的饲料喂养，它们所生产的乳脂同样存在差异，而且奶牛的年龄和泌乳持续时间都会对乳脂的组成产生一定的影响。很多有关制酪业方面的著作都提供了大量的关于奶牛品种和其生产的乳脂组成方面的资料。

采用经保护处理的玉米油和花生油（用甲醛处理过的酪蛋白包埋）将大大改善乳脂的脂肪酸组成（表 1.8）[21]。

被保护的油脂在皱胃中分解，脂肪酸在小肠中被吸收，避免了脂肪酸被氢化。这种乳脂中 $C_{18:2}$ 的含量增加了约 5 倍，而 $C_{14:0}$、$C_{16:0}$ 和 $C_{18:0}$ 含量则相应减少，同时其血浆脂肪和体内贮脂中的 $C_{18:2}$ 含量也得到提高[21]。

美国农业部（USDA）也得出类似的研究结果：将保护后的红花籽油饲喂奶牛，其牛乳中 $C_{18:2}$ 的含量从 3% 提高到 35%[22,23]。不过 $C_{18:2}$ 含量很高的牛乳，常在 24h 后产生一种氧化异味，并且稀奶油需熟化较长时间才可能获得令人满意的打发度。正如所料，含有 16% 以上亚油酸的黄油会变得柔软和黏稠[5]。

表 1.8 喂养经保护处理的玉米油和花生油对牛乳脂肪中脂肪酸组成的影响[4,21]

单位：%

脂肪酸	牛乳脂质中脂肪酸组成		
	玉米油	花生油	对照组
$C_{14:0}$	7.9	9.7	11.9
$C_{16:0}$	20.5	22.1	31.1
$C_{18:0}$	9.8	11.0	13.5
$C_{18:1}$	28.8	25.3	29.5
$C_{18:2}$	20.1	20.5	4.2
$C_{18:3}$	1.8	2.9	2.7
其他	11.1	8.5	7.1

乳脂、椰子油、棕榈仁油、大豆和玉米油脂混合物的赖克特－迈斯耳值（Reichert－Meissl）、波伦斯基值（Polenske）和基尔石钠值（Kirschner）等数据见表 1.9[24~26]。乳脂的其他一般性质大致如下：60℃时相对密度为 0.887；熔点为 38℃；滴点为 34℃；不皂化物含量为 0.4%。此外，乳脂的光学性质易误导人，这是由乳脂中非甘油酯成分所致。

表 1.9 乳脂和其他油脂性质的比较

性质	乳脂	椰子油	棕榈仁油	大豆和玉米的油脂
皂化值/（mg KOH/g）	210～250	245～260	240～250	～200
折光指数（60℃）	～1.4465	～1.4410	～1.4430	>1.4465*
赖克特－迈斯尔值	22.34	6.8	5.7	<1
波伦斯基值	2～4	14～18	10～12	<1
基尔石钠值	20～26	1～2	0.5～1	<0.5

注：* 除非碘值非常接近零。

初乳的乳脂组成存在显著差异。Ahren 等[27]分析了奶牛初乳和牛乳中甘油醚和磷脂等中性脂质的含量（表 1.10），同时还对乳脂中内酯的含量进行了测定（表 1.11）。

在乳脂中发现存在少量碳原子数为 3～15 的奇数碳甲基酮。通常认为，这些化合物与痕量的丙酮、乙醛、甲基硫醚、C_4～C_{10} 游离脂肪酸和前面提及的各种内酯一起构成了乳脂令人愉快的、温和的、易闻到的、非氧化性的风味和香味。已有资料完整记载了甲基酮同系物的典型浓度[30~32]。

已经发现乳脂中的磷脂与蛋白质和脑苷脂类结合在一起存在于脂肪球膜中。磷脂具有双亲性和强烈的表面活性。这些性质使磷脂具有形成稳定的水包油型和油包水型乳液的能力（表 1.12）[4~6]。

表 1.10 从奶牛初乳和牛乳中分得的中性脂质中甘油醚和磷脂的含量[27]

单位：%

性质	初乳	乳
总脂质	5.6	3.9
总脂质中的中性脂	99.0	99.3
总脂质中的磷脂	1.0	0.7
总脂质中的甘油醚	0.061	0.009
中性脂中的甘油醚	0.06	0.007
磷脂中的甘油醚	0.16	0.25
中性脂中甘油醚在总甘油醚中占比	97.4	80
磷脂中甘油醚在总甘油醚中占比	2.6	20

表 1.11 从乳脂中分得的 *Y* 和 *S* – 脂肪族内酯[2,28,29] 单位：mg/kg

碳数	*S* – 内酯	*Y* – 内酯	碳数	*S* – 内酯	*Y* – 内酯
6	2.0	痕量	13	1.5	0.5
7	0.2*	—	14	34.0	1.4
8	2.6	0.5	15	6.4	1.3
9	0.4*	0.2	16	23.2	1.3
10	15.0	1.2	18	2.3*	—
11	0.7	0.5	2,3 – 二甲基 – 2,4 – 壬二烯 – 4 – 酯	—	0.5
12	35.0	1.6			

注：* 半定量测定。

表 1.12 牛乳中磷脂含量[4~6]

磷脂	摩尔百分数/%	磷脂	摩尔百分数/%
磷脂酰胆碱	34.5	溶血磷脂酰乙醇胺	痕量
磷脂酰乙醇胺	31.8	胆碱磷脂总量	59.7
磷脂酰丝氨酸	3.1	缩醛磷脂	3
磷脂酰肌醇	4.7	双磷脂酰甘油	痕量
神经鞘磷脂	25.2	*N* – 脂酰基（神经）鞘氨醇	痕量
溶血磷脂酰胆碱	痕量	脑苷脂类	痕量

在牛乳脂质的不皂化物馏分中发现的甾醇主要是胆固醇酯，少量为羊毛固醇，两种更少量的新组分为：二氢羊毛固醇和 β – 谷固醇[33]。

从营养价值的角度而言，黄油中维生素 A 的含量是很重要的。 由于黄油中维生素 A 来源于奶牛饲料中β－胡萝卜素和其他类胡萝卜素，所以其维生素A含量的变化相当大，夏季奶牛放牧于牧场上时，牛乳中维生素A的含量最高，而冬天的奶牛无绿色饲料喂养，其牛乳中维生素A含量最低。饲料中的部分胡萝卜素将不经变化直接转移到乳脂中，转移到乳脂中的胡萝卜素的量将随奶牛饲喂情况的不同而变化，因而以此产生的维生素A含量也有所差异，所以黄油的颜色深浅从某种意义上标志着其维生素A含量的高低。

黄油中维生素A的效能部分源于维生素A，部分源于胡萝卜素，胡萝卜素在人体内可以部分转化为维生素A。通常黄油中含6~12mg/g维生素A，2~10mg/g胡萝卜素[33]，1IU的维生素A被定义为具有0.6μg纯β－胡萝卜素的生物活性量。

虽然黄油中维生素D含量要比维生素A含量低得多，但仍可检出，维生素D的量为0.1~1.0IU/g，夏季的黄油所含的维生素D的量最高，而冬季的则最低[33]。

牛乳脂肪的组成对黄油硬度的影响最大，当然对黄油涂抹性的影响也最大。牛乳脂肪的组成基本上随饲料的变化而改变，因此所有的问题都与动物的饮食有关。有研究者准确地测定了不同国家生产的乳脂脂肪酸组成，以及脂肪酸组成随季节变化的情况。在欧洲，一般冬季黄油中饱和脂肪酸含量最高，夏季或秋季最低（表1.13）[34]。放牧于绿草牧场的奶牛其黄油中饱和脂肪酸含量较低，而不饱和脂肪酸含量相应较高。最大和最小值之间的差值可以很大。就含量最大的棕榈酸和油酸而言，在某些场合时最大和最小值的差值会大于10%。这一现象使人们不难理解不同季节制备的黄油其物理性质同样存在十分明显的差异。牛乳脂肪的甘油三酯结构和脂肪酸组成对黄油的物理性质起到重要的作用，脂肪的软化温度可以由酯交换而提高[35]。

表1.13 夏季和冬季牛乳脂肪在组成上的变化*[36]

样品	脂肪酸含量/%				碘值/（g I/100g）
	可挥发性	饱和	单不饱和	多不饱和	
总平均	10.98	56.5	29.81	2.50	32.2
夏季	9.49	58.82	33.53	3.14	36.8
冬季	12.45	59.15	26.15	1.86	27.7

注：*样品数140个。

黄油的质构特性主要取决于牛乳的脂肪组成和加工方法。在牛乳脂肪化学组成已知的情况下，选择适当的加工工艺参数，就可能改善黄油的组织结构。为了获得流变性质恒定的黄油产品和调控黄油制造过程的工艺参数，必须高度重视不同季节生产的牛乳脂肪在化学组成和物理性质方面的差异。表1.13列出了夏季和冬季牛乳脂肪在组成上的变化。

1.3 牛乳脂肪的改性

1.3.1 牛乳脂肪中甘油三酯的熔化和结晶

牛乳的熔融特性体现在复杂的脂肪酸组成上。乳脂在 -30℃时开始熔化，到 37℃才完全熔融。在 -37 ~ 30℃，牛乳脂肪均是固体脂和液体油的混合物，其流变特性在很大程度上由固体与液体的比例决定。例如在冷藏温度时，黄油的固脂含量高于碗装人造奶油的固脂含量，因此后者更易于涂抹[37]。

随着结晶的形成，成长中的晶体相互碰撞形成聚集体。所形成的网状结构，无论是固相还是液相，二者均可以称为连续相。网状结构的形成大大增强了脂的硬度。

当液态的油冷却时，结晶过程开始。结晶过程分为两个阶段：①晶核产生；②晶核生长。在初始的液态油中，晶核产生在杂质的表面上，这种现象被称为异类成核。启动成核需要一个相当大的过冷过程。而由于天然脂肪中的竞争抑制，后续的晶核生长速度渐趋缓慢。在低分子质量的基质中，杂质从不断生长的晶体表面被分离出来。但脂肪中不同种类的甘油三酯分子都非常相似，所以对它们来说不能算是杂质成分[38]。

1.3.2 氢化

油脂加氢已广泛地应用在工业中，但是通常乳脂不采用氢化改性（原料的高成本限制其作为加氢物料）。油脂加氢将降低其不饱和程度，并提高了熔点。

牛乳脂肪正因为本身的饱和程度高而受到社会舆论的批评，所以采用这种提高饱和度的氢化方法去改善牛乳脂肪的性质几乎没有发展前景。相反地，去饱和或者脱氢工艺则更加具有吸引力。

富含脂肪的牛乳和乳制品风味的变质主要归因于脂质的氧化降解。这种降解可以采用部分氢化的方法得到缓解。部分氢化或轻度氢化的目的是使多不饱和脂肪酸选择性饱和，而单不饱和脂肪酸不被饱和，以改善产品氧化稳定性。在植物油脂行业中，选择性氢化已研究多年，并取得了许多成果。一些研究人员也采用了该法对乳脂进行选择性氢化（图 1.1）[39]。

1.3.3 酯交换

酯交换反应（也称为酯酯交换、随机酯交换、酯基转移等）涉及甘油三酯分子内或分子间酰基的交换和重新分配。20 世纪 20 年代，德国首次研制成功高温酯交换方法。20 世纪 50 年代，美国和欧洲对这种方法仍在不断地加以改进[39]。酯交换反应产物的脂肪酸总

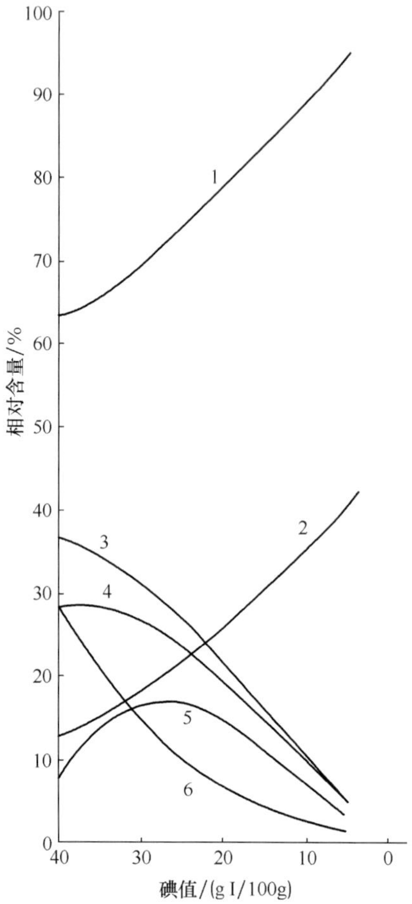

图 1.1 加氢过程中牛乳脂肪中脂肪酸组成的变化[38]

1—饱和脂肪酸 2—硬脂酸 3—不饱和脂肪酸 4—$C_{18:1}$酸，顺式 + 反式

5—反式脂肪酸 6—顺式不饱和脂肪酸

组成与反应前完全相同，但反应前后物的甘油三酯组成和物理性质却发生很大变化。油脂工业中采用化学催化或脂肪酶催化酯交换技术来生产人造奶油、起酥油和糖果脂[40]。

酯交换反应无法改变脂肪酸组成，但可以使甘油三酯组成发生很大的变化（表 1.14）。未经改性的乳脂中甘油三酯可以分成两类：分子质量较低的一类（低于 C_{42}），和分子质量较高的一类（$C_{44} \sim C_{54}$）[39]。

酯交换技术为我们提供了改变牛乳脂肪和重组黄油的机会。这种方法赋予牛乳脂肪一些有利的营养价值。酯交换反应也有不利影响，牛乳脂肪风味在中和、酯交换和随后的脱臭过程中会受到损失。大多数生产厂家认为采用该工艺几乎不会或根本不会产生商业利益。

表1.14 天然和酯交换牛乳脂肪的甘油酯组成[39] 单位：%

甘油三酯	天然	酯交换后	甘油三酯	天然	酯交换后
C_{22}	—	0.1	C_{40}	12.1	9.9
C_{24}	0.3	0.8	C_{42}	7.7	7.6
C_{26}	0.1	1.4	C_{44}	6.8	8.3
C_{28}	0.6	1.5	C_{46}	7.5	10.7
C_{30}	0.9	1.3	C_{48}	8.8	12.8
C_{32}	1.9	2.0	C_{50}	11.2	14.2
C_{34}	4.4	3.0	C_{52}	10.8	10.9
C_{36}	9.5	5.9	C_{54}	4.6	0.4
C_{38}	13.1	9.1	C_{38}/C_{50}	1.17	0.64

注：表中数据为物质的量分数。

1.3.4 牛乳脂肪中胆固醇含量的降低

在乳制品改性发展的过程中，满足消费者饮食习惯也明显改变。人们日益增强的健康观念与热量、胆固醇和饱和油脂摄入相关。日常饮食中，血清中胆固醇含量偏高引起人们对胆固醇量的关注，尤其在低密度脂蛋白较多的情况下，这正是导致动脉粥样硬化的危险因素之一。造成血清胆固醇水平较高的因素之一可能是饮食中摄食的胆固醇较高，也可能有一些饮食方面的原因如摄入较高的脂肪总量和高饱和型油脂，以及过低的膳食纤维等。

乳品行业对此有浓厚的兴趣，在世界各地已经产生了许多降低胆固醇含量的方法。不过，仅有少数几项技术可以进行技术转让。对乳品工业而言，热结晶分提法、气体脱除法、短程分子蒸馏法、超临界流体萃取法、选择吸附法和溶剂结晶法或酶法改性都可以使乳脂发生显著的改变。

1.3.4.1 减压汽提蒸馏

减压汽提蒸馏法是一种老方法，直接应用于脱除胆固醇。这种方法广泛应用在油脂行业中的油脂脱臭工段。

胆固醇是一种低挥发性的化合物，但是它比牛乳脂肪中主要甘油三酯的挥发性要高，过热蒸汽鼓泡穿过油层，间接地加热了油脂，为可蒸馏化合物提供了汽化潜热，并避免蒸汽凝结。由此，温度和压力可以各自变化。当水蒸气分压与可蒸馏物蒸气分压之和等于操作总压力时，水蒸气和低挥发性化合物，如胆固醇和游离脂肪酸，就可以被蒸馏脱除。

General Mills 申请了一种脱除无水牛乳脂肪中胆固醇方法的专利[40]。Tirtiaux 分馏装置同样公开了称为 LAN 滚筒[38]的减压汽提蒸馏设备。这种减压蒸馏装置（图1.2）已商品化，用它可以生产出胆固醇含量降低90%～95%、得率为95%的无水牛乳脂肪产品，脱除的胆固醇浓缩在2%的脂肪馏出物中[42]。该方法的主要缺点是：把牛乳脂肪中的几乎全部的可挥发性风味物都脱除了。这些风味成分在蒸馏之前必须先行捕获（即真空脱气），以期重新加入黄油产品，使其重现所需的怡人风味。

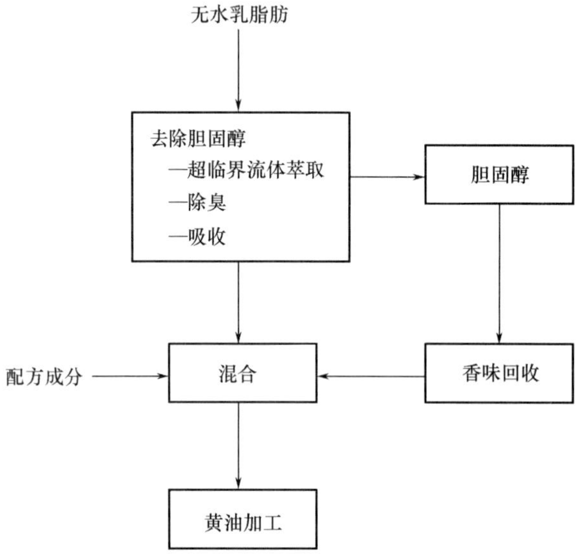

图 1.2 脱除牛乳脂肪中胆固醇的示意图[41]

1.3.4.2 短程分子蒸馏

短程分子蒸馏可从牛乳脂肪中选择性地脱除胆固醇。采用此法可以完成所期望物质与高分子质量组分混合物的最简单分离。

在任何一个给定的温度下，蒸馏的速度始终是比率 $P:M^{1/2}$ 的函数，这里 P 为化合物的分压，M 为其分子质量。由于蒸馏速率与温度相关，所以不同分子质量组分混合物分馏时可以保持温度恒定直到易挥发成分被完全蒸脱。图 1.3 展示了这种方法的潜能[43]。

这种方法已应用在完全脱除油脂中油溶性的维生素、甾醇和脂肪酸方面。采用这一技术，无水乳脂中的胆固醇含量已成功地降低 70% ~90%[44,45]。此外，对这一技术已进行了广泛深入的研究，在不同温度和不同压力下对牛乳脂肪进行分提[46]。遗憾的是，这种方法在经济方面不可行，因为在大量脱除胆固醇时，黄油的得率过低（根据 Land O' Lakes 研究结果）。

1.3.4.3 吸附

采用环糊精与混合物中的胆固醇进行复合，然后选择性地对胆固醇－环糊精复合物分离是最有前途的脱除胆固醇的方法之一。在该领域中几乎所有的研究都是由欧洲研究人员们率先进行的，并且发表了很多专利[47,48]。

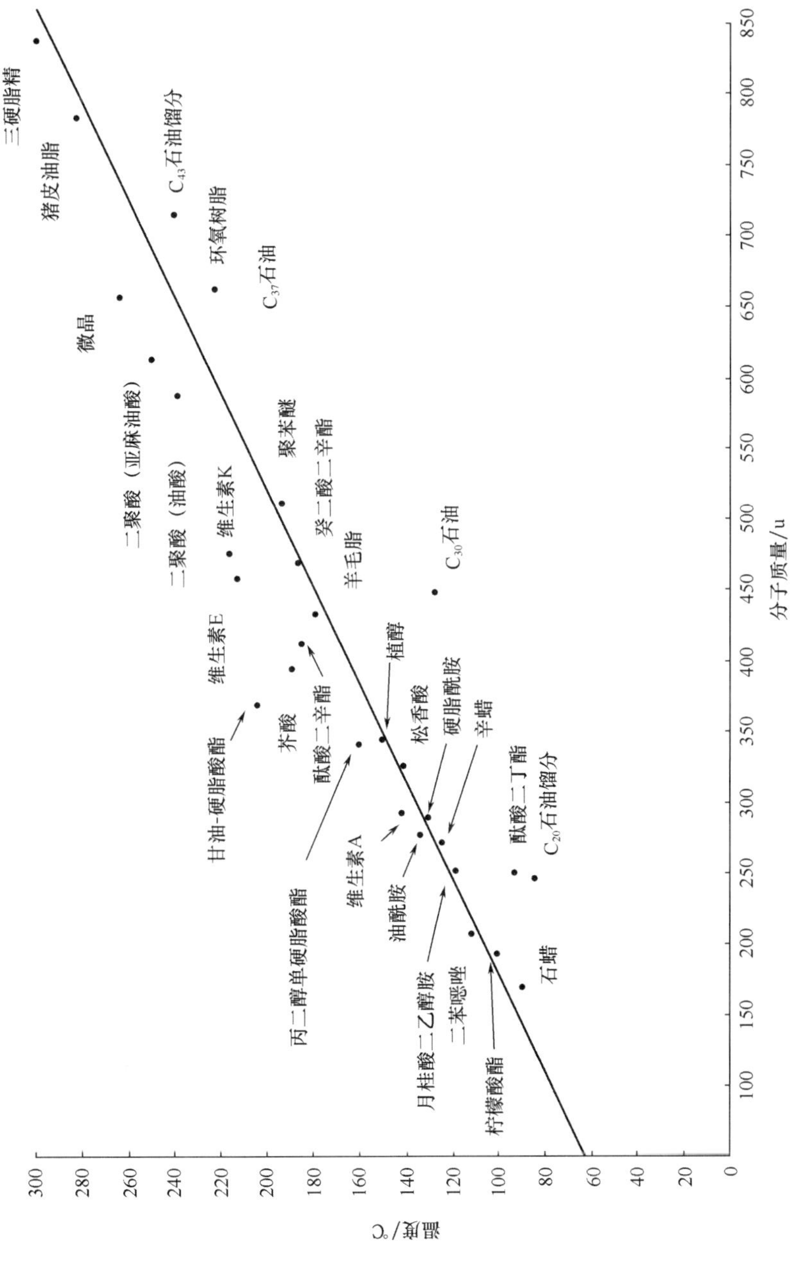
温度/℃
0
20
40
60
80
100
120
140
160
180
200
220
240
260
280
300
分子质量/u
100
150
200
250
300
350
400
450
500
550
600
650
700
750
800
850
三硬脂精
猪皮油脂
C_{43}石油馏分
环氧树脂
C_{37}石油
微晶
二聚酸（亚麻油酸）
二聚酸（油酸）
维生素K
聚苯醚
癸二酸二辛酯
羊毛脂
C_{30}石油
维生素E
植醇
甘油-硬脂酸酯
芥酸
酞酸二辛酯
松香酸
硬脂酰胺
辛蜡
丙二醇单硬脂酸酯
维生素A
油酰胺
酞酸二丁酯
C_{20}石油馏分
月桂酸二乙醇胺
二苯噁唑
石蜡
柠檬酸酯

图1.3 真空蒸馏[43]

该法基于β－环糊精与胆固醇可以形成一种不溶性包合物的特点。β－环糊精是一种由7个葡萄糖单元组成的环状低聚糖。如图1.4所示，它由1,4－α－D－连接的吡喃型葡萄糖基构成。当以葡萄糖基单元构型上的C_1为序时，第二位的羟基都位于环糊精分子的环形面状边界线上，而所有第一位羟基都被排列在另一侧边上（图1.5）[48]。因此，中央的空穴为疏水性，使其分子对非极性分子例如胆固醇具有亲和力。空穴的半径几乎刚好可以容纳一个胆固醇分子，这一现象能很好地解释β－环糊精与胆固醇形成包合物的高度专一特性。

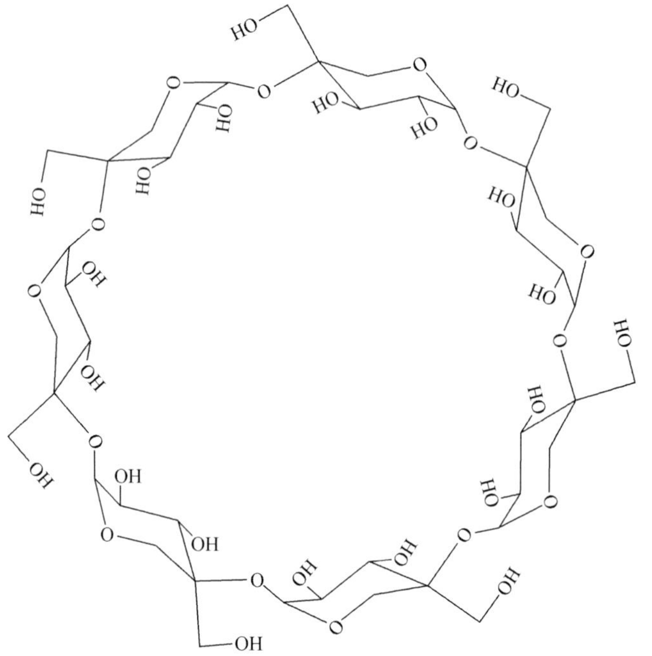

图1.4 β－环糊精结构示意图

这种方法似乎提供了一种比汽提蒸馏和超临界二氧化碳流体萃取等其他降低胆固醇技术更为经济和可行的优势。例如，它不存在吸附维生素的问题，且操作温度低、投资低；这种方法唯一的经济问题是β－环糊精相对于脱除胆固醇的用量较高，从而可能提高加工成本。但即便如此，欧洲人已将此法产业化，并且低胆固醇含量的黄油和乳酪制品已经进入市场[49]。

目前已经对包括毛地黄皂苷、番茄碱、胆酸钠（胆汁盐）和活性炭[45,47,50]等多种吸附剂进行了研究。大多数吸附剂将面临严格的食品法规问题。新西兰[48]对活性炭、各种金属盐溶液浸泡的活性炭、各种有机化合物浸渍的惰性载体等进行了广泛的研究，认为活性炭吸附法是没有前景的，因为该法不能保全黄油的细腻风味或者胡萝卜素色素，而且使牛

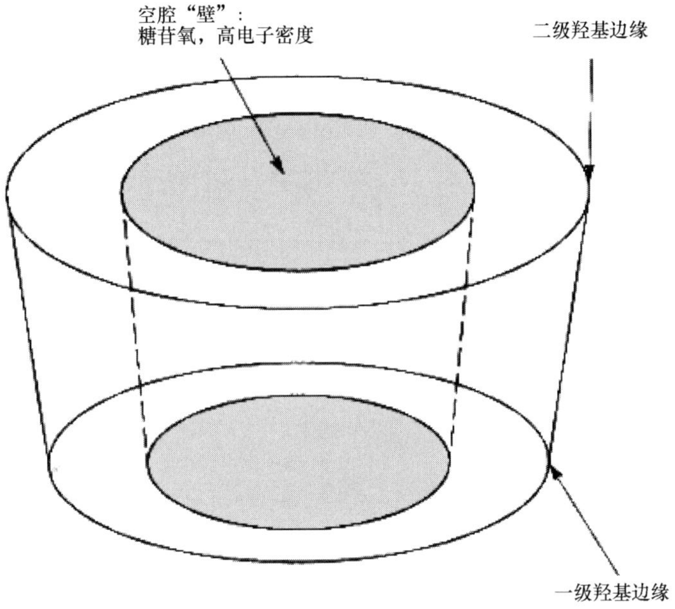

图 1.5 β－环糊精显示出疏水性中央空穴的示意图[48]

乳脂肪产生一种令人讨厌的异味。加利福尼亚大学曾对采用食用级皂苷作为吸附剂的方法进行了评价[51]。这种方法显示出好的前景，但由于美国法规的禁止，大多数研究工作已经终止。

1.3.4.4 溶剂提取

在实验室中采用有机溶剂，如丙酮，来脱除牛乳脂肪组分（包括胆固醇）的方法已被证实十分有效。但此法由于可能会使天然黄油和含有乳脂肪的制品中残留溶剂，所以受到法规的限制，给消费者以负面印象。

1.3.4.5 超临界流体萃取

20 世纪 80 年代中期，研究人员对超临界流体萃取法产生了兴趣，并将其作为一种优先考虑的胆固醇脱除工艺。众多高等院校开始对该技术的潜力进行研究和评价，乳品业也对此进行大量宣传[45,46,52~56]。

超临界气体具有类似液体的密度，故具有类似液态溶剂的能力，这种性质加上其因低气体黏度产生的快速扩散特性，使超临界流体成为更具吸引力的萃取剂。超临界气体对溶质的溶解性来源于范德华分子引力，并且在温度恒定的条件下，溶解度随压力的提高而增大。温度对溶液平衡度的影响则远比压力的影响复杂得多。通过改变气体密度，即调节温度和压力条件，就可以使化合物选择性地溶解在超临界流体中。

流动气相对胆固醇的萃取效果取决于三种交互作用的综合结果：甘油三酯和二氧化

碳、甘油三酯和胆固醇、胆固醇和二氧化碳。对作为牛乳脂肪中次要成分的胆固醇而言，它也许与甘油三酯组分中某类甘油三酯具有更大的亲和力，即这部分甘油三酯也许是短或中碳链甘油三酯和某些长链不饱和甘油三酯。在20MPa和80℃（低气体浓度）条件下，由于二氧化碳和胆固醇的亲和力低，无法与二氧化碳和甘油三酯之间、甘油三酯和胆固醇之间的亲和力相竞争。在低气体浓度下，这些胆固醇分子将和短、中等碳链的甘油三酯联结在一起被洗提进入气相中，但与长链甘油三酯联结在一起的胆固醇分子的尺寸较大，而无法洗脱。由于胆固醇酯的分子也较大，所以在低气体浓度下也无法被洗脱。

20世纪80年代后期，许多公司都可提供超临界二氧化碳脱除胆固醇的技术[38]。但是从来没有一家大型食品公司尝试把这种脱除胆固醇的方法产业化。通用食品公司却在去除咖啡的咖啡因中使该法获得规模化和商业化成功[45]。对乳品工业而言，该法得率太低，胆固醇脱除率太低，设备投资和操作费用太高。

1.3.4.6 酶法

生物技术脱除胆固醇利用微生物生产的酶使胆固醇转变为无害化合物。全球数个国家曾对多种酶系统脱除胆固醇的方法进了广泛的研究，多数是利用胆固醇还原酶把胆固醇转化为粪甾醇和粪甾烯醇，从而降低胆固醇的含量[52,57]。这些经过转化的化合物几乎不能被人体消化系统所吸收，可完整地被排出体外。几位研究者已经从老鼠、狒狒和人类的排泄物中分离到一种能把胆固醇转化为粪甾醇的真细菌（*Eubateria*），并且对这种真菌的转化能力作了鉴定。研究发现黄瓜、大豆、玉米和豆类的叶中都含有类似的酶[45,57,58]。已有报道嗜酸性乳酸杆菌（*Lactobacillus acidophilus*）可以代谢胆固醇[51]。

一旦鉴别到适宜的酶系，那么下一步工作就是把酶的基因密码转入适宜的微生物如乳酸菌和链霉素菌中，从而大规模地生产并纯化这种酶。进一步可把该酶固定在固态载体上，或者针对食品体系把纯酶加入到溶液中而形成酶溶液。同样，可以设想把一类细菌上的胆固醇降解酶，如胆固醇还原酶，通过基因移植到乳酸菌这一种传统的乳品发酵剂中。这种能降低胆固醇的发酵细胞可以应用在发酵乳制品，例如乳酪中。

工业化规模实施酶法技术高度复杂而且花费昂贵。另外，要证实胆固醇酶法反应的最终产物和基因工程中形成的新的化合物是无害的，涉及法规方面的问题。

1.3.4.7 营养法规

许多脱除胆固醇的方法都由于残留物、使用未经许可的添加剂或者产生副产物等问题而受到法规的限制。但对于美国乳品工业，真正的难关是1993年颁布的《营养标签和教育条例》[54]。该条例是一道商业禁令，它规定胆固醇降低的宣称不能用在饱和油脂含量大于2mg/g的产品上，而黄油中接近65%的是饱和油脂。迄今为止，工业上仍然没有研制出一种可以减少乳脂饱和度且生产成本可接受的方法。

多年来，美国营养学协会一直宣称：饮食中摄入的胆固醇远不及膳食中总脂肪与饱和脂肪酸的比率对血清胆固醇水平的影响大[59]。这一观点逐渐被广大民众所认识，因此大众对低胆固醇类食品的需求逐渐降低。

1.4 质量控制

在所有含有乳脂的食品生产中，都必须进行质量控制以确保产品的货架期、安全性以及食品的外观、风味和质构。终产品质量保证的关键是加工所用原料的质量，故原料牛乳的处理尤为重要。在牛乳处理过程中，要格外重视温度控制，还必须清洗干净所有用于储存和运输的设备。牧场应把刚挤出的牛乳冷藏在5℃以下，虽然这样做排除了微生物大量繁殖的可能，但是在这种温度下其他的细菌（尤其是嗜冷菌）仍然会繁殖。此外，由这些微生物产生的解脂酶和蛋白质分解酶是耐热的，甚至在超高温杀菌（UHT）下也能存活。如今，许多经超高温处理的产品的货架期要求达到数个月，所以解脂酶和蛋白质分解酶的存在将导致严重后果。避免这种后果的唯一方法就是在所有的收集和加工环节中确保各种有机体的数量降至最低。

可以排除一些影响质量的问题。例如，一些奶牛吃了会产生令人不愉快挥发性气味的饲料后，这些异味物将可能富集在其乳汁的乳脂肪中。传统上，为了减少这些气味物的强度，使用蒸汽蒸馏稀奶油的方法生产黄油。所采用的设备通常是真空反应器，每千克稀奶油中通入0.30kg蒸汽（图1.6）。在20世纪30—60年代，真空反应器的设计不断改进，

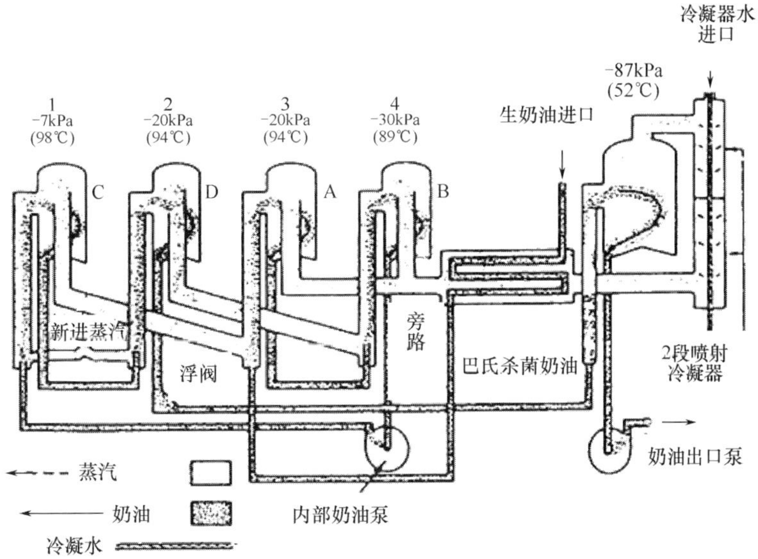

图1.6 Vac25和Vac16型真空反应器（4－体配置）简图[59]

Vac25 型和 Vac16 型的问世达到了改进的巅峰[59]。

真空反应器运转一次就可以完成多项任务。稀奶油的巴氏灭菌也许是黄油生产中最重要的工段，其次是蒸馏脱去异味。其他一些作用包括破坏天然牛乳中的解脂酶，以及使最终的黄油产生一种轻微的“坚果味”或“烧煮味”。

1.4.1 危害分析和关键控制点（HACCP）

世界卫生组织（WHO）推荐 HACCP 法为一种有效且合理的方法，因该法可以确保食品从农场到消费者过程中的安全性。美国食品与药品管理局（FDA）和美国农业部（USDA）正在致力于使 HACCP 体系获得正式通过，以确保在美国销售的食品的安全。

HACCP 法是一种管理工具，它为实施乳制品安全性问题的良好决策提供了一种合乎逻辑且成本划算的基本准则。HACCP 的理念使乳品生产厂商抛弃基于检测的控制理念，转而采用对生产环境的潜在危害来加以鉴别和控制的预防性手段。

1.4.2 组成控制

在追求利润最大化以及制造高度均一的产品这两个目标的驱使下，乳脂含量的组成控制受到了高度关注。正如前述，已经开发多种技术对控制过程进行标准化并简单化。

1.4.3 等级、标准和定义

在美国，黄油的标准是由国会法案来确立的，并得到美国农业部黄油等级标准的支持。这份修订版标准对黄油的定义为：黄油归属于食品，通常称为白脱，它只能用牛乳、稀奶油或其二者混合制得，可以加或不加食盐和着色剂。黄油中牛乳脂肪含量不得低于 80%（质量），但允许有容差。稀奶油是指由健康奶牛产的牛乳离析而得的奶油。稀奶油需在不低于 73.9℃的温度下巴氏杀菌至少 30min，或在不低于 89℃的温度下至少 15s。还可以使用一些经过批准同意的，能够获得与上述方法相同效果的巴氏灭菌方法[60]。

稀奶油的风味可以采用发酵、添加食品级乳酸菌或添加由发酵牛乳蒸馏而得的天然风味物来强化；稀奶油也可以加入到最终的黄油中。另外也可以使用食品与药品管理局批准使用的色素[61]。

不同国家对黄油的法定要求差异很大。例如，在欧洲法定黄油必须含 82% 的脂肪，而在法国，规定黄油的最大含水量为 16%[62]。在全球热带的某些地区，牛乳脂肪通常采用几乎无水的形式，因为只有无水的牛乳脂肪才可免于细菌腐败。这种产品俗称酥油。在中东地区和印度，酥油是用奶牛或水牛的牛乳经热加工而成的。

依据 1993 年的营养标签和教育条例[54]，新的营养标签法规颁布，规定营养声称只能使用确切定义后的术语。例如“轻质”这一术语只能应用于特殊配方的产品，或者可满足下述两条要求之一的产品：

（1）如果产品产生的总热量的50%或以上是来自于产品中的脂质成分，轻脂产品是其含脂量减少50%（与原参照物相比）后的产品；

（2）如果产品产生的总热量不足50%是来自产品中的脂成分，则轻脂产品是总热量降低1/3（与原参照物相比）后的产品。

一般情况下，黄油制品总热量的50%以上来自其脂肪组分，因此只有脂含量至少降低50%的制品才可以称为“轻质”。而“减少”这一术语在作为一种营养成分的描述词汇时，要求配方改变，使制品中营养成分含量要比参照物降低至少25%[63]。

当产品要求胆固醇相关声称时，以下的规定适用：

胆固醇减少的产品是指每次（一汤匙样品）最多只含2g饱和脂，并且胆固醇含量降低至少25%的产品。

低胆固醇产品是指每次（一汤匙样品）最多只含2g饱和脂，并且胆固醇最高为20mg的产品。

无胆固醇产品是指每次只允许提供最多2g的饱和脂，并且胆固醇少于2mg的产品。

当进行无脂的产品声称时，按新法规规定，该类产品每次不能提供多于0.5g脂肪，并且不能外加脂肪，除非特别注明（如“微量脂肪”）[54]。

美国黄油有三种等级：AA、A和B级。黄油首先根据其感官风味进行分级。除了黄油风味本身的总体品质之外，标准还列出了17种风味方面的缺陷，以及每一种等级的黄油中上述缺陷可能存在的程度。然后按风味方面的质量情况评出产品的等级，再根据产品在加工工艺方面的缺陷和外观缺陷的程度，进一步降为较低等级。在标准中全面描述了产品由于形态、质构、风味或咸味特征方面的欠缺而降级的条款。如不能满足等级要求，则无等级。为了获得美国农业部的签印，成品必须完全满足下列微生物限定：

蛋白质分解物含量不得超过100/g；

酵母及霉菌数不超过20/g；

大肠杆菌数不得超过10/g；

黄油必须在4.4℃以下储存。如需保持30d以上不变质的话，黄油应放在-17.8℃以下保存[62]。国际乳品联合会（IDF）已规定了牛乳脂肪的指标[64]，该规定还包括了有关饲料的要求（这些指标涉及生产日期，但是通常作为贸易标准）。最高等级的无水牛乳脂肪（AMF）必须是采用新鲜牛乳、稀奶油或没有添加任何中和物质的黄油加工而成。在20~25℃条件下，它必须具有新鲜、温和的风味，并且过氧化值（POV）要小于0.2meq O_2/kg。无水黄油可以采用黄油或经陈化处理的稀奶油加工而成，但这并不是意味着它可以有不新鲜的、或其他令人讨厌的滋味或异味。“乳脂油（butter oil）”这个术语只能用于无明显不新鲜或其他不受欢迎的滋味和气味的产品。乳脂的FAO/WHO的Codex标准，见

表1.15[65]。

表1.15 无水牛乳脂肪、无水奶油和乳脂油标准*[65]

组成和品质	无水牛乳脂肪	无水奶油	乳脂油
乳脂含量（最低）/%（m/m）	99.8	99.8	99.6
含水量/%（m/m）	0.1	0.1	0.3
游离脂肪酸（最大）（以油酸计）/%	0.3	0.3	0.4
过氧化值/（meq O_2/kg）（最大）	0.3	0.3	0.6
铜含量/（mg/kg）（最大）	0.05	0.05	0.05
铁含量/（mg/kg）（最大）	0.2	0.2	0.2

注：*在40~45℃时的滋气味必须为市场所认可。产品质地与温度有关，应由均匀的细小颗粒构成，能液化。

1.4.4 专用分析方法

乳品行业生产出了一种具有怡人风味而且广受消费者欢迎的高价值脂肪，这些品质属性必须受到保护。人们为了创建出能简单快捷地检测掺假的方法[66,67]而进行了大量的研究活动。由于黄油存在一个主要缺陷——缺乏延展性，因此掀起了最初的研究热潮，而这些研究又引发了对分析技术的需求[68~70]。已经采用或者提出许多方法以评价牛乳或稀奶油的微生物含量。通常，为了评定生产过程和储藏条件的卫生状况，或者出于安全的考虑，产品需要进行微生物检验。微生物检验包括测定菌落总数和特定种类微生物的菌落数，例如酵母菌、霉菌、大肠杆菌、嗜冷菌（*Psychotrophs*）以及诸如沙门菌属的病原体。此外，也可采用基于染色还原的快速甄别试验方法，或者采用显微镜或自动计数器的直接观察法。

1.4.5 脂肪酶活力

生产出的乳脂发生脂质分解是个日趋严重的问题，原因是牛乳或稀奶油中嗜冷菌可产生耐热脂肪酶，或天然脂肪酶可在巴氏杀菌过程中存活下来。通过测定稀奶油中脂肪酶活力的大小，可以准确可信地预测黄油产品脂肪降解方面的保藏问题。与此十分相似，也可以根据乳清液中脂肪酶活力的大小准确预测甜奶油耐储存方面的情况[71]。乳制品中逐渐产生的特征脂解气味主要与乳脂中十分丰富的短、中碳链脂肪酸的量密切相关，这些脂肪酸的阈值比长链脂肪酸低。由于牛乳原料品质以及加工规范的改进，在脂肪原料用于复配之前，几乎不可能发生由脂肪酶引起的酸败现象[72]。

1.4.6 氧化

乳制品的风味主要取决于脂肪组成，因此在使用脂肪原料前，抑制脂肪配料中氧化异味的产生是尤其重要的。氧化是脂肪降解的主要方式，并且也是决定含脂食品货架期的主要因素[72]。不饱和脂肪酸酯和氧反应生成过氧化物，虽然过氧化物本身是无味的，但是过氧化物很不稳定，很容易分解产生有味的羰基化合物。这种羰基化合物是氧化异味的来源，并且在低浓度下就能够检测出来。氧化的速率取决于溶氧浓度、温度、促氧化剂（如铜和铁）、脂肪的不饱和度和可以延缓氧化反应的抗氧化剂的存在。与许多脂肪相比，牛乳脂肪具有很好的氧化稳定性，因为整体而言牛乳脂肪的饱和程度高，多不饱和度低，并含有主要为 α -生育酚的天然抗氧化剂。

氧化酸败的程度是决定牛乳脂肪储藏稳定性的主要因素。溶解在牛乳脂肪中的空气，可以使牛乳脂肪中溶氧的水平在30℃时达到40mg/kg。实际上在新加工好的牛乳脂肪中，在45℃的溶氧水平约为5mg/kg，即便这么低的溶氧浓度也足以促进氧化酸败。但是，如果使牛乳脂肪与空气平衡，则溶入牛乳脂肪中的空气浓度将提高到33mg/kg，由此牛乳脂肪氧化酸败的速率也相应加快。氧气在牛乳脂肪中的溶解度曲线是氧气在固、液二相中溶解度的综合结果（图1.7）。尽管固、液二相中氧的溶解度都是随温度的升高而减少，但是液相中氧气的溶解度要比紧密堆积在一起的固相中的溶解度高出许多[73]。

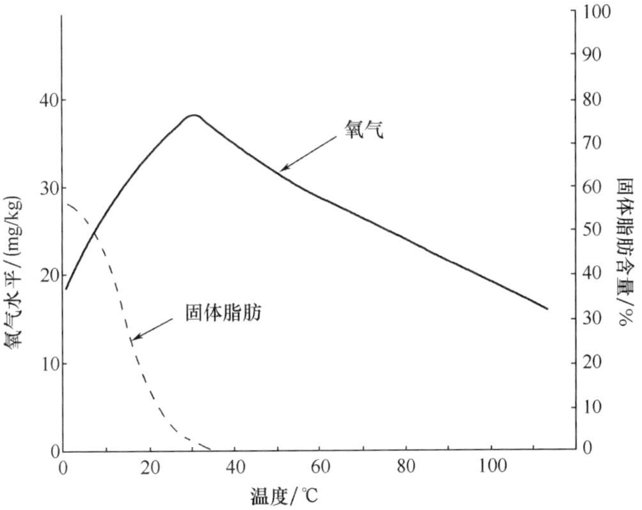

图1.7　温度对牛乳脂肪的固脂含量和氧气溶解度的影响[73]

无论采用主动式还是被动式的方法都可以限制氧气在牛乳脂肪中的溶解度。就被动式控制而言，应力求在加工过程和车间设计中应力求接触空气的程度最低。采用析气装置[74]、真空反应器[60]、添加抗氧化剂[72]、有效地破坏脂肪酶[75]和在容器顶部充氮气的做法均属主动式控制产品质量的方法。

1.5 黄油的生产

1.5.1 牛乳与稀奶油的分离

分离稀奶油是最古老和最基本的加工方法。古人习惯于大量地使用牛乳，故他们可能会在容器中放置一段时间后取顶部的稀奶油进行使用，虽然在古代文献中鲜有提及人们通常采用这种做法的信息。目前已经确认早期的黄油是采用搅乳方法制备的。

在黄油生产厂中涉及分离的主要问题是稀奶油脂含量的选择和分离工艺的选择，包括稀奶油是在牛乳杀菌之前还是之后分离、分离温度和脂肪含量调整等。由于脂肪和水溶液或乳清液之间存在着比重差异，所以从牛乳中离析稀奶油是可能的。无论采用重力或离心式的方法，都可以实现这种离析，分离的效果取决于两者密度差异的大小[48]。

现代乳品分离机实际上可以把所有直径大于0.8 μm的脂肪球全部离析出来，由于牛乳脂肪大部分是以这样的脂肪球存在，所以采用这种分离器很容易分离出大部分牛乳脂肪。通常直径小于0.8 μm的脂肪球被称为不可分离的脂球[76]。

由于稀奶油中的脂含量会影响搅乳过程中脂肪的损失，我们必须了解并必须加以控制。在连续式生产中，对稀奶油脂肪含量的了解有助于估测出在此操作条件下产品的得率。许多符合要求的分析方法都可以采用，其中巴布科克试验（Babcock test）是最通用的。

牛乳脂肪甘油三酯的化学组成全年都在变化，它取决于奶牛分泌乳汁的阶段和奶牛的膳食。季节性的变化会导致牛乳脂肪熔融性质周期性地改变。在黄油生产过程和最终黄油制品物理性质的控制方面，必须对上述因素严加监控。我们采用“熔融特性”这一术语，而不是采用“硬度”或“软度”那样的说法，是由于前者更为准确地反映出因固脂不同而造成整体上的差异。为了追踪熔融特性方面的季节性变化，曾经采用过多种方法，包括测定碘值、折光指数、差示扫描量热法（DSC）以及根据脉冲式核磁共振法（NMR）测得乳脂的熔融曲线。不过，由于这些测定熔融曲线的方法和设备耗资大、操作复杂，其在质量控制的推广上受到限制[77]。传统油脂的化学测定方法，如皂化值和波伦斯基值（Polenske value）等应用受限制。这些测定几乎与质量控制无关，它们所提供的数据有助于采用气相色谱定量地测定脂肪酸组成。

如今，不锈钢的使用已有效地避免了牛乳脂肪与铜和铁的接触。但即使存在很少量的铜、铁等，都可以催化黄油在储存过程中的氧化使其酸败，尤其当有盐存在和低pH的条件下。

1.5.2 结晶

无论是采用常规的或其他方法制备到的黄油，在其晶体结构对物理性质的影响方面已经进行了大量深入的研究。当采用传统的搅乳器搅乳或采用连续式 Fritz 法制造黄油时，大多数的乳脂在冷却和结晶过程中被包含在稀奶油的脂肪球体内。这种脂肪球体制约了脂晶体的天然生长。正常情况下稀奶油的冷却和捏制要历时一昼夜，这样才有充足的时间让脂结晶达到平衡[78]。

目前已阐明了塑性脂肪在生产人造奶油设备中的结晶原理[79]。就黄油而言，需要产生细小的保持相当离散程度且不形成强烈黏着结构的脂晶体。小晶体（直径 5 μm）要比大晶体拥有更大的晶体总表面积，因而其结合水和吸附游离液态脂更为有效[78]。大晶体结构则赋予产品一种砂粒状的质构。在刮板式换热器中，脂肪被迅速冷却并开始结晶，但在换热器排料口的物料仍处于过冷状态。假如这种过冷态物料随后在静置的条件持续结晶，那么晶体将会生长在一起形成一种网状结构。产品将因此而变得坚硬和易碎，而且可能会造成渗水。如果过冷物料在搅拌的条件下继续结晶（即在管状捏制机中捏合 1 ~ 3min），将有利于形成细小的各自独立的晶体，并且产品具有细腻和柔滑的质地。但是，如在搅拌条件下继续结晶的时间过长，那由此形成的产物，对大多数小块状包装或大批灌装式操作方式而言显得太软，并且把产品放在温暖的环境下，很可能会过分柔软和细腻。

1.5.3 中和

尚未经过加工和杀菌的稀奶油由于微生物的作用而逐渐产生乳酸，当乳酸有些过量时，常需要通过添加中和剂使稀奶油的酸度恢复到所期望的水平。事实上已经证实，在间歇式中和操作中使用碳酸钠是很适宜的。但是对采用 pH 控制的连续式中和方法而言，用氢氧化钠较为合适。当然上述这些化合物都必须是食用级的。

1.5.4 热处理

在黄油生产过程中，以及就黄油最终的品质而言，对稀奶油的加热处理起到了决定性的作用。应尽可能采用最温和的方式去加工处理牛乳和稀奶油，以免对脂肪产生机械性损害，这是连续式生产黄油过程（Fritz 法）中一个极其重要的问题[80]。中和或热处理稀奶油是出于以下原因：破坏致病菌类微生物和减少细菌总数，使酶类失活，熔化脂肪便于下一步结晶控制和脱除部分不需要的挥发性风味物。

1.5.5 间歇式黄油生产

如今，大量生产黄油的企业已不再采用间歇式加工方法。但在小型的黄油生产厂中还能看到这种加工方式，主要是在工业不发达的国家中。对产量很大的企业而言，采用连续式加工装置效率高、经济有效；而间歇式生产装置投资较少。

采用间歇式搅乳器提取稀奶油的过程：在搅乳器中注入占容量30% ~50%的温度为4.4~12.8℃的稀奶油。稀奶油温度的变化取决于季节、所要求的黄油品质和所期望的脂相逆转的速率（图1.8）。搅乳器以约35r/min旋转，直到出现细小的脂肪粒子结束搅乳。此过程一般需用45min才能完成脂肪球的聚集和脱脂乳的彻底离析，然后排放出脱脂乳[82]。用冷水洗涤脂肪颗粒，除去其表面的脱脂乳。如果要使稀奶油的脂肪含量符合标准要求，则可以随水加入盐分。然后捏制黄油以确保均一性并达到所期望的质地、结构特性和脂相逆转的速率。

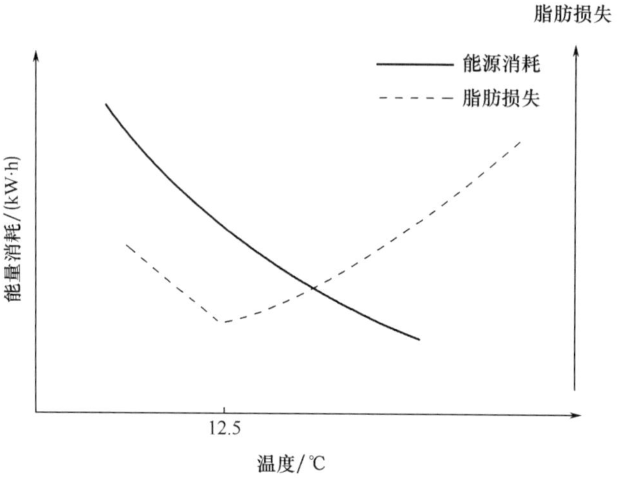

图1.8 搅乳温度和保温温度与能量消耗和脱脂乳中脂肪损失的关系[81]

1.5.6 连续式黄油生产

1930—1960年期间发明了许多连续式生产法。Alfa法、Alfa-Laval法、New Way法和Meleshin法均采用冷却和机械处理浓缩稀奶油的方法替代相逆转的加工方式。在Cherry-Burrell Gold'n Flow法和Creamery Package法中，是在浓缩过程中或紧随浓缩之后发生相的逆转，在冷却和捏制之前，形成一种与融溶黄油同样的液体。Alfa法、Alfa-Laval法在工业应用中没有取得成功。不过Meleshin法曾在苏联成功地通过了正式鉴定。而Cherry-Burrell Gold'n Flow法则是美国人发明的两种方法中较为成功的一种[78]。

Fritz连续式生产黄油法的基本原理与传统间歇搅乳法相同，目前大多数生产黄油的地区都采用此法。在搅乳过程中，稀奶油中的牛乳脂肪发生结晶，并伴随着搅乳和排液，发生相的逆转以及牛乳脂肪的富集。不过人们发现，可以把稀奶油浓缩到含脂量大于或等于黄油的脂含量，由此找到了把已经浓缩的或塑性稀奶油直接转化为黄油的方法。实际上这种方法的生产步骤与制造黄油所用的基本步骤正好相反，随着稀奶油在离心分离机中渐渐浓缩，相继发生相的逆转、冷却和牛乳脂肪结晶[82]。

人们对黄油保藏品质方面的要求越来越高，迫使生产厂家更加重视牛乳和稀奶油加工设备的设计、操作和清理。同时正在努力地探索和改进加工机械，以确保黄油在生产和包装中避免污染和空气渗入。已证实在封闭条件下生产出的黄油要比在敞口装置中加工出的黄油质量保存性更好[83]。

已有两种密封连续式生产方法得以应用：一种方法是用含脂40%的稀奶油，如Fritz法（图1.9）[81]；另一种方法是用含脂80%的稀奶油，如Cherry - Burrell Gold'n Flow法[84]。在法国高达85%左右的黄油是用Fritz法加工出来的。在这个方法中，含脂40%的稀奶油在一只圆桶型搅打器中搅乳，整个搅乳过程只需几秒钟，物料通过孔板，排出脱脂乳，获得黄油脂粒，然后把脂粒压干，降低含水量。接着进入第二操作段，加入盐水使物料达到标准要求的含水、含盐量。由于脱脂乳能有效排放，所以在该法的排放脱脂乳工序中可以添加乳酸菌。加乳酸菌的方法就是著名的NIZO法[78]。NIZO法比传统的发酵法更具有优势，主要包括：改善风味；提高产品酸度，降低pH；在发酵和调温处理常常同时完成的基础上保证稀奶油的调温处理较为灵活；最重要的是可以生产未发酵的脱脂乳。

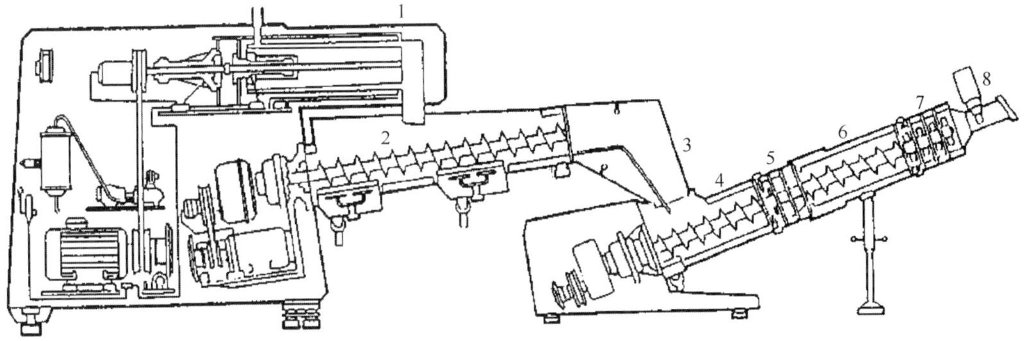

图1.9　连续式制备黄油的装置（威斯特伐利亚）

1—搅乳滚筒　2—分离段（第一操作段）　3—压干段　4—第二操作段　5—注入段
6—真空操作段　7—最后整理段　8—水分控制装置[81]

Cherry - Burrell Gold'n Flow法和人造奶油生产方法相似[84]。在该法中，先把18.3℃稀奶油泵入一台产生高速去稳定化的设备中，然后进入稀奶油分离器，排出含脂量为90%的塑性奶油。接着真空灭菌，并放入带搅拌的料罐中，加入着色剂、风味物、盐和牛乳。然后采用刮面式换热器把这种含脂量为80%的油包水型乳液（在48.9℃保温）迅速冷却到4.4℃。随后物料通过一结晶管，并穿过一块切削脂晶体用的孔板。在激冷之前，在乳状液中注入5%的氮气。经过对这种加工方法进行了一系列的改进之后，如今已有可能用高脂含量（牛乳脂肪含量大于82%）的稀奶油来连续制备黄油[85]。

虽然苏联仍普遍采用Meleshin制作法，但在最近20年中，西方国家已经很少采用这种以高脂含量稀奶油为原料的连续式制备黄油的工艺[78]。出现这种衰退的主要原因是出自经济和黄油品质两方面的问题，尤其是与Fritz法相比较时。Fritz生产装置可以安置在原有的间歇式搅乳器车间中，对原有的稀奶油处理和黄油的包装设备几乎不需要进行改造。故完全可以保留这些搅乳器，使得在Fritz遇到故障时生产线仍然可以运行。可是如果采用Gold'n Flow等工艺的话，几乎没有什么间歇式生产设备可以被重新利用。而若购买全套全新的生产设备，因Gold'n Flow装置价格较贵，故与Fritz装置相比，操作上的优势就不那么明显了。而且用Fritz方法生产出来的黄油，其物性和风味特色与用间歇式搅乳法生产出的黄油十分接近，但用Gold'n Flow法生产的黄油与间歇式搅乳法生产的黄油则差别很大[86]。这种差异可能被消费者当成产品的缺陷，而且生产厂家也并不愿意去改变这种传统的产品。

Gold'n Flow装置与现代的Fritz流水线工艺相比具有更多的优点[87]。最吸引人的优点是生产的灵活性，它可以生产出多种产品，包括含脂量从30%至95%的各种黄油－植物油混合制品；而且该装置具有将分提脂肪合并的能力[88]。这套设备同时还有许多操作上的优越性，在稀奶油浓缩段，可利用离心力大大降低脱脂乳中脂肪含量，从而减少脂肪损失。无论采用分批式控制手段，还是采用准确控制的计量装置，都可以对黄油的组成进行更为精确的控制。

1.5.7 发酵黄油的生产

用新鲜的稀奶油制备发酵黄油有数种加工方法。Pasilac－Danish Turnkey乳品有限公司开发了一种IBC方法（图1.10）[81]。IBC法的基本过程如下：粗制奶油被搅乳沥去脱脂乳后，添加发酵剂混合物，这样既可以达到降低黄油pH的目的，又因其含有双乙酰，使产品获得所需的芳香。初始混合培养菌是由两种培养菌组成：①乳酸乳球菌（*Lactococcus lactis*）；②乳脂明串珠菌（*L. cremoris*）和二乙酰乳酸菌（*L. lactis* ssp. *diacetylactis*）。就生产费用而言，根据此法制备适度发酵黄油的实践证明，其直接成本仅为其他生产方法的三分之一左右[81]。

1.5.8 低脂黄油

第二次世界大战时期，脂肪短缺激起了美国人对低脂涂抹品的关注。1950—1960年水包油型的涂抹制品首先研制成功。不过这种产品存在不少问题，主要包括：货架期只有10～14d（常规的黄油的货架期为4个月）；结构呈多孔状；缺乏黄油所具有的熔融特性；无抵

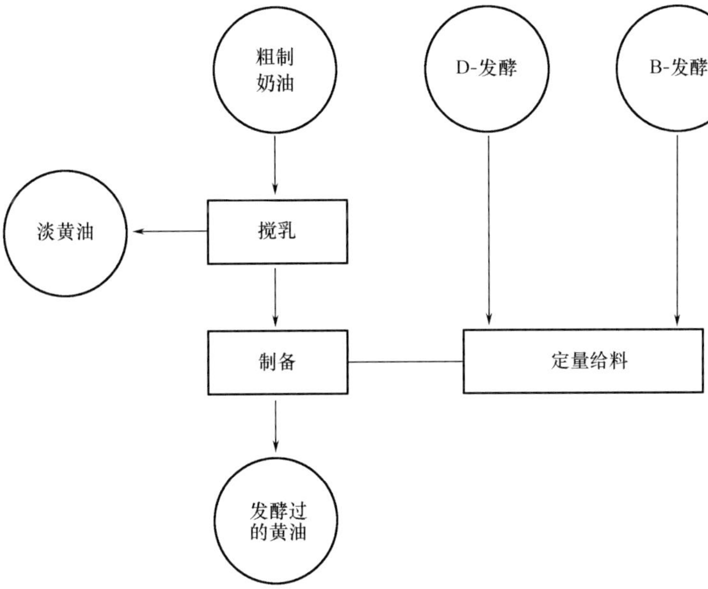

图 1.10　Pasilac – Danish Turnkey 乳品有限公司的 IBC 方法示意图[81]

御冻结的能力[89]。人们对低热量食品的兴趣促使生产厂商去制造这类低脂黄油制品。尽管这类产品不能再被称为“黄油”（根据国际标准规定），但是它们常常被称为低热量黄油、不完全黄油、轻质黄油或诸如此类的名称。因为这些类黄油涂抹脂的水分含量接近 50%，其乳化特性是必需的，故这类产品申请了许多专利。另外，这类乳液常需用添加添加剂加以稳定。在一些国家中，含有植物油的低脂黄油（总脂量为 40%）被称为“Minarine”，而且 Minarine 也可以只用黄油来制备[62]。消费者十分关心食品中添加剂的减少，且随着人们对适宜营养价值重要性的兴趣日益增厚，逐渐形成低脂产品的消费需求。如今已经有能力生产出全部是乳脂且含脂量为 40% 不添加乳化剂的黄油制品。不管如何，正是大众对低脂涂抹制品和其他产品的迫切渴望，才迫使制造厂商投入财力、物力和时间去致力于新产品的开发研制，并且为他们生产出来的过剩黄油脂肪寻找其他的出路。

最早的低脂黄油（含 50% 脂），也就是被称为“轻质黄油”的制品，是于 20 世纪 80 年代中期由美国 Lipton 公司研制的。当时因其不能满足产品命名法中有关身份特性的标准规定，所以遭到美国食品与药品管理局（FDA）的反对而撤出市场。同样根据这个黄油特性标准的规定，黄油是不允许含稳定剂的。在 80 年代后期，Ault 有限公司发明了一种被称为“纯净的”和“单一的”且不含不常用添加剂的低脂黄油（含 39% 的脂）[90]。遗憾的是，这种全天然产品有不少缺点：它们货架期很短，会渗出水分，缺乏黄油那样受人青睐的特征。1990 年 Land O'Lakes 有限公司推出了“轻质黄油”（含 52% 的脂），它含有乳化剂，并添加了维生素 A 和防腐剂。 当时美国食品和药品管理局正在进行低脂产品标准的确认之中，所以 Land O' Lakes 有限公司的 “轻质黄油” 没有受到异议。 1993 年正式通过了上述新标准[63]，其中自动要求 Land O' Lakes 公司重新恢复含脂量为 40% 的配方，Land O' Lakes有限公司照此执行，并重新把轻质黄油产品投放市场。 这个产品取得了成功，并在美国市场上拥有一席之地。

在几个国家中已经生产出各种类似黄油的低脂产品。 产品中添加了稳定剂、牛乳和大豆蛋白、酪朊酸钠或酪蛋白、脂肪酸和其他添加剂。 在苏联，有一种已大批量生产的黄油商品具有以下组分：45% 乳脂、10% 非脂肪固形物和 45% 的水。 在 5℃时它的货架期为 10d[91]。 每一个国家都建立了本国的黄油和黄油制品的标准。 但为了满足消费者不断增加的需求，许多国家仍然在致力于低脂黄油制品标准的不断完善。

生产厂家在低脂黄油的生产中遇到过许多难题[92]。 用常规制备黄油的条件无法生产低脂黄油。 低脂黄油加工工艺与普通的人造奶油生产工艺相仿，而与现代的黄油生产方法（Fritz 法）无共同之处（图 1. 11）。 当然对脂含量只有 40% 的产品而言，生产条件是十分

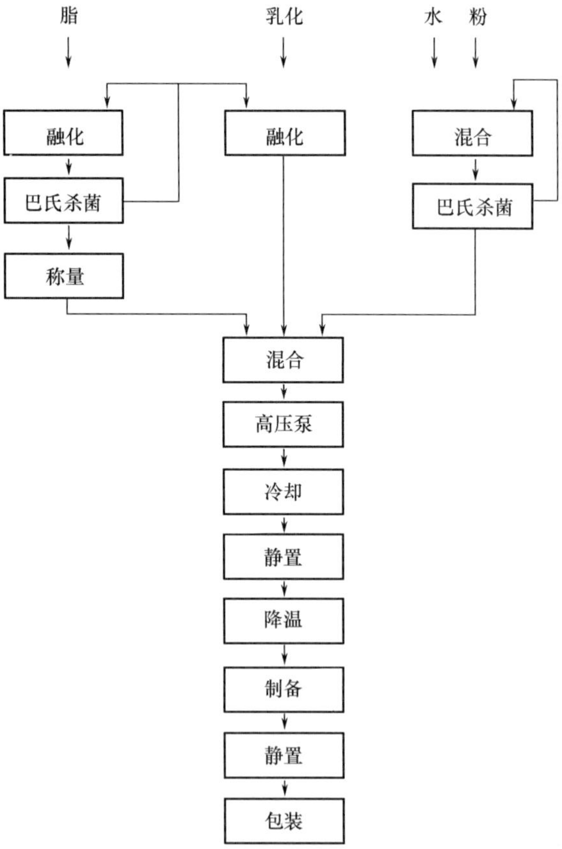

图 1. 11 低脂黄油和涂抹脂的生产示意图[81]

关键的。低卡路里的油包水型乳状液是一种水滴紧密装填的物质，在加工过程中或在产品的结构弱点处，随时都会发生有害的相逆转。这种情况一旦发生，会因微生物作用而大大降低产品的保质期限。就低脂产品的生产而言，选用刮板式换热器类的设备更为合适。

由于水相液滴堆积紧密，所以水相的组成十分关键。建议采用浓缩蛋白、酪朊酸盐、凝胶剂和特殊的乳化剂，使其易于乳化并使最终产品更为稳定[93~98]。就生产而言，所用的原料是一种混合物，它与终产品的化学组成相同。这种混合物包含了黄油、乳脂油、分提无水黄油或稀奶油等形式的乳脂肪，在许多情况下，它还含有乳固形物、浓缩牛乳（包括已溶解的乳粉和酪朊酸盐）和乳化剂（图 1.10）[81]。脂相混合物（黄油、乳脂油等）需熔化和杀菌。

各种组分经计量泵入乳化罐，如用乳化剂的话，在把乳化剂转移到乳化罐之前，先把它熔化，并与少量脂掺和后再加到脂相中去。同时计量和制备所需要的水相，添加脱脂乳粉，混合后消毒灭菌。水－乳混合物被送入乳化罐与脂相混合物混合。接着把乳液泵到特殊设计的刮板式冷却器中，在此处乳化液受到强烈的机械作用并被迅速冷却，过冷和发生结晶，形成油包水型乳状物。

现在已经研制成几种可供选择的加工方法。例如 APV Pasilac 法，它已被广泛应用于欧洲（图 1.12）[99]。这种连续式 APV Pasilac 法是相当简单的。只需把含脂 80% ~82% 的普通黄油和水相混配来达到所要求的含脂量，在特殊的黄油均质机中把混配物强烈机械均质，然后低脂黄油就可以去包装成成品了。如图 1.12 所示，生产低脂黄油装置还包括一套

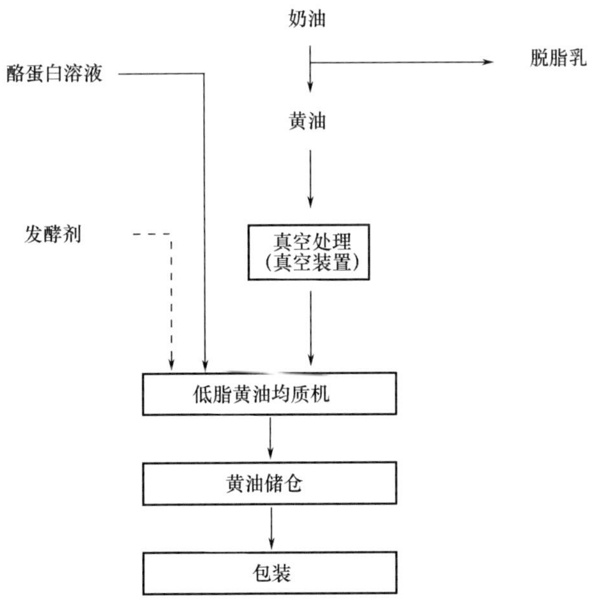

图 1.12 APV Pasilac 法流程图[99]

水相加工装置。水相的制备包含以下步骤：

一种或几种粉状配料溶解在水－乳液中；

溶液杀菌；

溶液冷却到乳化温度；

这种加工方法具有制备含脂量仅为28%黄油制品的能力[99]。

图1.13显示的是Land O'Lakes法生产低脂黄油（含脂40%）的生产过程。这种工艺与人造奶油生产方法十分相似。

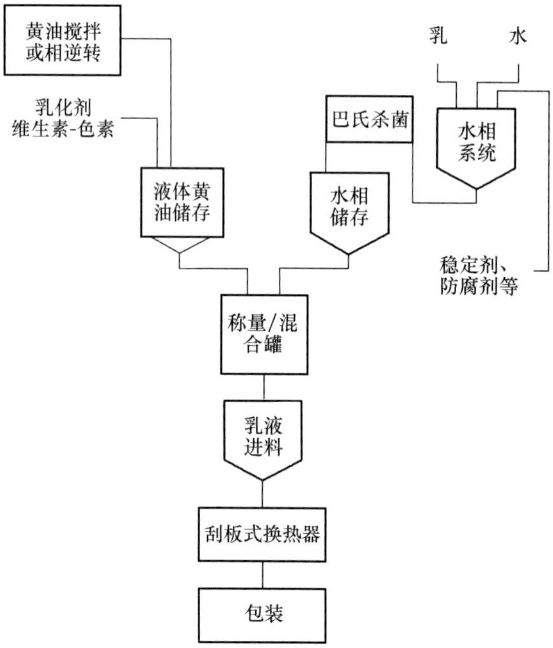

图1.13 Land O'Lakes法生产轻质黄油的流程示意图

脂肪代用品和零热量脂肪为人们提供了降低食品总脂量的潜在可能。营养学和贸易方面的专家们曾预言：对脂肪代用品，消费者将会表现出他们对甜味剂代用品相同的热情[100]。

图1.14所示为采用改性乳清蛋白浓缩物（WPC）制备无脂涂抹品的生产示意图。

1.5.9 物理和感官性质

1.5.9.1 稠度

稠度是指物质抵抗永久变形的性质，它由力与流动的完整关系所定义[34]。这意味着稠度概念包含了许多方面，无法用一个参数来表达。如今，在黄油稠度的评价方面，延展性较其他指标重要的多。通常认为黄油在冷藏温度时必须具有可延展性。但是没有一种

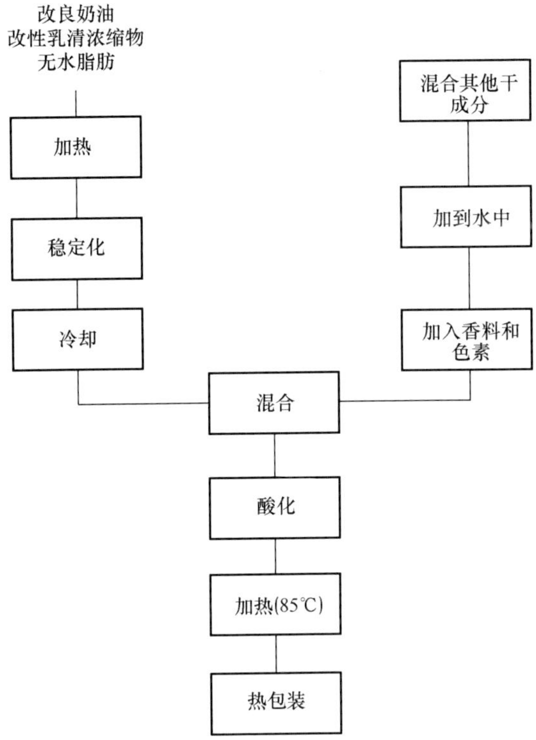

图 1.14　采用改性乳清蛋白浓缩物制备低脂涂抹脂的方法

适合方法可有效测定像黄油延展性这样主观性很强的指标。出于这个理由，选择与黄油延展性相关性很好的硬度作为测定评估黄油稠度的参数，建议采用锥形针入度计，并结合其他方法来测定硬度，可以获得很好的测定结果[101]。

1.5.9.2　风味

消费者公认黄油的最重要特性标志之一是它释放出的风味。黄油的风味是由许多挥发和非挥发性化合物共同构成的。学者们已经鉴别了40种天然挥发物，其中最突出的化合物是内酯、乙酯、酮、醛和游离脂肪酸[102]。而非挥发性化合物中最重要的是盐（氯化钠），它有利于形成一种稳定的风味形象。丁二酮和二甲基硫化物同样有益于风味的稳定，尤其可为发酵黄油增香[103]。

1.5.9.3　质地和质构

在黄油分等级中，用质地和质构两个专业术语来描绘黄油中可表征感官性质的物理特性是最恰当不过的了。这些术语的确切含义无法用明确的语言来清楚地表达和概括。常常它们被当作同一种意思而采用。如硬度和软度等性质被看成是黄油的质地，而把类似于松散性（openness）那样的性质当作是黄油的质构。但有些性质，如渗油性或易碎性的含义就很混乱。通常人们在多数情况下，用有关质地和结构方面的措辞来表达产品的某种缺陷，如粗粒感、黏性和胶黏性[86]。品质优良的黄油应呈现出细腻和紧密的质构，具有坚实和光滑的质地，并且在较低的温度下仍具有足以延展的可塑性。

1.5.9.4 色泽

黄油的颜色可以从明亮的奶白色变化为深米黄色或橙黄色。黄油色泽上的差异是乳脂颜色变化的结果，乳脂的色泽受奶牛饲料、季节变化、脂肪球体尺寸、盐分的存在或缺乏、黄油捏制的工艺条件和所增添天然色素物的种类和数量等因素的影响。

黄油的色素物是油溶性的，并大多数为天然的胭脂树橙（取自 *Bixa orellana* 胭脂树的种子）或天然胡萝卜素（取自富含胡萝卜素的植物）。由于它是油溶性的，所以着色剂加入到稀奶油中可以达到最均匀的分散。

1.5.10 质构化和延展性

改善黄油延展性最常用的方法是掺入空气或氮气，一般黄油持气之后体积增大 33%。这种制品被称为搅打黄油，是以桶装而不以块状的形式销售的。

黄油的稠度取决于固体脂肪含量，固脂含量直接受脂肪组成、搅乳前稀奶油所受的热处理情况、制备后的黄油所受的机械加工状况和黄油储存温度等多方面的影响[104]。在欧洲，商品市场要求黄油在冬天必须较为柔软和易于延展，而要求夏天的黄油必须较硬。通过气液色谱分析获得的脂肪组成变化，并利用核磁共振仪所得的固脂含量变化，选择适宜的调温方法以改变脂的组成，从而生产出被大多数消费者认可的制品。我们既可以采用改变黄油脂肪酸组成的方法，也可以采用改变奶油加热步骤和陈化时间与温度的方法，来获得可延展的黄油制品[105]。有多种可供选择的，能有效影响黄油延展性的方法。众多实例包括采用机械处理（质构化）[104,106~109]、稀奶油调温法（Alnarpin 法）[85]、冬夏产黄油混合法[107]、无水乳脂分提法[37,110~113]、脂肪酸酯交换法[105,114]、控制奶牛饮食法[38,115~117]和稀奶油陈化法[118]。当把几种黄油掺和在一起时，对乳脂的熔融和凝固曲线的了解是十分重要的（图 1.15）。

机械处理或捏制处理的方法涉及到脂晶体三维网状结构的破坏和晶体间链的断裂。一般只对结晶已完全的黄油施加机械处理（通常在搅乳之后 7d 可以使结晶达到完全）。晶体原有的结构是很坚固的，一旦被捏制破坏，将不能轻而易举重新建立，因此随后将形成一种新的次级结构。这种结构较为微弱，在捏制破坏之后可以迅速建立起来。

在荷兰，大块黄油通常用 Mikrofix 型均质机加工而成。均质处理使黄油在作为零售商品出售之前呈现一种较为可塑的结构[109]。

公开发表的第一个稀奶油调温方法（1937 年）是由瑞典的 Alnarp 乳制制品学会开发出

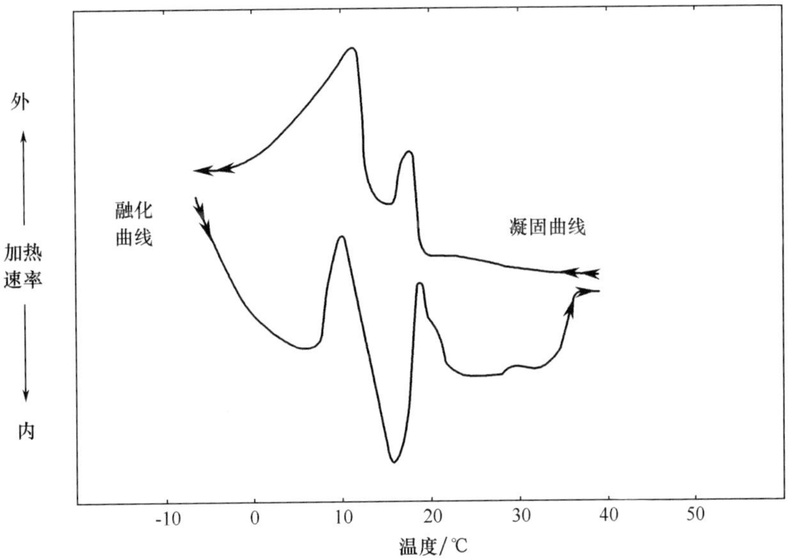

图 1.15 采用差示扫描量热仪得到的典型乳脂熔融和凝固曲线[107]

来的。并把这种方法和与其相似的方法统称为 Alnarp 法[107]。在原来的 Alnarp 法中，杀菌之后的稀奶油被冷却到 8℃，2h 后升到 19℃，保温 2h 后再冷却到 16℃，随后保温直至进行搅乳。经过改良之后的方法，允许一开始就把稀奶油冷却到低于总体凝固温度范围，以产生晶核。然后把这种稀奶油升到比低熔峰高几度的温度，促使高熔点甘油三酯结晶、低熔点甘油三酯熔化的分提过程的进行（图 1.16）。

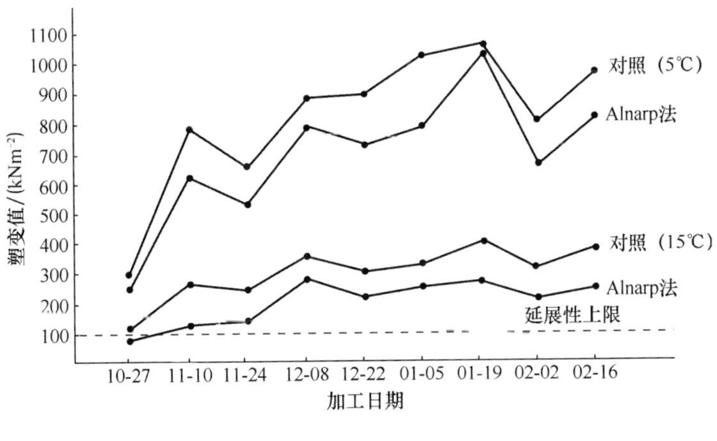

图 1.16 Alnarp 法处理对冬季黄油硬度的影响[107]

另一种可供选择的提高黄油延展性的方案是：通过供养奶牛特殊的饲料以改变乳脂脂肪酸组成。这种改变脂肪组成的主要时机是在奶牛实施室内喂养阶段，此阶段奶牛除吃一些青饲料之外还食用一些浓缩料。如在饲料中加入大豆油，大豆油的亚油酸和亚麻酸在反刍动物瘤胃中多数被转化为 $C_{18:0}$和一些 C_{11} ~ C_{18}反式烯酸。在奶牛的肠壁和乳腺中含有一种脱氢酶，这种酶可以把 $C_{18:0}$转化为顺式 11 – $C_{18:1}$。吃这种饲料的奶牛所产生的乳脂也许会含有60% 左右的十八碳酸，其中 $C_{18:1}$（顺式和反式）为主。这种乳脂含有相当少量的 $C_{16:0}$、$C_{14:0}$、$C_{12:0}$、$C_{10:0}$和 $C_{8:0}$，原因是乳腺中脂肪酸从头合成作用受到遏制。$C_{4:0}$的含量（质量分数/%）保持相对稳定（这暗示 $C_{4:0}$物质的量比将稍有提高），而 $C_{6:0}$的质量百分率稍有下降。这两方面的情况说明：$C_{4:0}$和 $C_{6:0}$所经历的合成途径已显得相对次要[38,114,116,117]。由于乳脂中不饱和十八碳烯酸含量较高，所以其熔融温度范围较低，最终得到一种在冷藏温度下仍具有合理延展性的黄油[114]。

让奶牛吃经过保护处理的不饱和脂肪，一般会导致牛乳脂肪比率和产率的提高。不过在这种场合下成本则主要与饲料的制备相关，因饲料的制备涉及油 – 水 – 蛋白质混合物的均质和喷雾干燥。实际上，目前这种喂养方式尚未大规模应用[116]。虽然这种可以改变牛乳脂肪脂肪酸组成的方法其科学上已证实可行，但出于经济方面的一些顾虑，妨碍了这种方法的推广应用。

在致力于改善黄油延展性的研究中，涉及乳脂中硬脂的馏分问题。对无水牛乳脂肪进行分提，获得软脂馏分是一种可供选择的改善方案。虽然曾报道了几种实用的分提方法，但利用黄油制品生产中的黄油软脂馏分，不是通用的方案，因为分提处理会大大提高黄油生产的成本。另外还存在一个共同的难题——如何合理利用硬脂馏分。进一步讲，在采用溶剂或添加剂的分提方法中，分提后必须紧接着对脂馏分进行精炼，在精炼过程中，黄油同样会丧失其天然食品的属性。在使用黄油软脂馏分的研究工作中，曾经使黄油得到显著的软化；不过这种黄油当温度升高然后再次降低时就会变硬[118]，这与正常黄油十分相似。由于牛乳脂肪具有从 – 30℃开始熔化的宽熔程，所以采用干法分提是可行的。控制牛乳脂熔体冷却过程，可以产生尺寸适宜的晶体，这种晶体可通过过滤或离心分离的方法与母液分离。科技人员已对牛乳脂熔体冷却结晶分提进行了广泛的研究[37]。从这些研究成果中可以得出以下综合性的结论：短链甘油三酯和短链脂肪酸和不饱和长链脂肪酸将富集在液态馏分中；在脂熔体的结晶过程中，按分子尺寸大小分离的效率很差；风味化合物、色素、维生素 A 和胆固醇在液态馏分中得到一定的富集。

目前，无水乳脂干法分提通常使用两种常规设备 Tirtiaux 装置和 De Smet 装置（均来自比利时），均用于工业规模结晶。广泛应用的 Tirtiaux 干法分提工艺能使无水奶油在2 ~ 50℃的温度范围内的任何一个温度下实施一步或五步分提[37,110 ~ 113]。由此得到的各种牛乳脂肪馏分可以按各种比例进行复配混合，混合物可以作为各种食品的配料。这个方法的主要缺点是：从产生晶核到完成晶体生长所需的时间太长（8～12h）。

用低熔点液态馏分制得黄油制品以及主要用低熔点液态馏分和少量高熔点馏分掺和制得的黄油样品在冷藏温度（4℃）表现出优良的涂抹性，并在室温下（21℃）几乎全部熔化。用高比率的低熔点液态馏分和少量高熔点固脂以及少量极高熔点固脂馏分混合成的黄油制品不仅在冰箱冷藏温度下具有延展性，而且在室温条件下有较好的保型性（图1.17）。

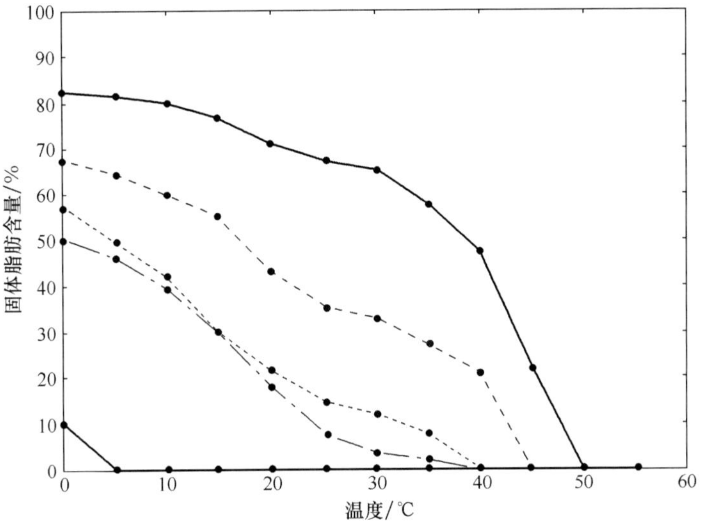

图1.17　固体脂肪含量

对照样和无水乳脂，—·—·—·；低熔点馏分、高熔点馏分和20%极高熔点乳脂，…。

用在低、高熔点和20%极高熔点黄油中的乳脂馏分：30℃分提到的固脂馏分，---；

13℃分提到的液油，最下面的线；15℃分提到的固脂，最上面的线[110]

在室温下可倾倒的、非分提的复配黄油已有专利报道[119]。

1.5.11　无水牛乳脂肪的制备

就乳脂油或无水牛乳脂肪的加工而言，为确保产品质量而制定的方案，重点同样是针对原材料的品质方面。除了没有采用真空脱臭以外，在用稀奶油加工成奶油时要考虑的问题，与用稀奶油加工无水牛乳脂肪要考虑的问题是相同的。由于稀奶油储存在常压条件下，所以防止它的氧化是很必要的。氧化反应也许是乳脂品质恶化的首要途径。由于氧化反应是自动催化的（即反应产物本身是进一步反应的催化剂）。因此，对库存的黄油进行常规质量检测时，过氧化值和脂肪酸度的测定可能会产生误导性结果。已经有人建立了一种脱气的方法以减少潜在的氧化可能[74]。

存在于牛乳或稀奶油之中的牛乳脂肪，仅是稳定的油包水型乳状物中的一部分。乳状物因包裹住牛乳脂肪球膜（MFGM）中富含磷脂和蛋白质而变得很稳定。在无水牛乳脂肪的制备中，一切措施的目标是使乳化物破乳，并离析出全部非脂性固体和水（图 1.18）。为了达到这个目的，牛乳脂肪球膜首先被机械或化学方法破坏。均质是机械处理方式之一，其使这层脂膜破裂从而使脂膜分裂。就化学方法破坏脂膜而言，可以在牛乳或稀奶油中添加酸，如柠檬酸，把 pH 调低到 4.5 左右[120]。通过蛋白质沉淀，脱除一种能保持脂球膜完整性的成分。用稀奶油直接加工成无水乳脂的工厂常常有三套分离装置。在第一套分离装置中，当稀奶油进入均质机发生相逆转之前，先使其含脂量从 40% 提高到 75%。接着这种奶油进入第二套分离装置，得到脂含量 99% 左右的乳脂油。在进入第三套分离装置之前，用水洗涤乳脂油，最后在 95℃、真空度为 4.67 ~ 6.67kPa 的脱水器中脱去最后的微量水分。这种脱水器常常是一种简单的釜。乳脂既可以在釜壁上形成薄膜的形式进入釜中，也可以喷雾状进入釜中，以求得最大蒸发表面积。这种装置不会脱除主要的风味物，因为设备中蒸汽流速、温度、压力条件与风味物的完全脱除是不相称的。如采用黄油来制备无水牛乳脂肪的话，应先把新鲜的或大块的黄油加热软化到接近可泵送的程度（50℃），并把它们输送到一台板式换热器中以提高料温（70 ~ 80℃）。然后油相通过一

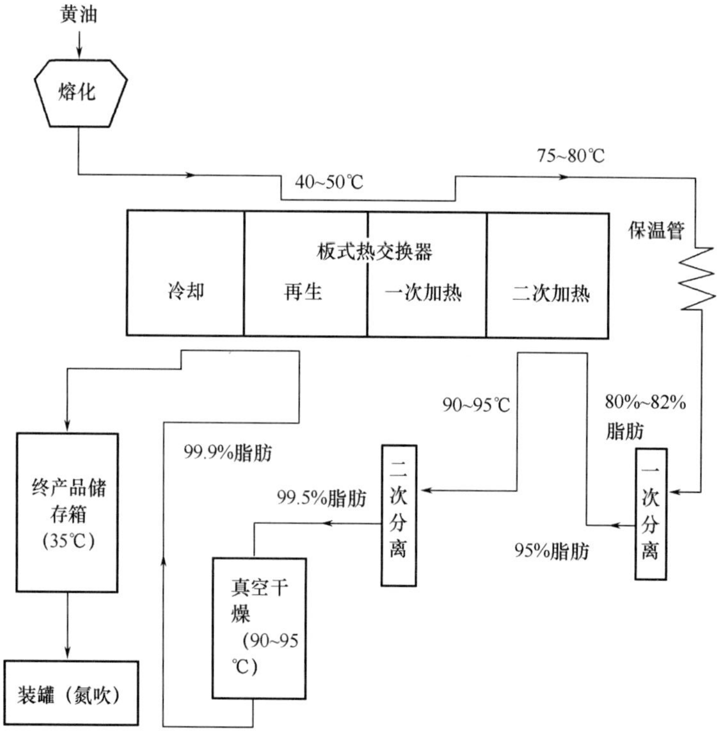

图 1.18　无水牛乳脂肪的生产[120]

组分离装置处理之后再去真空干燥。在最后一组分离装置脱除最后的微量非脂肪组分之前，有时也需要进行水洗（图1.18）。

从产品的制备与产品的外观和质构而言，无水牛乳脂肪比传统的黄油具有更多方面的优势，实际上传统黄油的物理性质更易遭受季节变化的影响。无水黄油的优势在于其物理特性可以标准化（通过选择和混合生产中所采用的原料）以及通过分提技术调整其特性。这一点对于工业化大规模地使用黄油而言是格外重要的，而对于生产自动化、质构化处理（调温）标准化而言，黄油物性（流变性）和感官性质的相对稳定是必不可少的条件[121]。

1.5.12 包装

包装的目的是为了保护产品，免于它遭受周围环境的不利影响。为了使乳脂免受来自生物、化学和物理方面的破坏，已研究出多种包装方式。要包装乳脂油和无水牛乳脂肪这样的工业制品时，类似5L的罐、20L和25L的桶的包装容器是最为流行的。这些容器常常有一条侧面的焊接边缝，但容器内部十分平整。乳脂与食用油不同，它对马口铁有腐蚀性，所以容器内表面需用包金环氧苯酚进行喷漆，如用美国国际油漆公司的“IP180”型喷漆。如果容器有一条边接焊缝的话，那焊缝内未加工的钢板缝边需用卷边抛光喷漆（即两种分开放的环氧聚胺）的方法加以保护。所有应用于食品罐头喷漆用的漆都必须具有食品与药品管理局（FDA）的认定资格[122]。较大的圆桶（正常情况下为210L，最大容量达218L）需要较为坚固的器壁，以经受住储运过程中所受到的较大机械力。当产品采用冷库冷藏时，可以采用刚性较小的包装形式。经浓缩处理的黄油，目前主要是作为家庭烹调用油零售，欧共体还提供补贴。在正常情况下，这种浓缩黄油制品不是用羊皮纸包裹包装，就是用贴箔的羊皮纸包装，与黄油所采用的包装材料相似[123]。

对于贴箔式、羊皮纸或其他软薄膜包装材料，要求乳脂具有与刚刚搅乳加工和捏制成的黄油相似的可塑性。乳脂产品的最佳软度取决于所用包装装置设备的要求。在美国，有把产品整体打包消费的习俗，所以有一部分产品的包装是把四个独立包装成0.113kg（0.25磅）的产品一块装在每盒0.452kg（1磅）的盒子中。食品服务机构还提供了多种包装形式的黄油制品，有用贴箔羊毛纸包成5～25g的欧洲大陆流行的形式，或有用聚乙烯膜铸杯包装的产品。作为大批量货物的处理方式，常把塑性脂品或黄油装在有聚乙烯衬里的纤维板箱子中。在任何情况下包装的目的都是充填产品到定量程度，使其暴露空气减至最小。必须避免乳脂充气，因为氧化酸败是降低产品货架寿命的主要因素。

1.5.13 储存和运输

产品的储藏条件取决于产品的最终用途、包装情况和所需储放的时间。用密封罐头和桶包装的乳脂，受储藏环境条件的影响最小。产品通常在常压下于库房存放，但库房必须与存放其他食品原料的条件有相同标准[122]。在欧盟国家和美国，温度条件不是主要考虑因素，但对热带地区的国家而言，那里的气温可能高达35～40℃。当温度高于30℃时，乳脂的腐败相当迅速，储存的乳脂品可能会逐渐产生令人讨厌的氧化臭味。

也许冷藏有利于提高产品的储存寿命，但是罐式或桶装产品的运输也许要在室温下进行。因此必须避免高温和多雨的环境，以减轻因包装材料生锈、滋生霉菌而必须承担的额外清理工作。桶装产品必须放在远离高温和有害化合物的地方。对长途运输而言，可采用标准货运集装箱的形式。

包装在有聚乙烯内衬纤维板箱中的牛乳脂肪受所储存环境条件的危害影响很大。因为氧气可以透过包装材料，所以产品易于氧化。因此必须采用冷藏库房（10℃，最好是5℃）来降低氧化速率和保持包装物的硬度。同时还必须控制库房内的温度，以免纤维板箱子上面滋生霉菌。由于气味物同样可以透过包装材料，所以库房内不能同时放有其他有很强气味的食品，以免牛乳脂肪吸收异味（如鱼、洋葱、大蒜等）。

在－20℃以下的条件储存，风味转移和氧化酸败的可能性很小，因此在长期存放优先选用此法。当黄油需长时间（5年以上）储存，可以把黄油存放在完好密封的冷藏箱和冷藏库中。抽出空气并补充氮气或其他惰性气体的混合物，使冷藏室内压力与外部气压相等。这种方法可以能保证在长期储存期间不会发霉和腐败[124]。

冷藏过的黄油可能会丧失其结构特性。曾建立过一种可以改善质构的方法，用凿子把经过深度冷藏的，并含有一定含水量的黄油存货一块块凿下，然后在凿下的黄油块中添加经计量过的水。让黄油块状物通过真空室进入黄油搅乳机中，该设备起连续捏制搅拌的作用。用一台高压油泵将物料连续不断地带压通过捏合搅拌机[125]。

制定严格的有关牛乳脂肪货架寿命方面的标准是不可能的，因为牛乳脂肪的货架寿命主要取决于用户可接受的产品质量标准，并受到以下因素的影响：①原料的质量；②包装情况；③温度条件。随着储存时间的延长，黄油制品风味方面的缺陷将越来越明显。异味和过氧化值变化之间的相关性不是简单的线性关系[126]。当过氧化值小于0.6meq O_2/kg时，氧化异味并不明显，但过氧化值大于1meq O_2/kg时就可以觉察到酸败味。必须指出上述数据都是按国际乳品联合会（IDF）所规定的过氧化值测定方法[127]检测到的，与用其他方法测得的结果有可能不同。在国际乳品联合会（IDF）标准中，所规定的其他乳脂等级产品是无水奶油和乳脂油。无水奶油是用黄油加工的一种稀奶油制品；它可能经过了不同程度的陈化，但必须无明显不洁的或其他令人讨厌的味道和气味。乳脂油是用黄油或稀奶油加工的产品，同样可经历不同的陈化过程，而且也必须没有明显的不清新的或其他令人讨厌的气味和滋味。

1.6 乳脂制品

1.6.1 乳脂－植物油的掺和制品

首先大批量生产的涂抹脂是于1963年在瑞典用乳脂和植物油掺和加工而成的。这种品牌为Bregott的制品含有80%的脂，且脂相中的80%是牛乳脂肪，20%是大豆油[128]。根据瑞典和美国的食品标准，Bregott应是一种人造奶油制品。1974年，瑞典科学家在欧洲同样研制成第一种低脂含量的涂抹脂，并获得了大批量工业化生产的成功。这种品牌为Latt和Lagom的产品含39%～41%的脂，脂相中的60%为牛乳脂肪，40%是大豆油。它们被公认是一种低卡路里的人造奶油制品。Bregott出口销往澳大利亚，而Latt和Lagom销往日本和法国[89]。Bregott产品在芬兰很受欢迎，但配方中用的是菜籽油[83]。

其他品牌的产品（获得Bregott专利特许）有芬兰的Voimariini、挪威的Bremykt、冰岛的Smjorvi、澳大利亚的Dairy Soft。还有一些相似的产品，它们是英国的Clover、爱尔兰的Dairy Gold、Kerry Gold和Gold'n Soft，不过这些产品并不是全部。后一类混合制品是高脂（含脂量75%～82%）类制品，并且黄油占脂肪总量的50%[93]。这些制品大多数是用搅乳机或采用连续式生产的黄油设备加工而成的。

Bregott制品的制备过程首先是稀奶油的杀菌，然后冷却和调温处理。用生产黄油中所采用的培养物来发酵。计量后的稀奶油和大豆油在搅乳机中混合，或者在连续式黄油生产线中，在搅乳之前加入植物油，其副产品是脱脂酸乳。

普遍采用的植物油是大豆油。在黄油含量很低的产品中，为了达到良好的可塑性，不仅要有植物油而且要有氢化植物脂。假如制品所含的黄油占总脂量的比例很少，如英国的Golden Churn品牌的产品，其制备方法与现代的黄油生产方法完全不同。在这种情况下，其工艺和常规人造奶油的生产过程十分相似，只是一部分脂被乳脂所替代。乳化后的物料在刮板式冷却器中冷却（图1.19）。

最近研制成功了一种含脂量很低的涂抹制品。由欧洲人率先大批生产的这类制品是由St. Ivel公司制造的，并被命名为St. Ivel's Lowest。该产品含有25%的乳脂，其饱和脂含量比葵花油型人造奶油更低[129]。

20世纪80年代初期，美国市场上出现了黄油和植物油混合的制品。在美国市场上占主导地位的，是由Land O'lakes公司生产的，是美国早期制造的混合产品。该产品一般有80%的含脂量，其总脂量的40%是黄油，60%是植物油，由于其符合人造奶油特性标准，所以被标注为人造奶油。到了20世纪80年代中期，降脂涂抹脂（含脂量少于80%）越来

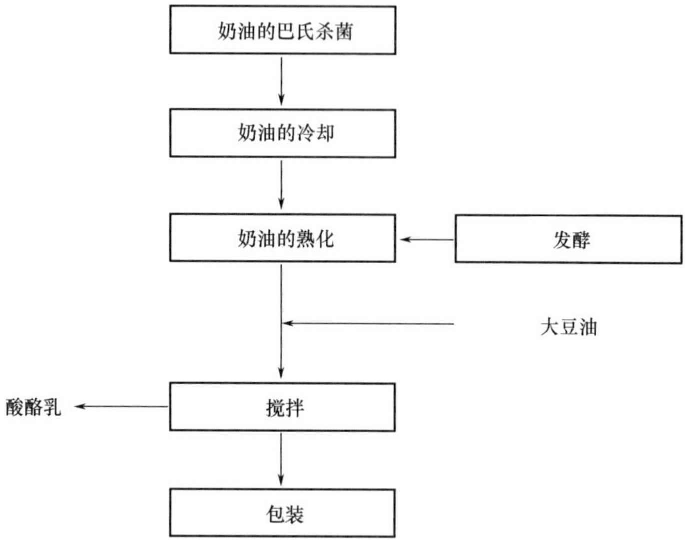

图 1.19 黄油 – 植物油掺和制品生产流程图[93]

越受欢迎，另外不断涌现出一些只含 2% ~25% 乳脂的混合型制品。含 80% 脂的人造奶油逐渐失去了它原有的市场份额，这一部分市场被低脂涂抹脂和掺和混合型制品所占有[130]。

许多生产工艺已经采用连续化搅乳[97]和类似于 Cherry – Burrell Gold'n 流程[98]的替代系统。不管是间歇式还是连续式搅乳法，它们的主要缺点是：会使脱脂乳掺杂一些植物油，从而失去标准脱脂乳所具有的价值。该工艺的优点是：可以很容易地制备出低含脂量的混合型涂抹制品。当人们关注健康问题（如脂肪饱和度）并希望涂抹制品具有优异的延展性时，用黄油和植物油混合制成的制品将为消费者提供一种替代黄油的食品。

1.6.2 酥油

按有关规定，酥油是一种全部由牛乳和（或）其他各种富含脂肪的动物类乳加工而得的产品，它采用脱除几乎全部水分和非脂固形物的方法（与无水乳脂制备方法类似）来制备，并且在加工过程中逐渐形成独特的风味和结构。即便如此，大多数酥油由于含有一些非脂固体物而增强了产品的风味。

制备酥油时，通常需把黄油加热到高于无水乳脂制备中所达到的温度水平。非脂类固体物和牛乳脂肪被高温处理后，产生了一种强烈的奶油风味。不过传统的酥油产品，如中东国家和亚洲国家制备的酥油有一种轻度的腐臭味。这一点应归咎于在酥油制备和储存方面的技术还不够完美。欧共体国家中，生产酥油的厂家同样可以采用在无水乳脂中添加丁酸己酯的方法来生产酥油[119,131]。目前已经研制出一种人工合成的香精，它可以使酥油具有乳脂油的风味。

一种人工合成的香精是 δ －G_{10}内酯（3mg/kg）、δ －G_{12}内酯（15mg/kg）、癸酸（5mg/kg）和 Kenanone－2（10mg/kg）组成的混合物。这种方法比采用粉末香精工艺更简单、省时和经济。经增香的乳脂油保质期为 2.5 个月。不过，添加合成抗氧化剂，诸如通过加 0.02% 的丁基羟基茴香醚可使其货架期有效延长，并达到与常规酥油相媲美的程度[131]。

1.6.3　作为配料用的乳脂

1.6.3.1　重组产品

重组型牛乳和重组型乳制品有两种主要成分，它们是无水牛乳脂肪和非脂类牛乳固体物。但对于重组食品行业而言，可利用的脂质资源非常广泛，但只有为数不多的几种脂肪可广泛使用。大多数国家常常只使用无水牛乳脂肪。人们可以把水、风味物和其他所需要的各种配料（即糖、乳化剂和稳定剂）按恰当的比例混合在一起，以制备各种各样的制品，如甜炼乳、冰淇淋、重组黄油或牛乳（含脂量为 1%、2% 和全脂型）。为了避免产生异味，在上述所有应用中，必须采用最高级制品的无水牛乳脂肪。重组黄油已有一些详尽报道[132]。

关于无盐黄油的加工问题，在新西兰曾研发出一种乳脂新品，就是把高级的黄油风味物简单地加入到无水牛乳脂肪中。这种产品首次面世时，用新鲜且冷冻的乳脂进行重组最受消费者的认可，它很快就成为无盐型黄油[72]的首选替代品。

1.6.3.2　奶油松饼、蛋糕和饼干制品

总体来说，在几乎所有的焙烤应用方面，脂肪起到了多种必需的、营养上的、工艺上的、功能性的和感官方面的作用。在涉及奶油松饼、饼干、巧克力糖果等大多数种类制品的生产时，油脂的物理特性使其在奶油化面糊制备方面以及在最终成品所期望具有的外观和结构方面起到了十分重要的作用。上述这些性质中，首要的是油脂的流变学特性（稠度、可塑性和组织结构等）及其熔融和结晶习性，这些性质取决于油脂的种类、温度及其加工条件。

糕点、饼干和糖果中所用油脂具有不同的作用，这些作用取决于其流变性质（可塑性和质构情况）。在糕点中脂的主要功能：①提高糕点的可塑性（硬糕点的水化能力较低）；②使糕点结构断裂（即脂肪可以破坏糕点的面筋结构，产生所期望的松脆性，如饼干）[121]。

1.6.3.3　夹心糖果和酒心巧克力

在巧克力糖果中，以及针对糕点奶油而言，与油脂熔融和结晶相关的物理性质是至关

重要的。就牛乳巧克力而言，作为涂层料或条装制品使用时，无水牛乳脂肪的用量取决于牛乳脂肪和可可脂的相容性，不能因添加了牛乳脂肪而使可可脂原有的硬脆性和35℃入口即化的性质发生改变。因此，目前认为可以使用的牛乳脂肪只能是无水牛乳脂肪结晶分提得到的高熔点馏分。总的来讲，牛乳脂肪具有一种引人注目的特性，它可以抑制巧克力糖果出现脂霜[133]。

对糕点奶油而言，最为理想的脂肪是一种入口即化的无水牛乳脂肪。根据分提技术，可以根据糕点奶油的种类情况来选用各种不同的无水牛乳脂肪制品。

由于黑巧克力中牛乳脂肪含量较低，所以这种产品容易起霜。曾有报道：乳脂的硬脂馏分（乳脂硬脂精）在黑巧克力中起到抗脂霜的作用，从而使巧克力的货架期得以延长。不过，目前只限于少数几个主要的巧克力生产国家使用硬质乳脂[133]。

不同的国家对牛乳巧克力中牛乳脂肪、脱脂乳粉、全脂乳粉和牛乳固形物总量的规定是不相同的。有些国家允许牛乳巧克力中存在非牛乳脂肪类油脂，尽管由此可能会使巧克力风味和质构有所改变。

在奶油酒心糖和相关饮料中优先选用的牛乳脂肪毫无疑问应是经二次分离的稀奶油，但是使用这种稀奶油可能会有一些问题，尤其当鲜奶油中有钙和其他离子型物质时。一种解决上述问题的方法是对鲜奶油进行洗涤，以脱除所有离子型的物质，但是这样的处理实施起来有些麻烦。所以建议采用无水乳脂作为原料。

1.6.3.4 其他用途

在冰淇淋和冰冻牛乳中，如采用黄油和无水牛乳脂肪的话，常常需要添加较多的乳化剂，因为制备黄油和无水牛乳脂肪的过程中，原先存在的天然形成的乳脂乳状物已被破坏。乳脂也可以应用在鲜乳酪、冰淇淋乳酪、干乳酪和塑性乳酪之中。冰淇淋含有的牛乳脂肪量较高，在世界范围内，相当多的牛乳脂肪是用于冰淇淋的生产。

1.6.4 粉末乳脂肪

把脂肪转变为粉末状物质的主要目的，是为了提高它的微生物稳定性、可加工性和功能性。粉末油脂制品主要有两类，第一类产品只有在含有相当多的高熔点脂馏分的情况下才可以形成。假如把熔融状的脂以微小的液滴喷入大气之中，那么它将立即凝固成为精细的、互相离散的颗粒。第二类制品采用了某种载体结构。对油和脂而言，这种结构是十分必要的，例如含有较多的低熔点甘油三酯馏分的乳脂。可以在喷雾干燥之前或之后，在脂中加入载体。

干乳酪常常被加工成适用于各种场合混配物的一种配料。在它的组成中，至少40%是乳脂肪，而且脂含量可以高达70%，一般含22%～57%的脱脂乳粉和0.5%～5%的水。

国际乳品联合会（IDF）的牛乳干燥和浓缩专门委员会（1962年）曾建议，把含有60%或60%以上牛乳脂肪的粉末奶油称为“黄油粉（butter powder）”。后来该机构又提议：黄油粉中最少应含80%的乳脂[134]。可以根据其用途，而改变粉末黄油组成中非脂肪组分的种类和数量。粉末脂品中可以包含脱脂乳粉、酪朊酸钠、柠檬酸钠、硅酸铝钠、蔗糖和乳糖[134]。它还可能含有一些其他的微量组分，如抗氧化剂、乳化剂、流动促进剂和稳定剂等。组合这些物质的目的，是为了制备出一种稳定的、绒毛状的、可以自由流动的、不油滑和松散的含牛乳的粉剂。把含80%～85%脂肪的黄油粉加水重新还原为黄油时，将无法满足有关黄油方面的法规规定和感官结构方面的要求，因此它不具备作为常规黄油应用的市场竞争力。高脂型粉末脂品的潜在应用范围包括，用在类似黄油的涂抹制品、咖啡或饮料伴侣、汤料、调味浆和正餐之后的奶油点心、筒装冰淇淋、炒蛋和煎蛋卷、布丁和煎饼混合料和充气性脂品等场合。

1.6.5 特殊的黄油制品

1.6.5.1 风味黄油制品

在欧洲市场上，风味类黄油制品（大蒜味、洋葱、胡椒、柠檬味等）的销售非常成功并且销售量很大[135]，但是这类产品在美国市场上销路并不好。在美国只是在超市、副食品商店和某些饮食店才有很有限的销路。风味类黄油制品的制备相当简单，但是创造出期待的风味则需要相当好的技艺造诣。

1.6.5.2 低致敏性黄油

1992年，在美国授予了一项低致敏性黄油生产专利权[136]。这个专利拥有几款限定权项。这种产品是用无水乳脂加工而成的无菌类固形物，它几乎不含非脂肪固形物（99.9%为脂类固形物）。

1.6.5.3 黄油风味物

几十年来，人们为了提高黄油的风味，一直采用黄油水解法去制备和浓缩游离态脂肪酸。最近生物工程方面的专家们已经研究出较为经济且能大量生产出各种高纯度酶制剂的方法。由于来自微生物源脂肪酶（甘油酯水解酶）的供应得到发展，这些酶的反应特性有可能利用到科学家们的新发明中。其中，有一种脂肪酶的应用已日趋完善，即利用天然来源的原料和酶生产脂解风味剂。

固定在疏水性载体上的脂肪酶具有以下潜在作用：①保护脂肪酶，并且在某些场合固定化酶的活性要比未固定化酶活性高；②提高酶的热稳定性；③避免因酶的残留活力而产生的脂肪酶改性产物对产品造成的污染；④提高单位酶量的生产能力；⑤可以进行连续化生产。脂肪酶对疏水性界面的亲和性构成了酶作用机理的基本要素。利用固定化脂肪酶反应装置具有很好的应用前景，该装置是由一大堆捆在一起的空心纤维组成的，这种纤维用多孔状疏水性聚合物加工而成[137]。

1.6.5.4 耐储存的奶油（长期奶油）

货架期得以延长的奶油，是采用常规的分离工艺并经过单次或二次热处理（95～135℃）的方法加工而成的产品。经过如此的热处理产品几乎达到无菌的程度。任何存活的细菌都形成了孢子形式。通常产品采用无菌包装机包装，或者在经过改装过的，诸如配备双氧水喷淋和装配有紫外灯的非无菌包装器内包装[76]。

1.6.5.5 不耐储存的奶油（短期奶油）

对货架期较短的奶油而言，其货架寿命取决于牛乳中的细菌数量，加上良好的车间卫生情况。其热处理温度范围为75～95℃，保温3～30s，然后被冷却到10℃以下。一般情况下，最后的产品在陈化罐或在冷库房的零售容器中，被进一步冷却到5℃以下。这种产品的货架寿命为12d[76]。

1.6.5.6 超高温奶油

经超高温处理的奶油，是采用间接或直接加热到135～140℃、保温1～4s、随即冷却到室温的方法制备的。这种奶油需采用无菌包装。由于要求这种产品的货架寿命长达3～4个月，因此必须避免发生容器内物料上端浮起一层脂肪或奶皮状物的现象。为此，所有的超高温奶油，包括鲜奶油都必须经过均质处理。均质既可以采用逆流式也可以采用顺流式进行。如采用顺流式均质，必须使用无菌均质机[76]。

1.6.5.7 脱胆固醇的牛乳脂肪

20世纪80年代，在降低胆固醇乳脂方面，人们开展了大量的研究和市场推广工作。但是所有的这些努力都是徒劳的，因为创造出一种以“较健康”为前提的脂肪（针对黄油或牛乳或其他乳制品而言）本身是不妥当的。长久以来营养学方面的团体就达成共识：饮食之中的胆固醇量与血清中胆固醇含量之间的相关性很弱，而摄入脂肪总量中饱和脂肪的占比对人体健康的影响更大。另一方面，1993年美国食品与药品管理局（FDA）颁布的新标准[63]否定了脱去胆固醇乳脂的有效价值。新的法规要求：能称为低胆固醇的产品，必须在每次提供的脂肪中，不能含有高于2g的饱和脂肪。由于黄油中将近65%的脂肪为饱和型的，所以脱除饱和的乳脂品是不划算的，因此脱除乳脂中胆固醇的方法同样毫无经济价值。

1.6.5.8 去饱和的牛乳脂肪

除化学方法和酶法可脱除脂肪饱和度之外，人们在用特殊饲料喂养奶牛，以改变黄油饱和程度，并很好地提高所期望脂肪酸种类百分比方面[38,115,116]已经进行了广泛的研究。总体上，在了解瘤胃生理学和消化与功能性方面已经取得了长足的进步，但是经济方面的可行性依然是令人无法接受的。最有前途的技术是采用经过保护处理的油脂饲喂方法。在该方法中，被保护的脂肪通过反刍动物的瘤胃（脂肪氢化处）进入其余的消化系统，脂肪在瘤胃被吸收后，紧接转入乳腺之中。这种方法给奶牛摄食的不饱和脂提供了很好机会，使之能保留本身的不饱和度，直到它们被合成牛乳脂肪。在食用脂和牛乳脂肪的改性方面，生化技术提供了一些可供选择的方案。虽然在寻找新的酯解和酯化方法方面，已进行了大量的深入研究，但至今为止，这些研究进展仍然处于实验室水平上。尽管如此，商业化的应用也许就会从这些引人注目的研究之中浮现出来。

1.6.5.9 营养和健康制品

几乎所有的乳制品都可以被看成是特殊营养物（维生素、矿物质、特殊的菌群和微量营养素）的优良载体，因此为了强身健体，人们会提高乳品中天然营养物的含量，以制备营养性或功能性食品。利用诸如双歧杆菌和嗜酸性乳酸杆菌之类的特种菌群而制造出来的发酵黄油被公认为是富有营养的食品典范。使用这些菌生产出的黄油涂抹制品（Fittis-port）已投放法国市场；另一种低脂的制品也已进入德国市场[138]。另外，已发现乳脂的游离脂肪酸具有抑制某些病原菌（如单核白血球增多性李斯特菌）的作用[139]。

一篇美国专利[95]曾报道过一种含有乳脂的人工构制出来的脂品。这个发明与混合脂肪酸和混合甘油三酯的酯交换产物有关，所采用的甘油三酯包括构成稀奶油和黄油的主要组分——乳脂。这种产品既可以作为食品，又可以作为一种固体或营养源增补物。

1.6.5.10 非食品用途

牛乳脂肪的非食用性方面的用途曾被认为是无足轻重的。不管怎样，牛乳脂肪及其分提产物仍可能存在一些潜在利用价值，例如可应用在制备药品或化学制品方面。Land O' Lakes 公司和 Amerchol 曾联合开创了在化妆品中使用牛乳脂肪分提产物的工作。他们的第一代产品，被称为 Cremoral 的商品已于 1993 年投放市场[140]。在美国，由于牛乳脂肪价格的显著下降，尤其是相对于其替代品，所以将牛乳脂肪应用在工程化学或其他非食用性方面的兴趣重新得到激发。

要想找到某个专一的牛乳脂肪市场以弥补黄油销售额的下降，似乎是不太可能的。相反，我们需要寻找到黄油的各种小用途。假如想如此去做的话，乳品行业就必须很好地了解乳脂结构方面的详细情况，并去发现其各种成分的功能特性。人们致力于牛乳蛋白质组成方面的研究，目前已经取得了相当大的成功。如果人们致力于黄油脂肪方面的探索，也许同样会获得公正合理的回报。

1.7 经济价值

黄油的产量和消费量经历了长时间下降，2001—2004 年的黄油产量如图 1.20[141] 所示，从 1985 年开始，突然发生了戏剧性的转变，人们的目光已经从全脂黄油、人造奶油和混合型制品身上，转移到含脂量低于 80% 的餐用涂抹制品上[88]。这类涂抹制品涵盖了所有非标准化餐用涂抹制品（即脂肪含量为 0 ~ 79.9%）。

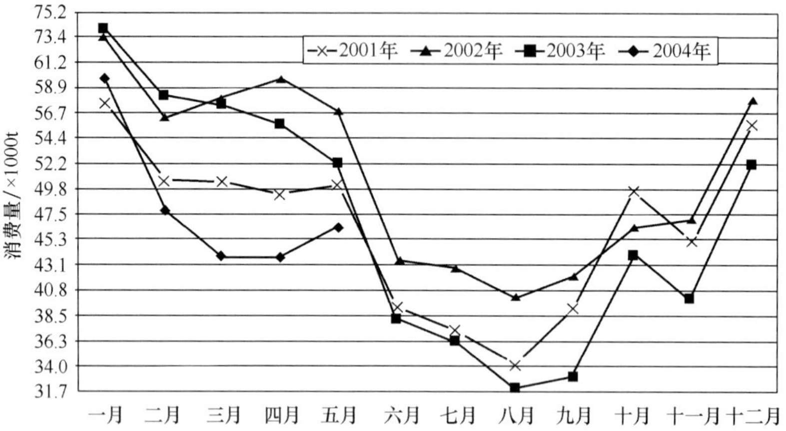

图 1.20 美国黄油和人造奶油的消费量

在一份 1984 年度的调查中，妨碍黄油销售增长的主要因素依次为[88]：

价格（当黄油和人造奶油相比较时，绝大多数人认为黄油价格太贵）；

健康（对胆固醇和饱和脂肪持否定态度的消费者人数不断上升）；

延展性不佳；

促销力度不大；

人造奶油和涂抹产品的研发；

立法和法规方面的限制。

黄油生产依然为整个乳品工业的发展提供了某种安全阀的角色，当牛乳产量超过其他乳制品生产需求时，它吸纳了剩余的物料。我们不需要等到这些产品从经营乳制品的商店中满溢出来，就可以进行牛乳脱脂，并把稀奶油加工成黄油。当牛乳的供应不能满足其他乳制品加工需求时，原打算用来制造黄油的标准牛乳就可以转入到需要用牛乳的途径中去。纵然这些年来人们的消费模式已发生令人瞩目的变化，但是在协调所有其他乳脂品的供需关系上，黄油生产行业从来没有疏忽过自己的责任。

黄油既是一个调节品，又是一种可销售的商品。为了抑制不断增长的库存量，在牛乳市场体制范围内需不断发现和寻找各种特殊的应用途径，这将有利于控制商业库房中黄油的存货。近年来，每年有 30000 ~ 40000t 的黄油为了与植物油脂竞争市场而降价销售，这些黄油大多应用在奶油松饼、冰淇淋和巧克力等制造工业中[142]。

尽管在协调黄油产量和消费量之间的平衡方面，牛乳的销售体制曾起到一定的作用，但是只凭这种或那种措施效果并不明显。即便在1973年，英国加入欧共体，但仍然不能使总的形势发生逆转。虽然新西兰出口到新会员国的黄油量从近165000t削减到55000t，并且法国、荷兰和德国成为新的向英国提供黄油的国家，但是黄油价格的提高仍然限制了英国市场上黄油消费量的增加。在几年内，人均年消费量就从1970年的8.8kg降到1991年的3.3kg[143]。

1977—1987年间，14个欧洲国家中黄油的年人均消费量总体下降了16%。在美国也出现了类似的趋势。1993年度美国人均年黄油消费量有所上升。价格成为其强有力的、起杠杆作用的决定性因素，美国的黄油价格已大大下降，这归功于美国农业部价格补贴政策的转变[89]。

1986年，欧共体的黄油生产剩余量达到最高峰，这不仅仅归因于黄油产量的不断增长，而且与乳脂消费量的明显下降密切相关。消费者转向了低脂肪含量的制品，几乎所有的乳制品都面临着这种趋势，因此用于制备黄油的乳脂大量增加[67,144]。表1.16给出了欧盟15国和其他国家的黄油、乳涂抹脂和人造奶油混合品的生产数据[145]。

表1.16 黄油、乳涂抹脂和人造奶油混合品的产量

欧盟国家	年份						
	1990	1991	1994	1995	1996	1997	1998
奥地利①	35283	36131	36609	36700	38600	39416	39901
比利时②	55050	55050	55050	33524	26130	29837	30225
丹麦	28400	20100	80000	80000	56080	53000	53000
芬兰③	55700	51800	45300	44700	46628	50000	50000
法国④	453934	411410	374813	375250	406350	396477	392759
德国	411300	546500	558000	570000	560000	577200	555000
希腊④	2400	2400	2140	1826	1514	2587	2975
爱尔兰⑤,⑥	494	249	254	5	3	3	3
意大利	79500	80300	80300	80300	80300	80300	80300
荷兰	177794	163304	127991	131954	126094	134500	149039
葡萄牙⑥,⑦	15000	15986	16300	19400	19400	19400	19400
西班牙	37500	37500	27000	27000	27000	27000	27000
瑞典⑦,⑧	20649	21211	19700	16400	14500	14500	14500
英国	111000	111712	115000	115000	115000	115000	115000
总计⑦,⑧[13]	**1484004**	**1553653**	**1538457**	**1532059**	**1517599**	**1539220**	**1529102**

续表

欧盟国家	年份						
	1990	1991	1994	1995	1996	1997	1998
澳大利亚	116470	118732	142800	131417	NA	NA	NA
巴西①	74	70	NA	NA	NA	NA	NA
捷克共和国	119167	102870	75088	77113	74515	61880	65353
匈牙利⑨	38500	28911	NA	22000	NA	NA	NA
以色列⑤	4000	4000	NA	NA	NA	NA	NA
日本⑩	90900	85750	NA	NA	NA	NA	NA
摩洛哥⑤	13000	13000	NA	NA	13000	500	NA
荷属安的列斯	0	0	0	76	0	0	0
挪威	24069	23265	NA	13791	24433	1971	NA
瑞士	42826	43442	40050	41250	39290	39021	40540
土耳其							

注：NA＝未获得数据。

①1995 年修订的数据。

②修订的数据。

③1994 年修订的数据。

④1992、1993 年联合国粮农组织（FAO）估计值。

⑤1993 年估计值。

⑥1997 年和 1998 年估计值。

⑦1990 年估计值，1991、1992、1993 年联合国粮农组织（FAO）数据。

⑧1994、1995、1996 年估计值。

⑨1991、1992、1993 年联合国粮农组织（FAO）数据。

⑩1992、1993 年估计值。

制造商、一级客户和其他批发商得到的美国黄油价格主要是基于美国芝加哥商业交易所（CME）的业务。美国农业部乳品市场消息报道，以芝加哥商业交易所的价格作为黄油理论价格的参考价格[146]。

2004 年 7 月份 AA 级黄油的周平均价格基于美国芝加哥商业交易所为 1.7408 美元（最低装载量）[147]。

交易所的现货价格减去到芝加哥的货运费即为大宗黄油制造工厂定价最主要的基础。此外，制造商可能由于质量一致、货物数量、特殊的风味或其他特性而受到奖励。只销售大宗黄油的制造商通常是价格的接受者，而不是定价者。

软性印模和包装黄油的制造商将黄油销售给一级客户、连锁百货公司、乳品厂和餐馆，此类制造商凭借其竞争力，可比仅销售散货的制造商得到更好的回报。

一级客户向制造商以现货价格（加上可能的额外费用）购买黄油，再出售给几种不同类型的客户。印模黄油（包装在0.452kg的纸箱内，通常为4块，每块为0.113kg）被销售给连锁百货公司和批发商，再由他们给零售食品店供货。散装黄油被销售给其他客户、黄油批发商、食品加工商和冷藏厂。这些售价都是美国基于现货价格加上包含运输、企业一般管理费用和利润的加价。

黄油的一级客户既是价格接受者又是定价者，他们接受（并且支付）的价格是基于现货市场的价格，由于许多一级客户都是美国芝加哥商业交易所的会员，他们可以通过在那里买进和卖出黄油来影响价格，非会员也可通过经纪人在交易所买进和卖出。

任何一种产品的销售，都是价格、感官认知和操作性能三方面的综合结果。遗憾的是，黄油无疑是最昂贵的黄色脂肪。在感官认知上，所有的脂肪都因为富含热量而承受舆论压力。由于黄油归属于饱和型脂类，加上它又含有较高的胆固醇量，所以面临的压力更大，这两种特性已广受营养界和卫生界的负面评论。美国市场上对脂肪和胆固醇的关注已经超过了对化学制品和防腐剂的关注。

黄油的风味和口感要比其他任何一种黄色脂肪制品好得多，但它的物性和流变性，尤其在冷藏温度时的延展性不佳，因此在许多消费者眼里，黄油已失去了魅力。人造奶油和涂抹脂加工业可以根据用户对产品延展性方面的要求去改变它们的产品。正如前述，在改变黄油结构和流变性方面的技术已经取得了很大的进展，但是为了产品的销售额而采用这些加工成本不菲的技术，使产品制造厂望而却步。显然由于消费者不愿为产品的便利涂抹而付钱，因而抑制了他们对产品可延展性方面的要求。对于那些崇尚天然食品，并且欣赏它那优雅且怡人美味的人而言，黄油依然是他们优先选择的食品。

参考文献

1. O. F. Hunziker, *The Butter Industry*, 3rd ed., Printing Products Corp., Chicago, Illinois, 1940, pp. 1 – 23.
2. D. Swern, ed., *Bailey's Industrial Oil and Fat Products*, vol. 1, 4th ed., John Wiley & Sons, Inc., New York, 1979, pp. 392 – 411.
3. R. G. Jensen and R. W. Clark, in N. P. Wong, ed., *Fundamentals of Dairy Chemistry*, 3rd ed., Van Nostrand Reinhold Co., Inc., New York, 1988, pp. 171 – 213.
4. W. R. Morrison, in F. D. Gunstone, ed., *Topics in Liquid Chemistry*, Logos Press, London, 1970, p. 51.
5. R. G. Jensen, *J. Amer. Oil Chem. Soc.*, **50**, 186 – 192 (1973).
6. J. R. Brunner, in E. Tria and A. M. Scann, eds., *Structural and Functional Aspects of Lipoproteins in Living Systems*, Academic Press, Inc., London, 1969, p. 545.

7. U. Bracco, J. Hidalgo, and H. Bohren, *J. Dairy Sci.* , **55**, 165(1972).

8. J. L. Henderson and E. L. Jack, *Oil Soap*, **21**, 90 –92(1944).

9. E. L. Jack and J. L. Henderson, *J. Dairy Sci.* , **28**, 65 –78(1945).

10. E. L. Jack and L. M. Smith, *J. Dairy Sci.* , **39**, 1 –25(1956).

11. G. A. Gartan and W. R. Duncan, *J. Dairy Sci. Food Agri.* , **7**, 734 –739(1956).

12. Anonymous, *Composition and Constants of Natural Fats and Oil by Gas-Liquid Chromatography*, Archer-Daniels-Midland,Minneapolis, Minnesota, 1961.

13. R. G. Jensen, G. W. Gander, and J. Sampugna, *J. Dairy Sci.* , **45**, 329 –331(1962).

14. J. L. Moore, T. Richardson, and C. H. Amundson, *J. Amer. Oil Chem. Soc.* , **42**, 796 –799(1965).

15. M. F. White and J. B. Brown, *J. Amer. Oil Chem. Soc.* , **26**, 385 –388(1949).

16. J. D. Hay and W. R. Morrison, *Biochem. Biophys. Acta*, **202**, 237(1970).

17. J. L. Iverson, J. Eisner, and D. Firestone, *J. Amer. Oil Chem. Soc.* , **42**, 1063 –1068(1965).

18. A. Kuksis, *Can. J. Biochem.* , **49**, 1245(1972).

19. A. Kuksis, *J. Chromatog. Sci.* , **10**, 53(1972).

20. L. J. Nutter and O. S. Privett, *J. Dairy Sci.* , **50**, 1194(1967).

21. T. W. Scott, L. J. Cook, and S. C. Mills, *J. Amer. Oil Chem. Soc.* , **48**, 358 –364(1972).

22. L. F. Edmondson, R. A. Yoncoskie, N. H. Rainey, F. W. Douglas Jr. , and J. Bitman, *J. Amer. Oil Chem. Soc.* , **51**, 72 –76(1974).

23. R. D. Plowman et al. *J. Dairy Sci.* , **55**, 204(1972).

24. G. D. Elsdon and P. Smith, *Analyst*, **52**, 63 –66(1927).

25. G. D. Elsdon and P. Smith, *Oil Fat Ind.* , **4**, 103 –105, 111(1927).

26. K. A. Williams, *Analyst*, **74**, 504 –510(1949).

27. L. Ahren, L. Björck, T. Raxnikiewictz, and O. Claesson, *J. Dairy Sci.* , **63**, 741 –745(1980).

28. B. W. Tharp and S. Patton, *J. Dairy Sci.* , **43**, 475(1960).

29. J. E. Kinesella, S. Patton, and P. S. Dimick, *J. Amer. Oil Chem. Soc.* , **44**, 202 –205(1967).

30. J. E. Kinsella, S. Patton, and P. S. Dimick, *J. Amer. Oil Chem. Soc.* , **44**, 449 –454(1967).

31. R. C. Lawrence, *J. Dairy Sci.* , **30**, 161(1963).

32. J. E. Langler and E. A. Day, *J. Dairy Sci.* , **47**, 1291(1964).

33. C. R. Brewington, E. A. Caress, and D. P. Schwartz, *J. Lipid Res.* , **11**, 355(1970).

34. V. Antila, in *Proceedings of the XXI International Dairy Congress*,Moscow 2, 1982, p. 159.

35. P. W. Parodi, *J. Dairy Res.* , **48**, 131(1981).

36. J. Kisza, K. Batura, B. Staniewski, and W. Zatorski, *Brief Commun.* , **1**(1), 352(1982).

37. A. Boudreau and J. Arul, *Int. Dairy Fed. Bull.* , **260**, 7 –10, 13 –16(1991).

38. W. Banks, *Int. Dairy Fed. Bull.* , **260**, 3 – 6, 13, 22(1991).

39. A. Huyghebaert, H. DeMoor, and J. Decatelle, in K. K. Rajah and K. J. Burgess, eds. , *Milk Fat*, Society of Dairy Technology, Huntingdon, U. K. , 1991, pp. 44 – 61.

40. E. Frede, *Int. Dairy Fed. Bull.* , **260**, 12(1991).

41. S. S. Marschner and J. B. Fine(to General Mills, Inc.), U. S. Patent 4,804,555, 1989.

42. Anonymous, *R&D Applications*, *Cholesterol Reduced Fat*, Prepared Foods,Chicago, Illinois, 1989, p. 99.

43. Anonymous, *Short Path Molecular Distribution*, CVC Products, Inc. ,Rochester, New York, 1988.

44. U. Bracco, Brit. Patent 1,559,064, 1980.

45. D. H. Hettinga, *Altering Fat Composition of Dairy Products*, Council Agri. Sci. Technol. , Ames, Iowa, 1991.

46. J. Arul, A. Boudreau, J. Makhlouf, R. Tardif, and B. Grenier, *J. Dairy Res.* , **55**, 361(1988).

47. A. R. Keen, Eur. Patent 0318326A2, 1989.

48. D. Oakenfull and G. S. Sidhu(to Sidoak), Austral. Patent Applications 54768/90 and 55112/90, 1990.

49. F. Morel, *Food Process.* , **1056**, 19 – 21(1990).

50. T. J. Micich, *J. Agr. Food Chem.* , **38**, 1839(1990).

51. Anonymous, *Research Review Special Report* 2, Wisconsin Milk Marketing Board, Madison, Wisconsin, 1989.

52. Anonymous, *Dairy Ind. Int.* , **55**(6), 37 – 38(1990).

53. Anonymous, *Food Eng.* , **61**(2), 83(1989).

54. H. Chen, S. J. Schwartz, and G. A. Spanos, *J. Dairy Sci.* , **75**(10), 2659 – 2669(1992).

55. D. H. Hettinga, *Designing Foods*, National Academy Press, Washington, D. C. , 1988, p. 292.

56. J. Arul, A. Boudreau, J. Makhlouf, R. Tardif, and T. Bellavia, *J. Amer. Oil Chem. Soc.* , **65**, 1642(1988).

57. S. Harlander, *J. Amer. Oil Chem. Soc.* , **65**(11), 1727(1988).

58. D. Beitz, personal communication, 1991.

59. P. A. E. Cant, in Ref. 39, pp. 122 – 135.

60. *Code of Federal Regulations*, Title 7, Part, 58, Subpart P,U. S. Government Printing Office, Washington, D. C. , 1983.

61. D. H. Hettinga, in Y. H. Hui, ed. , *Encyclopedia of Food Technology*, vol. 1, JohnWiley & Sons, Inc. , New York, 1993, pp. 231 – 237.

62. M. M. Chrysam, in T. H. Applewhite, ed. , *Bailey's Industrial Oil and Fat Products*, vol. 3, John Wiley & Sons, Inc. , New York, 1985.

63. R. Wood, K. Kubena, B. O'Brien, S. Tseng, and G. Martin, *J. Lipid Res.* , **34**(1), 1 – 11(1993).

64. *International Dairy Federation Standard* 68*A*, IDF,Brussels, Belgium, 1977.

65. *FAO/WHO Codex Standard A2*, Codex Alimentarius, Rome, Italy, 1986.

66. M. Collomb and M. Spahni, *Mitteil. Gebiete Lebensmit. Untersuch. Hyg.*, **82**(6), 615 – 662(1991).

67. T. Sato, S. Kawano, and M. Iwanoto, *J. Dairy Sci.*, **73**(12), 3408 – 3413(1990).

68. M. Lucisano, E. Casiraghi, and C. Pompei, *J. Texture Stud.*, **20**(3), 301 – 315(1989).

69. C. J. Strugnell, *J. Food Sci. Technol.*, **14**(2), 128 – 129(1990).

70. L. Forman, P. Stern, and E. Matouskova, *Milchwissenschaft*, **44**, 761 – 764(1989).

71. B. Schaffer and S. Szakaly, *Brief Commun.*, **1**(1), 337(1982).

72. R. Norris, *Int. Dairy Fed. Bull.*, **260**(5), 23 – 25(1991).

73. T. Richardson and M. Korycka-Dahl, in P. F. Fox, ed., *Developments in Dairy Chemistry*, vol. 2, Elsevier Applied Science, London, 1983.

74. M. Schroder, Ger. Patent DF 36 23313 A1, 1988.

75. F. Hulsemeyer, *Kieler Milchwirtschaft. Forschung.*, **42**(2), 115 – 117(1990).

76. J. Bird, in Ref. 39, pp. 30 – 36.

77. B. D. Dixon, *Int. Dairy Fed. Bull.*, **204**, 3 – 5, (1986).

78. M. Kimenai, *Int. Dairy Fed. Bull.*, **204**, 16(1986).

79. L. H. Wiedermann, *J. Amer. Oil Chem. Soc.*, **55**(11), 823(1978).

80. M. Schweizer, *Int. Dairy Fed. Bull.*, **204**, 10(1986).

81. P. Bjerre, in Ref. 39, pp. 63 – 73.

82. F. H. McDowall, *The Butter Maker's Manual*, New Zealand University Press, Wellington, New Zealand, 1953.

83. P. Friis, *Brief Commun.*, **1**(1), 326(1982).

84. Anonymous, *Gold'n Flow Continuous Buttermaking Method*, Bulletin **G-493**, Cherry-Burrell Corp., Chicago, Illinois, 1954.

85. M. Kawanari, K. Okamoto, Y. Honda, and M. Jukushima, *J. Jpn. Soc. Food Sci. Technol.*, **39**(3), 227 – 232(1992).

86. D. H. Kleyn, *Food Technol.*, **46**(1), 118 – 121(1992).

87. J. Toma, J. D. Curtis, and C. Sobotor, *Food Technol.*, **42**, 93 – 95(1988).

88. Anonymous, *Int. Dairy Fed. Bull.*, **170**(1984).

89. W. P. Charteris and M. K. Keogh, *J. Soc. Dairy Technol.*, **44**(1), 3 – 8(1991).

90. I. Macnab, *Modern Dairy*, **68**(3), 23(1989).

91. S. Gulyayev-Zaitsev, V. Dobronos, J. Berezansky, and N. Zhirnaya, *Brief Commun.*, **1**(1), (1982).

92. O. Gerstenberg, *Dairy Ind. Int.*, **53**(11), 28(1988).

93. K. Anderson, *Int. Dairy Fed. Bull.*, **260**, 17 – 18(1991).

94. A. Pedersen, *Scand. Dairy Inform.* , **4**(3), 74 –75(1990).

95. V. K. Babayan, G. L. Blackbrun, and B. R. Bistrian(to N. E. Decaness Hospital), U. S. Patent 4,952,606, 1990.

96. G. Rosenbaum, *Dairy Foods*, **93**(7), 13(1992).

97. F. Graves(to Land O'Lakes, Inc.), U. S. Patent 4,425,370, January 10, 1984.

98. D. Antenore, D. Schmadeke, and R. Steward(to Land O' Lakes, Inc.), U. S. Patent 4,447,463, May 8, 1984.

99. B. Schaffer and S. Szakaly, *Brief Commun.* , **1**(1), 363(1982).

100. A. Giles, *J. Amer. Oil Chem. Soc.* , **65**, 1708 –1712(1988).

101. G. Van den Berg, in *Proceedings of the XXI International Dairy Congress*, Moscow 2, IDF, Brussels, Belgium, 1982, p. 153.

102. T. Siek and J. Lindsay, *J. Dairy Sci.* , **53**, 700(1970).

103. J. E. Kinsella, *Food Technol.* , **29**(5), 82 –98(1975).

104. N. Cullinane and D. Eason, *Brief Commun.* , **1**(1), 349(1982).

105. B. K. Mortensen and K. Jansen, *Brief Commun.* , **1**(1), 334(1982).

106. S. Berntsen, Int. Patent Application WO 92/19111 A1, 1992.

107. A. M. Fearson and D. E. Johnston, *Dairy Ind. Int.* , **53**(10), 25 –29(1988).

108. A. Petersen, *Int. Dairy Fed. Bull.* , **260**, 12(1991).

109. E. DeJong, G. Van den Berg, *Voedingsmiddelenttechnologie*, **19**(5), 35 –38(1986).

110. K. E. Kaylegian and R. C. Lindsay, *J. Dairy Sci.* , **75**(12), 3307 –3317(1992).

111. J. Bumbalough(to Wisconsin Milk Marketing Board, Inc.), U. S. Patent 4,839,190, June 13, 1989.

112. F. M. Fouad, F. R. Vandevoort, W. D. Marshall, and P. G. Farrell, *J. Amer. Oil Chem. Soc.* , **67**(12), 981 –988(1990).

113. J. Makhlouf, J. Arul, A. Bordreau, P. Verret, and M. R. Sahasrabudhe, *J. Can. Inst. Food Sci. Technol.* , **20**(4), 263 –245(1987).

114. J. B. Mickle, *Tech. Bull. T*-83, Oklahoma Agriculural Experiment Station, Stillwater, Oklahoma, 1960.

115. W. Banks and W. W. Christie, *Outlook Agr.* , **19**(1), 43 –47(1990).

116. R. P. Middaugh, R. J. Baer, D. P. Casper, D. J. Schingoethe, and S. W. Seas, *J. Dairy Sci.* , **71**(12), 3179 –3187(1988).

117. G. A. Stegeman, R. J. Baer, D. J. Schingoethe, and D. P. Casper, *J. Dairy Sci.* , **75**(4), 962 – 970 (1992).

118. H. Rohm and S. Raaber, *J. Food Sci.* , **57**(3), 647 –650(1992).

119. T. Landon, U. S. Patent application 20040033303, February 19, 2004.

120. K. K. Rajah and K. J. Burgess, in Ref. 39, pp. 37 – 43.

121. R. Barts, *Int. Dairy Fed. Bull.*, **260**, 19 – 20(1991).

122. R. A. Wibley, in Ref. 39, pp. 136 – 147.

123. Anonymous, *Technical Guide for the Packaging of Milk and Milk Products*, Document 143, 2nd ed., IDF, Brussels, Belgium, 1982.

124 R. G. Mansour, Int. Patent WO 9202 144, February 20, 1992.

125. R. Egli(to Egli AG), Int. Patent WO 89/10689 A1, 1989.

126. Proceedings of IDFSeminar, Singapore, *Int. Dairy Fed. Doc.*, **142**(1982).

127. Anonymous, IDF Study 74, Brussels, Belgium, 1974.

128. M. Zillen, *Document* 116, IDF, Brussels, Belgium, 1977, pp. 1 – 4.

129. W. P. Carteris and M. K. Keogh, *J. Soc. Dairy Technol.*, **44**, 3(1991).

130. G. Behrens, Document 224, IDF, Brussels, Belgium, 1988, pp. 8 – 9.

131. B. K. Wadhwa and M. K. Jain, *Indian J. Dairy Sci.*, **44**(6), 372 – 374(1992).

132. R. Spieler, *Document* 149, IDF, Brussels, Belgium, 1980, pp. 132 – 135.

133. M. Gordon, *Int. Dairy Fed. Bull.*, **260**, 20(1991).

134. P. Sitaram and S. K. Gupta, *Agr. Rev.*, **9**(2), 81 – 104(1988).

135. B. Guenault, *Dairy Ind. Int.*, **57**(6), 32(1992).

136. L. S. Girsh(to Immunopath Profile, Inc.), U. S. Patent 5,112,636, May 12, 1992.

137. F. X. Malcata, C. G. Hill, and C. H. Amundson, *Biotechnol. Bioeng.*, **39**(11), 1097 – 1111(1992).

138. G. Comi, S. D'Aubert, and M. Valenti, *Ind. Aliment.*, **29**(281), 358 – 361(1990).

139. E. J. Mann, *Dairy Ind. Int.*, **2**, 19(1992).

140. L. Kintish, *J. Soap Cosmetics Chem. Special.*, **69**(2), 51(1993).

141. *Dairy Market News*, **71**, Rept 28(July 12 – 16, 2004).

142. U. S. Department of Commerce, Bureau of the Census, *Statistical Abstracts of the United States*, 113th ed., U. S. Government Printing Office, Washington, D. C., 1993.

143. E. Hetzner and P. Jacknik, *Int. Dairy Fed. Bull.*, **293**, 19(1993).

144. Anonymous, *Trends in the U. S. Consumer Attitudes and the Supermarket*, Food Marketing Institute, Washington, D. C., 1993.

145. International Margarine association of the Countries of Europe. *http://www.imace.org.*

146. Economic Research Service, USDA. (2004). *The Structure of Dairy Markets: Past, Present, Future AER-*757. Available: USDA. gov.

147. Chicago Mercantile Exchange, Cash Markets, July 16, 2004.

2 卡诺拉油

R. Przybylski, T. Mag, N. A. M. Eskin,
B. E. McDonald
University of Manitoba,
Winnipeg, Manitoba, Canada

2.1 引言

在过去的 20 年中，芸薹属（*Brassica*）菜籽产量不断增加，使之成为世界上植物油的主要来源之一。加拿大植物育种学家经过努力将传统高芥酸菜籽油（HEAR）改良为品质较优的卡诺拉油（低芥酸和低芥子苷菜籽油）。其改进之处在于将芥酸（$C_{22:1}$）含量降至 2% 以下。事实上，现如今卡诺拉品种菜籽油中芥酸含量占总脂肪酸组成比例都小于 2%。此外，芥子油苷在油籽中的含量低至 30 μmol/g，这有利于获得更好质量的粕。本章讨论卡诺拉油和高芥酸菜籽油的起源、组分、特性和用途以及在食用油、食品配料的用途和工业应用。“卡诺拉”是指低芥酸和低芥子苷的菜籽油。卡诺拉这个词主要在美洲大陆和澳大利亚使用，而菜籽主要在欧洲和其他国家使用。

2.2 起源

生产卡诺拉油、粕的油菜籽品种属于十字花科的芸薹属（甘蓝型油菜），大约 4000 年前首先在印度种植，13 世纪在欧洲进行大规模的种植。芸薹属型品种可能和野生芥菜（*Sinapis*）、萝卜（*Raphanus*）和芥菜（*Eruca*）由相同祖先进化而来。

2.3 卡诺拉油的发展

早期品种的菜籽油中含有高含量的芥酸，在粕中有高含量的芥子苷。菜籽中这些化合物的存在引起了人们对健康的关注。高浓度的芥酸喂食啮齿类动物会造成心脏、骨骼肌以及肾脏腺中的脂肪沉积，而且对动物的生长发育也有一定影响。加拿大首先发起植物培育计划，通过回交和筛选法（Backcrossing and Selection）将低芥酸基因转移到农学性相适应的作物内，并在1959年鉴定分离出低芥酸含量菜籽株Liho。1968年首例低芥酸甘蓝型油菜品种“奥罗（Oro）”被培育出来，接着1971年育出首例低芥酸白菜型油菜品种“Span”。由于高芥酸对健康的影响，1974年加拿大种植的油菜籽已经有95%是低芥酸品种。

用于饲喂家畜和反刍动物的菜粕中的芥子苷也已被公认为有害。芥子苷的水解产物是异硫氰酸酯等其他含硫化合物。它们被证实会干扰甲状腺对碘的吸收、引起家禽的肝病、对动物生长和增重产生负面影响。因此，植物育种工作者意识到必须降低粕中芥子苷含量以使其可以在动物饲料中使用。19世纪50年代后期，Krzymanski博士对波兰系列的“Bronowski”研究确定了低芥子苷的特性。加拿大马尼托巴大学的Baldur stefansson博士将这一特性引入到低芥酸育种中，从而培育出世界上首例低芥酸、低芥子苷型的甘蓝型油菜品种*B. rapus*，经常称为双低菜籽。接着在1977年，位于萨斯卡通的加拿大国家研究理事会的Keith Downey博士发布培育出“Candle”——首例低芥酸、低芥子苷的白菜型油菜品种*B. rapa*。截至1980年，加拿大油菜种植面积的80%是双低品种。卡诺拉的发展历史在《加拿大西部菜籽故事》[1]这本书里有详细记载。

1978年西加拿大油籽榨油协会注册了“卡诺拉”这个名字，1980年将该名字转移至“加拿大油菜籽理事会”名下。它包括油中含芥酸低于5%、粕中含芥子苷少于3mg/g的油菜籽品种。而在1986年对“卡诺拉”的定义又作了修订，将菜籽油中含芥酸低于2%和风干的无油粕中含芥子苷低于30μmol/g的甘蓝型油菜和白菜型油菜定义为“卡诺拉”，并被增添到美国食用产品一般公认安全目录中。

由于欧洲油菜籽主要属于越冬型，所以将低芥酸特性引入欧洲株系比较困难。这样做会使每批作物生长的时间延长，而且春季低芥酸菜籽（LEAR）品种与越冬品种之间相混杂，会产生许多不良品种。尽管如此，低芥酸菜籽品种在欧洲的发展在近15年中仍取得了成功。20世纪70年代，由于人们对健康的关注，欧洲传统菜籽的种植面积缩小。1977年，在欧洲低芥酸品种已被强制性种植。虽然新的低芥酸菜籽品种开始时的产量与含油量较传统油菜籽低些，但通过作物育种最终克服了这些问题，到1984年欧洲低芥酸菜籽的产量大幅度增加。世界上其他菜籽种植地区，尤其是印度和中国，并未参与卡诺拉菜籽品种的改进与推广。在这些地区，高芥酸菜籽仍然是主流种植品种。

产于加拿大的卡诺拉油由*Brassica napus*和*Brassica rapa*（芸薹属）菜籽基因改良而来。低芥酸和低芥子苷的菜籽油在化学、物理性质和营养特性上都与高芥酸菜籽油有所不同。目前，加拿大植物育种计划继续着重于发展满足消费者需求和食品加工的专用油脂品种，如低饱和脂肪酸品种和一些特殊用油。

2.4 成分

2.4.1 天然食用油和脂肪

食用油和脂肪主要由甘油三酯（TAG）组成，即含有一分子甘油和三分子脂肪酸的酯。卡诺拉油组分的分析表明甘油三酯占所有脂质的94.4% ~99.1%[2]。卡诺拉油，菜籽油和大豆油的典型组成见表2.1。

表2.1 卡诺拉油、菜籽油和大豆油的组成

成分	卡诺拉油	菜籽油	大豆油
甘油三酯/%	94.4 ~99.1	91.8 ~99.0	93.0 ~99.2
磷脂/%			
毛油/%	~2.5	~3.5	~4.0
水洗脱胶/%	~0.6	~0.8	~0.4
酸脱胶/%	~0.1	—	~0.2
游离脂肪酸/%	0.4 ~1.2	0.5 ~1.8	0.3 ~1.0
不皂化物/%	0.5 ~1.2	0.5 ~1.2	0.5 ~1.6
生育酚/（mg/kg）	700 ~1200	700 ~1000	1700 ~2200
叶绿素/（mg/kg）	5 ~50	5 ~55	微量
硫/（mg/kg）	3 ~25	5 ~35	无
铁/（mg/kg）	<2	<2	<2

摘自Mag[2]和Ying等[3]。

2.4.2 卡诺拉油的脂肪酸组成

菜籽油中芥酸（$C_{22:1n-9}$）的问题依然存在，尽管可靠的研究表明，这种脂肪酸对人类的危害远小于对鼠类的危害。完全可以说，近几十年在脂肪酸代谢的理解方面，最根本的突破之一是发现过氧化物酶体可催化芥酸的链长缩短而成为油酸。一旦形成油酸后，芥酸残基很容易被线粒体分解，棕榈酸和其他脂肪酸也同样如此[4]。菜籽油中芥酸的减少导致了十八烷酸的显著增加，在卡诺拉油中，它们大约占所有脂肪酸的95%（表2.2）。

植物育种专家也培育了亚麻酸含量少于2%的卡诺拉油[5]（表2.2）。与普通卡诺拉油相比，这种油的储存稳定性更好[7]。该油也有更好的煎炸性能，所炸食品（例如炸薯条和马铃薯片）的储存稳定性也更好[8,9]。卡诺拉作了更进一步的遗传改良使其生产的油中油酸含量在60% ~85%[10]。大田栽培表明，高油酸的油是很难获得的。大田栽培的油的

脂肪酸组成见表2.2。高油酸卡诺拉油的脂肪酸组成比常规卡诺拉油更接近橄榄油。这种油的煎炸稳定性比常规卡诺拉油好，所炸的马铃薯片的品质也更好[8]。Warner 和 Mounts[9]发现煎炸油中亚麻酸的含量高于2%时能在煎炸食物中产生较好的特征香味。这是因为亚麻酸形成的氧化产物是煎炸食物中的主要风味物质。

表2.2　一些植物油中的主要脂肪酸比较　　单位：%

脂肪酸	卡诺拉	HEAR	LLCAN	HOCAN	LTCAN	GLCO	LLFlax	大豆	SUN
$C_{10:0}$	—	—	—	—	0.1	—	—	—	—
$C_{12:0}$	—	—	—	—	38.8	—	—	—	—
$C_{14:0}$	0.1	—	0.1	0.1	4.1	0.1	0.1	0.1	—
$C_{16:0}$	3.6	4.0	3.9	3.4	2.7	4.2	6.4	10.8	6.2
$C_{18:0}$	1.5	1.0	1.3	2.5	1.6	3.7	4.1	4.0	4.7
$C_{20:0}$	0.6	1.0	0.6	0.9	0.4	1.0	0.1	—	0.2
$C_{22:0}$	0.3	0.8	0.4	0.5	0.2	0.5	0.1	—	0.1
$C_{24:0}$	0.2	0.3	0.3	0.3	0.2	0.2	0.1	—	0.1
SFA	6.3	7.1	6.6	7.7	48.1	9.9	10.9	14.9	11.3
$C_{16:1}$	0.2	0.3	0.2	0.2	0.2	0.2	0.1	0.3	0.2
$C_{18:1}$	61.6	14.8	61.4	77.8	32.8	24.4	16.9	23.8	20.4
$C_{20:1}$	1.4	10.0	1.5	1.6	0.8	0.8	0.1	0.2	—
$C_{22:1}$	0.2	45.1	0.1	0.1	0.5	0.1	—	—	—
MUFA	62.4	69.7	63.1	79.9	34.3	25.5	17.2	24.3	20.2
$C_{18:2n-6}$	21.7	14.1	28.1	9.8	11.3	26.1	70.1	53.3	68.8
$C_{18:3n-3}$	9.6	9.1	2.1	2.6	6.3	1.3	1.8	7.6	—
$C_{18:3n-6}$	—	1.0	—	—	—	37.2	—	—	—
PUFA	31.3	23.2	30.2	12.4	17.6	64.6	71.9	60.8	68.8

注：LLCAN—低亚麻酸卡诺拉油；HOCAN—高油酸卡诺拉油；GLCO—含 γ-亚麻酸的卡诺拉油；LLFlax—低亚麻酸亚麻籽油；LTCAN—高月桂酸卡诺拉油；SUN—葵花籽油；SFA—饱和脂肪酸；MUFA—单不饱和脂肪酸；PUFA—多不饱和脂肪酸。

摘自 Ackman[4]、Vecchia[6]以及 Tso 等[11]。

最近研发了月桂酸含量高（39%）的卡诺拉油，应用在糖果包衣、咖啡奶精、人造奶油和夹心脂肪上（表2.2）。而硬脂酸含量高达40%的卡诺拉油可以替代氢化油脂，用在面包和烘焙市场[6]。另有开发出的棕榈酸含量大约在10%的卡诺拉油，其有较好的结晶特性。如今，健康食品市场也有 γ-亚麻酸含量高达40%的卡诺拉油[11]。

2.4.3 微量脂肪酸

油中微量脂肪酸的双键位置通常与其脂肪酸家族成员不同。除 $C_{16:1,n-7}$ 含量约为0.3%

以外，卡诺拉油中的大多数微量脂肪酸的含量范围在0.01%～0.1%。这些微量脂肪酸大部分属于$n-7$系列，与$n-9$异构体呈不同的比例[4]。在甘蓝型油菜品种Candle[12]中发现了相似系列的微量脂肪酸[12]。在卡诺拉油中也发现了共轭$C_{18:2}$脂肪酸。尽管在一些油料种子中也观察到一些这类天然成分，但这类酸大多是在精炼和脱臭过程中产生的。这类脂肪酸由顺式亚麻酸的一个或多个双键异构化形成[13]，主要产生于精炼过程。任何含亚麻酸的油精炼和脱臭后都存在这些反式异构体，占原来脂肪酸的1%或更多[4]。

在已知食用油中，仅有卡诺拉油的一个或多个脂肪酸分子含有硫原子。从这类脂肪酸的分子结构可以推测出还有多种异构体的形成或存在[14]。

在工业冬化的沉淀物——蜡和三酰甘油中发现了另外一些具有26～32碳链长的微量脂肪酸以及醇[15]。这些化合物大部分从种皮中提取，会导致卡诺拉油中沉淀物的形成[16]。

2.4.4 甘油三酯

甘油三酯是卡诺拉油中含量最多的脂类成分。脂肪酸与甘油部分的结合是多样的，可形成n^3种可能的分子结构，n是油中存在的脂肪酸数。

甘油三酯的分子结构是判断一种油脂物理特性的关键，是鉴定的关键[17]。对于HEAR油，起初发现脂肪酸在甘油骨架上按其饱和度进行位置排布。长链（$C_{20:0}$～$C_{24:0}$）饱和脂肪酸主要出现在$sn-1$和$sn-3$位置上，而十八烷酸（C_{18}），尤其是亚油酸和亚麻酸，主要在$sn-2$位置上[18,19]。改良卡诺拉油中甘油三酯的组成见表2.3。很容易推测，在高油酸卡诺拉油中，含量最高的甘油三酯是三油酸甘油酯。然而，在常规卡诺拉油中，检测到4种数量几乎相等的甘油三酯，即油酸－二亚油酸甘油酯、亚麻酸－二亚油酸甘油酯、三油酸甘油酯和亚油酸－二油酸酯。

表2.3 卡诺拉油中主要的甘油三酯的组成 单位：%

甘油三酯	卡诺拉（CO）	LLCO	HOCO
LnLO	7.6	1.7	1.5
LLO	8.6	11.0	1.1
LnOO	10.4	2.6	8.6
LnOP	2.1	0.5	1.1
LOO	22.5	28.4	12.7
LOP	5.7	4.2	2.2
OOO	22.4	32.8	49.5
POO	4.6	4.8	7.7
SOO	2.6	2.4	5.0
PPP	0.1	1.4	2.8

续表

甘油三酯	卡诺拉（CO）	LLCO	HOCO
LLP	1.4	1.1	0.8
LOS	1.6	1.9	1.0
LLL	1.3	1.6	0.2
LnLL	1.4	0.0	0.3
LnLnO	1.7	0.4	0.1
其他	6.0	5.2	5.4

注：LLCO—低亚麻酸卡诺拉油；HOCO—高油酸卡诺拉油；Ln—亚麻酸；L—亚油酸；O—油酸；S—硬脂酸；P—棕榈酸；其他—15 种含量低于 1% 的甘油三酯。
摘自 Kallio 和 Currie[18]。

Jáky 和 Kurnik[20]研究了 $sn-1,3$ 和 $sn-2$ 位置上的亚油酸含量。他们发现，HEAR 油中至少 95% 的亚油酸集中在 $sn-2$ 位置上。但在卡诺拉油中，这个位置上只有 54%。在卡诺拉油中增加的亚油酸取代芥酸结合在 $sn-1,3$ 位置上。Kallio 和 Currie[18]发现具有酰基碳数 54 和两个双键的甘油三酯其硬脂酸主要在 $sn-2$ 位置上。这一位置含有饱和酸的甘油酯通常有较高的熔点，溶解性差，会引起消化方面的问题。此外，高熔点甘油酯会导致沉淀物形成，影响油的透明度[21]。

2.4.5 极性脂

Sosulski 等[22]对几种油菜籽培育作物，包括生长在波兰的越冬型低芥酸培育种中的极性脂（PL）、磷脂、糖酯进行检测，发现磷脂占总极性脂中的绝大部分（3.6%），而糖酯仅占 0.9%。Przybylski 和 Eskin[23]最近研究报道了卡诺拉油加工过程中磷脂的变化，见表 2.4。

表 2.4　加工过程中卡诺拉油的磷脂含量　　单位：%

油样	磷含量/（mg/kg）	PC	PE	PI	PA	PS
溶剂浸出	529.0	31.2	18.8	19.8	21.6	3.1
压榨	242.3	34.3	16.1	18.7	20.3	4.5
脱胶	12.2	2.8	10.8	28.9	38.4	14.6

注：PC—卵磷脂；PE—磷脂酰乙醇胺；PI—磷脂酰肌醇；PA—磷脂酸；PS—磷脂酰丝氨酸。
摘自 Przybylski 和 Eskin[23]。

大量磷脂酸（PA）的形成表明在加工过程中其他磷脂发生了水解。这种水解可归因于磷脂酶的存在以及轧胚调质过程中水热处理两方面的影响。Cmolik 等[24]观察到在轧胚过程中磷脂含量从 0.5% 增加到 15%。据报道水合磷脂例如卵磷脂（PC）和磷脂酰乙醇胺（PE）能帮助脱除非水合磷脂。磷脂酰肌醇（PI）和磷脂酸被认为是非水化磷脂，脱胶时难以去除。磷酸被发现是最有效的降低溶血磷脂酰乙醇胺水平的脱胶剂。脱胶时使用酸也会除掉油中的大量铁。在实际中，使用柠檬酸水溶液可将卡诺拉油中的磷脂含量降低至0.1%以下[25]。与通过酸法脱胶获得的卵磷脂相比，仅水化脱胶从卡诺拉油获得的卵磷脂能形成更稳定的水包油乳状液[26]。

Sosulski 等[22]和 Smiles 等[27]检测了来自越冬型油菜籽培育植物的低芥酸菜籽变种中的各种磷脂的脂肪酸组成（表2.5）。

表2.5 磷脂中脂肪酸的组成　　单位：%

磷脂	16∶0	16∶1	18∶0	18∶1	18∶2	18∶3	20∶1
卵磷脂	8.7	0.8	1.2	55.8	30.9	1.9	0.5
磷脂酰肌醇	21.8	0.8	1.9	33.6	38.1	3.6	—
磷脂酰乙醇胺	17.7	1.8	2.0	47.7	27.3	2.7	0.5

摘自 Sosulski 等[22]和 Smile 等[27]。

卵磷脂中不饱和脂肪酸的含量最高，主要是油酸和亚油酸。其他两种主要的磷脂富含棕榈酸、亚油酸和亚麻酸。磷脂中存在的高不饱和脂肪酸非常容易氧化，并能引起油的加速变质。也有报道说磷脂易与重金属结合，这些结合物是稳定的催化剂，能引发和加速氧化[28]。

2.4.6 生育酚

植物油中的不皂化物主要是生育酚和甾醇，每种油中的含量有所不同。生育酚是非常有效的天然抗氧化剂，而在植物中的含量可能由不饱和脂肪酸的含量决定。卡诺拉油中生育酚的含量相对较高。生育酚的异构体在生物体内和体外的抗氧化活性有所差别。在食物系统中，生育酚异构体的抗氧化活性按照下列顺序减少：$\gamma > \delta > \beta > \alpha$[29]。生育酚的抗氧化效力是二丁基羟基甲苯（BHT）的250倍[30]。脂质过氧自由基与生育酚反应的速率比其他脂类快几个数量级。在植物和动物细胞中单个生育酚分子能保护大约10^3~10^6个多不饱和脂肪酸分子。为了充分对抗氧化，细胞中生育酚和多不饱和脂肪酸（PUFA）的比例通常是1∶500[31]。生育酚也是有效的单线态氧猝灭剂，但效果不如类胡萝卜素。单个生育酚分子能与120个单线态氧分子起反应。生育酚可作为高效抗氧化剂和单线态氧猝灭剂，因为其氧化后能被如抗坏血酸和谷胱甘肽等其他分子转变为活性结构[33]。同时，卡诺拉油中不含生育三烯酚。然而，卡诺拉油和亚麻油中检测到了 plastochromanol－8，抗氧化活性与α生育酚相似[34]，它有一条较长侧链，是γ生育三烯酚的衍生物。

表2.6所示为普通植物油和卡诺拉油中的生育酚组成。卡诺拉油主要含有α和γ生育酚，其比例通常为1∶2。RBD（精炼、漂白、脱臭）卡诺拉油中生育酚的含量主要受提

取、精炼、脱臭加工过程的影响。冷榨卡诺拉油中的生育酚含量最低。当压榨温度升高时，油中生育酚的含量加倍。溶剂浸出油中生育酚的含量比冷榨油中的含量高，与热榨油中的含量差不多。在脱臭加工时大部分生育酚被除掉[36]。但是，馏出物中的生育酚可以重新回收，应用在保健品中。

表2.6 植物油中生育酚的含量 单位：mg/kg

油	α	β	γ	δ	P-8	总计
HEAR	268	—	426	—	97	790
卡诺拉	272	—	423	—	75	770
LLCanola	150	—	314	7	47	517
HOCanola	226	—	202	3	42	473
HOLLCanola	286	—	607	8	83	983
大豆	116	34	737	275	—	1162
葵花籽	613	17	19	—	—	649
玉米	134	18	412	39	—	603
LLFlax	26	—	213	9	130	377

注：HEAR—高芥酸菜籽油；LLCanola—低亚麻酸卡诺拉油；HOCanola—高油酸卡诺拉油；LLFlax—低亚麻酸亚麻籽油；P-8—Plastochromanol-8。
摘自 Zambiazi[34]和 Normand 等[35]。

2.4.7 甾醇

甾醇以游离甾醇和酯化甾醇[19,37]两种形式存在于卡诺拉油中，含量相当。卡诺拉油中酯化甾醇部分的脂肪酸组成见表2.7。

表2.7 卡诺拉油中酯化甾醇的脂肪酸组成

脂肪酸	分布百分比/%	
	甾醇酯	卡诺拉油
$C_{14:0}$	3.1	0.1
$C_{16:0}$	17.5	3.6
$C_{18:0}$	18.4	1.5
$C_{18:1}$	30.9	60.2
$C_{18:2}$	20.5	21.6
$C_{18:3}$	7.6	9.6
$C_{20:0}$	0.8	0.4
$C_{20:1}$	1.2	0.2

酯化甾醇中脂肪酸的分布和卡诺拉油中脂肪酸的分布不同。在甾醇酯中，棕榈酸和硬脂酸的含量较高。在卡诺拉油中，含有3种主要甾醇，它们在酯化甾醇和游离甾醇中分布一致。菜籽甾醇在游离甾醇中的含量是酯化甾醇中的两倍。菜籽油和卡诺拉油中甾醇总含量在0.7%～1.0%。普通植物油中主要甾醇的组成见表2.8。

表2.8 植物油中主要甾醇的含量 单位：%

甾醇	HEAR	CAN	LLCAN	HOCAN	HOLLCAN	SOY	SUN	CORN
胆固醇	0.4	0.1	0.1	0.1	0.1	0.3	0.1	0.1
菜籽甾醇	13.2	13.8	12.2	10.8	16.2	—	—	—
菜油甾醇	34.4	27.6	31.2	33.9	28.8	18.1	7.5	17.2
豆甾醇	0.3	0.5	0.2	0.8	0.1	15.2	7.5	6.3
β－谷甾醇	47.9	52.3	51.3	48.7	50.9	54.1	58.2	60.3
Δ^5－燕麦甾醇	2.1	1.9	1.9	1.8	2.1	2.5	4	10.5
Δ^7－燕麦甾醇	1.6	1.1	1.1	1.9	0.8	2	4	1.1
Δ^7－豆甾醇	2.1	2.3	2.1	2.1	2.3	1.4	7.1	1.8
总量/（g/kg）	8.8	6.9	6.3	7.1	6.9	4.6	4.1	9.7

注：HEAR—高油酸菜籽油；CAN—卡诺拉油；LLCAN—高月桂酸卡诺拉油；HOCAN—高油酸卡诺拉油；HOLLCAN—高油酸低芥酸卡诺拉油；SOY—大豆油；SUN—葵花籽油；CORN—玉米油。
摘自Ackman[4]、Strocchi[39]、Zambiazi[34]、Gordon和Miller[38]。

菜籽甾醇是菜籽油和卡诺拉油中主要的也是唯一的甾醇。这类甾醇通常用来鉴别其他油脂中是否掺有菜籽油或卡诺拉油[4,39]。甾醇也受加工的影响，脱臭时可除掉约40%。精炼会改变甾醇含量，甾醇的异构化作用是其含量改变的原因之一[40,41]。

植物甾醇的化学结构和胆固醇相似，因此这些物质可能参与氧化反应。Przybylski和Eskin[42]发现了油炸食品储存过程中由植物甾醇氧化形成的某些产物。在大豆油和小麦面粉中也发现了相似的氧化产物[43]。鉴于胆固醇氧化产物会引起的健康问题，植物甾醇氧化产物的潜在健康风险正受到高度关注。

2.4.8 色素

卡诺拉中存在的色素会导致油脂呈现不良色泽。它们也会促进光氧化，同时也会在氢化时抑制催化。像叶绿素衍生物和脱镁叶绿素这类无植醇的叶绿素可能会对健康有影响，因其具有光毒性，可能会引起光敏性皮炎[44]。为了脱除叶绿素，叶绿素衍生物和其他色素物质，油脂加工过程中的脱色步骤是必须的。卡诺拉油在加工过程中叶绿素的变化见表2.9。

表2.9 卡诺拉油加工过程中的色素含量的变化 单位：mg/kg

加工后的油	叶绿素 a	脱镁叶绿素 a	脱镁叶绿素 b	焦脱镁叶绿酸 a	焦脱镁叶绿酸 b
压榨	6.27	4.48	1.79	5.37	0.67
萃取	1.88	3.31	1.34	16.57	3.13
压榨 + 萃取	1.79	5.55	1.34	9.76	1.43
脱胶	0.27	7.16	1.07	9.40	1.84
碱炼	0.22	6.27	1.12	9.13	1.79
脱色	—	0.56	0.32	0.21	0.25

摘自 Suzuki 以及 Nishioka[45]。

在油脂加工过程中叶绿素完全分解的衍生物在脱色过程中更难去除。为了完全脱除所有叶绿素衍生物，脱色时必须要使用大量的活性白土[45]。

卡诺拉油中除了有叶绿素还有类胡萝卜素。在卡诺拉毛油中，类胡萝卜素含量大约是130mg/kg，主要由叶黄素（90%）和胡萝卜素（10%）组成。精炼和脱色过程中，类胡萝卜素含量降至10mg/kg[46]。

种子中叶绿素和叶绿素衍生物的类型和含量决定了加工后卡诺拉油的品质，它们对所加工的油的品质有影响。这些色素的组成和含量与种子的成熟度有关（表2.10）。

表2.10 卡诺拉菜籽成熟过程中色素组成和含量的变化 单位：mg/kg

叶绿素	距离成熟时间/d					
	35	27	20	14	6	0
叶绿素 a	19.5	23.4	27.2	58.7	41.9	82.4
叶绿素 b	22.2	22.1	15.8	27.3	54.1	17.1
脱镁叶绿素 a	43.1	39.8	40.9	10.1	1.1	0.0
脱镁叶绿素 b	8.5	7.4	11.3	2.0	0.0	0.0
脱镁叶绿素酸	2.2	1.7	0.6	1.5	0.0	0.0
原焦脱镁叶绿酸	1.2	2.3	2.5	0.0	0.0	0.0
哌醋甲酯	3.2	3.5	1.8	0.5	3.0	0.5
总量	123.9	906	463	48	8	4

摘自 Ward 等[47]。

在完全成熟的种子里，叶绿素仅有4mg/kg。然而，在生理成熟的种子中，也就是成熟前35d，有1239mg/kg叶绿素。成熟时，种子中仅含叶绿素a和叶绿素b，而在成熟的其他阶段含有所有可能的异构体和衍生物。

2.4.9 微量元素

食用级低芥酸油菜籽的推荐标准法规规定了有关铁、铜、铅、砷的最大允许量。在其他食用油中也发现了这些重金属，它们存在于天然种子中，但是，在处理和加工过程中也会带入。Diosady[48]和 Elson[49]等对加工过程对卡诺拉油中微量元素的影响作了研究。从表2.11可以很明显看出加工工艺降低了卡诺拉油中有毒有害的微量元素的含量，尤其是铅、铁、硫。磷和钙盐在油中不溶，脱胶处理时很容易被脱除。

表2.11 卡诺拉油中矿物质元素的含量 单位：mg/kg

油样	铁	铜	钙	硫	锌	铅
毛油	1190.0	3.52	296.0	6.5	2.4	0.24
脱胶处理						
水化脱胶油（WDG）	222.0	1.32	169.0	1.2	2.1	—
磷酸脱胶油（PDG）	117.2	0.63	34.8	1.5	—	—
脱色处理						
WDG	0.21	0.23	5.6	—	—	—
PDG	0.19	0.59	4.1	0.87	—	—
脱臭处理						
WDG	0.25	—	—	0.25	—	0.07
PDG	0.22	—	—	0.38		

摘自 Diosady 等[48]以及 Elson 等[49]。

卡诺拉油中的硫以有机化合物的形式存在，这些化合物是芥子苷的降解产物。尽管这些硫化物含量甚微，但是众所周知，它们在氢化时会抑制催化剂，同时也会给油带来特有的气味。含硫量的分析方法近来取得较大进展，评估后发现大豆油、葵花籽油甚至椰子油中都含有2~10mg/kg 的硫。只有芸薹属植物的油（*Brassica* oil）含有大量二价硫化物。卡诺拉毛油含有15~35mg/kg 硫，然而在 RBD 卡诺拉油中，硫化物的量降到9mg/kg 或者更低[50]。硫化物也能增强油的稳定性。有些含硫化合物可作为抗氧化剂，氢过氧化自由基与硫的络合形成稳定的混合物以防止油脂自氧化[51]。这些化合物也有其他一些积极作用，比如抑制氧化过程中催化剂的活性，例如金属[51]。

2.4.10 商业毛油、精炼油和脱臭油

卡诺拉原油，精炼和脱臭卡诺拉油中的典型化学成分见表2.12。脱臭油的数据表明，该油能作为食品配料。

表2.12 卡诺拉毛油和RBD油的各项理化指标的检测数据

各项指标	毛油	RBD油
游离脂肪酸含量/%	0.3~1.2	0.03
磷含量/(mg/kg)	300~500	<2
水洗脱胶油	120~200	—
加酸水洗脱胶油	10~40	—
叶绿素含量/(mg/kg)	4~30	<0.025
硫含量/(mg/kg)	2~15	<1
铁含量/(mg/kg)	0.5~1.5	<0.2
铜含量/(mg/kg)	<0.2	<0.02
镍含量/(mg/kg)	—	<0.3
过氧化值/(meq/kg)	0.5~3.0	0(新鲜除臭)
茴香胺值	1~3	<2
色泽罗维明	—	<1.5Red/10Yellow
水分含量/%	<0.3	—
滋味	—	无气味

摘自T. Mag(未发表数据)。

采用常规的制取方法生产时，毛油的价格和其他商业油如大豆油的价格相近。卡诺拉油中叶绿素和含硫化合物的含量比其他大部分商品油都高。脱臭油的数据与其他用作食品的脱臭商品油的数据相似，反映出较好的精炼方法。

2.4.11 氧化稳定性

卡诺拉油的稳定性主要受到亚麻酸、叶绿素以及它们的降解产物还有高化学活性的微量成分，例如含三个以上双键的微量脂肪酸的限制。这些高不饱和脂肪酸很可能在精炼和脱色过程中形成[52]。卡诺拉油甘油酯中含有7%~11%的亚麻酸，这使得它在风味和氧化稳定性方面与大豆油相似。氧化酸败是指油和脂肪中不饱和脂肪酸因自动氧化和光氧化而导致的风味劣变。

氧气在油中的溶解度是在水中的3~5倍。加工过程中，油中溶解的氧，足够将油氧化到过氧化值10左右[53,54]。

脂肪和油的氧化率受到氧分压、与氧气的接触程度、脂肪酸的不饱和度、光、热、抗氧化剂、促氧化剂如铜、铁以及色素的影响。当铁和铜分别低于0.1、0.02mg/kg时油的稳定性最佳[28]。

油脂暴露于光下时主要发生光催化氧化。光氧化过程中，基态氧分子通过光敏剂吸收能量活化成单线态氧。单线态氧是极度有活性的氧，反应活性是基态氧的1500倍。它与双键不饱和脂肪酸反应生成过氧化物或自由基。典型的光敏剂包括种子成熟和加工过程中形成的叶绿素和它们的降解产物、亚铁血红素以及多环芳烃[28]。研究发现叶绿素降解产物比叶绿素作为光敏剂的活性更强[55]。

2.5 物理性质

卡诺拉油的组成决定了其性质，可采用通用植物油脂标准来描述。表2.13所示为卡诺拉油和高芥酸菜籽油的部分特性的对比。

2.5.1 相对密度

卡诺拉油相对密度的典型数值见表2.13。Ackman 和 Eaton[56]指出二十碳一烯酸和十八碳多不饱和酸的不同比例是改变其相对密度的一个重要因素。Noureddini 等[57]描述了包括卡诺拉在内的植物油的温度和密度之间的关系。像其他液体一样，植物油的密度是随温度而变化的，温度升高，密度下降。Noureddini 等也修改了基于脂肪酸组成来计算密度的 Rackett 方程。

表2.13 卡诺拉油和高芥酸菜籽油的物理特性

参数	数值	
	卡诺拉油	高芥酸菜籽油
相对密度/（g/cm^3，20℃/20℃水）	0.914～0.917	0.907～0.911
折射率（n_D40℃）	1.465～1.467	1.465～1.469
克瑞士米尔值	67～70	80～82
运动黏度（20℃）/（mm^2/s）	78.2	84.6
冷冻试验（15h，4℃）	通过	通过
烟点/℃	220～230	226～234
闪点（开口杯）/℃	275～290	278～282
比热/（J/g，20℃）	1.910～1.916	1.900～1.911
皂化值/（mg KOH/g）	188～192	168～181
碘值/（g I/100g）	110～126	97～108

2.5.2 黏度

黏度值用来测定油的相对稠度或流动阻力。RBD 卡诺拉油的黏度比大豆油高。Lang 等[58]和 Noureddini 等[59]发现，卡诺拉油的黏度与其他油一样是由温度决定的，并推荐一个在4～100℃温度范围内的黏度计算公式。高芥酸菜籽油的黏度明显高于卡诺拉油。

2.5.3 烟点和闪点

烟点即油脂在产生连续烟缕时的温度。这一特性在确定油是否适合煎炸时有用。相关法规规定煎炸油的烟点最低为200℃（表2.13）。

闪点即来自煎炸形成的分解产物着火点的温度。不同油脂的闪点从275～330℃不等（表2.13）。通常，不饱和脂肪酸含量增加时，闪点和烟点就降低[60]。

2.5.4 冷冻实验

冷冻实验是测定油脂在0℃或4℃的抗沉淀物形成的性能（表2.13）。沉淀物的形成通常是由高熔点化合物（主要是蜡和有长碳链饱和脂肪酸的甘油三酯）引起的[15]。卡诺拉变浊的现象不常发生，偶尔会出现[2]。研究发现，在干旱条件下生长的菜籽生产出的卡诺拉油更易出现沉淀现象，可能是由于干旱条件会形成更高含量的饱和脂肪酸[15]。

2.5.5 CV值

CV值（Crismer）是用来测量油在标准溶剂混合物中互溶性的。混合溶剂是由叔戊醇、乙醇和水按体积比5∶5∶0.27构成（表2.13）。大多数欧洲国家将CV值作为国际贸易中的规格标准之一。现今很少使用。每一种油的CV值都在一个很窄的范围内。油的互溶性与甘油酯的溶解度有关，而且主要受到组分脂肪酸的不饱和度与碳链长度的影响。

2.5.6 皂化值

皂化值即每皂化1g油脂所需要的KOH的毫克数。这个参数与油脂的分子质量成反比。也就是说，分子质量越高，皂化值越低。例如，长链脂肪酸菜油中的芥酸被卡诺拉油中的十八碳酸所取代，其皂化值从168～181mg KOH/g增加到181～192mg KOH/g（表2.13）。

2.5.7 碘值

碘值是表示油脂不饱和度的实验检测值。它是以100g油脂所吸收碘的克数来表示的。卡诺拉油碘值高的部分原因是由于油酸以及增加的亚油酸和亚麻酸取代了芥酸的缘故（表2.13）。碘值也可以由脂肪酸的组成来计算，按每种不饱和脂肪酸乘以不同的因子。这种计算方法比碘吸收法更精确。

2.5.8 熔化特性，同质多晶现象和结晶性

卡诺拉油的脂肪酸组成较为均一，95%属于十八碳脂肪酸[4]。芥酸的降低对油熔化特性影响很大，并且在氢化时，影响其所形成结晶类型。氢化卡诺拉油是用于生产起酥油

和人造奶油的主要配料。氢化的程度愈高会使脂肪酸的组成更单一。这会导致油脂凝固时形成大颗粒的β结晶体，这对起酥油和人造奶油是不利的。在氢化过程中形成的反式酸比顺式酸的熔点要高（表2.14）[62]。在氢化油中，反式酸的结构会使脂肪酸的组成更加多样化，因此降低油的β结晶趋势。

表2.14 十八烷基脂肪酸族的熔化特性

脂肪酸	熔点/℃	脂肪酸	熔点/℃
棕榈酸	64.5	十八烯酸（*cis*-6）	28.6
硬脂酸	69.6	亚油酸（*cis*-9,12）	-5.1
油酸（*cis*-9）	13.2	亚麻酸（*cis*-9,12,15）	-11.2
反式油酸（*trans*-9）	43.7		

2.6 卡诺拉油的提取和加工

多年来，已开发出多种工艺用以从卡诺拉籽中提取高品质的毛油用于进一步油脂加工，同时得到高品质副产物蛋白粕用于饲料应用。

2.6.1 卡诺拉油的制取

卡诺拉籽含油38%~44%（8%湿基）。这意味着最有效的制油方法是先机械压榨提取约60%的油，再用溶剂浸出法提取预榨饼中的残油。其他高含油量油料如葵花籽也采用类似的加工方法。图2.1所示为卡诺拉籽提油最普遍的加工工艺步骤。

2.6.1.1 油籽清理

制油厂的卡诺拉籽一般直接来自于农场或油籽收购站。其中含有少量杂草种子、谷物种子及其他杂质，这些必须在制油前去除。油籽清理过程包括三个工艺步骤：风选去除尘土和其他较轻的悬浮物质；筛选去除大的颗粒；再一次过筛去除小颗粒的物质。这三步工艺设备通常组合成一套设备。杂质在油籽中的残留量一般要求低于2.5%，分离出的物质主要用于动物饲料。

2.6.1.2 预调质（软化）

这步实质上是油籽轧胚前的预热工序，将油籽温度升至30~40℃，使油籽变得柔软而避免轧胚时粉碎。预热设备可以采用热空气或蒸汽直接加热的流化床或者用蒸汽盘管间接加热的回转炉。

必要时，可以通过调节流经设备的空气流速，来调节油籽的水分含量。轧胚前理想水分在7.0%~9.5%范围内。

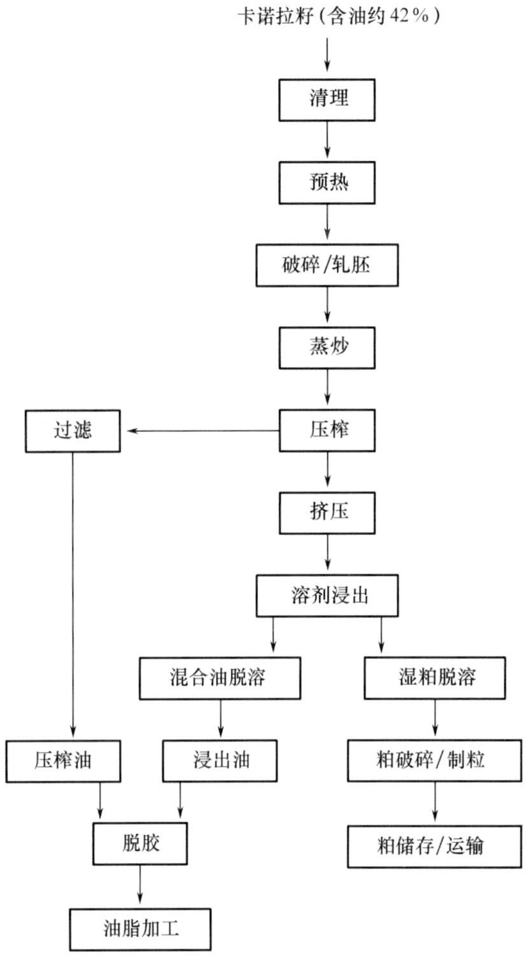

图 2.1　卡诺拉籽的制取

2.6.1.3　轧胚

用光辊轧胚机对预热后的卡诺拉籽轧胚。有人提倡采用两段轧胚。第一段轧胚厚度为0.4～0.7mm，第二段轧胚厚度为0.2～0.3mm。进行两阶段轧胚操作的主要原因是卡诺拉籽粒小、易变形，如果单级一次轧胚时通常会有少量整籽通过。当然，也有许多厂家采用单级轧胚就能得到满意的轧坯效果。

轧胚破坏了细胞壁，使一些油只用简单压榨就能从油籽中分离出来。压榨后饼中残余的油脂如今能够更有效地用正己烷对料饼浸出提取出来。轧胚好的物料在后续蒸炒工序中更容易处理，并且在压榨时只需要较少的机械能。轧胚对降低粕的含油量是至关重要的，是一项比较经济的操作。

2.6.1.4 蒸炒

轧胚料须经过蒸炒工序。在此工序中，料胚在层式蒸炒锅，或者在带蒸汽盘管的旋转式蒸炒设备内用间接蒸汽表面加热。蒸炒温度通常保持在75~100℃，可以引入周围空气到蒸炒设备中将料坯水分调节到压榨所需要的5%~7%的水分含量。

另外，蒸炒还有许多重要作用。如使小油滴凝聚成大油滴而使之易于分离；它也能使蛋白质变性，使油容易被提取出来，但是温度和时间必须小心控制，以避免在油的色泽和含硫量、料胚蛋白质降解以及料胚渗透性等方面产生不利影响。

蒸炒使两种关键的酶失活。第一种是黑芥子酶，它可以使芥子苷水解成油溶性的含硫化合物；第二是磷脂酶，它能使磷脂水解形成非水化性磷脂。有关黑芥子酶的作用已有许多研究，通过仔细控制蒸炒操作可以使芥子苷水解量最少并减少油的含硫量[63,64]，黑芥子酶活性最高时的温度范围是50~70℃，水分范围是5%~7%。

磷脂酶的活性及蒸炒对其活性的影响也是令人感兴趣的课题，但影响程度较小。Dahlen与Kristofferson[65]研究发现蒸炒温度从85℃上升到100℃时，油中的非水化性磷脂降低了，但总含磷量、色泽和含硫量增加了。较高色泽和含硫量是不希望的，含硫量增加会使油脂氢化时的催化剂活性降低。Unger[66]指出：较高的蒸炒温度不仅使总含磷量增高而且游离脂肪酸含量FFA也会增高。目前蒸炒温度范围一般在75~100℃。卡诺拉油规定的含硫量用电感耦合等离子体（ICP）光谱测定，范围为2~15mg/kg。综上所述，实际蒸炒温度的选择，要权衡考虑产品质量和经济指标。

蒸炒的工艺设备除前面提到的层式蒸炒锅和旋转式蒸炒锅外，在榨油厂中还有一些其他类型的蒸炒设备。值得一提的有三种工艺：德国鲁奇公司的Alcon工艺，瑞典斯托克公司的Exergy工艺，应用膨化机的工艺，尽管目前没有关于这三种工艺在菜籽/卡诺拉籽预处理工艺中使用的报道。

这三种蒸炒工艺的共同特点是都能对物料快速（几分钟甚至几秒钟）加热。这避免了常规层式蒸炒锅和旋转式蒸炒锅的主要缺点，它们的加热时间要10~30min。快速加热可以使酶快速失活，减少油料籽或胚片暴露在高温环境中的时间。快速加热需要物料在加热时混合充分，这样有利于温度控制，受热均匀，并且避免油料中的油脂被酶催化变质。快速加热工艺有一个意料之外的好处就是使油料处理后具有多孔性，提高了浸出油的得率。

(1) Alcon工艺　这个工艺应用于大豆的料胚片，这是第一个商业化应用的快速蒸炒法，主要目的是使磷脂酶失活，采用Alcon工艺处理的大豆料胚提取的豆油不含非水化型磷脂，采用水化脱胶就可以完全去除磷脂，该工艺中，大豆料胚输送至通有直接蒸汽的塔中，蒸汽强烈搅拌使料胚快速加热，几分钟内温度均匀上升至酶的失活温度。加热后的料胚送入冷却室内冷却，再进浸出器。据笔者所知，这个工艺尚未商业化地用于卡诺拉籽加工。该工艺的详细情况在 Penk[67]的文章中有描述。

(2) Exergy 工艺　在这个工艺中，整粒的籽或胚片在高速湍流状态下悬浮在充满高压过热蒸汽的夹套加热循环装置中，这样的热处理只要几秒钟加热就可以使酶失活[68]。对于卡诺拉籽，整粒的籽或胚片都可以这么处理，整粒卡诺拉籽热处理可以避免轧胚后籽和酶接触所引发的酶水解。热处理过的卡诺拉籽在轧胚或制油前需要冷却。这个工艺最初设计用于干燥污泥，现在在北欧国家用于生产高蛋白卡诺拉粕。该工艺已被推荐作为制油前卡诺拉籽的预处理工序。在一些北欧国家已经开始实际商业应用。设备的高价格阻碍了该工艺的推广。

(3) 膨化　挤压膨化广泛应用于油料加工，主要应用于卡诺拉籽制油前榨饼的调质和大豆料胚膨化制粒以提高浸出得率。膨化机在大豆浸出厂做蒸炒用可以使酶失活。Lusas 研究了大豆膨化时酶的活性变化[69]。膨化机可以用于预处理卡诺拉籽以利于预榨及使酶失活，目前还不清楚这个工艺有没有在卡诺拉加工中被商业化使用。

2.6.1.5　压榨制油（预榨）

油料预处理软化、轧胚后输送到连续螺旋预榨机或榨油机。榨油机的功能是将油籽含油率从 42% 降到 16% ~20%。预榨后浸出制油将更经济、高效。榨油时不可避免的随油带走一些非常细小的饼屑（含油 7% ~15%）。这些碎屑在沉油箱内沉降、过滤分离，然后再回到调质工段。预榨饼再通过机械破碎成大小均一的颗粒，以便供溶剂浸出。Unger[66]特别是 Buhr[70]详细描述了有关卡诺拉籽的榨油工艺。

2.6.1.6　膨化

有些工厂采用压榨饼进行机械膨化的方法来改善溶剂浸出性能。为此选择由带有旋转轴并配有翅片的机膛组成的膨化机来满足工艺需要。沿机膛的长边方向通入蒸汽、加热、混合，随着物料的推进压力递增，然后料胚通过机膛末端的模板小孔挤出。物料挤出时压力骤降，膨化形成多孔状的膨化料。这些小直径多孔的压榨饼粒（片）具有良好的溶剂浸出性能。通过这种方式，浸出设备的产能显著提高。

2.6.1.7　溶剂浸出

将膨化机出来的预榨饼或膨化型胚输送到溶剂浸出工段。通常在输送过程中，由周围空气对 80 ~100℃的料胚进行一定的冷却。其目的在于料胚进入浸出器时，使溶剂挥发减至最低。浸出器有很多不同的设计，通常是由提供榨油机的同一厂家提供。浸出溶剂采用的是 50 ~60℃的正己烷。

在浸出器内，高于 80℃的固体料坯分段进行溶剂萃取。开始用高浓度的混合油，然后用浓度逐渐递减的混合油浸出，最后用新鲜溶剂萃取。各种浸出器的设计都或多或少地接近逆流浸出。粕中含油率可降低到1%左右。这多少取决于设备设计、生产速率以及蒸炒、轧胚和预榨操作进行的好坏程度。根据混合油浓度调节进浸出器的新鲜溶剂流量，使混合油浓度达到25%～30%。

2.6.1.8 粕和油的脱溶

湿粕和混合油通过汽提去除溶剂得到脱溶粕和油。将饱和了溶剂的湿粕输送到一台直立式多层脱溶器内脱溶。脱溶器配有多层蒸汽加热塔盘，每层塔盘底上装有转动搅拌桨叶，用来搅拌固体物料。利用减压和直接喷射蒸汽的方法，达到蒸发溶剂和干燥粕的目的。将粕加热到105℃的烤粕温度，停留30～40min。粕中残溶要求低于1500mg/kg，水分在15%～18%范围内，但正己烷含量难以达到更低。Grant等[71]描述了影响卡诺拉粕脱溶的各种因素[68]。Schneider与Schuette[72]研究了卡诺拉粕脱溶难度与纤维结构关系的问题。脱溶去除了一些芥子苷及其降解产物，但同时也会促使一些蛋白质变性[73]。为了得到质量最佳的粕，脱溶过程必须很好地控制温度（最高110℃）和时间。

粕的冷却干燥设备一般都整合于脱溶器中，这套完整的设备称为DTDC（desolventizer—脱溶；toaster—烤粕；dryer—干燥；cooler—冷却），也可以使用独立的转鼓干燥冷却器。粕温度冷却到30～40℃，水分降低到8%～11%，残溶约800mg/kg，相当于每加工1吨籽正己烷溶剂损耗大约为1L。冷却的粕可以碾轧成均一的颗粒或做成片状以便储存或出售。从脱溶机出来的溶剂和水蒸气的混合气体冷凝后进行水和溶剂的分离，溶剂回收再利用。含油的混合油用三效蒸发设备进行脱溶，蒸发的溶剂蒸汽冷凝后再回用。一个适当规模的浸出工厂运转的吨料溶剂消耗不超过1～2L。

2.6.1.9 卡诺拉籽、油和粕的品质保证

菜籽从农场送到制油工厂时的分级是质量保证的第一步。以加拿大为例，加拿大谷物委员会作为第三方负责制订有关行业产品贸易的等级标准（法规）。相关的分级规则在加拿大官方谷物等级指南（OGGG）中可以找到，官方谷物等级指南由加拿大温尼伯检查部门的谷物总检查官办公室颁布[74]。从1级到3级分了三个等级，1级品质最好。较差级别的菜籽要折价卖出，只能生产质量较低的油脂，特别是那些含有较高叶绿素和游离脂肪酸含量的油籽，非水化磷脂含量高的等级也较低。因为这些因素会使油脂加工困难并且成本增加。

在加拿大，毛油、脱胶油和粕的质量通过加拿大油籽加工者协会（COPA）[75]制定的贸易规则进行管理。采用美国油脂化学家协会（AOCS）[76]官方分析方法检测相关质量指标。粕中芥子苷的测定一般不常做。油与粕的主要品质指标要求分别在表2.1和表2.15中列出。

表2.15 卡诺拉粕品质指标[75]

特性	指标
蛋白质含量/%	≥36
油脂含量/%	≤4
水分含量/%	≤12
粗纤维含量/%	≤12
硫代葡萄糖苷含量/（mmol/g）	≤30
粒度的筛法测定	质量分数97%的粕可通过2.00mm（US # 10）筛网，90%可以通过1.70mm（US # 12）筛网

2.6.2 卡诺拉油的加工

处理卡诺拉毛油生产食用油产品，在原理上与其他植物油所应用的方法十分相似。图2.2为工业生产用的加工流程。

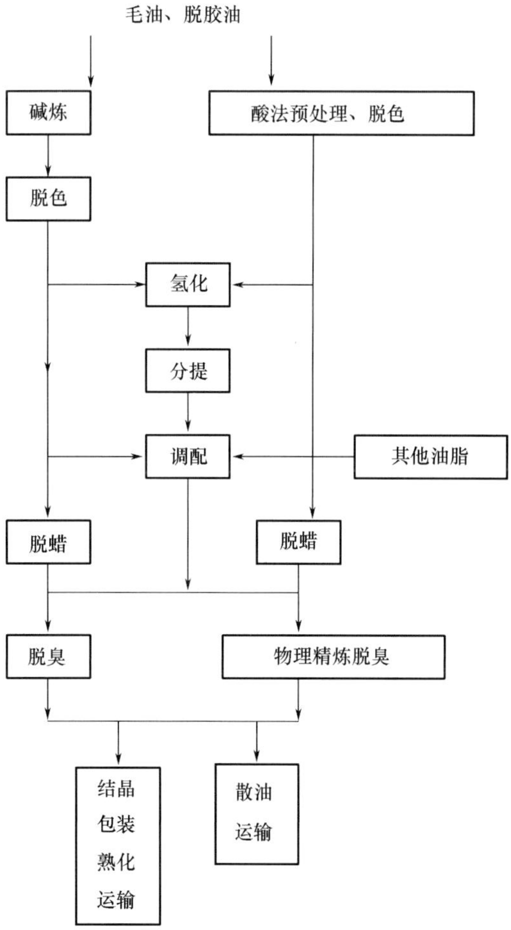

图2.2 卡诺拉油加工过程

2.6.2.1 脱胶

来自预榨和溶剂浸出的毛油通常混合在一起，然后在储存、销售或进一步加工之前进行脱胶。脱胶去除与油一起提取出来的磷脂和一些在储存期间从油中分离出来的油渣。毛油中的磷脂含量一般在1.0% ~1.5%范围内，若以含磷量计算是400 ~ 600mg/kg。可用两种脱胶方法：①用水沉淀磷脂（水化脱胶）；②用酸（如柠檬酸、苹果酸或磷酸）加水脱胶（超级脱胶，或酸 - 水脱胶）。通过上述两种方式几乎能完全脱除油中胶质。在油与这些反应物接触后，再用离心机分离出油和沉降物。其他工艺也能达到基本上完全脱除胶质的目的，如酶法脱胶，但到现在为止，应用并不广泛。

（1）水化脱胶　水化脱胶时，油通常在约80℃时与2%左右的水在脱胶罐内缓慢搅拌，接触混合反应5 ~ 30min，确保磷脂在悬浮液中沉降或有必要的凝聚时间，然后用碟片式离心机进行分离。根据油中非水化磷脂的比例，脱胶油中的残磷量为100 ~ 200mg/kg（磷脂含量0.25% ~0.5%）。分离磷脂后，油的损失占分离得到磷脂量的35% ~40%。

（2）酸法水化脱胶　酸法水化脱胶时，用酸和水脱胶去除非水化磷脂（NHP）。多年来已研究过多种适用的加工工艺，如联合利华超级脱胶工艺[77]以及各种其他专利加工工艺。酸法水化脱胶反应条件要比水化脱胶更为关键。通常采用的工艺步骤如下（可略有不同），毛油加热到60 ~ 70℃，与0.1% ~0.5%的50%柠檬酸或苹果酸进行强烈混合，接触时间取决于混合强度，通常在几分之一秒到15min范围内变化，然后将油与2%的水接触，在接触前后都要冷却到25 ~ 45℃。在带搅拌的连续反应器中停留1 ~ 3h。搅拌桨的设计要特别考虑减小剪切力，并使沉淀出的磷脂保持悬浮状态。而后，将油与磷脂的混合物快速加热，立即泵入自清式碟式离心机中，将沉淀的磷脂从油中分离出来。其油的损耗相当于分离出磷脂的35% ~50%，非水化磷脂含量高的油相应损耗较大。将分离出来的磷脂添加到脱溶器的粕中，可使粕中残油升高到2% ~3%，从而提高了粕含有的能量密度。

油中磷脂残留量范围为5 ~ 50mg/kg（含磷计），这取决于加工细节和毛油中非水化磷脂含量。非水化磷脂含量差别比较大，通常在总磷脂量的20% ~45%。非水化磷脂含量越高，要求离心机澄清分离所需时间越长。

最近的研究表明，与其用酸和水进行脱胶，不如用酸和氢氧化钠水溶液，尤其对于低品质的油脂。这是一种在酸水脱胶与碱炼之间的中间方法，避免了脱胶操作中的冷却步骤，工艺流程和碱炼类似。该方法中用有机酸比磷酸好。磷脂也像其他杂质一样必须除去。如果用足够的碱去中和游离脂肪酸，可以得到全精炼油。

2.6.2.2 碱炼和物理（蒸汽）精炼

在精炼过程中，脱胶油得到进一步纯化，精炼可采用的方法有以下两种，任选其一。碱炼特别适用于水化脱胶油，物理精炼用于酸水脱胶油或酸碱脱胶油（脱胶更全面的油)。碱炼是应用最普遍的工艺，也适用酸水脱胶的油。卡诺拉油工业规模的物理精炼比较少见，物理精炼要求质量良好的脱胶油，其中的叶绿素和游离脂肪酸含量适中。但这仍是一种经济的工艺，尤其在总投资方面。1984年以来，加拿大的CanAmera Foods(现为邦吉集团的企业)在加拿大西部成功地采用物理精炼进行精炼。

(1)碱炼　碱炼时，油首先与0.05%～0.1%的浓磷酸在高强度混合器中接触以利于沉降磷脂，然后与12%左右的NaOH溶液接触，中和油中的游离脂肪酸、过量的磷酸并沉降磷脂。这需要2%～3%的碱液用量。需要非常强烈的混合过程，温度和接触时间可以有所变化，如短混工艺的温度约90℃，与酸和碱都仅混合几秒钟，而长混工艺在约40℃条件下分别与酸和碱混合15min。如果需要，将油/皂混合物加热到约90℃，用离心分离法分离出皂脚。皂脚内包含一些沉淀的磷脂和甘油三酯中性油。离心机通常采用自清式，可以避免因清理而经常关闭。离心分离出的油还必须进一步用5%～10%的热软水水洗，使油中含皂量从500mg/kg左右降到低于50mg/kg。无孔转鼓碟式离心机能满足此要求。

碱炼使游离脂肪酸降低到<0.05%，磷含量降至<3mg/kg，Fe和Cu含量降至检出极限以下，对色素(叶绿素和类胡萝卜素)则没有明显作用，当然在某些加工条件下叶绿素衍生物能降低到原来含量的30%～70%。含硫化合物的浓度稍有降低。经碱炼后的油可去进行脱色。碱炼所产生的皂脚可以加到粕中，这类似于脱胶工序中磷脂的处理；或者将其酸解，用作饲料用油脂。Mag[78]相当详细地综述了工业化精炼的实践操作。Carlson[79]综述了各种精炼方法及其加工成本。

(2)物理精炼　物理精炼时，必须首先将含磷量低于50mg/kg(最好低于25mg/kg)的酸-水脱胶油用磷酸进行预处理，就像短混碱炼工艺一样。接着，在95～105℃条件下与活性白土接触，进行(标准)脱色，沉淀的磷脂、叶绿素衍生物和一些类胡萝卜素可吸附到白土上而过滤去除。这道工序与酸-水脱胶一样，是物理精炼中最重要的步骤。脱色后的油可以进行物理(蒸汽)精炼/脱臭。除游离脂肪酸以外，油中的其他所有微量成分含量要求与碱炼油一样。另外，叶绿素须要求降低到0.050mg/kg以下。通常，活性白土用量范围在0.7%～2%，这主要取决于油中叶绿素衍生物的含量、类型以及脱胶油中磷脂的含量。

游离脂肪酸在脱臭塔中是用水蒸气蒸馏的方法去除的。它与脱臭同时进行。脱臭也是食用油正常加工的最后一道工序。这一工序也可以推迟到其他工序(如氢化)以后进行。

2.6.2.3　吸附脱色

碱炼后的油需要脱色。它含有的少量皂，毛油中存在的叶绿素及其衍生物仍然大量留在碱炼油中。某些氧化产物、微量的重金属特别是铁也必须去除。但对于卡诺拉油，最重要的是要去除叶绿素衍生物，因其在光照下对油脂可起促氧化作用[80]，而且会使油呈现不希望的绿色。酸性活性白土用于脱色，能有效吸附“绿色”化合物。在叶绿素含量特别高（>30mg/kg）的情况下，采用“叶绿素（专用特效）”白土。这种白土的一大特点是具有特别高的酸活性，但用于其他油时，对类胡萝卜素的脱色效果不好。有些色素减少的部分原因是吸附，而另一部分原因是热分解。通常在脱色时重点是去除叶绿素，脱臭时对类胡萝卜素的热脱色作用与去除油中大多数的红色有关。

（1）脱色白土　吸附脱色是在温度约100℃的真空条件下进行的。脱色时间为5～30min，在油、白土的混合物的水分逐渐干燥到约0.1%时，吸附效率最佳。如前所述，0.7%～2%的白土（水分10%～15%）可以将叶绿素去除到以叶绿素a计小于0.05mg/kg的要求。这个叶绿素含量对油的氧化与色泽没有不良影响。Mag[81]综述了食用油特别是卡诺拉脱色的实际应用；Brimberg[82]和Henderson[83]研究了脱色过程叶绿素吸附动力学方面的一些十分重要的问题；Suzuki和Nishioka[84]研究了种子和油加工到脱色期间有关叶绿素衍生物的变化情况，并测定了活性白土和活性炭对各种衍生物的吸附性能。对于活性白土，他们发现其吸附能力按下列次序递减：脱镁叶绿素a>焦脱镁叶绿素a≫脱镁叶绿素b>焦脱镁叶绿素b。在油籽加工中，叶绿素a和叶绿素b转化成对应的脱镁叶绿素，因此，它们在叶绿素衍生物的吸附中不扮演重要作用。卡诺拉油的脱色过程与其他油脂相比并没有什么不同。

（2）活性炭　活性炭很少用于脱除叶绿素,因此在卡诺拉油脱色中很少应用。活性炭的操作难度较大，而且比活性白土吸附的油更多，价格也贵。在脱色效果试验中，对于高含量叶绿素的卡诺拉油，活性炭可能比活性白土较为有效，但在含量很低时效果较差。因此，如果要将叶绿素衍生物脱除到前述非常低的浓度，活性炭并不是合适的吸附剂。

（3）合成二氧化硅　近年来有人推广合成二氧化硅作为油脂脱色的预处理。据称用于卡诺拉油脱色时，二氧化硅吸附皂和磷脂的能力比活性白土强。因此，后续脱色时，可更有效吸附叶绿素。目前有售的二氧化硅不能吸附叶绿素或类胡萝卜素。服务于康涅狄格州二氧化硅制造商W. R. Grace公司的Parker[85]，正在推广一种合成二氧化硅预处理结合活性白土填料床脱色的工艺。

（4）其他脱除叶绿素的方法　已知道一些从卡诺拉油中脱除叶绿素的其他方法，目前正在试验中。Bergman[86]和Szemraj[87]介绍可使用浓磷酸，并对油进行真空干燥，使菜油中杂质析出，尤其是叶绿素衍生物的析出。试验表明，用超级脱胶法处理过的卡诺拉油，叶绿素可更有效析出。从油中去除析出物可以用过滤法，借助于适当的助滤剂，或采用离心分离方法。如果析出步骤后进行碱炼，酸析出的叶绿素作为皂脚分离物的重相的一部分而易于去除。

另一方法利用了叶绿素衍生物与碱接触发生反应，生成沉淀物[88]。这在碱炼工序中可加以利用。该沉淀能和水相皂脚一起被除去，但目前这个专利未透露具体细节。试验数据表明，碱炼中最多可去除70%的叶绿素衍生物。

表2.16所示为碱炼脱色与酸水脱胶－酸预处理－脱色两条工艺路线生产的卡诺拉油的有关典型参数，下一步这些油进入氢化或物理精炼/脱臭处理。除了游离脂肪酸的浓度不同外，这两条工艺路线生产的脱色油质量相当。

表2.16 碱炼/脱色或酸脱胶/脱色的卡诺拉油指标

参数	碱炼/脱色	酸脱胶/脱色	参数	碱炼/脱色	酸脱胶/脱色
游离脂肪酸含量/%	0.1	按毛油值	过氧化值/（meq O_2/kg）	无	无
磷含量/（mg/kg）	<3	<3	茴香胺值	1~3	1~3
叶绿素含量/（μg/kg）	<50	<50	硫含量/（mg/kg）	1~13	1~13
铁含量/（mg/kg）	<0.1	<0.1	皂含量/（mg/kg）	无	无

2.6.2.4 氢化

氢化改变了油的熔点，改善了油的氧化稳定性，可应用于包括卡诺拉油在内的多种油脂。氢气在温度160~200℃、压力100~300kPa及镍催化剂存在的条件下，加成到不饱和脂肪酸的双键上。叶绿素[89]、磷脂、皂特别是含硫化合物能使催化剂中毒，增加氢化工艺成本。除硫外，这些杂质可以在精炼和脱色时去除。含硫化合物在这些工艺中只稍减少一点。De Man等[90]研究了卡诺拉油氢化时含硫化合物对镍催化剂的毒化作用，发现以异硫氰酸烯丙酯（AITC）形式存在的硫含量仅1mg/kg时，就明显影响氢化速率；增加到3~5mg/kg时对氢化速率的影响更大。同时碘值在95~80g/100g的范围时，反式异构体明显增加。异硫氰酸烯丙酯是芥子苷分解时产生的一种化合物。

测定食用油中含硫化合物的含量较困难。所能找到的有关菜籽油和卡诺拉油中含硫化合物含量的文献有可能相互矛盾。考虑到氢化效果与分析速率之间存在相关性，目前用电感耦合等离子光谱法测定卡诺拉油的含硫量应该是最合适的方法。

卡诺拉油的氢化过程是间歇式分批进行的，目前所使用的反应器也多种多样。通常反应器由厂家自行设计，但许多提供食用油加工工艺设备的公司能够提供成熟的氢化和催化剂分离设备。

通过调控温度、压力，以及在一定程度上调控催化剂的选择性，可以得到具有不同熔化性能的氢化油脂。选择合适的加工条件也可使氧化稳定性得到改善。通常，通过工艺条件的选择，可使氢化反应的选择性趋向于所期望的熔化性能和氧化稳定性。卡诺拉油进行很低程度的氢化，就能得到低亚麻酸和低亚油酸含量的油脂（表2.17）。评价熔化性能时，通常测定样品在10～40℃范围内的固体脂肪比例，北美仍然广泛采用膨胀仪测定法，而不是宽谱核磁共振法。

表2.17 用于人造奶油、起酥油和煎炸油的氢化卡诺拉油

碘值	脂肪酸含量/%						固体脂肪指数				
/(g I/100g)	$C_{16:0}$	$C_{18:0}$	$C_{18:1}$	$C_{18:2}$	$C_{18:3}$	反式酸	10℃	21.1℃	26.7℃	33.3℃	40℃
115（L）	4.5	2	60	22	10	—	—	—	—	—	—
90	4.5	3	80	9	2	20	2.5	—	—	—	—
85	4.5	5	86	2	1	42	18	5	—	—	—
80	4.5	11	83	—	—	45	30	18	7	<1	—
75	4.5	14	80	—	—	50	50	31	25	11	4

卡诺拉油中少量的含硫化合物的存在，很有可能使催化剂发生硫中毒，结果可能使其反式酸异构体含量要比大豆油等稍高点。Hatfield[91]专注于卡诺拉油氢化这方面的研究。

去除油中的催化剂，可采用过滤的方法。来自氢化反应器的油冷却到大约100℃，借助预涂过滤助剂的过滤机进行过滤。先加助滤剂到油中，然后再过滤也是可以的。过滤后，油中镍含量为3～15mg/kg。有可能的话，在油中加入螯合剂柠檬酸（0.05%的添加量，50%的水溶液），接触以后，再在有助滤剂的过滤机中进行第二次过滤。如果仍难以去除，需用酸活性白土对油进行脱色。镍含量必须降低至0.3mg/kg以下，即硫化铵试验阴性为止。也有人推广在催化剂过滤前或后，用合成二氧化硅对氢化油进行除去镍的处理[92]。

在食用卡诺拉油的许多国家中，由卡诺拉油氢化得到的油脂在生产很多脂质产品中起着重要作用。卡诺拉油经常与其他油脂混合使用，这样可以综合卡诺拉油与其他油的优点。特别重要的是，轻度氢化的油脂有很好的稳定性，其部分原因是卡诺拉油中单不饱和脂肪酸含量高。由于其良好的稳定性和流动性以及低的饱和脂肪酸含量，这类产品非常流行。但是随着非氢化的高油酸（75%）卡诺拉油引入市场，轻度氢化油的重要性最终会降低。

表2.17所示为用于人造奶油、起酥油和煎炸油配方的氢化卡诺拉油的典型碘值、脂肪酸组成和固脂指数，并且与非氢化液体油的数据作了比较。应该注意的是，所列数据在实际生产中可能有所不同，这完全取决于氢化条件与所使用的催化剂。

表2.17中的氢化卡诺拉油或类似油脂广泛用于起酥油，或作为稳定性好的煎炸油脂用。工业上生产了多种卡诺拉油基料氢化油，用于起酥油的量身定制，例如，轻度氢化卡诺拉油（IV90）具有一个特别优点，即使在固脂含量很低的情况下，它的多不饱和酸含量

也很低，据此可将其制作成一种稳定性非常好而流动性极佳的煎炸油基料。深度氢化的卡诺拉油随时间延长有形成大 β 结晶的趋势，影响其食用性和烘焙功能，故很少用于人造奶油和烘焙起酥油中。De Man[93] 和 Naguib - Mostafa[94] 等研究了用于人造奶油、起酥油产品的氢化卡诺拉油的结晶性能。D'Sousa 等[95] 指出，棕榈油应用于以氢化卡诺拉为基料的人造奶油和起酥油时，棕榈酸至少需要 11% 以上，才能得到 β' 型稳定的晶体，使人造奶油有足够长的货架期。这种棕榈油最好先进行轻度氢化。

2.6.2.5 酯交换

酯交换是另一种能改变油脂熔化特性的加工工艺。该工艺可以替代轻度氢化工艺，用于制备各种熔化性能的产品。

Thomas[96] 和 Desrosier[97] 研究了非氢化卡诺拉油与全氢化植物油的化学酯交换。在生产无反式酸的油脂产品时，用卡诺拉油与高熔点脂进行酯交换很有意义，因为卡诺拉油的脂肪酸组成营养价值高，酯交换产品可以利用这一优势。酯交换也可以用来控制氢化卡诺拉油 β 结晶的问题。由于成本的原因，这一工艺尚未大量应用。Kurashige 等[98] 已经应用酶催化酯交换棕榈油和卡诺拉油，以便改善棕榈油的流动性，这样做，比其仅与卡诺拉油混合的效果要好，他们用的是一种 1,3 位特异性脂肪酶。应用卡诺拉油是因为其饱和脂肪酸含量低。当然，工业规模的酶催化酯交换工厂仍然很少。

2.6.2.6 脱蜡

卡诺拉油是一种天然色拉油。这就是说该油在冷藏温度下仍然是澄清的液体，不必冬化就能生产瓶装油和色拉油。然而这种油可能含有很少且含量变化的化合物（20 ~ 400mg/kg），时间一长脱臭油中会出现沉淀物，这个现象和卡诺拉种植条件有关。为简便起见，称这些化合物为蜡。但已知这些化合物中 20% 40% 不属于蜡酯[99]。由于含量很低（ < 50mg/kg），这些从卡诺拉油中结晶析出的混合物，其结晶特性很难预测，有时会在油中出现沉淀，有时几天或几个月才出现。

对于某些市场来说，需要脱蜡以避免油脂发朦。这一加工过程是将脱色油在连续式热交换器中冷冻至 5℃，加入约 0.1% 的助滤剂后过滤。过滤前很少或无停留时间，蜡含量可以降低到 50mg/kg 以下，此后就不再会产生可见的混浊现象。通常厂家应用自己设计的脱蜡工艺，或者仿制葵花油脱蜡装置。相同脱蜡装置生产卡诺拉油的产量要比用于葵花油的高得多，主要是由于卡诺拉油中蜡含量很低的缘故。

2.6.2.7 脱臭

脱臭是食用油加工中最后的一步“精炼”，它的主要功能是去除油脂中来源于油料的一些具有典型滋味的化合物，以及诸如脱色、氢化工艺中形成的化合物。另外，在脱臭的温度条件下，对黄 - 红类胡萝卜素类化合物的热脱色也是这一工艺的另一个主要作用。如前所述，脱臭可用物理精炼取代碱炼脱除游离脂肪酸。脱臭本质上是一种水蒸气蒸馏去除油中的气味化合物以及相对挥发性化合物（如游离脂肪酸）的过程。生育酚和甾醇在一定程度上也被去除。在对卡诺拉油进行脱臭处理时，保证油中没有叶绿素、含磷物质以及重金属（如铁、镍等）等显得尤为重要。将油加热到225～260℃，在很低残压（0.1～0.5kPa）下脱气，这个真空度增加了待去除化合物的挥发性，蒸汽（1%～3%）直接通入油中进一步提高了其挥发性，有效去除挥发物至非常低的含量。在脱臭温度下，至少需30min以上才有热脱色效果。通常生产中，脱臭后要将油冷却到60～80℃，在进储罐或分馏油之前要充氮。表2.18所示为经过脱臭的卡诺拉油的质量标准。

表2.18 未氢化的脱臭卡诺拉油

检测项目	数值	检测项目	数值
色泽（罗维朋红色，5.25in）	0.3～1.5	茴香胺值	0.5～2
气味	无	AOM稳定性，最小值	15h/100PV
过氧化值/（meq/kg）	痕量		

2.6.2.8 结晶、包装和熟化

与散装煎炸油、色拉油不同，人造奶油和起酥油要转变成半固体形态以供最终使用。生产人造奶油时，油首先与适量水相进行乳化。起酥油生产时通常没有水相而直接结晶。要保证氢化卡诺拉油含量高的产品在结晶时能得到非常细小的β'型晶体，就需要特别注意，有一点非常重要，即产品进入包装前要非常快速完成结晶，也就是说，保证不能或很少在包装后形成结晶。结晶后产品的熟化指的是结晶后产品中晶体与液体油脂混合物之间达到平衡的过程，将正常结晶的包装产品在25～27℃条件下保持2～4d可以改善其可塑性、乳化性和烘焙性能。虽然这一过程还不完全清楚，但它对于达到最佳起酥性能却很重要。人造奶油通常需要较短时间的熟化过程，然后冷藏。De Ma等[93]研究了有关商业结晶条件与产品熟化对用氢化卡诺拉油生产的人造奶油、起酥油结晶性能的影响。

2.6.2.9 质量保证

在用卡诺拉油加工成食用油脂产品时，所采用的质量控制程序与其他油脂是非常一致的。但有些方面也是独特的，例如，叶绿素衍生物在毛油中的含量及其在生产过程中的去除方法。通常用AOCS[76]或其他的标准方法（如IUPAC、ISO、DGF等）来评价油脂质量。

（1）脱胶 该工艺过程中的质量控制要求，是分析毛油和脱胶油中的含磷量。

（2）碱炼 包括测定碱炼前后的游离脂肪酸、磷含量，必要时测定叶绿素。此外，水洗后要测定含皂量。当测定高叶绿素含量油脂的含皂量时，由于油脂色泽较深，确定滴定

终点会存在一些困难。

(3)脱色 脱色过程的主要控制指标是测定叶绿素含量。工业上可接受的品质是脱色后油中叶绿素含量（以叶绿素 a 计）必须降低到 0.025mg/kg 以下。更低的浓度没有坏处。叶绿素含量较高时，油会形成绿色，且见光时影响油的稳定性，脱臭期间使油变成浅灰色。测量叶绿素的标准方法是 AOCS 方法 Cc 13d－92[96]，罗维朋比色计测定的红和黄值也作为脱色过程控制的部分指标，但测得的色泽受红黄色化合物热脱色性的影响很大。超级脱胶油在脱色以后进行物理精炼的话，必须测定脱色油的含磷量。

(4)氢化 氢化过程的控制主要涉及到氢化程度、熔化行为、脂肪酸组成、催化剂镍的残留量的测定。部分氢化反应的程度控制需要快速的分析，此时可利用碘值，更常用的是折光指数。接着是确定固体脂肪指数（SFI）或固体脂肪含量（SFC），同时，有必要的话，需测定 Mettler 滴点。氢化油的脂肪酸成分分析方法为 AOCS 方法 Ce le－91[96]。镍残留量的测定方法为硫化镍法或电感耦合等离子光谱法。

(5)脱蜡 控制脱蜡过程的分析方法不是测定油中含蜡量。因为含蜡量测定作为常规过程控制太复杂。更好的方法，是按照 AOCS 方法对油进行冷冻试验，并将样品在稍高温度下（室温）保持 一段时间[76]。这样，就可以有信心保证脱蜡工艺达到了预期效果。如前所述，沉淀物形成中的混合物的结晶特性是很复杂的。这些间接测试根据油中无可见沉淀物而保持澄清作为对货架稳定性的预测，所以是有点含糊的。

(6)脱臭与物理精炼 脱臭工序质量控制特别关注风味、游离脂肪酸、色泽、氧化稳定性以及微量杂质。油的常规风味试验是通过 2～3 名训练有素的专门测定人员去尝少量油的样品。虽然允许有非常轻微的豆腥味和青草味，但基本上油必须气味清淡。所做的游离脂肪酸、色泽和稳定性试验采用的是美国油脂化学家学会（AOCS）规定的方法[76]。

(7)结晶、包装和熟化 对于含高比例氢化卡诺拉油做的人造奶油、起酥油来说，结晶条件（预冷却温度、结晶温度，包装中的升温）及熟化时间和温度的过程控制特别重要。因为这种产品随时间有很大的从 β' 晶型向 β 晶型转晶的趋势。有时采用偏光显微镜也可直接确定产品的晶体状态。此外，对于人造奶油，可用针入度仪读数或由评定小组评定口感，烘焙型起酥油可测打发度、焙烤性能和酥皮性能。这些测试可以用于判断熟化时间和货架稳定性。

2.7 卡诺拉油组分的营养价值

2.7.1 卡诺拉油组分的营养意义

食用油脂具有重要的营养功能，它是必需脂肪酸的来源。脂肪族成员 $n-6$ 和 $n-3$

（也称为 $\omega-6$ 和 $\omega-3$）是细胞膜的重要成分以及作为二十烷酸的前体（生物活性化合物如：前列腺素、血栓素、环前列腺素、白三烯）。油脂也用作油溶性维生素的载体和能量之重要来源。此外，它还具有重要的烹调特性并提高食品的可口性。

当前对食用油脂的研究主要还在于它与许多慢性疾病的起因的关系。关注的焦点在于食用油脂的数量和类型对心血管疾病、癌症、高血压以及肥胖症方面的影响。结果是许多国家的膳食推荐要求摄入的总脂肪量降低到总能量的30%，而摄入的饱和脂肪酸量要小于总能量的10%。此外，一些营养推荐中特别推荐了膳食中的 $n-6$ 和 $n-3$ 脂肪酸的用量。因此，过去一些年来，膳食中脂肪的来源变得相当重要。对卡诺拉油营养特性的兴趣上升是源于它的脂肪酸组成（表2.2）。卡诺拉油具有饱和脂肪酸含量低、单不饱和脂肪酸含量相对较高而且含相当数量的 $n-3$ 脂肪酸 α -亚麻酸（18：3，$n-3$）的特点。

（1）饱和脂肪酸　饱和脂肪酸对血液中胆固醇的负面影响及其与心血管疾病的相关性增加了人们对食物中过量饱和脂肪酸的忧虑。卡诺拉油中总的饱和脂肪酸含量很低（<7%），大约是玉米油或大豆含量的一半或者是棉籽油含量的1/4。而已知卡诺拉油中仅含4%的那些能增加血液胆固醇含量的饱和脂肪酸（即月桂酸、豆蔻酸、棕榈酸），因此，卡诺拉油符合膳食中降低饱和脂肪酸含量的要求。

（2）单不饱和脂肪酸　据报道，单不饱和脂肪酸（即油酸）也像多不饱和脂肪酸（亚油酸）那样可以有效地降低总血浆和低密度脂蛋白胆固醇[100]，这一现象引起人们对卡诺拉油营养特性方面的关注。卡诺拉油含有60%的油酸，在常规植物油中仅次于橄榄油（油酸）含量位居第二。虽然鳄梨油和高油酸葵花籽油的油酸含量也高（>70%），但它们在平均食谱中占比较少。

有趣的是，膳食中的单不饱和脂肪酸可起到抗低密度脂蛋白氧化的保护作用[101]。有一个证据值得重视，在大血管管壁附近低密度脂蛋白的吸收和脂肪层的形成可以看成是粥样硬化的早期症状[102,103]，且会因低密度脂蛋白的氧化而有所增强。研究者发现，与富含亚油酸的膳食相比，用富含油酸的膳食饲喂受试者时，其低密度脂蛋白对氧化更稳定[104~106]。

（3）多不饱和脂肪酸　在植物油中卡诺拉油的多不饱和脂肪酸含量居中。它比玉米油、棉籽油、大豆油或葵花籽油较低些，但比橄榄油或棕榈油明显地高。对多不饱和脂肪酸的兴趣主要在于它们作为必需脂肪酸的作用以及对降低血浆中胆固醇的有效性。亚油酸与花生四烯酸即 $n-6$ 脂肪酸族的成员长期以来看作是必需脂肪酸。花生四烯酸是细胞膜的重要组分，而且是二十烷酸的前体，即“类激素”物质，与从血液凝块到免疫特性等多种生理作用有关。

α -亚麻酸和其他 $n-3$ 多不饱和脂肪酸同样也是必需的。二十二碳六烯酸（22：6，

$n-3$）是大脑和视网膜脂肪的主要成分，而二十碳五烯酸（20：5，$n-3$）是合成与花生四烯酸形成的二十烷酸类似但属于不同系列的类激素的前体，卡诺拉油含有相当数量的α－亚麻酸（10%）。此外，在亚麻酸和亚油酸之间存在着恰当的一种平衡（比例大约是1：2）。大豆油是仅有的含相当数量亚麻酸的另外一种食用油（大约7%），但亚麻酸与亚油酸的比例大约为1：7。

(4)少量成分(生育酚与植物甾醇)　植物油是平常食物中生育酚的主要来源。卡诺拉油中含有相对丰富的生育酚（表2.6），它与玉米油、棉籽油及葵花籽油中的总含量相接近（60~70mg/100g）。大豆油中生育酚总含量明显较高（100~110mg/100g）。但卡诺拉油含有相当高的α－生育酚（27 mg/100g），明显高于大豆油（12mg/100g）。维生素E的生物效能主要来源于此类生育酚。只有棉籽油、红花籽油和葵花籽油比卡诺拉油有更多的α－生育酚含量（分别为35、56和61mg/100g）（表2.6）。

卡诺拉油中有含量相对较高的植物甾醇（892mg/100g），大约是大豆油或葵花籽油的2倍（分别为436和496mg/100g）（表2.8）。其中β－谷甾醇占总甾醇量的50%，菜油甾醇占35%，菜籽甾醇占14%。卡诺拉油是唯一含有菜籽甾醇的普通植物油。已有报道，植物甾醇通过抑制食物胆固醇的吸收和胆汁胆固醇的再吸收[107]，来降低血浆中胆固醇的含量[108]。

2.7.2　卡诺拉油对血浆胆固醇和脂蛋白的影响

已有相关研究评估了卡诺拉油对血浆胆固醇和脂蛋白的影响。这一研究的原动力在于，人们发现食物中的单不饱和脂肪酸与多不饱和脂肪酸一样，能有效降低总血浆和低密度脂蛋白[100,109]。这些发现也对所观察到的卡诺拉油能像大豆油那样有效降低正常血脂人体中的血浆胆固醇这一现象提供了一种可能的解释[110]。而流行理论曾经是饱和脂肪酸能升高血浆胆固醇，多不饱和脂肪酸能降低血浆胆固醇，而单不饱和脂肪酸处于中间态，它既不升高也不降低血浆胆固醇[111,112]。

(1)正常血脂人群　加拿大、芬兰、德国以及美国的有关研究表明，卡诺拉油在膳食中取代饱和脂肪酸时，与多不饱和脂肪酸含量高的油脂一样，卡诺拉油能有效地降低总血浆和低密度脂蛋白胆固醇的含量（表2.19），统计其结果，所有膳食都明显降低了总血浆（平均0.47~0.88mmol/L）和低密度脂蛋白胆固醇的含量（平均0.43~0.74mmol/L）。因此，在所降低的总胆固醇中，大部分是由于低密度脂蛋白中胆固醇的降低，这与为降低心血管疾病危险而实行饮食调节计划的主要目标是一致的。血浆中的低密度脂蛋白胆固醇含量的增加是引起冠心病的主要危险因素。而且除Valstra等的研究外[116]，对于卡诺拉油与多不饱和脂肪酸食物来说，总胆固醇和低密度脂蛋白胆固醇含量的降低是相同的，低密度脂蛋白组分的特征脂蛋白，即载脂蛋白B的降低效果也差不多。

表2.19 卡诺拉油与多不饱和脂肪酸对正常受试对象血浆总胆固醇和低密度脂蛋白胆固醇的影响对比

膳食多不饱和脂肪酸来源	血浆脂质参数	基准值①/(mmol/L)	改变值/%		参考文献
			卡诺拉食物	多不饱和脂肪酸食物	
葵花籽油	总胆固醇	4.42	~20	~15	113
	低密度脂蛋白胆固醇	2.76	~25	~21	
红花籽油	总胆固醇	5.39	~9	~15	114
	低密度脂蛋白胆固醇	3.71	~12	~15	
大豆油	总胆固醇	4.40	~18	~16	115
	低密度脂蛋白胆固醇	2.98	~25	~18	
葵花籽油	总胆固醇	5.3	~15②	~12①	116
	低密度脂蛋白胆固醇	3.17	~23①	~17①	
葵花籽油	总胆固醇	4.76	~14	~17	106
	低密度脂蛋白胆固醇	2.70	~18	~20	

注：①正常摄取脂肪得膳食的血浆水平。
②卡诺拉和多不饱和脂肪酸膳食之间显著差异（$P<0.01$）。

除Kratz等[106]的研究外，上述这些研究中没有一种膳食对于血浆高密度脂蛋白（HDL）含量有任何影响。Kratz等[106]研究报道，在卡诺拉油和葵花籽油的食谱中，血浆中高密度脂蛋白胆固醇水平下降，而橄榄油没有显示下降。红花籽油、大豆油和葵花籽油食物中，多不饱和脂肪酸含量是平常食物的2~3倍。Mensink和Katan[109]也发现，对于血脂正常受试对象，摄入基于常规食物的高多不饱和脂肪酸膳食，并无任何副作用。相比之下，MattSon和Gundy[100]发现，摄入基于配制膳食的高含量多不饱和脂肪酸（总能量的29%），轻度高血脂症受试对象的高密度脂蛋白胆固醇是降低的。而摄入高含量的单不饱和脂肪酸，对血浆中高密度脂蛋白胆固醇含量没有什么影响。

（2）高胆固醇的人群 对于那些高血脂对象，用卡诺拉油可有效降低血清总胆固醇和高密度脂蛋白胆固醇的含量。在常规食谱中用50g卡诺拉油蛋黄酱代替50g油脂，结果明显降低了血清总胆固醇和低密度脂蛋白胆固醇含量（分别为9%和10%），每一组平均血清胆固醇含量为7.1mmol/L[117]。在卡诺拉油食疗组，血清甘油三酯和特低密度脂蛋白（VLDL）含量也降低了，而血清高密度脂蛋白（高密度脂蛋白）含量却增加了。总之，在该研究所采用的替代量水平上，油的种类对血清高密度脂蛋白含量没有影响。Bierenbaum等[118]也发现，在高血脂受试对象食物中，用30g卡诺拉油替代普通油和涂抹脂，会引起血浆低密度脂蛋白胆固醇含量的降低，然而血浆总胆固醇含量与初始含量没有什么不同。以更低的水平用卡诺拉油或卡诺拉油人造奶油替代黄油（约 1/5 总脂或 8% 总能量），也会降低中度血脂受试对象的血浆胆固醇水平[119]。卡诺拉油替代黄油可使总胆固醇降低 9%，低密度脂蛋白胆固醇降低 13%，而用卡诺拉人造奶油替代黄油引起的总胆固醇降低 9%，低密度脂蛋白胆固醇降低 8%。

轻度高血脂受试对象摄入低脂食物（总能量的 30%）时，卡诺拉油明显降低血浆总胆固醇和低密度脂蛋白胆固醇含量[120]。当卡诺拉油或玉米油提供总能量的 20% 时，血浆中总胆固醇含量分别降低为 12% 和 13%。比橄榄油下降程度（7%）明显要高些。然而卡诺拉油、玉米油和橄榄油降低血浆低密度脂蛋白胆固醇含量的作用是相当的（分别为 16%、17% 和 13%）；血浆中低密度脂蛋白含量的升高对于冠心病来说是最主要的危险因素。

2.7.3 卡诺拉油对血栓形成的影响

心血管疾病的症状主要有以下三种情况：①在血管壁上形成粥样硬化的斑点，减少了血管内腔的口径大小；②形成血栓或凝块，可直接引起人心脏冠状动脉血栓性中风或发病；③心律失常，心肌收缩不协调导致无规则、无效能的心脏跳动，有时会导致死亡。虽然食物脂肪与这种发病进程有关联，但凝块的形成只是最近才引起许多研究者的注意[121]。格陵兰爱斯基摩人和丹麦人中冠心病发病率有明显差别[121]，引起人们的兴趣探究长碳链 $n-3$ 多不饱和脂肪酸对血栓形成的影响。已经发现，鱼油的长碳链 $n-3$ 脂肪酸，即二十碳五烯酸（EPA）和二十二碳六烯酸（DHA），能够抑制血小板的凝聚[123]。长碳链脂肪酸影响血栓形成的一种可能机理是血小板磷脂中脂肪酸组成的变化，同时伴随着二十碳脂肪酸衍生物的形成。

已经表明卡诺拉油可以改变与凝块形成有关的几个特性参数（表 2.20）。一般地说，磷脂脂肪酸的组成反映了膳食中脂肪酸的组成：卡诺拉油形成较高含量的油酸，而红花籽油、大豆油和葵花籽油则形成较高含量的亚油酸[125~129]。卡诺拉油和大豆油也形成较高含量的 α - 亚麻酸，尽管结合到磷脂中的亚麻酸非常少，甚至将亚麻籽油加到食物中时也是如此[126,130]。然而已发现了膳食亚麻酸能够改变血小板磷脂中长碳链多不饱和脂肪酸的组成。多个机构[124,125,127,128]报道了卡诺拉油膳食可降低花生四烯酸水平。卡诺拉油膳食导致二十碳五烯酸和二十二碳六烯酸比大豆油、葵花籽油或常规混合脂质膳食高[124~126,129]。

表 2.20 卡诺拉油对凝血时间的影响和凝块形成因素

参数	卡诺拉油对参数的影响	参考文献
$n-3$ 脂肪酸（20∶5$n-3$、22∶5$n-3$）	增加	124 ~ 126
血小板磷脂含量	没有变化	127,128

续表

参数	卡诺拉油对参数的影响	参考文献
血小板磷脂的花生四烯酸含量	降低	124，125，127，128
体外血小板凝聚	减少	124，127
	强化	128
二十碳烷酸产物		
血栓素	减少	113
前列腺素	增加	113
凝血时间	增加	113

当然，不是所有研究中都能发现卡诺拉油膳食有高水平的长碳链 $n-3$ 多不饱和脂肪酸[127,128]，研究中出现这种明显的差异，部分的原因可能与脂肪酸在膳食中的平衡有关。Chan 等[126]发现，在血浆和血小板中，脂肪酸组成的变化不仅与食物中亚麻酸含量有关，也与亚麻酸、亚油酸的比例有关，并发现卡诺拉油降低了体外试验中血小板的凝聚作用，葵花籽油和红花籽油（亚麻酸含量低、亚油酸含量高）也能降低体外试验中血小板的凝聚[123,127]。另一方面，Mutanen 等[128]则发现，卡诺拉油与葵花籽油强化了体外试验中血小板的凝聚。相类似地，McDonald 等[113]发现卡诺拉油与葵花籽油能增加环前列腺素产物（一种抗凝血的类二十酸衍生物），降低血栓素（一种促凝血的类二十酸衍生物）。虽然卡诺拉油对血小板活性和凝块形成的影响不像已确定的对血浆胆固醇和脂蛋白水平那样好，但还是有证据表明，它可以阻止凝块的形成。

2.7.4 里昂心脏病膳食研究

冠心病是一种复杂的多因素疾病，由膳食影响的冠心病发病机理还没有完全清楚。里昂心脏病膳食研究是一项临床研究[121]，比较地中海型膳食与预防心肌梗死的谨慎膳食的效果，结果发现，被安排食用地中海型食物的心脏病人的冠心病发生率相比另一组明显降低（8∶33）。食用地中海型膳食的病人发生心脏病死亡或非致命心肌梗死明显减少，研究中规定食用油脂是橄榄油和卡诺拉油，而黄油则用卡诺拉油人造奶油代替。特别令人感兴趣的是，在试验组和对照组之间，血清胆固醇含量、低密度脂蛋白、高密度脂蛋白或甘油三酯含量方面没有任何差别。同样，即使地中海膳食病人血浆油酸、亚麻酸与二十碳五烯酸水平显著较高，而硬脂酸、亚油酸和花生四烯酸水平显著较低，但两组之间在血小板凝聚方面也没有差别。这个研究对这些规定饮食的病人持续进行了 27 个月的跟踪调查。尽管如此，Lorgeril 等[132]开展的早期临床研究跟踪时间更长（每个病人平均 46 个月）仍然认为，地中海食物的好处更明显（冠心病率发生率：谨慎膳食 44，地中海膳食 14）。虽然这个研究结果是很激励人心的，但仍然需做更进一步的临床实验去证实。

2.7.5 小结——卡诺拉油的营养特性

卡诺拉油具有低含量饱和脂肪酸（棕榈酸低于4%）和相对高含量油酸（60%）与α-亚麻酸（10%）的特征。在普通油脂中其油酸含量仅次于橄榄油；它是除大豆油以外α-亚麻酸含量显著的唯一普通食用油脂，且在亚麻酸和亚油酸水平平衡良好（18∶3与18∶2之比为1∶2）。已经发现，对于正常血脂人群，卡诺拉油与玉米油、大豆油、红花籽油以及葵花籽油一样，具有降低血浆总胆固醇和低密度脂蛋白胆固醇含量的效果。对于高血脂人群，用卡诺拉油取代食物中的饱和脂肪酸，可以有效降低血浆总胆固醇和低密度脂蛋白胆固醇。虽然支持这些观点的证据还不能像它影响血浆胆固醇含量那样令人信服，但已经表明卡诺拉油食物影响着血液中血小板磷脂脂肪酸组成以及改变血小板活性和血栓形成。

2.8 主要食品用途①

2.8.1 标准卡诺拉/菜籽油

每当谈到卡诺拉/菜籽油在食品中的应用，就必须提到加拿大在这方面的实践，原因是多方面的。第一，卡诺拉/菜籽最先在加拿大得到发展并用于商业，所以已经在食用油应用中积累了丰富的经验。第二，卡诺拉自引入以来迅速成为加拿大最重要的油料作物和最广泛使用的食用油。第三，加拿大食用油市场需要多种多样高质量的产品，这促使食用油生产商致力于开发卡诺拉油的多种用途，以及寻找最适合于它的用途。

由于卡诺拉油在加拿大的重要地位，其应用自引入以来便迅速发展，到2000年已占到植物油消费量的68%。最近十年一直维持在这个水平，在1992、1993、1994、1995和1999年，其相应比例分别占到63%、68%、73%、72%和68%。绝大多数是以液态形式也就是非氢化形式使用的（>70%）。主要用于色拉油和调料油，其次是作为液态油组分用于家用人造奶油和起酥油。

轻度氢化的卡诺拉油（IV≈90g I/100g）和高度氢化的卡诺拉油（IV<90g I/100g）常用于煎炸油以及人造奶油和起酥油。

2.8.1.1 色拉油、沙拉酱、蛋黄酱和烹饪用途

卡诺拉油是“天然”色拉油。这意味着它不需要冬化和分提也可在冷藏温度（3~5℃）保持透明。除非在一些情况下，由于种子生长的条件，油中可能会含有蜡和痕量的其他高熔点物质，这些物质在长期存放过程中会结晶并在透明瓶中造成一些外观上的问

① 原文中此节的小标题编号有误，已修改——译者注。

题。经验表明，除非有些市场的要求十分苛刻，否则这些物质无需除去，它们对人体无害，而且其浓度也不足以影响油在蛋黄酱和调料油中的乳化稳定性。

卡诺拉油不仅可以单独使用，在一些市场上还越来越多地用于调和色拉油中。这些调和色拉油通常是从营养的角度考虑来复配，目的是达到特定的脂肪酸组成。卡诺拉油主要是提供低的饱和脂肪酸和亚麻酸。

卡诺拉油也用作烹饪油，包括煎炸油，但不建议用于深度煎炸。尽管其多不饱和脂肪酸含量只是稍高了点，但它也不适合用于深度煎炸。

在20世纪80和90年代，卡诺拉油的这些用途在北美和许多欧洲国家受到欢迎，因为与其他这些用途的油相比，卡诺拉油的饱和脂肪酸含量低。而且，它的高油酸含量和适度亚油酸含量使其在食品应用中更具有竞争力。亚油酸富含于大豆油、葵花籽油和玉米油中，大多数工业发达国家的亚油酸摄入过量。相对于葵花籽油和玉米油而言，卡诺拉油的亚麻酸含量具有营养上的优势。

卡诺拉油具有多不饱和脂肪酸含量低的特点，与大豆油比，约为30%对58%；同时具有高单不饱和脂肪酸含量的特点，与大豆油比，约为60%对25%。这使其尽管含有亚麻酸但仍具有良好的风味稳定性。与大豆油相比，卡诺拉油具有较好的氧化稳定性，这还受到其他一些因素的重要影响，包括：①与大豆油相比，卡诺拉油中较多的亚麻酸处于甘油三酯的 *sn*－2位，这有利于防止亚麻酸的氧化；②卡诺拉油含有一些具有抗氧化性的含硫化合物[51]。

卡诺拉油、大豆油、葵花籽油、玉米油和亚麻油以及一些特种卡诺拉油和高芥酸菜籽油的详细脂肪酸组成见表2.2。

2.8.1.2 煎炸油

大量卡诺拉油被轻度氢化（IV≈90g/100g）后用作煎炸油，它稳定而且可倾倒。由于其脂肪酸组成，卡诺拉油是唯一兼具良好稳定性和可倾倒性的食用油。

卡诺拉油具有多不饱和脂肪酸含量低的特点，只需要相对低程度的氢化，就能减少亚油酸和亚麻酸的含量，从而获得良好耐煎炸性。在这个加工过程中，只有极少量的硬脂酸形成，再加上其本身的硬脂酸含量只有约6%，所以它既稳定而且在室温可倾倒。表2.21所示为轻度氢化和未氢化卡诺拉油的脂肪酸组成和固脂指数，其中轻度氢化卡诺拉油的碘值约90g I/100g并有2%亚麻酸残余。表中同时还有大豆油的数据，可以对照它们的脂肪酸组成差别，尤其是饱和脂肪酸和多不饱和脂肪酸数量的差别，以及两种轻度氢化油固体脂肪含量的差别。数据证明了卡诺拉油在氧化稳定性上的优势，这是由其相对低得多的多不饱和脂肪酸含量引起的，同时还证明了它在可倾倒性上的优势，这是由于其在10℃和21.1℃（室温）的固体脂肪的含量相对很低。这种类型的油非常适合用作煎炸油，并被大量用于餐馆里的小规模煎炸和工业上的大规模煎炸。与大豆油相比，氢化卡诺拉煎炸油的缺点是其反式异构体的含量稍高一些。

表 2.21 轻度氢化卡诺拉油和大豆油的脂肪酸组成和固体脂肪指数（$C_{18:3}$残留量2%）

碘值	脂肪酸组成百分比/%						固体脂肪指数			
/（g I/100g）	$C_{16:0}$	$C_{18:0}$	$C_{18:1}$	$C_{18:2}$	$C_{18:3}$	反式脂肪酸	10.0	21.1	26.7	33.3
卡诺拉油										
115	4.5	2	60	22	10	—	—	—	—	—
90	4	4	79	9	2	25	2~3	0	0	0
大豆油										
130	11	4	25	53	7	0	未测定			
95	11	7	54	25	2	15	8	4	0	0

摘自 T. Mag（未发表数据）。

碘值 90g I/100g 或碘值比 90g I/100g 稍低含约 1% 亚麻酸的轻度氢化卡诺拉油经冬化后可得到十分稳定的色拉油。其显著优点在于其 95% 的产率和能通过 12h 冷冻试验，而同样轻度氢化并冬化处理的大豆油的产率只有 70%~80%，并只能通过 6h 冷冻试验。以大豆油为原料的这种产品在世界的部分地区使用，并呈扩张之势。20 世纪 60 年代，大豆油的这种工艺在美国广泛使用，但由于得率低，后来没有继续下去。

有必要提到的是，当表 2.21 所示的轻度氢化卡诺拉油用于油脂制品时。它对结晶没有明显贡献。这一点它类似于液体卡诺拉油，也就是说，它可以用于人造奶油和起酥油等产品中而不引起 β 结晶问题。

高度氢化型的卡诺拉油作为煎炸油使用，这种油十分稳定，它只含有少量多不饱和脂肪酸，而含有大量油酸、反油酸以及适量的饱和脂肪酸。这种油的例子见表 2.22，尤其是碘值 72~82g I/100g 的油。这些油多不饱和脂肪酸含量很低，约含 2% 或不含亚麻酸，十分稳定，它们尤其适用于作为稳定并相对较硬的油，如用于甜甜圈的煎炸。在煎炸应用中，β 结晶问题、砂粒质感问题及口感通常不重要，除非深度煎炸食品要储存一段时间。在这种情况下，在食品表面可以看到不期望的大的脂肪结晶。将其与氢化豆油、氢化棉籽油或棕榈油混合，可防止 β 结晶问题。其他有利于抑制 β 结晶的方法在人造奶油的相关内容中讨论。

表 2.22 高度氢化卡诺拉油的脂肪酸组成和固体脂肪指数

碘值	脂肪酸组成百分比/%						固体脂肪指数				
/（g I/100g）	$C_{16:0}$	$C_{18:0}$	$C_{18:1}$	$C_{18:2}$	$C_{18:3}$	反式脂肪酸	10.0	21.1	26.7	33.3	40.0
82	4	5	87	2	<1	32	18	5	0	0	0
77	4	9	84	<1	<1	35	25	11	6	0	0
72	4	13	81	0	0	44	35	17	10	3	0
68	4	18	76	0	0	48	53	34	27	13	1
62	4	25	70	0	0	46	65	53	48	33	12

摘自 T. Mag（数据未发表）。

加拿大只使用选择性氢化卡诺拉油。原因在于，与非选择性氢化油相比，较高含量的反式异构体使得高度氢化油不易出现β结晶问题。如果在加拿大油脂产品中反式异构体含量必须控制到很低的话，应采用如表2.21所示的液态卡诺拉油或极其轻度氢化卡诺拉油。

2.8.1.3 软碗状人造奶油

在加拿大和其他许多国家食用人造奶油，现在主要是软人造奶油。在过去20年里，硬人造奶油消费量显著降低。此外，在许多国家，相当比例的软人造奶油不含反式异构体，因为其中未添加氢化油。固体脂肪合适的棕榈油/棕榈仁油基硬脂混合物可作为结晶脂肪组分。只需要6%～10%固体脂肪就可满足脂相结晶。棕榈油/棕榈仁油基硬脂的组成随多个因素而变，对此供货商通常予以保密，供货商主要来源于马来西亚。通常用酯交换技术加工这种油。卡诺拉油只是作为液态组分用于不含反式异构体的产品。Becel™就是这类产品，它占领加拿大和欧洲部分市场很多年。卡诺拉油经常以液态油形态存在，因其含有最低量的饱和脂肪酸，但它也能提供一些亚麻酸，并且还有良好的风味稳定性。该油也与其他液态油一起调和。

也有一些软人造奶油，用部分氢化油脂作为硬脂，单独用卡诺拉油或是与其他植物油混合作为液态非氢化组分。在这些人造奶油中，也可以用部分氢化的卡诺拉油作为硬脂，可采用列于表2.21和表2.22的一种或几种混合。但由于氢化卡诺拉硬脂长期存放易于形成β结晶，所以部分氢化的豆油，或其他含棕榈酸的油，如部分氢化的棉籽油，常被优先作为硬脂，这样有利于人造奶油避免因β结晶形成粗糙砂砾质构。表2.23所示为这三种采用卡诺拉油的软人造奶油的典型组成。

表2.23 卡诺拉油制作的软碗状人造奶油

类型	所用油的种类	百分比/%	固体脂肪指数		
			10.0℃	21.1℃	33.3℃
零反式	①棕榈/棕榈仁硬脂； ②卡诺拉油，或其他液体植物油及其混合物，达到特定的脂肪酸组成	8 92	5～7	4～5	1～2
反式(含100%卡诺拉油)	①氢化卡诺拉脂； ②卡诺拉油，或上述其他液体植物油	47 53	8～10	6～8	1～2
反式	①氢化大豆硬脂； ②卡诺拉油，或上述其他液体植物油	25 75	8～10	6～8	1～2

摘自T. Mag（未发表数据）。

过去，尤其在加拿大和瑞典，人造奶油完全以卡诺拉油为原料进行生产。从成本和原料来源来看，用卡诺拉油来制作硬脂仍不错。用部分氢化的卡诺拉油作硬脂必须控制β结晶，可以采用以下办法：①添加 0.3% ~0.5% 三山梨聚糖硬脂；②使用多种不同硬度的选择性氢化的卡诺拉油作硬脂，使产品中甘油三酯的种类更丰富。三山梨聚糖硬脂和多种类甘油三酯能干扰脂肪晶体的 β 化，因此延缓人造奶油砂砾质构的形成。将奶油配方中的部分或全部氢化卡诺拉硬脂通过酯交换改变脂肪酸的位置，这样能减少 β 结晶。这个方法在欧洲使用，在北美没有采用。

上面所提到的抗 β 结晶的措施都增加成本。如采用山梨糖硬脂还必须在标签上注明，这给人一种添加化学物品的不良印象，因此其使用受到局限。现在通常采用的措施是：与其他高棕榈酸含量的硬脂复配，使棕榈酸含量达到 8% 以上。为达到这个要求，复配采用添加 15% 棕榈油或者 30% 部分氢化棉籽油。而且，如果不要求尽量使用卡诺拉油，还可以添加部分氢化的豆油代替部分氢化卡诺拉油作为高熔点组分。豆油含有 11% 棕榈酸，这足以保证有可接受的结晶稳定性。

2.8.1.4 硬质人造奶油

液态或部分氢化卡诺拉油用于生产硬人造奶油。正如前面所指出的，它们对产品结晶没有显著贡献。表 2.16 所示的高度氢化卡诺拉油由于 β 结晶的原因，只能少量用于结晶脂肪。如果大量采用，例如用到 40% ~50%，会使控制 β 结晶的难度和费用增大。液态和轻度氢化卡诺拉油通常占到 50% ~60%，其他油采用高度氢化豆油或者棉籽油，或者氢化棕榈油。

当必须尽量多地使用卡诺拉油时，也就是硬脂和液态组分都得采用卡诺拉油，也必须采用前面软人造奶油提到的方法。已经提到过，硬制人造奶油的需求在下降，完全用卡诺拉油生产人造奶油即使在一些以卡诺拉油为主的国家也不是必需的。

2.8.1.5 起酥油、烘焙油和面团人造奶油

与在餐桌人造奶油中使用卡诺拉油相似，液态卡诺拉油大量用于起酥油、烘焙油和面团人造奶油。如果需要较好氧化稳定性而液态油无法满足时，就需用碘值约 90g I/100g 的轻度氢化卡诺拉油。如果希望用卡诺拉油作为这些配方中的硬脂组分，那么就需要考虑人造奶油章节中讨论过的结晶问题。通常，很少采用高度氢化的卡诺拉油。

液态或轻度氢化卡诺拉油与硬脂混合，如动物脂肪、棕榈油、部分氢化豆油或棉籽油以及全氢化的上述油，能满足特定的要求。其具体配方通常是保密的。对用于烘焙的起酥油和烘焙人造奶油来说，含有形成 β′ 晶型的脂肪成分对良好操作性能是十分重要的。因为这个原因，不采用全卡诺拉油作烘焙起酥油。

2.8.1.6 卡诺拉油产品的抗氧化措施

当前的惯例是尽量避免在食用油中添加合成抗氧化剂，这也适用于卡诺拉油。使用者对许多食用油指定不能使用化学添加剂，也就避免了化学合成抗氧化剂的使用和在标签上

的标注。现在越来越强调在加工过程中保留存在于卡诺拉油中的天然抗氧化剂——生育酚。生育酚主要在脱臭工序因高温而损失。如果要求生育酚浓度高时，生产厂家在保证好的脱臭效果的同时，要尽可能降低脱臭温度。这样处理有可能在脱臭油中保留80%的天然生育酚。

在煎炸过程中生育酚作为抗氧化剂尤其重要，因为它不易挥发而且在煎炸温度下不易被破坏[134]。普通卡诺拉油、特殊卡诺拉油及其他大宗植物油中生育酚的含量见表2.6。卡诺拉油中主要是α和γ－生育酚。

值得一提的是，卡诺拉油中α－生育酚的含量（约270mg/kg）是大豆油（约116mg/kg）中的2倍。α－生育酚现在被认为是人体中具有维生素E功能的主要生育酚[135]，卡诺拉油是维生素E的良好来源。

当没有使用限制时，可以采用丁基羟基茴香醚、二丁基羟基甲苯、没食子酸丙酯和特丁基对苯二酚等合成抗氧化剂。单独或复配使用时添加量通常是0.02%，这在美国和加拿大是允许使用的最大添加量。关于合成抗氧化剂使用的法规各个国家不同。

柠檬酸被当作金属螯合剂使用，通常是以柠檬酸单甘酯形式添加，添加量0.01%，可单独或与丁基羟基茴香醚和二丁基羟基甲苯复合使用。在一些国家，例如，美国当柠檬酸作为螯合剂以水溶液形式在脱臭工序降温阶段加入时，可不在标签上注明。通常采用0.005%这一更低的使用量。

2.8.1.7 卡诺拉油在世界各地区的应用

简要介绍一下卡诺拉油在世界上不同国家食用油中的应用。

除国内生产外，美国还从加拿大进口大量卡诺拉油。在写这篇文章时，约90%的卡诺拉油以液态形式作为色拉油和调料油消费，这是食用油消费中强调饱和脂肪酸含量低的直接结果，因为卡诺拉油是植物油中饱和脂肪酸含量最低的。正如前面提到过的，卡诺拉油也用于色拉油的调和，以达到特定的脂肪酸组成。在美国，卡诺拉油较高的消费量是值得注意的，毕竟在1983年以前还从不使用卡诺拉油。

约10%的卡诺拉油氢化后用作起酥油，主要用于煎炸，所以在北美又称煎炸起酥油。用作起酥油主要是为了利用其饱和与多不饱和脂肪酸含量低的优点，这在前面已讨论过了。有趣的是，截止到现在，人造奶油没有使用任何卡诺拉油，无论是液态，还是氢化的卡诺拉油。

墨西哥消费大量卡诺拉油，主要是色拉油、色拉调料油和烹饪油。菜籽主要是从加拿大和欧盟进口。

日本消费大量卡诺拉油。自1970年种植卡诺拉以来，日本一直是加拿大卡诺拉籽的进口国，并持续多年消费加拿大约一半的产量。卡诺拉油主要以液态非氢化的形式用于烹饪油、色拉油和色拉调料油，单独使用，或与其他油混合使用。此外，日本的最新进展是采用卡诺拉油为原料生产80%含量甘油二酯（DAG）的营养烹饪油和色拉油。甘油二酯在消化系统中更易水解，因而能迅速提供能量而不是储存为体脂。值得一提的是，甘油二酯技术已引进到美国[136]。

在中国，卡诺拉菜油只占菜油总量的很少一部分。高芥酸菜油和卡诺拉菜油是目前使用量最大的食用油，基本都用于烹饪油，极少量用于人造奶油和起酥油。中国现正致力于扩大其应用范围，以及将高芥酸菜籽种植改为卡诺拉菜籽。

印度与中国相似，卡诺拉型菜油用量少，而芥菜油用量最多，芥菜油与高芥酸菜油相似，具有高芥酸含量。芥菜油基本都用于液态烹饪油，在低收入甚至中等收入家庭，使用的都是未脱臭的油，因为人们喜好它的风味。在风味上，未脱臭的新鲜卡诺拉菜油难以与芥菜油相比，而某些将卡诺拉油和芥菜油混合的做法是为了降低芥菜油中的芥酸含量。若非人们的风味偏好发生改变或对饮食脂肪的健康问题格外关注，在可见的未来，卡诺拉菜油的用量将很有限。

中东地区在使用葵花籽油和玉米油的同时，也开始将卡诺拉油用于色拉油和色拉调料油/蛋黄酱。在许多国家，目前都是用氢化豆油和棕榈油生产人造奶油和黄油，对卡诺拉油的兴趣缘于它在营养上的特点，它的饱和脂肪酸含量低。除作为沙拉油外，卡诺拉油有很大潜力以轻度氢化的形式用于生产类似于可倾倒煎炸油的人造黄油。

除法国外，西欧和东欧各国都使用大量卡诺拉油。在色拉油、色拉调料油、蛋黄酱以及餐桌和烘焙人造奶油中使用大量液态卡诺拉油，轻度氢化卡诺拉油主要用于煎炸小吃，这与加拿大类似。卡诺拉油的应用是受以下原因的驱使：人们认识到，其油酸含量高和饱和脂肪酸含量低的特点在健康方面有积极作用；与进口大豆油相反，目前在欧洲，卡诺拉菜籽是非转基因的。此外，与多不饱和脂肪酸含量高的植物油相比，卡诺拉油被认为具有良好货架期。

在南欧和法国，卡诺拉油用量相对很少，而以橄榄油、葵花油和花生油为主。以法国来说，这多少有点让人难以理解，因为它是卡诺拉籽的生产大国。其实法国主要是用卡诺拉油生产生物柴油脂肪酸甲脂。

澳大利亚和新西兰生产卡诺拉籽，其使用卡诺拉油的方式与北美和部分欧洲国家相同。

在南美，食用葵花油和大豆油，棕榈油的用量也正在增长，卡诺拉油并不用于食品。

2.8.2 改变脂肪酸组成的卡诺拉油

自普通卡诺拉种植以来，一直在品种培育上大力投入，以生产改性脂肪酸组成的卡诺拉油。主要致力于改善氧化稳定性和结晶性能，甚至还生产含月桂酸和含γ亚油酸的油[11]。这些进展罗列如下：

低亚麻酸卡诺拉油（2%而非9%）

高油酸卡诺拉油（69%～77%而非60%）

高棕榈酸卡诺拉油（10%而非4%）

高硬脂酸卡诺拉油（20%而非2%）

月桂酸卡诺拉油（约33% $C_{12:0}$）

γ亚油酸卡诺拉油（37%而非约1%）。

部分上述油的完整脂肪酸组成，包括低亚油酸、高油酸、月桂酸和γ亚油酸的脂肪酸组成见表2.2。

低亚麻酸卡诺拉油是加拿大在1980年开发的，使氧化稳定性改善从而不必轻度氢化[7]。与普通卡诺拉油相比，亚麻酸含量能从9%降低到2%，同时使亚油酸含量从20%增长到27%，油酸含量从约60%增长到61%。在加拿大和美国，有少量这种油生产，全部用于代替轻度氢化普通卡诺拉油作深度煎炸油（表2.21）。优点在于脱臭时形成的反式异构体含量低1%～3%，而轻度氢化普通卡诺拉油的反式异构体含量达到20%～25%。这种油推广使用的局限在于价格太高，因为现有种植品种的产量低。Warner和Mounts[9]在炸薯片的煎炸稳定性和贮存稳定性的研究中发现，与普通卡诺拉油相比，低亚麻酸卡诺拉油改善了上述性质。Zambiazi[34]和Normand等[35]发现，低亚麻酸卡诺拉油的耐煎炸性能和煎炸食品的稳定性并未明显改善，其原因可能与其低生育酚含量有关（表2.6）。也有一些工厂的报道认为，其耐煎炸性不足以抵偿高昂的价格。

在加拿大、美国、瑞典、澳大利亚以及其他地区[137]，高油酸卡诺拉油是另一个致力于开发的品种。因具有低亚麻酸含量的特点，它主要可用于生产煎炸油，这种油无需氢化处理，故避免了反式异构体的生成。加拿大开发的品种油酸约为78%，亚油酸和亚麻酸含量分别降低到8%和3%（表2.2），饱和脂肪酸含量与普通卡诺拉油相当。有很有限的商业种子出口到日本，加拿大和美国越来越认可这种油。实验证明，其煎炸性能与轻度氢化普通卡诺拉油和中油酸含量葵花油相近。用它煎炸薯片，感官评价表明，其消费者接受性与传统煎炸油制作的炸薯片相近（Przybylski，未发表数据）。在澳大利亚，与另外十种油煎炸土豆进行对照实验，油酸含量69%的卡诺拉油用于煎炸时，其在感官评价和化学指标检测两方面都排名靠前[138]。

高棕榈酸卡诺拉油最初在瑞典开发出来[139]。目的是为了防止氢化卡诺拉油的β结晶，使之能顺利用于人造奶油和起酥油。其棕榈酸含量为10%～12%，而普通卡诺拉油只有4%。这种油的商业价值并不显著，因此发展受限，其原因如下：液态卡诺拉油在多种食品中使用量增加；对饱和脂肪酸的关注；含棕榈酸的油易于获得，其混合有可控制结晶问题。

高硬脂酸卡诺拉油的硬脂酸含量为25%～30%，但在食品中的用量十分有限[140]。

高月桂酸卡诺拉油已由美国开发出来，可作为可可油和棕榈仁油在食品和非食品应用中的替代品[141]。其月桂酸含量约为35%。直到现在，这种油仍未获得商业应用。不被接受的主要原因据说是因为其脂肪酸组成与可可脂显著不同，达不到典型可可脂的应用效果。在美国它作为生产不含反式异构体的人造奶油的基料获得应用，在欧洲作为机油的添加剂[142]，但已不再有大量种植。

γ亚油酸卡诺拉油的开发是有意义的[11]，它是一个针对营养补充剂市场研发的案例。

2.8.3 高芥酸菜籽油

在种植卡诺拉的国家，高芥酸菜籽油只用于特殊食品。在加拿大和美国，主要是以全氢化油的形式以1%～2%的添加量用于花生酱[143]防止渗油，所使用的高芥酸菜籽油的芥酸含量为45%～50%，这是目前商业应用的最高芥酸含量的菜籽油。因为氢化芥酸得到高熔点二十二酸，所以彻底氢化的高芥酸菜籽油能使晶格非常有效地裹住大量液态油。专利文献中也提到将全氢化高芥酸菜籽油与棕榈硬脂进行酯交换，得到不含反式异构体的硬人造奶油，但没有实际应用。

在20世纪60和70年代的专利文献中有大量关于全氢化高芥酸菜籽油应用的例子。无论是作为硬质基料油少量用于烘焙起酥油还是作为单甘酯生产的基料油，其应用的目的都是为了消除β′结晶的性质。Teasdale和Mag[144]对这些专利有过概述。但建议过的这些用途实现商业化的很少，或短暂应用即告终止。

提高芥酸含量的品种培育工作在加拿大和其他国家开展。需要指出的是，芥酸含量达到80%是可能的。这种产品不仅能符合上述特殊食品应用的需要，还可以用于工业润滑油。

2.9 标准卡诺拉油的非食品用途

2.9.1 生物柴油

甘油三酯，尤其是植物油，都适合作为基本原料转化为简单酯类衍生物用于压燃式发动机（即俗称的柴油机）的燃料。生物柴油指这种类型的燃料。甲醇是生物柴油生产过程与三酰基甘油酯交换的主要的醇。既可以使用纯脂肪酸甲酯，也可以使用甲酯与石化柴油的混合物。环境因素是使用可再生燃料资源做生物柴油的推动力。脂肪酸酯（包括甘油三酯）在水和土壤细菌存在的条件下易于生物降解。它们对植物和动物有较低的毒性。现在，生物柴油的生产成本高于以石油为原料的柴油燃料的生产成本。在欧洲，生物柴油的税率很低，使它比石化柴油燃料更具有竞争力。目前有使用纯甲酯的趋势。在北美，没有减少税率，因此，在石化柴油中添加甲酯混合物的柴油燃料更受欢迎。通常混合5%～20%的生物柴油的石化柴油具有大多数生物柴油对发动机性能方面的优点，而没有明显提高石油柴油的成本。当然，这种混合柴油对环境极敏感地区也是不适宜的。

一些产卡诺拉的欧洲国家，尤其是德国、澳大利亚和法国以及其他国家，已具有一定的甲酯的产能和应用领域。

所谓标准卡诺拉油，主要是因为它的脂肪酸组成非常适合于生产生物柴油。Harrington[145]和Knothe等[146]研究了生物柴油理想性能的脂肪酸组成。Knothe等[146]还研究了不同国家对生物柴油的标准。简单来说，甲酯生物柴油的植物油脂肪酸的理想特性可以总结如下：

（1）没有支链的长链状烃；

（2）适量的饱和脂肪酸；

（3）单不饱和脂肪酸多，而多不饱和物脂肪酸少；

（4）双键位置最好远离甲基端，靠近脂肪酸碳链末端。

具有上述特征的脂肪酸甲酯有较好的燃烧特征和流动性质，还有较好的低温性能。

标准卡诺拉油富含大约95%的C_{18}脂肪酸，高于其他植物油产品。它富含大约60%的油酸［$C_{18:1(n-9)}$，9－十八碳一烯酸］，这高于其他种类的植物油。同时，其含有相对较低的多不饱和脂肪酸，约含21%亚油酸和10%亚麻酸。黏度、冷滤点以及十六烷值受脂肪酸成分影响，并且是影响生物柴油燃料品质的最主要因素。

卡诺拉油中的油酸使生物柴油具有较好的燃烧性能、较高的十六烷值以及较好的流动性。多不饱和脂肪酸也能产生较好的流动性，但它们燃烧特性较差，而且会降低十六烷值，因为它们的双键位置出现在$n-3$和$n-6$位上。卡诺拉油的饱和脂肪酸含量比较低，C_{16}～C_{20}范围内的饱和脂肪酸可以提供较高的十六烷值，但会降低流动性。可以看出，卡诺拉油脂肪酸组成非常适合生产生物柴油，优于其他种类的植物油产品，例如大豆油、葵花籽油或棕榈油。

生物柴油甲酯的期望性质见表2.24[147]。这些性质是德国生物柴油标准DIN V 511605所要求的。这一标准和其他欧洲标准一样，都是以卡诺拉油为原料生产的生物柴油为基础而制定出来的。美国材料与试验协会（ASTM）标准100%纯净的生物柴油的标准在很多方面与其相似[146]，但美国标准上注明以豆油为主要原料。用于生产甲酯的卡诺拉油不仅必须要脱胶（磷含量<20mg/kg），而且必须根据甲酯的生产工艺要求，进行碱炼和脱色[148]。

表 2.24 德国生物柴油标准 DIN V 51606

性质	测试方法	范围	
		最小值	最大值
15℃时密度/(g/mL)	ISO 3675	0.875	0.900
4℃时的运动黏度/(mm^2/s)	ISO 3104	3.5	5.0
闭口闪点/℃（Pensky ~ Martens）	ISO 2719	100	
冷滤点/℃	DIN EN 116		
4 月 15 日—9 月 30 日			0
10 月 1 日—11 月 16 日			~10
11 月 16 日—次年 2 月 28 日			~20
3 月 1 日—4 月 14 日			~10
含硫量/%	ISO 4620		0.01
残炭（蒸馏 10%）/%	ISO 10370		0.30
十六烷值	ISO 5156		49
灰分含量/%	ISO 6245		0.01
水分含量/(mg/kg)	ASTM D 1744		300
总灰分含量/(mg/kg)	DIN 51419		20
铜片腐蚀（50℃条件下 3h）	ISO 2160		1
中和值/(mg KOH/g)	DIN 51558 Part 1		0.5
甲醇含量/%	即将统一		0.30
甘油一酯含量/%	即将统一		0.8
甘油二酯含量/%			0.1
甘油三酯含量/%			0.1
游离甘油含量/%			0.02
总甘油量/%			0.25
碘值/（g I/100g）	DIN 53241 Part 1		115
磷含量/(mg/kg)	即将统一		10

摘自 Varese 等[147]。

也许，未来会设计出一种生物柴油性能特别高的卡诺拉油。现在已经有的高油酸卡诺拉油可以是其中一类，因为其高含量的 $C_{18:1(n-9)}$ 是生物柴油的一种理想的甲酯组分。高油酸品种大豆和向日葵也是如此。值得注意的是，卡诺拉油直接燃烧作为柴油的用途也在开发中，特别是在欧洲的一些国家，尤其是德国。直接燃烧的优势在于，甲酯的转化成本、丙三醇及副产物的销售（见下文）可以降低燃料的总成本。农用拖拉机和某些固定式柴油发动机和固定式供热设备都可以适应直接燃烧植物油，不必转化为酯类，油在适当温度下可维持较好的流动性，很容易输送至柴油机或锅炉。卡诺拉油同样具有既可作为甲酯生物柴油的基料也可直接使用的优点。根据发动机制造商的要求，油必须脱胶至含磷量在50mg/kg以下，而且油中必须不含任何固体颗粒[148]。

表2.25对从棕榈油、大豆油和卡诺拉油获得的甲酯与标准石化柴油进行了比较。在这张表里，由棕榈油说明了脂肪酸链长度和产物的饱和度相对较高对甲酯性质的影响，由豆油说明了高不饱和度对甲酯性质的影响，由卡诺拉油说明了低饱和度和高单不饱和度对甲酯性质的影响。值得注意的是，高芥酸菜油也可以用作生物柴油原料，高芥酸菜油甲酯具有高十六烷值，但可以预测，其黏度高，低温流动性差。

表2.25 棕榈油、卡诺拉菜籽油、大豆油和柴油的一些甲酯性质的比较

甲酯	密度 /(15℃, g/L)	黏度 /(40℃, mm²/s)	十六烷值	碘值 /(g I/100g)	低热值 /(MJ/kg)
棕榈油	877	4.3～4.5	64.3～70.0	52	37.0
卡诺拉油	882	4.2	51.0～59.7	114	37.2
大豆油	880	4.0	45.7～56.0	131	37.1
石化柴油	830～840	12.5～3.551	51	—	42.7

摘自Varese等[147]。

通过与石化柴油相比较，可以看到，甲酯有：①更高的密度；②较小的黏度范围；③相同或更高的十六烷值；④较低热值。卡诺拉油甲酯性质处于这三种油范围的中间，有较低的黏度、较好的十六烷值和热值。这表明，标准卡诺拉籽的脂肪酸组成在甲酯性能的平衡方面起到了协调作用。

有趣的是，Varese和Varese[147]引用的卡诺拉籽生产生物柴油的能量平衡系数范围为2.5～3.5，这个数据非常有利，卡诺拉油转化为甲酯的系数与气候、土壤和甲酯生产工艺有关。这篇文章中值得关注的是，生物柴油生产中的甘油副产物也存在质量问题，因此，生物柴油的甘油副产物价格非常低。如果甘油质量问题能够解决，甲酯的生产的经济效益与石化柴油相比就具有很大的竞争力。植物油甲酯既可用作生物柴油也可以用作生物溶剂、清洗剂、墨水去污剂以及其他相关的用途。

2.9.2 溶剂

植物油甲酯溶剂在许多领域的应用日益增加。植物油甲酯溶剂主要吸引人的是具有生物降解性、极低的挥发性、低黏度、耐低温性、高闪点，还有好的溶剂性质，例如相对于石油溶剂，它具有水分湿润性和渗透性。特别是甲酯溶剂的低挥发性在油漆和涂层制造中越来越重要。氧化稳定性较低是由不饱和油脂制取的酯类的缺点，但卡诺拉油除外。由卡诺拉油制得的甲酯饱和脂肪酸较低，具有低密度的优点，可以更好使用。

2.9.3 润滑剂、机油、导热油、液压油、脱模剂、墨水

润滑剂的合成采用了不同碳链的脂肪酸和醇类，包括多元醇。其中一些润滑剂所具有的黏度和光滑度是石油达不到的。基于油脂所制得的润滑剂有一个负面因素，即油中含有高不饱和脂肪酸，因此氧化稳定性很差。相对其他商品油如大豆油，卡诺拉油含有相对较低的多不饱和物，能更好地在润滑剂中使用。和甲酯产品一样，在这些行业应用的卡诺拉油所需的精炼程度不同，这取决于制造商的基料油的生产规格。卡诺拉油在机油、导热油、液压油、脱模剂和墨水等方面的应用也有同样的情况。

在许多国家，正在大规模开发低亚麻酸、高油酸和高棕榈酸卡诺拉油品种，并研究这些脂肪酸组成改良后的卡诺拉油中哪一种最适合各种产品和应用。

2.9.4 高芥酸菜籽油（HEAR）的非食品用途

高芥酸菜籽油的传统工业应用是作为润滑油用于船用汽轮机发动机。这是因为其独特的成膜特性，这种特性在潮湿的蒸汽发动机环境中特别重要。

现在高芥酸菜籽油的用途更加多样化。其中最大的用途之一是作为芥酸衍生物——芥酸酰胺产品的原料，作为抗结块和润滑剂在塑料薄膜的生产和使用上应用。这种油可也使用在油漆和涂层产品中。芥酸可以被氧化分裂转换成十三烷二酸（$HOOC—(CH_2)—COOH$）和天竺葵（壬酸）酸。十三烷二酸聚合后形成尼龙1313（这个数字表明在酸里的碳原子数），此种尼龙有低吸湿性、高空间稳定性和较好的绝缘性，是一个好绝缘体。十三烷二酸也是在聚酯和三聚氰胺树脂涂层的生产的一种成分。添加了这些添加剂的油漆有良好的柔韧性、低水解性和更高的硬度[149]。芥酸的直接聚合在塑料的配制上显示了很好的效果，但在技术发展和应用上塑料化学家还有许多工作要做[150]。此外，高芥酸菜籽油也是生产高压润滑脂的一个基料。

2.10 油籽和油的产量

大豆在世界油料产品中占主导地位，在全世界总油料产量中占55%（图2.3）。卡诺拉油籽/油菜籽产量在2000—2001年期间仅次于大豆产量排行世界第二。

如果考虑到大豆主要用于加工蛋白，那么可以推测，在纯粹的油籽生产中，卡诺拉籽产量是位居第一的。美国、巴西和阿根廷的大豆产量占世界总大豆产量的75%。在全世界主要油脂中，豆油产量位居首位，紧接着是棕榈油和卡诺拉油/菜籽油（图2.4）[75,151]。

世界卡诺拉/油菜籽的主要生产国是中国、加拿大、印度以及欧盟一些国家（图2.5）。

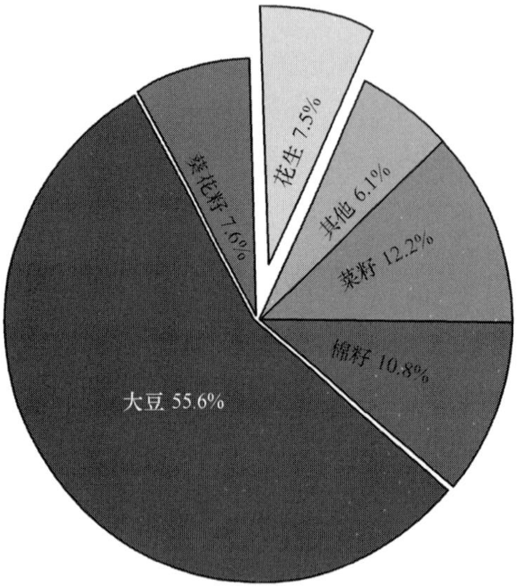

图 **2.3** 世界 **30690** 万 **t** 油籽总产量中各种油籽的产量百分比

（摘自 2001 年加拿大粮食谷物委员会编写的《统计学手册》）

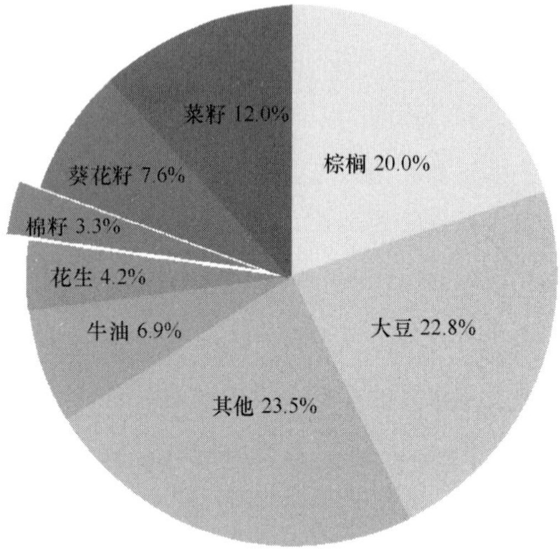

图 **2.4** 世界 **2000—2001** 年 **11710** 万 **t** 各种油脂产量百分比

（摘自 2001 年加拿大粮食谷物委员会编写的《统计学手册》）

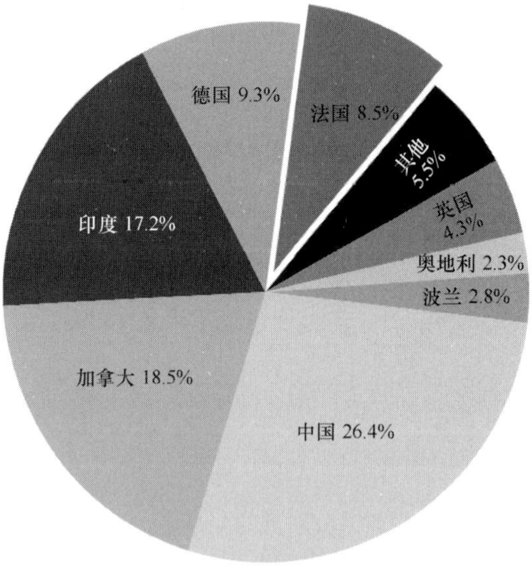

图 **2.5** 世界卡诺拉/油菜籽主要生产国（**2000** 年获得的 **10** 年平均数据），平均年产量 **3160** 万 **t**

（摘自 2001 年加拿大粮食谷物委员会编写的《统计学手册》）

加拿大、欧盟国家、波兰和澳大利亚已经是卡诺拉油籽的主要输出国。 加拿大的卡诺拉油籽的产量如图 2. 6 所示，它反映了十年的增长趋势。

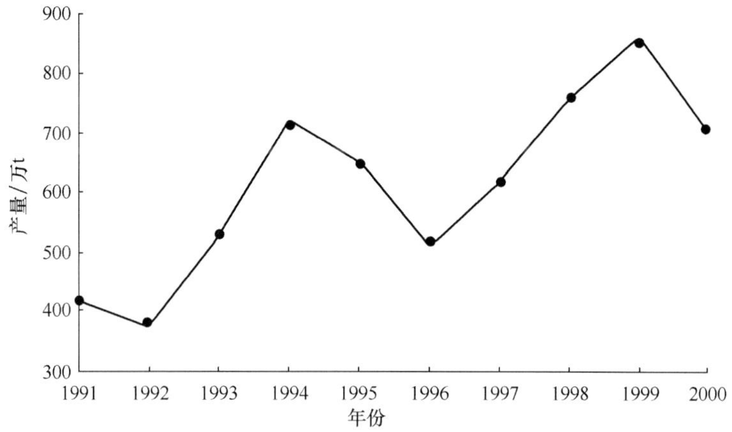

图 2. 6 加拿大的卡诺拉籽产量

（摘自 2001 年加拿大粮食谷物委员会编写的《统计学手册》）

在 20 世纪 80 年代，卡诺拉油经历了一个转型时期，当时人类营养学家公认饱和脂肪酸含量低的膳食有益，以及单不饱和脂肪酸比饱和脂肪酸、多不饱和脂肪酸有益。 对加拿大卡诺拉油来讲，它从需要在全球市场上比较价位的油转变成了一种价格溢价的油。 卡诺拉已被作为一种溢价油所接受而且目前确实在整个北美大陆进行消费。 如前所述，加拿大在人均基础上来说是世界卡诺拉油的消费引导者。 欧洲联盟国家和加拿大支配着卡诺拉油的出口。 在加拿大，卡诺拉油的产量大约占全国植物油总产量的 70% 。 其次是大豆油，其产量接近 25% 。 卡诺拉油的功能性和营养性能已被广大消费者普遍认知，这使得卡诺拉油在加拿大色拉油的市场中占主导地位，其份额超过 80% ，另外，其在起酥油和奶油市场份额中分别占 66% 和 50% 。 加拿大的卡诺拉油出口到美国比较有优势，毕竟美国的营养学家、食品公司和广大消费者都已认可卡诺拉油的营养价值。

油籽产品以油或蛋白粕的形式进入世界贸易，或用于多种工业加工。 虽然各种油籽产品看起来似乎很相似，但实际上，各种油的化学成分、营养特性和功能性方面差别还是相当大的。 人们对油的需求取决于油的基本特性赋予其的功能性质，在 20 世纪 90 年代尤其如此，当时，瞄准特殊机会的转基因工程植物和油开始涌现并为食品加工者所利用。 当代科技能让生产商用一种油替代另一种油，但一旦油被改性后，其实际可获得性和价格就成为需求的决定性因素。

某一特定国家的油料生产或进口取决于其油料需求情况。 例如日本在决定进口某种油料之前，油料加工企业会考虑当时油脂的国内需求、油脂国际市场及国内和国际蛋白粕的需求情况。基本来说，当国内蛋白的需求大时，会进口大豆进行加工，如果国内油脂的需求比较迫切，那么日本就会进口卡诺拉来加工[151]。

参考文献

1. Saskatchewan Wheat Pool, *The Story of Rapeseed in Western Canada*, Regina, Saskatchewan, Canada, 1974.

2. T. Mag, in F. Shahidi, ed. , *Canola and Rapeseed. Production, Chemistry, Nutrition and Processing Technology*, Avi Book, Van Nostrand Reinhold, New York, 1990, p. 251.

3. C. F. Ying and J. M. deMan, *Can. Inst. Food Sci. Technol.* , **22**, 222(1989).

4. R. G. Ackman, in F. Shahidi, ed. , *Canola and Rapeseed. Production, Chemistry, Nutrition and Processing Technology*, Avi Book, Van Nostrand Reinhold, New York, 1990, p. 81.

5. R. Scarth, P. B. E. McVetty, S. R. Rimmer, and B. R. Stefansson, *Can. J. Plant Sci.* , **68**, 509(1988).

6. A. J. Vecchio, *Inform*, **7**, 230, 235, 239, 242(1996).

7. R. Przybylski, N. A. M. Eskin, L. Malcolmson, S. Durance-Tod, R. Carr, and M. Mickle, *Lebensm. Wiss. u. Technol.* , **26**, 205(1993).

8. I. Petukhov, L. Malcolmson, R. Przybylski, and L. Armstrong, *J. Am. Oil Chem. Soc.* , **76**, 627(1999).

9. K. Warner and T. L. Mounts, *J. Am. Oil Chem. Soc.* , **70**, 983(1993).

10. R. Wong, J. D. Patel, I. Grant, J. Parker, D. Charne, M. Elhalwagy, and E. Sys, in I. McGregor ed. , Proceedings of the Rapeseed Congress, Program and Abstract, Saskatoon, Saskatchewan, Canada, 1991, p. 53.

11. P. Tso, S. Ding, K. DeMichele, and Y. S. Huang, in Yung-Sheng Huang and Vincent A. Ziboh, eds. , *γ-Linolenic Acid: Recent Advances in Biotechnology and Clinical Applications*, AOCS Press, Champaign, Illinois, 2001, p. 321.

12. J. L. Sebedio and R. G. Ackman, *J. Amer. Oil Chem. Soc.* , **58**, 972(1981).

13. R. L. Wolff, *J. Amer. Oil Chem. Soc.* , **70**, 425(1993).

14. R. C. Wijesundera and R. G. Ackman, *J. Amer. Oil Chem. Soc.* , **65**, 959(1988).

15. R. Przybylski, C. G. Biliaderis, and N. A. M. Eskin, *J. Amer. Oil Chem. Soc.* , **70**, 1009(1993).

16. X. Hu, J. K. Daun, and R. Scaith, *J. Amer. Oil Chem. Soc.* , **71**, 221(1994).

17. T. Rezanka and P. Mares, *J. Chrom.* , **542**, 145(1991).

18. H. Kallio and G. Currie, *Lipids*, **28**, 207(1993).

19. R. G. Ackman, in J. K. G. Kramer, F. D. Sauer, and W. J. Pigden, eds. , *High and Low Erucic Acid Rape-*

seed Oils, Academic Press, Toronto, Ontario, Canada, 1983, p. 85.

20. M. Ja'ky and E. Kurnik, *Fetten-Seifen Anstrichmittel*, **82**, 267(1981).
21. H. Liu, C. G. Biliaderis, R. Przybylski, and N. A. M. Eskin, *J. Amer. Oil Chem. Soc.*, **70**, 441(1993).
22. F. Sosulski, P. Zadernowski, and K. Babuchowski, *J. Amer. Oil Chem. Soc.*, **58**, 561(1981).
23. R. Przybylski and N. A. M. Eskin, *J. Amer. Oil Chem. Soc.*, **68**, 241(1991).
24. J. Cmolik, J. Davidek, J. Pokorny, and J. Valisek, in K. Szymanski, ed., Proceedings of the 7th Rapeseed Congress, Poznan, Poland, 1987, p. 1368.
25. T. K. Mag, H. G. Duff, and J. H. Ritchie, in 1987 AOCS Annual Meeting, New Orleans, Louisiana, 1987.
26. A. Smiles, Y. Kakuda, and B. E. MacDonald, *J. Amer. Oil Chem. Soc.*, **66**, 348(1989).
27. A. Smiles, Y. Kakuda, and B. E. MacDonald, *J. Amer. Oil Chem. Soc.*, **65**, 1151(1988).
28. T. H. Smouse, in K. Warner and N. A. M. Eskin, eds., *Methods to Assess Oil Quality and Stability*, AOCS, Champaign, Illinois, 1994, p. 12.
29. A. Kamal-Eldin and L. A. Appelqvist, *Lipids*, **31**, 671(1996).
30. G. W. Burton and K. U. Ingold, *Ann. N. Y. Acad. Sci.*, **570**, 7(1989).
31. L. K. Patterson, in M. A. J. Rodgers and E. L. Powers, eds., *Oxygen and Oxy-Radicals in Chemistry and Biology*, Academic Press, New York, 1981, p. 89.
32. V. W. Bowry and R. Stocker, *J. Amer. Chem. Soc.*, **115**, 6029(1993).
33. A. L. Tapel, *Ann. N. Y. Acad. Sci.*, **203**, 12(1968).
34. R. C. Zambiazi, Ph. D. disseetation, University of Manitoba, Winnipeg, Manitoba, Canada, 1997.
35. L. Normand, N. A. M. Eskin, and R. Przybylski, *J. Amer. Oil Chem. Soc.*, **78**, 369(2001).
36. Th. Willner, U. Jeß, and K. Weber, *Fett/Lipid*, **99**, 138(1997).
37. R. P. Evershed, V. L. Male, and L. J. Goad, *J. Chrom.*, **400**, 187(1987).
38. M. H. Gordon, and L. A. D. Miller, *J. Amer. Oil Chem. Soc.*,**74**, 505(1997).
39. A. Strocchi, *Riv. Ital. Sostanze Grasse*, **64**, 401(1987).
40. S. B. Kochar, *Progress in Lipid Research*, **22**, 161(1983).
41. G. Marchio, R. de Andreis, and E. Fideli, *Rivista Italiana delle Sostanze Grasse*, **64**, 185(1987).
42. R. Przybylski and N. A. M. Eskin, in I. McGregor, ed., Proceedings of the 8th Rapeseed Congress, Saskatoon, Saskatchewan, Canada, 1991, p. 888.
43. J. Nourooz-Zadeh and L. A. Appelqvist, *J. Amer. Oil Chem. Soc.*, **69**, 288(1992).
44. Y. Endo, C. T. Thorsteinson, and J. K. Daun, *J. Amer. Oil Chem. Soc.*, **69**, 564(1992).
45. K. Suzuki and A. Nishioka, *J. Amer. Oil Chem. Soc.*, **70**, 837(1993).
46. B. Drozdowski, I. E. Goraj-Moszara, Z. Hazuka, M. Zajac, and R. Pawlowicz, in K. Szymanski, ed., Proceedings of the 7th International Rapeseed Congress, Poznan, Poland, 1987, p. 1304.

47. K. Ward, R. Scarth, J. K. Daun, and T. C. Thorsteinson, *J. Amer. Oil Chem. Soc.*, **71**, 1327(1994).

48. L. L. Diosady, P. Sleggs, and T. Kaji, in Canola Council of Canada, 7th Progress Report Research on Canola Seed, Oil, Meal and Meal Fractions, Winnipeg, Manitoba, Canada, 1986, p. 186.

49. C. M. Elson, D. L. Hynes, and D. L. MacNeil, *J. Amer. Oil Chem. Soc.*, **56**, 998(1979).

50. R. C. Wijesundera, R. G. Ackman, V. Abraham, and J. M. deMan, *J. Amer. Oil Chem. Soc.*, **65**, 1526 (1988).

51. D. Barnard, L. Bateman, E. R. Cole, and J. I. Cunneen, *Chem. Ind.* (London), July, p. 918(1958).

52. D. M. Chapman, E. A. Pfannkoch, and R. J. Kupper, *J. Amer. Oil Chem. Soc.*, **71**, 401(1993).

53. R. Przybylski, and N. A. M. Eskin, *J. Amer. Oil Chem. Soc.*, **65**, 629(1988).

54. T. P. Labuza, *CRC Crit. Rev. Food Technol.*, **2**, 355(1971).

55. R. Usuki, Y. Endo, and T. Kaneda, *Agric. Biol. Chem.*, **48**, 991(1984).

56. R. G. Ackman, and C. A. Eaton, *J. Amer. Oil Chem. Soc.*, **54**, 435(1977).

57. H. Noureddini, B. C. Teoh, and L. D. Clements, *J. Amer. Oil Chem. Soc.*, **69**, 1184(1992).

58. W. Lang, S. Sokhansanj, F. W. Sosulski, *J. Amer. Oil Chem. Soc.*, **69**, 1054(1992).

59. H. Noureddini, B. C. Teoh, and L. D. Clements, *J. Amer. Oil Chem. Soc.*, **69**, 1189(1992).

60. V. M. Arens, G. Ghur, and J. Weibel, *Fette Seifen Anstrichm*, **79**, 256(1977).

61. N. B. Kyriakidis, and T. Katsiloulis, *J. Amer. Oil Chem. Soc.*, **77**, 1235(2000).

62. L. D'Souza, J. deMan, and J. M. deMan, *J. Amer. Oil Chem. Soc.*, **68**, 153(1991).

63. S. McCurdy, Project Report 89 – 326, POS Pilot Plant Corp., Saskatoon, SK, Canada, 1990.

64. R. Kruger, Project Report 91 – 19C, Canola Utilization Assistance Program, Canola Council of Canada, Winnipeg, Manitoba, Canada, 1992.

65. J. A. H. Dahlén and Ch. Kristofferson, in ISF/AOCS World Congress, New York, 1980.

66. E. H. Unger, in F. Shahidi, ed., *Canola and Rapeseed: Production, Chemistry, Nutrition and Processing Technology*, van Nostrand Reinhold, New York, 1991, p. 235.

67. G. Penk, in A. R. Baldwin, ed., *Proceedings of the World Conference on Emerging Technologies in the Fats and Oils Industry*. American Oil Chemists' Society, Champaign, Illinois, 1985, pp. 38 – 45.

68. Stork Friesland Scandinavia AB, Goeteborg, Sweden.

69. E. W. Lusas, L. R. Watkins, and S. S. Koseogulu, Project ASA RP-88401, Food Protein Research & Development Center, Texas A&M University, College Station, Texas, 1989.

70. N. Buhr, in D. Erickson, ed., *Edible Fats and Oils Processing: Basic Principles and Modern Practices*, American Oil Chemists' Society, Champaign, Illinois, 1990, p. 43.

71. D. R. Grant, R. L. Eager, J. M. Pepper, and J. F. Mathews, *The 8th Progress Report*, Canola Council of Canada, Winnipeg, Manitoba, Canada, 1987, p. 141.

72. F. H. Schneider and U. Schuette, *Fett, Wissenschaft u. Technologie*, **86**, 331(1984).

73. L. D. Campbell and B. A. Slominski. *J. Amer. Oil Chem. Soc.*, **67**, 73(1990).

74. Canadian Grain Commission, Inspection Division, *Official Grain Grading Guide*, Winnipeg, Manitoba, Canada.

75. Canadian Oilseed Processors Association, *Trading Rules*, 1993 – 1994, Winnipeg, Manitoba, Canada, pp. 6, 7, 23, 33.

76. American Oil Chemists' Society, *Official Methods and Recommended Practices*, Champaign, Illinois, 2002.

77. H. J. Ringers and J. C. Segers, U. S. Patent 4,049,686, 1980,(to Unilever N. V.).

78. T. K. Mag, in F. Shahidi, ed., *Canola and Rapeseed: Production, Chemistry, Nutrition and Processing Technology*, van Nostrand Reinhold, New York, 1991, p. 251.

79. K. F. Carlson, *Inform*, **4**, 272(1993).

80. Y. Endo, R. Usuki, and T. Kaneda, *Agric. Biol. Chem.*, **48**, 985(1984).

81. T. K. Mag, in D. Erickson, ed., *Edible Fats and Oils Processing: Basic Principles and Modern Practices*, American Oil Chemists' Society, Champaign, Illinois, 1990, p. 107.

82. U. I. Brimberg, *Fette, Seifen, Anstrichmittel*, **83**, 184(1981).

83. J. H. Henderson, *J. Amer. Oil Chem. Soc.*, **70**, 831(1993).

84. K. Suzuki and A. Nishioka, *J. Amer. Oil Chem. Soc.*, **70**, 837(1993).

85. P. M. Parker, in 84th AOCS Meeting, Anaheim, California, 1993.

86. L. O. Bergman, Canadian Patent 664,968, June 11, 1963,(to AB Pellerins Margarinfabrik).

87. H. Szemraj, *Tluszcze Jadalne*, **18**, 13(1974).

88. P. Rothemund, in Kirk-Othmer, ed., *Encyclopedia of Chemical Technology*, Vol. 5, 2nd ed., 1964, p. 348.

89. V. Abraham, and J. deMan, *J. Amer. Oil Chem. Soc.*, **63**, 1185(1986).

90. J. deMan, J. E. Pogorzelska, and L. deMan, *J. Amer. Oil Chem. Soc.*, **60**, 558(1983).

91. G. G. Hatfield, MSc thesis, University of Toronto, Faculty of Applied Chemistry and Chemical Engineering, Toronto, Ontario, Canada, 1994.

92. N. Nock, in Annual Meeting of the American Oil Chemists' Society, Atlanta, Maryland, 1994.

93. J de Man and L. deMan, *Inform*, **3**, 542(1992).

94. A. Naguib-Mostafa, *J. Amer. Oil Chem. Soc.*, **62**, 756(1985).

95. V. D'Souza, J. deMan, and L. deMan, *J. Amer. Oil Chem. Soc.*, **68**, 153(1991).

96. K. C. Thomas, *J. Can. Inst. Food Sci. Technol.*, **2**, 1167(1988).

97. W. J. Desrosier, MSc. Thesis, University of Saskatchewan, Saskatoon, Saskatchewan, Canada, 1988.

98. J. Kurashige, N. Matsusaki, and H. Takahashi, *J. Amer. Oil Chem. Soc.*, **70**, 849(1993).

99. R. Przybylski, personal communication, 1994.

100. F. H. Mattson and S. M. Grundy, *Lipids*, **26**, 194(1985).

101. J. Westhuysen, *Ann. Clin. Lab. Sci.*, **27**, 1(1997).

102. D. Steinberg, S. Parthasarathy, T. E. Carew, J. C. Khoo, and J. L. Witztum, *New Engl. J. Med.*, **320**, 915 (1989).

103. S. Parathasarathy and S. M. Rankin, *Prog. Lipid Res.*, **31**, 127(1992).

104. P. Reaven et al., *Am. J. Clin. Nutr.*, **54**, 701(1992).

105. M. Abbey, G. B. Belling, M. Noakes, F. Hirata, and P. J. Nestel, *Am. J. Clin. Nutr.*, **57**, 391(1993).

106. M. Kratz, P. Cullen, F. Kannenberg, A. Kassner, M. Fobker, P. M. Abuja, G. Assmann, and U. Wahrburg, *Eur. J. Clin. Nutr.*, **56**, 72(2002).

107. A. M. Lees, H. Y. I. Mok, R. S. Lees, M. A. McCluskey, and S. M. Grundy, *Atherosclerosis*, **28**, 325 (1977).

108. T. Heinemann, G.-A. Kullak-Ublick, B. Pietruck, and K. von Bergmann, *Eur. J. Clin. Pharmacol.*, **40**, S59(1991).

109. R. P. Mensink and M. B. Katan, *New Engl. J. Med.*, **321**, 436(1989).

110. B. E. McDonald, V. M. Bruce, E. L. LeBlanc, and D. J. King, in 4th Internal Rapeseed Congress, 1974, pp. 693 – 700.

111. A. Keys, J. T. Anderson, and F. Grande, *Metabolism*, **14**, 776(1965).

112. D. M. Hegsted, R. B. McGandy, M. L. Myers, and F. J. Stare, *Am. J. Clin, Nutr.*, **17**, 281(1965).

113. B. E. McDonald, J. M. Gerrard, V. M. Bruce, and E. J. Corner, *Am. J. Clin. Nutr.*, **50**, 1382(1989).

114. G. M. Wardlaw, J. T. Shook, M.-C. Lin, M. A. Puangco, and J. S. Kwan, *Am. J. Clin. Nutr.*, **54**, 104 (1991).

115. J. K. Chan, V. M. Bruce, and B. E. McDonald, *Am. J. Clin. Nutr.*, **53**, 1230(1991).

116. L. M. Valsta, M. Jauhianinen, A. Aro, M. B. Katan, and M. Mutanen, *Arterioscler. Thromb.*, **12**, 50 (1992).

117. T. A. Miettinen and H. Vanhanen, *Am. J. Clin. Nutr.*, **59**, 356(1994).

118. M. L. Bierenbaum, R. P. Reichstein, T. R. Watkins, W. P. Maginnis, and M. Geller, *J. Am. Coll. Nutr.*, **10**, 228(1991).

119. T. Seppanen-Lasskso, H. Vanhanen, I. Laakso, H. Kohtamaki, and J. Viikari, *Br. J. Nutr.*, **68**, 639 (1992).

120. A. H. Lichtenstein et al., *Arterioscler. Thromb.*, **13**, 1533(1993).

121. T. L. V. Ulbricht and D. A. T. Southgate, *Lancet*, **338**, 985(1991).

122. J. Dyerberg, *Nutr. Rev.*, **44**, 125(1986).

123. P. M. Herold and J. E. Kinsella, *Am. J. Clin. Nutr.*, **43**, 556(1986).

124. S. Renaud, F. Godsey, E. Dumont, C. Thevenon, E. Ortchanian, and J. L. Martin, *Am. J. Clin. Nutr.*, **43**, 136(1986).

125. B. M. Weaver, E. J. Corner, V. M. Bruce, B. E. McDonald, and B. J. Holub, *Am. J. Clin. Nutr.*, **51**, 594 (1991).

126. J. K. Chan, B. E. McDonald, J. M. Gerrard, V. M. Bruce, B. J. Weaver, and B. J. Holub, *Lipids*, **28**, 811 (1993).

127. J. -S. Kwon, J. T. Snook, G. M. Wardlaw, and D. H. Hwang, *Am. J. Clin. Nutr.*, **54**, 351(1991).

128. M. Mutanen, R. Freese, M. L. Valsta, I. Ahola, and A. Ahlstrom, *Thromb. Haemost.*, **67**, 352(1992).

129. E. J. Corner, V. M. Bruce, and B. E. McDonald, *Lipids*, **25**, 598,(1990).

130. T. A. B. Sanders and K. M. Younger, *Br. J. Nutr.*, **45**, 613(1981).

131. M. de Lorgeril et al., *Lancet*, **343**, 1454(1994).

132. M. de Lorgeril et al., *Circulation*, **99**, 779(1999).

133. B. F. Teasdale, Canadian Patent 726,140, 1966.

134. G. Pongracz, *Fat Sci. Technol.*, **90**, 249 – 258(1988).

135. National Academy of Sciences, *Report of the Panel on Dietary Reference Intakes for Vitamin C, Vitamin E, Selenium and Carotenoids, Food and Nutrition Board*, National Academy Press, Washington, D. C., 2000, p. 187.

136. Anonymous, *Inform*, **12**, 487(2001).

137. Anonymous, *Inform*, **9**, 826(1990).

138. Anonymous, *Inform*, **11**, 1061(2000).

139. R. Scarth, P. McVetty, and S. Rimmer, in D. McGregor, ed., The Proceedings of the Eigth Rapeseed Congress, Saskatoon, Saskatchewan, Canada, 1991, p. 143.

140. G. Galili, S. Galili, E. Lewinsohn, and Y. Tadmor, *Critical Rev. Plant Sci.*, **21**, 167(2002).

141. T. Voelker, T. Hayes, A. Crammer, and H. Davies, *Plant J.*, **9**, 229(1996).

142. Anonymous, *Inform*, **12**, 1019(2001).

143. C. H. Japiske, Canadian Patent 815,481, 1969.

144. B. F. Teasdale and T. K. Mag, in J. K. G. Kramer, F. D. Sauer, and W. J. Pigden, eds., *High and Low Erucic Acid Rapeseed Oils*, Academic Press, Toronto, Ontario, Canada, 1983, p. 197.

145. K. J. Harrington, *Biomass*, **9**, 1(1986).

146. G. Knothe, R. O. Dunn, and M. O. Bagby, *Inform*, **7**, 827(1996).

147. R. Varese and M. Varese, *Inform*, **7**, 816(1996).

148. G. Boerner, private communication, OHMI GmbH, Magdeburg, Germany.

149. S. Latta, *Inform*, **1**, 438(1990).

150. D. J. Murphy, *Trends Biotech.*, **14**, 206(1996).

151. G. Bastin, *Vegetable Oilseeds and Oils Traders' Guide*, The International Trade Centre, UNCTAD/GATT, 1988.

3 椰子油

Elias C. Canapi, Yvonne T. V. Agustin, Evangekube A. Moro, Economico Pedrosa, Jr., María Luz J. Bendaño

3.1 椰树

椰树(*Cocos nucifera* L.)是热带最有价值的树种之一。 树身可达 30m 以上，直径大约 25cm，主干带有斑纹、无旁枝、较平滑；树冠长有约 30 片 5 ~ 6m 长的叶子；根在沙地里可延伸 10m，除主要起吸收营养和呼吸功能的作用外，它可以像锚一样牢牢地扎在地上[1]。

椰树一年四季都可以“提供”作为食物、饮料、动物饲料以及油脂化学工业的原料，也可作为栖息的场所。 因此，在椰树种植国家，人们虔诚地把它比喻为“生命之树”“天堂之树”。

在一些热带地区，椰树不怎么看管也都能存活至少 50 年的时间。 它的果实——椰子，被认为是“懒人的作物”。 椰树全年都结椰子，椰子熟了就掉在地上，不用费心就能收集到。 在商业化的农场里，人们致力于发展保持和提高其生产率的技术。

3.1.1 地理分布

北纬 20°和南纬 20°之内，尤其在沿海地区是椰树的高产地[2]。 而生长在热带之外的椰树通常产量不高。 椰树的生长区域主要分布于亚洲、太平洋中的岛屿、非洲及美洲的中南部。 1991 年，全世界椰树的种植面积是 1.090 万 hm^2[3]。

3.1.2 农艺学

人们在各种各样类型的土壤上建造椰树农场，从海滨的沙地到黏的泥土地上都有。 在通气良好的土壤上生长的椰树产量高，其对土壤的 pH 耐受范围为 5 ~ 8[4]。 在决定椰树农场的位置时，最先要考虑的是适合的排水系统用来保持土壤中良好的水分供给。 水分供给来自于均匀分布的降水（年降水量 1300 ~ 2300mm）和灌溉系统，或可以利用的地下水[5]。过度的降水和干旱都会影响到椰果的产量。

椰树在充足的阳光下生长旺盛。 人们观察到在 5—8 月份期间，因为阳光充足，椰树长出更多的雌花，果实中长有更多的果肉。而在复耕期间，种在老椰树下的小树长势缓慢[6]。

在椰树种植时要对土壤、水分和叶片进行分析以确定椰树需要的肥料和微量养分的类型。长期研究表明，把适量的氯化钾或氯化钠作为营养补充剂添加在土壤里，可提高椰树的果实产量及果实的果肉含量[7,8]。

3.1.3 培育

椰树是通过种子进行繁殖的。由于椰子树存在高度的差异性，所以子代椰树不太可能继承亲代所有的优异特性。通过挑选优势亲代的种子，可以使椰子树不断向健壮和高产方向进化。因为需要6年或更长的时间才能评价后代的表现，所以有必要探索其他培育方法。目前，人们将研究兴趣集中在发展组织培育技术。

(1)育苗　培育椰树是从选好的椰树中挑选完全成熟的果实（长到11~12个月）开始的。种子放在阴处至少要有1个月。在培育室里，种子放在疏松的土壤中，在有充足的水分和良好的排水条件下，开始发芽。一些农场主把发芽的种子放入复合袋中培育，这样它们可以挑选长势一致的苗一起培养（图3.1），而且袋中的苗在转移或移植到土地时不会受到伤害或震动。

图3.1　在复合袋中培育9个月准备移植到地里的椰树苗

长到6~9个月大、有四五片叶的苗可以移种到地里，每公顷可以种植115~160棵。一般来说，椰树在第6年开始结果，在没有任何植物虫害、疾病、自然灾害、农场管理疏忽等造成严重损害的情况下，可以持续结果长达50年以上。

(2)组织培育 最有前景的繁殖优良椰树的无性培育技术是组织培育法。在这种方法中，将取自选定树种有活性分裂的组织，放在特别配制的培养基中培养（内有规定的营养素、激素、根苗促长剂等）。在适当的诱导条件下，外植体长成愈合组织，后者又被诱导分化为芽和根两部分，形成了幼苗。在移植到地里之前，幼苗被加固在温室中的盆里。

相关人员已经报道过无性培育的研究进展，并取得了一些可喜的结果[9~11]。在目前众多的有关提高椰树从组织愈合阶段到大田生长阶段成活数目的报道中，需要精挑切实可行的组织培育方法以适应商业应用。

3.1.4 品种

根据不同的显性特征，比如颜色、大小、果实的形状、树冠的形状和对称性等，椰树可分为很多种类。在一些隔离地区，经自然选择，即可发育成具有明确冠顶的、统一表型特征的椰树林。

Makapuno，一种罕见的菲律宾椰子品种。在它的核内有一空腔，里面充满着美味的胶状物质。这些果实虽然有胚，但自己不会发芽。然而，通过“试管”培育可以长出胚芽，以成功培育 *Makapuno*，最后使它在地里成苗[12,13]。

最好区分的两类椰树品种：一类是高种；另一类是矮种。高品种能长到20m，而矮品种在成熟之时也只有大约3m高。高矮品种的杂交后代拥有它们先代大多数的良好特性。选择适当的先代品种可使后代具有坚硬、抗干旱和疾病、成熟期早、果实大等特性。

3.2 果实

一般来说，成熟的椰子至少重1kg，呈绿色或黄色。果实外有一层光滑的表皮，表皮下是由纤维构成的中果皮（皮），再下面是坚硬的内果皮（壳）。壳内包裹了1～2cm厚的胚乳（果仁，果肉）。果实内有一褐色薄层（称为外种皮）隔开了仁与壳的内表面。仁内空腔平均有300mL，空腔里是胚乳液（即椰子汁）（图3.2）。

3.2.1 果仁

从果仁开始可以加工下列产品：椰子油、椰子干、椰子脱脂乳、椰浆、椰子粉、蛋白粉以及椰子粕（表3.1）。

表3.1 椰子仁的主要成分[1]

组成	水分	脂肪	灰分	纤维	蛋白质	碳水化合物
含量/%	50.0	34.0	2.2	3.0	3.5	7.3

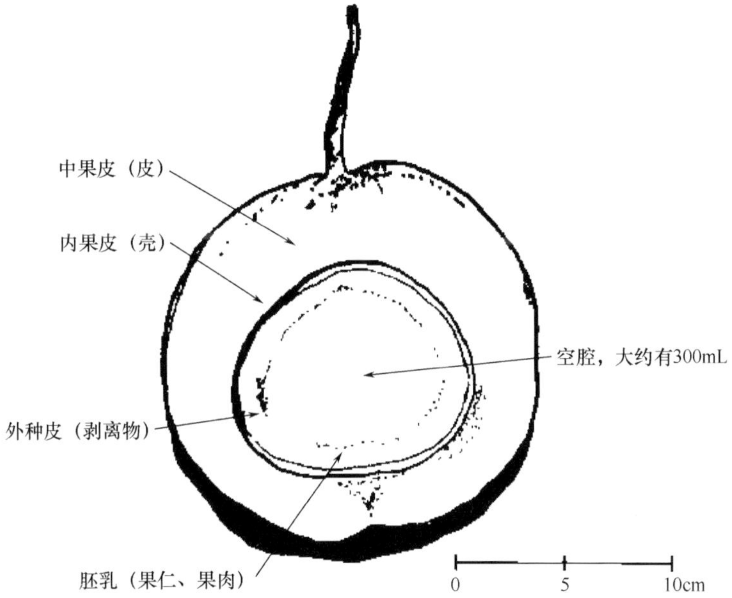

图 3.2 成熟椰果的纵剖面图

3.2.2 椰子汁

椰子汁是无菌汁液。成熟椰果的汁液中有下列成分：4.7% 固形物、0.74% 脂肪、0.55% 蛋白质、0.46% 灰分、1% 还原糖。汁液的 pH 为 5.6[14]。它是椰蓉的副产品，是一种健康饮料。通过反渗透得到的椰子汁浓缩液在发酵和食品工业中可以得到进一步地应用。

3.2.3 外种皮

在仁与壳之间，色褐而薄的一层就是外种皮。在椰蓉的生产过程中，该层可以从仁的外表面上剥离下来以减少有色物质。剥离物中所含的油具有丰富的不饱和脂肪酸 $C_{18:1}$ 和 $C_{18:2}$（表 3.2）。

表 3.2 外种皮（剥离物）中油的脂肪酸组成[1]

脂肪酸	己酸（C_6）	辛酸（C_8）	癸酸（C_{10}）	月桂酸（C_{12}）	豆蔻酸（C_{14}）	棕榈酸（C_{16}）	硬脂酸（C_{18}）	油酸（$C_{18:1}$）	亚油酸（$C_{18:2}$）
含量/%	0.1	0.5	1.5	22.7	15.8	17.2	1.3	25.4	15.5

3.2.4 壳和皮

包住果仁的壳坚硬、呈球形、厚 3 ~ 5mm。在椰蓉的生产过程中，主要作为燃料使用。用椰子壳制作的其他产品有：木炭、活性炭、合成树脂的填充物、胶水、蚊香组分和装饰品。

椰果皮有5～10cm厚，由纤维构成，附在椰子壳外面。 它也像壳一样主要用作农场里的燃料。 由它做成的产品有：椰子壳纤维、硬毛、橡胶化纤维、绳子、席子及活性炭。

3.3 椰子干

椰肉干燥后就是椰子干（Copra）。 鲜椰肉大约含有50%的水分。 人们用不同的干燥方法使含水量降到理想程度6%～8%（表3.3）。 在这种条件下，霉菌不能生长。 若想用传统机械压榨法得到椰子油，那么椰肉就必须进行干燥。

表3.3 产量计算（基于含水50%的100g鲜椰肉）[1] 单位：g/100g

水分	50%	15%	12.5%	10%	7.5%	5%	0
脂肪	34.5	58.65	60.37	62.10	63.82	65.55	69.0
非脂类	15.5	26.35	27.13	27.90	28.68	29.45	31.0
椰子干/g	100.0*	58.82	57.14	55.55	54.05	52.63	50.0

注：*鲜椰肉。

3.3.1 晒干

去皮的椰子切成两半、脱水。 椰肉放在阳光下曝晒一定时间后失水萎缩。 将半干的椰肉从壳上剥下，在阳光下继续晒6～8d。 有时碰到雨天，要用一些塑料布或其他合适的材料盖在椰肉上面。

3.3.2 直接烘干

干燥炉有一竹制的烤架台，切好的椰子就放在上面。 下面是炉床，通过燃烧椰子壳和皮用来提供蒸发椰肉中水分所需的热量。 椰肉失水萎缩后，将其从壳上剥离下来继续干燥。 燃烧产生的烟使椰子干和油产生浅褐色。

由于干燥炉造价低，设计简单，并且可直接用农场里的椰子壳和皮作为燃料，小农场作坊主一般会延续使用这种传统方法进行烘干。

3.3.3 热风吹干

1978年，Lozada[15]引入了一种成本低、效率高、适用于小农场的干燥器。 该干燥器用椰皮壳作燃料，让其在一只特殊设计的燃烧器内燃烧，以均匀供热。 干燥器的底部是钢板，可以将椰肉与燃烧产生的烟相隔开。

由现代技术制造的热风干燥器和设备有许多型号。 原理上，这些干燥器都是运用热风带走椰肉里的水分。 由于烟气不再接触椰肉，所以产品更加白净。

表3.3所示为从鲜椰肉变为椰子干水分减少的过程中，脂肪、非脂类和水分含量之间的关系。

3.4 油脂提取

在工厂里，干法加工是从椰子里提油的传统方法[16]。提油是在螺旋榨油机内通过压榨椰子干来完成的。螺旋榨油机是由 V. D. Anderson 发明且申请专利的。饼粕可用溶剂进一步处理以提取残油。

湿法加工的原料是鲜椰肉而不是椰子干，提出来的油不像从椰子干里提出来的油那样需要精炼。湿法加工油的副产品可以食用。

下面分别简述从椰子干和鲜椰肉提油的主要步骤。

3.4.1 干法加工

干法加工以椰子干为原料，用挤压机或螺旋榨油机机械榨油（图3.3）。机械榨油后可用溶剂进行二次萃取作为补充，以回收粕中的残油。

(1)机械法榨油　将含水量为10%～12%的椰子干输送到自动秤，通过磁选去除铁屑，磨细成直径大约为0.3cm的颗粒。将颗粒压成薄片以扩大表面积。

将料胚在115℃卧式蒸炒锅中蒸炒调质20min。在这种条件下，脂肪细胞破裂，磷脂沉淀，水分下降到3%。

将大小一致、蒸炒后的料胚送到榨油机，连续不断压榨取油。油脂多数情况下按照均匀递减曲线沿着榨膛入口到锥形末端出口排出。一般来讲，处理后的椰饼残油为7%。

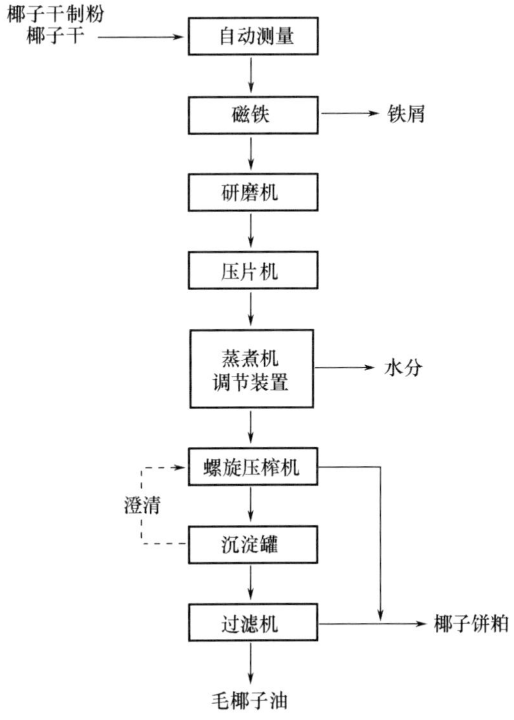

图3.3　机械压榨流程图[16]

一台维护得当并且操作良好的螺旋榨油机生产的椰子油和粕的特征如下：①油品色浅，8/50（R/Y，罗维朋法）；②饼呈浅褐色，最高残油为8%；③椰子饼的厚度一致，约为0.6cm，细粉不超过6%。

螺旋榨油机如果要高效运行，就要把椰子料坯的温度控制在 91 ~ 93℃进行蒸炒和调质，持续一定时间，使水分含量降低到 3% ~4% 。 在 91℃以下调质，如残余水分在 4% 以上的话，椰子料胚出油率就低；而在 93℃以上调质，如残余水分低于 3% ，油品的色泽就加深，饼焦化，出油率随之降低。 筛选物和沉淀的细粒不要超过新鲜原料的 10% ，以免在蒸炒与调质阶段形成细粒。

(2)压榨后处理 从螺旋榨油机出来的油输向筛网和沉淀罐，开始分离颗粒，将分离出的颗粒与原料混在一起，进入系统再处理。 每吨上层清油要与 10kg 白土混合。 通过抛光过滤机后得到清油，储存或等待进一步的加工处理。

压滤后的椰子粕（饼）经过造粒、装袋，送去动物饲料厂。

(3)溶剂浸出 这个单元操作作为机械压榨法的补充，最后能使椰子粕中残油率降至最低。

椰子饼经过快速的初提后，残油含量控制在 14% ~18% ；螺旋榨油机的产量几乎可以翻倍。正己烷（沸点 68.7℃）是一种广泛应用的浸出溶剂。 在逆流浸出单元中，饼粕先与混合油（正己烷 + 油）接触，离开浸出器时用纯正己烷洗涤。 用溶剂浸出的粕残油率大约是 3.5% 。

混合油和粕中的正己烷可回收，重新用于后续操作。 逸出的正己烷蒸气采用冷矿物油喷淋捕集，以排除危害，提高溶剂的回收率。

3.4.2 湿法加工

在湿法加工过程中，原料用的是鲜椰肉[17]。 除了能得到产品油外，从椰肉还可得到其他可食用的副产品：椰子粉、蛋白质、碳水化合物和维生素。

为了使这个加工工艺得到更广泛的商业化应用，要强调下列优点：能够得到高质量的油品和回收得到有营养（成分）的副产品。 本节简要地讲述从鲜椰肉中提取油的过程。

成熟的椰子去壳，分离得到椰肉，接着削皮去除外种皮。 用外种皮提取皮油作为副产品。 削好皮的椰肉用楔子、牙板式破碎机和滚筒粉碎机碾碎。 碾碎的物料用螺旋压榨机榨出椰子汁。 椰子汁通过筛孔输送机过滤，离心分出油层，将油层加热以降低其水分含量，再次离心，分离得到油。 通过常压下加热，使油中水分含量降低到 0.1% ~0.2% 。一般来讲，从 25t 的鲜椰肉中可以提取 6.8t“天然”椰子油。

脱脂的椰肉汁通过喷雾干燥回收得到蛋白质和碳水化合物。 螺旋榨汁机和碎料中的残留物通过研磨，可回收油和椰子粉。

3.5 精炼

毛油的精炼包括一系列的步骤，以去除甘油酯中的杂质，使产品可食用并延长货架期。杂质有脂肪酸、磷脂、金属离子、色素、氧化物、固体颗粒及令人讨厌的挥发性物质。毛椰子油可用下列任何一种方法精炼：①化学精炼（间歇式或连续式）；②物理精炼。图3.4简要比较了两种方法的特点。

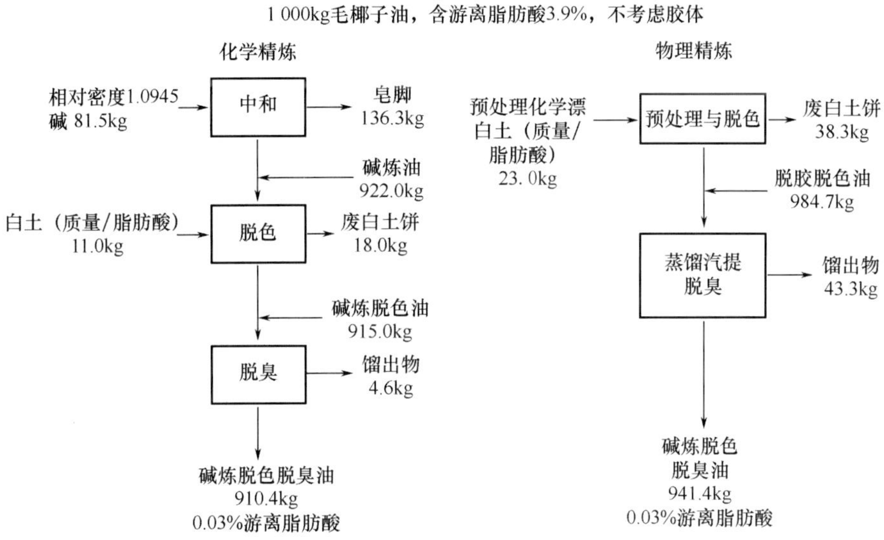

图3.4 物料衡算：毛椰子油的化学和物理精炼

（单位从原先的磅和波美度换算为千克和相对密度）[18]

3.5.1 化学精炼[16]

毛椰子油中的游离脂肪酸用氢氧化钠稀溶液中和，得到皂化物：

$$RCOOH + Na^{+}\ OH^{-} \longrightarrow RCOO^{-}\ Na^{+} + H_2O$$

皂化物和其他水相中的杂质收集处理后称为皂脚。

在间歇式精炼过程中，通过重力将含有皂脚的水相从油中分离出来。一些中性油因被皂化和被皂脚吸附而损失。

另一方面，连续精炼比起间歇式精炼有以下主要优点：①由于油与氢氧化钠的接触时间极短（30～45s），中性油的皂化程度可减少到最小；②通过离心机的作用，油里分出皂脚及废水的时间明显减少。

碱炼之后要接着脱色。油脂中的色素由白土和活性炭颗粒的表面吸附。Brimberg通过实验指出[19]，脱色过程遵循速率公式：

$$\ln(c/c_0) = -k\sqrt{t}$$

式中 t——加入白土之后的时间

c——在 t 时刻色素的浓度

c_0——在 t_0 时刻色素的浓度

k——速率常数

对某些油来说，在混合步骤有少量水存在，可提高脱色的效率[20]。

脱臭是化学精炼的最后一步。挥发性臭味物质（包括低分子质量脂肪酸）在减压下用蒸汽汽提法除去。最终的产品通常称作 RBD（精炼、脱色、脱臭）椰子油。

较低档次的椰子油产品称为 Cochin 油，它经过化学精炼、脱色，但不脱臭。

（1）间歇式碱炼　将储罐中的毛椰子油输送到配有加热盘管和搅拌装置的圆柱罐里。将油边搅拌边加热到 80℃，这时将定量的氢氧化钠溶液喷到油的表面，加入过量 5% ~10% 的氢氧化钠溶液以确保中和游离脂肪酸。在这个阶段，水化的胶质移向水相。当皂粒形成时，停止加热和搅拌。在皂粒形成过程中，皂化物与吸附的中性油、超量碱和其他一些杂质凝结在一起。让皂脚静置沉淀，随后分出，接着用硫酸酸化，得到脂肪酸、被皂脚夹带的中性油和其他杂质在一起的混合物，该混合物称为酸化油。

用 10% ~15% 的软水漂洗中性油，去除油中少量的皂化物。水洗油经真空干燥，储存在中间储罐中。

（2）连续式碱炼（短混法）　定量的毛椰子油通过板式换热器升温至 90 ~95℃，接着输入离心混合器，用计量泵定量加入 2mol/L 的氢氧化钠溶液。油皂混合物料通过第一台离心机把皂脚与中性油分开。从第一台离心机出来的中性油加热至 90℃，与 10% ~15% 的热水混合，洗去残皂。再经第二台离心机，水洗过的油通过具有一系列塔板的真空干燥器（压力维持在 3000Pa）进行脱水。干燥后的碱炼油储存在中间储罐中。

（3）脱色　在配有加热盘管和可调速搅拌器的圆柱形反应罐中，碱炼油在 90℃、600 ~1000Pa 的压力下搅拌。将预先定量的白土和活性炭通过装在混合器顶部的计量装置加入罐内。30min 后，浆状物被干燥，随后通过板式压滤机，去除白土和活性炭。将碱炼脱色的油温降到 50℃后，输送到储罐中。把蒸汽通入废白土回收所夹带的油。

（4）脱臭　碱炼与脱色的油泵入脱气装置（压力为 500Pa）以脱除夹带的空气。之后，通过列管式节能器热交换，再用导热油加热器加热至 240℃。汽提式脱臭塔在压力 600 ~1000Pa 条件下操作，将低分子质量的脂肪酸、酮类物质、醛类物质和其他臭味物质等挥发性组分由蒸汽汽提带出。上升的蒸汽带着挥发性组分经过旋风捕集器，由顶部喷淋的新鲜脂肪酸油回收蒸汽中的脂肪酸。

脱臭的椰子油向下流至油罐内，并维持脱臭真空度。在脱臭器中停留的时间从 1.5 ~2h 不等。塔内的油用耐热密封泵抽出，输送到节能器以预热将进入脱臭塔的原料油。将油冷却到 50℃，这时加入柠檬酸。柠檬酸能络合强氧化剂铁和铜，提高油的稳定性（注：在 Cochin 油的生产中，脱臭步骤可以省略）。

3.5.2 物理精炼

人们对用物理精炼代替化学精炼椰子油的兴趣日渐增加，有以下几个原因：①物理精炼比化学精炼的油耗低；②不用考虑与皂脚酸化有关的污染问题；③设备安装费用更低；④水耗、汽耗、能耗低；⑤蒸馏的脂肪酸的品质比化学精炼的酸油的品质更高出一个等级[21]。

设计和工艺的突破提高了系统的效率。通过计算机计算，人们预测了一种新的用于物理精炼的填充柱脱臭塔的性能，并基于早期塔型经验为其开发了一种特定程序[22]。

毛油物理精炼的主要特点是，应用蒸汽蒸馏去除油中的游离脂肪酸和挥发性组分。物理精炼技术上的可行性主要是靠预处理阶段除去磷脂、色素、金属离子和非挥发性的杂质。若没有有效的预处理，蒸汽蒸馏就不可能生产出在油色、稳定性上可与经典方法相媲美的精炼油产品[23]。

(1)脱胶　毛椰子油连续加热到 80～90℃，再通过串联静态混合器将浓度为 85%、体积为原料 0.05%～0.10% 的磷酸分散到油中。混合物送到凝聚罐内，搅拌 20～30min。

(2)脱色　油通过预热器，温度达到 90～95℃，然后泵入脱色罐。在干燥并真空脱气的油中加入预定剂量的白土－活性炭（比例为 10∶1），搅拌 20～30min，以去除色素和其他被吸附的杂质。脱色油用板框压滤机进行过滤并在滚筒精滤机中进一步精滤。

(3)汽提与脱臭　将脱胶脱色的油进行脱气并通过节能器和导热油加热器加热到 240℃。在由四级蒸汽喷射泵维持残压为 600～1000Pa 的条件下，热油多段下降进入汽提塔。油与塔底喷出的鼓泡蒸汽接触，停留时间为 1～1.5h 以脱除臭味物质。通过喷嘴型喷射器喷淋出的上升蒸汽与脱除的脂肪酸一道回收成为脂肪酸馏出物。脱臭后的椰子油出塔时，通过节热器用脱色油将其部分冷却。最终的冷却在板式冷却器中进行，温度保持在 40～50℃。在产品进入抛光过滤器之前，加入柠檬酸。

3.6 椰子油组成

椰子油是属于月桂酸类油脂的特殊植物油类。该类植物油中最丰富的脂肪酸是月桂酸（$CH_3(CH_2)_{10}COOH$）。其他的月桂酸类油脂有棕榈仁油、巴巴苏油（babassu）、羽叶棕油（cohune）和萼距花属植物油（cuphea）。

椰子油中 90% 以上的脂肪酸是饱和脂肪酸。这也是其碘值低的原因，碘值变化范围是 7～12g I/100g。椰子油饱和特征说明了它的强抗氧化酸败能力。用活性氧法（AOM）评定得到的结果是 30～250h[24]。虽然因失去毛椰子油中的天然抗氧化剂使化学精炼油氧化稳定性降低，但脱臭后油冷却到100℃时添加柠檬酸对增强其氧化稳定性是明显有效的[25]。

低于12个碳的脂肪酸归为中碳链脂肪酸（MCFA）。中碳链脂肪酸的甘油酯，也就是人们熟知的中碳链甘油三酯（MCT），是医疗食品和婴儿配方食品的成分。椰子油有超过15%的C_6、C_8和C_{10}脂肪酸，是中碳链脂肪酸的最丰富来源。

毛椰子油大约有0.5%不能用碱皂化的不皂化物。不皂化物主要包括生育酚、甾醇、角鲨烯、色素和碳水化合物。椰子油的风味主要来源于痕量存在的δ-内酯和γ-内酯[24]。在不皂化物中，生育酚有助于毛椰子油的氧化稳定性。一般来说，毛椰子油有55mg/kg的总生育酚，其中40.7mg/kg是α-生育酚[25]。大多数毛椰子油的不皂化物在精炼、脱色和脱臭过程中被除去。

在程序升温条件下，用稳定的硅胶作固定相，以标准甘油三酯（TAG）溶液作参比，可以用气相色谱分离和定量椰子油中不同的甘油三酯组分。甘油三酯组分的碳原子数是与甘油部分相接的脂肪酸碳原子的总和。例如，三月桂酸甘油酯和油酸二硬脂酸甘油酯的碳原子数分别是36和54。油样中每一个甘油三酯的相对含量可用于身份鉴定。对椰子油而言，这项测试也可以使它与其他月桂酸油类区分开来（表3.4、图3.5）。

表3.4 椰子油中甘油三酯的碳数组成[25]

甘油三酯中的碳数	范围（平均值）	质量分数/%	甘油三酯中的碳数	范围（平均值）	质量分数/%
C_{28}	0.7~1.0	0.8	C_{42}	6.5~8.0	7.3
C_{30}	2.8~4.1	3.4	C_{44}	3.6~4.6	4.2
C_{32}	11.5~14.4	12.9	C_{46}	2.1~3.0	2.6
C_{34}	15.6~17.6	16.5	C_{48}	1.6~2.6	2.3
C_{36}	18.3~19.8	18.8	C_{50}	0.8~2.0	1.7
C_{38}	15.1~17.7	16.3	C_{52}	0.4~2.0	1.6
C_{40}	9.2~11.1	10.2	C_{54}	0.1~1.5	1.2

3.7 理化测试

为了鉴定天然脂质及确定其含量，通常会用到一系列的常规分析测试方法。待测油样的测试结果在所确定的数据范围内时，该油脂的组分才能得以确认。对椰子油来说，通常要测定的指标有脂肪酸组成、酸值与游离脂肪酸的百分含量、皂化值、碘值、Recichert-Meissl值、Polenske值、不皂化物、过氧化值与稳定性试验、滑点与熔点、颜色和固脂含量等（表3.5和表3.6）。

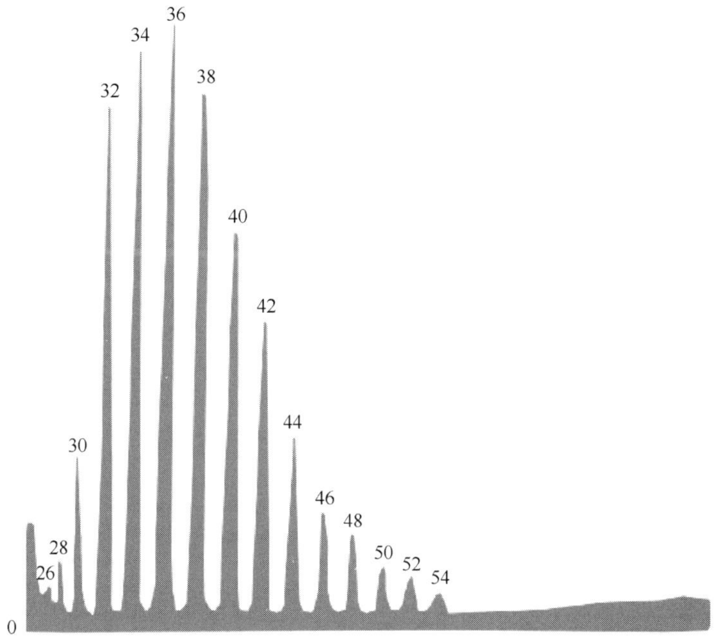

图 3.5 椰子油中不同碳数甘油三酯的分布[23]

表 3.5 椰子油脂肪酸组成变化范围[26]*

脂肪酸	质量分数/%	平均值/%	脂肪酸	质量分数/%	平均值/%
己酸 C_6	0.4～0.6	0.5	硬脂酸 C_{18}	2.3～3.2	2.6
辛酸 C_8	6.9～9.4	7.8	油酸 $C_{18:1}$	5.4～7.4	6.2
癸酸 C_{10}	6.2～7.8	6.7	亚油酸 $C_{18:2}$	1.3～2.1	1.6
月桂酸 C_{12}	45.9～50.3	47.5	C_{20}	微量～0.2	0.1
豆蔻酸 C_{14}	16.8～19.2	18.1	$C_{20:1}$	微量～0.2	微量
棕榈酸 C_{16}	7.7～9.7	8.8			

注：* 五个国家，共 21 个样品。

表 3.6 椰子油的产品规格[27]

特征指标	毛油	Cochin 油	RBD 油
水分和杂质/% ≤	1.0	0.1	0.03
游离脂肪酸(以月桂酸计)/% ≤	3.0	0.07	0.04
色泽（13.335cm 槽）罗维朋 R/Y ≤	12/75	1/10	1/10
皂化值/（mg KOH/g）		250～264	250～264
不皂化物/% ≤	0.4	0.1	0.1
碘值/（g I/100g）		7～12	7～12
过氧化值（meq O_2/kg）≤	2.0	0.5	0.5
滑点与熔点/℃		24～26	24～26
折光率（40℃）		1.448～1.450	1.448～1.450
风味		椰子风味	柔和/无味

目前用来判别椰子油质量指标的主要标准是其游离脂肪酸含量和色泽。此外，通过对椰子油风味进行感官评定，可帮助确定产品的可接受性。

采样方法和试验过程在不同的参考文献中有详细讲述[28~32]。

3.7.1 脂肪酸组成

油脂的脂肪酸组成一般用气相色谱进行常规分析。将样品甲酯化生成相应有挥发性的甲酯衍生物。甲酯衍生物挥发并由惰性气体携带，通过惰性粉末填料。填料预先用某液体（固定相）处理，固定相在测试条件下不挥发。甲酯衍生物按照其在固定相里保留时间的不同连续不断地从柱中被洗脱出来。理想状况下，每一个单峰代表一种洗脱出来的脂肪酸甲酯；曲线包含的面积是洗脱组分含量的函数。

3.7.2 酸值/游离脂肪酸含量

酸值是指中和1g油脂中的游离脂肪酸所需氢氧化钾的毫克数。

定量的油样溶在乙醇中，用0.1mol/L的氢氧化钠滴定。对椰子油而言，更常用的与之相当的术语是“游离脂肪酸（以月桂酸计）的质量分数”（%）。

$$\%\text{FFA（以月桂酸计）} = \text{mL（0.1mol/L NaOH）} \times 20/\text{g 油}$$

$$\text{酸值（mg KOH/g 油）} = \text{游离脂肪酸质量分数（\%，以月桂酸计）} \times 2.8$$

3.7.3 皂化值

皂化值是指中和皂化1g油脂中游离脂肪酸和酯所需氢氧化钾的毫克数。

稍过量的氢氧化钾醇溶液与定量的油样反应，在空气冷凝器回流下温和地煮沸。空白样也做相同的处理。在完全皂化之后，处理过的待测样和空白样用0.5mol/L盐酸滴定。

$$\text{皂化值} = (B - S) \times 0.5\text{mol/L HCl} \times 56.1/\text{g 油}$$

式中 B——空白样滴定量，mL

S——待测样滴定量，mL

3.7.4 碘值

碘值是指1g油脂吸收的碘的克数。脂肪酸中的不饱和碳原子吸收碘遵循下列反应：

$$\text{—CH═CH—} + I_2 \longrightarrow \text{—CHI—CHI—}$$

稍过量的Hanus溶液（IBr）或Wijs（ICl）溶液加入定量的油样中，振摇30min。空白样做相同处理。将一定体积15%的碘化钾溶液加入处理过的样品和空白样中，接着用0.100mol/L的硫代硫酸钠滴定。

$$\text{碘值} = (B - S) \times 0.100\text{mol/L 硫代硫酸钠} \times 12.7/\text{g 油}$$

式中 B——空白样的滴定量，mL

S——样品的滴定量，mL

3.7.5 瑞修 – 迈色（Reichert – meissl）值

瑞修 – 迈色值是指中和5g 油脂中挥发性脂肪酸（主要是 C_4 和 C_6）所需的0.10mol/L 氢氧化钠的毫升数。 波仑斯克（Polenske）值是指中和 5.0g 油脂中不溶性脂肪酸（主要是 C_8、C_{10}、C_{12}）所需 0.10mol/L 氢氧化钠的毫升数。 典型椰子油的瑞修 – 迈色值和波仑斯克值分别为 8.4 和 11.5 [33]。 正如预料的一样，由于富含中碳链脂肪酸，椰子油的这两种值显然是高的。

称（5±0.1）g 的油样在醇 – 氢氧化钠溶液中皂化。 皂化样用稀硫酸酸化，接着蒸馏出挥发性脂肪酸。 收集 110mL 的馏出物，激冷至 15℃过滤。 滤液用 0.1mol/L 氢氧化钠滴定。 空白样进行同样测定。

$$\text{瑞修 – 迈色值} = (B - S) \times 1.1$$

式中 B——空白样的滴定量，mL

S——样品的滴定量，mL

洗下滤纸上水不溶性脂肪酸，用乙醇溶解，再用 0.10mol/L 氢氧化钠滴定。

$$\text{波仑斯克值} = B - S$$

式中 B——空白样的滴定量，mL

S——不溶性脂肪酸的滴定量，mL

3.7.6 不皂化物

油脂中的不皂化物是油样用氢氧化钾醇溶液回流过后的剩余物中能溶于乙醚或已烷的成分。

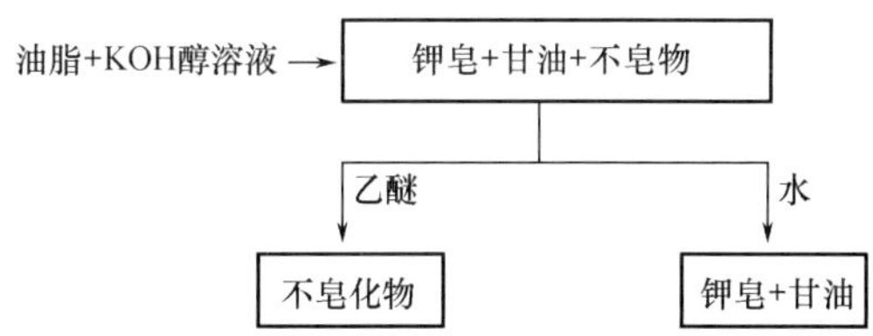

3.7.7 过氧化值与稳定性试验

过氧化值是以每千克油脂中所含的过氧化物的毫克当量数来表示的。 在储存过程中形成的过氧化物引发了油脂的氧化腐败。

在碘化钾存在的条件下，一定量的油脂溶于乙酸 – 氯仿溶剂里。 油脂中的过氧化物使碘游离出来，后者用 0.10mol/L 的硫代硫酸钠滴定。 空白样同样处理。

$$\text{过氧化值}(\text{meq } O_2/\text{kg 油}) = (B - S) \times 0.10\text{mol/L 硫代硫酸钠} \times 1000/\text{g 油}$$

式中 B——空白样的滴定量，mL

S——样品的滴定量，mL

稳定性试验（“Swift 试验”与活性氧法）表明了油在储存期间的抗氧化能力。该试验可给出油样在一定的温度和气流速率的通风条件下，过氧化值达到 100meq O_2/kg 所需的时间（小时数）。其值是在两个过氧化值之间用内插法来确定的，两个过氧化值需落在 75～175meq O_2/kg 范围内。

3.7.8 滑点与熔点或熔程

油脂的滑点与熔点（熔程）是样品从固态转变到液态时观察到的温度值。不像纯物质只有熔点，油脂是三酰甘油的混合物，表现出熔解温度范围（熔程）。有些方法需要精确的设备，而有些方法如毛细管法，简单易行，用常规检测就可以得到精确的结果。

由于毛细管作用，熔化的油脂吸进管中（两端开口）。通过冷却，使油脂激冷凝固，然后在恒速升温的水中熔化。当油脂滑流并出现清晰液体状态时的温度就是滑点与熔点（或熔程）。

3.7.9 折光率

介质的折射率是在特定波长下光线在真空条件下的速率与它在介质中速率的比值。对特定的样品来说，测定是在具体的温度下采用合适的折射仪来完成的。折射率对鉴别油脂和观察油脂的氢化反应过程是有用的。

3.7.10 色泽

椰子油的色泽是采用罗维朋法来测定的，对深色或浅色的油分别用 2.54cm 或 13.335cm 槽。测定结果采用红/黄色的数字表示，其描述了匹配标准色的结合情况。另外，把油放在适当的比色皿里，其光密度可以利用分光光度计在最大吸收波长处测定。

3.7.11 固脂含量与固体脂肪指数

油脂固脂含量广泛使用核磁共振法进行测定。若使用传统的膨胀测量法，在油脂加工生产的控制中得出固脂指数值是耗时而且不适合的。与之相比，核磁共振法更快、更精确、更接近固脂含量的真实值（表 3.7）。

表 3.7 椰子油中固脂含量（脉冲核磁共振法）[28]

特征指标	滑点/熔点/℃	碘值/（g I/100g）	固脂含量/%	20℃	30℃	35℃
结果	24	8.5		36	0	0

3.7.12 脂肪酸冻点

脂肪酸冻点是由油样得到的混合脂肪酸的凝固点。油脂皂化后酸化，混合脂肪酸层被分离、洗涤、干燥、冷却。当开始出现固状物时，由于释放出潜热而使油样温度上升，其所能达到的最高温度称作脂肪酸冻点。

3.8 应用

椰子油广泛用于食品和非食品领域。它是医疗食品和婴儿食品的生产原料。在工业上，椰子油脂肪酸是一种通用原料，由此可生产出从柴油的替代品到医药食品等一系列产品。

3.8.1 食品

在椰子生产国，RBD 椰子油广泛用于煎炸。椰子油和氢化棕榈油的混合物及其酯交换后生成的混合物可加工成人造奶油和起酥油，椰子酱是一种以蔗糖以及椰奶为原料制备的糖浆状乳状液，常用作甜品、面包涂抹酱或者米制蛋糕裱花。不管是液体还是粉末形式的配方脱脂乳，都会添加椰子油（代替乳脂肪）以及多不饱和油脂。作为饼干和曲奇饼的喷淋油脂，椰子油由于其抗氧化酸败能力延长了这类产品的货架期。椰子油广泛用于奶油且常作为饼干奶油和糖果油的一种组分。

3.8.2 医疗和婴儿配方食品

采用 Babayan 研制的方法，将椰子油水解得到的中碳链脂肪酸，主要是 C_8 和 C_{10}，用甘油进行再酯化处理，生成随机中碳链甘油三酯的混合物[34]。中碳链甘油三酯能迅速被吸收，并快速氧化放热（34.7kJ/g）。许多医药和婴儿配方食品把中碳链甘油三酯作为多不饱和脂肪的主要来源[35]。在 Intengan 等[36]的研究工作中，他们选用 75% 的椰子油和 25% 玉米油经随机酯交换后得到的结构脂作为营养不良儿童食谱的膳食脂肪来源补充，比起多不饱和植物油，它能更好地使儿童增重和获得营养。

3.8.3 非食品

通常由椰子油做的非食品类产品是肥皂。经过煮沸或冷却过程制成的条形洗衣皂，即使在中等硬度的水中都有很好的起泡性能。牛油和椰子油按比例（从 67∶33 到 85∶15）混合，可以得到一种理想的香皂[37]。用这种混合物做的肥皂具有起泡快、对机械腐蚀性小以及皂块无膨胀开裂等理想性质。

从皂脚得到的酸化油和物理精炼得到的馏出物的主要用途之一是做动物饲料。其脂肪组分可以增加饲料的热值。

椰子油中的脂肪酸衍生物是许多非食物产品的原料。椰子油中的脂肪酸和甘油被水解或醇解作用释放出来，随后分馏出脂肪酸或其甲酯，它们是油脂化学工业的原料。副产品甘油通过真空蒸馏纯化。此外，纯化的甘油产品是药用制剂组分之一，也是牙膏的重要成分，还是制造硝化甘油的原料以及液压千斤顶和减震器中的液体等。

3.9 储存

虽然椰子油本身具有抗氧化酸败的能力，但是批量储存仍需考虑所有引起产品储存期间变质的因素，如光、促氧化剂、空气、热和水分等。空气的影响应是最小的，因为油是处在密闭系统里。

从椰子干经过碾磨后提取毛椰子油，到精炼工序，最后储存在罐中，这期间油要不断地接触铁器或是含铜合金，这些都是促氧化剂。在化学精炼油最后一道脱臭工序中，加入柠檬酸[25]或其他一些合适的抗氧化剂能防止油的氧化酸败。毛椰子油本身含有的抗氧化剂可以自我保护。

装罐时，要从下面的入口注入，不要从储罐上面直接注入油脂，避免混入空气。

尽管在大部分热带地区，无需使用加热装置，但储罐仍需要配备机械搅拌和加热装置。在短暂储存期间，当椰子油温度降到滑点与熔点之下时应4搅拌加热以免局部过热。

储存时水分对油脂的作用是明显的。因为酶的存在（主要是来自于微生物）能加速脂肪水解，并产生一种不愉快的“肥皂”味，特别是在椰子油处于促使水解酸败的条件下时。

3.10 经济学

2001—2002年度世界椰子油产量为330万t，下跌了10%。同年美国进口椰子油费用为11.5亿英镑，比前一年上涨了3500万英镑。预计全球椰子油产量将持续低迷直至2003年，进口商可能会因在之前拥有大量低价的库存而获利。美国进口椰子油的单价从2000—2001年的361美元/t降到了2001—2002年的327美元/t。棕榈仁油是另一种主要的月桂酸型油，美国的进口量从2000—2001年的3.64亿英镑降到了2001—2002年的3.3亿英镑。但是由于库存充足，总的棕榈仁油供应量却增加了。正是由于较大的供应量，2000—2001年进口减缓造成的美国国内棕榈仁油短缺可能得以恢复[38]。

面对总体衰退的市场前景，椰子工业仍然受到主产国的特别关注。在印度尼西亚，支持措施趋向于强调田间混作、修整复原和产品多元化。在菲律宾，2001年出台的公共食品分配计划中，考虑到保护由于椰子产品价格下降而受到影响的农民，椰子生产者也被包括在该计划内。许多相应的农村发展项目也将目标定于为椰子小生产者提供可选择的谋生机会[39]。

表3.8所示为包括椰子干在内的世界油料作物产量数据。表3.9所示为包括椰子油在内的世界植物油产量数据。表3.10的数据包括了干椰子粉的产量。

表3.8 1995—2003年世界油料作物产量[38] 单位：10^6t

油料作物	年份							
	1995—1996	1996—1997	1997—1998	1998—1999	1999—2000	2000—2001	2001—2002	2002—2003*
大豆	124.90	132.22	158.07	159.82	159.90	175.10	183.78	184.49
棉籽	35.15	33.61	34.35	32.62	32.93	33.53	36.61	33.37
花生	27.47	28.96	27.29	29.77	28.99	31.12	33.11	31.84
葵花籽	25.72	23.80	23.21	26.63	27.22	23.29	21.25	23.33
油菜籽	34.44	31.53	33.23	35.89	42.47	37.52	35.87	32.17
椰子干	5.13	6.05	5.33	4.38	5.46	5.90	5.26	5.30
棕榈仁	4.87	5.21	5.05	5.62	6.41	6.91	7.24	7.40
总计	257.67	261.38	286.53	294.72	303.37	313.36	323.10	317.89

注：*预测值。
资料来源：美国农产品外销局。

表3.9 1995—2003年世界植物油产量[38] 单位：10^6t

油料作物	年份							
	1995—1996	1996—1997	1997—1998	1998—1999	1999—2000	2000—2001	2001—2002	2002—2003*
豆油	20.17	20.53	22.57	24.65	24.74	26.80	28.72	29.85
棕榈油	16.26	17.64	16.97	19.25	21.80	23.93	24.88	25.37
葵花籽油	9.01	8.61	8.29	9.18	9.63	8.41	7.57	8.32
菜籽油	11.24	10.52	11.43	11.81	13.64	12.96	12.20	11.41
棉籽油	4.15	3.70	3.70	3.57	3.57	3.52	3.82	3.56
花生油	4.15	4.38	4.18	4.44	4.15	4.30	4.75	4.51
椰子油	3.16	3.69	3.29	2.71	3.34	3.63	3.26	3.23
橄榄油	1.45	2.46	2.53	2.50	2.37	2.48	2.53	2.35
棕榈仁油	2.10	2.22	2.20	2.43	2.75	2.95	3.11	3.17
总计	73.08	73.76	75.16	80.54	85.97	88.98	90.85	91.79

注：*预测值。
资料来源：美国农产品外销局。

表 3.10 1995—2003 年世界蛋白粕产量[38]

单位：10^6t

油料作物	年份							
	1995—1996	1996—1997	1997—1998	1998—1999	1999—2000	2000—2001	2001—2002	2002—2003*
大豆	89.08	90.82	98.84	107.54	107.74	116.47	124.71	129.58
棉籽	13.11	11.89	11.79	11.36	11.45	11.30	12.10	11.31
油菜籽	18.58	17.53	18.85	19.12	22.27	21.18	19.99	18.64
葵花籽	10.21	10.06	9.51	10.51	10.72	9.43	8.45	9.25
鱼	6.52	6.64	5.08	5.80	6.29	5.75	5.43	5.61
花生	5.73	6.01	5.41	5.76	5.27	5.52	6.13	5.79
椰子干	1.74	1.97	1.74	1.44	1.77	1.90	1.68	1.70
棕榈仁	2.54	2.70	2.67	2.93	3.32	3.56	3.75	3.82
总计	147.49	147.62	153.88	164.47	168.82	175.12	182.23	185.69

注：* 预测值。
资料来源：美国农产品外销局。

表 3.11 所示为 1991—2003 年美国可食用椰子油的供应量和短缺情况。由 USDA - ER 定义的短缺量计算方法为：初始的库存、产量和进口量减去出口量、发货到美国的数量和结算库存量。

表 3.11 1991—2003 年美国可食用椰子油的供应量和短缺情况[38]

单位：453592kg

供应量	年份												
	1991	1992	1993	1994	1995	1996	1997	1998	1999	2000	2001	2002①	2003②
10 月份库存	277	188	251	164	163	84	150	393	152	136	260	227	148
进口量	841	1163	999	1100	874	1188	1438	791	926	1115	1093	860	970
出口量	22	0	19	18	12	12	6	11	14	8	7	8	10
国内短缺	910	1084	1067	1083	941	1111	1189	1021	927	983	1119	930	958

注：①初步估计值。
②经济研究局和世界农业展望局的预测值。
资料来源：美国商务部普查局。

通常认为椰子油是一种昂贵的油。定价比其他植物油高。

参考文献

1. J. A. Banzon and J. R. Velasco, Coconut Production and Utilization, Philippine Coconut Research & Devel-

opment Foundation, Pasig, Metro Manila, Philippines, 1982, p. 19.

2. A. R. Diokno, *The Brown Man and the Coconut*, Mañor Près̀s,Manila, Philippines, 1962, pp. 1 – 121.

3. J. L. Arranza, in Proceedings of the World Conference and Exhibition on Lauric Oils, Manila, Philippines, February 20 – 25, 1994, p. 4.

4. S. S. Magat (Chairman), *The Philippines Recommends for Coconut*, PCARRD Phil. Recommends Series No. 2 – 13, Los Baños, Laguna, Philippines, 1993, p. 3.

5. Ref. 1, p. 9.

6. Ref. 1, p. 6.

7. S. S. Magat et al. , *Phil. J. Coconut Studies*, **XIII**(2)(1988).

8. G. D. Padrones et al. , *Response of MAWA Hybrid to Increasing Levels of NaCl*, Annual Report Agricultural Research, Philippine Coconut Authority, 1990, pp. 38 – 40.

9. E. P. Rillo. Phil. *J. Coconut Studies*, **XIV**(2), 16 – 20(1989).

10. A. G. del Rosario et al. , in proceedings of the 5th Scientific Meeting of the Federation of Crop Science Studies of the Philippines. Iloil City, April 26 – 29, 1989.

11. N. T. Thanh-Tuyen and D. Apurillo, *Phil. J. coconut Studies*, **XVII**(1)(1992).

12. E. V. de Guzman and D. A. del Rosario, *The Philippine Agriculturist*, University of the Philippines Publication Series A, Vol. XLVIII, No. 23, (1964), pp. 82 – 94.

13. E. V. de Guzman and G. C. Manuel, *Phil. J. Coconut Studies*, **II**(1), 35 – 39(1977).

14. J. A. Banzon et al. , Coconut as Food, PCRDF, Pasig, Metro Manila, 1990, P. 51.

15. E. P. Lozada, *Coconuts Today*. **IX**(1), 9 – 23(1992).

16. *Oil Milling Manual*, Coconut Industry Investment Fund Oil Milling Group. Metro Manila, Philippines, personal communication, 1993.

17. R. Hagenmaier, *Coconuts Today*, **I**(1), 17 – 23(1983).

18. D. C. Tandy and W. J. McPherson, *JAOCS*, **61**(7), 1256(1984).

19. U. I. Brimberg, *JAOCS*, **59**(2), 74.

20. Alfa-Laval, in the Fats and Oils Industry, Fats & Oils Division, S-147 80 Tumba, Sweden, 27829-E2, Sept. 1989.

21. A. Forster and A. J. Harper, *JAOCS*, **60**(2), 265(1983).

22. Alfa Laval Fats and Oils Packed Column for Edible Oil Refinery, Fats & Oils Division, S-147 80 Tumba, Sweden, BP 5004E1, pp. 2 – 7

23. Ref. 21, p. 266.

24. F. V. K. Young, *JAOCS*, **60**(2), 376(1983).

25. M. H. Gordon andI. A. Rahman, *JAOCS*, **68**(8), 574 – 576(1991).

26. J. B. Rossell et al. , *JAOCS*, **62**(2), 228(1985).

27. *Product Specification*, Coconut Industry Fund Oil Milling Group, Metro Manila, Philippines, personal communication, 1993.

28. K. Helrich, ed. , *Official Methods of Analysis of the Association of Official Analytical Chemists*, 15th ed. , AOAC Inc. , Arlington, Virginia, 1990.

29. *Food Chemicals Codex*, 3rd ed. , Committee on Food Chemicals Codex, National Academy Press, Washington, D. C. , 1981.

30. Ref. 28, Second Supplement to 3rd ed. , 1986.

31. C. Paguot, *Standard Methods for the Analysis of oils*, *Fats and Derivatives*, 6th ed. , Pergamon Press, Maxwell House, Fairview Park, Elmsford, New York.

32. W. W. Christie, *Lipid Analysis*, 2nd ed. , Pergamon Press, Maxwell House, Fairview Park, Elmsford, New York, 1982.

33. N. Gopalakrishnan et al. , *JAOCS*, **64**(4), 539(1987).

34. V. K. Babayan, *JAOCS*, **45**, 23 – 25(1968).

35. C. Dayrit et al. , *Phil. J. Coconut studies*, **XVII**(2), 15 – 17(1992).

36. C. Intengan et al. , *Phil. J. Coconut studies*, **XVII**(2), 11 – 14(1992).

37. N. O. V. Sonntag, *JAOCS*, **58**(2), 156A(1981).

38. *Oil Crop Situation and Outlook Year Book*. Economic Research Service, USDA. (Oct. 2002). Available: http://www. usda. gov. accessed july 2004.

39. *Review of Basic Food Policies*. Food and agriculture organization. (July 2004). Available: http://www. fao. org.

4 玉米油*

Robert A. Moreau
United States Department of Agriculture,
Agricultural Research Service

* 本章中提及商品名，仅仅为了提供具体信息，而不意味美国农业部推荐和担保该商品。

4.1 引言

2001 年，全世界玉米油的产量为 204 万吨（占世界总植物油产量的 2%），世界上最大的生产地区是美国（57%）、欧盟（10%）、日本（5%）[1]。相比 2004 年世界其他植物油的产量，玉米油排名第十，在大豆油（2666 万 t）、棕榈油、菜籽油/卡诺拉油、葵花籽油、花生油、棉籽油、椰子油、棕榈仁油、橄榄油之后[1]。

传统意义上认为玉米油是顶级的植物油，在写作本章的时候，美国玉米毛油和精炼油的平均批发价格分别是 0.64 和 0.95 美元/kg，豆油是 0.68 和 0.82 美元/kg，花生油是 1.26 和 1.57 美元/kg[2,3]。

不像其他的植物油是从高含油的种子中直接提取的，玉米种子中的油脂含量仅有 3% ~ 5%。直接从仁中提取在技术上是可行的，但是玉米仁油生产起来太过昂贵（因为仁中的油脂含量太低）。因为玉米仁中淀粉含量高（60% ~75%），便创造出了湿磨法。湿磨法是一种自 1842 年发展起来的可有效去除玉米仁中纯淀粉的加工方法。到 1860 年，许多玉米湿磨装置已经投入运行，在使用湿磨法和干磨法时都会产生玉米胚芽（表 4.1），但是两种加工路线所产生出的胚芽含量并不相同（表 4.1）。在 1996 年，在美国，据估计 90% 以上的商业玉米油都是由湿磨法生产出来的胚芽油，其余来自干磨胚芽[4]。

表 4.1 小试规模的干磨和湿磨处理玉米所获得的组分

处理	组分	小试组分含量①/(g/100g 仁)	小试组分含油量①/%	商业组分中含油量②③/%
干磨法	粗磨粉	82.63	0.63±0.03	
	胚芽	11.24	15.00±0.37	20 ~ 25②
	麸皮	6.13	2.11±0.03	1 ~ 2③
湿磨法	淀粉	68.48	0.02±0.01	

续表

处理	组分	小试组分含量①/(g/100g 仁)	小试组分含油量①/%	商业组分中含油量②③/%
	面筋	8.34	0.89±0.00	
	细纤维	8.58	1.36±0.05	1～2③
	粗纤维	5.48	2.19±0.05	1～2③
	胚芽	4.90	35.56±0.41	44～50②
	玉米浆	3.33	0.06±0.008	

注：商品湿磨纤维为粗细纤维的混合物。
①来自参考文献［5］。
②来自参考文献［6］。
③来自参考文献［7］。

在湿磨法的工业化过程中，仁主要被分为 5 个部分：①淀粉；②玉米浆（≈7%）；③纤维（粗制和精制，≈10%）；④玉米蛋白粉（≈6%）；⑤玉米胚芽（≈7%）[5]。玉米浆和纤维的组分混合在一起用于生产动物饲料——“玉米蛋白饲料”，其含有 21% 的蛋白质和 60%～70% 的纤维，纤维含量高使其主要用在反刍动物的饲料中。最高等级的玉米蛋白饲料含有 60% 的蛋白质和低含量的纤维（小于 1%），是一种顶级的非反刍动物（家禽和猪）的饲料。玉米胚芽中油含量非常丰富（大于 30%），它是所有的商业玉米油的来源，像小麦胚芽油一样，玉米油更应称为玉米胚芽油。类似于玉米胚芽油和小麦胚芽油，米糠油是另外一种从谷物加工过程的副产品中提取出来的可食用油。

4.2 提取和精炼

4.2.1 传统玉米胚芽提取法

玉米胚芽不像油籽那样可以单独使用溶剂萃取法直接获取油，因为如果将湿磨法得到的玉米胚芽压片会产生一定量细粉，从而影响提取效率。传统上，湿磨的浆要进行调质（热）处理，然后经过一道机械压榨（预榨），再用正己烷萃取，从而分离得到油脂（表 4.2）。溶剂浸出前，也可以用挤压这种方式处理玉米胚芽，用这种方式生产的玉米毛油质量、产率均较高[8]。通过蒸发、加热、真空方法从富油的混合油中去除正己烷，并回收使用。也需要从胚芽粕中除去正己烷并加以回收。玉米胚芽粕中含有 23%～25% 的蛋白质，通常作为动物饲料的组分，为了增加饲料的蛋白质含量，常将其添加到玉米蛋白饲料中。

表4.2 玉米胚芽的传统加工工艺

工序	使用装备	胚芽预处理	残油含量/%*
未处理的胚芽			44～50（湿磨法胚芽）
			20～25（干磨法胚芽）
充分（硬压）压制	螺旋压榨机	加热	6～11
部分挤压和正己烷提取	螺旋压榨机和浸出器	加热	1～3
挤出和正己烷提取	产生挤压作用的挤压机和浸出器	加热和外加水分	1～2

注：*来自参考文献［6］。

2003年在美国玉米精加工联盟中最主要的7个采用湿磨法的公司中，只有3个公司报告说它们在市场上销售粗制和精制玉米油[9]。其他主要的采用湿磨法加工的公司主要销售玉米胚芽，它们有时依据市场季节和价格，也压榨或生产玉米油，或用于生产饲料。

玉米油通常也可以从干磨法加工的玉米胚芽中通过全压法得到（通过挤压机）。List等[10]比较了湿磨胚芽和干磨胚芽制成的玉米油的一些化学成分变化，结果表明，后者的游离脂肪酸的含量有所降低，磷含量降低，维生素E含量更高。虽然"高油"玉米杂交品种已经越来越普遍，但大多数玉米农作物很少或根本不用湿磨法去提取淀粉、玉米油和其他产品，而是用作动物饲料（用更多的脂肪提供热量）。

4.2.2 可选的萃取工艺

高含油（>8%）杂交玉米胚芽胚片的正己烷浸出工艺已经申请了专利[11]。这一专利很有意思的一个方面是该专利利用的压片和浸出设备与大豆油提取设备完全一致。

乙醇也常作为有机溶剂从玉米胚芽或从整个玉米仁中提取玉米油。乙醇具有更高的闪点，而且被认为是一种食品级的溶剂，而且很容易从玉米的发酵产物中得到，所以比正己烷更具优势。与正己烷相比，乙醇的缺点包括沸点较高（需要更多的能量去从产物中去除）、极性较强导致更多的极性提取物（例如磷脂）被提取出来，从而需要在精炼阶段去除。Hojilla－Evangelista等[12]发明了一种"连续萃取工艺"（SEP），该工艺主要是采用酒精作为溶剂浸出整体轧胚的玉米粒来获得第一道玉米油，之后还有附加工艺提取和分离蛋白质和淀粉。连续萃取工艺的加工成本经过了严格的评估，最近进行了一些工艺改进提高了其效率并降低成本[13,14]。近来发明了一种从玉米粉中去除玉米油和玉米蛋白的方法，以及采用薄膜过滤来分离玉米油和玉米蛋白的专有工艺[15,16]。

20世纪80年代发明的超临界二氧化碳提取法被认为是处理众多含油种子的方法，美国农业部农业科学研究院的研究者在伊利诺伊州的Peoria评估了采用超临界二氧化碳提取玉米胚芽油。已有研究者发明了用100%的超临界二氧化碳从玉米胚芽中提取玉米油的方法[10,17]，并申请了专利[18]。有研究者已经证实，向超临界二氧化碳中添加乙醇（0～10%）改性剂，可以降低提取时间并增加胚芽蛋白的功能性[19]。用超临界二氧化碳提取胚芽油没有技术壁垒，但比起传统的提取方法要昂贵得多。

有许多水酶法提取玉米油的报道。1982年，Stolp和Stute报道了一种从玉米胚芽中提取玉米油的专有方法[20]。采用水酶法（使用商品化纤维素酶、半纤维素酶、多聚乳糖酶、半乳甘露聚糖酶以及各种果胶酶）从玉米胚芽中提取玉米胚芽油也有报道[21,22]。虽然水酶法工艺已经存在很多年了，但是由于相较于传统提取方法其较高的成本，使得该工艺尚未能应用于商业生产。近来，Verser和Eggeman申请到了一份美国专利，介绍了一种采用酶法研磨并经乙酸途径生产乙醇，同时得到玉米油的工艺[23]。

4.2.3 精炼步骤

毛玉米胚芽油的主要成分是甘油三酯，但其中也包括其他少量的非极性和极性的脂质成分（表4.3）。游离脂肪酸、色素、挥发物、磷脂和蜡质是粗制玉米油中的主要杂质，这些杂质需要通过一系列精炼步骤去除（表4.4）。与豆油的加工过程通常采用水化脱胶不同的是，在玉米油加工过程中，玉米油如果要碱炼，就不需要进行脱胶（但如果采用物理精炼，脱胶是必需的）。在玉米油加工过程中，大多数公司采用碱炼法去除游离脂肪酸，添加碱，中和游离脂肪酸和螯合磷脂，生成副产品即为皂脚[26]。对来自玉米胚芽、花生和棉籽油的碱炼皂脚进行化学成分比较发现，玉米油皂脚中有高含量的植物甾醇（大约7%）、磷以及适中的游离脂肪酸[27]。可选择的是，游离脂肪酸可以通过“物理精炼”或“水蒸气蒸馏”去除，采用在高温和高真空条件下处理油使游离的脂肪酸挥发。要获得高品质的玉米油，仅建议采用物理精炼，否则，油脂颜色变深、稳定性差（私人通信，R. Ormsbee）。

表4.3 玉米胚芽油、玉米仁油和玉米纤维油中的极性和非极性脂质分类

油	总脂含量/%								参考文献
	TAG	FFA	St：E	St	FPE	Tocols	GL	PL	
胚芽油（粗制）	95.6	1.7	NR	1.2*	NR	0.06	NR	1.2	24
胚芽油（粗制）	96.8	0.31	0.47	0.48	0.01	0.17	NR	NR	5
胚芽油（食品级）	98.9	0.03	NR	1.1*	NR	0.05	0	0	24
仁油（粗制）	NR	NR	0.76～3.09	0.54～1.28	0.047～0.839	0.023～0.127	NR	NR	25
纤维油（粗制）	84.5	2.11	5.61	1.17	4.11	0.76	NR	NR	5
纤维油（粗制）	NR	NR	2.9～9.2	1.9～4.3	6.5～9.5	NR	NR	NR	26

注：*皂化后测定的数值，是St和St：E的总和。

NR—没有报道；TAG—甘油三酯；FFA—游离脂肪酸；St：E—甾醇脂肪酰酯；St—游离甾醇；FPE—阿魏酸甾醇酯；Tocols—生育酚和生育三烯酚；GL—糖脂；PL—磷脂。

表4.4 商品玉米油的加工步骤

	步骤	目的	副产品
化学精炼	脱胶	去除胶质	卵磷脂
	碱处理	去除游离脂肪酸	皂脚——脂肪酸原料
	脱色	去除色素和氧化产物	废白土
	脱蜡（冬化）	增强稳定性，特别在低温下	蜡和饱和甘油三酯
	脱臭	去除挥发性物质和不良风味	脱臭馏出物——植物甾醇和生育酚的来源
物理精炼	脱胶	预防在低温下沉淀	卵磷脂
	脱色	去除色素和氧化产物	废白土
	脱蜡（冬化）	增强稳定性，特别在低温下	蜡和饱和甘油三酯
	汽提/脱臭	去除游离脂肪酸和其他挥发性物质	馏出物——游离脂肪酸的来源以及潜在的植物甾醇和生育酚的来源

物理精炼在水化脱胶去除磷脂之后进行[28]。去除磷脂不充分（不论是采用碱法精炼还是脱胶）会导致玉米油在加热时颜色加深并产生异味[4]。随后是脱色，其下一步物理精炼工艺是在高温、低压（真空）下进行汽提，使游离脂肪酸挥发出来。Leibovitz 和 Ruckenstein[29] 报道，物理精炼法制的油产量高于碱炼法。其他人还注意到，油所含植物甾醇酯（特别是阿魏酸甾醇酯，在玉米纤维油和米糠油中都有发现）在碱炼期间被大量水解，但在物理精炼过程中则相对完整地保留在油中（私人通信，R. Nicolosi）。从毛油中去除游离脂肪酸的其他方法包括液 - 液萃取、在一个旋转的多孔圆盘中用溶剂进行提取的新方法[30]。玉米油的脱臭是在高温（>200℃）和高真空（2 ~ 10mmHg）条件下进行的，可除去异味物质和风味组分[24]。遗憾的是，除臭的过程也除去了部分甾醇和生育酚。

脱臭的副产品是“脱臭馏出物”，可作为植物甾醇（许多含植物甾醇的功能性食品的配料剂和类固醇药品的合成前体）和生育酚（天然维生素 E 的主要来源）的主要工业来源。最近有研究比较了化学法和物理法精炼玉米油、油菜籽油、葵花籽油和大豆油的工业脱臭馏出物中植物甾醇和生育酚的浓度[31]。在另外一项研究中，对比了植物油精炼方式（物理法和化学法）对植物甾醇产生的影响，观察到了有趣的差异。在用酸性白土处理油的时候色素通常被除去[6]。另一个保证油在低温下的稳定性的精炼步骤为脱蜡或“冬化”，该步骤将油冷却到 5 ~ 10℃，通过过滤去除沉淀物。

4.3 组成

4.3.1 玉米胚芽油、玉米仁油和玉米纤维油的比较

虽然目前所有的商业玉米油都是由玉米胚芽生产的油，不过对从整个玉米仁中提取玉

米仁油和从玉米纤维中（湿磨法的副产品）获得玉米纤维油也有相当多的研究。在玉米胚芽油（精炼）中，总植物甾醇的含量（游离植物甾醇和植物甾醇脂肪酰酯）平均在1%左右，高于大多数其他的普通植物油脂[24]。精炼期间去除了部分植物甾醇，但即使在精炼之后，在商业玉米油中的总甾醇的含量仍在1%左右（表4.3）。三类甾醇脂质（游离植物甾醇、植物甾醇脂肪酰酯和植物甾醇阿魏酸酯）在正己烷浸出玉米仁油中的含量，要高于其玉米胚芽油中的含量[30]（表4.3）。Moreau等[7]报道，从玉米纤维中可提取一种富含两种植物甾醇酯（它们的化学特性将在下面小节中讨论）的独特油品。玉米纤维油含有的天然植物甾醇和甾烷醇高于任何已知的植物提取物[33]。玉米纤维油的整个提取过程、油的组成以及降胆固醇用途都已有相关专利覆盖[34]。近来伊斯曼的研究人员就从玉米纤维中提取玉米纤维油及相关产品的替代工艺申请了专利[35,36]。

4.3.2 玉米油甘油三酯的脂肪酸组成

常通过对食用油进行甘油三酯的碱水解（皂化）来比较其脂肪酸组成。20世纪五六十年代，玉米油的市场宣传口号是"高不饱和脂肪酸"，主要是因为它亚油酸含量高，亚油酸是一种必需脂肪酸（一种不能被人体合成而只能从食物中获取的脂肪酸），分子简式是18：2（表4.5）；玉米油的另一种引人注目的特性是其含有相对较低的饱和脂肪酸以及非常低浓度的亚麻酸，亚麻酸分子简式18：3（易氧化酸败）。美国玉米油中亚油酸平均含量为60%，但在美国之外生产的玉米油中亚油酸平均水平接近50%，这一差值的原因主要是因为存在较高含量的油酸[26]。

表4.5 玉米胚芽油和玉米纤维油的脂肪酸组成

油	总脂肪酸的物质的量百分比/%						
	16：0	18：0	20：0	18：1	18：2	18：3	参考文献
胚芽油（精炼）US	11.0±0.5	1.8±0.3	0.2±0.2	25.3±0.6	60.1±1.0	1.1±0.3	24
胚芽油（精炼）US	9.2~16.5	0~3.3	0.3~0.7	20~42.2	39.4~65.6	0.5~1.5	37
胚芽油（精炼）US	10.90	1.80	NR	24.2	58.0	0.70	38
胚芽油（精炼）US	11.0±0.6	1.7±0.3	NR	25.8±0.9	59.8±1.2	1.1±0.4	6
胚芽油（精炼）Int	12.9±1.4	2.6±0.6	NR	33.1±2.5	48.8±2.4	1.4±0.4	6
仁油（粗制）Int	9.2~11.8	1.1~1.7	0.3~0.5	19.5~30.4	53.0~65.3	1.2~2.1	39
玉米纤维油（粗制）	13.8±0	1.7±0	0.3±0	23.8±0.1	56.4±0.1	2.6±0	40

注：NR—没有报道；US—美国杂交；Int—国际杂交；16：0—软脂酸；18：0—硬脂酸；20：0—花生酸；18：1—油酸；18：2—亚油酸；18：3—亚麻酸。

一些研究中报道了当同一杂交玉米产于不同地区的时候，来自于较冷地区的玉米生产的玉米油中含有较高含量的亚油酸[41]。1974—1986 年，美国商业玉米油中的亚油酸含量从 57.8% 增加到了 62.0%[41]。

为了满足目前市场对高单不饱和植物油的需求，研究人员致力于开发杂交玉米生产高油酸含量的玉米胚芽油。“高油酸含量”的杂交玉米已经申请专利[42]。另外，除了大量研究文献报道了玉米胚芽毛油和精炼玉米胚芽油的脂肪酸组成外，近来玉米仁毛油[39]和玉米纤维素毛油[43]的脂肪酸组成也有报道。玉米仁油和玉米纤维油的脂肪酸组成和玉米胚芽油非常相似（表 4.5）。

4.3.3 甘油三酯的分子种类

采用反相高效液相色谱法定量分析来自于一系列植物和动物油脂的甘油三酯分子种类。测定了精炼玉米油的甘油三酯分子种类并成功的鉴定出其中 19 ~ 27 种个体分子种类。油酸 - 亚油酸 - 亚油酸酯和亚油酸 - 亚油酸 - 亚油酸酯是两种最主要的分子种类（表 4.6）。也用银离子高效液相色谱定量分析玉米甘油三酯，该方法将其分离出 11 种组分，最大的两个组分有 5 ~ 6 个双键，即是油酸 - 亚油酸 - 亚油酸和亚油酸 - 亚油酸 - 亚油酸（证实了采用反相高效液相色谱法鉴定出的最主要的两个成分）。

表 4.6 精制玉米胚芽油中甘油三酯分子种类定量分析

甘油三酯分子种类	比例/%①	比例/%②	比例/%③
LLO	19.98	21.5	23.0
LLL	17.79	25.4	22.6
LLP	13.71	14.7	15.2
OOL	11.82	10.7	10.6
PLO	10.85	10.0	10.4
PPL	2.48	2.5	1.7
OOP	3.48	2.9	2.4
LLS	2.64	2.2	1.8
LOS	1.77	1.8	1.3
OOO	4.35	2.8	3.2
PPO	1.55	0.9	0.4
PLS	0.78	0.8	0.4
LLLn	0.91	1.2	0.8
LnLO	2.20	0.9	2.3
OOS	0.56	0.6	0.5
POS	0.20	0.3	0.3

续表

甘油三酯分子种类	比例/%①	比例/%②	比例/%③
PLnL	0.43	0.5	0.5
PPP	0.0	0.0	0.1
OOLn	1.09	0.1	1.0
PLnO	0.0	0.1	0.5
PPS	0.36	0.0	0.1
SSL	0.0	0.1	0.3
LnLS	0.0	0.1	0.0
SSO	0.0	0.0	0.0
PPLn	0.0	0.0	0.2
SSP	0.0	0.0	0.1
SSS	0.0	0.0	0.1

注：①来自参考文献［44］。
②高效液相色谱－质谱数值来自参考文献［45］。
③高效液相色谱－火焰离子化检测器数值来自参考文献［45］。
Ln—亚麻酸；L—亚油酸；O—油酸；S—硬脂酸；P—棕榈酸。

4.3.4 不皂化物和植物甾醇

在所有的商品植物油中，商品玉米油被认为含有最高含量的不皂化物（1.3%～2.3%）[6]。玉米油中三种含量最丰富的不皂化物化学成分是植物甾醇、生育酚和角鲨烯。

玉米胚芽油含两种植物甾醇：游离的植物甾醇和植物甾醇的脂肪酰酯（表4.3）。植物甾醇被认为是12种重要的植物营养物之一[47]。植物油中甾醇的化学鉴定是通过对油脂进行皂化（碱水解）后用气相色谱法定量测定游离的植物甾醇。玉米胚芽油中的主要植物甾醇为谷甾醇（主要形式为β－谷甾醇）>菜油甾醇>豆甾醇（表4.7，图4.1）。Snyder等[50]发明了一种利用超临界二氧化碳浓缩和分离玉米胚芽油中植物甾醇的方法。分析玉米纤维油中的总植物甾醇显示，其中主要的植物甾醇是谷甾烷醇（表4.7）。谷甾烷醇是一种植物甾烷醇酯（意味着它是完全饱和的——没有碳碳双键，而典型的植物甾醇至少有一个双键）。天然的植物甾烷醇酯在植物中非常稀少，有报道说在谷物和妥尔油（Tall oil，一种纸浆的副产品）中有存在，其含量仅比痕量稍微高一点[51]。用于商品谷甾烷醇酯人造奶油中的植物甾烷醇（谷甾烷醇和菜油甾烷醇）是通过催化加氢得到的。谷甾烷醇是对两种最普通的植物甾醇——谷甾醇和豆甾醇进行催化加氢得到的，

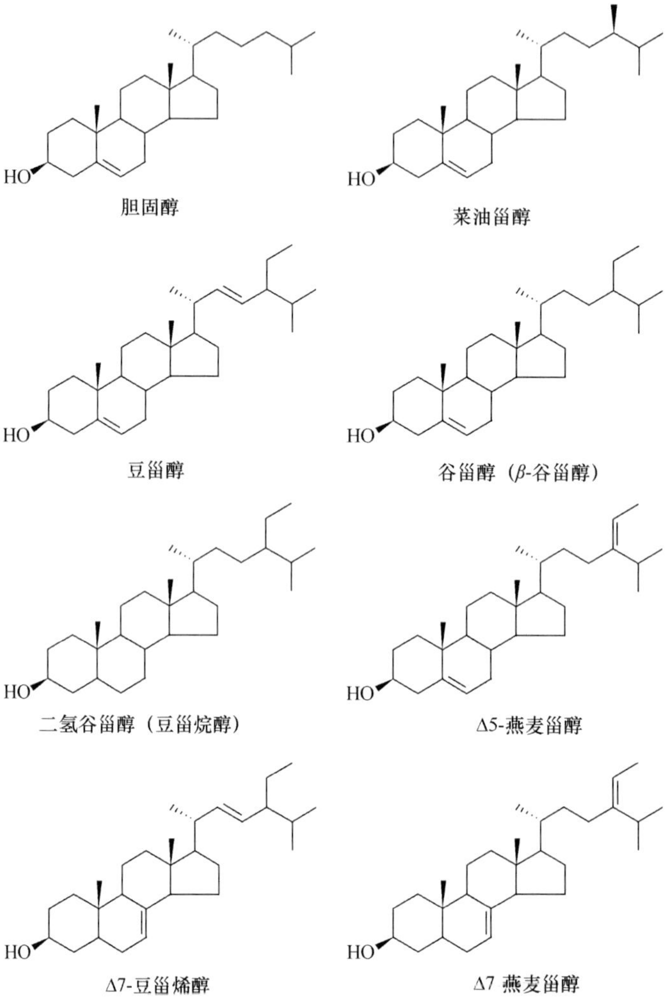

图 4.1　玉米中普通固醇（植物甾醇）的结构以及与胆固醇（主要的动物固醇）的比较

胆固醇含有 27 个碳原子，菜油甾醇含有 28 个碳原子，其他所有的植物甾醇显示含有 29 个碳原子

菜油甾烷醇是通过菜油甾醇加氢催化得到的[33]。我们实验室[40]最近报告，玉米纤维素油中大多数的谷甾烷醇是阿魏酸的植物甾烷醇酯。玉米纤维（和在玉米仁中）的大多数谷甾烷醇存在于糊粉层。在某些谷物中，糊粉层由许多细胞层组成，但在玉米中，糊粉层是单层（富含植物甾醇）的活细胞[52]。已报道采用碾磨法将其磨成小颗粒以富集玉米纤维糊粉细胞，然后用浮选法分离糊粉层和果皮的方法[53]。同时也发现玉米纤维油的成分受到杂交品种种类、产地[26]和各种碾磨技术的影响[54]。如 4.3.2 节所述，玉米油皂脚含有约 7% 的植物甾醇[27]，是开发植物甾醇的低成本资源。

表4.7 玉米胚芽油、玉米纤维油中的植物甾醇（皂化后测得的游离和酯化植物甾醇含量）

油	总植物甾醇/(mol%)							参考文献
	菜油甾醇	豆甾醇	β-谷甾醇	谷甾醇	Δ5-燕麦甾醇	Δ7-豆甾醇	Δ7-燕麦甾醇	
胚芽油（精炼）	18.6~24.1	4.3~7.7	54.8~66.6	NR	4.2~8.2	1.0~4.2	0.7~2.7	37
胚芽油（精炼）	24.3	7.7	61.6	NR	3.8	0.7	0.8	48
胚芽油（精炼）（游离植物甾醇）	22.1	5.7	69.8	NR	2.4	NR	NR	49
胚芽油（精炼）（酯化植物甾醇）	16.7	6.8	66.9	NR	8.0	NR	NR	49
玉米纤维油（粗制）	4.9±0.4	1.4±0.1	34.3±0.1	43.1±0.7	1.8±0	NR	NR	40
玉米糊粉层油（粗制）	4.7±0.3	NR	20.8±0.1	50.6±0.4	3.5±0.1	NR	NR	40

注：NR—没有报道。

角鲨烯是目前玉米油中还没有引起重视的不皂化物。先前报道角鲨烯为玉米油中的主要碳氢化合物[43]，最近报告称玉米胚芽油和玉米纤维油都含有大约0.2%的角鲨烯[40]。

4.3.5 生育酚和生育三烯酚

玉米油一直被认为是生育酚的一个重要来源，γ-生育酚是其中含量最高的生育酚，其次是α-生育酚和δ-生育酚（表4.8）。在这些生育酚中，α-生育酚最受关注，因为其具有最高的维生素E活性，但是其他异构体也具有抗氧化的特性。最近有证据表明，在防止低密度脂蛋白的氧化和延缓血栓形成方面，γ-生育酚比α-生育酚更有效[57]。Wang等[55]近来报道了玉米仁油有很高含量的生育三烯酚（大多数是γ-生育三烯酚，其次是α-生育三烯酚），碱处理仁使提取到的生育三烯酚和γ-生育酚的含量增加两倍。目前认为，生育三烯酚除了有价值的抗氧化特性之外，同样具有降胆固醇的能力，这可能与它们抑制胆固醇的生物合成有关[58]。我们最近报告了玉米纤维油中高含量的γ-生育酚含量（大约0.36%），文献记载，对玉米纤维（在提取之前）的预热处理1h（150~175℃）使得可提取的γ-生育酚含量增加了近10倍（其在油中浓度增加至约3%）[56]。在之前的报道中，我们采用高效液相色谱法定量分析γ-生育酚，用紫外检测器检测（280nm）。最近，我们改用荧光检测器（在294nm处激发，在326nm处发射）重复测定之前已经发表的经预热处理玉米纤维中γ-生育酚的含量，结果我们发现之前用来鉴定γ-生育酚的UV-280nm处大峰是假峰。我们最近的结论（尚未出版）是，采用荧光检测预热处理前后玉米纤维油中的γ-生育酚含量，其与玉米胚芽油、玉米仁油中的含量非常接近（表4.8）。

表4.8 玉米胚芽油、玉米仁油和玉米纤维油中的生育酚和生育三烯酚

油	含量/(mg/kg 油)							
	α-生育酚	β-生育酚	γ-生育酚	δ-生育酚	α-生育三烯酚	γ-生育三烯酚	δ-生育三烯酚	参考文献
胚芽油（粗制）	191	0	493	118	NR	23	NR	6
胚芽油（精炼）	134	18	412	39	NR	NR	NR	6
胚芽油（精炼）	23~573	0~356	268~2468	23~75	0~239	0~450	0~20	37
仁油（粗制）	67~276	0~20	583~1048	12~70	46~90	60~133	NR	39
仁油（粗制，油包水型皂化）	23	NR	240	NR	53	97	NR	55
仁油（粗制，皂化）	48	NR	532	NR	124	197	NR	55
纤维油（粗制，未处理）	NR	NR	3 600*	NR	NR	NR	NR	56
纤维油（预热处理）	NR	NR	34 933*	NR	NR	NR	NR	56

注：*我们实验室后续的研究（未发表）揭示，这些特别高的γ-生育酚测定数据（紫外280nm检测器检测）是不准确的，当我们用荧光检测器进行高效液相色谱重复分析的时候，玉米纤维油中的γ-生育酚含量（热处理前后提取）和之前报道过的玉米胚芽油和仁油含量值相近（<500mg/kg油）。
NR—没有报道。

4.3.6 类胡萝卜素

玉米仁中类胡萝卜素的含量高。大多数类胡萝卜素（74%~86%）在胚乳中，2%~4%在胚芽中，1%在麸皮中[59]。在玉米仁中大多数的类胡萝卜素是叶黄素和玉米黄素。食用富含有类胡萝卜素的食品可以降低动脉老年性黄斑变性[60]的风险。商品玉米油中的类胡萝卜素的含量相对较低，主要因为其在胚芽中较低的浓度以及在脱色工序中的损失。玉米油中类胡萝卜素的营养价值得到的关注较少。虽然普遍认为类胡萝卜素可以作为抗氧化剂，但有证据表明，在某些特定的条件下，植物油和其他特定食品中的类胡萝卜素可以作为促氧化剂（pro-oxidant），特别是更高的浓度时[61]。

4.3.7 反式脂肪酸

在所有的常规植物油中的不饱和脂肪酸都只是顺式脂肪酸。在人造奶油、涂抹脂和起酥油的催化加氢过程中，碳碳双键会被转化为碳碳单键，该过程也可以催化某些顺式脂肪酸转化为反式脂肪酸[62]。在商品玉米油人造奶油和涂抹脂的制造过程中，顺式脂肪酸和反式脂肪酸的含量变化很大（表4.9），每100g样品中反式脂肪酸的含量在2.79~20.13g。反式脂肪酸与心血管疾病和某些种类的癌症[64]可能存在着联系，这一担忧也促使某些研究小组通过采用黄油或采用一些非氢化工艺来提高玉米油的熔点，以生产出新型的人造奶油和涂抹脂，从而减少或消除食品中的反式脂肪酸。在有关反式脂肪酸（产生于化学加氢过程）的论战中，某些人并未意识到天然反式脂肪酸、“共轭亚油酸”或CLA（在

厌氧瘤胃细菌通过生物加氢作用产生的反式双键）在乳制品和牛肉制品中都有发现。国际研究的当前认识是，特定反式脂肪酸可能具有某些健康促进功能[65]。对于特定反式脂肪酸健康促进功能的发现，将会促进对来源于玉米油和其他植物油的人造奶油中反式脂肪酸危险性的重新评估。

表4.9 精制玉米油和玉米人造奶油中的顺式和反式脂肪酸

油	含量/(g/100g 产品)													
	脂肪含量/%	16:0	16:1	18:0	C 18:1	T 18:1	CC 18:2	Ct 18:2	TT 18:2	CCC 18:3	20:0	20:1	总反式	参考文献
玉米油	100	10.9	0	1.8	24.2	0	58.0	0	0	0.7	0	0	0	38
玉米人造奶油（硬质）	81.98	8.99	0	5.16	16.97	19.63	25.69	0.5	0	0.47	0.19	0.16	20.13	63
玉米油涂抹脂轻质(桶装)	38.83	3.91	0.02	2.44	9.44	5.20	14.9	0.46	0	0.26	0.19	0.07	5.66	63
玉米油涂抹脂非常轻质(桶装)	19.47	2.03	0.01	0.83	4.75	2.69	7.82	0.1	0	0.17	0.04	0.04	2.79	63

注：C=顺式，T=反式，其他的缩写见表4.5。

4.4 玉米油的特性

4.4.1 化学和物理特性

玉米油的基本特性是其具有令人满意的风味、高含量多不饱和脂肪酸、低含量的饱和脂肪酸和低含量的亚麻酸[4]。其他的主要物理和化学特性见表4.10。

4.4.2 稳定性

煎炸是玉米油的一个主要用途。大量的研究比较了玉米油和其他植物油的煎炸稳定性[6,66]。一项研究证实，与菜籽油和豆油相比，连续5d煎炸之后，玉米油产生的氧化产物的水平最低，维生素E保留最多[44]。另一项氧化研究得出结论是，饱和脂肪酸含量高的杂交玉米油比传统玉米油更加稳定[67]。近来发展了一种新的光学测量方法，提供了一种新的评估油炸期间玉米油的氧化稳定性参数的方法[68]。利用近红外光谱（NIR）测量玉米油和大豆油的氧化稳定性的方法也已经成熟[69]。Sundram等[70]开发了一种将棕榈油和玉米油混合的抗氧化专利技术。

表 4.10 玉米油的某些理化指标

特性	结果	特性	结果
碘值/（g I/100g）	127～133①	表面张力，25℃	0.0348N/m①
皂化值/（mg KOH/g）	187～193①	界面张力，$k(H_2O)$，24℃	0.0186N/m①
化学精炼油的游离脂肪酸	最大0.05%②	导热系数，130℃	4.2017×10^{-5}J/（s·cm²·℃①）
颜色		不皂化物	1%～3%
罗维朋比色	红值最大3.0②	每升质量，60℃	0.923④
加得纳比色	最大6③	熔点	-11～-8℃①
折光指数		烟点	230～238℃①
20℃	1.4753①	闪点	332～338℃①
26℃	1.4726①	燃点	366～371℃①
相对密度25/25℃	0.91875①	浊点	-14～-11℃①
黏度		化学文摘编号CAS	8001-30-7
40℃	30.80mPa·s①	EINECS④编号	232-287-2
60℃	18.15mPa·s①	日本登记号	玉米油：002275
介电常数，26℃	3.954①		

注：①来自参考文献［6］。
②来自参考文献［9］。
③来自参考文献［37］。
④来自“欧洲已知化学物质目录”。

4.4.3 营养特性

在最近50年中，众多的临床研究（>30）支持玉米油具有降低胆固醇的特性的假设[26]。玉米油相对其他植物油的表观优势在于其降胆固醇特性，该特性被称为“玉米油悖论（maize oil aberration）”[71]。在20世纪五六十年代，专家认为玉米油中高含量的多不饱和脂肪酸是其能降低胆固醇的原因[4]。其他人认为玉米油中高含量的不皂化物和植物甾醇组分是降低胆固醇的原因[72]。最近有研究比较了玉米油和棉籽油，发现虽然玉米油含有更多的不皂化物，棉籽油却能更有效降低血液中的总胆固醇，研究人员认为主要归功于棉籽油中特殊种类的不皂化物[73]。Lichtenstein等[74]认为，氢化作用削弱了玉米油降低人体胆固醇的能力。最近的临床研究（植物甾醇和植物甾醇酯）表明，人类每日摄取1.6～3.3g植物甾醇，将降低血液胆固醇含量5%～10%[71]。要从玉米油中摄入1g甾醇，一个人每天需要消耗接近100g（大约半杯玉米油和3765.6J）的玉米油，该摄取量是可以做到的，但可能不现实。一项对大鼠的饲养实验[75]比较了玉米油和橄榄油，得出结论是虽然二者都降低了低密度胆固醇的含量（“有害胆固醇”），橄榄油对升高高密度胆固醇的含量（“有益胆固醇”）更有效果。其他相关研究证实了玉米纤维油比起玉米胚芽油对降低大鼠血清中的胆固醇更有效[76]。最近 Ostlund 等[77]报告了商业玉米油中植物甾醇的含量（大约 1%）足够有效降低人体中的胆固醇吸收。Wangner 等[78]比较了富含单不饱和脂肪酸的饮食（橄榄油和葵花籽油混合油）和富含多不饱和脂肪酸的玉米油饮食，发现后者对脂蛋白的代谢影响更大。他们得出结论，认为富含多不饱和脂肪酸食物的降胆固醇作用也与高含量的不皂化物有关，在玉米油中主要是甾醇[78]。很明显，对于评价玉米（胚芽）油和玉米纤维油的健康促进功能，我们需要做更多的工作。

近来一些对玉米油的临床研究主要集中在其高含量的 γ -生育酚和其他独特的特性上。一项瑞典的研究揭示了玉米油和芝麻油对血清中 γ -生育酚的浓度有显著影响[79]。近来，一项授权的美国专利采用 γ -生育酚和 γ -生育酚衍生物作为抗氧化剂、氮氧化物清理剂来治疗和预防高血压、血栓性疾病、癌症、钠尿疾病、神经病理病变的形成以及免疫调节作用[80]。Schurgers 等[81]报告食用玉米油增加了维生素 K 的吸收和新陈代谢。

生育酚的抗氧化作用（例如在玉米油中发现）证实对治疗低密度脂蛋白氧化引起的动脉硬化症有效[57]。另一项研究证实，玉米油中特殊比例的生育酚（高比例的 γ -生育酚和 α -生育酚）比单独的 α -生育酚能对 DNA 起到更好的保护作用，避免其损伤[82]。玉米油对血压、血小板凝聚和糖尿病的益处已有所报道[22]。

4.5 使用玉米油的主要食物

4.5.1 烹调和色拉油

2000 年，美国精炼玉米油的产量大约是 59 万 t，绝大部分用为烹饪油和色拉油，大约 1/4 用于人造奶油和涂抹产品[4]。玉米油因为其具有温和的风味和稳定性（因为亚麻酸的含量很低）长期作为一种主流烹调用油，其次它被认为是一种健康的食用油（因为其含有高含量的不饱和脂肪酸）。因为其不饱和脂肪酸的含量高于其他商品植物油（特别是大豆油），玉米油也被认为是一种优质的植物油并以高价出售。近年来，随着富含单不饱和脂肪酸油（橄榄油、菜籽油和现在的 NuSun 葵花籽油）越来越受欢迎，玉米油和其他商品植物油的价格差在下降，但玉米油仍然是一种优质的植物油。

4.5.2 人造奶油和涂抹产品

玉米油人造奶油（普通的“硬质”人造奶油含有 80% 的脂肪）和玉米油涂抹脂（普通的“桶装”人造奶油涂抹物含有 20% ~65% 的脂肪）比较流行。在 19 世纪 70 年代，联合利华开始在欧洲制造人造奶油，美国牛乳公司也开始在美国生产“人造奶油”[83]。玉米人造奶油在美国的销量逐渐增加，1930 年的时候达到 454t[4]。在 1950—1980 年（在此期间，越来越多的消费者对玉米油中多不饱和脂肪酸的促进健康作用感兴趣），美国玉米油人造奶油的产量从每年 6804 吨增长到 11.3 万 t[4]，在最近的 20 年中，人们越来越担忧玉米油和其他植物油制成的人造奶油和涂抹产品（占总脂肪酸含量的 10% ~20%）中反式脂肪酸的可能危害作用，因此消费者对反式脂肪酸的关注也成为人造奶油制造商的一个主要问题。制造人造奶油、起酥油和涂抹产品的方法是不断发展的，用内酯化油[84]和混合油（包括最近的有关通过混合玉米油和棕榈油生产“不含反式脂肪酸”的工艺专利的细节）来降低化学加氢的程度[70]，减少反式脂肪酸的形成。零含量反式脂肪酸的人造奶油和涂抹产品当前已经在部分欧洲国家占据了主要市场，越来越多的美国制造商在美国市场上销售零反式脂肪酸的人造奶油和起酥油。在 2003 年 7 月，美国食品与药品管理局（FDA）对营养标签的规定做了修订，要求反式脂肪酸需在传统食品和膳食补充品的营养标签中标明，紧接在饱和脂肪酸一栏下面单独列一行标明。新的规则在 2006 年 1 月 1 日起正式生效。

4.6 非食用玉米油

4.6.1 化妆品和护肤品

玉米油因为含有高含量的不皂化物而具有重要的再生特性。像其他富含必需脂肪酸的油脂一样，它含有重组活性并能增强皮肤屏障，其有助于维持上皮细胞的持水性。玉米油同样是一种很好的皮肤调节剂和一种护理干燥毛发的护发剂组分、身体按摩油、护手霜、面部保护产品、皮肤保护产品、晒后修复乳液和滋润唇膏[86]。

4.6.2 生物柴油

在世界的绝大部分地区，“生物柴油”表示一种由植物油脂转化为甲酯（或者乙酯）的柴油燃料。在美国，豆油是生物柴油的主要原料，因为豆油是最便宜也是最大量的植物油。虽然由于经济原因玉米油（和美国其他植物油相比）没有被用作生物柴油的原料，但玉米生物柴油的成功发展并不存在技术上的原因。

4.6.3 其他工业用途

玉米油的其他工业用途包括杀虫剂配方、涂料、清漆、橡胶替代物、防锈剂、肥皂、皮革鞣制和纺织品。

4.7 结论

玉米主要的特性包括其温和的坚果风味、高含量的不饱和脂肪酸、低含量的饱和脂肪酸、非常低含量的亚麻酸、高含量的不皂化物（包括植物甾醇和生育酚）和煎炸稳定性。尽管消费者的焦点已经转移到“高单不饱和脂肪酸油”（橄榄油、菜籽油和 NuSun 葵花籽油），但仍需要其他研究来客观地评价多不饱和脂肪酸相对单不饱和脂肪酸的健康促进作用。 食品工业目前非常依赖玉米油人造奶油和其他包含氢化玉米油的食品。 也需要另外的研究来客观地评估由部分氢化玉米油制成的产品中所含反式脂肪酸带来的风险，特别是，目前有证据表明，某些形式的天然反式脂肪酸（共轭亚油酸）对促进健康有成倍的作用。

参考文献

1. F. D. Gunstone, *Vegetable Oils in Food Technology*, Blackwell Publishing,Oxford, 2002,pp. 6, 12.

2. *Chemical Market Reporter*, June 7, 2004.

3. M. Ash and E. Dohlman. *Oil crop outlook.* (2003, April 11). Economic Research Service, USDA, Available: *http://www. ers. usda. gov.*

4. Anonymous, Corn oil, manufacturing, properties, uses and analysis of corn oil, Corn Refiners Association, St. Louis, MO, 1996, p. 24.

5. R. A. Moreau, V. Singh, S. Eckhoff, M. J. Powell, K. B. Hicks, and R. A. Norton, *Cereal Chem.*, **76**, 449 –451(1999a).

6. L. R. Strecker, M. A. Bieber, A. Maza, T. Grossberger, and W. J. Doskoczynski, in Y. H. Hui, ed., *Bailey's Industrial Oil and Fat Products*, *Fifth Edition*, *Volume* 2, *Edible Oil and Fat Products*: *Oils and Oilseeds*, Wiley, New York, 1996, pp. 125 –158.

7. R. A. Moreau, M. J. Powell, and K. B. Hicks, *J. Agric. Food Chem.*, **44**, 2149 –2154(1996).

8. A. Maza, U. S. Patent 6,201,142, March 13, 2001.

9. Anonymous. (2003a). 2003 *Corn Annual*, *Corn Refiners Association. Available* : *http:// www. corn. org.*

10. G. R. List, J. P. Friedrich, and D. D. Christianson, *J. Am. Oil Chem. Soc.*, **61**, 1849 –1851(1984).

11. J. F. Ulrich and S. C. Anderson, U. S. Patent 6,313,328, November 6, 2001.

12. M. P. Hojilla-Evangelista, L. A. Johnson, and D. J. Myers,*Cereal Chem.*, **69**, 643 –647(1992).

13. M. P. Hojilla-Evangelista and L. A. Johnson, *J. Am. Oil Chem. Soc.*, **79**, 815 –823(2002).

14. F. Feng, D. J. Myers, M. P. Hojilla-Evangelista, K. A. Miller, L. A. Johnson, and S. K. Singh, *J. Am. Oil. Chem. Soc.*, **79**, 707 - 709(2002).

15. J. R. Kwiatkowski and M. Cheryan, *J. Am. Oil Chem. Soc.*, **79**, 825 - 830(2002).

16. M. Cheryan, U. S. Patent 6,433,146, August 13, 2002.

17. D. D. Christianson, J. P. Friedrich, G. R. List, K. Warner, E. B. Bagley, A. C. Stringfellow, and G. E. Inglett, *J. Food Sci.*, **49**, 229 - 233(1984).

18. D. D. Christianson and J. P. Friedrich, U. S. Patent 4,495,207, January 22, 1985.

19. E. Rónyai, B. Simándi, S. Tömösközi, A. Deák, L. Vigh, and Z. Weinbrenner, *J. Supercrit. Fluids*, **14**, 75 - 81(1998).

20. K-D. Stolp and R. W. Stute, U. S. Patent 4,341,713, July 27, 1982.

21. M. Bocevska, D. Karlovic, T. Jovan, and D. Pericin, *J. Am. Oil Chem. Soc.*, **70**, 1273 - 1277(1993).

22. D. J. Karlovic, M. Bocevska, J. Jakovlevic, and J. Turkulo, *Acta. Alimentaria*, **23**, 389 - 400(1994).

23. D. Verser and T. Eggeman, U. S. Patent 6,509,180, January 21, 2003.

24. F. T. Orthoefer and R. D. Sinram, in S. A. Watson and P. E. Ramstad, eds., *Corn: Chemistry and Technology*, American Association of Cereal Chemists, St. Paul, MN, 1987, pp. 535 - 552.

25. R. A. Moreau, V. Singh, and K. B. Hicks, *J. Agric. Food Chem.*, **49**, 3793 - 3795(2001).

26. V. Singh, R. A. Moreau, A. E. Haken, S. R. Eckhoff, and K. B. Hicks, *Cereal Chem.*, **77**, 692 - 695 (2000).

27. M. Dowd, *J. Chromatogr. A.*, **816**, 185 - 193(1998).

28. R. Antoniassi, W. Esteves, and A. J. D. Meirelles, *J. Am. Oil Chem. Soc.*, **75**, 1411 - 1415(1998).

29. Z. Leibovitz and C. Ruckenstein, *J. Am. Oil Chem. Soc.*, **60**, 395 - 399(1983).

30. C. G. Pina, and A. J. A. Meirelles, *J. Am. Oil Chem. Soc.*, **77**, 553 - 559(2000).

31. T. Verleyen, R. Verhe, L. Garcia, K. Dewettinck, A. Huyghebaert, and W. De Greyt, *J. Chromatogr. A.*, **921**, 277 - 285(2001).

32. T. Verleyen, U. Sosinka, S. Ioannidou, R. Verhe, K. Dewettinck, A. Huyghebaert, and W. De Grety, *J. Am. Oil Chem. Soc.*, **79**, 947 - 953(2002).

33. K. B. Hicks and R. A. Moreau, *Food Technol.*, **55**, 63 - 67(2001).

34. R. A. Moreau, K. B. Hicks, R. J. Nicolosi, and R. A. Norton, U. S. Patent 5,843,499, December 1, 1998.

35. C. M. Buchanan, N. L. Buchanan, J. S. Debenham, M. C. Shelton, M. D. Wood, M. J. Visneski, B. K. Aruumugam, J. K. Sanders, L. R. Lingerfelt Jr., and L. Blair, U. S. Patent 6,352,845, March 5, 2002.

36. C. M. Buchanan, N. L. Buchanan, J. S. Debenham, M. C. Shelton, and M. D. Wood, U. S. Patent 6,388, 069, May 14, 2002.

37. D. Firestone, *in Physical and chemical characteristics of oils, fats, and waxes*, American Oil Chemists Soci-

ety, Champaign, Illinois, 1999, pp. 31 - 32.

38. Anonymous. (2003). USDA National Nutrient Database for Standard Reference, Release15. Nutrient Data Laboratory Home Page. Available: *http://www. nal. usda. gov/fnic/foodcomp/ Data/SR15/sr15. html.*

39. F. D. Goffman and T. Böhme, *J. Agric. Food. Chem.*, **49**, 4990 - 4994(2001).

40. R. A. Moreau, V. Singh, A. Nunez, and K. B. Hicks, *Biochem. Soc. Trans*, **28**, 803 - 806(2000).

41. P. J. White and E. J. Weber, in L. A. Johnson and P. J. White, eds., *Corn Chemistry and Technology, Second Edition*, American Association of Cereal Chemists, St. Paul, MN. In press.

42. K. J. Leto and J. F. Ulrich, U. S. Patent 6,248,939, June 19, 2001.

43. R. A. Moreau, in: F. D. Gunstone, ed., *Vegetable oils in food technology*, Sheffield Academic Press: Sheffield, 2002, pp. 278 - 296.

44. L. R. Strecker, A. Maza, and F. G. Winnie, in D. R. Erickson, ed., *Proceedings of theWorld Conference on Edible Fats and Oils Processing: Basic Principles and Modern Practices*, American Oil Chemists' Society, Champaign, Illinois, 1990, pp. 309 - 325.

45. W. C. Byrdwell, W. E. Neff, and G. R. List, *J. Agric. Food Chem.*, **49**, 446 - 457(2001).

46. W. E. Neff, R. O. Adlof, G. R. List, and M. El-Agaimy, *J. Liq. Chromatogr*, **17**, 3951 - 3968(1994).

47. J. W. Fahey, B. A. Clevidence, and R. M. Russell, *Nutr. Rev.*, **57**, S34 - S40(1999).

48. B. Ham, B. Butler, and P. Thionville, *LC-GC*, **18**, 1174 - 1181(2000).

49. R. E. Worthington and H. L. Hitchcock, *J. Am. Oil Chem. Soc.*, **61**, 1085 - 1100(1984).

50. J. M. Snyder, J. W. King, S. L. Taylor, and A. L. Neese, *J. Am. Oil Chem. Soc.*, **76**, 717 - 721(1999).

51. R. A. Moreau, B. D. Whitaker, and K. B. Hicks, Prog. *Lipid Res.*, **41**, 457 - 500(2002).

52. V. Singh, R. A. Moreau, and P. H. Cooke, *Cereal Chem.*, **78**, 436 - 441(2001).

53. V. Singh and R. A. Moreau, *Cereal Chem.*, **80**, 123 - 125(2003).

54. V. Singh, R. A. Moreau, K. B. Hicks, and S. R. Eckhoff, *Cereal Chem.*, **78**, 46 - 49(2001b).

55. C. Wang, J. Ning, P. G. Krishnan, and D. P. Matthees, *J. Am. Oil Chem. Soc.*, **75**, 609 - 61(1998).

56. R. A. Moreau, K. B. Hicks, and M. J. Powell, *J. Agric. Food Chem.*, **47**, 2869 - 2871(1999).

57. T. Saldeen, D. Y. Li, and J. L. Mehta, *J. Am. Coll. Cardiol.*, **34**, 1208 - 1215(1999).

58. R. A. Parker, B. C. Pearce, R. W. Clark, D. A. Gordon, and J. J. Wright, *J. Biol. Chem.*, **268**, 11230 - 11238(1993).

59. E. J. Weber, in S. A. Watson and P. E. Ramstad, eds., *Corn: Chemistry and Technology*, Am. Assoc. Cereal Chem., St. Paul, MN, 1987, pp. 311 - 350.

60. O. Sommerburg, J. E. E. Keunen, A. C. Bird, and F. J. G. M. Kuijk, *Brit. J. Ophtalmol.*, **82**, 907 - 910 (1998).

61. A. Subagio and N. Morita, *Food Res. Int.*, **34**, 183 - 188(2001).

62. M. G. Enig, L. A. Pallansch, J. Sampugna, and M. Keeney, *J. Am. Oil Chem. Soc.*, **60**, 1788 – 1795 (1983).

63. J. Exler, L. Lemar, and J. Smith. (2001). USDA Food Nutrition and Information Center. Available: *http://www.nal.usda.gov/fnic/etext/*000020. *html.*

64. C. Ip, *Am. J. Clin. Nutr.*, **66**, 1523S – 1529S(1997).

65. R. E. Lawson, A. R. Moss, and D. I. Givens, *Nutr. Res. Rev.*, **14**, 153 – 172(2001).

66. C. Gertz, S. Klostermann, and S. P. Kochhar, *Eur. J. Lipid Sci. Technol.*, **102**, 543 – 55(2000).

67. N. Shen, S. Duvick, P. White, and L. Pollak, *J. Am. Oil Chem. Soc.*, **76**, 1425 – 142(1999).

68. E. Sebben, D. C. Slaughter, and R. P. Singh, *J. Food Proc. Pres.*, **22**, 265 – 282(1998).

69. G. Yildiz, R. L. Wehling, and S. L. Cuppett, *J. Am. Oil Chem. Soc.*, **79**, 1085 – 1091(2002).

70. K. Sundram, D. Perlman, and K. C. Hayes, U. S. Patent 5,874,117, February 23, 1999.

71. G. W. Meijer, *Lipid Technol.*, **November**, 129 – 132(1999).

72. T. J. Howell, D. E. MacDougall, and P. J. H. Jones, *J. Lipid Res.*, **39**, 892 – 900(1998).

73. J. D. Radcliffe, C. C. King, D. M. Czajka-Narins, and V. Imrhan, *Plant Foods Human Nutr.*, **56**, 51 – 60 (2001).

74. A. H. Lichtenstein, L. M. Ausman, W. Carrasco, J. L. Jenner, J. M. Ordovas, and E. J. Schaefer, *Arterioscler. Thromb.*, **13**, 154 – 161(1993).

75. A. van Tol, A. H. M. Terpstra, P. van den Berg, and A. C. Beynen, *Atherosclerosis*, **147**, 87 – 94(1999).

76. T. A. Wilson, A. P. DeSimone, C. A. Romano, and R. J. Nicolosi, *J. Nutr. Biochem.*, **11**, 443 – 449 (2000).

77. R. E. Ostlund Jr., S. B. Racette, A. Okele, andW. F. Stenson, *Am. J. Clin. Nutr.*, **75**, 1000 – 1004 (2002).

78. K. H. Wagner, R. Tomasch, andI. Elmadfa, *Eur. J. Nutr.*, **40**, 161 – 167(2001).

79. M. Lemcke-Norojärvi, A. Kamal-Eldin, L-A. Appelqvist, L. H. Dimberg, M. Öhrvall, and B. Vessby, *J. Nutr.*, **131**, 1195 – 1201(2001).

80. W. J. Wechter, U. S. Patent 6,242,479, June 5, 2001.

81. L. J. Schurgers, M. J. Shearer, B. A. M. Soute, I. Elmfadfa, J. Harvey, K-H. Wagner, R. Tomasch, and C. Vermeer, *J. Lipid Res.*, **43**, 878 – 884(2002).

82. I. Elmadfa and E. Park, *Eur. J. Nutr.*, **38**, 286(1999).

83. Anonymous. (2001). *National Association of Margarine Manufacturers. Available*: *http://www.margarine.org.*

84. G. R. List, T. L. Mounts, F. Orthoefer, and W. E. Neff, *J. Am. Oil Chem. Soc.*, **72**, 379 – 382(1995).

85. Anonymous. (2003). US Food and Drug Administration, *Federal Register* 68 (133) pp. 41433 –

41506. Available: *http. //www. access. gpo. gov/su_docs/fedreg/a*030711*c. html.*

86. Green cottage resource site. (2003). Available: *http://www. greencottage. com/oils/ corn. html.*

87. Kentucky Corn Growers Association. (2003). Available: *http://www. kycorn. org/corneducation/ cornclass/* 8*uses. pdf.*

5 棉籽油

Richard D. O'Brien,
Lynn A. Jones, C. Clay King,
Phillip J. Wakelyn, Peter J. Wan

5.1 引言

棉花既是食物（棉籽油）作物，又是纤维（棉绒）作物。棉花作物每产出100kg棉纤维就能产出约150kg的棉籽。棉花作物历来是作为生产纺织纤维而种植的。因此，棉纤维的产量直接导致棉籽产量的变动，决定棉纤维产量的因素对棉籽产量起主导作用。棉籽的价值占棉作物的15%～20%。

典型的棉籽压榨工艺能得到棉籽油160kg/t、壳260kg/t、饼粕455kg/t和棉绒83.5kg/t[1]。壳和饼粕是动物饲料的植物蛋白源；棉绒作为一种化学纤维可应用于个人护理品、家具与床垫的装饰和高质量纸张中[2]。

棉籽油作为美国最早使用的植物油，曾垄断美国植物油市场将近100年。英国及欧洲的植物油工业以本国及其殖民国家的各种油料种子和果树为基础，而直到20世纪中叶，棉籽一直是美国植物油加工的主要原料。经过50多年研究和实验，化学家们研发生产出澄清、无臭、带有清香的棉籽油和奶油状的白色起酥油，并据此在全球建立了食用油脂的标准。棉籽油加工工艺进一步科学化和专业化的发展，奠定了当今食用油脂工业的基础。大量为棉籽油加工而发展及完善的工艺技术后来被应用于其他油脂生产。目前，包括美国在内的世界各地的植物油加工者有很多的原料可选择，但棉籽仍主导着美国的植物油工业。表5.1所示的是棉籽油加工和利用史上重要的日期和事件[3]。

表5.1 棉籽油加工和使用史上的重要时期及事件

年份	事件	影响
1793	Eil Whitney 发明轧棉机	棉花种植大幅增加
19世纪早期	在法国为照明工业而开发的冬化工序	油脂分为液体和固体两部分
1857	William Fee 发明棉籽脱壳机	解决了浸出法提油主要问题
1859	石油工业崛起	在照明和润滑油工业中的应用中棉籽油被淘汰

续表

年份	事件	影响
1880	Alexander Winter 发明一项脱色专利	采用白土吸附色素
19 世纪 80 年代	苛性钠用于精炼油脂	开发并接受碱炼法
1882	橄榄油中掺假棉籽油	欧洲强征棉籽油进口关税，而意大利市场则完全禁入棉籽油
1882	瓶装棉籽油在美国上市	棉籽油的风味限制了其可接受性
1883	O. G. Burnham 发明冷却辊专利	实现了猪油中高比例棉籽油的添加
1884	猪油掺假	美国对复合猪油立法，须身份认定
1886	W. B. Albright 发明一项脱色专利	用蒸汽回收白土残油
19 世纪 80 年代后期	酸值分析	化学家发现游离脂肪酸含量是棉籽毛油一项重要质量指标
1891	Henry Eckstein 开发棉籽油蒸馏方法	去除油中不良风味物质
1897	Sabatier 发明镍催化气相氢化反应	液体油转化为半固体油脂
1899	开发 Wesson 油	棉籽油采用过热蒸汽真空脱臭
1903	William Norman 获得一项油脂氢化的英国专利	Joseph Crossfield & Sons 英国财团使用该专利技术硬化鲸油生产肥皂
1909	宝洁公司获得 Norman 专利在美国的使用权	推动了氢化工艺在食用油中的应用
1911	开发 Crisco 起酥油	第一个氢化植物起酥油
20 世纪 30 年代前期	Votator 发明密封的刮壁式热交换器	使用起酥油、人造奶油增塑设备，改善了卫生条件和产品均一性
1930s	开发预压榨 - 溶剂浸出法	出油率由 80% 升到 97%
1933	开发超甘油化起酥油	开启特种油脂产品时代
1941	第二次世界大战	棉籽油紧缺，迫使大豆油开发利用
1944	大豆油产量首次超过棉籽油	棉籽油紧缺，而大豆油生产成本更低
1950	大豆油代替棉籽油在起酥油中占主导	氢化和乳化剂使更经济的植物油得到利用
1951	大豆油代替棉籽油在人造奶油中占主导	完善的交通运输和杂货店经营业使产品发生变化
1958	棉籽油在色拉油中的使用量降低了 50%	棉籽油有风味问题，大豆色拉油更经济，二者均减少棉籽油利用
20 世纪 60 年代	开发膨化 - 溶剂浸出技术	提高了出油率和油的品质

5.2 棉籽油工业的发展

压碎棉籽提油记载于早期印度医药书中，它是一种外用药，由棉籽压碎后煮沸制得。中国早期的制油工艺是楔形压榨，不过这种工艺是否用于从棉籽中制取油还不清楚。棉籽油的应用经过了几个世纪，却一直停留在粗加工阶段，并局限于当地局部区域。在19世纪初期，欧洲的工厂开始压榨少量的埃及棉籽。由于工业革命时期的人口迅速增长及拿破仑战争时期英国封锁而导致的油脂短缺使油脂产品价格上升，很多欧洲人支付不起在饮食和照明中油脂的费用。对廉价油脂的需求使商人们开始从各种油料种子和坚果中榨油，包括来自埃及和印度的棉籽[4,5]。

当西欧国家正经受油脂短缺时，人口较稀少的美国却有充足的动物脂肪供给。而从棉籽加工出油脂成了另一个难题很好的解决方案。1793年Eli Whitney发明了轧棉机，使棉花的种植在美国迅速增长。之后，棉籽除用于种植、肥料和动物饲料外开始过剩。大量棉籽的积压、腐烂在南方各州的乡村非常普遍。1820—1830年，一些企业家开始用棉籽来制油，但这种商业冒险活动在几年之内都夭折了。其中有限的需求、昂贵和困难的运输是很大的阻碍，但首要问题可能还是美国棉籽品种中壳的问题。美国棉籽提油的困难在于短绒棉的棉籽有着坚韧的外壳，上面还覆盖着称作棉短绒的短的棉纤维。这些残留的纤维和壳吸附有价值的油，从而导致低出油率，棉籽饼作为牲畜饲料时品质低劣，含油率高。欧洲的棉籽压榨只适用于没有棉短绒覆盖的坚韧外壳的埃及长绒棉籽品种。1857年，Willian Fee发明了一种能有效分离出坚韧、含棉绒棉籽壳的剥壳机，解决了美国棉籽制油的主要问题[6,7]。Fee随即又发明了一种改良的液压压榨机，尽管在棉籽压榨机械加工方面有了很多改进，但这一基本技术一直沿用到20世纪。

1859年石油工业的发展，削减了棉籽油作为鲸油和猪油替代品在照明用油灯及蜡烛中的使用量。除了19世纪后期作为无烟油在矿灯中使用外，棉籽油在照明工业中已经没有前途[8]。但是，与照明工业相关的加工技术的发展对食品工业有着重要影响。蜡烛所要求的是高熔点的蜡和脂，这样才能使其在火焰加热前能够保持固体状态；相反的，灯油必须是透明的液体油才能保持火焰。19世纪早期，在法国开发出一种能使植物油变得类似于鲸油和牛脂的分提加工技术。这项技术被称为冬化，操作方法是将油放在室外的储油罐中过冬。低温使高熔点组分结晶出来并沉积在储油罐底部，而上层是透明的液体油。液体油可通过倾倒或过滤与固体部分分离得到[9]。高熔点组分可作为牛脂替代品应用于蜡烛生产，液体油可作为灯油。

尽管早期有很多挫折，但1870年之后美国棉籽油压榨和精炼有了盈利。大量棉籽油出口用于肥皂生产，也开发了在烹调油和色拉油中的应用，法国化学家 Hippolyte Mege - Mouries 还将其开发用于人造奶油生产。棉籽油还被用来掺在橄榄油中，这迫使橄榄树种植国对进口棉籽油征收关税，而1883年意大利则完全禁止其进口。这些限制缩减了棉籽油出口，造成棉籽油供大于求，价格再次下跌[6]。

猪油的昂贵为增加棉籽油的国内消费提供了机会。猪油在西方许多地区作为烹调和焙烤用油，主要原因之一是它具有特殊的相容性最适宜渗入面包、蛋糕、糕点和其他焙烤产品中。将牛油或牛脂与猪油混合已司空见惯，因此，用棉籽油掺假自然成为这类廉价油使用的一种手段。肉类罐头商开始偷偷将棉籽油加在猪油中。1884年，当试图垄断猪油市场的 Armour 和 Company 发现他们收购的猪油量超过了现有猪可产的猪油总量时，这种棉籽油在猪油中的掺假行为就暴露了。公众揭发引起国会调查，于是这种混合油被强制以“复合猪油”或“复合油”称呼，以加以区分[6,10]。

在大量棉籽油代替猪油作为焙烤和煎炸首选用油之前，必须对油脂加工工艺进行重大改进。由于色黑、游离脂肪酸含量高和具有令人不快的风味，毛棉籽油在大部分食品中都不适用。到19世纪，技术进步实现了产量的提高，之后欧洲和亚洲国家的棉籽油有了好的质量。油料加工在欧洲就已形成了一个行业，但自罗马帝国时期以来一直未能在任何技术进步中获益。这种低效益技术生产的油脂带有的轻微味道和气味源自于其中少量的非甘油三酯成分。17~18世纪间，榨油机和技术的改进改变了油的品质。这一时期油脂浸出技术从石压、楔压进步到液压。液压法从棉籽中提油的技术几乎在整个19世纪占主导。机械压榨后的饼粕中残留了20%的油，经济利益引发了有关饼粕残油回收的研究活动。于是，到19世纪30年代，开发出了可使棉籽油出油率高达97%的预压 - 溶剂浸出加工技术。为满足对产量和品质的更高要求，在19世纪60年代后期，开发了膨化 - 溶剂浸出技术并应用于棉籽油加工[16]。这种更有效的高压挤压和溶剂浸出系统提高了出油率，但毛油含有胶质、色素和具有强烈风味的杂质等大量非甘油三酯成分。因此需要更多工序去除这些杂质才能得到美味的产品[12,13]。

18世纪下半叶，酸精炼工艺被引入美国，但未曾被重视。1840年在欧洲发明了用钙和钾的氢氧化物进行精炼的方法，但同样未曾被美国接受。到了18世纪80年代，采用苛性钠精炼的方法被引入并得到认可。在连续式离心分离系统问世前，棉籽油的精炼在开口釜中进行，油脚通过重力沉降分离[14,16]。用苛性钠精炼可以减少棉籽油中的游离脂肪酸和大部分红黄色素及棉酚。碱炼后的棉籽油被发现适用于沙丁鱼罐头以及在猪油少而贵时混在猪油中。碱炼并中和的棉籽油仍有刺激性的和令人不快的风味，仍得不到消费者的认可。

为使棉籽油更好地应用于食用油，必须对其进一步脱色。人们认为猪油是白色的，因此，要想把棉籽油掺到猪油中或作为一种配料代替猪油必须使它的色泽变淡。最初，精炼者使用的是一种早期用于脱除棕榈油中橙色的脱色工艺。这种脱色工艺是将油装在大浅槽中并置于工厂屋顶，使油暴露在阳光中 18 个月。这种方法有着严重缺陷：工艺周期长需占用数月资金，阳光会损害油的品质。棉籽油加工者开始尝试用活性炭、各种黏土或白土等脱色剂来吸附色素。白土用于植物油脱色是一位美国人的成果。1880 年，Alexander Winters 获得了一项用粉碎的白土纯化动植物油脂的美国专利。6 年之后，William B. Allbright 获得了一项应用蒸汽促进油从脱色白土中脱除的专利。

尽管碱炼除去了棉籽油中的游离脂肪酸等杂质，白土脱色解决了色素问题，但是令人不快的风味限制了它作为色拉油、煎炸油和人造奶油配料的应用，以及在猪油混合物和替代品中的使用量。用化学法去除不良风味和用香料来掩盖的尝试都失败了。第一次成功的脱臭是将高温常压蒸汽通入油中实现的。据报道，Fairback 公司的化学家 Henry Eckstein 在一家英国企业发现了这项技术，并意识到这项技术对棉籽油未来发展的重要性。大约在 1891 年，Henry Eckstein 引进了该项技术，经 Boyce、Cuff 等化学家的优化后，迅速被美国多数加工企业采用。不久之后，David Wesson 进一步改善并开发了将油在真空条件下通入过热蒸汽的脱臭工艺。该工艺能够得到味淡且质量稳定性得到改善的油。脱臭后的棉籽油在猪油中的添加量可增加至 80% 以上[7,8,17,18]。

早在 1882 年，美国就有了瓶装棉籽油，其中一些贴法文、西班牙文和意大利文的标签，以便使移民们认为他们所购买的是来自他们祖国的橄榄油。但是由于棉籽油的刺激性的口感和不良气味使它难以被广泛接受[9]。1899 年，David Wesson 说服南方棉籽油公司生产、包装和销售“Wesson 油”。这种棉籽油经过碱炼、脱色，并在冬化后采用 Wesson 的脱臭工艺脱臭。19 世纪法国发明的冬化工艺，是为了去除棉籽油中的高熔点部分使其在冷藏温度下保持透明状而替代鲸油。随着制冷机的引入和蛋黄酱、色拉酱及其他乳化酱汁的日益普及，这种冬化加工便成为一种必需工序。因为油在冷藏温度下凝固会破坏乳化体系而导致产品分层。

催化氢化工艺的引入使棉籽油企业脱离肉类加工业，开启了一个新时代。许多产品依赖硬脂作为硬化剂，肉类企业垄断硬脂产品市场使其价格居高不下。氢化能使液态的棉籽油转变成与肉类脂肪的硬脂产品有着相似稠度的半固体。1897 年，在巴黎，Sabatier 发现镍催化的气相氢化反应。6 年之后，一位在英国工作的德国人 Willam Norman 获得一项油脂氢化的英国专利，1906 年开始商业化生产氢化鲸油。1909 年 Procter & Gamble 获得该专利在美国的授权，并在 1911 年生产出了第一种纯植物起酥油。这个产品被命名为“Kispo”，不久之后更名为“Crisco”，是“结晶棉籽油（crystallized cottonseed oil）”的缩写。

直至2004年，Crisco一直主导着家用起酥油。尽管Crisco在组成上有了一些变化，但配方中一直有棉籽油。氢化棉籽油的成功促使其他生产企业发起诉讼，美国最高法院判定Procter & Gamble对Norman专利的独占使用权是无效的，为所有企业应用氢化工艺扫除了障碍[8,19]。

肉类企业还是继续提供复合猪油，后又简称为“复合油”，他们的氢化加工仅仅是为了制备偶尔能替代硬脂的硬化油。而棉籽油企业很有远见，他们抛弃了猪油替代品的观念，将氢化产品定位为一种新的食品配料，即众所周知的起酥油。之后，起酥油的发展出现了两个不同进程：完全氢化的产品和类似于复合油的混合配方产品。

比起肉类企业提供的复合起酥油，氢化工艺赋予棉籽起酥油一个显著的优势，这个关键技术能够改变液体油的固有组分，使之成为组成更均一的产品。氢化棉籽起酥油的性质是容易控制的，而猪油的组成却随季节、猪的种类和年龄、饲料种类的变化而改变。氢化棉籽起酥油具有更优越的中性口感、氧化稳定性和均一性，受到了面包师傅和家庭主妇的喜欢，他们愿意花更高的价格来购买氢化棉籽起酥油。

起酥油和人造奶油凝固后能形成光滑的塑性产品这一特性，同样使食用油工业面临巨大挑战。纯猪油含有相对较少的高熔点组分，因此缓慢降温是获得光滑的塑性猪油产品的有效方法。在带有夹套的水冷却槽中搅拌起酥油制品是猪油的常规处理方法，却会导致含棉籽油的复合猪油和氢化起酥油出现起砂现象。1883年，O. G. Burnham发明了复合猪油结晶用的内制冷式冷却辊的专利。冷却辊由可旋转的中空金属圆筒组成，圆筒由水或盐水循环冷却。当滚筒旋转时，一薄层复合猪油或起酥油在筒体外表面上凝固，并被不断刮下落到一个被称为收集盘的混合装置中与空气混合并继续结晶。收集后的油脂被高压注入并通过一个小孔以完成油和空气均质化。这种结晶加工可使棉籽油在复合猪油中更高比例地添加[20]。

最初，人造奶油是通过将融化的乳液倾注或喷洒到一大桶流动冷水中冷却而得到的。乳液从桶的一端进入，在到达另一端前凝固成片状浮在表面，撇出凝固的片状油脂，沥去水分，再加工达到理想的稠度。用于复合猪油和起酥油增塑的冷却辊后来被应用于人造奶油，操作方法几乎一样[21]。

19世纪30年代早期，一种为冷冻冰激凌而开发的改进型热交换设备成为一种更完美的密闭、连续、内刮壁式冷却系统，用来替代冷却辊使起酥油和人造奶油塑化。当油连续地通过一个密闭的机械化控制系统时，螺旋式换热器可在几秒钟内冷却起酥油和人造奶油并起酥化作用。采用这个系统有几个优势：①密闭体系改善了卫生条件；②更准确地控制充氮量、温度、压力、搅拌、产量，改善了产品的均一性；③节约劳动力，减少空间需求，以及降低制冷要求，均使成本得以降低；④降低产品损失率[22]。这种密闭的内冷却系统至今仍用于起酥油和人造奶油的塑化。

1993 年，超甘油化起酥油的问世给烘焙业和起酥油行业带来了巨大的变革。这些起酥油含有的甘油一酯和甘油二酯能促进脂肪在水中的乳化。乳化型起酥油可以让面包师加工出更为湿润、体积更大、质地更好、高含水的糖霜和馅料更清淡、货架期更长的蛋糕，以及货架期更长的酵母面包和面包卷。这项成果为油脂工业提供了一个新发展空间，开启了特种起酥油的新时代。起酥油的应用领域从烘焙业延伸到了点心、牛乳及类似产品、甜食和餐饮等其他领域。从第二次世界大战开始，美国有 65% 的棉籽油用于起酥油，8% 用于人造奶油，18% 用于色拉酱、蛋黄酱、色拉油及鱼和腌肉罐头等多种食品[23]。

5.2.1 第二次世界大战后的棉籽油市场

棉籽油在美国作为食用油已很多年，其中液体棉籽油用作色拉油和煎炸油，氢化后用于生产起酥油和人造奶油。在美国大豆油工业起始阶段，豆油的回味问题是棉籽油联盟支撑棉籽油主导地位和高价政策的原因。棉籽油的主导地位一直维持到 20 世纪 50 年代，直到棉铃象虫和新政下作物种植的限制为其他竞争性植物油打开了美国市场而减少了棉籽油的供应[6]。棉籽油的短缺和食用油需求的日益增长，促使政府和工业研究机构进行大豆油生产工艺研究以改善其口感。棉籽油虽然失去了它的主导地位，但价格仍高于大豆油及它最初的市场竞争者——猪油。

第二次世界大战期间，大豆油尽管还存在着严重的风味、稳定性和回味等问题，但棉籽油的短缺使其产量迅速增加。如同早期棉籽油被掺到猪油一样，油脂加工者将尽可能多的大豆油混入含棉籽油的配料中，从而使生产成本减少 9 ~ 20 美分/kg。最初大豆油在人造奶油和起酥油产品中的添加量限制在 30% 之内，以避免大豆油令人不快的风味。

第二次世界大战之后不久，大豆在美国取代棉籽成为生产植物油的主要原料。在 20 世纪 50 年代早期，研究者通过一个经典实验鉴定出造成大豆油不良风味的原因是其含有的 7% ~ 8% 的亚麻酸。在亚麻酸含量不到 1% 的棉籽油中加入 9% 的亚麻酸进行酯交换，就会产生与大豆油类似的不良风味。这个发现使企业找到了改善大豆油的方法：采用氢化降低亚麻酸含量[24]。人造奶油和特种起酥油是氢化大豆油最适合的应用对象，因为氢化棉籽油已经在这些产品配方中应用了。但是，大豆油和大多数植物油形成的 β 晶型无法复制 β' 晶型的棉籽油那种光滑和奶油般稠度的性状。因此，需要在以大豆油为基础配方的起酥油中添加氢化棉籽油或另一种 β' 晶型促进剂来获得光滑和良好塑性的产品特性。但人造奶油却不同，在美国，多种高反式脂肪酸基础油的应用，以及在低温下统一运输、储藏和展示使得餐用人造奶油和涂抹奶油能够使用 100% 的大豆油。1958 年前后，一种具有与冬化后的棉籽色拉油相近的碘值、亚麻酸含量降至 3% ~ 4% 的大豆色拉油在美国市场问世。

这种产品经轻度氢化并冬化脱除了氢化产生的高熔点组分。即使增加了氢化的成本，这种色拉油的成本也低于冬化的棉籽色拉油。虽然这种特殊加工的大豆色拉油最终被认可来替代棉籽色拉油，但多数企业是循序渐进和小心翼翼的，开始只用棉籽油，之后从添加20% ~30% 的比例开始逐步增加大豆色拉油的添加比例，在几年之后最后达到 100% 的添加。

随着大豆油的成功和崇尚营养食品的消费者的增加，其他植物油开始活跃并竞争植物油市场份额。人们认识到了必需脂肪酸亚油酸和亚麻酸的重要性，并且推荐改变膳食限制胆固醇、饱和脂肪酸、反式脂肪酸、总脂肪的摄入以降低血胆固醇、减少患心脏病的风险。表5.2[25~28]中的油脂用量数据反映出以下几种趋势：①从动物脂肪转向植物油；②早先开发的油脂逐渐被不同来源的油脂取代；③新品种植物油的引入；④个别油种的起起落落；⑤油种的改变反映了医学研究的结果；⑥杂交型油料种子的引入等。讽刺的是，此表隐含的内容可作为评价 20 世纪末到 21 世纪初美国生活的依据。就棉籽油而言，这些数据显示出 1950 年之后美国国内棉籽油消费量快速下降，并在 80 年代到达低谷，之后开始收复国内市场份额。棉籽油的再度流行很可能是以牺牲牛油和棕榈油为代价的。由于对饱和脂肪酸和胆固醇营养性的高度关注和不利宣传使牛油和棕榈油失去了消费者的青睐。这两种食用油脂和棉籽油一样易于形成 β' 晶型。

表 5.2 美国食用油消费量及人均消费量 单位：1000t

年代	1950	1960	1970	1980	1990	2000
卡诺拉油					261.7	791.1
椰子油	58.5	78.0	357.4	468.1	406.9	439.1
玉米油	101.2	140.6	201.9	305.3	521.2	776.1
棉籽油	655.4	555.7	404.2	237.2	386.0	305.7
橄榄油	35.8	23.1	30.4	26.3	95.7	206.4
棕榈油		0.5	82.6	135.6	116.1	170.1
棕榈仁油	11.8	24.0	42.6	NR	164.2	110.2
花生油	46.7	28.1	87.5	50.8	89.4	110.7
红花籽油			45.4		26.3	46.3
大豆油	655.9	1365.8	2836.3	4134.1	5517.6	7352.8
葵花籽油				29.0	90.7	161.9
猪油	929.9	856.8	746.2	464.0	374.2	436.4
牛油	70.8	148.8	235.0	451.3	433.2	679.5
黄油	601.9	504.9	487.6	461.3	496.7	463.6

续表

年代	1950	1960	1970	1980	1990	2000
总量	3167.9	3726.3	5557	6763.1	8979.9	12049.8
人均消费量/kg						
植物油	10.9	12.1	17.7	20.4	23.9	28.6
动物油脂	9.9	8.4	6.4	5.5	4.3	5.2
总量	20.8	20.5	24.0	25.9	28.2	33.8

注：NR—没有相关报道。

在美国，决定棉籽加工量及棉籽油产量的两个主要因素是：①棉籽的供应取决于绵绒需求，后者受美国农场规划的严重影响；②棉籽的使用量在20世纪末发生了巨大的变化。在美国，棉花种植面积主要取决于美国农业部（USDA）的支持计划，并以国内外棉绒的储藏量和未来需求为依据。于是棉籽的供应无法像大豆那样对市场信号做出反应，要知道，大豆生产从20世纪40年代起就实现了对市场信号的反馈。第二个影响棉籽储藏用于榨油的因素是奶牛饲养业对于整粒棉籽需求的竞争。过去20年里乳品产业发生了变化，开始重视棉籽特有的蛋白质、能量和纤维组合，受此影响，奶牛饲养中整粒棉籽使用增加。1980—2002年，美国用于榨油的棉籽的量下降了1/3，而同期棉籽的供应总量一直在增加。这种相反的变化趋势导致了美国1980年有近74%的棉籽用于榨油，而22年之后却只有36%了。这些变化如表5.3所示[29,30]。

表5.3 部分年份中棉籽的供应量和消费量 单位：1000t

八月开始的收获年份	供应量			压榨	消费量				库存
	库存	生产	总量		压榨量占总供应量的%	出口	饲料、种子和剩余量	总量	
1899—1900	—	3 767	—	2 249	53	—	—	—	—
1904—1905	—	5 413	—	3 035	56	—	—	—	—
1914—1915	—	6 491	6 501	5 244	81	3	1 255	6 501*	—
1929—1930	38	5 812	5 870	4 551	78	—	1 279	5 830*	—
1937—1938	38	7 116	7 154	5 739	81	—	1 112	6 848*	—
1940—1941	36	4 795	4 832	3 990	83	—	723	4 713*	119
1950—1951	261	3 724	3 986	3 380	85	5	543	3 926*	60
1960—1961	95	5 340	5 435	4 855	89	5	405	5 264*	171
1970—1971	73	3 690	3 763	3 382	90	35	148	3 565	198
1980—1981	960	4 056	5 016	3 698	74	121	836	4 655	361
1990—1991	332	5 415	5 749	3 056	53	48	2 054	5 158	591
2000—2001	249	5 839	6 427	2 498	39	213	3 329	6 039	396

注：*表示计算值。

美国棉籽油的出口市场也影响着棉籽的供应[31~33]。棉籽油在美国国内外市场消费，是非常有利可图的。市场的供求关系使得供应商成为最高价的竞标者而长期高价出售棉籽。棉籽油出口市场在美国棉籽压榨工业起步阶段就很大，到1980年再度变大。1882年实施的出口关税和1921年实施的进口关税导致出口下跌[6]。在20世纪90年代，来自南美国家的价格竞争，以及前面提到的国内棉籽供应问题再次减少了出口量。

用棉籽油生产起酥油、色拉油、人造奶油及其他食用油产品的技术、工艺和手段被应用于大豆、玉米、卡诺拉等其他油料，以及猪油、牛油等动物油中。但是，油种之间物理化学性质的差异限制它们之间的互换。各个油种都有自己独特的风味、脂肪酸组成和甘油三酯结构。棉籽油的特性使其能够在世界食品用油中保持着一个重要地位。美国棉籽油能满足特殊食品对产品特性的高要求而使它拥有强劲的出口市场。棉籽油的功能特性，诸如令人愉快的坚果香味、不含易氧化的不饱和脂肪酸而能保持良好的风味稳定性、高棕榈酸含量易形成β'晶型等，使它一直是种受欢迎的植物油。棉籽油的这些特性加上又是美国最早开发的一种植物油，自然使它成为其他油脂的参照标准。

5.2.2 世界植物油生产

棉籽油一直主导着美国和世界食用油市场，直到二战前被大豆油取代。棉籽油能够占据主导地位是因为它充足的供应量、比其他竞争油脂低的价格、以及多数食品企业对它的偏爱。而这种主导地位被打破的主要原因是棉籽油供应已无法满足日益增长的食用油需求。棉花需求量的下降造成棉籽油原料不足。同时，棉纤维过剩又使得原来的棉花地转为种植大豆。起初大豆种植是弥补食用油短缺。而不久之后全世界食用蛋白的缺乏改变了这种情况，大豆油的生产成为首先满足大豆蛋白的需求。

世界上约有80个国家生产棉花[34]。棉花的种植时间随地域的不同而变化，在北半球是2月至6月不等；它的收获期是夏末、初秋或深秋。在西半球，棉花种植在北纬37°和南纬32°之间；在东半球，棉花种植在北纬47°和南纬30°之间。各个国家种植棉花的方式有显著差异，主要是机械化程度不同[35]。中国、美国、印度、巴基斯坦和乌兹别克斯坦是世界上最大的棉花和棉籽生产国，想来也是最大的棉籽油使用国。土耳其、巴西和埃及也种植棉花和生产棉籽油，主要在国内消费[36]。巴西、阿根廷和美国是棉籽油的主要出口国。

在过去的岁月里，世界的植物油和棉籽油市场经历了很多变化。一个有趣变化是在产量稳步增加的同时，棉籽油在植物油中的主导地位由第二下降到了第六。在过去的40年里，大豆油保持着主导地位，但始终受到来自欧洲的葵花籽油、非洲的花生油、加拿大和欧洲的菜籽油和热带国家的棕榈油的竞争。从表5.4中可以看出另一个有趣的现象，那就是当把美国消费量数据从世界消费量数据中移除时，棕榈油就成为世界植物油的主导。

表 5.4 2001—2002 年世界植物油的产量 单位：1000t

排名	包括美国在内的用量		不包括美国在内的用量		美国用量占比
1	大豆油	28660.1	棕榈油	24614.4	0.86
2	棕榈油	24828.1	大豆油	20968.0	26.84
3	卡诺拉油	12174.5	卡诺拉油	11497.3	5.56
4	葵花籽油	7554.2	葵花籽油	7384.1	2.35
5	花生油	4291.0	花生油	4177.6	2.64
6	棉籽油	3812.0	棉籽油	3464.1	9.13
7	可可脂	3253.2	可可脂	2754.2	15.34
8	棕榈仁油	3103.5	棕榈仁油	2942.5	5.19
9	橄榄油	2524.7	橄榄油	2318.3	8.17
10	玉米胚芽油*	1115.4	玉米胚芽油	512.6	45.96
	总量	91316.8	总量	80633.2	11.70

注：* 仅美国生产。

5.3 棉籽油的特性

棉花是喜温性灌木或锦葵科棉属、棉族植物，它属于多年生植物，但商业需要通常按一年生作物来种植[34]。从植物学上讲，棉铃属于果实[37]。具有商业价值的棉花种属主要是陆地棉、海岛棉、亚洲棉、草木棉[38]。通过常规育种技术使这些棉花品种的农业性状、棉纤维和棉籽特性不断得到改善[39]。

陆地棉是一种生于丘陵地带的短纤维棉花，美国的大部分棉籽油是从陆地棉棉籽中获得，并且世界92%的棉花产品及美国97%的棉花产品均来自陆地棉。海岛棉，也称长绒棉或埃及棉，占美国棉花作物的3%及世界的8%。亚洲棉和草木棉较不重要，仅产于中国、印度和巴基斯坦。从棉籽中提取的毛棉籽油含有深色物质，因此有着强烈的特征风味和深棕褐的色泽。棉籽油是一种极有用的植物油，其脂肪酸组成主要是 C_{16} 和 C_{18}，含有不超过2个双键的脂肪酸。它的稳定晶型是 β'-晶型，光滑和良好的塑性使其在固体产品中得到很好应用。棉籽油脱臭后的风味通常被描述为坚果味，这种风味能允许比其他植物油更高程度的氧化。棉籽油的特性使它非常适用于色拉油、烹饪油、起酥油、人造奶油和特种油脂产品。

在棉籽制油前，有很多因素会影响棉籽油组成的变化。这些因素包括气候、生长地域、棉花品种、栽培技术、棉籽脱壳前的处理和储存。这些因素会同时影响一个油样，因此要清晰地总结出油品的变化规律是困难的。从棉籽中提取油脂之前，能够影响棉籽油品质的因素概括如下。

(1)气候　棉花在高温及充足水分条件下能够高产。在高温和湿润条件下，游离脂肪酸含量会增加，但大量灌溉超过平常水平似乎不会促使油水解产生游离脂肪酸。充足的降雨量，特别是在5月份和6月份，会提高棉籽的含油量。而低的降雨量会增加蛋白质的比例，但是长时间的干旱会使棉籽变小。对于晚收获的品种来说，产品中油含量的增加是由于成熟期的延长而非温热气候所致。蛋白质是在棉籽中逐渐积累的，而油脂则是在棉铃裂开前形成的。Stansbury 和他的同事们发现种子形成过程中的高温环境会影响饱和脂肪酸的生成。他们发现温度每下降0.555℃，平均碘值下降（即不饱和脂肪酸减少）的程度在棉铃成熟期是0.76g I/100g，在种子成熟期是1.172g I/100g。

(2)地域　不同气候和土壤条件的地域是影响棉籽组成的主要因素，这比棉花品种更重要[41]。Thrap 发现美国四个地区的棉籽品质各有不同，在油脂和蛋白质水平上是有差异的[42]。例如，密西西比河三角洲地区的棉籽中不饱和脂肪酸的含量高于得克萨斯州[43]。越向北种植的棉籽油碘值越高[42]。Meara 和 Steiner 考察了一些美国、印度、非洲和西印度的棉籽油，发现地域主要影响棉籽油的不饱和程度。考察的25种棉籽油的碘值范围为97～112g I/100g，并且每个地区的棉花品种似乎都更适合在该地区生长。1978—1982年间的区域性棉花品种评测发现 Acala SJ－5 品种比 Stoneville 213 品种具有更高的含油量，而这种差异在美国西部地区更加显著，尤其是在圣华金河谷地区[41]。

(3)肥料　不同比例的氮、磷、钾是大多数作物肥料的主要成分。其他元素对植物的生长很重要，但对含油量和油脂组成的影响尚未有相关研究。高水平氮会增加蛋白质含量，同时会较少棉绒，增加每个棉铃中棉籽的数量[42]；低水平氮生产的棉籽含油量及植株存活率较高[42,45,46]。磷对棉籽中油和蛋白含量的影响尚不清楚，而钾会使棉籽含油量少量增加。磷含量充足的土地能够增加棉花产量和棉籽中油的含量，其中油含量提高可能是以消耗蛋白质为代价的[47]。总之，这三种营养成分及生长调节剂之间相互作用的平衡是很重要的[46]。

(4)棉籽的处理和储存　未适当储存的棉籽所产的油色泽较深，需额外处理。Boatner[48]注意到下列条件产生呈色或"回色"油：尚未成熟即收获的棉籽、过高的水分或温度、在种植或收集期间受到其他损伤。棉酚和其他一些色素的氧化被认为是呈色的化学因素[49]。为了避免色泽的变化，应当避免把受到损伤或未成熟的棉籽与质量好的棉籽相混合。水分含量及游离脂肪酸含量高的棉籽通常首先被加工。只有那些质量好的棉籽可以储存到下一个收获季节之前进行加工。在储存过程中棉籽的水分含量、温度、游离脂肪酸含量需要定期监控，作为后续加工和处理的基础。

(5)品种　与有腺体棉籽品种相比，无腺体棉籽含油量更高，油的不饱和程度也稍高[50,51]。虽然这两种棉花具有相近含量的环丙烯脂肪酸，但是含更多棉酚腺体的棉籽油需要更高程度的精炼和脱色。尽管存在这些问题，有腺体的品种至今仍是最普遍的。有腺体棉籽通常含有许多微小的腺体（30～70μm），腺体含有天然色素、棉酚及棉酚类似物。棉酚是一种多酚类色素（倍半萜烯），是畜类的抗营养因子，且是棉籽油的色素来源，它一直是科学和应用研究的焦点[23]。不过，即使采用目前最灵敏的分析手段也无法检测出精炼、脱色、脱臭棉籽油中的棉酚。已研究开发了一些通过加工或育种手段来去除棉酚的方法，包括采用螺旋式压榨、液体分流和气流分级技术来减少游离棉酚含量或去除棉籽饼中产棉酚色素的腺体[52]。这些加工手段能够使棉饼中的游离棉酚含量降至足够低（<450mg/kg），从而可将粉饼应用于食品中。然而，除了少部分的螺旋式压榨棉籽饼之外，液体分流和气流分级都未商业化应用。19 世纪 60 年代，通过育种研究出了无酚棉籽，它是没有色素腺体的新品种[53]。Lusas 和 Jividen 对无酚棉的发现及历史进行了全面概述[54]。

和其他的农作物一样，棉花可通过传统育种和基因改良获得新品种。棉花是农作物中基因改良的先驱者之一，自 1996 年引入基因工程技术开始，转基因棉花曾经是最快速应用该技术的作物之一[55,56]。在 2002—2003 年，转基因棉花占棉花种植面积的 20%，占世界棉花产量的 27%[57]。目前，转基因棉花主要在美国、中国（大陆）、澳大利亚、南非、阿根廷、墨西哥、印度和印度尼西亚种植。2002 年美国转基因棉花占棉花总种植面积的 78%。基因工程技术主要用来培育抗虫害（例如 Bollgard®的“*Bt* 棉”转接了苏云金芽孢杆菌的基因，可以抵抗棉铃虫和蚜虫）、耐药性（例如 Buctril®的“BXN 棉”可以耐受溴苯腈；“Roundup Ready®棉”可以耐受草甘膦[59]）的转基因棉花品种[57,58]。2003 年含有两个 Monstanto *Bt* 基因的棉花首次亮相，掀起了转基因棉花的第二波潮流。接着到 2006 年培育了耐受除草剂草铵磷的棉花品种（Ignite®）和能更好耐受草甘膦的棉种。其他国家如埃及和巴基斯坦正在评估转基因棉花品种的性能[60]，有些品种已经准备商业化种植[61～63]。

改善农艺性状、改善棉籽和棉绒品质的转基因棉花育种技术的研究还在起步阶段[56]。利用转基因技术可以改变棉籽油的组分以改善其营养性（如高油酸），也可改善其功能特性而适宜于不同食品工业中的应用（如高硬脂酸）[64]。减少棉酚即可增加棉籽饼粕的利用价值，也可减少棉籽油加工的费用[65]。基因工程技术可以使棉酚仅在棉籽中减少或去除，而不改变其在棉花植物其他部位的含量，而这些其他部位的棉酚是起有益作用的[66]。采用基因的正义和反义表达来减少和去除棉籽中棉酚的工作正在进行中[67,68]。

与其他植物油一样，经过少量加工工序，包括精炼、脱色和脱臭（RBD）加工而成的棉籽油产品可供人们消费[69]。因为这样的加工工艺可使 RBD 棉籽油中检测不出任何的黄曲霉毒素、农药和棉酚。另外，RBD 棉籽油中不能检测出蛋白质和 DNA，所以不能判别棉籽油是否来自转基因棉籽[55]。目前对于食品中转基因作物的关注已经影响了欧盟国家棉籽油的使用，以及饮食和糕点业[70]。不过，由转 Bollgard®基因和转 Roundup Ready®基因棉种生产的棉籽油在 2002 年被欧盟批准食用。

5.3.1 棉籽油的甘油酯组成

从化学结构来说，油脂都是甘油和脂肪酸的酯化产物，但天然油脂的物理特性变化很大。原因有：①各种脂肪酸的组成比例变化范围很宽；②各种油脂有自己特定的甘油三酯结构。油脂通常被称为甘油三酯，是因为甘油有三个独立的位点可以结合脂肪酸。甘油三酯具有相同的甘油组分，故油脂的不同特性主要归功于不同的脂肪酸组成。从三个方面可以区分脂肪酸组成：①链的长度；②双键的数目和位置；③脂肪酸在甘油中的位置。这些方面的变化造成了食用油脂在化学性质和物理性质上的重大区别。天然油脂中的脂肪酸的碳链长度为 4 ~ 24 个，双键数为 0 ~ 3 个。食用油脂中的脂肪酸可根据饱和程度分为以下两类：

一类是饱和脂肪酸，仅含有 C—C 单键，化学活性较弱，熔点比含有一个或两个双键的相同碳链长度的脂肪酸要高。天然脂肪酸绝大多数具有偶数碳原子数，且不含支链。饱和脂肪酸从 C_2 ~ C_{30} 都存在，其中重要的饱和脂肪酸主要为丁酸（$C_{4:0}$）、月桂酸（$C_{12:0}$）、豆蔻酸（$C_{14:0}$）、棕榈酸（$C_{16:0}$）、硬脂酸（$C_{18:0}$）、花生酸（$C_{20:0}$）、山嵛酸（$C_{22:0}$）和木焦油酸（$C_{24:0}$）。饱和脂肪酸的熔点随碳链长度的增加而升高，碳数≥10 的脂肪酸在室温下呈固态。

另一类是不饱和脂肪酸，指含有一个或更多双键的脂肪酸，其化学活性较强，双键数越多活性越强。脂肪酸碳链中仅含有一个双键的脂肪酸为单不饱和酸，最常见的是油酸（$C_{18:1}$）。含有两个或两个以上双键的称为多不饱和酸，最常见的是必需脂肪酸亚油酸（$C_{18:2}$）和亚麻酸（$C_{18:3}$），这两种脂肪酸是人体必需的，人体自身无法合成来满足需要的。天然不饱和脂肪酸大部分是顺式结构，氢原子在双键的同一侧。而氢原子在异侧的反式脂肪酸，从热力学上讲是相当稳定的。通过氧化和氢化作用，可以使脂肪酸发生异构化[72]。

(1)棉籽油的脂肪酸组成　棉籽中甘油三酯特定的脂肪酸分布取决于棉花品种、温度、降雨量等生长条件，以及脂肪酸分析方法。表 5.5 所示为几个研究机构和商业集团的脂肪酸分析数据。棉籽油是典型的油酸、亚油酸型的植物油，因为这两种脂肪酸几乎占到总脂肪酸的 75%。其中油酸占 22%，亚油酸占 52%，亚麻酸含量不到 1%，棕榈酸约 24%，还有少量其他饱和脂肪酸。

表5.5 棉籽油脂肪酸组成

脂肪酸	参考值						
脂肪酸含量/%	①	②	③ 加利福尼亚	③ 得克萨斯	④	⑤	⑥
豆蔻酸（$C_{14:0}$）	0.8	0.9	0.7	0.9	0.8	0.8	0.7
棕榈酸（$C_{16:0}$）	27.3	24.7	22.7	25.2	23	22.7	21.6
棕榈油酸（$C_{16:1}$）	0.8	0.7	0.6	0.8	0.6	0.8	0.6
硬脂酸（$C_{18:0}$）	2.0	2.3	2.3	2.7	2.3	2.3	2.6
油酸（$C_{18:1}$）	18.3	17.6	17.3	17.5	15.6	17	18.6
亚油酸（$C_{18:2}$）	50.5	53.3	55.8	52.6	55.6	51.5	54.4
亚麻酸（$C_{18:3}$）		0.3			0.3	0.2	0.7
花生酸（$C_{20:0}$）		0.1					

注：①参考文献［73］。
②俄亥俄州克利夫兰，杜肯工业食品公司。
③参考文献［74］。
④参考文献［75］。
⑤参考文献［76］。
⑥俄亥俄州哥伦比亚都城产品公司。

Bailey[23]指出，美国棉籽油脂肪酸的成分基本不超出以下范围：23%～28%的总饱和脂肪酸，22%～28%的油酸和44%～53%的亚油酸。FAO/WHO已对商品油脂中脂肪酸的含量范围做出了规定。1997年法典规定的棉籽油的脂肪酸含量的可接受范围如表5.6所示[77]。

表5.6 食品法典委员会制定的棉籽油脂肪酸范围　　单位：%

脂肪酸	典型含量	范围	脂肪酸	典型含量	范围
月桂酸（$C_{12:0}$）		0～0.2	花生酸（$C_{20:0}$）	0.3	0.2～0.5
豆蔻酸（$C_{14:0}$）	0.7	0.6～1.0	9*c*-二十碳烯酸（$C_{20:1}$）		0～0.1
棕榈酸（$C_{16:0}$）	21.6	21.4～26.4	11*c*，14*c*-二十碳二烯酸（$C_{20:2}$）		0～0.1
棕榈油酸（$C_{16:1}$）	0.6	0～1.2	山嵛酸（$C_{22:0}$）	0.2	0～0.6
硬脂酸（$C_{18:0}$）	2.6	2.1～3.3	芥酸（$C_{22:1}$）		0～0.3
油酸（$C_{18:1}$）	18.6	14.7～21.7	5*c*，13*c*-二十二碳二烯酸（$C_{22:2}$）		0～0.1
亚油酸（$C_{18:2}$）	54.4	46.7～58.3	木焦油酸（$C_{24:0}$）		0～0.1
亚麻酸（$C_{18:3}$）	0.7	0～0.4			

Cherry 等研究了基因和地理位置对得克萨斯州棉籽油组成和含量的影响。结果显示这两个因素对油的品质都有显著影响。根据地理位置不同，含水无绒棉籽的含油量在 23.2%～25.7%变化。棉籽的品种和地理位置显著影响着棉籽油六种主要脂肪酸组成，其中五种受品种和地理位置交互影响。亚油酸的含量变化范围为 49.07%～57.64%，平均为 54.54%。棕榈酸的含量变化从拉伯克地区 Acala 品种的 21.63%到科珀斯克里斯蒂地区 Lockett 品种的 26.18%，其平均为 23.68%。作者也指出田间管理和气候条件也会对油的脂肪酸含量变化起到一定作用。这些棉籽油脂肪酸数量上的变化尚未被很好地了解和仔细研究，还有很多工作要做。Cherry 等[79]对现有信息进行了很好的综述。

（2）棉籽油的甘油三酯组成　连接在甘油上的脂肪酸是同种或异种、连接的位置，都会影响食用油的甘油三酯结构。甘油连接三个相同脂肪酸的甘油三酯称为简单甘油三酯或单酸甘油三酯。连接两种或两种以上脂肪酸的称为复合甘油三酯或混合甘油三酯。一个含有三种不同脂肪酸的混合甘油三酯具有三种同分异构体（译者注：此处有误，应为三种以上），这取决于哪种脂肪酸在甘油三酯分子中的 β 位（2 位/中间位）上，哪种脂肪酸在 α 位或外位上。因此，油脂的物理性质和化学性质主要取决于甘油三酯中脂肪酸的种类和位置。

因为亚油酸、油酸和棕榈酸占了棉籽油脂肪酸的 90%以上，所以大部分甘油三酯都是这些脂肪酸的组合。表 5.7 列出了棉籽油甘油三酯中饱和脂肪酸、油酸和亚油酸可能的组成和位置。这 10 种甘油三酯占已发现的甘油三酯的 92%[73]。其中 SLL（1，2，3 位上分别为饱和脂肪酸、亚油酸、亚油酸）最多，占甘油三酯物质的量百分比 22%以上。

表 5.7　棉籽油中甘油三酯组成

脂肪酸模式	双键数目	物质的量分数/%	脂肪酸模式	双键数目	物质的量分数/%
SOS	1	4.5	SLL	4	22.5
SOO	2	4.8	OLL	5	6.4
SLS	2	12.4	LOL	5	6.5
SOL	3	9.4	LLL	6	13.0
SLO	3	8.4	其他		8.0
OOL	4	4.1	总计		100.0

注：S—饱和酸；O—油酸；L—亚油酸。

这 10 种甘油三酯中，主要的对称甘油三酯为饱和脂肪酸棕榈酸据 1 和 3 位，2 位为油酸或亚油酸。这可由 Jurriens 和 Kroesen[73]的位置分布数据来加以说明，这组数据表明，亚油酸在中间的酰基位置的几率为 64.3%。

脂肪酸的量和种类及其在分子内和分子间的分布形成了不同的甘油三酯，从而形成了棉籽油不同的功能品质。Bland 等[80]运用最新的分离技术鉴定出棉籽油样品中的不同甘油三酯和位置异构体，结果如表5.8所示。

表5.8 棉籽油甘油三酯分子结构

甘油三酯	峰面积百分数/%		甘油三酯	峰面积百分数/%	
	GLC	HPLC*		GLC	HPLC*
PLL	25.7	27.5	POO	3.3	3.1
LLL	16.1	19.0	PPO	2.5	2.2
POL	14.0	14.0	OOO	2.4	1.6
OLL	12.9	12.5	SLL	2.4	1.4
PPL	8.7	7.1	SPL	2.1	1.5
OOL	4.4	3.1	SOL	1.5	1.3

注：P—棕榈酸；O—油酸；L—亚油酸；GLC—气液相色谱；HPLC—高效液相色谱。 * 经脂肪酸甲酯气液相色谱分析矫正。

(3)环丙烯脂肪酸 棉花和其他锦葵属植物都含有一对独特的环丙烯脂肪酸（CPFA）。这两种脂肪酸——苹婆酸和锦葵酸，一般统称为环丙烯脂肪酸。苹婆酸是这两种脂肪酸中比较活泼的一个，其在动物体内的主要作用是阻止硬脂酸脱氢变成油酸，从而改变膜的通透性或提高油脂的熔点。

苹婆酸和锦葵酸分别有18和17个碳原子，在9，10位或8，9位的丙烯环上含有一个双键。环丙烯环是这两种脂肪酸的生理活性位点[81,82]。据报道，苹婆酸的生理活性比锦葵酸大得多[82]。棉籽油中锦葵酸与苹婆酸的比例通常约为3∶1。环丙烯结构是高度应变的，这使其表现出一定的反应活性[83]，也使其易在加工过程中失活。棉籽油环丙烯脂肪酸在加工过程中会减少，所以商品棉籽油中环丙烯脂肪酸的含量可忽略。表5.9[81,84,85,87~89]给出了不同来源的棉籽油产品中的环丙烯脂肪酸水平。脱臭和氢化可以使环丙烯脂肪酸最大程度失活。

表5.9 不同来源的棉籽油产品中的环丙烯脂肪酸水平

棉籽油来源	环丙烯脂肪酸含量/%			备注	参考文献
	锦葵酸	苹婆酸	总量		
毛油	0.52			螺旋式压榨机提取	[84]
毛油	0.56~0.90			已烷萃取	[84]
毛油	0.58~0.98			石油醚萃取	[85]
毛油	0.7~1.5	0.3~0.5			[86]
毛油	0.22~1.44	0.08~0.56	0.3~2.0		[81]
毛油	0.64			无酚棉籽品种	[84]

续表

棉籽油来源	环丙烯脂肪酸含量/%			备注	参考文献
	锦葵酸	苹婆酸	总量		
精炼油	0.62				[84]
脱臭油	0.015~0.324	0.005~0.126	0.02~0.45		[81]
脱臭油			0.04		[87]
冬化色拉油	0.04~0.42			"Brand name"牌棉籽色拉油	[84]
冬化色拉油	0.1~0.23			不同品牌	[88]

5.3.2 棉籽油中的非甘油酯组分

植物毛油的主要组成物质是甘油三酯，但还有不同数量的非甘油酯组分。棉籽毛油的不平常之处在于含有一定数量和种类的非油脂组分。不包括游离脂肪酸，它一般还含有2%以上的非甘油酯物质。这些微量成分是不皂化物，主要有磷脂、维生素E、甾醇、树脂、烃类、农药、棉酚和其他色素。其中的一些非甘油三酯组分是不受欢迎的。因此，食用油加工的目的是在对有益成分最小破坏的基础上除去不利成分。

(1)棉酚　在商业重要的油脂中，棉籽油是种独特的植物油，因为它含有一个相对复杂的色素体系。大部分色素属于棉酚，它是一种有生物活性的萜类物质，存在于棉花植株的种子、叶子、苞叶、茎、直根、皮及根部的微小腺体中。这种化合物的自适应功能被认为是抗害虫[90]。在棉籽的加工过程中，腺体的破裂使棉酚及其类似物释放到蛋白质及油中。对棉籽油加工者来说，幸运的是大部分棉酚与蛋白质结合在一起。因为棉酚及其衍生物都是强发色性的色素，制造商的主要目标就是通过碱炼和脱色工艺除去尽可能多的色素。毛油中的棉酚使棉籽毛油呈深红色、甚至黑色。精炼、脱色和脱臭后的棉籽油所呈现的微黄的琥珀色主要是由加工后残留的棉酚所导致的。

棉酚具有生殖控制因子的作用激起了人们对这种多酚物质的兴趣。19世纪60年代，少量未经进一步加工的冷榨棉籽油导致了部分中国男性的不育。在工业化制油工艺中的蒸炒过程中，部分棉酚会与蛋白质结合，降低其生物活性。大部分棉酚在碱炼过程中转移到皂脚里，使棉籽油可在动物饲料中使用。碱炼后，脱色过程中的活性白土能有效吸附残留的棉酚。脱臭，即在真空下将水蒸气通过油脂，能除去很多杂质和不良风味物质。很少有食物与油脂一样通过碱炼、脱色、脱臭等化学法来去除杂质。溶剂浸出毛油中棉酚的含量为0.05%~0.42%，螺旋压榨毛油中棉酚含量为0.25%~0.47%，而经过碱炼和脱色之后，棉酚含量少于1mg/kg[91,92]。

实际上，商品棉籽油中棉酚的存在与商家所要求的色浅透明的产品是相冲突的，这就激励厂家在棉籽油脱除棉酚工艺中做得更好。19世纪60年代早期，通过传统培育技术培育出了无棉酚棉籽，它的最大特点就是没有腺体。无棉酚棉籽不需要经过严格的加工工艺便能得到浅色油[54]。然而这种品种并没有得到推广，因为棉花品种的产棉绒特性对棉花种植者而言比种子的遗传特性更为重要，并且大豆和其他产品已满足了市场对植物蛋白的需求。

（2）磷脂　这类为油脂加工者所熟知的被称为磷脂的组分，通常和少量糖类及树脂一起被称作“胶体”，胶体的存在影响了精炼油的品质及产量。磷脂是一种乳化剂，在碱炼过程中阻碍水相和油相的分离。磷脂大体上分为水化磷脂和非水化磷脂两类。正如名字所言，水化磷脂可以通过水处理除去；非水化磷脂主要是磷脂酸的钙盐、镁盐及其复盐，常用磷酸等化学试剂将它转化为油中不溶物质从而除去。

磷脂含量一般通过测定总磷并利用磷的分子质量与油中磷脂的平均分子质量之间的系数关系来计算。棉籽毛油中含有0.7%～0.9%的磷脂。磷脂是很有用的物质，它可作为生育酚的增效剂防止植物油的自动氧化[93]。这种增效作用对棉籽毛油的氧化稳定性有部分贡献。

（3）生育酚　各种具有天然抗氧化剂作用的生育酚异构体在棉籽中都有发现。这种天然脂溶性抗氧化剂至少有7种形式，其中植物油中主要有α－、β－、γ－和δ－生育酚四种。α－生育酚主要提供维生素E的活性及具有一定的抗氧化性，而β－和γ－生育酚具有更强的抗氧化性。棉籽毛油含有约1000mg/kg的生育酚，但加工过程会损失高达1/3。在每步加工工序中，生育酚含量都会下降，下降幅度最大的工序是碱炼和脱臭。碱炼会损失10%～20%的生育酚，脱臭会损失30%～60%的生育酚。几种典型的精炼植物油中的生育酚含量如表5.10所示[94,95]。

表5.10　几种精炼植物油中代表性生育酚的含量

植物油	生育酚总量/（mg/kg）	生育酚异构体含量/%			
		α	β	γ	Δ
棉籽油	830～990	41	微量	58	1
卡诺拉油	690～695	35		63	2
玉米胚芽油	870～2500	16	2	79	3
橄榄油	30～300	93		7	
棕榈油	360～560	30	微量		
花生油	330～480	51	1	44	4
大豆油	900～1400	10	3	63	24
葵花籽油	630～700	96	2	2	

(4)甾醇　甾醇是晶状、中性、不皂化、高熔点的具有多元环结构的醇类。植物油中少量存在的甾醇是精炼油中不皂化物的主要组成成分，其余不皂化物主要由饱和或不饱和的烃类组成。由于甾醇的无色、热稳定性、相对惰性等特点，使得它对油脂性质影响不大。化学精炼法可以去除一部分甾醇，而最有效的分离手段是结晶、分子蒸馏或高温蒸汽汽提。碱炼得到的皂脚及脱臭馏出物中富含甾醇，可用于回收甾醇。对比碱炼棉籽油和脱臭棉籽油，油中的总甾醇含量从574mg/100g降到397mg/100g[96]（译者注：疑原文小数点有误，已改正）。从油脂加工副产品中提取的甾醇是合成性激素和维生素D的前体物质。植物油中含有β－谷甾醇、菜油甾醇、豆甾醇和其他微量甾醇，通常称为植物甾醇。研究最多和最受消费者关注的是胆甾醇。植物油中含有微量的胆甾醇，但动物脂肪牛油中含有1077mg/kg[97]。部分代表性植物油的甾醇含量如表5.11所示[75,98]。

表5.11　部分代表性植物油的甾醇含量　单位：mg/kg油

甾醇	棉籽油*	大豆毛油	精炼大豆油	葵花籽油*
胆甾醇	0.5	0.5	未检出	0.5
菜籽甾醇	0.5	0.5		0.5
菜油甾醇	276.0	563.0	470.0	242.0
豆甾醇	17.3	564.0	470.0	236.0
β－谷甾醇	3348.0	1317.0	1230.0	1961.0
δ－5－燕麦甾醇	85.1	46.1	10.0	163.0
δ－7－豆甾醇	0.7	92.0	10.0	298.0
δ－7－燕麦甾醇	17.9	63.2	5.0	99.4
24－亚甲基环阿屯醇	0.5	53.0		204.0
总量	3746.5	2699.3	2195.0	3204.4

注：＊毛油或精炼油未指明。

(5)农药　世界范围的农药主要用来提高农作物产量。研究表明，大部分喷洒到作物上的农药最后会到达土壤表面，转移到其他环境中或者被生物降解。研究发现并证实农药还会转移到油料作物的种子中。油脂加工研究发现，溶剂浸出和脱色都不会影响植物油中的农药含量。而氢化和脱臭可除去挥发性农药[99~101]。美国政府机构已认识到食用油脱臭工艺可以去除农药。

(6)微量金属　植物油中含有的不同水平的微量金属，取决于植株生长时期的环境、提油及加工过程。整个加工过程都会接触金属。金属的存在降低了加工的效益，损害产品质量及人体健康。少量铜、铁、锰及镍的存在大大降低了油的氧化稳定性，而钙、钠、镁的存在降低了精炼、脱色、氢化系统的效能。金属的影响可以通过在各个加工点加入螯合剂与微量金属结合来消除[102]。当前广泛使用的金属螯合剂有柠檬酸和磷酸。

5.3.3 棉籽油的物理特性

植物油（包括棉籽油）的物理特性由各自的化学组成决定。植物油的物理特性对于其应用是很重要的，因为其应用要取决于其熔融特性、溶解度、风味、密度、形态及其他物理特性。分析和评价这些特性的方法可用于植物油的鉴定、贸易及管理过程。

(1)熔点　通常所描述的熔点是指一种物质由固体变成液体的温度。而油脂的熔点测定是困难的，因为天然油脂没有确定的熔点，它是甘油三酯的混合物，不同组分在不同温度下融化。故油脂在其完全融化之前，有个渐渐软化的过程。脂肪具有多种晶型，取决于其甘油三酯组成、样品的温度－时间处理（即调温），这也使熔点进一步复杂化。熔点一般是熔程中的一个点。AOCS 和其他机构已建立几种测定熔点的方法，包括毛细管法熔点、软化熔点、滑点、Wiley 熔点、Metter 滴点及其他方法，每种测定方法测得的值都不同。棉籽油从固体变成液体的温度范围为 10～16℃。

(2)固体脂肪指数　固体脂肪指数（SFI）是判定油脂产品的熔融特性、晶型结构的重要依据。它测定的是给定温度下固体和液体的比例。固体脂肪指数测定法是一种测定固体脂肪含量的实验分析方法。通过测定不同温度下的膨胀体积来计算固体脂肪指数值。通常在 10、21.1、26.7、33.3、40℃条件下测定固体脂肪含量。不同于热带植物的油脂，棉籽油和其他油酸－亚油酸型油不含有大量由 2～3 种饱和脂肪酸组成的甘油三酯。因此，它们的固体脂肪指数值在通常在最低温度下测定，且其值很小。天然棉籽油在 10℃时可测到 SFI 值，而温度更高时就没有了。

(3)冷冻实验　色拉油耐受冷藏能力通过冷冻实验进行测定。冷冻实验用于测定油在 0℃条件下放置一定时间后是否会出现混浊。标准的 AOCS 方法 Cc－11－53 是将干燥并过滤后的油加到 113.4g（4 盎司）的密封瓶中，然后放置在 0℃的冰水浴中[103]，5.5h 后根据 AOCS 标准方法规定的透明度来判定是否通过。但是，很多实验室在实际测定中改变了实验过程，5.5h 后将透明的油继续放置，直到出现混浊。这种改进的冷冻实验是为了评估用于人造奶油和色拉涂抹脂的棉籽油。油在冷藏温度下固体化，会导致乳化面包的水相油相分离。一般来说，冷冻实验是为了确保瓶装油在货架期内不出现惹人讨厌的外观。

(4)浊点　浊点实验方法是将油样不断搅拌并冷却直至出现混浊并阻止一束已知强度的光的通过。相比于熔点，浊点和凝固点的值与浓度更为相关。浊点与 33.3℃条件下的固体脂肪指数之间有很确定的关系。未被冬化或氢化的棉籽油的浊点为－1.1～3.3℃。由于高熔点组分在冬化中被除去，所以冬化棉籽色拉油的浊点为－5.6～－3.3℃。

(5)冻点　AOCS 方法 Cc12－59[103] 冻点实验可测定脂肪酸的凝固点。首先把油样皂化并干燥。然后装入脂酸冻点试管至57mm刻度处，并悬空在15～20℃（低于待测样品的预期冻点）的水浴之上。在恒温30s并开始升温前需要不断搅拌样品。当脂肪开始结晶或凝固时即为终点，读取此时温度为冻点。冻点分析主要应用于工业化制肥皂和脂肪酸。对食用油而言，冻点通常是为了确定油脂氢化是否完成。棉籽油氢化至碘值为5g I/100g或以下时，其冻点应为60℃以上。

（6）流点　流点是油保持流动性的最低温度。事实上，这是熔点的另一种表示。棉籽毛油和天然棉籽油的流点为－3.9～0℃。流点随油脂的饱和度的增加而提高。氢化棉籽油的流点远远高于未氢化油，根据其饱和程度，流点可高达60℃。

（7）折射率　折射率是油脂的一个重要特性，因为其能够快速精确测定，所需油样量少，还与油脂的结构相关。折射率可以用来鉴定油的来源、快速观察反应进程以及确定油的纯度。折射率和油脂组成之间的关系如下[104]：

- 折射率随碳链长度的增加而增大；
- 折射率随双键数目的增加而增大；
- 甘油酯的折射率大于脂肪酸的折射率；
- 混合甘油酯与对应的简单甘油酯的折射率相近；
- 甘油一酯的折射率高于相应的甘油三酯的折射率。

油脂的折射率采用带有温控设施的折光仪测定。根据油脂产品的熔点，软油的测定温度通常为25℃，而熔点高的油一般控制温度在40～60℃。折射率随温度的升高而减小，但仍随油样碳链长度及双键数目的增加而增大。根据温度－折射率的关系曲线可以快速计算碘值。但是，氢化后产生的反式脂肪酸会影响折射率而不影响碘值，故上述的快速测定碘值的方法不适用。

（8）黏度　黏度是流体及半流体的一种物理属性，它能够产生和维持一种依赖于流速的剪切力，使流体的流动受阻。黏度跟温度有关系，油脂流动性随温度升高而增大。对食用油脂来说，黏度随饱和度降低而减小。碳链长度越短分子质量越小的油脂，黏度也越小。大部分亚油酸型的植物油具有相似的黏度，然而，棉籽油的饱和程度大于其他的亚油酸型植物油，故它的黏度略高些（译者注：原文为棉籽油黏度更低，疑有误）。月桂酸型油比其他植物油的黏度要低，因为它们含高水平的短链脂肪酸。利用椰子油和棕榈仁油的不同黏度特性，可以将其添加到长链植物油中生产涂层脂和糖衣。

（9）相对密度　相对密度是指该物质的密度和水的密度的比值。相对密度等于一定体积的油的质量与相同体积的水在相同温度下的质量之比。温度和脂肪酸组成会影响棉籽油的相对密度。在65.6～260℃加热范围内，每升温1℃棉籽油相对密度下降0.000638kg/m^3。在低温下，相对密度的变化更明显。在0～40℃条件下，每升温1℃棉籽油相对密度下降

0.00069kg/m³。植物油的相对密度与其分子质量呈负相关，与不饱和程度呈正相关。Lund[105]发现15℃时植物油的相对密度、皂化值和碘值之间的关系式为：相对密度 = 0.8475 + 0.0003 × 皂化值 + 0.00014 × 碘值。因此，1L相对密度为0.917的棉籽油的质量为917g，即917kg/m³。1L具有相同密度的棉籽油的质量为0.92kg。

（10）烟点　脂肪逐渐加热时会出现浅蓝色的烟。烟点是指定条件下出现可见烟的最低温度。类似于其他油脂，棉籽油的烟点、燃烧点及闪点取决于游离脂肪酸的含量。当甘油三酯水解成游离脂肪酸和甘油时，油脂的烟点下降。甘油分解形成的丙烯醛是油脂受热释放出的可见烟的主要组分。与其他长链脂肪酸的油脂一样，含有0.01%的游离脂肪酸的棉籽油的烟点大约为232℃。甘油一酯和甘油二酯由于游离甘油的存在会降低烟点。AOCS Cc9a－48烟点测定方法是用带有气流保护和特殊照明装置的实验设备检测油起烟时的温度[103]。一般植物油在实际使用时观察到的烟点要高于检测结果。图5.1所示为棉籽油和花生油的游离脂肪酸组成与烟点、闪点和燃烧点间的关系。

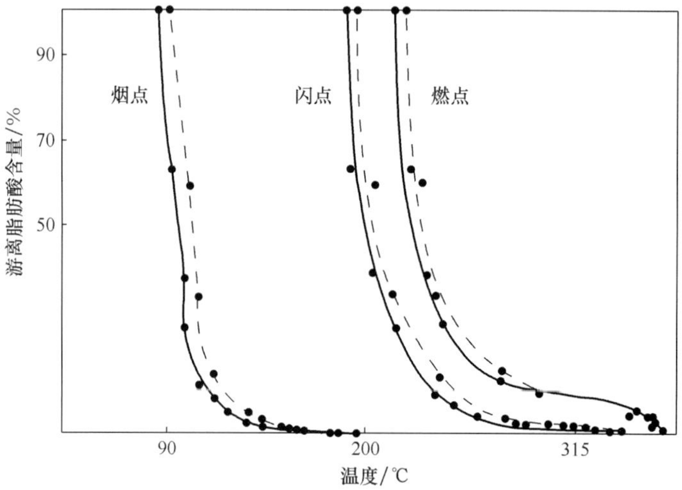

图5.1　棉籽油和花生油的游离脂肪酸含量与烟点、闪点和燃烧点的关系

——棉籽油　－－－花生油

（11）闪点和燃点　闪点是产生挥发物的量可被点燃却不能充分燃烧时的温度。燃点是指分解产物积累到能够燃烧时的温度。含有1.8%脂肪酸的棉籽毛油的闪点为293.3℃。溶剂浸出油含有一定的溶剂残留会降低它的闪点。闪点分析可以弥补毛油的缺点，有效地防止火灾和爆炸事故的发生。大多数交易法规是不允许闪点在121.1℃以下的植物毛油运输的。图5.1所示棉籽油和花生油的游离脂肪酸组成与烟点、闪点和燃点间的关系。

(12)色泽　棉籽中浸出的大量呈色物质使棉籽毛油显现出深棕红色。经过加工后呈金黄色，比花生油和玉米胚芽油的色泽浅，但比大豆油、葵花籽油、卡诺拉油及红花籽油色泽深。棉籽油中发现的色素部分来自胡萝卜素，但大部分来自微量的残余棉酚和棉酚衍生物。虽然胡萝卜素能经热脱色，一些色素能经吸附脱色，但棉酚只有通过碱炼除去，脱色效果取决于棉籽在浸出前的处理与储存条件。棉籽油在高温下色泽会变深，这种色泽即使碱炼也不能除去。植物油贸易规则已认识到棉籽油在脱色过程中的这个特殊问题，给予棉籽油优惠色泽等级和精炼损失。按照贸易规则，油的定价可按照色泽和精炼损失程度进行调整。该规则称最高等级的棉籽毛油为“优级棉籽毛油”，要求可被精炼成罗维朋（Lovibond）法测得的红值不低于7.6(译者注：此处疑原文有误，应为不高于7.6)。“初优级棉籽毛油”“次级棉籽毛油”“微红色次级棉籽毛油”的最大红色值分别为12、20、30。超出上述最大红色值的毛油称为“低级棉籽油”。

Wesson法是美国食用油工业的主要色泽测定方法，因其操作简便而被使用多年。AOCS标准方法Cc13b－45[103]是通过对比罗维朋法测得的红和黄值来获知熔融脂肪或油品的色泽。这种方法最早用于英国的啤酒色泽鉴定，但仅用来评价红色程度。评估红色时用黄色是必要的，可以使颜色与油样更接近。黄值在该方法中属于次要因子。在红色值低于3.5的油样中应用固定的黄值比例，即10黄值＝1红值；当油的颜色更深时，设定黄值比例更高。

(13)风味　风味是食用油脂重要的适口性参数之一。总体来说，食用油应该是完全无味的，这样才能提升食物的风味而不呈现油脂自己的风味。棉籽油以它起始的清淡风味和因氧化而形成的坚果味著称，常作为标准用以比较它油的风味和气味。棉籽油的这种靠氧化作用形成的坚果味，比其他亚油酸型油受氧化作用形成的风味更受欢迎。譬如，大豆油经氧化作用形成西瓜风味。导致食用油产生异味的另一个重要因素是水解。经水解作用释放出的游离脂肪酸使油脂产生不良风味。若游离脂肪酸的碳链长短少于14，那么风味更差。棉籽油主要由C_{16}和C_{18}组成，除非游离脂肪酸的含量超过1.0%，才使它的风味不被接受。

(14)稠度　油脂在冷却过程中能够形成一系列不同结构的晶体直到产生最后的晶型，所以说它们是具有多种形态的。每种油脂都有固有的晶型倾向，不是β型便是β'型。紧密结合的针状β'型晶体能生产具有良好塑性、热抵抗性和乳化性的起酥油、人造奶油及特种固体油脂产品。粗大、高熔点、自我封闭且稳定的β型晶体可导致所生产的砂粒状脆性固体油脂轻易与液体油分离。不同油脂的结晶习性如表5.12所示。棉籽油是和一些氢化油一样呈β'型结晶，而其他几乎所有美国产的油脂都是β型结晶的。

表5.12 氢化油脂的结晶习惯

结晶粒	油脂举例											
β型	卡诺拉油	可可脂	椰子油	玉米胚芽油	猪油	橄榄油	棕榈仁油	花生油	红花籽油	芝麻油	大豆油	葵花籽油
β′型	奶油	棉籽油	步鱼油	棕榈油	菜籽油（高芥酸）	米糠油	牛油					

5.3.4 棉籽油的化学特性

包括棉籽油在内的油脂都是由甘油酯及少量非甘油酯物质组成的。油脂的化学组成决定了它们的物理性质和化学性质，并决定了油脂加工方式及产品应用的适应性。

（1）游离脂肪酸 早在18世纪80年代，油脂化学家便将游离脂肪酸含量作为棉籽毛油的质量指标。水解作用会使甘油三酯分子的酯键断开，形成游离脂肪酸、甘油二酯、甘油一酯及游离甘油。该反应一般由所含水分所诱导发生，加热会加速反应。该反应还会由某些酶的催化而产生。经水解作用释放出的游离脂肪酸使油脂产生显著的不良风味。若游离脂肪酸的碳链长短少于14，那么风味更差。而棉籽油主要由C_{16}和C_{18}组成，只要游离脂肪酸的含量不超过1.0%就不会使其风味不可接受。

从优良品质的棉籽中提取的棉籽毛油的游离脂肪酸含量通常在0.5%～0.6%。在好的季节里，游离脂肪酸含量可低于1.0%；然而，在不良气候条件下，游离脂肪酸的平均含量会高于5%。棉花采摘期间的干燥天气会降低游离脂肪酸含量。潮湿的棉籽在田地或仓库里都会使油发生水解反应。最劣质的油中游离脂肪酸含量可达15%～25%。精炼后游离脂肪酸含量可降至0.05%。游离脂肪酸与精炼损失直接相关，即部分油脂会进入皂脚。化学精炼中NaOH的需要量由棉籽毛油的游离脂肪酸水平决定。0.5%～0.6%游离脂肪酸的棉籽毛油精炼损耗仅为2.5%～3.0%。而高游离脂肪酸含量的棉籽油其精炼损耗高达40%～50%[23]。

（2）过氧化值 油的氧化是导致变质的重要原因。氢过氧化物是不饱和脂肪酸和氧气之间的主要氧化产物。氢过氧化物本身没有异味，但是它们快速分解得到的醛类具有强烈刺激性气味。过氧化物的浓度通常用过氧化值（PV）表示，作为油脂早期氧化酸败的标志。过氧化值（PV）是通过氧化KI为I_2来计算过氧化物浓度，以每1000g样品中含有的过氧化物的毫克当量来表示。AOCS方法Cd8－53[103]是测定过氧化值（PV）的标准方法。

过氧化值（PV）是分析油脂品质常用的化学方法之一。它与油的感官风味评分具有很好的相关性。但是，过氧化值（PV）不能够全面反映油脂品质，因为过氧化产物的存在是暂时的，它会分解成其他非氧化组分。尽管在油脂氧化早期，过氧化值（PV）和感官风味评分呈线性关系，但是它并不是一个很好的品质评价指标，因为过氧化物增加到最大值后会逐渐开始下降。因此，高过氧化值（PV）表示氧化产物将会产生不良风味，而低过氧化值（PV）不表示具有良好风味。

(3)茴香胺值 茴香胺值用于测量油脂的二次氧化或储存情况。茴香胺值可用于检测毛油质量及加工效率。但是，它不适合检测油中的氧化产物及评价氢化油。AOCS 方法 Cd18－90 建立了茴香胺值的标准分析方法[103]。这种分析是以茴香胺和不饱和醛类的颜色反应为基础的。茴香胺值小于 10 可作为加工后油脂可接受度的推荐值[94]。

(4)固有氧化稳定性 暴露在空气中的油脂中的不饱和脂肪酸容易发生氧化反应。反应的最终结果是产生令人讨厌的风味。不饱和脂肪酸的双键是化学反应的活性位点。油脂的氧化速率跟它的不饱和程度成正比；例如，含三个双键的亚麻酸($C_{18:3}$)比含有两个双键的亚油酸($C_{18:2}$)容易氧化，比含一个双键的油酸($C_{18:1}$)更容易氧化 10 倍。油脂中常见的三种不饱和脂肪酸与氧气的相对反应速率如表 5. 13 所示。

表 5. 13 饱和脂肪酸与氧气的相对氧化速率关系

脂肪酸	与氧气的相对氧化速率	脂肪酸	与氧气的相对氧化速率
油酸($C_{18:1}$)	1	亚麻酸($C_{18:3}$)	25
亚油酸($C_{18:2}$)	10		

氧化酸败生成的氢过氧化物会分解成醛、酮、二聚体及聚合胶体。温度、氧气分压、初始氧化产物、金属离子、脂肪氧合酶、血红素、抗氧化剂的还原、金属钝化剂的缺失、时间及紫外或可见光可加速该反应的进行。氧化反应最终会破坏油脂中的胡萝卜素（维生素 A）、必需脂肪酸（亚油酸和亚麻酸）、生育酚（维生素 E）等有益成分。油脂的氧化反应与游离脂肪酸的组成是密切相关的，特别是不饱和脂肪酸的种类及数量。脂质氧化稳定性可由碘值估算，而碘值可由脂肪酸组成或氧化稳定性公式计算。几种主要天然油脂的氧化稳定性如表 5. 14 所示[106]。固有氧化稳定性的等级反映的是油脂中所有不饱和脂肪酸的氧化反应速率之和。氧化稳定性等于每种不饱和脂肪酸的含量乘以其相对氧化速率后的总和[107]。正如表 5. 14 所示，脱臭棉籽油含有约 26% 的饱和脂肪酸，使得它的抗氧化性及后续的恢复能力都比其他含较少饱和脂肪酸的高亚麻酸($C_{18:3}$)油脂强。

表 5. 14 植物油的氧化稳定性

分级①	固有氧化稳定性②	植物油	碘值/(g I/100g)	双键总数
好	0. 3	椰子油	9. 6	11
	0. 4	棕榈仁油	17. 2	20
	1. 5	棕榈油	52. 2	61
	1. 6	橄榄油	82. 4	96

续表

分级①	固有氧化稳定性②	植物油	碘值/(g I/100g)	双键总数
	3.7	花生油	97.0	113
	5.3	卡诺拉油	116.5	135
	5.8	棉籽油	112.4	130
	6.5	玉米胚芽油	128.4	148
	7.2	葵花籽油	136.2	157
	7.5	大豆油	132.5	153
差	8.0	红花籽油	146.1	169

注：①固有氧化稳定性的最优值为0。
②计算的固有氧化稳定性＝每个不饱和脂肪酸的分数乘以其相对氧化速率。

（5）活性氧（AOM）稳定性　活性氧法常用来分析油脂产品的氧化稳定性。活性氧法是利用空气和加热来加速氧化，即在加热的油脂中连续鼓风。期间定期进行过氧化值分析，确定在活性氧条件下油脂氧化的时间进程。该方法需要密切关注操作细节以保证结果的重复性，油样两次测定的过氧化值要在（100±25）meq之间。

（6）油脂氧化稳定指数　两种电导率测定仪，即Rancimat和氧化稳定性设备（OSI），已经用于替代活性氧稳定性分析。通入空气的加热油样产生挥发性的氧化产物可被去离子水吸收，这两种设备记录其不断增加的电导率。电导率的增加与油脂氧化稳定性相关。采用这两种设备只需花费少量的时间和精力，便能得到重复性高的氧化稳定性结果。

（7）碘值（IV）　碘值是简便快速测定油脂不饱和程度的化学常数，但它不能确定具体的脂肪酸种类。碘值是指每100g油脂所能吸收碘的质量。高碘值表示双键数量多。棉籽油的碘值随着生产的年份、产地及生长季节发生波动。较寒冷的生长季节里，油的亚油酸（$C_{18:2}$）含量高于平均值，油酸（$C_{18:1}$）含量低于平均值；较温暖的生长季节里，趋势刚好相反。双键数量增加或减少便影响碘值的变化。典型的德克萨斯州的棉籽油碘值为103g I/100g，而美国其他地区棉籽油的碘值为112g I/100g。

（8）哈芬（Halphen）反应　哈芬试验是检测其他油脂产品中是否存在棉籽油的一种灵敏可靠的方法。环丙烯脂肪酸是锦葵科植物包括棉花和秋葵所特有的，与溶解在二硫化碳和戊醇的等量混合物中的硫磺进行反应时呈现特征性的樱桃红色。混合油中含有0.25%或更少的棉籽油就能被检测出来。当棉籽油氢化使碘值降低3～5g I/100g之后，哈芬试验便失效。

（9）不皂化物　不皂化物是指油脂中不被碱皂化、却能溶于非极性溶剂的化合物。这些物质包括甾醇、烃类、生育酚、色素及其他不溶于水的化合物。高品质的棉籽油中这些物质的含量约0.5%～0.7%。由于碱炼和高温脱臭后甾醇含量的减少，使得脱臭油的不皂化物稍有减少。

(10)皂化值　皂化值是通过计算碱活性基团来预测甘油酯类型的有效方法。皂化值可用于估算甘油酯的平均分子质量。由短链脂肪酸组成的甘油酯比由长碳链脂肪酸组成的甘油酯的皂化值要高。棉籽油的皂化值在189～198mg KOH/g，平均值为195mg KOH/g。若不借助其他分析方法，仅凭借重叠太多的皂化值是无法鉴定出特定油脂的；如大部分油酸－亚油酸型油的皂化值均在180～200mg KOH/g。在食用油加工中，气液色谱分析脂肪酸组分的方法已取代了皂化值分析法。

(11)脂肪酸组成　传统的脂肪酸组成分析是碘值、相对密度、折射率及皂化值的综合分析。现今，该方法已经被气液色谱法所代替。气液相色谱法通过一次分析便能得到每种脂肪酸的百分含量，对于精炼油或非精炼油都适用。气液相色谱法是分析油脂产品脂肪酸组成的快速精确的方法。脂肪酸组成的分析有利于产品开发、工艺过程控制、销售等各方面，因为油脂产品的物理、化学和营养特性由其脂肪酸的种类、比例及在甘油中的位置决定。油脂的物理特性取决于其不饱和程度、碳链长度、同分异构体形式和分子结构。每种脂肪酸有其特定的熔点，碳链长度越长熔点越高，不饱和度越高熔点越低。因为不饱和脂肪酸具有双键，所以它的化学活性强于饱和脂肪酸，双键越多化学活性越强。双键易发生氧化、聚合、氢化和异构化。通常来说，在室温下为液体的油脂产品，它的不饱和程度较高，为固态的不饱和程度较低。但油脂氢化产生的反式结构将使这种变化变得复杂化[108]。表5.15所示为几种典型的油酸－亚油酸型油脂的脂肪酸组成。

表5.15　油酸－亚油酸型植物油的脂肪酸组成

脂肪酸	橄榄油	卡诺拉油	花生油	玉米胚芽油	棉籽油	大豆油	葵花籽油
豆蔻酸（$C_{14:0}$）		0.1	0.1	0.1	0.8	0.1	0.1
棕榈酸（$C_{16:0}$）	9.0	4.0	11.1	10.9	23.2	10.6	6.3
棕榈油酸（$C_{16:1}$）	0.6	0.3	0.2	0.2	0.7	0.1	0.1
硬脂酸（$C_{18:0}$）	2.7	1.8	2.4	2.0	2.1	4.0	5.1
油酸（$C_{18:1}$）	80.3	58.8	46.7	25.4	16.9	24.0	17.8
亚油酸（$C_{18:2}$）	6.3	21.4	32.0	59.6	55.8	52.9	69.1
亚麻酸（$C_{18:3}$）	0.7	10.3		1.2	0.2	7.7	0.4
花生酸（$C_{20:0}$）	0.4	0.6	1.3	0.4	0.3	0.3	0.4
9c－二十碳烯酸（$C_{20:1}$）		1.5	1.6				0.1
山嵛酸（$C_{22:0}$）		0.3	2.9	0.1		0.3	0.6
芥酸（$C_{22:1}$）		0.7					
木焦油酸（$C_{24:0}$）		0.2	1.5				

5.3.5 棉籽油的分析特性

食用油脂化学结构的不同，导致它们具有不同功能的物理特性。物理、化学和特性分析是油脂生产商评价产品、开发新产品、购买原料及满足特定消费者需求的有效手段。表5.16列出了典型棉籽油的脂肪酸及甘油三酯组成范围等特性（已考虑棉籽不同种类、生长条件及分析误差）。

表5.16 典型RBD棉籽油的特性

特性	典型代表	范围	特性	典型代表	范围
相对密度（25℃）		0.916～0.918	棕榈酸（$C_{16:0}$）	21.6	21.4～26.4
折射率（25℃）		1.468～1.472	棕榈油酸（$C_{16:1}$）	0.6	0～1.2
碘值/（g I/100g）	108.0	98.0～118.0	硬脂酸（$C_{18:0}$）	2.6	2.1～3.3
皂化值/（mg KOH/100g）		189～198	油酸（$C_{18:1}$）	18.6	14.7～21.7
不皂化值/%		<1.5	亚油酸（$C_{18:2}$）	54.4	46.7～58.2
冻点（Titer）/℃	34.9	30.0～37.0	亚麻酸（$C_{18:3}$）	0.7	0～1.0
熔点/℃	13.0	10～16	花生酸（$C_{20:0}$）	0.3	0.2～0.5
凝固点/℃		+12～-13.0	9*c*-二十碳烯酸（$C_{20:1}$）		0～0.1
浊点/℃	3.0	-1.0～3.0	山嵛酸（$C_{22:0}$）	0.2	0～0.6
冷冻试验/h			芥酸（$C_{22:1}$）		0～0.3
活性氧稳定性/h	16.0	16～19	木焦油酸（$C_{24:0}$）		0～0.1
生育酚含量/（mg/kg）			甘油三酯组成/%		
α-生育酚	355	340～369	三饱和（GS_3）	0.1	0～0.1
γ-生育酚	502	481～522	双饱和（GS_2U）	13.2	14.0
δ-生育酚	8	8～9	单饱和（GSU_2）	58.4	50.0～58.0
脂肪酸组成/%			三不饱和（GU_3）	28.3	28.0～36.0
豆蔻酸（$C_{14:0}$）	0.7	0.6～1.0	氢化后晶型习惯	β'	

注：G—甘油三酯；S—饱和；U—不饱和。

5.4 棉籽处理、棉籽油提取与加工

大自然赋予了作物合成、利用和储存食用油脂的体系。油料种子在制油前的不恰当处理和储存会引起油品质变差。因此，控制棉籽的运输、储存、水分和棉短绒的分离是生产高品质食用油的首要工序。油脂加工有着较长的发展史，但大部分油脂加工方法是在20世纪发明的。之前毛油制取和油脂加工一直是两个分离的行业。直到25年前由于经济萧

条和生产合作使整个产业发生横向（类似部门合并）和纵向（相关部门合并）变化。目前油脂企业还在继续提高压榨能力，并使提取和精炼成为连续化操作。大部分操作与混合油碱炼法相结合可生产出颜色较浅的“预脱色夏日黄”（PBSY）棉籽油。“预脱色夏日黄”是美国棉籽产品协会制定的一项贸易规定，即色泽不超过 AOCS 法色标值 2.5，游离脂肪酸含量不超过 0.25%，水分和挥发性成分含量不超过 0.1%。油脂生产企业以色标值 2.5 来保证产品质量。

5.4.1 棉籽的处理和储存

一旦棉桃裂开，里面的棉籽便很容易变质。有生命的棉籽呼吸会生产二氧化碳和热，当然也有其他的生物过程。甘油三酯在酶的作用下水解释放出游离脂肪酸，并提供胚芽生长所需的能量。游离脂肪酸的产生对油脂加工是很不利的，因为游离脂肪酸含量高的棉籽只能生产低品质的油，会增加精炼损耗。水解速率主要取决于温度和水分，不过水解酶可通过热处理失活。加热会导致油中脂肪酸氧化[109]。Altschul[110]报道了棉籽收获前后的生物学变化，也有很多最新报道研究了棉籽的变化情况。

影响棉籽储存的另一个因素是棉籽中真菌的控制状况。棉籽容易污染能产生黄曲霉毒素的黄曲霉。棉籽中黄曲霉毒素的污染是逐渐形成的，但也有可能在田地就产生，而不是在储存期间。由于黄曲霉毒素通常与蛋白质片段结合在一起，所以严格的加工过程可去除油中毒素，但饼粕仍然受污染。加工动物饲料的饼粕必须经国家和联邦管理的严格检验。因此从安全和经济上考虑，控制黄曲霉毒素生长的条件及检测它的存在是非常重要的。Park 等[112]对棉籽中黄曲霉毒素的控制进行了很好的综述。

棉籽储存的理想条件是水分含量控制在 10% 以下[49]。脱壳棉籽的水分含量要少于 9%，游离脂肪酸含量要少于 1%[109]。在储存之前，棉籽需要取样进行水分含量分析。AOCS 方法 Aa3－38 中详细描述了棉籽中水分的测定方法，当然，其他方法可能也在使用。水分含量为 10%～11% 的棉籽可以直接储存，但高于 11% 的必须经过干燥处理。干燥可以在室温或高达 104.5℃的温度下进行，直到水分含量降到 12% 或稍低一点，低于 9% 就没必要了。虽然干燥机不是每个季节都需要，但当湿棉籽送到油厂时就需要了[113]。因为棉籽会吸湿，必须对储存时的相对湿度进行监控以控制棉籽水分。有报道研究用丙酸对高水分棉籽进行处理以阻止变质，但此方法未被广泛采用[114]。

最常见的棉籽储存设施是棉籽房，但一些筒仓也在使用。在密西西比西部，棉籽也被放在户外的板子上，然后用帆布遮盖。空气冷却系统对棉籽的成功储存至关重要。棉籽的温度取决于环境温度和储存区的通风程度[115]。棉籽的呼吸会导致热量积累，特别是当棉籽的水分含量或游离脂肪酸含量很高时[49]。过热的棉籽必须冷却到 15.6℃以下，以防止进一步劣变[116]。在适当的储存条件下，棉籽的储藏期有可能超过一年。

5.4.2 棉籽油制取

棉籽油是最早从种子里制油的油种之一。棉籽油制油工艺由磨石到楔型压力机再到液压机一步步发展起来。采用液压机制油的方式几乎在整个19世纪占主导地位。18世纪期间，随着纺纱、编织及轧棉工艺的进步，越来越多的棉籽可用于制油。19世纪早期，劳动密集型的液压机操作很快被连续式螺旋压榨机取代。鉴于食用油可观的市场价格，以及不管液压机还是螺旋压榨机制油后饼粕中仍有20%的残油，研究者开始寻找一种合适的溶剂从饼粕中萃取残油。19世纪30年代开发出了预压－溶剂浸提法。这种结合机械压榨和溶剂浸出的方法使棉籽的出油率高达97%。在19世纪70年代，棉籽油工业为进一步提高生产力和油脂品质，又开发出了膨化和混合油精炼并与棉籽压榨厂结合。19世纪80年代晚期，美国80%的棉籽采用膨化－溶剂浸出法制油[3]。美国的棉籽油制取流程如图5.2所示[69]。

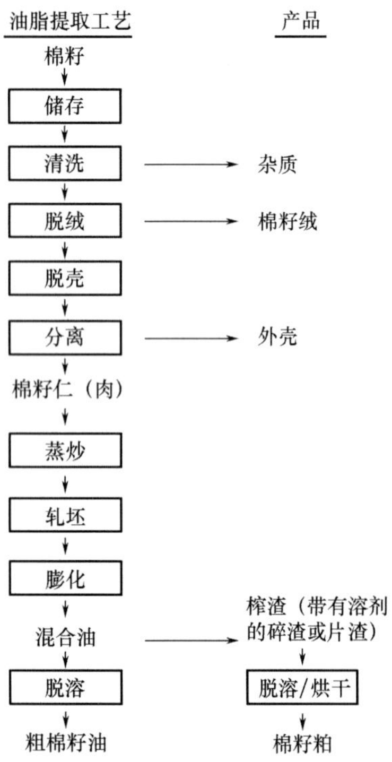

图5.2 棉籽油制取流程图

（1）棉籽预处理 大多数油料种子制油前需要清理和预处理。棉花纤维经轧棉机除去后，棉籽的外表面上仍然残留白色的棉短绒。这些在市场上被称作白棉籽或绒毛棉籽。经过干燥之后，白棉籽中含有12.7%的棉绒，31.8%的壳和55.5%的仁[23]。由表5.2可以看出，棉籽经常是未清理就储存的。当棉籽从储藏室取出来制油时，污垢和杂质必须被除去。这要经过几道以筛分为主的清理工序。一些比棉籽轻或小的杂质能够通过风力系统或机械方式去除。较大的杂质可以筛除，含铁金属可以通过磁铁清除。但相同大小和密度的异物可以通过这样的加工流程。

（2）脱绒 在所有的油料种子中唯有棉籽需要脱绒。由于棉籽上残存的短纤维棉绒会通过吸附降低油的产量，所以必须将它们从棉籽上除去。棉短绒厚重，在制油时易于吸油或占据较大空间。硫酸等一些化学药品可用于脱绒，尤其是用于需要种植的种子。但是目前所有工厂都采用机械方式脱绒，因为这些短绒有很多工业用途，可作为纯纤维、塑料和人造纤维的原材料，也可用于高质量纸张、棉絮或者床上用品、家具和汽车的填料。

（3）脱壳 脱去棉绒后就是脱壳。如果仁中混有壳，会在油的提取过程中吸油，还会降低蛋白质含量从而降低饼粕含量。但壳的脱除会造成仁的损失，因此只能根据成品饼粕中蛋白质含量的要求来确定一个可接受的含壳量。

工业上采用的脱壳机有两种。刀板剥壳机由一个镶有条片或刀片的圆筒构成，这个圆筒在另一个内侧也有类似刀片的圆筒中旋转。当种子从两筒间通过时被剥壳。另一种脱壳机有两个坚硬的、表面有纵向沟槽的钢辊构成。当棉籽被喂入双辊时，通过双辊之间的沟槽和两辊的速率差而被剥壳。通过筛分将壳与未切割的棉籽和棉仁分开，壳经吸风除去，棉籽重回到脱壳机。

(4)轧坯　脱壳后的棉仁需轧坯减小尺寸以便于取油。这种滚压工艺使油析出的距离缩短，但不一定使油料细胞破壁。棉籽中适当的含水量对轧坯是必需的，如果含水量太低，必须通过调节使含水量升至11%左右[116]。虽然棉籽可以用平行的对辊轧坯，但更多的是采用一组五个堆叠的光辊轧坯，因为光辊能得到更薄的坯片。坯片最终的厚度取决于取油方式。对于机械压榨，料坯厚度一般为0.127～0.254mm，对于溶剂浸出，料坯厚度一般不少于0.230～0.254mm[49]。料坯更薄的话在浸出时易破裂。

(5)蒸炒　取油前料坯要进行热处理。Ward[118]总结了料坯蒸炒的目的：①破坏细胞壁使油溢出；②降低油的黏度；③调节水分含量；④使蛋白质凝固；⑤使酶失活并除去微生物；⑥通过热、水分及物理作用的联合运用使棉酚和蛋白质在一定程度上结合从而降低其毒性；⑦将一定量的磷脂留在饼粕中以减少后续精炼的损失。

棉籽粕通常在4～8层的层式蒸炒锅中蒸炒。每一层的壁和底都有蒸汽夹层用于加热料坯。料坯从顶层喂入，加热一定的时间后进入下层。下层温度通常高于上层温度。如果料坯相对较干燥，会在顶层补充水分使其达到11%～12%。随着料坯向底层移动，水分被蒸发并通过低层的排气口排出直至达到最终的含水量。对于液压压榨来说理想的水分含量为5%～6%，对于膨化或螺旋压榨则为3%[49]。在低温和低含水量下蒸炒棉籽会导致蛋白质与棉酚结合量减少，从而增加油中棉酚含量并影响毛油色泽[49]。

料坯在上层被加热到87.8℃以上。高磷脂含量的料坯更适于在稍低一点的温度下蒸炒，以避免增加精炼损失。料坯的温度在下层升至110～132.2℃。棉籽一般蒸炒120min，根据蒸炒锅的大小，每24h蒸炒81～136t。

过度蒸炒会降低饼粕的营养性并加深油和饼粕的颜色。由于色泽会加深，高脂肪酸含量的劣质棉籽不能像高质量的棉籽那样加热很长时间。色深的油需要额外精炼才能达到理想的浅色。

(6)油的提取　从油料中取油的方法主要有四种：①液压压榨法；②挤压或螺旋压榨法；③预轧浸出法；④直接浸出法。在实际棉籽油提取中通常采用两种技术，即机械压榨法或者正己烷为溶剂的浸出法。机械压榨通常适用于含油量相对较高的油料。脱壳彻底的棉仁含油量高达34%，适用于机械压榨[3]。预榨浸出法是将两种技术结合使用，该方法先将油料用螺旋压榨法轻微压榨使其含油量降至原来的1/2～2/3，然后进行溶剂浸出。1980年以后，在美国超过80%的破碎棉籽通过溶剂浸出法加工完成。在大多数情况下，为了质量和效率，溶剂浸出可和精炼工艺结合使用，参见5.4.3节中混合油精炼。从世界范围看，考虑到运输设施、硬件、溶剂和技术工人等情况，以上四种方法都会用于棉籽的加工。

（7）液压压榨　间歇压榨是最早的商业制油方法。液压设备取代机械操作后发展成为液压压榨[49]。在开口的轧机上，油料用布包裹后置于两板之间，然后平板逐渐挤压以获得油。箱式压榨最常用于棉籽，该法需要大量劳动力。目前在世界上只有少量棉籽用液压压榨，美国已不用该方法。该类型制油法与更先进方法的生产效率见表5.17[49]。Wrenn[5]介绍了棉籽油液压压榨的传统内容，包括操作中的设备图片。

表5.17　不同取油法得到的棉籽油产量比较

方法	每吨棉籽的产油量/kg	方法	每吨棉籽的产油量/kg
液压压榨	154	溶剂浸出（包括预榨溶剂浸出）	180.5～188.0
连续螺旋压榨	163.5		

（8）螺旋压榨　20世纪90年代初期以来，螺旋压榨逐渐取代液压压榨用于棉仁制油。在螺旋压榨系统中，当螺杆将料坯从螺筒的入料口输送到卸料口时，压力逐渐施加到料坯上。在卸料口末端形成塞状压缩饼粕，一个排油筒环绕在压榨机上以收集料坯通过时压榨出的油。螺旋压榨形成的饼粕中残油量为3%～4%。俄亥俄州克利夫兰的Anderson压榨机可在垂直和水平方向施压最大压力，而俄亥俄州Piqua的French螺旋压榨机通常由一个水平的水冷却笼组成。两种类型的压榨机都可向料坯施加68.9～110.3MPa压力[49]。与过时的液压压榨相比，螺旋压榨的缺点是由于压榨前蒸炒的料坯含水量较低，压榨油色泽较深[49]。

（9）直接浸出　该工艺基于用非极性溶剂，特别是正己烷，来溶解油而不除去蛋白质和其他组分。料坯以间歇工艺或连续工艺与正己烷混合。生成的油－溶剂混合物和残留的粕通过加热脱除溶剂，脱出的溶剂被回收并再利用。溶剂浸出法比螺旋压榨法的产油量高出约11.5%[49]，粕中残油低于1%。然而，对于棉籽工业直接采用溶剂浸出法也存在问题，棉籽料坯的高含油量使其在取油后容易失火；油－溶剂混合物的偶尔过热会引起不可逆的油色变化；如果饼粕用于家禽和猪的饲料，则需要额外加热以结合棉酚；己烷作为一种挥发性有机溶剂（VOC）会引发环境问题；己烷的主要成分正己烷被联合国环境保护组织确定为一种有毒气体污染物（HAP），在美国被严格管理[55,119]。

(10)预榨浸出法　溶剂法成本相对较高，并且不适于含油量较高的棉籽。机械压榨法通常会在预榨饼粕中残留5%左右的油。为了获得尽可能多的油，一种合理的加工步骤可将两种技术结合起来，即采用预榨浸出法，棉籽首先通过预榨除去大部分的油，然后用溶剂萃取预榨饼中的残油。由于该法加工的是体积压缩后的原料（即预榨饼，而不是坯片），因此只需要适度规模的浸出罐。

(11)膨化-溶剂浸出法　膨化机的使用是棉籽油提取技术中的最新应用。膨化机是一种低速剪切的挤压机，通过加热、均质和塑形将油料变为多孔料块或者是蓬松的颗粒。在膨化机内，加压蒸汽通入料坯或饼粕中，然后油料被挤出模板排至空气中。当油料被突然释放到空气中时会膨胀，因此命名为膨化机。有些膨化机带有排油筒可以将油料的含油量降至30%以下，这样就可以直接进行溶剂浸出，故可代替压榨工艺[120]。Watkins[121]报道，与传统方法制备的料坯相比，膨化油料经己烷萃取后残油量可减少25%～45%，达到原来的1/15。由于膨化棉籽所需的料液比为1∶1，而棉仁直接浸出所需的料液比为1∶1.8，所以溶剂利用率也提高了[122]。溶剂浸出后的粕中含有0.10%～0.20%的游离棉酚，只有料坯含量的一半。到2000年，美国几乎所有的工业化棉籽油提取工艺都采用了膨化溶剂浸出法。

5.4.3　棉籽油加工

图5.3所示为6种不同产品的工艺流程。但是图5.3忽略了一种目前在世界上仍有应用的产品：浸出油或过滤棉籽油。1998年，在中亚当地的市场上，浸出后的棉籽油不需要任何处理即可出售。但是这种油在西方不被接受，西方消费者一直更青睐那种颜色较浅、

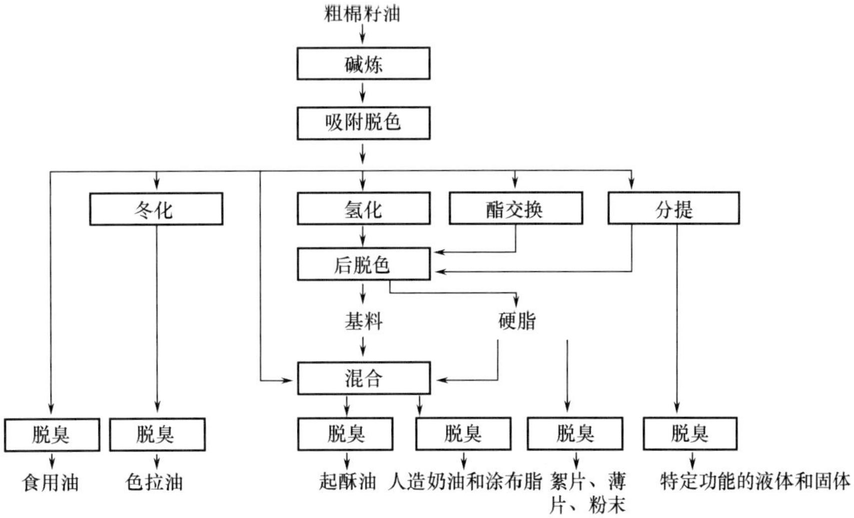

图5.3　棉籽油加工6种不同产品的工艺流程图

脱臭的、烟点较高和在货架期和冷藏条件下都保持透明的食用油，此外还必须有长久的风味和热稳定性，能提供独特的功能性，以及便于使用的包装。本章将介绍与这些油脂产品和质量相对应的生产工艺。

(1)精炼 这里所说的精炼是指除去游离脂肪酸、磷脂、棉酚和棉籽油中其他杂质的纯化处理；它不同于其他工艺，如脱色、脱臭。与其他工艺相比，在对最终产品的影响中，精炼工艺对植物油品质和经济性的影响更大。精炼不充分的油将会影响所有后续工艺的操作及最终产品的质量。对于劣质精炼油需要额外的工艺和操作，这将增加产品的成本，而增加的成本会超出对油充分精炼的费用。

目前在精炼植物油中采用两种不同的精炼工艺：化学精炼和物理精炼。由于物理精炼存在的一些缺点，美国仍将碱炼作为植物油除杂的首要方法。有些油（如棉籽油）中含有一些用物理精炼工艺不能充分除去的非甘油三酯物质。棉籽油中的棉酚等相关色素可以与苛性钠结合，因此可以通过碱炼法有效除去。美国和其他国家应用了几种不同的碱炼工艺：长混、短混、混合油精炼和 Zenith 工艺。这里只讨论常规法或长混碱炼工艺，两种方法都提供充足的时间与苛性钠反应，以有效地从棉籽油和混合油中除去棉酚和磷脂。

(2)常规法或长混苛性钠精炼法 常规的苛性钠精炼是使用最广和了解最多的精炼工艺。向毛油中加入碱液会引发大量化学反应和物理反应。碱与游离脂肪酸结合形成皂。磷脂和胶质吸附碱并通过水化聚集或降解。大量的色素被胶质吸附、降解，或者与碱液反应变为水溶性物质，而非水溶性物质被包裹进其他沉淀物中。随着加热和反应时间延长，过量的碱也会引起中性油的皂化。因此 NaOH 强度、混合时间、混合能量、温度和加碱量的选择对于确保碱炼工艺的高效性有重要影响。

目前碱炼技术是在最初敞口的锥形罐中进行的间歇工艺基础上逐渐发展起来的。皂脚与中性油的有效分离是碱炼过程中的重要环节，采用离心分离技术可将皂脚产量从 1.5% 提高到 2.5%。目前世界上采用的苛性钠连续反应体系可以灵活有效地精炼所有的毛油。该体系要点如下[106]。

• 毛油调质——含有大量磷脂和微量金属的毛油通常在精炼前先用食品级磷酸处理 4 ~ 8h。酸处理的目的如下：①促进磷脂沉淀；②以不溶性磷酸盐的形式除去镁和钙；③与铁、铜和其他油中可能存在的微量金属反应；④减少中性油的损耗；⑤提高最终脱臭油的色泽和风味的稳定性。

• 碱处理——将毛油连续地和一定比例的稀碱液混合，同时加热以防止乳化液形成。碱炼工艺的选择由毛油类型、游离脂肪酸含量、以往类似油的精炼经验及精炼设备来确定。通常以达到理想点的最低浓度和最小剂量为宜，这样，中性油的皂化可降至最小，同时防止分离时形成乳化。一般来说，对于低游离脂肪酸的油，采用相对较稀的碱液，而对于高游离脂肪酸的油，采用较高浓度的碱液。精炼过程中磷脂减少量很大程度上取决于碱液中的含水量。碱越多，除去的磷脂越多，这是由于水处理量增加而造成的，不是由 NaOH 引起的。碱液的浓度用波美度（°Bé）来衡量。因此，碱处理毛油的用碱量随游离脂肪酸浓度和碱浓度的不同而有不同的理论值。碱液的理论值基于 NaOH 摩尔质量与油酸摩尔质量的比例。该系数由如下公式计算：

$$系数 = \frac{\text{NaOH 摩尔质量}}{\text{油酸摩尔质量}} = \frac{40}{282} = 0.142$$

因此，碱量计算如下：

$$处理量/\% = \frac{\text{游离脂肪酸含量}/\% \times 0.142 + \text{过量碱}/\% + \text{添加的酸}}{\text{碱液中的 NaOH 量}/\%} \times 100$$

由于棉酚的存在，棉籽油精炼条件的选择要更多地考虑油色的改善。由于这种色素对热和氧化作用很敏感，其所形成的色素化合物与那些与碱作用形成的色素相比很难除去。因此，用于棉籽油的 NaOH 溶液的浓度和处理量比其他植物油要大；优质棉籽油通常仅需超量 0.2% 的碱，而颜色深的油需要超量 0.4% 的碱[29]。

• 油碱混合——碱液成比例加入毛油后还需要充分搅拌以保证碱与游离脂肪酸、磷脂和色素充分接触。胶质与碱液中的水发生水化变为不油溶性物质。碱液和油在30～35℃条件下在间歇混合罐中混合 5～15min。在碱液添加过程中必须避免较高的油温，高温会增加中性油的皂化及减少精炼油的产量。当碱液混合充分后，混合物在最佳的分离温度下被转移至离心机中，为提供热量而破坏乳化，该温度一般为 74℃。

• 油－皂分离——从混合罐出来的油皂悬浮液喂入离心机中，分离为轻相和重相。植物油精炼中用到各种类型的离心机，绝大部分离心机包括一个绕轴旋转的钵或中空圆柱体。原料被装入旋转钵中，再被离心力抛至一个碟层。重相的皂脚被抛出钵外，流过顶层碟盘再流出排泄口。轻相的中性油移动到钵的中央从顶层碟盘的颈端排出。精炼产量的效率主要取决于分离。

• 水洗——用一次或两次水洗很容易将初次离心残留的皂脚从油中分离。而初次离心得到的精炼油再与软水混合，软水温度比油温高 5～8℃，流速为油速的 10%～20%。使用软水是为了避免形成不溶性皂脚。油水混合物流经一个高速、线性混合器，使皂脚从油中最大程度地转移到水中。肥皂状的油水混合物被离心分为两相。

• 真空干燥——水洗后得到精炼油，如果在脱色前需要储藏，就必须干燥除去其中微量的水分，以防止水解。一般来说，水洗后的油在 85℃左右通过喷嘴喷进真空干燥室，真空度控制在 70cm 汞柱。这种低真空度可以将含水量降至 0.1% 以下，大部分在 0.05%。而水洗后立即进行真空脱色的油可以省略干燥的步骤。

• 复炼——在处理深色油时经常发现，无论最初棉籽毛油的碱炼效率如何，脱色都很难达到理想值。在这种情况下，必须进行二次精炼以除去多余的色素。通常加入1%或2%的16°Bé的碱液，就足以保证罗维朋红在2.0～2.5[123]。

(3)混合油精炼 从1960年起，混合油精炼已经成为美国最流行的棉籽油处理方法。利用现有油料浸出系统建立的混合油精炼设施具有采用相同的溶剂回收单元达到两个目的的优点。混合油是含有浸出油的溶剂或混合物。绝大多数油脂适用连续精炼法和间歇精炼法，而棉籽油尤其适用混合油精炼法，它能保证油色浅红和较高的产量。该法需要在溶剂浸出后尽快进行，最好在油脂被提取后6h内。与常规的连续碱炼法相比，混合油精炼的优势如下：①产量高；②不用脱色，而油色更浅；③省略水洗步骤；④在脱溶使固定色素前，将颜色萃取出来[124]。

用于混合油精炼的混合油来源有：①直接溶剂浸出时的预蒸发器；②预榨毛油和预榨饼溶剂浸出物的混合物；③毛油与溶剂的混合物。在加工过程中，含油量为40%～58%的混合油被加热或冷却到40℃，然后过滤除去矿物质、水垢和其他不溶杂质。商业上用于混合油精炼的两种溶剂为己烷和丙酮。

混合毛油中磷脂和色素的水解需要用酸进行预处理，酸用量取决于毛油质量，一般为100～500mg/kg油。磷酸或醋酸可以有效改善油的质量，并减少精炼损耗。磷酸使用更普遍，因为它的腐蚀性小，适用性更广。酸与混合油在一个静止罐中混合，以确保酸的分散并与混合油迅速反应。

预处理后的混合油随后用稀苛性钠进行碱炼，碱液浓度为16～24°Bé，超量碱为理论值的0.2%～0.5%，以中和游离脂肪酸。游离脂肪酸和苛性钠在54～57℃通过均质机进行均质促使快速反应，均质的乳液、水解的磷脂、色素与苛性钠反应，生成两相混合物。控制混合物温度为57℃，以便重相或皂脚能够从轻相或油中离心分离。中性油通过一种预涂硅藻土的叶片压滤机过滤。精炼和过滤的混合油经过脱溶后得到中性油，或可以进一步加工，如脱蜡、分提或氢化[125,126]。

(4)预脱色 脱色是部分或全部去除色素的必要工艺，也是油脂进一步加工前的纯化工艺。脱色效果取决于碱炼和水洗后残留的微量皂脚、磷脂和过氧化金属的清除程度，这些物质会阻碍过滤，使催化剂中毒，使油色加深，并最终影响产品的风味。此外，很多技术人员首先考虑的因素是脱除过氧化物和次级氧化产物。这些杂质会在过滤介质的吸附表面上争夺空间。脱色的关键工艺参数包括：①脱色方法；②脱色介质；③温度；④时间；⑤水分；⑥过滤[106]。

- 脱色方法——三种最常见的脱色方法为间歇常压法、间歇真空法和连续真空法。虽然真空脱色是首选的，但常压脱色也能生产出合格的脱色油。无论是间歇操作还是连续操作，真空脱色都比常压脱色更有效，因为该法白土用量更少，脱色温度更低，水分蒸发更迅速有效，还能防止游离脂肪酸生成和避免油脂在高温下氧化。当需要在一个系统中加工多种来源的油脂时，间歇脱色优于连续式操作。不过，连续式操作系统在加工单品种油脂时效果更好，效率更高。

• 吸附剂——虽然曾经有一些化学吸附剂用于食用油脱色，但实际生产都使用吸附白土或活性炭。食用油脱色工艺中常用的吸附剂为天然白土、活性白土和活性炭。颗粒大小是影响脱色效果的主要参数，因为吸附理论认为吸附是个表面现象。通常，颗粒大小最合适的白土效果最好；颗粒过小会产生严重的过滤问题同时残油量上升。天然白土又称为“富勒土”，它是一种膨润土，在天然状态下仅仅通过物理加工中就具有吸附性质。活性白土需用有机酸或无机酸处理，以增大表面积和空隙容积，使它能够选择性地吸附精炼油中的有害成分。此外，活性白土中一般含有10%～18%的水分，这些水分支撑着黏土中的膨润土层。活性炭对某些不受白土作用的杂质很有效，但是由于高成本、高残油量及难过滤等问题而用量有限。

• 吸附剂用量——吸附剂用量取决于吸附剂类型和所要除去的杂质量。脱色白土的用量范围从0.15%～3%。以脱色剂活性为基础计，酸性活性白土的效果通常是中性白土的1.5～2倍。活性炭很少单独使用，但是有时会按10～20份白土1份活性炭的比例配成混合物使用[49]。

• 温度——由于温度升高会降低油的黏度，所以升温可以增加脱色白土活性，但是超过最佳温度后脱色效果下降。温度也会影响油的其他性质，因此在保证吸附剂用量最少、杂质和色素吸附量最大的前提下温度应尽可能低。食用油脂的最佳脱色温度一般在70～110℃。当真空脱色的温度低于110℃时很少出现问题。当温度高于110℃时会生成次级氧化产物。低温有利于色素吸附在白土表面。虽然较高的温度有利于色素分子移动到孔隙内发生化学吸附，但也会改变不饱和脂肪酸基团的结构。在极高温度下会生成不饱和脂肪酸异构体和过量的游离脂肪酸。

• 时间——理论上吸附作用是瞬时进行的；但实际并不都这样。在吸附剂和油接触的最初几分钟内脱色速率非常迅速，然后降低直达到平衡点，此时色素不再吸附。如果脱色温度高于水的沸点，通常15～20min即可完成。脱色时间由两个时间段组成：①在脱色罐中的时间；②循环过滤或最后过滤的时间。

• 过滤——吸附剂选择性地俘获杂质，而后就必须将其从油中除去，以免成为发色或其他反应的催化剂。过滤是最常用来分离吸附剂的方法，是流体通过过滤介质从而将颗粒从中分离出来的过程。采用的过滤介质有滤纸、滤布、滤板和滤膜。助滤剂，如硅藻土、珍珠岩、纤维素通常覆盖在过滤介质上以保护表面。理论上，板式、框式或加压叶滤机都可用于分离吸附剂。目前能够自动循环的自清式、封闭过滤机。

(5)冬化　当棉籽油要用做色拉油时必须进行冬化，即除去部分高饱和甘油三酯，使油脂在低温下仍保持澄清，尤其是那些可能要放进冰箱的油。 如果不除去棉籽油中饱和的甘油三酯，它可能在冰箱温度（约7.2℃）下固化。 表5.18所示为冬化棉籽油的组成。 生成的固脂分提物被称为硬脂。

表5.18　冬化棉籽油产品性质

棉籽油产品		未冬化烹调油	冬化色拉油	冬化硬脂
脂肪酸组成/%				
豆蔻酸	$C_{14:0}$	0.8	0.7	0.6
棕榈酸	$C_{16:0}$	24.2	22.6	32.4
棕榈油酸	$C_{16:1}$	0.6	0.4	0.3
硬脂酸	$C_{18:0}$	1.6	2.8	2.4
油酸	$C_{18:1}$	21.0	19.8	17.2
亚麻酸	$C_{18:2}$	51.8	53.7	47.1
碘值/(g I/100g)		107.8	111.4	98.0
冷冻试验/h		0	5.5+	0

冬化只是分提的一种形式。 对于食用油，无论冬化还是分提工艺，都是基于熔点差异将油分为两种或多种分提物。 在冬化工艺中，当油脂置于冷藏温度下时，油脂以一种简单的方式冷却，在低温下保温一段时间使固脂组分结晶，这些组分通常呈云状，随后通过过滤分离。 分提工艺则采用更先进的技术和控制条件，使油脂冷却，进行分提物分离，从而生产出具有独特性质的产品。

冬季储藏在室外大罐中的精炼脱色棉籽油会分为澄清组分和混浊组分，从这种现象发展出了“冬化”一词。 从罐的顶部将清油倾倒或滗析出来，得到的油可以在低温下长时间保持液态。 这种液体油满足了家庭冰箱及蛋黄酱和沙拉酱产业的需求。 在模仿天然冬化工艺的基础上逐渐发展起来室内冬化工艺，包括一间5.6℃的冷冻室，配有深而窄的矩形罐，以提供最大的冷却面积。 干燥、精炼、脱色的棉籽油被灌入冷却罐中开始冷却，硬脂随即结晶但过程缓慢。 对流换热器模拟室外储藏条件。 由于搅拌会破坏结晶并产生细小柔软的晶体造成过滤困难，因此要避免搅拌。 5.6℃与冬季温和的温度很相近，在该温度下保持3d可生成理想的大晶体从而便于过滤。 当油温与冷却温度平衡时，需要保温几个小时使硬脂充分沉淀。 硬脂经板框过滤从液油中分离出来。 一般油脂依靠重力灌入压缩机避免破坏晶体。 通过上述经典技术可以完成冬化。 不过很多企业通过改进设备和工艺以提高效率，如配有冷却和搅拌程序的加夹套、封闭的罐子或更好的过滤、改进的泵法等。

(6)分提　棉籽油的熔点范围为 -13.3 ~35℃。 高效液相色谱分析的棉籽油组成[80]、流动性区域[106]和甘油三酯熔点和功能性见表 5.19[3]。 与其他食用油脂一样，熔点范围限制了棉籽油的应用。 分提是一种将油分为两部分或更多部分的热力操作，它可以提高棉籽油的应用潜能。 这种热力分离操作包括蒸馏和结晶。 蒸馏不适合商业化的甘油三酯混合物的分离，因为在高温下甘油三酯的蒸气压和相对稳定性较低。 但结晶可有效地分离油脂。

表 5.19　棉籽油甘油三酯功能

液态	甘油三酯组成	液相色谱分析含量/%	熔点/℃	功能
加热后	PPO	2.2	35.0	
	SPL	1.5	30.0	结构和防潮层
	PPL	7.1	27.0	
室温	POO	3.1	15.6	
	SOL	1.3	6.1	室温澄清
	OOO	1.6	5.6	
	SLL	1.4	-1.1	
冷却	OOL	3.1	-1.1	
	POL	14.0	-2.8	
	PLL	27.5	-5.6	冷藏澄清
	OLL	12.5	-6.7	
	LLL	19.0	-13.3	

注：P—棕榈酸；S—硬脂酸；O—油酸；L—亚油酸。

所有食用油脂都有同质多晶现象。 三种主要的晶型分别为 α 型、β' 型和 β 型，稳定性依次递增而结晶速率依次递减。 如果冷却速率过快，会生成大量 α 型细小结晶。 为了便于棉籽油分提产物过滤，期望能形成 β' 型结晶。 这是因为 β' 型结晶可以聚集成大的、结实的、均一的球状聚合物，这种聚合物易于过滤。

分提结晶是一个热力学分离过程，通过该工艺，油中部分结晶的混合甘油三酯组分从液相分离出来。 分提过程包括以下三个连续的阶段：

①冷却液油到过饱和状态，生成晶核；

②通过逐渐冷却，结晶生长到一定形状和大小，以保证有效过滤；

③最终结晶和液态的分离和纯化。

在分提工艺中，原料油中的微量成分会浓缩在所分离的分提物中。 这种浓缩物对各个分提物的氧化稳定性有一定影响。 与毛油相比，软脂中富含生育酚，金属物质含量减少。

而硬脂中这些物质含量相反，所以虽然硬脂的不饱和组分含量降低却更易于氧化。硬脂还含有油脂精炼脱色后的其他杂质，如磷脂和皂。

在商业应用的食用油分提技术通常有以下三种：

• 干法分提——该法的原理是在不添加化学物或溶剂的前提下将油脂冷却，再通过过滤，将固态和液态分离。

• 表面活性剂分提——油脂结晶方式与干法分提技术相似，但分离时采用一种水相洗涤剂进行离心分离。

• 溶剂分提——利用油中结晶组分在有机溶剂中不溶的原理，将溶剂中固脂从液油中分离出来，然后再蒸发去除分提物中的溶剂。该法是目前最通用的方法。

一些加工者采用溶剂分提法生产色拉油，与传统冬化工艺相比，该法有三个主要的优点：①降低黏度，晶体迅速增长，有利于硬脂生成；②得到的棉籽色拉油在低温下或更长的冷冻期内不易生成沉淀；③硬脂中残留的液油更少，有利于提高棉籽色拉油的产量。Cavanagh[129]介绍了棉籽油冬化的连续溶剂法。用热交换器将含有50%油的油－己烷混合物快速冷却到－6.6～－3.3℃。冷却后的混合物通过一个连续的冬化罐继续冷却，时间为40～60min，温度低至－40℃，同时伴以搅拌。通过一个连续离心机将硬脂从液态混合物中分离。色拉油中的溶剂在脱臭前通过真空系统脱除。表5.20比较了常规法和溶剂法所生成的硬脂，结果表明溶剂法生成的硬脂更硬、更结实、更紧凑，且残油量更少。

表5.20 棉籽油硬脂分析

冬化工艺		常规法	溶剂法
碘值/（g I/100g）		95.5	71.6
固脂指数/%			
	10℃	21.6	52.3
	21.1℃	1.3	33.7
	26.7℃		1.2
	33.3℃		0.1
脂肪酸组成/%			
豆蔻酸	$C_{14:0}$	0.7	0.6
棕榈酸	$C_{16:0}$	34.6	52.1
棕榈油酸	$C_{16:1}$	0.6	0.8
硬脂酸	$C_{18:0}$	2.1	1.9
油酸	$C_{18:1}$	15.8	9.1
亚油酸	$C_{18:2}$	46.2	35.5

在实际的溶剂分提法中，分提技术一直用来生产一些非常特殊的食用油产品。例如活性氧值最小为350h且不添加抗氧化剂的高稳定性的液油，及可可脂替代品，这两种产品都可以用分提技术生产。分提技术也可以生产适合在各种产品中应用的基料。

(7)氢化　对于食用油脂生产者来说氢化技术是一个重要的工具。通过氢化，棉籽油从液态油转化为固态可塑性脂以满足各种应用。油脂氢化原因如下：①从本质上改变油脂的物理性质，如熔点和操作性，使其更符合产品功能；②改善氧化稳定性，使感官品质更可接受。氢化技术可以生产大量的食用油产品，如图5.3所示，这取决于所采用的条件、原料油、饱和度或异构化程度。

在氢化过程中，氢气被连接在不饱和脂肪酸双键处的碳原子上。这种反应会消除双键，将不饱和脂肪酸转化为饱和脂肪酸。氢化过程中的异构化会生成反式脂肪酸。这种化学变化会升高熔点。

一般不饱和棉籽油含有2.5%的硬脂酸和22%～23%的棕榈酸，它们是主要的饱和脂肪酸。不饱和脂肪酸中约含有18%油酸、54%的亚油酸和不到1%的亚麻酸和棕榈油酸。如果硬化反应是完全有选择性的，那么在亚油酸彻底转化为油酸前，油酸不会进行氢化。在亚油酸消失后，氢接着连接到油酸上直到全部转换为饱和硬脂酸。事实上这种高选择性无法达到，选择性程度取决于催化剂类型、用量、温度和压力。

只有不饱和油、催化剂和氢气这三个反应因素都具备才会发生氢化。氢气必须先溶解在液体中，然后才扩散到固体催化剂表面。每个吸附的不饱和脂肪酸与一个氢原子在双键处反应使双键饱和，或将双键移至新的位置，或扭转双键形成更高熔点的反式结构。当需要氢化的不饱和油脂含有单不饱和、双不饱和及三不饱和时，它们对催化剂有竞争作用。二不饱和物和三不饱和物会优先从油中到达催化剂表面，然后部分发生异构化，或氢化为单不饱和物，直至浓度降至很低，然后单不饱和物被吸附并发生反应。影响氢化反应的因素很多，如温度、搅拌、氢化压力、催化剂类型和质量、原料质量及脂肪酸组成等。这些因素的影响如下[106]：

• 温度——氢化温度范围为150～230℃。氢化像大部分化学反应一样随温度升高而加快。温度升高会增大氢气在液油中的溶解度，所以会增加氢化速率。较高的反应温度会形成更多的反式异构体，较高的氢化速率会导致陡峭的固脂指数曲线。氢化是放热反应，一旦反应开始就会生成热。平均每降低一个碘值反应温度升高1.6～1.7℃。

• 搅拌——搅拌的功能是将溶解的氢气带到催化剂表面。搅拌通过保持充足的催化剂和氢气来提高反应速率，降低反应选择性和异构化。

• 氢化压力——大部分食用油的氢化压力范围为81～405.3kPa。在低压下，油中溶解的氢气不能覆盖催化剂表面，而在高压下，氢气更易使双键饱和。高压会增大饱和速率，降低反式酸和选择性，得到更加平缓的固体脂肪曲线。

• 催化剂用量——氢化反应速率、选择性及反式异构体生成都会随催化剂浓度增大而增大。反应速率增大的原因是催化剂表面的增加。当氢气的快速溶解无法满足催化剂用量时，反应速率就达到最大值。

• 催化剂类型——商业氢化常用的催化剂有金属镍，有时也用铜、氧化铝或硫。这些催化剂通过各种技术制备，部分供应商可以提供能满足特殊选择性的催化剂。稀有金属是有效的氢化催化剂，它们在低温下有较大的活性并且不易生成反式异构体。但是，金属的高成本限制了它的使用，而且由于使用量很少带来回收的问题。

• 原料油——氢化的选择性取决于不饱和脂肪酸的类型和不饱和脂肪酸的数目。与高含量油酸的油脂相比，具有高含量亚麻酸和亚油酸的油脂具有更快的氢化速率，可以获得更高熔点的产品。Hastert[130]介绍了C_{18}脂肪酸的相对氢化反应速率（表5.21）。

表5.21 C_{18}脂肪酸的相对氢化反应速率

脂肪酸	相对反应速率	脂肪酸	相对反应速率
亚麻酸（$C_{18:3}$）	40	油酸（$C_{18:1}$）	1
亚油酸（$C_{18:2}$）	20		

棉籽油含有较多的亚油酸，而饱和酸含量却高于其他亚油酸系列的油脂，因此棉籽油只需轻微氢化即可达到相同的硬度。

（8）氢化体系 间歇氢化由于简单灵活，适用于不同来源的油脂，是食用油加工中最常用的方法。该方法基本上仅需要一个反应罐，通常也称为转换器（能耐700～1000kPa压力），配备一个搅拌器、冷热盘管、氢气入口、管道和将油输入输出的泵，以及一个控制反应过程的取样口。转换器能控制压力、温度和反应速率三个变量。

连续氢化设备曾在一段时间非常适用，但是因为一些原因它们的商业使用一直受限制。当同一种产品需要大批量生产时，连续氢化工艺的产量都会最大。由于大部分食用油加工者需要生产多种产品，日常氢化生产常常需要好几种不同的基油，因此，采用间歇氢化工艺的效率更高，均一性更好。

（9）基料体系 大部分预制食品需针对其用途而专门设计配方，或者，在很多情况下，需针对特殊产品或针对食品生产者掌握的生产技术而设计配方。这些量身定制产品使得食用油企业需要将其基料从几种扩大到几百种。每种产品的调配都需要一些略有差别的氢化油脂。这种做法带来的负面影响是，随着终端可食用油产品的不断增加，过度生产中剩余的大量产品残料在进入再生产循环之前，或将造成严重的库存问题。为了获得良好的控制效果和效率，大部分企业采用基料体系，通过几种有限的氢化硬脂的混合来满足最终产品的需求。

对基料的需求随着消费者需求的变化而变化，它们调控着最终产品的生产。一个基料体系包括几种原料油，也可以是一种原料油，只要它的组成能够满足终端产品的所有功能性质。棉籽油几乎可以满足大部分应用产品的要求：含有较多的饱和脂肪酸所以氧化稳定性较好；含有较高的棕榈酸从而有助于产品形成β′晶型；当氢化程度不大时还富含人体所必需的亚油酸。表5.22[131]是只用棉籽油的一个基料体系。除了那些需要用特殊氢化条件制备的专用油脂或月桂油以外，该基料体系的使用可以使加工者通过两种或多种基料的混合，制成多种食用油。该基料体系代表的饱和程度，从天然棉籽油开始，接着是6种碘值从80g I/100g至几乎完全饱和的氢化油基料。基料类型如下：

表5.22 棉籽油基料体系

基料类型		精炼脱色油	平缓			陡峭		饱和
碘值/(g I/100g)		110	80	75	70	65	58	>5
Mettler 滴点/℃		~	32.0±	34.0±	36.0±	38.0±	43.5±	过硬
固脂指数/%								
10℃		~	20.5±	37.0±	47.0±	63.0±	过硬	
21.1℃		~	8.0±	10.5±	21.5±	30.5±	51.0±	过硬
26.6℃		~	5.0±	7.0±	14.0±	18.0±	40.0±	过硬
33.3℃		~	1.5±	2.5±	3.5±	10.5±	25.0±	过硬
40℃		~	~	~	~	~	10.5±	过硬
冻点℃	~	~	~	~	~	~	~	60.0±
脂肪酸组成/%								
豆蔻酸	$C_{14:0}$	0.7	0.7	0.7	0.7	0.7	0.7	0.7
棕榈酸	$C_{16:0}$	22.5	22.6	22.7	22.7	22.6	22.9	23.2
棕榈油酸	$C_{16:1}$	0.7	0.6	0.6	0.5	0.5	0.5	~
硬脂酸	$C_{18:0}$	2.5	5.7	6.8	3.9	7.0	7.4	71.3
油酸	$C_{18:1}$	18.2	48.2	51.0	61.4	62.6	65.0	4.3
亚油酸	$C_{18:2}$	54.1	21.5	17.7	10.0	6.2	2.4	~
亚麻酸	$C_{18:3}$	0.8	0.2	~	0.3	~	~	~
花生酸	$C_{20:0}$	0.3	0.3	0.3	0.3	0.3	0.3	0.3
山嵛酸	$C_{22:0}$	0.2	0.2	0.2	0.2	0.2	0.2	0.2

氢化条件	无氢化	非选择性	选择性	无选择
气体温度/℃	~	49	49	49
氢化温度/℃	~	177	204	232
压力/kPa	~	2000~3000	700~1000	5000
催化剂，镍/%	~	0.02	0.04~0.08	0.4~0.8
搅拌	~	固定速率	固定速率	固定速率

注：±表示数值的范围。

• RB——RB 是精炼、脱色的缩写。油脂在氢化前需经精炼和脱色，以除去杂质和使催化剂中毒的物质。

• 平缓——许多食品需要使用很宽塑性范围同时具有良好的氧化稳定性的起酥油、人造奶油或特制调和油。这些产品必须相对较软，在室温下有一定的塑性，在 37.8℃仍然有一定的加工性，熔点仅略高于体温。采用非选择性氢化条件，可以生成固体脂肪指数曲线平缓的基料，从而用于这些产品。一条平缓的固体脂肪指数（SFI）曲线是指将固体脂肪指数值绘制成图时能形成一条自左向右延伸的（X 轴）的曲线。

• 陡峭——固体脂肪指数曲线沿纵向（Y 轴）陡峭，表明油脂塑性较差而氧化稳定性和口感较好。狭窄的温度范围和较高的固体脂肪指数值提供了一个急剧的熔化趋势，可以改善适口性和氧化稳定性。由于不饱和脂肪酸含量较低，所以清淡风味保持得更久。然而，氢化油产生的陡峭的固体脂肪指数曲线通常意味着反式脂肪酸含量较高。

• 饱和——从技术上讲，一种油脂只有碘值为 0 时，才能被定义为完全饱和。碘值理论上可能达到 0 值，但实际上不可能做到。全氢化油脂、低碘值固脂、硬脂精或硬脂都可以看作是零碘值基料。向软的基料中加入 β'型硬脂，可以增加其塑性和加工性能，改善产品对高温的耐受性，建立起终产品的结晶行为。生产硬脂的氢化条件是在所有氢化操作中最低的，因为不必考虑选择性或异构化的因素，由于油脂几乎完全饱和，所以不饱和物是极微量的。

(10) 后脱色　氢化加工后立刻进行脱色有以下三个原因：①保证微量的有强氧化性的催化剂在氢化完成后能从过滤体系中去除；②除去氢化过程产生的不良风味；③除去过氧化物和二级氧化产物。后脱色系统是前脱色工艺的精确重复。不同之处在于螯合酸是柠檬酸或磷酸，两种酸的使用可以保证镍含量降至最低水平。对于后脱色工艺首选间歇工艺，原因与氢化工艺一样，便于生产多种氢化基料[132]。后脱色工艺也用于除去其他加工过程中（如酯交换、分提、混合）形成的不良杂质。

(11) 酯交换　对于油脂加工者来说，酯交换是众多改善油脂物理性质方法中了解和应用最少的技术，通常被称为重排。酯交换是唯一能够在不改变脂肪酸组成的前提下改变油脂熔点和结晶特性的方法。随机酯交换工艺的优点见表 5.23[133]。

表 5.23　随机酯交换工艺优点

改变的性质	未变性质	改变的性质	未变性质
熔点	碘值	结晶行为	反式异构体含量
固脂指数	脂肪酸组成	氧化稳定性	营养性

目前应用的一种最重要的酯交换类型是化学催化随机酯交换。天然脂肪和油脂都有它

们特定的脂肪酸组成和排列，这些组成和排列决定了物理性质和功能性质，例如熔点和抗氧化性。在酯交换过程中，甘油三酯键被断开形成脂肪酸，紧接着它们重新结合在一起。脂肪酸重新结合到相同的甘油分子时的称作内部酯化。脂肪酸结合到不同的甘油分子时称作交酯化。如果反应的时间足够长，脂肪酸最后能达到自由平衡的排列。达到这种状态时最大的优点是物理性质的改变，例如熔点、固态脂肪指数和晶体结构的改变。氢化或分提可以实现类似的物理性质改变，但都会改变最终产品的脂肪酸分布。

两种基本类型的化学酯交换过程：随机酯交换和定向酯交换。两种反应都涉及到使用金属催化剂，如金属钠，用得更普遍的是它的衍生物，如甲醇钠。这两种酯交换反应的不同点在表 5. 24 中作了归纳总结。

表 5. 24　交换酯化过程的比较

酯化过程	随机反应	定向反应	酯化过程	随机反应	定向反应
反应类型	非选择性的	选择性的	反应温度/℃	32. 2 ~ 60	− 6. 7 ~ 15. 6
反应时间	13 ~ 30min	6 ~ 24h	是否过滤	否	是
催化剂使用量/%	0. 05 ~ 0. 1	0. 1 ~ 0. 3			

油脂的随机酯交换可以通过间歇式或连续式反应实现。这两种形式都涉及三个重要的重排步骤：①油脂的预处理；②反应中催化剂的使用；③催化剂的失活。典型的间歇式酯交换反应器装有搅拌器、加热和冷却环、充氮和真空装置。反应步骤如下：

①在反应器的真空条件下，把油脂加热到 120℃和 150℃之间，使油脂干燥。干燥过程是很重要的，因为水分的存在会使催化剂失活。

②干燥后将油脂冷却到反应所需的温度，在真空条件下加入催化剂，然后搅拌 30 ~ 60min，或搅拌到指示随机酯交换开始的特征颜色（棕色）出现。用折光仪分析反应所得的混合物，以确定反应是完成了还是需要再加入催化剂，同时分析反应到达终点的时间。

③当确定反应完成后，加入磷酸或水洗，使催化剂中和。

④已经完成酯交换的油脂必须在混合和/或脱臭反应之前进行脱色，以脱除反应形成的棕色。

在定向酯交换反应中，当冷却到熔点以下时，一种或多种饱和甘油三酯会选择性地从正在反应的混合物中结晶出来。这种选择性的结晶过程打破了反应的平衡，从而迫使反应生成更多的饱和甘油三酯来重新建立平衡。定向酯交换通常采用连续式加工，因为间歇式工艺很难控制，并且需要很多反应器。用刮壁式热交换器来冷却混合物，使甘油三酯形成结晶，甘油三酯结晶释放的热量随之除去。通过过滤可使三饱和甘油酯与混合物分离，或者让反应保持在复合型起酥油配方所需的三饱和甘油酯水平。这两种情况下，通常通过加入水，使催化剂失活以终止反应。催化剂失活后，液态皂化相通过离心的方法除去，然后真空干燥，再脱色除去不需要的杂质。

表5.8所示为高效液相色谱法测得的棉籽油甘油三酯组成。棉籽油中甘油三酯的分布通常被认为是非随机的，因为饱和脂肪酸通常在 *sn*-1 或 *sn*-3 位置，而不饱和脂肪酸在 *sn*-2 位置。随机酯交换可使脂肪酸重新分布，使熔点从10.5℃升高到34℃[134]。以天然棉籽油为原料，采用定向酯交换可以生产出固态脂肪。三饱和甘油三酯能结晶并沉淀出来。由于多数饱和脂肪酸已经分离出来了，不饱和的部分就可以用作色拉油[29]。酯交换能够像氢化和分提一样来生产基料，基料再经混合，可以生产人造奶油、高稳定性的液态油和食品中应用的其他特殊产品。

(12)混合　要生产具有特定组成、黏度和氧化稳定性的可食用油脂产品，如起酥油、煎炸油、人造奶油、特种油品甚至有些色拉油，就需要将不同的基料进行混合。这些基料可能是天然油脂和/或经过氢化、分提或酯交换得到的油脂。混合的目的，是为了让产品研发人员可以精确控制产品的组成，保证分析的一致性，保证产品质量。一致性的控制措施包括：对固体脂肪酸指数、碘值、熔点、脂肪酸组成或特定产品的一些物理特性进行具体限定。混合过程需要根据基料的种类来选择混合罐的种类和大小，然后根据不同的产品，按比例精确加入基料。为了确保均匀混合，混合罐中需装有搅拌器和加热管[106]。

(13)脱臭　可食用脂肪和油脂在精制后都有一些不希望得到的特殊的气味，它们在经过脱色、氢化、分级分离和酯交换也会产生一些不良风味。脱臭即是在高温条件下真空蒸馏去除游离脂肪酸和其他产生不良气味的挥发性成分。脱臭的另一个好处是能够利用热破坏类胡萝卜素、去除农药，并使环丙烯脂肪酸的含量降至可以忽略不计，这些都能使油脂得到纯化。脱臭是控制食用油脂产品的风味和其他很多质量指标的最后一道加工工序。在此之后的工作就是要确保脱臭产品的质量。

经验表明，食用油脂的风味和气味的去除与游离脂肪酸的减少息息相关。假设过氧化值为零，那么要除去0.1%游离脂肪酸含量的油脂的不良风味，必须使游离脂肪酸含量降到0.01%~0.03%。因此所有商业化脱臭工艺都包含一个汽提过程，以除去油中的游离脂肪酸。在美国应用的三种脱臭系统的典型加工条件见表5.25。影响脱臭工艺设计的4个因素是真空度（压强）、温度、汽提速率和保温时间，它们之间相互关联。

- 真空度——脱臭必须在极低的绝对压力下进行，以促进棕榈酸、硬脂酸和油酸等脂肪酸沸腾，从而使其中的气味物质挥发掉。

- 温度——升高温度的同时降低压力能加速脱臭过程。但过高的温度会形成聚合物、反式异构体，破坏生育酚和甾醇，还会产生一些低沸点的气味物质。

表5.25 典型的脱臭操作条件

脱臭条件	范围	脱臭条件	范围
真空度，绝压/Pa	200~400	液油温降	37.8~48.9℃
温度/℃	210~260	高熔点产品温降	高于熔点5.5~8.5℃
在脱臭温度下停留时间：		游离脂肪酸含量/%	
间歇式脱臭/h	3~8	原料	0.05~6.0
连续式脱臭/min	15~120	脱臭产品	0.02~0.03
半连续式脱臭/min	15~120	过氧化值/(meq O_2/kg)	
汽提蒸汽，油重/%		原料	最大2.0
间歇式脱臭	5~15	脱臭产品	0
连续式脱臭	1~5	脱臭产品风味	温和
半连续式脱臭	1~5		

• 汽提蒸汽——油中通入蒸汽改变了物料的蒸气压，使一些成分挥发出来。通过控制温度和压力使汽提充分是很有必要的。当然，蒸汽停留过久会促使水解，形成新的游离脂肪酸。

• 保温时间——保温时间指的是指油在脱臭温度下并完成汽提的时间。温度、真空度、油层的厚度和产品类型等因素都会影响到达到脱臭要求所需的保温时间。

脱臭是一个复杂的过程，这个过程包括脱气、加热、脱酸、冷凝、金属螯合和抛光过滤。目前所用的脱臭装置分为三种类型：间歇式、连续式和半连续式。最早用于食用油的是间歇式脱臭装置，它由含加热和冷却管的真空容器、蒸汽通入装置、蒸汽喷射真空装置、高温热源和抛光过滤装置组成。现在这种装置已经很少用了，主要原因：①很高的汽提蒸汽需求；②蒸汽喷射真空装置能耗很高；③脱臭过程时间很长；④最终产品质量不稳定。不过在建设费用少、空间小和生产特殊产品生产时，还会采用间歇式装置。

当原料量固定、且一批原料可加工几天时，可以采用连续式脱臭。连续式脱臭系统所需投资适中，能效最大，操作成本最低。这种脱臭工艺采用的辅助装置更小，物料连续的流动能使得加热和冷却的温度均匀。一般，连续式脱臭的设计采用外部热交换器进行加热、冷却和热回收，或者在脱臭系统内部进行加热、冷却和热回收。内部热交换系统虽然热回收效率不高，但对于产品生产来说，却比外部热交换器更有效、更可靠。如果24h内要生产两种或三种产品时，连续式脱臭的优势就丧失了，因为生产时间会损失，且不同产品会混杂。

半连续使脱臭系统适合处理有限批次的油脂原料，这个过程按时间顺序包括脱气、加热、汽提和冷却，待处理的油都按顺序完成每个工艺步骤。多数半连续式装置主要由一个内含五个或更多个 304 型不锈钢托盘的高圆筒碳钢外壳构成。每个托盘上都有蒸汽喷雾装置并装定量的油。油被送至最上层托盘进行脱酸，并被蒸汽加热到 160～166℃。在加热后期，上层的油自动跌落到第二个托盘上，上层托盘上又重新装上油。在第二个托盘上的油被加热到操作温度，经过一段时间后油又自动跌落到下层托盘上。当油到达最下层托盘时，油被冷却到 38～54℃，最后到达一个油箱里，再经抛光过滤器后进行储存。

（14）脱臭过程的控制　脱臭操作是最后一个加工步骤，食用油脂的风味和其他质量品质都要在这个过程中进行很好的控制。为了得到高质量的产品，要考虑加工过程所有的影响因素。脱臭过程会除去油脂中的挥发性的、有气味的物质。其他影响脱臭油产品质量的因素如下：

• 待脱臭油的准备——第一个加工控制要求是在脱臭前准备好待加工的油。脱臭之前，待加工油的准备对脱臭产品的质量有着至关重要的影响。例如，脱臭过程会除去油中的氢过氧化物，但二次氧化产物的形成会加速储存过程中的氧化，并产生不良风味。所以要进行合理控制，即在脱臭之前就通过脱色工艺去除参与二次氧化的醛类和酮类物质。另外两种在脱臭过程中不能除去的有害杂质是皂类和磷脂，这两类物质必须在前面的工序中先除去。

• 脱气——在脱臭前、脱臭中、脱臭后油都要避免与空气接触。油在脱臭温度下很容易氧化，生成氧化物，从而产生回味。建议采取如下措施避免在除臭前和除臭中混入空气：①必须对原料进行脱气以除去氧气；②防止脱臭装置的部件漏气；③采用脱气处理的水制备蒸汽，确保无氧气。油脱臭之后还要避免与空气接触，以保证脱臭油的质量。常用的是充氮。脱臭后将整个处理系统用氮气等惰性气体保护起来，可以大大减少油与氧气的接触。脱气后的油可以灌入充满氮气的储存罐中，或者将氮气充入脱臭后的油。因此防止产品氧化的有效方法是在储存、运输和包装中进行充氮保护。

• 金属螯合——植物生长过程中可能会从土壤中吸收微量金属，金属会在压榨、储存、其他加工和运输过程中进入油中。大部分的微量金属会促进油的自动氧化，产生一些不良色泽和气味。研究表明，铜是危害最大的金属，其次是铁、锰、铬、镍。在脱臭前后加入螯合剂可以减弱金属的促氧化作用。最常用的螯合剂是柠檬酸、磷酸和卵磷脂。脱臭的油通常在冷却环节用 50～100mg/kg 的柠檬酸处理。

• 抛光过滤——脱臭的最后一步是抛光过滤，除去细小的微粒杂质，如金属盐、铁锈、助滤剂、聚合物或其他的固体杂物。

• 加入抗氧化剂——植物油中含有的生育酚是天然的抗氧化剂。生育酚在精炼、脱色和脱臭过程中会减少，但仍存在一定的量，可以防止氧化。有研究证明，一些酚类物质也提供抗氧化性，可以延迟油的氧化酸败，从而延长货架期。酚类物质或抗氧化剂的功能是作为自由基的受体，可以在氧化诱导阶段终止氧化反应。几种抗氧化剂都有效，其中对植物油来说，特丁基对二苯酚是最有效的抗氧化剂。

5.5 规范要求：棉籽油的提取与加工

对于油料和油脂加工企业来说，有很多关于工厂、环境、食品安全和其他方面的规范[55]。一些在美国所要求的规范仍处于争论中。许多其他国家也有类似的要求，但如果没有的话，油料溶剂浸出和植物油加工企业就要认真考虑以下有关环境、健康和安全，以及质量管理的规范[135,136]。

5.5.1 工厂规范

在美国，工厂的规范已由隶属劳动部的职业安全和健康管理局（OSHA）颁布并强制执行，即职业安全和健康法（OSH 法案；根据 PL 101 552 修订的 PL 91 – 596；29 U. S. Code 651 等）。职业安全与健康管理局的一般行业健康与安全标准（29 CFR 1910）适用于制油和精炼企业。即使没有特定的标准，职业安全与健康管理局也能在“一般责任条款”［见 OSH 法中的 5(a)(1)］下再加一个说明，因为 OSH 法就是为了确保工人有一个健康安全的工作场所。

一些与棉籽油萃取和加工相关的健康和安全标准列举如下：

(1)职业安全与健康管理局健康标准

a. 空气污染物条例，29 CFR 1910. 1000（正己烷的平均容许接触限值（PEL）是 8h 500mg/kg［1800mg/m^3］，氢氧化钠、硫酸、油雾和有害粉尘等也有 PEL 标准）。

b. 运输危害标准，29 CFR 1910. 1200

c. 棉尘标准，29 CFR 1910. 1043（棉籽油企业有医疗监督、保存记录和报告要求）

d. 血源性病原体，29 CRF 1910. 1030

e. 实验室有害化学物质的职业性接触 29 CRF1910. 1450

(2)职业安全与健康管理局安全标准

a. 加工安全管理，29 CFR1910. 119 （针对正己烷）

b. 紧急行动条例，29 CFR1910. 38(a)(1)

c. 防火条例，29 CFR1910. 38(b)(1)

d. 消防，29 CFR1910. 156

e. 密闭空间许可，29 CFR1910. 146

f. 停工条例，29 CFR1910. 147

g. 职业噪声接触，29 CFR1910. 95 和听力保护条例，29 CFR1910. 95(c)

h. 个人防护条例

一般要求，29CRF1910. 132

眼睛和脸保护，29 CFR1910. 133

呼吸保护，29CFR1910. 134

头部保护，29 CFR 1910. 135

脚部保护，29 CRF 1910. 136

5.5.2 环保规则

美国环境保护署（EPA）管理所有的影响环境的规章制度和商业化学品。美国环境保护署规定主要目的是保护人类健康，安宁和环境。各州的州环境监管委员会实施和执行大部分的规章条例。这些规章条例实施的法律基础可以分为以下几点：

(1)特定物质法令［清洁空气法令（CAA）和清洁水法令（CWA）］；

(2)管理固体或有害垃圾的法令［资源保护再生法令（RCRA）和综合环境治理及赔偿和责任法令（CERCLA）］；

(3)直接限制生产而不是限制排放的化学品的法令［毒物控制法令（TSCA）和联邦杀虫剂和杀菌剂控制法令（FIFRA）］。

一些影响油脂萃取和加工的更为重要的环保法规如下：

(1)清洁空气法令（CAA；42 U. S. Code 7401） 各州和州空气质量控制委员会要求实施这些法令并制定各州的实施计划（SIP）[137]。有害空气污染物（HAP），比如正己烷，是由国家有害空气污染物排放标准（NESHAP）来规范的。标准污染物［如臭氧（O_3），悬浮微粒（PM），氮氧化物（NO_x），硫氧化物（SO_x），一氧化碳（CO）和铅（Pb）］是由国家空气质量标准（NAAQS）来规范的。

正己烷是有害空气污染物，异己烷和丙酮不是。一些空气污染物，如 O_3、PM、CO 和 NO_x 在棉籽油的萃取和精炼过程中也有排放。

①有害空气污染物（HAP）或空气毒物（40 CFR 61）：如果一家工厂的主要排放物是正己烷，美国环境保护署就要求排放物要符合国家排放标准[119]。对于主源头（单种空气污染物 10t/a，或总空气污染物 25t/a）的空气毒物控制措施是基于技术的排放标准（非健康基准），这要求其最大程度减少排放物，同时考虑费用、健康、环境影响和能耗。遵守国家有害空气污染物排放标准（NESHAP）涉及实施最高可实现控制技术（MACT），本质上是实现最大量减排。在植物油生产中，溶剂萃取的国家有害空气污染物排放标准（NESHAP）(2001 年 4 月 12 日发布，65 FR 34252；40 CFR 63 子部 GGGG)的要求是，基于 64%

正己烷含量，计算12个月溶剂平均排放量，目前已有的和新型的溶剂浸出过程作为主要排放源都要达到有害气体污染物排放标准。那些直接用溶剂从上述油籽原料（玉米胚、棉籽、亚麻籽、花生、油菜籽、红花、大豆、葵花籽）中萃取出油脂、生产毛油产品和粕产品的设备都是溶剂萃取设施。棉籽油生产的有害气体污染物排放标准（溶剂损耗指标）是：对于大型棉籽企业（加工量 > 120000t/年）为 1.89L/t，对于小型棉籽企业（加工量 < 120000t/年）为 0.7gpt。工厂需在2004年4月12日达到合规化。由于排放损耗值是12个月的滚动平均值，第一个合规报告不会早于标准公布后的48个月（也就是2005年4月12日）。

②国家空气质量标准（NAAQS）：国家空气质量标准是确保公众健康不受任何已知和可预见污染物影响的标准，包括敏感人群健康（一级空气质量标准）和公众健康（二级空气质量标准）。

挥发性有机化合物（VOC）实际上被认为与污染物臭氧一样。正己烷和己烷的同分异构体就是挥发性有机化合物中的几种。大多数的美国棉籽浸出加工企业可能是挥发性有机化合物的主要来源，应该在排放上达到要求。除非它们使用的溶剂不被归入挥发性有机化合物（如丙酮）。

大多数植物油生产企业都是空气细颗粒物（PM）的源头。油籽加工企业每加工1t油籽，允许空气总悬浮颗粒物（TSP）中的空气细颗粒物排放量是45 ~ 136g，约50%为 PM_{10}（小于10 μm的颗粒物），不到2%为 $PM_{2.5}$（小于2.5 μm的颗粒物）。空气细颗粒物控制应是获得联邦和州许可的一项设施。棉籽油生产企业排放的氮氧化物、硫氧化物和一氧化碳也应该达到联邦和州的排放许可标准。

任何新的或经过改造后的工厂都需要遵从排放源评估（NSR）的要求。排放源评估是一个预建许可程序。如果一家新的工厂或者改造后的工厂排放量超过NSR要求，其排放源需要在施工前获得许可。

③气味：没有专门针对气味的联邦法令。但各州可以根据需要，选择相应法规对气味加以规范。

④联邦许可（40 CFR 70）：所有溶剂来源都要有联邦执行经营许可（FOP）[137]（在标题5许可中也被提及）。

⑤各州许可：大多数州都要对一些排放空气污染物的企业做出限制。在一些州，联邦许可和州许可可以结合起来执行，而另外一些州则必须同时遵守州和联邦的许可。作为每年排放报告要求的一部分，许多州根据自身的执行计划（SIP）已经要求报告有害气体污染物和挥发性有机化合物。

(2)清洁水法令（CWA；33 U.S. Code 1251） 在清洁水法令要求下，美国环境保护署制定了水的质量标准、污水限制排放的技术指标和水处理标准，建立了全国性的限制项目

［国家污染物排放许可证（NPDES）；40 CFR 122］。各州都必须建立水质量管理体系。

油料加工和油脂精炼的法规包括以下几条[138]：

- 符合国家污染物排放许可证许可的基本排放限制(40 CFR 122)
- 雨水的规范(40 CFR 122 和 123)
- 防止和应对油溅出的措施(40 CFR 112)

(3)资源保护和再生法令（RCRA；42 U. S. Code 6901） RCRA 条例中的 D 包括了无害废弃物。C（40 CFR 261）是联邦政府管理有害废弃物（包括排出物的清理规定和制定相关法令和管理要求）的“从生到死”的系统。即使是生产原料，被扔弃或准备丢弃时也是有害废弃物。有害废弃物是指条例中的废弃物（40 CFR 261. 30 – 33）或典型废弃物（40 CFR 261. 21 – 24）。美国环境保护署对有害物质定义了四种特性：可燃性（40 CFR 260. 21）、腐蚀性（40 CFR 260. 22）、反应性（40 CFR 260. 23）和毒性（40 CFR 260. 24）。

①废白土不是资源保护和再生法令所定义的有害垃圾（40 CFR 302）：通常用掩埋的方法来处理。但白土填埋时有时会引起自燃（白土中残油不饱和脂肪酸氧化生热而造成自燃）。脱色土的自燃情况取决于残油的种类和含量，并随着不饱和脂肪酸含量的增加而增加。美国 DOT 将易于自燃的原料归为有害原料中的 4. 2 类（49 CFR 173. 124（b）和 附录 E 3）。废弃脱色土可以粉碎后少量加到动物饲料中。但随着人们对食物和饲料中的二噁英越来越关注，就不提倡这种做法了。

②镍催化剂不是资源保护和再生法令认定的有害废弃物（40 CFR 302. 4）。如果该物质的直径等于或超过 100 μm 则排放时不需要报告。对于大于 100 μm 微粒的 RQ 限制是 45. 4kg。多数情况下镍催化剂是能回收利用的。

(4)紧急计划和公共紧急法令（EPCRA；42 U. S. Code 11001 等） EPRC 要求各州建立紧急计划，地方委员会要制定防止和应对化学物质泄漏和排放的计划。

313 节（40 CFR 372），毒物排放目录（TRI）第 313 款：企业应在每年的 7 月 1 日之前将去年排放到空气、水和埋藏到土中的属于毒物排放目录第 313 款（40 CFR 372. 65）的有害物根据联邦和州的要求填报相关文件[139]。如果一种设备使用时超过 10 个全职工人，或一家工厂在制造、加工或使用过程中有一种或多种有害物质年排放量超过 11. 34t（制造或加工），或者一个用户年排放量超过 4. 5t（使用），TRI 的要求就都适用。从 1991 开始，这些工厂必须依据第 6606 款防污染法令（42 U. S. Code 13106）报告污染物控制和回收情况。正己烷在 1994 年被列入毒物排放目录，1995 年开始报告排放情况[135]。而正己烷异构体则未列入毒物排放目录。

(5)有毒物质控制法令(TSCA；15 U. S. Code 2600) 如果一种化学物质的生产、加工、分发、使用或处置会产生不可避免的危险，美国 EPA 就会根据有毒物质控制法令（40 CFR

700）对其进行控制，或禁止，或进行附加试验。

目录更新法则（IUR）（40 CFR 710） IUR 在 1986 年建立，主要是要求生产和进口 TCSA 所记录的化学品的企业每四年进行一次关于化学品生产和进口量的数据报告。来源于自然农作物的食品和饲料则不需要报告，如油料。但所有经溶剂萃取生产的、用于食品和饲料外的油和粕产品（如用作化工原料的油和用作肥料的粕产品）都是要报告的。依据 IUR 的要求，棉籽油、皂角、酸化皂角、脱臭溜出物、氢化棉籽油等都是经萃取和精炼的产品，故需要报告。2003 年环境保护署对这项法则进行了修改（1/9/03；68 FR 848）。棉籽油被列入部分可豁免报告的产品之一，其加工和使用数据是不被列入新报告要求的，但需要报告当前的目录更新法则信息和生产接触信息。

5.5.3 食品安全

美国食品与药品管理局（FDA）对美国食品的所有方面都进行了规范，包括食品成分和标签。用于食品的溶剂和加工物质在进入市场以前都要经过美国食品与药品管理局（FDA）许可，除非其使用已被权威专家普遍认可为一般安全（GRAS）。1938—1958 年期间，在美国能够合法使用的油料萃取溶剂和食品加工用物质必须经美国食品与药品管理局（FDA）或美国农业部（USDA）许可（前期许可），或由美国食品与药品管理局（FDA）批准为 GRAS［“GRAS 认定”（21 CRF 170.35），物质不必特别列出，有几种方法可确定 GRAS］，或按美国食品与药品管理局（FDA）发布的食品添加剂管理条例［21 CFR 170.3 (h)(I)］执行。食品添加剂大致可以分为以下两类：①直接加到食品中的（21 CFR 172）；②经包装材料、加工设备或其他原料接触，间接加到食品中的（21 CFR 174 - 178）。

很多前期许可和早期的 GRAS 认定没有进入美国食品与药品管理局（FDA）的法典。食品生产的萃取溶剂，如正己烷或其同分异构体，已经被定为食品添加剂或附加添加剂（在食品中少量添加，但对食品没有任何技术上和功能上的影响的添加物）。附加添加剂又称为“加工助剂”（在食品加工中加入但包装前又从产品中去除的添加物）。多数食品加工中的物质，包括溶剂，都可视为“附加添加剂”，从而免除在食品标签中标注。

由于植物油和其他食用油都要经历精炼、脱色、脱臭（汽提）和其他纯化工艺，只要加工操作适当，就不会有溶剂残留（< 100 μg/L）。

商品己烷含 50% ~85% 的正己烷（其余组分是己烷异构体，共同组成商业异己烷），从 20 世纪 40 年代起就已经作为 GRAS 而广泛用作油料萃取溶剂，它也许是属于前期许可使用的物质。与许多其他食品加工用物质一样，美国食品与药品管理局（FDA）并没有特别指出正己烷是经 GRAS 批准的。但根据美国食品与药品管理局（FDA）规定，己烷可以在多种产品中用作萃取溶剂（残留量小于5mg/L）[140]。同样，异己烷和己烷异构体没有特别被列为GRAS地位或被列为前期许可使用的物质。

在欧洲，植物油中正己烷最大残留量限定为5mg/L[141]，没有对己烷异构体的残留进行限制。

总的来说，萃取溶剂可以看作是附加添加剂/加工助剂，而不必在标签上标注。其GRAS地位可由公司或行业进行认定（“GRAS自我认定”[142]或“GRAS通告”）（1997年4月17日；62 FR 18938），或由一个独立的机构（如“FEMA GRAS”[143]）认定，或由美国食品与药品管理局（FDA）认定［GRAS批准（21 CFR 170.35）］。联邦食品、药品和化妆品法令（FFDCA；21 U.S. 编码号321等）没有为美国食品与药品管理局（FDA）提供允许在食品中使用的所有成分。同时美国食品与药品管理局（FDA）也明确表示，他们所公布的GRAS列表并没有包含所有GRAS物质。虽然自我GRAS认定没有必要通知美国食品与药品管理局（FDA），也不需要美国食品与药品管理局（FDA）的审查和批准，但美国食品与药品管理局（FDA）已经建立了志愿者GRAS认证项目，在这个项目下，像这样的建议就可以由该机构提供。如果一家食品企业想要考虑使用其他萃取溶剂，未经前期许可、GRAS认定或容许限值的溶剂，就应根据食品安全要求进行评估。

5.6 棉籽油成品处理

几年前，油脂成品只可用不超过208L的桶包装，烹调色拉油的大的工业用户则安装了散货装卸设备，可以在室温下用泵抽油。这些装卸设备还带有一些储存设备以外的油脂处理设备，例如，专门用于起酥油和人造奶油型产品的激冷和塑化设备。给消费者和配料使用商提供的油品运送方式必须认真加以考虑，是用火车还是卡车？或者在运输前是否分成小批量包装？油的质量、成本、供应商和消费者处理油脂的方式均受到运输方式的影响。一种通过精心加工获得最佳适口性、营养和外观的油，其性能可能会因为包装、结晶、冷却、灌装或散装货物方式的选择而得到保留或受到损失。

5.6.1 烹调油和色拉油灌装和包装

在烹调油和色拉油从加工厂到消费者使用的整个过程中，包装起着容纳和保护油脂的作用。烹调油和色拉油一般在脱臭后立刻包装进入容器，然后提供给家庭、餐厅或者用来加工食品。储存大量的脱臭油不是一种常见做法；习惯上是尽快地将这些脱臭油进行包装。必要的保护措施：有氮气保护、温度控制、避光和添加符合产品或客户要求的添加剂。

欧洲和美国在20世纪早期就将针对家庭用户的棉籽油和其他色拉油的包装由瓶装代替了镀锡听装。到20世纪80年代中期，瓶装已经被公认为是最有效的零售食用油的包装方式。后来，塑料包装取代了瓶装，这主要是由于消费者喜欢轻质、不易碎、易于操作的包装容器，而且这类包装容器包装成本低、运输成本低，对产品有同等的保护作用，从而提高了经济效益。目前，美国消费的液体食用油用0.227、0.454、0.680、0.907、1.077、1.361、1.814kg的透明长方形、吹拉的塑聚乙烯对苯二甲酸酯（PET）容器进行包装，也用3.785L不透明塑料容器。对于食品门店和食品加工客户，同种油品加入消泡剂和抗氧化剂之类的添加剂后，可以用15.876kg或18.927L的塑料大罐和192.777kg的封口桶进行包装。小包装容器采用高速自动罐装机、封口机、贴标签机、套管机等设备，钢桶通常用慢速的双喷口自动灌装机。

5.6.2 起酥油的塑化、包装和调温

塑性起酥油产品可以被定义为易于延展、混合、加工的具有一定稠度的脂肪。起酥油和人造奶油的塑化作用要考虑的绝不仅仅是降低温度使其固化而已。这些产品如果缓慢冷却，就会得到粒状、膏状、不均匀糊状产品，缺乏外观、质地和塑性产品相关的功能特性。这些特性的获得，与控制性结晶或增塑作用密切有关。起酥油最终的稠度与影响结晶、塑化的所有因素相关联：冷却、捏合、调温、压力、充气。表5.26所示为结晶工艺对起酥油稠度的影响[144]。

表5.26 结晶工艺条件对起酥油稠度的影响

塑性	工序	脆性	塑性	工序	脆性
(13±1)%氮气	充气	无	高	加压	低
冷	冷却	不冷	26.7～32.2℃	调温	冷
更多	机械捏合	更少			

塑化工艺包括：快速激冷、对起酥油混合物的均质。制作大多数起酥油时要在封闭薄膜刮板换热器中快速冷却，换热器带有挤压阀门，在1723～2736kPa下挤出光滑均匀的产品提供给包装。大多数起酥油中注入(13±1)%的氮气，以提高产品的操作性能，获得一种白色奶油状的外表。包装之后，许多工厂会在略高于包装温度的条件下对起酥油进行调温，让其硬脂的晶体结构达到平衡，形成稳定的基质。调温之后，起酥油常都在21.1～26.7℃的受控温度下存放，避免晶体塑性性能的变化和损失[145]。图5.4所示为美国起酥油塑化工艺一个典型流程。流程图的起点是脱臭的起酥油混合物，被输送至激冷单元供料罐，已加入所有指定的添加剂[106]。

商业用途的塑化起酥油通常用内衬塑料薄膜的22.680kg的瓦楞纸箱进行包装，通常呈

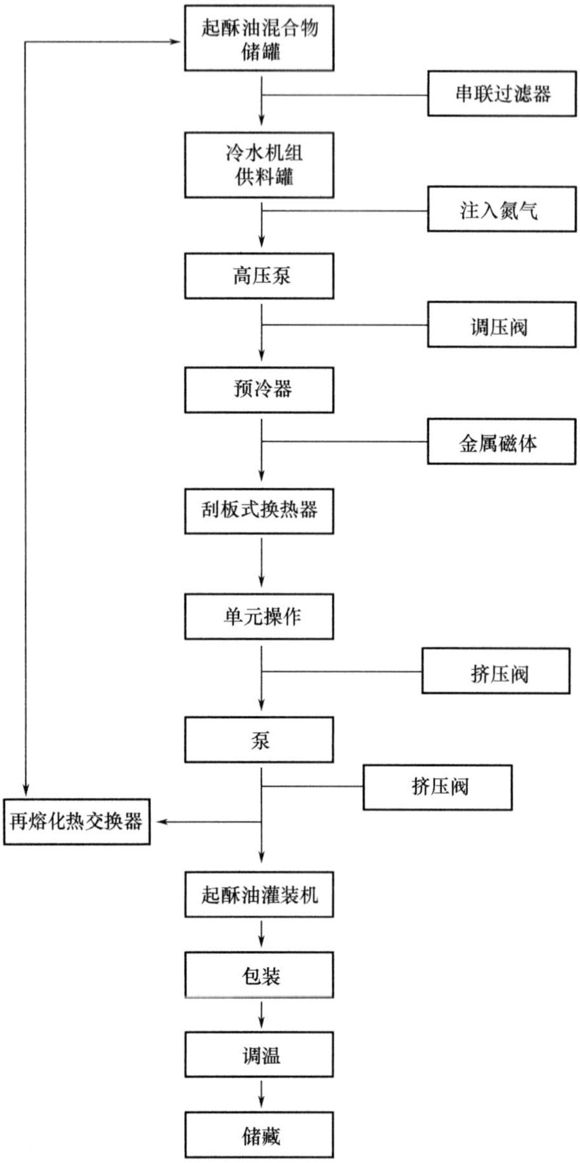

图 5.4 起酥油塑化工艺流程

一立方形。多年来一直流行的 22.680kg 和 49.895kg 的铁皮罐和 172.365～187.437kg 的开口桶几乎已经完全消失。对于家用消费用的起酥油，一般用 0.454kg 或 1.361kg 复合材料罐或塑料罐包装，有时用 3.629kg 彩印铁皮罐包装。

22.680kg 立方体容器通常直接采用具有刻度的变形阀进行灌装，自动灌装到所设定的质量。家用起酥油通常采用容积式灌装机，包装在小型容器中。家用起酥油用的铁皮罐，其密封盖已经被铝箔密封和一种在复合材料和塑料容器上的塑料顶盖所取代。灌装后的所有的起酥油产品需要调温，稳定在所期望的晶型上。

5.6.3 人造奶油的混合、激冷和包装

人造奶油是一种含80%脂肪的调味食品，将所选择的硬脂与其他成分、强化的维生素A混合，即可以生产餐桌、烹饪或烘焙用的人造奶油产品，人造奶油可用来替代黄油，但二者组成不同，针对不同的应用，人造奶油也可以有很多的变化[146]。人造奶油产品一直在发展之中，且一直是黄油的替代品，但现在，涂抹脂已经发展成为人造奶油的替代物。涂抹脂和人造奶油油的主要区别是，法律没有规定涂抹脂至少需要80%的脂肪。人造奶油和涂抹脂的加工从原料成分的乳液准备开始。乳液制备过程是在一个搅拌乳化罐中，将油溶性成分加到热的人造奶油油脂配方中。同时，在另外一个桶中将所有水溶性成分混合制得一个巴氏杀菌水相。然后将水相加入到油相中来制造乳液。乳液通入起酥油生产用一样的刮板换热器中迅速冷却。塑化产品可以制成方便的尺寸和形状，然后用纸包裹，有时候称作印模黄油，或装入各种容器中，提供给消费者、餐馆或食品加工使用。除了一些专用烘焙产品以外，大多数人造奶油和涂抹脂包装后要在冷藏温度保存[106]。

5.6.4 絮片和喷雾激冷

絮片脂肪是固化成薄片状的高熔点油脂产品，这种产品易于进行食品加工，融化速率快或在食品中具有特定的功能。絮片在冷却辊上凝固，这个冷却辊的表面温度保持在油脂结晶点以下，并不停转动，使油脂在其外表面形成凝固膜。使用不同的冷却辊和油脂配方，就可以生产出多种不同片状产品，从而为各种特殊配方食品中提供独特性能。片状产品几乎全部是针对餐厅和食品加工消费者的，有硬脂、起酥油絮片、酥皮稳定剂、糖果脂肪、乳化剂和其他客户特定产品。这种絮片产品用卡夫袋、有塑料衬垫的瓦楞纸箱或其他适合运输和储存的容器进行包装[145]。

喷雾冷却或粉末化的脂肪是一种特殊产品，这类产品添加和操作方便，熔化效率高，在添加系统中传送均匀，适合于包封（埋）和其他特殊用途。喷雾冷却过程包括在结晶区或塔内将熔融的脂肪进行雾化，在保持一定温度条件下，极细的熔化脂肪与冷却空气或气体接触，形成结晶，避免发生明显的过冷现象[106]。

5.6.5 散装油脂装运

需要大量油脂的食品加工商几乎都具备处理液体成分的散装设备。需要运输和交付使用的所有产品经过包装后，都可以用油罐车或油罐卡车提供给消费者，当然，人造奶油和含牛乳和盐的涂抹脂除外。使用这些散装产品的客户必须也要具备散装油脂的操作系统，才能来接收、存储和处理液体产品。对于起酥油或人造奶油产品，为了保证其功能特性必需的晶体结构，冷却设备也是必要的。

5.7 棉籽油的应用

食用油脂的用途可以分为四个类别：①液态油；②起酥油；③人造奶油；④特种产品。直到第二次世界大战，在美国，棉籽油一直是所有四个食品类别的主要原料油来源。美国植物油行业以棉籽油作为原料油而发展起来，棉籽油占据这一市场近100年。当今，许多以起酥油、人造奶油或含棉籽油的油脂加工而成的产品已十分常见。豆油成为世界上的主导植物油，是因为其可获得性和经济性，而不是因其全面的性能。棉籽油与其他油源不同，它作为一种更普遍的原料油，可为大多数产品提供所需的各种功能；事实上，大多数使用大豆、葵花籽、卡诺拉和玉米油的配方中，为了达到滑口、可塑的稠度，棉籽油或其他的β′结晶油脂都是必不可少的。

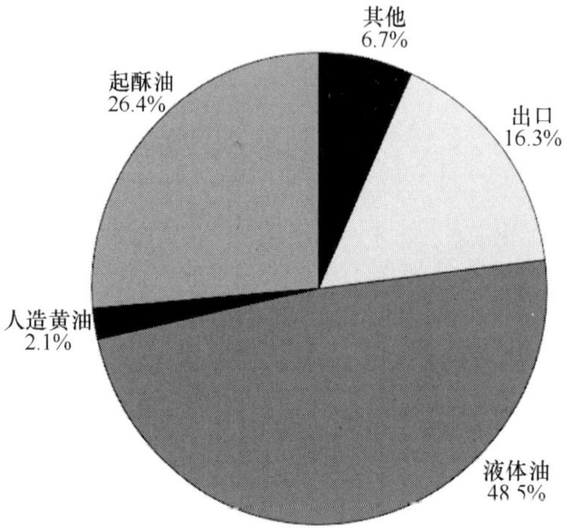

图5.5 美国棉籽油的利用

目前棉籽油仍然用于油脂的所有四种产品类别，如图5.5[28]所示。然而，由于国内其他植物油增长和进口油脂的竞争，棉籽油的数量已经从原先的主导地位降低到现在成为一种特种油的地位，见表5.2。在美国，2000年大豆油以占油脂消耗量61.0%的比重成为所有油脂中无可争议的“领导者”。动物脂肪整体而言属于第二高消耗量的油脂，但单独的猪油、牛油和乳脂，其消耗量小于三种单独植物油：大豆油、菜籽油和玉米油。随着植物油用量的增加，动物脂肪用量减少了，这也是美国消费者选择更健康膳食的必然结果。为了避免胆固醇，消费者减少了动物脂肪的使用，为了减少饱和脂肪酸，消费者也更多采用液体油，减少了起酥油使用。由于消费者正在努力减少可见脂肪的消耗，人造奶油也遭遇了类似境况。消费餐桌涂抹脂的流行趋势也转向低脂肪涂抹产品，同时这类产品的消费总量也在减少。

5.7.1 油脂类产品的要求

油脂是非常通用的原料。加工商已开发了很多方法使得脂肪更加有益于食品工业，同时分析化学家已经开发出各种衡量产品品质的方法。油脂产品要具有令人满意的性能取决于几个重要因素，这些因素决定了产品的适用性。配方设计者必须明确每一个成品的一些重要属性，然后高效采用工艺改良，满足定制产品的需求。这类产品的生产能否成功，依赖于对基料油混合物的调控，才能生产出具有适宜物理特性的产品，并在工艺加工过程和加工后避免发生非期望的变化。为了适合终端产品的需求，须考虑到的和需要改善的植物油重要特性如下：

- 风味。通常棉籽油或替代油产品的风味必须清淡，不能影响食品的风味。

- 风味稳定性。油脂配料须不产生氧化和脂肪降解，并在整个货架期内保持清淡无味。棉籽油的返味呈坚果味，并不像其他的高亚油酸和油酸油脂返味一样引起人们的反感。

- 物理特性。基料油和基料硬基的混合必须确认是否能够提供产品需要的物理、功能、感官特性。这些特性可通过分析固脂指数、熔点和碘价加以确定。

- 结晶。棉籽油以β'晶型结晶，这是起酥油、人造奶油和大多数其他的特定产品获得一定的塑性、抗热性及持气性所需要的晶型。棉籽油的这种晶型特征使棉籽油成为更全能的油脂。棉籽油可以成为食品产品中唯一的原料油，或与其他的β型油脂混合后，形成期望的β'晶型。

- 营养考虑。所有油脂都是人类和动物重要的营养物质，因为它们是一种浓缩能量，也提供必需脂肪酸，并作为脂溶性维生素的载体。但很多学者在对脂肪和冠心病发病率之间关系进行了研究后，建议改变饮食习惯，包括减少脂肪、饱和脂肪、胆固醇和反式脂肪酸的摄入量。棉籽油是必需脂肪酸的良好来源，因为它含有53%～55%的亚油酸。和其他植物油一样，它也具有无胆固醇的优点，同时与高亚油酸的其他植物油相比，棉籽油提供了最高的饱和脂肪酸含量（26%）。碘值为111g I/100g的典型未硬化棉籽油可用在某些配方中，以提供饱和度和氧化稳定性，且无反式异构体，如果用其他油，需要氢化才能达到碘值111g I/100g，这样就会形成反式酸。

当前的化学和物理加工技术给加工者提供了对一种或多种油进行改性的能力。因此通过改变油脂产品的功能，从而有可能为某种产品或工艺提供量身定制的性能。此外，加工技术使得加工者可在更宽范围内使用替代原料来提高商业生存能力。采用改性技术的主要目标如下：

(1)生产出满足某些天然油不具备性能的油脂产品。

(2)生产出低加工成本的基料油，它能复制昂贵产品的功能。

(3)消除氧化反应的位点，改善氧化稳定性。

(4)改善适口性。

(5)营养上接受度更好的产品，即降低饱和物和反式酸，同时增加多不饱和物。

5.8 液体油

液体油的主要特点是在室温或低于室温下是澄清的，在温带气候下，天然植物油由于含有高浓度的不饱和脂肪酸，熔点较低，因此，在室温下即（23.9±2.8）℃是液体。含有一个或者两个双键和含有18个碳原子的脂肪酸是液体油最重要的不饱和脂肪酸。油酸（$C_{18:1}$），单一双建的不饱和脂肪酸，是分布最广泛且最稳定的18碳不饱和脂肪酸。亚油酸（$C_{18:2}$）和亚麻酸（$C_{18:3}$）是分布最为广泛的二不饱和和三不饱和脂肪酸。这两种都是必不可少的不饱和脂肪酸，因为它们在人体内无法合成，必须来源于饮食。对必需脂肪酸的排斥会导致鳞状皮肤，质量损失，肾脏损伤和死亡。

油脂产品的物理状态可能是天然的或者是加工的结果。通过改变熔点和凝固点，可实现液体与固体的转变。这些物理性质的改良可以通过多种加工方法来实现：①氢化，使不饱和脂肪酸变成饱和脂肪酸从而增加氧化稳定性和熔点；②酯交换，在甘油三酯中重新排列脂肪酸从而改变熔点、氧化稳定性和油脂的结晶倾向性；③分提，通过物理方法使得硬脂肪酸和软脂肪酸分离从而提供不同的性能；④基因工程，在种子的生长过程中改变油脂的脂肪酸组成。

在温带气候下，根据在室温或者低于室温下保持不同清晰程度和氧化稳定性，可以将油分为三类。这些液体油根据它们的功能特征分为烹饪油、色拉油和高稳定油。下面是对三种不同油的定义：

（1）烹饪油　是一种室温下（23.9℃）清澈的可用于烹饪的液体食用油。烹饪油主要用于预炸、深度油炸、酱汁、肉汁、卤汁和其他非冰箱储藏食品等需要用到清澈液体油的地方。在冰箱温度下烹饪油通常会凝固或固化。精炼、脱色和脱臭棉籽油被认为是一种烹饪油，因为它包含饱和脂肪酸，在低于室温条件下油可以慢慢凝固。

（2）色拉油　是一种适合于生产蛋黄酱和沙拉酱乳液的食用油，在冰箱储藏温度下，4.4℃时也可以保持液态。该要求如果细化一下，需要冷冻至少5.5h，测试期间，油样淹没在冰浴中时仍然保持清晰。棉籽油必须去除一部分饱和甘油三酯才能满足色拉油的要求。通常用冬化这一过程来生产棉籽色拉油。

（3）高稳定性油　是一种在室温下清澈且具有出色的氧化和风味稳定性的食用油。氧化稳定性通常的测定方式是活性氧化法，即AOCS Cd12～57方法。高稳定性油在活性氧化法中可以坚持超过75h，有时候甚至可以超过300h，相反，活性氧化法测得棉籽油的活性氧只有15h。高稳定性油可以通过氢化然后分提，或通过基因工程加工而成。大多数高稳定性油可看作是特种油脂产品。

5.8.1 烹饪油和色拉油的资源

美国农业部经济研究处在《油料作物情况和前景的报告》展望了美国国内烹饪油和色拉油的消费情况，其中可见烹饪油和色拉油的消费量正在稳步增长。表5.27所示为油脂的消费量数据[25,33]。脱臭的烹饪油和色拉油主要由大豆、棉籽、玉米、油菜、葵花、花生制得。从工艺上来说，橄榄油是一种烹饪油，但由于其明显的风味和滋味，大多数人认为橄榄油是一种珍贵的食品，其他植物油由于需要强制脱臭，风味和滋味会丢失。

表5.27 美国色拉油、烹饪油的消费情况 单位：t

原料油	年份				
	1960	1970	1980	1990	2000
菜籽油				W	233.6
玉米油	112.0	112.0	158.8	288.5	227.7
棉籽油	341.1	239.0	208.7	208.7	137.9
橄榄油	23.1	28.1	26.3	96.6	208.2
花生油	12.7	63.5	67.1	63.0	W
红花油		5.4			
大豆油	402.3	1120.8	1833.4	2114.7	3338.9
葵花油			NR	NR	NR
未经确定	0.5	2.3	49.4	15.0	23.1
总计	891.8	1571.3	2343.7	2786.4	4169.5
人均/kg	4.2	7.8	9.7	11.0	15.3

注：W—未披露；NR—无记录。

棉籽油只包含少量的亚麻酸，但含有相当数量的饱和脂肪酸，含量差不多在26%～27%之间，这使得它成为一种相当稳定的烹饪油。要生产棉籽色拉油产品的话，就需要冬化除去高含量饱和脂肪酸形成的硬脂。不饱和脂肪酸主要是53.3%的亚油酸和18.3%的油酸。天然坚果或黄油的味道有一个额外的优势，它可以掩盖食品中不想要的气味。一直到20世纪50年代后期，棉籽油一直都是美国规定的烹饪油和色拉油。作为一种原料油，棉籽油在1940—1950年这段时间已经失去了在起酥油和人造奶油应用中的主导权，但由于大豆油的风味问题，棉籽油依然是受欢迎的液体油。当科技发展到能够克服大豆油风味问题之后，棉籽油在烹饪油和色拉油方面的需求量减少。自从1960年以后，国内棉籽油用于烹饪油和色拉油方面的总磅数减少了60%，同时，市场份额从1960年的38.25%减少到2000年3.3%。导致美国棉籽油消费量减少的一个因素是出口市场有利可图。出口需求给棉籽油提供了一个获得高利润的平台。出口市场保证了美国国内市场上棉籽油价格居高不下。目前，液体棉籽油的主要用途是作为小吃食品的烹饪油。棉籽油独一无二的风味给土豆片或者其他咸味小吃带来一种令人愉快、稳定的香味，这是其他缺乏坚果油炸风味的煎炸油所不能比的。

5.8.2 液体油市场

液体油进入食品制备的三个主要领域：①零售；②餐饮服务业；③食品加工业。在某些用途上，它们对产品品质有一些共同的要求，不过三个领域对油脂的性能要求还是存在一些大的区别。如包装大小明显不同，家庭使用的包装最小，食品加工业的包装最大，一般用 68～81t 的油罐车进行装运。零售市场（包括食品杂货店和其他家用零售网点）刚出卖的各种瓶装油。餐饮服务业由餐馆、酒店、机构、其他大的食品配送机构组成。在多数情况下，饮食服务业用油是为特定需求而设计的特种产品，如煎炸油、色拉油、调味料等。食品加工业生产预制食品，提供给零售市场出售，或为餐饮服务业所使用。食品加工业生产用油通常是为个别作业而量身定制的，它们可以给产品或加工工艺提供所期望的性能。

(1)零售消费油　目前，对于通用的零售消费油，没有必要通过化学方法改良其物理性质。大多数家庭瓶装食用油的加工过程包括精炼、脱色和脱臭，对卡诺拉油、玉米油、红花油、葵花籽油还需要进行脱蜡，对棉籽油需要冬化，这样才能满足色拉油的要求。大豆油只需要精炼、脱色和脱臭处理就能满足色拉油的要求，故大豆油是天然的冬化油。花生油冷却至一定温度下形成凝胶，无法分离成为油与硬脂，故无法通过冬化生产色拉油。因此，在冰箱冷藏温度下，瓶装零售花生油和瓶装零售橄榄油是一种半固体。

与动物脂肪及随后的饱和脂肪相比，现在的饮食结构已经发生了很大的转变，液体油产品受到了青睐。美国消费者逐渐明白了油脂在冠心病上的作用，导致了消费者普遍用液体油取代固体起酥油。消费者喜好液体油的情况，通常受新近公布的科学研究成果的影响。最初，人们认为只有多不饱和的油品可以降低血清胆固醇，因此玉米油深受欢迎。后来研究表明，单不饱和的油品同样具有降低血清胆固醇的作用，这样就帮助了花生油和橄榄油的销售。后来，“地中海饮食”促进了橄榄油的销售。卡诺拉油的推广则充分利用了其较低的饱和水平，即其94%的脂肪是不饱和的。1991 年，一种由大豆油、葵花籽油、卡诺拉油混合而成的调和油产品问世，其饱和脂肪酸含量仅是大豆油的三分之一[147]。现在，主要品牌供应商仍销售各种零售调和油，当然这些调和油的组成是不同的。有一种调和油由大豆油和卡诺拉油混合而成，含有7%饱和脂肪酸，另一种由玉米油和卡诺拉油混合而成，含有15%饱和脂肪酸。要求标注反式脂肪酸的法规出台后，消费者的注意力转移到了这项指标上。食用油的上述变迁过程中，棉籽油没有良好的表现，在多数零售杂货店里，棉籽油已经从瓶装消费油品的领头羊跌落成为一种小品种油，需要与红花油、鳄梨油、核桃油、葡萄籽油等外来油品共享市场。出现这种情况的原因可能有：棉籽油饱和脂肪酸含量较高、要生产清澈和亮丽的色拉油的话必需冬化、棉籽油生产所需成本较高。

(2)餐饮用液油　餐饮业由餐厅、酒店、为室内餐饮服务提供食品或将饮食供应给消费者的机构所组成。这个行业每年的增长率（考虑通货膨胀后）为2.6%，而食品零售业增长率仅为0.7%。在餐饮业中的各种饮食业态中，快餐业的销售份额仍然是最大的，上升也最快[148]。食用油是餐饮的主要原料，包括所有种类的液油：烹饪油、色拉油和高稳定性油。液油在餐饮业厨房中有很多用途，比如深度煎炸、预炸、烧烤、烤盘脱模、调味、制备沙拉酱、酱汁、肉汁、某些类型的烘烤和其他食品应用。

1990年，植物油成为美国餐饮服务业的主要煎炸用油，当时，主流快餐馆在炸薯条时均用植物油替代动物油脂。用于深度煎炸的植物油产品有：氢化塑性起酥油、烹饪油、精炼脱色脱臭（RBD）液油。在多数情况下，RBD液油在所有常用油品中是初始成本最低的，但稳定性也最差。一般，当煎炸食物量非常大，以及产品需要获得油质的外观时，烹饪油更能满足要求。然而，自然界中的植物油并不完全相似，有些来源的油比其他来源的油有更好的煎炸稳定性。油脂轻度回味可提供某种特殊的风味，有时为了获得这种风味，就得选择一种特殊的油品。

比较各种煎炸油稳定性的主要标准是不饱和脂肪酸种类、不饱和度以及油炸风味特征。氧气与不饱和脂肪酸结合，导致氧化，并使得风味回复为油品的原有特征风味。油的氧化速率取决于不饱和脂肪酸的种类和含量。煎炸高温加速了氧化反应，当然在对比试验中，所有油的煎炸温度是保持一致的。大体上来说，油中不饱和脂肪酸含量越多，氧化速率就越快。一般，室温下呈液态的天然植物油中，多不饱和脂肪酸含量高且熔点低。这些多不饱和脂肪酸大多数是亚油酸（$C_{18:2}$）和亚麻酸（$C_{18:3}$），它们使油的流动性很好，但也非常容易氧化，所以这些油应用在餐饮服务业时，煎炸寿命就很短。氧化发生后，煎炸油就会发生聚合，品质进入恶化循环。聚合作用增加了油的黏度，最终当油非常黏稠以致食物中的水分无法去除的时候，油就会一直起泡。表5.28比较了美国最常用烹饪油的不饱和度、固有氧化稳定性、氧化风味或回味。棉籽油的稳定性中等，但具有令人愉悦的坚果氧化味的优势。大豆烹饪油的稳定性最差，会产生一种令人讨厌的氧化味道，尽管具有这些特性，在货架期要求不长时，仍大量使用大豆油。

表5.28　烹饪油煎炸特性

原料油	脂肪酸组成/%				固有氧化稳定性	煎炸风味
	饱和	油酸	亚油酸	亚麻酸		
花生油	19.4	46.7	32.0		3.7	花生味
菜籽油	7.3	60.9	21.0	8.8	4.9	泥土味

续表

原料油	脂肪酸组成/%				固有氧化稳定性	煎炸风味
	饱和	油酸	亚油酸	亚麻酸		
棉籽油	25.7	18.6	54.4	0.7	5.8	坚果味
玉米油	13.6	25.4	59.6	1.2	6.5	霉味
红花油	12.8	18.7	67.5	0.8	7.1	坚果味
大豆油	15.3	23.3	53.7	7.6	7.5	鱼味

另外一种用在餐饮服务业的液态煎炸油是高稳定性油。高稳定性油指在15.6～29.4℃条件下为液体且稳定性也很好的甘油三酯混合物。在自然界，这种混合物几乎不存在，在该条件下呈液态的天然油品的煎炸稳定性要比固脂低得多。正如前面所提到的，植物油的氧化/煎炸稳定性取决于多个因素，包括：①不饱和度和双键个数；②不饱和键的性质，即双键的位置；③助氧化剂或微量金属的含量；④抗氧化物质含量；⑤是否接触氧气。为了提高油脂的稳定性，同时保持流动性，已经开发出两种完全不同的技术，一种是加工技术，一种是植物育种技术。采用氢化和分提结合的方法，可将不稳定的多不饱和油脂加工成既稳定又有流动性的油品。植物育种技术开发出了优良基因的油籽品种，用这些油籽生产的油比传统的植物油更适合在高温下煎炸。无论是通过加工技术，还是通过基因育种技术，所获得的高稳定性油都具有优异的煎炸稳定性，其稳定性与氢化增塑起酥油相接近。当然，可能是由于成本太高的原因，通过上述两种技术生产的高稳定性油并没有像固态起酥油和液态起酥油那样普及。

大多数餐饮服务业煎炸用的烹饪油和高稳定性油是通过二甲基聚硅氧烷来稳定的，二甲基聚硅氧烷是一种加入后可以提高氧化稳定性，同时具有抗起泡和抗氧化的物质。它可以提高3～10倍的煎炸寿命。煎炸寿命提高的程度取决于无除泡剂时油的原始煎炸寿命，与不稳定的油品比，起初越稳定的油品煎炸寿命延长得越长。

在大部分餐饮服务的操作中，色拉油甚至烹饪油的另外一种主要用途是制作沙拉酱。烹饪油在工业制备上基本不符合沙拉酱的使用要求，但在餐饮服务业中，当需要制作新鲜的沙拉酱或制作不需要长时间在冷藏温度下储存的产品时，可以考虑使用烹饪油。在制作沙拉酱时，易与其他成分混合通常是一个优势。大多数沙拉酱依靠油去包裹沙拉配料和留住香草、香料和醋的风味。

色拉油的其他用途包括预炸、锅煎、制酱汁、肉汁、深炸以及某些烘烤。如果液态油要用于烘烤，一般是用于制作薄软型蛋糕和其他需润滑的烘烤制作。

(3)食品加工用液油　为了获得免包装、降低货运费、减少劳动力成本等优势，食品加工商通常会大批量购买散装油脂配料。液体油具有散装运输的优势，因为它们在环境温度或低于环境温度下没有固体成分。油脂散装运输的主要问题在于产品在使用前可能会变质，当起酥油必须在熔融状态下处理时，尤其会出现这种情况。一般，与包装产品和在室温下可流动和泵送的液体油品相比，需熔化的产品更容易变质。在加热条件下，自动氧化速率增加得很快。据测定，在20～60℃的范围内，每增加15℃，氧化速率就会加倍。在储存过程中移除氧气是控制所有油品变质的有效方法。通常的操作是在运输和储存过程中用氮气取代氧气。

所有三种类型的液体油（色拉油、烹饪油和高稳定性油）都被食品加工商作为配料用于制备特定产品。选择哪种油要考虑多种因素，这也说明了选择的多样性。可提供选择的液体油包括了烹饪油、色拉油和高稳定性油，每种油的功能是不同的，它与每种油的风味、不饱和程度、脂肪酸分布、必需脂肪酸、氧化稳定性、煎炸稳定性、成本、可获得性等有关[132]。

食品加工商主要用烹饪油来煎炸休闲食品、坚果、鱼、家禽、肉类、土豆和其他分销给零售店和餐饮消费者的干燥、冷藏、冷冻食品。食品加工商必须评估每种烹饪油对食品的贡献度，并且要确定最适合于产品的配料。脂肪在烹饪和煎炸中扮演一个重要角色，它本质上是一种有效的传热介质，能将热量迅速均匀地传输至食物表面。此外，油给炸制食物提供风味和口感。每种油品都会出现回味，即回复到原来的特征风味，这可能对食品有益，也可能无益。许多薯片生产商使用棉籽烹调油来煎炸产品，因为与其他油相比，棉籽油的稳定性更好，且氧化过程会形成一种特征坚果香味。

烹调油和煎炸油是在高温下使用的，在有水或蒸汽的条件下经常出现水解。水解导致游离脂肪酸的产生，从而导致更强烈的酸性风味。许多食品是加工完立即食用的，它们所用的煎炸油就不需要像那种预包装、在常温下需要几个星期货架期的产品所用的煎炸油那么稳定。熔化前一直保持冷冻状态的食用油不需要很高的氧化稳定性。油炸食品表面也受到油炸媒介的影响，液体油提供了一个有光泽的、湿的、柔软的表面，而固体脂则形成一个干燥、不耐看的表面。热聚合或氧化聚合均导致油黏度增大，吸油量增加，产品变得油腻。

液体油在烘焙产品中的成功运用标志着烘焙工业的科技进步。这项技术涉及到使用乳化剂来提供液体油所缺乏的功能。仅仅用液油烘焙的产品，具有体积小、柔软程度一般、起砂等特征，用塑性脂肪烘焙出来的产品则具备面团筋力好、气体保持能力好、充气性好、体积大、对称、口感细腻、质地好等特点。已经发现，液体油中使用适当的乳化剂，除了可以提供这些好处之外，还有其他好处。烘焙商使用液体油，他们的产品就可以打“全植物油”和“多不饱和”的营销标签。烹调油也适合用于这些产品，因为冷藏不是个难题，而且在烘焙产品的货架期内，多不饱和油的氧化程度很小。

色拉油的一种主要用途是制作可倾倒且可用汤匙取用的沙拉酱，这种产品可零售，或可在餐饮服务店中售卖，可以将可倾倒沙拉酱制成乳化形式的产品，或制成意大利风格的油水两相体系形式的食品。大多数沙拉酱打开之后一般会储存在冰箱中，为了防止其在此温度条件下混浊，需要用色拉油。混浊产品冷藏时缺乏吸引力，需要避免，无固体晶体则是必要的，否则会给人一种蜡质、油腻的口感。要得到同质、可倾倒的沙拉酱，防止冷藏时候分层，就需要使用不结晶的色拉油。

色拉油的另一种主要用途是制作蛋黄酱和可用汤匙取用的沙拉酱。油大约占蛋黄酱成分的80%，对蛋黄酱的骨架和黏度起重要作用。可用汤匙取用的沙拉酱只有35%～50%的油，它的作用是改良其构成主体——淀粉糊的口感。这两种产品都需要光滑、细腻、非油腻的口感，但如果发生了结晶，就得不到期望的口感。这些乳状液都不稳定，脂肪晶体的存在也会破坏乳化体系，迅速地形成很多油孔[128]。

(4)食品加工用高稳定性油　高稳定性油的主要特征是在环境温度下具有流动性且不容易氧化。大多数在室温下是液态的油含有高水平的多不饱和脂肪酸，它们绝大多数容易氧化。有两种技术可以提高液体油的稳定性，同时保持它们的功能和营养成分。第一种技术涉及氢化过程，把多不饱和脂肪酸变成单不饱和脂肪酸，然后运用分提的方法，把油精（即软脂）与在氢化过程中形成的硬脂精（硬脂）分开。油精馏分的油酸含量高，是高稳定的油。另外一种生产高稳定性油的技术是运用生物科技和植物育种技术，生产出多不饱和脂肪酸和饱和脂肪酸含量低、单不饱和脂肪酸含量高的油籽。

当油品的流动性和氧化稳定性影响终端产品的质量和装卸时，食品加工商可以使用这两种技术生产高稳定性油。单不饱和脂肪酸食用油的特定用途如下[106]。

①煎炸油——高比例的油酸可限制氧化和聚合，从而提高煎炸的稳定性。高稳定性油表现出的煎炸稳定性接近于选择性氢化耐用煎炸起酥油的稳定性。

②喷淋油——在食品表面应用时，高稳定性油可以避免水分和氧气入侵食品，避免结块，形成一个有光泽的表面。特殊应用领域包括：葡萄干和其他水果、早餐谷物、坚果仁、油炸面包丁、面包屑、香味料、调味品、咸饼干还有其他。

③脱模油——用于烹饪锅、烘烤炉、糖果和其他食品的喷雾剂和刷洗润滑剂，它们需要好的流动性和稳定性。

④成品载体——色素、香料、风味物质、维生素和其他添加剂可以分散在高稳定性油中，在长期的保质期内保持风味、颜色和活性，同时又呈流动状。

⑤与其他油品的兼容性——高稳定性油与其他任何油品是相兼容的，因为不必考虑晶型问题，液体油没有晶体结构。

5.9 起酥油

起酥油是美国依托棉籽油而发明用来替代猪油和固体脂肪的一种油脂。19 世纪后期的棉籽油丰富又廉价，这是美国棉花产业兴起的直接结果。随着其产品类型的发展，起酥油的应用从有限领域不断扩展，包括了烘焙产品和其他产品类型。1948 年，H. C. Black 把起酥油定义成完全由油脂组成的半固体塑性材料，可用于烹饪、烘焙、煎炸[17]。今天的起酥油包括了其他许多食用油脂和为特殊食品设计的油脂产品，已几乎与脂肪同义。

起初生产出来的起酥油是为了模仿猪油的稠度和可塑性。现在设计起酥油是为了满足各种食品企业的需求，以及为食品提供广泛的吸引力。由于应用广泛，起酥油的稠度要有变化，既有宽泛范围的产品，也有具有急剧熔化特性的脆性产品；既有确定稠度的产品，也有液体或可泵送的产品，既有奶油色、光滑质感的产品，也有符合特殊应用需求具有粒状结构的产品。

在大多数情况下，起酥油产品含 100% 脂肪；然而，也有例外，例如辊压起酥油，它可含水分。在某些情况下，为了区别于人造奶油产品，可以将一种纯的油或脂的体系定义成起酥油。总的来说，在美国，如果一种油脂产品至少含有 80% 的脂肪且维生素 A 含量符合要求，它就是人造奶油。类似人造奶油但满足 40% < 脂肪含量 < 80% 的产品会被要求贴上涂抹脂的标签。不满足这些标准的产品则可定义为起酥油，因此起酥油没有明确的标准。目前，对起酥油是这样描述的：起酥油是一种食用油脂制品，它具有乳化、润滑、改善结构、充气、防潮、作为风味介质或热传导等功能，可影响预制食品的风味、氧化稳定性、货架期质量、口感特征、营养以及外观吸引力[20,106,149]。

5.9.1 起酥油的属性

起酥油是一种功能性成分，对预制食品的开发做出了重要贡献。可以为某一种食品或者加工过程量身定做一种起酥油，或者，可以设计出一种通用的起酥油产品，这种通用产品可以在各种条件下，对不同类型食品、不同工艺和不同配方起作用。起酥油在食品应用中的作用取决于多种因素。这些因素因每个用户而异，因每种应用领域而异，取决于产品配方、设备、工艺、参数选择和其他需考虑的因素。因此，性能取决于相互关联的各种要素，这些要素决定了产品的可接受性。

(1) 风味　通常，起酥油应该是完全无味的，这样它就可以增强食品的风味，而不混入自身的风味。通过脱色和脱臭可脱除起酥油的初级和二级氧化产物。在某些情况下，起酥油在是终端产品所需风味的载体。通常在起酥产品中加入黄油味的香精香料，例如，经常在煎炸和烧烤起酥油中加入黄油风味，另外，某些特殊食品可能需要原料油的风味，例如，棉籽油可提供坚果的煎炸风味。

(2)风味稳定性　在预制产品的货架期和使用期内，一定要保持稳定的温和的、典型的风味，或保持所设计的风味。回味或氧化和水解的风味以及大多数油脂的气味是不可以接受的。起酥油必须有一定程度的抗氧化和抗脂解能力。通过选择饱和与单不饱和成分，或通过加工减少不饱和脂肪酸含量的方式，可以使起酥油具有稳定的风味。影响风味稳定性的工艺包括氢化、分提和酯交换。使用抗氧化剂可以保护风味稳定性。

(3)物理性质　起酥油被描述成是一种固体物料，但它实际上主要是液体。塑性起酥油含有大约四分之一的固态甘油三酯晶体，晶体悬浮在液体甘油三酯中。该两相的比例决定了起酥油的稠度，从而关系到硬度、柔软程度及涂布性。油脂加工商通过在一定温度范围内改变油脂固体－液体的比例来改变其稠度。有三个工艺可改变起酥油组成稠度，它们是加氢、分提和酯交换。分提工艺采用物理方式分离硬脂和软脂。酯交换对甘油三酯上的脂肪酸重新进行排位，从而改变其熔化特性。氢化工艺是改变起酥油液体和固体比例最流行的方法，通过使不饱和脂肪酸的饱和化来影响其熔化特性。为了获得最适合的物理性质，得到期望的功能，可以通过上面这些方式来改变起酥油中液体和固体的比例。图 5.6 比较了六种不同用途的起酥油的固体脂肪指数曲线，说明物理性质是可以调节的。固体脂肪指数的测定是一种经验分析法，反映了脂肪在所测温度点从固体变成液体的情形。用一系列数据作图得到一条曲线，可以说明液油或固脂的变化，见图 5.6。

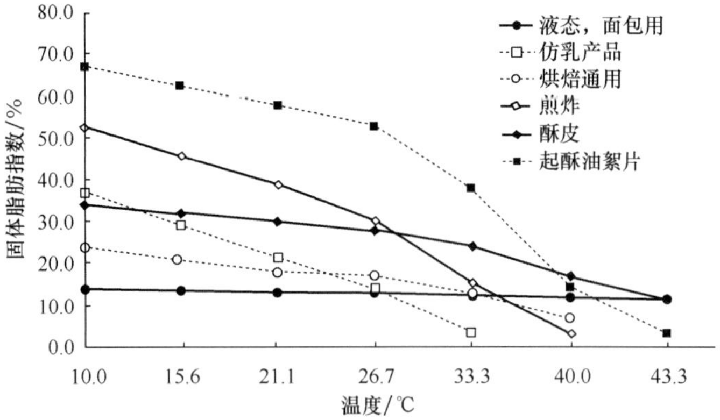

图 5.6　起酥油固体脂肪指数

稠度——直接影响起酥油稠度的因素是产品的固相比例。起酥油在使用、准备、储存温度下的稠度极大地影响了预制食品的功能。固体脂肪指数曲线说明了起酥油在一定温度范围内的硬度以及在口腔温度下的流动特性，给生产、选择和控制提供了依据。

塑性区域——起酥油固体脂肪指数在15~25时通常呈塑性并适合于加工。当固体脂肪指数超过25时，起酥油开始变脆，当低于15时，它们变得流动性很大。固体脂肪含量保持在15%~25%的温度范围通常就是起酥油的塑性区域。

平滑的固体曲线——这种固体脂肪指数曲线从左到右（X轴）呈平缓走向的，通常具有更好的塑性。产品可在更大温度的范围内保持理想的稠度。这种属性使油脂在口中“消失”的速度更慢，这是因为，这种起酥油在更高的温度范围内，含有更高的固体脂肪含量，导致其熔点高于口腔温度。

陡峭的固体曲线——这种固体脂肪指数曲线通常是从下向上（Y轴）走向的，斜率较大，在较小的温度跨度内有较高的固体脂肪含量，说明其塑性差，但口感和氧化稳定性好。由于不饱和脂肪酸含量较低，受欢迎的温和风味会在口中保留较长时间。然而，氢化产品的固体脂肪曲线陡峭，说明反式脂肪酸含量较高。

(4)结晶性能　油脂具有同质多晶态，这意味着，冷却会形成一系列有规律的晶体，直到最终形成一种晶体结构，这一过程不改变化学结构。甘油三酯具有三种主要的典型晶体结构：α、β'以及β。每种晶体的特征描述见表5.29[150]。α晶型寿命短，易变成β'晶型。因此，每种来源的油都有内在的变成β晶型或β'晶型的结晶倾向。β'晶型小、整齐、紧密结合、呈针型，可以生产出质构光滑的起酥油，且具有塑性、抗热性和良好的乳化性能。β晶型大、熔点高、可自我聚集、粗糙、稳定，其生产的起酥油有明显的粒状砂感，发脆，且液体部分易分离。这两种晶型的习性为某些特定功能提供了所需的物理特性，例如蛋糕和糖衣起酥油需要具有良好的乳化或滞留空气能力的β'晶型，大馅饼皮起酥油中β晶型的粒状稠度有助于为食品提供一种鳞片状结构。油脂产品形成β'晶型的倾向取决于多个因素：①产品中软脂酸的含量；②硬脂酸和软脂酸在甘油三酯分子上的分布和位置；③氢化程度（β'晶型随着氢化程度和反式异构体的形成而增加）；④甘油三酯的不规则分布程度[151]。通过塑化工艺的运用，就可以形成晶体。塑化工艺包括：①冷却，诱发结晶；②调温，形成所期望的晶核并稳定化。

表5.29　单酸甘油三酯的同质多晶特征

特征	α形式	β'形式	β形式
链形状	六角形	正交晶	三斜晶系
短间距/nm	0.42	0.38和0.42	0.46
特征	单键	727处双键	单键
红外光谱/cm^{-1}	720	719	717
密度	最小	中	最高
熔点	最低	中	最高

（5）外观　外观是将食用油转化成起酥油过程中所有操作共同作用的结果：①精炼、脱色和脱臭与色素的去除都有关系；②加氢、分提或酯交换影响固体脂肪指数（SFI），SFI确定了产品稠度；③配方决定晶体结构和固体脂肪含量，从而控制质构和稠度；④冷却、调温使晶核诱发、发育、稳定；⑤在合适条件下储存和运输，防止产品受到损坏。

按体积计，几乎所有的塑性起酥油含有12%～14%氮气，它们是在冷却过程中加入的。氮气很好分散的话，可以提高起酥油的乳化特性，控制其结构，改善其外观。含有乳化气体的起酥油是乳白色的，与无氮气时呈现的像凡士林那样的黄绿色形成对照。

（6）乳化　通过改变脂肪结构或加入表面活性剂，如甘油一脂、甘油二酯，可改善起酥油的乳化特性。食品乳化剂丰富和改善了起酥油的功能，食品乳化剂的作用有：作为润滑剂、使面糊中的脂肪乳化、建立结构、充气、提高食用质量、延长货架期、改良晶体形成、提高抗黏着特性、分散剂、改变水分保持能力，还有其他功能。很明显，单一的表面活性剂不具有所有这些功能。选择乳化剂时，需要关注功能特性，根据功能特性可确定起酥油的其他成分。

（7）抗氧化剂　起酥油的氧化速率主要取决于双键的数目以及它们在甘油三酯中的分布。天然氧化剂的存在或加入合成抗氧化剂可以使氧化过程放慢速率。抗氧化剂是可以延迟氧化发生的化合物。它们的作用是抑制或干扰氧化游离基；它们可以作为游离基受体，从而在诱导阶段就终结氧化。生育酚是存在于大多数植物油中的天然抗氧化剂。抗氧化的酚类化合物有叔丁基羟基茴香醚、二叔丁基对苯酚、特丁基对苯二酚。抗氧化剂是否有效，取决于与它所保护的产品之间的化学关系；因此，通常采用各种联合方式，使用不同的抗氧化剂与螯合剂。这些联合方式通过协同作用来提高抗氧化剂的作用效率，同时一部分螯合剂可以去除促进氧化的微量金属离子。

（8）微量金属　植物油混有土壤中的金属。许多金属是在植物生产期间混入的，还有的是在后期压碎、加工和存储中混入的，这些金属都会促进氧化，导致异味、臭味、变色等现象的发生。已有研究表明金属铜是最有危害的，其次是镍、锰、铬和铁。在过滤操作之前加入少量的金属清理剂，可以帮助除去这些有害金属。最广泛使用的螯合剂是柠檬酸，通常它的加入的比例是50～100mg/L。

（9）发泡　煎炸过程中会发生聚合反应，产生三维的聚合物，从而导致煎炸起酥油黏度增加。当起酥油煎炸进行到水分不再减少但水保持在蒸汽状态时，表面就会形成泡沫。可以使用二甲聚硅氧烷来抑制聚合作用，二甲聚硅氧烷已经贴上了除泡剂的标签。二甲聚硅氧烷用量不超过10mg/L时，可以认为在食品加工中是安全的。抑制煎炸起酥油起泡的合理用量是0.5～2.0mg/L。必须严格控制这个浓度，因为浓度超过10mg/L就会促进起泡。还需要有额外的控制措施，来保证这种添加剂仅用于煎炸起酥油，如果往烘焙起酥油加入这种添加剂的话，就可能导致蛋糕和糖衣损坏，使甜甜圈表面不光滑，休闲食品变得不脆。

(10)营养　油脂被认为是人和动物重要的营养成分，因为它是能量的主要来源，且含有必需脂肪酸，还扮演脂溶性维生素载体的作用。研究还表明，饱和脂肪、胆固醇、反式异构体与冠心病的发病率之间存在关系。在很多情况下，可以通过限制胆固醇、饱和脂肪酸、反式脂肪酸来保持起酥油的功能。也可以通过开发更高效的起酥油产品，获得具有所期望功能性质和质量的终端产品，又少用脂肪。

5.9.2 起酥油配方

大多数起酥油是根据用途来确定和开发的。图5.6说明不同油脂产品具有不同的固体脂肪指数或不同的固－液关系。固体脂肪指数曲线斜率的大小表明了塑性范围的差异，一定的塑性范围是各种终端产品实现其所需功能所必需的。具有平缓固体脂肪指数曲线斜率的起酥油具有最宽的塑性范围，在低温或高温条件下均可使用。图中的通用起酥油和酥皮起酥油具有增塑或固化产品最宽的塑性范围。图中的煎炸起酥油和仿乳起酥油具有相当陡峭的固体脂肪指数曲线斜率，它们在室温下有稳定、脆的稠度，但在稍高温度下就变为流动。非常平缓的固体脂肪指数曲线斜率代表流动的、不透明的液态起酥油，即可泵送的起酥油，这些油因为运输方便、处理成本较低和饱和脂肪酸含量较低而受到欢迎。液体起酥油可以用棉籽油获得，但最好的产品是由β晶体硬脂制成的，用硬脂可以生产出一种稳定的液体产品，工艺过程又很简单。最近把起酥油絮片也归类到起酥油了。这种特色产品是对脂肪片的改良，以前，它被归类于硬脂或几乎全饱和的油脂。起酥油絮片的固体脂肪指数曲线非常陡峭，其固－液比既要足够高（这样才能成为薄片），又要足够低（这样才能使其在食品中熔化后有好的吃感）[106]。

(1)宽塑性起酥油　基本的通用配方是生产起酥油的基础，对这种起酥油来说，乳化性能、广泛的使用范围和抗热能力都是非常重要的。一种通用起酥油产品在任何温度下的功能主要就是该温度下固体脂肪所发挥的功能。通用起酥油产品应该在10～15.6℃下不是特别坚硬，而在32.2～37.8℃环境下不是特别柔软。最初，将液体油和硬脂相混合，就产生了一种复合的起酥油，这种油具有很平缓的固体脂肪指数曲线。这种混合油具有非常好的塑性范围，这种混合油与图5.6中的液体起酥油的固体脂肪指数曲线是相似的，但其稳定性稍微好一点。然而，这种产品的低氧化稳定性限制了其在长货架期产品中的使用。目前，大部分产品是由非选择性氢化的基料油与低碘值棉籽油硬坯相配合加工而成的。在β晶型基料中加入β'型硬脂，可以扩宽塑性范围，改变晶型类型以及提高稳定性，从而提高抗热能力。棉籽油硬脂形成的β'晶型起到塑化剂的功能，可以提高乳化性能，改善质构和稠度。

对油脂基料进行氢化，可以提高其氧化稳定性。一般来说，基料碘值（IV）越低，氧化稳定性越好。然而，当基料硬度提升后，达到所需稠度的硬坯含量需降低。硬坯的减少会导致塑性范围缩小，且抗热能力降低。因此氧化稳定性的提高是以牺牲塑性为代价的，同样，较宽的塑性范围是以牺牲氧化稳定性为代价的。是否牺牲某一种属性来提高另一属性，这取决于所要生产的食品。氧化稳定性与含有的不饱和脂肪酸的含量和类型直接相关；因此，氧化稳定性的结果不是均匀分配的。例如，把活性氧值 40h 的基料与活性氧值 100h 的基料按 50∶50 混合，得不到活性氧值 70h 的基料，而是得到与较低活性氧值近似的基料[152]。

由于稠度随温度而变化，烘焙用油脂在辊压及乳化应用过程中，塑性范围是非常重要的。油脂产品的温度在高于塑性范围时会变脆，在低于塑性范围时会变软；温度过高或过低这两种情况下对乳化性和加工性都有不利影响。起酥油通常在固体脂肪指数 15～25 时有很好的塑性和加工性。因此，具有更加平坦固体脂肪指数曲线斜率的产品比具有更加陡峭 SFI 斜率的产品更容易在更大温度范围内保持在一定的塑性。图 5. 6 中的通用起酥油有 22. 6℃的塑性范围，即从小于 10℃到大约 33. 3℃；图中的煎炸起酥油有 3. 2℃的塑性范围，即当它在 29～32. 2℃的温度区间使用时，其加工性能与通用起酥油相同。煎炸起酥油用于辊压产品时，需要严格控制温度（这在面包店里是做不到的），对层状烘焙产品来说，某个温度是非常不利的。很明显，通用型产品的实用工作塑性范围达到了 22. 6℃。

用部分氢化的原料加上硬脂来生产具有良好乳化性能且塑性范围广的产品，这样的技术已经扩展到所有专业起酥油生产工艺中。这种产品的开发涉及到选择最适合氢化的原料和硬脂，从而获得所需的塑性范围和活性氧稳定性。开发方向有两个：①在通用油脂原料中加入乳化剂或复合乳化剂；②生产特定功能的非乳化产品。表 5. 30 所示为目前这两类产品的一些应用[106]。

表 5. 30 宽塑性起酥油的应用

未乳化	乳化	未乳化	乳化
通用	家庭使用	曲奇	蛋糕粉
丹麦卷边	蛋糕和糖衣	油炸圈饼	特殊蛋糕
酥皮	糖衣和填料	酵母发酵	酵母发酵

(2)窄塑性起酥油　对于需要快速熔化特性或高氧化稳定性的产品，塑性并不十分重要，甚至是不利的。为特定煎炸体系、仿乳系统、饼干填料和糖果脂肪所专门设计的油脂产品需要好的口感和风味稳定性，这是不可能通过非选择性氢化油和硬脂混合来实现的。

为了有好的氧化稳定性，这些产品的碘值要尽可能低，固体脂肪指数曲线的斜率要陡峭，为获得较好的口感，熔点要低于体温。 有两种途径可以获得陡峭的固体脂肪指数曲线：①自然界赋予月桂油陡峭的 SFI 曲线以及快速熔化的属性；②大多数液体油可通过选择性氢化来获得期望的固体熔化曲线。 选择性氢化是不饱和脂肪酸逐渐减少的过程。 整体氢化效应（overall hydrogenation effect）是指在单键不饱和脂肪酸变成饱和脂肪酸，双键不饱和脂肪酸变成单键之前，三个双键的不饱和脂肪酸几乎都先变成了两个双键，这时说明存在良好或高的选择性[153]。

图 5. 6 所示的煎炸起酥油可满足餐饮业作为稳定热传递媒介的要求，这种起酥油本身成为食品的一部分，给食品提供质构、口感，增强了食品风味。 固体煎炸起酥油一般由单一氢化基料构成，或可由两种选择性氢化基料所组成，选择两种氢化原料时，它们的固体脂肪指数曲线与单一氢化原料有轻微差别。 在两种原料的情况下，低温下的固体含量均较高，但混合后迅速下降至一个较低熔点，形成所期望的食用特征，有好的氧化稳定性与煎炸稳定性和口感。 例如，表 5. 6 的煎炸起酥油是用碘值 58g I/100g 和 70g I/100g 的棉籽油混合而成的，其相关描述见表 5. 20。 也可以通过选择性氢化棉籽油生产碘值为 65g I/100g 的煎炸起酥油。

仿乳起酥油可代替黄油使用，例如用在人造乳酪、植物油脂做的冰淇淋、冰淇淋替代品、调咖啡白油、植物油奶油、浸蘸基料、牛乳类似物等方面。 这些起酥油的固体脂肪指数值和熔化特性与黄油近似。 在较低温度下，高固体含量给食品提供结构框架，但在体温下会迅速熔化，吃感好[106]。

(3)液体起酥油　在了解乳化剂、抗氧化剂、除泡剂之前，起酥油依赖于脂肪酸组成、晶型习性、塑性以及调温来实现功能。 塑性起酥油的充气作用与甘油三酯的同质多晶态形式相关，但货架寿命和煎炸稳定性是通过改变饱和度水平、抵制氧化来实现的。 塑性起酥油有小的 β' 晶型，对发酵面糊的充气作用比 β 晶型塑性起酥油更好。 对不饱和脂肪酸进行氢化，消除了它与氧气的结合位点，从而提高了风味稳定性和煎炸稳定性。 这些规律现在仍然可用。 但乳化剂、抗氧化剂以及除泡剂的使用，极大降低了对功能性所需要的塑性稠度的依赖。 这种依赖性的降低，使得液体起酥油得到了发展，这种液体起酥油同时具有塑性起酥油的功能特性和液体油的散装处理特性。

液体起酥油是一个稳定的分散体系，其中多晶态固体稳定分布在 15. 6 ~ 32. 2℃范围内可流动、可泵送的连续油相中。 这种固体物质源于硬脂或乳化剂，有时候两者都有。 在某些应用中，液体起酥油的主要用途是作为乳化剂的运输系统，这类乳化剂可以改变产品特性。 与塑性起酥油一样，液体起酥油是专门设计用来满足特定的终端产品使用的。 液体起酥油要求宽广范围的功能特性和物理性质。 为了有良好的流动性，原料油在室温下需要是液体，而且无悬浮固体。氧化稳定性取决于原料油，这就要求使用高稳定性的油品。使用氢化基料油可以降低流动性，但需要采用严格的操作来阻止产品分离。抗氧化剂和除泡剂的加入提高了氧化稳定性和煎炸寿命，但其提高程度达不到在塑性起酥油中加入相同添加剂的稳定性。

硬脂的饱和脂肪酸组成，或加入悬浮液的脂肪基乳化剂对液体起酥油体系的功能和物理形态起着重要作用。棕榈酸在油中溶解度较高，需要过度冷却，而且结晶时间比较长。硬脂酸不需要过度冷却，但是溶解度不是特别高。对于体系中添加的乳化剂来说，棕榈酸含量高的乳化剂效果最好。然而，如果长时间需要稳定的黏度，硬脂酸型乳化剂更好，因为它们容易在液体油中结晶，且形成稳定晶型。因此，与塑性起酥油相反，期望形成一种无乳化剂的液体起酥油，其中的固体脂肪是β型晶体，而且形成一个稳定的分散体系。通常，低碘值、β型硬脂可用来促进液体起酥油结晶。硬脂含量可以从低水平的1.0%到为了产生所需黏度的高水平，一般不超过10%。β晶型倾向的硬脂易于转化成稳定的β型晶体，它们对液体起酥油的结晶是理想的。β晶型不发生缠绕，可形成一种能捕获流动相的基质，并形成一种β'硬脂一样的黏稠产物。图5.6所示是一种液态不透明起酥油固体脂肪指数曲线，它是一种典型的由10%大豆硬脂在90%未硬化液体油中结晶形成的面包用液体起酥油。相反地，乳化过的液体起酥油需要加入由软脂酸含量高的棉籽油组成的表面活性剂，从而利用它高效承载乳化剂的功能[154]。

(4)起酥油絮片　利用冷却辊冷却结晶制得的产品是另一种形式的起酥油。在冷却辊上结晶的食用油产品凝固成了薄片，采用这种形式，是为了更好处理这些高熔点产品。在很长一段时间内，这种结晶过程仅限制于硬脂，通常是棕榈硬脂。现今，冷却辊已经扩展到多种产品的不同应用上。可根据不同的应用功能，运用选择性氢化技术或非选择性氢化技术，来生产这些起酥油产品，它们具有陡峭或平滑的固体脂肪指数斜率。

硬脂、冻点或低碘值起酥油絮片——在使用前需熔化，这是使用这些高熔点，组成几乎全部是饱和脂肪酸产品的标准步骤。碘值为5g I/100g或更低的棉籽油硬脂的熔点大约为60℃。这些起酥油片的应用有：调整熔点、润滑剂、包埋原料、面包稳定剂、口香糖添加剂等。

硬乳化剂——使用在冰冻甜品、生奶油、意大利面、花生酱、酵母发酵产品、起酥产品和其他应用中，要求高熔点表面活性剂以液体形式加入。这种薄片形式可以加快熔化过程，降低产品损失。

起酥油絮片——这些较厚和较大的片可加入至烘焙产品中，无需采用费力的辊压工艺，即可生产出类似于丹麦酥品那样的薄片产品。通常，这些片的厚度被平均控制在1.27mm，但标准的片厚度应不超过这个厚度的一半。要防止混合过程中将起酥油絮片混入面团和面糊中，起酥油絮片具有美的口感。在 10 ~ 26.7℃时具有陡峭固体脂肪指数曲线，然后固脂含量急剧降低的基料具备这样的功能。

稳定剂——设计这种熔点稍高、固体脂肪指数曲线变化平缓的脂肪片，目的是稳定卷糖衣、糖浆剂、甜甜圈釉料、黄油奶油糖霜。糖衣稳定剂要发挥性能，就需要有平缓的固体脂肪指数曲线，需要保持柔和的稠度和足够高的固脂含量，这样可以快速成型。快速成型可以使糖衣在处理时避免留下指痕，而平滑的固体脂肪指数斜率可以使糖衣保持弹性而防止产品变脆和剥落。熔点范围是从 43.4 ~ 51.7℃的产品通常是为这个用途所准备的。这个熔点范围的产品已经延伸应用到糖果、蛋糕混合物和其他食品。

糖果脂肪——糖果脂肪需要非常陡峭的固体脂肪指数曲线，这使得它们变得很脆，同时熔点范围很短，确保它们能快速熔化而且有很不错的口感。这些脂肪是模仿可可脂特性开发的，通常被定义为“硬黄油”。室温下，硬黄油具有相当高的固体脂肪指数，超过 50%，因为固脂含量稍低就会导致油腻、发黏的感觉。大多数产品的固体脂肪含量在 35 ~ 39.2℃范围内迅速降低，最后完全熔化。制备硬黄油的过程包括氢化、酯交换、湿法和干法分提、混合。硬黄油可以使用月桂型和非月桂型两种油源。

5.9.3 棉籽油的应用

起酥油是一种独一无二的配料，因为在所有原料中，它具有高度的可交替能力，可以满足各种产品和用途。但在规定的食品中，用一种特殊的油来替代另一种油，就可能需要通过额外的加工步骤，付出成本，才能成为合格的替代品。经过这些额外加工步骤的替代油脂，如果根据终端产品的物理性质和化学性质，可以使用的话，那么原料能否被替代，价格成为了主要考虑因素。经验表明，竞争性油品的成本即使有少许不同，也可能很大程度上会影响该油在起酥油中的比例。

对一种起酥油的具体组成来说，以前会使用各种油脂，油品之间的转换比现在要更频繁。要求标注油脂的来源后，改变相同产品的配方就变得困难了。尽管如此，起酥油用户可能仍在使用由替代油脂生产的起酥油，这些起酥油的操作性质完全相同。表 5.31 所示为 1940—2000 年美国用来生产起酥油的油源的变化情况[13,26~28]。

表 5.31 美国起酥油使用的油源 单位：t

年份	1940	1950	1960	1970	1980	1990	2000
椰子油	8.2	9.1	4.5	20.4	46.7	15.4*	
玉米油	0.5	0.5	1.8	5.4	W	122.5	12.2
棉籽油	373.3	249.0	165.6	125.2	85.7	114.3	75.3
棕榈油	NR	NR	NR	40.8	85.3	94.8*	84.8*

续表

年份	1940	1950	1960	1970	1980	1990	2000
花生油	10.4	5.4	0.9	7.3	NR	NR	NR
大豆油	96.2	381.5	530.3	989.7	1202.5	1816.2	2591.9
猪油	7.7	80.3	217.7	195.0	171.5	119.7	108.4
牛脂	26.3	14.1	121.6	236.8	305.3	288.9	128.8
未确认	20.0	12.2	1.4	3.2	8.2	6.4	
总计	542.5	783.4	1043.7	1623.9	1905.1	2578.2	3001.5
人均/kg		5.0	5.7	7.8	8.3	10.1	10.5

注：* 估计数据。 W—未公布。 NR—未统计。

起酥油曾用来替代猪油，给当时丰富廉价的棉籽油提供了销路。第一种起酥油是把硬脂和液体棉籽油混合在一起，但这种产品并不比被替代的产品好。氢化技术的发明使得棉籽油加工商可以生产胜过天然猪油的起酥油。最初作为猪油的便宜替代品出现在市场上的起酥油如今变成受欢迎且要价高的产品。1933 年，专用起酥油因为单甘酯和甘油二酯乳化剂的引入得到了发展。1940 年之前，棉籽油在起酥油中的应用一直占主导地位，直到大豆油从二流的、鲜为人知的问题油增长起来，这是由第二次世界大战导致的棉籽油的短缺引起的。低成本的大豆油的大量供应，以及先进的技术的出现，使得棉籽油无法在战争期间重新获得用于生产起酥油的主导油源地位。然而，棉籽油不可能完全被替代，与大豆油和其他植物油比，棉籽油还是存在一些优势，其中之一就是其 β′晶型特性。稳定的稠度、良好的质构、宽泛的塑性范围、很好的乳化性能、耐热性已经成为起酥油的标准。大多数这些想要的特性是由小且针状的 β′晶体赋予的，它们紧密堆积、条纹好、成脊状结构易于形成三维网，可以将大量液体油固定住。大豆油及其他大多数可利用的植物油则具有 β 晶型特性，β 晶型较大、粗糙、熔点高、自动聚集成簇，从而导致液体油分离，同时形成可见的颗粒状的表面。β′晶体可被氢化过的棉籽油或另外一种具备 β′晶型特性油（表 5.12 氢化油脂的晶型习性）诱导而产生，一般用量在 10% 或更多。

5.10 人造奶油和涂抹脂

人造奶油是一种脂肪含量 80% 的风味食品，它是由油脂与其他配料相混合后加入维生素 A 进行强化而生产出来的一种餐桌用、烹调用或烘焙用的油脂产品，这种产品可以满足每日使用黄油的目的，但在组成成分上与黄油不同，而且因应用领域不同，而有多种多样的人造奶油[145]。人造奶油刚开始是作为黄油的替代品来满足经济和营养两方面的要求。

人造奶油的飞速发展正是因为可以通过改变它的物理性质而使其满足不同的应用领域。今天，人造奶油的种类超过10种，包括常规的、搅打型、软碗装、液体、膳食型、涂抹脂、无脂产品、餐厅用、烘焙用和其他专用类型，它们的包装也各不相同。这些人造奶油是由各种各样的油脂生产的，包括棉籽油、大豆油、棕榈油、玉米油、菜籽油、红花油、葵花油、猪油和牛油。人造奶油产品迎合零售业、餐饮服务业和食品加工业等不同消费者的需求。

5.10.1 棉籽油应用

1951年，棉籽油失去了它在人造奶油中的主导油源地位。因为科技发展使得大豆油的成本变低，大豆油变成人造奶油的主导油源。棉籽油在人造奶油上的用量不断减少，到1963年已经被玉米油超越。人造奶油制造商发现棉籽油不再是保持人造奶油β'晶型的必需油源，因为通过使用各种高反式结构基料，以及改进货运、储存、超市制冷能力，都可以获得β'晶型。这样就减少了家庭用人造奶油配方中的氢化棉籽油用量，减少达10%或更多。食品工业用的大多数人造奶油配方依然保存氢化棉籽油原料，目的是为了得到所期望的塑性及稠度。人造奶油和涂抹脂原料用油的变化情况见表5.32。

表5.32 美国黄油和涂抹脂使用的油源 单位：t

年份	1950	1960	1970	1980	1990	2000
玉米油	0.5	30.8	83.9	101.2	94.3	25.4
棉籽油	232.7	76.2	30.8	11.3	D	D
红花油		5.9	10.0			
大豆油	173.3	621.4	639.6	749.8	793.3	758.9
动物脂肪	7.3	34.5	44.9	47.2	15.9	5.9
未确认	11.3		4.5	15.4	49.9	5.9
总计	425.0	768.8	813.8	924.9	953.5	796.1
人均/磅	2.8	4.3	5.0	5.2	4.9	3.8

注：D—人口普查未公布数据。

5.10.2 人造奶油的油脂配方

人造奶油产品的物理和功能性质依赖于主要配料的特性——人造奶油的油相（即 mar-base）。人造奶油的稠度、风味、乳化稳定性取决于结晶脂肪。在美国，氢化是改变人造奶油原料固液比例的常用工艺。固体脂肪含量与终端人造奶油的结构、稠度、塑性存在直接联系。美国大多数人造奶油制造商用10.0、21.1、33.3℃时的脂肪指数来控制人造奶油稠度。用固体脂肪指数可说明结晶的趋势和终端产品质量，如表5.33所示[106]。

表5.33 家庭用黄油中固体脂肪酸指数（SFI）对产品特性的影响

固体脂肪酸指数（SFI）		受影响的性质	固体脂肪酸指数的影响
温度/℃	固体含量/%		
10	10~28	延展性	在冷藏温度下延展度可选择
10	10~28	保形性	低 SFI = 较低的冷却温度 高 SFI = 冷却可能产生沟流
21.1	5~18	稠度	主体，阻止油分离 太高 = 脆、坚硬、延展性差 太低 = 软、糊状、油分离
33.3	最大3.5	口感	家庭用餐桌级人造奶油质量 快速熔化且有凉爽口感 太高 = 绵长糊状、油腻、柔软 口腔涂层感觉

（1）家庭用人造奶油用油配方　家庭用人造奶油是用两种或两种以上不同硬度的原料混合生产的。这使得人造奶油在冰箱外很容易直接涂抹开，并且在室温下可以保证固体稠度。氢化棉籽油是大多数植物油人造奶油的组成部分，它可以诱导β′晶型产生，在相当长时间内避免颗粒形成。然而，更好涂抹性的人造奶油、多种原料的使用、低温储藏技术的发展，这些措施减少了由大豆油和玉米油配方生产的人造奶油转变成β晶型，正是β晶型易导致砂粒感。

对于餐桌产品，最适合的氢化植物油原料应具有陡峭的固体脂肪指数曲线，这样可以使产品具有期望的口感、熔点、非油性物理特性，以及机械加工性。之前在表5.22中所呈现的棉籽油原料可用来生产人造奶油的用油和起酥油。人造奶油中多不饱和脂肪酸和液体油水平的提高，与人们不断增强的健康意识是相一致的。尽管现在很少强调多不饱和程度，但是消费者还是视它与健康有关。因此，高水平液体油还是有利的，它提供高的多不饱和与饱和比例。表5.34呈现六种餐桌人造奶油油相典型的固体脂肪指数。三种是块状产品，两种是软碗型，一种是液体或易挤压的人造奶油。软块状人造奶油的油相可能代表了可成功包装的最软块状人造奶油。目前的包装设备可以储存、包裹产品，或用纸盒包装更软的产品，但在完成包装后进行贮藏和分销时，这种人造奶油产品不能出现常见的误用。这种产品是在软碗产品试图在往日熟悉的块状包装中打软包装的概念之后引入的[106]。

表 5.34 典型人造奶油产品的固体脂肪酸指数（SFI）

固体脂肪酸指数（SFI）	10℃	21.1℃	26.7℃	33℃	40℃
家用，模印包装					
软块状	22.0	13.5		2.0	
全氢化	28.5	17.5		3.0	
高流动	30.0	17.0		1.5	
家用，碗装					
全氢化	12.0	7.5		3.0	
高流动性油	11.0	5.5		0.7	
家用，液油	7.0	6.0	6.0	5.5	5.0
烘焙人造奶油	24.0	18.0	17.0	13.0	7.0
滚压人造奶油	29.0	24.0	22.0	16.0	10.0
酥皮	34.0	30.0	28.0	24.0	17.0

在很长一段时间，全氢化块状餐桌产品代表了主要消费的人造奶油类型。对于烘焙以及部分烹饪来讲，它也是最受欢迎的餐桌脂肪产品，因为它具有更好的氧化稳定性。这种产品由于即10℃时的固体脂肪酸指数（SFI）较高，故很容易用进行印模包装，尤其是不能把人造奶油加注到预制的四等分羊皮纸上时。液体油含量高的块状人造奶油代表了多数块状人造奶油产品。配方中液油含量高，低含量饱和脂肪就成为卖点，当然这会降低终端人造奶油的氧化稳定性和货架期。这种人造奶油的表面层在使用中消耗掉后，表面层经氧化就会变黑，且很明显。

软碗人造奶油的成分组成有点像混合起酥油的配方：一种软基料和一种硬基料的混合。相比，软碗人造奶油的硬脂不能像起酥油中使用的低碘值硬脂那样饱和，而且需要陡峭的固体脂肪指数曲线，以便有好的口感。表 5.34 中提供了两种不同软碗人造奶油的组成。全氢化产品具有好的氧化稳定性和最稳定的人造奶油稠度。稠度上的微小差异，是造成软碗人造奶油的表面或精美如画，或不断晃动的原因。采用全氢化人造奶油油相的话，形成一个平滑表面的希望就较大，因为与液油配方产品相比，它的成型速率会更快些。

液体人造奶油已经在市场上出现了相当长一段时间，但是它们至今没有得到消费者的明确认可。与消费者相比，食品加工商已能接受这种产品，并把它用于特殊应用。可用 β 和 β' 晶型硬脂生产液体人造奶油。已经证实，像棉籽油这样的 β' 晶型硬脂更适合用于无需对结晶过程调温即进行包装的产品。由 β 晶型硬脂形成的产品需要对过冷混合物在较高温度下调温一段时间，同时不停搅拌来形成并稳定 β 晶型。液体人造奶油的加工过程与液体起酥油加工过程相近。采用β晶型配方和加工过程，可生产出流动性更好、黏度更低、悬浮稳定性更好的产品，但生产成本也较高[151]。采用β′晶型硬脂直接加工，可以生产口感更好、风味更佳的产品，但要求它一直处于冷藏状态，以避免发生分层。

(2)工业人造奶油　餐饮服务业及食品加工商业的人造奶油和涂抹脂被认为是工业产品。与家庭用产品相比，这些产品的开发或包装是为了更加特殊的应用。最受餐饮服务业欢迎的人造奶油是家庭用块状配方人造奶油，它们按0.45kg固体进行包装后用于食品制作。个别供应或控制份量的软涂抹脂是非常受欢迎的餐厅产品。影响所期望的功能的主要因素是人造奶油油相的组成。

家庭用餐桌级配方人造奶油用于食品加工时，也可以包装在22.68kg或更大的容器中。它可以像起酥油那样进行塑化，但不适用人造奶油的模印操作，后者用于辊压产品和其他应用。与标准通用起酥油一样，烘焙用的人造奶油具有宽的塑性范围和好的乳化性能。事实上，烘焙人造奶油的油相与通用起酥油具有相同的组成，它们都是使用碘值（IV）为80~85的氢化棉籽油或大豆油为原料，同时加入全氢化的β′晶型棉籽油硬脂。用于丹麦圈或其他甜点的专用辊压人造奶油是由脂肪混合物组成的，与无水产品或起酥产品相似。配方人造奶油给终端产品提供了黄油风味和色泽，同时在烘焙过程中提供水分，产生蒸汽，扩大产品的层数，改善片状结构。为了提供风味、色泽、功能所需的水分，其他几种专用产品也依赖于人造奶油油相的功能配方和人造奶油生产工艺[106]。

5.10.3 涂抹脂配方

与人造奶油相似但含脂肪40%~80%的产品称为涂抹脂。这些产品除了脂肪含量以外，其他方面必须符合人造奶油标准，为了改善其功能特性使涂抹脂品质与人造奶油相当，也可以加入没有规定标准但安全合适的添加剂。含40%~75%脂肪的软碗和块状涂抹脂的产品通常采用与常规家庭用人造奶油一样的油脂混合物。其他的添加剂通常与以下例子一样[155,156]。

(1)乳蛋白作为一种水包油型的乳化剂。因此，使用牛乳、酪蛋白或酪蛋白酸盐会导致相反转。所以大部分涂抹脂不含乳和乳蛋白。

(2)为了改善乳状液的物理特性和稳定性，乳化剂含量需要稍微增加些；通常采用0.4%~0.6%的α-单甘酯，搭配单甘酯、甘油二酯一起使用。软单甘脂和甘油二酯对于不含蛋白质的涂抹脂是必需的。目前已经发现，含单甘酯、甘油二酯和聚丙三醇的乳化体系对含有大量蛋白质的涂抹脂也是十分有效的。

(3)低脂肪涂抹脂中的卵磷脂可能会降低乳状液稳定性，增加油相分离的可能性；然而，卵磷脂也能减缓乳状液在口中的分解速率。因此，是否使用卵磷脂以及使用卵磷脂的含量，需根据不同产品分别进行评估。

(4)在某些涂抹脂中加入作为胶凝或增厚组分的动物胶、果胶、卡拉胶、琼脂、黄原胶、淀粉海藻酸盐或甲基纤维素衍生物，可改善主体品质。

(5)在涂抹脂中使用乳化剂的含量越高，得到的乳状液越紧密，而胶凝或增厚组分则可以影响风味释放速率及顺序。必须规定风味的含量和种类，从而使其口感与含高脂肪含量产品相似。

(6)防腐剂在涂抹脂中比常规人造奶油中更重要，因为涂抹脂的水分含量更高。

(7)涂抹脂的光反射和常规人造奶油不同，因为涂抹脂的水滴数更多。因此，为了达到相同的颜色强度，需要加入的色素含量是常规人造奶油的两倍。

5.11 棉籽油的其他用途

如之前所讨论的那样，油脂行业日新月异。棉籽油不仅在食品领域得到广泛应用，它也应用于肥皂、润滑油、磺化油、药品、防护涂料、橡胶、镍催化剂的载体；它还用于皮革的制造、纺织业、印刷用油墨、抛光剂、合成塑料和树脂中，但使用得不多[23]。目前，棉籽油用于生产合成零热量的脂肪替代物的蔗糖多酯，其商品用名为 Oleans，更普及的名称是奥利斯特拉（Olestra）。该产品由宝洁公司开发，在 1996 年得到美国食品与药品管理局（FDA）的批准[157~160]。棉籽油用于该用途是由于其在脂肪替代品中能够提供令人愉悦的坚果风味。

参考文献

1. Anonymous, *INFORM*, **11**(8), 820 – 839(2000).

2. S. R. Gregory, E. Hernandez, and B. R. Savoy, in C. W. Smith J. T. and Cothren, eds., *Cottonseed Processing. Cotton Origin, History, Technology, and Production*, John Wiley & Sons, New York, 1999, pp. 793 – 823.

3. R. D. O'Brien and P. J. Wan, in R. F. Wilson, ed., *Proceedings of the World Conference on Oilseed Processing and Utilization*, AOCS Press, Champaign, Illinois, 2001, pp. 90 – 140.

4. National Cottonseed Products Association, Inc., *Cottonseed And Its Products*, 9th ed., 1989, pp. 4 – 7.

5. L. B. Wrenn, *Cinderella of the New South A History of the Cottonseed Industry*, 1855 – 1955, The University of Tennessee Press, Knoxville, Tennessee, 1995, pp. 9, 15, 44, 73 – 74, 76, 80, and 81.

6. L. A. Jones and C. C. King, eds., in *Cottonseed Oil*, National Cottonseed Products Association, Inc. and the

Cotton Foundation, Memphis, Tennessee, 1990, pp. 1 – 2, 5 – 7, 9 – 10, and 14. 7. L. B. Wrenn, *INFORM*, **4**(1), 6 – 19(1993).

7. L. B. Wrenn, *INFORM*, **4**(1), 6 – 19(1993).
8. L. B. Wrenn, *INFORM*, **6**(1), 98(1995).
9. L. B. Wrenn, *INFORM*, **9**(1), 100 – 106(1998).
10. L. H. Meyer, in *Food Chemistry*, The AVI Publishing Co., Westport, Connecticut, 1975, p. 55.
11. R. D. O'Brien, in F. D. Gunstone, ed., *Vegetable Oils in Food Technology*, CRC Press, Boca Raton, Florida, 2002, pp. 217 – 223.
12. W. H. Goss, in Proceedings of A Six-Day Short Course in Vegetable Oils, The American Oil Chemists' Society and The University of Illinois, Champaign, Illinois, 1948, pp. 53 – 55.
13. K. F. Mattil, in D. Swern, ed., *Bailey's Industrial Oil and Fat Products*, 3rd ed., Wiley Interscience New York, 1964, pp. 249 – 263, and 296.
14. E. M. James, U. S. Patent 2,050,844, 1936.
15. B. Clayton, U. S. Patents 2,100,276 and 2,100,277, 1937.
16. B. H. Thurman, U. S. Patent 2,150,733, 1939.
17. H. C. Black, A. E. Bailey, ed., *Cottonseed and Cottonseed Products*, Interscience Publisher, Inc., New York, 1948, pp. 732 – 762.
18. C. E. Morris, *J. Amer. Oil Chem. Soc.*, **26**(10), 607(1949).
19. R. C. Hastert, *INFORM*, **9**(12), 1140(1998).
20. R. D. O'Brien, in P. J. Wan et al., eds., *Introduction to Fats and Oils Technology*, 2nd ed., AOCS Press, Champaign, Illinois, 2000, pp. 421 – 426.
21. L. C. Brown, *J. Amer. Oil Chem. Soc.*, **26**(10), 634(1949).
22. J. E. Slaughter, Jr., in *Proceedings of A Six ~ Day Short Course in Vegetable Oils*, The American Oil Chemists' Society and The University of Illinois, Champaign, Illinois, 1948, pp. 119 – 131.
23. A. E. Bailey, in A. E. Bailey, ed., *Cottonseed and Cottonseed Products*, Interscience Publisher, Inc., New York, 1948, pp. 364 – 408.
24. H. J. Dutton, *J. Amer. Oil Chem. Soc.*, **58**(3), 234 – 236(1981).
25. USDA, *Fats and Oils Situation*, April 1971, pp. 24 – 25, 27.
26. USDA, *Fats and Oils Situation*, July 1977, pp. 14 – 15.
27. USDA, *Oil Crops Situation and Outlook Yearbook*, August 1985, p. 8. USDA, *Fats and Oils Situation Report*, January 1981, Table IX.
28. USDA, *Oil Crops Situation and Outlook Yearbook*, October 2002, pp. 40, 44, 53, 62 – 66, and 68.
29. L. A. Jones and C. C. King, in Y. H. Hui, ed., *Bailey's Industrial Oil and Fat Products*, Vol. 2, 5th ed.,

Wiley-Interscience, New York, 1996, pp. 188 – 189.

30. National Cottonseed Products Association, *The Cottonseed Industry Statistical Handbook*, Memphis, Tennessee, 2002.

31. C. E. Lund, in C. E. , in A. E. Bailey, ed. , *Cottonseed and Cottonseed Products*, Interscience Publisher, Inc. , New York, 1948, pp. 58, 62, and 64.

32. USDA, *Oil Crops Situation and Outlook Yearbook*, October, 1997.

33. USDA, *Oil Crops Situation and Outlook Yearbook*, October, 1998, p. 72.

34. P. J. Wakelyn, in *Kirk-Othmer Encyclopedia of Chemical Technology*, 5th ed. , John Wiley & Sons, Inc. New York, 2002.

35. R. J. Kohel and C. F. Lewis, eds. , *Cotton*, American Society of Agronomy, Crop Society of America, Soil Society of America, Madison, Wisconsin, 1984.

36. F. D. Gunstone, in F. D. Gunstone, ed. , *Vegetable Oils in Food Technology*, CRC Press, Baca Raton, Florida, 2002, p. 11.

37. K. Esau, *Anatomy of Seed Plants*, John Wiley & Sons, Inc. , New York, 1977.

38. A. E. Percival, J. E. Wendel, and J. M. Stewart, in C. W. Smith and J. T. Cothren, eds. , *Cotton Origin, History, Technology, and Production*, John Wiley & Sons, New York, 1999, pp. 33 – 63.

39. D. S. Calhoun and D. T. Bowman, in C. W. Smith and J. T. Cothren, eds. , *Cotton Origin, History, Technology, and Production*, John Wiley & Sons, New York, 1999, pp. 361 – 414.

40. M. F. Stansbury, A. F. Cucullu, and G. T. Den Hartog, *J. Agric. Food Chem.* , **2**, 693(1954).

41. H. H. Ramsey, in Proceedings 33rd Oilseed Processing Clinic, New Orleans, Louisiana, January 16 – 17, 1984.

42. W. H. Tharp, in A. E. Bailey, ed. , *Cottonseed and Cottonseed Products*, Interscience Publishers, Inc. , New York, 1948, pp. 117, and 142 – 149.

43. N. O. V. Sonntag, in D. Swern, ed. , *Bailey's Industrial Oils and Fat Products*, Vol. 1, 4th ed. , Wiley Interscience Publishing Co. , New York, 1979, pp. 289, 352 – 362.

44. M. L. Meara and E. H. Steiner, *Studies on the Fatty Acid Composition and the Crystallizing Behavior of Some of the Major Components, to Obtain Fundamental Information That Will Contribute to the Development of Improved Edible Products and Hence to Expanded Utilization of Cottonseed Oil*, British Food Manufacturing Industries Research Association, Leatherhead, Surrey, U. K. , 1966.

45. H. R. Leffler, in Proceedings 33rd Oilseed Processing Clinic, New Orleans, Louisiana, January 16 – 17, 1984.

46. Z. M. Sawan, A. A. El-Farra, and S. A. El-Latif, *J. Agron. Crop Sci.* , **161**, 50(1988). M. K. Schwitzer, *Margarine and Other Food Fats*, Interscience Publisher, New York, 1956, p. 64.

47. J. F. O'Kelly, W. W. Hull, and M. Geiger, Technical Bulletin 20, Mis. Agr. Exp. Sta. ,State College, Mississippi, 1933.

48. C. H. Boatner, in A. E. Bailey, ed. , *Cottonseed and Cottonseed Products*, Interscience Publisher, Inc. , New York, 1948, p. 213.

49. F. A. Norris, in D. Swern, ed. , *Bailey's Industrial Oil and Fat Products*, Vol. 2, Wiley Interscience New York, 982, pp. 175, 253, 295, and 479.

50. L. C. Dasilva-Ramos and R. J. Kohel, *J. Amer. Oil Chem. Soc.* , **64**, 1337(1987).

51. C. M. Lawhon, Cater, and K. F. Mattil, *J. Amer. Oil Chem. Soc.* , **54**, 75(1977).

52. P. J. Wan, *Oil Mill Gaz.* , **103**(11), 38 – 45(1998).

53. Agricultural Research Service and National Cottonseed Products Association, in Proceedings of a Conference, Southern Regional Research Center, ARS, USDA, New Orleans, Louisiana, 1978.

54. E. W. Lusas and G. M. Jividen, *J. Amer. Oil Chem. Soc.* , **64**, 839(1987).

55. P. J. Wakelyn and P. J. Wan, in C. Tzia, ed. , *Extraction Optimization*, Marcel Dekker, New York, 2003, pp. 391 – 427.

56. T. A. Wilkins and R. Mishra, in Proc. 11th International Plant and Animal Genome Conference, Scherago Int. , New York, 2003, p. 61.

57. International Cotton Advisory Committee, *ICAC Recorder*, **XX**(4), 8 – 12(2002).

58. International Cotton Advisory Committee, *Report of the Second Expert Panel on Biotechnology of Cotton*, 2004.

59. D. L. Nida, K. H. Kolacz, R. E. Buehler, W. R. Deaton, W. R. Schuler, T. A. Armstrong, M. L. Taylor, C. C. Ebert, G. J. Rogan, S. R. Padgett, and R. L. Fuchs, *J. Agric. Food Chem.* , **44**, 1960 – 1966(1996); D. L. Nida, S. Patzer, P. Harvey, R. Stipanovic, R. Wood, and R. L. Fuchs, *J. Agric. Food Chem.* , **44**, 1967 – 1974(1996a).

60. O. A. Momtaz, A. A. Diab, and M. A. Madkour, in *Proceedings. Beltwide Cotton Conference*, National Cotton Council, Memphis, Tennessee, 2000, pp. 513 – 517.

61. R. G. Cantrell, in Proceedings World Cotton Research Conference 3, Capetown, South Africa, International Cotton Advisory Committee. Washington, D. C. , 2003.

62. Y. L. Cousins, B. R. Lyon, and D. J. Llewellyn, *Aust J. Plant Physiol.* , **18**, 481 – 494(1991).

63. X. Y. Wu and X. H. Xiang, *J. Hunan Agric. Univ.* , **24**, 494 – 498(1998).

64. Q. Liu, S. Singh, and A. Green, *J. Amer. Coll. Nutr.* , **21**(3), 205S – 211S(2002).

65. K. S. Rathore, in Proceedings Beltwide Cotton Conference, National Cotton Council, Memphis, Tennessee, 1997.

66. J. H. Benedict and D. W. Altman, in J. J. Jenkins and S. Saha, eds. , *Emerging Technologies in Cotton*

Breeding, Science Publishers, Enfield, New Hampshire,2000, pp. 137 – 201.

67. C. R. Benedict, J-L. Lu, G. S. Martin, J. Lu, and R. D. Stipanovic, in C. R. Benedict and G. M. Jividen, eds. , *Genetic Control of Cotton Fiber and Seed Quality*, Cotton Incorporated, Cary, North Carolina, 2000, pp. 244 – 249.

68. G. S. Martin, C. R. Benedict, J. Liu, and L. Puelchaber, in C. R. Benedict and G. M. Jividen, eds. , *Genetic Control of Cotton Fiber and Seed Quality*, *Cotton Incorporated*, Cary, North Carolina, 2000, pp. 262 – 270.

69. P. J. Wakelyn and P. J. Wan, *Oil Mill Gaz.* , **106**(8), 14 – 22(2001).

70. K. Blaine, S. Kamalden, and D. Powell, *J. Food Sci.* , **67**(9), 3200 – 3208(2002).

71. European Commission, *GM-Derived Cottonseed Oils Notified for Marketing in the EU*, Midday Express Notification, December 19, 2002.

72. P. J. Wan, in R. D. O'Brien, W. E. Farr, and P. J. Wan, ed. , *Introduction to Fats and Oils Technology*, 2nd ed. , American Oil Chemists' Society, Champaign, Illinois, 2000, pp. 20 – 48.

73. G. Jurriens and A. C. J. Kroesen, *J. Amer. Oil Chem. Soc.* , **42**, 9(1965).

74. J. P. Cherry, *J. Amer. Oil Chem. Soc.* , **60**, 360(1980).

75. P. J. Van Niekerk and A. E. C. Burger, *J. Amer. Oil Chem. Soc.* , **62**, 531(1985).

76. J. B. Reeves and J. C. Weirauch, *Composition of Foods*, *Agriculture Handbook No.* 8 – 4, United States Department of Agriculture, Washington, D. C. , 1979.

77. D. Firestone, *Physical and Chemical Characteristics of Oils*, *Fats*, *and Waxes*, AOCS Press, Champaign, Illinois, 1999, pp. 32 – 33.

78. J. P. Cherry, J. G. Simmons, and R. J. Kohel, in Proceedings of Belwide Cotton Production Research Conference, 1978.

79. J. P. Cherry, R. J. Kohel, L. A. Jones, and W. H. Powell, in J. R. Mauney and J. M. Stewart, eds. , *Cotton Physiology*, The Cotton Foundation, Memphis, Tennessee, 1986, p. 557.

80. J. M. Bland, E. J. Conkerton, and G. Abraham, *G.* , *J. Amer. Oil Chem. Soc.* , **68**, 840(1991).

81. R. A. Phelps, F. S. Shenstone, A. R. Kemmerer, and R. J. Evans, *Poult. Sci.* , **44**, 358(1965).

82. E. Allen, A. R. Johnson, A. C. Fogerty, J. A. Pearson, and F. S. Shenstone, *Lipids*, **2**, 419(1967).

83. F. L. Carter and V. L. Frampton, *Chem. Rev.* , **64**, 497(1964).

84. J. S. Harris, F. C. Magne, and E. L. *J. Amer. Oil Chem. Soc.* , **41**, 309(1964). R. C. Hastert, *The Partial Hydrogenation of Edible Oils*, AOCS Short Course, Phoenix, Arizona, 1988.

85. A. V. Bailey, J. A. Harris, and E. L. Skau, E. L. , in *J. Amer. Oil Chem. Soc.* , **43**, 107(1966).

86. F. S. Shenstone and J. R. Vickery, *Nature*, **190**, 168(1961).

87. P. H. Eaves, H. P. Depuy, L. L. Holenthol, E. T. Rayner, and L. E. Brown, *J. Am. Oil Chem. Soc.* , **45**,

293(1968).

88. V. L. Frampton, *Poult. Sci.*, **45**, 527(1966).
89. R. J. Evans, D. H. Bauer, and C. J. Flegal, *Poutl. Sci.*, **54**, 824(1975).
90. L. Marchlewski, *J. fuer Prakusche Chemis*, **60**, 81(1899).
91. W. A. Pons, Jr., C. L. Hoffpauir, and O'Connor, *J. Amer. Oil Chem. Soc.*, **28**, 8(1951).
92. Y. Yabe, S. Tan, T. Ninomiya, and T. Okada, *J. Food Hygien. Soc. Jpn.*, **25**, 264(1984).
93. B. J. F. Hudson and M. Ghavami, *Lebensm. -Wiss. -u Technol.*, **17**, 191(1984).
94. N. A. M. Eskin, B. E. McDonald, R. Przybylski, L. J. Malcolmson, S. Scarth, T. Mag, K. Ward, and D. Adolph, in Y. H. Hui, ed., *Bailey's Industrial Oil and Fat Products*, Vol. 2, 5th ed., Wiley-Interscience, New York, 1996, pp. 52 – 53 and 67.
95. T. Harper, in R. F. Wilson, ed., *Proceedings of the World Conference on Oilseed Processing and Utilization*, AOCS Press, Champaign, Illinois, 2001, p. 25.
96. L. N. Norcia and B. E. Rosenthal, *JAOCS*, **43**, 168 – 170(1996).
97. J. A. Pennington, *Bowes and Church's Food Values of Portions Commonly Used*, J. B. Lippincott Co., New York, 1994.
98. E. H. Pryde, in D. R. Erickson et al., eds., *Handbook of Soy Oil Processing and Utilization*, *Soybean Assoc.* and Am. Oil Chem. Soc., St Louis, Missouri and Champaign, Illinois, 1980, p 13.
99. K. J. Smith, P. B. Polen, D. M. DeVries, and F. B. Coon, *J. Amer. Oil Chem. Soc.*, **45**(9), 866 – 869 (1968).
100. T. L. Mounts, C. D. Evans, H. J. Dutton, and J. C. Cowan, *J. Amer. Oil Chem. Soc.*, **46**(9), 482 – 484 (1969).
101. M. M. Chaudry, A. I. Nelson, and E. G. Perkins, *J. Amer. Oil Chem. Soc.*, **53**(11), 695 – 697(1976).
102. F. J. Flider and F. T. Orthoefer, *J. Amer. Oil Chem. Soc.*, **58**, 270 – 272(1981).
103. *Official Methods and Recommended Practices of the AOCS*, 5th ed., 2nd printing, AOCS, Champaign, Illinois, 1999.
104. D. Swern, in D. Swern, ed., *Bailey's Industrial Oils and Fat Products*, 3rd ed., Interscience Publishers, New York, 1964, pp. 128 – 131.
105. C. E. Lund, in A. E. Bailey, ed., *Cottonseed and Cottonseed Products*, Interscience Publishers, New York, 1948, pp. 58, 62, and 64.
106. R. D. O'Brien, *Fats and Oils Formulating and Processing for Applications*, Technomic Publishing Co., Lancaster, Pennsylvania, 1998, pp. 1 – 4, 47 – 54, 53 – 121, 129 – 131, 168 – 172, 182 – 183, 188 – 190, 199 – 200, 251 – 253, 258 – 260, 264 – 266, 266 – 290, 327 – 341, 437 – 458, 483, and 525.
107. D. R. Erickson and G. R. List, in T. H. Applewhite, ed., *Bailey's Industrial Oil and Fat Products*, Vol. 3,

4th ed. , John Wiley & Sons, Inc. , New York, 1985, pp. 275 –277.

108. R. D. O'Brien, *Fats and Oils: Formulating and Processing for Applications*, Technomic Publishing, Lancaster, Pennsylvania, 1998.

109. L. A. Johnson, Report to Cotton Inc. , Raleigh, North Carolina, 1981.

110. A. M. Altschul, in A. E. Bailey, ed. , *Cottonseed and Cottonseed Products*, Interscience Publisher, Inc. , New York, 1948, p. 157.

111. J. R. Mauney and J. M. Stewart, *Cotton Physiology*, The Cotton Foundation, Memphis,Tennessee, 1986.

112. D. L. Park, L. S. Lee, R. L. Price, and A. E. Pohland, *J. Assoc. Off. Anal. Chem.* , **71**, 685(1985).

113. F. A. Norris, L. J. Hilfman, and C. E. Land, *J. Amer. Oil Chem. Soc.* , **35**, 684(1958).

114. K. C. Rhee, E. W. Lusas, L. R. Watkins, and D. H. Kinard, in Proceedings 37th Oilseed Processing Clinic, New Orleans, Louisiana, March 14 –15, 1988.

115. R. A. Rusca and F. L. Gerdes, U. S. Department of Agriculture Circular 651, 1942.

116. O. H. Alderks, in A. E. Bailey, ed. , *Cottonseed and Cottonseed Products*, Interscience Publisher, Inc. , New York, 1948, p. 615.

117. J. P. Galloway, *J. Amer. Oil Chem. Soc.* , **53**, 271(1976).

118. J. A. Ward, *J. Amer. Oil Chem. Soc.* , **53**, 261(1976).

119. P. J. Wan and P. J. Wakelyn, *INFORM*, **9**(12), 1155 –1160(1998).

120. K. F. Carlson and J. D. Scott, *Inform* **2**, 1034 –1060, 1991.

121. L. R. Watkins, Proceedings 37th Oilseed Processing Clinic, New Orleans, Louisiana, March 14 – 15, 1988.

122. D. P. French, in Proceedings 37th Oilseed Processing Clinic, New Orleans, Louisiana, March 14 – 15, 1988.

123. E. M. James, in A. E. Bailey, ed. , *Cottonseed and Cottonseed Products*, Interscience Publisher, Inc. , New York, 1948, pp. 705 –706.

124. L. S. Crauer, *J. Amer. Oil Chem. Soc.* , **41**, 656 –661(1964).

125. G. C. Cavanagh, *J. Amer. Oil Chem. Soc.* , **53**, 361 –363(1976).

126. W. B. Hendrix, *J. Amer. Oil Chem. Soc.* , **61**, 1369 –1372, 1984.

127. T. J. Weiss, in *Food Oils and Their Uses*, AVI Publishing Co. , Inc. , Westport, Connecticut, 1983, p. 39.

128. T. R. Bessler and F. T. Ortheofer, *J. Amer. Oil Chem. Soc.* , **60**(10), 1765 –1766(1983).

129. G. C. Cavanagh, *Food Processing*, **22**(4), 38 –45(1961).

130. R. C. Hastert, *AOCS* short course, Phoenix, Arizona, 1988.

131. R. D. O'Brien, in *Fats and Oils Formulating and Processing for Applications*, CRC Press, Boca Raton,

Florida, 2003.

132. R. D. O'Brien, in P. J. Wan et al. , eds. , *Introduction to Fats and Oils Technology*, 2nd ed. , AOCS Press, Champaign, Illinois, 2000, pp. 463 – 485.

133. D. Lampert, in P. J. Wan, ed. , *Introduction to Fats and Oils Technology*, 2nd ed. , AOCS Press, Champaign, Illinois, 2000, pp. 208 – 234.

134. F. A. Norris, *J. Amer. Oil Chem. Soc.* , **25**(8), 274 – 275(1947).

135. P. J. Wakelyn and P. K. Adair, in S. S. Koseoglu, K. C. Rhee, and R. F. Wilson, eds. , *Emerging Technologies, Current Practices, Quality Control, Technology Transfer, and Environmental Issues*, Vol. 1, Proc. of the World Conference on Oilseed and Edible Oil Processing, AOCS Press, Champaign, Illinois, 1998, pp. 305 – 312.

136. P. J. Wakelyn, P. K. Adair, and S. R. Gregory, *Oil Mill Gaz.* , **103**(6), 23 – 30(1997).

137. P. J. Wakelyn, *Cotton Gin Oil Mills Press*, **92**(17), 12 – 15, 18(1991).

138. P. J. Wakelyn and L. A. Forster, Jr. , *Oil Mill Gaz.* , **99**(12), 21 – 30(1994).

139. U. S. EPA, The Toxic Release Inventory(TRI) and Factors to Consider when Using TRI Data. http://www. epa. gov/tri/2002_tri_brochure. pdf.

140. P. J. Wakelyn, in P. J. Wan, D. O'Brien, and W. Farr, eds. , *Introduction to Fats and Oils Technology*, 2nd ed. , AOCS Press, Champaign, Illinois, 2000, pp. 302 – 325.

141. European Union(EU), *J. Eur. Commun. L*, **157**, 0028 – 0033(1988).

142. A. H. Allen, *Food Product Design*(1996).

143. B. L. Oser and R. A. Ford, *Food Technol.* , **27**(1), 64(1973).

144. R. D. O'Brien, in Y. H. Hui, ed. , *Bailey's Industrial Oil and Fat Products*, 5th ed. , Wiley, New York, 1996, pp. 190 – 191.

145. R. D. O'Brien, Y. H. Hui, ed. , *Bailey's Industrial Oil and Fat Products*, Vol. 3, 5th ed. , Wiley-Interscience, New York, 1996, pp. 190 – 191.

146. S. F. Riepma, *The Story of Margarine*, Public Affairs Press, Washington, D. C. , 1970, p. 5, 109, 148, and 153.

147. Anonymous, *INFORM*, **2**(4), 373(1991).

148. C. C. Price, *Food Rev.* , **19**(3), 11(1996).

149. R. J. Bell, R. J. , Shortening and Margarine Products, in P. J. Wan, ed. , *Introduction to Fats and Oils Technology*, American Oil Chemists' Society, Champaign, Illinois, 1991, pp. 183 – 210.

150. W. W. Nawar, in O. R. Fennema, ed. , Food Chemistry, 2nd ed. , Marcel Dekker, New York, 1985, p. 139.

151. L. H. Weiderman, *J. Amer. Oil Chem. Soc.* , **55**(11), 823(1978).

152. E. G. Latondress, in D. R. Erickson et al. , eds. , *Handbook of Soy Oil Processing and Utilization*, Am. Soybean Assoc. and Am. Oil Chem. Soc. , 1980, pp. 146 – 154.

153. H. B. Patterson, *Oleagineux*, **28**(12), 585(1973).

154. A. G. Herzing, *INFORM*, **7**(2), 165 – 167(1996).

155. M. M. Chrysam, in Y. H. Hui, ed. , *Bailey's Industrial Oil and Fat Products*, Vol. 3, 5th ed. , Wiley-Interscience, New York, 1996, pp. 67 – 68 and 92 – 96.

156. A. Moustafa, in D. R. Erickson, ed. , *Practical Handbook of Soybean Processing and Utilization*, AOCS Press and United Soybean Board, Champaign, Illinois and St. Louis, Missouri, 1995, pp. 352 – 353.

157. D. M. Prince and M. A. Welshenbach, *J. Amer. Diet. Assoc.* , **98**(5), 565 – 569(1998).

158. J. B. Klis, *Food-Technol.* , **50**(2), 124(1996).

159. J. Giese, *Food Technol.* , **50**(3), 130 – 131(1996).

160. D. Buss, *New-Nutrition-Business*, **6**(10), 7 – 10(2001).

6 亚麻油和高亚麻酸油

Roman Przybylski

University of Manitoba,

Winnipeg, Manitoba, Canada

6.1 引言

唇形科和大戟科中许多类植物会结一种含油量高且亚麻酸含量高达76%的籽[1]。多年来，亚麻籽被用来生产涂料、清漆、墨水和油毡。在食品应用中，亚麻籽比亚麻籽油更加常用，这不仅由于它更加稳定，还因为其含有纤维、木酚素类以及α-亚麻酸（ALA），这些都对健康有益。虽然中国人用冷榨亚麻籽油炒菜，但其不适合深度煎炸[2]。本章讨论了高α-亚麻酸含量油的来源：亚麻、紫苏、荠蓝和芡欧鼠尾草的种子。这些油以工业规模大量生产，被认为是具有营养功能特性的潜在新型油来源。

6.2 亚麻

6.2.1 来源

亚麻，可生长于温暖和凉爽的气候条件下，数百年来在世界范围内广泛种植，种植亚麻是为了获取其茎材纤维、亚麻布和种子。亚麻籽是亚麻的另一种称呼。在印度和英国，专门为得到籽而种植的亚麻作物称为“Linseed”，在加拿大和美国称其为“Flaxseed”，而在许多欧洲国家则称为“Flax oil”或“Flax seed”。

亚麻籽是亚麻科中的一种一年生品种。亚麻属于亚麻科，亚麻科包括10族、150多种种类[3]。已知的亚麻品种约有200种[3]。

为了获取种子和纤维而种植的亚麻作物一般称为两用亚麻。最初，人们从同一种亚麻中获取油和纤维制品。现在，用为最终满足实际应用而经过特定改良的不同品种亚麻来获取油和纤维制品。产纤维的品种一般有很长的茎，高80~120cm，分枝和种皮较少，种子较小。而产油的品种的茎较短且分枝多，其高60~80cm，种皮较多，种子较大。

所有在加拿大注册过的亚麻品种都具有深褐色的种皮。如美国的欧米伽（Omega）种等其他国家的亚麻品种也有黄色种皮的。不同颜色的种皮转变主要是考虑到感官上的美观要求，一般这些种籽用来生产浅色亚麻籽粉，当其用作添加剂时对产品的外观影响较小。

6.2.2 产量

60多年前，亚麻籽的世界平均产量大约为340万t，比葵花籽的250万t高，略低于油菜籽的380万t。同时期，大豆产量为1260万t[4]。那个时期，亚麻籽产量居世界第三。从那时起，世界亚麻籽产量始终保持在200万～300万t，而其他油籽产量则有较大增长[4]。在2000—2001年，亚麻籽的世界产量为234万t，加拿大是最大的生产及出口国（详见卡诺拉油相关章节的图表）。

过去十年亚麻籽的世界平均年产总量为252万t[5]。亚麻籽的主要种植地为加拿大、中国、印度、阿根廷、美国、英国、苏联和一些欧洲国家[5]。以上国家对亚麻籽世界产量的平均贡献如图6.1所示。在上述生产国中，加拿大、中国和印度产量分别占世界总产量的34.9%、18.7%和11.9%。列出的8个主要亚麻籽生产国生产的亚麻籽占到了亚麻籽年产总量的82%。

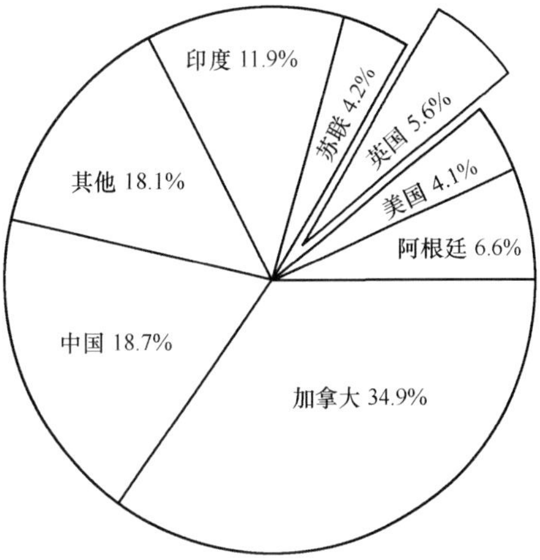

图6.1 亚麻籽世界主要生产国（从1990年到2000年的平均值）。平均值为252万t/年

苏联数据来源于2001年加拿大谷物理事会的统计手册[5]

加拿大是亚麻籽主要的生产国和出口国之一，他们利用一小部分亚麻籽压榨生产亚麻油。亚麻油是一种健康的食品，而不是商品油。图6.2所示为过去10年加拿大亚麻籽的年产量。平均起来，加拿大每年生产80万t亚麻籽[5]。这些产品有些是低亚麻酸品种，这种品种约占总产品的10%～15%。

最近，北美和欧洲的食品工业对亚麻籽在食品中的应用表现出极大兴趣。这主要是因为其中存在α-亚麻酸、膳食纤维和植物木酚素，而经科学证实，这些物质都是对人体健康非常有益的。

6.2.3 亚麻籽油的理化特性

传统亚麻籽油和低亚麻酸油的一些理化特性如表6.1所示。从中可以看出亚麻籽油的比重是0.935，比其他植物油要高，这主要是由于亚麻酸的含量较高。这与脂肪酸中油酸、亚油酸和亚麻酸的相对密度分别是0.895、0.9038、0.914的增加趋势相符合[7]。

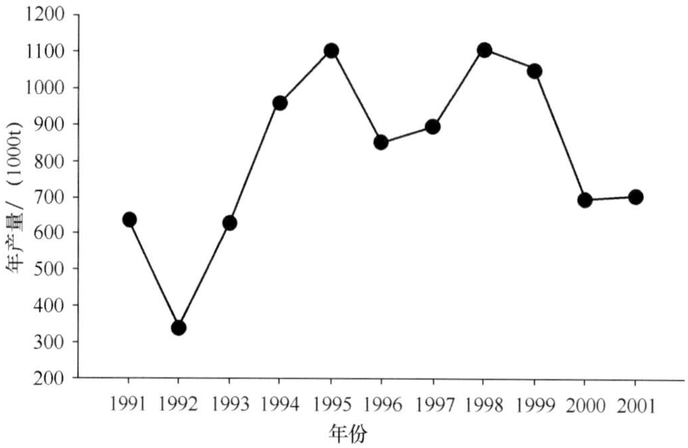

图 6.2 加拿大亚麻籽的年产量

数据包括低亚麻酸品种的亚麻籽。资料来源：加拿大谷物理事会 2001 年的统计手册[5]

多不饱和脂肪酸的含量会影响植物油的熔点和闪点。油的熔化温度与脂肪酸的熔点直接相关，不饱和度越高则熔点越低。与其他植物油相比，亚麻籽油的闪点相对较低，这主要是由于其中高含量的多不饱和脂肪酸。

不皂化物含量、皂化值和碘值是高多不饱和脂肪酸含量亚麻籽油的特征参数。亚麻籽油中不皂化物含量与其他植物油相近。

6.2.4 亚麻籽油的化学组成

包括亚麻籽油在内的植物油的主要组成都是甘油三酯，通常占所有组分的 90% 以上（表 6.1）。亚麻籽油的微量成分与卡诺拉油和大豆油相似[10]。亚麻籽油中叶绿素的存在通常说明用来榨油的亚麻籽有些是不成熟的。

表 6.1 亚麻油的特性[6~9]

参数	亚麻籽油	Linola™	
		原料油	RBD 油
相对密度（20℃/水，4℃）	0.925 ~ 0.935	0.921	0.920
折光指数（n_D 20℃）	1.475 ~ 1.475	1.4657	1.4665
熔点/℃	−20 ~ −24		
闪点/min（℃，开口）	120 ~ 135		
黏度/（mPa·s）		46.8	46.4
碘值/（g I/100g）	182 ~ 203	142	144
不皂化物/%	0.1 ~ 1.7	1.2	0.6
皂化值/（mg KOH/g）	187 ~ 195	185	185

续表

参数	亚麻籽油	Linola™	
		原料油	RBD 油
磷/（mg/kg）	1.0～30	300	1.0
叶绿素/（mg/kg）	0.0～1.5	0.4	0.1
游离脂肪酸（油酸的%）/%	0.1～2.0	0.3	<0.02
甘油三酯/%	94～98	93～98	96～98

注：RBD—碱炼、脱色、脱臭。

一般亚麻籽油的脂肪酸组成与其他商品油不同，因为其 α －亚麻酸含量较高，通常在50%以上（表6.2）。正是由于亚麻籽和亚麻籽油中这种独特的脂肪酸含量较高，它们才经常被用作食品补充剂。作为食品补充剂，高 ω －3 脂肪酸含量是必要条件。这种脂肪酸容易氧化，它的氧化速率较快，是油酸的20～40倍，是亚油酸的2～4倍[8]。这种容易氧化的特性使亚麻籽油成为生产涂料和塑料的良好原料，因为此过程需要快速氧化。与低亚麻酸油（Linola）、大豆油和葵花籽油相比，亚麻籽油的饱和脂肪酸（SFA）含量较低，但比卡诺拉油要高（表6.2）。在所有商品油中卡诺拉油的饱和脂肪酸含量最低。

表6.2 亚麻籽油和主要植物油的组成[6,10]（Przybylski 未公开数据）

组成	亚麻	Linola™	芥花籽	大豆	葵花籽
脂肪酸/%					
$C_{16:0}$	5.3	6.1	3.8	11.2	6.0
$C_{18:0}$	3.3	3.8	1.7	4.1	4.0
$C_{18:1}$	17.9	15.5	58.2	24.3	16.5
$C_{18:2}$	14.7	71.3	20.1	54.6	72.4
$C_{18:3}$	58.7	2.0	9.6	8.3	0.5
SFA	9.0	10.0	6.2	15.6	11.2
MUFA	18.1	17.1	64.2	23.4	16.7
PUFA	72.9	72.9	29.6	61.0	72.1
生育酚/（mg/kg）					
α	20	15	272	116	613
γ	200	200	423	737	19
δ	7	5	—	275	—
Plastochromanol－8	120	110	75	—	—
总量	347	330	770	1128	632

续表

组成	亚麻	Linola™	芥花籽	大豆	葵花籽
植物甾醇/%					
菜籽甾醇	1	1	14	—	—
菜油甾醇	27	23	28	18	7
豆甾醇	8	4	1	15	7
β－谷甾醇	50	54	52	54	58
Δ^5－燕麦甾醇	10	18	5	2	4
总甾醇/（g/kg）	2.3	2.2	6.9	2.6	3.1

注：SFA—饱和脂肪酸；MUFA—单不饱和脂肪酸；PUFA—多不饱和脂肪酸；Plastochromanol－8—侧链较长的γ－三烯酚衍生物。

亚麻籽油中亚麻酸的分布较为广泛，也受生长条件影响。研究人员分析了495个来自加拿大西部的亚麻籽样，发现这些亚麻籽平均含有5%棕榈酸（16：0）、3%硬脂酸（18：0）、17%油酸（18：1）、15%亚油酸（18：2）和59%亚麻酸（18：3）[11]。在北达科他州也有这些相似的亚麻品种，对11个品种进行分析，脂肪酸组成结果如下：5%～6%的16：0、3%～6%的18：0、19%～29%的18：1、14%～18%的18：2以及45%～52%的18：3[12]。

亚麻开花后的10～25d保持气温凉爽是亚麻籽油中亚麻酸含量较高的主要原因[14]。正是由于这个原因，生长在加拿大牧场、北纬的亚麻所生产的油中多不饱和脂肪酸含量较高，而油酸和饱和脂肪酸含量较低。其他油籽如葵花籽、卡诺拉及大豆等[7,13,14]也有此类现象。同样，澳大利亚亚麻籽样品的脂肪酸组成也有很大不同：其含有13%～25%的18：1以及46%～64%的18：3[6]。

收集来自于世界不同产地的亚麻种子，然后在加拿大曼尼托巴摩登种植，对这些亚麻籽进行分析，发现其脂肪酸含量变化范围很大：油酸变化范围为14%～60%、亚油酸变化范围为3%～21%、亚麻酸变化范围为31%～72%[13]。这些数据表明，亚麻中脂肪酸分布广泛，利用这种变化可基于传统育种技术开发特种油，避免生产转基因（GMO）油。

亚麻籽油中生育酚含量较低，是葵花籽油和卡诺拉油的一半，大豆油的三分之一（见表6.2）。这些抗氧化物质含量低会使得油更容易氧化。亚麻籽油中的主要生育酚为γ－生育酚，约占生育酚总量的80%。这使得亚麻籽油可与大豆油相媲美。在亚麻籽油中检测到独特的抗氧化剂Plastochromanol－8。这种化合物是γ－生育酚的衍生物，其不饱和侧链长度是γ－生育酚的两倍。研究发现Plastochromanol－8是所有生育酚异构体中最有效的抗氧化剂[15]。亚麻籽油中生育酚含量低并没有使其更易氧化；实验表明，碾磨过的亚麻籽可以在室温下储藏28个月而氧化产物含量没有明显变化。这主要归因于亚麻籽中除生育酚之外还有其他的抗氧化剂存在[16]。

亚麻籽油中甾醇或植物甾醇含量比其他植物油低，亚麻籽油中甾醇含量为2.3mg/g，而其他油中甾醇含量为4.1~6.9mg/g（表6.2）。亚麻籽油中甾醇的组成与其他油较为相似，β-谷甾醇为主要组分，其次为菜油甾醇和Δ^5-燕麦甾醇。菜籽甾醇在亚麻籽油中痕量存在。这种植物甾醇是油菜科的特征性组分，通常可以用来辨别油是否掺假（表6.2）。

如上所述，植物油的主要成分是甘油三酯，表6.3所示为亚麻籽油甘油酯的组成。

表6.3　亚麻籽油中甘油三酯组成[17]

甘油三酯	含量/%	甘油三酯	含量/%
PLnLn	7.6	OLL	0.9
PLLn	6.7	SLLn	1.1
PLL	1.5	OOL	3.4
POL	1.6	OOLn	7.3
LnLnLn	20.9	POLn	4.0
LLnLn	13.8	SLnLn	3.2
LLLn	3.7	POL	1.6
OLnLn	8.4	PLL	1.5
LLL	0.9	OOO	3.3
OLLn	5.3		

注：P—棕榈酸；Ln—亚麻酸；L—亚油酸；O—油酸；S—硬脂酸。

亚麻籽油甘油酯的脂肪酸组成中，主要的甘油三酯分子中都含有亚麻酸，84%的甘油三酯分子结构中含有亚麻酸（表6.3）。其中，21%甘油酯中含有三个α-亚麻酸，含两个α-亚麻酸的甘油酯含量居第二位，亚麻籽油中第二种含量丰富的脂肪酸是亚油酸[17]。

亚麻籽中木酚素含量丰富，其木酚素含量是其他油籽、谷物、豆类、水果和蔬菜含量的75~800倍[18]。这些植物内源成分在哺乳动物体内的作用类似于植物雌激素。木酚素是一种以二卞基丁烷为骨架的化合物，在多种高等植物中均有发现[18~20]。植物木酚素，即开环异落叶松树脂酚二糖苷（SDG）和马台树脂醇（MAT），是亚麻籽木酚素中的主要组分。这两种物质结构都与人和动物木酚素中肠二醇（ED）及肠内酯（EL）不同。哺乳动物木酚素是肠内微生物利用植物前体合成的（图6.3）。在肠道微生物的模型中加入一种特殊食品组分，并对释放出的肠二醇和肠内酯含量进行测定，可得到哺乳动物木酚素前体的浓度[18]。同样，也可测量动物尿液中木酚素含量[18,19]。图6.4列出了当膳食中植物

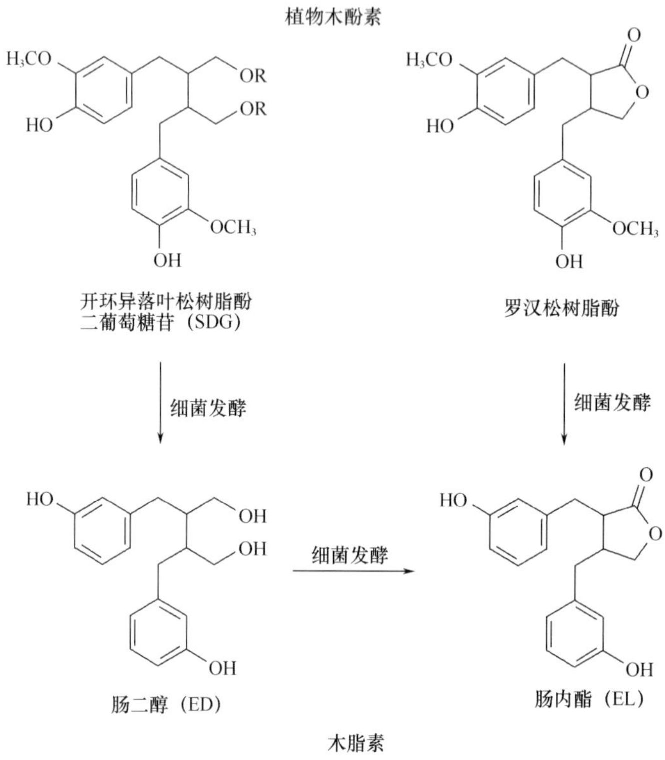

图 6.3 哺乳动物肠内微生物利用植物前体合成木脂素途径[19]

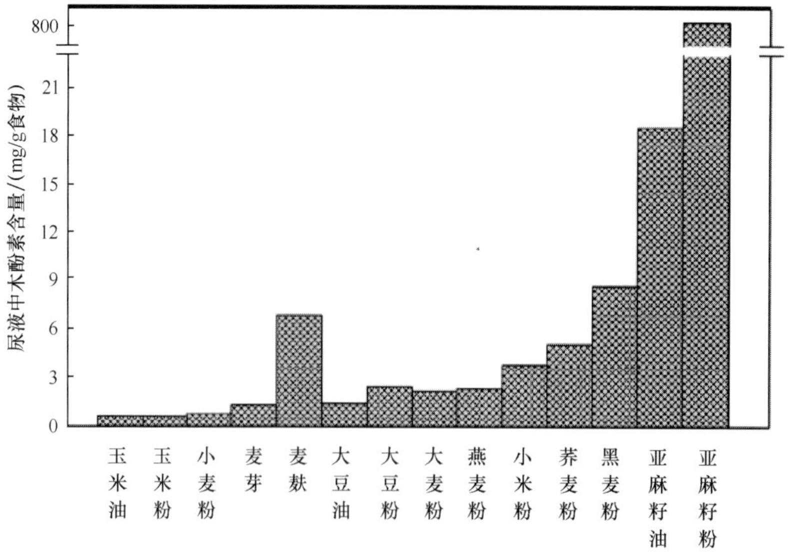

图 6.4 摄取食物不同组分后大鼠尿液中木酚素的含量[18]

组分不同时，尿液中肠二醇和肠内酯的含量。从亚麻籽中榨出的亚麻籽油是哺乳动物木酚素的第二个重要来源，比其他油、油籽和谷物中含量高许多。

将亚麻籽中的木酚素用在致癌物处理过的小鼠上，这种木酚素能够使乳腺癌肿瘤大小减小50%以上，数量减少37%[19,20]。此外，研究表明，木酚素还有抗瞳孔缩小、抗雌激素、抗毒素、抗细菌、抗真菌及抗氧化等特性[20~33]。

亚麻籽油中植物木酚素的存在使得它比其他油更有营养价值。从营养健康角度出发，若考虑高含量α-亚麻酸和亚油酸的平衡，亚麻籽油可谓最佳之选。

美国食品与药品管理局（FDA）法典允许食品中加入亚麻籽，但用量要控制在12%以内[34]。

6.2.5 低亚麻酸亚麻籽油

澳大利亚联邦科学工业研究组织（CSIRO）研究的商品Linola是具有黄色种皮的低亚麻酸品种，由加拿大联合谷物种植中心以此名在各地进行推广[4]。Linola的种皮颜色为黄色，这使得它与传统深褐色亚麻籽有很大不同。加拿大亚麻委员会将所有产于加拿大的低亚麻酸品种命名为Solin。Solin（Linola是Solin旗下的一个子品牌）的研究工作还在继续，主要目的是要降低饱和脂肪酸含量，使多不饱和脂肪酸亚油酸的含量增加到70%，并增加抗氧化剂含量以增强膳食的营养特性。

这种新油料可在目前亚麻及亚麻籽的种植地进行栽种[35,36]。北欧的气候非常适合Linola的生长，而葵花籽和玉米则不能生长。Linola籽可采用现有的压榨设备和相同的工艺参数进行加工。Linola饼粕也和亚麻籽饼粕一样，可作为反刍动物饲料。

新品种亚麻的脂肪酸组成已经发生了改变，亚麻酸含量已由50%以上降低到2%[6]。这大大提高了油的氧化稳定性，其脂肪酸组成也与葵花籽油、大豆油更为相近（表6.2）。Linola比普通亚麻油抗氧化性更强，其稳定性可与大豆油、卡诺拉油及葵花籽油相媲美（Przybylski未公开数据）。

用传统工艺对Linola原油进行精炼，原油经过脱胶、碱炼、脱色、脱臭生产出色泽浅、无臭的油，这种油有着很好的氧化稳定性[9]。此外，Linola的原油、精炼油、脱色油、脱臭油与其他商品油特性相似（表6.1）。

1998年，美国食品与药品管理局（FDA）将Solin/Linola列为一般公认安全（GRAS）食品[38]。这种油可作为食品配料用于食品体系，如色拉油、烹调油和煎炸油，作为脂肪相用于制作人造奶油配料、涂抹脂和起酥油[19,37]。

Linola种籽和油中亚油酸及木酚素含量较高，因此其具有一些营养特性，这也大大增加了将其用于焙烤业及糖果制造业的吸引力。焙烤食品最重要的就是吸引人的外观，而这种金黄色的 Linola 种籽可达到这样的效果。 由此可见，Linola/Solin 种子及油在食品工业中具有很好的开发前景[35]。

6.2.6 亚麻籽及亚麻籽油的生产

亚麻籽被纤维种皮包裹，纤维种皮占种籽质量的25% ~45%。 亚麻籽含2% ~7%的水溶性碳水化合物，这种称作植物胶的组分在加工过程中会形成干扰[38]。 亚麻籽中含近25%蛋白质、10%水分及35% ~45%油[6,38,11]。 在未成熟种籽中，如亚麻苦苷、β－龙胆二糖丙酮氰醇和β－龙胆二糖甲乙酮氰醇等生氰糖苷在种籽中含量可以达到200 ~650mg/100g[9]。 亚麻籽中总是存在能将糖苷分解成各种产物的酶，分解产物如氢氰酸，它是世界上毒性最大的物质之一。 新研发出的亚麻品种种籽中糖苷含量较低。 虽然这些物质是水溶性的，但在加工过程中，还是有少量糖苷会转移到油中。

虽然亚麻籽含油量很高，但从中榨油仍很困难，为了从籽粒中更加有效地榨出油脂，经常需要进行二次压榨。 生产亚麻籽油步骤如图6.5 所示。 在压榨之前，要对干净的种籽进行水分调节，使含水量在9.5% ~10%，这样当压榨种籽时会使得细粒形成量降到最低，使油最大限度地得到分离。 进行过水分调节的种籽分别经过一系列槽纹辊、光辊进行碾压。 接下来，生产亚麻籽油和 Solin/Linola 油的工艺有所不同[7]。 供人类食用的亚麻籽油是冷榨的，并不需要进一步精制处理。 根据工业标准，从挤压机制出的油温度不超过35℃时才能称为冷榨，并且处理过程应该隔绝氧气，通常要在氮气保护状态下进行。 操作过程最好能使用螺旋压榨机，它能对榨机进行局部降温，榨机与种籽和油相接触，控制生产过程中的温度[38]。

从冷榨机出来的油在氮气或其他惰性气体保护下过滤、装瓶、避光保存、准备配送。亚麻籽油特别容易氧化酸败，因此需要有除去氧气的步骤。 在北美大陆，亚麻籽油被认为是一种健康的食用油。

当亚麻籽油作为工业用油时，标准加工步骤如图6.6 所示。 亚麻籽先进行水分调节和压片，然后经过一系列光辊，然后将压片的种籽送入蒸机中，加热到80 ~100℃使酶钝化，从而有助于加工过程中油的释放。 此步骤阻止了有毒物质的生成。 接下来将加热过的种籽转入冷榨机，榨过的油经过滤后再装入储藏罐中，在罐中与溶剂萃取得到的油混合。 将压榨后的饼送入溶剂萃取器中，用正己烷作溶剂进行萃取。 之后饼从萃取器中转移到脱溶器中于100℃下脱除溶剂，然后将粗粉冷却用作动物饲料组分。 混合油通过适用于所有植物油的标准精炼步骤进行精炼[7]。 脱胶可除去磷脂；精炼可以降低游离脂肪酸含量；脱色可除去叶绿素及其他色素，同时可降解氢过氧化物；而脱臭是通过除去氧化产物而使油无味（图6.6）。 加工低亚麻酸亚麻籽油与加工亚麻油和其他食用油的方法基本相同。

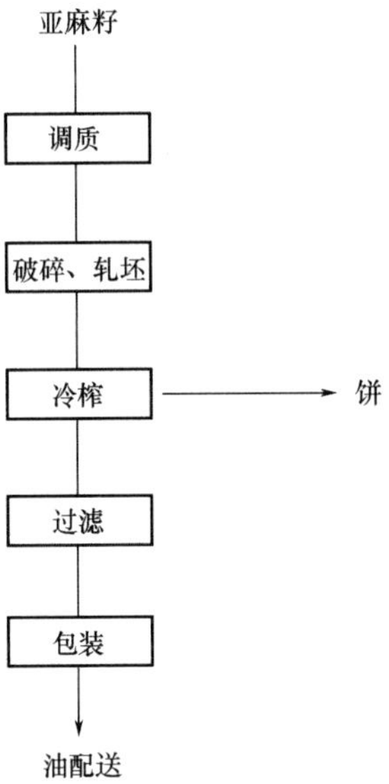

图 6.5 亚麻籽生产冷榨亚麻油的过程

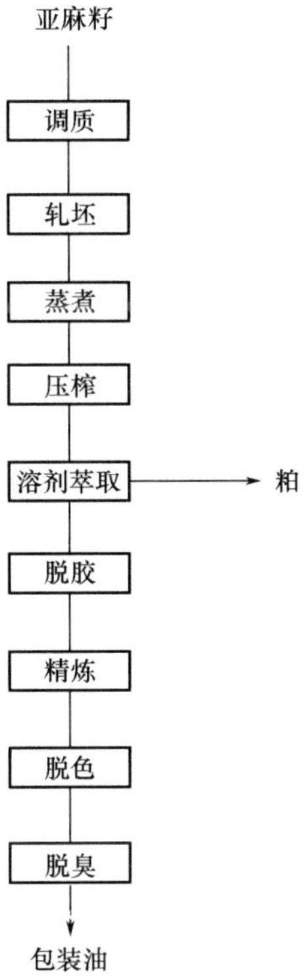

图 6.6 用亚麻籽生产精炼、脱色、脱臭亚麻油的处理过程

6.3 紫苏油

6.3.1 来源及应用

紫苏（*L. britton* 生产的白苏），是唇形科薄荷属的一种。这种植物是美国东部一种常见的一年生杂草[1]。在亚洲，紫苏被当作一种商业作物，它的种籽可用来生产油，植物部分可与谷物或蔬菜一起用作饰菜、调味料和营养物质来源。在美国，紫苏食品可在朝鲜族市场上买到，这种红叶植物通常用来美化景观。第二次世界大战后，美国开始进口紫苏油作为干性油[1]。紫苏和它的种籽在亚洲作为鸟饲料及人类食用；紫苏籽油可用作燃料油、干性油或烹调油；花瓣可作为药草用于医药，还可用作食品调色剂、调味剂和功能性营养物来源；树叶经蒸馏处理后可生产用作调味料的精华油。

Wilson 等[39]从许多种动物中分离出了可引起肺肿（肺腔积水）的毒素——紫苏酮，但在猪和狗中未分离到该物质[40]。在日本，长期在紫苏工厂工作的工人由于长期与紫苏醛接触，有20% ~50%的人手上都患有皮炎[41]。紫苏油中也已经检测到此类化合物的存在，它们在油中作为有效的抗氧化剂存在。

美国种植紫苏并不是为了生产商品化油籽，尽管如此，有些农学家对这种植物进行了调查[42,43]。Rabak 和 Lowman[43]发现紫苏能很好地适应美国东南部气候，但是若不能控制种籽脱落，种植紫苏没有意义。伊利诺伊州的紫苏种籽产量在220 ~1400kg/hm^2[44]，韩国产量为1020 ~1440kg/hm^2[45]，日本农业产量为1110 ~1670kg/hm^2[41]。英国许多地区也开始试验种植紫苏[46,47]。韩国生产紫苏籽和紫苏油已经持续了很长时间[48,45]。紫苏籽的年产量将近40000t，而紫苏油是韩国市场上第三大食用油[49]。紫苏和紫苏籽作为一种食品添加剂在日本、中国和印度等亚洲国家被广泛应用。

6.3.2 紫苏籽及紫苏油

紫苏籽含油量为31% ~51%，其组成与亚麻籽油相似，但多不饱和脂肪酸含量较高，超过70%（表6.4）。其高度不饱和，碘值为192 ~208g I/100g（表6.4）。紫苏油的亚麻酸含量超过60%，亚油酸和油酸含量相同（表6.4）。由于紫苏油多不饱和脂肪酸含量较高，使得其比重比亚麻籽油大。紫苏油的其他物理参数也反映了它的脂肪酸组成。

表6.4 紫苏、荠蓝和茨欧鼠尾草油的组成及特性

参数	紫苏①	荠蓝②	茨欧鼠尾草③
脂肪酸含量/%			
$C_{16:0}$	7	6	6
$C_{18:0}$	2	2	3
$C_{18:1}$	14	13	7
$C_{18:2}$	17	16	20
$C_{18:3}$	61	39	63
饱和	8	12	9
单不饱和	14	34	8
多不饱和	78	54	83
生育酚/（mg/kg）			
α－生育酚	31	46	
β－生育酚	461	420	
γ－生育酚	7	10	
总量	499	500	
油脂分类含量/%			
甾醇酯	2		

续表

参数	紫苏[1]	荠蓝[2]	茨欧鼠尾草[3]
甘油酯	91		97
糖脂	4		2
磷脂	2		0.9
甾醇含量/%			
胆固醇		5	
菜籽甾醇		4	
菜油甾醇		25	
豆甾醇		3	
β -谷甾醇		52	
Δ^5 -燕麦甾醇		11	
总甾醇含量/(mg/kg)		3640	
物化特性			
折光指数(n_D 20℃)	1.4761	1.4698	1.4753
相对密度(在15.5℃/15.5℃)	0.937	0.925	0.936
碘值/(g I/100g)	192~208	127~155	190~199
皂化值/(mg KOH/g)	187~197	180~190	180~192
不皂化物含量/%	1.3~1.5	1.2~1.5	1.1~1.3
油含量/%	35~50	35~42	32~40
蛋白质含量/%	17~28	25~30	20~30

注：荠蓝含15%的二十碳烯酸($C_{20:1}$)及3%~5%的二十二烯酸($C_{22:1}$)。
资料来源：①来自文献[49]；②来自文献[50,51]；③来自文献[50~54]。

紫苏油中生育酚含量比亚麻籽油高，但两者 γ -生育酚含量相似，都在90%以上(表6.4)。Shin和Kim[49]分析了紫苏油的油脂组成，发现它含90%以上的甘油三酯、4%的糖脂、2%的磷脂及2%的甾醇酯。

紫苏油一直作为一种干性油用在颜料、清漆、油布、印刷油墨和漆中，也可作为防水剂用在布料中。紫苏油也曾用作烹调油及燃料[56]。提取油后剩下的粕通常用作动物饲料组分。

6.3.3 紫苏油加工

在韩国，紫苏油的加工工艺与其他冷榨油相似，压榨和过滤是最主要的加工步骤。为了提高用于食品加工的紫苏油的风味，要对紫苏籽进行蒸炒。这会赋予紫苏油特殊的蒸炒、坚果风味并且提高稳定性。蒸炒紫苏籽在中国和韩国都是常用的处理方法[57]。Kim

等[57]分析了不同的蒸炒参数，指出温度在170℃以上时紫苏油风味最好，稳定性也达到最高。非酶褐变成分主要影响紫苏油的风味及抗氧化性[52]。在紫苏油工业化生产时，需要增加一些附加处理如精炼、脱色和脱臭等[58]。

6.4 荠蓝

一般种籽不适宜在贫瘠的土地上种植，低湿度、低肥力和盐渍土等因素都会影响农作物在土壤上的生长。近年来，开发肥料、农药和能量要求较低的农艺学体系成为研究热点，这种体系与传统体系相比，可更好地控制土壤侵蚀。荠蓝可以在这种极端的条件下生长，所结油料种子营养价值较高[59,60]。

6.4.1 来源

亚麻荠属荠蓝［*Camelina sativa*（L.）Crantz.］属于十字花科族植物，俗称假亚麻、亚麻菟丝子及亚麻荠，起源于地中海及中亚地区[61]。种籽很小（0.7mm×1.5mm），淡黄褐色，椭圆形，表面粗糙且表皮较皱。荠蓝适宜生长在欧洲及其他国家牧场的亚麻生长区[59,62]。最初它只是混在亚麻中的一种杂草，且没有种子休眠期[63]。荠蓝是一种短季植物，85～100d，所以在较温暖环境中的凉爽期，可采取两熟制[55]。

荠蓝的种植可能始于新石器时期，到欧洲的铁器时代，当种植作物数量增加一倍时，荠蓝才开始普遍用作油料作物。从碳化种子得出的证据可知，在铜器时代，荠蓝的种植开始于北海(North Sea)周围地区[64]。早在公元前600年，荠蓝单一栽种开始于莱茵河谷。荠蓝可能通常作为单一栽种作物与亚麻混合推广，这与小粒谷类作物相似，后者也常以农作物混种形式进行推广。在罗马、欧洲东南部及亚洲西南部等地，其种植的年代都很久远[64]。

中世纪时期荠蓝产量由于未知原因下降，但是它作为杂草继续与亚麻共同进化，也可能正是如此它才被引入美国。同菜籽油一样，工业革命后荠蓝油开始用作工业油[64]。种籽可用来喂鸟，草秆可用于获取纤维。现在欧洲还有一些分散的产地，主要分布在德国、波兰及苏联。在20世纪80年代，育种及种质筛选等技术用于脂肪酸组成改性以及荠蓝籽中芥子油苷含量的调控[65～69]。

加拿大、北达科塔和明尼苏达州对荠蓝的农艺学性能进行了评估[63,70,50]。近来由于人们想要寻找一种低成本的油籽作物，研究荠蓝的兴趣明显增长，用荠蓝可制取在食品及非食品中有应用潜力的油[60,71]。荠蓝具有一些特殊的农学性能，例如，它与减耕栽培和遮盖作物相兼容，与杂草相竞争，或可以冬季地面播种等，从而适宜于可持续农业体系。此外，荠蓝还可作为绿色施肥的低成本作物[60]。

北美荠蓝种植的长期产量平均为1100~1200kg/hm^2，最高产量为2000kg/hm^2。需要指出的是，通过植物育种技术，许多商品油尤其是甘蓝型油菜产量有了很大提高，而荠蓝还没有经过改良[63]。

6.4.2 种籽组成

在北美，荠蓝中油含量为29%~45%；在德国为37%~44%。种籽蛋白质含量为23%~30%[60,50,71,72]。虽然检测到荠蓝油的硫含量较高，但是荠蓝蛋白质含量和组成与亚麻很接近[63]。荠蓝粕可与大豆粕相媲美，其含45%~47%的粗蛋白及10%~11%的纤维[73]。与其他十字花科植物相似，荠蓝粕中硫苷的含量为15~20μmol/g[74]。与其他芸薹属相比，其硫苷含量较低，这使得荠蓝粕的利用更加容易[73,75]。

6.4.3 脂肪酸组成及油的应用

荠蓝油有着独特的脂肪酸组成，亚麻酸（$C_{18:3}$）含量为30%~40%，二十碳烯酸（$C_{20:1}$）含量为15%左右，芥酸含量低于4%[21]。荠蓝油中脂肪酸主要是不饱和脂肪酸，仅有12%是饱和脂肪酸（表6.4）。大约有54%脂肪酸是多不饱和脂肪酸，主要是亚油酸（18:2）与亚麻酸（18:3），34%为单不饱和脂肪酸，主要是油酸（18:1）与二十碳烯酸（20:1）。

荠蓝油的脂肪酸组成会受环境和种类的影响，但是据检测这种影响很小。测试9种荠蓝油，其油酸、亚油酸和亚麻酸间的最大差异分别为3%、2.4%及2.2%[76]。同样，生长在干燥温暖环境中的荠蓝与生长在一般环境中的荠蓝相比，亚麻酸含量仅低2%。虽然在统计学上这些差异很显著，但从绝对值上看差异很小，且对提取油的特性无显著影响[68,50,76]。

荠蓝油多不饱和脂肪酸含量高，主要是亚油酸和亚麻酸，而饱和脂肪酸含量相对较低，因此可作为一种高品质食用油。荠蓝油的不饱和程度低于亚麻油，但是高于葵花籽油和芥花籽油（表6.2和表6.4）。这种油中11-二十碳烯酸的含量较高，因此在植物油中很特别。实验用荠蓝样品大多含2%~4%的芥酸（表6.4），芥酸含量比卡诺拉型油菜籽油芥酸最高限还要高。然而，通过荠蓝种子筛选可得到不含芥酸的品种；通过植物育种，也可得到不含芥酸的品种。

在这种油中检测到的植物甾醇主要由β-谷甾醇和菜油甾醇组成（表6.4）。在油中检测到大约4%的菜籽甾醇，这种菜籽甾醇是芸薹科植物所特有的[51]。油中甾醇总含量可与其他商业油媲美（表6.2和表6.4）。荠蓝油中胆固醇的存在使得它与其他植物油不同，而胆固醇只曾在一些热带油中检测到痕量[51]。

荠蓝油中生育酚的含量和组成与紫苏油相似，紫苏油中80%以上生育酚是γ－生育酚（表6.4）。检测到的α－和δ－生育酚为微量抗氧化剂[77]。生育酚的总含量与紫苏油相似，高于亚麻籽油（表6.4和表6.2）。荠蓝油的生育酚总含量高于芥花油、亚麻籽油、大豆油和葵花籽油。

6.4.4 荠蓝籽的加工、油稳定性及应用

冷榨荠蓝油有着诱人的黄色、类似于芥末的口味，拥有令人愉悦的气味。这种风味在印度及其他亚洲国家可以被接受，但是在欧洲和北美，很难被消费者接受，主要是由于不同地区的人对植物油的口感认可度不同。所以，商品荠蓝油需要精炼和脱臭，得到消费者所期待的无臭、色浅的产品[76]。荠蓝毛油经过精炼以后，可生产出与典型商品油相似的产品[76]，精炼步骤与所描述的亚麻油生产步骤相同（图6.6）。

为了确定荠蓝油的贮藏稳定性，在65℃对卡诺拉油、亚麻籽油和荠蓝油的毛油与精炼油进行加速Schaal烘箱贮藏实验[76]，测定共轭二烯、过氧化物和茴香胺值。结果表明，荠蓝油的贮藏稳定性与亚麻籽油相似，但不如卡诺拉油。荠蓝毛油比精炼油的氧化稳定性要高[76]。在贮藏期间，精炼荠蓝油中过氧化物含量比荠蓝毛油要高30%[76]。与富含ω－3脂肪酸的鱼油相比，荠蓝油更具抗氧化性[76]。在室温下，荠蓝毛油稳定性远比根据其高亚麻酸含量所预计的更高。这种不寻常的氧化稳定性要归因于天然抗氧化剂的存在。但是，与其他商品油相比，上面提到的生育酚含量处在中间水平，但稍高于亚麻籽油（表6.2和表6.4）。氧化稳定性不仅与生育酚的含量和组成有关，还与其他组分如酚酸和多酚等的存在有关。荠蓝油中的抗氧化剂含量还受加工影响，当应用特殊加工条件时，抗氧化剂含量会减少，有时甚至减少50%[15]。

在深度煎炸条件下对荠蓝油的煎炸特性进行评价，并与大豆油进行比较。通过测定黏度、脂肪酸、茴香胺值及氧化甘油三酯结构的变化来监控油脂变质[76]。煎炸的前5d，荠蓝油裂变速率与大豆油相似。但随着煎炸时间继续增长，荠蓝油裂变速率比大豆油要快得多，这可能是由于抗氧化剂已经耗尽。事实上，煎炸7d后，荠蓝油中的氧化甘油三酯含量达到欧洲限量（25%），而在大豆油中，这种组分的含量为14%[76]。同样，加热结束后，荠蓝油的黏度增加一倍，而大豆油仅增加30%。以茴香胺值衡量的总羰基含量，芥蓝油比大豆油高3倍。此外，经过煎炸马铃薯5d，荠蓝油裂变产生强烈的令人讨厌的油漆味[76]。

将精炼芥蓝油混入脂肪相可生产人造奶油并强化ω－3脂肪酸。这种涂抹脂产品具有类似典型商品油产品的物理特性。新产品稳定性令人满意，经过6个月贮藏也未检出异味[76]。

荠蓝油也能用于沙拉调味品的生产。所生产的调味品与传统产品的稳定性相似，室温下贮存几个月后，也没有异味产生[76]。

考虑到荠蓝油生产成本较低，且比鱼油更稳定，这种油可作为优良的添加剂加入到涂抹脂、人造奶油及其他含脂肪产品中以增加 $\omega-3$ 脂肪酸含量，从而调整 $\omega-3$ 和 $\omega-6$ 脂肪酸之间的比例。

6.5 芡欧鼠尾草

6.5.1 来源

芡欧鼠尾草（*Salvia hispanica* L.）是薄荷属的一年生草本植物，唇形科，原产地为北危地马拉、南墨西哥，在南美和美国西南部也有种植[52]。这种植物在阿兹特克和美国中部的其他部落是一种重要的种植作物，不仅可用来生产食品，还用来生产药品和颜料。鼠尾草油是一种历史悠久的配料，现如今又被应用于化妆品及食品工业[52]。虽然芡欧鼠尾草已种植了几个世纪，但现在仅墨西哥一些州还有种植。现在每年种植总面积少于 450hm^2。为使美洲其他地区也可以种植，有人对这种植物进行了试验，并取得了很好的效果[52]。如今芡欧鼠尾草籽和芡欧鼠尾草油在美洲的健康食品商店可以买到。

6.5.2 油和种籽组成

芡欧鼠尾草籽含 25% ~40% 的油及 18% ~23% 的蛋白质。芡欧鼠尾草粕蛋白质和纤维含量较高，与亚麻籽油和大豆油较相似[52,53]。芡欧鼠尾草种籽、油和饼粕有很高的营养价值，可作为人类食品和动物饲料组分。芡欧鼠尾草种籽含胶质和水溶性纤维，可能含木酚素，与亚麻籽很相似[53]。1995 年和 1996 年进行的试验表明，生长条件会影响芡欧鼠尾草油产量及油含量，产量可达到 1500kg/hm^2[52]。

芡欧鼠尾草油多不饱和脂肪酸含量高，尤其是 α - 亚麻酸含量高，这种脂肪酸含量高于亚麻籽油（表 6.4）。亚油酸是芡欧鼠尾草中含量第二高的脂肪酸，含量为 17% ~26%。芡欧鼠尾草油中多不饱和脂肪酸含量为 83%，是食用油中多不饱和脂肪酸含量最高的油。此外，芡欧鼠尾草油饱和脂肪酸含量最低（表 6.2 和表 6.4）。

由于上述多不饱和脂肪酸的影响，芡欧鼠尾草油的物理特性与紫苏油和荠蓝油相似。芡欧鼠尾草油中油脂组成与植物油类似，甘油三酯是其主要成分（表 6.4）[52]。

参考文献

1. J. M. Hagemann, F. R. Earle, and I. A. Wolff, *Lipids*, **2**, 371(1967).

2. Q. Pan, *Flax Production, Utilization and Research in China*, **53**, 59 – 63(1990).

3. T. P. Freeman, in S. C. Cunnane and L. U. Thompson, eds., *Flaxseed in Human Nutrition*, AOCS Press, Champaign, Illinois, 1995, pp. 11 – 21.

4. T. L. Krawczyk, *Inform*, **10**, 1029(1999).

5. Canada Grains Council, *Statistical Handbook*, 2001.

6. A. G. Green and D. R. Marshall, *Aust. J. Agric. Res.*, **32**, 599(1981).

7. N. A. M. Eskin, B. E. McDonald, R. Przybylski, L. J. Malcolmson, R. Scarth, T. Mag, K. Ward, and D. Adolph, in Y. H. Hui, ed., *Bailey's Industrial Oil and Fat Products*, Wiley, New York, 1996, p. 1.

8. E. N. Frankel, *Trends Food Sci. Technol.*, **4**, 220(1993).

9. A. G. Green, and P. J. C. Dribnenki, *Lipid Technol.*, **6**, 29(1994).

10. F. D. Gunstone, J. L. Harwood, and F. B. Padley, eds., *The Lipid Handbook*, Chapman and Hall, London, 1994.

11. D. R. Declercq, J. K. Daun, and K. H. Tipples, in Crop Bulletin, Canadian Grain Commission, Winnipeg, Manitoba, Canada, No. 202, 1992, p. 1.

12. N. S. Hettiarachy, G. A. Hareland, A. Ostenson, and G. Baldner-Shank, in Proceedings of the 53rd Annual Flax Institute of the US Meeting, Fargo, North Dakota, 1990, p. 36.

13. D. G. Dorrell, *Fette Seifen Anstrichm.*, **77**, 258(9175).

14. A. G. Green, *Crop Sci.*, **26**, 961(1986).

15. D. Olejnik, M. Gogolewski, and M. Nogala-Kalucka, *Nahrung*, **41**, 101 – 104(1997).

16. N. A. M. Eskin and R. Przybylski, in N. A. M. Eskin and D. S. Robinson, eds., *Food Shelf Life Stability*, CRC Press, Boca Raton, Florida, 2001, p. 175.

17. R. B. Tarandjiiska, I. N. Mrekov, B. M. N. Damyanova, and B. S. Amidzhin, *J. Sci Food Agric.*, **72**, 403 (1996).

18. L. U. Thompson, P. Robb, M. Serraino, and F. Cheung, *Nutr. Cancer*, **16**, 43(1991).

19. M. Axelson, J. Sjovall, B. E. Gustafsson, and K. D. R. Setchell, *Nature*, **298**, 659(1982).

20. K. D. R. Setchell, in S. C. Cunnane and L. U. Thompson, eds., *Flaxseed in Human Nutrition*, AOCS Press, Champaign, Illinois, 1995, p. 82.

21. L. U. Thompson, S. E. Rickard, L. J. Orcheson, and M. M. Seidl, *Carcinogenesis*, **17**, 1373(1996).

22. L. U. Thompson, M. M. Seidl, S. Rickard, L. Orcheson, and H. H. S. Fong, *Nutr. Cancer*, **26**, 159 (1996).

23. W. R. Phipps, M. C. Martini, J. W. Lampe, J. L. Slavin, and M. S. Kurzer, *J. Clin. Endocrinol.*, **77**, 1215 (1993).

24. Y. Mousavi and H. Adlercreutz, *J. Steroid. Biochem. Mol. Biol.*, **41**, 615(1992).

25. M. E. Martin, M. Haourigui, C. Pelissero, C. Benassayag, and E. A. Nunez, *Life Sci.* , **58**, 429(1996).

26. T. Fotsis, M. Pepper, and H. Adlercreutz, *Proc. Natl. Acad. Sci. USA*, **90**, 2690(1993).

27. T. Hirano, K. Fukuoka, K. Oka, and Y. Matsumoto, *Cancer Invest.* , **9**, 145(1991).

28. K. Prasad, *Mol. Cell Biochem.* , **168**, 17(1997).

29. G. Block, B. Patterson, and A. Subar, *Nutr. Cancer*, **50**, 207(1992).

30. D. M. Parkin, C. S. Muir, S. L. Whelan, Y. Gao, J. Ferlay, and J. Powell, in *Cancer Incidence in Five Continents*, Vol VI, International Agency for Research on Cancer, Lyon, France, 1992, p. 865.

31. H. Adlercreutz, T. Fotsis, and J. Lampe, *Scand. J. Clin. Lab. Invest.* , **53**, 5(1993).

32. H. Adlercreutz, H. R. Heikkinen, and M. Woods, *Lancet*, **2**, 1295(1982).

33. K. D. R. Setchell and H. Adlercreutz, in I. R. Rowland, ed. , *Role of the Gut Flora in Toxicity and Cancer*, Academic Press, London, 1988, pp. 315 – 345.

34. J. E. Vanderveen, in S. C. Cunnane and L. U. Thompson, eds. , *Flaxseed in Human Nutrition*, AOCS Press, Champaign, Illinois, 1995, p. 363.

35. B. F. Haumann, *Inform*, **1**, 934(1990).

36. E. A. Weiss, *Oils & Fat Int.* , **9**, 23(1993).

37. *Inform*, **9**, 628(1998).

38. P. P. Kolodziejczyk and P. Fedec, in S. C. Cunnane and L. U. Thompson, eds. , *Flaxseed in Human Nutrition*, AOCS Press, Champaign, Illinois, 1995, p. 261.

39. B. J. Wilson, J. E. Garst, R. D. Linnabary, and R. B. Channell, *Britton. Sci.* , **197**, 573(1977).

40. J. E. Garst, W. C. Wilson, N. C. Kristensen, P. C. Harrison, J. E. Corbin, J. Simon, R. M. Philpot, and R. R. Szabo, *Anim. Sci.* , **60**, 248(1985).

41. N. Okazaki, M. Matsunaka, M. Kondo, and K. Okamoto, *Skin Res.* , **24**, 250(1982).

42. H. A. Gardener, *U. S. Cir.* , **52**, 1(1917).

43. Rabak, F. and M. S. Lowman, in Perilla, USDA, Agriculture Research Administration, Bureau of Plant Industry, Soils, and Agricultural Engineering, Beltsville, Maryland, 1945.

44. R. O. Weibel and W. L. Burlison, *Soybean Dig.* , **8**, 14(1948).

45. I. S. Choi, S. Y. Son, and O. H. Kwon, *Korean Soc. Hort. Sci.* , **25**, 68(1980).

46. Imperial Institute, *Bul. Imp. Inst.* , **18**, 479(1920).

47. Imperial Institute, *Bul. Imp. Inst.* , **24**, 205(1926).

48. Yu, I. S. and S. K. Oh, *Res. Rpt. Off. Rural Dev.* , **18**, 187(1976).

49. H. S. Shin and S. W. Kim, *J. Amer. Oil Chem. Soc.* , **71**, 619(1994).

50. E. C. Leonard, *Inform*, **9**, 831(1998).

51. V. K. S. Shukla, P. C. Dutta, and W. E. Artz, *J. Amer. Oil Chem. Soc.* , **79**, 965(2002).

52. W. Coates, and R. Ayerza, *J. Amer. Oil. Chem. Soc.*, **75**, 1417(1998).

53. A. A. Bushway, A. M. Wilson, L. Houston, and R. J. Bushway, *J. Food Sci.*, **49**, 555(1984).

54. R. Ayerza, *J. Amer. Oil Chem. Soc*, **72**, 1079(1995).

55. H. S. Park, J. G. Kim, and M. J. Cho, *J. Korean Agric. Chem. Soc.*, **24**, 224(1981).

56. Publications and Information Directorate, in *The Wealth of India*, Vol. 7, New Delhi, India, 1966.

57. S. J. Kim, H. N. Yoon, and J. S. Rhee, *J. Amer. Oil Chem. Soc.*, **77**, 451(2000).

58. S. J. Kim, S. H. Song, H. N. Yoon, and U. Y. Kong, *Inform*, **6**, 514(1995).

59. National Research Council(NRC), in *Alternative Agriculture/Committee on the Role of Alternative Farming Methods in Modern Production Agriculture*, National Academy Press, Washington, D. C., 1989.

60. D. H. Putnam, J. T. Budin, L. A. Field, andW. M. Breene, in J. Janick and J. E. Simon, eds., *New Crops*, Wiley, New York, 1993, pp. 314 – 322.

61. J. Schultze-Motel, *Archaeo-Physika*, **8**, 267(1979).

62. North Central Regional Technical Committee NC-121, *Weeds of the North Central States*, North Central Regional Res. Pub. 281, Bul. 772, Agr. Expt. Sta., Univ. Illinois, Urbana-Champaign, Illinois, 1981.

63. R. G. Robinson, Minnesota *Agr. Expt. Sta. Bull.*, **579**(1987).

64. K. H. Knorzer, *Bererichte der Deutschen Botanischen Gesellschaft*, **91**, 187(1978).

65. R. Seehuber and M. Dambroth, *Landbauforschung Voelkenrode*, **37**, 219(1987).

66. G. Enge and G. Olsson, *Sveriges Utsadesforenings Tidskrift*, **96**, 220(1986).

67. B. G. Kartamyshev, *Selektsiya i Semenovodstvo*, **6**, 9(1985).

68. R. Seehuber and M. Dambroth, *Landbauforschung Volkenrode*, **33**, 183(1983).

69. R. Seehuber and M. Dambroth, *Landbauforschung Volkenrode*, **34**, 174(1984).

70. R. K. Downey, *J. Amer. Oil Chem. Soc.*, **48**, 718(1971).

71. R. Seehuber, *Fette-Seifen-Anstrichmittel*, **86**, 177(1984).

72. R. Marquard and H. Kuhlmann, *Fette Seifen Anstrichmittel*, **88**, 245(1986).

73. G. O. Korsrud, M. O. Keith, and J. M. Bell, *Can. J. Anim. Sci.*, **58**, 493(1978).

74. J. Zubr, *Indust. Crops Products*, **6**, 113(1997).

75. R. Lange, W. Schumann, M. Petrzika, H. Busch, and R. Marquard, *Fat Sci. Technol.*, **97**, 146(1995).

76. J. G. Crowley and A. Frohlich. (2002, November 29). Factors Affecting the Composition and Use of Camelina. Technical Report, Crops Research Centre, Oak Park, Carlow, Ireland. Available: *http://www. teagasc. ie/research/reports/crops/*4319/*eopr* – 4319. *htm*.

77. J. T. Budin, W. M. Breene, and D. H. Putnam, *J. Amer. Oil Chem. Soc.*, **72**, 309(1995).

7 橄榄油

David Firestone

United States Food and Drug Administration, Washington, DC

7.1 引言和历史

橄榄油是地中海地区人们日常膳食中的重要部分，它是通过机械提取的方法从橄榄科植物橄榄树（*Olea europaea* L.）的果实中得到的。橄榄科拥有400多个品种，在温带和热带气候条件下生长旺盛[1]。在橄榄属（*Olea*）的35个品种中，大多数起源于非洲、印度、澳大利亚，其中*O. europaea*是唯一一个地中海品种。虽然它的起源不明，但有一种观点认为它们起源于古伊朗和西域，沿着通商和迁徙的路线向西传播到安纳托利亚、叙利亚和以色列[2]。

在以色列，橄榄出现于大约45000年前[1]。在位于Lower Boker－Har Hanegev的地质层发掘出了公元前42980年烧焦的橄榄木炭。在以色列许多考古遗址中发现公元前8000年以前的木炭和炭化石。此外，还有间接的证据表明人类早在公元前7000年前就开始了野橄榄（*O. oleaster*）的应用[3]。人们尚不知道从铜石并用时代（公元前4000年）和青铜时代早期（公元前2900—2700年）的考古遗址得到的炭化石和木炭究竟是种植的橄榄还是野生的橄榄。

橄榄种植业和橄榄油工业似乎在青铜器时代的中晚期就在从巴勒斯坦、叙利亚到希腊的整个地中海沿岸地区建立起来了[4]。公元前1000年前后，橄榄种植业在巴勒斯坦和叙利亚迅速发展[2]。巴勒斯坦的橄榄油工业当时已经很发达，橄榄油从巴勒斯坦出口到埃及等历史均已被旧埃及王朝记录在史册中。种植的橄榄为灯用燃料、润滑剂以及涂抹身体用油膏等提供了原料。橄榄果实用盐腌制后很容易保存，橄榄树则可用作木料和燃料。后来，橄榄果成为食用油原料。

因加工方法的改进，橄榄油制造业在以色列时期形成了工业化生产的规模[3]。在犹太地区，油的压榨设备通常是一个大石床，在压榨表面的中心处放有油收集桶，在石头的重力下，横梁通过杠杆作用下压进行压榨操作。横梁的一端被一块特殊的巨石固定于压榨表面后面的一堵墙（壁龛墙）中。橄榄在一个矩形槽中被磙子压榨，操作者通过操纵安装在磙子上的把手使磙子前后移动。

典型的铁器时期工业遗址是公元前7世纪Timnah（Tel Batach）的圣经镇，此地和特拉维夫市地区的其他城镇一起构成了橄榄油的生产中心[5]。该镇的榨油装置与该地区其他铁器时代遗址的榨油装置在构造上相似。每套榨油装置均包含有一个破碎坑和每侧两个压榨桶。橄榄果在坑中被石磙破碎，石磙的侧面有与凹孔相配合的木制把手。破碎坑本身是由一块条石制成的浅槽。每个压榨桶具有一块平顶的大石头以及用于收集油的内部中空区域。因为没有从桶中取油的相应装置，所以通常用陶罐来取油。盛有破碎橄榄的筐采用一端固定在墙上的木制横梁上进行压榨；横梁的另一端则以三个巨石的质量向下压榨（图7.1）。

橄榄种植业在公元前16世纪前后发展到了塞浦路斯和爱琴海地区。正如Renfrew[6]指出的那样，橄榄与葡萄树和培育的小麦一样，是促进爱琴海地区人类文明出现的三大资源之一。油的生产和贸易在公元前2000年希腊大陆和克列特的迈锡尼文明经济中起了重要的作用[7]。橄榄油在克列特和迈锡尼的宫廷工业中用于香水和香油膏的制造。由于油脂含量较低，野生橄榄比培植的橄榄似乎更适合于制造爱琴海香水和香油膏。

最初，橄榄是用连枷打树的方法收获的[6]。收获后，橄榄浸泡在热水中压榨制油。油放在一个大桶中，通过将水抽出而将油与水分开，然后储存在与储存葡萄酒相似的罐中。在当地，油可以用于照明、卫生产品（清洁身体）、也可以当作食品，特别是在烹饪方面。迈锡尼（Mycenaen）的档案表明，有香味的橄榄油用在宗教方面，还被富人用作皮肤油膏[8]。

塞浦路斯最早的提取橄榄油的证据可以追溯到公元前1300年[9]（至少早于公元前4000年，野生橄榄就在该岛屿上出现）。在马罗尼一个挖掘现场发现的橄榄压榨装置（大概带一个杠杆，用重力压榨）包含一个安放在土砖平台上并向下倾斜的大矩形槽（压榨床）。槽是一块具有沟槽的平石头，沟槽边有一小嘴，以便液体流入放在压榨装置下面的罐中。岛上发现的其他罗马晚期的压榨装置是杠杆与螺旋型装置，其水平横梁是固定的，螺旋下压在压榨床上。在公元前1世纪初，螺旋结构在意大利便已经用于压榨，最初是杠杆－螺旋挤压型，后来是直接框式压榨[10]。

橄榄种植园依旧持续扩展，在拜占庭和阿拉伯时期扩展到了巴勒斯坦[11]。从加里利的上部到希伯伦的整个山脉都种植着橄榄树。橄榄油被用作食物和烹饪用油、照明用油，并通过与草木灰共煮制造肥皂。在伍麦叶王朝（公元661—750年）和阿拔斯王朝（公元750—1258年）早期，多余的橄榄油开始从巴勒斯坦通过陆路向邻国出口。随着法蒂玛王朝（公元909—1171年）海上商贸的复兴，橄榄油通过海上航线输送到了埃及和其他国家。

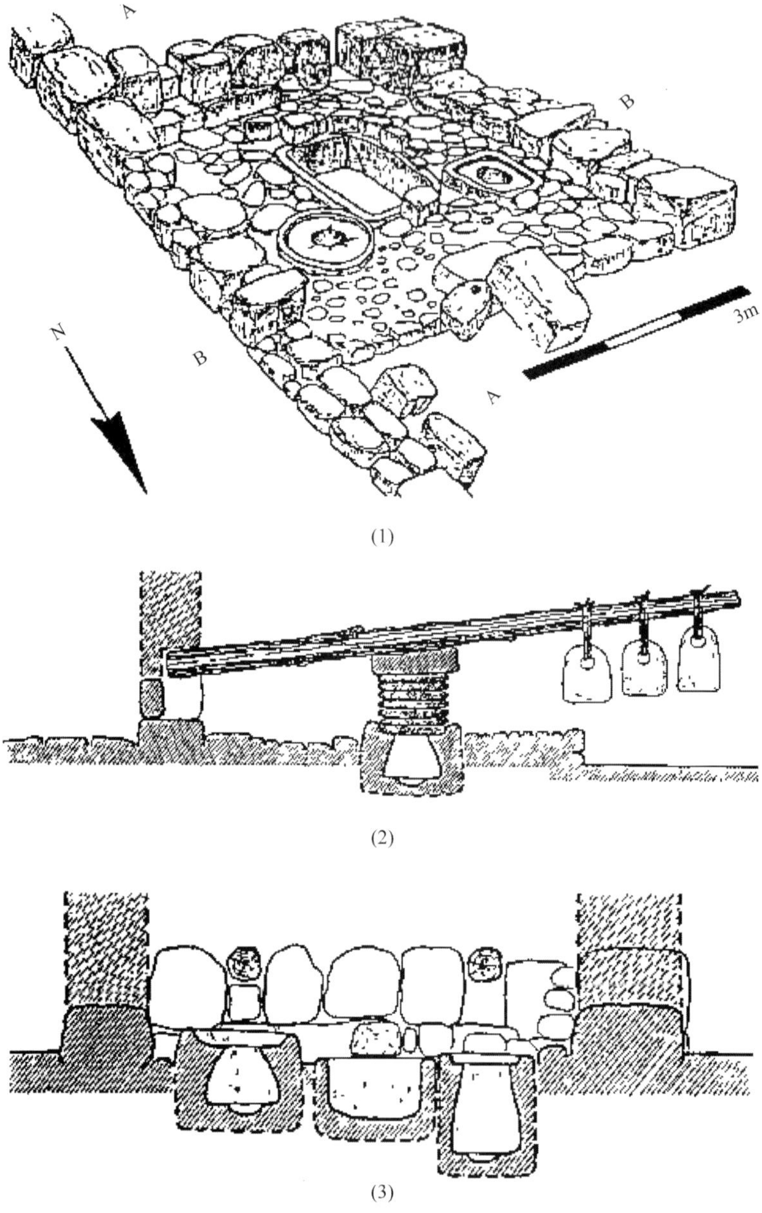

图 7.1 位于以色列伯示麦以西 7km 的 Tel Batach（Timnah 圣经镇）的榨油装置平面图和截面图[5]

（经《古代橄榄油》编者许可[5]）

在地中海沿岸，腓尼基的定居者们将橄榄农业传入了西西里、撒了岛、法国南部和西班牙[2]。后来，希腊人在无腓尼基人的帮助下独自传播种植技术，再次将橄榄传入西西里。罗马人在他们的领土上普及橄榄农业，在他们的土地改造计划中使用橄榄树，特别是在北非，他们设立了橄榄农场和其他项目以开垦沙漠。尽管质量参差不齐，但橄榄油在罗马时期仍是重要的食品和重要的工业产品。

地中海地区橄榄业的繁荣一直持续到公元5世纪，直到罗马帝国受到北方入侵，海上航线被关闭[2]。橄榄农业后来随着文艺复兴时期威尼斯和其他海上共和国商业的发展而得到复兴。1709年，橄榄种植业进入了一个新的时代。当时，整个欧洲遭受了严寒的影响，新的种植园开发出来替换那些被寒冷气候毁坏了的种植园。随着现代农业技术的运用，国有种植业开始大规模发展，橄榄种植业在19世纪上半叶达到了顶峰。

7.2 统计和定义

目前，全世界95%以上的橄榄树都种植在地中海沿岸。橄榄总产量的81%左右来自欧盟国家（西班牙、意大利、希腊、葡萄牙和法国）；近东占7%；北非占11%；其余的1%来自美洲，主要来自阿根廷、墨西哥、秘鲁和美国（表7.1）。橄榄油的消费在少产或不产橄榄油的发达国家中也保持增长（表7.2）。

表7.1 世界橄榄油的产量 单位：1000t

国家/地区	1997—1998	1998—1999	1999—2000	2000—2001	2001—2002	2002—2003（预测）	2003—2004（估计）
阿尔及利亚	15.0	54.5	33.5	26.5	25.5	16.5	40.0
阿根廷	8.0	6.5	11.0	4.0	10.0	11.0	22.0
塞浦路斯	1.5	2.5	3.5	5.5	6.5	7.0	7.0
欧盟	2116.5	1707.0	1878.5	1940.5	2463.5	1942.5	2307.0
克罗地亚		5.0	9.0	5.5	5.0	7.0	3.0
以色列	3.0	4.5	2.5	7.0	3.5	9.0	2.5
约旦	14.0	21.5	6.5	27.0	14.0	28.0	11.5
黎巴嫩	3.5	7.0	5.0	6.0	5.0	6.0	4.0
摩洛哥	70.0	65.0	40.0	35.0	60.0	45.0	80.0
巴勒斯坦	9.0	5.5	2.0	20.0	18.0	21.5	5.0
叙利亚	70.0	115.0	81.0	165.0	92.0	165.0	110.0
突尼斯	93.0	215.0	210.0	130.0	35.0	70.0	180.0
土耳其	40.0	170.0	70.0	175.0	65.0	160.0	60.0
澳大利亚		0.5	0.5	1.0	1.0	2.0	3.0
埃及	1.0	0.5	2.5	0.5	1.5	5.0	2.0
美国	1.0	1.0	1.0	0.5	0.5	1.0	1.0

续表

国家/地区	1997—1998	1998—1999	1999—2000	2000—2001	2001—2002	2002—2003（预测）	2003—2004（估计）
伊朗	3.0	2.5	2.5	3.0	2.5	1.5	4.0
利比亚	6.0	8.0	7.0	4.0	7.0	6.5	6.5
墨西哥	2.0	2.5	1.0	1.5	2.0	2.5	2.5
前南斯拉夫	0.5	1.0	1.0	0.5	0.5	0.5	0.5
塞尔维亚和黑山	8.5	7.5	6.5	7.5	7.5	7.5	7.5
总计	2465.5	2402.5	2374.5	2565.5	2825.5	2515.0	2859.0

资料来源：国际橄榄油委员会（IOOC）。

表7.2 橄榄油的消费量　　单位：1000t

国家/地区	1997—1998	1998—1999	1999—2000	2000—2001	2001—2002	2002—2003（预测）	2003—2004（估计）
阿尔及利亚	31.5	44.0	42.0	26.0	25.0	16.0	39.0
阿根廷	8.0	8.0	7.0	6.0	5.5	5.5	6.0
塞浦路斯	2.0	2.5	4.0	5.0	5.5	6.0	6.0
欧盟	1705.5	1709.0	1728.0	1835.0	1894.0	1904.5	1932.0
克罗地亚		4.0	8.5	6.5	5.0	6.0	3.0
以色列	6.5	9.5	12.5	13.5	14.5	14.5	13.5
约旦	19.0	19.0	9.0	17.0	20.0	25.0	15.5
黎巴嫩	8.0	9.0	8.0	8.0	7.0	7.0	7.0
摩洛哥	55.0	55.0	55.0	45.0	60.0	55.0	70.0
巴勒斯坦	5.5	4.0	4.0	8.0	10.0	12.0	12.0
叙利亚	95.0	88.0	90.0	110.0	86.0	100.5	115.0
突尼斯	52.0	49.0	60.0	58.0	28.0	30.0	60.0
土耳其	85.5	85.0	60.0	72.5	55.0	55.0	40.0
	2073.5	2086.0	2088.0	2210.5	2215.5	2237.0	2319.0
澳大利亚	17.5	24.0	25.5	31.0	27.5	31.0	31.0
巴西	29.0	23.5	25.0	25.0	22.5	20.0	21.0
智利							
埃及	1.0	1.0	1.5	1.0	1.5	3.5	2.5
美国	142.5	151.0	169.5	194.5	188.5	190.0	195.0
伊朗	4.0	2.5	2.5	3.0	2.0	2.0	3.5
利比亚	7.0	16.0	11.0	7.0	8.0	8.5	8.5
墨西哥	4.5	5.0	5.0	6.5	8.0	10.0	10.0

续表

国家/地区	1997—1998	1998—1999	1999—2000	2000—2001	2001—2002	2002—2003（预测）	2003—2004（估计）
前南斯拉夫/塞尔维亚和黑山	0.5	1.0	1.0	0.5	0.5	0.5	0.5
其他生产国	13.5	12.5	13.0	13.0	14.0	14.5	14.5
	219.5	236.5	254.0	281.5	272.5	280.0	286.5
沙特阿拉伯	5.0	5.5	4.5	4.0	5.0	7.0	7.5
加拿大	17.5	18.5	23.0	24.5	24.0	24.0	24.5
日本	34.0	28.5	27.0	30.0	31.5	32.5	33.0
俄罗斯	1.5	2.0	3.0	4.0	4.0	6.0	7.0
瑞士	5.5	6.0	8.0	8.0	9.0	10.0	10.0
中国台湾	4.5	7.0	6.0	8.0	6.5	5.5	6.0
其他非生产国	20.5	23.0	29.0	20.0	38.0	38.5	38.5
	88.5	90.5	100.5	98.5	118.0	123.5	126.5
总计	2381.5	2413.0	2442.5	2590.5	2606.0	2640.5	2732.0

资料来源：国际橄榄油委员会（IOOC）。

橄榄树的果实是由囊果皮和内果皮组成的一种卵型核果。囊果皮包括一层厚度因品种而异的外果皮（皮）和一层包裹在内果皮（木质果核）外围的中果皮（果肉），内果皮包裹着种子。橄榄树每公顷的产量约为2.45t。每100kg果可产油19.6kg（意大利近10年的统计数据）。

除油之外，果肉和外果皮中尚包含着各种脂溶性的天然成分。稍后可以看到，油经各种技术（通常是物理方法）从橄榄果中提取出，留下含油最高不超过8%的残渣（油渣）。油渣再经溶剂（通常是已烷）浸出，得到橄榄果渣油。

由于溶剂的作用，溶剂浸出的油比机械压榨油含有更多的微量成分。这是界定果渣油为商品油和将其与初榨油（仅仅由机械方法得到）或混合了初榨油（橄榄油、Riviera型）的精炼（低级）初榨油相区别的基础。

下面是国际橄榄油委员会（IOOC）发布的国际公认的橄榄油和市场上可得到的橄榄油的定义[12]：

(1)橄榄油　自橄榄树（*Olea Europaea sativa* Hoffman et Link）的果实中提取的油脂产品，不包括溶剂浸出或者再酯化（reesterification）工艺得到的油及与其他任何种类的油的混合油。绝不允许使用“橄榄油”表示橄榄果渣油。

①初榨橄榄油：在不会导致油成分改变的环境下，特别是不在加热的环境下，仅仅由

机械或其他物理方法从橄榄树的果实中获得的油。而且这种油也不能经过除洗涤、倾析、离心和过滤之外的其他处理。

适用于消费（并且能被指定为“天然的”）的初榨橄榄油包括：

a. 特级初榨橄榄油。经由 IOOC 方法[13] 测评，感官评价得分在 6.5 分以上并且游离酸度（以油酸表示）不超过 1g/100g 油脂的初榨橄榄油。

b. 精制初榨橄榄油。感官评价得分在 5.5 分以上并且游离酸度（以油酸表示）不超过 1.5g/100g 油脂的初榨橄榄油。

c. 半精炼初榨橄榄油(或普通初榨橄榄油)。感官评价得分在 3.5 分以上，并且游离酸度（以油酸表示）不超过 3.3g/100g 油脂的初榨橄榄油（这一等级的橄榄油通常散装销售用于勾兑）。

②不适于人类直接消费的初榨橄榄油，也称为初榨橄榄灯油：感官评价得分在 3.5 分以下和/或以油酸表示的游离酸度超过 3.3g/100g 油脂的初榨橄榄油。这一等级的橄榄油用于生产精炼橄榄油或用于非食用领域。

③精炼橄榄油：采用不会导致原有甘油三酯结构改变的精炼方法从初榨橄榄油得到的橄榄油。

④橄榄油：精炼橄榄油和初榨橄榄油按不同的比例勾兑而成的油。

(2)橄榄果渣油　用溶剂浸出橄榄果渣的方法取得的油。不包括任何由再酯化过程得到的油或任何与其他种类的油混合而成的油（不同种类的橄榄果渣油描述如下）。

①橄榄果渣油毛油：通过精炼以生产适合于人类消费的产品（如精炼橄榄果渣油）或用于其他技术目的的橄榄果渣油。

②精炼橄榄果渣油：用不会导致原有甘油三酯结构改变的精炼方法从橄榄果渣油毛油得到的油。

③橄榄果渣油：精炼橄榄果渣油和初榨橄榄油（前面①、②、③中的任何一种）的勾兑混合物。这种油不可以被称之为“橄榄油”。

由于橄榄油年产量的变化大，有低产年份和高产年份，所以按照惯例记录平均值（表 7.1）。

7.3 制油技术

成熟的橄榄包含各种成分，包括水、油、糖、蛋白质、有机酸类以及纤维素等。具有中等大小果实的橄榄品种通常产油率最高。用于油脂生产的橄榄果肉与果仁的比率为（4：1）~（8：1）。

外皮含有许多极性相对较高的成分，这些成分不能通过机械方法去除，故保留在果渣中。这些成分和油一起被溶剂自果渣中浸出，导致了橄榄果渣油含有较高的不皂化物含量。

大多数油（96% ~98%）和大多数"植被水"（VW）一起在果肉中，它们构成了果实质量的40% ~60%。

果肉内层的木质果核中有一枚种子，因为含有更高的亚油酸含量，其所含的油比果皮（果肉）所含的油不饱和程度更高。果实与种子所含油脂的比率为50∶1。

橄榄果实化学组成大致如下：水52.4%、油19.6%、蛋白质1.6%、糖19.1%、纤维素6.8%、灰分1.5%。油的产量和质量取决于橄榄树的品种、各部分的比例、微量元素的含量以及生长条件和树的健康状况。果实发育期间土壤的水分是非常重要的。

用于油脂生产的果实收割始于秋季中期，终于2月底。在某些地区，开始得更早一些，在另外的地方则一直到3月份才结束。因此，伴随着气候和土壤条件的改变，可以预料在油的品质和组成上存在差异。质量方面的差异主要与微量成分、风味化合物、酸值以及甘油一酯和甘油二酯出现有关[14~16]。

分析数据和感官评价数据表明，收获初期较后期橄榄油脂含量较低，但品质较好[15]。采摘工艺对于高品质油的生产是非常重要的。橄榄一旦达到最佳成熟状态就应立即采收，然而，随时随地提供机械化采收装置比较困难。加之树杈、果实与树间的结合紧密使果实不易接近等因素，橄榄果多数是人工采摘的。

另一种收获方法是等到橄榄自然脱落，用网来收集果实。当成熟期推迟时，该方法和人工采摘的方法并用。尽管曾尝试过用化学试剂来影响脱落时间，但是化学试剂还是很少使用。使用机械设备时必须注意既不能损伤树干也不能损伤树枝。使用机械设备时，橄榄被收入网中以避免接触地面，损伤果实。

在最佳条件下，橄榄从网中转移到笼中（通常是塑料的），笼中橄榄堆积层高不超过30cm，及时送往油厂提取车间。在意大利和希腊的大部分地区，笼中的橄榄在制油前最多存放3~5d。如果气候条件好、橄榄树得到适当的照料并且在果实未遭害虫侵蚀的情况下，采用这样的流程能够确保得到高品质的橄榄油。

如果没有采取适当的预防措施，橄榄被大批量采收，堆成数米高的垛，果实会遭受损伤，释放出来的酶会导致油脂的水解和氧化，产生不良风味而影响油的品质。即使是酸价不高，这种油仍然会有令人不快的味道，不可作为初榨油，因而必须精炼。由于初榨油和精炼油之间存在的差价，对农民来说会有很高的经济损失。

用于机械法取油的工艺有三种：压榨处理法（图7.2）、离心法（图7.3）和附着过滤法（图7.4）[17]。压榨法是最古老也是最常用的橄榄油制备方法。高速离心机械用于离

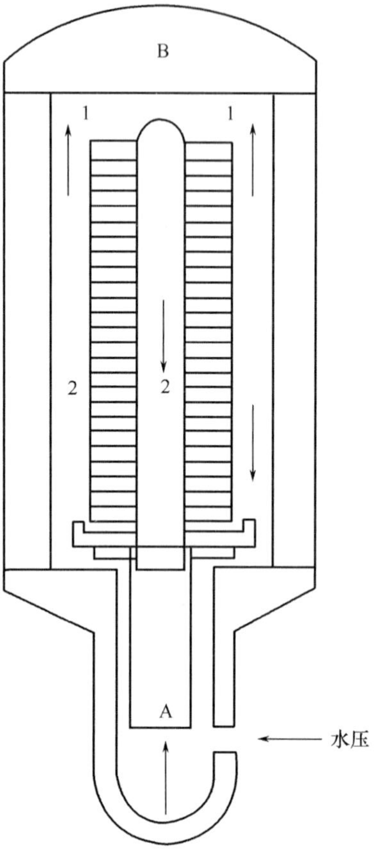

图 7.2 压榨法制油

1—架子的运动 2—油的流动 A—移动头 B—固定头

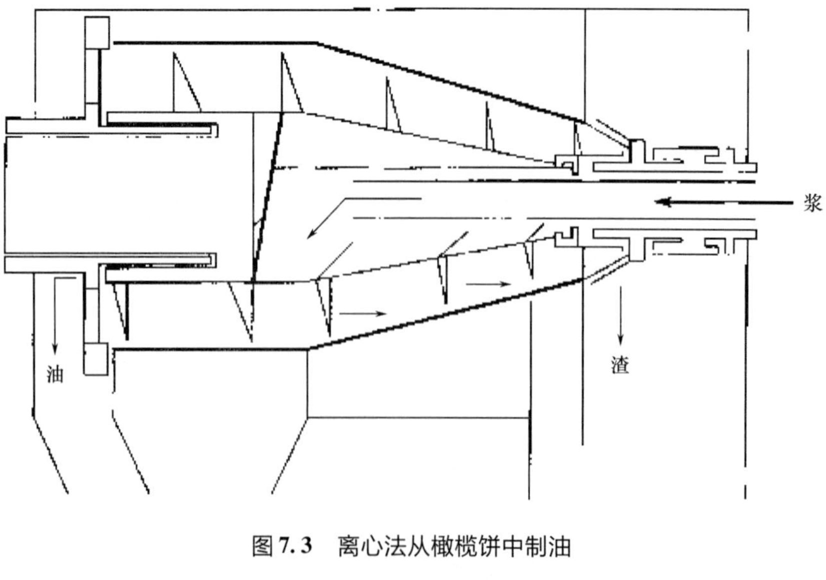

图 7.3 离心法从橄榄饼中制油

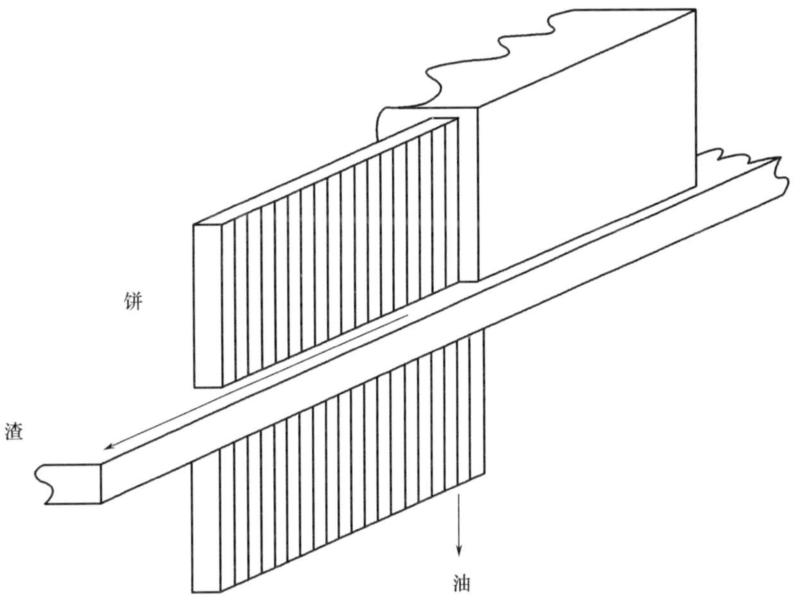

图 7.4 吸附过滤法制油

心法取油。吸附过滤法是将一组钢碟或叶片浸入橄榄浆中，当叶片撤回时，油顺叶片流下。

在提取油脂前需要一些预处理。首先，必须对橄榄果进行清理，除去树枝、树叶以及任何有可能损坏工厂设备的外来杂质；然后，对橄榄果进行洗涤，除去污垢和农业污染物；最后将橄榄果破碎和碾磨，得到糊状物（图 7.5）。最后一步操作中，酶

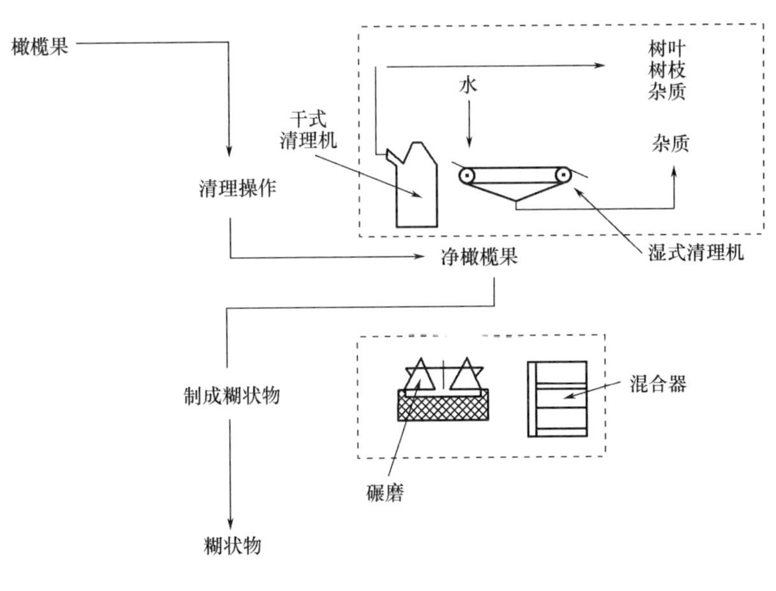

图 7.5 橄榄制油前处理过程的流程图

的作用破坏了苦味成分，减少了涩口的成分，同时增加油中的微量极性成分和生育酚的含量。如果酶作用的时间过长，微量极性成分会降解为水溶性成分而从油中除去，使油的抗氧化能力大为下降。研磨可使油从含油细胞中释放出来，并促使小油滴汇聚成大油滴，为下一步的分离提取做好准备。除了油之外，在提取过程中还同时产生固体残渣和废水（图 7.6）。废水净化后排入市政下水道。废水的用途已有：培养酵母、利用微生物发酵生产丁醇、在食品工业中用于分离花青素类化合物、产生蒸汽。研磨过程中可通过循环减少废水量，在废水排出前通过生物或物理方法处理降低其环境污染[22]。有多种有效的废水净化技术可以使用[18~21]，但因花费昂贵而难以应用。

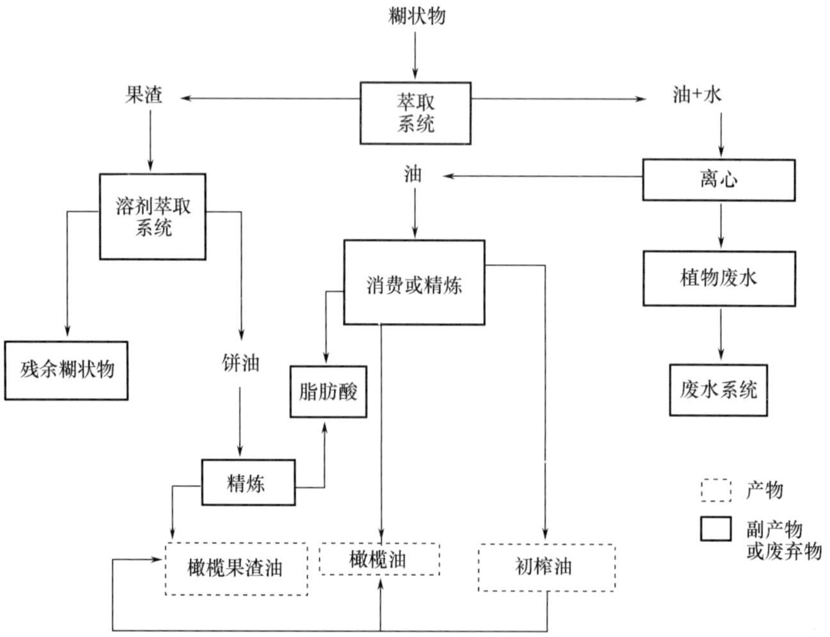

图 7.6 橄榄油制取及产生油脂产品与副产品的工艺流程图

如果提取后的油适合于人们直接消费，该油经离心分离除去固体杂质和残余的水即可。如果游离脂肪酸含量过高或感官品质不能令人满意，则油需要精炼。

在溶剂浸出工厂，含油不超过 8% 的果渣在进入浸出器进行浸出前，首先要在旋转窑中进行干燥，浸出器通常是半连续的（图 7.7）。浸出法得到的果渣油是一定要精炼的。浸出后的残渣可用作燃料或被分成两部分——肉（包括皮）和果核。果核除了被用作燃料之外，偶尔也用于生产纤维板[23]。

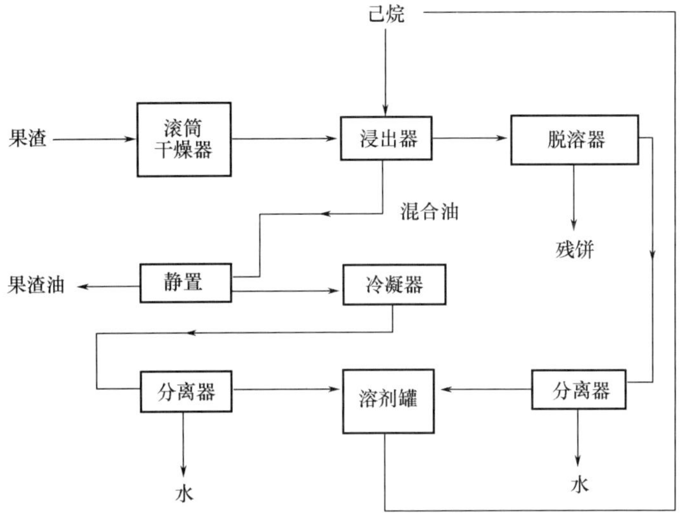

图 7.7　果渣油溶剂浸出的流程图

7.4　橄榄油的精炼

橄榄油的精炼是按下述两种方法之一进行的：碱炼，通常用于动植物油脂；物理精炼，通常不用于油料种子油脂。两种方法的流程图分别示于图 7.8 和图 7.9。

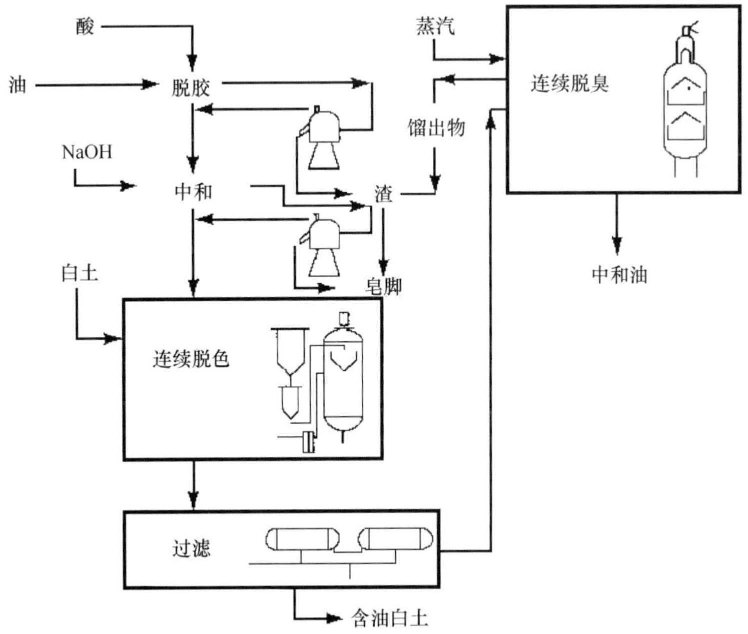

图 7.8　碱炼流程

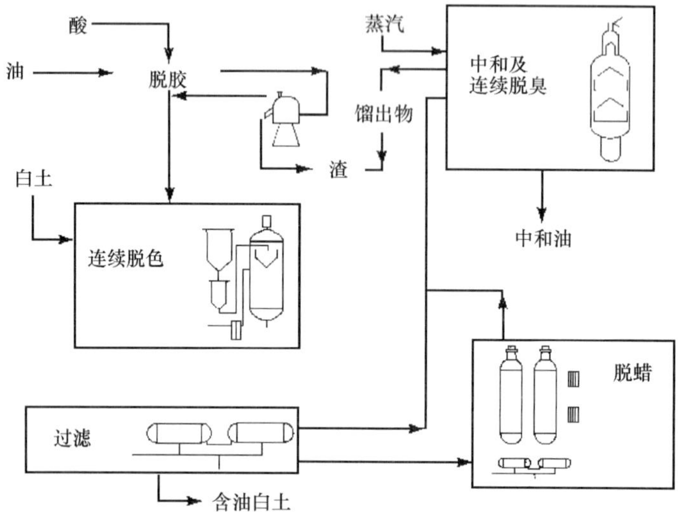

图 7.9 物理精炼流程

第一种方法中，油被稀酸处理以沉淀胶类物质（磷脂及蛋白类物质），然后通过沉降或离心分离。磷酸和柠檬酸是最常用的两种脱胶剂。脱胶后，油在间歇或者连续系统中进行中和（碱炼）。间歇式中和现在更常用，因为只对沉降的皂进行离心分离，降低了中和系数值，缩短油的洗涤时间。分离出的皂液用硫酸酸化，以回收工业用游离脂肪酸（含30% ~40% 甘油三酯）。

碱炼后的油在真空条件下用不同吸附剂的混合物（白土，有时含少量活性炭）脱色然后过滤。任何类型的压滤机均可使用，有时也配备溶剂系统以回收残留在白土中的油。

经过脱色的油在半连续或连续的脱臭器中于小于 2mm Hg 压力的真空条件下脱臭。最后将精炼油和初榨油加以调配，以改善感官品质同时保持油的品质。好的橄榄油应含有至少 20% 的初榨油。当然，产品必须迎合消费者的喜好，有时需要非常清淡的风味和滋味。

物理精炼时，油首先脱胶、脱色，然后进入连续的蒸馏（脱臭）塔以除去游离脂肪酸（92% ~95%）和挥发物。精炼后的油按上面所述方法混合。通常蒸馏过程不除去所有游离脂肪酸，剩余的游离脂肪酸用碱炼方法除去。这种方法具有除去氧化副产物和助氧化金属离子的优点，从而可以改善产品的稳定性。

7.5 果渣油的精炼

橄榄果渣油精炼技术基本是物理精炼，因为果渣油的酸值大约为 10%（以油酸计）。果渣油的脱胶需要比果肉油更为严格的条件，酸化剂的使用量更大（首选磷酸），通常沉淀物（胶）夹带了更多油，需进行离心处理以回收油。为除去油的深绿色，活性白土的用量也更大。脱色油的后续加工处理通常与橄榄油的物理精炼相同，包括不完全蒸馏（部分脱臭），以及对部分脱臭的油进行碱炼。

由于蜡含量很高，橄榄果渣油的脱蜡（冬化）是必须的（橄榄油也许需要冬化，尤其当用来生产人造奶油或蛋黄酱的时候）。高熔点甘油三酯也被除去。冬化在部分脱臭和碱中和（碱炼）后进行。如果碱中和是在低温下进行的，冬化可同时进行。冬化通常是在与连续过滤单元连接在一起的连续设备中进行的（图 7.9）。冬化油与初榨橄榄油混合，从而恢复油的抗氧化性。

7.6 橄榄油的组成

如果不计酸度，初榨油至少含 97% 甘油三酯。游离脂肪酸含量是用于区分由特级初榨橄榄油到橄榄灯油的等级指标。需要强调的是，初榨油是天然产品，因而其组成无论是定性的还是定量的都是有差异的。产地、品种、提取技术、果实的成熟度、气候条件以及降水量等都会影响果实内部的生物合成并由此影响到油的组成和质量。橄榄油的脂肪酸组成见表 7.3，表中列出了欧洲、土耳其和非洲（突尼斯）橄榄油的典型组成以及 IOOC 限值[12]。组成上的差别主要表现在亚油酸、亚麻酸和棕榈酸的含量上。阿根廷产的橄榄油与突尼斯产的相似。欧洲、土耳其和突尼斯产橄榄油的甘油三酯组成列于表 7.4（列出了主要的甘油酯）。甘油三酯中的脂肪酸分布符合 1,3 – 随机分布，2 – 随机分布的规律[24~26]。

表 7.3 橄榄油的脂肪酸组成　　单位：%

脂肪酸	CAN①	欧洲	土耳其	突尼斯②	限值[12]
棕榈酸	16:0	8.4	12.1	15.3	7.5~20.0
棕榈油酸	16:1	0.7	0.7	1.6	0.3~3.5
十七酸	17:0	0.1	0.2	0.1	0.0~0.3
十七油酸	17:1	0.1	0.2	0.1	0.0~0.3
硬脂酸	18:0	2.5	3.1	2.1	0.5~5.0
油酸	18:1	78.0	71.3	62.5	55.0~83.0
亚油酸	18:2	8.3	10.6	16.5	3.5~21.0
亚麻酸	18:3	0.8	0.7	0.8	0.3~0.9
花生酸	20:0	0.5	0.4	0.5	0.2~0.6
花生一烯酸	20:1	0.3	0.3	0.3	0.1~0.4
山嵛酸	22:0	0.1	0.2	0.1	0.0~0.2
二十四烷酸	24:0	0.2	0.2	0.1	0.0~0.2

注：①CAN—碳原子数。

②1994 年突尼斯橄榄油分析的典型值。

表 7.4 橄榄油的主要甘油三酯 单位：%

ECN①	甘油三酯②	欧洲	土耳其	突尼斯③
42	LLL，TLO④，TLP④	0.5	0.8	1.6
44	LLO④	2.4	3.2	10.6
	TOO④，LLP	2.6	2.9	1.7
46	LOO	13.3	13.8	16.0
	LOP④，PLP	8.0	9.7	16.2
48	OOO	39.9	34.0	23.2
	POO	26.0	24.4	22.0
	POP	—	—	5.1
50	SOO	5.1	5.1	4.3
	SOP	1.0	1.4	1.2
52	OSS，PSS	0.8	—	0.5

注：①ECN—等价碳原子数。
②L—$C_{18:2}$；T—$C_{18:3}$；O—$C_{18:1}$；P—$C_{16:0}$；S—$C_{18:0}$。
③1994 年突尼斯橄榄油分析的典型值。
④异构体的混合物。

初榨橄榄油中会存在若干类别的微量组分。这些物质的结构、浓度和数量是初榨油的特征。其中的一些是微量甘油酯组分，其他的则属于下列种类：

- 烃类
- 生育酚
- 直链短链醇类及其酯
- 直链长链醇类及其酯
- 甾醇及其酯
- α - 甲基甾醇
- 单羟基萜烯
- 双羟基萜烯
- 萜烯酸类
- 香叶基香叶醇
- 酚类及相关化合物
- 风味化合物
- 甲基和乙基酯

• 其他成分

7.6.1 微量甘油酯成分

橄榄果中的甘油一酯（MG）和甘油二酯（DG）是由于甘油三酯的酶水解作用及甘油三酯的不完全生物合成而产生的[16]。通常甘油二酯比甘油一酯更多。甘油二酯浓度的测定有利于评价油的新鲜程度和果实的收获时间，因为甘油二酯的含量与气候影响有很好的相关性。甘油二酯的浓度甚至可以被用来确定橄榄油的来源，包括精炼过的油。这是因为食用初榨橄榄油中甘油二酯的含量与那些高酸价油或溶剂浸出油是不同的。在橄榄油中基本不存在磷脂。

7.6.2 非甘油酯微量成分

(1)烃类 在初榨橄榄油中存在偶数和奇数链正构烷烃，包括少量的带支链的（异构体和反式异构体）化合物。烃类的主要成分是多不饱和三萜烃类角鲨烯和甾醇的生化前体。橄榄油的角鲨烯含量范围每100g为150～700mg[27～30]。β－胡萝卜素以及芳香族的烃类，包括苯型的、萘型的以及更复杂的芳香族烃类在橄榄油中也是存在的[30～37]。

(2)直链短链醇类及其酯 在橄榄果中存在脂肪酸甲酯和乙酯。在初榨橄榄油的挥发成分中也以相同比例存在[31～37]。

(3)直链长链醇类 在橄榄油中还存在游离型和酯化型碳原子数介于C_{22}和C_{23}之间的直链长链醇类（蜡）。这类组分在果实的外果皮中含量丰富并被富集在溶剂浸出的油中。叶绿醇大概来自于生物降解的叶绿素，和香叶醇类共存[38]。

(4)环状单羟基化合物 橄榄油特征性含有三萜类和四、五元环单羟基化合物[34～49]。四元环类有环木菠萝烯醇、24－亚甲基环木菠萝醇；五元环类有α－香树素、β－香树素，并伴随着少量的羊毛甾醇和钝叶醇。

存在于橄榄油中的甲基甾醇（4－去甲基三萜）和甾醇（4,4－二去甲基三萜）是由四元环醇类衍生而来的。下列甲基甾醇（4α－甲基－7－甾－3β－醇类化合物）是存在的：24－亚甲基、24－甲基、24－亚乙基以及24－乙基。

橄榄油的主要甾醇是[40,43,45,46]：菜油甾醇、豆甾醇、赤桐甾醇、β－谷甾醇、谷甾烯醇以及δ－5－燕麦甾醇。

与之共存的还有少量的胆固醇（最大0.5%）、芥子甾醇（最大0.1%）、24－亚甲基甾醇（最大0.5%）、菜油甾烯醇（最大0.5%）、$\Delta^{5,24}$－豆甾二烯醇（最大1%）、Δ^{7}－豆甾烯醇（最大0.5%）和Δ^{7}－燕麦甾醇（最大1.1%）。

对不皂化物中分离得到的甾醇进行分析，对决定油的真实性是非常重要的。三萜和甾醇是以游离醇类和脂肪酸酯两种形式存在的[46,47]。

(5)环状二羟基化合物　橄榄油中的五元环三萜包括3β，17β－二羟基－12－齐墩果烯（高根二醇）及其母体化合物山楂醇。可以从外皮中大量得到，因而可以作为溶剂浸出油的特征成分[42,65]。

(6)三萜酸类　在初榨橄榄油中存在下列五元环单或双羟基三萜酸类[35,43,44]：3β－羟基－17－羧基－δ－12－齐墩果烯（齐墩果酸）、3β,2α－二羟基－17－羧基－δ－12－齐墩果烯（裸麦酸）、3β－羟基－17－羧基－δ－12－乌索烯（乌索酸）、2α,3β－二羟基－17－羧基－δ－12－乌索烯（2α－羟基乌索酸）和去氧乌索酸（结构尚未完全阐明）。

(7)叶绿素　叶绿素a和叶绿素b在橄榄果中都是存在的，部分可萃取到油中。

(8)风味成分　橄榄油挥发成分中至少包含有100种下列类别的化合物[33~37]：烃类（5种）、脂肪醇类（13种）、萜醇类（4种）、醛类（27种）、酮类（8种）、醚类（2种）、呋喃类（3种）、噻吩类（6种）和酯类（29种）。

7.6.3 微量极性成分

橄榄果的中果皮中含有许多酚类和多酚类化合物及其酯类，其中的一小部分也在橄榄油中存在[35,43,44]，包括单和双羟基苯乙醇、对羟苯乙醇和其他酚类和一系列酚酸类包括咖啡酸、邻－香豆酸、对－香豆酸、肉桂酸、阿魏酸、棓酸、对－羟基安息香酸、原儿茶酸、芥子酸、丁香酸和香草酸。安息香酸和肉桂酸类是通过黄酮类的水解作用产生的。羟苯基乙醇则来自橄榄中橄榄苦苷的水解，其酯导致了橄榄油口感中的苦味或偶尔占优势的辣椒样感觉。

橄榄油含有12~190mg/kg的α－生育酚。据报道[43]，橄榄油中的生育酚是由85.5%的α－生育酚、9.9%的β－加γ－生育酚以及1.6%的δ－生育酚组成的。生育酚含量可用于检测橄榄油的掺杂。

7.7 橄榄油的分析

首先检测以确定橄榄油纯度，然后将其适当分类，最后标明它的品质。

7.7.1 纯度鉴定

(1)甾醇的组成　甾醇分析包括不皂化组分的制备，薄层色谱法分析和三甲基硅醚衍生物的气相色谱分析[66]。表7.5所示为橄榄油甾醇含量的限值[12]。

表7.5 橄榄油甾醇含量的限制

甾醇	甾醇含量/%
胆甾醇	最大0.5
芥子甾醇	最大0.1
菜油甾醇	最大4.0
豆甾醇	少于4.0
Δ^{7}－豆甾烯醇	最大0.5
下列甾醇总和必须大于甾醇部分的93%：	
β－谷甾醇，Δ^{5}－燕麦甾醇，$\Delta^{5,23}$－豆甾二烯醇，赤桐甾醇，谷甾烷醇，$\Delta^{5,24}$－豆甾二烯醇	

(2)总甾醇含量　采用胆甾烯醇为内标的气液色谱甾醇测定法用来计算油中甾醇的绝对（总）含量[68,69]。密度法、酶法、比色法以及液相色谱方法也有报道[69]。总甾醇含量规定的限制范围为[12]：初榨橄榄油、精炼橄榄油和橄榄油（精炼油和初榨油的混合油）>100mg/100g；橄榄果渣油毛油>250mg/100g；精炼橄榄果渣油、橄榄油和橄榄果渣油（混合油）>180mg/100g。

(3)脂肪酸组成　橄榄油甘油三酯转化为甲酯再通过气－液相色谱法进行分析[70,71]。真正的橄榄油的限值如（%，*m/m*）见表7.6[12]：

表7.6 橄榄油脂肪酸含量的限制　　单位：%

脂肪酸	CAN*	最小量	最大量
肉豆蔻酸	14：0	—	0.05
棕榈酸	16：0	7.50	20.00
棕榈油酸	16：1	0.30	3.50
十七碳酸	17：0	—	0.30
十七碳烯酸	17：1	—	0.30
硬脂酸	18：0	0.50	5.00
油酸	18：1	55.00	83.00
亚油酸	18：2	3.50	21.00
亚麻酸	18：3	—	0.90
花生酸	20：0	—	0.60
花生一烯酸	20：1	—	0.40
山嵛酸	22：0	—	0.20
二十四烷酸	24：0	—	0.20

注：＊CAN—碳原子数。

(4) 甘油三酯2位上的饱和脂肪酸　胰酯酶水解，然后用薄层色谱将甘油酯分离出来，再转化为甲酯。甲酯通过气－液相色谱进行分析[72,73]。棕榈酸和硬脂酸之和的最大允许含量为[12]：

初榨橄榄油≤1.5%、精炼橄榄油≤1.8%、橄榄油（精炼油和初榨油的混合物）≤1.8%、橄榄果渣毛油≤2.2%、精炼橄榄果渣油≤2.2%。

(5) 当量碳数（ECN）42（三亚油酸甘油油酯）测定值和理论值之间的绝对差　橄榄油的甘油三酯组成通过高效液相色谱法进行测定[74]，一种橄榄油（ECN42，0.8%）的色谱图如图7.10所示。IOOC运用Lotus 123程序对甘油三酯的理论组成进行了计算。计算出了理论ECN42和实测ECN42间的最大差（ECN＝CN－2n，其中CN是碳原子数，n是双键数）。橄榄油和橄榄果渣油实测和理论ECN含量的最大差分别是0.3和0.5。该法避免了只计算三亚油酸甘油酯而引起的误差[75]。

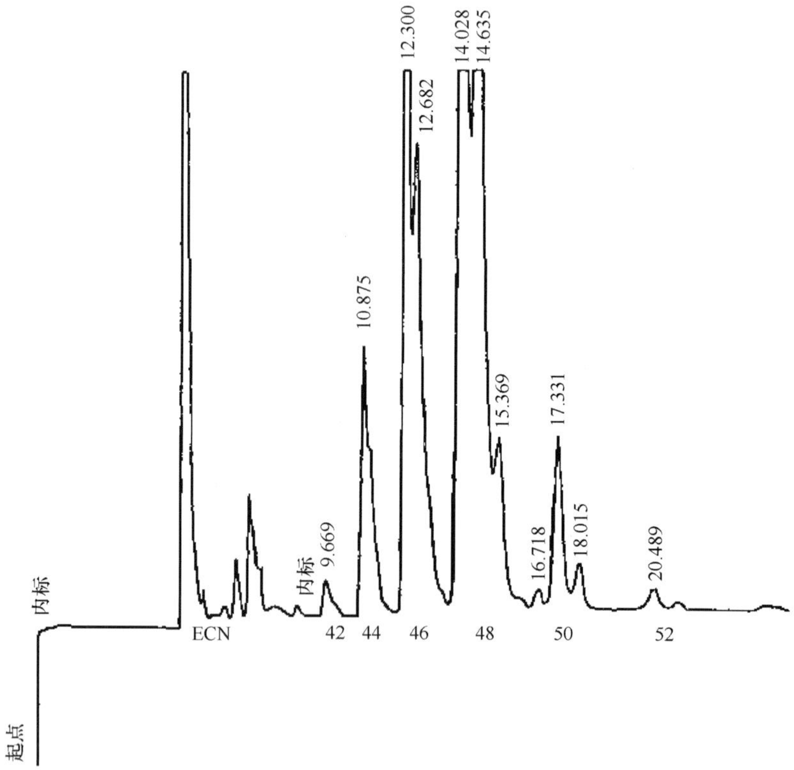

图7.10　橄榄油甘油三酯的高效液相色谱图

柱子：LC－18，200mm×4.6mm；流动相：丙酮－乙腈（60：40，V/V）；

流速：0.75mL/min；折光检测器检测；柱箱和检测器温度：40℃。IUPAC方法2.324[72]；

进样量：10μL，1体积试样以20体积丙酮稀释；ECN42，总甘油三酯的0.8%

(6)反式脂肪酸含量 反式脂肪酸在植物油的精炼以及氢化过程中产生，或从脂肪酸组成与橄榄油相似的油料种籽提取的油脂中除去甾醇组分时产生。甲酯用毛细管柱气－液相色谱进行分析[76,77]。下列限值是强制性的[12]（表7.7）：

表7.7 橄榄油中反式脂肪酸含量的限值 单位：%

油	反式18：1	反式18：2＋反式18：3
初榨橄榄油	<0.03	<0.03
橄榄灯油	$\leqslant 0.10$	$\leqslant 0.10$
精炼橄榄油	$\leqslant 0.20$	$\leqslant 0.30$
橄榄油（精炼油和初榨油的混合油）	$\leqslant 0.20$	$\leqslant 0.30$
橄榄果渣油	$\leqslant 0.20$	$\leqslant 0.10$
精炼橄榄果渣油	$\leqslant 0.40$	$\leqslant 0.35$
橄榄果渣油和橄榄油的混合油	$\leqslant 0.40$	$\leqslant 0.35$

7.7.2 橄榄油和橄榄果渣油的差别

(1)蜡含量 橄榄油中脂肪酸的直链脂肪醇酯（蜡，存在于溶剂浸出的橄榄果渣油中）经硅胶柱层析（LC）分离和气－液相色谱定量来确定橄榄油中是否掺杂有橄榄果渣油[78]。蜡酯的硅胶柱层析分离可以用高效液相色谱替换以便实现自动化分离，改善可靠性和重现性[79]。$C_{40}+C_{42}+C_{44}+C_{46}$蜡酯的极限含量为[12]：

初榨橄榄油≤250mg/kg、橄榄灯油≤350mg/kg、精炼橄榄油≤350mg/kg、橄榄油（精炼油和初榨油的混合油）≤350mg/kg。

(2)二羟基萜醇类含量 橄榄果渣油含有相对较多的高根二醇、山楂醇以及蜡酯。高根二醇和山楂醇（总二醇）的含量用与甾醇分析相同的方法进行测定[80,81]。总二醇的含量极限为（以总甾醇的质量分数计）：

初榨橄榄油≤4.5%、橄榄灯油≤4.5%、精炼橄榄油≤4.5%、橄榄油（精炼油和初榨油的混合油）≤4.5%。

7.7.3 初榨橄榄油和精炼橄榄油之间的差别以及油类的鉴定

(1)3,5－豆甾二烯的浓度 当橄榄油和种子油精炼时，母体甾醇——β－谷甾醇由于脱水作用，会生成3,5－豆甾二烯[82]。精炼橄榄油中含有显著量的3,5－豆甾二烯（3～100mg/kg），而初榨橄榄油中则没有。其他油料种子的精炼油中也含有显著量的甾族烃类，除3,5－豆甾二烯之外还包括3,5－菜油甾二烯和3,5,22－豆甾三烯类。可用这些甾族烃类的相对含量来检测精炼油类或为冒充橄榄油而脱甾醇的其他油料种子油类。可用硅胶柱层析从不皂化物中分离出烃类，然后用气－液相色谱法测定3,5－豆甾二烯及伴随烃类的浓度[83,84]。来自橄榄油的烃类的色谱图见图7.11。

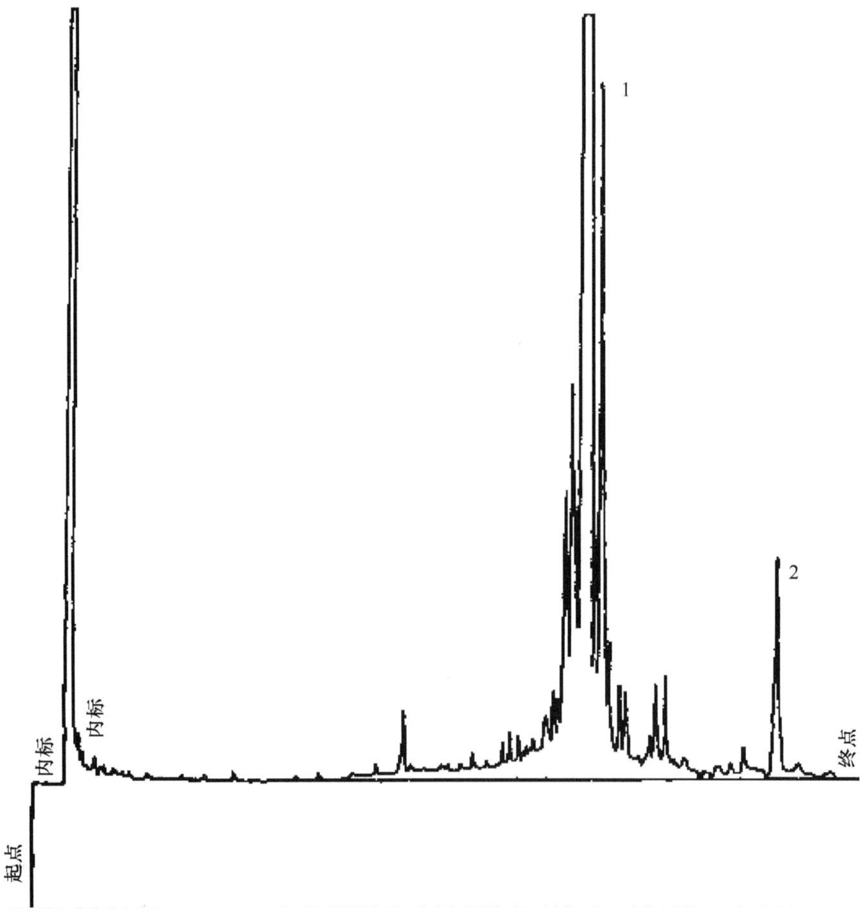

图7.11 橄榄油（精炼油和初榨油的混合物）烃类的毛细管气－液相色谱图

柱子：DB－5（25m ×0.25mm，膜厚0.2μm）；分流比，1∶15；

程序升温：235℃，6min；20℃/min；285℃终温；进样室：300℃；检测器：320℃；

1—3,5－胆甾二烯（内标）；2—3,5－豆甾二烯

橄榄油中混有脱了甾醇的精炼种子油时，其烃类色谱见图7.12。当3,5－豆甾二烯含量超过4mg/kg时，测定3,5－豆甾二烯与3,5－菜油二烯的比值（R_1）、3,5－豆甾二烯与3,5,22－豆甾三烯的比值（R_2）[12]，见表7.8。

但是，IOOC 1994年7月的一份报告[84]指出，许多意大利和希腊橄榄油的 R_1 和 R_2 的值比IOOC的规定值要低得多[12]。因而当用 R_1 和 R_2 的值来检测精炼橄榄油中的外来油时，应当对二烯甾醇烃类的组成直接进行检测。

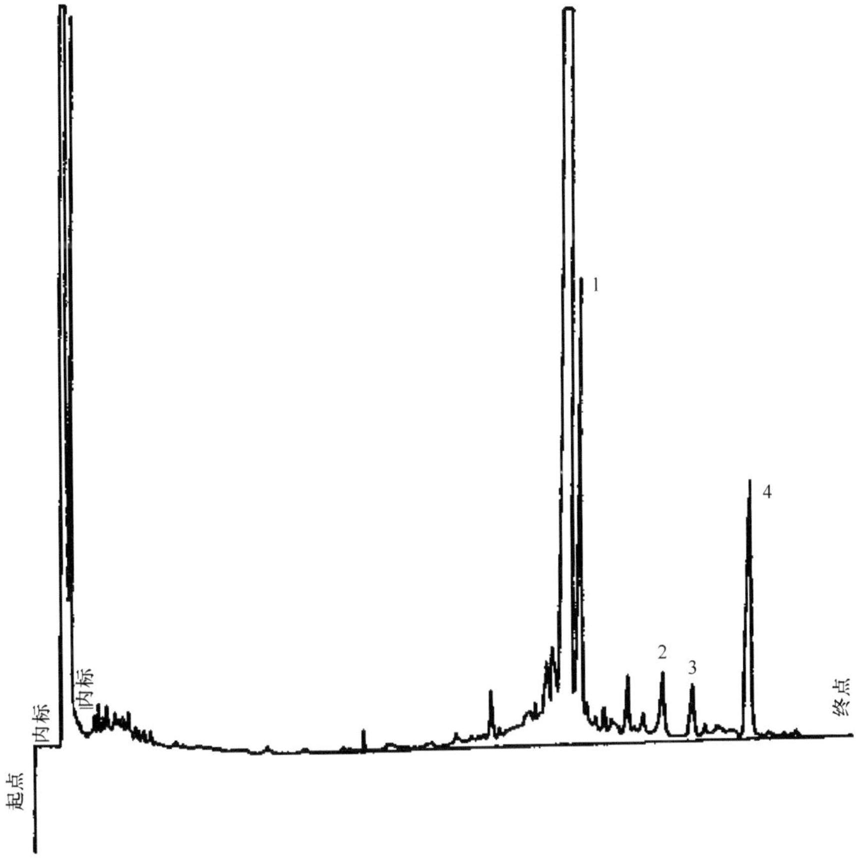

图 7.12 橄榄油中混有脱甾醇的精炼种子油时的烃类毛细管气－液相色谱图

柱子及操作条件同图 7.11，1—3,5－胆甾二烯（内标） 2—3,5－菜油甾二烯

3—3,5,22－豆甾三烯 4—3,5－豆甾二烯

表 7.8 不同橄榄油中豆甾二烯的差别

油	3,5－豆甾二烯含量/（mg/kg）	$R_1$①	$R_2$②,③
初榨橄榄油	≤0.1	—	—
橄榄灯油	≤0.5	—	—
精炼橄榄油	≤50.0	≥15	≥15
橄榄油（精炼油和初榨油的混合油）	≤50.0	≥15	≥15
橄榄果渣油	≤0.5	≥15	≥15
精炼橄榄果渣油	≤120.0	≥15	≥15
橄榄果渣油和橄榄油的混合油	≤120.0	≥15	≥15

注：①R_1 =3,5－豆甾二烯与3,5－菜油二烯的比值。

②R_2 =3,5－豆甾二烯与3,5,22－豆甾三烯的比值。

③暂定极限。

(2)268nm 处的 UV 吸收 K（1%，1cm）和相关值 δ－K，在按下列值（表 7.9）对橄榄油品质加以分类是有用的[12,85]：

当有氧化物存在时，K 和 δ－K 都会有变化。在这种情况下，将油溶解在己烷中，流过氧化铝柱然后再对 K 和 δ－K 进行测定。

表 7.9 不同橄榄油 K_{270nm} 与 δ－K

油	K_{270nm}	δ－K^*
特级初榨橄榄油	≤0.25	≤0.01
（精制）初榨橄榄油	≤0.25	≤0.01
（半精制）初榨橄榄油	≤0.30	≤0.01
橄榄灯油	无限值	无限值
精炼橄榄油	≤1.10	≤0.16
橄榄油	≤0.90	≤0.15
橄榄果渣毛油	无限值	无限值
精炼橄榄果渣油	≤2.00	≤0.20
橄榄果渣油和橄榄油的混合油	≤1.70	≤0.18

注：* $\delta - K = K_{268nm} - (K_{262nm} + K_{274nm})/2$。

7.7.4 品质参数

(1)感官评价特征　初榨油的感官品质是可以通过"评价试验"进行测定[13,86]，但结果常常是有争议的。感官评价测试方法现正在修订之中。目前，国际橄榄油理事会正在准备起草一篇关于以原产地名称（DO）编码的初榨橄榄油的感官评价方法，原产地名称权威机构打算用其来保证橄榄油符合要求[87]。评价方法以初榨油的检验为基础，由 8～12 名经过训练的人员对不同的特征进行等级评价，然后再将评价结果转化为分数。下列分数适用于不同等级的初榨橄榄油：

特级初榨橄榄油＞6.5%、精制初榨橄榄油＞5.5%、半精制初榨橄榄油＞3.5%、初榨橄榄灯油＜3.5%。

(2)游离脂肪酸含量　游离脂肪酸含量（以油酸计）[88]用于定义初榨橄榄油的不同等级[12]：

特级初榨橄榄油＜1.0%、精制初榨橄榄油＜1.5%、半精制初榨橄榄油＜3.3%、初榨橄榄灯油＞3.3%。

炼橄榄油及混合物有下列限值[12]：

精炼橄榄油≤0.3%、橄榄油≤1.5%、精炼橄榄果渣油≤0.3%、橄榄果渣油和橄榄油的混合物≤1.5%。

橄榄油和橄榄果渣油–橄榄油混合物有较高的游离脂肪酸含量，因为它们通常是和高酸价的初榨橄榄油混合在一起的。

(3)过氧化值　不同等级橄榄油的过氧化值[89]允许含量如下[12]：

特级、精制、半精制初榨橄榄油≤20mg KOH/kg 油、精炼橄榄油≤10mg KOH/kg 油、橄榄油≤15mg KOH/kg 油、精炼橄榄果渣油≤10mg KOH/kg 油、橄榄果渣油和橄榄油的混合油≤15mg KOH/kg 油。

初榨橄榄油中含有干扰传统过氧化值测定的成分。即使是鲜榨的橄榄油，其过氧化值值也有大约 10mg KOH/kg，在某些气候条件下（干燥天气），过氧化值甚至高于 10mg KOH/kg。

(4)生育酚含量　生育酚可以用比色法或薄层色谱法[90]，或高效液相色谱法[91,92]测定。在初榨橄榄油和橄榄果渣毛油中不允许添加生育酚。在最终产品中总 α–生育酚水平最多不超过 200mg/kg 的前提下，可以向精炼橄榄油、橄榄油、精炼橄榄果渣油及橄榄饼油中添加 α–生育酚以弥补天然生育酚在精炼过程中的损失[12]。

(5)杂质　初榨橄榄油的水分含量[93]不应超过 0.2%；精炼油和混合物橄榄油、橄榄饼油和橄榄油的混合物），最大值是 0.1%；灯用橄榄油 0.3%；橄榄饼毛油 1.5%[12]。允许烃类（已烷，石油醚）残留量[94]如下：

特级、高级、普通初榨橄榄油≤0.1%、精炼橄榄油、橄榄油≤0.05%、精炼橄榄果渣油、橄榄果渣油和橄榄油的混合油≤0.05%。

某些橄榄油中存在 μg/kg ~ mg/kg 级的四氯乙烯[95]，欧盟制订了四氯乙烯在橄榄油及含橄榄油产品中的含量规定——经顶空/电子捕捉气–液相色谱方法测定，不得大于 0.1mg/kg[96]。

铁和铜的最大允许含量[97]分别为 3mg/kg 和 0.1mg/kg。

烟点[98]是油的酸价的函数。橄榄油的烟点通常为 150 ~ 163℃。

7.7.5 气相色谱–质谱联用法

气相色谱–质谱联用已成为鉴定和确认橄榄油各组成成分的强有力的检测手段。运用气相色谱–质谱联用的选择件离子模式，能够被识别和精确地定量未知气相色谱峰。例如，甾醇中的表观 β–谷甾醇峰可以分辨为赤桐甾醇（m/z 218）和 Δ^5–燕麦甾醇（m/z 314），即使气相色谱的分辨率不够，两者也可以测定。

产于 1991—1992 年收获年度的意大利和西班牙橄榄油中含有含量非常高的 9,19–环羊毛甾醇（>400mg/kg），用标准甾醇分析方法不能检出。在做不皂化物的气相色谱–质谱联用分析时，该甾醇的两个同分异构体可识别出来，其在油中的含量水平与 β －谷甾醇的含量水平成反比。 高分辨毛细管柱气相色谱为不皂化物的气相色谱－质谱联用提供了一个相对较快的产品纯度检验和单一组分鉴定方法，这样，可以检出 m/z 203 处的二烯三萜类，m/z 165 处的 α －生育酚；m/z 69 处的三十碳六烯；m/z 386 处的胆甾醇；以及 m/z 398 处的菜油甾醇，菜油甾醇是低芥酸菜籽油及其他菜籽油的特征成分。

参考文献

1. N. Liphschitz in M. Heltzer and D. Eitam, eds., *Olive Oil in Antiquity*, University of Haifa, Haifa, Israel, 1987, pp. 139 – 145 (Sorgon Publications, Padova, Italy, 1994).
2. P. Fiorino and F. Nizzi Griffi, *Olivae*, (44), 9 – 12 Dec. 1992.
3. D. Eitam, in Ref. 1, pp. 16 – 36.
4. D. Zohary and P. Spiegel-Roy, *Science* **187**, 319 (1975).
5. G. I. Kelm and A. Mazar, in Ref. 1, pp. 121 – 125.
6. C. Renfrew, *The Emergence of Civilization*, *The Cyclades and the Aegean in the Third Millenium BC*, Methuen & Co., Ltd., London, 1972.
7. S. Bunimovitz, in Ref. 1, pp. 11 – 15.
8. J. Chadwick in W. A. McDonald and G. R. Rapp, Jr., eds., *The Minnesota Messenia Expedition. Reconstructing a Bronze Age Regional Environment*, The University of Minnesota Press, Minneapolis, 1972, p. 115.
9. S. Hadjisavvas, in Ref. 1, pp. 98 – 105.
10. R. Frankel, in Ref. 1, pp. 63 – 80.
11. J. Frenkel, in Ref. 1, pp. 57 – 62.
12. International Olive Oil Council (IOOC), Doc. IOOC/T. 15/NC no. 1/Rev. 6, June 10, 1993; see also *Codex Alimentarius Commission Doc. CL* 1993/15-*FO*, May 1993 (proposed draft revised standard for olive oils).
13. IOOC, *Organoleptic Assessment of Virgin Olive Oil*, IOOC/T. 20/Doc. 3/Rev. 2, May 28, 1992; see also *Official Journal of the European Communities*, No. L 248/49, Annex, XII, 1991.
14. E. Fedeli in *Proceedings of the Meeting of the Association of Italian Oils and Fats Producers*, June 6 – 7, 1991.
15. E. Fedeli and N. Cortesi, *Riv. Ital. Sostanze Grasse* **70**, 419 (1993).
16. N. Cortesi, P. Rovellini, and E. Fedeli, *Riv. Ital. Sostanze Grasse* **69**, 305 (1992).
17. L. Di Giovacchino, *Olivae*, (36), 14 – 41 (Apr. 1991).

18. P. Bondioli, A. Lanzani, E. Fedeli, M. Sala, and G. Gerali, *Riv. Ital. Sostanze Grasse* **69**, 487(1992).

19. C. Carola, A. Arpino, and A. Lanzani, *Riv. Ital. Sostanze Grasse* **52**, 335(1975).

20. A. Lanzani, P. Bondioli, E. Fedeli, A. Ponzetti, and G. Pieralisi, *Riv. Ital. Sostanze Grasse*, 117(1988).

21. P. Bondioli, A. Lanzani, and E. Fedeli, *Riv. Ital. Sostanze Grasse* **68**, 1(1991).

22. I. M. Ordovas, "in F. J. Francis," *Encyclopedia of Food Science and Technology*, Vol. 3, John Wiley & Sons, Inc., New York, 2000, p. 1775.

23. P. Bondioli, A. Lanzani, E. Fedeli, and L. Casarotto, *Riv. Ital. Sostanze Grasse* **66**, 623, 661(1989).

24. N. Cortesi, P. Rovellini, and E. Fedeli, *Riv. Ital. Sostanze Grasse* **69**, 1(1992).

25. C. Mariani and E. Fedeli, *Riv. Ital. Sostanze Grasse* **62**, 3(1985).

26. R. V. Flor, L. T. Hecking, and B. D. Martin, *J. Amer. Oil Chem. Soc.* **70**, 199(1993).

27. P. Capella, E. Fedeli, M. Cirimele, and G. Jacini, *Riv. Ital. Sostanze Grasse* **41**, 635(1964).

28. E. Fedeli, *Rev. Franc. Corps Gras* **15**, 281(1968).

29. C. Mariani, S. Venturini, and E. Fedeli, *Riv. Ital. Sostanze Grasse* **70**, 321(1993).

30. C. Mariani and E. Fedeli, *Olivae* (45), 34 - 39(Feb. 1993).

31. R. Vazquez, A. J. DelValle, and J. L. M. DelValle, *Grasas y Ace* **27**, 185(1976).

32. E. Fedeli, D. Baroni, and G. Jacini, *Riv. Ital. Sostanze Grasse* **50**, 38(1973).

33. E. Fedeli, G. Favini, D. Baroni and G. Jacini, *La Chimica e l'Industria* **55**, 681(1973).

34. R. A. Flath, R. R. Forrey, and D. G. Guadagni, *J. Agric. Food Chem.* **21**, 948(1973).

35. E. Tiscornia, M. Forina, and F. Evangelisti, *Riv. Ital. Sostanze Grasse* **59**, 519(1982).

36. G. Montedoro, M. Bertuccioli, and F. Anichini in G. Charalampous and G. Inglett, eds., *Flavor of Foods and Beverages. Chemistry and Technology*, Acacemic Press, Inc., New York, 1978.

37. H. Guth and W. Grosch, *Fat Sci. Technol.* **93**, 335(1991).

38. E. Fedeli, A. Lanzani, P. Capella, and G. Jacini, *J. Lipid Res.* **7**, 437(1966).

39. J. Eisner, J. L. Iverson, A. K. Mozingo, and D. Firestone, *J. Assoc. Off. Agric. Chem.* **48**, 417(1965).

40. P. Capella, E. Fedeli, M. Cirimele, A. Lanzani, and G. Jacini, *Riv. Ital. Sostanze Grasse* **40**, 645(1963).

41. A. Fiecchi, P. Capella, E. Fedeli, A. Lanzani, and G. Jacini, *La Ricerca Scientifica* **36**, 1316(1966).

42. E. Fedeli and G. Jacini, *Advan. Lipid Res.* **9**, 335(1972).

43. E. Fedeli, *Prog. Chem. Fats Other Lipids* **15**, 57(1977).

44. E. Fedeli, *Rev. Franc. des Corps Gras* **30**, 51(1983).

45. P. Capella, E. Fedeli, M. Cirimele, and G. Jacini, *Riv. Ital. Sostanze Grasse* **40**, 296(1963).

46. P. Capella, E. Fedeli, M. Cirimele, A. Lanzani, and G. Jacini, *Riv. Ital. Sostanze Grasse* **40**, 660(1963).

47. C. Mariani, E. Fedeli, K. Grob, and A. Artho, *Riv. Ital. Sostanze Grasse* **68**, 179(1991).

48. C. Mariani, S. Venturini, P. Bondioli, E. Fedeli, and K. Grob, *Riv. Ital. Sostanze Grasse* **69**, 393(1992).

49. G. Bianchi and G. Vlahov, *Fat Sci. Technol* **96**, 72(1994).

50. P. Capella, E. Fedeli, M. Cirimele, A. Lanzani, and G. Jacini, *Fette Seifen Anstrichm.* **66**, 997(1964).

51. E. Fedeli, A. Lanzani, P. Capella, and G. Jacini, *J. Amer. Oil Chem. Soc.* **43**, 254(1966).

52. G. Jacini, E. Fedeli, and A. Lanzani, *J. Assoc. Off. Anal. Chem.* **50**, 84(1967).

53. E. Fedeli in *Proceedings of the Second Meeting on Mass Spectrometry*, Ispra, Italy 1971, 391.

54. E. Fedeli and C. Mariani, *Riv. Ital. Sostanze Grasse* **51**, 129(1974).

55. G. Jacini and E. Fedeli, *Fette Seifen Anstrichm.* **77**, 1(1975).

56. E. Fedeli, N. Cortesi, C. Mariani, A. Govoni, and D. Baroni, *Riv. Ital. Sostanze Grasse* **49**, 105(1972).

57. E. Fedeli, A. Daghetta, D. Baroni, and N. Cortesi, *Riv. Ital. Sostanze Grasse* **49**, 159(1972).

58. N. Cortesi, C. Mariani, and E. Fedeli, *Riv. Ital. Sostanze Grasse* **50**, 411(1973).

59. E. Fedeli, N. Cortesi, C. Mariani, D. Baroni, and G. Jacini, *Sci. Tecnol. degli Alimenti* **3**, 143(1974).

60. E. Fedeli, *Annali di Chimica* **64**, 213(1974).

61. E. Fedeli, N. Cortesi, and C. Mariani, *Riv. Ital. Sostanze Grasse* **53**, 130(1976).

62. N. Cortesi, E. Fedeli, A. Gasparoli, and E. Tiscornia, *Riv. Ital. Sostanze Grasse* **54**, 16(1977).

63. N. Cortesi, E. Fedeli, and E. Tiscornia, *Riv. Ital. Sostanze Grasse* **55**, 168(1978).

64. A. M. Leone, E. La Notte, and F. Lamparelli, *Riv. Ital. Sostanze Grasse* **53**, 259(1976).

65. T. Itoh, K. Yoshida, T. Tamura, and T. Matsumoto, and G. F. Spencer, *J. Amer. Oil. Chem. Soc.* **58**, 545 (1981).

66. C. Mariani, E. Fedeli, and K. Grob, *Riv. Ital. Sostanze Grasse* **68**, 233(1991).

67. E. Fedeli and C. Mariani, *Riv. Ital. Sostanze Grasse* **50**, 164(1973).

68. *Official Journal of the European Communities*, *Determination of the Composition and Content of Sterols by Capillary-Column Gas Chromatography*, no. L 248/15, Annex V, May 9, 1991.

69. G. Morchio, R. De Andreis, and E. Fedeli, *Riv. Ital. Sostanze Grasse* **64**, 185(1987).

70. International Standards Organization, *Animal and Vegetable Fats and Oils—Analysis by Gas Chromatography of Methyl Esters of Fatty Acids*, International Standard ISO 5508, Geneva, 1990.

71. D. Firestone, ed., *Official Methods and Recommended Practices of the American Oil Chemists' Society*, 4th ed., American Oil Chemists' Society, Champaign, Illinois, Method Ch 2 –91.

72. C. Paquot and A. Hautfenne, eds, *Standard Methods for the Analysis of Oils, Fats and Derivatives*, (IUPAC), 7th ed., Blackwell Scientific Publications, Boston, 1987, Section 2. 210.

73. D. Firestone, ed., in Ref. 71, Method Ch 3 –91.

74. A. Dieffenbacher and W. D. Pocklington, eds., *Standard Methods for the Analysis of Oils, Fats and Derivatives*, (IUPAC), 1st Supple. to the 7th ed. Blackwell Scientific Publications, Boston, 1992, Section 2. 324.

75. IOOC, IOOC/T. 20/Doc. No. 9, 1991; IOOC/T. 20/Doc. No. 18. 3, Annex 2; IOOC/T. 20/ Doc. No. 19 –

2, Annex 1, Madrid, June 1990.

76. *Riv. Ital. Sostanze Grasse* **68**, 646(1991).

77. M. Amelio and co-workers, *Riv. Ital. Sostanze Grasse* **70**, 561(1993).

78. *Riv. Ital. Sostanze Grasse* **66**, 368(1989).

79. M. Amelio, R. Rizzo, and F. Varazini, *J. Amer. Oil Chem. Soc.* **70**, 793(1993).

80. C. Paquot and A. Hautfeene, eds., *Standard Methods for the Analysis of Oils, Fats and Derivatives*, (IUPAC) 7th ed., Blackwell Scientific Publications, Boston, 1987, Section 2.431.

81. J. Gracian Tous, W. D. Pocklington, and A. Hautfenne, *Rev. Franc. Corps Gras* **34**, 465(1987).

82. K. Grob, A. Artho, and C. Mariani, *Fat Sci. Technol.* **94**, 394(1992).

83. International Union of Pure and Applied Chemistry, Commission on Oils, Fats and Derivatives, Minutes of the Meeting in Budapest, Sept. 9 – 11, 1992, pp. A9 – A11; meeting at Lisbon, working report, July 1993, pp. A1 – A4; meeting at Bruges, Belgium, working report, July 1994, pp. A1 – A2 and M1 – M11.

84. IOOC, Spain, IOOC/T. 20/Doc. 9(1991), Doc. 11/Rev. 1(1994), Doc. 12(1993), Doc. 22 – 2, Annex 3(1992), Doc. 28 – 4, Annex 2(1993) Madrid; report on the collaborative trial run by the Italian Technical Board on the determination of steroidal hydrocarbons in olive oils, July 1994.

85. Italian Method NGD C40(1976); see also D. Firestone, ed. in Ref. 71, Method Ch 5 – 91.

86. E. Fedeli, *Riv. Ital. Sostanze Grasse* **70**, 81(1993).

87. "Technical methods," IOOC, *www. internationaloliveoil. org*, accessed july 2004.

88. C. Paquot and A. Hautfenne, eds., in Ref. 80, Section 2.201.

89. C. Paquot and A. Hautfenne, eds., in Ref. 80, Section 2.501.

90. C. Paquot and A. Hautfenne, eds., in Ref. 80, Section 2.411.

91. A. Dieffenbacher and W. D. Pocklington, eds., in Ref. 74, *Standard Methods* Section 2.432.

92. D. Firestone, ed., in Ref. 71, Method Ce8 – 89.

93. C. Paquot and A. Hautfenne, eds., in Ref. 80, Section 2.601 or 2.603.

94. A. Dieffenbacher and W. D. Pocklington, eds., in Ref. 74, Section 2.607.

95. M. Matta, G. Gaetano, and M. A. Giannandrea, *Riv. Ital. Sostanze Grasse* **66**, 581(1989).

96. *Official Journal of the European Communities*, No. L 166/12, (July 1, 1988).

97. A. Dieffenbacher and W. D. Picklington, eds., in Ref. 74, Section 2.631.

98. D. Firestone, ed., in Ref. 71, Method Cc 9a – 48.

8 棕榈油

Yusof Basiron

8.1 引言

8.1.1 概述

在过去的30年里，全球棕榈油的生产得到了迅速发展，由此引起了油脂工业的普遍关注。许多人致力于研究棕榈油是如何以不断加快的速度占领国际油脂市场份额的。而棕榈油的发展也涉及建立一套科技和商业数据及信息系统。许多盛产棕榈油的国家都建立了专门的组织和研究机构，收集有关数据和信息，从而丰富了棕榈种植、加工及应用方面的知识。限于篇幅，不可能包含所有的现有的和新的信息，仅对棕榈油工业的基本状况加以描述。专业人士要深入了解可查阅有关书籍、文摘及数据库。

本章涉及的内容有：①棕榈油工业在国际油脂市场中的地位；②棕榈油制取和加工技术；③棕榈油产品应用所需棕榈油的质量指标；④棕榈油在食品与非食用产品中的应用等。

8.1.2 基本知识

参照FAO/WHO营养法规规定，棕榈油属于食用油脂，来源于油棕榈果实丰满的中果皮层[1]。未精炼的棕榈油颜色为红棕色，常温条件下以半固体形态存在。棕榈油和棕榈仁油是不同的，棕榈油是从油棕果的果肉中提取的油脂，而棕榈仁油则是从油棕果的核仁中提取的。两者的物理及化学性质不相同，根据其供应和需求情况，两者的应用领域和市场也各不一样。

8.1.3 棕榈油生产

在过去的30年里，东南亚国家尤其是马来西亚和印度尼西亚等大量种植棕榈树，使世界棕榈油生产得到迅猛发展。此外，巴布亚新几内亚也是一个主要的生产国。在西非，一些传统产油国盛产棕榈油，但其发展速度较慢。尽管如此，在20世纪80年代末，科特迪瓦（象牙海岸）就成为非洲主要的生产及出口棕榈油的地区，且其产量正在逐步增加。而在南美一些国家，他们也正致力于扩大油棕树种植面积。哥伦比亚作为该地区的产油大国正计划增加棕榈油的产量。

20世纪80年代末和90年代初，东南亚、非洲和中美洲、拉丁美洲对油棕榈种植的持续投资，使棕榈油占有的世界油脂市场份额持续增加。

许多国家生产棕榈油主要用于本国的消费，而马来西亚、印度尼西亚等国的独特之处在于他们的棕榈油生产主要用于出口。对这些国家来说，生产用于出口的棕榈油是切实可行的，油棕已成为一种盛行的经济作物，从而代替了其他传统作物（如橡胶）的种植。棕榈油出口的可行性取决于油棕在这些国家生长的能力，高产的棕榈为出口提供了保障。

油棕生长的最适地区为赤道南北纬度5°之间的热带地区。油棕树生长的理想条件是：每年超过2000mm的降雨量且一年中的雨量均匀，每年超过2000h的光照和25～33℃的适宜温度。许多热衷于种植棕榈树的国家由于每年要经历数月的干旱期，这严重影响棕榈的产量。雨季的雨水会导致洪水不利于果实的呼吸排泄，这或许也会影响其产量。据报道，不符合棕榈树生长条件的国家种植棕榈树的生产成本很高，某种程度上，产品的出口变得不实际[2]。世界油料种子、植物油和蛋白粕生产情况如表8.1和表8.2所示。

表8.1 1995—1996年至今世界油料种子生产情况[2] 单位：10^6 t

项目	年份							
	1995—1996	1996—1997	1997—1998	1998—1999	1999—2000	2000—2001	2001—2002	2002—2003*
大豆	124.90	132.22	158.07	159.82	159.90	175.10	183.78	184.49
棉籽	35.15	33.61	34.35	32.62	32.93	33.53	36.61	33.37
花生	27.47	28.96	27.29	29.77	28.99	31.12	33.11	31.84
葵花籽	25.72	23.80	23.21	26.63	27.22	23.29	21.25	23.33
菜籽	34.44	31.53	33.23	35.89	42.47	37.52	35.87	32.17
椰子干	5.13	6.05	5.33	4.38	5.46	5.90	5.26	5.30
棕榈仁	4.87	5.21	5.05	5.62	6.41	6.91	7.24	7.40
总计	257.67	261.38	286.53	294.72	303.37	313.36	323.10	317.89

注：*预测值。

资料来源：美国农业部海外农业处。

表 8.2 1995—1996 年至今世界植物油和蛋白粕生产情况[2] 单位：10^6 t

项目	年份							
	1995—1996	1996—1997	1997—1998	1998—1999	1999—2000	2000—2001	2001—2002	2002—2003*
植物油								
大豆油	20.17	20.53	22.57	24.65	24.74	26.80	28.72	29.85
棕榈油	16.26	17.64	16.97	19.75	21.80	23.93	24.88	25.37
葵花籽油	9.01	8.61	8.29	9.18	9.63	8.41	7.57	8.32
菜籽油	11.24	10.52	11.43	11.81	13.64	12.96	12.20	11.41
棉籽油	4.15	3.70	3.70	3.57	3.57	3.52	3.82	3.56
花生油	4.15	4.38	4.18	4.44	4.15	4.30	4.75	4.51
椰子油	3.16	3.69	3.29	2.71	3.34	3.63	3.26	3.23
橄榄油	1.45	2.46	2.53	2.50	2.37	2.48	2.53	2.35
棕榈仁油	2.10	2.22	2.20	2.43	2.75	2.95	3.11	3.17
总计	73.08	73.76	75.16	80.54	85.97	88.98	90.85	91.79
蛋白粕								
大豆	89.08	90.82	98.84	107.54	107.74	116.47	124.71	129.58
棉籽	13.11	11.89	11.79	11.36	11.45	11.30	12.10	11.31
油菜籽	18.58	17.53	18.85	19.12	22.27	21.18	19.99	18.64
葵花籽	10.21	10.06	9.51	10.51	10.72	9.43	8.45	9.25
鱼	6.52	6.64	5.08	5.80	6.29	5.75	5.43	5.61
花生	5.73	6.01	5.41	5.76	5.27	5.52	6.13	5.79
椰子干	1.74	1.97	1.74	1.44	1.77	1.90	1.68	1.70
棕榈仁	2.54	1.70	2.67	2.93	3.32	3.56	3.75	3.82
总计	147.49	147.62	153.88	164.47	168.82	175.12	182.23	185.69

注：* 预测值。
资料来源：美国农业部海外农业处。

全球棕榈油产量从只有 100 万 t 增加到 2001—2002 年的 2490 万 t。 经过几年的产量大幅度增加，东南亚地区的新油棕榈种植面积增长速率逐渐减慢。 去年，马来西亚实施了一项更新大约 20 万 hm^2 老树的计划。 由于棕榈树老化，马来西亚棕油的产量变低。 肥料施用量的减少以及 2 月份开始的非常干燥的气候也会影响棕榈树的生长。 马来西亚农场的棕榈油产量由 2000—2001 年的 1190 万 t 减少到 2001—2002 年的 1170 万 t。 印度尼西亚的新农场使棕榈油产量从 790 万 t 上升到 880 万 t，超过了马来西亚。 1997—2002 年的全球植物油储备量如图 8.1 所示[2]。

尽管 2001—2002 年马来西亚棕榈油的出口量没能保持前几年的水平，但是相对较大的

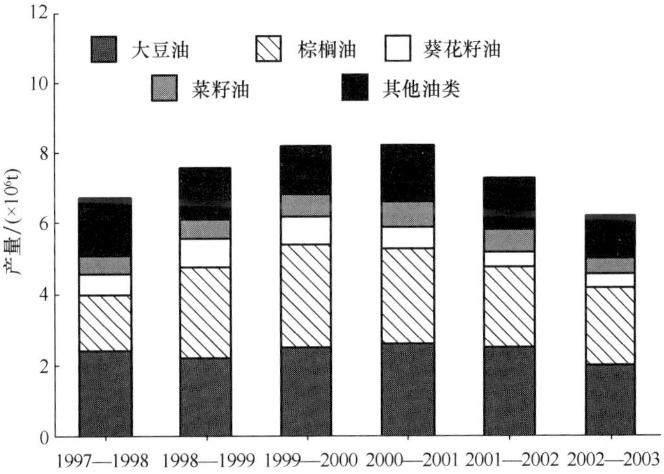

图 8.1 全球植物油储备

（2002—2003 年是预测值。资料来源：美国农业部海外农业处）

储备量保证了稳定的出口速率。马来西亚和印度尼西亚的棕榈油出口都得益于 2002 年阿根廷大豆和大豆油的出口危机。2001—2002 年马来西亚棕榈油的出口量稳定在 1035 万 t，而印度尼西亚的出口量已增加至 550 万 t。正如美国和欧盟的植物油储备一样，马来西亚和印度尼西亚的棕榈油储备量正在逐渐减少。与 2001 年年初的 150 万 t 储备量相比，2002 年 9 月底马来西亚棕榈油的储备量仅为 110 万 t。紧缩的储备量使得 2002 年 9 月棕榈液油的价格升至 388 美元/t。这是自 1999 年年初以来的最高价格水平，并且远远高于 2001 年 9 月的 274 美元/t[2]。

8.1.4 棕榈油贸易

尽管许多国家都生产棕榈油，但其中作为商品净出口的国家只有少部分国家。净出口国是指那些油棕榈可以很好地生长并使其所产油能够出口的国家。只有马来西亚和印度尼西亚是棕榈油的主要净出口国，而其他的出口国仅占很少的份额，且每个国家出口量不超过世界总出口量的 3%。因此，一段时间内，棕榈油的主要出口国家是马来西亚和印度尼西亚，这两个国家占有 90% 以上的棕榈油出口量。

过去出口的主要形式是毛棕榈油。随着 20 世纪 70 年代中叶至 80 年代精炼厂的建立，尤其是在马来西亚，精炼棕榈油产品已经取代了毛棕榈油作为出口的主要形式。大量精炼和半精炼产品也用于出口，包括不同组分的棕榈液油（液态）和棕榈硬脂（固态）。精炼工厂可以生产出针对糖果市场的特种油脂。棕榈仁油的出口也表现出相同的趋势。棕榈仁油是棕榈油生产的共生产品，每生产 100t 棕榈油会得到 10 ~ 13t 的棕榈仁油。而近几年精炼棕榈仁油的出口量开始降低是因为当地的油脂化学企业使用量增加而引起的。

大部分棕榈油产品的购买者使用全美油脂产品协会（NIOP）或国际油、油籽和油脂协会（FOSFA）合约来确保他们的棕榈油供应。其他主要购买国如印度、巴基斯坦和中国有各自的贸易规定。棕榈油价格一般通过鹿特丹、纽约和吉隆坡等终端市场的竞价而定。吉隆坡一家期货市场里的价格广泛被用作棕榈油的参考价。经纪人及经营商的加入促进了棕榈油贸易的发展。除此之外，一些跨国企业直接在产油国设立办事处采购油料，卖方也参与许多棕榈油进口国发起的招投标活动来供给棕榈油。这样，棕榈油通过各种不同途径得以出口以满足消费者的需求。

一些主要口岸配有散装设备，这给棕榈油出口带来了很多便利。为了保证棕榈油的品质，国际贸易协会制定了一系列棕榈油装卸及运输行业准则，如国际油、油籽和油脂协会（FOSFA）和全美油脂产品协会（NIOP）协议规定装运棕榈油的船只在装棕榈油前不可以装运其他禁运物品。在棕榈油品质方面，人们一直致力于改进棕榈油的标准来提高棕榈油的品质，并在国际食品法典委员会的论坛上进行过讨论。许多厂家还通过采用 ISO9000 体系认证，来保证出口产品的品质。

过去，棕榈油进口国主要是欧盟、美国和日本等发达国家。20 世纪 70 年代早期，它们占据了棕榈油进口总量的 75%。随着精炼棕榈油产品出口量的增加，许多没有精炼能力的发展中国家开始进口精炼棕榈油，很少再去加工或不进行加工就直接用于消费，这些对于扩大棕榈油在发展中国家的市场很有帮助。在 20 世纪 80 年代末，发展中国家占据了棕榈油进口总量的 75%，成为棕榈油消费的主体；而发达国家降至 25%，但消费量与原来相比却扩大了。这就反映出棕榈油在价格和技术上的竞争性，它能适应各类应用要求，既能满足发达国家的要求，也能满足发展中国家的要求。

许多国家油脂生产短缺，随着人口的不断增长，经济的发展，油脂短缺的问题愈来愈严重。对这些国家来讲，棕榈油无疑提供了合适的来源。由于棕榈油供应不断扩大，其价格也变得颇有竞争力。与其他主要油脂相比，棕榈油在过去 30 年中打折销售。因棕榈油价格与其他油脂密切相关，这表明市场对棕榈油大量替代其他油脂的事实予以认可。

印度的植物油消费在 2001—2002 年稳步增长，于 2000—2001 年 11% 的强劲增长后，增长减缓。国内含油种子的大收获量和贮藏量减轻了进口需要。印度的植物油总进口量（2000—2001 年增加为近四分之一）在由 600 万 t 减少到 2001—2002 年的 520 万 t。棕榈油和大豆油的进口量分别降低到 340 万 t 和 165 万 t。菜籽油和葵花籽油的进口量可忽略不计，大豆油和毛棕榈油的进口税优势使得菜籽油和葵花籽油的价格竞争力很低。2001 年 10 月以后，印度没有实质上改变植物油的关税政策，2001 年，印度将毛棕榈油的税率由 75% 降低到 65%。

棕榈油出口国期望中国通过提高进口配额，进而能够取代销量落后的印度。2001 年 12 月 11 日，中国正式加入世界贸易组织（WTO），入关协议规定 2002 年大豆油的关税率配额（TRQ）增加为 251.8 万 t，而进口配比关税由 13% 降为 9%。大豆和大豆粕的关税与它们的起始利率有关。但是大豆油和菜籽油充足的国内资源限制了中国进口植物油的需求。

中国在 3 月 5 日就已开始制订植物油进口许可证，但是在 4 月初才开始分别执行。在年进口量 240 万吨的棕榈油中，三分之二分配给主要的私人进口商。然而，中国进口棕榈油主要集中在 3 月。在制定此配额之前，中国今年已经进口了大约 30 万 t，其中一部分集中在码头的保税仓库中等待许可进行分配。约一半的棕榈油进口被允许在 4 月份之前办理通关手续，因为棕榈油进口商可以给它们提供 52% 的超额关税。当进口商接收他们的配额之后，再退还超出 9% 的超额内关税的部分。

中国并不要求外国出口商提供每批生物改良豆油的安全证书。但是，在改良大豆油被接受入关前，需要提供生物改良大豆油安全性证书，这一要求暂时阻碍了大豆油的进口。

2002 年中期中国大豆油和菜籽油供应紧缺，为植物油进口提供了机会。棕榈油最容易定价，且其进口不受国家规定如安全证书、检查以及生物科技油种标签的制约。因此，中国的进口商首先尽力满足 2002 年棕榈油关税率配额（240 万 t）。中国进口棕榈油的量由 2000—2001 年的 160 万 t 增长为 2002 年的 200 万 t。对于大豆油而言，世界价格的增长缩小了与中国国内价格的差距，从而降低了其进口需求。中国 2001—2002 年的大豆油进口量为 37.5 万 t，远远低于关税率配额但大大高于前一年的 8 万 t 进口量[2]。

棕榈油具有多种用途，其细分产品各式各样且具有广泛的技术特性，这种多样性使得棕榈油更具竞争力。在大多数国家，棕榈油已经成为主要的进口油脂，甚至一些净出口油脂的国家，如美国也进口相当多的棕榈油。对它们来讲，棕榈油在终端应用中具有某些特定的优势，同时与本国油脂相比，应用棕榈油所带来的利润更高。

8.2 棕榈油的理化特性

棕榈油的主要成分是甘油三酯，同时含有少量或微量的非甘油三酯成分。这种化学组成决定了棕榈油的化学及物理性质，反过来，它的理化性质决定了棕榈油的生产工艺及应用范围。

8.2.1 棕榈油的化学性质

(1) 甘油三酯及脂肪酸组成　棕榈油以甘油三酯为主要成分，其中还含有大量的甘油酯化合物以及少量甘油一酯和甘油二酯。 这些物质都是在制油过程中带入的。 棕榈油甘油三酯中脂肪酸链的长度（受碳原子数影响）和结构（存在着双键，如不饱和酸）是变化的。棕榈油的理化性质主要由其组成即脂肪酸碳链结构及碳原子数所决定。

棕榈油甘油三酯中脂肪酸的链长范围较窄，在 12 ~ 20 个碳原子之间，见表 8. 3。

表 8. 3 马来西亚棕榈油的脂肪酸组成[3]

脂肪酸组成	占总量的百分比/%	
	平均	范围
12 : 0	0. 23	0. 1 ~ 1. 0
14 : 0	1. 09	0. 9 ~ 1. 5
16 : 0	44. 02	41. 8 ~ 46. 8
16 : 1	0. 12	0. 1 ~ 0. 3
18 : 0	4. 54	4. 2 ~ 5. 1
18 : 1	39. 15	37. 3 ~ 40. 8
18 : 2	10. 12	9. 1 ~ 11. 0
18 : 3	0. 37	0 ~ 0. 6
20 : 0	0. 38	0. 2 ~ 0. 7

棕榈油中饱和脂肪酸和不饱和脂肪酸各占约 50% 。 这种平衡状态决定了棕榈油的碘值约为 53g I/100g，并且赋予棕榈油较其他植物油脂更好的氧化稳定性。 表 8. 3 中的脂肪酸组成了棕榈油的各种甘油三酯，即甘油分子的不同位置上可连接各种不同的脂肪酸，这样可以得到大量不同的甘油三酯分子。 如果把甘油三酯进行水解，数据经计算机统计分析后，可以得到更多棕榈油甘油三酯的组成信息，见表 8. 4。 这些均为实际存在的脂肪酸在甘油三酯中的分布情况。

表 8. 4 马来西亚棕榈油的甘油三酯组成*

无双键			1 个双键			2 个双键			3 个双键			4 个或 4 个以上双键		
	A	B		A	B		A	B		A	B		A	B
MPP	0. 29	0. 5	MOP	0. 83	1. 4	MLP	0. 26		MLO	0. 14	0. 2	PLL	1. 08	0. 8
PMP	0. 22	0. 2	MPO	0. 15	0. 2	MOO	0. 43	0. 7	PLO	6. 59	6. 0	OLO	1. 71	1. 4
			POP	20. 02	23. 7	PLP	6. 36	6. 3	POL	3. 39	3. 1	OOL	1. 76	1. 5
PPP	6. 91	7. 2	POS	3. 50	3. 1	PLS	1. 11	0. 8	SLO	0. 60	0. 4	OLL	0. 56	
PPS	1. 21	1. 0	PMO	0. 22		PPL	1. 17	1. 0	SOL	0. 30	0. 2	LOL	0. 14	0. 1
PSS	0. 12	0. 1	PPO	7. 16	6. 9	OSL	0. 11		OOO	5. 38	5. 1			

续表

无双键			1 个双键			2 个双键			3 个双键			4 个或 4 个以上双键		
	A	B		A	B		A	B		A	B		A	B
PSP		0.7	PSO	0.68	0.6	SPL	0.10	0.1	OPL	0.61	0.5			
			SOS	0.15		POO	20.54	21.5	MOL		0.1			
			SPO	0.63	0.5	SOO	1.81	1.4						
						OPO	1.86	1.6						
						OSO	0.18	0.2						
						PSL		0.1						
其他	0.16			0.34	0.3		0.19	0.6		0.15			0.22	
总计	9.57	9.7		33.68	35.8		34.12	34.6		17.16	15.6		5.47	3.8

注：* A—基于 Kan - lchi Hayakawa 计算，见参考文献［4］；B—基于 Vander Wal's 方法，见参考文献［5］。

由统计数据可以发现根据甘油三酯的饱和（S）及不饱和（U）基团数量对甘油三酯进行分类，认为统计数据与 Tan 所做的样品分析数据[6]（表 8.5）非常接近。

表 8.5　Tenera 棕榈油的甘油三酯分析[6]（根据饱和 - 不饱和标准）

甘油三酯类型	组成含量/%	甘油三酯类型	组成含量/%
三饱和脂肪酸甘油酯（GS_3）	10.2	单饱和脂肪酸甘油酯（GSU_2）	34.6
二饱和脂肪酸甘油酯（GS_2U）	48.0	三不饱和脂肪酸甘油酯（GU_3）	6.8

采用高温气 - 液色谱对棕榈油甘油三酯碳原子数目进行分析，这种方法快速，但对甘油三酯分子组成的分析比较粗糙。它只能提供甘油三酯分子中三个脂肪酸链总碳原子数目，见表 8.6。

表 8.6　马来西亚棕榈油的碳原子数分布情况[3]

碳数	平均值	范围	碳数	平均值	范围
C_{46}	0.8	0.4 ~ 1.2	C_{52}	40.5	38.2 ~ 43.8（POO）
C_{48}	7.4	4.7 ~ 10.8	C_{54}	8.8	6.4 ~ 11.4
C_{50}	42.6	40.0 ~ 45.2（POP，PPO）			

深入了解棕榈油甘油三酯分子结构是十分重要的，这关系到棕榈油某些物理性质。就熔点来讲，它取决于甘油三酯脂肪酸结构及其在甘油三酯位置上分布状况，且这些因素也会影响到棕榈油的结晶行为。天然棕榈油在室温下呈半固体状态，就是由于甘油三酯结构中含有 1 个油酸和 2 个饱和脂肪酸的缘故。

前面曾提到过在油脂提取过程中会得到偏甘油酯，这种情况在原料未经灭菌处理就提取的油脂中尤为明显。从已杀菌且完整的油棕果中提取的油即含有微量的偏甘油酯。随机抽样分析发现，精炼棕榈油、棕榈液油、棕榈硬脂均含有大约2%的1,2-甘油二酯和4%的1,3-甘油二酯及痕量单甘酯。这些物质都会对油脂结晶产生影响。

（2）微量组分 类胡萝卜素、生育酚、甾醇、磷脂、三萜烯醇、脂肪醇构成了棕榈油的次要组分。尽管上述成分含量还不足棕榈油总量的1%，但对棕榈油的稳定性、精炼及提高营养价值都有很重要的作用。

毛棕榈油中含有500～700mg/kg类胡萝卜素，类胡萝卜素主要以α-和β-胡萝卜素的形式存在。而α-胡萝卜素、β-胡萝卜素是维生素A的前体。若想得到这些物质，就必须在精炼棕榈油之前提取类胡萝卜素。否则，在脱臭过程中，类胡萝卜素因为高温而受到破坏。毛油中的类胡萝卜素是良好的抗氧化剂，能先于甘油三酯氧化从而保护油脂。毛棕榈油中存在的各种类胡萝卜素见表8.7。

表8.7 棕榈油中类胡萝卜素组成[7] 单位：mg/kg

类胡萝卜素	八氢番茄红素	顺-β-胡萝卜素	六氢番茄红素	β-胡萝卜素	α-胡萝卜素	顺-α-胡萝卜素	ζ-胡萝卜素	γ-胡萝卜素	δ-胡萝卜素	四氢番茄红素	β-玉米黄胡萝卜素	α-玉米黄胡萝卜素	番茄红素	胡萝卜素总量
含量	1.27	0.68	0.06	56.02	35.16	2.49	0.69	0.33	0.83	0.29	0.74	0.23	1.30	673

毛棕榈油中生育酚和生育三烯酚含量为600～1000mg/kg，精炼棕榈油中保留了约一半的含量。生育酚和生育三烯酚均为天然抗氧化剂，具有防止油脂氧化的作用。棕榈油中生育酚和生育三烯酚的种类见表8.8。

表8.8 棕榈毛油中所含的维生素E和生育三烯酚[8] 单位：mg/kg

类型	α-生育酚	β-生育酚	γ-生育酚	δ-生育酚	α-生育三烯酚	β-生育三烯酚	γ-生育三烯酚	δ-生育三烯酚
含量	21.5	3.7	3.2	1.6	7.3	7.3	43.7	11.7

从表8.8可以看出，α-生育酚及γ-生育三烯酚占据了棕榈油中生育酚和生育三烯酚总量的绝大部分。Gapor通过高效液相色谱仪证实了以上组分的存在[9]，且推断其中可能还有酯化结构。

综合而言，棕榈油中类胡萝卜素、生育酚、生育三烯酚以及50%的不饱和度，使得棕榈油比其他植物油具有更好的氧化稳定性。

就甾醇来说，棕榈油中胆固醇含量远比很多其他植物油少，见表8.9。表8.10提供了毛棕榈油、精炼油及部分精炼油的甾醇组成。从中可以看出，经精炼的棕榈油及棕榈液油中胆固醇含量明显降低。对棕榈油及其馏分来讲，由于胆固醇含量低，且含有抗凝血性和抗癌作用的类胡萝卜素、生育酚、生育三烯酚，使棕榈油具有很好的营养价值。

表 8.9 毛油中胆固醇含量 单位：mg/kg

油脂名称	平均值	范围	油脂名称	平均值	范围
椰子油	14	5~24	葵花籽油	17	8~44
可可脂	59	n. a.	大豆油	28	20~35
棕榈仁油	17	9~40	菜籽油	49	25~80
棕榈油	18	13~19	玉米油	50	18~95

表 8.10 棕榈油产品的甾醇组成[11] 单位：mg/kg

种类	胆固醇	菜油甾醇	豆甾醇	谷甾醇	未知甾醇
毛棕榈油	7~13	90~151	44~66	218~370	2~18
脱胶脱色油	5~10	49~116	22~51	113~286	微量~8
RBD（脱胶/脱色/脱臭）	1~5	15~16	8~30	45~167	微量
毛棕榈液油	6~8	57~104	30~51	149~253	24~28
脱胶脱色油	3~4	36~43	21~25	99~123	微量~5
RBD（脱胶/脱色/脱臭）	2	26~30	12~23	68~114	—

(3)棕榈油固有的化学性质　马来西亚棕榈油的一些化学性质可见表 8.11。

表 8.11 马来西亚棕榈油的化学性质[12]

化学性质	平均值	范围
皂化值/（mg KOH/g 油）	195.7	190.1~201.7
不皂化物/%	0.51	0.15~0.99
碘值（韦氏法）/（g I/100g）	52.9	50.6~55.1
滑动熔点/℃	34.2	30.8~37.6

8.2.2 棕榈油的物理性质

棕榈油的物理性质见表 8.12。从商业角度来讲，表观密度是一个非常重要的参数。通过密度把体积换算成质量，并且密度还是检验油脂纯度的一个指标。

固体脂肪含量是指某一温度下油中所含固体油脂的质量分数（%）。它可以通过宽带核磁共振光谱仪对配制的标准样进行分析得到。

表 8.12 棕榈油的主要物理性质[13,14]

性质	平均值（215 个样品）	范围
50℃的表观密度/（g/mL）	0.889	0.888~0.889
折射率（50℃）	1.455	1.455~1.456
固体脂肪含量/%		
5℃	60.5	50.7~68.0
10℃	49.6	40.0~55.2
15℃	34.7	27.2~39.7
20℃	22.5	14.7~27.9
25℃	13.5	6.5~18.5
30℃	9.2	4.5~14.1
35℃	6.6	1.8~11.7
40℃	4.0	0.0~7.5
45℃	0.7	
滑动熔点（℃）（+）	34.2	31.1~37.6

在某一温度下，固体油脂的存在是因为油脂中存在着结晶，这也是棕榈油化学性质的一种结果。不同分子结构的甘油三酯分子具有不同的化学性质。不同温度下，这些油脂就显示出不同的物理性质，如不同的结晶形态和熔点。用差示扫描量热仪测量这些与热量有关的参数。图 8.2 和图 8.3 所示分别为棕榈油结晶热曲线和熔化曲线。在结晶热曲线中，点 1 到点 2 是液油结晶峰，而点 2 到点 3 是硬脂结晶峰。熔化曲线上相应的标注也同理。

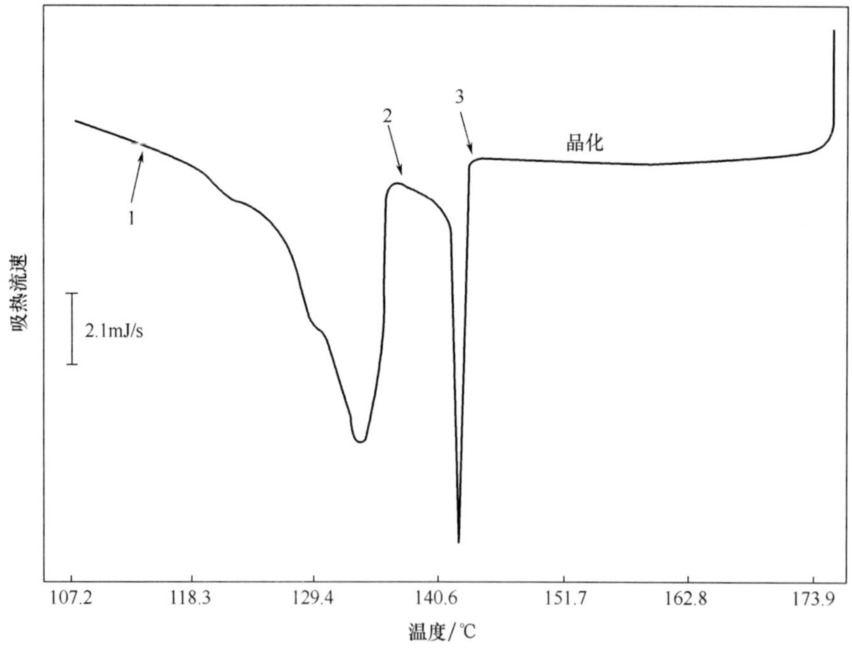

图 8.2 马来西亚棕榈油的结晶温度曲线[15]

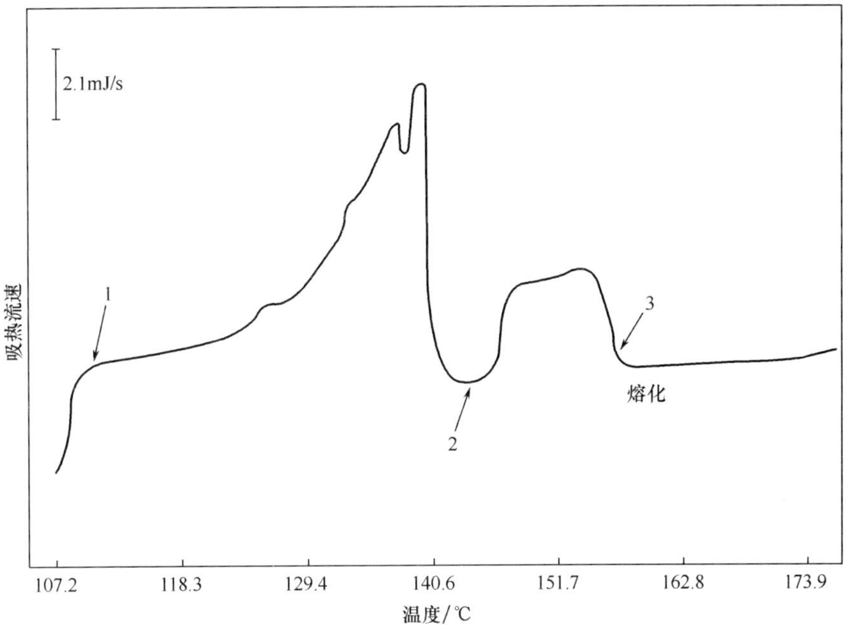

图 8.3 马来西亚棕榈油的熔化曲线[15]

从热特性来考虑，控制温度可使棕榈油分为两相，如固相（硬脂）和液相（液油）。表面活性剂或者溶剂影响干法分提过程。某种程度上，所使用的方法决定了液油和硬脂的某些物理性质和化学性质，特别是硬脂的性质。通过改变分提方法和分提条件，得到不同物理性质和化学性质的硬脂。同时，还得到物理性质和化学性质变化范围很小的液油，见表 8.13、表 8.14 和表 8.15。

表 8.13 脂肪酸组成[16]

单位：%

脂肪酸	液油	平均	硬脂
	范围		范围
12 : 0	0.1 ~ 0.5	0.2	0.1 ~ 0.6
14 : 0	0.9 ~ 1.4	1.0	1.1 ~ 1.9
16 : 0	37.9 ~ 41.7	39.8	47.2 ~ 73.8
16 : 1	0.1 ~ 0.4	0.2	0.05 ~ 0.2
18 : 0	4.0 ~ 4.8	4.4	4.4 ~ 5.6
18 : 1	40.7 ~ 43.9	42.5	15.6 ~ 37.0
18 : 2	10.4 ~ 13.4	11.2	3.2 ~ 9.8
18 : 3	0.1 ~ 0.6	0.4	0.1 ~ 0.6
20 : 0	0.2 ~ 0.5	0.4	0.1 ~ 0.6
碘值（韦氏法）/（g I/100g）	56.1 ~ 60.6	58.0	21.6 ~ 49.4

表 8. 14 以碳原子数划分的甘油三酯组成[16]

碳数	液油	平均	硬脂
	范围		范围
C_{46}	—	—	0. 5 ~ 3. 3
C_{48}	1. 3 ~ 4. 0	2. 3	12. 2 ~ 55. 8
C_{50}	37. 7 ~ 45. 4	42. 0	33. 6 ~ 49. 8
C_{52}	43. 3 ~ 51. 3	45. 7	5. 1 ~ 37. 3
C_{54}	7. 0 ~ 12. 6	9. 9	微量 ~ 8. 4

表 8. 15 熔化及凝固特性[16]

试验	液油	平均	硬脂
	范围		范围
滑动熔点/℃	19. 4 ~ 23. 5	21. 6	44. 5 ~ 56. 2
浊点（毛油）/℃	6. 6 ~ 14. 3	10. 4	—
碱炼油	5. 4 ~ 11. 9	8. 1	—
精炼油	6. 0 ~ 11. 5	8. 8	—

在通常的分提条件下，可以生产出浊点在 8 ~ 10℃的液油。 如果需要，还可以改变分提条件，生产出特殊硬脂或液油以满足特殊需求。 但这些均要以棕榈油固有组分为前提。 例如：可以生产硬性（碘值约为 20）到软性（碘值约为 50）的油脂，其固体脂肪含量特性曲线如图 8. 4 所示。

某些工业（如糖果工业）对硬脂要求更高。 可以采用两次分提工艺来达到要求，如图 8. 5 所示。 表 8. 16 所示为当前马来西亚生产的常用棕榈油中间馏分的固体脂肪含量。

表 8. 16 由核磁共振测得的棕榈油中间馏分固体含量

温度/℃	棕榈油	1	2	3	4	6	7	8	5A	5B	5C
10	50. 3	81. 3	58. 4	60. 1	61. 5	65. 6	66. 4	53. 8	71. 9	51. 8	71. 1
15	35. 2	71. 1	37. 1	48. 5	45. 2	48. 3	55. 2	41. 6	63. 2	32. 9	61. 8
20	23. 2	59. 5	18. 5	34. 3	26. 8	30. 5	42. 0	27. 1	43. 3	17. 5	45. 0
25	13. 7	29. 7	1. 7	22. 8	8. 7	8. 2	28. 7	15. 8	22. 1	9. 3	28. 0
30	8. 5	8. 6		14. 2	2. 4	2. 9	19. 6	9. 6	11. 4	4. 6	16. 8
35	5. 8	3. 6		10. 4	1. 2		15. 1	5. 6	6. 6		12. 0
40	3. 5			7. 1			10. 9	2. 6	2. 5		7. 3
45				3. 4			5. 7				3. 0
50											

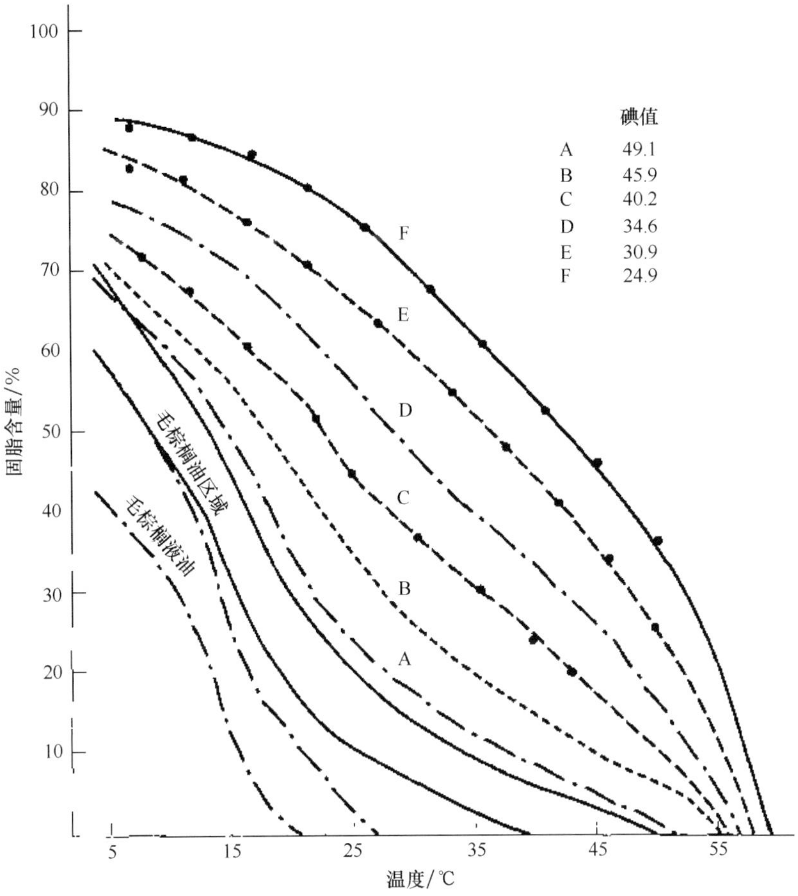

图 8.4 毛棕榈硬脂的固体脂肪含量曲线[15]

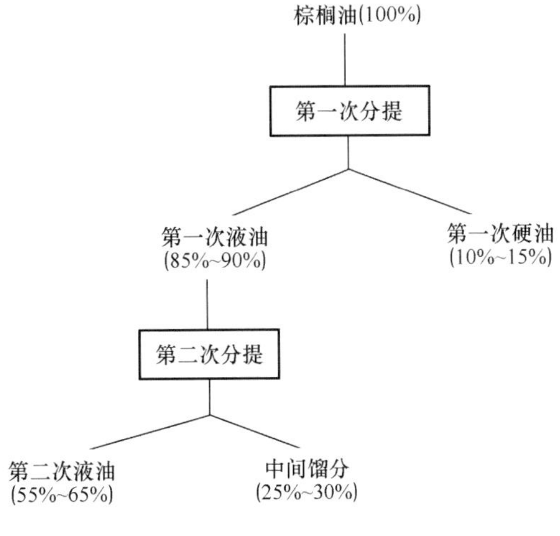

图 8.5 分提和棕榈油中间馏分

棕榈液油及硬脂的其他特性见表8.17。用于出口的不同类型棕榈油产品可见表8.18。

表8.17 其他分析特性[16]

测试指标	液油	硬脂
40℃密度/（g/mL）	0.8965～0.8992 （$n=21$）	
60℃密度/（g/mL）		0.8659～0.8756 （$n=40$）
折射率		
n_D 40℃	–1.4586～1.4592 （$n=21$）	
n_D 60℃		1.4472～1.4511 （$n=41$）
皂化值	194～202 （$n=21$）	193～206 （$n=41$）

表8.18 棕榈油PORAM标准一览表

棕榈油类型	技术指标①	标准值
1. 碱炼棕榈油	游离脂肪酸（棕榈酸）②	最大0.25%
	水分及杂质	最大0.1%
	碘值（韦氏法）	50～55
	熔点（AOCS Cc3－25）/℃	33～39
2. 碱炼脱色棕榈油	游离脂肪酸（棕榈酸）②	最大0.25%
	水分及杂质	最大0.1%
	碘值（韦氏法）	50～55
	熔点（AOCS Cc3－25）/℃	33～39
	颜色（13.335cm槽）	最大红20
3. RBD油（精炼、脱色、脱臭）或NBD油（碱炼、脱色、脱臭）	游离脂肪酸（棕榈酸）②	最大0.1%
	水分及杂质	最大0.1%
	碘值（韦氏法）	50～55
	熔点（AOCS Cc3－25）/℃	33～39
	颜色（13.335cm槽）	最大红3～6
4. 毛棕榈液油	游离脂肪酸（棕榈酸）②	最大5.0%
	水分及杂质	最大0.25%
	碘值（韦氏法）	最小56
	熔点（AOCS Cc3－25）/℃	最大24
5. 碱炼棕榈液油	游离脂肪酸（棕榈酸）②	最大0.25%
	水分及杂质	最大0.1%
	碘值（韦氏法）	最小56
	熔点（AOCS Cc3－25）/℃	最大24

续表

棕榈油类型	技术指标①	标准值
6. 碱炼脱色棕榈液油	游离脂肪酸（棕榈酸）②	最大 0.25%
	水分及杂质	最大 0.1%
	碘值（韦氏法）	最小 56
	熔点（AOCS Cc3－25）/℃	最大 24
	颜色（13.335cm 槽）	最大红 20
7. RBD 或 NBD 棕榈液油	游离脂肪酸（棕榈酸）②	最大 0.1%
	水分及杂质	最大 0.1%
	碘值（韦氏法）	最小 56
	熔点（AOCS Cc3－25）/℃	最大 24
	颜色（13.335cm 槽）	最大红 3 或 6
8. 两次分提棕榈硬脂	游离脂肪酸（棕榈酸）②	最大 0.1%
	水分及杂质	最大 0.1%
	碘值（韦氏法）	最小 60
	熔点（AOCS Cc3－25）/℃	最大 19
	颜色（13.335cm 槽）	最大红 3
9. 毛棕榈硬脂	游离脂肪酸（棕榈酸）②	最大 5.0%
	水分及杂质	最大 0.25%
	碘值（韦氏法）	最大 48
	熔点（AOCS Cc3－25）/℃	最小 44
10. 碱炼棕榈硬脂	游离脂肪酸（棕榈酸）②	最大 0.25%
	水分及杂质	最大 0.15%
	碘值（韦氏法）	最大 48
	熔点（AOCS Cc3－25）/℃	最小 44
11. 碱炼脱色棕榈硬脂	游离脂肪酸（棕榈酸）②	最大 0.25%
	水分及杂质	最大 0.15%
	碘值（韦氏法）	最大 48
	熔点（AOCS Cc3－25）/℃	最大 44
	颜色（13.335cm 槽）	最大红 20
12. RBD 或 NBD 棕榈硬脂	游离脂肪酸（棕榈酸）②	最大 0.2%
	水分及杂质	最大 0.15%
	碘值（韦氏法）	最大 48
	熔点（AOCS Cc3－25）/℃	最大 44
	颜色（13.335cm 槽）	最大红 3 或 6
13. 棕榈酸油	总脂肪物质②	最小 95%（一般 97%）
	水分及杂质	最大 3%
	游离脂肪酸（棕榈酸）②	最小 50%
14. 棕榈脂肪酸馏出物	可皂化物	最小 95%
	水分及杂质	最大 1.0%
	游离脂肪酸（棕榈酸）②	最小 70%

注：①＋滑点，软化点或升点；②棕榈酸相对分子质量为 256。

资料来源：PORAM Technical Brochure，1989。

8.2.3 棕榈油及其产品的分析方法

在棕榈油贸易中，对棕榈油产品分析检测传统上都基于美国油脂化学协会（AOCS）检测方法，如果AOCS上没有的检测方法，一般采用英国标准协会、国际理论及应用化学协会（IUPAC）方法或国际标准化组织（ISO）方法。如今已倾向于采用国际标准化组织的标准方法。早在1994年，国际油、油籽和油脂协会（FOSFA）曾呼吁融合AOAC、AOCS、IUPAC以及其他国家标准组织的方法，并使之统一。所有这些努力均是为了使贸易国际标准化。

8.3 生产过程

8.3.1 油棕的起源

油棕树 *Elaeis guineensis* Jacp.，广泛分布于非洲、南美洲、东南亚及南太平洋地区，在其他热带地区也有小面积的生长。几个世纪前，油棕树还限于生长在西非及中非地区，并处于野生、半野生、种植共存的状态。在非洲，棕榈仍然是国内的一种植物，用来提取油脂及维生素A。直到18世纪末和19世纪初，油棕树的种植扩大到东南亚地区，棕榈油从此进入国际油脂市场。

8.3.2 油棕树种植园

Hartley[17]较全面地介绍了早期棕榈油工业的发展情况。19世纪，非洲开始出口棕榈油及棕榈仁。这一阶段，唯一的供应来源是小丛林式的油棕树种植，且用原始的、低效的方法来浸出制取棕榈油。20世纪早期，在苏门答腊和马来西亚建立了世界上最大的种植园，从小丛林式种植发展到有计划有目的的小园林式种植[18]。这是继20世纪20年代经比利时刚果河（现刚果（金）和后来西非的其他部分种植后发展起来的。近些年来，棕榈加工业得到进一步发展，且棕榈油也成为现今世界植物油供应的重要组成部分。

虽然油棕树种植园的种植起源于远东，但不可思议的是，在非洲小丛林和新工业建立之间并没有直接的联系。最早记录的关于引进到东印度的油棕树共有四个品种，两个来自波旁王国（留尼旺）或毛里求斯，两个来自阿姆斯特丹，它们种植于1848年的爪哇国（Buitenzorg），即现在的波哥大的种植园中。棕榈油工业的建立应归功于一个有丰富油棕树知识的比利时籍非洲人M. Adrien Hallet。1911年，他在苏门答腊最大的商业种植园种植了Deli油棕树。Hallet发现在Deli生产的Avenue油棕树不仅产量比非洲的高，而且果实成分也优于非洲西海岸一般的油棕。早在1924年人工授粉的Tenera种已经大规模地应用于商业种植了[19]。同时，M. H. Fauconnier 与 M. Hallet 一起在 1911 年和 1912 年间已在马来西亚的瓜拉雪兰莪县区的兰道班让种一些原始的 Deli 油棕了。这些油棕 1917 年全部结果。此种的原始育苗后来以“Tennamaran Estate”的名字而闻名。

苏门答腊的棕榈工业发展迅速，但远东地区直到 20 世纪 30 年代才达到鼎盛时期。1925 年苏门答腊棕榈种植面积达 31600hm^2，而马来西亚仅有 3348hm^2[20]，但到了 1938 年种植面积各自提高到了 92300 和 29196hm^2。20 年间，凭借着超过 120000hm^{2}的种植面积，具有比非洲出口量更高生产能力的油脂工业逐步建立起来了，马来西亚在 20 世纪 60、70 年代种植量也快速上升。1960 年仅有 55000hm^2，到 1975 年便增加了 50 万 hm^2，到 1990 年种植总面积超过了 200 万 hm^2[21]。由于马来西亚的种植地区是由政府（联邦及国家土地发展局）统筹规划的，故到 20 世纪 80 年代初，其种植总面积已达到了世界总面积的一半。

在印度尼西亚，油棕种植发展迅速，尤其是在 20 世纪 80 年代，已经在该国建立了核心的政府事业单位、外资私营企业、私营民族企业及企业（事业）单位。这个历史时期，棕榈树种植面积的发展情况见表 8. 19。

表 8. 19　棕榈油种植面积　　单位：1000hm^2

国家	1960 年	1970 年	1980 年	1990 年	1993 年
马来西亚	54. 6	291. 3	1023. 3	2029. 5	2281. 0
印度尼西亚	n. a.	134. 0	294. 1	1126. 7	1603. 7
巴布亚新几内亚*	n. a.	n. a.	12. 0	37	55
象牙海岸	5. 2	68. 2	100. 3	128*	158*
尼日利亚*	n. a.	n. a.	230. 0	270	298
哥伦比亚	0. 4	19. 8	36. 7	81*	111*

注：*仅表示种植成熟的地区。

资料来源：《油脂世界周报》，1985 年 4 月第 4 页。《油脂世界年报》，1993 年。H. A. J. Moll，《油棕经济》（参考文献［2］），Pusat Penelitian Marihat，印度尼西亚。

8. 3. 3　棕榈油产量

油棕果是一种高产油油料。油棕单位面积产量远比其他植物油料产量高。像大豆，每公顷产油的记录约 2t，菜籽或油橄榄每公顷产油记录约 3t，椰子或葵花籽每公顷产油记录约 4t。与这些油料相比，生长在东南亚种植园中的油棕每公顷每年产油一般为 5t，记录甚至更高。表 8. 20 列出了一些实验性最高产数据。其他的人员可能已经获得了更高的产量数据。个别油棕果的含油量超过 30%，若果实的产量为 40t/hm^2 的话，那么油的产量就达 12t/hm^2。

表 8.20 油棕果产量部分实验记录（马来西亚）

实验类型	棕榈果束产量/（t/hm²）	油束比/%	油产量/（t/hm²）
子代试验（最好的子代，1 年）	30.4	27.7	8.42
密度试验（最好的护理，1 年）	28.5	23.7	6.76
密度试验（最好的地块，1 年）	30.9	23.7	7.32
肥力试验（最好的地块，1 年）	37.2	16.9（dura）	6.28
种植园种植（最好的地块，第 3 年产量）	32.6	26.2	8.55

（1）棕榈油产量构成　棕榈油和棕榈仁油是从油棕果中提取出来的。棕榈油的产量可通过它的构成来体现，其中最主要的两个参数为棕榈果束质量和油束质量比（或提取率）。油棕果的产量可以通过油棕果的束数与平均每束质量来求得。随着棕榈树树龄的增长，每束棕榈果的质量不断增加而束数却不断减少。棕榈树种植第三年就开始结果。在接下来的几年中其产量将达到一个最大值，而后便趋于逐年减少。

（2）油束比　棕榈油产量不仅取决于油棕果的产量，而且与每束油棕果含油率有关。油束比与很多参数相关，如：果束比、皮果比、油皮比，树龄小的棕榈树的果实含油率偏低。Hartley[17]称，棕榈树直到第四年或第五年结出的棕榈果其含油率才会逐渐上升。而 Corley[22]报道说，一种称为 Tenera 的油棕树最早在其种植 40 个月后，就可以结出含油超过 28% 的油棕果。

皮果比绝大部分是由遗传决定的，很少受到环境的影响。每束产果率主要取决于授粉成功率，油皮比部分取决于果实成熟的程度，这是因为油脂的合成发生在果实生长发育的后期，相同的油棕果在不同时期收割时，其油束比也有很大差异[23]。事实证明，施用钾肥会导致棕榈果油束比降低[24]，不过棕榈果的产量的增加大大弥补了棕榈果油束比的降低。

（3）产量变化　有季节性气候的地区，油棕果每年仅有一个收获高峰。高峰时间主要取决于棕榈树树龄和树叶生长量。在种植园中，果实成熟前 28 个月的天气条件也会影响到收获时间。在非季节性气候地区，油棕果偶尔也会一年两次收获高峰期，但主要是一次，且收获量变化非常大。

8.3.4 生产成本

毛棕榈油的生产成本主要源自生产新鲜油棕果的费用及压榨油棕果的费用，若对毛油进行精炼，则还需考虑精炼成本。

（1）油棕果生产费用　油棕果生产过程花费很多，主要是在以下几个环节：平整土地、开挖排水道、种植油棕树，翻土、修路、造桥、施肥、预防病虫害等。这些成本还与土地是复垦还是新垦有关。所谓复垦是指在种植其他农作物的土地上新植入油棕树，而新垦是指在丛林杂生的土地上开垦出一块新地来种植油棕树。在马来西亚复垦地种植园前3年每公顷建设费用达1856.75美元，而新垦地种植园的建设费用则会多出20%~30%。因为新垦地需要做各种准备工作，如平整田地、开渠排水、建设公路及田间小路等。

棕榈树种植3年后，油棕果成熟并可以逐月收割达25年或更长的时间。在油棕果成熟过程中的直接费用包括：购买化肥、施肥、收割、防病虫害、除草、基础工程建设（如修路、造桥、建收割通道、土壤及叶片分析、农机装备等）。这些直接花费每公顷每年总计达238~520美元不等，而生产1t油棕果的费用在14.80~44.40美元（表8.21）。成本绝大部分取决于油棕果产量、土壤类型、排水、油棕果质量及其他因素；管理体系也会影响到油棕果成本。包括农场、无组织的小股东、有组织的小股东。

表8.21 油棕果生产成本（对种植园、小产业主群、个体小产业主）

花费	种植园	小产业主群	个体小产业主	
			美元/hm^2	平均
直接花费				
施肥	51.9（22.5）	100.0（32.1）	175.7	109.2
除草	26.0（10.8）	1.9（0.6）	3.3	10.4
损坏油棕的补种	26.4（11.0）	15.6（5.0）	27.4	23.1
防病虫害	7.4（3.1）	9.0（2.9）	15.9	10.8
修剪	10.6（4.4）	14.0（4.5）		12.3
收割	96.9（40.3）	69.5（22.3）	228.1	131.5
运输	17.6（7.3）	95.7（30.7）	62.9	58.7
其他	1.4（0.6）	5.9（1.9）	7.4	4.9
小计	238.2（100.0）	311.6（100.0）	520.7	356.8
间接花费				
工人工资	138.1（59）	117.4（46）		85.17
其他	95.9（41）	135.6（54）	11.1	80.9
小计	234.0（100）	253.0（100）	11.1	166
总计	472.2	564.6	531.8	522.9

生产油棕果的间接成本可分为两部分，即员工报酬、服务及其他供应费。员工报酬包括：职员薪水、职员花费、奖金；工人工资、奖金以及其他费用和奖励。服务费及其他费用包括出差费、办公费、维修保养费、职业费用、公物以及其他各种费用。在马来西亚，每公顷成熟油棕果间接生产成本为234.00~253.00美元。通过研究马来西亚地价、报价

表，每吨油棕果间接生产成本为 8. 30 美元。

(2)压榨成本 棕榈果收获后，运往加工厂提取油脂，同时棕榈仁也被分离出来。每束棕榈果实可获得 18% ~24% 的棕榈毛油，这主要取决于棕榈果的情况。

油厂加工棕榈果时常以处理 1t 油棕果来计算加工成本。目前加工 1t 油棕果的平均成本约为 11. 10 美元（表 8. 22）。由表可以看出，占总成本最大比例的是折旧费用，大约为 35. 71%，接下来要属维修保养费，占 17. 5%，榨油过程中的劳动力费用略高于 10%。

表 8. 22 加工成本

项目	花费/t 鲜果束		百分率/%
	马币	美元	
管理费	1. 51	0. 56	5. 04
职员工资	1. 46	0. 54	4. 85
劳务费	3. 11	1. 15	10. 37
机器保养费	5. 25	1. 94	17. 50
厂房维修费	0. 11	0. 04	0. 36
公用事业费	2. 68	0. 99	8. 93
棕榈仁代装费	0. 58	0. 21	1. 93
办公费	3. 21	1. 19	10. 71
折旧费	10. 71	3. 97	35. 71
保险费	0. 38	0. 14	1. 25
棕榈油管道费	1. 00	0. 37	3. 33
总计	30. 00	11. 1	100

(3)毛棕榈油生产成本 表 8. 23 总结了前面所概述的成本。基建折旧费按 25 年折算并计入毛油生产成本之中。在进行数据运算时，以每公顷棕榈树每年产棕榈果 20t 且出油率为 20% 计算。

表 8. 23 马来西亚毛棕榈油生产成本 单位：美元

成本	每公顷每年	每吨鲜果束
建设费用折旧（1856÷25）	74. 24	3. 71
平均直接成本	256. 80	17. 84
平均间接成本	166. 00	8. 30
新鲜油棕果生产成本总计	597. 04	29. 85
加工成本		11. 10
生产及加工新鲜油棕果成本		40. 95
每吨毛棕榈油生产成本	204. 75	

可以看出，生产1t棕榈毛油的费用大约为204.75美元，占毛油生产成本最大比例的费用是原料生产成本，达到73%，而榨油成本仅占27%。

各国生产棕榈毛油的成本的数据无法获得，但关于马来西亚及印度尼西亚的系列研究表明，这两个国家棕榈油生产成本要比棕榈油市场价格低。而在另一些国家，生产成本则比棕榈油国际市场价格高[2]，因此对那些国家来讲，出口棕榈油是不可行的。

(4)精炼费用　毛棕榈油可进一步加工成精炼油，目前市场上销售的大多棕榈油产品均是通过物理精炼或者蒸汽精炼得到的。毛棕榈油或加工的棕榈油可能需要进一步分提，分提可以把棕榈精炼油分成固相和液相两部分。精炼1t棕榈油费用约为25.92美元，而分提每吨大约为5.55美元。

8.3.5 棕榈油和棕榈仁油提取

(1)果实接收　为了获得高质量的棕榈油，应该在加工过程中尽可能减轻对原料的损伤，从田间收获到灭菌都必须非常小心。工厂一般用卡车或拖车把原料卸到进料坡道，然后物料进入灭菌箱，灭菌箱一般可容纳2.5t物料。棕榈油加工工艺流程图如图8.6所示。

(2)灭菌　所谓灭菌是指把装满物料的灭菌箱放入卧式容器中，然后通入$3kg/cm^2$的蒸汽（143℃），物料停留时间约为60min，灭菌目的主要有以下几点：

①防止酶作用，以免油中游离脂肪酸含量进一步升高；

②便于机械脱粒；

③预处理果皮，为后续加工准备；

④预调理果核，减少仁的破损。

(3)脱粒　脱粒的目的是把油棕果从束上分离出来，分离过程包括两个基本操作：①强烈振动；②敲打。近年来脱粒所采用的设备很多，其中最常用的是转鼓式脱粒。

转鼓式脱粒机内部有一个长长的卧式转鼓，转鼓中带有小通道或T型刀板，它们之间的距离既要使油棕果顺利通过又不至于让枝干通过：转鼓直径一般为1.8～2m，长3～5m，转速20～25r/min。脱粒机转鼓筐上装有轻质打棒，当转鼓转动时，油棕果束先向上运动，然后在重力作用下掉落下来，这样，油棕果就从果束上振落下来。这种动作持续几次后，果便从束上脱落，沿着转鼓不断翻转，直到排出。实际使用证明，转鼓式脱粒机的脱粒效果非常好。

(4)蒸煮　蒸煮是将油棕果送入制取工艺之前，将杀菌过的果子重新加热使果皮松软，且破坏油脂细胞结构。蒸煮最佳条件为95～100℃温度条件下持续大约20min。蒸煮的设备是一个立式圆筒罐，罐中装有一根带有许多轴向棒的中心轴，蒸煮的加热形式可以为间接或直接蒸汽加热。

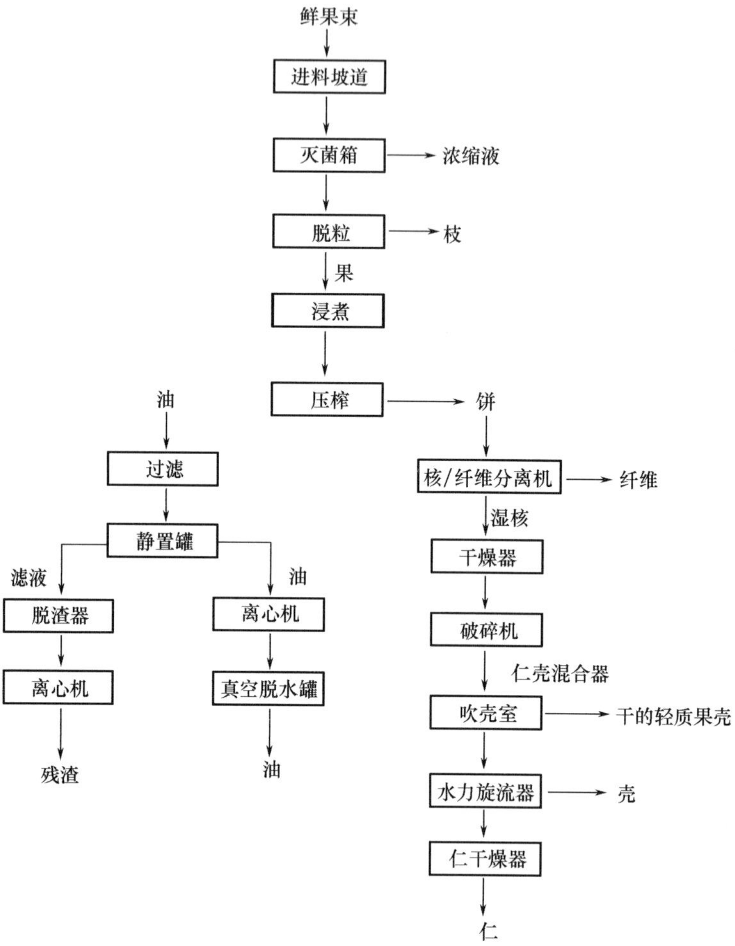

图 8.6 棕榈油加工流程图

(5)油脂制取 油脂制取一般采用连续式螺旋榨油机。它有一个打孔的卧式箱体，呈八字交叉形。内含两根螺杆，箱体排渣口有一个校饼头，它可控制压力以确保饼中残油最少，并且还可使果核破碎率调整至可接受范围之内。

油棕果经压榨后可分为两部分：①油、水、固体杂质的混合物；②含纤维及果核的粕。

(6)毛油净化 机榨毛油中一般含有 66% 的油脂、24% 的水分、10% 的非油固体。由于油中含有较多的固体杂质，因此需要用水稀释，稀释后的棕榈油要经过过滤，把纤维物质从油中去除掉，然后泵送棕榈油至连续沉降罐以使混合油分成上下两部分——油及沉淀物。上部油脂撇出后，进入离心机离心分离，然后进入真空干燥器干燥，经冷却后最终泵入储存罐储存。沉淀物中约含油 10%，油经回收后再打回沉降罐进行二次沉降，泵入储存的油脂需要达到一定要求，其水分含量应在0.1%～0.2%，杂质含量应低于0.02%。

(7)油脂储存　推荐储罐内壁涂上一层环氧树脂，以防止铁质进入油脂。棕榈油一般在32～40℃之间储藏或运输，以防产生过热情况；棕榈油的装卸温度应控制在50～55℃，为了达到这一装卸温度，最高升温速率为5℃/24h。

(8)果核与纤维物质的分离　蒸煮的油棕果经压榨后形成核与纤维的油饼，饼经破碎后进行输送，进入一个立式罐中，罐里通有6m/s的上升空气，在这种状态下，纤维物质随空气上升或呈悬浮状态，果核则掉落在罐底部，从而实现分离。分离出来的纤维物质再经过旋风捕集用作燃料，果核则通过装在罐底部的旋转转鼓甩出去。同时转鼓还可去除混入系统的大颗粒如枝干、石子和铁质等杂质。

(9)果核及核仁的处理　该操作分为四步：①果核调质；②果核破碎；③核壳与核仁分离；④核仁干燥。

(10)果核软化调质　从果核、纤维物质分离机直接分离出来的果核通常是热的，仁一般会黏附在核壳上，若此时将这种果核破碎，许多仁会破碎并且大量仁仍会附在核壳上。为了更好地破碎果核，减少壳中含仁率，必须先对果棕进行干燥，使仁松散，不再粘附在壳上，冷却后使果核变硬再进行破碎。以上这些过程统称为果核软化调质。

(11)果核破碎　软化后的果核可进行破碎，破碎后果核分为两瓣或多瓣，仁就被释放出来。果核破碎机几乎都是离心型的，果核首先在破碎机的回转器中获得速度，然后抛向一固定环以达到破碎目的。

最新介绍的破碎机为枝纹破碎机，它由一个鼠笼式平衡回转器及两片半圆形波纹圆盘组成，波纹破碎机的性能主要取决于回转器的速度和间隙及回转器提供给果核的速率。该机的最大优点是不需要对果核进行软化。

(12)核壳和核仁分离　这一操作分为两部分，首先利用吹壳去屑系统去除灰尘和壳屑，接着用水力旋流器或泥浆浴进行洗涤。

水力旋流器工作原理与旋风分离器有些相似，当流体进入水力旋流器时，沿器壁给流体一个切线方面的速率，重相因离心力作用而被控向器壁，然后螺旋式下降，最终重相从旋流器底部排出，而轻相向下运动后逐渐向中心靠拢从而向上运动，最终通过溢流管离开分离器。尽管水力旋流分离器分离核壳和核仁主要是因为它们密度不同，但被分离物质的大小、形状也会影响分离效果，比如产生流动阻力等。

湿核仁的相对密度约为1.07。核壳的相对密度为1.17。因此在相对密度为1.12（约24Twaddell）的泥浆中，核仁会上浮而核壳会下沉，这就是泥浆浴的工作原理。从手工到全自动操作，其间发展了许多模式，由于获得合适密度的泥浆并不那么容易，因此也采用盐水或稀糖浆来调节悬浮密度，只要悬浮液的密度保持在合适的范围内，泥浆的分离效果会很好。

(13)核仁干燥 新鲜核仁一般含水20%，如果直接装袋或储存，那么核仁会马上发霉，同时也会引起棕榈仁油中游离脂肪酸快速升高（干棕榈仁含油量超过50%）。试验证明，若将核仁的含水率降至7%以下，棕榈仁就能安全储存、运输而不会霉变。

(14)核仁的包装和存储 核仁经干燥后往往要进行包装，每吨大约12袋，并存放在仓库中等待运输至核仁破碎厂。随着包装和处理成本的增加，目前的趋势是转向大批量储存并运输。

8.3.6 棕榈油厂布局和设计

(1)原料预计 确定整个工厂的处理量，首先必须规划一段时期（比如说10年）原料作物的种植计划。实际操作过程中，我们把每年产量的12.5%定为加工高峰时期每月原料的最大处理量，并且高峰生产时间以每月25d，一天生产20h计。

(2)厂址选择 挑选厂址应综合考虑以下几点：

①原料运输费用，最理想的厂址应选在种植区的中心位置；

②产品输送费用，这主要取决于厂址与最近主干道的距离；

③厂区附近应有充足的水源；

④地理状况：起伏不平，需要挖土填地打桩的地区不适合建厂。

因此，需综合以上条件折中选择建厂地址。

(3)工厂设计 根据对原料的预计，大致可以确定工厂处理量，以及是否需要对处理量进行分段考虑，同时还应考虑到燃料是否易得到，现在必须提供足够的燃料保证工厂每小时处理10t以上新鲜油棕果。

图8.7是一个典型的棕榈油厂平面布置图，主体建筑都已在图中一一标出，我们在选择生产设备时务必要十分谨慎，因为这会涉及到原料处理量、蒸汽消耗、能源要求、备用设备和供应的经济性等问题。生产设备应尽量选择标准设备以使内部或外部连接相互配套，挑选成套设备（如阀门、齿轮箱、电动机、开关等）可以减少很多因选择零部件而造成的麻烦，并且经济。

一旦确定主要设备后，就可以着手设计工厂的布局、建筑物以及设备布局的一些前期工作，设备布置的后期工作需要等到施工工艺流程图确定，而施工工艺流程图需要设备清单落实后才能确定。

工厂设计及设备布置设计中还应充分考虑到安全工作准则的一些事宜。

考虑到整个工程的复杂性和重要性，还应建立关键程序网（CPN）。

(4)厂房建设 厂房建设应给予充分的时间，否则会导致过多的承包商和工人在一起工

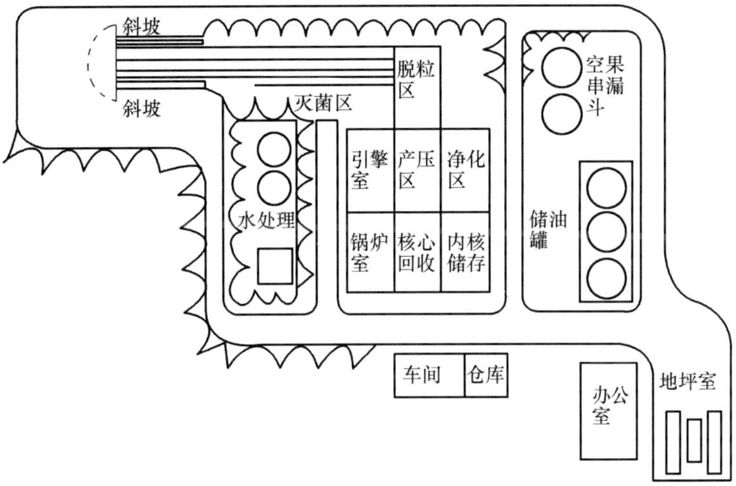

图 8.7 棕榈油厂的典型布局

作而使监管失控。

一般来说，设备安装之前，厂区基建工作（厂房、基础设施等）应已完成。

机器安装应遵循一个“从进到出”的安装顺序。例如：应首先安装脱粒车间的设备，其后才是压榨车间、核仁处理车间、净化车间。在设备安装之前，必须保证设备按时运到，这就要求我们正确计划好订单时间。多数情况下，设备的安装由承建单位完成，但若安装设备时有油厂的工程师在场的话，会带来很多好处：其一能给工程师一个良好的培训机会；其二保证工程质量。

8.3.7 棕榈油厂的废水处理

(1) 废水来源　棕榈油生产过程中需要大量的水，据估计，处理 1t 新鲜油棕果新鲜棕榈果束，需用水 1t（包括锅炉用水），绝大部分水以废水形式排出，也就是棕榈油工程废水（POME），少量蒸发掉。

棕榈油工程废水主要来源于灭菌及毛油净化工艺过程。因为这两个过程需要大量的蒸汽或热水。废水的另一个来源是水力旋流器。在此过程中，以热水（混有黏土或盐）作为媒介来分离核壳和核仁。对一个运作良好、管理严格的企业来讲，灭菌过程、净化过程及水力旋流器操作过程产生的废水以每吨油计分别为 0.9、1.5t 和 0.1t[25]。因此每生产 1t 棕榈油就会产生 2.5t 棕榈油工程废水。当然可以通过严格的管理、优化工艺等来减少废水量。

灭菌冷凝水与分离器淤渣打入油池先进行油脂回收，然后再混合进行污水处理。水力旋流器分离的水因残油少可直接送往污水处理厂。最终的混合废水被称为棕榈油工业废水。

从油池回收的残油质量很差，装桶后作为工业油脂出售，用于非食用油。将低质油脂与正常的油脂混合是不可取的，由于这种行为将影响正常生产油的油品。

(2)棕榈油工程废水特性　新鲜棕榈油工程废水是浓稠的胶质状液体，里面含有水分、油及小悬浮颗粒，温度较高（80～90℃），酸性（pH4～5），有机物质含量高。有机物含量可通过生化耗氧量表示（BOD_3，样品在30℃时放置3d）（表8.24）。由生化耗氧量值可知，棕榈油工程废水的污染程度是生活污水的100倍。棕榈油工程废水中还有较多悬浮颗粒，这些物质主要是果中的含油纤维质。由于榨油过程中没有添加任何化学试剂，因此，棕榈油工程废水也是无毒的。灭菌冷凝水、水力旋流器分离水的有关特性见表8.24。

表8.24　棕榈油工程废水的特性[25]

指标*	灭菌冷凝水	离心分离淤渣	水力旋流器洗涤水	棕榈油工程废水
pH	5.0	4.5	300	4.7
油脂	4000	7000	300	6000
BOD	23000	29000	5000	22000
COD	47000	64000	15000	61000
SS	5000	23000	7100	13000
DS	34000	22000	100	21000
TN	500	1200	100	800
AN	20	40		35

注：*除pH外，其余均以mg/L为单位。BOD—生化耗氧量；COD—化学耗氧量；SS—固体悬浮颗粒；DS—溶解颗粒；TN—总氮含量；AN—氨氮。

除此之外，棕榈油工程废水中金属元素的含量也很高，可以回收用作其它重要用途，如农用肥料。部分金属元素含量见表8.25。

表8.25　棕榈油工程废水中金属元素含量[26]

金属	含量/（mg/L）	金属	含量/（mg/L）
P	180	B	7.6
K	2 270	Fe	46.5
Mg	615	Mn	1.98
Ca	439	Cu	0.89
C	25 440	Zn	2.30

(3)棕榈油工程废水处理技术　棕榈油的生产过程中需要耗用大量的水，因此棕油厂一般建在靠近河流的地方以利于供水。棕榈油工程废水中有机物含量很高（高生化耗氧

量），如果直接排入下水道，棕榈油工程废水很快就会生物氧化而导致水中氧气大量消耗，最终使水中生物因缺氧而死亡，从而使周围环境恶化。因此不论从社会方面还是伦理方面，工业界有义务减少棕榈油工程废水对环境的影响。

减少棕榈油厂污水污染的方法有多种，大致可分为完全处理棕榈油工程废水及以经济利益为目的的系统利用棕榈油工程废水两种。处理方法的选择主要取决于当地环境状况。

高含量有机物的棕榈油工程废水可以使用生物降解进行处理，生物降解是减轻棕榈油工程废水中有机物质污染的最有效方法。所谓污水生化处理，是指在污水中添加大量微生物，这些微生物能够把废水中的物质作为营养基质，从而净化水体的生物化学过程。污水泵入生化反应池后与一定密度的微生物接触，污水中的污染物被降解，直至达到允许范围以内。

微生物生存需要消耗氧气。因此必须在水中通入氧气以增加水中溶氧量。污水生物处理系统常包括以下几个过程：厌氧过程、需氧过程，或需氧厌氧共存过程以达到预期处理效果。厌氧处理过程会产生生物气体（含甲烷60%～70%、二氧化碳30%～40%、少量硫化氢）和生物固体。需氧过程主要产生二氧化碳和一些生物固体，这些生物固体需要单独处理。

图8.8、图8.9、图8.10均作为现已定型的三种最常用并且有效的处理方法。过去十年的实践证明，如果按照设计操作并且合理保养设备，那么经过这些处理系统处理的棕榈油厂废水完全可以符合当地污水排放标准，见表8.26。

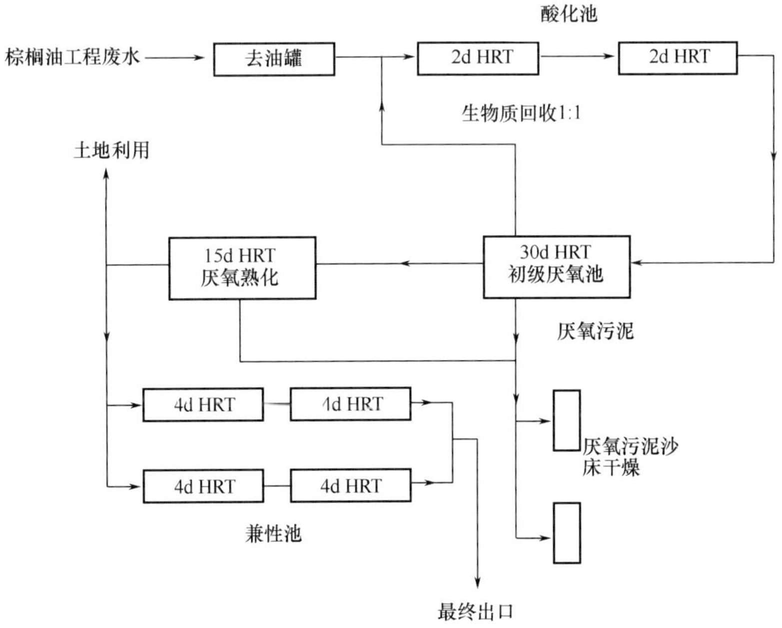

图8.8 蓄池污水处理系统流程图[28]

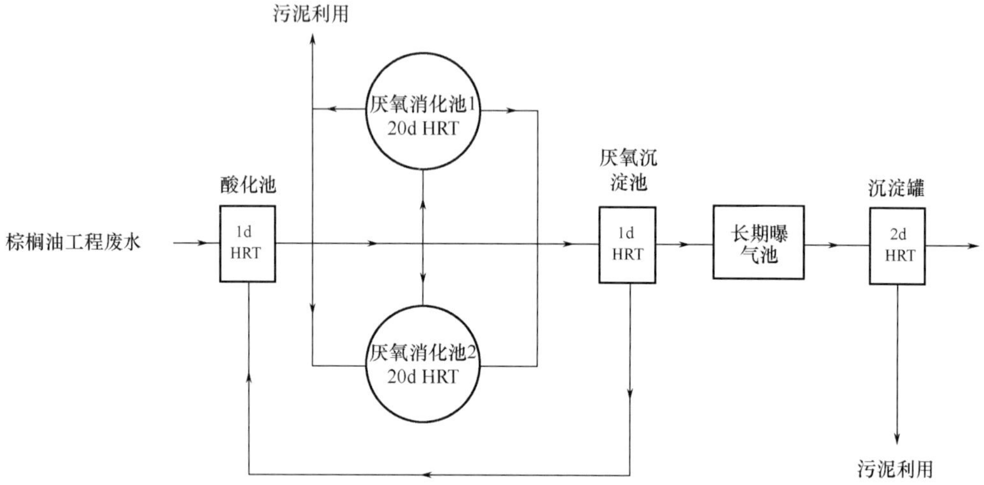

图 8.9 敞口式清化器及持续通氧系统流程示意图[29]

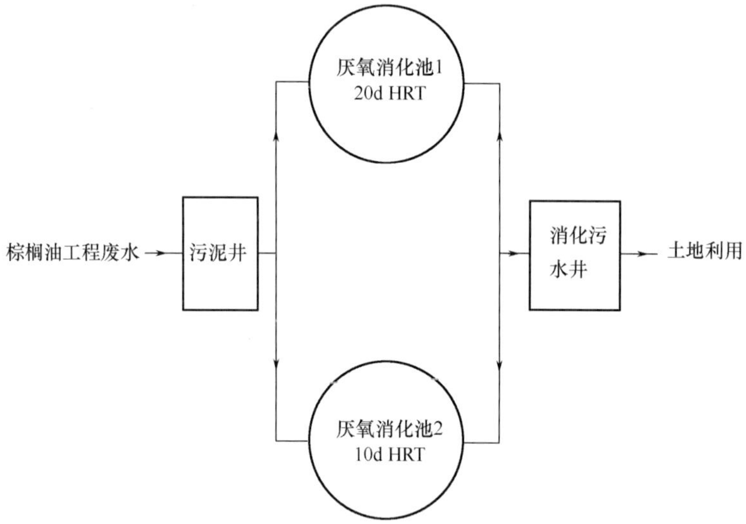

图 8.10 封闭式厌氧消化及淤泥利用系统流程图[30]

表 8.26 马来西亚棕榈油厂污水排放标准

指标①	POME	PORM 和 OIE 排放标准	
		A	B
温度/℃	45	40	40
pH	5.0~9.0	6.0~9.0	5.5~9.0
BOD_3/（mg/L）（30℃、3d）	100	20	50
COD/（mg/L）②	—	250	250

续表

指标①	POME	PORM 和 OIE 排放标准	
		A	B
SS/（mg/L）	400	50	100
O&G/（mg/L）	50	—	—
AN/（mg/L）	150	—	—
TN/（mg/L）	200	—	—

注：①BOD_3—生化耗氧量；COD—化学耗氧量；SS—固体悬浮颗粒；O&G—油脂；AN—氨氮；TN—总氮含量。
②未公报：POME—棕榈油厂废水；PORM—棕榈油精炼污水；OIE—油化工业污水。A、B 标准视地区情况而定。

(4)蓄池污水处理系统　这是目前马来西亚用得最多的棕榈油厂污水处理系统。假如棕榈油厂能获得廉价的合适的场地，这种处理系统最为经济实惠。蓄池污水处理系统需要占用大量的土地，其设计及形状有多种多样，图 8.8 所示为马来西亚一个典型的污水处理系统，它由多个蓄池组成。这些蓄池各有不同的功能，经过这个系统处理的污水，其生化耗氧量值可小于 100mg/L。因此这是一个可靠、稳定且处理能力强的污水处理系统。

厌氧池一般深 5～7m，兼性厌氧池一般深 1～1.5m。在去油罐、酸化池、厌氧池和兼性池的液体停留时间（HRT）分别为 1、4、45d 和 16d。

蓄池污水处理系统通常处理速率较低，一般每天处理出有机物 0.2～0.35kg/（BOD·m^3）。因蓄池大小及结构等原因，有效控制及监测这些蓄池有一定难度。除此之外，蓄池混合的效果差，厌氧过程中，唯一具有混合的效应是气体聚集产生的冒泡现象。各组分的混合是不充分的，且生物气从池底上升过程中往往会把悬浮颗粒带出水面。

因此，在厌氧池中经常可以看到漂浮的固形物，这会造成蓄池产生死角或短路，从而降低系统的处理效率。显然，要使整个系统运行良好，就需要增加劳动力及由此带来的费用。需要说明的是厌氧池中尽量不要带入油脂，以免油脂与上浮的固体相互凝结形成黏块而难以去除。此外尽量使浮渣不要过于聚集，以确保系统处理效果。

由于生物气体所引起的物质混合不充分，在厌氧池底固体物质形成堆积，这样就给棕榈油厂带来了另一个麻烦，因为过量的固体物质在蓄池底部堆积时，会引起污水处理能力，而且经常会缩短液体停留时间，进而影响处理效果。

基于以上原因，建议企业定期地清除池底污泥，泥浆泵可用于此项作业。厌氧池旁还需建造一个干燥床，这样可以对定期清除出来的污泥进行干燥。干燥后的污泥肥效高，是良好的农田肥料。

(5)敞口式消化器及持续通氧系统　在这个系统中，经过除油处理的棕榈油工程废水被泵入一个两相的厌氧消化池，然后进入持续的需厌氧反应池，这些反应池均是敞口的，且无搅拌装置。图8.9是这个系统的流程图，在这个系统中，酸化过程、厌氧反应过程和需氧反应过程的液体停留时间分别为1、20、20d。厌氧消化罐每天除去有机物质的量为0.8~1.0kg/（BOD·m^3）[27]。

与蓄池处理系统相同的是：生物气体通过冒泡的方式所产生的混合效果很有限，因此系统中也面临着固体在消化罐底沉积的问题。为了保持有效液体停留时间，固体需定期从罐底取出，这项工作可以由污泥泵轻松完成，这些固体废物可以作为房屋的土地加以利用。

与蓄池处理系统相同的是：混合产生的生物气体很有限，因此系统中也面临着固体在消化罐底沉积的问题。为了保持有效液体停留时间，固体需定期从罐底取出，这项工作可以由污泥泵轻松完成，污泥则可用作肥料。

与蓄池处理相比，消化罐中渣和固体的堆积易于监管和控制。

鼓风机用于耗氧池，以通入空气或氧气，在需氧处理系统中，确保通入足够的氧气以使微生物充分发挥作用是非常重要的。

(6)封闭消化回收气体及淤泥利用系统　如图8.10所示，这种处理系统是一种传统的高效处理系统，每立方米每天可除去挥发性物质4.8kg。消化罐中液体停留时间大约10d，温度控制在42~50℃。压缩生物气体通过喷嘴和通气管使污水循环并混合均匀。生物气体从喷嘴喷出，在通气管内形成大气泡由底部向上浮动，液体则从通气管底部通入，由罐上部排出。这样形成有效循环而使各组分混合均匀，因而固体物质不会在消化罐底部形成沉积。

在此系统中，处理后的消化液运往附近种植园作为肥料，其生化耗氧量值约为2000mg/L[31]。棕榈油工程废水用于农田已有了多种方法。此过程中产生的生物气体可以收集起来，供加热和发电用，多余气则燃烧掉。计算标准如下：除去1kg挥发性物质会产生0.59m^3生物气体，那么对每天生产20h、每小时处理60t新鲜油棕果的棕榈油厂而言，将生成20000m^3的生物气体，其中包括65%的甲烷、35%的二氧化碳，小于2000mg/dm^3的硫化氢气体，混合气的燃烧热为22.2MJ/m^3，这些气体可用作工厂加热和发电的原料，从而节省能源开支[31,32]。

8.3.8 油棕副产品

除了生产棕榈毛油（CPO）和棕榈仁油（PKO）外，棕榈油工业也产生大量的生物质副产品。这些副产品的组成是纤维物质及天然有机物，富含植物营养成分，通过适当的加工处理，可利用这些副产品得到有附加值的产品。

(1)生物质生产及可获得性　棕榈油工业产生的生物质主要有两个来源：种植园和棕榈油厂。图8.11所示为种植园每公顷产生生物质的估算图。以1年计，从棕榈树枝修剪到果实收获，其间每公顷将会产生0.4t棕榈枝叶；进一步来说，在棕榈树的经济产果年（约25年）每公顷产生14.4t的棕榈枝叶以及74.4t棕榈枝干。鲜果束加工以后，产生约20%的毛棕榈油、1.6%的棕榈仁油、留下78.4%的生物质，其中包括棕榈仁粕。

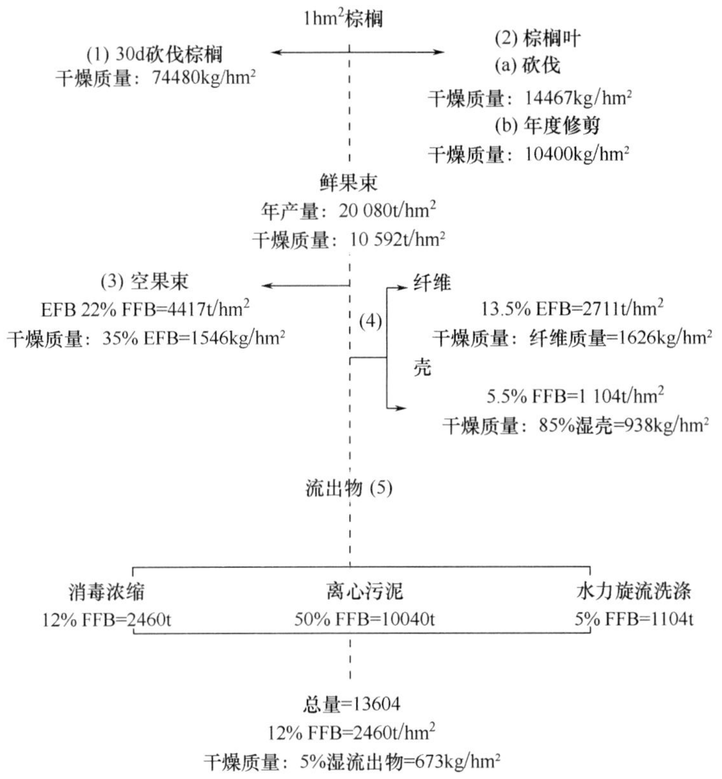

图8.11　油棕废料产生过程图[33]

从图8.11看出，处理$1hm^2$鲜果束每年可得以下产品：约1.5t空果束、1.6t压榨纤维、0.9t棕榈仁壳、2.4t灭菌浓缩液和0.7t干燥污泥。

(2)副产品的应用（棕榈树干及树叶的应用）　按传统做法，修剪下来的枝叶置于棕榈树行沟中，可作覆盖物。一方面这些枝叶可保持土壤中的水分，防止泥土表面受到冲积；另一方面，这些枝叶腐烂后将成为土壤的有机肥料（表8.27）。

在棕榈树的更植期间，棕榈树干和树叶被专用破碎机破碎，然后播散在农田里，使其分解成有机物，释放植物营养物。农田里还可以放置一些小树干，减少泥土冲蚀。

表 8.27 每公顷油棕废料中 N、P、K、Mg 和 Ca 含量[33]

油棕组织及其干重		质量/（kg/hm^2）				
		N	P	K	Mg	Ca
砍伐树干 75.460kg/hm^2	368.2	35.5	527.4	88.3	146.4	
棕榈叶						
	落叶	114.0	7.5	109.4	8.4	7.1
（1）自然掉落 14.467kg/hm^2	花轴	36.1/-150.1	6.4/13.9	84.5/193.9	15.6/24.0	28.6/35.7
	落叶	819	5.4	78.7	6.0	5.1
（2）每年修剪 10400kg/hm^2	花轴	26.0/107.9	4.6/10.0	60.7/139.4	11.2/17.2	20.5/25.6
空果枝 1.546kg/hm^2		5.4	0.4	35.3	2.7	2.3
纤维 1626ka/hm^2		5.2	1.3	7.6	2.0	1.8
核壳 938kg/hm^2		3.0	0.1	0.8	0.2	0.2
废水 13604kg/hm^2	原废水	12.9	2.1	26.6	4.7	5.4
	处理过	4.4	0.9	20.7	3.9	3.1

(3)空果束、纤维质、果核壳的应用　过去，棕榈油厂出厂的空果枝多数被烧成灰烬。这些灰中富含钾，可作为钾肥施于农田，但其具有强碱性（pH = 12），因此使用时应限量。空果枝的燃烧会带来环境污染问题，故环保部门建议不要采用这种处理方法。

此外，空果束非常适合用于油棕覆盖物。空果束富含纤维，水分含量也很高（约60%）。实验表明，把空果束撒在油棕的树行沟中可以促进油棕树的生长，并且还可以增加产量；空果枝经分解后成为有利于农作物吸收的有机肥料。

把油棕纤维及核壳用于油棕树育苗遮盖物，可以保持土壤中的水分，以减少肥料流失，促进青苗生长。

(4)棕榈油工程废水利用　棕榈加工厂产生的废水中含有大量的有机物，尽管无毒但都是潜在的污染源，没经过处理的污水，其生化耗氧量和化学耗氧量值都很高，且含有大量植物营养素，其中氮、钾元素的含量尤其高，经过处理后，得到各种类型的棕榈油工程废水。棕榈油工程废水的化学组成见表 8.28。

棕榈油工程废水被视为有机肥的一个重要来源，且产量很大（表 8.29）。棕榈油工程废水的施用量主要取决于农作物对营养物质的需求量。棕榈油工程废水的施用不会对环境造成任何不利的影响。有人对棕榈油工程废水提高农作物产量做过研究，结果发现目前所应用的几种方法是行之有效的。

表 8.28 各种棕榈油工程废水及其化学组成[34~36]

棕榈油工程废水类型	生化耗氧量	总量			
		N	P	K	Mg
未经处理	25000	948	154	1958	345
处理后（厌氧处理）					
带搅拌器	1300	900	120	1800	300
上层	450	450	70	1200	280
上层 +10% 污泥	191	320	42	1495	258
底部污泥	1000 ~ 3000	3552	1180	2387	1509
处理后（耗氧处理）					
上层	100	52	12	2300	539
底部淤泥	150 ~ 300	1495	461	2378	1004

表 8.29 每小时处理 10 ~60t 新鲜油棕果油厂每年排放的废水量

每年总量/t	生产能力/（t 新鲜油棕果/h）				
	10	20	30	40	60
新鲜油棕果处理总量（每小时处理量×16h ×300d）	48000	96000	144000	192000	288000
废水量（新鲜油棕果×0.67%）	32160	64320	96480	128640	192960

(5)油棕副产品为潜在能源　棕榈油厂会带来大量的加工副产品，其中来源于棕榈毛油及棕榈仁处理过程的仅是一部分。 就新鲜油棕果来说，其棕榈果肉含量 20%、棕榈仁 6% ~ 7%、纤维 14% ~15%、核壳 6% ~7%、空枝 23%。 各部分生物质的燃烧热见表 8.30。

表 8.30 生物质燃烧热[37]

生物质	含水量/%	含油量/%	燃烧热（干）/（MJ/kg）
空果枝	65	5	15.5
纤维	42	5	18.5
核壳	7	1	20.7

(6)纤维及壳的利用　棕榈油厂把纤维及壳用作锅炉的燃料生产蒸汽，这些蒸汽可用于发电以及棕榈油及棕榈仁的加工过程。 单以纤维及壳为发电原料，其提供的电容量远远超过了棕榈油厂的能源消耗量。 据估计，处理 1t 新鲜油棕果消耗的电能约为 20kW · h（规模大的油厂要低些）。

(7)空果束利用　除了纤维及壳外，空果束也是可转化为能源的原料之一，然而空果束的应用有一定的限制。 一方面，纤维及壳的使用已提供了充足的能源；另一方面，空果束具有本身的物理性质，以及含水量高（50%～65%）的特点，若要使用空果束，就需要对新鲜油棕果进行预处理使其变成小块和降低水分含量（<50%），这样才能便于燃烧[37,38]。

（8）生物气体利用　生物气体来源于棕榈油工程废水的厌氧处理过程中，它含有65%的甲烷（CH_4）、35%的二氧化碳（CO_2）以及微量的硫化氢，生物气体的燃烧热为19.8～25.7MJ/N·m^3（标准情况时体积）。每处理1m^3棕榈油工程废水就有28m^3的生物气体产生。若用这些气体发电，1m^3气体可产生1.8kW·h电量。

8.4 精炼和分提

8.4.1 物理和化学精炼

从棕榈果中制取毛棕榈油的过程中会带入一些其他组分及杂质。其量虽少但品种较多，主要包括：纤维素、水分、不溶物、游离脂肪酸、磷脂、微量金属、氧化产物和异味物质等。因此在棕榈油用于直接消费或用作食品配料之前常需要精炼成不具刺激性气味且稳定的精炼油，不过在非洲棕榈毛油也常常消费。

精炼棕榈油的方法有两种：一种是物理精炼；另一种是化学精炼。它们的主要区别在于去除棕榈油中游离脂肪酸的方法不同。如今物理精炼已成为一种主流精炼工艺，因为其具有经济、高效、简便且废水易于处理等优点[39]。从产品角度而言，两种工艺均可生产高质量的脱胶、脱色、脱臭精炼棕榈油，质量及稳定性均可达到食用要求[40]。物理精炼和化学精炼的工艺流程图见图8.12，所去除的组分见表8.31。

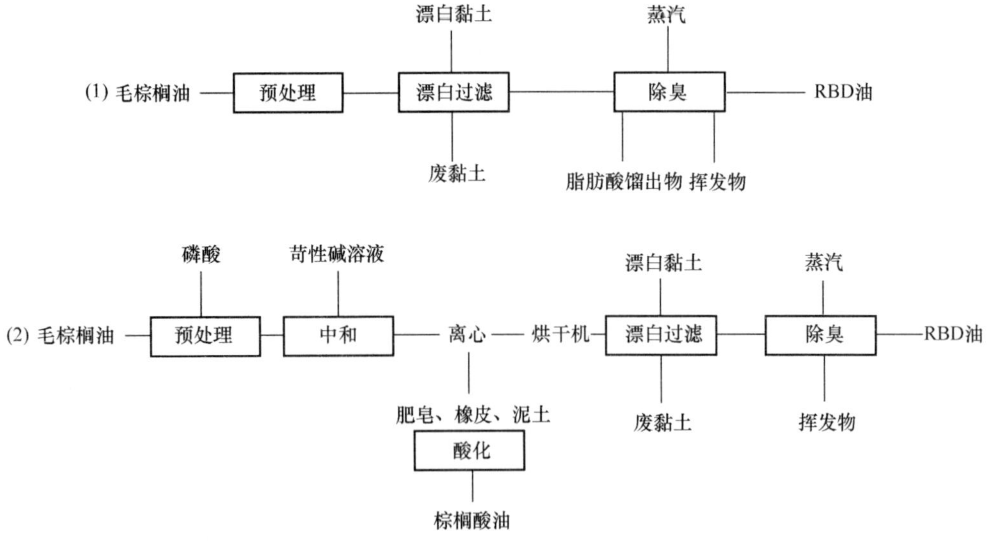

图8.12　毛棕榈油物理精炼及化学精炼流程图

表8.31 毛棕榈油精炼过程中各操作单元

操作单元	去除、减少的重要杂质
脱胶	磷脂，微量金属，色素
碱炼	脂肪酸，磷脂，色素，油不溶物，水溶物
洗涤	皂
干燥	水分
脱色	色素，氧化产物，微量金属，残皂
过滤	废白土
脱臭	脂肪酸，甘油一酯，甘油二酯，氧化产物，色素降解产物
物理精炼	脂肪酸，甘油一酯，甘油二酯，氧化产物，色素降解产物
抛光过滤	微量油不溶物

(1)物理精炼　早在1973年[41]，棕榈油的精炼工艺就采用了物理精炼。物理精炼的主要特点是：棕榈油在一个不锈钢脱臭塔中一步完成脱酸和脱臭，但同时也破坏了类胡萝卜素。物理精炼是一个连续工艺过程。其可分为两个部分：预处理及蒸汽蒸馏[42]。

①预处理：预处理是指在毛油中加入浓磷酸脱除胶质，再用脱色白土进行吸附去杂的过程。磷酸（质量分数80%～85%）一般添加量为毛油质量的0.05%～0.2%。油脂在90～110℃条件下停留15～30min后泵入脱色罐，同时加入白土（白土与油混合均匀，以液状加入），白土添加量为0.8%～2.0%不等，这主要取决于毛油的质量。

加入磷酸是使油中非水化磷脂凝结析出，添加白土主要有以下四点作用：吸附杂质，如微量金属、水分、油不溶物、部分类胡萝卜素以及其他色素[43]；降低氧化物的量；吸附经磷酸沉淀后的磷脂；去除脱胶后油中过量的磷酸。预处理后最终的产品颜色不是那么重要，因为白土不仅是作为一种去除颜色的脱色剂，更是一种吸附净化剂[44]。尽管如此，在脱色阶段完全去除油脂中残留的磷酸是非常关键的，否则残留的磷酸会使游离脂肪酸含量上升，同时也会最终影响到RBD油的色泽[39,42,45]。为了防止这种现象的发生，建议在脱色白土中混入适量的碳酸钙再加入脱色罐，以达到中和残留磷酸的目的[46]。

脱色的工艺条件：绝对压2.67～3.33kPa，温度95～110℃，停留时间30～45min。含油和漂土的浆通过过滤得到透明、淡橙色的预处理油。常用少量硅藻土预涂过滤机叶片以改善过滤性能。为保证质量，过滤油再通过袋式系列过滤器精制以除去第一次过滤留下的漂土粒，这是很有必要的，因为在预处理油中若有废漂土粒存在会降低成品RBD油的氧化稳定性[46]。废漂土一般含有20%～40%的油，这是精炼过程油脂损失的主要去处。

预处理过程可以采用间歇式、半连续式或连续式装置，过滤机可以是板式或柜式压滤机或带有立式不锈钢滤板的立式或卧式压滤机。

②脱臭：棕榈油预处理后，就可进行脱酸、脱臭。首先对预处理油进行脱气，然后通过热交换器将油温升至240～270℃，最后泵入脱臭塔，脱臭塔的残压一般控制在2～5mmHg。过去热交换的加热介质一般是导热油，为了避免精炼油中混入导热油，现在普遍采用过热蒸汽作为热介质，这在新建的工厂中尤为普遍。脱臭温度应尽量控制在270℃以下，以减少中性油及维生素E的损失。温度若过高，棕榈油易异构化或发生有害的热化学反应[48]。在适宜的温度及蒸汽的翻动下，棕榈油中的游离脂肪酸与易挥发性臭味物质及氧化物一道蒸馏出脱臭塔。这些氧化物主要是醛、酮类物质，如果不把它们脱除干净，就会给精炼棕榈油带来不良风味。同时，残余类胡萝卜素在脱臭塔中也会发生热分解（图8.13）。精炼使得棕榈油变得颜色更浅和无刺激性气味。为了减少能量的损耗，精炼的脱臭油和下一批预处理的油进行热交换，最终精炼油温降至120～150℃，再经冷却水冷却至55～65℃进行储存。如有必要，还可在精炼油中添加适量抗氧化剂及棕榈酸以防止氧化。

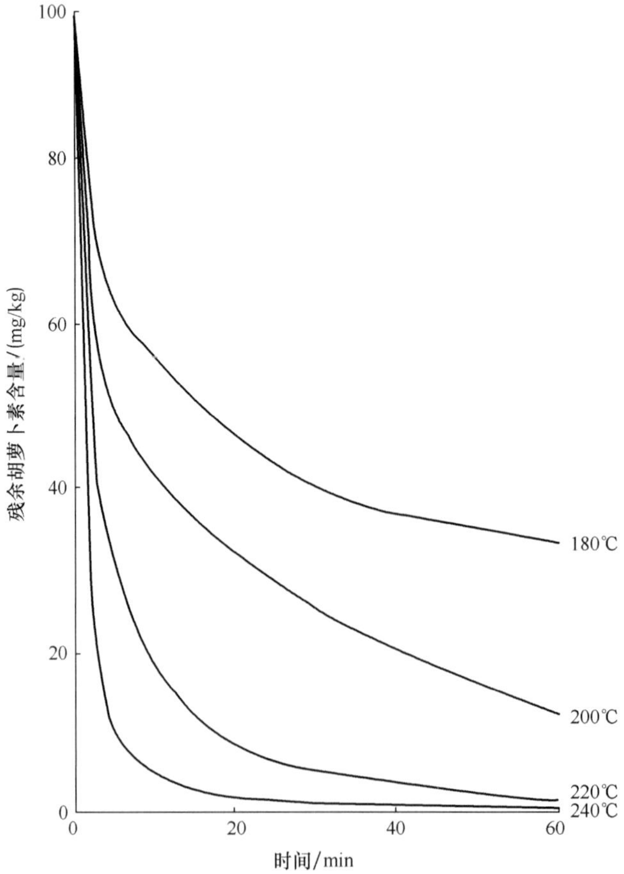

图8.13 β－胡萝卜素的热破坏作用[49]

预处理油及精炼油的应达到的质量标准见表8.32[46,50]。

表8.32 预处理及精炼棕榈油的质量指标

参数	预处理棕榈油（脱胶/脱色）	精炼脱色脱臭棕榈油
游离脂肪酸（以$C_{16:0}$计）/%	与毛油相同	≤0.1
过氧化值/（meq O_2/kg）	0	0
水分及杂质最大量/（wt%）	0.1	0.1
铁含量/（mg/kg）	0.12	0.12
铜含量/（mg/kg）	0.05	0.05
磷含量/（mg/kg）	4	4
罗维朋色泽（13.325cm 槽）	—	3.0R

③棕榈油脱臭的发展：在通过热蒸汽、高温及高真空的脱臭塔内时，脱臭油与蒸汽进行物质及能量的交换。早期（1985年前）的脱臭塔设计中采用泡罩或筛板塔以便蒸汽与油流形成逆流。随着技术的进步，许多工厂已改用填料或降膜脱臭塔[51~53]。这些塔可以减少压降，增大油膜与蒸汽之间接触面积，从而提高了传质效率。新脱臭塔的优点是吸热，脱臭速率得以加快，产量得以增加，同时减少了中性油的损失及蒸汽的消耗量[54]。

(2)化学精炼 化学精炼也称为碱炼，化学精炼包括三个单元：脱胶和脱酸；脱色、过滤；脱臭。

①脱胶和脱酸：首先加热毛油至80~90℃，加入质量分数80%~85%的磷酸，添加量占毛油总量的0.05%~0.2%。添加磷酸主要使棕榈毛油中的磷脂凝结（脱胶），脱胶油接下来加入碱液，浓度约4mol/L（或20Bé），碱过量约20%（基于毛油酸值）。碱与游离脂肪酸反应生成钠皂，随后用离心机去除，离心机的轻相主要是中性油，其中含有500~1000mg/kg的皂和水分；重相主要是皂、不溶性杂质、胶质、磷脂、过量碱及少量乳化油。由于过量碱的存在，中性油的皂化不可避免，从而带来少量的中性油损失。

碱炼后的棕榈油（NPO）接着加10%~20%的热水洗涤以除去其中残皂，再经离心分离、水洗，油真空干燥后水分含量低于0.05%。

②脱色和过滤：化学精炼和物理精炼的脱色过程基本相同，唯一不同的是，在化学精炼中白土还可去除棕榈油中的微量皂。

③脱臭：化学精炼和物理精炼的脱臭过程大致相同，棕榈油的脱臭温度为240~260℃，绝对压2~5mm Hg，直接蒸汽翻动。在这种条件下，残留脂肪酸、易挥发性物质及其臭味物质一并被除去，类胡萝卜素也受到热破坏而被去除，如图8.13所示。中和脱色脱

臭油（NBD）冷却至60℃后通过袋式过滤器过滤，最后泵入储罐储存，产品及成品油品质控制指标见表8.33。

表8.33 化学精炼中间产物及成品油的质量指标[48,50]

参数	脱酸棕榈油	脱酸、脱色棕榈油	脱酸、脱色、脱臭棕榈油
游离脂肪酸（以 $C_{16:0}$计）/%	0.15	0.15	0.10
过氧化值/（meq O_2/kg）	—	0	0
水分及杂质最大量/（wt%）	0.1	0.1	0.1
铁含量/（mg/kg）	—	0.15	0.12
铜含量/（mg/kg）	—	0.06	0.05
磷含量/（mg/kg）	—	4	4
皂含量/（mg/kg）	20	0	0

④精炼参数：精炼效率由精炼指数（RF）来估算。

$$RF = \frac{油损失/\%}{毛油中游离脂肪酸含量/\%}$$

上面两个参数值都需要对毛油中水分及不溶杂质进行校正。碱精炼中有时会用到酸油指数（AOF）。

$$AOF = \frac{酸油含量/\%}{游离脂肪酸含量/\%}$$

酸油指数主要用来检测碱炼过程中中性油的损失。化学精炼油的酸油指数值范围在1.5~2.0，而物理精炼油的酸油指数值要低些，为1.2~1.4。

⑤其他棕榈油产品的精制：除了毛棕榈油外，还有毛棕榈液油、毛棕榈硬脂、毛棕榈仁硬脂都可用物理精炼或化学精炼进行精制。毛棕榈液油和毛硬脂的精炼过程与毛棕榈油的精炼过程相同，而在精炼棕榈仁油的过程中由于不存在类胡萝卜素，脱色工段所需的白土量少，常常低于1%。另外，出于其中含有短碳链（C_8~C_{14}）的脂肪酸，脱臭温度也只需230~250℃。经物理精炼或化学精炼的棕榈仁油（RBD/NBD）各项指标见表8.34。

表8.34 RBD/NBD 棕榈仁油的质量指标

参数	值	参数	值
游离脂肪酸（以 $C_{12:0}$计）/%	0.05	铁含量/（mg/kg）	0.5
水分及杂质最大量/%	0.1	铜含量/（mg/kg）	0.1
罗维明色泽（13.335cm 槽）	1.5R	磷含量/（mg/kg）	1.0

(3)副产品

①化学精炼副产品：油经过碱炼会产生皂脚，皂脚用稀硫酸（pH2.0~3.5）在110~

130℃条件下处理30min，加热水洗涤，离心分离水后，得到的副产品称为棕榈酸油。它的主要成分包括：游离脂肪酸、中性油、部分甘油酯（甘油一酯、甘油二酯），当然其中还有一些不皂化物。棕榈酸油是从毛棕榈油或液油及硬脂化学精炼后的皂脚中获得的，其特性见表8.35[55]。

表8.35 马来西亚棕榈酸油的性质

参数	范围	平均值
游离脂肪酸（以$C_{16:0}$计）/%	66.9～88.7	72.8
水分含量/%	0.10～0.68	0.28
碘值（韦氏法）/（g I/100g）	41.8～64.4	53.2
滴度/℃	38.8～47.1	44.6
不皂化物含量/%	0.4～1.95	0.79
脂肪酸组成/%		
$C_{12:0}$	0.1～0.5	0.1
$C_{14:0}$	1.0～1.6	1.2
$C_{16:0}$	31.8～56.0	47.1
$C_{18:0}$	4.1～5.2	4.6
$C_{18:1}$	29.9～48.9	36.3
$C_{18:2}$	6.3～12.0	9.6
$C_{18:3}$	0.3～0.8	0.7

②物理精炼副产品：物理精炼产生的副产品主要是蒸馏棕榈酸（PFAD），它由脱臭馏出物冷凝而成。脂肪酸含量为80%～90%，蒸馏棕榈酸是制皂、饲料配料及油脂化工使用的原料。蒸馏棕榈酸的另一个重要且有价值的组分是维生素E，它以生育酚及生育三烯酚的形式存在[56]。马来西亚棕榈研究所（PORIM）已经建立了一套具有经济效益的维生素E（从蒸馏棕榈酸中）回收方法[57]。蒸馏棕榈酸的特性见表8.36。

表8.36 棕榈油物理精炼馏出物特性[55]

参数	棕榈油蒸馏棕榈酸		棕榈液油蒸馏棕榈酸		棕榈硬脂蒸馏棕榈酸	
	范围	均值	范围	均值	范围	均值
游离脂肪酸（以$C_{16:0}$计）/%	72.3～89.4	83.3	71.8～98.6	85.5	77.7～89.5	85.9
水分含量/%	0.03～0.15	0.08	0.03～0.12	0.07	0.04～0.16	0.09
碘值（韦氏法）/（g I/100g）	51.2～57.4	55.3	45.6～59.1	57.4	44.3～52.6	44.8
滴度/℃	40.7～49.0	46.3	36.9～47.8	45.5	44.3～52.6	49.8
不皂化物含量/%	1.5～3.4	2.5	1.6～3.7	2.3	1.3～2.5	1.9

续表

参数	棕榈油蒸馏棕榈酸		棕榈液油蒸馏棕榈酸		棕榈硬脂蒸馏棕榈酸	
	范围	均值	范围	均值	范围	均值
脂肪酸组成/%						
$C_{12:0}$	0.1~0.3	0.2	0.01~0.6	0.2	0.1~0.3	0.1
$C_{14:0}$	0.9~1.5	1.2	0.3~1.5	1.2	1.2~1.6	1.3
$C_{16:0}$	42.9~51.0	47.1	39.1~49.0	44.1	47.6~61.3	57.0
$C_{18:0}$	4.1~4.9	4.5	3.8~5.1	4.5	4.2~5.4	5.1
$C_{18:1}$	32.8~39.8	36.6	29.3~42.6	39.0	25.2~36.3	29.0
$C_{18:2}$	8.6~11.3	9.6	7.1~12.8	10.2	6.0~7.4	6.8
$C_{18:3}$	0.2~0.6	0.5	0.3~0.9	0.5	0.2~0.5	0.4

8.4.2 分提

棕榈油甘油三酯中的脂肪酸碳链长度各异，同时不饱和程度也不尽相同，这就使得棕榈油含有相当数量的低熔点及高熔点甘油三酯。通过控制棕榈油的冷却结晶过程并进行分离，把棕榈油分成低熔点液相（液油）及高熔点固相（硬脂）。影响棕榈油结晶工艺的因素有油脂的组成、同质多晶体和冷却条件等[58,59]。

(1)油脂组成 棕榈油中含有4%~8%的甘油二酯，它会与甘油三酯形成共晶混合物，从而降低固相含量，且导致油脂结晶速率减慢。棕榈油中甘油一酯的含量不到1%，因此它对棕榈油结晶过程没有明显的影响。

(2)同质多晶体 棕榈油的甘油三酯存在同质多晶现象，故其有不同形式的结晶形态，即α型、β'型和β型，这些晶型的稳定性及熔点依次递增。在将棕榈油冷却时，首先得到的是α型晶体，然后依次转化为β'型、β型晶体。为了能得到良好的分离效果，结晶过程中希望能得到β'型晶体，因为β'型晶体具有晶体大而且硬的特点，有利于后续的过滤分离。

(3)冷却速率 冷却速率会影响到晶核的形成及晶体的成长。当温度足够低（32~36℃）时，饱和的甘油酯就会产生结晶。这些晶体成为低熔点甘油酯进一步结晶的晶核，进而形成大晶体。缓慢的冷却速率和适当的搅拌速率是获得理想晶体的必要条件。

(4)工艺概述 有3种商业化的棕榈油分提方法：干法、表面活性剂法和溶剂法。

(5)干法分提 这种方法通常是一个半连续过程。适用于碱炼棕榈油、碱炼及脱色棕榈油或全精炼棕榈油，且不需要添加任何化学试剂。为了引导结晶过程以一种可控制的方式进行，油温首先必须保持在70℃左右，以破坏所有已存在的晶体。在搅拌和循环水冷却状态下，通过设定油与冷却水间的温差和冷却时间控制结晶过程，使形成的晶体慢慢成长。当达到要求温度时（取决于希望得到的液油质量，一般为20℃），停止冷却，将形成的大晶团过滤分离。目前工业上使用的过滤系统有以下几种：转鼓式过滤器、不锈钢带式佛罗伦萨过滤器和“薄膜式”过滤器。在近10年中，“薄膜式”过滤器得到了广泛的应用。因为“薄膜式”过滤器与佛罗伦萨过滤器及转鼓式过滤器相比，所分提出的液油得率较高（70%～75%），且硬脂的硬度也较大，而其他两种过滤器所分离的软脂得率仅为65%[60]。

（6）表面活性剂法分提　就像大家所熟悉的Lanza和Liprofrac工艺一样，表面活性剂法分提适用于毛棕榈油。毛棕榈油在结晶器中冷却，首先是高熔点的甘油酯结晶。当温度达到20℃左右，将含有0.5%的十二烷基硫酸钠和硫酸镁电解质的溶液与晶团混合，硬脂晶体被溶液润湿后进入悬浊液的水相。离心后液油作为轻相分离，而硬脂仍留在水相中。随后用热水清洗软脂以除去残留的表面活性剂溶液，并在储存前进行真空干燥，将水相加热到95～100℃。破乳回收硬脂之后，同样用热水洗净，真空干燥后储存。这种工艺的液油得率为80%。

（7）溶剂法分提　这种方法最为昂贵，主要因为溶剂损耗、溶剂回收装置、低温要求和较高的安全要求。该工艺涉及使用溶剂（例如己烷和丙酮）。油脂先被溶解于溶剂中，再冷却至期望的温度，得到较为理想的晶体。如果所要求的温度很低，则采用盐水冷却。含有部分晶体的油脂和溶剂的混合油通过真空过滤进入转鼓过滤器中，液油和硬脂各自分离后，再经蒸馏去除溶剂以达到分提的目的。液油得率约为80%。为了得到附加值更高的产品，例如类可可脂或其他的专用油脂，溶剂分提法是目前唯一可行的方法。

（8）二次分提　二次分提主要应用于要求碘值大于60g I/100g的棕榈液油或棕榈油中间馏分（PMF）的生产，它含有较高比例的二棕榈酸油酸甘油酯，可用来生产棕榈基类可可脂[60,61]。通常，第一步结晶分离出的软脂要经过循环重新冷却、结晶、过滤；第二步得到的硬脂就称为棕榈油中间馏分。这两步结晶的专业且熟练的控制是获得理想产品的关键。

（9）棕榈仁油的分提　与棕榈油一样，棕榈仁油同样可以通过干法、表面活性剂法和溶剂法分提[62]，它们的分提原理十分相似，但操作条件都有很大差异，这主要因为两者之间的甘油三酯组成和结晶行为差异很大。在干法分提中，棕榈仁液油和硬脂的分离是通过高压下的液压工艺来完成的。在这种情况下，棕榈仁硬脂是优质产品，它是生产月桂酸基代可可脂的重要原料。根据工艺不同，其得率一般在25%～40%。

8.4.3　质量保证

（1）总论　一般来说，棕榈油是最稳定的植物油之一，这可归因于棕榈油中存在的天然抗氧化剂，且饱和脂肪酸和不饱和脂肪酸的比例较为平衡。但是，不管是毛棕榈油还是精炼棕榈油，质量都仍易变差。因此，为了保证精炼棕榈油的质量，严格控制质量是很有必要的。

(2)质量环节 棕榈油的加工过程从鲜果束的收获开始，由鲜果束到毛棕榈油，毛棕榈油再送往精炼厂加工成各种规格的精炼产品，然后输送入大罐中以供出口。因此在加工过程中出现任何一点质量问题都会影响到之后的工序，从一开始加工就必须保证产品质量。棕榈油的两个主要质量问题是水解导致脂肪酸的形成和氧化（导致棕榈油酸败）。

(3)水解 水分、热和植物组织中内源性解脂酶的存在均会导致棕榈油发生水解[63,64]。若原料果实处于破损状态，或在鲜果束的运输过程中，或成品油长期储于较为恶劣的环境中，都会加速棕榈油的水解。在储存过程中，水解主要是由于发生了自动催化的化学反应[65]。不希望在毛油中出现游离脂肪酸，因为若毛棕榈油中游离脂肪酸的含量较高，则：①由于脂肪酸馏出物副产品的损失较高而降低精炼棕榈油的产量；②降低精炼能力；③毛油难于脱色，成品油稳定性较差。游离脂肪酸含量较高的毛棕榈油中也含有为数较多的偏甘油酯，尤其是甘油二酯。甘油二酯和甘油三酯的可逆反应常会导致易溶物的形成，使分提时晶形变差；过滤时液油和硬脂不易分离，以及软脂产品的冷稳定性变差[66,67]。

(4)氧化 油脂的氧化一般是由于长期暴露于空气中所引起的。由于棕榈油中多不饱和脂肪酸的含量较少，因此它比含多不饱和脂肪酸较多的植物油脂的抗氧化稳定性稍好。但是由于微量金属（如铁和铜）的存在，会使油酸和亚油酸的双键发生过度氧化反应，导致油脂变质。众所周知，氧化程度较高的油脂其被脱色能力较差，且需要添加较多的脱色白土和更苛刻的精炼条件，且最后棕榈油产品的稳定性也会较差[44,45,68]。

(5)种植园和炼油厂的质量保证措施 要获得优质的精炼棕榈油，前提是要使用优质的毛棕榈油作为原料。优质的毛棕榈油的标准是：

游离脂肪酸含量低；

氧化程度低；

容易脱色；

金属及不溶性杂质含量低；

水分含量为0.15%~0.20%；

杜比值（DOBI）较高。

杜比值是指446nm未校正吸收峰值对269nm未校正吸收峰值的比率，通常将它作为一个质量参数来区别好毛棕榈油和差毛棕榈油被精炼的难易程度。若脱色性恶化指数大于3时，容易精炼；2.4~2.9时一般；小于2.3时，不容易精炼[45,69]。

在棕榈油工业中，常说“好的质量来自田间，而不是工厂。”这句话明确地强调了种植园保证果束良好收割规范的重要性。合理的采收方法是在综合了油的产量、质量及采收成本之后得到的。决定棕榈油质量的田间因素包括果实的成熟程度和损伤程度、采收和灭菌的时间间隔和鲜果束被沙子、灰土或石头污染的程度等[70]。表8.37提供的数据表明了从新鲜的、未破损的果实中浸出的油与正常的商品指标相比，具有很低的游离脂肪酸和氧化程度[50]，工厂采取的预防毛棕榈油水解、氧化和污染的措施概括如下：

①鲜果束处理：尽可能小的破损和尽可能快的灭菌（<24h）；

②灭菌：最佳条件，避免过热，不要混入锅炉的冷凝水；

③除杂：使用密封系统，清除水和杂质；

④干燥：储存前将水分降低至0.17%～0.2%。

表8.37 毛棕榈油的质量

组分	成熟、新鲜、未被损的果实	PO平均值
甘油三酯含量/%	98	<98
甘油二酯含量/%	2～3	4～8
甘油一酯含量/%	0.1	0.2
游离脂肪酸含量/（%，以$C_{16:0}$计）	0.1	3.5（最大为5）
磷脂含量/（mg/kg）	2～3	20～30
生育酚含量/（mg/kg）	800	600～800
胡萝卜素含量/（mg/kg）	550	550
总氧化值	1	>5
铁含量/（mg/kg）	0.1～0.3	5～10
铜含量/（mg/kg）	0.01	0.05

(6)毛棕榈油的加工　加工毛棕榈油的主要目的是得到多种产品，如RBD棕榈油、RBD棕榈液油或RBD棕榈硬脂，以满足不同用户的需要。在棕榈产品的加工厂中，必须要有可行且高效的质量保证程序，包括以下监测手段：

①原料：每次运输都应仔细进行检查，以确保油品质符合规范要求，运输过程中隔离污染。优质的原料是以得到优质产品为前提条件的。

②加工过程中的物料：重要质量参数的常规分析可以作为判断产品是否达到理想工艺效果的依据。加强实验室和生产人员的联系，对于确保质量保证程序的顺利实施是非常重要的。

③成品：必须对成品油作常规的检测，以确保成品油在储存或船运前有较好的质量。

④过程控制：一定要坚持采用最适宜的加工条件（加工助剂的用量，温度，压力/真空度，流速等），以确保正确加工油脂，且副反应被控制到最低程度。为了评估工艺效率，

必须要检测白土和皂脚（仅仅用于碱炼的工艺中）中的含油量。

8.4.4 棕榈油精炼厂的污水处理

棕榈油精炼时的精炼工艺不同（化学或物理精炼，不同的分提工艺等等），工艺控制不同，车间管理不同，产生污水的性质也不同。由于很难总结出污水的共性，因此在污水系统的选择上完全取决于污水的流量和特性等。

在最近20年中，精炼生产者更致力于减少污水量和其他形式的污染。一般通过以下三种途径：

①将化学精炼改为物理精炼；

②提高自动化程度，严格控制生产过程，防止油脂泄漏，降低油脂损耗；

③采用能耗低、耗水量少的新设备。

在欧洲和美国的食用油脂精炼工业中，通常采用两种较为便利的污水处理方法。一种是在工厂的精炼车间旁建一个污水处理系统，污水被处理到可排放的程度后直接排放到河道或其他公共水域中去；另一种方法是将未处理的或经部分处理的污水直接排放到下水道中，由当地政府部门集中统一处理[71~73]。第二种方法一般被称为“集中处理”。为了能满足通用的设备，工业上进行集中处理时，必须对污水进行控制或进行不同程度的预处理。

采用集中处理的主要原因是它比另外处理方案耗资少。其他处理费用由使用者和处理系统的受益者共同承担。集中处理的另一个重要优点：能最大程度地减小污水处理设备所占用的空间。这种空间的节省在拥挤的工业区显得尤为重要。显然，由于污水集中处理系统是由全职且受过良好专业培训的人员来操作，因此，污水处理的效率会更高。不难看出，在任何商业活动中，污水处理总是企业最不看重的问题。工厂一般不愿意把钱用于污水控制设备的投资。因此，如果能够得到所需的设施，那么集中处理是最经济实用的污水处理方案。

处理方法如下：

①油脂的回收：油脂回收系统的选择主要取决于自身情况。典型的回收过程是：预处理的第一步是使用物理方法回收游离的油脂。物理分离时最常用的设备是油脂捕集器、斜板分离器和溶解空气浮选单元。此外，离心机和电子浮选系统也偶尔使用[73]。

②pH控制和化学处理：必须调整pH以为后续的污水处理做准备，尤其是生物处理。化学处理涉及到促凝剂和絮凝剂的使用，如三氯化铁、硫酸铝、熟石灰和聚电解质等。它们能在浮选和沉淀分离过程之前降低总脂肪物质的含量。若要得到最佳的处理结果，一般要进行pH的调整。化学处理一般适用于处理化学精炼后产生的废水。

③需氧处理过程：食用油脂精炼后排出的废水一般可以用生物处理方法。其中包括需氧处理和厌氧处理[74,75]。活性污泥和曝气池处理污水在食用油脂工业中得到了较好的应用[71,73,76]。图 8.14 所示为典型的活性污泥处理污水的具体流程。

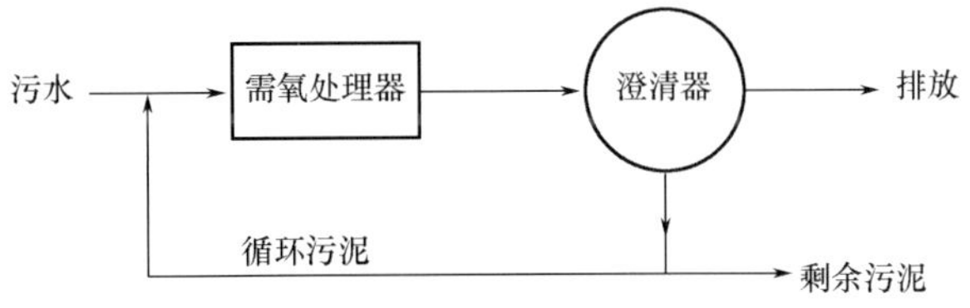

图 8.14 传统的完全混合工艺流程

在美国，曝气池的应用非常广泛[73]，与活性污泥处理法相比，其主要的缺点是需要较大的土地面积，且水滞留时间较长（5～20d）。由于曝气池中混合悬浮固体（MLSS）的浓度较低，因此处理污水的时间较长，而且混合悬浮固体自排放到曝气池后就不再循环使用。而另一方面，活性污泥在处理污水时，其混合悬浮固体能在不断循环中始终保持着适宜的质量浓度，这就是活性污泥处理法的一个重要特点。依照工艺的需要，混合悬浮固体的质量浓度通常在 2000～5000mg/L 内变动，活性污泥处理法的处理时间非常短，一般 1d 以内。

食用油脂精炼后的污水在需氧生物发酵时会出现缺氮的情况。因此，经常要补充氮源以保证生物发酵所需要的营养。一般来说，生物处理需要 BOD：N = 100：5 的比例。在污水中，磷含量一般是充足的，这是因为在精炼过程中加入了磷酸，BOD：P = 100：1 的比例对于生物处理已经足够了。

总脂肪类物质（TFM）会降低污水处理效果。因此，应在预处理时（物理化学）尽可能将总脂肪类物质去除。总脂肪类物质是增大生化耗氧量值的一个重要因素。

另一个重要的影响处理效果的设计因素是有机物处理率。一般来讲，当有机物处理率小于 0.15kg BOD/（kg・d）（混合悬浮固体）时能提高处理效率。在良好的维护和操作条件下排放水的生化耗氧量值和悬浮固体（SS）质量浓度可分别达到 20mg/L 和 30mg/L。

一般化学精炼厂所采用的污水处理系统包括调整 pH 的平衡罐、化学和物理处理设备（凝结、絮凝及空气浮选）工艺及活性污泥处理工艺[40]。在处理活性污泥污水的工厂中，所遇到的最主要的操作问题是处理率的波动（包括水和有机物）和必须由技术人员监测和监督的封闭系统。在目前的工厂中，这两点都有所欠缺，因此实际的污水处理很少达到预期的效果。

目前，有关棕榈油精炼厂污水处理的资料还很少。Osenga[41]介绍了一种工艺，包括用一台叉式流动阻止器和空气浮选单元以分离油脂、进行物理与化学处理。用这种方法，能除去活性污泥工艺在间歇性处理污水时残留的凝状物。同样，这一工艺也需要严格的管理，以将污水处理效率提高到理想的水平。Chin 和 Wong[74] 试图用传统的活性污泥工艺处理棕榈油精炼污水，但收效甚微。处理后的污水色泽仍很深，达到 800 Hazen 单位。

④序次批式反应器（sequencing batch reactor）——棕榈油精炼污水处理新工艺：早在 20 世纪 70 年代，另外一种称为序次批式反应器（SBR）进行需氧处理污水的工艺已应用于多类污水处理中，与老式的填充和排放（间歇）系统相类似，基本上，序次批式反应器的操作模式有 5 种，包括填充、反应、沉降、抽出和排空五个步骤。

上述五个步骤在一个反应罐中进行，取代了原先使用两个反应罐的 AS 处理工艺（图 8.15）。自从有了可靠又廉价的生产过程控制器后，操作就简化了。这种处理方法对多种类型的污水处理均很有效。

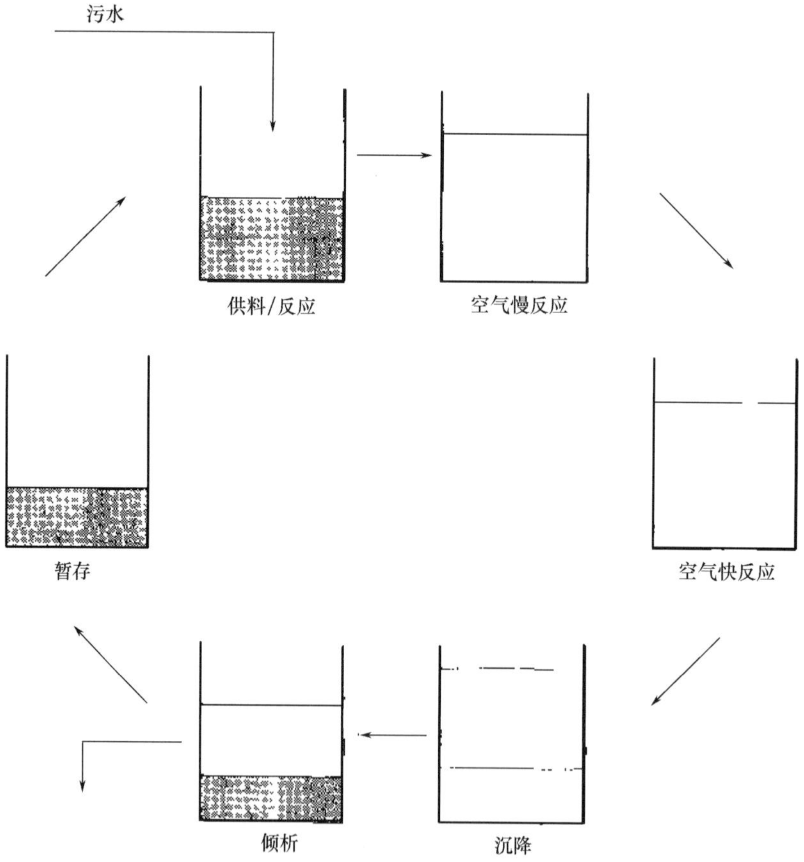

图 8.15 序次批式反应器循环图（SBR）

Arora 等[77] 报道序次批式反应器工艺比传统的 AS 工艺具有更多的优点。例如：沉降均匀彻底、操作简单、布局合理且成本（投资和运行成本）低。Irvine 等[78~80]、Palis、Irvine[81]和 Melcer 等[82]已经使用序次批式反应器处理来自小区的污水。结果发现，该方法能有效地除去生化耗氧量和氮。Lo 等[83,84]和 Ng 等[85]分别成功地在实验室内小规模地用序次批式反应器工艺处理了牛乳房污水和养猪场污水。

a. 序次批式反应器工厂特点。序次批式反应器工厂工艺流程如图 8.16 所示。该工艺包括一个储存罐和两个反应罐。废水由大气冷凝器的循环水、冷却水、冲地水和清洗水组成，集中在废水坑中回收油脂。在用离心泵抽废水入反应罐之前，如有需要则在储罐中进行 pH 及营养调整。空气则是通过安装在反应罐底部的锥形扩散器由压缩机泵送入罐的，并通过阀门排放处理过的废水。在整个过程中，每步反应的时间都是预先设定的。所有的操作，包括泵和压缩机的开、关，排放阀门的开启等都由一个微处理顺序控制器控制。如图 8.16 所示。整个系统可以根据位置按照操作要求改变。

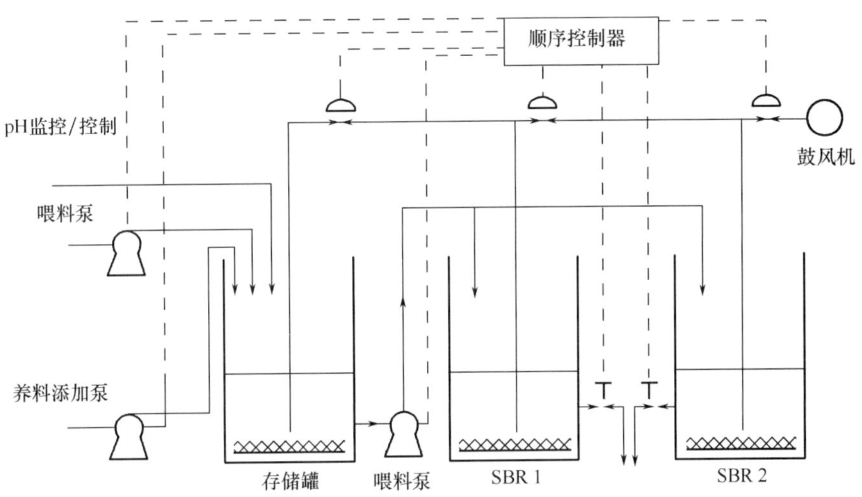

图 8.16 序次批式反应器生产性工艺（SBR）

b. 棕榈油精炼污水的性质。表 8.38 所示为典型的棕榈油物理精炼产生的污水的性质。污水有呈现轻微的乳白色，弱酸性。可以看出，污水性质的变化范围较宽。营养成分的含量（氮和磷）按 BOD：N：P＝100：5：1 的比例对于生物处理而言就已足够了。悬浮固体和脂肪类物质的含量较低，其来源主要是灰尘和水洗与泄漏的油脂。

c. 工艺性能。序次批式反应器工艺性能如图 8.17 所示。从图中可以看出，用序次批式反应器方法，即使进料的化学耗氧量保持较大幅度的波动，也可以达到稳定一致的处理效果。当进料的化学耗氧量值的波动范围为 240～1000mg/L 时，通过序次批式反应器处理后，最后排放的水有较高的纯度。其中化学耗氧量值和悬浮固体值可以同时低于 100mg/L 和 50mg/L。当化学耗氧量值低于 250mg/L 时，生化耗氧量值一般也低于 50mg/L。

表 8.38 棕榈油精炼污水的性质（物理精炼和干法分提）

参数*	范围	平均值	参数*	范围	平均值
温度/℃	30 ~ 45	35	SS	50 ~ 100	80
pH	3.8 ~ 7.0	5.3	TN	0 ~ 20	10
BOD	50 ~ 1500	530	P	1.0 ~ 10	4
COD	150 ~ 3000	900	O&G	25 ~ 600	200
TS	100 ~ 2000	580			

注：* 除温度和 pH 外，所有参数的单位为 mg/L；BOD—生物需氧量；COD—化学需氧量；TS—总固形物；SS—悬浮颗粒；TN—总氮；P—磷；O&G—油和脂。

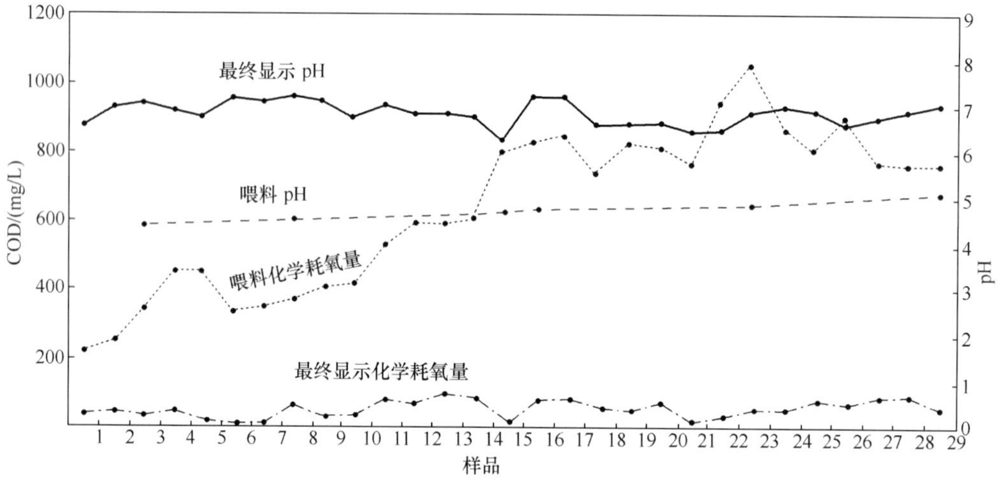

图 8.17 序次批式反应器的性能

这种污水处理方法对污泥的沉降性能非常好。混合悬浮固体可在 30min 内得到沉降（图 8.18）。污泥中污泥容积指数（SVI）小于 50mL/g。对污泥的可行性随机检查显示，

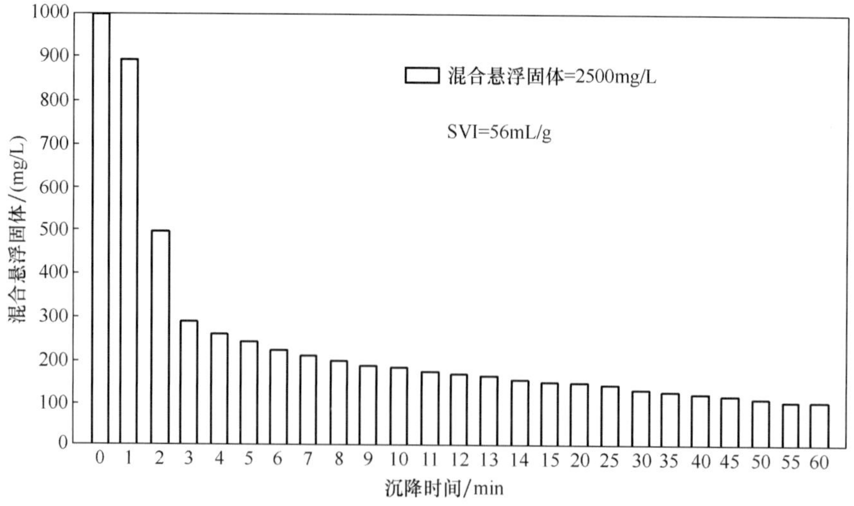

图 8.18 混合悬浮固体的沉降性质

混合悬浮固体中含有80%的有机物和活性污泥混合液中的挥发性悬浮固体物（MLVSS）。

8.5 产品用途

棕榈油可以食用，也可作其他用途（图8.19）。90%的棕榈油及其产品以食用为目的。目前棕榈油在世界范围内被广泛地应用于食品制造和加工行业中。还有10%的棕榈油及其产品不用于食用，而主要用于制皂和油脂化工产品的生产。

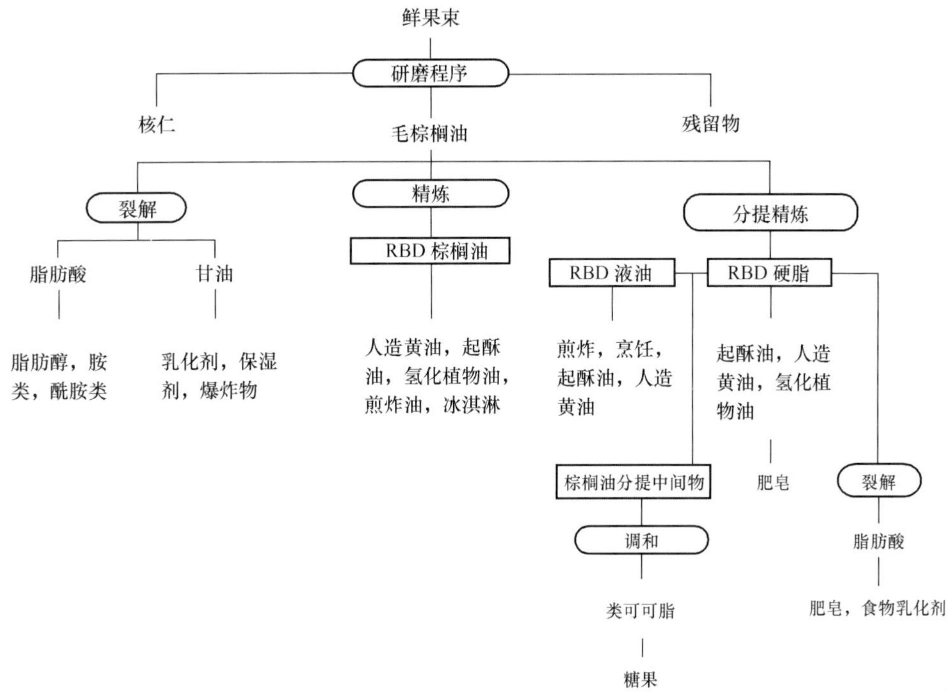

图8.19 棕榈油利用图

8.5.1 食品应用

棕榈油在食品中的应用可以追溯到5000年前。不管是生产食用性或是非食用性的棕榈油，它都必须经过精炼。然而，在非洲的某些村庄中，人们还和以前一样用未经精炼的棕榈油进行烹调。棕榈油一般被制成起酥油、人造奶油、氢化棕榈油、煎炸油脂和专用油脂用于食品行业中。

(1)起酥油　在20℃时，棕榈油中含有22%～25%的固脂，它是起酥油配方中的一个重要组分。起酥油和人造奶油不同，人造奶油是由80%的油和20%的水乳化而成的，而起酥油则是纯（100%）油脂。

起酥油有很多种，每一种都有其特殊的应用。也有适用于多种食品的通用起酥油，它可用于烹调、煎炸和焙烤食品。如蛋糕、饼干、夹心饼干、小甜饼和面包的生产[86,87]。

其他和焙烤食品相关的有奶油填充剂和糖衣。起酥油的一个重要功能是有填充气和持气功能，不管是将它加入到蛋糕中还是与糖一道做成冰淇淋[87,88]，它具有的这种持气功能会使蛋糕形成多孔性结构，从而增加冰淇淋或焙烤蛋糕的体积，进一步影响蛋糕等食品的质构，使各种焙烤食品变得松软。具有上述功能的起酥油必须具有稳定的β'晶型。β'晶型指的是极小的油脂晶体，它对起酥油形成爽滑的质构及在冰淇淋加工过程中结合较多的气泡等都是非常重要的。从这一点来看，用棕榈油来生产起酥油有其优点，因为它是以β'晶型存在的[87,89]。

在以棕榈油为基础混合其他植物油做起酥油的一些配方研究中，Idris 等[88]指出，高棕榈酸含量有利于提高脂糖混合物的持气效果。他们的研究结果也显示了用棕榈硬脂－棉籽油（3∶2）制得的起酥油对生产充气奶油填充剂是最好的。表 8.39 列出了一些以棕榈油为基础生产的起酥油的焙烤产品性能。棕榈油和低芥酸菜籽油的混合物是生产蛋糕最经济实用且效果良好的油脂。如果要生产同时适用于冰淇淋填充剂和焙烤食品的油脂，则酯交换后的棕榈液油是很适宜的原料[88]。

表 8.39 棕榈油和其他植物油配制的起酥油的烘焙特性[88]

起酥油组成	比蛋糕体积（实验值/空白值×100%）/%
18% 氢化棕榈油（MP41.5℃）	95
42% 棕榈硬脂（IV44）	
40% 大豆油	
18% 氢化棕榈油（MP41.5℃）	90
42% 棕榈硬脂（IV44）	
40% 棉籽油	
18% 氢化棕榈油（MP41.5℃）	101
42% 棕榈硬脂（IV44）	
40% 低芥酸菜籽油（LEAR）	
50% 棕榈硬脂（IV44）	96
50% 大豆油	
50% 棕榈硬脂（IV44）	96
50% 棉籽油	
50% 棕榈硬脂（IV44）	101
50% 低芥酸菜籽油（LEAR）	
60% 棕榈硬脂（IV44）	96

续表

起酥油组成	比蛋糕体积（实验值/空白值×100%）/%
40%大豆油	
60%棕榈硬脂（IV44）	95
40%棉籽油	
50%棕榈硬脂（IV44）	97
50%低芥酸菜籽油	
100%酯交换棕榈液油	99

可以将棕榈油和乳脂混合起来用于饼干起酥油的制作，或者可以在棕榈起酥油中加入二酰类风味剂，使起酥油具有乳脂的味道[90]。Idris 等[90]指出，用棕榈油和乳脂制得的起酥油生产的饼干，其口味与用 100% 乳脂制得的饼干没有显著的差异。而在另一研究中，Idris 等[91]报道了用乳脂、氢化棕榈油和酯交换棕榈油做起酥油生产小甜饼的质构特性。基于氢化棕榈油的起酥油其固脂含量较高，稠度大，用这种起酥油制成的面团的硬度和脆饼的硬度相同。

(2)人造奶油　人造奶油是一种由水和油脂组成的乳化物。虽然最初发展人造奶油的目的是仿造奶油，但如今已形成了相当多的产品，主要有：桶装餐用奶油；块状餐用奶油；涂抹/蛋糕用人造奶油；适于热带气候的人造奶油；松饼人造奶油。

还有一种低热量的涂抹脂，其物理特性和人造奶油非常相似，只是水分含量更高。人造奶油的物理性质主要取决于油脂的种类。不同的产品物理性质也不同。桶装人造奶油柔软，从冰箱中拿出来后就可以直接用于涂抹；而小包装的餐用人造奶油稍硬，在室温下才可以涂抹。蛋糕或奶油用人造奶油的硬度略高于餐用人造奶油。为了使终端产品成片状质地，松饼人造奶油就需趋于另一极端，即很硬。棕榈液油适用于生产液态人造奶油，而棕榈硬脂或硬化棕榈油适用于生产固体人造奶油[92]。Ward[93]曾建议在以卡拉诺拉油为基础配方的人造奶油中加入至少 10% 的棕榈油，还发现棕榈油或棕榈油产品是生产松饼人造奶油所需的很好配料[94]。

(3)植物酥油　植物酥油即 Vanaspati，是印度、巴基斯坦、埃及、沙特阿拉伯、伊拉克和伊朗等国家的主要商品。在印度和巴基斯坦，消费者喜欢砂粒状质构产品，而在伊拉克和伊朗，人们则喜欢滑爽质地的产品。Kheiri[95]曾报道指出，印度生产的植物酥油中含有 5%～20% 的棕榈油，而巴基斯坦的植物酥油产品中棕榈油含量则超过 50%[95]。

(4)煎炸油　棕榈油最广泛的使用是用作煎炸油，它具有以下优点：良好的气味，较好的抗氧化性，不易与酸质聚合，脂肪酸组成合理（50% 的不饱和脂肪酸，无反式酸）。大量的研究报道显示，与其他煎炸油相比，棕榈油产品是最受欢迎的（表8.40）。棕榈油产品之所以具有良好的煎炸特性是由于其不饱和度适中，不含亚麻酸而含有生育酚，而生育酚（380～890mg/kg）是一种高效的天然抗氧化剂[100]，因此在煎炸方便面生产中，棕榈油非常适用[101]。

表8.40 关于棕榈煎炸油出版著作总结

作者	国籍	结论
Von Zeddelman 和 Wurziger[96]	德国	硬化花生油和棕榈油产品最好
Faur[97]	法国	对餐饮业而言，棕榈液油和棕榈油最好
Toregard 和 Eriksson[98]	瑞士	棕榈油和棕榈液油比氢化大豆油好
Herendi 和 Bethke[99]	德国	棕榈液油和花生油效果一样

棕榈油的液体部分——棕榈液油同样广泛地应用于煎炸。实际上，在马来西亚，棕榈液油已成为大多数家庭使用的主要烹调油。在分提过程中，棕榈液油富集生育酚，因此精炼后的棕榈液油中生育酚含量达500～600mg/kg。由于棕榈液油的煎炸寿命较长，且能抑制起泡和聚合，因此，用棕榈液油作煎炸油要比玉米油和大豆油更好[102]。在其他有关煎炸的著作中，Augustine等[103]针对油脂的氧化稳定性，将棕榈液油、氢化大豆油、氢化葵花籽油和氢化棉籽油作了比较，结果发现，棕榈液油未经氢化就可直接用来煎炸食品。这一特点是棕榈液油的一大优势。

8.5.2 专用油脂

棕榈油和棕榈仁油都是生产专用油脂的理想原料。专用油脂特别适用于糖果，特别是巧克力的生产。根据专用油脂的化学组成将其分成三类：对称型；月桂型；高反式型。

(1)对称型 专用油脂主要含SOS型甘油三酯。可可脂中主要的甘油三酯是POSt、StOSt和POP型。这三种形态的甘油三酯占了总量的75%，常将它们总称为对称型或SOS型甘油三酯。溶剂法分提棕榈油[104]（图8.20）得到高POP甘油三酯含量的中间馏分，而StOSt和POSt较少。再加入雾冰草油（或婆罗洲牛脂）补充StOSt和POSt的含量。因此，用雾冰草油与棕榈油分提中间馏分配制的产品，其物化特性就与可可脂非常接近。

对称型专用油脂的化学组分和可可脂非常相似，它们能以任意比例互溶。因此对称型油脂通常被称为“类可可脂（CBE）”[105]。一些国家的法律规定，将巧克力中15%的可可脂用对称型油脂来代替，所得的产品仍称为“巧克力”。这种巧克力的质地和风味都和真正的可可脂非常相似。

(2)月桂型 这类专用油脂主要用含月桂酸和十四烷酸的油脂加工而成。最简单的月桂型油脂是硬化棕榈仁油中熔点范围为32～41℃的组分。用棕榈仁油也可以分提得到硬脂

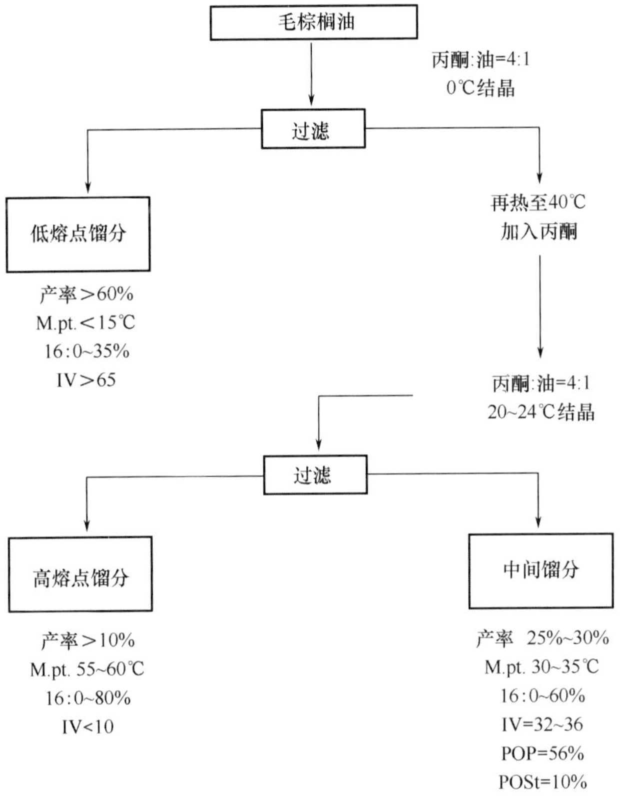

图 8.20　棕榈油的丙酮分提流程

产品，它比硬化棕榈仁油具有更好的熔融性质。棕榈仁硬脂的物理性质类似于可可脂，因此它被称为“代可可脂（CBS）”或硬脂。实际使用时一般要将它氢化，以进一步改善其熔化特征。

氢化棕榈仁油或棕榈液油经常用于生产廉价的糖脂，以完全替代或部分替代价格昂贵的乳脂。氢化棕榈仁油也是一种较好的“通用型涂抹脂”。

(3)高反式型　这种专用油脂由液体油通过选择性氢化和分提后制得。将大豆油和棕榈液油混合后氢化或单独将棕榈液油氢化，就可得到这一类型的专用油脂。它们和可可脂的共熔性质要比月桂型可可脂更好，因此有时被称为“替可可脂（CBR）”。

8.5.3 棕榈油在食品行业中的最新应用

棕榈油在食品行业中的最新应用是将它用于乳状食品、粉末状食品或方便食品中。过去的传统是用乳脂生产冰淇淋，但如今，棕榈油和棕榈仁油已替代乳脂，棕榈油同样也能够替代乳脂用于牛乳，其产品名为“换脂牛乳”。

棕榈油的广泛应用是因为它比其他油脂更经济，且简单易得。另外，它比乳脂的氧化稳定性更好。将脱脂乳粉和精炼棕榈油混合，得到炼乳。

棕榈油的另一个用途是用于婴儿食品的配方中。目前已经发现，将低熔点的液油与其他植物油混合，得到的油脂适合生产婴儿食品。低熔点的液油一般含有10%～15%的棕榈酸，它位于甘油三酯的2位上，这一结构特点使其产品很容易被婴儿消化[106]。

除上述用途外，棕榈油和棕榈仁油还在其他很多产品中使用。包括汤料、蛋糕、甜品、鱼肉泥、沙丁、烤豆、谷物早餐、虾面粉、花生油和饮料等，棕榈油也可作为粉末油用于饼干的生产中。

8.5.4 棕榈油在食品行业中的应用前景

棕榈油在未来的食品行业中的一个重要用途是生产用于烹调的精炼红棕榈油。精炼红棕榈油富含维生素E和β－胡萝卜素，具有很高的营养价值。Nor Aini[107]指出，像诸如辣椒和咖喱调料与红棕榈油混匀调制的产品，其烹饪的菜肴色香味俱佳。精炼红棕榈油的使用或许能够减少人们因缺少维生素A而引起的疾病，而维生素A不足恰恰是许多国家存在的问题。

棕榈油另一个潜在的用途是将高碘值的RBD棕榈液油用于生产色拉油。棕榈液油和其他植物油脂混合生产色拉油[108,109]。RBD棕榈油另一潜在市场为生产烤肉专用油，它具有良好的稳定性和风味，适用于生产烤肉专用油。这种油既可作为调味品载体，又可以防止烤肉风干，从而使食物保持味美多汁。棕榈油的用途多种多样，几乎可以适用于任何一种食品。

8.5.5 非食品应用

棕榈油、棕榈仁油及其产品在非食品中的应用可以简单地分为两种，直接用油制得的产品和通过油化路线得到的产品（图8.21）。

8.5.5.1 直接路线

(1)皂　在皂化工艺中，当温度达到80～100℃时加入苛性钠，使之与油脂发生皂化反应，生成皂。许多世纪以来，都将它作为皮肤清洁剂和洗涤剂。尽管现在家庭几乎不用这种皂来洗衣，但仍是洗手间清洁剂的主要品种。1990年，肥皂在世界范围内的消耗量为890万吨，而且预计以每季度2.2%的速率增长，比世界人口的增长率略高[110]。发展中国家肥皂的消耗量预计略高于发达国家的消耗量。

肥皂中含有C_{16}～C_{18}和C_{12}～C_{14}脂肪酸很重要，因为它们能提供所需要的性能如清洁性、可溶性和起泡性。以前，这些脂肪酸的主要来源是牛羊油和椰子油。比较棕榈油、棕榈硬脂、牛油、棕榈仁油、棕榈仁液油和椰子油中的脂肪酸组成发现（表8.41），前三种油中富含C_{16}～C_{18}的脂肪酸，而棕榈仁油和椰子油中富含C_{12}～C_{14}的脂肪酸。然而对于棕

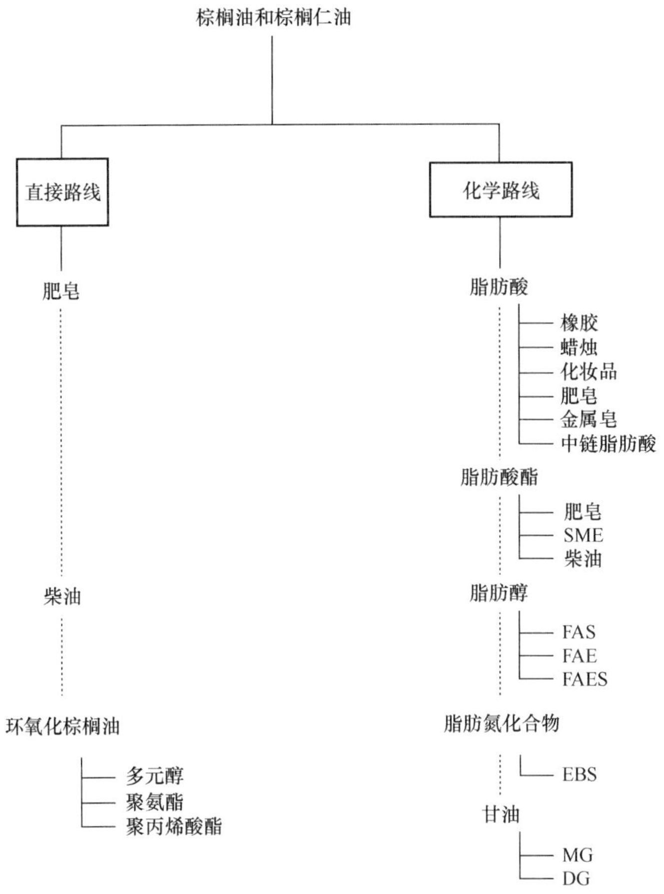

图 8.21 棕榈油和棕榈仁油在非食品行业中的用途

榈油产品而言，要想在肥皂原料市场占有一席之地，除了让制皂商相信它的价格很有竞争力外，还必须在质量上不比用牛油和椰子油生产的肥皂差。

表 8.41 部分油脂/脂肪的脂肪酸组成 单位：%

脂肪酸	棕榈油	棕榈硬脂	牛油	棕榈仁油	棕榈仁液油	椰子油	棕榈液油	大豆油
C_6	—	—	—	0.3	0.4	0.2	—	—
C_8	—	—	—	4.1	5.4	8.0	—	—
C_{10}	—	—	—	3.7	3.9	7.0	—	—
C_{12}	0.2	0.3	—	48.3	41.5	48.2	0.2	—
C_{14}	1.1	1.3	2.5	15.6	11.8	18.0	1.0	—
C_{16}	44.0	55.0	26.6	7.8	8.4	8.5	39.8	6.5
C_{18}	4.5	5.1	21.8	2.0	2.4	2.3	4.4	4.2
$C_{18:1}$	39.2	29.5	42.8	15.1	22.8	5.7	42.5	28.0

续表

脂肪酸	棕榈油	棕榈硬脂	牛油	棕榈仁油	棕榈仁液油	椰子油	棕榈液油	大豆油
$C_{18:2}$	10.1	7.4	2.3	2.7	3.3	2.1	11.2	52.6
其他	0.8	0.7	4.0	0.1	0.1	—	0.9	8.0
IV	53.3	35.5	35～48	17.8	25.5	9.5	58.4	133
SAP. V	196	199	195	245	—	256	198	192

分提棕榈油和棕榈仁油（PKO），会相应地得到棕榈硬脂（POs）和棕榈仁液油（PKOo）以及棕榈液油（POo）和棕榈仁硬脂（PKOs）。POo 和 PKOs 在食品中可特殊应用，具有较高的附加值。而 POs 和 PKOo 一般低价售出。Kifli 等[111]在研究后指出，POs 和牛脂与 PKO 混合后制得的肥皂可以与以牛脂与 PKO 为原料制成的皂的质量相比（表 8.42、表 8.43 和表 8.44）。由于 POs 比牛脂便宜，因此其产品价格较低。棕榈产品制得的皂的持香能力要比牛脂为原料制得的皂好[112,113]。更有趣的是，Kifli 等[111]通过对 POs 和 PKOo 混合物的观察，发现以此为原料生产的皂具有良好的起泡性和更好色泽。

表 8.42 以牛脂－棕榈硬脂－棕榈仁油混合油制备的皂的性质

参数	混合物				
	00∶80∶20	60∶20∶20	40∶40∶20	20∶60∶20	80∶00∶20
酸值/（mg KOH/100mL）	223	222	220	219	216
冻点/℃	49	44	41	39	39
碘值/（g I/100g）	29	29	27	31	34
游离碱含量/%	0.3	0.3	0.2	0.2	0.1
水分含量/%	9	10	8	8	9
硬度	23	22	22	23	21
起泡性	255	255	245	265	260
白度（Hunter）	81	82	84	81	80

表 8.43 皂中棕榈油－棕榈硬脂－棕榈仁脂肪酸混合物特性

参数	混合物				
	80∶00∶20	60∶20∶20	40∶40∶20	20∶60∶20	00∶80∶20
酸值/（mg KOH/100mL）	214	215	217	219	219
冻点/℃	42	44	46	47	48
碘值/（g I/100g）	38	34	33	30	34
游离碱含量/%	2.1	0.1	0.8	6.7	2.3
水分含量/%	7	7.6	8.6	8.2	7.8
硬度	13.5	12.0	12.3	10.5	16.2
起泡性	320	355	340	150	295

表 8.44 以棕榈硬脂－棕榈仁油混合物制备的皂的特性

参数	混合物				
	90∶10	80∶20	70∶30	60∶40	50∶50
酸值	179	185	188	191	196
冻点/℃	47	44	42	41	40
碘值	28	30	28	28	25
游离碱含量/%	0.12	0.05	0.2	0.09	0.1
水分含量/%	16.3	22.7	25.2	17.2	27.6
硬度	10	12	11	16	7
起泡性	340	270	315	340	365
白度（Hunter）	94	93	92	90	93

当肥皂生产商试图用棕榈油产品生产白色皂时，却发现它们的颜色较差且易变色。皂化色值（SCV）是指皂化油的颜色，它在一定程度上显示皂的白度。对于白色皂来说，油的皂化色值必须低于 3R。棕榈油的皂化色值超过 5R（表 8.45），因而不适合生产白色皂。然而，用过氧化氢脱色可以有效地降低皂化色值，并生产出稳定的白色皂[114]。由于过氧化氢脱色反应是一个放热反应，因此要特别小心，棕榈油中的微量成分可能是引起其色泽差且易变色的因素之一。Ooi 等[115]经过初步努力，鉴定出了羟基－α－胡萝卜素－5,8－环氧化物和菊黄质，他们可能是引起黄色的两种微量成分。除了这几个少数组分外，肥皂商还了解到微量金属及人工合成抗氧化剂的存在是导致棕榈皂易变色的原因之一。

表 8.45 NBD 和 RBD 棕榈油及棕榈油产品的皂化色泽规格

样品	数量	原始色泽		皂化色泽	
		平均值	范围	平均值	范围
RBD 棕榈硬脂	11	2.1R	1.6R～2.5R	6.4R	5.2R～6.5R
NBD 棕榈硬脂	5	1.6R	1.5R	5.6R	5.4R～6.1R
RBD 棕榈油	16	2.0R	1.2R～2.8R	6.8R	5.5R～9.0R
NBD 棕榈油	2	1.7R	1.7R	6.9R	6.7R～7.2R
RBD 棕榈液油	10	2.5R	2.1R～2.9R	8.1R	6.7R～8.9R
NBD 棕榈液油	4	2.1R	2.0R～2.3R	8.5R	7.5R～8.9R

(2)柴油替代物　1900 年，Rudolf Diesel 演示了用植物油作为燃料油的压缩机后[116]，许多刊物报道了油脂裂解产品类似的用途。

近来的研究[117]已经证明毛棕榈油适合直接用于小汽车的 Elsbett 柴油发动机的燃料，

因用棕榈油的发动机排出的烟雾基本上不含硫或氮氧化物，故比柴油发动机干净。 同时由于毛棕榈油的闪点（240℃）比柴油（52℃）高，因而输送也更加安全和便宜。

成本总是影响大规模应用决定的主要因素。 然而，最初的研究结果表明，根据马来西亚的环境条件，毛棕榈油比石化柴油作为发动机燃料的费用要高30%。

（3）环氧棕榈油及其多元醇、聚氨酯和聚丙烯酸酯类产品　棕榈油、棕榈硬脂或棕榈液油与过氧酸类物质反应，可生成环氧棕榈油及棕榈基产品（EPOP）。 为了找到生产环氧棕榈油及其棕榈基产品的合适方法，Ahmad 等[118,119]对预制过氧乙酸、过氧甲酸，以及原位合成过氧乙酸、过氧甲酸进行了研究，结果发现预制过氧乙酸和原位合成过氧甲酸是最佳的工艺（表8.46）。

表8.46　生产毛棕榈油环氧化物的反应条件

反应参数	预制过氧乙酸	原位合成过氧乙酸	预制过氧甲酸	原位合成过氧甲酸
酸与 H_2O_2 的物质的量比	2.06∶1	1.1∶1	4.6∶1	0.35∶1
催化剂含量/%	1.52	0.02	—	—
温度/℃	40～45	—	RT	—
形成的过氧酸含量/%	13.7	—	11.0	—
环氧化温度/℃	60～65	60～70	50－60	50～60
环氧乙烷氧含量/%	2.62	1.87	低	1.82
				2.08（甲苯）
				1.86（CH_2Cl_2）

环氧化油尤其是环氧大豆油（ESBO）广泛用作塑料特别是聚氯乙烯（PVC）的增塑剂和稳定剂。 增塑剂增加塑料的塑性，而稳定剂则降低塑料受光、热、微生物作用时的降解速率。 环氧化油可以满足这两种需要，而环氧化物含量的增加又增强其与塑料的相容性。

由于棕榈油及其产物的碘值很低，因而环氧棕榈油及棕榈基产品的环氧化物含量比环氧大豆油低。 环氧棕榈油及棕榈基产品作为增塑剂和稳定剂的性能并不比环氧大豆油好，但稍加改进环氧棕榈油及棕榈基产品的配方，就能使两者生产的产品在性能上旗鼓相当。用环氧棕榈油及棕榈基产品作为增塑剂和稳定剂生产的聚氯乙烯野营服和雨靴的塑料的性能与用环氧大豆油生产的产品性能相当[120]。

环氧化油的价值由环氧化物中环的用途决定，因不稳定，易转变成其他官能团，从而其最终用途多样化。 在催化剂存在的情况下，环氧棕榈油及棕榈基产品与短碳链的多元醇反应生成各种多羟基化合物。 但如果改变环氧棕榈油及棕榈基产品与多元醇的比例和多元醇的类型，就会使多羟基化合物的羟基值和黏度发生如表8.47的变化[121～123]。 多羟基化合物与异氰酸酯反应时产生聚氨酯泡沫塑料，反应中生成的水是一种固有的发泡剂，从而避免了使用对环境有害的发泡剂，如氯氟烃。

表 8.47 棕榈油制得的多羟基化合物性质

参数	EPOo 与多元醇的比例		
	1 : 1	2 : 1	4 : 1
羟基值	350～450	200～300	150～200
黏度/（mPa·s）	980～1300	1300～2100	3500～4700

环氧棕榈油及棕榈基产品中的多元醇与异氰酸酯类反应生成多羧基化合物的速率比石油化学中的多元醇反应要慢。然而，可以得到具有规则晶格结构和呈现良好疏水性的塑料。用恰当的配方，可充分利用这些性质来增加目的产品的数量[124]。

环氧棕榈油及棕榈基产品与丙烯酸反应生成聚丙烯酸树脂，这些树脂能作为涂料应用于受紫外线辐射固化的固体表面，获得光亮的涂层。改变交联键的数量及类型，改变光照的辐射强度，可增加或减小其硬度和黏度[125～127]。由环氧棕榈液油制得的一些聚丙烯酸酯的性质见表 8.48。

表 8.48 环氧棕榈油制备的聚丙烯酸酯经紫外线固化后的表层特性*

添加剂	配方				
	1	2	3	4	5
EPOLA	60	60	60	60	80
PUA	—	—	—	—	5
HPA	10	10	10	10	10
NPGDA	—	—	—	15	—
TMMTA	25	—	—	—	—
TMPTA	—	25	—	10	—
PETA	—	—	25	—	—
黏度/（mPa·s，25℃）	614	423	705	228	947
铅笔硬度	3H	4H	4H	4H	<2B
	<2B	2B	<2B	<2B	—
胶凝分数/%	86	87	86	88	84

注：* 在所有配方中用 5% 的二苯酮作为光引发剂；EPOLA—环氧化棕榈油丙烯酸酯类；PUA—聚氨酯丙烯酸酯类；HPA—正羟基丙酮丙烯酸酯类；NPGDA—新戊基二十二醇二丙烯酸酯；TMMTA—三羟基甲烷三丙烯酸酯；TMPTA—三羟甲基丙烷三丙烯酸酯；PETA—三丙烯酸季戊四醇酯。

8.5.5.2 油脂化学路线

（1）油脂化学品 油脂化学产品是指从油脂中衍生出来的化学产品。它们与从石油中衍生出来的石油化学品相似。油脂的水解和醇解作用是油化工业的基础。甘油三酯水解得到脂肪酸和甘油。如果油脂是与乙醇而不是与水反应，那么该过程就是醇解过程，且产物为脂肪酸酯和甘油。

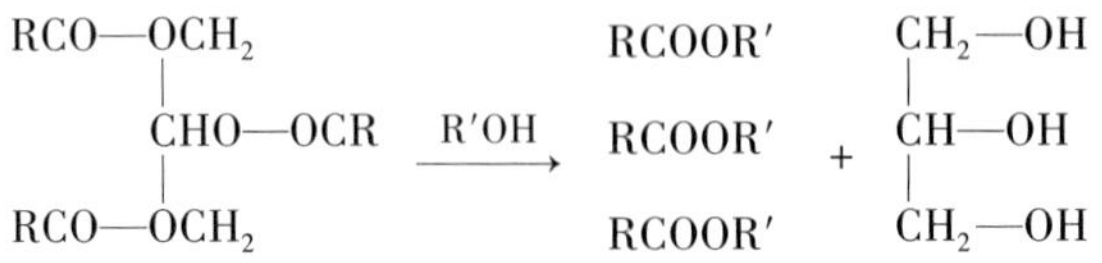

油脂　　脂肪酸或酯　　甘油

水解时 R′ = H；醇解时 R′ = 烷基。

脂肪酸及其酯是生产脂肪醇和脂肪胺的原料。这些产物进一步反应可以得到各种衍生物。因而油化产品通常至少可以分成两类：基本油脂化学产品及其衍生物。五种基本油脂化学产品是脂肪酸、酯、脂肪醇、含氮化合物和甘油。以这五种物质为原料通过不同的化学方法，可以生产出各种类型的衍生物（图 8. 22 有部分提及）。

(2) 油脂化学品的生产原料　碳链长度在 $C_{12} \sim C_{14}$ 和 $C_{16} \sim C_{18}$ 间的油脂化学品及其衍生物用途广泛。牛脂和椰子油是分别用于生产碳链为 $C_{16} \sim C_{18}$ 和 $C_{12} \sim C_{14}$ 产品的原料。但牛油只有在发达国家，如美国才盛产，在世界范围内月桂酸油脂（$C_{12} \sim C_{14}$）来源必须依靠太平洋地区的国家供应。菲律宾是月桂酸油脂的主要供应国。

(3) 棕榈基油脂化学品　棕榈仁油和椰子油一样是月桂酸油脂。它的脂肪酸组成实际上与椰子油（表 8. 41）很相似。

表 8. 49 所示为太平洋地区现有的主要油脂产品的产量及 2000 年的预计产量[127]。马来西亚和印度尼西亚大多数用棕榈和棕榈仁油作为油脂化学品原料，然而菲律宾却大多以椰子油作为原料。根据预测，到 2000 年亚洲地区生产的基本油脂化学产品将达到世界产量的 35%，而马来西亚一个国家的产量就达 20%。

表 8. 49　太平洋地区基本油化产品产量与世界产量比较

国家	1990 年	1995 年	2000 年
马来西亚	262200	806950	1200000
菲律宾	172470	285000	480000
印度尼西亚	62700	199500	400000
泰国	11000	22000	44000
总量	508370	1313450	2124000
世界产量	4417000	5264000	6098000
所占比例/%	12	25	35

8.5.5.3 用棕榈油和棕榈仁油生产的油脂化学品的用途

（1）脂肪酸 油脂化学品工业中生产脂肪酸最常用的方法是高温高压水解油脂工艺。简单蒸馏或分段蒸馏可以把混合脂肪酸分成粗脂肪酸或纯脂肪酸。表8.50和表8.51所示为棕榈产品中分离出来的脂肪酸。根据原料来源和工艺的不同，脂肪酸组成和质量参数略有不同。随着工艺的不断改进，产品的规格也随之变化。

表8.50 棕榈油中分离出的脂肪酸

脂肪酸	脂肪酸组成							
	C_8	C_{10}	C_{12}	C_{14}	C_{16}、C_{18}	$C_{18:1}$	$C_{18:2}$	$C_{18:3}$
蒸馏 PKO	3	3	50	15	9	16	2	—
汽提 PKO	—	—	52	17	10	16	3	—
蒸馏 PO	—	—	0.5	1.5	45.5	37.5	9.5	0.5
蒸馏 POs	—	—	0.5	1.5	61.6	25	6	0.5
一压产品	—	—	0.5	1.5	50.0	10	—	—
二压产品	—	—	0.5	1.5	53.0	3	—	—
三压产品	—	—	0.5	1.5	51.0	—	—	—
月桂酸70%	—	0.2	>70	>22	2	—	—	—
月桂酸92%	—	2~5	>92	>2	—	—	—	—
月桂酸98%	—	0~1	>98	—	—	—	—	—

表8.51 棕榈油中分离出的脂肪酸

脂肪酸	质量参数						
	酸值/（mg KOH/100mL）	皂化值/（mg KOH/g）	碘值/（g I/100g）	不皂化物/%	冻点/℃	颜色 R	颜色 Y
月桂酸72%	270~275	270~275	0.1~1	0.5	33~35	0.5	2
月桂酸92%	277~281	277~281	0.1~0.5	0.5	41~42	0.2	2
月桂酸98%	278~282	278~282	0.1~0.2	0.2	43~44	0.2	1
橡胶等级硬脂酸	>195	>196	<10	—	>52	5.0	50
蜡烛等级硬脂酸	208~214	209~215	1.0	0.5	53~56	0.4	4
化妆品等级硬脂酸	206~211	207~212	0.5	0.5	55~56	0.3	3

生产硬脂酸的传统原料是牛油，并常有顾客或消费者要求购买从牛油中生产的硬脂酸。棕榈油中得到的一压、二压和三压硬脂酸，实际上均由蒸馏工艺生产，使用的术语相同表示它们具有相似的性质。棕榈油脂肪酸除了颜色较浅外，还有不皂化物含量低、纯度

高等优点。

脂肪酸无需进一步化学改性处理，就可以直接用于橡胶、蜡烛和化妆品的生产。

(2)橡胶用脂肪酸　在橡胶生产中，加入脂肪酸作为加工助剂有助于橡胶的软化，并作为内部润滑剂和硫化加速剂。脂肪酸的碳链长度对它的性能没有影响。但若不饱和程度高则会影响产品[128]。

(3)蜡烛用脂肪酸　用于生产蜡烛的脂肪酸或脂肪酸混合物和石蜡应有最大的收缩率，以便容易从模子里脱出，C_{16} : C_{18}脂肪酸比例大约是7 : 2[129]。因聚丙烯（PP）中棕榈酸含量高，故从PP中生产的脂肪酸更适合用于蜡烛的生产。

(4)化妆品用脂肪酸　只有优质脂肪酸方可用于化妆品中。常用的脂肪酸有：肉豆蔻酸、棕榈酸和硬脂酸。其使用有各种目的，如泡沫改良、保湿、亮泽[128]。

(5)皂用脂肪酸　用中和工艺生产皂是脂肪酸最重要的应用。曾讨论过，因PP中高皂化色值而不能直接用PP生产白皂。棕榈脂肪酸蒸馏时，去除了部分杂质，棕榈脂肪酸的皂化色值常低于3R。因此，可以用棕榈脂肪酸生产高级皂。除了易于生产外，配方师还可以根据脂肪酸比率添加其他的脂肪酸，使生产具有更大的灵活性。近来，由于纯美学上的原因，流行透明和半透明皂，尤其在南美更为风行。用硬脂酸和三压硬脂酸生产的皂具有良好的透明度。然而，棕榈酸含量高会降低其透明度[130]。透明皂/半透明皂（用棕榈仁油和棕榈酸生产）的晶体是β晶型[131]。

(6)金属皂用脂肪酸　除了钠皂外，棕榈脂肪酸的另一个重要用途是生产金属皂。最常见的钙和锌的棕榈酸盐和硬脂酸盐。它们可用熔化法或沉淀法来制取。橡胶生产工艺改进后，与其使用的脂肪酸种类无关了，但用锌皂作内部润滑效果更好[132]。

(7)用于合成中碳链甘油三酯的脂肪酸　棕榈仁油作为原料时，因其中含有的中碳链脂肪酸即C_6 ~ C_{10}酸刺激皮肤，故一般用汽提方法除去。最初，这些被认为是废物，但现在发现用这些中碳链脂肪酸可再合成一种新油，即中碳链甘油三酯（MCTs）。中碳链甘油三酯的用途颇多，如用于日用香料工业、糖果表面处理及在焙烤工业中作脱模剂，且还可用作机器的润滑油[133]。

(8)脂肪酸酯　棕榈油生产脂肪酸酯最常用的两种方法是：脂肪酸乙醇酯化和甘油三酯的醇解。表8.52所示为脂肪酸和各种棕榈酸甲酯产品性质的比较情况。脂肪酸酯有着广泛的工业应用，例如应用在纺织工业、化妆品工业、医药工业、塑料工业和润滑剂工业、作为合成润滑剂的脂肪酸酯，由于具有良好的润滑性，黏度随温度的变化较小，且其较好的低温流动性、热稳定性及较高的氧化稳定性[128]，因而备受青睐[128,134,135]。

表8.52 脂肪酸和脂肪酸甲酯的比较

产物	酸值/(mg KOH/100mL)	皂化值/(mg KOH/g)	碘值/(g I/100g)	不皂化物/%	冻点/℃	颜色 R	颜色 Y	C_{12}	C_{14}	C_{16}	C_{18}	$C_{18:1}$	$C_{18:2}$
PKO 脂肪酸	225	256	15	1	22	1	10	47～53	15～19	8～11	1～3	12～19	2～4
	265	266	20	—	26	—	—	—	—	—	—	—	—
PKO 脂肪酸甲酯	1	238	14	0.5	-9	0.3	3	45	14	7	1	12	2
	—	248	19	—	—	—	—	50	18	10	3	19	—
POs 脂肪酸	206	207	28	1	48	3	30	0	0	55	3	20	4
	216	217	38	—	54	—	—	1	3	70	7	30	—
POs 脂肪酸甲酯	0.5	196	22	1	21	0.5	5	0	0	55	3	20	4
	—	208	45	—	—	—	—	1	3	70	7	30	10
硬脂酸 A	188	188	1	1	65	1	10	—	—	6	92	0	5
98%	195	196	3	—	66	—	—	—	—	8	94	1	10
硬脂酸甲酯	1	187	1	1	36	0.2	2	—	—	6	92	—	—
92%	195	191	—	—	—	—	—	—	—	8	94	—	—

(9)制皂的脂肪酸酯　脂肪酸酯生产纯白皂的量正逐渐增加[136]。由于脂肪酸酯的纯度可更高，与脂肪酸相比，用脂肪酸酯生产出来的皂质量更好，因工艺过程中会生成醇（通常是甲醇），皂在使用前必须完全去除甲醇。

(10)α-磺酸盐甲酯　α-磺酸盐甲酯（SME）是一种新型阴离子表面活性剂。作为洗涤产品中的活性成分，α-磺酸盐甲酯受到了高度的重视，究其原因有如下几方面[136,137]：

①生产工艺简单；

②去污效果好，尤其是在硬水和无磷情况下；

③C_{16}～C_{18}呈现出良好的去污力；

④良好的生物降解性。

低碘值的蒸馏脂肪酸甲酯用作α-磺酸盐甲酯的生产原料。在降膜式反应器中80～90℃条件下脂肪酸甲酯首先与三氧化硫反应，所得到的黑色产品由过氧化氢脱色。脱色后的产物与碱中和生成了α-磺酸盐甲酯。

因C_{16}～C_{18}脂肪酸甲酯具有良好的去污能力，故棕榈硬脂是α-磺酸盐甲酯生产适宜而又便宜的原料[138]。由棕榈硬脂生产的α-磺酸盐甲酯洗涤性能同被称为洗涤工业主力的直链烷苯磺酸盐的性能相当。有趣的是，由棕榈油物理精炼副产品蒸馏棕榈酸生产的α-

磺酸盐甲酯（图 8.22）与由分提得到的棕榈酸酯生产的 α –磺酸盐甲酯品质一样。这些事实证明，α –磺酸盐甲酯将是一种良好的阴离子表面活性剂，且蒸馏棕榈酸是一种廉价的原料来源。

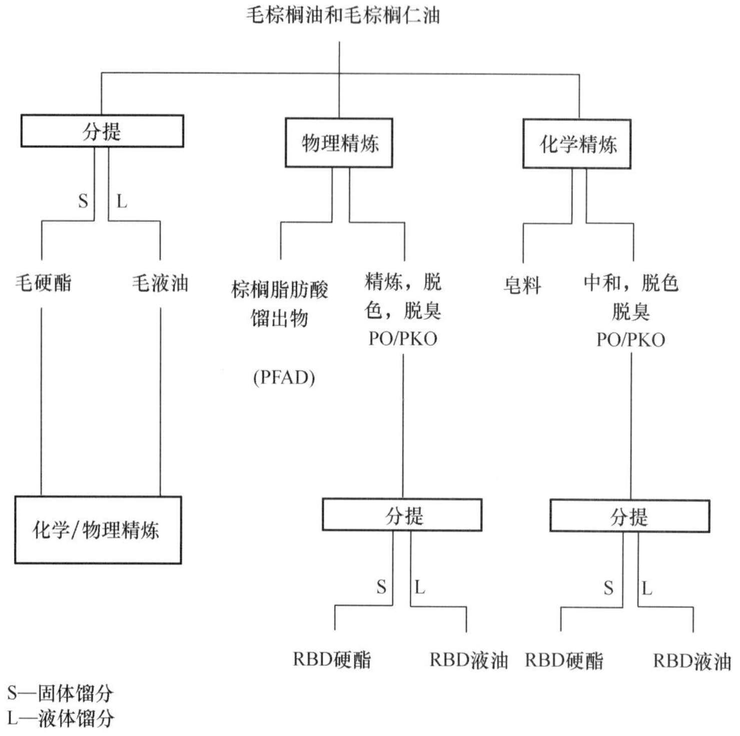

图 8.22 棕榈油/棕榈仁油的加工过程

（11）柴油替代品 棕榈油甲酯作为柴油替代品在出租车、公共汽车、货车、拖拉机和固定发动机[139,140]上进行了广泛的试验。从毛棕榈油和毛棕榈油硬脂中得到的甲酯与石油柴油相比，燃料性能十分相似（表 8.53）。到目前为止，一些数据表明，冷启动容易，发动机运转平稳，排放的尾气中所含的未燃烧的碳氢化合物、CO、SO_2和黑烟很少。经观察发现，棕榈基甲酯不会稀释润滑油且点火滞后时间缩短[139]。与毛棕榈油不一样的是，棕榈酸甲酯作为柴油替代物不需要对发动机进行改装，它的经济性与柴油、毛棕榈油及甘油的价格有关。

（12）脂肪醇 脂肪酸甲酯最重要的应用是生产脂肪醇。由于经济的原因，以下三种生产脂肪醇的工艺已为全世界所接受：

①油脂的高温和高压氢化；

②脂肪酸甲酯的高温高压氢化；

③脂肪酸的高温高压氢化。

表8.53 马来西亚柴油与由毛棕榈油和毛棕榈硬脂酸甘油三酯生产的甲酯燃料的性质

产品测试结果	马来西亚柴油	CPO 甲酯*	CPS 甲酯*
相对密度（ASTM D-1298）	0.8330（在15.6℃）	0.8700（在23.6℃）	0.871（在25.6℃）
硫化物含量（IP242）/%	0.10	0.04	0.002
黏度（40℃）（ASTM D-97）/cSt	4.0	4.5	4.6
倾点（ASTM D-97）/℃	15.0	16.0	17.0
蒸馏 D86/℃			
I. B. P	228.0	324.0	320.0
10%	558.0	330.0	331.0
20%	270.0	331.0	332.0
50%	298.0	334.0	335.0
90%	376.0	343.0	343.0
F. B. P	400.0	363.0	349.0
最终回收率/%		98.0	98.5
十六烷指数（ASTM D-976）	53	50	52
总燃烧热/（kJ/kg）	45 800	40 135	38 826
闪点（ASTM D-93）/℃	98	174	165
康拉逊残氮值（ASTM D-189）/%	0.14	0.02	0.02

注：*CPO—毛棕榈油；CPS—毛棕榈硬脂。

现今生产脂肪醇最常用的方法是在固定床反应器中用铜铬作催化剂的高温高压脂肪酸甲酯的氢化工艺。如果需要保留分子中的不饱和双键部分，则需使用含 Zn 的催化剂。

如 Ru-Sn 和 Re-Sn 的新型催化剂能把脂肪酸或脂肪酸甲酯氢化成脂肪醇[141]。使用这些催化剂，就可以在相同的温度（250℃），较低的压力（5MPa）下进行氢化，且不影响其他不饱和部分。现已发现锡的存在有助于氢化过程中保护不饱和成分。氧化铝是 Ru-Sn 的载体，当它们经过溶胶-凝胶方法处理后具有最好的选择性。

此法生产的脂肪醇用途不广。干燥地区可用鲸蜡基醇（十六烷基醇）和硬脂基醇用作水汽蒸发的抑制剂，不饱和醇可作为乳化剂和纺织品的辅助剂。世界上生产的脂肪醇90%以上是用于生产阴离子型（脂肪醇硫酸盐及脂肪醇酯硫酸盐）和非离子型（脂肪醇乙氧基化合物）表面活性剂。这些衍生物广泛用于洗涤用品[128]。

（13）脂肪族含氮化合物　最常见的脂肪族含氮化合物是脂肪酰胺、腈、胺类和季铵。这些化合物中最重要的是季铵化合物，其中比较知名的是季铵盐。发达国家的制造商们近年来自愿减少或停止季铵盐和咪唑啉衍生物在柔软剂和调节剂中的使用，原因是它们可能不能完全被生物降解且可能会生成亚硝酸盐[142]。

（14）甘油　甘油是油脂化学工业中有价值的产品。虽然甘油可以合成生产，但天然甘油即以油脂为原料生产的甘油深受消费者的喜爱。

在油脂水解生产脂肪酸或通过醇解生产脂肪酸酯的过程中，得到含10%～30%的甘油和水的混合物，也就是人们熟知的甜水。甜水经蒸馏或离子交换法[116]生产纯甘油。为得到药用级产品，则需用活性炭进一步处理。表8.54所示为从棕榈油中制取的甘油一些重要性质。

表8.54　棕榈油及其产品中的甘油类型

质量参数	甘油		
	毛甘油	99.5%	99.8%
相对密度（20/20℃）	—	1.2623	1.2631
折射系数 n_D 20℃	—	1.4731	1.4737
甘油含量/%	88	99.5	99.8
α颜色	—	5	5
酸含量/%	—	0.1	0.1
皂化值/（mg KOH/g）	—	1.0	1.0
灰分/%	1.0	0.01	0.01
Cl（有机氯）含量/（mg/kg）	—	2（5）	2（5）
重金属含量/（mg/kg）	2	1	1

甘油是多羟基醇，它在许多领域中广泛应用，包括：作为医药产品的溶剂和药品的载体；用作化妆品和烟草的润湿剂；用于炸药配料；用作增塑剂/稳定剂中少量极性聚合物；可作为防冻剂或热转换剂；可作为水压液体；可用制备生产润滑脂和（或）润滑剂中的聚酯产品；甘油还可用于食品乳化剂、多羟基化合物、聚氨酯类化合物及甘油一酯和甘油二酯等物质的生产。

乳化剂应具备的特性之一就是能降低水与油脂的表面或界面张力。单甘酯中不同碳链长度的脂肪酸对棕榈油和水之间的界面张力影响很小。相比较而言，亚油酸单甘酯可降低的界面张力比其他脂肪酸多出50%[143]（表8.55）。

表8.55　浓度为1%的各种脂肪酸单甘酯在RBD棕榈油与水之间的界面张力

脂肪酸	C_{12}	C_{14}	C_{16}	C_{18}	$C_{18:1}$	$C_{18:2}$
界面张力/（mN/m）	11.3	12.2	12.1	13.1	14.8	6.5

8.5.5.4　展望

用于生产皂类产品的棕榈油及其制品的数量将会上升，发展中国家尤其如此。除了其具有竞争力的价格外还具有良好的性能。因而用棕榈油及其制品生产的皂类将被全世界消费者所接受。

油脂化学品和石油化学品之间的竞争十分激烈。目前随着环保组织对环境的日益关注及其人们对环境友好产品的偏爱，预计采用油脂化学工艺从棕榈油及其制品生产的非食用产品用量将会增加。由于原料供给稳定以及技术、资本和市场的需要，棕榈油及其制品的非食品应用市场前景光明。

8.6 发展前景

8.6.1 环境趋势：零排放工艺

随着环境保护意识的逐渐增强，生产商更需要改进它们产品的环境形象。消费者和管理机构期望了解更多关于产品在生产、使用和处理方面对环境影响的信息。评价生命周期（LCA）是一种评估产品在其整个生命期内对外界影响的方法。评价生命周期的一个重要方面是再循环和废物处理。

在油棕种植园中，必须处理的主要残留物是常规修剪的棕榈叶和在收获经济周期（约25年）结束时废弃的棕榈树干和棕榈叶组成的生物体。实际上，修剪棕榈叶重新回田，而开始衰老的棕榈树等生物体，利用零燃烧技术进行再种植循环，这样既不污染空气而且经过有机物和植物营养物的循环，使土壤更肥沃。

棕榈油生产过程中，主要的副产品和废料是空果束，棕榈油工程废水、棕榈纤维和棕榈仁壳。空果束和棕榈油工程废水广泛应用于农田作为覆盖物和有机肥料，而棕榈纤维及壳则作为燃料，提供棕榈油厂自身所需的能量（图8.23），剩下的壳则用于铺设路面。

棕榈油厂未得到充分利用的废物是棕榈油工程废水厌氧消化产生的沼气。另外，还有煤渣和锅炉灰分等废物。但后两者数量不足以引起环境问题。在棕榈油工业中，沼气为附属工厂提供所需的热量和电力。

虽然，油棕树种植和棕榈油加工过程所产生的大多数副产品和“废物”可循环或利用，但仍有需要改进的地方，其目标是无废物产生。从种植到加工，所有的努力方向是一致的，就是改进种植和加工效率，使投入和能源的使用最优化且降低废水和废物的排放量。目前，棕榈油工业副产品主要用作有机肥料、土壤改良剂和燃料。研究和发展结果证明，这些资源能生产增值的产品，例如纤维板、家具和单细胞蛋白等。表8.56所示为厂棕榈油副产品的潜在用途。

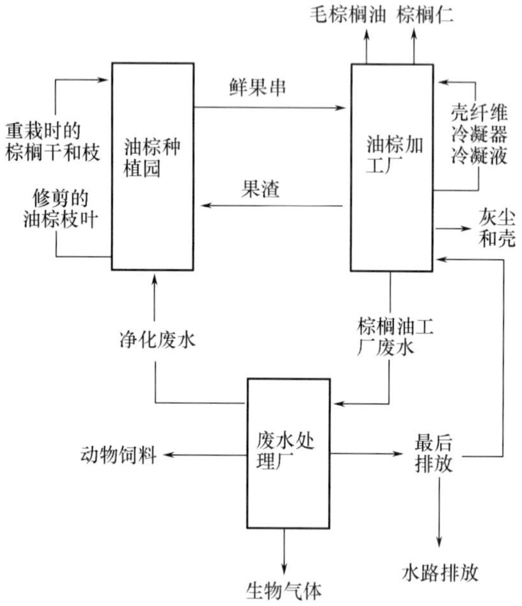

图 8.23 目前油棕厂的副产品和废料的使用和再循环[144]

表 8.56 油棕/棕榈油副产品和废物利用[144]

废物/副产物	数量①	领域	目前应用水平	状态	潜在用途
(1)油棕种植园					
修剪的棕榈枝叶	10.4t/hm^2	种植中循环	很高	副产品	提取维生素 E、纤维板等
重栽时的棕榈干和枝	89.9t/hm^2	种植中循环	很高	副产品	木制品、纸浆、纸、动物饲料、葡萄糖、纤维素酶、燃料
		家具	很低	副产品	
(2)棕榈油厂					
空果束	20% ~23%	种植园覆盖物	很高	副产品	纤维板、中密度纤维板
纤维	12% ~13%	锅炉燃烧	很高	副产品	
壳	6% ~8%	锅炉燃烧	很高	副产品	活性炭、陶瓷制造介质
澄清池渣（decanter）	2% ~3%	肥料	中等程度	副产品	动物饲料
锅炉灰分	0.4% ~0.6%	种植园肥料/填料	低	副产品/废物	肥料/土壤改造剂
煤渣	少量	填筑/处理	非常低/低	主要废物	表面填料
消毒器浓缩物	12% ~20%	投入 ETP	很高	废物/副产品②	纤维素酶、单细胞蛋白
		循环稀释	很低	副产品	稀释毛油
离心机废物	40% ~50%	投入 ETP	很高	废物/副产品②	回收油用于酸性油产品
旋液分离器/白土洗涤	30% ~40%	投入 ETP	很高	废物/副产品②	循环使用降低数量

续表

废物/副产物	数量[①]	领域	目前应用水平	状态	潜在用途
澄清池废水	5% ~11%	投入 ETP	很高	废物/副产品[②]	酸性油产品的油循环
工厂冲洗	4% ~8%	投入 ETP	高	废物/副产品[②]	去油回收油用作酸性油
(3)处理厂					
淤渣饼		肥料原料	中等程度	副产品	
		动物原料	很低	副产品	
厌氧固废	5% ~10%	肥料	很高	副产品	
好氧固废	<5%	肥料	高	副产品	
沼气	$28m^{3/1}$新鲜油棕果	沼气发动机	很低	主要废气	产生热和电力

注：①表中的%是相对于新鲜油棕果而言；

②表中主要为工厂的废弃物，但在污水处理厂中经处理后它们仍具有使用价值，故可以作为副产品。

8.7 棕榈油的营养作用

8.7.1 普通营养性质

历史表明，人类食用棕榈油已超过了5000年[145]。人体对棕榈油的消化和吸收率达97%以上。这一点与其他食用油脂非常相似。在许多地区，棕榈油为正常健康的新陈代谢提供足够量的必需脂肪酸——亚油酸（18∶2，$n-6$），是人体能量的重要来源。和其他所有的食用植物油一样，棕榈油不含胆固醇。

8.7.2 棕榈油对血脂的影响

作为一种饱和度较高的油脂，棕榈油被推测认为可能会增加血清中的胆固醇含量，由此会增加冠心病（CHD）发病的风险。然而，除了以前的出版物外，最近的发现都证明上述观点是不正确的。例如，Kris－Etherton等[146]用棕榈油饲养老鼠与用一种多不饱和脂肪酸含量高的玉米油作饲料相比较，发现棕榈油并没有提高老鼠血浆中的胆固醇含量。Sugano等[147]将棕榈液油与其他多不饱和油脂饲养老鼠，发现老鼠血浆中胆固醇含量没有显著不同。Sundram等[148]将棕榈油及其分级产品与普遍使用的多不饱和大豆油及玉米油饲养效果进行比较，证明用棕榈油饲养并未增加血清中的胆固醇含量。与玉米油相比，用棕榈油有提高高密度脂蛋白胆固醇（HDL－C）的趋势。对其他动物，包括兔、鸡和田鼠[149~151]也有类似的观察记录。

8.7.3 棕榈油对血脂影响的人体试验研究

研究观察到棕榈油对人血清中脂质和脂蛋白的影响结果与对动物的影响相似。在早期的人类研究中[152,153]，人们发现用棕榈油膳食与含多不饱和脂肪酸的油脂膳食相比，棕榈油提高了血浆胆固醇和低密度脂蛋白胆固醇的含量。然而，在对这些研究重新进行评估后发现[154]，食用一段时间棕榈油之后血清胆固醇含量实际上低于它们刚加入实验时（即原来是按习惯进食油脂）的血清胆固醇含量。

Sundram 等[155]对习惯食用高脂肪食物的欧洲人（荷兰人）进行了一项膳食干预试验。将这些人习惯食用的油脂绝大部分用棕榈油代替（其代替量达到 70%），在为期六周的实验中，采用双盲交叉设计实验，结果发现相对于西方饮食，改用棕榈油后的饮食并没有使血清中的总胆固醇（TC）和低密度脂蛋白胆固醇增加。然而，从棕榈油替代量最大的人群中发现，有益身体的高密度脂蛋白胆固醇含量提高了，而动脉粥状因子低密度脂蛋白部分的甘油三酯含量明显降低了。载脂蛋白（载脂蛋白 AI 和载脂蛋白 B）逐渐被认为是动脉粥状风险的指示因子。食用棕榈油后证实全是有益的作用（载脂蛋白 B 与载脂蛋白 AI 的比率较低）。因此，用棕榈油代替西方食谱中传统性油脂组分时，对血清或脂蛋白胆固醇和甘油三酯的含量并无负面影响。实际上，本项研究结论认为，棕榈油对与心血管疾病相关的脂蛋白和动脉粥状因子还略有改善作用。

Marzuki 等[156]对年轻的志愿者进行研究以评定食用棕榈液油或大豆油后对人体的作用。对于正常健康的志愿者，食用棕榈液油或豆油后，血液中的胆固醇含量没有变化，低密度脂蛋白胆固醇和高密度脂蛋白胆固醇的含量也都不受影响。但对于胆固醇含量高的志愿者（高胆固醇血症病人）食用相同的食谱，发现食用大豆油的人群比食用棕榈液油人群的胆固醇含量要高。同样，食用大豆油也会使低密度脂蛋白胆固醇的含量上升。

对马来西亚人也进行了相似的实验[157]。饮食中含有棕榈液油、玉米油和椰子油，评价它们对血清脂质的影响。观察发现，相对椰子油而言，食用棕榈油或玉米油后血清中的胆固醇降低了。另一研究[158]则是比较棕榈液油、橄榄油和椰子油饮食对血清脂质及脂蛋白的影响。每一种测试的油脂均作为唯一的烹调油，其量占总饮食能量的 23% 或占摄入总脂肪的 2/3。食用椰子油食物后，测定的血清脂质和脂蛋白的所有参数（即总胆固醇、低密度脂蛋白胆固醇和高密度脂蛋白胆固醇）都提高了。然而，棕榈油（富含 $C_{16:0}$）与橄榄油（富含 $C_{18:1}$）以 1 : 1 互配，结果是：总胆固醇：192、193mg/dL；低密度脂蛋白胆固醇：130、131mg/dL；高密度脂蛋白胆固醇：41、42mg/dL。这一结果表明，在血清胆固醇含量正常的健康人群中，棕榈液油可与橄榄油互换，不影响血脂浓度或分布。

在对 30 个中年男人的研究中，六种不同的油脂作为美国正常饮食的组分，占摄入脂肪总量50%[159]。当棕榈油为实验油时，与正常饮食相比对总胆固醇没有影响，但高密度脂蛋白胆固醇和载脂蛋白AI含量增加了，载脂蛋白B则减少了。

Heber等[160]对美国健康男性进行了3个为期3周的实验，以评价食用棕榈油、椰子油或氢化大豆油的效果，发现食用棕榈油后，总胆固醇、低密度脂蛋白胆固醇、载脂蛋白AI或载脂蛋白B没有明显的改变。因此，他们的结论是，在健康人饮食中加入棕榈油并不会增加与脂质和胆固醇有关的心血管病的危险。Truswell等[161]比较了棕榈液油和卡诺拉油对血清中脂质含量的影响。他们指出，与正常的澳大利亚膳食相比，食用棕榈液油后总胆固醇含量平均上升3%，而这主要是由于高密度脂蛋白胆固醇含量上升了10%。

8.7.4 棕榈油降低胆固醇可能的机理

很久以来人们就已认识到，饱和脂肪酸并不总是使胆固醇上升。且也已被证实，硬脂酸（$C_{18:0}$）并不会使血清胆固醇上升[162]。人类膳食中的饱和脂肪酸与棕榈油中的饱和酸一样，是棕榈酸。人们认为血清胆固醇升高是棕榈酸与月桂酸（$C_{12:0}$）和肉豆蔻酸（$C_{14:0}$）共同作用的结果[163]。Hayes等[164]以月桂酸和肉豆蔻酸为主的椰子油或以棕榈酸为主的棕榈油饲养非人类灵长目（猴子）。他们把富含月桂酸和肉豆蔻酸的饮食与含棕榈酸的饮食对比发现，相比于富含月桂酸和肉豆蔻酸，棕榈酸膳食对总血清胆固醇和低密度脂蛋白胆固醇的影响是中性的（即既不升高，也不降低）。Hayes和Khosla[165]则进而提出了一个更为先进的假说：即低密度脂蛋白受体的活性是在亚油酸（$C_{18:2}$）存在时，根据不同饱和脂肪酸的“能量阈值影响”进行调整。当亚油酸能量阈值超过6.5%时，任一种饱和脂肪酸对低密度脂蛋白胆固醇的影响都最小。当亚油酸（$C_{18:2}$）能量阈值在3%～6.5%间时，肉豆蔻酸（$C_{14:0}$）是唯一使低密度脂蛋白胆固醇增加的脂肪酸。而低于3%时，肉豆蔻酸（$C_{14:0}$）与血清胆固醇含量高度相关，而$C_{16:0}$对胆固醇的影响较为适中。

这些观察结论在近来的研究中已经被证实[166]，16∶0和12∶0+14∶0间的能量交换5%而其他的脂肪酸保持不变。男性志愿者的饮食（脂肪能量占30%）4周一周期，与富含12∶0+14∶0的饮食相比，16∶0饮食使血清胆固醇浓度明显降低了9%，这主要是由于低密度脂蛋白胆固醇降低了11%。

接下来的研究中[167]，用富含$C_{16:0}$（棕榈油），$C_{18:1}$（菜籽油）饮食或美国心脏协会（AHA）的一步饮食轮流提供给23个志愿者食用。比较后发现，尽管改变了人类饮食中共同的关键脂肪酸，但总胆固醇和低密度脂蛋白胆固醇含量并不受这些饮食的影响。然而，美国心脏协会饮食在降低低密度脂蛋白胆固醇/高密度脂蛋白胆固醇比例的同时明显提高了高密度脂蛋白胆固醇的含量。而随后摄入富含16∶0和18∶1的饮食后，脂质和脂蛋白的浓度几乎没有什么变化。

人和动物的研究提供了有力的证据，即不同的饱和脂肪酸对血脂的影响各不相同。当每天从膳食中吸收胆固醇的含量低于300mg的正常人（血液中胆固醇含量小于5.2mmol/L），食用16∶0不会增加胆固醇量，16∶0被认为是中性脂肪酸。在这样的情况之下，14∶0是唯一提高胆固醇的脂肪酸。不含14∶0且富含中性的16∶0的棕榈油适合全世界广大多数人食用。

8.7.5 棕榈油中微量成分的营养特性

无论是毛油还是精炼过后的棕榈油，都是维生素E（生育三烯酚和生育酚混合物）的丰富来源。从棕榈脂肪酸馏出物中分离富含生育三烯酚馏分（TRF）的技术已经完善。在对动物和人类的大量研究中发现，棕榈维生素E（生育三烯酚馏分与高级油脂做成胶丸的产品）有较高的营养价值。下面是生育三烯酚的营养特性：

Qureshi[168]首先从大麦中分离出生育三烯酚，证明这类物质可以抑制HMG－CoA还原酶（一种控制肝脏中胆固醇合成的酶）的活性从而抑制肝脏合成胆固醇。

随后，Qureshi[169]把从棕榈油得到的棕榈维生素E研究范围扩大到对人和动物两者的影响。采用双盲交叉实验设计对20名高血清胆固醇者（受试验者血清胆固醇含量>294mg/dL）补充棕榈维生素E，发现能有效的降低血清中的总胆固醇和低密度脂蛋白胆固醇，与低密度脂蛋白胆固醇相关的载脂蛋白A和载脂蛋白B也降低了9%～11%。而且补充棕榈维生素E能有效降低血清中血栓素达25%和血小板因子PF4达16%。棕榈维生素E对遗传性高血清胆固醇的猪同样有降低胆固醇的作用[170]。

Tan等[171]做了相似的研究：给志愿者每天吃一颗棕榈维生素E胶囊，连续30d。每粒胶囊含有18mg生育酚和4mg生育三烯酚。在这些志愿者中，棕榈维生素E既可降低血清中的总胆固醇，又可降低低密度脂蛋白胆固醇。与其各自原始水平相比，发现血清胆固醇降低的幅度达36%。而低密度脂蛋白胆固醇的减少范围为0.9%～37%。

所有这些研究表明对血清中胆固醇含量高的人来说，棕榈维生素E在降低其胆固醇含量方面是最为有效的。然而，不同的研究者却没有得到一致的观察结果。例如，Wahlqvist等[172]报道了高血清胆固醇者服用棕榈维生素E后没有效果。因此，他们认为在高血清胆固醇患者中一部分人是棕榈维生素E的"响应者"，而另一部分人则相反。与这一结论相关的潜在的机理正在研究之中。

d－α－生育酚和生育三烯酚之间结构不同，后者有不饱和侧链，因此它们的生理活性也不同。Serbinova等[173]报道：由于较高的再循环效率和在膜双分子层中均匀分布，使得膜中的棕榈油生育三烯酚的抗氧化效力比α－生育酚高40～60倍。若有抗坏血盐存在，在遇有氧化时，生育三烯酚能保护人体低密度脂蛋白免受氧化，并且其保护作用要比α－

生育酚的保护作用强。这也可能是防止动脉硬化的关键因素。当生育酚、生育三烯酚混合物的比例与棕榈油中二者的比例相同时，该混合物可以降低心脏血压和增加先天性高血压老鼠体内主动脉中环前列腺素的量[174]。

8.7.6 棕榈油对癌症的影响

Sundram 等[175]用化学致癌物质二甲基苯并蒽处理一只小鼠，评价棕榈油对老鼠乳房肿瘤的作用。测定毛棕榈油和精炼棕榈油的效果，并与多不饱和玉米油及大豆油比较，来对毛棕榈油或精炼油的效果进行评价。继服用二甲基苯并蒽后用 20% 大豆油或玉米油喂养老鼠，9 周后形成肿瘤。饲用多不饱和大豆油的老鼠中肿瘤出现的速率比食用棕榈油的要快，且程度更深。饲用豆油的老鼠因肿癌死亡的比例达 90%，饲用玉米油为 85%，而饲用棕榈毛油的只有 65%。摄入同样数量的油脂，饲用多不饱和油的老鼠肿瘤发病率比饲用棕榈油的明显高。饲用棕榈油组的肿瘤量明显低于饲用大豆油和玉米油组。

Slylvester 等[176]的早期研究发现：与低油脂（5% 玉米油）对照组相比，棕榈油饲养组的肿瘤量及每只老鼠的肿瘤体积均小。把含 20% 玉米油、牛油或猪油饲养老鼠与棕榈油饮食（20%）相比较，结果显示前组的肿瘤数目和肿瘤质量都明显高于后一组。

这些研究证明，棕榈油对因化学诱导而生长的肿瘤具有抑制作用。

棕榈油含 10% 亚油酸，既可以理想地满足机体对该必需脂肪酸的营养要求，又没有像多不饱和脂肪酸油那样诱发肿瘤细胞生长。然而，与动物油脂如猪油相比，猪油含有亚油酸量与棕榈油相似。但猪油没有这些功能。这就说明棕榈油抗癌作用不能只归因于脂肪酸的组成，可能还与毛棕榈油和精炼棕榈油中存在的各种微量成分有关，其中相对较多的是生育三烯酚，它们既有抗氧化活性，可能还有抑制肿瘤扩散的作用。

Komi－yama 和 Yamaoka[177]评价了生育三烯酚对癌症的作用。对已接种癌细胞的老鼠使用生育三烯酚后延长了它的生命，说明生育三烯酚有抗癌作用。α－生育三烯酚和 γ－生育三烯酚在治疗肉瘤癌和埃氏癌方面有效。生育三烯酚对人类肺癌也有抑制作用。相似地，二甲基苯并蒽处理过的老鼠食用生育三烯酚后其癌数量就减少了[178]。近来，从棕榈油中分离出来的 α－胡萝卜素显示出对老鼠肺癌和皮肤癌的抑制作用[179]。

8.8 棕榈油的市场需求和发展前景

棕榈油的用途广泛，既可食用又可非食用。过去的 10 年中，它已成为众所周知的国际性植物油，具有优良的性能且在技术和经济上比其他油脂占有优势，有竞争力的价格、稳定的供应也完全能满足全球消费者的需求。

8.8.1 棕榈油产品的多样性

棕榈油或其分提组分可以做成各种各样的产品。酯交换更进一步改善包括结晶行为在内的性质。棕榈油具有良好的抗氧化稳定性，因它的多不饱和程度相对较低以及滑动熔点较低，在大多数应用中可以避免蜡质过多[180]。因此，棕榈油作为良好的煎炸油很早就为人们熟知。

人造奶油混合物中可含有很多的棕榈油产品，其固体含量特性与商业化的品牌接近。标准质量的餐用人造奶油产品棕榈油含量高达70%（50%棕榈油和20%硬化棕榈油）。小包装的餐用人造奶油含有63%的棕榈油，30%棕榈仁油和7%的棕榈硬酯。可以用多达60%的硬化棕榈油或棕榈硬酯混合进行随机酯交换。桶装人造奶油的配方中含50%的棕榈油。

由于棕榈油呈半固体状，因而它的另一主要用途是生产起酥油和植物酥油。起酥油包括各种产品，例如食用油脂用于烹调、煎炸和面粉糖果厂，工业上则用于饼干烘烤和大规模煎炸操作如土豆脆片和炸面饼圈的生产中。

当环境温度在20~35℃时，乳脂、棕榈油和欧洲起酥油间很相似。可以这样说，起酥油和植物起酥油自然氢化的许多特性很相近。

全球油脂消费分成两类，即50%的固体油脂市场和50%的液体油脂市场。而植物油脂的供应不能等同地分成固体油脂和液体油脂，只有棕榈油是半固体油脂，占有了20%的植物油市场。在现行消费模式需求下固体油脂短缺，而液体油脂过剩，因而，不得不把一部分液体油氢化转变成固体油脂用于如起酥油、人造奶油和酥油等。在这种需求模式下，棕榈油自然就处于有利位置。与专业化的配方相结合，棕榈油产品不需要氢化同样可以满足要求。酯交换技术可以改善棕榈油不同组分的性能以满足消费者对固体油脂产品特性的要求。

棕榈油也可以生产液体油，供应液体油脂市场。也就是说，分提棕榈油可以生产棕榈液油和硬脂。棕榈液油（棕榈油的液体馏分）作为热带气候条件下的液体油，是一种十分稳定的煎炸油，与其他煎炸油脂相似，都不易被氧化分解。然而，气候温和或在寒冷的夜晚，当温度低至18~20℃时棕榈液油就开始固化。这个问题可以通过把棕榈液油与多不饱和油调和来克服。50%的棕榈软脂同50%菜籽油的调和油在日本市场上大获成功。

棕榈硬脂是棕榈油的固体馏分，由于其货源充足而与牛油相比更具优势。然而，世界上的牛油产品却销路不畅。在起酥油、煎炸油和制皂中，棕榈硬脂可替代牛油。大多数猪油的应用领域可由棕榈硬脂或RBD棕榈油代替。

棕榈硬脂是C_{16}~C_{18}皂用脂肪酸最廉价的来源。单一的棕榈油硬脂的冻点值很高

（47～50℃），在浴洗皂的配方中使用量很大，但这种皂很硬且易开裂。实验得出用30%～50%棕榈硬脂与牛油及20%的月桂酸类油脂（棕榈仁油）混合制得的终产品其冻点在40.5～44℃[181]。

8.8.2 技术和经济优势

对于配方中需要一定数量固体油脂的产品来说，使用棕榈油会带来技术和经济上的好处。在各种应用中，用棕榈油代替其他油脂时能节约开支。可以通过降低原料成本、降低油脂加工中化学品的使用量，减少氢化费用和工艺损失等方面降低费用，以及在煎炸中棕榈油具有较长的使用寿命，节省费用来实现节省开支。

根据油的色泽、游离脂肪酸及其他杂质的含量来确定油脂加工中所需要的化学药品数量。精炼1t棕榈毛油通常需要：2.0kg磷酸、2.5kg苛性钠和30kg的脱色白土。因加工过的棕榈油产品市场上到处都可见到，故进口商无需对毛棕榈油进行精炼而可直接进口或直接使用已加工过的棕榈产品。但若进口的是毛棕榈油则需加工。另外，液体油氢化通常需要用镍作催化剂，因此，使用RBD棕榈油就会使化学方面的消耗降到最低。

棕榈油以半固体或浓稠油脂的形式存在。对于配方中需要部分固体油脂的产品，若使用棕榈油则可以降低成本，原因是棕榈油无需氢化。若用液体油，则要氢化达到固体形式，同时还会形成顺反异构体[182]。氢气是电解产生的，能量消耗很大，因而氢化成本很高。1t液体油氢化使其碘值从130g I/100g降低到70g I/100g需要用电348kW。使用液体油的成本还与各国家的电费相关。

半加工到完全加工的棕榈油产品能为贸易提供优势，尤其对于缺乏精炼生产能力的国家，其好处更为显著。若需进一步精炼，形成的损失较小。毛油精炼损失在4.2%～5.5%，这与采用连续式还是间歇式工艺有关。

使用进口精炼棕榈油的另一优点是避免了污水处理。在原料产地精炼棕榈油，如在马来西亚用物理精炼代替碱炼，这样产生的污水更少，也易处理。

8.8.3 满足世界油脂需求

许多预测表明：全球植物油脂需求量将从1992年的8300万t增加到10500万t。这相当于每年的需求量增加275万t。从长远角度看，我们并不认为油料和肉的副产品比其主产品的需求量增加得还快。同样，其他油脂的产量如花生油、芝麻油、橄榄油、椰子油、鱼油以及黄油的增长速率都低于民众对所有油脂需求量的增加。因此，世界油脂的额外需求必须由四种增速高于平均水平的油脂来满足，即：葵花籽油、菜籽油、棕榈油和棕榈仁油。然而，葵花籽和菜籽的种植受制约葵花籽粕和菜籽粕的需求，还会受制于谷物、豆子、大米等农产品利润的竞争。这些都是棕榈油成为满足全球额外油脂需要的主要原因。

8.8.4 美国的棕榈油应用

表8.57所示为美国食用油脂的供应和消耗情况[2]。

表8.57 美国食用油脂的供应和消耗[2] 单位：万t

细目	1991年	1992年	1993年	1994年	1995年	1996年	1997年	1998年	1999年	2000年	2001年	2002年①	2003年②
10月份储量													
椰子油	277	188	251	164	163	84	150	393	152	136	260	227	148
玉米油	138	196	150	118	241	116	129	102	135	267	117	104	114
棉籽油	137	78	81	106	82	94	66	79	76	49	93	39	40
猪油	24	27	26	34	24	23	20	40	21	18	14	10	5
棕榈油	53	44	33	35	15	31	46	35	48	48	61	70	42
棕榈仁油	53	49	88	73	55	22	51	64	73	49	155	128	50
花生油③	25	51	50	25	40	65	86	41	40	32	31	32	50
红花籽油	28	28	18	31	21	44	27	38	48	36	21	17	19
大豆油	1786	2239	1555	1103	1137	2015	1520	1382	1520	1993	2767	2359	1486
葵花籽油	47	100	56	65	82	147	93	60	121	157	136	23	25
卡诺拉油	41	71	67	137	54	77	65	112	169	206	110	52	55
食用牛油	41	33	41	36	52	34	48	46	43	40	49	24	35
进口													
椰子油	841	1163	999	1100	874	1188	1438	791	926	1115	1093	860	970
玉米油	5	7	7	10	11	14	28	42	18	27	61	65	65
棉籽油	18	38	26	0	0	0	0	48	8	0	0	22	0
猪油	2	3	3	2	2	1	2	2	2	3	6	10	10
橄榄油	216	253	262	260	227	304	333	355	397	455	455	485	540
棕榈油	220	267	368	218	236	322	282	284	345	399	490	425	440
棕榈仁油	342	302	304	280	262	392	359	401	393	351	330	470	475
花生油③	1	0	11	4	5	14	10	73	12	79	39	70	70
卡诺拉油	815	861	902	938	1086	1075	1088	1060	1139	1193	1108	929	1215
红花籽油	22	15	16	26	35	30	51	51	33	34	40	43	45
大豆油	1	10	68	17	95	53	60	83	83	73	46	50	85
葵花籽油	9	0	7	1	2	22	8	5	4	8	36	60	5

续表

细目	1991年	1992年	1993年	1994年	1995年	1996年	1997年	1998年	1999年	2000年	2001年	2002[①]年	2003[②]年
食用牛油	6	10	15	18	8	5	2	3	10	32	7	11	10
产量													
玉米油	1821	1878	1906	2227	2139	2231	2335	2374	2501	2403	2461	2453	2650
棉籽油	1280	1126	1119	1312	1229	1216	1224	832	939	847	876	725	865
猪油	1016	1011	1015	1052	1013	979	1065	1106	1069	1050	1080	1075	1100
花生油[③]	356	286	212	314	321	221	176	145	229	179	230	286	219
卡诺拉油	32	49	406	299	355	342	451	548	617	641	585	541	629
红花籽油	69	87	111	115	127	103	115	111	91	88	76	89	91
大豆油	14345	13778	13951	15613	15240	15752	18143	18078	17825	18420	18898	18435	17020
葵花籽油	911	730	580	1165	860	840	959	1177	1046	873	673	320	595
食用牛油	1515	1414	1535	1550	1559	1407	1517	1677	1792	1764	1932	2075	2000
出口													
椰子油	22	0	19	18	12	12	6	11	14	8	7	8	10
玉米油	566	712	717	865	977	988	1118	989	970	951	1172	890	900
棉籽油	269	184	248	329	221	232	208	111	141	131	150	110	115
猪油	131	129	119	140	94	103	122	140	189	93	90	105	100
橄榄油	20	15	11	21	24	21	19	15	12	9	10	12	12
棕榈仁油	2	9	4	2	2	2	2	2	2	2	2	2	2
棕榈油	7	7	7	13	20	9	11	11	11	11	10	11	10
花生油[③]	151	52	61	97	108	21	13	10	18	14	8	42	19
卡诺拉油	15	16	76	153	147	295	349	272	284	187	255	166	157
红花籽油	73	65	75	93	122	83	83	92	51	35	37	37	40
大豆油	1644	1461	1531	2683	992	2033	3079	2372	1375	1401	2519	2250	850
葵花籽油	471	586	450	978	628	709	815	800	630	545	453	110	200
食用牛油[④]	333	306	316	277	241	181	236	322	224	338	475	485	490
国内消耗量													
椰子油	910	1084	1067	1083	941	1111	1189	1021	927	983	1119	930	958
玉米油	1202	1220	1228	1250	1298	1244	1271	1394	1417	1630	1363	1618	1804
棉籽油	1088	975	873	1007	996	1012	1004	772	833	672	780	636	750
猪油	885	886	890	924	922	880	925	987	886	964	1000	985	990
橄榄油	216	253	262	260	227	304	333	355	397	455	455	473	528
棕榈油	223	271	359	225	201	298	282	260	335	375	471	425	427

续表

细目	1991年	1992年	1993年	1994年	1995年	1996年	1997年	1998年	1999年	2000年	2001年	2002年①	2003年②
棕榈仁油	344	254	315	295	293	362	344	390	414	243	355	511	458
花生油	179	236	187	206	193	194	217	208	233	244	260	296	275
卡诺拉油	801	898	1162	1165	1271	1134	1143	1287	1435	1744	1496	1301	1687
红花籽油	15	47	40	57	17	67	73	59	86	102	89	93	95
大豆油	12248	13012	12939	12913	13465	14267	15652	16059	16059	16318	16833	17108	16522
葵花籽油	396	188	129	171	168	207	186	320	385	357	370	268	385
食用牛油	1197	1109	1239	1275	1345	1218	1286	1360	1581	1449	1488	1590	1515

注：①初步估计；
②ERS 和 WAOB 预测。
③1982 年 8 月到 1983 年 7 月的数据。
④消耗，根据 USDA－ERS 定义，指的是美国领土内粮食的储备、生产和进口减去出口和库存。
资料来源：人口普查局。

参考文献

1. FAO/WHO. *Fats, Oils and Related Products*, Vol. 8, Codex Alimentarius Commission, Rome, 1993, p. 61.

2. Oil Situation and Outlook Yearbook, Ecconomic Research Service, USDA, accessed Oct. 2004.

3. W. L. Siew, T. S. Tang, C. H. Flingoh Oh, and A. A. Rahman, *PORIM Rep.* PO(172)(1990).

4. H. Kifli, Malaysian Oil Palm Growers Council Technical Bulletin No. 3. 1981.

5. H. P. Sow, Ph. D. Thesis. University Science Malaysia, 1979.

6. B. K. Tan, paper presented at the Conference on Chemical Research in Malaysia, held in Kuala Lumpur Mar. 19－21. 1979, Kuala Lumpur, Malaysian Institute of Chemistry.

7. S. C. Yap, Y. M. Choo, C. K. Ooi, A. S. H. Ong, and S. H. Goh, *Elaeis* **3**(2)(12), 375(1991).

8. F. Mordret and A. M. Laurent, *Rev. Fr. des Corps Gras* **25**, 245(1978).

9. Ab. Gapor and co-workers. International Conference on Palm Oil Product Technology in the Eighties, Kuala Lumpur, June 22－24, 1981.

10. M. J. Downes, *Leatherhead Res. Rep. Nos.* 781, (1982), 411(1983), 487 and 445(1984), 518, 516, and 519(1985).

11. W. L. Siew, private communication, 1982.

12. Anon, Malaysian Standard MS 814: 1983.

13. A. H. G. Chin, C. H. Oh, and W. L. Siew, *MARDI Res. Bull.* **10**(1), 80(1982).

14. B. K. Tan and Flingoh C. H. Oh, *PORIM Tech.* (3), (1981).

15. C. H. Oh, Flingoh, private communication, 1982.

16. B. K. Tan and C. H. Oh, *PORIM Tech.* No. (4), (May 1981).

17. C. W. S. Hartley, *The Oil Palm*, Longman, London, 1967.

18. A. C. Zeven, Thesis, University of Wageningen, 1967.

19. R. Godding, *Bull. Agric. Congo Bedge.* **21**, 1263(1930).

20. R. B. Jagoe, *Malay. Agric. J.* **35**, 3(1952).

21. Anon, *Statistics on Commodities.* Ministry of Primary Industries, Malaysia, 1991.

22. R. H. V. Corley in R. L. Wastie and D. A. Earp, ed., *Advances in Oil Palm Cultivation*, Incorporated Society of Planters, Kuala Lumpur, 1973, pp. 37 – 49.

23. H. A. M. Van der Vossen, Thesis, University of Wageningen(1974).

24. H. L. Foster, M. Tayeb Dolmat, and Gurmit Singh, *Proceedings of International Oil Palm Conference*, PORIM, Kuala Lumpur, 1987, pp. 294 – 304.

25. D. Whiting, *Market Development of Palm Oil Products*, Geneva, International Trade Center, UNCTAD/GATT, 1982, pp. 108 – 113.

26. K. H. Lim, *Proc. of* 1987 *International O. P. P. O. Conf. -Agriculture*, 1992, p. 595.

27. A. N. Ma, *PORIM Bull.* (4), (May 1982).

28. C. F. Chooi, workshop, *Proc. Palm Oil Res. Inst.*, *Malaysia*, (9), 53 – 62(1984).

29. K. H. Lim, workshop, *Proc. Palm Oil Res. Inst.*, *Malaysia*, (9), p. 11 – 41(1984).

30. K. H. Lim, S. K. Quah, D. Gillies, and B. I. Wood, workshop, *Proc. Palm Oil Res. Inst. Malaysia*, (9), 42 – 52(1984).

31. S. K. Quah and D. Gillies, *Proc. of Nat. Workshop on Palm Oil By-Product Utilization*, 1981, pp. 119 – 126.

32. N. S. Chua and H. L. Giam, paper presented at National Workshop on Recent Development in Palm Oil Milling and Pollution Control Aug. 5 – 6, 1986.

33. K. W. Chan, I. A. Watson, and K. C. Lim in E. Pushparajah and S. C. Chin, eds., *Soil Science and Agriculture Development in Malaysia*, 1980, pp. 213 – 242.

34. J. Kanagaratnam, A. L. Lai, K. H. Lim, and B. J. Wood, *Proc. of Nat. Workshop on Oil Palm By-Product Utilization*, 1981, pp. 16 – 23.

35. C. H. Lim, T. C. Ping, K. W. Chan, and S. Y. Chooi, Proc. of Land Application of Palm Oil and Rubber Factory Effluent, Malaysia Society of Soil Science, 1983, pp. 71 – 89.

36. K. H. Yeow and Gurmit Singh. MOPGC/TRC Internal Report, 1983.

37. N. S. Chua, paper presented at Seminar on Developments in Palm Oil Milling Technology and on Develop-

ments in Palm Oil Milling and Technology and Environment Management, May 16 – 17, 1981.

38. H. K. Jorgensen, *AOCS*, **60**(2), 282(1985).

39. M. S. A. Kheiri, *J. Am. Oil Chem. Soc.* **62**, 210(1985).

40. L. R. Strecker, J. M. Hasman, and A. Mazer, "Proceedings of World Conference in Emerging Technologies in the Fats and Oils Industries", *AOCS*, **51**, (1985).

41. F. E. Sullivan, *J. Am. Oil Chem. Soc.* **53**, 358(1976).

42. T. S. Tang, K. T. Teoh, and Y. Y. Lee, *Palm Oil Product Technologies in the Eighties*, Incorp. Soc. Planter, Kuala Lumpur, 1983, p. 195.

43. M. S. Fraser and G. Frankl, *J. Am. Oil Chem. Soc.* **58**, 926(1981).

44. P. A. T. Swoboda, *J. Am. Oil Chem. Soc.* **62**, 287(1985).

45. K. G. Berger, *PORIM Bull.*, (4), 57(1982).

46. F. V. K. Young, *PORIM Tech.* (1), 31(1981).

47. P. D. Howes, T. C. Soon, S. H. Lim, D. B. Shaw, and P. K. Stemp, *Proceedings of PORIM International Conference on Progress, Prospects and Challenges Towards the 21st Century. Module III: Chem. & Tech.*, PORIM, Kuala Lumpur, 1993, p. 55.

48. M. G. A. Wilhems, *J. Am. Oil Chem. Soc.* **62**, 454(1985).

49. M. Loncin, Fette Seifen Anstrichm **64**, 531(1962); **76**, 104(1974).

50. B. Jacobsberg, *PORIM Occasional Paper*, No. 12, 11(1983).

51. P. Sjoberg, *Proceedings of PORIM International Oil Palm Conference, Progress and Prospects Conference II*: Technology, PORIM, 1987, p. 219.

52. A. Athanassiadis, *Ibid*, 440(1987).

53. M. M. Sein, *Proceedings of PORIM International Palm Oil Conference, Progress, Prospects & Challenges Towards the 21st Century, Module III: Chem. & Tech.*, 1991, p. 78.

54. H. L. Gian and N. S. Chua, *Proceedings of* 1987 *International Oil Palm/Palm Oil Conference: Progress & Prospects(Technology)*, PORIM/ISP, 1988, p. 177.

55. Hamirin Kifli, *PORIM Rep.* PO(5a), 83(1983).

56. M. T. Ab, Gapor and co-workers, *Palm Oil Product Technology in the Eighties*, PORIM, Kuala Lumpur, 1983, p. 145.

57. M. T. Ab, Gapor and co-workers Austral. Pat. 618,791(1993).

58. R. Timms, *Chem. Ind.*, 342(1991).

59. F. V. K. Young in F. D. Gunstone, *Critical Reports on Applied Chem.*, Vol. 15, John Wiley & Sons, Inc., 1987, p. 62.

60. S. Wong, T. H. Goh, L. C. Tan, and P. P. Kerk, *Proceeding of PORIM International Palm Oil Conference*,

Module III: *Chem. & Tech.* , 1993, p. 90.

61. E. Diffense, *J. Am. Oil Chem. Soc.* **62**, 376(1985).
62. J. B. Rossell, *J. Am. Oil Chem. Soc.* **62**, 385(1985).
63. D. R. Abigor, F. I. Opute, A. R. Opoku, and A. U. Osagie, *J. Sc. Food Agrie.* **36**, 599(1985).
64. S. Ravigadevi, C. L. Chong, K. C. Oo, K. H. Yeo, and R. Premavathy, *J. Expt. Bot.* **42**, 1199(1991).
65. M. Loncin, *Oleagineaux* **7**, 695(1952).
66. D. A. Okiy, *Oleagineaux* **33**, 625(1978).
67. K. G. Berger, *Oil Palm News* **22**, 10(1977).
68. V. K. Lal and A. Gasper, *Proceedings of* 1991 *PORIM International Palm Oil Conference Module III*, 1993, p. 243.
69. W. L. Siew, *PORIM Bull.* ,(24), 41(1992).
70. S. B. Ng and A. Southworth, *Proceedings of Workshop on Quality in the Palm Oil Industry*, PORIM, Kuala Lumpur, 1985, p. 7.
71. G. N. McDermott, *JAOCS*, **53**, 449(1976).
72. W. C. Seng, *JAOCS*, 926A(1980).
73. Donnelly, Wastewater from Edible Oil Refining and Margarine Processing(1989).
74. K. K. Chin and K. K. Wong, *Water Res.* **15**, 1087(1981).
75. K. K. Chin, W. J. Ng, and A. N. Ma, *Biological Wastes* **20**, 101(1987).
76. G. Choffel, *JAOCS* **53**, 446(1976).
77. M. L. Arora, E. F. Barth, and M. B. Umpbres, *JPWCF* **57**, 867(1980).
78. R. L. Irvine, L. H. Ketchum, Jr. , M. L. Arora, and E. F. Barth, *JWPCF* **59**, 847(1985).
79. R. L. Irvine, G. Miller, and Ajit Singh Bhamrah, *JWPCF* **51**, 224(1979).
80. R. L. Irvine, D. V. S. Murthy, M. L. Arora, J. L. Copeman, and J. A. Heidman, *JWPCF* **59**, 132(1987).
81. J. C. Palisand and R. L. Irvine, *JWPCF* **57**, 82(1985).
82. H. Melcer, W. K. Bedford, B. H. Topnik, and N. W. Schmidtke, *JWPCF* **59**, 19(1987).
83. K. V. Lo, N. C. R. Bulley, and E. Kwong, *Agricul. Wastes* **13**, 131(1985).
84. K. V. Lo, J. P. Tam, and P. H. Liao, *Biolog. Wastes* **25**, 193(1988).
85. W. J. Ng, *Biolog. Wastes* **22**, 285(1987).
86. K. C. Okkyung and Y. Pomerang, *J. Am. Oil Chem. Soc.* **60**, 1848(1983).
87. N. A. Idris, *PORIM Information Series* No. 9, Palm Oil Research Institute of Malaysia(1992).
88. N. A. Idris, K. G. Berger, and A. S. H. Ong, *J. Sci. Food Agric.* **46**, 481(1989).
89. N. A. Idris, Ph. D. Thesis, Univeriti Kebangsaan Malaysia, 1991.
90. N. A. Idris, A. Abdullah, M. S. Embong, and A. H. Hassan, *Elaeis* **3**, 302(1991).

91. N. A. Idris, A. Abdullah, and M. S. Embong, *ASEAN Food J.* **7**, 202(1992).

92. K. G. Berger, *PORIM Occasional Paper* No. 2, Palm Oil Research Institute of Malaysia(1981).

93. J. Ward, *J. Am. Oil Chem. Soc.* **65**, 1731(1988).

94. Y. K. Teah and A. S. H. Ong, *Palm Oil Develop.* ,(4), 17 – 18(1986).

95. M. S. A. Kheiri, *PORIM Occasional Paper* No. 5, Palm Oil Research Institute of Malaysia(1982).

96. H. Von Zeddelman and J. Wurziger, *Fette*, *Seifen Anstrichminel* **75**, 18(1973).

97. L. Faur, *Rev. Frane. des Corps Gras* **78**, 77(1975).

98. B. Toregard and A. Eriksson, Proceedings of 10th Scandinavian Symposium on Lipids, Nyborg, Denmark Sec. A. 1979, p. 54.

99. M. E. Herendi and R. Bethke, *Susswaren* **12**, 410(1982).

100. A. M. T. Gapor, *Palm Oil Develop.* No. **12**, 25 – 27,(1990).

101. S. Mashashi, T. Yoshikazu, and S. Masanori, *J. Am. Oil Chem. Soc.* **62**, 449(1985).

102. M. A. Augustine, L. K. Heng, and I. Nor Aini, *Pertanika* **11**, 393(1988).

103. M. A. Augustine, L. K. Heng, and I. Nor Aini, *Pertanika* **12**, 167(1989).

104. S. Torrey, *Edible Oils and Fats—Developments Since* 1978, Royes Data Corp. , Park Ridge, N. J. , 1983.

105. J. A. Wolfe, *Manufacturing Confectioner*, 53(Apr. 1977).

106. H. Traither and A. Dieffenbacher, *J. Am. Oil Chem. Soc.* **62**, 417(1985).

107. I. Nor Aini, *Palmsearch Circular* No. 2, 87 – 92,(1990).

108. I. Nor Aini, H. Hanirah, F. C. H. Oh, and N. Sudin, *J. Am. Oil Chem. Soc.* **69**, 1206(1992).

109. I. Nor Aini, H. Hanirah, N. Sudin, F. C. H. Oh, and T. S. Tang, *JAOCS*(1994).

110. H. J. Richtler and J. Knaut, *Seifen-Ole-Fene-Waschse* **117**(15), 545(1991).

111. H. Kifli and S. Krishnan, *Proceedings of the PORIM International Oil Palm/Palm Oil Conference: Progress and Prospects*, PORIM, Kuala Lumpur, 1987, pp. 304 – 315.

112. A. Kuntom and H. Kifli, *Proceedings of the PORIM International Oil Palm/Palm Oil Conferences: Progress and Prospects.* PORIM, Kuala Lumpur, 1987, pp. 328 – 331.

113. A. Kuntom and H. Kifli, in T. H. Applewhite, ed. , *Proceedings of the World Conference on Oleochemicals into the 21st Century*, American Oil Chemists' Society Champaign, III. , 1990, pp. 298 – 304.

114. S. Ahmad and H. Kifli, in A. R. Baldwin, ed. , *Proceedings of the Second World Conference on Detergents: Looking Toward 90's.* American Oil Chemists' Society, Champaign, III. , 1987, pp. 250 – 256.

115. T. L. Ooi, A. Kuntum, W. L. Siew, Y. A. Tan, and B. Muhammad, in *Proceedings of the* 1993 *PORIM International Palm Oil Conference*, PORIM, Kuala Lumpur, 1993.

116. G. Dieckelmann and H. J. Heinz, *The Basics of Industrial Oleochemistry*, Oleochemicals Consulting International, D-4330 Mulheim(Ruhr)-Saarn, 1988.

117. Y. Basiron and A. Hitam, *PORIM Information Series* No. 4, 1992.

118. S. Ahmad, Y. C. Leong, I. Mohammad, and E. L. Ong, *Proceedings of the PORIM International Oil Palm/ Palm Oil Conferences: Progress and Prospects.* PORIM, Kuala Lumpur, 1987, pp. 291 – 303.

119. S. Ahmad, A. Rafiei, and Z. Ismail, *PORIM Rep.* PO(125a) 87 General(1987).

120. S. Ahmad, Y. C. Leong, C. S. Wong, and A. Rafiei, *PORIM Rep.* PO(134B)88 General(1988).

121. H. Hassan, S. Ahmad, and A. Ibrahim, *PORIM Information Series* No. 6(1992).

122. H. Kluth and A. Meffert, U. S. Pat. 4,508,853,(Apr. 2, 1985).

123. H. Kluth, B. Gruber, A. Meffert, and W. Huebner, U. S. Pat. 4,742,087,(May 3, 1988).

124. H. Hassan, S. K. Yeong, and S. Ahmad, *Proceedings of the PORIM International Palm Oil Conference*, PORIM, Kuala Lumpur, 1993.

125. H. M. Nor, M. H. Mahmood, H. Kifli, and M. A. Rahman, in T. H. Applewhite, ed. , *Proceedings of the-World Conference on Oleochemicals into the 21st Century*, American Oil Chemists' Society, Champaign, III. , 1990, pp. 311 – 314.

126. H. M. Nor, M. H. Mahmood, H. Kifli, M. A. Rahman, and A. Rafiei A, *Nuc. Sci. J. Malaysia* **8**, 149 (1990).

127. M. H. Mohammad, H. Nor, H. Kifli, M. A. Rahman, and A. Rafiei, *Nuc. Sci. J. Malaysia* **9** (2), 95 (1991).

128. H. Kifli and S. Ahmad, *PORIM Rep.* (1985).

129. T. L. Ooi and A. S. H. Ong, *Proceedings of the PORIM International Oil Palm/Palm Oil Conferences: Progress and Prospects.* PORIM, Kuala Lumpur, 1987, pp. 322 – 327.

130. A. Kuntom, H. Kifli, and C. H. Oh, *Transparent Soaps Derived from Palm Oil*, ABISA Congress, Olindo, Brazil, 1992.

131. A. Kuntom, unpublished results, Palm Oil Research Institute of Malaysia, Kuala Lumpur.

132. I. Mohamed, E. L. Ong, H. Kifli, and M. A. Rahman, PORIM Rep. 1989.

133. F. Timmermann, *Medium Chain Triglycerides—The Unconventional Oil*, Chemicals Fabrik Grunau Gmbh, Germany, 1991.

134. R. M. Speed, *Proceedings of* 1989 *PORIM International Palm Oil Development Conference*, PORIM, Kuala Lumpur, 1989, pp. 127 – 129.

135. M. A. Margeson and J. S. Schwartz, *Proceedings of* 1991 *PORIM International Palm Oil Conference*, PORIM, Kuala Lumpur, 1991, pp. 193 – 198.

136. T. Ogoshi and Y. Miyawaki, *J. Am. Oil Chem. Soc.* **62**(2), 331(1985).

137. T. C. Inagaki, in T. H. Applewhite, ed. , *Proceedings of the World Conference on Oleochemicals into the 21st Centuries*, American Oil Chemists' Society, Champaign, III. , 1990, pp. 269 – 278.

138. S. Ahmad, *Proceedings of the PORIM International Palm Oil Conference*, PORIM, Kuala Lumpur, 1993.

139. A. S. H. Ong, A. H. Hassan, Y. Basiron, Y. M. Choo, and A. Gapor, *Proceedings of the Symposium on New Developments in Palm Oil*, 1989.

140. A. N. Ma, and co-workers, *Proceedings of the PORIM International Palm Oil Conference*, PORIM, Kuala Lumpur, 1993.

141. K. Y. Cheah and co-workers, *J. Am. Oil Chem. Soc.* **69**(5), (1992).

142. G. Eisenbrand, M. Blankart, H. Sommer, and B. Weber, *N-Nitroalkanolamines in Cosmetics*, IARC Science Publication, 1991, pp. 238 – 241.

143. M. C. Chow and C. C. Ho, *Proceedings of the PORIM International Palm Oil Conference*, PORIM, Kuala Lumpur, 1993.

144. C. H. Teoh and C. S. Chia, paper presented at 1993 PIPOC, Sept. 20 – 25, 1993, Kuala Lumpur, Malaysia.

145. N. MacFarlene, A. A. Swetman, and D. G. Coursey, *Proceedings of Second African Palm Oil Processing Workshop*, *Nigeria*(1983), FAO, Rome, 1984.

146. P. M. Kris-Etherton, C. Y. Ho, and M. A. Fosmire, *J. Nutr.* **114**, 675(1984).

147. M. Sugano, T. Ishida, and K. Koba, *J. Nutr.* **118**, 548(1988).

148. K. Sundram, H. T. Khor, and A. S. H. Ong, *Lipids* **25**, 187(1990).

149. D. Klurfeld, *Proceedings PORIM International Development Conference*, PORIM, Kuala Lumpur, 1989.

150. A. S. H. Ong and co-workers, *FASEB* 2: Abst. 7228(1988).

151. S. Lindsey, J. Benattar, A. Pronczuk, and K. C. Hayes, *Proc. Soc. Biol. Med.* **195**, 261(1990).

152. F. M. Mattson and S. M. Grundy, *J. Lipid Res.* **26**, 194(1985).

153. C. W. Laine and co-workers, *Am. J. Clin. Nutr.* **35**, 683(1982).

154. Anon, *Nutr. Rev.* **45**, 205(1987).

155. K. Sundram, G. Hornstra, A. C. Houwelingen, and A. D. M. Kester, *Br. J. Nutr.* **68**, 677(1992).

156. A. Maozuki, F. Arshad, T. A. Razak, and K. Jaarin, *Am. J. Clin. Nutr.* **53**, 1010S(1991).

157. K. W. Ng and co-workers, *Am. J. Clin. Nutr.* **53**, 1015S(1991).

158. K. W. Ng and co-workers, *J. Am. Coll. Nutr.* **11**, 383(1992).

159. R. Wood, K. Kubena, R. Crook, G. Martin, and S. Tseng, *J. Nutr. Biochem.* **4**, 1(1993).

160. D. Heber and co-workers, *Nutr. Res.* **12**, S53(1992).

161. A. S. Truswell, N. Choudhury, and D. C. K. Roberts, *Nutr. Res.* **12**, S43(1992).

162. A. Bonanome and S. M. Grundy, *N. Engl. J. Med.* **318**, 1244(1988).

163. D. M. Hegsted, R. B. McGandy, M. L. Meyers, and F. J. Stare, *Am. J. Clin. Nutr.* **27**, 281(1965).

164. K. C. Hayes, A. Pronczuk, S. Lindsey, and D. Diersen Schade, *Am. J. Clin. Nutr.* **53**, 491(1991).

165. K. C. Hayes and P. R. Khosla, *FASEB J.* **6**, 2600(1992).

166. K. Sundram, K. C. Hayes, and O. H. Siru, *Am. J. Clin. Nutr.* **59**, (1994).

167. K. Sundram. K. C. Hayes, and O. H. Siru, (1994).

168. A. A. Qureshi, W. C. Burger, D. M. Peterson, and C. E. Elson, *J. Biol. Chem.* **261**, 10544(1986).

169. A. A. Qureshi and co-workers, *Am. J. Clin. Nutr.* **53**, 1021S(1991).

170. D. T. S. Tan and H. T. Khor, *Am. J. Clin. Nutr.* **53**, 1027S(1991).

171. A. A. Qereshi and co-workers. *Proceedings PORIM International Development Conference*, PORIM, Kuala Lumpur, 1989.

172. M. L. Wahlqvist and co-workers, *Nutr. Res.* **12**, S181(1992).

173. E. Serbinova, V. Kagan, D. Han, and L. Packer, *Free Rad. Biol. Med.* **10**, 263(1991).

174. K. Kazunori, A. Khoji, K Ikuo, and M. Sugano, *Biosci. Biotech. Biochem.* **56**, 1420(1992).

175. K. Sundram, H. T. Khor, A. S. H. Ong, and R. Pathmanathan, *Cancer Res.* **49**, 1447(1989).

176. P. W. Sylvester, M. Russel, M. M. Ip, and C. Ip, *Cancer Res.* **46**, 757(1986).

177. K. Komiyama and M. Yamaoka, *Chem. Pharm. Bull.* **37**, 1369(1989).

178. K. Nesaretnam and co-workers, *Nutr. Res.* **12**, 63(1992).

179. M. Murakoshi and co-workers, *Cancer Res.* **52**, 6583(1992).

180. J. Podmore, in R. J. Hamilton and A. Bhati, eds., *Application of Modification Techniques in Recent Advances in Chemistry and Technology of Fats and Oils*, 1987.

181. H. Kifli and S. Krishnan, *Proceedings of the* 1987 *International Oil Palm/Palm Oil Conference*, *Progress and Prospects.* 29th June-1st July, 1987.

182. E. Bernardini, *Oilseeds*, *Oils and Fats*, *Vol. II*, *Oils and Fats Processing*, 2nd ed., B. E. Oil Publishing House, Rome.

9 花生油

Harold E. Pattee

North Carolina State University,

Raleigh, North Carolina

9.1 花生的起源与历史

1753 年，林奈（*Linneaus*）将种植的花生品种称为落花生（*Arachis hypogaea*）（arachis 源自希腊语，意为野草，hypogaea 意为地下洞室）或是果实长在土壤下的草本植物。普遍认为，种植的花生（*A. hypogaea*）起源于玻利维亚南部和阿根廷北部地区，因为其原始特征与这个地区的花生种质相关联[1]。亚种 *hypogaea* var. *hypogaea* 是这个地区主要的花生品种，Krapovickas[2] 推测 var. *hypogaea* 代表了最古老的品种，因为它和相关的花生品种具有相似的纤匍、分枝方式，且都没有复合花冠。

另外，在秘鲁西海岸的利马北部发现了第二个与花生（*Arachis hypogaea*）起源和进化有关的信息。在 de la Llamas-Moxeke 南美大草原的卡斯马附近出土的文物中发现了公元前 1500 年的花生壳[3~5]，而且在 de las Llamas – Moxeke 南美大草原北部的古老墓葬中发现的黄金雕刻品[6,7]，与卡斯马地区现在种植的花生品种很类似。

花生原产于南美洲，早期的西班牙和葡萄牙探险家发现印第安人种植花生和其他粮食作物。花生从南半球的热带及亚热带地区引种到欧洲、非洲海岸地区以及亚洲和太平洋岛屿[8]。世界上高度发达的农业文明之一——秘鲁印加人在秘鲁漫长的沿海地带栽植花生。加尔西拉索德拉维加这样描述花生：“被印第安人称为 *ynchic*，是长得像西葫芦，尝起来像杏仁的长在地下的蔬菜”。它具有食用和药用价值：“生吃会引起头痛，但烤着吃是非常有益健康的，裹着糖衣会更好吃；他们用花生制作一款很不错的甜食，他们也用 *ynchic* 榨油，对很多疾病都有疗效[8]”。没有记载花生首次被有目的地引种到欧洲及美国东南部的殖民地海岸的时间，可是随着世界范围的引种，花生已经成为一种重要的农产品，花生油在很多国家已成为烹调主要原料。

9.2 国际情况

9.2.1 花生产量

在世界范围内，花生拥有多个名称，如落花生（ground nut）和地之果（earth nut），这是因为其果实长在地下的缘故。全球有30多个不同国家都种植有大量的花生。2002年全球花生产量预计超过3100万t[9]。印度、中国和美国是花生的三大生产国，其2002年的产量占全球总产量的70%以上。在过去30年里，世界的花生产量有了显著的增长（表9.1）。1972年平均产量为1440万t，1980年为1600万t，1990年为2160万t，2000—2002年为3200万t[9,10]。产量增长一方面是由于从1972—2002年间花生的种植面积增加了22%。而更主要的原因是因为从20世纪70年代的0.93t/hm^{2}增长到2001—2002的1.40t/hm^2。在这三大生产国中，印度20世纪70年代至90年代之间产量增长了42%，但90年代至2002年下降了16%。中国20世纪70年代至90年代之间产量增长了179%，至2002年又增长了136%。从20世纪90年代起，美国花生总产量增长了15%，一直保持在190万t左右[9,10]。30年间，第二梯队的8个国家的种植面积和产量平均约为463万hm^{2}和446万t。从表9.1的数据来看，8个国家总种植面积最高为1972年的538万hm^2，最低为1990年的393万hm^2；产量最高在2000年的550万t，最低在1990年为346万t（表9.1）。花生生产国的世界出口量仅增长了22%，从1972年的117.8万t（译者注：此处原文1178MMT，疑小数点有误，原文有多处此类错误，译者已更正）至2002年的151.8万t。但是，在这期间中国的出口量从4.2万t增长至50万t，这个增长量占到世界出口量的近三分之一。另一方面，非洲国家如尼日利亚、塞内加尔和苏丹的出口量有所降低，总量从1972年的44.7万t降至2002年的0.9万t。

9.2.2 花生利用

通过比较近些年花生的生产和消费情况，可以看出花生并不是一种容易储存的作物（表9.1）。花生的利用可分为以下几个方面：压榨、食品、饲料、种子、损耗。1972年，表中所列出的11个国家中有7个国家对于花生的首要用途都是榨油和利用饼粕。在美国，花生作为食品的利用率最高，是位居其次的印度尼西亚的两倍。在美国，花生作为食品的利用量是用作榨油原料的利用量的两倍。2002年，对于花生的首要用途是制作食品的国家增加到6个，而美国和印度尼西亚将花生作为食品原料的消费量上几乎相当（表9.1）。

表9.1 近30年主要国家花生生产和利用[1] 单位：1000t

年份	国家	收获面积/mhm²	产量	总供给	出口	国内消费量				总消费
						压榨	食品	饲料、种子、损耗	总计	
1972	中国	1878	2092	2092	42	1018	768	264	2050	2092
1972	印度	6990	4092	4342	33	3511	532	266	4309	4342
1972	美国	601	1485	1663	236	386	768	78	1232	1663
1972	阿根廷	370	440	457	2	331	46	21	398	457
1972	巴西	506	590	590	78	401	59	52	512	590
1972	缅甸	633	390	390	0	228	142	20	390	390
1972	印度尼西亚	407	483	483	29	91	340	23	454	483
1972	尼日利亚	1220	772	797	284	383	100	30	513	797
1972	塞内加尔	1100	540	540	7	385	45	103	533	540
1972	苏丹	690	568	568	156	91	210	111	412	568
1972	扎伊尔	451	230	230	0	81	137	12	230	230
1972	全球	18121	14421	16263	1178	8569	4873	1270	14712	16263
1980	中国	2339	3600	3600	305	1677	1257	371	3295	3600
1980	印度	6801	5005	5205	71	4059	325	650	5034	5205
1980	美国	566	1045	1512	228	202	663	232	1097	1512
1980	阿根廷	197	243	282	74	147	12	11	170	282
1980	巴西	235	310	312	37	196	37	42	275	312
1980	缅甸	514	431	431	0	319	91	21	431	431
1980	印度尼西亚	508	791	806	2	47	682	75	804	806
1980	尼日利亚	650	530	530	0	204	220	106	530	530
1980	塞内加尔	1064	521	521	3	258	101	159	518	521
1980	苏丹	894	707	707	133	377	151	46	574	707
1980	扎伊尔	480	320	320	0	107	185	28	320	320
1980	全球	17508	16040	17805	1113	8507	5697	1989	16193	17805
1990	中国	2907	6368	6369	448	3250	2209	462	5921	6369
1990	印度	8309	7514	7514	45	5999	490	980	7469	7514
1990	美国	732	1634	1964	296	313	916	129	1358	1964
1990	阿根廷	198	311	341	110	123	31	30	184	341
1990	巴西	95	157	172	2	50	95	20	165	172
1990	缅甸	554	472	472	10	320	96	46	462	472

续表

年份	国家	收获面积/mhm²	产量	总供给	出口	国内消费量				总消费
						压榨	食品	饲料、种子、损耗	总计	
1990	印度尼西亚	600	860	860	0	45	850	90	988	1011
1990	尼日利亚	500	250	250	0	80	100	60	240	260
1990	塞内加尔	914	703	703	4	480	146	93	719	758
1990	苏丹	540	325	325	20	145	135	25	305	325
1990	扎伊尔	530	380	380	0	129	229	22	380	380
1990	全球	19089	21656	21656	1304	11705	7791	2157	21653	23498
2000	中国	4856	14437	14437	450	6800	6047	1140	13987	14437
2000	印度	8100	5700	5700	100	4300	500	800	5600	5700
2000	美国	541	1481	2138	239	248	988	166	1402	2138
2000	阿根廷	251	395	409	177	142	21	19	182	409
2000	巴西	102	196	216	3	60	125	18	203	216
2000	缅甸	530	640	640	12	390	162	76	628	640
2000	印度尼西亚	650	1040	1178	0	64	1030	70	1164	1178
2000	尼日利亚	1210	1470	1475	0	510	670	290	1470	1475
2000	塞内加尔	1030	1003	1028	9	420	395	149	964	1028
2000	苏丹	550	370	370	5	210	135	20	365	370
2000	扎伊尔	491	382	382	0	120	232	30	382	382
2000	全球	22644	31120	33225	1387	14174	13886	3021	31081	33225
2002	中国	5000	14500	14500	500	6950	5950	1100	14000	14500
2002	印度	8100	6700	6700	105	5060	600	935	6595	6700
2002	美国	551	1702	2395	293	292	1090	167	1549	2395
2002	阿根廷	200	315	335	160	125	21	19	165	335
2002	巴西	100	195	215	3	60	124	18	202	215
2002	缅甸	530	640	640	12	390	162	76	628	640
2002	印度尼西亚	650	1000	1219	0	62	1075	68	1205	1219
2002	尼日利亚	1230	1510	1515	0	528	685	297	1510	1515
2002	塞内加尔	750	500	523	5	160	252	85	497	523
2002	苏丹	550	370	370	4	211	135	20	366	370
2002	扎伊尔	500	390	390	0	132	233	25	390	390
2002	全球	22507	31837	34155	1518	14901	13975	3056	31928	34155

资料来源：http://www.fas.usda.gov/psd/complete_file/OIL-2221000.csv.

9.2.2.1 花生油

Hammon[8]关于花生的起源和早期历史的回顾，为早期葡萄牙和西班牙探险者撰写书籍和将花生用作油料资源提供了广阔的视角。1800年左右，地中海港口城市瓦伦西亚建立了一家榨油厂，这证明了西班牙人对花生油价值的认可[11]。多数权威记载表明，花生是由葡萄牙人从巴西传入非洲的。19世纪，西非是花生的主要出口地。Brooks[12]的综述介绍了花生产业在非洲的发展及花生从西非出口到世界各地的情况。1834年花生首次从冈比亚出口到英国，出口量为213筐，但是第二年出口量增长到47t，而到了19世纪40年代，花生每年的出口量已经达到数千吨。冈比亚最早向美国出口花生是在1835年，随后从1837—1841年，出口美国的花生占花生总出口量的主要部分。花生售往英国是为了榨油，而售往美国则主要是由于炒花生的香味很受欢迎。

拿破仑战争后，受到世界范围的油脂短缺、人口增长，生活水平的提高以及新工人阶级产生的刺激，欧洲的花生油工业开始发展起来。19世纪30年代英国和法国的肥皂和蜡烛生产商也越来越依赖于国外油脂的供应。受英国进口花生的影响，法国的实业家们逐步开始尝试生产花生油。1833年，一位来自Gorée的商人Jaubert将花生油样品带入法国马赛，1840年法国降低了花生的关税，Jaubert又从西非运送了一船重722kg的花生到马赛，从此开始了花生的商运行业[8,12]。据记载，在1842年，在上次花生商运之后，其他商人向马赛运送了将近1000t花生。整个19世纪，欧洲花生油的产量持续增长。到1899年，马赛17家工厂压榨了将近20万t花生，英国和其他欧洲国家花生油的加工能力与此相当[13]。20世纪70年代中叶，法国成为花生的主要进口国和花生油生产国，仅在1972年花生压榨量达33.1万t。但到了1980年和2000年，花生压榨量分别降至7.9万t和0.8万t[10]。

过去30年里，全球用于榨油的花生量从795.7万t增至1490.1万t，见表9.2。发生这种变化的原因主要是，中国和印度花生产量增加，而阿根廷和巴西等南美国家产量降低。花生油基本都在生产花生油的国家中使用。值得注意的是，在1990—2002年间，日本国内花生油工业用量从0.4万t增长到1.4万t。从1972—2002年，花生油的出口量降低了近42%。2002年，全球花生油出口量为25.2万t，其中阿根廷、尼日利亚、塞内加尔和苏丹四国占了近70%。

（1）制油 液压压榨、螺旋压榨和溶剂浸出是榨取种子油的三种主要方法。如果选用液压压榨生产花生油，在压榨后还需要用热溶剂浸出。螺旋压榨法主要依赖于压榨过程中摩擦力和挤压力的大小，这两种力所产生的热量有利于油的榨取。这一过程中能榨出约50%的花生油。其余的油脂则采用正己烷浸出制得，正己烷则在随后的蒸发浓缩过程中去除。溶剂浸出包括用石油烃或其他的化学溶剂。溶剂浸出工艺是在一个非常密闭的系统中完成的，这个系统包括压榨、萃取和回收再利用。据报道，用正己烷、95%乙醇或无水乙醇萃取花生粗粉的得率较高[14]。制得的油脂采用氢氧化钠进行精炼脱酸，中和游离脂肪酸，并在82℃水洗去除氢氧化钠，之后在约100℃减压条件下用脱色白土脱色。精炼后的油脂在真空条件下加热，通过过热的蒸汽脱臭。超临界CO_2技术用于花生油和其他食用油的脱酸和脱臭的研究已有报道[15]。精炼工艺的目的是为了去除非甘油三酯成分，包括游离脂肪酸、无水化磷脂、甾醇、色素、糖苷、蜡质、碳氢化合物和其他一些影响精炼油风味和氧化稳定性的物质[16]。

(2)非传统制油技术和籽粒处理 如果浸出的油脂用于人类消费，则必须完全去除有机溶剂。超临界流体萃取技术因其在分离工艺中没有引入残留的有机溶剂而极具吸引力。超临界CO_2技术是超临界流体萃取技术中最为普遍的。CO_2价格相对便宜，是非易燃品，无毒，而且通过减压可以很容易从油品中去除。然而，颗粒大小对萃取得率有显著的影响[18~20]。CO_2是美国食品与药品管理局（FDA）批准的，公认为一种安全物质。

超临界、低压、液化的食品级丁烷也可用于制取花生油[21]。浸出过程包括将液态丁烷与原料混合形成浆体。液化气体和油脂随后进入溶剂回收系统中，从而使油脂与丁烷分离。油从溶剂回收系统中泵入储存罐，丁烷在这个系统中转换成气态运送到丁烷储藏罐重复利用。

水酶法提油是另一种环保型制油技术。这种方法可将油和蛋白同时从油料种子中分离出来，它是基于将粉碎后的油料仔细分散到水中然后通过离心将油、固态物质、水相分离的方法。制油过程中存在的特定酶可打碎细胞壁及油体，提高油的提取得率[22]。有研究报道，水酶法提取花生油的得率约为98%[23]。最近，报道了一种新颖的水酶法制取花生油技术，这种方法油的回收率可达86%~92%[24]。

微波处理法可将原料迅速加热，可广泛用于作物中酶的灭活[25~28]、提取天然产物[29]及从种子和食品中提取油脂[30~32]。在30s的适宜处理时间内，微波处理花生种子比压榨制油的得率增加了约10%[30]。但初始游离脂肪酸含量与过氧化值均随着处理时间的增加而增加[30]。微波热处理花生油的研究表明，微波处理条件对油的稳定性影响较大[33]。

(3)制油副产物 花生油生产的副产物是花生粕，不同的榨油方法产生的花生粕中残油量在1%~7%。除印度和阿根廷两个国家以外，其他国家对花生粕的消费是非常少的（表9.3）。花生粕主要用于动物饲料。当花生粕用于人类和动物消费时，必须认真考虑它的品质。不同的油料种子、坚果、谷物及其加工产品都很容易受到真菌毒素污染[34]，而这些真菌毒素对人类及动物健康具有危害性[35]。目前已经建立了真菌毒素的全球性法规[36]。真菌毒素大多与蛋白质的一些基团结合，通过油脂精炼加工后，精炼油中检测不到真菌毒素。由于细微颗粒的残留，非精炼油或轻度精炼油可能含有真菌毒素。含油量低的食用花生粕可能会加工成粉末。如果使用低品质的花生，就会存在提油得率低及存在安全隐患的问题，其副产物只能用作肥料。

表 9.2 近 30 年主要国家制油用花生量和利用[1] 单位：1000t

年份	国家	压榨量	油产量	现存量	进口	总供给	国内消费		出口	总消费
							食品	总量		
1972	中国	1018	254	0	0	254	234	234	20	254
1972	印度	3511	1060	0	0	1060	1060	1060	0	1060
1972	美国	386	122	15	0	137	72	72	48	137
1972	阿根廷	331	78	2	0	80	0	0	80	80
1972	巴西	401	112	0	0	112	68	68	44	112
1972	缅甸	228	73	0	0	73	73	73	0	73
1972	印度尼西亚	91	29	0	0	29	29	29	0	29
1972	尼日利亚	383	122	0	0	122	11	11	111	122
1972	塞内加尔	385	128	0	0	128	65	65	63	128
1972	苏丹	91	29	0	0	29	29	29	0	29
1972	扎伊尔	81	26	0	0	26	22	26	0	26
1972	全球	7957	2371	17	401	2789	2325	2337	434	2789
1980	中国	1667	417	0	0	417	368	368	49	417
1980	印度	4059	1177	20	0	1177	1177	1177	0	1177
1980	美国	202	63	0	0	83	44	44	22	83
1980	阿根廷	147	42	0	0	42	0	0	36	42
1980	巴西	196	62	0	0	62	16	16	46	62
1980	缅甸	319	102	0	0	102	102	102	0	102
1980	印度	47	16	0	0	16	16	16	0	16
1980	尼日利亚	204	65	0	0	69	69	69	0	69
1980	塞内加尔	258	83	0	4	83	63	63	20	83
1980	苏丹	377	121	0	0	121	105	105	16	121
1980	扎伊尔	107	34	0	0	34	33	34	0	34
1980	全球	8085	2343	60	319	2722	2410	2411	268	2722
1990	中国	3250	813	0	5	818	772	772	46	417
1990	印度	5999	1740	0	0	1740	1736	1740	0	1177
1990	美国	313	97	10	5	112	90	90	11	83
1990	阿根廷	123	40	0	0	40	5	5	35	42

续表

年份	国家	压榨量	油产量	现存量	进口	总供给	国内消费		出口	总消费
							食品	总量		
1990	巴西	50	14	8	15	37	15	15	18	62
1990	缅甸	320	99	0	0	99	99	99	0	102
1990	印度尼西亚	45	14	5	0	19	13	13	0	16
1990	尼日利亚	80	37	0	0	37	37	37	0	69
1990	塞内加尔	480	153	9	0	162	53	58	99	83
1990	苏丹	145	47	0	0	47	44	44	3	121
1990	扎伊尔	129	41	0	0	41	40	41	0	34
1990	全球	11389	3242	54	302	3598	3274	3292	259	2722
2000	中国	6800	2115	0	10	2125	2110	2110	15	2125
2000	印度	4300	1245	0	0	1245	1235	1245	0	1245
2000	美国	248	81	14	36	131	111	111	6	131
2000	阿根廷	142	42	0	0	42	1	1	41	42
2000	巴西	60	16	2	0	18	17	17	1	18
2000	缅甸	390	123	0	0	123	123	123	0	123
2000	印度尼西亚	64	20	0	0	20	20	20	0	20
2000	尼日利亚	510	230	0	0	230	195	195	35	230
2000	塞内加尔	420	160	6	0	166	58	58	102	166
2000	苏丹	210	67	0	0	67	22	22	45	67
2000	扎伊尔	120	38	0	0	38	37	38	0	38
2000	全球	14149	4301	32	258	4591	4239	4250	312	4591
2002	中国	6950	2175	0	10	2185	2170	2170	15	2185
2002	印度	5060	1465	0	0	1465	1451	1465	0	1465
2002	美国	292	93	14	20	127	111	111	5	127
2002	阿根廷	125	39	0	0	39	1	1	38	39
2002	巴西	60	16	0	0	16	15	15	1	16
2002	缅甸	390	123	0	0	123	123	123	0	123
2002	印度尼西亚	62	19	0	0	19	19	19	0	19
2002	尼日利亚	528	238	0	0	238	208	208	30	238
2002	塞内加尔	160	58	5	10	73	10	10	60	73
2002	苏丹	211	68	0	0	68	24	24	44	68
2002	扎伊尔	132	41	0	0	41	40	41	0	41
2002	全球	14901	4513	30	219	4762	4476	4491	252	4762

资料来源：http://www.fas.usda.gov/psd/complete_files/OIL-4234000.csv.

表9.3 近30年主要国家花生粕生产和利用[1] 单位：1000t

年份	国家	压榨量	现存量	油产量	进口	总供给	出口	国内消费			总消费
								食品	饲料、损耗	总量	
1972	中国	1018	0	407	0	407	0	0	366	407	407
1972	印度	3511	0	1373	0	1373	869	0	504	504	1373
1972	美国	386	1	163	0	164	0	0	161	161	164
1972	阿根廷	331	5	136	0	141	85	0	44	44	141
1972	巴西	401	0	154	0	154	80	0	74	74	154
1972	缅甸	228	0	88	0	88	0	0	88	88	88
1972	印度尼西亚	91	0	35	0	35	0	0	35	35	35
1972	尼日利亚	383	6	147	0	153	137	0	16	16	153
1972	塞内加尔	385	0	148	0	148	135	0	13	13	148
1972	苏丹	91	20	35	0	55	50	0	5	5	55
1972	扎伊尔	81	0	31	0	31	0	0	31	31	31
1972	全球	8089	33	3158	1030	4221	1431	13	2710	2774	4221
1980	中国	1667	0	667	0	667	3	0	598	664	667
1980	印度	4059	0	1705	0	1705	394	0	1311	1311	1705
1980	美国	202	4	85	0	89	0	0	85	85	89
1980	阿根廷	147	7	57	0	64	42	0	8	8	64
1980	巴西	196	0	72	0	72	46	0	26	26	72
1980	缅甸	319	0	1210	121	0	0	121	121	121	121
1980	印度尼西亚	47	0	18	0	18	0	0	18	18	18
1980	尼日利亚	204	0	79	0	79	0	0	79	79	79
1980	塞内加尔	258	0	95	0	95	49	0	46	46	95
1980	苏丹	377	0	145	0	145	75	0	70	70	145
1980	扎伊尔	107	0	41	0	41	0	0	41	41	41
1980	全球	7813	16	3181	488	3685	549	0	3050	3116	3685
1990	中国	3250	0	1300	0	1300	160	0	1028	1140	1300
1990	印度	5999	0	2520	0	2520	175	5	2340	2345	2520
1990	美国	313	6	136	0	142	35	0	103	103	142
1990	阿根廷	123	0	48	0	48	38	3	7	10	48
1990	巴西	50	0	20	0	20	3	0	17	17	20
1990	缅甸	320	0	105	0	105	10	0	95	95	105

续表

年份	国家	压榨量	现存量	油产量	进口	总供给	出口	国内消费			总消费
								食品	饲料、损耗	总量	
1990	法国	0	0	0	253	253	3	0	250	250	253
1990	印度尼西亚	45	16	17	132	165	0	0	145	145	145
1990	尼日利亚	80	0	28	0	28	0	0	28	28	28
1990	塞内加尔	480	34	183	0	217	166	0	22	22	217
1990	苏丹	145	0	56	0	56	52	0	4	4	56
1990	扎伊尔	129	0	50	0	50	0	0	50	50	50
1990	全球	11350	61	4518	717	5296	626	8	4478	4610	5296
2000	中国	6800	0	2660	0	2660	15	0	2645	2645	2660
2000	印度	4300	0	1810	0	1810	20	10	1780	1790	1810
2000	美国	248	2	104	0	106	5	0	99	99	106
2000	阿根廷	142	5	62	0	67	50	3	5	15	67
2000	巴西	60	0	24	0	24	1	0	23	23	24
2000	缅甸	390	0	123	0	123	10	0	113	113	123
2000	印度尼西亚	64	8	24	7	39	0	0	33	33	39
2000	尼日利亚	510	0	163	0	163	0	0	163	163	163
2000	塞内加尔	420	3	190	0	193	144	0	44	44	193
2000	苏丹	210	0	81	0	81	76	0	5	5	81
2000	扎伊尔	120	0	46	0	46	0	0	46	46	46
2000	全球	14139	22	5254	255	5531	274	35	5204	5239	5531
2002	中国	6950	0	2719	0	2719	10	0	2709	2709	2719
2002	印度	5060	0	2128	0	2128	50	10	2068	2078	2128
2002	美国	292	2	127	0	129	5	0	122	122	129
2002	阿根廷	125	0	55	0	55	47	3	5	8	55
2002	巴西	60	0	24	0	24	1	0	23	23	24
2002	缅甸	390	0	123	0	123	10	0	113	113	123
2002	印度尼西亚	62	5	23	0	28	0	0	26	26	28
2002	尼日利亚	528	0	169	0	169	0	0	169	169	169
2002	塞内加尔	160	5	68	0	73	63	0	10	10	73
2002	苏丹	211	0	81	0	81	75	0	6	6	81
2002	扎伊尔	132	0	51	0	51	0	0	51	51	51
2002	全球	14901	17	5502	244	5763	222	37	5495	5532	5763

资料来源：http://www.fas.usda.gov/psd/complete_file/OIL－0813200.csv.

9.3 环境和基因型效应对花生成分的影响

影响花生油及其他组成成分的因素有栽培品种、成熟度[37]以及生长和生产的环境因素，包括光照、温度、水压、土壤成分、大气成分、除草剂和杀虫剂的使用、物理损伤和虫害[38]。美国市场上的4个主要花生品种（runner、virginia、vlencia、spanish）含油量分布从44%到56%[37,39,40]。已有信息表明，环境和基因对于花生中油和脂肪酸组成有影响[40,41]。在不同生长环境对油成分的影响方面，澳大利亚[42]、印度[43,44]和美国[45~49]都有相关报道。在成熟度研究中发现，总油含量（干质量中所占百分含量）显著增加，之后会稍有降低[50-51]。在种子成熟的早期阶段，种子中油含量迅速增加，这一时期对应着种子干质量迅速增加的阶段[45,51~54]。在整个成熟期，随着花生油含量的增加，脂肪酸成分也会相应地发生变化[45]。成熟种子中硬脂酸和油酸的含量相对多些，而花生四烯酸、二十二烷酸、二十四烷酸的含量比未成熟种子的要低。在种子的成熟过程中油酸、亚油酸含量比值（O/L）也相应地有所增加[41,45]。下一部分讨论高油酸含量花生品种的研究进展。

已经研究了 *Arachis hypogaea* 种 *hypogaea* 亚种、*fastigiata* 亚种的一些原始变种的含油量和脂肪酸组成。这些变种很重要，因为它们具有在所栽培的品种的基因基础上增加品种遗传多样性的种质[55,56]。与产自秘鲁[57]和玻利维亚[58]的 *A. hypogaea* 的 *fastigiata* 亚种 *fastigiata* 变种、*aequatoriana* 变种和 *peruviana* 变种相比，*A. hypogaea* 的 *hypogaea* 亚种 *hypogaea* 变种的油酸百分含量要高些。调查 *A. hypogaea* 的墨西哥地方品系 *hypogaea* 亚种 *hirsuta* 变种[59]也发现相同的结果。相反，对16种野生花生的一项调查结果表明，与 *Arachis hypogaea* 基因型相比，野生花生品系的亚油酸含量要高些。

9.4 通过植物育种改良花生油品质

由于油脂质量、脂肪酸组成和蛋白质组成具有高度遗传特征，因此脂肪酸组成的改良是育种的首要目标。影响整个育种工作成败的关键是确定出一套快速有效的筛选方法。这些快速筛选方法包括：通过折射率测量油脂的碘值[61]；通过测相对密度估算油脂含量[62]；通过一小部分组织的甲酯化来分析种子脂肪酸组成[63]，这种方法改进了单种油料分析法[64]；通过育种改良花生品质的方法已有详细讨论[65~68]，多数花生基因型含有36%～67%的油酸（O）、15%～46%的亚油酸（L），O/L比值一般在1.19～4.46[69~72]。为了研究油脂品质，调查了花生基因型，发现两种密切相关的实验品系，其油酸和亚油酸的百分含量分别为80%和20%（O/L＝40），碘值为74g I/100g[71]。这种自然发生的突变是由于cDNA150位天冬氨酸突变为天冬酰胺从而导致油酰基PC脱氢酶活性降低所致[73]。最初，氧化稳定性的研究是通过对比高油酸含量的浸出油和相同基因的正常脂肪酸组成的浸出油来实现的[74]，结果表明，高油酸含量的花生油比正常油酸含量的花生油氧化稳定性强。这些实验品系被用来培育高O/L比的品种[75~79]。这些具有高O/L比的品种不仅在含油量方面没有显著差异[80]，而且在油脂的品质方面如油脂的色泽、气味、风味和质构[81,82]也没有显著差异。这些高油酸含量品系的特征是其亚油酸含量只有4%甚至更低。经过烘烤的高油酸花生在22℃储存6周后具有更稳定的烘烤特性，预测它们的货架期大概要比正常油酸含量的品种延长2倍[83]。在相对湿度较低或者－20℃储存条件下，比较烘烤过的高油酸含量和正常油酸含量的花生的风味稳定性，发现高油酸含量品系具有更好的风味品质和稳定性[85]。通过检测油脂氧化稳定性和过氧化值，发现高油酸含量的热榨花生油货架期稍微延长[86]。超过储存期后，油脂氧化稳定值都会有所降低，但是高油酸品系和普通热榨油在整个储存期都是有所差别的[87]。由于高油酸特性可能影响烘烤花生风味的遗传特性，也研究了高油酸花生－芝麻－大豆混合物相比于普通花生－芝麻－大豆混合物的稳定性[79,88]。

9.5 油脂色泽

无论是在油脂精炼过程中，还是在销售时，色泽都是食用油的一个重要的品质参数。因此需要根据某些商业标准，不断监测生产线上食用油的色泽，使其保持始终如一的品质。每一种食用油由于天然带有的多酚、棉酚、叶绿素、胡萝卜素等色素而具有其本身的特征色泽[89]。通常，油脂的色泽根据市场和各组织机构制定的贸易规则而确定。依据GB 5525—1985，烹调用花生油色泽是罗维朋比色红值不超过2，黄值不超过20，而色拉油的色泽是红值不超过1.5，黄值不超过15[90]。罗维朋比色计法（美国油脂化学家学会AOCS方法Cc 13e－92）是在美国和加拿大之外通用的方法[91]，而AOCS Cc 13e－45或维尔逊（Wesson）法在整个美国国内通用[92]。采用自动色度计可代替手动操作的目测色度操作装置。在完成一项国际协作研究后，色调计有限公司（the Tintometer Ltd.）的自动色度计（PFX990型色度计）与官方的目测色度计（AF710型色度计）之间在大范围内建立了一种相关性。这样，可以认为自动色度计就是一种合适的可供选择的仪器。最近，数字图像分析已经作为一种可以替代目测罗维朋比色法的方法[90]。花生油中的浅黄色是由β－胡萝卜素和叶黄素产生的[94]。随着花生的成熟，可以观察到花生油颜色明显变浅[95]。成熟度提高而花生油色泽变浅的特征，已用于评估花生生熟程度[96]。尽管如此，这种方法还是被其他成熟度评估方法取代了，因为花生油的颜色除了受成熟度的影响外，还受其他一些因素的影响，如雨水、成熟的速率等[98,99]。

9.6 花生油的品质评估及组成成分

天然花生油有类似坚果的香味，这种风味在精炼之后可除去[14]。油品质量的风味品质评定法已经有所描述[100]，其中包含了分级和风味强度的单独评定法。风味品质评定法仅仅描述风味特性，并不包括异味的可能诱因或形成过程[101]。不同烘烤阶段花生的风味术语已有一些专用词，也已讨论了这些风味的来源[102]。虽然，在美国还没有统一的标准来鉴定花生油的风味，但是可以肯定的是，花生油必须符合人类消费，并且具有符合国际食品法典委员会规定的特征[103]。花生油的各种物理化学性质见表9.4。

表9.4 花生油的各种物理和化学性质

性质	数值	参考文献
乙酰值	8.5～9.5	37
酸值（最大）		
精炼油	0.6mg KOH/g 油	103
冷榨油	4mg KOH/g 油	103
计算的胶（磷脂×32）	0.35%	104
罗维朋色泽（最大）	黄色16～25；红色2.0	37
色泽（目测）	淡黄色	37
风味及气味		
精炼油	温和的	14
冷榨油	具有花生油天然特征风味，无异味或酸败气滋味	103
熔化热（未氢化）	90.8J/g	37
热值	40.4mJ/kg	104
Hehner值	95～96	105
不溶性杂质（%最大值）	0.05	103
碘值（韦氏法）	86～107g I/100g	103
运动黏度（21.1℃）	70.7mm²/s	104
熔点	0～3℃	106
脂肪酸熔点	22～30℃	106

续表

性质	数值	参考文献
水分及挥发性物质	0.23%	106
过氧化值（最大）		
精炼油	10meq O_2/kg 油	103
冷榨油	15meq O_2/kg 油	103
波伦斯基值	0.5	37
折射率（n_D40℃）	1.46～1.465	103
赖克特－迈斯耳值	0.5	37
皂化值	187～196mg KOH/g	103
烟点（最低）	～226.4℃	14
相对密度（20℃）	0.912～0.920	103
比热（液体油）	0.4914＋0.004T（℃）	107
表面张力	35.6mN/m	104
硫氰值	0.5	37
冻点	26～32℃	37
不皂化脂质	0.40%	104

熔解热或潜热是指在温度不变的条件下，将1g固态油转化为液态油时所需要的热量。潜热随着分子质量的增加而增加。燃烧热是指燃烧1kg油脂所产生的热量[104]。燃烧热值随着甘油一酯和甘油三酯脂肪酸链长的增加而升高[107]。

Hehner值代表的是不溶于水的脂肪酸和不皂化物在油脂中所占的百分含量[105]。这种方法在检测乳脂纯度方面非常有价值。和大多数植物油一样，花生油比乳脂的Hehner值高很多[108]。含有可溶性脂肪酸的油脂Hehner值会比那些含有大量高分子质量脂肪酸油脂的Hehner值低。碘值或韦氏碘值是指在标准情况下被100g脂肪吸收的碘的克数。花生油的碘值为82～107g I/100g，这表明花生油比玉米油、棉籽油或亚麻籽油的饱和度都要高，但比椰子油、棕榈油或奶油的低[37]。高油酸花生油的碘值一般在73～77g I/100g[41]。

过氧化值反映了用美国油脂化学标准方法Cd8－53或美国分析化学方法965.33测得的每1000g脂肪中所含有的活性氧的毫克当量[109]。过氧化值升高，表明脂肪已经发生了氧化[110]。游离脂肪酸作为脂肪氧化酶和过氧化酶的底物[111]，这两种酶在加热过程中都会失活[112]。一旦细胞结构被破坏，脂肪氧化酶与亚油酸、亚麻酸、花生四烯酸（它们可以是游离脂肪酸、甘油三酯、甲酯、乙酯[113]任一形式）反应，生成氢过氧化物。氢过氧化物再经进一步降解反应，形成戊醛和正己醛，这两种物质可以通过顶空分析检测到[114]。

这些氧化产物与风味评分值的降低、纸箱和颜料的缺陷都有关系[100]。虽然过氧化值常用于指示油脂氧化，但人们发现，对于花生油来说，克雷斯试验（Kreis test）是一种更好的检测油脂氧化程度的方法[115]。

波伦斯基值和赖克特－迈斯尔值分别指示蒸汽挥发性、水溶性脂肪酸（丁酸、己酸、辛酸）和水不溶性脂肪酸（癸酸和月桂酸）。这些检测指标是为检测油脂中低分子质量脂肪酸和乳脂掺伪而设计的[106]。乳脂的赖克特－迈斯尔值一般在17～34.5[110]。

硫氰值（TV）反映的是1g脂肪中吸收反应物的量。在测得碘值后，很多情况下可用GLC方法替代这种方法测定油酸、亚油酸和亚麻酸的含量[116]。有的文献已论证过用碘值和硫氰值计算脂肪组成的方法[110]。

在肥皂生产中，脂肪酸的熔点（冻点）是一项重要参数[117]。花生油的冻点比棉籽油（30～37℃）、可可脂、动物油脂[118]低，但比玉米油（14～20℃）和亚麻籽油（19～21℃）高[37]。

大部分不皂化物是甾醇和甲基固醇[119,120]。不皂化部分的详细的组分分析将在甾醇一节中讨论。

在气相色谱和高效液相色谱技术发展以前，花生油（作为橄榄油掺假用油）的存在还是可以被检测出来的，这是因为花生油含有5%的花生酸。花生酸与硬脂酸、棕榈酸不同，它在低温乙醇中是不溶的[110]。检测花生酸的方法包括Bellier、Evers、Evers－Bellier和Renard检测法[110～121]。花生酸在花生油的卵磷脂和初分离物中占有重要地位[122]。有的文献已讨论过毒油掺假到花生油等食用油中的检测方法[123,124]。

仪器设备的发展为油脂的成分和质量检验提出了一些新的方法和思路。在鉴定花生油成分时，近红外光谱法已经被认定是一种对花生油无损的检测方法[125]。傅里叶变换红外光谱法作为一种质量控制方法，可用于测定高油脂含量的产品，例如花生油[126]，以及在氧化条件下测定花生油和其他油的变化[127]。傅里叶变换拉曼光谱法已用于脂肪和包括花生油在内的油脂分类的鉴定，差示扫描量热仪已用于追踪花生油等煎炸油的热性质[129]。

9.6.1 脂肪酸

花生油由大约80%不饱和脂肪酸和20%饱和脂肪酸混合组成[37]，成熟花生中，有96%的甘油三酯[130]，主要的脂肪酸有棕榈酸、油酸和亚油酸[40]。花生油中其他脂肪酸包括花生酸、11－类花生酸、山嵛酸和二十四烷酸。花生油中长链脂肪酸的含量约为2%或者更低。花生油中的游离脂肪酸的百分含量在0.02%～0.6%[131]。在发芽[132]或者储藏不当时[97]，脂肪酶会将甘油三酯水解成游离脂肪酸和甘油。因此，游离脂肪酸含量较高表明由于处理不当、不成熟、发霉或其他因素而导致了甘油三酯发生水解[133]。

表9.5 已报道花生油中脂肪酸含量范围

脂肪酸	百分含量/%		
	参考文献[102]	参考文献[135]	参考文献[141]
棕榈油酸	8.0~14.0	7.4~12.5	5.3~10.4
硬脂酸	1.0~4.5	2.7~4.9	2.2~4.4
油酸	35.0~69	41.3~67.4	52.8~82.2
亚油酸	12.0~43.0	13.9~35.4	2.9~27.1
花生酸	1.0~2.0	1.2~1.9	1.1~1.8
二十碳烯酸	0.7~1.7	0.7~1.4	0.7~2.4
山嵛酸	1.5~4.5	2.1~3.6	2.2~3.9
二十四烷酸	0.5~2.5	0.9~1.7	1.0~1.9

在花生成熟过程中，油酸含量会增加，而亚油酸含量有轻微降低[41,45]。花生油的抗氧化稳定性与油酸和亚油酸比例密切相关[134]。因此，油脂的稳定性与成熟度有关。较凉爽气候中生长的花生油产品O/L的比值较低，从而导致货架期较短。其他的一些气候因素，例如旱灾[135]和干旱的种植条件[45]，也会降低O/L值，选择pH碱性土壤，增加土壤中铁的含量，同时避免过度施肥，会增加O/L值[136]。生长调节剂的使用可以提高O/L值[137,138]，降低二十碳烯酸含量[137]和增加油产量[139]。除草剂已经被证明对油酸和亚油酸的含量有轻微的影响[137,140]。栽培品种对花生油脂肪酸组成的影响也很广泛[141,142]。Young总结了脂肪酸组成的不同变化，表9.5[143]。另外重要的是，高油酸花生品种的一般特征是亚油酸含量大约仅为4%或更少[41]。

9.6.2 甘油三酯的结构

自从发现花生油对兔子和其他动物有致动脉粥样硬化作用以来，人们更加注重对花生油中甘油三酯结构的研究[144~147]。动脉粥样硬化主要与花生油中甘油三酯的结构有关[148~150]。用碱对花生油进行处理后，花生油的甘油三酯排列成随机化，这种花生油与玉米油相比，就能降低动脉粥样硬化[151]。尽管如此，kritchevsky的研究[148,149,151]已经受到质疑[40]，质疑点是其研究并没有与其他植物油进行对比，而且也缺少对数据进行适当的统计分析[152~155]。最近的研究[152~155]表明，花生油及花生类膳食能够降低总胆固醇和低密度脂蛋白胆固醇含量。

已有很多研究表明，可在花生油中鉴定出18~84种不同种类的甘油三酯[149,150,156,157]。虽然已经鉴定了很多不同的甘油三酯种类，但有确凿的数据表明，脂肪酸不是随机分布在甘油三酯的 *sn*-1，*sn*-2，*sn*-3 三个位置上的。如果花生油的组成发生变化，其甘油三酯的空间结构也就变化[158]。甘油三酯的种类主要有OOL、OOO、OLL、POL和POO（O＝油酸，L＝亚油酸，P＝棕榈油）[157]。油酸在三个位置上的含量都很高，而亚油酸主要集中在*sn*－2位置上。链长相对较短的饱和脂肪酸、棕榈酸和硬脂酸主要处于*sn*－1，很少在*sn*－3位上。长链饱和脂肪酸如花生酸、二十二烷酸和二十四烷酸位于*sn*－3位。二十碳烯酸也经常位于*sn*－3位[156,157,159]。花生生长环境的差别同样影响了花生油的组成成分及甘油三酯的种类[160]。因为花生油甘油三酯的结构、组成和总组分都受环境和遗传的影响[158]，所以它们致动脉粥样硬化的潜力[148]和氧化稳定性[74]可能也受这些因素的影响。

9.6.3 磷脂

因榨取的花生的成熟度不同，花生油中磷脂的含量在0.6%～2%之间变化[161]。花生油中主要含有的磷脂为磷脂酸（PA）、卵磷脂（PC）、磷脂酰乙醇胺（PE）、磷脂酰甘油（PG）和磷脂酰肌醇（PI）。磷脂的组成与花生成熟度和采后花生遇到的各种胁迫有关[162]。与成熟种子相比，未成熟种子中磷脂酸、磷脂酰乙醇胺、卵磷脂和磷脂酰甘油含量较高，磷脂酰肌醇较低。花生在40℃加工的过程中，除磷脂酰甘油以外所有磷脂的含量都随之增加。若花生在加工之前经过冷冻的话，与空白对照相比，可观察到磷脂酸和磷脂酰甘油含量显著增加，而卵磷脂和磷脂酰乙醇胺则减少。在一段时期内，人们认为花生油的氧化稳定性除了受到亚油酸含量和生育酚含量的影响外，还受其他组分的影响[163]。据最近报道，磷脂和生育酚在延长油脂氧化诱导时间过程中起协同作用[164,165]。酰基脂肪酸链的不饱和度对诱导期长短有额外的作用[164]。与卵磷脂相比，磷脂酰乙醇胺、磷脂酰肌醇更能增强油脂稳定性[164]。通常卵磷脂含量高的粗制花生油在精炼过程中更加有利于脱胶[166]。所以需要确定卵磷脂的临界浓度，以确保形成胶体并去除磷脂。

9.6.4 生育酚

生育酚被公认为是花生油中最常见的抗氧化剂。食品法典[103]列出花生油中生育酚含量标准：α－生育酚是48～373mg/kg，β－生育酚是0～140mg/kg，γ－生育酚是0～33mg/kg，δ－生育酚是0～22mg/kg。总生育酚含量范围在130～1300mg/kg。生育三烯酚在花生油中应未检出。油脂中的生育酚含量受很多因素影响，如品种、在美国的产地、成熟度以及种子储藏的温度[37]。与22℃储藏温度相比，38℃储藏的花生种子中α－生育酚的含量下降了25%。对阿根廷、中国和美国出口的花生油组分多年的研究表明，产自美国的花生油生育酚含量最高，产自中国的最低。α－生育酚和β－生育酚是含量最多的生育酚。维生素E的形式影响其抗氧化能力。γ－、δ－生育酚的抗氧化能力比α－生育酚的强很多，相同含量下，前两种生育酚中的任何一种在保护油脂抗氧化能力方面大约是后者的两倍[168]。毛螺旋压榨花生油在2%和91%的相对湿度下储藏时，其中的生育酚含量并不影响抗氧化活性[169]。在脱胶和脱色过程中，油脂中生育酚总含量分别会降低20%和60%[170]。花生油用于烹调油时，油中生育酚在煎炸过程中同样会流失[171]。生育酚即是众所周知的维生素E；没有精炼过的花生油是维生素E的一个很好来源。表9.6所示是花生油中发现的各种维生素组分及含量。

表9.6 每100g干质量花生中各种维生素成分[37]

组分	单位
脂溶性	
维生素A	26 IU
胡萝卜素（原维生素A）	微量（<1μg）
维生素D	ND
维生素E	26.3~59.4mg/100g油
α-维生素E	11.9~25.3mg/100g油
β-维生素E	10.4~34.2mg/100g油
δ-维生素E	0.58~2.50mg/100g油
维生素K	ND
水溶性	
复合-B	
维生素B_1——硫胺素	0.99mg
维生素B_2——核黄素	0.14mg
维生素B_6——维他命B6	0.30mg
维生素B_{12}——氰钴胺	ND
烟酰碱——烟酸	12.8~16.7mg
胆碱	165~174mg
叶酸	0.28mg
肌醇	180mg
生物素	0.034mg
泛酸	2.715mg
维生素C	5.8mg

注：ND—未能检测出，定义为含量小于等于0.05%。

9.6.5 甾醇

甾醇是花生油中的微量成分，其含量在0.09%~0.3%[172]。在油脂精炼过程中，甾醇流失大约61%。食品法典关于花生油中去甲基甾醇的标准见表9.7。关于花生油中不可皂化部分的详细分析在文献中可以找到。对尼日利亚花生油的不可皂化部分分析表明，总不皂化物成分接近0.4%，薄层层析色谱进一步分析，其中60%是甾醇，27%是碳氢化合物，剩余部分是脂肪醇和其他微量成分[119,120]。β－谷甾醇占总甾醇的64%，油菜甾醇占15%。主要三萜烯醇包括46%的24－亚甲基－环木菠萝醇和33%的环木菠萝醇。最近一个关于马达加斯加岛花生油非皂化物分离的研究报道表明，甾醇包括72% β－谷甾醇和17%的油菜甾醇[173]。4－α－甲基甾醇部分主要由柠檬甾二烯醇（20%）、钝叶大戟甾醇（17%）、芦竹甾醇（15%）和环桉烯醇（14%）组成。三萜烯醇部分由14－甲基－环桉烯醇（42%）、环阿屯醇（即环木菠萝烯醇）（22%）、环阿尔坦醇（即环木菠萝醇）（15%）和羽扇豆醇（10%）组成。花生油作为煎炸油同样会导致植物甾醇的流失[174]。最近研究已经证明，主要甾醇成分β－谷甾醇具有抑制癌症增长、保护结肠、前列腺和抑制乳腺癌的功效。

表9.7 食品法典花生油中去甲基甾醇标准[102]

组分	总甾醇含量/%	组分	总甾醇含量/%
胆固醇	ND～3.8	Δ^5－燕麦甾醇	5.0～18.8
菜籽甾醇	ND～0.2	Δ^7－豆甾烯醇	ND～5.1
油菜甾醇	12.0～19.8	Δ^7－燕麦甾醇	ND～5.5
豆甾醇	5.4～13.2	其他	ND～1.4
β－谷甾醇	47.4～69.0	总甾醇/（mg/kg）	900～2 900

注：ND—未能检测出，定义为含量小于等于0.05%。

9.7 应用

花生油主要用于制备起酥油、人造奶油和蛋黄酱，也可以作为烹调油、煎炸油和色拉油。如前文所述，北美之外的地区花生的主要用途是生产花生油（表9.1、表9.2），以及氢化成为vanaspati（一种印度酥油）[176]。由于花生油的烟点较高（229.4℃），经常用作深度煎炸油[14]，但是在煎炸过程中酰基甘油水解成游离脂肪酸的过程会使烟点降低[107]。作为煎炸油和色拉油，花生油被认为是一种优于大豆油，且在长时间使用过程中风味损失极少的食用油[177]。由于花生油可以使固态物质长时间处于悬浮状态，因此其在制作可倾式调味品时具有优势[178]。但花生油在0～3℃容易凝固，不符合色拉油的要求，因为色拉油必须浸在0℃冰浴中5.5h仍可保持澄清[179]。科学家已经开展了花生油作为柴油机燃料的非食用研究[180~183]，它比传统的2号柴油机燃油成本高，且有低热点、高表面张力、高黏度和高密度等缺点[104]。

9.7.1 花生油作为保护剂

在发展中国家，需要一种本地特有且经济的材料作为防护剂，特别是种子防护剂。在尼日利亚，花生油可用来控制玉米象鼻虫（*Sitophilus oryzae* L.）[184]，也是一种防护剂，防止玉米免受玉米象鼻虫的侵害[185]。其防护时间可持续180d。用花生油对象鼻虫的控制可以使小麦的储藏有效期延长至90d[186]。使用花生油对豇豆中四纹豆象控制及其控制方式[188,189]也有所报道[187]。冈比亚[190]、塞内加尔[191]、尼日利亚、哥伦比亚和南非[192]已经报道过这种方法。在印度，花生油被用作防护剂来防御鹰嘴豆中的绿豆象[193]。在沙赫勒地区，花生油用于保护夹豆种子不受象鼻虫的侵害[194]。其他的一些防护应用主要是用于防止储藏谷类时遭受角胸粉扁虫和谷蠹的侵染，例如玉米和高粱[195]。花生油用于苹果的采后处理，可以减少黑斑[196]。花生油也已被证实可用于控制蜜蜂（意大利蜜蜂）蜂窝内寄生虫的生长[197]。

9.8 饮食方面

饮食方面，诸如花生、花生制品和花生油等高脂类产品经常遭到质疑。一方面是花生油容易导致动脉粥样硬化，这都归咎于花生油中甘油三酯的结构[148~150]，因为用碱处理花生油使其随机化，可以使其致动脉粥样硬化的程度降低至与玉米油一样[151]。另一方面是由于花生油中的凝集素可能是引起动脉粥样硬化的主要因素[198]。多年持续的流行病学调查研究表明，一周四到五次吃花生等坚果类食物，可以使心脑血管疾病的发病率降低30%~50%[199~201]。另一项人体试验研究发现，以高油酸花生作为低脂高单一不饱和脂肪酸饮食会对绝经后妇女的血脂有很大改善，可以将血液中总体胆固醇从264mg/dL降到238mg/dL[202]。另外一些证据是，最近的一些研究发现食用单一不饱和脂肪酸、多不饱和脂肪酸和低脂类物质对身体有益处，这些研究用以下五类食物喂食试验动物：低脂类食物、含橄榄油食物、含花生和花生黄油的食物、含花生油的食物以及典型的美国人饮食。结果表明，含花生和花生黄油、含花生油、含橄榄油（饱和脂肪酸、胆固醇含量低，单一不饱和脂肪酸含量高）的饮食可以降低胆固醇和低密度脂蛋白胆固醇含量。这三种食物中的每一种都可以降低甘油三酯的水平，但却不能降低有益的高密度脂蛋白胆固醇[203,204]。花生油中存在的β-谷甾醇可以抑制癌细胞增长[175]，防止结肠癌、前列腺癌和乳腺癌。花生或花生制作的小吃有饱腹作用，可以控制饥饿又不会增加体重[205]。

9.9 致敏性

花生的致敏性已经有很多文献报道[206]。从对花生过敏的人群较多及其频频报道的严重的过敏反应[207~209]来看，花生是极具潜在致敏性的食物之一，为此对花生油也有过详细研究[210]。众所周知，大多数花生过敏症患者可以安全食用精炼花生油，而未精炼的花生油则会使部分过敏症患者产生过敏反应。尽管如此，其他方面的研究报道了一些关于花生过敏症群体对精炼花生油仍有过敏现象的情况[211,212]。这引发了对精炼油安全性问题的争论，尤其争论是否需要对每一种存在潜在过敏风险的油分别进行标记。有人提出造成这种偏差的原因是精炼过程的差异[210]。也有人进一步提出，在检测花生油中蛋白含量和残留蛋白免疫活性方面，应建立经过验证的标准化测量方法。然后用这样的方法建立加工标准。也需要建立过敏原的反应阈值，用来全面评估少量产品带来的风险。高油酸花生是否和正常花生同样具有过敏原性，一直是个疑问，有关的调查表明，高油酸含量对于花生的致敏性没有影响[213]。

参考文献

1. H. T. Stalker and C. E. Simpson, in H. E. Pattee and H. T. Stalker, ed., *Advances in Peanut Science*, Am. Peanut Res. & Educ. Soc., Stillwater, Oklahoma, 1995, p. 15.

2. A. Krapovickas (English translation), in P. J. Ucko and I. S. Falk, eds., *The Domestication and Exploitation of Plants and Animals*, Gerald Duckworth Co. Ltd., London, U. K., 1969, pp. 424 – 441.

3. D. J. Banks, *Am. J. Bot.*, **74**, 724 (Abstr) (1987).

4. D. J. Banks, *Am. J. Bot.*, **75**, 158 (Abstr) (1988).

5. D. J. Banks, T. Pozorski, S. Pozorski, and C. B. Donnan, *Am. Peanut Res. Educ. Soc.*, **25**, 34 (Abstr) (1993).

6. W. Alva, *Nat. Geograph.*, **174**, 510 (1988).

7. C. B. Donnan, *Nat. Geograph.*, **174**, 550 (1988).

8. R. O. Hammons, in *Peanut—Culture and Uses*, Am. Peanut Res. & Educ. Assoc., Stillwater, Oklahoma, 1972, p17.

9. USDA. FAS, Production Estimates and Crops Assessment Div. (Oct. 2002). *World Agricultural Production.* Available: http://www. fas. usda. gov.

10. USDA. (2002). FAS, Production, Supply & Distribution Online, Washington, D. C. Available: http://

www. fas. usda. gov/psd/complete_files/default. asp.

11. F. R. Johnson, *The Peanut Story*, Johnson Publishing Co., Murfreesboro, North Carolina, 1964, p. 164.
12. G. E. Brooks, *J. African History*, **16**, 29(1975).
13. Unknown, *Scientific Amer.*, **April 21**, 243(1900).
14. J. G. Woodroof, *Peanuts:Production, Processing, Products*, Avi Publishing Co., Westport, Connecticut, 1983.
15. G. R. Ziegler and Y-J. Liaw, *J. Amer. Oil Chem. Soc.*, **70**, 947(1993).
16. G. Hoffman, *The Chemistry and Technology of Edible Oils and Fats and Their High Fat Products*, Academic Press Inc., San Diego, California, 1989.
17. M. Matricardi, R. Hesketh, and S. Farrell, *Technical Note* – 20, Supercritical Fluid Technologies, Inc, Newark, Delaware, 2002.
18. E. Stahl, E. Schutz, and H. K. Mangold, *J. Agric. Food Chem.*, **28**, 1153(1980).
19. J. J. Snyder, J. P. Friedrich, and D. D. Christianson, *J. Amer. Oil Chem. Soc.*, **61**, 1851(1984).
20. J. W. Goodrum and M. B. Kilgo, *Trans. ASAE*, **30**, 1865(1987).
21. T. H. Sanders, in *Proc. World Conference on Oilseed Processing and Utilization*, American Oil Chemists' Society, Champaign, Illinois, 2001, p. 141.
22. A. Rosendahl, D. L. Pyle, and K. Niranjan, *Enzyme Microb. Technol.*, **19**, 402(1996).
23. K. C. Rhee, C. M. Cater, and K. F. Mattil, *J. Food Sci.*, **37**, 90(1972).
24. A. Sharma, S. K. Khare, and M. N. Gupta, *J. Amer. Oil Chem. Soc.*, **79**, 215(2002).
25. M. Esaka, K. Suzuki, and K. Kubota, *Agric. Biol. Chem.*, **50**, 2395(1986).
26. M. Esaka, K. Suzuki, and K. Kubota, *J. Food Sci.*, **52**, 1738(1987).
27. P. N. Mahesware, D. W. Stanley, and F. R. Van De Voort, *J. Amer. Oil Chem. Soc.*, **57**, 194(1987).
28. R. Vetrimani, N. Jyothirmayi, P. Haridis Rao, and C. S. Ramadoss, *Lebensm. -Wiss. Technol.*, **25**, 532 (1992).
29. B. Kaufmann and P. Christen, *Phytochem. Anal.*, **13**, 105(2002).
30. M. Ramesh, P. Haridis Rao, and C. S. Ramadoss, *Lebensm. -Wiss. Technol.*, **28**, 96(1995).
31. L. E. Garcia-Ayuso, J. Velasco, M. C. Dobarganes, and M. D. Luque-de-Castro, *J. Agric. Food Chem.*, **47**, 2308(1999).
32. J. R. J. Pare, G. Matni, J. M. R. Belanger, K. Li, C. Rule, B. Thibert, V. Yaylayan, Z. Liu, D. Mathe, and P. Jacquault, *J. Assoc. Offic. Anal. Chem. Int.*, **80**, 928(1997).
33. T. D. Rausch, M. S. thesis, Dept. Food Sci., North Carolina State University, Raleigh, North Carolina, 2002.
34. L. Stoloff, in J. V. Rodicks, C. W. Hesseltine, and M. A. Mehlman, eds., *Mycotoxins in Human and Animal Health*, Pathotox Publishers, Park Forest South, Illinois, 1977, p. 9.

35. J. E. Smith and R. S. Henderson, eds., *Mycotoxins in Animal Foods*, CRC Press, Boca Raton, Florida, 1991.

36. FAO, Worldwide regulations for mycotoxins 1995: A compendium, FAO Food and Nutrition Paper 64, Rome, Italy, 1997.

37. W. Y. Cobb and B. R. Johnson, in *Peanut—Culture and Uses*, Am. Peanut Res. Educ. Assoc., Stillwater, Oklahoma, 1972, p. 210.

38. J. L. Harwood, *Inform*, 5, 835(1994).

39. C. E. Holaday and J. L. Person, *J. Food Sci.*, **39**, 1206(1974).

40. E. M. Ahmed and C. T. Young, in H. E. Pattee and C. T. Young, ed., *Peanut Science and Technology*, Am. Peanut Res. Educ. Soc., Yoakum, Texas, 1982, p. 660.

41. P. C. Andersen and D. W. Gorbet, *J. Agric. Food Chem.*, **50**, 1298(2002).

42. B. D. Harch, K. E. Basford, I. H. DeLacy, P. K. Lawrence, and A. Cruickshank, *Genet. Resour. Crop Evol.*, **42**, 243(1995).

43. R. Jambunathan, R. Sridhar, K. Raghunath, S. L. Dwivedi, and S. N. Nigam, *J. Sci. Food Agric.*, **61**, 23(1993).

44. S. L. Dwivedi et al., *Peanut Sci.*, **20**, 84(1984).

45. C. T. Young, M. E. Mason, R. S. Matlock, and G. R. Waller, *J. Amer. Oil Chem. Soc.*, **49**, 314(1972).

46. R. E. Worthington, R. O. Hammons, and J. R. Allison, *J. Agric. Food Chem.*, **20**, 727(1972).

47. C. E. Holaday and J. L. Pearson, *J. Food Sci.*, **39**, 1206(1974).

48. D. F. Brown, S. M. Cater, K. F. Mattil, and J. G. Darroch, *J. Food Sci.*, **40**, 1055(1975).

49. I. B. Hashim, P. E. Koehler, E. E. Eitenmiller, and C. K. Kvien, *Peanut Sci.*, **20**, 21(1993).

50. H. E. Pattee, A. E. Purcell, and E. B. Johns, *J. Amer. Oil Chem. Soc.*, **46**, 629(1969).

51. H. E. Pattee, E. B. Johns, J. A. Singleton, and T. H. Sanders, *Peanut Sci.*, **1**, 57(1974).

52. T. H. Sanders, J. A. Lansden, R. L. Greene, J. S. Drexler, and E. J. Williams, *Peanut Sci.*, **9**, 20(1982).

53. T. H. Sanders, A. M. Schubert, and H. E. Pattee, in H. E. Pattee and C. T. Young, eds., *Peanut Science and Technology*, Am. Peanut Res. Educ. Soc., Yoakum, Texas, 1982, p. 624.

54. W. A. Court, R. C. Roy, and J. G. Hendel, *Can. J. Plant Sci.*, **64**, 521(1984).

55. D. J. Banks, *Crop Sci.*, **16**, 499(1976).

56. A. J. Norden, O. D. Smith, and D. W. Gorbet, in H. E. Pattee and C. T. Young, eds., *Peanut Science and Technology*, Am. Peanut Res. Educ. Soc., Yoakum, Texas, 1982, p. 101.

57. N. R. Grosso and C. A. Guzman, *J. Agric. Food Chem.*, **43**, 102(1995).

58. N. R. Grosso, J. A. Zygadlo, A. L. Lamarque, D. M. Maestri, and C. A. Guzman, J. Sci. Food. Agric., **73**, 349(1997).

59. D. T. Grimm, T. H. Sanders, H. E. Pattee, D. E. Williams, and S. Sanchez-Dominguez, Peanut Sci., **23**, 111(1996).

60. R. E. Worthington and R. O. Hammons, *J. Amer. Oil Chem. Soc.*, **54**, 105A(1977).

61. A. R. Khan, D. A. Emery, and J. A. Singleton, *Crop Sci.*, **14**, 464(1974).

62. J. B. Misra, S. K. Yadav, and S. Chauhan, *J. Sci. Food Agric.*, **61**, 231(1993).

63. W. L. Zeile, D. A. Knauft, and C. B. Kelly, *Peanut Sci.*, **20**, 9(1993).

64. C. T. Young and G. R. Waller, *J. Agric. Food Chem.*, **20**, 1116(1972).

65. T. A. Coffelt, in G. Röbbelen, R. K. Downey, and A. Ashri, eds., *Oil Crops of the World: Their Breeding and Utilization*, McGraw-Hill, New York, 1983, p. 319.

66. A. J. Norden, O. D. Smith, and D. W. Gorbet, in H. E. Pattee and C. T. Young, eds., *Peanut Science and Technology*, Am. Peanut Res. Educ. Soc., Yoakum, Texas, 1982, p. 95.

67. H. T. Stalker and J. Moss, *Adv. Agron.*, **41**, 1(1987).

68. J. C. Wynne and T. A. Coffelt, in H. E. Pattee and C. T. Young, eds., *Peanut Science and Technology*, Am. Peanut Res. Educ. Soc., Yoakum, Texas, 1982, p. 50.

69. H. T. Stalker, C. T. Young, and T. M. Jones, *Oléagineux*, **44**, 419(1989).

70. R. Jambunathan, A. K. Singh, S. Gurtu, and K. Raghunath, *Oléagineux*, **48**, 415(1993).

71. A. J. Norden, D. W. Gorbet, D. A. Knauft, and C. T. Young, *Peanut Sci.*, **14**, 7(1987).

72. K. Treadwell, C. T. Young, and J. C. Wynne, *Oléagineux*, **38**, 381(1983).

73. A. C. Bruner, S. Jung, A. G. Abbott, and G. L. Powell, *Crop Sci.*, **41**, 522(2001)

74. S. F. O'Keefe, V. A. Wiley, and D. A. Knauft, *J. Amer. Oil Chem. Soc.*, **70**, 489(1993).

75. K. M. Moore and D. A. Knauft, *J. Hered.*, **80**, 252(1989).

76. D. W. Gorbet and D. Knauft, *Crop Sci.*, **37**, 1392(1997).

77. D. W. Gorbet and D. Knauft, *Crop Sci.*, **40**, 1190(2000).

78. W. D. Branch, *Crop Sci.*, **40**, 1823(2000).

79. H. E. Pattee, T. G. Isleib, D. W. Gorbet, K. M. Moore, Y. Lopez, M. R. Baring, and C. E. Simpson, *J. Agric. Food Chem.*, **50**, 7362(2002).

80. L. C. Mercer, J. C. Wynne, and C. T. Young, *Peanut Sci.*, **17**, 17(1990).

81. D. A. Knauft, K. M. Moore, and D. W. Gorbet, *Peanut Sci.*, **20**, 4(1993).

82. H. E. Pattee and D. A. Knauft, *Peanut Sci.*, **22**, 26(1995).

83. J. C. Braddock, C. A. Sims, and S. F. O'Keefe, *J. Food Sci.*, **60**, 489(1995).

84. J. B. Mugendi, C. A. Sims, D. W. Gorbet, and S. F. O'Keefe, *J. Amer. Oil Chem. Soc.*, **75**, 21(1998).

85. H. E. Pattee, T. G. Isleib, K. Moore, D. W. Gorbet, and F. G. Giesbrecht, *J. Agric. Food Chem.*, **50**, 7366(2002).

86. G. E. Bolton and T. H. Sanders, *J. Amer. Oil Chem. Soc.*, **79**, 129(2002).

87. G. M. Sumainah, C. A. Sims, R. P. Bates, and S. F. O'Keefe, *J. Food Sci.*, **65**, 901(2000).

88. H. E. Pattee, T. G. Isleib, D. W. Gorbet, and F. G. Giesbrecht, and Z. Cui, in K. Rajasekaran, T. J. Jacks, and J. W. Finley, eds., *Crop Biotechnology*, ACS Symposium Series 829, American Chemical Society, Washington, D. C., 2002, p. 217.

89. A. E. Bayley, *Cottonseed and Cottonseed Products*, Interscience Publishers, New York, 1948, p. 213.

90. S. Fengxia, Z. Dishun, and Z. Zhanming, *J. Amer. Oil Chem. Soc.*, **78**, 749(2001).

91. *Official Methods and Recommended Practices of the American Oil Chemists' Society*, 4th ed., AOCS Press, Champaign, Illinois, 1993.

92. A. A. Belbin, *Inform*(AOCS), **4**, 648(1993).

93. P. J. Wan, T. W. Hurley, J. D. Guy, and D. L. Berner, *J. Amer. Oil Chem. Soc.*, **74**, 731(1997).

94. H. E. Pattee and A. E. Purcell, *J. Amer. Oil Chem. Soc.*, **44**, 328(1967).

95. K. T. Holley and C. T. Young, Proc. Peanut Improvement Working Group, 1963, p. 52.

96. D. A. Emery and C. L. Gupton, *Oléagineux*, **23**, 99(1968).

97. T. H. Sanders, A. M. Schubert, and H. E. Pattee in H. E. Pattee and C. T. Young, ed., *Peanut Science and Technology*, Am. Peanut Res. Educ. Soc., Yoakum, Texas, 1982, p. 626.

98. T. H. Sanders, E. J. Williams, A. M. Schubert, and H. E. Pattee, *Peanut Sci.*, **7**, 78(1980).

99. APRES, in E. M. Ahmed, ed., *Quality Methods*, Am. Peanut Res. Educ. Soc., Stillwater, Oklahoma, 1985.

100. K. Warner, in D. B. Minn and T. H. Smouse, ed., *Flavor Chemistry of Fats and Oils*, AOCS Press, Champaign, Illinois, 1985, p. 279.

101. G. V. Civille and C. A. Dus, in A. J. St. Angelo, ed., *Lipid Oxidation in Food*, American Chemical Society, Washington, D. C., 1992, p. 279.

102. T. H. Sanders, H. E. Pattee, J. R. Vercellotti, and K. L. Bett, in H. E. Pattee and H. T. Stalker, eds., *Advances in Peanut Science*, Am. Peanut Res. Educ. Soc., Stillwater, Oklahoma, 1995, p. 528.

103. Codes Alimentarius Commission, Joint FAO/WHO Food Standards Programme, *Codex Alimentarius. Vol. 8-Fats, Oils and Related Products. 2nd ed. Codex Stan* 210 – 1999, Rome, Italy, Revised 2001.

104. J. W. Goodrum and S. E. Law, *Trans.* ASAE, **25**, 897(1982).

105. M. B. Jacobs, *The Chemical Analysis of Foods and Food Products*, 3rd ed., Robert E. Krieger Publishing Co., Huntington, New York, 1973.

106. C. E. McMichael and A. E. Bailey, in M. J. Jacobs, ed., *The Chemistry and Technology of Food and Food Products*, Interscience Publishers, New York, 1951, p. 1134.

107. M. W. Formo, in D. Swern, ed., *Bailey's Industrial Oil and Fat Products*, Vol. 1, 4th ed., Wiley, New

York, 1979, p. 172.

108. A. G. Woodman, *Food Analysis*, McGraw-Hill, New York, 1931.

109. AOAC, *Official Methods of Analysis of the Association of Official Analytical Chemists*, AOAC, Arlington, Virginia, 1960.

110. G. A. Jacobsen, *Inform*(AOCS), **4**, 811(1993).

111. J. A. Singleton and H. E. Pattee, in G. Charalambous, ed., *Analysis of Foods and Beverages-Headspace Techniques*, Academic Press, New York, 1978, p. 359.

112. A. J. St. Angelo, J. C. Kuck, and R. L. Ory, *J. Agric. Food Chem.*, **27**, 229(1979).

113. A. J. St. Angelo and R. L. Ory, *Phytopathology*, **73**, 315(1982).

114. J. A. Singleton and H. E. Pattee, *J. Amer. Oil Chem. Soc.*, **57**, 405(1980).

115. S. Narasimhan, K. G. Raghuveer, C. Arumughan, K. K. Bhat, and D. P. Sen, *Food Sci. Technol.*, **23**, 273(1986).

116. N. O. V. Sonntag, in D. Swern, *Bailey's Industrial Oil and Fat Products*, Vol. 2, 4th ed., Wiley, New York, 1979, p. 407.

117. F. A. Norris, in D. Swern, ed., *Bailey's Industrial Oil and Fat Products*, Vol. 1, 4th ed., Wiley, New York, 1979, p. 470.

118. W. Heimann, *Hanbuch der Lebensmittelchemis*, *Band IV: Fette und Lipide(Lipids)*, Springer-Verlag, Berlin, 1969.

119. T. Itoh, T. Tamura, and T. Matsumoto, *J. Amer. Oil Chem. Soc.*, **50**, 122(1974).

120. T. Itoh, T. Tamura, and T. Matsumoto, *J. Amer. Oil Chem. Soc.*, **50**, 300(1974).

121. L. W. Aurand, A. E. Woods, and M. R. Wells, *Food Composition and Analysis*, Van Nostrand Reihold, New York, 1987.

122. F. Osman, A. E. Ashour, and A. M. Gad, *Fette*, *Seifen*, *Anstrichmit.*, **71**, 264(1969).

123. H. E. Cox and D. Pearson, *The Chemical Analysis of Foods*, Chemical Publishing Co., New York, 1962.

124. Nasirullah and K. V. Nagaraja, *Oléagineux*, **42**, 35(1987).

125. J. B. Misra, R. S. Mathur, and D. M. Bhatt, *J. Sci. Food Agric.*, **80**, 237(2000).

126. F. R. van de Voort, J. Sedman, and A. A. Ismail, *Food Chem.*, **48**, 213(1993).

127. M. D. Gullen and N. Cabo, *J. Sci. Food Agric.*, **80**, 2028(2000).

128. V. Baeten, P. Hourant, M. T. Morales, and R. Aparicio, *J. Agric. Food Chem.*, **46**, 2638(1998).

129. H. Gloria and J. M. Aguilera, *J. Agric. Food Chem.*, **46**, 1363(1998).

130. T. H. Sanders, *J. Amer. Oil Chem. Soc.*, **57**, 8(1980).

131. J. D. Guthie, C. L. Hoffpuir, M. F. Stansbury, and W. A. Reeves, *USDA Agricultural Circular*, 61, USDA, Washington, D. C., March 1949.

132. T. H. Sanders and H. E. Pattee, *Lipids*, **10**, 50(1975).

133. J. I. Davidson, T. B. Whitaker, and J. W. Dickens, in H. E. Pattee and H. T. Stalker, eds., *Advances in Peanut Science*, Am. Peanut Res. Educ. Soc., Stillwater, Oklahoma, 1995, p. 574.

134. S. P. Fore, N. J. Morris, C. H. Mack, A. H. Freeman, and W. G. Bickford, *J. Amer. Oil Chem. Soc.*, 30, 298(1953).

135. I. B. Hashim, P. R. Koehler, R. R. Eitenmiller, and C. K. Kvien, *Peanut Sci.*, **20**, 21(1993).

136. S. L. Dwivedi, S. N. Nigam, R. Jambunathan, K. L. Sahrawat, G. V. S. Nagabhushanam, and K. Raghunath, *Peanut Sci.*, **20**, 84(1993).

137. C. P. Malik, P. Singh, and U. Parmar, *Phytochemistry*, **28**, 2651(1986).

138. I. B. Hashim, P. R. Koehler, and C. K. Kvien, *Peanut Sci.*, **20**, 106(1993).

139. P. Singh, U. Parmar, C. P. Malik, M. K. Grewal, and D. S. Bhatia, *Peanut Sci.*, **18**, 3(1991).

140. E. W. Hauser, G. A. Buchanan, W. J. Ethredge, M. D. Jellum, and S. R. Cecil, *Peanut Sci.*, **3**, 56 (1976).

141. R. E. Worthington, R. O. Hammons, and J. R. Allison, *J. Agric. Food Chem.*, **20**, 727(1972).

142. P. C. Andersen, K. Hill, D. W. Gorbet, and B. V. Brodbeck, *J. Food Comp. Anal.*, **11**, 100(1998).

143. C. T. Young, in Y. H. Hui, ed., *Bailey's Industrial Oil and Fat Products*, Vol. 2, 5th ed., Wiley, New York, 1996 p. 377.

144. G. A. Gresham and A. N. Howard, Br. *J. Exp. Pathol.*, **41**, 395(1960).

145. R. F. Scott, E. W. Morrison, R. J. Thomas, and S. C. Nam, *Exp. Mol. Pathol.*, **3**, 421(1964).

146. H. Imai, K. T. Lee, S. Pastori, E. Ponlilio, R. Florantin, and W. A. Thomas, *Exp. Mol. Pathol.*, **5**, 273 (1966).

147. D. Kritchevsky, S. A. Tepper, H. K. Kim, J. A. Story, D. Vesselinovitch, and R. W. Wissler, *Exp. Mol. Pathol.*, **24**, 375(1966).

148. D. Kritchevsky, S. A. Tepper, D. Vesselinovitch, and R. W. Wissler, *Atheroclerosis*, **17**, 225(1973).

149. J. J. Myher, L. Marai, A. Kuksis, and D. Kritchevsky, *Lipids*, **12**, 775(1977).

150. F. Manganaro, J. J. Myher, A. Kuksis, and D. Kritchevsky, *Lipids*, **16**, 508(1981).

151. D. Kritchevsky, *Am. J. Clin. Nutr.*, **23**, 1105(1970).

152. L. Cordain, *Lipids*, **33**, 229(1998).

153. S. Satchithanandam, T. J. Flynn, R. J. Calvert, and D. Kritchevsky, *Lipids*, **34**, 1305(1999).

154. P. M. Kris-Etherton, G. Zhao, A. E. Binkoske, S. M. Coval, and T. D. Etherton, *Nutr. Rev.*, **59**, 103 (2001).

155. R. L. Hargrove, T. D. Etherton, T. A. Pearson, E. H. Harrison, and P. M. Kris-Etherton, *J. Nutr.*, **131**, 1758(2001).

156. G. Sempore and J. Bezard, *J. Amer. Oil Chem. Soc.*, **59**, 124(1982).

157. J. A. Singleton and H. E. Pattee, *J. Amer. Oil Chem. Soc.*, **64**, 534(1987).

158. J. C. Hokes and R. E. Worthington, *J. Amer. Oil Chem. Soc.*, **56**, 953(1979).

159. T. H. Sanders, *Lipids*, **14**, 630(1979).

160. T. H. Sanders, *J. Amer. Oil Chem. Soc.*, **59**, 346(1982).

161. T. H. Sanders, *J. Amer. Oil Chem. Soc.*, **57**, 8(1980).

162. J. A. Singleton and L. F. Stikeleather, *J. Amer. Oil Chem. Soc.*, **72**, 485(1995).

163. S. P. Fore, N. J. Norris, C. H. Mack, A. F. Freeman, and W. G. Bickford, *J. Amer. Oil Chem. Soc.*, 30, 298(1953).

164. D. H. Hildebrand, J. Terao, and M. Kito, *J. Amer. Oil Chem. Soc.*, **61**, 552(1984).

165. T. Ohshima, Y. Fujita, and C. Koizumi, *J. Amer. Oil Chem. Soc.*, **70**, 269(1993).

166. J. A. Robertson, W. H. Morrison, and D. Burdick, *J. Amer. Oil Chem. Soc.*, **50**, 443(1973).

167. T. H. Sanders, J. R. Vercellotti, K. L. Crippen, R. T. Hinsch, G. K. Rasmussen, and J. H. Edwards, *J. Amer. Oil Chem. Soc.*, **69**, 1032(1992).

168. R. M. Parkhurst, W. A. Skinner, and P. A. Sturm, *J. Amer. Oil Chem. Soc.*, **45**, 641(1968).

169. A. G. Gopala Krishna and J. V. Prabhakar, *J. Amer. Oil Chem. Soc.*, **71**, 1245(1994).

170. E. M. Prior, V. S. Vadke, and F. W. Sosulski, *J. Amer. Oil Chem. Soc.*, **68**, 401(1991).

171. K. I. Holownia, M. C. Erickson, M. S. Chinnan, and R. R. Eitnmiller, *Food Res. Int.*, **34**, 77(2001).

172. A. Seher, *Fett. Wissenschaft Technolgie*, **89**(1), 27(1987).

173. E. M. Gaydoa, J. P. Bianchini, and J. V. Ratovohery, *J. Agric. Food Chem.*, **31**, 833(1993).

174. L. L. Oehrl, A. P. Hansen, C. A. Rohrer, G. P. Fenner, and L. C. Boyd, *J. Amer. Oil Chem. Soc.*, **78**, 1073(2001).

175. A. B. Awad, K. C. Chan, A. C. Downie, and C. S. Funk, *Nutr. Cancer*, **36**, 238(2000).

176. D. K. Salunke and B. B. Desai, *Postharvest Technology of Oilseeds*, CRC Press, Boca Raton, Florida, 1986, p. 35.

177. J. C. Cowen, H. Moser, G. R. List, and C. D. Evans, *J. Amer. Oil Chem. Soc.*, **48**, 835(1971).

178. L. Branscome and C. T. Young, *Peanut Oil*, Georgia Agricultural Commodity Commission for Peanuts, Tifton, Georgia, 1972.

179. R. G. Krishnamurthy, in D. Swern, ed., *Bailey's Industrial Oil and Fat Products*, Vol. 1, 4th ed., Wiley, New York, 1982, p. 315.

180. J. W. Goodrum, *Trans. ASAE*, 27, 1257(1985).

181. M. A. Mazed, J. D. Summers, and D. G. Batchelder, *Trans. ASAE*, **27**, 1371(1985).

182. M. A. Mazed, J. D. Summers, and D. G. Batchelder, *Trans. ASAE*, **27**, 1375(1985).

183. J. W. Goodrum, V. C. Patel, and R. W. McClendon, *Trans. ASAE*, **39**, 817(1996).

184. M. F. Ivbijaro, C. Ligan, and A. Youdeowei, *Agric. Ecosyst. Environ.*, **14**, 237(1985).

185. M. F. Ivbijaro, *Proc. Ecol.*, **6**, 267(1984).

186. E. Tembo and R. F. A. Murfitt, *J. Stored Prod. Res.*, **31**, 77(1995).

187. S. R. Singh, R. A. Luse, K. Leuschner, and D. Nangju, *J. Stored Prod. Res.*, **14**, 77(1978).

188. K. N. Don-Pedro, *Pestic. Sci.*, **26**, 107(1989).

189. K. N. Don-Pedro, *Pestic. Sci.*, **30**, 295(1990).

190. S. D. Cockfield, Trop. *Pest Manage.*, **38**, 268(1992).

191. G. Pierrard, Trop. *Pest Manage.*, **32**, 197(1986).

192. Anonymous, *League Int. Food Educ. Newsl.*, **May**, 3 -4(1979).

193. S. K. Singal, Z. Singh, *Trop. Pest Manage.*, **36**, 314(1990).

194. C. Cardet, T. Kandji, A. Delobel, and P. Danthu, *Agrofor. Syst.*, **40**, 29(1998).

195. D. Obeng-Ofori, *Entomol. Exp. Appl.*, **77**, 133(1995).

196. K. J. Scott, C. M. C. Yuen, and G. H. Kim, *Postharvest Biol. Technol.*, **6**, 219(1995).

197. N. W. Calderone and H. Shimanuki, *J. Econ. Entomol.*, **88**, 805(1995).

198. D. Kritchevsky, S. A. Tepper, and D. M. Klurfeld, *Lipids*, **33**, 821(1998).

199. G. E. Fraser, J. Sabate, W. L. Beeson, and T. M. Strahan, *Arch. Inter. Med.*, **152**, 1416(1992).

200. J. Sabate and G. E. Fraser, *Prim. Cardiol.*, **19**, 65(1993).

201. F. B Hu, M. J. Stampfer, J. E. Manson, E. B. Rimm, G. A. Colditz, B. A. Rosner, F. E. Speizer, C. H. Hennekens, and W. C. Willett, *Brit. Med. J.*, **317**, 1341(1998).

202. D. J. O'Byrne, D. A. Knauft, and R. B. Shireman, *Lipids*, **32**, 687(1997).

203. P. M. Kris-Etherton, T. A. Pearson, Y. Wan, R. Hargrove, K. Moriarty, V. Fishnell, and T. D. Etherton, *Am. J. Clin. Nutr.*, **70**, 1009(1999).

204. P. M. Kris-Etherton, G. Zhoa, A. E. Binkoski, S. MCoval, and T. D. Etherton, *Nutr. Rev.*, **59**, 103(2001).

205. S. V. Kirkmeyer and R. D. Mattes, *Int. J. Obes. Relat. Metab. Disord.*, **24**, 1167(2000).

206. W. Burks, H. A. Sampson, and G. A. Bannon, *Allergy*, **53**, 725(1998).

207. C. Loza and J. Brostoff, *Clini. Exper. Allergy*, **25**, 493(1995).

208. S. M. Tariq, M. Stevens, S. Matthews, S. Ridout, R. Twiselton, and D. W. Hide, *Brit. Med. J.*, **313**, 514(1996).

209. J. O. Hourihane, S. A. Kilburn, J. A. Nordlee, S. L. Taylor, and J. O. Warner, *Brit. Med. J.*, **314**, 1084(1997).

210. R. W. R. Crevel, M. A. T. Kerkhoff, and M. M. G. Koning, *Food Chem. Toxicol.*, **38**, 385(2000).

211. A. Olszewski, L. Pons, F. Moutété, I Aimone-Gastin, G. Kanny, D. A. Moneret-Vautrin, and J. L. Guéant, *Clini. Exper. Allergy*, **28**, 850(1998).

212. D. A. Moneret-Vautrin, F. Rance, G. Kanny, A Olszewski, J. L. Guéant, G. Dutau, and L. Guérin, *Clini. Exper. Allergy*, **28**, 1113(1998).

213. S-Y. Chung, S. Maleki, E. T. Champagne, K. L Buhr, and D. W. Gorbet, *J. Agric. Food Chem.*, **50**, 878 (2002).

10 米糠油

Frank T. Orthoefer

10.1 引言

米糠油，又称稻米油，在亚洲的一些国家如日本、韩国、巴基斯坦等广泛食用[1,2]。这种油由于有一些特殊、细腻的风味和口味，在日本备受喜爱。美国人对米糠油产生兴趣是在第二次世界大战之后，主要目的是在谷物加工过程中增加一部分额外收入。最近，米糠油作为一种能够降低血清胆固醇的健康食用油再次受到关注[3,4]。

美国曾建立三家米糠油生产工厂[5]。第一家工厂在20世纪50年代后期开始生产米糠油，第二家工厂于60年代建立，但由于经济原因，这两家工厂最终于80年代早期倒闭。第三家工厂在90年代早期开始运营，生产散装和小包装米糠油在国内外市场销售。由于建造油脂提取和精炼工厂的高资本投入以及难以获得稳定的米糠，米糠油生产的进一步发展受到限制[6]。

与碳水化合物和蛋白质的含量相比，米糠油在糙米中只占一小部分。糙米中主要有两种脂质：胚乳中的油脂和米糠中的油脂。胚乳中的油脂提高了大米的营养价值、功能和感官品质[7]。

米糠油主要来源于米糠。大多数的米糠被用作动物饲料而没有用来提油。食品工业只用了一小部分的稳定化米糠作为膳食纤维、蛋白质和油脂的来源。

本章重点介绍米糠油的来源、组成、营养学特性、生产、精炼及应用。

10.2 米糠和米糠油的组成

稻谷籽粒的结构见图10.1。脂质在糊粉层中以直径不到1.5mm的小球或脂肪液滴的形式存在。在亚糊粉层中，其直径小于1.0mm，在胚芽中直径小于0.7mm[7,9]。胚乳中大多数的油脂以结合脂质的形式同蛋白质和淀粉粒相连[10]。米糠中油脂大致可以分为非淀粉脂和淀粉脂（表10.1），大多数的油脂是非淀粉脂。淀粉脂主要由溶血磷脂、甘油三酯和游离脂肪酸组成[13]。磷脂的种类主要是磷脂酰胆碱和磷脂酰乙醇胺，脂肪酸主要是棕榈酸、亚油酸和油酸。微量成分有甘油一酯、甘油二酯，也发现有甾醇。发现的糖脂主要有二葡基甘油一酯和一葡基甘油一酯。糖成分为半乳糖和葡萄糖。

组成部分

果皮 20%

米糠和胚芽 10%

淀粉胚乳 70%

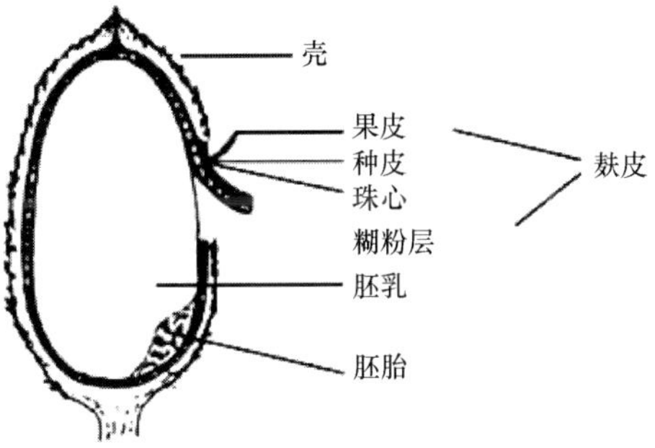

图 10.1 水稻颖果的主要成分[8]

表 10.1 大米及其组分中的脂质组成[7,9,11,12]* 单位：%

性质	在米中的非淀粉脂质						非蜡性淀粉脂质	
	稻壳	糙米	精研米	米糠	胚芽	抛光物	糙米	精米
脂质含量	0.4	2.7	0.8	18.3	30.2	10.8	0.6	0.05
皂化值/（mg KOH/g）	145	181	190	184	189			
碘值/（g I/100g）	69	94	100	99	101			
不皂化物/%	26	6	6	6	34			
脂肪酸组成/%								
棕榈酸	18	23	33	23	24	23	46	45
油酸	42	35	21	37	36	35	12	11
亚油酸	28	38	40	36	37	38	38	40
其他	12	4	6	4	3	4	4	4
中性脂/（%，占总脂）	64	86	82	89	91	87	28	26
甘油三酯	—	71	58	76	79	72	4	2
游离脂肪酸	—	7	15	4	4	5	20	21
糖脂/（%，占总脂）	25	5	8	4	2	5	19	16
磷脂/（%，占总脂）	11	9	10	7	7	8	53	58
卵磷脂	—	4	9	3	3	3	4	4
脑磷脂	—	4	4	3	3	3	5	5
溶血卵磷脂	—	<1	2	<1	<1	<1	21	23
溶血脑磷脂	—	—	1	—	—	—	22	25

注：* 基于6%米糠－胚芽、4%抛光物，由糙米到精米出率90%。

糊粉层、亚糊粉层和胚层的非淀粉脂主要含有86% ~91%的中性脂，2% ~5%的糖脂和7% ~9%的磷脂[11]，而且脂质成分会根据研磨程度不同而有所变化。非淀粉脂的脂肪酸组成是：22% ~25%的棕榈酸、37% ~41%的油酸和37% ~41%的亚油酸（表10.2）。糙米中非淀粉脂含量分布：胚中含有14% ~18%，米糠中含有39% ~41%，抛光粉中含有15% ~21%，精米中含有25% ~33%。米糠油的组成主要是83% ~87%的甘油三酯、7% ~9%的游离脂肪酸、甘油二酯和甾醇以及甾醇酯、碳水化合物和蜡。从米糠中提取的油包含有89.2%的中性脂、6.8%的糖脂类和4.0%的磷脂类[14]。米糠油中具有保健作用的成分是γ-谷维素[15]。γ-谷维素是从米糠油精炼中的皂脚中首次分离出来的[16]。虽然一开始被认为是单一的化合物，但现在已经知道谷维素是甾醇和其他阿魏酸脂的混合物（图10.2）。谷维素在米糠油中含量为1.5% ~2.9%，熔点为138.5℃。谷维素的含量取决于稻谷的种类，长粒米含量为6.42mg/g，中粒米含量为5.17mg/g[17]。

表10.2 米糠毛油的主要脂质种类和脂肪酸组成[14] 单位：%

脂质种类*	含量/%	14:0	16:0	18:0	18:1	18:2	18:3	20:0	饱和脂肪酸	不饱和脂肪酸
TL	20.1	0.40	22.21	2.21	38.85	34.58	1.14	0.61	25.43	74.57
NL	89.2	0.43	23.41	1.88	37.24	35.29	1.07	0.68	26.40	73.60
GL	6.8	0.09	27.34	0.28	36.45	35.76	0.18		27.61	72.39
PL	4.0	0.11	22.13	0.16	38.11	39.32	0.17		22.4	77.6

注：*TL—总脂；NL—中性脂质（非极性脂质和游离脂肪酸）；GL—糖脂；PL—磷脂。

米糠油含有生育酚和生育三烯酚（母育酚）（图10.3）。100g米糠毛油中含有19 ~46mg的α-生育酚、1 ~3mg的β-生育酚、1 ~10mg的γ-生育酚、0.4 ~0.9mg的δ-生育酚、14 ~33mg的α-生育三烯酚和9 ~69mg的γ-生育三烯酚[18,19]（表10.3）。毛油中母育酚平均含量为93mg/100g、精炼油含量为50mg/100g[19]。生育酚含量接近370mg/100g的米糠油也被报道过[20]。米糠的稳定化处理、储存[21]和提取方法[22]影响到油中母育酚的含量。γ-生育酚更加稳定，在储存中比其他的母育酚含量更高[21]。其他影响生育酚含量的因素是稻谷磨制水平和种类[17,23]。长粒米比中粒米含有更多的生育酚[17]。

图10.2 谷维素中主要阿魏酸酯[9]

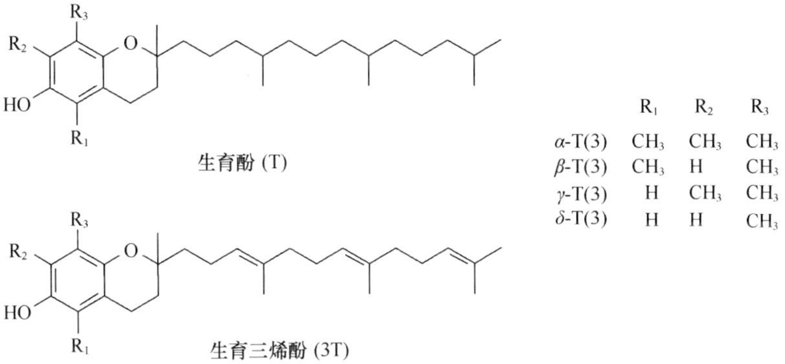

图 10.3 生育酚和生育三烯酚的结构[9]

表 10.3 米糠及商品精炼油中生育酚和生育三烯酚的含量[14]

单位：mg/100g

来源	α-T	β-T	γ-T	δ-T	α-T3	γ-T3	δ-T3
米糠	6.3	0.9	3.20	0.20	3.8	12.0	0.7
糙米*	0.63	0.09	0.32	0.02	0.38	1.2	0.07
毛油	31.50	4.50	16.00	1.00	19.0	60.0	3.5
精炼油	8.2		12.80	1.3	2.1	42.9	3.5

注：*计算值。

蜡主要由长链脂肪酸酯组成。脂肪酸分析表明，形成长链烷基酯的主要脂肪酸是山嵛酸（C_{22}）、24 碳酸（C_{24}）和棕榈酸（C_{16}），而油酸、棕榈酸是构成短链烷基酯的主要脂肪酸（表 10.4）[24]。在长链烷基酯中发现有一些主要的醇类。它们如表 10.4 所示。

表 10.4 米糠蜡脂中甾醇酯与烷基酯的脂肪酸、长链烷基酯的醇、烷烃、烯烃[24]

脂肪酸组成						
碳数和双键数	甾醇酯	长链烷基酯	短链烷基酯	长链烷基酯的醇	烷烃	烯烃
14:0	0.6	1.8	2.2	—	—	—
16:0	11.1	23.8	35.5	—	—	—
18:0	1.0	3.8	0.8	—	—	—
18:1	33.1	2.9	60.2	—	—	—
18:2	51.1	0.3	1.5	—	—	—
18:3	2.0	—	—	—	—	—
20:0	0.7	3.6	—	0.1	—	—
22:0	—	32.6	—	2.0	—	—

续表

脂肪酸组成						
碳数和双键数	甾醇酯	长链烷基酯	短链烷基酯	长链烷基酯的醇	烷烃	烯烃
23：0	—	31.2	—	—	1.3	—
24：0	—	—	—	11.2	0.2	—
25：0	—	—	—	—	2.0	—
26：0	—	—	—	6.3	0.8	—
27：0	—	—	—	—	9.5	7.9
28：0	—	—	—	12.5	3.6	1.3
29：0	—	—	—	—	46.5	38.8
30：0	—	—	—	19.1	3.0	0.9
31：0	—	—	—	—	23.7	20.8
32：0	—	—	—	10.5（5.1）	1.4	0.5
33：0	—	—	—	—	6.5	18.8
34：0	—	—	—	6.6（18.3）	0.7	1.4
35：0	—	—	—	—	0.8	8.4
36：0	—	—	—	3.0（5.4）	—	0.1
37：0	—	—	—	—	—	1.6

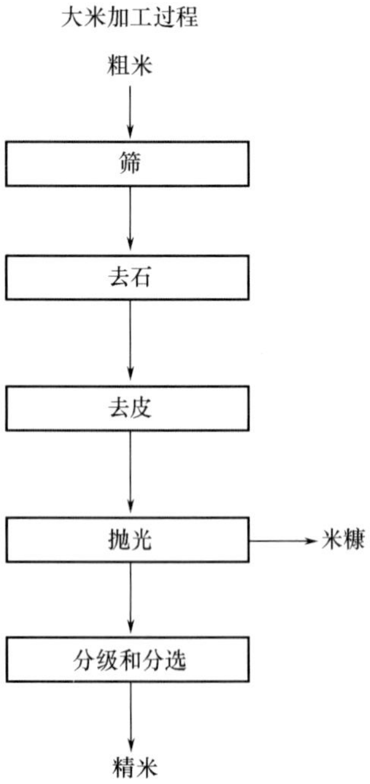

图 10.4 大米加工的步骤

主要的醇类：三十四烷醇 $C_{34:0}$；三十醇 $C_{30:0}$；三十二烷醇 $C_{32:0}$；二十八烷醇 $C_{28:0}$；二十四醇 $C_{24:0}$。

在烃类中还检测到直链烷烃、烯烃和支链烯烃（角鲨烯），角鲨烯的含量是 120mg/100g。

由毛米糠油可获得熔点分别为 79.5℃和 74℃的硬蜡和软蜡[25]。硬蜡由 64.5% 的脂肪醇、33.5% 的脂肪酸和 2% 的碳氢化合物组成。软蜡由 51.8% 的脂肪醇、46.2% 的脂肪酸和 2% 的碳氢化合物组成。

10.3 碾米

现在的碾米技术能有效将稻壳和稻谷分离，然后脱除米糠（图 10.4）[6]。碾米工艺包括胶辊脱壳、谷糙分离、碾擦式碾米（碾白机），也可用擦离式碾米。米糠和抛光物主要就是大米的外层，包括果皮、种皮、珠心胚、糊粉层、胚芽和淀粉胚乳的亚糊粉层的一部分。米糠占糙米的5%～8%，另外抛光物占2%～3%[5]。商业米糠是细的粉状原料，由糙米的外层、粉碎的胚芽、一些稻壳和一些胚乳（白米）组成[8]。米糠的粒度大小分布列在表10.5中[26]。米糠的粒度大小随着碾米类型和碾米条件的不同而有很大的不同。随着碾米程度的改变，米糠的组成也不同（表10.6）[27]。一般都采用较低程度的碾米。

表10.5 原料米糠和热稳定化米糠的粒度分布[26]

筛目数	粒度大小/mm	原料米糠	湿热稳定化米糠
18	>1000	0	0
18～30	1000～595	2.4	18.6
30～50	595～297	30.0	32.7
50～80	297～177	12.2	18.5
80～100	177～149	8.5	10.8
<100	<149	46.7	19.4

表10.6 不同碾米程度米糠的组成变化[27]

碾米程序	碾米程度/%	蛋白	脂肪	纤维素	灰分	无氮浸出物*
第1道	0～3	17～0	17.7	10.5	9.8	45.0
第2道	3～6	17.6	17.1	10.3	9.4	45.2
第3道	6～9	17.0	16.5	5.7	8.4	52.5
第4道	9～10	16.7	14.2	5.7	7.5	55.9

注：*无氮浸出物。

表10.7 米糠、抛光物和其他谷物米糠的组成（水分14%）[26]

成分	大米		小麦麸	玉米麸	大麦糠	黑麦糠	燕麦糠	高粱糠	粟糠
	米糠	抛光物							
粗蛋白含量/（%N×6.25）	12.0～5.6	11.8～13.0	14.5～15	7.8～11.5	11.5	14.6	8.8～16.2	7.7～15.0	11.5
粗脂肪含量/%	15.0～19.7	10.1～12.4	2.9～4.3	4.4～8.1	2.8	2.6	3.0～6.8	4.6～4.7	8.0
粗纤维含量/%	7.0～11.4	2.3～3.2	6.8～10.4	2.6～9.4	9.6	6.6	20.5	7.4～9.1	—
可利用碳水化合物含量/%	31.1～52.3	51.1～55.0	50.7～59.2	58.9～62.6	58.4	58.0	61.4	54.3～64.1	56.0
粗灰分含量/%	6.6～9.9	5.2～7.3	4.0～6.5	1.9～3.4	3.6	4.2	6.3	2.1～3.0	10.5
Ca含量/（mg/g）	0.3～1.2	0.5～0.7	1.2～1.3	0.3～0.4	2.8	0.9～1.2	0.9	—	0.8
Mg含量/（mg/g）	5～13	6～7	5.6	2.5	—	—	3.0	—	4.0

续表

成分	大米		小麦麸	玉米麸	大麦糠	黑麦糠	燕麦糠	高粱糠	粟糠
	米糠	抛光物							
P 含量/（mg/g）	11 ~ 25	10 ~ 22	9 ~ 13	1 ~ 6	5 ~ 8	7.2 ~ 10.5	8.1	—	—
植酸磷含量/（mg/g）	9 ~ 22	12 ~ 17	10	—	3.1	6.9	—	—	—
Si 含量/（mg/g）	6 ~ 11	2 ~ 3	2	—	—	—	—	—	—
Zn 含量/（μg/g）	43 ~ 258	17 ~ 60	105	—	21	56	—	—	—
硫胺素（B_1）含量/（μg/g）	12 ~ 24	3 ~ 19	5.4 ~ 7.0	4.2	—	2.5	4.1	—	10.6
核黄素（B_2）含量/（μg/g）	1.8 ~ 4.3	1.7 ~ 2.4	2.4 ~ 8.0	1.5	—	0.2	3.3	—	—
烟酸含量/（μg/g）	267 ~ 499	224 ~ 389	181 ~ 550	—	—	22.6	1.5	—	—

米糠中富含脂质、蛋白质、矿物质、维生素、植酸、胰蛋白酶抑制剂、脂肪酶和植物凝血素[5]。和其他谷物糠麸相比，带有胚芽的米糠在蛋白、纤维和灰分含量上和其他糠麸相差无几，但脂肪含量高于其他糠麸（表 10.7）。米糠中的磷含量是所有谷物糠麸中最高的。米糠中硅的含量也很高，可能是由于米糠中残留了外壳碎片。米糠中富含维生素 B 和生育酚，但维生素 A 和维生素 C 的含量很低[28]。

在动物饲养中，米糠和胚是一种低成本的蛋白质和油脂来源[6]。研磨米是由脱壳研磨机生产的一种产品，在这个过程中，脱壳和研磨是同时进行的[5]。当通过单独的加工步骤来脱壳时，这样得到原料米糠的脂质含量是碾制米糠（17% ~ 20%）的 4 倍[6]。在碾米之前通过蒸煮糙米得到的米糠含油量高，大约比普通米糠含油量高 20%。高含油量可能是由于低的胚乳含量所导致，这样有机溶剂能更好地浸出油，使油能更快通过糊粉层和胚芽细胞进入到米糠层中[28]。

最终米糠的理化性质取决于以下因素：

(1) 大米的种类；

(2) 在碾米之前对谷物所作的预处理；

(3) 碾米系统的类型；

(4) 碾米的程度；

(5) 碾米过程中的分级[29]。

有一种经常使用的获得壳、米糠和碾制米的碾米方法，该方法被称为“多级法”或

“多级破坏法”，会用到去壳机、抛光机和碾白机。 去壳机首先去除稻壳，然后去壳的糙米经过后续碾白等操作。 米糠中杂质的含量会影响总的脂质含量。 这些杂物是一些碎米和外层胚乳。 加入大约占粗米含量0.25%的碳酸钙作为研磨助剂会降低油脂含量。 其他的像硅藻土和石灰岩等也可以作为研磨助剂来使用。

在发展中国家，大多数都只通过一个步骤来去除壳、米糠和胚芽等。 据估计有将近25%的糙米会进入稻壳和米糠中[29]。

10.4 米糠中的酶

米糠中含有活性酶[30]。 胚芽和胚乳的外层中含有更高活性的酶。 这些酶包括α－淀粉酶、β－淀粉酶、抗坏血酸氧化酶、过氧化氢酶、细胞色素氧化酶、脱氢酶、脱氧核糖核酸酶、酯酶、黄素氧化酶、α－糖苷酶、β－糖苷酶、蔗糖酶、卵磷脂酶、脂酶、脂肪氧合酶、果胶酶、过氧化物酶、磷脂酶、植酸酶、蛋白酶和琥珀酸脱氢酶。

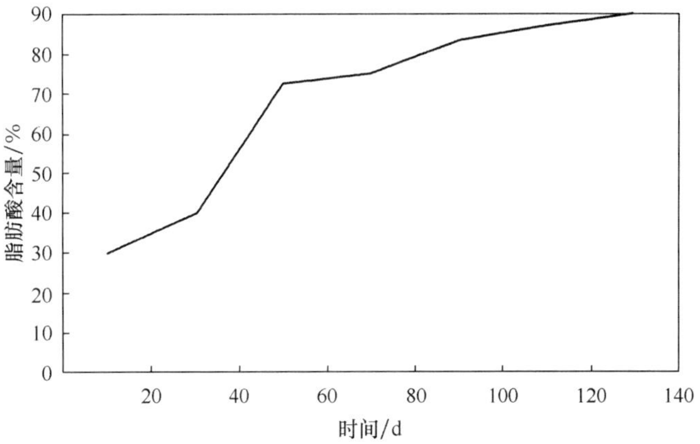

图10.5 毛糠135d储存过程的游离脂肪酸变化[8]

特别是脂肪酶、脂肪氧合酶以及过氧化物酶，这些都是非常重要的酶，主要是因为这些酶影响了米糠的质量和货架期。

脂肪酶能促使米糠中的油脂水解为甘油和游离脂肪酸[5]。 脂酶已经得到了深入研究。 在完整的稻谷中，脂酶存在于种皮层中，而油脂存在于胚芽的糊粉层和亚糊粉层中[26,26a]。 60%的脂酶存在于胚中，也类似地被隔开来。 在碾制过程中，酶和底物结合在一起。 游离脂肪酸的生成速率很大程度上取决于环境条件。 有报道称，每天可以生成5%～7%的游离脂肪酸[29]。 在米糠储藏一个月的过程中，生成的游离脂肪酸含量高达70%。 在135d内米糠中游离脂肪酸的变化见图10.5[31]。 在碾制时米糠中游离脂肪酸的含量是2% ~4%。在制取米糠油时，希望游离脂肪酸的含量应低于5%，因为游离脂肪酸含量高会导致精炼损失大。用正己烷浸出得到的米糠毛油的组成见表10.8。

表10.8 米糠毛油的组成[8]

脂质类型			含量/%
皂化脂质			90 ~ 96
	中性脂质		88 ~ 89
		甘油三酯	83 ~ 86
		甘油二酯	3 ~ 4
		甘油一酯	6 ~ 7
		游离脂肪酸	2 ~ 4
		蜡	6 ~ 7
	糖脂		6 ~ 7
	磷脂		4 ~ 5
不皂化脂质			4 ~ 2
	甾醇		43
	甾醇酯		10
	三萜醇		28
	碳氢化合物		18
	生育酚		1

脂酶的分子质量是40000u，等电点是8.56[32]。它能被钙激活，被重金属钝化。最适的pH范围是7.5 ~ 8.0，最适的温度是37℃。在60℃条件下加热15min会使酶失活。米糠中的脂酶首先水解甘油三酯1位和3位上的脂肪酸。脂酶有两个亚基，它们通过二硫键结合在一起。

米糠中还有一种脂酶的等电点是9.1，最适温度是27℃[33]。它专一性地作用于含短链脂肪酸的甘油三酯。

脂肪氧合酶与具有顺，顺戊二烯结构的多不饱和脂肪酸的氧化有关。降解得到的羰基产物特别是己醛对风味有重要的影响。脂肪氧合酶在胚芽中的活力最高。已经分离得到三种脂肪氧化酶，它们具有不同的最适pH[34]。

10.5 米糠的稳定化

米糠的稳定性和脂酶的活力密切相关[35]。即使脱壳会破坏外层结构从而使脂酶和脂质有结合的机会，但是只要稻谷是完好的，脂酶和脂质就是物理隔离的[29]。完整糠麸油脂中游离脂肪酸的含量是2%～4%[2]。一旦糠麸通过碾制脱离下来，游离脂肪酸的含量就会迅速上升。在高湿度储藏环境中油脂每天的水解速率是5%～10%，一个月后达到70%。提高米糠稳定性的措施如下：

(1)控制脂酶和脂肪氧合酶的活性；

(2)提高米糠油的萃取效率；

(3)减少毛油中的细小颗粒；

(4)给米糠灭菌。

(5)减少变色。

脂肪氧合酶和过氧化物酶对米糠的氧化状态有不利影响（表10.9）。油脂的进一步降解可以通过过氧化氢和酸价的增加、碘值的降低而反映出来。脂肪氧合酶和过氧化物酶都随着脂酶的失活而失活。

表10.9 Milyang 23米糠在30℃、89%相对湿度储存过程中脂质成分的变化[28]

油的性质	贮藏时间/周					
	0	1	2	3	4	5
游离脂肪酸/（%，以油酸计）	3.6	33.0	40.3	45.8	61.8	68.2
过氧化值/（meq O_2/kg）	32.8	73.2	96.0	109.3	90.6	91.0
碘值/%	96.8	90.2	85.4	83.2	79.0	74.7
TBA*值/（mg丙烯醛当量/kg）	0.5	0.8	1.1	0.7	0.7	0.6

注：* TBA—硫代巴比妥酸。

脂酶活力会导致水解酸败。随着游离脂肪酸的增加，米糠的气味没有或只有微量变化[5]。然而脂肪氧合酶的活力会随着游离脂肪酸的出现而上升进而导致氧化酸败[36]。这种氧化酸败对米糠的气味会有影响。

过氧化物酶可作为预测脂酶活力简便而有效的指标。脂酶和其他相关酶的失活温度取决于相对湿度。在4%相对湿度条件下，脂肪氧合酶的灭活温度是40℃，脂酶是55℃，过氧化物酶是70℃[28]。

回顾一下米糠的稳定化方法[37]，它们包括干热处理、湿热处理和挤压膨化。其中最有效的是挤压膨化技术。

在干热处理中，干热空气会使相对湿度降到3%～4%。米糠必须保存在防潮容器中，否则米糠吸收水分脂酶又会恢复活性。如果米糠在有水分的条件下加热，脂酶会永久变性。

在湿热处理器中有挤压膨化机和密封旋转滚筒。挤压膨化会使脂酶失活同时将米糠灭菌。当压力减小后就会产生一些过热湿蒸汽。同样也需要脱水机使湿蒸汽从米糠中脱除，米糠也因此成为球团状。这种团状结构有利于进一步的处理和米糠油的萃取。

在干热处理器中，由于没有增加湿气从而减少了干燥步骤，挤压膨化更有利于保持米糠的稳定性。通过将转动机械能转化为热能从而使米糠加热。用来稳定米糠的温度在100～140℃之间不等。在挤压之后，为确保脂酶失活，米糠需在热环境下继续保存3～5min，然后使热米糠在空气中冷却。

美国西部研究实验室是米糠挤压蒸煮的先驱[28,29,29a]。研究发现，干法挤压更适用于作为食品配料用米糠的稳定化[38]。在碾制1h后米糠能保持稳定就说明米糠的质量良好。

与干热处理相比，湿热处理对于制油用米糠的稳定化更加有效。脂酶在100℃条件下3min就会失活[37]。这套装置中就有蒸汽加热器、热烫机、高压蒸汽灭菌锅和带有蒸汽和水的螺杆挤压机[30]。注入蒸汽后挤压，当加水量达10%时，脂酶失活所需的温度就降低了，温度可降低到100～120℃。产品在干燥到稳定的湿度之前，需在100℃条件下维持1.5～3.0min。米糠在挤压膨化机中会膨胀，水会变成水蒸气[8]。多孔的团状米糠在油脂萃取过程中会促进有机溶剂的渗透，颗粒细小会使米糠结块。

在稳定化后，通过湿法挤压添加到米糠中的水/蒸汽需要干燥去除，将热空气通过米糠层即可达到效果。虽然这会增加米糠稳定化所需的成本，但脂酶能长期失活并且米糠的营养损失很小。这样得到的米糠油颜色较浅并且精炼损失小。稳定化处理后的米糠可以长时间储存，但为了得到最高品质的米糠油，萃取必须在一个月内完成[39]。

蒸谷米工艺是湿热处理的一个例子。存在于糙米中的脂酶在高压灭菌锅中处理3～20min或者煮至半熟可将其灭活。

其他已经研究得到的稳定方法如下：

(1)冷藏降低水解速率[8]；

(2)降低pH来降低酶活力[4]；

(3)加入偏亚硫酸钠抑制酶活力[39a]。

10.6 从米糠到米糠油

米糠是制取米糠油的原料[30]。在过去的50年中，人们采用各种多方法来萃取米糠油。在最初阶段，米糠油主要是用在传统食品中。最近的研究着重强调米糠油的营养功能。

对挤压稳定化米糠，用正己烷进行萃取，就可以制得低游离脂肪酸含量的米糠油。图10.6中列出了加工流程。不稳定的米糠尽管游离脂肪酸含量高，同样也能作为萃取油的原料。对于非稳定化的米糠，油的浸出过程和稳定米糠的浸出过程相似。米糠预处理过程通过挤压机、膨化机或者螺旋压榨机压片或者成团，这样有利于溶剂在浸出床中的流动[40]。从而有利于有机溶剂的浸出。有7%～12%的穿过25目网的片状米糠在60cm床中的浸透速率达到563～620L/(m^2·min)。油的萃取速率很快，5min就能萃取96%的油，在萃取1h后仅有0.7%的残油。

早期用液压法来制油[28]。在日本的某生产工艺中，原料米糠通过筛选和风选来除去杂籽和杂壳。在一些情况下，还可以得到一些米胚芽，然后经过蒸炒、轧胚最后浸出。

正己烷萃取法可以采用间歇式、批量式或者连续式操作[12]。这些操作类型最近在日本都在应用。连续操作体系在巴西、缅甸、埃及、印度、墨西哥、中国台湾地区、泰国和美国应用。米糠在最有效的操作系统中稳定化、成团，如果需要的话进行干燥。经过预处理的米糠放入浸出器中，然后倒入正己烷使它浸透米糠来萃取油。这个操作是在逆流萃取器中完成的。在蒸发除去有机溶剂得到毛油之前，通过过滤器来去除混合油中糠粕。油中糠粕的多少取决于米糠的稳定化条件[38]。如果在120℃条件下膨化，压片较大且脆，很容易破碎。高水分含量的米糠能够抗碎。最终米糠的含水量大约是6%。

米糠制粒能改善米糠的浸透性，并能减少混合油中的细粉。米糠粒的直径一般是6～8mm不等。在造粒过程中，保持湿润会减少细粉。熟米糠不可能形成像生米糠那样结实的糠粒，因为在煮熟米糠的过程中，米糠蛋白失活变性了[33]。细粉在米糠粒中的结合可以通过米糠加热过程中淀粉的糊化来完成。熟米糠还会出现一些其他问题，它们黏在干燥器表面，从而导致自燃，与生米糠混合可以缓解这个问题。

X－M工艺将溶剂浸出和碾米技术结合在一起[41]。向糙米中加入0.5%的热米糠油预处理2～3h来软化米糠，然后再来碾米。有机溶剂可以去除且回收米糠油。这种操作的优点是不需要进行稳定化处理，最终得到的米糠油只含有少量的游离脂肪酸。这种加工过程已不再采用。

人们也研究了通过超临界萃取的方法来得到米糠油[5]。通过这样的操作，米糠油的得率稍有降低。超临界CO_2萃取得率是17.98%，CO_2－乙醇的萃取得率是18.23%，CO_2－正己烷的萃取得率是20.21%。

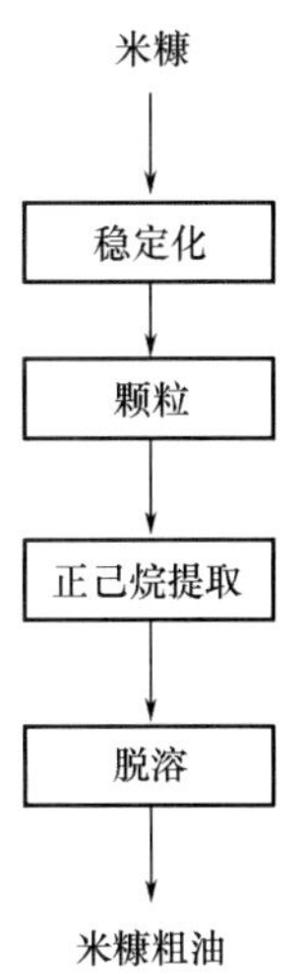

图10.6 米糠油的生产工艺[8]

10.7 米糠油的精炼

米糠毛油的颜色在深茶绿色到浅黄色之间，这取决于米糠的加工条件、萃取方法和米糠的组成。米糠毛油中的色素包括胡萝卜素、叶绿素和美拉德反应产物[12,28]。从蒸谷米米糠中得到的油一般比从原米糠中得到的油颜色深。

米糠毛油的组成对精炼过程有着重要影响。比较典型的是，米糠毛油中含高达有0.5%的米糠颗粒和0.5%~5%的蜡。这就需要具有搅动装置的储藏罐及带加热的储罐和盘管防止蜡的结晶。当米糠毛油中游离脂肪酸的含量相对较低（<10%）时，精炼损失可能会超过游离脂肪酸的十倍。曾经也有人报道，精炼损失可以降低到两倍[2,6,40]。

米糠油的精炼过程包括脱蜡、脱胶、中和游离脂肪酸、用于改善油脂颜色的脱色和蒸汽脱臭过程。精炼米糠油是浅黄色（Lovibond 3.0R 30Y），风味温和并具有淡淡的米香。和花生油类似，米糠油的风味是炸鱼、炸鸡和薯片等煎炸食品风味的补充。

10.8 脱蜡

蜡质能增加精炼损失[8]。毛油中的蜡含量和大米的种类、碾制技术、油的提取方法及提取温度有关[2]。油的提取温度会影响蜡质的类型和数量。例如，在50℃提油得到的蜡是20℃的2~3倍。

早期的脱蜡仅仅依靠重力沉降再进行倾析完成[43]。油脂逐渐冷却使蜡质结晶，然后进行过滤或离心得到蜡糊。制得的蜡糊可以返回脱脂米糠中，作为动物饲料油出售，或进一步加工分离出油和纯蜡。蜡的回收包括丙酮洗涤和异丙醇分提。

蜡质的特性列举如下：

碘值11.1~17.6g I/100g、游离脂肪酸2.1%~7.3%、磷含量0.01%~0.15%、熔点75.3~79.9℃。

有人已经试图用冷热萃取技术来回收蜡质[2]。蜡的产量占毛油总量的1.29%~1.82%。通过激冷米糠油或者其混合油至20℃以下，随之进行过滤的连续式米糠油脱蜡工艺已经应用于实践中。Kinsey和Hummell[44]已报道用钠硅酸盐作为脱蜡加工助剂。纯化处理过的米糠蜡同巴西棕榈蜡在一些特性和物理性质上相似[45]。

脱胶和碱炼工艺中也伴随脱蜡过程[8]。将油冷却到5℃进一步对精炼脱色油脱蜡，这样可以得到高品质的米糠油。

10.9 脱胶和脱酸作用

米糠油中的磷脂在组成上和其他油类似。这些作为大米卵磷脂来回收[5]。生产食用级的卵磷脂必需得去除糠粕和蜡质，可以采用水化脱胶。采用高于80℃的温度来防止结晶并防止蜡质和胶质一起被去除。如果不是生产食品级的卵磷脂就不需要过滤糠粕。用磷酸或者有机酸预处理来去除非水化磷脂。加入食品级的表面活性剂来去除蜡质[46]。在50℃以下脱胶，有一部分蜡也会随之去除。处理胶质的一种处理方法是将其加入到脱脂的米糠[8]。

脱酸的方法主要有碱炼和物理精炼[5]。在碱炼中有间歇式和连续式方法。可以预先向油中加入磷酸或有机酸来促进磷脂水化。然后向油中加入超量20%～40%的16～30°Bé的强碱进行碱炼。皂沉淀下来，可以作为皂脚来回收[47]。

连续精炼设备包括在线混合器、加热器和离心机[8]。碱和油混合后迅速加热到55～70℃来消除水化皂的乳化作用。如果需要同时脱蜡，那么就应该在28～32℃进行分离。碱炼后可以通过水洗或者是加入硅酸盐来去除残留的皂类和磷脂，这与一般的油脂是相同的混合油精炼这种方法也可以使用[47]。混合油精炼的优点是得率高、品质好和颜色浅。精炼损失接近根据滴定值计算的理论值[48]。米糠混合油是可变的。

米糠油精炼过程中可能产生过量的精炼损失。含5%游离脂肪酸的毛油损失范围在12%～40%。高精炼损失的原因目前还不清楚。推测是由于部分甘油酯、氧化组分、蜡质的存在以及原料油的高酸值造成了精炼损失。目前，美国和日本的许多工厂采用物理精炼的方法[2]。

在碱炼过程中计算碱量的时候，油被滴定到酚酞指示的终点。滴定终点不仅仅与游离脂肪酸有关，还与谷维素有关。由于过量碱的加入，谷维素转入皂脚而与油脱离。谷维素的营养优势就丧失了。在滴定中还可以选择碱性蓝作为指示剂[8]。这种指示剂反映的仅仅是游离脂肪酸的酸度。

10.10 脱色、氢化和脱臭

一些标准的方法用于米糠油的脱色、氢化和脱臭。脱色使用活性炭或脱色土[47]。活性炭由于成本高、操作困难而很少使用。脱色白土的用量取决于米糠油的性质和使用的脱色土的种类，用量在2%～10%变化。含有硅酸盐的白土能有效地达到更好的油脱色要求。

脱臭或汽提用于去除产生不良气味的过氧化物、醛类和酮类，同时也除去了稻米油的特征风味[12]。油在3～5mmHg的真空度下加热到220～250℃。最常用的脱臭系统是半连续的。其他的装置也在被使用[43]。脱臭之后，油被冷却到60℃然后过滤。脱臭油的储藏要求和其他油相同。

物理精炼也称为蒸汽精炼，它将脱酸和脱臭过程结合在一起。对于游离脂肪酸含量高的油来说，物理精炼比碱炼的得率更高[2]。

10.11 冬化

除了去除蜡质，要获得冷冻试验达5h的稻米油，需要去除油脂中的大量饱和以及高熔点的甘油三酯，这一过程即为冬化[8,43]。不经冬化，脱蜡稻米油在室温或稍低于室温的温度下容易发朦或变混浊。

冬化包括以一定的速率冷却油并且在达到特定的温度后过滤。对于米糠油来说，冬化就是在特定的速率下将油从30～35℃冷却到15℃，并且伴随着缓慢搅拌，这个时间范围一般都是在12h以上。然后停止搅拌，在24～48h内缓慢将油冷却到4～5℃，从而使高熔点的成分结晶。形成的结晶的种类取决于冷却的速率和终温。最好形成大而稳定的结晶。过滤助剂有助于晶体从黏性油中分离。冬化油的耐寒试验最长需要5～7h。

混合油的冬化能更有效地把高熔点固体脂从米糠油中分离。可选用的有机溶剂有正己烷、丙酮和醋酸异丙酯。在搅拌条件下，混合油经过12h慢慢冷却到15℃，然后停止搅拌冷却到4～5℃，放置24～48h后过滤。

10.12 加工过程中的副产品

和其他所有油一样，精炼过程产生的副产品能带来一笔可观的收入。蜡质能被浓缩和精炼，从而可以和其他有机蜡相竞争。高熔点的蜡质有很多的用途。

皂脚中含有脂肪酸皂，对于碱炼油皂脚来说，还含有谷维素（5%～10%）。将皂脚酸化后可用作饲料，同时分离出谷维素[16]。乙醚、氧化铝色谱法和结晶法被用于谷维素的纯化。

脱臭馏出物含量大约有1%，其中含有生育酚、生育三烯酚和甾醇（表10.10）。生育酚类见表10.11，甾醇类见表10.12。它们的价值与其他油的馏出物价值相当。

表 10.10 米糠油脱臭馏出物的组成[20]

成分	百分数（范围）/%	成分	百分数（范围）/%
游离脂肪酸	25～40	甾醇	15～25
生育酚	1.5～3.0	角鲨烯	15～25
生育三烯酚	4.0～6.0	甘油一酯、甘油二酯等	15～25

表 10.11 米糠油脱臭馏出物中生育酚的组成[20] 单位：%

类别	生育酚	生育三烯酚	类别	生育酚	生育三烯酚
α	67	21	γ	30	77
β	3	Tr.	δ	Tr.	2

表 10.12 米糠油脱臭馏分中甾醇的组成[20]

甾醇	百分比/%	甾醇	百分比/%
β－谷甾醇	38	Δ^7－燕麦甾醇	6
豆甾醇	18	Δ^5－燕麦甾醇	5
菜籽甾醇	13	其他	10
Δ^7－豆甾醇	10		

10.13 精炼米糠油的组成

典型的精炼米糠油的相关参数见表 10.13。这些和其他油相似。米糠油具有特有的坚果味和土腥味，不像花生油。

米糠油中脂肪酸的组成同花生油脂肪酸的组成类似（表 10.14）[8]。棕榈酸、油酸和亚油酸占脂肪酸含量的 90% 以上。甘油三酯的主要分子种类是棕榈酸－亚麻酸－油酸、油酸－亚油酸－棕榈酸、棕榈酸－亚油酸－亚油酸、亚麻酸－亚油酸－棕榈酸和三油酸甘油三酯。和花生油一样，米糠油适用于煎炸和烹调。

表 10.13 经过精炼、脱色和脱臭的米糠油的各参数值[8]

特性	数值	特性	数值
碘值/（韦氏法，g I/100g 样品）	99～108	皂化值/（mg KOH/g）	180～190
过氧化值/（meq O_2/kg）	<1.0	不皂化物/%	3～5
水分/%	<0.05	烟点	213℃
色泽 5.25－罗维朋红色	<5.0	折光指数	1.470～1.473

续表

特性	数值	特性	数值
游离脂肪酸/（%，油酸计）	<0.05	相对密度	0.916
风味	>7	AOM 值/h*	17.5
叶绿素/（μg/kg）	<75		

注：* AOM—活性氧法。

表 10.14 米糠油的化学组成[8]

物化参数	数值	物化参数	数值
酸值/（mg KOH/100mL）	1.2	$C_{18:0}$	2.9
碘值/（g I/100g）	100.0	$C_{18:1}$	38.4
皂化值/（mg KOH/g）	211.8	$C_{18:2}$	34.4
不皂化物/%	4.2	$C_{18:3}$	2.2
脂肪酸组成/%		$C_{20:0}$	—
$C_{14:0}$	0.6	$C_{22:0}$	—
$C_{16:0}$	21.5		

10.14 米糠油的营养

对米糠油的兴趣开始于稳定化米糠。大鼠试验表明，米糠减少血清中胆固醇的作用和燕麦糠麸相当（表 10.15）[1]。两项临床研究表明米糠能减少人体中低密度脂蛋白胆固醇[49,50]。脱脂米糠在减少胆固醇方面比全脂米糠效果差[1]。具有降低胆固醇的功能性物质集中在米糠油中的不皂化物中（表 10.16）[51]。米糠油中谷维素能够降低老鼠[52]和灵长类动物体内[53]的胆固醇。临床研究表明每天服用米糠油不皂化物 3.1g，服用 12 个月会使总胆固醇量减少 14.1% 并使低密度脂蛋白胆固醇减少 20.5%（表 10.17）[54]，高密度脂蛋白上升并且甘油三酯含量显著下降。米糠油中同样存在生育酚，有报道说它同样能减少血清胆固醇[55]。

表 10.15 米糠和燕麦糠对大鼠血清胆固醇的影响[1] 单位：mg/dL

膳食中的糠	血清胆固醇含量	膳食中的糠	血清胆固醇含量
纤维素（10%）	395	蒸谷米糠（31.8%）	297
米糠（47.8%）	270	蒸谷脱脂米糠（19.6%）	377
脱脂米糠（24.7%）	347	燕麦糠（53.7%）	289

表 10.16 米糠油不皂化物对鼠的降胆固醇活性[51] 单位：mg/dL

膳食	血清胆固醇*		
	总量	HDL	LDL + VLDL
对照（花生油）（10%）	374	43	331
米糠油（10%）	228	48	240
对照 +0.2% 不皂化物	387	48	339
对照 +0.4% 不皂化物	243	48	195

注：* HDL—高密度脂蛋白；LDL—低密度脂蛋白；VLDL—极低密度脂蛋白。

米糠油生产中的精炼方法会对油中谷维素含量产生影响[3]。在碱法精炼中大部分的谷维素能被去除而在物理精炼法中大部分谷维素（66%）仍存在于油中（图 10.7）[56]。物理精炼油对血清脂质的影响和米糠毛油类似。人们尝试用各种各样的方法来保存油中的谷维素。用碳酸钠代替氢氧化钠，能使米糠毛油中三分之二的谷维素在精炼过程中成功保存下来[57]。也可以将不皂化物重新加入油中，这种方法已经获得专利[58]。目前还没有用高谷维素含量的米糠油进行临床试验。通过萃取皂脚，不皂化物可以得到浓缩，加入正己烷可以获得含量高达 30% 的脱酸不皂化物。

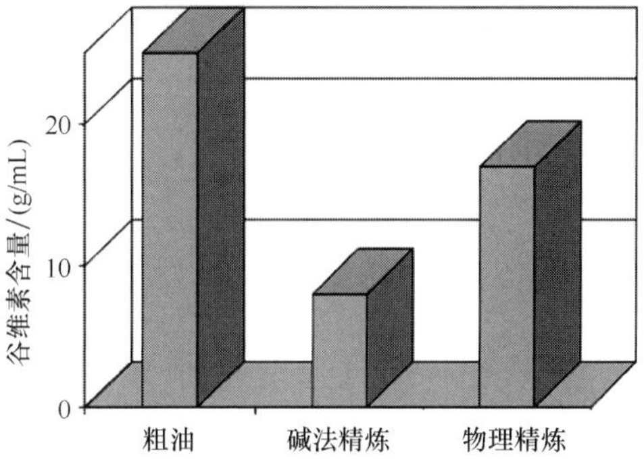

图 10.7 精炼过程对米糠油谷维素的影响[8]

表 10.17 膳食添加米糠不皂化物对高胆固醇血症患者血脂的影响[54]

血脂*	开始	12 个月	P
米糠不皂化物			
胆固醇	6.18±0.33	5.31±0.20	<0.05
LDL - 胆固醇	4.28±0.37	3.40±0.18	<0.05
HDL - 胆固醇	0.17±0.02	0.24±0.02	<0.025
甘油三酯/HDL	2.16±0.35	1.21±0.21	<0.05
米糠不皂化物安慰组			
胆固醇	5.70±0.21	6.06±0.32	ns
LDL - 胆固醇	3.95±0.18	4.05±0.31	ns
HDL - 胆固醇	0.21±0.06	0.22±0.01	ns
甘油三酯/HDL	1.54±0.31	1.55±0.20	ns

注：* LDL—低密度脂蛋白；HDL—高密度脂蛋白；ns—不重要。

10.15 米糠油的应用

米糠油可以应用于食品、饲料和工业中。其中只有高质量的米糠油应用于食品。作为日本产量最大的植物油，米糠油在日本作为煎炸油使用，因为它的风味比其他油更受欢迎。在深度煎炸过程中米糠油的氧化稳定性和花生油、棉籽油相当（表 10.18）[8,59]。米糠油和大豆油混合能减少总极性物质，这取决于混合油中米糠油的含量（表 10.19）。在米糠油中炸过的薯片在高温下显示的风味稳定性介于花生油和棉籽油之间（表 10.20）。

表 10.18 米糠油的煎炸评价（15d 结果）[8]

油的类型①	达到最大水平的时间②/d			LR	TPM
	FFA	FOS	LY		
米糠油（不含添加剂）	3.91	3.74	6	28.0	31.9
米糠油（含添加剂）	5.62	3.46	7	49.6	34.6
花生油（含添加剂）	6.87	3.92	8	21.2	37.5
棉籽油（含添加剂）	7.22	4.07	7	28.8	37.2

注：①技术参数：18.2kg 的煎炸锅，煎炸温度 177℃；1h 换 1 次原料：裹面包屑鸡块，鱼，洋葱卷，薯条；5mg/kg 二甲基聚硅氧烷作为消泡剂，200mg/kg TBHQ。

②FFA—游离脂肪酸，FOS—食物油传感器测定值；LY—罗维朋黄色；LR—罗维朋红色；TMP—总极性物。

表 10.19 米糠油和大豆油混合油的煎炸结果[8] 单位：%

油的类型	总的极性物质	
	10d	13d
米糠油	21.12	32.78
花生油	21.07	35.53
米糠油/大豆油（50∶50）	24.11	35.80
米糠油/大豆油（25∶75）	23.25	40.42

表 10.20 在 62.8℃下酸败前的贮存时间[8]

油的类型	测得酸败风味的时间/d	油的类型	测得酸败风味的时间/d
米糠油（不含添加剂）	20	花生油（不含添加剂）	14
米糠油（含有添加剂）	25	棉籽油（含有添加剂）	31

冬化过的米糠油更适合用作色拉调味汁和蛋黄酱。米糠油中的硬脂部分可用来代替人造黄油和起酥油中的塑性脂肪。氢化过的米糠油更适用作此用途。

非食品用途的米糠油可用于饲料、皂类和甘油的生产。米糠蜡可代替棕榈蜡，应用于糖果、化妆品及抛光产品中。

米糠油可作为化妆品或个人护理品中的一种重要成分，可满足对天然、增进健康成分的需求[60]。

10.16 米糠油的产量（潜力）

世界稻米总产量超过5亿吨。米糠油的产量是72.22万吨（表10.21）。其中印度、中国和日本是主要生产国。有超过一半的大米在小作坊中碾磨。这样就还有2000万～2500万t的米糠可用作米糠油生产。这样的话，米糠油的潜在产量可达300万～400万t。

表10.21 米糠油的产量[61]* 单位：1000t

国家	产量	国家	产量
孟加拉国	1.5	老挝	2.6
巴西	1.5	缅甸	17.6
柬埔寨	4.6	尼泊尔	7.6
中国	90.0	巴基斯坦	3.7
印度	472.7	斯里兰卡	5.5
印度尼西亚	0.15	泰国	7.8
日本	65.0	越南	7.6
韩国	11.7	总和	722.2
朝鲜	9.2		

注：*不包含美国1.59～1.8万t的产量。

在美国，大多数米糠的生产分散在一些稻米产区的小作坊里面，这些地方没有足够的米糠产品来保证米糠制油，其产量少于8万t。美国现有一家米糠油浸提企业，米糠油的产量只有1.59万～1.8万t。

10.17 小结

米糠是大米生产过程中没有充分利用的副产品。通过萃取和精炼米糠油，可部分获取米糠的价值，投资成本限制了美国制米工业获取米糠价值。但是，米糠油具有其他油所不具备的实用特性。另外一个优势是米糠油具有特有的营养特性。它的脂肪酸组成符合美国心脏病学会（AHA）的推荐标准。米糠油中含有一系列的抗氧化剂，它比其他不饱和脂肪酸含量高的油更能够降低胆固醇含量。 米糠油的风味和特性使其能应用于色拉、烹饪和煎炸。

参考文献

1. T. Kahlon et al. , *Cereal Chem.* , **69**(5), 485 – 489(1992).

2. F. T. Orthoefer, presented at 85th American Oil Chemists Soc. Annual Meeting, Atlanta, GA, May 9, 1994.

3. R. Cheruvanky, in W. R. Bidlack et al. , eds. *Phytochemicals as Bioactive Agents*, Technomic Press, Lancaster Press, 2001.

4. R. Cheruvanky, in L. Johnson and G. Williamson, eds. *Phytochemical Functional Foods*, Woodhead Publishing Limited, Cambridge, U. K. , 2003.

5. F. T. Orthoefer, in Y. H. Hui, ed. *Baileyley's Industrial Oil and Fat Products*, 5th ed. , vol. 2, J. W. Wiley and Sons, Inc. New York, 1996.

6. F. T. Orthoefer and J. Eastman, in E. Champagne, ed. *Rice Chemistry and Technology*, American Association of Cereal Chemists, St. Paul, MN, 2003.

7. B. O. Juliano, in P. J. Barnes, ed. *Lipids in Cereal Technology*, Academic Press, London, 1983.

8. F. T. Orthoefer, in R. F. Wilson, ed. *Proceedings of the World Conference on Oilseed Processing and Utilization*, AOCS Press, Champaign, Illinois, 2001.

9. J. S. Godber and B. O. Juliano, in E. Champagne, ed. *Rice Chemistry and Technology*, American Association of Cereal Chemists, St. Paul, MN, 2003.

10. W. R. Morrison, in Y. Pomeranz, ed. *Cereal Lipids*, Vol. 2, American Association of Cereal Chemists, St. Paul, MN, 1978.

11. N. H. Choudhury and B. O. Juliano, *Phytochemistry*, **19**, 1385 – 1389(1980).

12. B. O. Juliano, in P. J. Barnes, ed. *Lipids in Cereal Technology*, Academic Press. New York, 1983.

13. W. R. Morrison, *J. Cereal Sci.* , **8**, 1 – 15(1988).

14. T. S. Shin and J. S. Godber, *J. Agric. Food Chem.* , **44**, 567 – 573(1996).

15. C. Rukmini and T. C. Raghuram, *J. Am. Coll. Nutr.* , **10**, 593 – 601(1991).

16. G. S. Seetharamaiah and J. V. Prabhakar, *J. Food Sci. Tech.* , **23**, 270 – 273(1986).

17. B. J. Lloyd, T. Siebenmorgen, and K. W. Beers, *Cereal Chem.* , **77**, 551 – 555(2000).

18. K. Tanabe, M. Yamaoka, and A. Kato, *Jpn. Oil Chem. Soc.* , **30**, 116 – 118(1981).

19. K. Tanabe et al. , *Yuk agaku*, **31**, 205 – 208(1982).

20. L. Gingras, presented at Amer. Oil Chem. Soc. *Ann.* Meeting, May 2002.

21. T. S. Shin, J. S. Godber, D. E. Martin, and J. H. Wells, *J. Food Sci.* , **62**, 704 – 728(1997).

22. W. Hu, J. H. Wells, T. S. Shin, and J. S. Gober, *J. Am. Oil Chem. Soc.*, **73**, 1653 - 1656(1996).

23. D. E. Martin, M. S. Thesis, Louisiana State University, Baton Rouge, p. 143.

24. Silto, T. Susuki, and Y. Fujino, *Nippon Nogei Kagaku Kaishi*, **55**, 247 - 253(1981).

25. S. H. Yoon and J. S. Rhee, *J. Am. Oil Chem. Soc.*, **59**, 561 - 563((1982).

26. B. S. Luh, S. Barber, and C. B. deBarger, in B. S. Luh, ed. *Rice Utilization*, Vol. II, Avi Book, Van Nostrand Reinhold, New York, 1991.

26a. B. S. Shastry and R. M. R. Rau, *Chereal Chem.*, **53**(2), 190 - 200(1976).

27. S. Danforth and F. T. Orthoefer, presented at 64th Tri-state Oil Mill Assoc. Mtg., Biloxi, Mississippi, 1989.

28. B. O. Juliano, in B. O. Juliano, ed. *Rice:Chemistry and Technology*, *Amer. Assoc. Of Cereal Chem.* St. Paul, Minnesota, 1985.

29. R. M. Saunders, *Food Rev. Int.*, **1**, 465 - 495(1986).

29a. J. M. Harper, in C. Mercier, P. Linko and J. M. Harper, eds. *Extrusion Cooking. American Assoc. of Cereal Chemists*, St. Paul, Minnesota, 1989.

30. S. Barber and C. Benedito de Barber, in B. S. Luh, ed. Rice:*Production and Utilization*, Avi, Westport, Connecticut, 1980.

31. F. T. Orthoefer and R. J. Nicolosi, presented at 84th American Oil Chemist Society Annual Meeting, Anaheim, California, Apr. 29, 1993.

32. M. Funatsu et al., *Agr. Biol. Chem.*, **35**, 734 - 774(1971).

33. Y. Aizono, et al., *Agr. Biol. Chem.*, **40**, 317 - 324(1976).

34. S. Ida, Y. Masaka, and Y. Moriton, *Agr. Biol. Chem.*, **47**, 637 - 641(1983).

35. C. A. Brown, *J. Am. Chem. Soc.*, **25**, 248 - 954(1903).

36. T. Galliard, J. Allen and R. Hamilton, eds. in *Rancidity in Cereal Products*, Elsevier Applied Science, New York, 1989.

37. R. N. Sayre et. al., *Cereal Foods World*, **27**, 317 - 322(1982).

38. J. M. Randall et al., *J. Food Sci.*, **50**, 361 - 322(1982).

39. D. R. McCaskill, S. D. Danforth, and F. T. Orthoefer, presented at 23rd Rice Technical Working Group, Biloxi, Mississippi, 1990.

39a. R. N. Sayre, D. K. Nagyar, and R. M. Saunders, *J. Amer. Oil Chem. Soc.*, **62**, 1040 - 1043(1985).

40. J. V. Prabhakar and K. V. L. Venkatesh, *J. Am. Oil Chem. Soc.*, **63**, 644 - 646(1986).

41. J. W. Hunnel and J. F. Nowlin, in D. F. Houston, ed. *Rice*: *Chemistry and Technology*, 1st ed., Amer. Assoc. of Cereal Chemists, St. Paul, Minnesota, 1972.

42. C. Kao and B. S. Luh, in B. S. Luh, ed. *Rice Utilization*, Van Nostrand Reinhold, New York, 1991.

43. S. C. Chang, R. M. Saunders, and B. S. Luh, in B. S. Luh, ed. *Rice Production and Utilization*, Avi Publishing, Westport, Connecticut, 1980.

44. D. N. Kinsey and J. W. Hunnell, U. S. Patent 3, 481, 960, Dec. 2, 1969.

45. R. Lasztity, United Nations Industrial Development Organization, ID/W. G. 89/10, March 9, 1971.

46. A. Sah, B. K. D Agrawal, and L. S. Shukla, *J. Amer. Oil Chem. Soc.*, **60**(2), 466(1983).

47. A. C. Bhattacharyya, S. Majumdar, and D. K. Bhattacharyya, *J. Amer. Oil Chem. Soc.*, **63**, 1189 - 1191 (1986).

48. P. B. V. Reddi, K. S. Murti, and R. O. Feugi, *J. Amer. Oil Chem. Soc.*, **25**, 206 - 211(1948).

49. M. Hegsted, M. Windhauser, and S. Lester, *Faseb*, **4**, 368A(1990).

50. A. Gerhardt and N. B. Gallo, *Food Chem. News*, **31**, (1989).

51. R. Sharma and C. Rukmini, *Indian J. Med Rev.*, **85**, 278 - 281(1987).

52. R. Sharma and C. Rukmini, *Lipids*, **21**, 715 - 720(1986).

53. R. J. Nicolosi et al., in J. Wadsworth and W. Marshall, eds. *Rice Science and Technology*, Marcel Dekker, New York, 1992.

54. T. R. Watkins et al., *Environ. Nutr. Interact.*, **3**, 115 - 122(1990).

55. A. Qureshi et al., *Amer. J. Clin. Nutrition*, **53**, 10215 - 10265(1991).

56. A. G. Krishna et al., *J. Amer. Oil Chem. Soc.*, **78**(2), 127 - 131(2001).

57. L. Gingras, Inform II, Nov, 2000.

58. H. Hitasumatsu and Y. Takeshita, U. S. Patent 5, 290, 579(1994).

59. L. Gingras, D. Hutchinson, and D. McCaskill, presented at *Amer. Oil Chem. Soc. Annu. Meeting*, May 2003.

60. D. DeGuzman, *Chemical Marketing Reporter*, **263**, 12(2003).

61. Food and Agriculture Organization of the United Nations (FAOSTAT 1998).

11 红花油

Joseph Smith

11.1 历史及植物学特性描述

红花（*Carthamus tinctorius* L.）具有悠久的种植历史。一些人将其归属于世界上最古老的作物[1]，另一些人认为它与橄榄同时期，比芝麻稍晚[2]。早在4000多年前，埃及就已种植红花[3]，但最可能的原产地在幼发拉底河盆地[4~6]，曾从那里传播到埃及和埃塞俄比亚。穆斯林商人带着红花籽横穿非洲北部海岸传入现在的西班牙，同时阿拉伯人把它传到东非的许多地方。到了16世纪，在欧洲一些地区已可发现红花的踪迹。土耳其人把它带到了整个中东，再从那里传到了伊朗、阿富汗和印度。2000年多前又从阿富汗传到中国[7]。公元3世纪传到了日本[8]。西班牙和葡萄牙殖民者把它带至新大陆，随后葡萄牙和俄罗斯的移民把它继续传播开来[9]。红花在历史上主要用作染料、食品着色剂、化妆品或医药用途等[7,10,11]。干红花的小花通常作为色彩斑斓的藏红花（*Crocus sativus* L.）的掺杂或代用品，因为后者是一种十分昂贵的香料[12~14]。红花油在古埃及托勒密二世王朝统治时已有生产[10]，Pliny指出它能替代蓖麻油用于非食用地方[15]。在美索不达米亚，公元前红花油就被用作食用油[16]。印度在近代才将其用作食用油，至20世纪中期它先作为工业用油而后作为食用产品开始进入世界商品油市场[17]。

由于红花被引入到许多地区，所以其名字也众多，其中如azafrancillo、bastard saffron、benihana、cartamo、cnikos、false saffron、ghurtom、hung hua、kafsha、kahil、kajireh、kardi、khardam、kusumba、onickus、safflor、thistile saffron和ssuff[1,3]。

红花属菊科族。属于这个家族的其他成员还有洋蓟、菊花、油菊和葵花。野生的红花属至少有25种[18]。但只有*C. tinctorius*称为红花，已人工栽培。印度和巴基斯坦把一些数量的*C. oxacantha*收集起来用作油或食品资源[19]。

我们所知的红花类似于苏格兰蓟属植物，但小花的颜色是黄、橙或红色而不是蓟属的紫色。而商用红花*C. tinctorius*不会变成杂草。红花长至30～150cm高，长出许多分枝

（除非受自然或人为环境条件的影响），形成的粗直根可延伸至4m深。

每一分枝顶端有一朵密集小花（独立的管状花冠）头状花序，通常称作花。每个小花花朵从层层苞叶包围着的锥状头部伸出。沿着枝杆和分枝长出的叶子和外层苞片通常是多刺的，但作为染料或食品色素生产而种植的红花是无刺或接近无刺的。红花籽以同轴的方式在头中形成，是带有平顶的扁球状，通常是白色的，与大麦粒大小相近（图11.1）[20]。

图11.1　（1）现代红花之父 Carl E. Claassen 博士在红花丛中；（2）盛开的红花；（3）红花籽

红花是起源于干旱地区的植物，可由其深的直根、蜡质的叶片和相对厚的壳得到证实。它对水分和氮很敏感，红花籽在合适温度条件下暴露于水中能够立即发芽，不像葵花籽那样发芽前必须经过一段潜伏期。它的深根和众多的细侧根伸展开来能汲取土壤深处的水分和营养成分。这些性质使红花在水分短缺期间能够存活，却也限制了世界上能成功种植红花的地域。红花在土壤温度高于4.5℃时就能正常种植，超过15℃后迅速生长。出土后在生长中期进入玫瑰瓣状体阶段，在此阶段它建立了深根组织。随着温度的增加，枝秆开始长高，每天可长高2.5cm，一直长至最高分枝和芽生成直至开花，这需要70d或更多时间（取决于种植时的温度）。花期可持续10d至3周，通常在花盛开后45d就可收获。

红花在生长季节中最温暖的阶段开花。如果与此同时降雨期延长或到收获时期，尚未收获的红花籽仍在枝头上，将会引起发芽并形成幼芽，这会迅速减少含油量、增加色泽及油中的游离脂肪酸，最终导致作物总的损失。因此为了成功种植红花，必须在至少有120d无霜期，年降雨或灌溉量为300～500mm，红花开花及花后期间没有降雨的地区种植。

世界上大多数农业地区都有夏季雨期。假如遇到降雨，红花虽然存活下来，但作物的叶子和头部受到各种霉菌侵蚀的可能性显著增加，使产量严重受损。因此红花种植区域局限于如加利福尼亚中部盆地、南亚利桑那州；墨西哥和澳大利亚的个别地区；中国、印度和中东的干旱地区。美国的北部和密西西比河流域以西的大平原、爱达荷州南部、犹他州北部，北墨西哥大部分、阿根廷北端和印度、中国的较干旱区域虽能种植红花但存在较大风险（图11.2）。

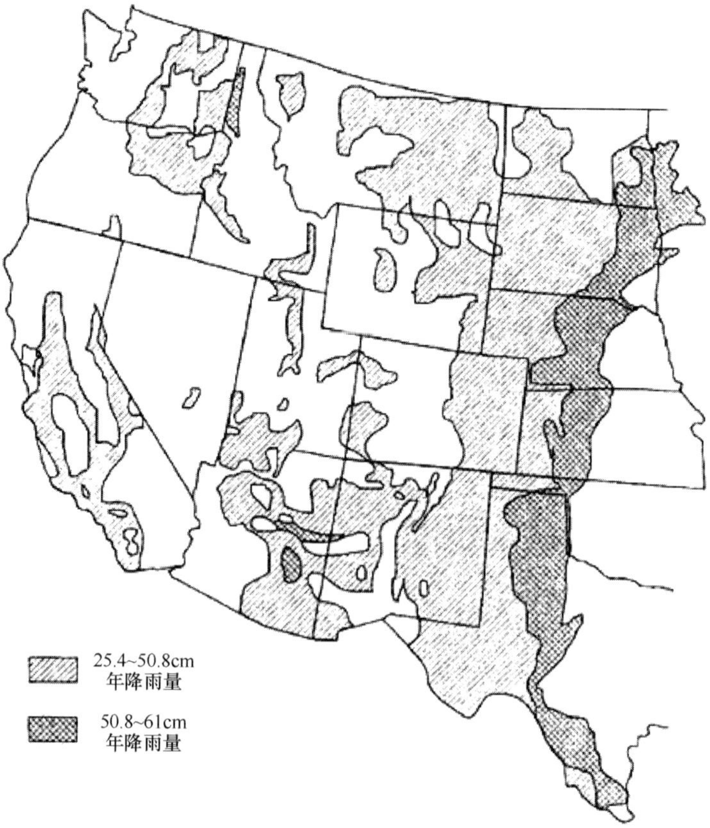

图11.2 美国红花种植区域分布

不需要任何专门机械即可成功种植红花。在世界发达地区每公顷可播种 15 ~ 70kg 籽。如果受限于雨水，或作物需按行耕作管理，那么种植密度可较低些。在年降雨量仅为 300 ~ 400mm 的地区，可用谷物播种机播种 15kg 籽，该数值与种植小麦一样。在具有良好灌溉条件的地区，每公顷可以种 20kg 籽。在高的地床上种子可按三至四行种植，多组行间距为 50 ~ 60mm。在水分充足地区每公顷可播种 35 ~ 70kg 籽；较高的播种率可以确保杂草无生长空隙。在美国一般的播种日期是：亚利桑那州为 12 月至 3 月；加利福尼亚的圣华金小盆地为 1 月至 3 月；加利福尼亚的萨克拉门托盆地为 2 月至 5 月上旬；其余地区则为 4 月下旬至 5 月上旬。

成功的种植经验是在种植前把氟乐灵除草剂混入中壤土或重壤土中；根据含水量把籽播种在 35 ~ 100mm 的深度。除草剂必须混合好，因为生长早期的红花对杂草的抵抗力较差。为获得最高产量大约需要 120 单位的氮。要使作物产量达到最大，必须有充足的雨水，或者通过预先灌溉或随后的行间灌溉使土壤有充足的水分，以保持鲜艳的绿色并防止底部叶子的干枯直至渡过开花期。当作物接近成熟时，花干枯，全枝呈现金褐色。

收割一般使用标准谷物联合收割机，用比收割谷物稍低的速度操作，以防止籽粒破碎。机械作业控制在只切割作物头部就足够了。收获应在籽粒头部的水分含量在 8% 或更低时开始进行。大多数红花是在水分含量为 4% ~5% 的时候收获的。

在印度和中国的部分地区，多数是手工种植，一般采用的是低油无刺的红花品种。在开花时，年轻人穿过田野摘下种子头部的小花，放入系在他们脖颈的袋中，当作物成熟变干时收获籽粒以获取油分。将花蕊放在日光下小心地干燥，而后可用作食品色素或（在中国和斯里兰卡）生产红色或黄色染料。印度把一些绿色红花作物当作蔬菜[21]。在澳大利亚、印度和巴基斯坦，这种作物偶尔用作牧草或家畜粗饲[22~24]。收获后留下的残茬包括空茎秆、干叶、空头和空壳或不成熟的籽粒。在 19 世纪 50 年代美国允许羊和牛去吃这些残茬，而今仅牧羊场偶尔采用。在墨西哥大多数田地收获后放牛寻食。

20 世纪以前红花一直是区域作物，尚无人去寻找含油量更高的品种，因为大多人仅把它作为医药或染料的原料。

在 1925 年，美国农业部得到了来自苏联和印度的红花籽样品，随后各种农业实验站和一些农场合作团体进行了十多年的试验。在 1935 年，美国农业部总结了试验结果，结论是在北部大平原（Great Plain）和最西部（Far West）地区，红花很可能成为油料作物[25]。一位蒙大拿州的农场主在 1928 年开始红花种植试验，并与油漆公司、研究人员以及其他对红花油可能感兴趣的人联系[26]，随后有几篇备受赞誉的报道[27~29]。1937 年基于蒙大拿州和其他地方的红花籽发表的综合报告赞扬了红花油的良好特性[30]。欧洲的一些早期报告称赞红花可作为干性油[31]和高蛋白粕的来源[32]。1947 年出版了关于红花生产和干性油性能的综合性报告[33]。

嘉吉公司在1947—1948年间向美国北方大平原订购并加工了1000t红花籽，那时得出的结论是该作物并不理想[34]。真正推动红花作为美国一种作物的是两个人和一家公司：克拉森、诺尔斯和太平洋植物油公司（PVO）。

1941年内布拉斯加大学聘请克拉森为研究农学家，帮助新创立的“农业化学工程”项目评估各种作物，这个项目可能对内布拉斯加州起着重大的贡献[35,36]。在试种了许多新作物之后，他们选定了红花并开始了育种计划[9]。

克拉森发现大部分引入的红花含油量为22%～29%，而从苏丹和埃及引入的红花含油量为33%～37%[37]。克拉森开始做筛选和育种工作，到1949年他公开了几个品种，并介绍了能得到较为稳定产量的栽培方法[37～41]。其中最主要品种是N－852，含油量为32%～34%，有良好的高产性能。在科罗拉多和内布拉斯加成立了几家红花加工公司进行新品种的商品化生产，但很快就失败了[34]。

克拉森的成果引起了加利福尼亚州立大学戴维斯分校的诺尔斯的注意。克拉森曾将他的部分新品种送给一些西部合作者进行试种，诺尔斯得出的结果令人十分振奋[42]。克拉森在当时住在加州的霍格兰的鼓励下，决定考察加州并确定红花在该州的潜在价值。克拉森在1949年访问了加州，参观了很多油脂加工公司。他决定从大学辞职，并与霍格兰一起开始从事培育红花种子工作，创建了西部油籽公司[9]。

最初加州的弗雷斯诺油籽产品公司对克拉森和霍格兰的研究很感兴趣，但很快发现太平洋植物油公司能够提供更多的帮助，因为它在工业用油的生产和销售方面有更强的背景。当时主要是油漆公司对红花油比较感兴趣，而加州那时大多数油厂是食品工业的供应商。N－852品种虽然产量高，但在灌溉下易引起疫霉根腐烂。因此1950年加州第一次试种红花时由于灌溉过多导致损失严重。这就赶跑了加州棉籽生产地区的许多种植主和加工厂，这次事件的发生帮助了太平洋植物油公司，原因是太平洋植物油公司的工厂远在北方。克拉森很快接受了他在内不拉斯加的前助手霍夫曼的加盟，并与太平洋植物油公司结成联盟。霍格兰因与他们有争议离开这个团队后，太平洋植物油公司、克拉森和霍夫曼共同成立了太平洋油籽公司（POI）[34]。

太平洋植物油公司和太平洋油籽公司的联合几乎形成垄断，在1962年前支配着红花市场的贸易。此间几乎95%的红花油销向油漆、清漆和涂料等这类太平洋植物油公司实力最强的市场。太平洋油籽公司和太平洋植物油公司结成联盟意味着只有与太平洋植物油公司合作的红花作物种植主才能得到刚公开的最好的新品种种子。这是太平洋植物油公司控制市场的关键，这差不多是按合同方式种植不易腐烂的作物的首次尝试。合同保证种植主给定种植面积上所有产品享有最低限价，用现金或信用卡可获得最好的播种种子以及免费的田间服务和咨询。除享有最低价格外，种植主还可从太平洋植物油公司的作物贸易利润中获取分红。

随后几年，太平洋植物油公司开始提供长期合同，根据合同，种植主可获得经公司审计员审定的太平洋植物油公司红花利润的50%，种植主则需向太平洋植物油公司提供3～7年生产的所有红花。太平洋油籽公司也提供分红，是按所培育新品种种子中油或蛋白质增加价值的50%折算。接着太平洋植物油公司竭尽全力使诺威尔斯和各农场的顾问们以及大学官员对红花保持长久兴趣。也让银行、运输者及仓库充分了解太平洋植物油公司的未来规划以及红花贸易如何运作。除了使种植者、研究者和太平洋油籽公司感觉到他们之间在改善红花命运方面存在着伙伴关系外，太平洋植物油公司还尽量降低油和粕的价格，以激励市场开发。买主们也可得到长期需求合同，允许他们在交货期一年多前就能购买油脂，这实际上是双方承诺，保证客户的需求总能得到满足。对某些客户，太平洋植物油公司也提供技术协助协议，派化学家或工程师去客户的工厂帮助解决生产难题，开发红花产品新的有利可图的市场。随着市场的拓展，太平洋植物油公司与他们共同壮大，增强了在加州的生产能力，在蒙大拿和内布拉斯加建立了新油厂，并把生产扩展到西班牙、墨西哥和澳大利亚[34]。

与此同时，《无需热量》（*Calories Don't Count*）[43]一书出版，此书一经出版立刻成为1961年的畅销书。书中提倡每日以红花油制成的胶囊为特色的饮食。医药研究开始揭示饮食与心脏病之间的密切关系。著名的研究人员发现胆固醇与心脏病的关系，更重要的是发现多不饱和脂肪酸如红花油能降低许多人血清中的胆固醇[44～46]。

随着日本植物油市场的影响越来越重要，红花油市场进一步扩大。由于第二次世界大战后关税上的机遇和新建的配额系统，日本成为美国红花消费者中的一员。同时设立了20%的关税以保护日本的大豆生产者免受便宜进口大豆的冲击。同样，这种关税适用于包括大豆的其他一系列油籽。进口也在非常严密的配额系统控制下，以此来保护日本的外汇汇率。但是关税框架的制订者并没有注意到红花油，所以清单上不包括红花。日本油厂就成了免税红花籽的大客户，直至日本成为大豆和菜籽的主要进口国，关税才逐步减少[3]。在美国，红花油最初用于涂料工业，但在日本最初用作食用油。红花油作煎炸油的配料相当普遍。

在向日本增加红花籽出口的前几年，太平洋植物油公司占有这个交易的大部分份额，并与日本大多数进口商通过一系列长期需求合同建立了联系。协议中太平洋植物油公司同意增加对日本工厂每年的供应量，但条件是只能从太平洋植物油公司购买。日本需求的增加和美国红花油的日益普及促使太平洋植物油公司扩大生产，首先向西部大平原，然后向墨西哥、西班牙和澳大利亚。1957年Gila红花籽品种的公布使太平洋植物油公司开始失去它的垄断地位[47,48]。该品种产量及含油量都较高，并具有抗疫霉属根腐烂的特性。随着种子的充分供应，实际上加利福尼亚及亚利桑那的每一家棉籽加工公司都能成为食用红花油的生产厂及供应商。

基于以上情况，美国的红花籽产量一直连续螺旋式上升，这种情况一直持续到1963年。红花油的价格可与大豆油相媲美，尤其在美国的西部和日本，因为中西部的大豆油生产有运输费用上的缺点。由墨西哥的博劳格项目发展的新品种小麦引入到加州，使加州农场主的小麦产量增加。20世纪50年代，对于加州稻谷或棉花农场主来说，红花作为一种轮作作物可与小麦或大麦相媲美。但当小麦产量增加而红花产量保持不变时，红花籽价格（和最终油价）会被迫上涨以获得农场主的青睐。

红花油价格的上涨和以石油聚合物而非植物油作为配料制取的更好的水基涂料的增加，很快地切断了红花油的工业消费。太平洋植物油公司试图将水乳化技术引入红花油，并推广这种新产品来阻止当前趋势，但为时已晚[49~51]。

精炼厂提出的关于多不饱和脂肪酸产品有减少心脏病和降低胆固醇能力的说法受到美国食品和药物管理局的攻击，使它几乎像肥皂泡一样破碎，但是随后美国医学会和美国心脏病学会的支持声明淡化了这种攻击的影响。

苏联和美国葵花籽和油的日趋激烈的竞争性供应侵蚀了美国红花生产者在国际市场的地位。在商品油中，红花油的不饱和组分含量最高。最近美国、北欧和日本市场已经稳定。特别是在日本，红花油在包装礼品市场占据着日益扩大的份额，在夏季和圣诞赠礼季节，红花油改换成精美的罐装。

工业用红花油在市场总额中已下降到2%～3%。共轭红花油[52]可与脱水蓖麻油或桐油以及非常高品质的醇酸树脂相媲美。在美国，与主要和次要作物相比，红花的供应与消耗升降情况见表11.1[53]。

表11.1 食用油脂：美国供应与消耗 单位：453.6t

项目	1991	1992	1993	1994	1995	1996	1997	1998	1999	2000	2001	2002①	2003②
十月库存①													
椰子	277	188	251	164	163	84	150	393	152	136	260	227	148
玉米	138	196	150	118	241	116	129	102	135	267	117	104	114
棉籽	137	78	81	106	82	94	66	79	76	49	93	39	40
猪油	24	27	26	34	24	23	20	40	21	18	14	10	5
棕榈	53	44	33	35	15	31	46	35	48	48	61	70	42
棕榈仁	53	49	88	73	55	22	51	64	73	49	155	128	50
花生③	25	51	50	25	40	65	86	41	40	32	31	32	50

续表

项目	1991	1992	1993	1994	1995	1996	1997	1998	1999	2000	2001	2002①	2003②
红花	28	28	18	31	21	44	27	38	48	36	21	17	19
大豆	1786	2239	1555	1103	1137	2015	1520	1382	1520	1993	2767	2359	1486
向日葵	47	100	56	65	82	147	93	60	121	157	136	23	25
卡诺拉	41	71	67	137	54	77	65	112	169	206	110	52	55
食用牛油	41	33	41	36	52	34	48	46	43	40	49	24	35
进口													
椰子	841	1163	999	1100	874	1188	1438	791	926	1115	1093	860	970
玉米	5	7	7	10	11	14	28	42	18	27	61	65	65
棉籽	18	38	26	0	0	0	0	48	8	0	0	22	0
猪油	2	3	3	2	2	1	2	2	2	3	6	10	10
橄榄	216	253	262	260	227	304	333	355	397	455	455	485	540
棕榈	220	267	368	218	236	322	282	284	345	399	490	425	440
棕榈仁	342	302	304	280	262	392	359	401	393	351	330	470	475
花生③	1	0	11	4	5	14	10	73	12	79	39	70	70
卡诺拉	815	861	902	938	1086	1075	1088	1060	1139	1193	1108	929	1215
红花	22	15	16	26	35	30	51	51	33	34	40	43	45
大豆	1	10	68	17	95	53	60	83	83	73	46	50	85
向日葵	9	0	7	1	2	22	8	5	4	8	36	60	5
食用牛油	6	10	15	18	8	5	2	3	10	32	7	11	10
生产													
玉米	1821	1878	1906	2227	2139	2231	2335	2374	2501	2403	2461	2453	2650
棉籽	1280	1126	1119	1312	1229	1216	1224	832	939	847	876	725	865
猪油	1016	1011	1015	1052	1013	979	1065	1106	1069	1050	1080	1075	1100
花生③	356	286	212	314	321	221	176	145	229	179	230	286	219
卡诺拉	32	49	406	299	355	342	451	548	617	641	585	541	629
红花	69	87	111	115	127	103	115	111	91	88	76	89	91
大豆	14345	13778	13951	15613	15240	15752	18143	18078	17825	18420	18898	18435	17020
向日葵	911	730	580	1165	860	840	959	1177	1046	873	673	320	595
食用牛油	1515	1414	1535	1550	1559	1407	1517	1677	1792	1764	1932	2075	2000
出口													
椰子	22	0	19	18	12	12	6	11	14	8	7	8	10
玉米	566	712	717	865	977	988	1118	989	970	951	1172	890	900

续表

项目	1991	1992	1993	1994	1995	1996	1997	1998	1999	2000	2001	2002①	2003②
棉籽	269	184	248	329	221	232	208	111	141	131	150	110	115
猪油	131	129	119	140	94	103	122	140	189	93	90	105	100
橄榄	20	15	11	21	24	21	19	15	12	9	10	12	12
棕榈仁	2	9	4	2	2	2	2	2	2	2	2	2	2
棕榈	7	7	7	13	20	9	11	11	11	11	10	11	10
花生③	151	52	61	97	108	21	13	10	18	14	8	42	19
卡诺拉	15	16	76	153	147	295	349	272	284	187	255	166	157
红花	73	65	75	93	122	83	83	92	51	35	37	37	40
大豆	1644	1461	1531	2683	992	2033	3079	2372	1375	1401	2519	2250	850
向日葵	471	586	450	978	628	709	815	800	630	545	453	110	200
食用牛油④	333	306	316	277	241	181	236	322	224	338	475	485	490
国内消耗量													
椰子	910	1084	1067	1083	941	1111	1189	1021	927	983	1119	930	958
玉米	1202	1220	1228	1250	1298	1244	1271	1394	1417	1630	1363	1618	1804
棉籽	1088	975	873	1007	996	1012	1004	772	833	672	780	636	750
猪油	885	886	890	924	922	880	925	987	886	964	1000	985	990
橄榄	216	253	262	260	227	304	333	355	397	455	455	473	528
棕榈	223	271	359	225	201	298	282	260	335	375	471	425	427
棕榈仁	344	254	315	295	293	362	344	390	414	243	355	511	458
花生	179	236	187	206	193	194	217	208	233	244	260	296	275
卡诺拉	801	898	1162	1165	1271	1134	1143	1287	1435	1744	1496	1301	1687
红花	15	47	40	57	17	67	73	59	86	102	89	93	95
大豆	12248	13012	12939	12913	13465	14267	15262	15652	16059	16318	16833	17108	16522
向日葵	396	188	129	171	168	207	186	320	385	357	370	268	385
食用牛油	1197	1109	1239	1275	1345	1218	1286	1360	1581	1449	1488	1590	1515

注：①原始数据及预计数据。

②经济研究局及世界农业展望委员会预测。

③从 1982 年 8 月开始至来年 7 月。

④根据经济研究局及世界农业展望委员会的定义，消耗一词涉及期初食品库存、生产、进出口差量、到美国地区的出货量以及结算库存。

资料来源：人口普查局。

表 11.2 亚油酸型和油酸型红花油的典型脂肪酸组成 单位：%

脂肪酸	普通型	油酸型	脂肪酸	普通型	油酸型
棕榈酸	5.25	4.5	亚油酸	77.00	15.00
硬脂酸	1.50	1.5	其他	1.25	2.00
油酸	15.00	77.00			

1957 年澳大利亚和加利福尼亚的科学家各自提出了称之为油酸型红花的变异品种[54~56]。这个品种属于自然变异，除了其脂肪酸分布与亚油酸型红花油呈镜像关系外，其植株及籽粒与亚油酸型红花十分相像（表 11.2）。最早的油酸型红花品种 UC－1 是由 Knowles 培育推广的[57]，其含油量较低，与当时使用的传统品种相比，其产量也低。这意味着油酸型红花油起初要以高价销售。但是后来农学的研究生产出了产量和含油量与普通型相比相当甚至更高的品种。

油酸型红花油首次在市场上出现时就引起了美国和日本消费者的兴趣，日本把它用作蛋黄酱的配料，美国大多数菲多利（Frito－Lay'）西部工厂则将其作为花生油的替代品。然而当生产者由于西部农场因小麦竞争的加剧而被迫提高其价格时，这些市场便消失了。油酸型红花油市场的发展经历了一系列的波折。在婴儿乳制品（由于其优越的稳定性）、优质薯片和快餐生产（也是由于其良好的稳定性和煎炸特性）、代可可脂的生产中，以及由于其类似的脂肪酸结构而在用作橄榄油配料的应用中，红花油取得了巨大成功。

近来当越来越多的研究集中在单不饱和脂肪酸和多不饱和脂肪酸的作用，以及对降低胆固醇的影响，因此油酸型红花油已越来越受到重视。在美国，红花日用品公司引入了一款由生长阶段不采用杀虫剂的红花籽而加工的色拉油产品，其中用油酸型代替了亚油酸型红花油。在日本，一些瓶装油厂开始生产罐装油酸型红花油作为礼品包营销，既有单独纯品产品，也有与亚油酸型调和的产品。

除美国外，其他红花产品出口国的影响也越来越重要。从 1986 年开始，墨西哥在世界市场供应总量中的占有率逐渐增加，而且一般来说价格比美国低。早期，墨西哥受到政府控制出口和种子品种较差的限制，不过现在已没有这些限制已取消。

阿根廷可以生产价格与葵花籽油相近的红花油，也可以获得美国优良的种子品种。阿根廷能以低价出售红花，然而仅限于最北部，这里在大豆收割后可立即种植红花。如果时机选择的好则产量较好。如果大豆收割延迟，红花种植也将推迟，那么收获期将延迟到雨季，导致作物发芽和潜在的损失。

最近澳大利亚大多数红花种植从昆士兰和新南威尔士转向了维多利亚及南部地区，因为那里降雨更充足。至今澳大利亚还不能为世界市场持续稳定地生产红花籽。几项检疫法规不允许较新品种的红花种子进口，因此大多数澳大利亚种子含油量很低。

中国已开始生产一些红花油。中国的品种通常含油量在30%以下，因为大部分研究都集中在提高籽和花的产量上。在中国遥远的西部及北部种植的红花才是高亚油酸型，因此日本一直很少进口中国红花籽。随着中国参与全球经济和政治体系，当其能生产或进口优良品种，同时改善内部交通运输系统后，其生产的红花将越来越重要。

加拿大红花的产量有限，其生产的最初目的是作为鸟饲料而不是油的生产。加拿大种植主所面临的最艰难的挑战是如何缩短十分漫长的生长期，这比美国北部大平原的问题更为严重。

世界上最大的红花种植区在印度。印度科学家毋庸置疑地比其他任何国家的科学家发布了有关红花生产的更多详情。印度试图鼓励生产更多的红花，但葵花在那里更有前途，因为它具有抗淋雨的特点。印度基本上消费自己生产的所有红花，这种情况似乎不会再有改变。

西班牙曾经是一个重要的红花生产国，但是它们葵花杂交品种更有前景，因为它对夏季雨水的耐性很好。假单胞菌属（*Pseudomonas*）几乎毁灭了西班牙的红花种植，现行的EEC政策（它为葵花生产者提供补贴，但忽略了红花）没有给红花留下更多的机会[58]。

联合国粮农组织（FAO）估计了1950—1992年间世界红花生产状况，详见表11.3。2001年美国红花种植面积为76081hm^2，减少了13%；产量低于平均产量，导致红花籽总产量降低到11万t，是自1983年以来产量最低的一年。到2001—2002年，红花籽饼粕及出口量分别降到8.6万t和1.95万t。至于红花籽油，2001—2002年美国红花籽油恢复出口日本，这使得2001—2002年出口量提高至1.81万t[53]。红花将来仍会受到相对较高生产成本的限制，除非开发杂交品种使生产成本降低。

表11.3 世界红花的产量（一个收获/加工年）[59,60]①②

年份	阿根廷		澳大利亚		埃塞俄比亚		印度		墨西哥		西班牙		美国		全球总量	
	种植面积/hm^2	产量/t	种植面积/hm^2	产量/t	种植面积/hm^2	产量/t	种植面积/hm^2	产量/t	种植面积/hm^2	产量/t	种植面积/hm^2	产量/t	种植面积/hm^2	产量/t	种植面积/hm^2	产量/t
1950	—	—	—	—	44	19	370	50	—	—	—	—	30	16	458	91
1951	—	—	—	—	45	20	390	53	—	—	—	—	11	9	460	88
1952	—	—	—	—	45	21	400	56	—	—	—	—	23	24	482	107
1953	—	—	—	—	45	21	406	57	—	—	—	—	26	25	491	109

续表

年份	阿根廷		澳大利亚		埃塞俄比亚		印度		墨西哥		西班牙		美国		全球总量	
	种植面积/hm^2	产量/t	种植面积/hm^2	产量/t	种植面积/hm^2	产量/t	种植面积/hm^2	产量/t	种植面积/hm^2	产量/t	种植面积/hm^2	产量/t	种植面积/hm^2	产量/t	种植面积/hm^2	产量/t
1954	—	—	—	—	45	22	410	57	—	—	—	—	10	13	479	91
1955	—	—	—	—	45	22	415	60	—	—	—	—	23	35	497	122
1956	—	—	1	—	46	23	420	55	—	—	—	—	36	66	517	150
1957	—	—	1	—	46	23	425	60	—	—	—	—	37	66	523	155
1958	—	—	3	2	48	24	430	60	—	—	—	—	65	67	560	159
1959	—	—	5	2	48	24	433	63	—	—	—	—	99	113	599	209
1960	—	—	2	1	50	25	435	61	26	32	—	—	131	152	658	278
1961	—	—	4	2	51	26	440	66	33	41	—	—	166	160	709	305
1962	—	—	2	2	52	26	445	67	37	47	—	—	217	334	768	486
1963	—	—	8	5	54	27	450	68	36	47	—	—	223	358	761	514
1964	—	—	19	13	55	27	455	62	36	47	—	—	147	255	710	413
1965	—	—	24	10	56	28	460	72	59	80	—	—	146	262	746	459
1966	—	—	38	25	57	29	462	69	165	236	55	30	182	304	955	701
1967	—	—	42	16	59	30	478	72	100	149	70	56	181	311	925	643
1968	—	—	19	10	60	32	513	78	86	102	55	39	83	169	812	441
1969	—	—	11	4	61	34	578	94	145	209	11	5	113	212	939	566
1970	—	—	28	9	62	36	580	142	175	288	14	8	102	180	968	673
1971	2	1	34	15	64	39	588	154	265	511	22	13	115	227	1126	891
1972	5	3	11	4	63	24	598	131	199	271	16	8	110	208	1039	676
1973	7	5	12	7	64	24	423	82	198	298	34	20	95	156	874	615
1974	8	8	36	31	64	30	614	191	192	272	34	17	77	150	1054	713
1975	4	3	40	18	64	25	648	212	363	532	34	16	84	175	1269	1001
1976	8	6	13	6	64	30	674	238	185	240	36	20	37	69	1057	632
1977	3	2	39	26	64	30	683	220	404	518	29	13	113	171	1350	989
1978	2	2	75	58	64	30	707	188	429	616	15	15	145	186	1443	1108
1979	2	1	54	30	64	30	703	209	528	635	17	14	152	205	1516	1129
1980	1	1	18	8	65	31	733	279	416	480	20	20	84	111	1340	936
1981	1	1	33	20	65	31	720	335	391	372	12	4	65	101	1289	870
1982	1	1	12	20	66	32	749	421	189	221	20	13	72	117	1114	832
1983	2	2	55	31	66	32	782	396	349	277	19	13	35	92	1320	853

续表

年份	阿根廷		澳大利亚		埃塞俄比亚		印度		墨西哥		西班牙		美国		全球总量	
	种植面积/hm^2	产量/t	种植面积/hm^2	产量/t	种植面积/hm^2	产量/t	种植面积/hm^2	产量/t	种植面积/hm^2	产量/t	种植面积/hm^2	产量/t	种植面积/hm^2	产量/t	种植面积/hm^2	产量/t
1984	3	2	44	32	66	32	831	501	227	209	20	14	89	124	1290	894
1985	3	2	44	28	66	32	870	497	190	180	19	16	88	110	1288	876
1986	14	10	30	19	67	33	911	348	204	161	15	13	148	147	1385	737
1987	15	11	38	25	67	33	892	353	200	219	12	11	107	155	1331	811
1988	15	11	46	41	68	34	1052	462	200	247	18	13	95	146	1498	960
1989	50	33	33	21	68	34	816	445	150	142	7	6	91	159	1219	850
1990	50	35	19	10	69	34	842	487	157	159	1	1	108	139	1248	873
1991	50	35	37	24	69	35	821	327	94	88	—	—	84	115	1160	620
1992	50	35	34	32	69	35	831	350	80	82	—	—	136	148	1199	690

注：①以 1000 为单位计。

②资料来源：太平洋植物油集团、国际农业公司、油籽国际有限公司。

11.2 物理及化学特性

11.2.1 红花籽

红花籽（术语称瘦果，achene）[61]由一层结实的纤维质的壳和由它保护的两片子叶与一个胚构成的仁所组成。Applewhite[62]报道壳占籽重的 18% ~59%[62]，Weiss[63]测出正常脱壳的籽占 38% ~49%，Li 等[64]指出籽所占质量分数为 25% ~87.5%。这种差异还表现在籽的千粒重（14 ~ 105g）、含油量（11.48% ~47.45%）和脂肪酸组成（亚油酸 11.13% ~ 85.6%；油酸 6.74% ~ 81.84%；硬脂酸 0.01% ~ 4.88%；棕榈酸 2.1% ~ 29.03%）上[57]。

红花籽一般为乳白色，但自 1960 年后育种导致色泽上发生了很大的变化，从正常的壳到薄壳（这种籽往往露出部分内层带色层），有灰色、紫色、棕色带条纹壳等类型。多数研究都集中在使壳尽量薄以增加含油量（表 11.4）。虽然减少壳的含量会增加有价值的油和蛋白质含量，但减少太多会产生其他问题。棕色带条纹的籽具有明显的霉味[66]。虽然过去十年使用更轻巧型的联合收割机可解决收割时的问题，但薄壳型还是存在收割、储存、处理和加工上的问题[67,68]。棕色条纹籽的壳、仁中含无色的前体物质，这种物质可使萃取出的油颜色变深[68]。已介绍了除去这些前体物质和有色物质的方法[68,69]。有三种磷脂与红花籽仁制得的油的颜色形成有关：磷脂酰乙醇胺、磷脂酰肌醇和磷脂酰胆碱[70~72]。

表 11.4 美国红花籽的分析*[65] 单位：%

类型	油	蛋白质	纤维
完整籽分析			
Gila	38.1	16.7	22.3
U-5	38.5	17.2	21.1
US-10	36.8	19.4	22.3
Frio	40.1	15.4	20.8
厚壳杂交型	37.8	17.3	21.5
棕色条纹型	47.7	20.3	11.7
无色素棕色条纹型	42.8	22.5	13.6
薄壳型	47.2	21.1	11.2
壳分析			
Gila	3.2	4.3	57.1
U-5	2.2	5.0	58.4
US-10	1.4	3.6	60.0
Frio	2.7	4.1	60.4
厚壳杂交型	2.2	4.1	63.9
棕色条纹型	5.7	8.4	46.9
无色素棕色条纹型	5.6	8.6	46.2
薄壳型	5.1	10.0	45.3
仁分析			
Gila	60.9	24.9	1.5
U-5	61.8	25.4	1.5
US-10	59.0	29.4	1.5
Frio	64.0	23.0	1.0
厚壳杂交型	58.1	24.7	2.8
棕色条纹型	52.7	24.8	0.9
无色素棕色条纹型	55.9	27.4	2.7
薄壳型	62.6	25.5	0.9

注：*所有分析基于干基百分数。

现在人们做了很多尝试，利用杂交优势生产商品红花杂交品种，以增加籽或油产量[73~76]。此外，许多印度科学家发表了红花的杂交理论。随后太平洋油籽公司向市场推出一种近似于杂交的品种，其含油量超过50%，但该品种的种植并不普及，使油厂运行困难。嘉吉在印度销售了几年杂交品种，由于产量比标准品种高出25%，所以初期种植很普遍，但因其生产成本高和含油量低于25%使得项目取消。其他杂交研究[76]基于白色花基因雄性不育种质[77~79]，它是阿富汗引进品种经秋水仙碱处理的结果。

油酸型红花主要在美国生产，少量在墨西哥。大部分类型的油酸含量为76%~81%。亚油酸随着油酸的增加占比减少。北半球纬度越高，红花籽亚油酸含量也越高，因为在开花期或之后的时间里温度会变低。同样，生长在较高温度下的红花其油酸量增加。商品油酸型红花的含油量稍低于亚油酸型红花，但产量相当于或好于亚油酸型。表11.5至表11.8所示为红花籽的某些特性。

表11.5 商品红花产品的特性

国家或地区	含油量/%	水分含量/%	蛋白质（占溶剂浸出粕百分比）/%	亚油酸含量（占总脂肪酸百分比）/%
美国				
加利福尼亚州	39.5~44	4~5	25	75~78
亚利桑那州	39~41.5	4~5	25	72~78
北部大平原*	25~41	5~9	24	76~81
犹他州和爱达荷州	38~42	5~7	25	76~78
加拿大	32~35	5~9	24	76~81
墨西哥				
圣佳士和魁略哥	30~38	5~12	24	60~70
普通型	35~37	5~12	24	72~77
美国型	35~39	6~12	23~24	72~77
阿根廷	35~36	6~12	23~24	70~76
印度	32	7~8	21~24	72~78
中国	28~32	7~8	25~28	76~82
澳大利亚	35~38	5~9	24	70~76

注：*变化范围大是因为早霜年份中含油量的损失。高含油量者为S-541品种；当地品种的正常范围是35%~38%。

表 11.6 一些印度油籽的矿物质和微量元素组成* [80]

因素	芝麻	芥末	花生	红花
品种数	6	8	19	6
灰分/(g/100g)	6.6±0.0	4.7±0.2	3.3±0.1	2.1±0.2
磷/(mg/100g)	872±35	767±41	500±8	367±10
钙/(mg/100g)	1232±28	318±25	77±6	214±28
镁/(mg/100g)	521±42	273±18	239±4	241±18
铁/(mg/100g)	9.3±0.4	7.9±0.3	2.5±0.2	4.6±0.1
锌/(μg/g)	122±21	48±3.7	30±1.6	52±3.3
锰/(μg/100 g)	13.2±0.3	25.6±4.1	11.0±0.8	11.0±0.8
铜/(μg/g)	22.9±1.7	8.3±0.4	9.0±0.5	15.8±1.5
钼/(μg/g)	2.02±0.07	0.89±0.10	1.66±0.17	0.54±0.08
铬/(μg/g)	0.87±0.05	0.63±0.06	0.48±6.03	0.45±0.06

注：*所有数值为$\bar{x} \pm S_x$，样品以干基计。

表 11.7 红花壳和仁中糖的鉴定和分布 [81]

红花组分	存在的糖类	糖的分布百分比/%	糖的百分比/%	无脂基糖百分比（计算值）/%
仁	糖醛酸糖苷	14.3	0.43	—
	棉子糖	35.8	1.08	—
	蔗糖	46.9	1.42	—
	肌醇半乳糖苷	3.0	0.09	—
	总计	—	3.02	7.74
壳	糖醛酸糖苷	38.9	0.37	—
	棉子糖	6.8	0.06	—
	蔗糖	22.6	0.21	—
	肌醇半乳糖苷	2.7	0.025	—
	D－葡萄糖	14.6	0.14	—
	D－果糖	14.2	0.13	—
	总计	—	0.94	0.79

11.2.2 红花油

正常的红花油呈淡黄色至金黄色，具有轻微的果仁味。表 11.9 概述了美国红花油重要的化学和物理特性。红花油中的亚油酸含量在所有商品油中是最高的，并且高亚油酸不含亚麻酸，所以对消费者很有吸引力。最初因能生成不随时间变黄的薄膜而用作快干油，现今作为含高不饱和脂肪的食用油。作为一种食用油，高不饱和度也会引起一些问题。

表 11.8 红花籽中氨基酸[65]

单位：g/16g N

	蛋白质含量（n×6.25）	赖氨酸	组氨酸	氨	精氨酸	天冬氨酸	苏氨酸	丝氨酸	谷氨酸	脯氨酸	甘氨酸	丙氨酸	半胱氨酸	缬氨酸	蛋氨酸	异亮氨酸	亮氨酸	酪氨酸	苯丙氨酸	色氨酸	蛋白质系数
脱脂，手工分离仁																					
正常壳籽																					
商业品种																					
Gila	66.4	2.72	3.34	2.42	9.52	9.33	2.96	4.24	20.55	3.80	5.46	4.03	1.86	5.44	1.59	3.84	5.97	2.91	4.20	1.15	5.46
U-5	66.4	2.83	2.43	2.39	9.74	9.40	3.17	4.38	19.69	3.56	5.38	4.06	1.80	5.43	1.75	3.83	6.13	3.03	4.21	0.93	5.44
US-10	71.7	2.63	2.28	2.42	9.69	9.47	2.84	4.16	19.97	3.87	5.09	3.90	1.62	5.24	1.28	3.53	5.87	2.86	4.21	0.90	5.43
Frio	65.6	2.83	2.44	2.40	9.32	9.24	3.04	4.19	19.49	3.78	5.43	4.03	—	5.49	—	3.86	5.98	2.91	4.15	—	—
实验品种																					
正常壳高硬脂酸	74.4	2.53	2.50	2.59	9.76	9.23	2.57	3.72	20.14	3.52	4.92	3.67	—	5.45	—	3.76	5.85	2.78	3.96	—	—
正常壳高油酸	69.0	2.83	2.42	2.42	9.66	9.17	2.86	4.01	19.82	3.58	5.11	3.81	—	5.25	—	3.70	5.79	2.74	4.06	—	—
正常壳等量油酸亚油酸	71.9	2.61	2.42	2.48	10.09	9.44	2.92	4.37	21.24	3.92	5.19	3.95	—	5.36	—	3.76	6.12	3.03	4.16	—	—
其他正常壳变异	58.3	2.91	2.60	2.59	10.32	10.29	3.24	4.74	22.39	3.83	5.48	4.51	2.01	5.96	1.69	4.15	6.57	3.16	4.53	1.08	5.17
低壳含量籽																					

有色条纹壳	62.2	2.68	2.51	2.61	10.19	10.25	3.06	4.72	20.45	3.74	5.65	4.39	2.04	5.81	1.61	4.02	6.51	3.09	4.50	1.15	5.42
棕色条纹壳	65.9	2.73	2.41	2.46	9.67	9.69	2.96	4.34	20.50	3.88	5.47	4.10	1.81	5.47	1.61	3.89	6.05	3.00	4.90	1.80	5.45
薄壳	67.8	2.75	2.39	2.45	9.58	9.40	3.01	4.27	20.12	3.84	5.36	4.06	—	5.46	—	3.88	6.07	3.04	4.29	—	—
壳																					
Gila	4.0	2.86	1.22	2.50	2.87	6.38	3.11	4.36	7.82	3.37	4.53	3.29	—	4.34	—	3.14	4.62	1.16	3.25	—	—
棕色条纹壳	8.1	3.21	1.58	2.15	3.43	7.56	3.39	4.75	8.80	3.78	5.01	3.79	1.65	4.79	1.04	3.47	5.09	1.46	3.70	0.43	5.48
薄壳	10.2	3.07	1.33	2.30	3.09	7.30	3.03	4.48	7.78	3.26	4.46	3.32	—	4.31	—	3.15	4.58	1.52	3.47	—	—
红花粕																					
商品粕，部分脱壳，正常	48.0	2.84	2.32	2.42	8.69	9.13	3.10	4.36	19.34	3.93	5.46	4.17	1.70	5.46	1.62	3.97	6.13	2.48	4.32	—	5.45
实验室，脱壳不足，棕色条纹壳	38.1	2.63	2.23	2.56	8.34	9.22	2.93	4.17	18.56	3.68	5.27	3.97	1.63	5.32	1.38	3.80	5.86	2.39	4.29	—	5.41

使用红花油煎炸的家庭消费者必须在用后或尚未形成难以清除的黏韧油层时迅速小心清理煎锅。新鲜的红花色拉油具有良好的风味和气味，因为不含亚麻酸，所以不会像精炼得比较差的大豆油那样出现鱼腥味或者豆腥味。遗憾的是它的货架期相对较短（典型的活性氧值为9～12h），这就意味着当开启油瓶后应把油冷藏以保持其新鲜度。

表11.9 美国红花油的物理和化学性质[82]

性质	加利福尼亚油正常范围	最小值①	最大值①
物理性质			
色泽（加特纳法，Gardner）	8～10	—	11②
315.5℃热脱色后色泽	2～3+②	—	4②
精炼、脱色、除臭后的色泽③	0.5～1.0 红④	—	15 黄和1.5 红④
相对密度，25/25℃	0.919～0.924	—	—
折光指数，n_p25℃	1.473～1.476	—	—
冻点/℃	15～17	—	—
闪点/℃	148.8+	121.1	—
化学性质			
游离脂肪酸/（按油酸计，%）	0.15～0.6	—	2
	0.03～0.05④	—	0.05④
皂化值/（mg KOH/g）	186～194	—	—
碘值（韦氏法）/（g I/100g）	141～147	140	155
不皂化物/%	0.3～0.6	—	1.5
过氧化值（装运时）/（meq O_2/kg）	0～1.0④	—	1.0④
水分及挥发物/%⑤	0.03～0.1	—	0.8
不溶性杂质/%⑥	0.01～0.1	—	0.3
水分和杂质/%	0.05～0.1④	—	0.1②
主要脂肪酸/（%，占总脂肪酸）			
棕榈酸	4～6	—	—
硬脂酸	1～2	—	—
油酸	16～12	—	—
亚油酸	75～79	72	—
亚麻酸	无	—	—

注：①按全美油籽产品协会（NIOP）贸易规则。
②非破碎级，NIOP。
③AOCS 方法 Cc13b－45。
④食用级，NIOP。
⑤AOCS 方法 Ca2d－25。
⑥AOCS 方法 Ca3－46。

油酸型红花油除脂肪酸组成外，其余大部分特性与亚油酸型相同（表 11.2）。很明显，对亚油酸型和油酸型食用油进行调和处理，可以改进商业红花油的食用价值[83]。1990 年这种调和油开始进入日本市场，并得到公众认可。

世界各地红花籽的脂肪酸、含油量和蛋白质含量变化范围很大。Knowles 进行了调研，随后在寻找改良这些差异的方法方面进行的开拓性研究，鼓舞了许多研究者从事更广泛的研究[34,84]。最近大部分红花油的改良研究是由美国的私人种子公司和蒙大拿州立大学悉尼实验站进行的，但公开发表的很少。

少数几篇研究报道称该油的甘油三酯的脂肪酸以不同的方式分布。一篇研究中使用银薄层色谱观察脂酶水解红花油，该样品是从 Kenya 取得的，含 10% 饱和脂肪酸。该研究发现其中 2%（摩尔分数）的甘油三酯是由两个饱和酰基链（S）和一个不饱和酰基链（U）构成的，26% 是 SU_2 构型，72% 是 U_3 构型。同时报告称 3% 有两个双键，3% 有三个双键，23% 有四个双键，19% 有五个双键和 47% 有六个或七个双键[85]。另一篇氢化相关的研究报告中测定了亚油酸在甘油三酯中的位置[86]，发现在含 76.4% 亚油酸的红花油中 84.6% 的亚油酸位于 2 位上。

11.2.3 红花籽粕

红花油浸出的副产品是灰棕黄色至褐色并含有稍白色红花壳片屑的粕。表 11.10 所示为红花籽粕典型的分析结果。在美国大多数的粕是用溶剂浸出法生产的。粕中的氨基酸和矿物质含量见表 11.11。

表 11.10 对美国红花粕的典型分析[87]

特性	A①	B②	C③	D④
粗蛋白/%	21.03	20.00	42.0	25.4
粗脂肪/%	6.6	0.5	1.3	1.5
水分/%	9.0	10.0	9.2	8.0
粗纤维/%	32.2	37.0	15.1	32.5
灰分	3.7	5.0	7.8	5.9
钙/%	0.23	0.24	0.4	0.37
总磷/%	0.61	0.24	0.4	0.8
NFE/%	—	—	—	40.0
TDN/%	—	—	—	57.0

注：①未脱壳红花籽压榨机压榨。
②红花籽预榨浸出后进行两次去皮最终得到的粕低端部分。
③红花籽预榨浸出后进行两次去皮最终得到的粕高端部分。
④未脱壳的红花籽预榨浸出，加利福尼亚州代表型，1992。

表 11.11 红花粕中的氨基酸和矿物质[87,88]* 单位：%

类型	A	B	C
蛋氨酸	0.4	0.33	0.69
胱氨酸	0.5	0.35	0.7
赖氨酸	0.7	0.7	1.3
色氨基酸	0.3	0.26	0.6
苏氨酸	0.47	0.5	1.35
异亮氨酸	0.28	0.27	1.7
组氨酸	0.48	0.5	1.0
缬氨酸	1.0	1.0	2.3
亮氨酸	1.1	1.2	2.5
精氨酸	1.2	1.9	3.7
苯丙氨酸	1.0	1.0	1.85
甘氨酸	1.1	1.1	2.4
钙	0.28	0.37	0.44
磷	0.78	0.8	1.41
钾	0.79	0.79	1.33
镁	0.36	0.37	1.33

注：*A、B 和 C 的注释见表 11.10。单位是百分比/%。

1959 年澳大利亚的数据指出将含 11% ~12% 蛋白质的红花作为绿色作物种植可得到高达 17324kg/hm^2 的绿色物质（2762kg/hm^2 干物质）[22]。印度研究者发表了几篇论文，发现印度北部的草料和根蘖植物种子生产有很大潜力[82~92]。在 1993 年，一家美国农场能够收获将近 8000kg/hm^2 绿色牧草，从不能成熟的红花植物中测得含 18% 的蛋白质。

11.3 加工

11.3.1 制油

过去在印度加工的红花大部分是用称为 *ghani* 的研钵和捣锤状装置压榨的。籽粒用手工清理后放入称为 *chakki* 的装置中。这种装置由两只水平石盘组成，其中一只由一头蒙了眼的小牛拖着转动。清理过的籽通过石盘进行不完全的脱壳，再手工扬风和筛选去除籽粒仁中的壳。在粕中加入约 6% 的水将其压成球状，大约 15kg 重的球状仁送入 *ghani*。该装置为一只倒锥形的研钵，中间放置一根重杆，杆子用重物系在研钵的边上，由一组牛沿着圆周拖动。加入少量热油经 45min 的压榨加工后，让油通过一小孔流出。一台 *ghani* 每天可处理约100～120kg的籽。

近来，*ghani*的加工处理量已达每天150～175kg，有时用电动机驱动。畜力*ghani*加工的粕中残油率为11%～16%，而电机驱动可使粕中残油率降低到10%～12%。除陈旧的石制装置外，现在还使用一些铸铁的*ghani*、压榨机和溶剂浸出车间[93～95]。用*ghani*制得的油再经沉淀和倾析予以澄清或水洗，然后将油装入罐内供当地销售。

在美国，大多数红花最初是用连续式螺旋榨机加工的。有些加工厂试图对其脱壳，但红花籽的特性决定其很难脱壳。为了防止油过热，建议使用水冷却轴。如此加工的油很容易进行热脱色到低于加特纳（Gardner）色度4。诸如Anderson Super Duo Duplex压榨机每天可处理15t红花籽，粕中残油率为7%～8%。然而采用压榨机加工红花籽时有个大问题必须考虑，在储存期压榨粕可能会发生燃烧[96]。在20世纪50年代和60年代早期，红花粕中活性多不饱和残基和纤维组织发生反应引起过多次火灾。当红花加工变成预榨浸出后，残油率低于1.5%，大多数储存问题也随之消失了。

同样的压榨机，如果采用预榨模式，粕中的残油率为15%～17%，再将粕送去溶剂浸出，每天可处理45～50t籽。在加州条件下（或相当于此条件）生长的红花在预榨浸出前籽粒不需要蒸炒、压片或破碎，所得的油经热脱色后加特纳色度为1～3。

20世纪60年代初，太平洋植物油公司生产了一种空气枪装置，可以很好地脱去红花籽的壳，然而因能耗高且噪声大而放弃使用[34]。太平洋植物油公司的一位研究人员发明了先浸出后粕中脱壳的方法，其原理是碾磨红花饼粕，其细粒中蛋白质含量高，而粗粒中纤维含量高[97]。该方法使用垂直锤磨机研磨饼粕，然后用空气分级和筛选相结合的办法进行分选。在20世纪60年代和70年代，加利福尼亚州的几家工厂采用此方法，生产出含42%蛋白质的红花粕、含18%～20%蛋白质的中间组分和含6%蛋白质的壳组分。而今大多数工厂回到只生产含约25%蛋白质的“原始”粕，因为后端工序的高能耗的花费远超出从高蛋白组分所得的回报。

高能耗促使20世纪80年代和90年代的压榨厂采用笼式膨胀－挤压机取代预榨机或者作为预榨机的补充，该笼榨机可去除约66%的油，并得到十分适合于溶剂浸出的粕。膨化机加工每吨籽粒所需动力远低于压榨机，且保养成本低[98～100]。

加工红花籽粕时，水平篮式或移动床浸出器优于垂直塔式浸出器。红花的纤维状特性给溶剂流动提供了自然通路，而料床又起到天然过滤介质的作用。塔式浸出器浸出红花时常会产生问题，因为壳会漂浮起来，有时滞留在浸出器的顶上，导致塔的旋转密封部分过度磨损。

11.3.2 精炼、脱色及脱臭

在良好条件下从籽中浸出所得的红花籽油很容易精炼，因为所含游离脂肪酸低，几乎不含胶质和杂质，传统的碱炼工艺可很好完成。对于最终作为食用的红花油，其加工中最重要的一点是：在整个浸出、精炼、脱色、脱臭和包装过程中要尽量避免与空气接触。如果需要将脱臭后的油储存数小时，则应采用充氮气的方法保存。一般，压榨法加工的红花油含有较多的游离脂肪酸和杂质，在脱臭前需要碱炼；大多数情况下从加利福尼亚州、亚利桑那州或北部墨西哥的红花籽预榨所得的红花油可直接进入脱臭塔。加利福尼亚州预榨油一般符合清漆制造厂无沉淀物的要求，不需进一步加工。

红花籽如果产于夏末多雨或较冷气候周期的地区会影响其成熟，所产红花油色泽较深或带绿色，游离脂肪酸含量也较高。如果籽粒收获前或收获时已经发芽或受链格孢属菌（*Alternaria*）、假单胞属菌（*Pseudomonas*）或其他腐蚀头部疾病的侵袭，所得的油难以精炼并极难脱色。

尽管红花油偶尔有极少量细条状的蜡[101]，但大多数美国精炼厂对红花油既不冬化也不脱蜡，他们认为无需这些处理就能得到明亮的油交付使用。日本精炼厂一般坚持碱炼和脱色，使其色泽降至红度 1.0 以下，然后进行冬化，避免北方冬季月份的油中可能出现的少量蜡析出的问题。

11.3.3 人造奶油和蛋黄酱的生产

在用红花油生产人造奶油的过程中，如果加工步骤不正确，会发生物理结晶的改变（同质多晶现象），从而使产品有砂粒状质构[102]。β 型晶型是大的晶体，而不是人造奶油所希望的光滑均匀的混合体，红花油单一的甘油三酯结构促使 β 晶型的形成。在人造奶油混合物中掺入少量饱和油脂就可解决此问题。通过加入 5% 棉籽油，太平洋植物油公司解决了红花籽人造奶油的问题，同时还改进了产品的口感[34]。1966 年的一篇专利介绍了一种液体红花籽油与选择性氢化红花籽油和花生油混合的情况[103]。

已有几家公司成功生产软质红花籽人造奶油，它利用高度氢化红花油的晶格体包埋大部分的液态红花油[34]。生产此类结构人造奶油的方法已有介绍[104,105]。可用 $Cr(CO)_3$ 作催化剂选择性氢化红花油，以保持 90% ~95% 顺式构象[106~108]。几篇研究报告介绍了蛋黄酱和冷冻色拉调料中红花油的优良口味、外观、气味和质构，它在重复冷冻—解冻中表现出极好的品质[34,102,109,110]。

11.3.4 工业加工

本章介绍了红花用于食用产品中油的情况，但需记得的是，当今时代认可红花油，还是因为它具有半干性油的优良品质。红花油色泽浅，热脱色后近似于水一样无色，游离脂肪酸和杂质低，不存在亚麻酸，这些特点使得红花籽油成为理想的白色房屋用涂料和清漆的载色剂，适宜生产醇酸树脂。红花籽油易于在反应罐体积扩大条件下发生聚合，而不需要真空设备，红花籽油能生产优良的吹喷油、石灰中和油或马来酸化油，并且可进行良好的共轭反应或甲酯反应[34]。

11.4 经济与市场

如前所述，红花是已种植了几千年的作物，起初只供当地人使用。人们旅行时也携带红花籽，但一般用于个人消费。到了近代红花才进入世界贸易，但其生产大部分局限于能种植红花的国家。

小麦的价格是影响红花价格的主导因素，这是美国农场主将红花列入种植计划时必须面对的。在美国的红花生产早期，红花油直接挑战大豆油的市场份额，并在芝加哥商品交易所上与大豆期货竞争，这样就为红花籽及其油的套期保值提供了合理手段。但目前红花价格与大豆油市场关联很小，红花油已成为一种不可能做套期保值交易的产品。

1997 年，美国农场的批发价格如下：红花油，罐装 1.30 美元/kg；大豆油，罐装 0.53 美元/kg。2002 年的价格：红花油罐装，1.74 美元/kg；大豆油，罐装 0.42 美元/kg[53]。

11.4.1 红花籽

在美国，大多数红花籽由农场种植，在作物种植前，这些农场已与油厂或谷物经销商签订销售合同。因为红花籽没有在报纸上发布每日市场行情，农产品期货市场上也没有提供报价，大多数银行或其他金融代理鼓励农场主提前对作物签约。银行没有其他办法保护以作物作为担保进行贷款的任何基金。

常规的生产合同会注明农场主需交付规定数目的英亩或公顷上的全部产量。买主承担产量上的风险。除了声明种植公顷面积数和其位置外，合同通常还指定种植籽粒的品种、地主的名称（如果有的话）、他们将会得到的补偿，当然还有价格和交货地点。

全美油籽产品协会（NIOP）出版了年度法规，它包含了许多植物油的贸易规格和标准，其中包括红花和油酸型红花。法规第 7.1g 和 h 条款（之前为第 110g 和 h 条款）以及第 7.1i 条款（之前为第 110i 条款）分别是全美油籽产品协会（NIOP）针对红花籽和油酸型籽的条款。当与加利福尼业州官方针对红花籽的正式标准相结合时，买卖双方合同中的含义已极少存在争执的余地。

红花籽在国内出售时通常不考虑杂质，即不计一货船红花籽所含的杂质数量。所谓杂质是指所有外来物，加上除籽粒以外的红花作物部分、空瘪的或部分结实籽、粒度小到可通过孔隙 1.78mm 筛子的破碎籽。水分含量要求低于 8%，除非买主愿意以罚款为条件接受较高含水量。如果油厂计划立即加工红花籽，许多油厂可接受籽粒的最高水分为 12%。

水分高于12%会引起压榨操作上的问题。有些加工厂会使用谷物干燥机，那就可以接收高水分的籽。

通常，在接收杂质或植物性外来物高于5%，或水分高于8%的红花籽前，买主会要求予以清理，这是为了避免储存中产生自热。大多数加利福尼亚州买主从农场田埂边卡车按FOB方式购买红花籽，买主应负担运输至谷物仓库或油加工厂的费用，通常农场主也支付折扣超过5%时所涉及的运输费用。在其他州、墨西哥和世界其他地方，农场主负责将籽运到买主地点。

除了印度外的世界大多数地方，红花籽是散装处理的。在加利福尼亚州，用大型铝制、底部卸料、敞篷式货运拖车运输，每辆约装10～12t，两辆前后串联由货运拖拉机拖至田边，拖车留在田埂边由农场主装载，拖拉机拖着满载的拖车直至油厂或出口港（有时远在250km外），或送至邻近的谷物仓库中转存放。在美国的其他地方，红花由各种谷物运输设备运输，大部分送到小型的乡间谷仓存放。如有必要先予以清理，随后再装上卡车或铁路翻斗车箱（可容纳50～70t红花籽）送至买主处。

全美油脂产品协会（NIOP）法规详述了红花籽的正确取样方法。用一台谷物取样器对每辆卡车拖车取三个样品是较佳的方法。在籽粒交付的第一存放处取样，可能的话最好由第三方（加利福尼亚州农业部门代表或接收仓库公司的工作人员）实施以减少争议。料中的水分含量和折射率（如交付的是油酸型红花）可立即检验。小心地分出部分样品，送至加州最近的或其他独立的实验室以决定折扣数（假如样品籽有缺陷的话）或其他因素。

除加利福尼亚州和亚利桑那州以外的其他州，购买合同都在无杂质样品、一定的含油量和含水量的基础上指明一个价格。这是很有必要的，因为低温、雨水、雪、病虫害或干旱会影响每批作物的含油量。在加利福尼亚州和亚利桑那州，特定品种的红花每年的含油量变化很小。位于北部大平原的那些州，正常年份籽粒含油量为38%～40%，而灾害年份低至20%～25%。在山区各州变化范围不是很大。大平原地区红花籽购买以含油量38%为基础（有时以40%为基础），并按每1%的含油量变化对应2%的价格浮动，应用于约定价格。

由于美国不采用公制系统，加利福尼亚州和亚利桑那州的价格一般以每短吨（907.185kg）美元价格为单位报价。在大平原和山区各州大多数交易固定使用每磅（453.59g）的美分价格。除印度和中国某些地方以外，世界其余各地绝大多数按吨或公担计。付给农场主的价钱在美国各地是不同的，因为质量和离最终买方市场的距离各不相同。

加利福尼亚州红花的价格由几个市场因素决定。其主要因素是中央盆地地区土地的面积，因为那个地区稻谷、棉花和番茄是三种主要收入作物。红花、制糖甜菜、谷物和玉米竞争余下的耕地。其中竞争尤为激烈的是小麦和红花。如果红花的合同价格乘以每公顷平均产量（25t/hm^2）相当于或超过小麦的预期价格乘以每公顷产量（5.0～6.0t/hm^2），有经验的农场主宁可选择红花而不是小麦。红花买主与农场主通常在十月开始谈判，因为那时农场主必须决定是否种植小麦。小麦通常在11月末至1月种植，而红花则在2月至4月间种植。20世纪80年代加利福尼亚州红花的种植面积锐减，因为当时价格降至275美元/吨以下。在20世纪90年代大约为330美元/吨，原因是由于通货膨胀和其他作物价格上涨。

影响红花价格的第二大因素是红花油的市场状况。例如上季作物的油可能过剩；也许墨西哥预测为大丰收（因为它比美国早3～4个月收获）；或者日本的买主可能正在经受国内市场的萎缩。

由于红花油是一种其市场对价格变化（假如有的话）不敏感的特殊品种。上述两个因素会降低商人购买的欲望，发生量的调节。商人们或者会推迟他们下一季度红花籽合同开价，或者开出较低的价格使其不能与其他替代品种竞争。一些次要因素也会影响供应（干旱、病虫害、水灾；码头工人或运输部门罢工等）和价格（政府对竞争作物支持力度的改变和进出口规定的变化等）。除在价格疯涨时期外，红花价格不受其他油料如葵花、大豆、卡诺拉菜籽等价格的影响。如果其他油料的价格攀升超过88美元/吨，红花油价格也会相应上升，或作为一种替代品消失在出口市场。

当然红花的需求也会因长期基本状况的改变而改变。在日本，红花油是作为礼品的一种知名的健康油。但如果医药研究发现多不饱和脂肪酸，特别是红花油，所引起的问题超过了益处，对该油的需求就会丢失。从另一方面看，如果长期的医学研究显示单不饱和脂肪酸，包括油酸型红花油，比其他种类油更好，甚至比亚油酸型的好，那么油酸型的消费比例将超过亚油酸型。这种情况在日本已经发生了。

加利福尼亚州的红花籽产地紧挨着国内最大的红花油市场，也靠近向海外输出至日本和欧洲的出口地。但是在大平原地区生产的红花籽价格一般比加利福尼亚州的低50美元/吨。原因有几点：首先，大平原生产的红花籽其含油量通常比西部籽低3%～5%，如果再遇上坏天气则更低。其次，生产的油中亚油酸含量比加利福尼亚州籽高2%～4%，通常情况下游离脂肪酸也高0.25%，加特纳色度高1～2个单位，并带有一些绿色，这都会导致精炼和脱色成本增加。通常大平原产的预榨油如不进行精炼前处理就不能脱臭。最后，大平原产的籽必须长途运输至加利福尼亚州市场或者交付当地加工，所生产的油和粕经长途运输再到消费市场。山区各州的红花种植主也面临相似的问题。通常山区种植籽的质量与加利福尼亚州的相似，但缺乏就地加工或客户基地，因而所有的籽必须通过长距离运输交付至客户。

这些因素不适于将红花籽作为鸟食的市场。在鸟饲料买主的标准中，籽粒色泽（最好纯白色）、容重（最好超过0.4739kg/L）和纯度（杂质最好低于2%）是重要的。含油量不是影响因素。具有原白色的壳及含油率低的籽粒更适合于作为鸟饲料。因而鸟饲料买主的客户主要在美国东半部或海外，他们更倾向于与大平原或山区各州签约，因为价格低只需50美元/吨，同时运至东部市场享有40～50美元/t的运费优惠。

很难判断鸟饲料红花籽的市场规模，但是当美国野鸟的饲养增加时，大多数商人认为每年需求量超过20000t。通常中国提供的鸟饲料品质最高，因为大多数中国红花籽的含油量低于30%，且具有白色的壳。天气和运输因素有时会增加正宗中国籽市场经营者的困难。在1989年前，印度红花籽是世界鸟饲料市场的影响因素之一，1989年为提高本地油的供给，印度政府禁止红花籽出口，这无疑增加了美国在鸟饲料市场中的份额。

把红花籽出口到日本是美国扩大红花籽生产的最大因素。当进入日本的油籽高额关税放松时，美国红花籽的出口受到的影响便下降。日本曾经有超过十家油厂从事红花籽加工，现在仅剩下两家。日本其余的红花油需求由进口红花油来满足。红花籽出口由全美油籽产品协会（NIOP）第7.1g条款（之前为110g输出款）所支配。国内贸易法则（第7.1h条款）包含许多因素，但出口条款要求测定含油量，以及支付与在大平原各州购买的大多数油籽一样多的溢价或折扣。红花籽出口规则确定以34%含油量为价格基点，含油量每变化1%，折算成2%的溢价或折扣。虽然现今大多数出口籽的含油量为41%～43%，但34%的值一直沿用，因为该含油量值是红花籽首次出口时所提供的值。一批出口货物规范情况下最多只允许有3%的杂质，但也有规定交额外0.2%的罚款可将杂质最高提到6%。

海洋货轮一次通常装载3000～5000t甚至15000t，取样方法不同于货车装载时。全美油籽产品协会（NIOP）规定油、水分和折扣分析时，分别要以每1000t取一次样，或在装船时分批进行分析。分析含油量时，相同的每批1000t样品送至五个不同的独立实验室，每个实验室在加权平均值基础上对整批货作出分析报告，除去最高和最低含油量的实验结果，余下三个结果平均后用作结算付款。按此方法作出公正分析，这是因为红花的含油量很难精确测定。

从美国出口到日本的红花籽几乎都来自加利福尼亚州，有几年是来自亚利桑那州。因为日本人喜欢西部海岸产品的质量，而不愿为以下的红花籽付高额海运费；含油量低的籽、通常会产生较深的色泽和增加精炼成本的籽、带霉菌（*Sclerontinia sclerotina*）的籽，这种霉菌经常在大平原区域中发现，但尚未在加利福尼亚州发现。日本从澳大利亚进口一部分红花籽，也从中国少量进口确保能产80%以上亚油酸型红花油的中国籽。日本也曾从墨西哥进口红花籽。美国向欧洲出口过红花籽，但最近欧洲红花籽的高价和红花籽粕的低价，使加工红花籽不现实，因此进口仅限于红花油或油酸型红花油。

11.4.2 红花油

在当今市场中，红花油占据着一个独特的位置。红花籽油是亚油酸含量最高的商品油，受益于20世纪60年代多不饱和脂肪酸的繁荣，红花籽油仍然受到消费者的喜爱；如今大部分红花籽油主要是以RBD色拉油、人造奶油的主要配料、各种形式的蛋黄酱和色拉调料提供给消费者。所产油中的少量以瓶装形式出售，主要是预榨油，这种油除了过滤之外不经过任何精炼、脱色和其他处理。美国和欧洲有少数市场要求油不曾与任何化学品（如己烷）接触。瓶装预榨油的货架期一般较短，可能少于二周。一旦油瓶开启，油就应冷藏以免产生异味。

尽管许多其他的公司也生产少量产品用于保健食品，但是两家主要的公司垄断了美国食品市场上的所有红花籽可食产品。瓶装红花色拉油的零售价通常每瓶比卡诺拉油、玉米油、葵花籽油或大豆油高1美元以上，消费者购买的红花油在市场中份额虽小，但却很固定。红花色拉油品牌从没有超过7%的市场份额。若没有大量的广告，销售量将下降一半。

在日本，价格高几乎是一种优势，与其他油脂相比，出售红花油的公司有更好的盈利。他们严格控制产品质量，油以漂亮和昂贵的礼品式包装方式销售，大力从事广告宣传以保持市场份额。在日本的赠礼季节，红花油达到了各种油品中最显著的地位，据称已占有该类市场的85%份额。

在墨西哥，食品杂货店中的红花油迎合富人们的需求，多年来很受欢迎。红花油第一次在墨西哥生产时，一大部分用于芝麻油的掺杂。过了一段时间后，红花油成了市场上重要的油品，Puro cartamo成为著名的优质品。不久就出现了葵花籽油和其他的油脂来掺假红花籽油。消费者最终意识到了这点，转而信任较便宜的品牌。在墨西哥很少发现红花油，因为通常都出口到了美国或欧洲，而进口低价的葵花籽油、卡诺拉油和大豆油。

澳大利亚的情况与墨西哥类似。种植的红花大部分不在当地市场加工，而是以籽或油的形式出口。在澳大利亚，小部分红花用于生产所谓的有机红花油。因为澳大利亚仍有未开发的农田，可以生产不使用任何杀虫剂和肥料的红花作物。美国也生产一些有机红花油。最近三年，红花日用品公司成功地向市场推出无杀虫剂红花油。该公司选择采用这种手段，是因为它希望建立自己的“纯天然”产品，这种产品不同于有机油，后者通常根据政府法令进行定义，且定期更动。无杀虫剂（GWP）种植要求种植红花的土地至少六个月没有使用过任何化学物质并达到无残留。允许农场主使用肥料，但不用种子杀菌剂（有机耕作中允许使用）或其他化学品。其全方位的审查计划包括对整个成长期内作物的全方位检查，对收割机、卡车、储存设施的检查，无喷撒任何化学品。这比立足于高度信誉之上的有机工业运作所采用的标准更为严格。

凭着大量的广告宣传，油酸型红花油的无杀虫剂计划已获得成功。但由于广告成本大，红花油并没能深入边缘地区的市场。日本的包装礼品市场也作了大量的广告宣传，包括一些油酸型红花油。一家制造商出售单一包装中具有亚油酸型红花油和油酸型红花油双重优点的调和油，其最大的竞争者则将这两种油分开销售，让顾客有所选择。

在印度，大多数油仍由小厂经压榨及简单过滤后销售，产品以小罐听装甚至是消费者自备容器销售。红花生产大体上是街坊事务。尽管政府鼓励生产更多的各类油籽，但那里葵花的种植比红花要广泛得多，而且在20世纪90年代生产量有惊人的增加。

欧洲市场由三部分组成。首先红花油可作为葵花籽油基人造奶油的配料，有助于保持人造奶油的不饱和脂肪酸水平。这块的市场份额可能在缩小，因为一些制造商在1994年年初降低了多不饱和物的保证值，也许将来可能把低饱和度或高单不饱和度作为特性值。红花油由于其不饱和物质含量较高，拥有数量不多但比较固定的消费群。这一市场的一部分消费者喜欢使用非精炼的预榨油或轻度脱臭的油。红花油特别是油酸型红花油的第三个市场，是与其他油品进行调和。当红花油比其他油昂贵时，这一市场就消失了。政府当局非常严格和完善的控制措施也使得调和受到限制。

与红花籽一样，大多数红花油是遵照全美油籽产品协会所制订第6.11和第6.12条款规则进行贸易的。这些条款同样适用于国内和出口运输，两者的主要差异在于出口条款在付款前需要更多的检测指标。当然，其中许多美国买主从未听说过全美油脂产品协会，他们自己制订了购买红花油的规格要求。一般来说他们的标准是符合甚至超过全美油脂产品协会标准的。

探讨20世纪60年代引起的多不饱和油盛行的医学文献不在本书讨论的范围[34]，那些文献持续不断地促进美国、欧洲和日本的红花油市场发展。单不饱和或简单的没有饱和度是否会成为将来的潮流尚不能预测。但观察1967年引种油酸型红花以来，其产量是如何逐渐增加的，是比较有趣的话题（表11.12）。

表11.12 历史上美国油酸型红花的种植和产量

种植年份	种植面积/hm^2	产量/t
1967	405	953
1968	5221	11031
1969	8580	23014
1970	5868	12973
1971	13462	32922
1972	8843	20321
1973	15480	24222
1974	11615	22801
1975	21004	43316
1976	9632	23678

续表

种植年份	种植面积/hm^2	产量/t
1977	9594	24540
1978	14569	21037
1979	19010	36940
1980	13345	31351
1981	9340	24721
1982	4856	12701
1983	4917	12610
1984	11550	31026
1985	10958	27994
1986	11635	31425
1987	4290	11340
1988	8094	20684
1989	10805	29393
1990	11343	29908
1991	10891	22803
1992	33634	48680
1993	36430	73564

2003 年美国种植了8.94 万 hm^2 的红花，其中8.58 万 hm^2 获得了丰收。2004 年将种植的5.75 万 hm^2 红花中，5.38 万 hm^2 能获得丰收[111]。

11.4.3 红花粕

红花粕是红花油生产的副产品，包含了全部的壳。壳的高纤维含量限制了它的价值。在加州，红花粕主要用作奶牛饲料的配料，也用于肉牛的饲料，少量作为家禽混合饲料。在20 世纪60 年代和70 年代，红花粕经后续加工去壳后所得的高蛋白质组分（38% ~ 42%）很适合作为鸡和火鸡的饲料。太平洋植物油公司生产了三种粕，其蛋白质含量分别为42%、20%和6%。虽然太平洋植物油公司及其他公司花了很多时间研究红花壳的其他用途，但那时最好的办法是把6%壳的产品出口到日本，在日本红花壳作为低成本的填充料用于多种复合饲料中。日本也常购买含20%蛋白质的粕（有时也购买含20%蛋白质 - 脂肪复合物的粕），但目前，来自美国的红花粕在日本市场上不具备竞争力。

把红花壳并入红花粕中是最好的销售方式。多年来美国没有一家公司把它们单独加工，因为大多数加工厂仅生产去壳20%和42%两种组分。至今，分离红花粕各组分所消耗的能量超过了从高蛋白质组分中所得的回报，因此大多数加工厂只明确提供含25%蛋白质的粕。

大量研究表明，红花粕是一种适于肉牛[112~116]、奶牛[117~119]、家禽[120~123]和羊[124~127]的优质饲料。价格水平类似于低价的百秸草、谷物筛出物、杏仁壳和其他低蛋白饲料。

已完成了红花粕生产蛋白粉或分离蛋白的可能性实验。美国农业部（USDA）比较了红花分离蛋白和大豆分离蛋白，发现红花产品十分有用，报告也列出了加工生产的投资费用[128~130]。其他研究者对该项目作了广泛的论证[131~134]。当今市场上，工厂要生产经济实用的分离蛋白所需的红花粕比美国供应总量要多得多。除非在有效地减少红花籽的壳含量且保持令人满意的产量方面取得科学突破，否则粕只能以适度的价格作为二等产品出售。全美油脂产品协会（NIOP）法规第8.1.1~8.1.3条款确定了指导红花粕贸易的各种因素。

11.5 质量评估

虽然大多数测定产品物化特性的标准实验对红花籽及其产品也适用，但多年来已暴露出了一些特殊的问题。

11.5.1 红花籽

当红花首次引入美国时，弗雷德施泰因公司（Fred Stein Co.）率先针对红花籽制作了一张表格，利用斯坦利特水分计（Steinlite moisture meter）快速准确测定筒仓中红花籽水分含量。如今市场上大多数水分测定仪能够准确测定红花籽水分含量。在红花生长周期中，花头可有效反映水分含量。如果水分充足，开始在头部形成的许多单颗籽粒将会完全灌浆。如果缺少水分或发生意外伤害如疾病类的损伤或水源流失，则刚开始灌浆的一些籽粒就会终止，另一些甚至不会灌浆。这样在每个花头中形成了一种混合体，一些籽粒是饱满完全灌浆的，而另一些外表虽相同而实际是空的或仅部分灌浆。对于进行杂质检测的实验室来说，面对上千个代表每次交货货车的样品，要找出空籽或部分灌浆籽几乎是一个不可能完成的任务。最初加州采用的折扣分析方法是使用一系列手工筛，随后用Bates吸风机风选分离，再用手工筛选找出风选时漏捡的空籽。当测定含较多空壳的样品时，该方法太慢，这在大平原红花中经常碰到，为找出所有的空籽，一台风选机需要反复30次。

在20世纪50年代和60年代初，太平洋植物油公司和加利福尼亚州农业部门一道为了开发更加简便、重现性更高的杂质检测进行了数百次试验。结果是对卡特除杂机（Carter Dockage Tester）进行改进，测得的杂质率结果一致。该方法被加利福尼亚州农业部和全美油脂产品协会（NIOP）采用，此方法纳入规则7.1gD和E部分[135]。

实验室中测定红花籽含油量所用的溶剂萃取法也比其他油籽困难，这是因为壳与仁的组织结构差异很大。壳必须破碎，否则油不能全部浸取出来。但在破碎籽粒时仁会被压碎，少量的油会在操作中损失，当仅取5g籽作样品时，损失少量的油也是很重要的。由于许多人对红花含油量分析方法不满意，经过长期研究，太平洋植物油公司的控制实验室开发出了比AOCS标准方法[136]更好的方法。该分析方法现已经成为全美油脂产品协会（NIOP）红花法规中的一部分[137]。

全美油脂产品协会（NIOP）也进行了广泛的试验，开发了更好的红花籽取样方法。在田间地头进行红花籽取样十分困难，虽然干净的红花籽相对容易流动，但农场交付的籽可能含有一部分梗和茎、带籽粒头部的碎片、叶及其他外来杂质。在货车里颠簸运输50～200km，或在铁路货厢中运输3000km，或在大型谷物运输船的货舱中经10000km运至日本，红花籽都会发生分层。除非取样装置能抽取各层样品，否则样品就不具代表性。日本的买主常常一次接收5000～15000t红花籽，会发现装运时测定的含油量和杂质分析与同一批籽在加工厂所得的最终生产结果不相符。全美油脂产品协会（NIOP）采用的标准取样和分区操作的目的就是减少结果的差异。这些方法现已合并到其法规中[138]。

尤其重要的是，要记住在分析红花含油量所用的样品时，必须先把所有的杂质项减去（包括空壳），这与测定葵花籽含油量的常规方法不同，葵花籽含油量是在含杂质的条件下进行测定的。因此，良好的取样、除杂、样品分级，以及检测结果本身的一致性都是红花籽加价的得分项。红花籽含油量也可用核磁共振法测定，目前大多数育种公司采用核磁共振技术测定新的品系。核磁共振测定技术仅需半颗籽粒，因此另一半可备用，以防分析结果不正确。早些时候加工厂感觉核磁共振分析得出的结果稍高于用标准溶剂萃取分析所得或油厂实际所得的结果，但应用于红花籽时不存在这种情况。在工业生产中采用核磁共振分析，在很大程度上加快了日常文书工作。因为每年用于测定油含量的红花籽的量相对较少，所以没有人花时间去证明是否应该用现在的核磁共振法来取代标准的AOCS法。

美国农业部（USDA）公布了用于快速测定货车装载的是亚油酸型还是油酸型红花籽的第一个实用方法[138]。它包括用小型手动压榨机压榨少量籽粒得到几滴油。把一滴油放入手持式折光仪的玻璃三棱镜槽中，折射率与油的碘价或脂肪酸分布成线性关系，因此只要进行温度校正就能很容易判断籽粒是否为油酸型。现在由于省略了温度校正，所以把未知样品与已知的油标准进行比较变得更为简单。迫于收获时间，在田地中的温度校正很难精确测定。

11.5.2 红花油

测定红花油的各种化学物理特性是十分容易的，50多年来支配红花籽贸易的规则仅做了细微改动。1990 年，用 halphen 阴性试验验证红花油的需求下降了，因为薄层色谱技术越来越好，没有必要用色泽试验来确定棉籽油掺杂的必要性。

位于费城、皮奥里亚特别是奥尔巴尼和加利福尼亚州的美国农业部（USDA）应用实验室做了大量工作，检测出影响红花质量的各种因素，以及这些因素对各种加工处理的影响。并对红花油深度煎炸期间的氧化反应以及对热变化后的组分测定方法进行了深入研究[139~143]。在奥尔巴[144]和皮奥里亚[145]的美国农业部（USDA）科学家分别分析了经加速氧化的红花油和红花油甲酯的顶空挥发物，发现在所有试验的油中，它们最具反应活性。有报告称，氧化红花油中产生金属异味的化合物是乙烯基 – *n* – 氨基酮[146]。美国农业部（USDA）的研究人员证明了含氧脂肪酸、丙二醛、二氯碳烯等分别对油风味和储藏性变化的影响[147~149]。

实验表明，亚油酸型红花油中的生育酚比油酸型中的更稳定[150]。美国农业部（USDA）进行的室内气味研究表明，油酸型红花油比其他所有研究的油要好[151]。对于各种物质对深度煎炸红花油的氧化作用的影响[152]、在氨基酸存在时的高温反应[153]、以及氨基酸对乳状液[154]、干乳状物[155,156]和化学及感官特性的作用[155,156]均进行了全面的研究。

11.5.3 红花粕

如前所述，红花粕储存时趋于分层，因此质量控制中主要的问题是如何得到真正有代表性的样品。在加利福尼亚州阿尔巴尼的美国农业部（USDA）区域应用实验室在对红花籽粕的属性和缺陷方面的了解上取得了一批研究成果。对世界各地赖氨酸含量较高的籽也着手进行了研究[157]，蒙大拿州立大学的东部实验站（Eastern Experiment Station of Montana State University）延续了对赖氨酸和蛋氨酸的研究[158]。这项工作也包括对红花固醇的研究[159~161]。另一研究表明，从红花粕中除去有害的糖苷和其他不利因子后，红花粕成为更有用的产品[162]。除此之外，其他研究已分离出了三种复合羟色胺物质[163]及其相关的苯酚化合物[164]。

11.6 储存和运输

11.6.1 红花籽

红花籽储存过程中最主要的要素是预防事故。如果红花籽买主与供应商保持联系并跟踪观察田间，大多数问题在发生前就能解决。红花籽如果水分含量低于 8%、其中无绿色杂草、草籽或杂物、逐渐降至室温，就十分稳定，可毫无顾虑地长期储存。如果种植主不能在田地里妥善处理杂草，也应在交付油厂前安排户外清理或干燥，这样比在交付时紧急处理这些问题要好得多。

由于油酸型和亚油酸型红花籽的外表非常相似，所以必须十分小心以防混淆。如果亚油酸型和油酸型红花从种植时就予以认定，并且直至交付油厂或储存点时已建立明确的档案，在取样和籽粒进行折射率校验证实所交付的品种时就更有把握了，每批货就能准确地存放在合适的卸料点。如果储存的红花籽中没有杂草籽或其他外来物，同时水分达到8%的平衡值或更低时，就能长期储存。

每年红花收获时空气温度往往超过38℃。如果红花籽是从杂草特别多的田地中收获的，农场主必须小心地监测卡车或拖车中籽的温度。如果卡车在这样的条件下必须停留过夜，籽就会产生自热至危险程度。同样，如果籽在热天送入仓库，较稳妥的做法是向籽堆或筒仓内通入空气，直至全部物料的温度达到平衡。在籽堆中放置温度探头监测温度是必要的。如果温度开始升高，应再次通风循环，直至重新达到平衡。如果某一发热点不能控制，最好尽快把部分籽堆倒仓（对储罐或筒仓）或移至仓的边缘（对房式仓）。而且动作要快，如果能够到达发热点的话，必要时可以仓库墙壁上开个洞。红花籽十分容易吸湿，从邻近的湿物料中吸收水分，然后引起发芽发热。发热的红花籽会炭化成棕黑色并产生强烈气味，若不迅速隔开会弥漫整个库房，这并不是说红花籽是一种有问题的籽，在良好状态下接收到的大多数红花籽在储藏过程中是毫无问题的。

如果已经接收了有问题的籽，通常最好通过一道简单的谷物清理机除去外来混杂物。如果不能如此处理，就应把籽堆摊成薄层，在水泥地上放置几天直至稳定。红花籽可用强制通风的谷物干燥机干燥，然而干燥器温度最好不超过82℃以防止红花籽被烤焦。如果有必要的话，用一台干燥机重复处理二次，这比用高温处理一次效果好。

红花籽一般不会受谷物象虫的侵害，但是当籽粒储存超过5个月时，这类昆虫常常会侵害混在籽粒中的外来物质。再之，如果籽用于出口，则必须仔细监测。用合规的且时下比较流行的熏蒸剂处理，可以避免船运红花籽被定级为“含虫”，否则会导致买家拒收。

红花籽在海轮舱中十分稳定。尽管最好使用舱内原有的分隔板，但用木板、塑料板和麻袋组成临时的分隔层也可把红花籽与货舱中的散装料成功地分隔开。

11.6.2 红花油

红花毛油用普通的黑铁皮容器或者管道来存放及输送是没有任何问题的，最重要的是避免与空气接触。

红花色拉油因活性强需用不锈钢设备存放或运输。位于皮奥利亚的美国农业部相关机构发现红花油的光稳定性好于大豆油或棉籽油，但仍建议用棕色瓶包装[165]。且发现α-

生育酚对抑制光氧化的作用很小，建议用棕色瓶包装来抑制光氧化，以减少异味自由基的形成[166]。美国农业部相关机构早期发表的抗氧化剂研究报告[167]称特丁基对苯二酚对稳定红花油具有很好作用[168]。研究表明印尼豆豉油（tempeh oil）作用有限[169]，一些研究者则推荐色满特别是Trolox C，因其在红花油中稳定效果最好[170]。在这些通用产品中，特丁基对苯二酚是较受欢迎的抗氧化剂。在当今重视环保的情况下，脱臭过程中唯一能添加的抗氧化剂是柠檬酸。如果红花色拉油必需储存，建议充氮密闭。

11.6.3 红花粕

如以上所说，在任何条件下储存压榨的红花粕都是危险的。溶剂浸出的红花粕更稳定，只要保持低水分就能安全地储存。在加利福尼亚州气候条件下，红花粕可保持10%的水分，如果储存时间延长，含水量最好保持在5%～7%。要避免长期储存在小直径的罐中，因为在此条件下红花粕会粘结而不易出料。

11.7 特殊用途

11.7.1 鸟食

美国有将近6000万人为野鸟提供饲料[171]。因含油量高，红花籽常用作许多野鸟的混合饲料；也用于喂笼养鸟，特别是长尾小鹦鹉和鹦鹉。在中国大陆和中国台湾，红花籽用来喂养家鸭，在欧洲则喂养驯鸽。在美国，红花种植的田野是狩猎白斑鸠和野鸡的极好地方。野鸡狩猎俱乐部也常种植红花用来吸引野鸭和野鸡。

11.7.2 观赏植物

在埃及，红花籽和花曾用来制作装饰品、花冠和珠宝饰物[172]。因红花有带刺的叶子，园艺上使用并不广泛，也正因为这点而被用于保护其他植物防止儿童和狗触摸。西班牙和葡萄牙的农场主常用无刺的品种作为观赏花卉和食品色素的原料。近来无刺的红色或橘黄色的红花收获后干燥或者被花商当作鲜花陈列出售。如果小心干燥，红花植物和花能保持色泽并可静态展示多年。

11.7.3 食品色素

除了最近40年来开始大规模商品种植的国家外，几乎在所有的种植国家中红花都用于烹调中的色香味作料。在美国除了近期的移民外没有广泛的应用。在烹调中使用红花小花已有参考资料[1,3]。在西班牙和葡萄牙的藏红花种植区存在红花种植田地，但当地的农场主不愿意承认。可以有把握地说它被用作更昂贵的藏红花的掺杂品。

11.7.4 染料

红花另一种古老的用途是制造染料。主要染料红花素是一种从红花植物中用水漂洗黄色素后提取的亮红染色剂。红花素（$C_{43}H_{42}O_{22}$）可把丝和棉染成绯红色[173~176]。在埃及、中国和日本的博物馆中还能看到古代的耐久性能极好的样品[3]。必须除去红花中的黄色素（$C_{16}H_{20}O_{11}$）才能提取红色染料，早些年黄色素是被丢弃的。中国新疆建立了一家工厂大量生产这两种染料[173]。

11.7.5 医药品

红花籽、花粉、花朵和油在医药方面的应用几乎在开始种植时就有了。在公元 1 世纪，Pliny 曾记载：红花油，称为油药（oleum cnicium），可用作比蓖麻油的代用品，更为温和，Pedanius Dioscorides 在《药物论》（16 世纪最主要的西方药物学教科书）一书中介绍了红花作为各种药水和软膏的染色和调味应用，以及应用为温和的泻药和风味剂[157]。

在公元 1000—1500 年间，有几本阿拉伯教科书提到红花可作为一种毒药的解毒剂和治疗发烧的发汗剂[172]，其产品被称为“Kusumbha”油。在古代非洲和印度，红花被认为是一种净化剂。在印度，炭化的红花油可用于治疗疼痛和风湿病，红花籽可用作利尿剂和滋补品[177]。中国使用红花全草已有很长的历史，将其与其他草本植物组合后作为药物。在北京生产一种茶[178]，在内蒙古用红花分离蛋白制成一种复合氨基酸营养剂。有许多关于古代和现代中医药的探讨文献[7,173]。

美国药典（USP）中红花油可用作青霉素的载体。红花油作为雄性激素注射载体的实验结果已发表[179]，红花油还可用作葡萄糖静脉注射液的分散剂[109]。

11.7.6 化妆品

红花的花曾用作埃及古墓中带色的礼仪油膏[10]。1981 年美国毒理学院学报发表了一篇关于红花油安全性的文章，指出红花油作为化妆品配料在实践中证明是安全的[180]。油酸型红花同样是安全的，红花油不会引起过敏[181]。

在埃及、中国和日本，自古就把粉末状红花的花制作胭脂，当地称为“beni”[7,177]。古代的犹太文献“Misehnz”谈到用红花制作胭脂[182]。在古英格兰红花与法国白垩混合后可制作胭脂[9]。红花草炭化后的灰直至今日仍作为埃及妇女制作眼影粉的原料[183]。在印度，红花油作为肥皂的配料和用于马卡发油（Macassar hair oil）的制备[180]。

11.7.7 生物柴油

业已证明红花具有作为生物柴油原料的潜力。表 11.13 所示为每年美国生产的油量所用原料的种类。报道的产量以质量计（如吨），可转换为基于液体体积的数据，从而可按加仑数对各种原料进行估计。大豆油是生物柴油最大的原料油。玉米油、棉籽油和葵花籽油也是美国植物油供应市场上比较重要的贡献者。其他油料的产油量很小，如卡诺拉为16万t，工业用油菜籽1361t。每年农作物产油总产量为907万t左右。动物油和黄脂膏（yellow grease）产量为399万t左右，使得年总产油量为1315万t左右。

以液态燃料计，这些原料相当于1400万m^3的生物柴油，1996年美国消费1亿m^3生物柴油，其中13%用于运输系统。如果生物柴油和石油混合使用，比如，20%的生物柴油与80%石油（B20）混合，这种混合油将大约7079万m^3，换句话说是美国年生物柴油消费量的67%。这个例子使用的是作为原料供应的所有植物油、动物油和黄油的总平均供应值[182]。

表11.13 潜在的生物柴油原料供应

油种类	油总产量①	
	×453.6t	×3785.4m^3 ②
农作物		
总量	20030	2601.3
大豆	14935	1939.6
玉米	2076	269.6
棉籽	1220	158.4
葵花籽	868	112.7
卡诺拉	353	45.8
花生	282	36.6
亚麻籽	175	22.7
红花籽	118	15.3
油菜籽	3	0.4
动物脂肪		
总量	8772	1139.2
猪油	1026	133.2
食用牛油	1490	193.5
不可食牛油	3623	470.5
黄脂膏	2633	341.9
总供应量	28802	3740.5

注：①油产量的吨数是三年（1993—1995）的平均值，资料来源：美国农业部（USDA）1997年10月的《油料作物年鉴》。有以下例外情况：油菜籽的计算是1993—1995年每一英亩（0.4hm^2）土地收获的平均数乘以丰收英亩总数。丰收英亩总数数据来自于1996年1月美国农业部和国家农业统计局。非食用动物油脂和黄脂膏供应来自美国商务部，美国人口普查局，油脂的生产、消费和存储，1993—1995年的年度总结。

②磅转化为加仑系数为7.7。

参考文献

1. D. K. Salunkhe, J. K. Charan, R. N. Adjule, and S. S. Kadam, *World Oilseeds*, Van Nostrand Reinhold, Co., Inc., New York, 1992, p. 326.
2. N. W. Simmons, ed., *Evolution of Crop Plants*, Longman, New York, 1976, pp. 219, 230, 231 - 233.
3. E. A. Weiss, *Castor, Sesame and Safflower*, Barnes & Noble, New York, 1971, pp. 530 - 554.
4. A. Ashri, *Divergence and Evolution in the Safflower Genus, Carthamus, Final Research Report USDA PL* 480, Project No. **A - 10 - CR - 18**, Hebrew University, Rehovot, Israel, 1973.
5. A. Ashri and P. F. Knowles, *Agron. J.*, **52**(1), 11 - 17(1960).
6. A. Ashri and P. F. Knowles, *Abst. Am. Soc. Agron.*, 50(1977).
7. D. Li, ed., *Proceedings of the Third International Safflower Conference*, Chinese Academy of Sciences, Beijing, 1993, pp. 35 - 46.
8. Ref. 3, p. 534.
9. C. E. Claassen, ed., *Proceedings of the First International Safflower Conference*, University of California, Davis, 1987, pp. 28 - 35.
10. L. Keimer, *Die Gartendflanzen im Alten Agypten*, Hamburg, Germany, 1924.
11. G. Schweinfurth, *Bot. Jahr.*, **68**, 1 - 6(1887).
12. J. S. Ingram, *Trop. Sci.*, **11**(3), 177 - 184(1969).
13. C. L. Madan, B. M. Kapur, and U. S. Gupta, *Econ. Bot.*, **20**(4), 377 - 385(1966).
14. D. Basker and M. Negbi, *Econ. Bot.*, **37**(2), 228 - 236(1983).
15. Ref. 3, p. 531.
16. Ref. 3, p. 529.
17. J. R. Smith in D. R. Erickson, ed., *Edible Fats and Oils Processing*, American Oil Chemists Society, Champaign, Illinois, 1990, p. 324.
18. G. Yuan and co-workers, *Safflower Genetic Resources and Their Utilization*, Science and Technology Publishing House, Beijing, 1989.
19. Ref. 3, pp. 586 - 590.
20. Ref. 3, p. 742.
21. W. R. Aykroyd, *Health Bulletin*, No. 23, 4th ed., Ministry of Health, New Delhi, India, 1951.
22. P. J. C. Brauns, *Experiences in* 1957 *and* 1959 *of the Grazing Value of Safflower*, Biloela Regional Experiment Station, Australia, 1960.
23. S. K. Ranjhan, *Ind. Vet. J.*, **36**(6), 267 - 276(1959).

24. Ref. 3, p. 677.

25. F. Rabak, *USDA Circ.*, **366**(1935).

26. A. Rehbein Sr., Mont. *Farmer-Stockman*, **35**(5), 6(1948).

27. L. L. Carrick and H. K. Nielsen, *Amer. Paint J.*, **22**(22), 7-9, 18-16; **22**(45), 13-21, 44-46; **22**(47), 12-14, 20, 43-48; **22**(48), 20-29; **22**(49) 52-60(1938).

28. F. Schofield, *Natl. Paint, Varn. Lacquer Assoc. Sci. Sec. Cir.*, **519** 522(1936).

29. J. S. Remington, *Paint Manufac.*, **6**, 50-52(1936).

30. J. Van Loon, *Verfkronief*, **10**(4), 280, 282(1937).

31. H. H. Mann and N. V. Kanitker, *J. Soc. Chem. Ind.*, **38**, 36-38(1919).

32. F. Honcamp et al., *Tierernahr*, **1**, 3-29(1929).

33. A. T. Pugsley and G. Winter, *Aust. Munitions Supply Labs Rep.*, **171**, (1947).

34. J. R. Smith, *Safflower*, AOCS Publications, Champaign, Illinois, In press.

35. J. Muir, *Farm Q*, **88**, 168-172(1960).

36. R. E. Woodward, *Industrial Survey of Safflower*, University of Nebraska, Lincoln, 1949.

37. C. E. Claassen and T. A. Kiesselbach, *Experiments with Safflower in Western Nebraska*, Bulletin **376**, Nebraska Agriculture Experiment Station, Lincoln, Nebraska, 1945.

38. C. E. Claassen, *Chem. Dig.*, **7**(3), 11-17(1948).

39. C. E. Claassen, *Nebraska Sta. Circ.*, **87**(1949).

40. C. E. Claassen, M. L. Shuster, and W. W. Ray, *Plant Dis. Rep.*, **33**(2), 73-94(1949).

41. C. E. Claassen and A. Hoffman, *Crops Soils*, **1**(8), 5-7(1949).

42. P. F. Knowles, *Safflower Production in California*, *Davis*, University of California, Davis, Agricultural Experiment Station, 1949, pp. 1-7.

43. H. Taller, *Calories Don't Count*, Simon & Schuster, New York, 1967.

44. L. W. Kinsell et al., *J. Clin. Endocrinol. Metab.*, **12**, 909(1952).

45. E. H. Ahrens et al., *Lancet.*, **1**, 6976(1957).

46. B. B. Stewart et al., *Lancet.*, **2**, 521(1956).

47. D. D. Rubis and D. S. Black, *Safflower Recommendations for Arizona*, Report **170**, Agriculture Experiment Station, University of Arizona, Tucson, Oct. 1958.

48. D. D. Rubis and D. S. Black, *Gila—A New Safflower Variety*, Bulletin **301**, Agriculture Experiment Station, University of Arizona, Tucson, Nov. 1958.

49. L. O. Cummings and I. A. Kneeland, U. S. Patent 3, 266, 977, Aug. 16, 1966.

50. L. O. Cummings, U. S. Patent 3, 669, 900, June 13, 1972.

51. L. O. Cummings, J. W. Sjoquist, and J. A. Kneeland, U. S. Patent 3, 332, 899, July 25, 1967.

52. W. E. Rathjen, L. O. Cummings, and J. A. Kneeland, U. S. Patent 3, 278, 567, Oct. 11, 1966.

53. *Oil Crop Situation and Outlook Yearbook*, Economic Research Service, USDA, Oct. 2002, updated, accessed Aug. 2004.

54. B. Horowitz and G. Winter, *Nature*, **179**, 582(1957).

55. P. F. Knowles and A. Mitwaki, *Econ. Bot.*, **17**, 139(1963).

56. P. F. Knowles and A. B. Hill, *Crop Sci.*, **4**, 406(1964).

57. P. F. Knowles, A. B. Hill, and J. E. Ruckman, *Calif. Agr.*, **19**(12), 15(1965).

58. J. Dominguez Gimenez, *Sesame Safflower Newslett.*, **3**, 63(1987).

59. FAO, *World Crop and Livestock Statistics*, 1948 - 1955, Process Statistic Series 1, FAO, Rome, 1987, pp. 332 - 349.

60. FAO, *Yearbook Production*, Statistical Series 104, Vols. 40 - 46, FAO, Rome, 1987 - 1993, pp. 116, 119, 126, 165.

61. Ref. 3, p. 570.

62. T. H. Applewhite, *J. Amer. Oil Chem. Soc.*, **43**(6), 406 - 408(1966).

63. E. A. Weiss, *Oilseed Crops*, Longman, London, 1983.

64. D. Li, M. Zhou, and V. R. Rao, eds., *Characterizations and Evaluations of Safflower Germplasm*, Geological Publishing House, Beijing, China, 1993, pp. 96 - 233.

65. J. Guggolz et al., *J. Amer. Oil Chem. Soc.*, **45**(10), 689 - 693(1968).

66. A. L. Urie and D. E. Zimmer, *Crop Sci.*, **10**, 371 - 372(1970).

67. W. W. Elbert and P. F. Knowles, *Am. J. Bot.*, **55**(4), 421 - 430(1968).

68. A. L. Urie, *Abst. Amer. Soc. Agron.*, 65(1976).

69. H. J. Burkhardt and G. Fuller, *J. Amer. Oil Chem. Soc.*, **47**, 219 - 221(1970).

70. H. J. Burkhardt, *J. Amer. Oil Chem. Soc.*, **45**(1), 96 - 99(1968).

71. H. J. Burkhardt, *J. Amer. Oil Chem. Soc.*, **47**(2), 69 - 72(1970).

72. H. J. Burkhardt, *J. Amer. Oil Chem. Soc.*, **48**(11) 697 - 699(1971).

73. A. B. Hill, *Oilseeds and New Crops Workshop*, University of California, Davis, Feb. 27, 1986.

74. D. L. Smith and C. E. Claassen, *Abst. Am. Soc. Agron.*, **90**(1963).

75. D. D. Rubis, ed., *Proceedings of the Third Safflower Research Conference*, Davis, California, 1969, pp. 27 - 32.

76. A. R. Deshmukh, R. M. Patil, and N. Nimbkar, eds., *Abstracts Second International Safflower Conference*, Hyderabad, India, 1989, pp. 32 - 33.

77. T. C. Heaton, P. F. Knowles, and B. D. Webster, *Abst. Am. Soc. Agron.*, 163(1979).

78. T. C. Heaton and P. F. Knowles, *Crop Sci.*, **20**(4), 554(1980).

79. T. C. Heaton and P. F. Knowles, *Crop Sci.*, **47**(7), 520 - 522(1982).

80. Y. C. Doesthale, *J. Amer. Oil Chem. Soc.*, **58**(11), 988 –990(1981).

81. R. M. Saunders, *J. Amer. Oil Chem. Soc.*, **47**(7), 254 –255(1970).

82. NIOP, Trading Rules, 1993 – 1994 NIOP, Washington, D. C., pp. 77 –79.

83. Ref. 1, p. 340.

84. G. Röbbelen, R. K. Downey, and A. Ashri, *Oil Crops of the World*, McGraw – Hill, New York, 1989, pp. v – viii.

85. F. D. Gunstone and M. I. Quresh *J. Amer. Oil Chem. Soc.*, **42**(11), 961 –965(1965).

86. T. N. B. Kaimal and G. Lakshminarayana, *J. Amer. Oil Chem. Soc.*, **56**(5), 578 –580(1979).

87. R. B. Allen, *Feedstuffs*, **62**(31), 24 –30(1990).

88. D. Bath et al., *Feedstuffs*, **62**(31), 31 –27(1990).

89. N. Mehrotra and G. P. Shukla, *Haryana Agr. Univ. J. Res.*, **3**, 195 – 196(1973).

90. N. Mehrotra, S. K. Arora, and P. P. Jain in *Symposium on the Strategy and Experimental Approaches for Genetic Improvement of Forages for Increased Animal Productivity*, Indian Society of Genetics, Haryana Agricultural University, Hissar, 1975.

91. I. J. Singh and N. Mehrotra, in Ref. 9, pp. 225 –227.

92. N. Mehrotra and B. D. Chaudhary, in Ref. 9, pp. 155 – 159.

93. Ref. 3, pp. 761 –765.

94. P. F. Knowles, *Econ. Bot.*, **21**(2), 156 – 162(1967).

95. Ref. 1, p. 334.

96. Ref. 3, p. 328.

97. G. A. Kopas and J. A. Kneeland, U. S. Patent 3, 271, 160, Sept. 6, 1966.

98. M. A. Williams, *Oil Mill Gazet.*, **95**(3)(1989).

99. M. A. Williams and J. F. Crawford, in press.

100. M. A. Williams, U. S. Patent 4, 901, 635, Feb. 20, 1990.

101. G. M. Neumunz, *J. Amer. Oil Chem. Soc.*, **55**(5), 396A –398A(1978).

102. J. E. Blum, *J. Amer. Oil Chem. Soc.*, **43**(6), 416 –417(1966).

103. W. H. Schmidt, J. P. McNaught, and K. S. Baker, U. S. Patent 3, 240, 608, Mar. 15, 1966.

104. T. H. Applewhite, ed., *Bailey's Industrial Oil and Fat Products*, vol. 3, Wiley, New York, 1985, p. 60 – 86.

105. S. Zalewski and F. A. Kummerow, *J. Amer. Oil Chem. Soc.*, **45**(2), 87 –92(1968).

106. G. Ben – et, A. Doley, M. Schimmel, and R. Stern, *J. Amer. Oil Chem. Soc.*, **49**(4), 205 –207(1972).

107. E. N. Frankel, *J. Amer. Oil Chem. Soc.*, **47**(1), 11 –14(1970).

108. E. N. Frankel, F. L. Thomas, and J. C. Cowan, *J. Amer. Oil Chem. Soc.*, **47**(12), 497 –500(1970).

109. R. S. Singleton, R. R. Benerito, and J. L. White, *J. Amer. Oil Chem. Soc.*, **37**(2), 88 -92(1960).

110. H. L. Hanson and L. R. Fletcher, *Food Technol.*, **15**, 256 -261(1961).

111. *Acreage*, National Agricultural Statistics Service, USDA, Washington, D. C., released June 30, 2004.

112. M. L. Baker and co-workers, *Feeding Safflower Meal.*, Bulletin **402**, Nebraska Agriculture Experiment Station, Jan. 1951.

113. M. L. Baker, G. N. Baker, and J. K. Matsushima, *Safflower Meal as a Supplement for Cattle*, Bulletin **447**, Nebraska Agriculture Experiment Station, Aug. 1959.

114. G. N. Baker, T. Kosku, and M. L. Baker, *Undecorticated Safflower Meal as a Protein Supplement for Wintering Calves*, Bulletin **458**, Nebraska Agriculture Experiment Station, Sept. 1960.

115. N. W. Hilston, C. B. Boubicik and L. Paules, *Comparative Value of Soybean Meal, Safflower Meal and Urea for Fattening Steers*, Wyoming Agriculture Experiment Station, Aug. 1951.

116. N. W. Hilston, C. P. Stroble, and L. Paules, *Comparative Value of Soybean Meal, Safflower Meal and Urea for Fattening Steers*, Wyoming Agriculture Experiment Station, June 1952.

117. Anon., Idaho Agr. Sci., **38**(3), 2(1953).

118. R. H. Ross, G. W. Cleveland, and D. L. Fourt, *Am. Dairy Sci. Soc.*, *West. Div. Proc.*, **34**, 72 - 73 (1953).

119. R. H. Ross, G. W. Cleveland, and D. L. Fourt, *J. Dairy Sci.*, **37**(6), 671 -672(1954).

120. D. W. Pittman and C. I. Draper, *Safflower, Its Possibilities and Culture in Utah*, Agriculture Experiment Station, Logan, Utah, 1955.

121. F. M. Kratzer and D. Williams, *Poultry Sci.*, **26**(6), 623 -625(1947).

122. F. M. Kratzer and D. Williams, *Poultry Sci.*, **30**(3), 417 -421(1951).

123. H. R. Halloran, *Feedstuffs*, **33**(45), 70 -71(1961).

124. E. K. Faulkener and L. Paules, *Saffmeal for Fattening Lambs*, Wyoming Agriculture Experiment Station, Aug. 1951.

125. E. K. Faulkener and L. Paules, *Saffmeal for Fattening Lambs—2nd Year's Trials*, Wyoming Agriculture Experiment Station, Mar. 1952.

126. H. Goss and K. K. Otagaki, *Calif. Agr.*, **8**(5), 15(1954).

127. R. M. Dixon et al., in D. J. Farrell, ed., *Recent Advances in Animal Nutrition in Australia*, 1989, p. 15 - 24.

128. A. A. Betschart, *J. Amer. Oil Chem. Soc.*, **56**(3), 454 -457(1979).

129. A. A. Betschart, and R. M. Saunders, *J. Food Sci.*, **43**, 964(1978).

130. A. A. Betschart, R. Y. Fogn, and M. M. Hanamoto, *J. Food Sci.*, **44**(4), 1022 -1026, 1035(1979).

131. O. Paredes Lopez and C. Ordorica Falomir, *J. Sci. Food Agr.*, **37**(11), 1097 -1103(1986).

132. O. Paredes Lopez and C. Ordorica Falomir, *J. Sci. Food Agr.*, **37**(11), 1104 - 1108(1986).

133. O. Paredes Lopez, C. Ordorica Falomir, and T. A. Carabez, *Leb. - Wissensch. Technol.*, **21**(6), 328 - 333(1988).

134. D. N. Kulkarni, K. D. Kulkarni, and D. R. Vencatasamy, in the Third International Safflower Conference, Beijing, China, 1993.

135. Ref. 82, pp. 99 - 101.

136. E. Jacobsen in *First Research Conference on Utilization of Safflower*, USDA ARS 74 - 74, Albany, California, 1967, pp. 28 - 31.

137. Ref. 82, pp. 97 - 99.

138. M. H. Neustadt, *Rapid Testing of Oilseeds for Oil Quality and Iodine Number of Oil*, USDA Technical Bulletin **1171**, Washington, D. C., Oct. 1977.

139. E. N. Frankel, C. D. Evans, and J. C. Cowan, *J. Amer. Oil Chem. Soc.*, **37**(9), 418 - 424(1960).

140. C. D. Evans et al., *J. Amer. Oil Chem. Soc.*, **37**(12), 452(1960).

141. E. N. Frankel et al., *J. Amer. Oil Chem. Soc.*, **37**(12), 418(1960).

142. E. N. Frankel et al., *J. Amer. Oil Chem. Soc.*, **38**(3), 130 - 134(1961).

143. E. N. Frankel et al., *J. Amer. Oil Chem. Soc.*, **38**(9), 134 - 137(1961).

144. R. J. Horvat et al., *J. Amer. Oil Chem. Soc.*, **42**(12), 1112 - 1115(1965).

145. J. M. Snyder, E. N. Frankel, and E. Selke, *J. Amer. Oil Chem. Soc.*, **62**(12), 1675 - 1679(1985).

146. D. A. Forss, E. H. Ramshaw, and W. Stark, *J. Amer. Oil Chem. Soc.*, **39**(6), 308(1962).

147. D. P. Schwartz and A. H. Rady, *J. Amer. Oil Chem. Soc.*, **67**(10), 635 - 641(1960).

148. P. Fitton, E. H. Pryde, and J. C. Cowan, *J. Amer. Oil Chem. Soc.*, **42**(1), 14 - 19(1965).

149. H. G. Kenney, D. Kamanowski, and A. N. Wrigley, *J. Amer. Oil Chem. Soc.*, **42**(1), 19 - 22(1965).

150. G. Yuki, and Y. Ishikawa, *J. Amer. Oil Chem. Soc.*, **53**(11), 673 - 676(1976).

151. C. D. Evans et al., *J. Amer. Oil Chem. Soc.*, **49**(10), 578 - 582(1972).

152. R. J. Sims, J. A. Fiorti, and M. J. Kanuk, *J. Amer. Oil Chem. Soc.*, **49**(5), 298 - 301(1972).

153. R. J. Sims and J. A. Fiorti, *J. Amer. Oil Chem. Soc.*, **52**(5), 144 - 147(1975).

154. T. Riisom, R. J. Sims, and J. A. Fiorti, *J. Amer. Oil Chem. Soc.*, **57**(10), 354 - 358(1980).

155. J. A. Firoti, H. S. Stahl, J. Cseri, and R. J. Sims, *J. Amer. Oil Chem. Soc.*, **52**(10), 395 - 399(1975).

156. J. A. Fiorti, M. J. Kanuk, and R. J. Sims, *J. Amer. Oil Chem. Soc.*, **51**(6), 219(1974).

157. R. Palter, G. O. Kohler, and P. F. Knowles, *J. Agr. Food Chem.*, **17**(6), 1298 - 1300(1969).

158. Ref. 9, pp. 214 - 217.

159. R. Palter, W. F. Haddon, and R. E. Luddin, *Phytochemistry*, **11**(7), 2327 - 2328(1972).

160. R. Palter, R. E. Luddin, and G. Fuller, *Phytochemistry*, **11**(2), 819 - 822(1972).

161. R. Palter, R. E. Luddin, and W. F. Haddon, *Phytochemistry*, **11**(9), 2871 -2874(1972).

162. C. K. Lyon et al., *J. Amer. Oil Chem. Soc.*, **56**(5), 560 -564(1979).

163. S. Sakamura, Y. Terayama, and S. Kawakatsu, *Agr. Biol. Chem.*, **42**(9), 1805 -1806(1978).

164. S. Sakamura et al., *Agr. Biol. Chem.*, **44**(12), 2951 -2954(1980).

165. H. A. Moser, C. D. Evans, J. C. Cowan, and W. F. Kwolek, J. Amer. Oil Chem. Soc., **42**(1), 30 - 33 (1965).

166. J. A. F. Faria and M. K. Mukai, *J. Amer. Oil Chem. Soc.*, **60**(1), 77 -81(1983).

167. R. E. Beal, H. A. Moser, and O. L. Brekke, *J. Amer. Oil Chem. Soc.*, **35**(2), 97 -99(1958).

168. J. W. Thompson and E. R. Sherwin, *J. Amer. Oil Chem. Soc.*, **43**(12), 683 -696(1966).

169. P. György, K. Murata, and Y. Sugimoto, *J. Amer. Oil Chem. Soc.*, **51**(8), 377 -379(1974).

170. W. M. Cort, A. J. W. Scott, and M. Araujoetal, *J. Amer. Oil Chem. Soc.*, **56**(6), 174 -178(1975).

171. D. Lilleboe, *Sunflower*, **20**(1), 12 -14, 1994.

172. Ref. 3, p. 530.

173. D. Li, ed., *Abstracts on Safflower*, Chinese Academy of Sciences, Beijing, 1993.

174. S. Buelaverie et al., eds., *The Merck Index*, 11th ed., Merck & Co., Inc., Rahway, New Jersey, 1989, p. 285.

175. F. Mayer, *The Chemistry of Natural Colouring Matters*, Reinhold Publishing, New York, 1943.

176. R. S. Lewis, Sr., ed., *The Condensed Chemical Dictionary*, 11th ed., Van Nostrand Reinhold, New York, 1993, p. 227.

177. Ref. 3, pp. 533 -534.

178. D. Li and Y. Han, in Ref. 7, pp. 837 -843.

179. S. L. Shapiro, L. Freeman and S. Kobrin, *Arch. Int. de Pharmacodyn.*, **3**(1), 30 -35(1957).

180. L. E. Cathers, ed., *J. Am. Coll. Toxicol.*, **4**(5), 171 -197(1985).

181. D. H. Goodman, *J. Allergy.*, **35**, 38 -42(1964).

182. I. Low, *Die Flora der Juden*, Vol. 1, Vienna, 1926.

183. G. Brunton, *Qau and Badri*, Vol. 1, London, p. 63.

184. U. S. *Biodiesel Development: New Markets*, Economic Research Service, USDA, 1997.

12 芝麻油

Lucy Sun Hwang

National Taiwan University,

Taipei, Taiwan, China

12.1 引言

芝麻（*Sesamum indicum* L.）是人类种植的最古老的作物之一[1]。4000多年前，巴比伦和亚述帝国首次将芝麻作为一种作物进行了记载。这种作物的种子既可用作食品作料，又可用来制油。巴比伦人将芝麻籽用于酿酒、蛋糕的制作中，而芝麻油则更多地用于烹调、医药和化妆品。古印度人将芝麻油用于照明，而芝麻籽则普遍用于印度的宗教仪式中。中国人认为芝麻籽能够益寿延年。

芝麻籽的含油率（50%左右）高于大多数已知的油料种子，然而在芝麻的收获过程中需要消耗更多的劳力，这使得芝麻的产量远低于大豆或菜籽这些主要的油料作物。一般认为芝麻油是一种价格高、品质好的食用油脂。尽管其不饱和程度很高，但它仍然是品质最稳定的食用油脂之一。木脂素类天然抗氧化剂的存在是芝麻油具有良好稳定性及有益生理功能的主要原因。

在亚洲，芝麻籽经过焙炒，后通过压榨法制得芝麻油，芝麻油不需要经过精炼即可作为天然的风味油脂食用。在西方国家，芝麻油通过多级机械压榨制得，初榨芝麻油或精炼芝麻油均可作为沙拉调味汁使用。芝麻取油后，残留的芝麻粕含有高品质的蛋白质，可供人类食用或是用作动物饲料，它也是水溶性抗氧化剂的优质来源。

本章介绍了芝麻油的相关性质及加工工艺，概述了芝麻油中存在的抗氧化物质及其对芝麻油稳定性和人体健康的影响。

12.2 芝麻的植物学性质

芝麻（*Sesamum indicum* L. 与 *Sesamum orientale* L. 同义）也被称为benniseed（非洲）、

benne（南美洲）、gingelly（印度）、gengelin（巴西）、sim－sim、semsem（希伯来）及 tila（梵文），是世界最古老的油料作物。芝麻属于胡麻科管花目，其中包含了 16 个属 60 多个种[2]。胡麻属中有 37 个种[3]但只有 *Sesamum indicum* 种被广泛种植。野生胡麻种如 *S. augustifolium*、*S. calycium*、*S. baumii*、*S. auriculatum*、*S. brasiliense*、*S. malabaricum*、*S. prostratum*、*S. indicatum*、*S. radiatum*、*S. occidentale* 及 *S. radiatum* 只在非洲、印度或斯里兰卡有小面积种植。尽管这些野生胡麻种的含油量较低，但当用于植物培育时，其显示出了有利的农艺学特性（如抗病、抗虫和抗干旱性）。

由于大多数野生种发现于非洲，因此一般认为芝麻起源于此。印度也可能是一些芝麻品种（*S. capense*、*S. prostratum* 和 *S. schenckii*）的发源地[2,4]。中东的芝麻品种与非洲类似，因此认为芝麻是由非洲经埃及逐步向中东传播的[2]。也有研究表明芝麻由非洲和中东地区逐步传播至印度和缅甸[4]。非洲和印度芝麻种间的杂交产生了许多不同的芝麻品种。因此，印度成为了芝麻品种多样性的第二大中心。中国和日本都是芝麻的主要消费国，早在公元前 700—500 年就从中东引进。17 世纪后期，黑奴将芝麻经非洲带往美国。芝麻在美国南部地区名为 benne，与芝麻的非洲名 benniseed 相似。

芝麻生长在北纬 40°到南纬 40°的热带及亚热带地区[5]。*Sesame indicum* L. 是普遍栽培的芝麻品种，含有 26 个体细胞染色体（$2n=26$）。芝麻是一年生直立草本植物，根据种类和生长条件的不同，可长至 50～250cm 高。茎部（图 12.1）具有分枝、呈钝四棱形、并带有纵向沟槽和浓密的茸毛。芝麻根据茎上茸毛的多少可以分为光滑型、少毛型及浓毛型，这与芝麻的品种有关。茎上分枝的程度和类型也是芝麻重要的品种特征[6]。

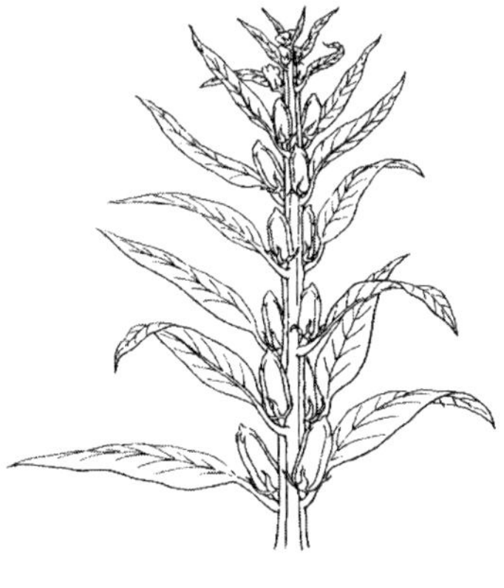

图 12.1 芝麻植株

芝麻叶片两边覆有茸毛，不管是同一品种还是不同品种的植株，芝麻的叶片形状和大小上都有很大差异。较低部位的叶片对生，呈卵圆形，有时也呈掌状分裂或是掌状复叶的形状，叶子为暗绿色，长 3～17.5cm，宽 1～7cm，呈粗糙的锯齿状，叶柄长 5cm。上部的叶片交替或近乎对生生长，呈披针状，全部或少量呈粗糙的锯齿状，叶柄长 1～2cm。叶片排序会影响生长在叶腋的花的数量，进而影响每株种子的产量。

芝麻花形较大、色白、呈钟形。芝麻花两侧对称，单生或 2～3 朵同生于较上部位的叶腋内，花梗较短，具有膝状弯曲结构。芝麻花萼较小，呈 5 裂，花瓣呈卵圆形、披针形，长 0.5～0.6cm。花冠呈管状、钟状，长 3～4cm，上部扩大，具有唇的形状，呈 5 裂，中低部的裂片最长，外部有短柔毛覆盖，呈白色、粉红或淡紫色，内表面具有黄色或紫色的斑点或斑纹。芝麻花的雄蕊以4的倍数生长，二强雄蕊，插生于花冠基部；花药呈箭头形。花的子房靠上，具有两室[7]。

芝麻果实为蒴果（长2~5cm，直径0.5~2cm），直立或椭圆形，呈棕色或紫色，截面为矩形，有短而深的三角形沟槽（图12.2）。每个蒴果可能含有四、六或八排芝麻种子（图12.2）。大多芝麻蒴果含有四排种子，共70粒。直径较宽的蒴果通常含有更多的排数，每个蒴果的结籽高达100~200粒。当果实成熟时，蒴果沿着中部隔膜从上至下裂开（因此称作“芝麻开门”）。

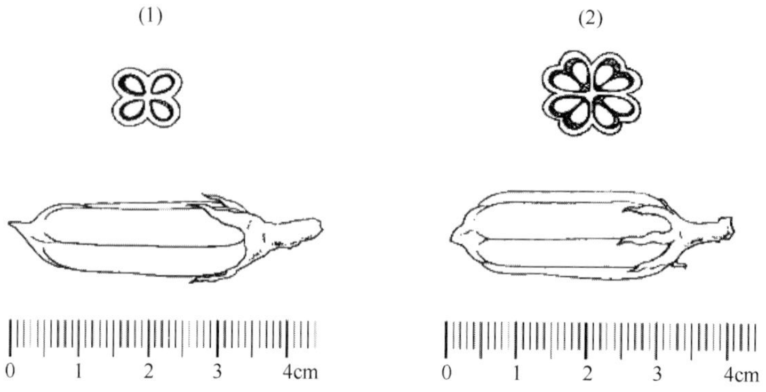

图12.2 具有四（1）或八（2）排种子的芝麻蒴果

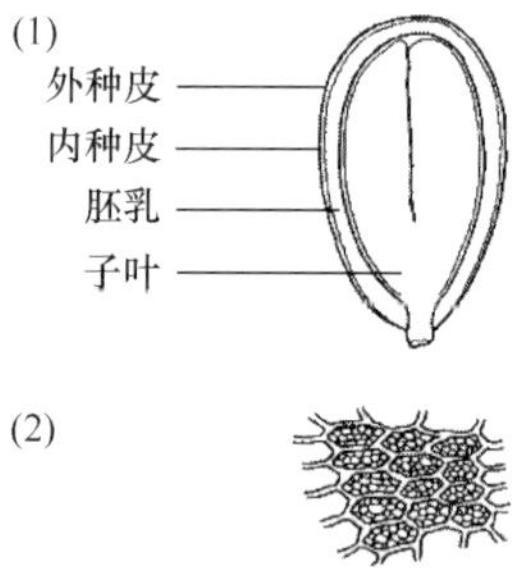

图12.3 芝麻种子（1）及子叶中的油滴（2）的结构

芝麻籽粒很小（长3~4mm，宽1.5~2mm）、具有扁平、卵圆形（种脐处略薄）、光滑或是网格状的形态，芝麻籽粒呈白色、黄色、灰色、红色、棕色或是黑色。千粒重为2.5~3.5g。芝麻籽由种皮（外种皮和内种皮）、胚乳及子叶组成（图12.3）。油脂位于芝麻子叶中。一般认为，色浅皮薄的芝麻品质和含油量较深色品种的高。

尽管芝麻籽含油量高于其他油料种子，且芝麻油具有良好的风味和较好的氧化稳定性，但芝麻从未成为食用油脂的主要来源。芝麻籽的产率低（400~500kg/hm^2）、收获时的劳动强度大是其主要的限制因素。蒴果成熟时，皮壳变脆且爆开，种子散落在田间增加了收获的难度。芝麻收获时通常将植株连秆割下，根茎朝下垂直堆放在阳光下晾晒。晃动或拍打晒干的芝麻秆使籽粒从蒴果中掉落到一块布上收集起来。植物育种家正在尝试开发新的芝麻品种，使蒴果成熟时果荚不易开裂，从而适宜用机械进行收割[8~10]。20世纪中期，园艺学家发现了“薄壳蒴果”的芝麻品种，这种不会开荚的芝麻适于用机械收割，且比普通品种更易脱粒[11]。但是，直至今日，全球99%以上的芝麻仍旧采用人工收割的方式。在过去60年中，人们做了很多努力想要把芝麻从劳动密集型收割作物变为机械型收割作物。在1940—1965年取得了很大的进步，但收获时仍需要少量的劳动力。20世纪80年代早期，培育出了第一个完全实现机械化栽培的芝麻品种，此后芝麻品种逐渐增加。利于机械收割的芝麻的培育进展缓慢，此过程需要结合许多性质使机械收割与植物学特性相统一，如种子产率、品质、抗病性、抗虫性、抗冰雹性和抗旱性。只有通过增加产率、降低生产成本继而降低价格，芝麻才能够成为主要的油料作物[12]。

12.3 世界产量

12.3.1 芝麻

芝麻产量位居世界第八位。2000—2002年，全球芝麻年产量在300万吨左右。自1990年以来，这个数字已经增长了33%。图12.4所示为1990—2003年间世界芝麻的年产量和收获面积。显然，芝麻产量和收获面积都保持持续的增长。2001年，全球芝麻产量和收获面积均达到最高，分别为320万t和750万hm^2。全球芝麻平均产率为400kg/hm^2左右（表12.1）。在五大洲中，亚洲的收获面积最大（460万hm^2），芝麻年产量为200万t。欧洲芝麻的产量最低（只占全球总量的0.057%），但其芝麻的产率最高（4968.5kg/hm^2），是占世界芝麻总产量70%以上的亚洲国家产量的10倍。芝麻起源地非洲的产量位居第二，但其芝麻产率最低（仅328kg/hm^2）。

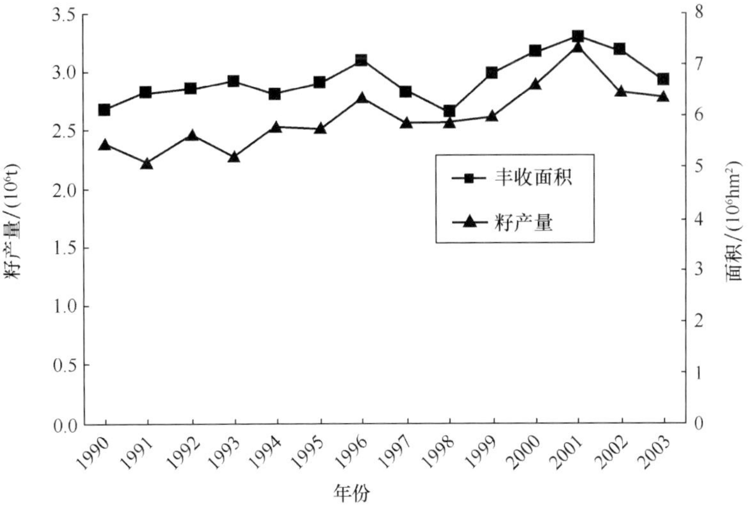

图12.4 世界芝麻产量（1990—2003年）

资料来源：FAOSTAT数据库

中国、印度、苏丹、缅甸和乌干达是世界芝麻的主要生产国。2003 年，中国的芝麻产量为 82.5 万 t，是世界最大的芝麻生产国，其次是印度（62 万 t）、缅甸（22.5 万 t）、苏丹（12.2 万 t）和乌干达（10.6 万 t）。这五个国家的芝麻产量占全球芝麻总产量的几乎近 70%（图 12.5）。图 12.6 显示了 1990—2003 年间这几个国家芝麻年产量的波动情况。由于作物产率受水分的影响较大，因此，任何一年的芝麻产量都会随降雨量的多少而上下波动。根据 FAO 的数据显示[13]，中国芝麻产率增长迅速，从 1990 年的 700kg/hm^2 左右增长至 2003 年的 1099kg/hm^2，而印度过去十五年间芝麻产率始终保持在 300kg/hm^2 左右。苏丹的芝麻产率是这五个主要生产国中最低的，只有 150 ~ 220kg/hm^2，其次是缅甸（170 ~ 380kg/hm^2）。乌干达芝麻的产率相对较高（500kg/hm^2），但收获面积是五个国家中最低的。

表 12.1 2003 年五大洲的芝麻产量①

大洲	种子产量（1000t）		收获面积（1000hm^2）		产率/（kg/hm^2）
非洲	603.827	（21.835%）②	1840.382	（27.547%）	328.099
亚洲	2014.492	（72.846%）	4602.432	（68.889%）	437.702
欧洲	1.575	（0.057%）	0.317	（0.005%）	4968.454
北美及中美洲	65.870	（2.382%）	127.254	（1.905%）	517.626
南美洲	79.655	（2.880%）	110.485	（1.654%）	720.958
全球总量	2765.419	（100%）	6680.870	（100%）	413.931

注：①数据来源于联合国粮农统计数据库（2003）。
②括号中的数据是其占总量的百分比。

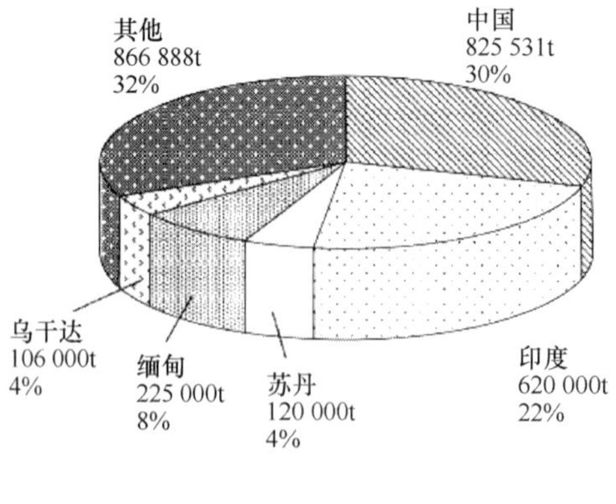

图 12.5 主要芝麻生产国及其 2003 年份占世界产量的百分比

资料来源：FAOSTAT 数据库

2000 年，芝麻的世界贸易总额为 62 万 t，为总产量的 21.5%。日本进口量为 16.5 万 t（占世界进口量的 26%），是世界上最大的进口国。韩国是第二大进口国（7 万 t），其次是美国（4.9 万 t）、中国台湾地区（3.5 万 t）和埃及（3.4 万 t）。尽管中国和印度是芝麻两大生产国，但大多数芝麻都为本国消费。过去十年里，印度生产的芝麻仅有 12% ~ 15% 用于出口。1996 年以前，中国出口量占芝麻总产量的 17% ~25%，是世界最大的芝麻出口国。1996 年后，由于中国经济的增长迅速，造成国内对芝麻的需求极大增加。尽管 1997 年以来中国成为了世界最大的芝麻生产国（图 12.6），但芝麻出口量却从 1996 年的 11.9 万 t 跌至 1997 年的 4.1 万 t。自 1996 年起，苏丹成为了世界最大的芝麻出口国，其次为印度和中国。

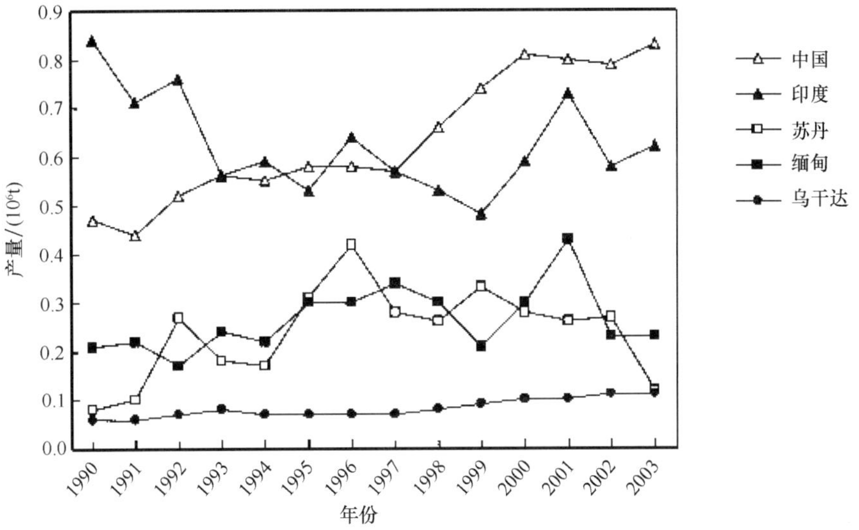

图 12.6　主要芝麻生产国的芝麻产量（1990—2003 年）

资料来源：FAOSTAT 数据库

12.3.2　芝麻油

食用油脂的全球年消费量接近 1.2 亿 t[14]。大豆油是主要的食用油脂类型，占世界食用油脂产量的 30%。2003 年，棕榈油的产量紧随其后，虽然菜籽油位列第三，其产量却仅为大豆油产量的 1/3。2003 年，芝麻油年产量 76 万 t，居世界第十二位，高于橄榄油和红花油[13]。1992 年芝麻油产量为 63.2 万 t，近十年里增长了 20%。中国芝麻油产量在此期间几乎翻了一倍（从 14.2 万 t 增加至 21 万 t），而印度芝麻油产量在此期间却降低了 44%（从 23.6 万 t 降低至 13.1 万 t）。中国和印度都是最大的芝麻油生产国，两个国家所产芝麻油总量占世界芝麻油总产量的将近一半。除中国和印度外，缅甸、苏丹和日本也位居世界芝麻油产量的前五位。

12.4 化学组成

芝麻含有丰富的油脂和蛋白质。芝麻的化学组成随着芝麻的品种、来源、色泽和大小而有所不同。芝麻籽粒中含有50%左右的油脂，25%左右的蛋白质。表12.2列出了不同来源芝麻籽的近似组成成分。芝麻籽粒含有大约5%的灰分，纤维和碳水化合物的含量因芝麻品种的不同存在较大的差异。据报道，一种尼日利亚产黑芝麻含有19.6%的粗纤维[15]，而一种台湾产黑芝麻粗纤维含量仅为2.81%[16]。碳水化合物含量从3%至14%不等[15~17]。

表12.2 芝麻的近似组成成分 单位：%

芝麻种类	粗脂肪	粗蛋白质	碳水化合物	粗纤维	灰分	水分	参考文献
黑芝麻	35.8	17.2	9.19	19.6	4.01	4.73	15
白芝麻	34.6	20.8	9.19	14.2	10.1	4.14	15
棕芝麻	41.3	20.2	10.3	18.6	5.19	4.12	15
黄芝麻	53.8	22.0	6.85	13.0	6.09	4.28	15
黑芝麻	48.4~56.7	22.8~30.3	3.4~10.8	2.8~7.2	4.4~5.5	4.6~6.4	16
白芝麻	50.1~51.7	22.6~24.1	7.9~13.2	5.3~7.5	4.2~4.5	4.4~4.7	16
棕芝麻	46.3~53.1	21.8~27.6	4.7~13.6	3.7~7.3	3.9~5.4	5.0~8.2	16
尼日利亚芝麻	51.5	20.0	12.5	6.0	5.0	5.0	17
全籽芝麻							
去皮芝麻	55.0	24.3	10.4	2.0	3.0	5.3	17

芝麻皮约占种子质量的17%，其中含有大量的草酸（2%~3%）、钙和粗纤维。草酸和钙相结合会降低钙的生物利用率；无法消化的纤维会降低蛋白质的消化率。因此，如果芝麻粕用于食品加工，建议在油脂制取时将芝麻皮去除[18]。如果芝麻完全脱皮，草酸的含量就能降到低于籽重的0.25%[19]。芝麻脱皮后，芝麻籽粒中脂肪和蛋白质的含量有所升高，而纤维、灰分和碳水化合物含量有所降低（表12.2）。

12.4.1 含油量

芝麻是食用油脂的优质来源，它的含油率高于大豆、卡诺拉、菜籽、葵花籽和棉籽等主要油料作物。芝麻籽中的含油量随品种而异，从28%至59%不等[20~22]。野生芝麻籽含油量（30%左右）比栽培籽少，因为在农业生产中，含油量是种子筛选的一项重要标准。通常栽培籽含油量为50%左右，而籽皮的颜色对含油量略有影响。在日本种植的芝麻品种中，黑芝麻的含油量较白芝麻和棕芝麻略低（表12.3）。芝麻籽的含油量也受到种子形成期生长条件、日平均温度及日积温程度的影响，含油量与这些因素呈负相关性[23]。

表12.4列出了芝麻油的理化特性[24]。

表12.3 芝麻种子的含油量

芝麻种类	种皮颜色	含油量/%	参考文献
Sesamum indicum L.			
苏丹系①	黑	50.7	20
苏丹系	棕	52.3	20
苏丹系	白	47.4~55.5	20
日本系②	黑	43.4~51.1	21
日本系	棕	50.5~56.5	21
日本系	白	51.8~58.8	21
土耳其系③	黑	43.3~48.2	22
土耳其系	棕	42.8~46.9	22
土耳其系	白	43.1~46.3	22
Sesamum alatum T.④	棕	28.1~29.8	20
Sesamum radiatum S. and T.④	黑	30.3~33.4	20
Sesamum angustifolium E.④	黑	29.2~29.7	20

注：①苏丹栽培的芝麻种系。
②日本栽培的四十二个芝麻种系。
③土耳其栽培的芝麻种系。
④苏丹栽培的芝麻种系。

表12.4 芝麻油的理化性质[24]

性质	范围	性质	范围
相对密度（20℃/水20℃）	0.915~0.924	碘值/（g I/100g）	104~120
折光指数（n_D40℃）	1.465~1.469	不皂化物/（g/kg）	≤20
皂化值/（mg KOH/g油）	186~195		

12.4.2 脂肪酸组成

芝麻油属于油酸-亚油酸型油脂。其中饱和脂肪酸主要为棕榈酸（7.9%~12%）和硬脂酸（4.8%~6.1%），含量低于总脂肪酸含量的20%。油酸和亚油酸占芝麻油脂肪酸总量的80%以上。与这种类型的其他植物油脂不同的是，芝麻油中的油酸（35.9%~42.3%）和亚油酸（41.5%~47.9%）的含量相近（表12.5）。

表 12.5 所示为由 O'Connor 和 Herb[25] 报道的首个 FAO/WHO 食品法典标准及最新法典标准[24] 中芝麻油的脂肪酸组成。除四种主要脂肪酸外，还包括含量低于 1% 的其他脂肪酸，即豆蔻酸（ND ~ 0.1）、棕榈油酸（0.1% ~ 0.2%）、十七酸（ND ~ 0.2%）、十七烯酸（ND ~ 0.2%）、亚麻酸（0.3% ~ 0.4%）、花生酸（0.3% ~ 0.6%）、二十碳烯酸（ND ~ 0.3%）、山嵛酸（ND ~ 0.3%）、木蜡酸（ND ~ 0.3%）。脂肪酸组成随芝麻种系的不同而有所差别[20,22]。种植者经常选择高油酸和亚油酸含量的芝麻种籽进行种植[22]。因此，野生籽产的芝麻油中饱和脂肪酸含量要高于栽培的芝麻籽（表 12.5）。

表 12.5 芝麻油脂肪酸的组成成分　　单位：%

脂肪酸	法典[24]	O'Connor[25]	基于 Kamal-Eldin 和 Appelqvis[20] 的数据	
			种植芝麻①	野生芝麻②
肉豆蔻酸（$C_{14:0}$）	ND③ ~ 0.1	<0.5		
棕榈酸（$C_{16:0}$）	7.9 ~ 12.0	7.0 ~ 12	9.0 ~ 9.6	8.2 ~ 12.7
棕榈油酸（$C_{16:1}$）	0.1 ~ 0.2	<0.5	0.1 ~ 0.2	0.2 ~ 0.3
十七烷酸（$C_{17:0}$）	ND ~ 0.2			
十七烯酸（$C_{17:1}$）	ND ~ 0.2			
硬脂酸（$C_{18:0}$）	4.8 ~ 6.1	3.5 ~ 6.0	5.6 ~ 6.4	5.6 ~ 9.1
油酸（$C_{18:1}$）	35.9 ~ 42.3	35 ~ 50	41.9 ~ 45.2	34.3 ~ 48.1
亚油酸（$C_{18:2}$）	41.5 ~ 47.9	35 ~ 50	38.0 ~ 41.6	33.2 ~ 48.4
亚麻酸（$C_{18:3}$）	0.3 ~ 0.4	<1.0	0.5 ~ 0.6	0.6 ~ 0.9
花生酸（$C_{20:0}$）	0.3 ~ 0.6	<1.0	0.3	0.2 ~ 0.8
二十碳烯酸（$C_{20:1}$）	ND ~ 0.3	<0.5	0.1	0.1
山嵛酸（$C_{22:0}$）	ND ~ 0.3	<1.0	0.1	0.1
木蜡酸（$C_{24:0}$）	ND ~ 0.3		痕量	痕量

注：①*Sesamum indicum* L.。
②*Sesamum alatum* T.，*Sesamum radiatum* S. 和 *Sesamum radiatum* T.，*Sesamum angustifolium* E.。
③ND：未检测出。
表中数据为占总脂肪酸的百分比含量。

芝麻油中不同脂质的脂肪酸组成也存在差异。芝麻种子中主要的脂质为甘油三酯，占总脂质的近 90%[20]。与甘油二酯、游离脂肪酸、极性脂质、甾醇酯这些脂质相比，甘油三酯中饱和脂肪酸的含量低，不饱和脂肪酸的含量高。除了甘油三酯外，其他脂质中还发现存在少量的长链饱和脂肪酸，如 $C_{20:0}$、$C_{20:1}$、$C_{22:0}$、$C_{24:0}$[20,26]。

12.4.3 甾醇

与其他植物油脂相比，芝麻油中不皂化物的含量相对较高（大约 2%）。不皂化物包括甾醇、三萜及三萜醇、生育酚及芝麻木脂素。植物油脂中的甾醇以游离形式或甾醇酯、甾醇糖苷、酯化甾醇糖苷的形式存在，游离甾醇和甾醇酯通常是其主要的存在形式。芝麻油中三种类型的甾醇主要是去甲基甾醇（占总甾醇的 85% ~ 89%），其次是单甲基甾醇（9% ~ 11%）和二甲基甾醇（2% ~ 4%）[27]。据法典标准报道，芝麻油中总甾醇含量约为 1.9%，是植物甾醇最丰富的植物油脂来源之一[24]。表 12.6 列出了芝麻油中去甲基甾醇的含量。β – 谷甾醇在芝麻油中含量丰富，其次为菜油甾醇、豆甾醇、Δ^5 – 燕麦甾醇、Δ^7 – 燕麦甾醇和Δ^7 – 豆甾醇。芝麻油中胆固醇的含量极低（< 0.5%）。野生芝麻所产油中含有较多的甾醇，尤其是Δ^5 – 燕麦甾醇和Δ^7 – 燕麦甾醇。这两种甾醇中的$\Delta^{24,28}$ – 亚乙基侧链具有阻聚作用，能防止植物油脂发生高温氧化[28]。

表 12.6　芝麻油中去甲基甾醇的含量①

去甲基甾醇	法典[24]	Kamal – Eldin 和 Appelqvist[27]	
		种植芝麻②	野生芝麻③
胆固醇	0.1 ~ 0.5	0.1 ~ 0.2	0.2 ~ 0.3
菜籽甾醇	0.1 ~ 0.2	–	–
菜油甾醇	10.1 ~ 20.0	12.5 ~ 16.9	10.3 ~ 20.5
豆甾醇	3.4 ~ 12.0	6.0 ~ 8.7	4.4 ~ 14.2
β – 谷甾醇	57.7 ~ 61.9	57.5 ~ 62.0	33.9 ~ 60.2
Δ^5 – 燕麦甾醇	6.2 ~ 7.8	8.1 ~ 11.5	12.4 ~ 23.5
Δ^7 – 豆甾醇	0.5 ~ 7.6	0.4 ~ 3.1	0.1 ~ 3.0
Δ^7 – 燕麦甾醇	1.2 ~ 5.6	0.3 ~ 1.3	0.9 ~ 3.7
其他	0.7 ~ 9.2	3.6 ~ 6.1	4.6 ~ 7.3
总甾醇/（mg/kg）	4500 ~ 19000	4335 ~ 6764	3420 ~ 10005

注：①占总甾醇的百分数。
②苏丹的种植芝麻种。
③苏丹的野生芝麻种。

植物甾醇和胆固醇具有相似的结构；因此，植物甾醇在体内能与胆固醇产生竞争效应。摄入植物甾醇可以降低血液中胆固醇的含量，从而预防心血管疾病[29]。植物甾醇，特别是β – 谷甾醇，能抑制人类结肠癌细胞[30]、前列腺癌细胞[31]、乳腺癌[32]的增殖。

12.4.4 生育酚

芝麻油具有优异的抗氧化稳定性，其中一个原因归功于它含有的生育酚。据法典标准报道，芝麻油中生育酚总含量为 330 ~ 1010mg/kg。黑芝麻产芝麻油中生育酚含量低于棕芝麻或白芝麻产芝麻油（表 12.7）。尽管野生芝麻种 *Sesamum angustifolium* E.、*Sesamum ra-*

diatum S 和 T 的种皮为黑色，但其所产芝麻油中总生育酚含量（分别为 760mg/kg 和 810mg/kg）比栽培种芝麻（486～680mg/kg）要高。不管芝麻属于何种种系或是种皮呈现何种颜色，γ－生育酚都是芝麻油中的主要生育酚类型，而 δ－生育酚的含量不到 5%。芝麻油中只含有痕量的 α－生育酚。这几个生育酚异构体中，γ－生育酚是油脂中最为有效的抗氧化剂，但其在生物体系中的维生素 E 效价要低于 α－生育酚[34]。

表 12.7 芝麻油中的生育酚含量

芝麻种类	种皮颜色	生育酚含量/（mg/kg 油）				参考文献
		α	γ	δ	总含量	
Sesamum indicum L.						
日本系①	黑	5.2	468.5	12.2	485.9	[26]
	棕	6.2	517.9	13.6	537.7	[26]
	白	3.8	497.8	20.5	522.1	[26]
苏丹系②	黑	ND④	527.0	12.6	540	[27]
	棕	4.8	663.7	11.6	680	[27]
	白	3.1	603.9	13.0	620	[27]
Sesamum alatum T.③	棕	2.9	310.1	7.0	320	[27]
Sesamum radiatum S. 及 T.③	黑	6.5	800.3	3.2	810	[27]
Sesamum angustifolium E.③	黑	ND	754.7	5.3	760	[27]
Codex 标准	—	ND～3.3	521～983	4～21	330～1010	[24]

注：①生长在日本的芝麻种植种系。
②生长在苏丹的芝麻种植种系。
③生长在苏丹的芝麻野生种系。
④ND 表示未检测出。

12.4.5 蛋白质

芝麻籽中蛋白质的含量大约为 25%，根据芝麻来源的不同，其含量从 17% 至 31% 不等。芝麻蛋白质中赖氨酸的含量较低（占蛋白质总量的 3.1%），但含硫氨基酸如蛋氨酸和胱氨酸的含量较高（6.1%），这两种氨基酸通常为豆类的限制性氨基酸。与联合国粮农组织（FAO）和世界卫生组织（WHO）的儿童推荐摄入标准值相比，芝麻蛋白中其他种类的必需氨基酸如缬氨酸、苏氨酸、异亮氨酸的含量不足。然而，芝麻蛋白中含有充足的色氨酸，它是很多油籽蛋白的限制性氨基酸。由于芝麻蛋白具有特殊的氨基酸组成，被认为是优质的蛋白质来源，可作为许多植物蛋白如大豆和花生蛋白的补充剂，以提高其营养价值。

芝麻蛋白的蛋白质效率比（PER）为 1.86[35]。当芝麻蛋白中添加赖氨酸时，其蛋白质效率比值可升至2.9[36]。El-Adawy[37]将包括芝麻粕、芝麻分离蛋白及芝麻浓缩蛋白的芝麻产品添加至红小麦面粉中制成混合面粉。发现随着混合面粉中蛋白质含量的增加，面团吸水性、形成时间和弱化度都有所增加，而面团的稳定性有所降低。将芝麻产品加入面粉中使其蛋白含量达到16%时，不会对面包的感官特性产生不利影响。红小麦面粉中添加芝麻产品分别使得面粉中蛋白质、矿物质和必需氨基酸的含量增加，且体外蛋白质消化率也显著提高。

Inyans和Nwadimkpa[17]研究了去皮芝麻粉中蛋白质的功能性质。研究发现碱性条件下蛋白的乳化能力更高，从pH 4时的25mL油/g升高至pH 10时的66mL油/g。pH 2时蛋白的起泡能力（315%）最大。蛋白溶解度从pH 2时的7.9%增加至pH 10时的14.2%。将芝麻粉分散于水中，其黏度从浓度为1%时的2.5mPa·s增加至浓度为10%时的7.0mPa·s。将芝麻粉加入冰淇淋、冷冻点心、香肠、焙烤食品和糖果中也可以改进产品的品质。

为了减小芝麻的苦味，可以将芝麻种子煮沸或令其发芽，发芽芝麻中蛋白质的含量会稍有提高，煮沸的芝麻粉碎后其起泡能力有所增加[38]。发芽或煮沸的芝麻经粉碎后其乳化稳定性均有提高，但后者的乳化能力有所降低。煮沸的芝麻粉苦味消失，而发芽芝麻中苦味仍有保留。

12.5 芝麻木脂素及木脂素糖苷

12.5.1 木脂素

芝麻油中不饱和脂肪酸的含量很高，占脂肪酸总量的80%以上，但是和其他食用植物油脂相比，芝麻油具有优异的抗氧化劣变能力[39-40]。芝麻油具有的突出的抗氧化稳定性不仅与其含有的生育酚有关，还与芝麻油中含有的一类特殊化合物——木脂素有关[41]。木脂素是ρ-羟基苯基丙烷氧化配对形成的化合物。它们广泛分布于植物的各个部分。众所周知，油料种子如芝麻和亚麻籽富含木脂素[42]。芝麻种子中存在两种类型的木脂素，即油溶性木脂素和水溶性木脂素糖苷。芝麻种子中，芝麻素和芝麻林素是两种主要的木脂素。在其他植物中也发现有芝麻素，但芝麻林素是芝麻中含有的特征性物质，尚未在除芝麻属以外的其他植物中发现。Fukuda等[43]测定了日本种植的14种商品化芝麻籽中的木脂素含量，发现芝麻素的含量通常高于芝麻林素，且在黑芝麻品种中，芝麻林素/芝麻素的平均比例（0.6~1.0）比白芝麻品种高（0.2~0.5）。如表12.8所示，其他类型木脂素，如芝麻酚、P1、芝麻林酚和芝麻素酚的含量很少[43]。芝麻木脂素的结构见图12.7。

表 12.8 不同种系芝麻籽中木脂素的含量[①] 单位：mg/100g 油

种系序号	种皮颜色	芝麻素	芝麻林素	芝麻林素/芝麻素	芝麻酚	P1	芝麻林酚	芝麻素酚
48	白色	821. 3	441. 2	0. 537	2. 0	1. 6	1. 0	1. 4
611	白色	410. 6	441. 2	0. 537	2. 5	1. 3	1. 0	1. 0
630	白色	522. 7	123. 5	0. 236	2. 5	2. 3	0. 9	0. 3
638	白色	885. 2	476. 5	0. 538	ND[②]	2. 9	1. 1	1. 0
643	白色	464. 0	229. 4	0. 494	5. 0	2. 0	1. 1	1. 0
785	黄色	453. 3	247. 0	0. 545	痕量	2. 0	0. 9	0. 3
673	紫色	464. 0	317. 6	0. 684	2. 5	1. 8	1. 5	1. 1
675	棕色	528. 0	264. 6	0. 501	痕量	3. 8	0. 6	0. 7
126	棕色	682. 7	458. 8	0. 672	4. 0	2. 9	1. 2	1. 0
201	黑色	502. 5	441. 2	0. 878	3. 6	2. 5	1. 2	1. 1
601	黑色	314. 3	235. 3	0. 749	10. 8	1. 6	1. 9	1. 1
631	黑色	362. 7	229. 4	0. 632	2. 5	1. 5	0. 8	0. 5
792	黑色	154. 7	152. 9	0. 988	4. 9	1. 5	0. 9	0. 9
801	黑色	293. 3	294. 0	1. 002	6. 5	1. 6	1. 1	1. 2
平均值		490. 6	300. 4		3. 4	2. 1	1. 1	0. 9
标准差		198. 6	113. 6		2. 9	0. 7	0. 3	0. 3

注：①资料来源：参考文献［43］。

②ND：未检测出。

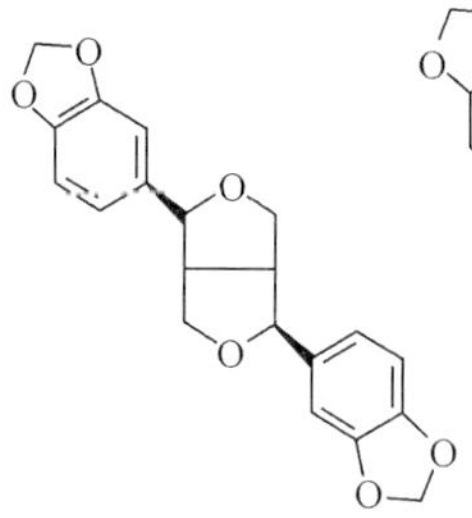

芝麻素

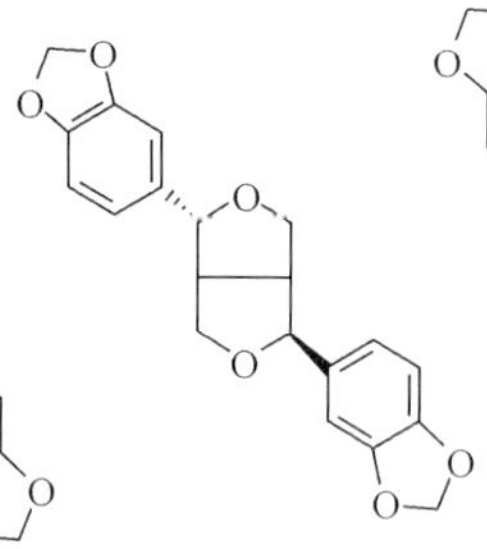

细辛脂素

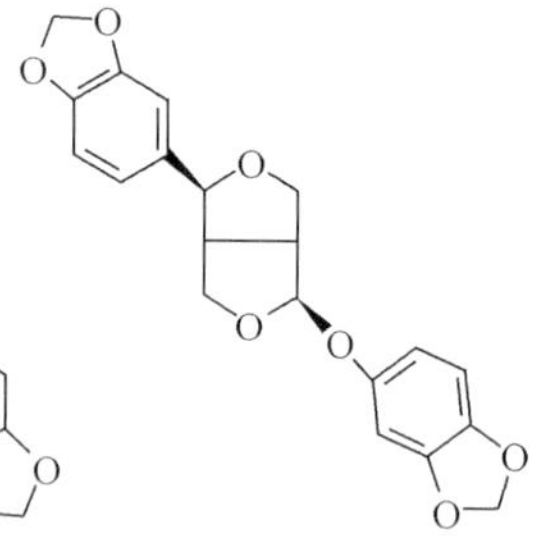

芝麻林素

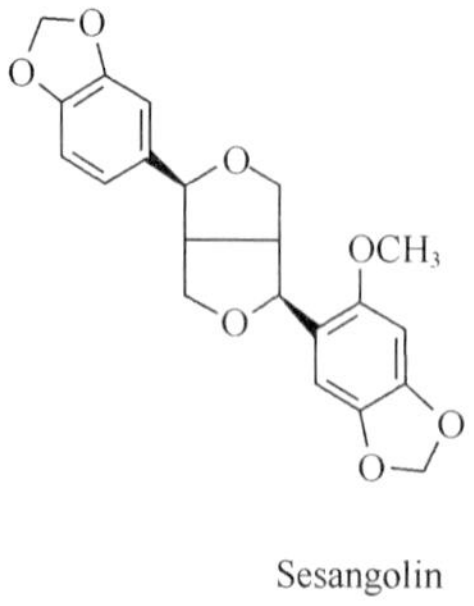

Sesangolin

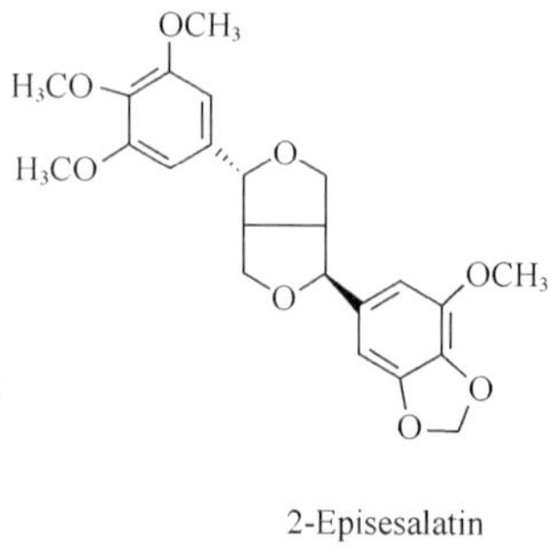

2-Episesalatin

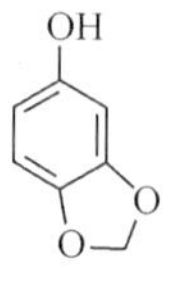

芝麻酚

图 12.7 木脂素结构

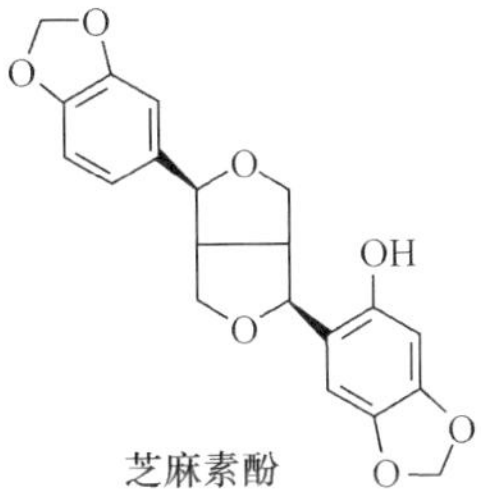
芝麻素酚

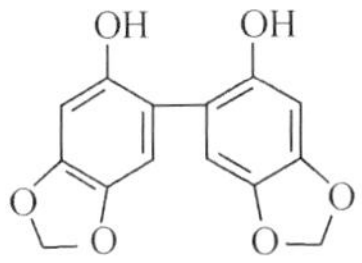
芝麻酚二聚体
（直接相连）

图 12.7（续） 木脂素结构

Tashiro 等[21]进一步研究了来自世界不同地区的 42 个 *Sesamum indicum* L. 种系的芝麻油及木脂素（芝麻素和芝麻林素）。 这些种系包括白芝麻、棕芝麻、黑芝麻和黄芝麻。研究结果表明，芝麻油中芝麻素的含量从 0. 07% 至 0. 61% 不等，平均为 0. 36%，而芝麻林素含量较低（0. 02% ~0. 48%，平均为 0. 27%）。 芝麻籽含油量和油中芝麻素的含量呈明显正相关性，而芝麻油和芝麻林素的含量之间无相关性。 同时也发现黑芝麻种子含油量明显偏低，而芝麻林素/芝麻素的比值较高。 芝麻野生种中，Fukuda 等[43]发现一个印度芝麻品种中芝麻林素的含量极低（只有芝麻素含量的 14%），而一个婆罗州芝麻品种的芝麻素（1152. 3mg/100g 油）和芝麻林素（1360. 7mg/100g 油）含量比其他品种要高好几倍。Kamal-Eldin 和 Appelqvist[27]测定了三个 *Sesamum* 野生种中芝麻素和芝麻林素的含量。 其中，*S. radiatum* 的芝麻素含量极高（占油重的 2. 40%），但芝麻林素的含量极低（0. 02%）；而 *S. alatum* 的芝麻素和芝麻林素含量都很少（皆为 0. 01%）；*S. angustifolium* 的芝麻素（0. 32%）和芝麻林素（0. 16%）含量适中。

Sesamum 野生芝麻种中也发现了其他形式的木脂素。 *S. angolense*[44]中存在 sesangolin，它是 *S. angustifolium* 中的主要木脂素类型，在油中的含量为 3. 15%[27]。 *S. alatum* 中存在 2 - episesalatin，是 *S. alatum* 油中含量最丰富的木脂素类型，占油重的 1. 37%[27]。Sesangolin 和 2 - episesalatin 的结构见图 12.7。 表 12.9 所示为芝麻油中不同木脂素的含量。

表 12.9 芝麻油中木脂素含量

芝麻种类	种皮颜色	木脂素含量/（%油）					参考文献
		芝麻素	芝麻林素	芝麻酚	sesangolin	2 - epsesalatin	
Sesamum indicum L.							
11 系	黑色	0. 24 （0. 07 ~0. 40）	0. 27 （0. 13 ~0. 40）	—	—	—	21
12 系	棕色	0. 36 （0. 11 ~0. 61）	0. 30 （0. 13 ~0. 42）	—	—	—	21

续表

芝麻种类	种皮颜色	木脂素含量/（%油）					参考文献
		芝麻素	芝麻林素	芝麻酚	sesangolin	2 – epsesalatin	
15 系	白色	0.44 （0.12 ~ 0.61）	0.25 （0.02 ~ 0.48）	—	—	—	21
日本系	黑色	0.45	0.54	ND①	—	—	26
日本系	棕色	0.46	0.66	ND	—	—	26
日本系	白色	0.66	0.42	ND	—	—	26
苏丹系	黑色	0.45	0.54	—	ND	ND	27
苏丹系	棕色	0.46	0.66	—	ND	ND	27
苏丹系	白色	0.23 ~ 0.72	0.39 ~ 0.41	—	ND	ND	27
Sesamum alatum T. ②	棕色	0.01	0.01	—	ND	1.37	27
Sesamum radiatum S. 和 *Sesamum radiatum* T. ②	黑色	2.4	0.02	—	ND	ND	27
Sesamum angustifolium E. ②	黑色	0.32	0.16	—	3.15	ND	27

注：①ND = 未检测出。
②生长在苏丹的野生芝麻种。

12.5.2 木脂素糖苷

木脂素糖苷是木脂素的糖苷形式，是水溶性的。尽管发现的大多数木脂素均存在于芝麻籽的油溶部分，但是木脂素糖苷存在于芝麻粕中。芝麻素酚糖苷、芝麻林酚糖苷和松脂素糖苷（图 12.8）是芝麻中主要的木脂素糖苷。芝麻籽的丙酮提取物中含有芝麻林酚和芝麻素酚[46,47]，它们也可由脱脂芝麻粉用 β – 葡萄糖苷酶处理释放得到[48]。后来，研究者从芝麻籽的乙醇提取物中分离得到三种松脂素二葡糖苷（KP1、KP2 和 KP4）及一种松脂素三葡糖苷（KP3）[49,50]。Kuriyama 等[51]用高效液相色谱（HPLC）分析了白芝麻种子中木脂素糖苷的组成，发现其含有 8 种木脂素糖苷组分。分别是：两种带有 2 个或 3 个葡萄糖单元的松脂素糖苷、三种带有 1 ~ 3 个葡萄糖单元的芝麻素酚糖苷、两种带有 1 ~ 2 个葡萄糖单元的芝麻林酚糖苷，及一种带有 2 个葡萄糖单元的 P – 1 糖苷。白芝麻籽中木脂素糖苷的总含量为 100 ~ 170mg/100g，芝麻素酚三糖苷是其中最主要的形式。黑芝麻中木脂素糖苷的含量随芝麻种系的不同变化很大（6.4 ~ 361.3mg/100g），而芝麻素酚三糖苷仍是其中主要的木脂素糖苷类型[52]。Ryu 等[53]也报道了芝麻种系对木脂素糖苷含量的影响，将芝麻素酚糖苷水解后发现黑芝麻和白芝麻的芝麻素酚含量有很大差异。白芝麻中芝麻素酚平均含量为 84.5mg/100g（32.5 ~ 98.5mg/100g），而黑芝麻中芝麻素酚平均含量为

113.2mg/100g（41.5 ~ 134.5mg/100g）。 表 12.10 所示为不同芝麻籽中芝麻素酚糖苷的含量。

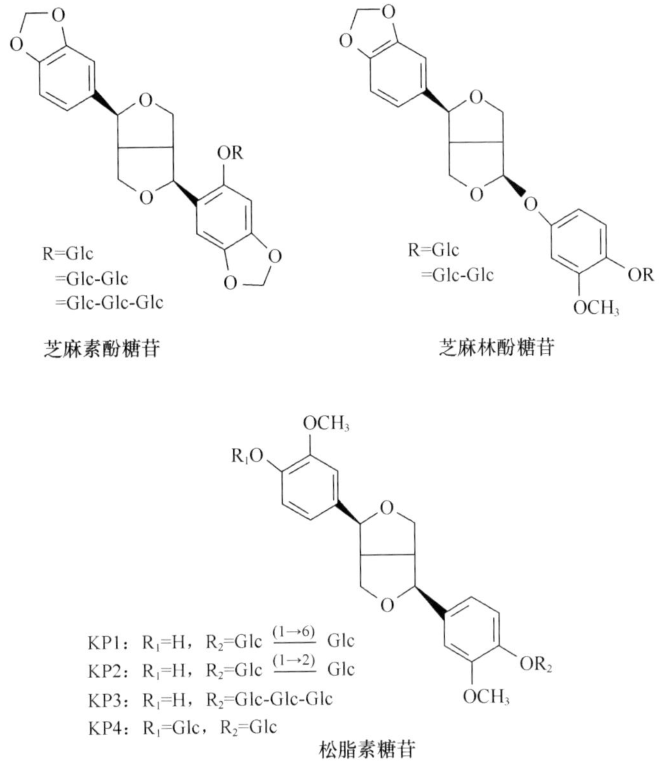

图 12.8　木脂素糖苷结构

表 12.10　不同芝麻种子中芝麻素酚糖苷的含量[①]

种皮颜色	芝麻素酚糖苷/（mg/100g 种子）		CV/%[③]
	平均值[②]	范围	
黑色（n=10）[④]	113.2**	41.5 ~134.5	23.5
棕色（n=5）	78.5*	39.4 ~91.4	8.9
白色（n=10）	84.5*	32.5 ~98.5	11.8

注：①摘自参考文献［53］。
②标有不同上标的平均值为 1% 量显著不同。
③CV—变异系数。
④n—分析样本数。

12.6　加工

人类食用芝麻油已有很长的历史。 不同区域芝麻油的加工工艺存在着差异。 主要区别是：①芝麻籽是否经过脱皮；②芝麻是否经过焙炒。 图 12.9 所示为全球三种主要的芝麻油生产工艺流程图，分别为①精炼芝麻油，产自脱皮或未脱皮的未焙炒芝麻籽；②焙炒芝麻油，产自焙炒芝麻籽；③小磨芝麻油，产自焙炒的脱皮芝麻籽。

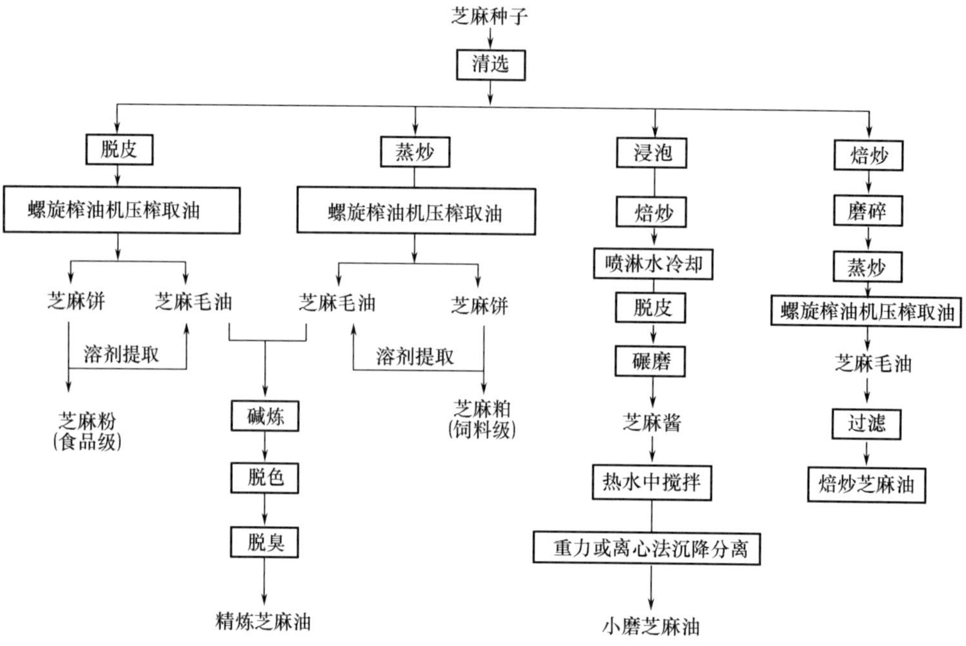

图 12.9 不同芝麻油工艺流程图

精炼芝麻油是色拉油级别的芝麻油，是除东亚外全球消费最普遍的芝麻油类型。 在榨油机榨油之前，芝麻籽先经过清埋和蒸炒工序。 芝麻毛油通过碱炼、脱色和脱臭制得精炼芝麻油（图 12.9）。 榨油机取油后的芝麻饼仍含有 18% ~22% 的残油[54]。 通常通过溶剂浸出或二次压榨得到更多的油脂。 如果采用的是脱皮芝麻，脱溶后的芝麻饼可以加工成食用芝麻粉。 如果芝麻未经脱皮处理，芝麻饼只能用作饲料，因为其中含有不利于健康的物质。 脱皮过程将在后面进行讨论。

焙炒芝麻油具有浓郁的特征风味，深受中国、日本和韩国消费者的喜爱，被认为对健康有益[40]。 如图 12.9 所示，榨油前将芝麻籽焙炒至 140 ~200℃。 焙炒的工艺条件对焙炒芝麻油的质量影响极其显著。 焙炒对芝麻及芝麻油的影响将在后面进行讨论。 焙炒后，芝麻籽再经磨碎、蒸炒、压榨制得焙炒芝麻毛油。 毛油经简单过滤即得到焙炒芝麻油，它无需经过深度精炼即可食用。 根据焙炒条件的不同，焙炒芝麻油的色泽从亮黄至深褐不等。

小磨芝麻油，也称香油，是中国北方一种独特的芝麻油产品，具有轻微的焙炒芝麻风味及亮褐色泽。香油通常用作冷调油脂，几乎不用作烹饪。而焙炒芝麻油主要用作烹调用油。小磨香油的加工过程见图 12.9。芝麻籽经清理后，将其在水中浸泡约 1h，使芝麻籽中水分含量达到 35%，加速蛋白变性，这样可以确保在随后的焙炒过程中芝麻籽粒均匀受热，从而预防芝麻粒局部过热进而燃烧。一般将芝麻籽粒在 200℃条件下焙炒 30min。焙炒芝麻籽通过喷水降温至 140 ~ 150℃。在用石磨研磨之前，利用风选或是筛选将芝麻皮脱去。研磨过程对油脂与芝麻酱的分离十分重要。好的研磨可使芝麻酱颗粒大小均匀，从而提高出油率[55]。研磨后，将热水加入芝麻酱中，并轻轻搅拌（30r/min 左右）。热水（高于 90℃）通常添加 3 ~ 4 次，每次的加水量都有所降低。加水完成后，将芝麻酱静置 1h，芝麻油依靠重力作用将缓慢浮至顶部[56]。香油的加工过程对劳动力消耗大，且油脂的产率（40% 左右）很低。研究者已经尝试过很多努力来提高香油的产率。Yen 和 Tsai[57] 尝试将大豆油加入热水中以分离芝麻油与芝麻酱，他们报道了在芝麻酱：大豆油：沸水质量比为 10：9：7 时，香油的产率最高。

12.6.1 脱皮

通常芝麻籽加工时不进行脱皮处理。但芝麻皮中含有草酸及不能消化的纤维物质，会降低芝麻粕的营养价值。皮的存在也会使芝麻粕色泽加深、带有苦味。在印度，芝麻粕是一种重要的食物。因此，脱皮成为了芝麻油加工过程中必不可少的步骤。脱皮芝麻籽制得的芝麻粕无苦味，色泽浅，纤维含量低，且富含蛋白质。在印度，芝麻籽采用人工脱皮或传统油坊机械脱皮[58,59]。人工脱皮先将芝麻籽浸泡在水中，然后通过石块或木块轻微研磨，将皮从浸泡鼓胀的芝麻籽上除去。这个过程费时费力且效率低，因此，限制了芝麻油及芝麻粕的生产。

将芝麻籽浸泡后通过机械去除芝麻皮[58] 或通过碱处理可实现机械脱皮[60 ~ 62]。在碱处理或碱液脱皮法中，用热碱液短时间处理芝麻籽。已有使用 0.6% 的热 NaOH 溶液处理芝麻籽 1min[60] 或用 6% 的热 NaOH 溶液处理芝麻籽 10s[61] 来完成脱皮的报道。经碱处理后不会造成芝麻蛋白质及油脂的损失。Nag 等[63] 的报道认为脱皮不仅能提高出油率，而且与整籽制油相比，脱皮处理后生产的芝麻油色泽更佳。然而，脱皮芝麻籽提取的油脂的氧化稳定性（Rancimat 法）劣于整籽提取的油脂[64]。皮中含有天然抗氧化剂，如 γ - 生育酚、芝麻素及芝麻林素，可能对整籽芝麻油的氧化稳定性有一定贡献。另外，Chang 等[65] 最近报道了芝麻皮中也含有酚类化合物及四降三萜这些具有良好抗氧化活性的物质。脱皮芝麻籽也不适合进行烘炒处理。Abou-Gharbia 等[66] 对脱皮和未脱皮芝麻所制得芝麻油的过氧化值、共轭二烯值及硫代巴比妥酸值进行了测定，结果表明芝麻籽不管是在 200℃条件下焙炒 20min 还是不经过焙炒，带皮芝麻比脱皮芝麻制得的芝麻油的氧化稳定性都要好。

12.6.2 焙炒

在东方国家，如中国、日本及韩国，芝麻通常在榨油前要经过焙炒处理。焙炒过程可以形成所期望的芝麻油色泽和特殊风味，同时也会提高芝麻油的氧化稳定性[67]。焙炒的条件会对焙炒芝麻油的感官品质和组成有所影响。Yen[68]报道，芝麻籽在180～260℃条件下烘炒30min，焙炒芝麻油的红色值在220℃之前随焙炒温度的上升而增加，随后下降；而风味值在200℃时达到最优。当焙炒温度不高于220℃时，脂肪酸组成几乎没有变化[68,69]。抗氧化剂芝麻酚的含量在220℃以下也随焙炒温度的升高而增加，然后随温度进一步升高而下降。因此，推荐采用的最佳的焙炒温度为200℃[68,70]。

Yoshida和Takagi[69]比较了焙炒温度160～250℃条件下制备的芝麻油的品质。发现焙炒15min后将会出现芝麻油典型的深棕色色泽，当焙炒温度高于220℃时，焙炒芝麻籽产生焦糊味。焙炒温度高于220℃时，制得的芝麻油具有焦糊味和苦味，其过氧化值、茴香胺值、羰基值及硫代巴比妥酸值也较高，表明油脂的品质较差。研究得出芝麻籽在160℃和180℃条件下焙炒25min、200℃条件下焙炒15min、220℃条件下焙炒5min，可得到品质优良的芝麻油。

12.6.2.1 焙炒对抗氧化活性的影响

据报道，焙炒芝麻油比未焙炒的精炼芝麻油的抗氧化性高很多[71]。Yen和Shyu[67]发现不同焙炒温度（180～210℃）下制得的焙炒芝麻油之间的抗氧化稳定性存在差异。抗氧化稳定性随着焙炒温度的升高而提高；焙炒温度为200℃时所制得的芝麻油的稳定性最好。

Koizumi等[72]也注意到芝麻籽的焙炒条件和抗氧化稳定性之间的关系。200℃条件下5min短时间焙炒制得的芝麻油的抗氧化活性优于180℃条件下焙炒30min的芝麻油。这个发现表明，焙炒芝麻油的抗氧化稳定性主要取决于焙炒温度。Fukuda等[73]研究了尝试对焙炒芝麻油有所贡献的抗氧化物质，发现芝麻酚或γ－生育酚单独存在时，均显现出微弱的抗氧化活性。即使两者结合也不足以解释焙炒芝麻油的强抗氧化活性。由于芝麻籽的焙炒引起了严重的褐变反应，因此将焙炒芝麻籽中的褐变产物分离，发现这些褐变产物显示出微弱的抗氧化活性[73]。γ－生育酚、芝麻木脂素（芝麻酚和芝麻素）及褐变产物的结合是焙炒芝麻油具有良好氧化稳定性的原因[73]。

12.6.2.2 烘炒对不同种类脂质的影响

芝麻籽的焙炒不仅影响芝麻油的抗氧化活性和油中木脂素的含量，而且对脂质组成也有影响。芝麻籽中的脂质由中性脂质、磷脂和糖脂构成。其中，主要脂质为中性脂质，构成了脂质总量的91% ~96%。磷脂和糖脂分别占脂质总量的3%和0.3% ~6%[69,70,75~78]。

由于褐变反应，焙炒大大降低了芝麻籽中的磷脂含量[75]。随焙炒温度的提高和焙炒时间的延长，芝麻籽中磷脂的含量逐渐降低[69,70,75~77]。160~180℃条件下焙炒10min，芝麻籽中磷脂的含量没有明显的变化[69]；220℃条件下焙炒25min，磷脂的含量减少69% ~73%[70,77]；250℃焙炒25min，磷脂则减少96%[69]。微波焙炒时，芝麻籽中磷脂的含量下降明显；2450MHz微波处理芝麻15min后，初始磷脂含量将会损失多半[76]，而处理30min后残留量不到14%[78]。磷脂中损失速率最快的是磷脂酰乙醇胺，其次是磷脂酰胆碱和磷脂酰肌醇。焙炒时间越长，焙炒温度越高，这个趋势越明显。将芝麻籽在220℃焙炒25min后，磷脂酰乙醇胺完全损失，而仍剩余22%的磷脂酰胆碱和42%的磷脂酰肌醇[77]。研究者认为磷脂酰乙醇胺和磷脂酰肌醇的氨基基团参与了褐变反应，并且将氢或电子贡献给生育酚或芝麻酚[79]。

另一方面，芝麻籽中的糖脂含量随焙炒温度和焙炒时间会逐渐升高[75,78]。Yoshida[75]研究报道，芝麻籽在电炉上（120~250℃）焙炒30min，其糖脂含量由6.9mg/kg芝麻籽（总脂含量的0.5%）增加至262.9mg/kg芝麻籽（总脂含量的17.2%）。2450MHz微波焙炒的芝麻籽中糖脂含量在最初加热的25min内增长缓慢，25min后迅速增加，发现30min后糖脂的含量增加了9倍[78]。加热后芝麻籽呈现褐色，说明发生了褐变反应。所生成的褐色物质一般极性很强，褐变物质的增加归因于糖脂含量的增加[78]。

当芝麻籽在200℃以下焙炒30min时，芝麻籽中的主要成分中性脂质的含量没有变化。当焙炒温度增加至220℃和250℃时，发现中性脂质的含量有明显降低[75]。继续增加焙炒温度，降低趋势更为明显[69,70,77]。Yoshida等[70]研究了焙炒对甘油三酯分子体系的影响，发现220℃焙炒10min不仅可以引起甘油三酯中多于四个双键的分子种类含量的显著降低，而且二烯、三烯分子种类的含量也显著降低。同时，也发现在180℃焙炒时间少于25min时，甘油三酯的分子种类或脂肪酸的分布没有明显的变化。

12.6.3 芝麻油的制取

在印度，从未经焙炒的芝麻籽中制取芝麻油的传统方法是由ghani完成的，利用的工具是一个大型的杵和臼。ghani由牛来拉动[79]。芝麻籽清理脱皮后放入ghani中。在印度许多地方，芝麻制油过程中会加入水或红糖，以利于油脂的提取[80]。芝麻籽经研磨后，油从ghani中流出，经沉淀、撇清，有时用布过滤后再出售。为了提高芝麻油的生产效率，印度大多数乡村在制取芝麻油时已用机械取代了传统使用的牲口[58,80]。

现代化工业制油方法包括：①间歇式水力压榨：通过水压将油从油料中压出；②连续式机械压榨：使油料通过一条渐缩的通道，逐渐增大压力将油脂挤压出来；③溶剂浸出：

油料经溶剂萃取后脱除溶剂得到油。将以上方法加以改进可用于芝麻油的制取中。

未经焙炒的芝麻籽，可以使用连续式螺旋压榨或水力压榨来实现工业化生产。芝麻籽粒小，制油前通常会先经过热处理。芝麻油制取通常分为三步[60,79]。第一步采用冷榨的方法，冷榨油过滤后即可食用，其品质优良、色泽浅、风味芬芳。第二步将芝麻粕中的残油在高压下进行压榨，制得的油脂色泽较深，食用前需精炼。经第二步压榨后所得的芝麻粕在相同条件下进行第三次压榨，所得油脂的质量极低，不适合食用。

或者，未经焙炒的芝麻籽经一次压榨后，通过溶剂浸出芝麻饼中的残留油脂。芝麻油的氧化稳定性与油脂的提取方法及芝麻预处理方法有关[64]。芝麻籽有效脱皮后，使用有极性的溶剂正庚烷－异丙醇（体积比3∶1）进行提取，可从整籽中获得品质更稳定的芝麻油，因为此过程萃取出了更多的抗氧化物质和磷脂，而磷脂是抗氧化物质的增效剂[81]。

从焙炒芝麻籽中提取芝麻油一般都会采用压榨的方法。不采用溶剂浸出的方法是因为在溶剂蒸发过程中形成的焙炒风味会被一并除去。商业化生产会使用连续式螺旋压榨或水力压榨[42]。水力压榨可以以垂直的也可以水平的方式进行。为了提高出油率，连续式螺旋压榨需进行两次压榨处理[82]。焙炒后合适的蒸煮（100℃，7min）及加水（12.5%）也能提高油脂的产率[83]。

12.6.4 精炼

焙炒芝麻籽制得的芝麻油具有焙炒芝麻油独特的风味和色泽，毛油过滤后可直接食用无需进一步精炼。冷榨未焙炒芝麻油过滤后也可以作为风味油脂直接食用。经螺旋压榨或水力压榨或溶剂浸出的未焙炒芝麻毛油，色泽从黄色到深琥珀色不等，需要进行进一步的精炼处理。精炼芝麻油通常呈浅黄色。

芝麻毛油不需要经过过度净化和精炼。通过沉淀、过筛、过滤可除去毛油中悬浮的固体颗粒。过滤后毛油可直接使用，或进一步精炼除去杂质，如磷脂、树脂、游离脂肪酸和色素类物质。精炼步骤包括碱炼除去游离脂肪酸、胶和一些水溶性物质，脱色除去色素，脱臭除去臭味物质。脱胶并不是必要的步骤，因为芝麻油中磷脂的含量有限（<3%）[69]。

因为碳酸钠不会破坏中性甘油三酯，所以为了减小精炼损失，芝麻油的碱炼可使用碳酸钠作为中和剂。首先，游离脂肪酸被碳酸钠中和，然后利用浓度较低的NaOH溶液洗涤来改善油脂色泽。碱炼过程会产生CO_2，使得皂脚的分离变得困难，这限制了碳酸钠在碱炼中的实际应用。Mukhopadhyay等[84]介绍了一种使用干的含碱的偏硅酸钠（SMS）精炼芝麻油的简易方法。这种方法避免了乳状液的形成，因此使得皂脚的分离变的容易。这种方法优于使用碳酸钠的精炼工艺，因为不会产生CO_2。这种干法精炼过程中游离脂肪酸的减少取决于 SMS - NaOH 混合物的碱度。然而，这种方法不能明显改善油脂的色泽。此方法适用于精炼游离脂肪酸含量较低、中度色泽的芝麻毛油。因此，在芝麻油碱炼过程中这种方法特别有效。

碱炼后，芝麻油再用相对低于其他大多数植物油脂所用的脱色白土量进行脱色。脱色条件和脱色剂的不同会影响油脂的脱色效率。升高脱色温度能提高脱色效率，然而其达到最大值后会有所降低[85]。搅拌速率也会影响脱色结果，发现 40r/min[86] 或 50 ~ 100r/min[85] 是最佳的搅拌条件。吸附剂/食用油脂的比率越高，吸附剂的脱色能力越强[87]。近来，有研究利用活化稻壳灰作为芝麻油的脱色剂[88,89]。研究发现稻壳在 500℃灰化 30min 后，经 3mol/L H_2SO_4 在 30℃条件下活化 60min 所形成的稻壳灰的脱色效率最高[88]。使用这种酸活化的稻壳灰作为脱色剂，添加量为平均每克芝麻油为 25mg，在 120℃、80r/min 搅拌速率下，芝麻油可以成功完成脱色处理[89]。

脱色可除去大部分色素，脱色芝麻油色泽很浅。为了生产一种适合色拉调料的风味清淡的油脂，经脱色后芝麻油需要进一步的脱臭。像其他大部分植物油脂一样，芝麻油脱臭在真空条件下，200 ~ 250℃蒸汽蒸馏的条件下进行。

12.6.5 加工过程中木脂素的变化

据报道，芝麻籽中两种主要的木脂素——芝麻素和芝麻林素与芝麻油的许多特殊理化性质有关[39]。然而，由于缺乏酚基团，芝麻素和芝麻林素本身并不具有抗氧化活性[90]。芝麻油的强抗氧化稳定性主要来自于这些芝麻木脂素的转化产物。芝麻酚具有抗氧化活性，通常以痕量存在于芝麻籽中，芝麻籽榨油前经焙炒处理使得芝麻酚从芝麻林素中释放出来[46]。芝麻籽在煎炸温度下热处理 1 ~ 2h 后，由芝麻林素水解也可形成芝麻酚[47]。据 Fukuda 等报道，芝麻油精炼过程中采用酸性白土在无水环境下进行脱色处理，可形成大量具有抗氧化作用的芝麻素酚[41]。

芝麻林素经质子交换可以生成水和氢离子，芝麻林素首先分解成芝麻酚，然后形成碳碳键；因此，可以假定芝麻素酚是由芝麻林素通过分子间基团转移形成的[91]。图 12.10 所示为芝麻林素转化为芝麻酚和芝麻素酚的过程。芝麻酚和芝麻素酚都是强抗氧化剂，对精炼或焙炒芝麻油的优越的氧化稳定性具有重要作用。

芝麻酚对热不稳定，当焙炒芝麻油在 180℃条件下深度煎炸 4h 后，芝麻酚被完全破坏。而芝麻素酚的热稳定性较好。焙炒芝麻油在 180℃条件下加热 6h 后，芝麻素酚的保留率为 40.5%[52]。

另一种芝麻木脂素——芝麻素，与酸加热会发生差向异构化作用[92]。脱色和脱臭后，芝麻油中芝麻素的含量会发生明显变化。伴随着异芝麻素的形成，芝麻素含量有所减

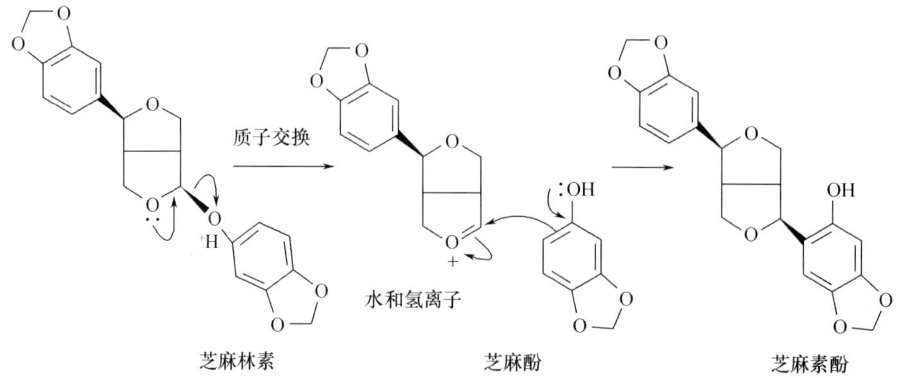

图 12.10 芝麻林素向芝麻酚和芝麻素酚的转化过程

少。油脂精炼的脱色过程也会破坏热不稳定的木脂素芝麻酚。在脱色阶段由芝麻林素转变形成的芝麻酚在下一步脱臭过程中含有有所降低[93]。在商品脱臭芝麻油中只发现痕量的芝麻酚（<20mg/L）[41]。

表 12.11 列出了包括碱处理、热水洗涤、酸性白土脱色及脱臭过程中未焙炒芝麻油中芝麻木脂素含量的变化。这些数据清晰表明芝麻木脂素在脱色阶段发生了显著的变化，包括芝麻素的差向异构化（41%）、芝麻林素的消失及芝麻酚、芝麻素酚、异芝麻素酚、微量芝麻酚二聚物的形成。与在脱臭过程中芝麻酚显著降低不同的是，芝麻素酚及其差向异构体的含量并没有发生明显的降低。在精炼的未焙炒芝麻油中，芝麻素酚、异芝麻素酚及 γ-生育酚的存在是其具有优越抗氧化稳定性的主要原因[41]。

表 12.11 工业精炼过程中未焙炒芝麻油中的木脂素和生育酚含量*

单位：mg/100g 油

精炼等级	芝麻素	异芝麻素	芝麻林素	芝麻酚（芝麻酚二聚物）	芝麻素酚（异芝麻素酚）	γ-生育酚
芝麻毛油	813.3	0	510.0	4.3（0）	0（0）	33.5
碱炼	730.6	0	458.0	2.5（0）	0（0）	23.4
热水洗涤	677.8	0	424.8	0.7（0）	0（0）	22.6
脱色	375.5	277.6	0	46.3（痕量）	33.9（48.0）	21.8
脱臭	258.3	192.6	0	1.7（痕量）	28.4（34.4）	18.4

注：*摘自参考文献［41］。

表 12.12 加工过程对芝麻油中芝麻素和芝麻林素保留的影响①

单位：mg/100g 油

加工方法	芝麻素				芝麻林素			
	含皮种子		脱皮种子		含皮种子		脱皮种子	
	新鲜	储存②	新鲜	储存②	新鲜	储存②	新鲜	储存②
生种子	$649\pm20^{d,x}$	$584\pm15^{d,y}$	$610\pm21^{d,x}$	$461\pm16^{d,y}$	$183\pm7^{d,x}$	$123\pm6^{d,y}$	$168\pm5^{d,x}$	$117\pm5^{d,y}$
焙炒	$576\pm14^{e,x}$	$436\pm10^{g,y}$	$489\pm15^{f,x}$	$315\pm14^{f,y}$	$146\pm5^{e,x}$	$73\pm2^{f,y}$	$119\pm3^{f,x}$	$55\pm1^{g,y}$
蒸炒	$601\pm18^{e,x}$	$514\pm14^{e,y}$	$531\pm16^{e,f,x}$	$325\pm13^{f,y}$	$129\pm5^{f,x}$	$88\pm4^{e,y}$	$108\pm4^{g,x}$	$52\pm1^{g,y}$
焙炒和蒸炒	$583\pm15^{e,x}$	$506\pm13^{e,f,y}$	$555\pm18^{e,x}$	$411\pm15^{e,y}$	$146\pm6^{e,x}$	$115\pm7^{d,y}$	$139\pm4^{e,x}$	$106\pm3^{e,y}$
微波	$590\pm17^{e,x}$	$475\pm12^{f,y}$	$520\pm12^{e,f,x}$	$422\pm16^{e,y}$	$123\pm3^{f,x}$	$71\pm3^{f,y}$	$129\pm2^{e,f,x}$	$75\pm2^{f,y}$

注：①摘自参考文献［94］。

②提取的油脂于65℃保存35d。

数据标有不同上标（d～g）的纵列为三次测量平均值±标准差，纵列间数据显著不同（$P<0.05$），新鲜油脂和储存油脂（标有不同上标 x，y）的值也显著不同。

Shahidi 等[94]研究了不同加工方法对制得的芝麻油及储存后芝麻油内源性抗氧化物质的影响，包括焙炒（200℃，20min）、蒸炒（100℃，20min）、焙炒（200℃，15min）加蒸炒（100℃，7min）、微波（2450MHz，15min）。含皮芝麻加工后制得的芝麻油中芝麻素得到了很好保留（近90%），但脱皮芝麻制得的油脂中芝麻素含量下降明显（近50%），在65℃储存35d后其含量下降更为明显。焙炒过程中芝麻素的损失最大。芝麻林素的含量变化更显著（表12.12）。

加工过程中芝麻木脂素的含量变化见图12.11。

近年来，Asakura 等[95]制备了芝麻酚的邻亚甲基桥键的芝麻酚二聚物及两个芝麻酚分子直链的二聚物。两种低聚物的结构见图12.7。由于每个芝麻酚单位上的羟基基团平均数目大大增加，亚甲基桥键二聚物对猪油的自动氧化表现出比芝麻酚单体强得多的抗氧化

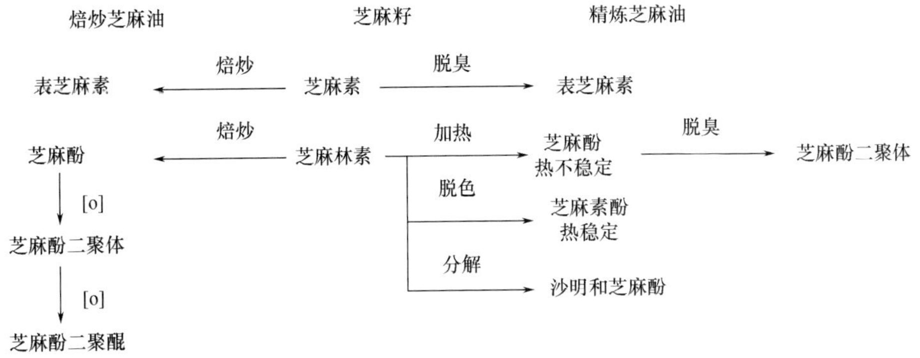

图 12.11 加工过程中芝麻木脂素的变化

活性，酸性条件下制备的直链低聚物比芝麻酚单体对猪油的抗氧化效果要好，而中性和碱性条件下制备的低聚物并没有提高芝麻酚的抗氧化能力。

12.7 营养学特性

12.7.1 对多不饱和脂肪酸代谢的影响

必需脂肪酸亚油酸和 α – 亚麻酸是前列腺素合成代谢途径中重要的脂肪酸。亚油酸可经 Δ^6 – 去饱和酶催化转化为 γ – 亚麻酸及双高 – γ – 亚麻酸（DGLA），而 Δ^5 – 去饱和酶可催化双高 – γ – 亚麻酸转化为花生四烯酸。Shimizu 等[96]认为芝麻油会导致细胞中双高 – γ – 亚麻酸的积蓄。有研究者发现芝麻素是芝麻油中的活性物质，它能够抑制 Δ^5 – 去饱和酶的活性[97]。给大鼠喂饲芝麻素后，其肝脏磷脂中双高 – γ – 亚麻酸产生了积蓄现象，且双高 – γ – 亚麻酸/花生四烯酸的比例有所增加。花生四烯酸是类花生酸如 2 型前列腺素和 4 型白三烯的前体。因此，芝麻素可降低花生四烯酸转化为类花生酸[98]，且血浆中前列腺素 E2（PGE2）的浓度也有所下降[99]。Fujiyama-Fujiwara 等[100]也报道了在人工培育的大鼠肝细胞中，芝麻木脂素（芝麻素和异芝麻素）能够抑制双高 – γ – 亚麻酸（$n-6$）转化为花生四烯酸（$n-6$）的 Δ^5 – 去饱和酶的活性，但二十碳四烯酸（$n-3$）转化为二十碳五烯酸（EPA，$n-3$）过程并不受抑制。Umeda-Sawada 等[101]通过动物体内试验验证了这一发现，同时也发现摄入芝麻木脂素降低了花生四烯酸的含量，提高了 $n-6/n-3$ 脂肪酸的比例。Umeda-Sawada 等[102]进一步研究了摄入芝麻木脂素对大鼠肝代谢及必需脂肪酸中 $n-6/n-3$ 比例的影响；结论认为芝麻木脂素会抑制 $n-6/n-3$ 脂肪酸比例发生极端的变化，能够使 $n-6/n-3$ 脂肪酸保持接近合适的比例。流行病学和临床学研究显示血浆中 $n-6/n-3$ 脂肪酸的比例与血栓的形成有关。因此，芝麻木脂素有利于预防血栓形成。

12.7.2 芝麻木脂素的降低胆固醇作用

有研究报道，在大鼠的饮食中添加 24% 的芝麻油，与不添加芝麻油的对照组相比，大鼠淋巴中脂肪酸和胆固醇的吸收率降低了 50%[104]。由于淋巴系统是运送摄入的脂肪酸和胆固醇的主要途径，因此，大鼠血清和肝脏中的胆固醇水平显著下降，特别是低密度脂蛋白胆固醇[105]。研究发现，经芝麻油分离出来的粗木脂素组分具有弱但显著的降血胆固醇功效[98]。降胆固醇活性取决于饮食中摄入的木脂素含量水平。纯化后的芝麻木脂素（芝麻素）的降血胆固醇效果显著[106]。如表 12.13 所示，芝麻素（0.5%）显著降低了饲喂富含胆固醇饲料（Exp. Ⅰ）或喂饲商业饲料（Exp. Ⅱ）大鼠的血清胆固醇水平。芝麻素通过沉淀胆汁酸胶团中的胆固醇，从而减少胆固醇在小肠中的吸收，继而降低了血清中的胆固醇水平。表12.13也显示出大鼠饲喂富含芝麻素的饲料后，肝脏中胆固醇的水平显著降低，这是因为肝脏胆固醇合成途径中的关键酶——肝脏微粒体中的3－羟基－3－甲基戊二酰辅酶A还原酶（HMG－CoA还原酶）的活力降低了。芝麻素具有独特的功能，它能同时抑制胆固醇的合成和吸收。因此，它是一种天然的可以有效降低血胆固醇的物质。

表12.13 芝麻素对血清胆固醇、肝胆固醇浓度及肝脏酶活力的影响①②

膳食	血清胆固醇/（mg/dL）	肝胆固醇/（mg/g肝脏）	肝脏HMG－CoA还原酶/[pmol/（min·mg pro）]
Exp. Ⅰ			
精制饲料	108±4[a]	2.54±0.13[a]	203±12[a]
饲料+芝麻素（0.5%）	110±5[a]	1.95±0.06[b]	151±11[b]
饲料+胆固醇（0.5%）	136±8[b]	20.8±2.2[c]	51.6±2.0[c]
饲料+胆固醇（0.5%）+芝麻素（0.5%）	102±5[a]	9.13±1.02[d]	29.0±2.4[d]
Exp. Ⅱ			
商品饲料	69.1±5.2[a]	2.86±0.19[a]	269±27[a]
饲料+芝麻素（0.5%）	55.5±3.0[b]	1.82±0.04[b]	172±13[b]

注：①摘自参考文献[106]。
②数值为$\bar{x}\pm S_{\bar{x}}$（$n=6\sim8$）。标有不同字母的数值每次实验差异显著（$P<0.05$）。雄性Wistar大鼠喂饲实验膳食四周。

α－生育酚可增强芝麻素的降血胆固醇作用[107]。表12.14中的数据显示，给大鼠喂饲芝麻素以及同时加喂生育酚（1%）时，与只添加芝麻素组相比，大鼠血清胆固醇水平显著降低。此协同作用与膳食中芝麻素和胆固醇的含量水平都有关。将α－生育酚和芝麻素结合对降低血胆固醇治疗有实际价值。通过膳食每天摄入64.8mg的芝麻素也已被证实具有降低胆固醇的作用[108]。

表12.14 芝麻素和α－生育酚对大鼠血清胆固醇水平的综合影响①②

组	血清胆固醇/（mg/dL）	组	血清胆固醇/（mg/dL）
胆固醇饲料	490±94[a]	饲料+0.2%芝麻素	371±28[a,c]
饲料+1.0%生育酚	460±70[a]	饲料+0.2%芝麻素+0.2%生育酚	243±5[c]
饲料+0.05%芝麻素	437±76[a]	饲料+0.2%芝麻素+1.0%生育酚	149±9[c]
饲料+0.05%芝麻素+1.0%生育酚	244±23[b,c]		

注：①摘自参考文献[107]。
②数值为$\bar{x}\pm S_{\bar{x}}$（$n=6\sim9$）。标有不同字母的数值每次实验差异显著（$P<0.05$）。雄性Wistar大鼠喂饲实验膳食四周。

关于饲料中摄入芝麻素有降低血胆固醇作用的机理，Hirose 等[109]证实了芝麻素会增加大鼠粪便中胆固醇的排泄，同时会降低肝脏中 HMG－CoA 还原酶的活力。另外，Ashakumary 等[110]研究了芝麻木脂素（芝麻素和异芝麻素 1∶1 混合物）对大鼠肝脏中脂肪酸氧化的影响，认为芝麻木脂素会显著提高肝脏脂肪酸氧化酶的活性和基因表达，因此，通过过氧化酶活化增生受体（PPAR）α 的活化来加快脂肪酸 β－氧化的速率。芝麻木脂素包括芝麻素和异芝麻素，能够降低肝脏中多种脂肪酸合成酶的活性和基因表达，以降低大鼠肝脏中脂肪酸的合成[111]。Kushiro 等[112]测定了每个组分的影响。他们发现与芝麻素相比，异芝麻素能更加显著地提高脂肪酸氧化中酶的活性和基因表达的作用，而芝麻素和异芝麻素在降低肝脏中脂肪合成酶活性及基因表达上并无差别。

12.7.3 对维生素 E 的影响

长期以来，芝麻被认为是一种长寿的健康食品。Namiki 等[113~115]通过衰老加速模型研究了芝麻对小鼠年龄退化的影响，他们发现长期喂饲芝麻会抑制衰老。维生素 E 被认为是能起抗衰老作用的一种食物组分[116]。芝麻中主要含有 γ－生育酚，其维生素 E 活性仅有 α－生育酚的 6%～16%[117,118]，不过其体外抗氧化活性优于 α－生育酚[119,120]。因此，研究者们对芝麻和芝麻木脂素对维生素 E 活性的影响进行了大量的研究，以此来说明芝麻是否是维生素 E 的优质来源。

Yamashita 等[121]首次报道了芝麻及其木脂素会将大鼠中 γ－生育酚的生物活性提高到与 α－生育酚近乎相等的水平。后来，他们又报道了芝麻中的木脂素也可以协同提高喂饲低含量 α－生育酚大鼠体内的维生素 E 活性[122]。Kamal－Eldin 等[123]发现大鼠喂饲芝麻素——芝麻油中的一种木脂素后，血浆、肝脏和肺中 γ－生育酚和 γ－/α－生育酚的比例有所增加。芝麻素似乎提高了大鼠血浆和组织中 γ－生育酚的生物有效性，并且 α－生育酚存在时这种作用也会存在。摄入芝麻籽也能提高膳食中喂饲富含生育三烯酚的大鼠脂肪组织和皮肤中生育三烯酚的浓度[124]。芝麻木脂素对人体内生育酚水平的影响也有研究报道。在一项针对 40 名健康瑞典女性（平均年龄 26 岁）的研究中，受试者每天摄入 22.5g 芝麻油，血清中 γ－生育酚的水平显著提高[125]。Coonery 等[126]给 9 位志愿者提供 γ－生育酚添加量相同（分别来自于芝麻油、核桃油、大豆油）的松饼，每天仅摄入 5mg γ－生育酚，发现连续食用 3d 后，食用添加芝麻油的松饼的受试人群血清中 γ－生育酚含量显著提高，而食用添加核桃油和大豆油的受试者血清中 γ－生育酚没有变化。

12.7.4 对血压的影响

芝麻素是芝麻及芝麻油中含量最丰富的木脂素，能够抑制由醋酸脱氧皮质酮（DOCA）及盐诱发的大鼠高血压[127]。研究报道芝麻素能够有效抑制二肾一夹型（2k，1c）肾性高血压大鼠的血压升高及心脏肥大[128]。在卒中易感型自发性高血压大鼠（SHRSP）模型中，饲喂的芝麻素作为抗高血压药物对盐负荷卒中易感性自发性高血压大鼠（1%盐水）比非盐负荷的卒中易感性自发性高血压大鼠有效得多[129]。

12.7.5 生物体系中的抗氧化作用

在动脉粥样硬化的形成中，低密度脂蛋白的氧化修饰是关键步骤，因此它是降低动脉粥样硬化进程的干预目标[130]。有研究推荐添加抗氧化剂如维生素 E、丙丁酚及 *N*，*N*′-二苯基对苯二胺（DPPD）以预防低密度脂蛋白的氧化[131~133]。由于芝麻油中含有芝麻素酚、芝麻林酚、松脂醇及 P1 等内源性抗氧化剂，因此其对氧化劣变具有很强的抑制能力。芝麻素酚通过破坏体外脂质过氧化级联反应链，对 2,2′-偶氮二（2,4-二甲基戊腈）（AMVN）诱发的低密度脂蛋白过氧化有很强的抑制作用[134]。研究发现不管是 Cu^{2+} 还是 2,2′-偶氮二（2-甲基丙基脒）二盐酸盐（AADH）诱导的低密度脂蛋白脂质过氧化，芝麻素酚都比 α-生育酚和丙丁酚具有更好的抑制效果。在构成芝麻木脂素的四种物质中（芝麻素酚、芝麻林酚、松脂醇和和 P1），芝麻素酚是保护低密度脂蛋白避免发生氧化修饰最有效的抗氧化剂[135]。芝麻素酚的强抗氧化作用可能是由于其高亲脂性使其能在低密度脂蛋白微粒内部发生作用，从而减少生育酚的消耗[122,123]。

通过动物模型研究了芝麻木脂素在体内的抗氧化活性[136]。当 SD 大鼠饲喂含有1%芝麻林素的饲料时，肝脏和肾脏中脂质过氧化水平（通过测定 2-硫代巴比妥酸反应物，TBARS）显著降低。8-羟基-2′-脱氧鸟苷是活性氧自由基攻击 DNA 分子中鸟嘌呤碱基第 8 位碳原子产生的一种氧化性加合物，是对 DNA 氧化损伤作用很好的标记物[137]，在饲喂芝麻林素的大鼠中，其含量也显著降低。芝麻林素是芝麻油中一类主要的木脂素，其在体外并不具备任何抗氧化活性[138]。给大鼠膳食中补充占总能量摄入值40%的芝麻油、大豆油、橄榄油或卡诺拉油，持续饲喂 7 周后，摄食芝麻油组降低脂质过氧化水平效果最为明显[139]。芝麻富含芝麻木脂素——芝麻素及芝麻林素，能够降低脂肪酸合成过程中酶的活性，因而能够降低膳食中富含芝麻木脂素大鼠体内血清甘油三酯的含量水平[140]。

芝麻含有两种木脂素，即油溶性木脂素如芝麻素和芝麻林素，及水溶性木脂素糖苷如松脂素糖苷[141]和芝麻素酚糖苷[142]。由于不含有酚基团，这两种糖苷的过氧化氢自由基清除能力比它们对应的配基要弱。Kang 等[143]利用高血胆固醇动物模型（考察对象为兔子）研究证实了脱脂芝麻粉（含 1%芝麻素酚糖苷）能降低兔子肝脏和血清中的过氧化反应。在兔子的血清和肝脏中发现了大量的芝麻素酚，它是芝麻素酚糖苷的主要代谢物，同时也是强抗氧化剂[143]。在胰岛素抗性动物模型中，给大鼠提供高果糖膳食会诱发胰岛素抗性，同时伴随着高氧化应激反应[144]。饲喂胰岛素抗性大鼠 1.0g/kg BW 的粗木脂素糖苷后，其肝脏的 2－硫代巴比妥酸反应物显著降低，胰岛素敏感性有所提高，表明氧化应激反应有所减轻[145]。

12.7.6 对癌症的影响

抗氧化剂被认为对氧化应激反应起到重要的防御作用，氧化应激可能引起膜、核酸及蛋白质的损坏，从而导致循环系统疾病、衰老、突变和癌症[146]。由于芝麻木脂素具有抗氧化能力，研究者研究了其对动物模型体内过氧化作用的影响，如兔红细胞影膜的过氧化和大鼠肝脏微粒体的过氧化[147]。发现芝麻木脂素在这些动物模型中具有与生育酚等效甚至更强的过氧化抑制效果。芝麻素酚与生育酚一样，对红细胞膜脂质过氧化引起的 *E. coli* WP2s 诱变具有很强的抑制作用[147]。

如前所述，芝麻木脂素，尤其是芝麻素和异芝麻素会影响多不饱和脂肪酸代谢及前列腺素的生成。由于前列腺素是导致乳腺癌发生的最具影响力的因子之一，Hirose 等[99]研究了芝麻素对由二甲基苯并蒽（DMBA）诱发的乳腺癌的影响。结果表明膳食中添加 0.2% 的芝麻素会显著降低乳腺癌细胞的聚积数目和平均数目；芝麻素的抗乳腺癌效果与 α－生育酚类似。

研究者通过对二级皮肤肿瘤模型 ICR（美国癌症研究所）小鼠局部使用或口服芝麻组分研究了芝麻组分的抗肿瘤促进活性。皮肤肿瘤由 7,12－二甲基苯并蒽激发，由 12－氧－十四烷佛波醇－13－乙酸酯（TPA）促进。在 12－氧－十四烷佛波醇－13－乙酸酯作用后局部使用芝麻组分能显著延迟皮肤乳头瘤的形成。研究者认为芝麻具有清除由 12－氧－十四烷佛波醇－13－乙酸酯产生的活性氧体系或过氧化分子的自由基的能力。因此，芝麻对肿瘤的抑制可导致 12－氧－十四烷佛波醇－13－乙酸酯代谢的失活。口服芝麻组分也能够有效抑制皮肤乳头瘤的形成，表明芝麻组分甚至在通过消化器官后也能被吸收并保持活性[149]。

然而，芝麻素并未能显著地降低由 *N*－亚硝基双－（2－氧代丙基）－胺（BOP）诱发的仓鼠胰腺癌细胞数目[150]。研究发现膳食中添加 2% 芝麻酚会引起大鼠和小鼠前胃致癌[151]。幸运的是，人类没有前胃，且每日摄取的芝麻酚也远低于 2%。

12.7.7 对肝功能的影响

饲喂大鼠高于 0.5% 的芝麻素，由于肝脏中磷脂含量的增加，会引起大鼠临时性肝增大；但未发现特殊的组织学病变，且血清谷草转氨酶（GOT）及谷丙转氨酶（GPT）活力没有变化[99,106]。芝麻素有助于促进肝功能，特别在内质网中。当小鼠暴露于高浓度的四氯化碳中或持续吸入乙醇引起肝脏损伤时，芝麻素能够提高其肝脏功能[152]。此外，研究发现预先给食芝麻素的大鼠血浆中乙醇浓度的降低速率快于对照组大鼠。此外，也有人体实验研究芝麻素对乙醇代谢作用的报道。食用芝麻素的成年男性（100mg/d，7d）血液中乙醇浓度的降低速率要快很多[153]。

芝麻素和芝麻素酚对因饮食中摄入酒精而引起的免疫学指标的调节作用也有研究报道。长期饮酒会增加血浆中 IgA、IgM 及 IgG 的浓度，若膳食中摄入 0.2% 的芝麻素就会抑制 IgA 及 IgM 含量的增加，而芝麻素酚则不起作用。此外，膳食中补充芝麻素会减轻由于酒精摄入而引起的相对肝脏重量的增加，但摄入芝麻素酚对此没有作用[154]。

参考文献

1. D. Bedigian and J. R. Harlan, *Econ Bot.*, **40**, 137(1986).
2. N. M. Nayar, in N. W. Simmonds, ed., *Sesame:Evolution of Crop Plants*, Longman, London and New York, 1976, pp. 231 – 233.
3. T. Kobayashi, in A. Ashri, ed., *Sesame: Status and Improvement Proceedings of Expert Consultation, The Type Classification of Cultivated Sesame Based on Genetic Characters*, FAO Plant Production and Protection Paper 29 Rome, 1981, pp. 86 – 89.
4. N. M. Nayar and K. L. Mehra. *Econ. Bot.*, **24**, 20(1970).
5. A. Ashri, in G. Roebblen, R. K. Downey, and A. Ashri, eds., *Oil Crops of the Word*, McGraw Hill, New York, 1989, p. 375.
6. J. J. Ochse, J. Soule, M. J. Dijkman, and C. Wehlburg, *Tropical and Subtropical Agriculture Vol. II*, Macmillan, New York, 1961, pp. 1089 – 1093.
7. J. W. Purseglove, *Tropical Crops:Dicotyledons*, Longman, Harlow, Essex, 1982, pp. 430 – 435.
8. D. G. Langham, *J. Hered.*, **36**, 245(1945).
9. D. G. Langham, *J. Hered.*, **37**, 149(1946).
10. D. G. Langham, *J. Hered.*, **38**, 347(1957).
11. T. W. Culp, *J. Hered.*, **51**, 146(1960).
12. D. R. Langham and T. Wiemers, in J. Janick and A. Whipkey, eds., *Trends in New Crops and New Used*, ASHS Press, Alexandria, VA, 2002, p. 157.
13. Food and Agriculture Organization of the United Nations (FAO). (2003). Available: http://faostat. fao. org/faostat/collections? subset = agriculture.
14. D. H. Siraj, *Palm Oil Link*, **12**, 1 – 5(2002).
15. D. A. Dashak and C. N. Fali, *Food Chem.*, **47**, 253(1993).
16. G. -C. Yen, S. -L. Shyu, and J. -S. Lin, *J. Agric. Forest.* (*Taiwan*), **35**, 177(1986).
17. U. E. Inyang and C. U. Nwadimkpa, *J. Amer. Oil Chem. Soc.*, **69**, 819(1992).

18. J. E. Kinsella and R. R. Mohite, in A. M. Altsechull and H. L. Wilcke, eds. , *New Protein Foods*, Academic Press, New York, 1985, 435 – 456.
19. L. A. Johnson, T. M. Suleiman, and E. W. Lusas, *J. Amer. Oil Chem. Soc.* , **56**, 463(1979).
20. A. Kamal-Eldin and L. -Å. Appelqvist, *J. Amer. Oil Chem. Soc.* , 71, 135(1994).
21. T. Tashiro, Y. Fukuda, T. Osawa, and M. Namiki, *J. Amer. Oil Chem. Soc.* , **67**, 508(1990).
22. H. Baydar, I. Turgut, and K. Turgut, *Tr. J. Agric. Forest.* , **23**, 431(1999).
23. H. Baydar and I. Turgut, *Tr. J. Agric. Forest.* , **18**, 387(1994).
24. Codex Alimentarius, *Named Vegetable Oils* 8, Codex Standard 210,(2001).
25. R. T. Olimentarand S. F. Herb, *J. Amer. Oil Chem. Soc.* , **47**, 186A(1970).
26. H. Yoshida, J. Shigezaki, S. Takagi, and G. Kajimoto, *J. Sci. Food Agric.* , **68**, 407(1995).
27. A. Kamal-Eldin and L. -Å. Appelqvist, *J. Amer. Oil Chem. Soc.* , 71, 149(1994).
28. R. J. Sims, J. A. Fioriti, and M. J. Kanuk, *J. Amer. Oil Chem. Soc.* , **49**, 298(1972).
29. T. A. Miettinen, T. Puska, H. Glyying, H. Vanhanen, and E. Vartianen, *N. Engl. J. Med.* , **333**, 1308 (1995).
30. A. B. Awad, Y. -C. Chen, C. S. Fink, and T. Hennessey, *Anticancer Res.* , **16**, 2797(1996).
31. R. L. Von Holtz, C. S. Fink, and A. B. Awad, *Nutr. Cancer*, **32**, 8(1998).
32. A. Downie, C. S. Fink, and A. B. Awad, *FASEB*, **13**, A433(1999).
33. C. H. Lea and R. J. Ward, *J. Sci. Food Agric.* , **10**, 537(1959).
34. G. W. Burton and M. G. Traber, *Ann. Rev. Nutr.* , **10**, 375(1990).
35. M. S. Narasinga Rao in H. V. Srivastava, S. Bhaskaran, B. Vatsya, and K. K. G. Menon, eds. , *Oilseeds Production: Constraints and Opportunities*, Oxford and IBH, New Delhi, India, 1985, pp. 625 – 634.
36. M. C. S. Sastry, N. Subramanian, and H. A. B. Parpia, *J. Amer. Oil Chem. Soc.* , **51**, 115(1974).
37. T. A. El-Adawy, *Food Chem.* , **59**, 7(1997).
38. G. I. O. Badifu and E. M. Akpagher, *Plant Foods for Human Nutrition*, **49**, 119(1996)
39. P. Budowski and K. S. Markely, *Chem. Rev.* , **48**, 125(1951).
40. M. Namiki, *Food Rev. Int.* , **11**, 281(1995).
41. Y. Fukuda, M. Nagata, T. Osawa, and M. Namiki, *J. Amer. Oil Chem. Soc.* , **63**, 1027(1986).
42. P. K. J. P. D. Wanasundara, F. Shahidi, and V. K. S. Shukla, *Food Rev. Int.* , **13**, 225(1997).
43. Y. Fukuda, T. Osawa, S. Kawakishi, and M. Namiki, *Nippon Shokuhin Kogyo Gakkaishi*, **35**, 483(1988).
44. W. A. Jones and M. Beroza, *J. Org. Chem.* , **27**, 3232(1962).
45. A. Kamal-Eldin and G. Yousif, *Phytochemistry*, **31**, 2911(1992).
46. T. Osawa, M. Nagata, M. Namiki, and Y. Fukuda, *Agric. Biol. Chem.* , **49**, 3351(1985).
47. M. Nagata, T. Osawa, M. Namiki, and Y. Fukuda, *Agric. Biol. Chem.* , **51**, 1285(1987).

48. Y. Fukuda, T. Osawa, M. Namiki, and T. Ozaki, *Agric. Biol. Chem.*, **49**, 301(1985).

49. H. Katsuzaki, M. Kawasumi, S. Kawakishi, and T. Osawa, Biosci. *Biotech. Biochem.*, **56**, 2087(1992).

50. H. Katsuzaki, S. Kawakishi, and T. Osawa, *Phytochemistry*, **35**, 773(1994).

51. K. -I. Kuriyama, K. -Y. Tsuchiya, and T. Murui, *Nippon Nōgeikagaku Kaishi*, **67**, 1693(1993).

52. T. Osawa, H. Kumon, M. Namiki, S. Kawakishi, and Y. Fukuda, in M. W. Pariza, H. U. Aeschbacher, J. S. Felton, and S. Sato, eds., *Mutagens and Carcinogens in the Diet*, Wiley-Liss, New York, 1990, p. 233.

53. S. N. Ryu, C. -T. Ho, and T. Osawa, *J. Food Lipids*, **5**, 17(1998).

54. G. -C. Yen, S. -L. Shyu and T. -C. Lin, *Food Sci.* (Chinese), **13**, 198(1986)

55. G. -C. Yen, and S. -L. Shyu, *J. Chinese Agric. Chem. Soc.*, **26**, 50(1988).

56. A. J. Shi, *Food Res. Develop.* (*China*), **22**, 43(2001).

57. G. -C. Yen, and Y. -E. Tsai, *Food Sci.*, **17**, 87(1990).

58. Oil Technological Research Institute, *Profiles in Oil Technology*, OTRI, Anantpur, India, 1977, p. 157.

59. B. D. Green, in E. W. Lusas, D. R. Erickson, and W. Nip, eds., *Food Uses of Whole Oil and Protein Seeds*, Amer. Oil Chem. Soc., Champaign, Illinois, 1989, p. 218.

60. B. S. Ramachandra, M. C. S. Sastry, and L. S. Subbarao, *J. Food Sci. Technol.* (Mysore), **7**, 127(1970).

61. Y. G. Moharram, A. M. Moustafa, and H. O. A. Osman, *Lebensm. Wiss. Technol.*, **14**, 137(1981).

62. G. M. Yehai, O. A. Hussein, andI. A. Y. Abou-El-Khier, *Food Nut. Bull*, **121**, 1(1985).

63. D. K. Nag, D. Pandit, M. Sen, D. K. Bhattacharya, M. M. Chakraborty, and S. Mukherjee, Sci. Culture, **65**, 163(1999).

64. A. Kamal-Eldin and L. -Å. Appelqvist, *J. Amer. Oil Chem. Soc.*, **72**, 967(1995).

65. L. -W. Chang, W. -J. Yen, S. C. Huang, and P. -D. Duh, *Food Chem.*, **78**, 347(2002).

66. H. A. Abou-Gharbia, F. Shahidi, A. A. Y. Shehata, and M. M. Youssef, *J. Amer. Oil Chem. Soc.*, **74**, 215 (1997).

67. G. -C. Yen and S. -L. Shyu, *Food Chem.*, **31**, 215(1989).

68. G. -C. Yen, *J. Sci. Food Agric.*, **50**, 563(1990).

69. H. Yoshida and S. Takagi, *J. Sci. Food Agric.*, **75**, 19(1997).

70. H. Yoshida, Y. Hirakawa, and S. Takagi, *J. Sci. Food Agric.*, **80**, 1495(2000).

71. Y. Fukuda, M. Nagata, T. Osawa, and M. Namiki, *Agric. Biol. Chem.*, **50**, 857(1986).

72. Y. Koizumi, Y. Fukuda, and M. Namiki, *Nippon Shokuhin Kagaku Kogaku Kaishi*, **43**, 689(1996).

73. Y. Fukuda, Y. Koizumi, R. Ito, and M. Namiki, *Nippon Shokuhin Kagaku Kogaku Kaishi*, **43**, 1272 (1996).

74. G. -C. Yen and S. -L. Shyu, *Food Sci.*, **19**, 25(1992).

75. H. Yoshida, *J. Sci. Food Agric.*, **65**, 331(1994).

76. H. A. Abou-Gharbia, A. A. Y. Shehata, and F. Shahidi, *Food Res. Int.*, **33**, 331(2000).

77. H. Yoshida, S. Abe, Y. Hirakawa, and S. Takagi, *J. Sci. Food Agric.*, **81**, 620(2001).

78. H. Yoshida and G. Kajimoto, *J. Food Sci.*, **59**, 613(1994).

79. D. K. Salunkhe, J. K. Chavan, R. N. Adsule, and S. S. Kadam, *World Oilseeds: Chemistry, Technology and Utilization*, Van Nostrand Reinhold, New York, pp. 371 – 402(1992).

80. H. G. Muralidhara, in *A Panorama of the World of Oils*, National Education Society, Shimoga, India, 1981, pp. 56 – 57.

81. P. Brandt, E. Hollstein, and C. Franzke, *Lebensm. Ind.*, **20**, 31(1973).

82. G. -P. Dong, *China Oil Fat*, **18**, 55(1993).

83. S. Y. Tsai and Y. H. Chu, *Report of FIRDI(Taiwan)*, **21**(1991).

84. S. B. Mukhopadhyay, P. K. Gupta, and A. K. Basu, *J. Amer. Oil Chem. Soc.*, **69**, 294(1992).

85. L. L. Richardson, *J. Amer. Oil Chem. Soc.*, **55**, 777(1978).

86. H. B. W. Patterson, *J. Amer. Oil Chem. Soc.*, **53**, 339(1976).

87. K. Y. Liew, A. H. Yee, and M. R. Nordin, *J. Amer. Oil Chem. Soc.*, **70**, 539(1993).

88. Y. -Y. Chang and C. -I. Lin, *J. Chem. Eng. Jpn.*, **34**, 1(2001).

89. S. -P. Lin, C. -I. Lin, and H. -K. Chen, *J. Chem. Eng. Jpn*, **34**, 737(2001).

90. P. Budowski, F. G. T. Menezenes, and F. G. Doller, *J. Amer. Oil Chem. Soc.*, **27**, 377(1950).

91. Y. Fukuda, M. Isobe, M. Nagata, T. Osawa, and M. Namiki, *Heterocycles*, **24**, 923(1986).

92. M. Beroza, *J. Amer. Oil Chem. Soc.*, **78**, 5082(1956).

93. P. Budowski, *J. Amer. Oil Chem. Soc.*, **41**, 280(1964).

94. F. Shahidi, R. Amarowicz, H. A. Abou-Gharbia, and A. Adel Y. Shehata, *J. Amer. Oil Chem. Soc.*, **74**, 143(1997).

95. K. Asakura, E. Honda, S. Matsumura, S. Osanai, and K. Kawada, *J. Oleo. Sci.*, **51**, 97(2002).

96. S. Shimizu, K. Akimoto, H. Kawashima, Y. Shinmen, and H. Yamada, *J. Amer. Oil Chem. Soc.*, **66**, 237 (1989).

97. S. Shimizu, K. Akimoto, Y. Shinmen. H. Kawashima, M. Sugano, and H. Yamada, *Lipids*, **29**, 512 (1991).

98. M. Sugano, T. Inoue, K. Koba, K. Yoshida, N. Hirose, Y. Shinmen, K. Akimoto, and T. Amachi, *Agric. Biol. Chem.*, **54**, 2669(1990).

99. N. Hirose, F. Doi, T. Ueki, K. Akazawa, K. Chijiiwa, M. Sugano, K. Akimoto, S. Shimizu, and H. Yamada, *Anticancer Res.*, **12**, 1259(1992).

100. Y. Fujiyama-Fujiwara, R. Umeda-Sawada, and O. Igarashi, *J. Nutr. Sci. Vitaminol.*, **38**, 353(1992).

101. R. Umeda-Sawada, N. Takahashi, and O. Igarashi, *Biosci. Biotech. Biochem.*, **59**, 2268(1995).

102. R. Umeda-Sawada, M. Ogawa, and O. Igarashi, *Lipids*, **33**, 567(1998).

103. H. O. Bang, *Lancet*, **1**, 1143(1971).

104. S. Satchithanandam, M. Reicks, R. J. Calvert, M. M. Cassidy, and D. Kritchevsky, *J. Nutr.*, **123**, 1852 (1993).

105. S. Satchithanandam, R. Chanderbhan, A. T. Kharroubi, R. J. Calvert, D. Klurfeld, S. A. Tepper, and D. Kritchevsky, *Int. J. Vit. Nutr. Res.*, **66**, 386(1995).

106. N. Hirose, T. Inoue, K. Nishihara, M. Sugano, K. Akimotok, S. Shimizu, and H. Yamada, *J. Lipid Res.*, **32**, 629(1992).

107. A. Nakabayashi, Y. Kitagawa, Y. Suwa, K. Akimoto, S. Asami, S. Shimizu, N. Hirose, M. Sugano, and H. Yamada, *Int. J. Vit. Nutr. Res.*, **65**, 162(1995).

108. F. Hirata, K. Fujita, Y. Ishikura, K. Hosoda, T. Ishikawa, and H. Nakamura, *Atherosclerosis*, **122**, 135 (1996).

109. N. Hirose, T. Inoue, K. Nishihara, M. Sugano, K. Akimoto, S. Shimizu, and H. Yamada, *J. Lipid Res.*, **32**, 629(1991).

110. L. Ashakumary, I. Rouyer, Y. Takahashi, T. Ide, N. Fukuda, T. Aoyama, T. Hashimoto, M. Mizugaki, and M. Sugano, *Metabolism*, **48**, 1303(1999).

111. T. Ide, L. Ashakumary, Y. Takahashi, M. Kushiro, N. Fukuda, and M. Sugano, *Biochimica Biophysica Acta*, **1534**, 1(2001).

112. M. Kushiro, T. Masaoka, S. Hageshita, Y. Takahashi, T. Ide, and M. Sugano, *J. Nutr. Biochem.*, **13**, 289(2002).

113. M. Namiki, K. Yamashita, and T. Osawa, in K. Yagi, ed., *Active Oxygens, Lipid Peroxides, and Antioxidants*, Japan Scientific Society Press, Tokyo/CRC Press, Boca Raton, Florida, 1993, p. 319.

114. K. Yamashita, Y. Kawagoe, Y. Nohara, M. Namiki, T. Osawa, and S. Kawagishi, *J. Jpn. Soc. Nutr. Food Sci.*, **43**, 445(1990).

115. K. Yamashita and M. Namiki, in T. Takeda, ed., *The SAM Model of Senescence*, Excerpta Medica Amsterdam, London-New York-Tokyo, 1994, p. 153.

116. B. Loo, R. Labugger, C. P. Aebischer, J. N. Skepper, M. Bachschmid, V. Spizer, J. Kilo, L. Altwegg, V. Ullrich, and T. F. Lü scher, *Circulation*, **105**, 1635(2002).

117. I. R. Peake and J. G. Bieri, *J. Nutr.*, **101**, 1615(1971).

118. J. G. Bieri and R. P. Evarts, *J. Nutr.*, **104**, 850(1974).

119. G. G. Duthie, B. M. Gonzalez, P. C. Morrice, and J. R. Arthur, *Free Radic. Res. Commun.*, **15**, 35 (1991).

120. T. Saldeen, D. Li, and J. L. Mehta, *J. Amer. Coll. Cardiol.*, **34**, 1208(1999).

121. K. Yamashita, Y. Nohara, K. Katayama, and M. Namiki, *J. Nutr.*, **122**, 2440(1992).

122. K. Yamashita, Y. Iizuka, T. Imai, and M. Namiki, *Lipids*, **30**, 1019(1995).

123. A. Kamal-Eldin, D. Pettersson, and L. -Å. Appelqvist, *Lipids*, **30**, 499(1995).

124. S. Ikeda, K. Toyoshima, and K. Yamashita, *J. Nutr.*, **131**, 2892(2001).

125. M. Lemcke-Norojärvi, A. Kamal-Eldin, L. -Å. Appelqvist, L. H. Dimberg, M. Öhrvall, and B. Vessby, *J. Nutr.*, **131**, 1195(2001).

126. R. V. Cooney, L. J. Custer, L. Okinaka, and A. A. Franke, *Nutr. Cancer*, **39**, 66(2001).

127. Y. Matsumura, S. Kita, S. Morimoto, K. Akimoto, M. Furuya, N. Oka, and T. Tanaka, *Biol. Pharm. Bull.*, **18**, 1016(1995).

128. S. Kita, Y. Matsumura, S. Morimoto, K. Akimoto, M. Furuya, N. Oka, and T. Tanaka, *Biol. Pharm. Bull.*, **18**, 1283(1995).

129. Y. Matsumura, S. Kita, Y. Tanida, Y. Taguchi, S. Morimoto, K. Akimoto, and T. Tanaka, *Biol. Pharm. Bull.*, **21**, 469(1998).

130. D. Steinberg, *J. Biol. Chem.*, **272**, 20, 963(1997).

131. R. M. Dieber, H. Puhl, G. Waeg, G. Striegl, and H. Esterbauer, *J. Lipid Res.*, **32**, 1325(1991).

132. J. Regnstrom, G. Walldius, L. A. Carlson, and J. Nilsson, *Atherosclerosis*, **82**, 43(1990).

133. C. P. Sparrow, T. W. Doebber, J. Olszewski, M. S. Wu, J. Ventre, K. A. Stevens, and Y. S. Chao, *J. Clin. Invest.*, **89**, 1885(1992).

134. M. -H. Kang, H. Katsuzaki, and T. Osawa, *Lipid*, **33**, 1031(1998).

135. M. -H. Kang, M. Naito, K. Sakai, K. Uchida, and T. Osawa, *Life Sci.*, **66**, 161(2000).

136. M. -H. Kang, M. Naito, N. Tsujihara, and T. Osawa, *J. Nutr.*, **128**, 1018(1998).

137. B. Halliwell and O. I. Aruoma, *DNA and Free Radicals*, Ellis Horwood, Chichester, U. K., 1993.

138. P. Budowski, *J. Amer. Oil Chem. Soc.*, **27**, 264(1950).

139. N. H. Baba, Z. Ghossoub, and Z. Habbal, *Nutr. Res.*, **20**, 1113(2000).

140. S. Sirato-Yasumoto, M. Katsuta, Y. Okuyama, Y. Takahashi, and T. Ide, *J. Agric. Food Chem.*, **49**, 2647(2001).

141. H. Katsuzaki, M. Kawasumi, S. Kawakishi, and T. Osawa, *Biosci. Biotechnol. Biochem.*, **56**, 2087 (1992).

142. H. Katsuzaki, S. Kawakishi, and T. Osawa, *Phytochemistry*, **35**, 773(1994).

143. M. -H. Kang, Y. Kawai, M. Naito, and T. Osawa, *J. Nutr.*, **129**, 1885(1999).

144. F. S. Facchini, M. H. Humphreys, C. A. DoNascimento, F. Abbasi, and G. M. Reaven, Am. *J. Clin. Nutr.*, **72**, 776(2000).

145. S. -F. Kang, M. S. Thesis, Grad. Inst. of Food Sci. and Tech. , National Taiwan University, Taipei, Taiwan, 2001, p. 72.

146. B. Halliwell, R. Aeschbach, J. Löliger, and O. I. Aruoma, *Food Chem. Toxicol.* , **33**, 601(1995).

147. T. Osawa, M. Namiki, and S. Kawakishi, in Y. Kuroda, D. M. Shankel, and M. D. Waters, eds. , *Antimutagenesis and Anticarcinogenesis Mechanisms II*, Plenum, New York, 1990, p. 139.

148. A. Mimura, K. Takebayashi, M. Niwano, H. Tokuda, H. Nishino, A. Iwashima, and Y. Takahara, *Proc. Jpn. Cancer Assoc.* , **57**(1991).

149. A. Mimura, K. Takebayashi, M. Niwano, Y. Takahara, T. Osawa, and H. Tokuda, in C. -T. Ho, T. Osawa, M. -T. Huang, and R. -T. Rosen, eds. , *Food Phytochemicals in Cancer Prevention II*, American Chemical Society, Series 547, American Chemical Society, Washington, D. C. , 1994, p. 281.

150. T. Ogawa, T. Makino, N. Hirose, and M. Sugano, *Carcinogenesis*, **13**, 1663(1994).

151. S. Tamano, M. Hirose, H. Tanaka, E. Asakawa, K. Ogawa, and N. Ito, *Jpn. J. Cancer Res.* , **83**, 1279 (1992).

152. K. Akimoto, Y. Kitagawa, T. Akamatsu, N. Hirose, M. Sugano, S. Shimizu, and H. Yamada, *Ann. Nutr. Metab.* , **37**, 218(1993).

153. M. Nakamura, H. Nagai, M. Nakagawa, and M. Sugano, 45th Annual Meeting of the Japanese Society of Nutrition and Food, 1991, p. 168.

154. M. Nonaka, K. Yamashita, Y. Iizuka, M. Namiki, and M. Sugano, *Biosci. Biotech. Biochem.* , **61**, 836 (1997).

13 大豆油

Earl G. Hammond，Lawrence A. Johnson，Caiping Su，
Tong Wang，Pamela J. White
Iowa State University，
Ames，*Iowa*

13.1 引言

近年来，大豆以及其他植物油料作物的种植量一直在持续增长。2003 年，世界大豆产量估计达 1.8449 亿 t，而植物油料作物的总产量为 3.1789 亿 t，这使得大豆成为世界上产量最大的油料作物，只有棕榈可与之相匹敌[1]。2003 年，世界范围内大豆作物的产油量预计可达到 2985 万 t，植物油的总产量预计为 9179 万 t。2002 年，美国大豆油产量估计达 859 万 t，其中国内消费量为 786 万 t。2002—2003 年，巴西大豆油的产量为 490 万 t，阿根廷为 412 万 t[2]。在过去的五年内，美国大豆毛油的价格在 0.24 ~ 0.62 美元/kg 变化，且近期呈现降低趋势[1]。

大豆能在油料市场上占据主导地位，主要是由于大豆中的蛋白质含量比其他油料种子中蛋白质的含量高得多。2003 年的油粕总量为 1.8569 亿 t，其中有 1.2958 亿 t 是大豆粕[1]。在过去的十年里，大豆产业总利润中有 51% ~76% 来自于大豆粕。虽然大豆油的组成成分十分适合用于制作色拉油，但加工者们常常将大豆油氢化处理后用于制备人造奶油或煎炸油。由于亚麻酸的含量较高，大豆油的氧化稳定性较差。近 10 年间，很多人尝试改变大豆油的脂肪酸组成，以便更好地完善它在各方面的用途，但是由于转基因技术在油籽培育、基因分离、特殊品种测试方面的高额费用以及公众对转基因食用油脂的抵制，限制了转基因大豆的发展。

13.2 大豆的组成成分

近年来，美国种植的大豆的平均组分（油脂、蛋白质以及一些氨基酸）见表 13.1[3]。除了品种的差异外，大豆组分还受到地理及环境因素的影响。Hurburgh[5] 认为，“随着年份的变化，大豆中油脂含量的变化远大于蛋白质。离玉米种植带（可能这些地区有较多极端的天气）最远的州，其大豆组成的变化最为明显。”表13.2所示为环境、耕种方式中对大豆中蛋白质和油脂含量有明显影响的一些因素。Maestri等[6]在阿根廷的几个地区种植大豆作物，发现蛋白质和油脂含量与海拔的高度呈正相关性。蛋白质含量与纬度及降水量呈负相关性，而油脂含量与温度及降水量呈负相关性。大豆中的油脂含量与蛋白质含量呈负相关性，但是如何在保持油脂含量不变的情况下生产出高蛋白品质的大豆是美国大豆种植者需要优先考虑的，这已取得了一些进展[7,8]。有报道表明，Prolina品种的大豆油脂含量为22.7%，蛋白质含量为45.5%（均以干基计算）。同样也有人对降低大豆中抗消化、抗营养、引起肠胃胀气的低聚糖产生了研究兴趣。

表13.1 大豆中典型组分（以干基计，$\bar{x}\pm S$）[3] 单位：%

组分	含量	组分	含量
蛋白质	40.69±0.51	苏氨酸	1.54±0.07
赖氨酸	2.56±0.11	油脂	21.38±0.64
蛋氨酸	0.57±0.03	灰分	4.56±0.34[4]
半胱氨酸	0.72±0.06	碳水化合物	29.4±3.29[4]
色氨酸	0.52±0.05		

异黄酮是大豆中的微量组分，食用异黄酮对健康有益[9~11]。在美国，政府鼓励人们直接食用大豆蛋白以摄取大豆异黄酮。异黄酮的含量因大豆品种和生长环境而异，有报道表明，美国大豆中异黄酮的含量为1.2~2.5mg/g[9]，韩国大豆中含量为0.5~2.3mg/g[10]，日本大豆中含量为0.2~3.5mg/g[11]。

表13.2 环境和耕种方式对大豆中蛋白质和油脂含量的影响[3]

变量	蛋白质	油脂	变量	蛋白质	油脂
高温	?①		提高土壤肥力（磷，硫）	+	+
早期干旱季节	−	+	晚期种植	+	−
晚期干旱季节	+	−	虫害脱叶	−	−
早期霜冻/低温	−	−②	虫害脱荚	+	?
增加土壤含氮量	+	−	接种根瘤菌	+	−

注：①？—不确定；+—提高；−—降低。
②油脂含量降低是由于脱除叶绿素时，精炼损失造成的。

大豆中脂肪的典型组分见表13.3，甘油三酯是其中最主要的成分。大豆中磷脂含量为3.7%，比通常用正己烷浸出得到的油中磷脂的含量要高，浸出油中磷脂含量一般为

1.85%～2.75%[19]。大豆油中不皂化物含量为1.45%，其中16%是甾醇，8.5%是生育酚，26%是烃类化合物，其余50%由其他微量物质以及未知物质组成。甾醇中52%为β－谷甾醇、25%为菜油甾醇、还有23%为豆甾醇。Maestrl等[4]报道的总甾醇中三种主要甾醇的比例与此类似，同时也报道了Δ^5－燕麦甾醇的含量为（5.4±0.82）%、Δ^7－豆甾醇的含量为（3.8±0.76）%、Δ^7－燕麦甾醇的含量为（1.3±0.42）%和微量的胆固醇。生育酚中大概7.6%为α－生育酚、1.5%为β－生育酚、67.8%为γ－生育酚、23.6%为δ－生育酚。由于大豆品种的不同，不同种类的甾醇和生育酚含量在相对比例上会有相当大的差异[4,16,20]。Vlahakis和Hazebroeck[21]研究了生长地区和温度对不同品种大豆中甾醇和总生育酚含量的影响。他们发现生长温度可使甾醇含量的变化达到2.5倍，并且随着温度的升高，甾醇含量也会增加，同时菜油甾醇和β－谷甾醇的比例增加，总的生育酚含量降低。McCord等[22]研究了一些低亚油酸酯大豆和正常品种的大豆。低亚麻酸酯比高亚麻酸酯品种的大豆中生育酚的含量一般要低6%，但一些低亚麻酸酯含量的大豆与正常含量的大豆在生育酚含量水平上的差异并不是很明显。α－生育酚和γ－生育酚倾向集中在大豆胚芽中，而δ－生育酚集中在胚乳中[23]。大豆中烃类物质是由长度为14～33的烃类加上角鲨烯以及少量的六氢法尼基丙酮组成的[14,15]。其中角鲨烯的含量大约为0.014%。从文献中的两个例子可以判断出，烃类链长的分布似乎随着植株品种的不同而有很大的差异。游离脂肪酸含量会随着大豆的成熟度和完整性发生很大的变化，但在毛油中很少会低于0.1%[18]。破损大豆中游离脂肪酸的含量为1%～8%，同时铁和铜的含量也有所增加，分别为3～7mg/L和0.08～0.18mg/L。

表13.3 人豆毛油中的典型组分含量

组分	含量/%	标准偏差/%
甘油三酯	94.4①	1.4
磷脂	3.7②	1.2[12]
不皂化物[13－15]	1.3～1.6	
甾醇③[16]	0.236	0.053
菜油甾醇	0.059	0.018
豆甾醇	0.054	0.013
β－谷甾醇	0.123	0.027
Δ^5－燕麦甾醇[17]	0.005	
Δ^7－豆甾醇[17]	0.005	
Δ^7－燕麦甾醇[17]	0.002	

续表

组分	含量/%	标准偏差/%
生育酚[16]	0.123	0.040
α	0.0093	0.0044
β	0.0018	0.0028
γ	0.0834	0.036
δ	0.029	0.010
烃类[14,15]	0.38	
游离脂肪酸[18]	0.3~0.7	
微量金属[18]/(mg/L)		
铁	1~3	
铜	0.03~0.05	

注：①依据差减法得到。
②基于23个大豆品种，代表广泛的脂肪酸组成。
③基于13个大豆品种，代表广泛的甾醇组成。

通常精炼油脂中的磷脂含量很少，但是破损大豆中磷脂酸的含量可能较高，并且油中铁的含量与磷的含量有关[24]。脱臭过程可能会从油中脱除大量的甾醇和生育酚，脱除的比例取决于脱臭的工艺条件，通常能达到30%~40%[25]。许多烃类化合物以及角鲨烯都会进入脱臭馏出物中而被除去。在完全精炼的油脂中游离脂肪酸的含量要求低于0.05%，不皂化物的含量要低于1.5%[26]。

21种典型的精炼大豆油样品的脂肪酸甲酯的百分含量及标准偏差见表13.4。这些数据代表了目前大部分商业大豆油脂中脂肪酸的含量组成。这些典型组分可能是通过植物育种选择获得的，因为它与高产量及其他一些重要的农学特性有一定的联系。如今，改变大豆油的组成成分已经成为可能，表13.4同样也列出了已经报道的各种脂肪酸甲酯的百分含量范围。在大豆产量或脂肪含量没有较大损失的基础上，大豆的组成成分可以有很大变化，但当棕榈酸酯百分含量过高或过低时，大豆的油脂含量将会有所降低[33,40,41]。高硬脂酸酯含量的种子产量较低，偶尔也伴随着较低的发芽率。Wang等[42]利用高棕榈酸酯或硬脂酸酯含量的大豆品种，在三种不同的温度下对其发芽以及幼苗活力进行了一系列的实验。他们发现，尽管高饱和度的种子在这些试验中结果较好，但种子的活力与饱和度呈负相关性。表13.4所示的大部分变化都是通过传统的育种或使用诱变突变剂得到的。高油酸突变异种是一个例外，它是通过直接改变大豆基因得到的[37]。利用传统的植物育种方式得到高油酸酯含量的大豆已有报道，但是这些品种中油酸酯的百分含量受生长环境的影响很大，从而限制了它们的商业价值[38]。

表 13.4 典型大豆油中脂肪酸甲酯的含量（$\bar{x}\pm S$）以及文献报道的甲酯含量范围

甲酯	典型含量/%①[27]	可能范围/%
豆蔻酸酯	0.04±0.50[27]	微量~0.03[4]
棕榈酸酯	10.57±0.43[27]	3.2~26.4[33,34]
棕榈烯酸酯	0.02±0.04[27]	微量~0.7[29]
硬脂酸酯	4.09±0.34[27]	2.6~32.6[33,35]
油酸酯	22.98±2.01[27]	8.6~79.0[36,37]
亚油酸酯	54.51±1.54[27]	35.2~64.8[35~37]
亚麻酸酯	7.23±0.78[27]	1.7~19.0[38,39]
花生酸酯	0.33±0.14[27]	微量~0.7[28]
巨头鲸鱼酸酯	0.18[28]	微量~0.6[4]
山嵛酸酯	0.25±0.20[27]	微量~1.0[4]
二十四烷酯	0.1[29]	—
呋喃型化合物Ⅱ②	0.014±0.009[30]	0.0033~0.0290[30]
呋喃型化合物Ⅲ③	0.015±0.008[30]	0.0084~0.0272[30]
皂化值/（mg KOH/g）	190.4[31,32]	188.5~201.6[31,32]
碘值/（g I/100g）	132.7[31,32]	114.0~138.5[31,32]

注：①基于 21 种商业大豆油样品。
②10，13－环氧－11，12－二甲基 10，12－二烯十八碳酸。
③12，15－环氧－13，14－二甲基－12，14－二烯十八碳酸。

大豆油中脂肪酸的组成因种子成熟度以及油籽组分含量的不同而呈现出差异[15,35,43,44]。随着大豆成熟度的提高，棕榈酸酯以及亚麻酸酯的含量有所降低，而亚油酸酯的含量有所升高。油酸酯的含量先升高到最大值，之后再缓慢降低。非典型脂肪酸组成的大豆因成熟度不同，表现出与典型大豆完全不同的变化趋势。

Seitz[31] 和 Wesolowaki[32] 测定了一系列采样于不同地区的大豆油脂样品的皂化值及碘值，测定结果见表 13.4。

Harp 和 Hammond[45] 探讨了脂肪酸组成差异较大的大豆甘油三酯中三个不同位置上酰基基团的立体分布情况。他们发现某一特定位置上酰基基团的量与整个甘油三酯组成中该酰基基团的量呈线性相关性。当棕榈酸酯、硬脂酸酯、油酸酯以及亚油酸酯在总甘油三酯中的浓度较低时，其在 *sn*－1 位上的分布大于 *sn*－3 位，当浓度较高时，则相反。棕榈酸酯和硬脂酸酯仅分布在 *sn*－1 位和 *sn*－3 位上，而油酸酯则几乎平均分布在三个位置上。

亚油酸在 *sn*－2 位上的分布一般要比 *sn*－1 位和 *sn*－3 位多，但亚油酸酯在 *sn*－2 位上分布的量似乎与 *sn*－1 位和 *sn*－3 位上饱和脂肪酸的分布量呈强的负相关性。将亚麻酸酯在某一特定位置上的含量对亚麻酸酯在整个甘油三酯中的含量作图，其数据点要比其他酰基基团更为分散。一般，亚麻酸酯的分布规律如下：*sn*－2 >*sn*－1 >*sn*－3。饱和度似乎会对亚麻酸酯在 *sn*－2 位上的分布起到正面的作用，而对其在 *sn*－3 位上的分布起负面的影响。表 13.5 所示为典型大豆甘油三酯的立体结构分布。

表 13.5 典型大豆中甘油三酯、卵磷脂、磷脂酰乙醇胺和磷脂酰肌醇的酰基基团的立体分布[45,46]

化合物/酰基		16:0	18:0	18:1	18:2	18:3
甘油三酯		11.8	4.6	29.4	47.1	7.2
	sn－1	19.3	7.5	25.4	39.6	7.8
	sn－2	2.9	0.8	27.9	61.1	7.4
	sn－3	14.9	6.4	34.8	38.9	5.0
卵磷脂		11.2	11.9	8.6	58.6	9.9
	sn－1	16.0	22.6	7.3	38.3	6.0
	sn－2	4.1	3.7	9.9	71.1	11.2
磷脂酰乙醇胺		16.0	8.3	6.8	57.3	11.7
	sn－1	28.5	17.1	5.0	42.4	7.1
	sn－2	3.5	2.4	8.7	73.8	11.7
磷脂酰肌醇		22.2	19.3	6.1	43.4	9.3
	sn－1	45.1	35.2	5.3	17.1	2.4
	sn－2	4.6	3.4	5.9	70.9	15.3

理论上，如果假设三个位置上酰基基团的脂肪酸组成比例互不影响，即脂肪酸在三个位置上是随机结合的，那么可以根据 1－随机－2－随机－3－随机分布理论[47]，通过立体结构的数据预测酰基结构。然而，如前所述，脂肪酸的组成随大豆成熟度而变化，表明甘油三酯的组成在三种酰基位置上不可能真正地随机结合。另外，来自同一植株或豆荚的大豆在酰基组成上也有轻微的差别，因此，从众多油籽和植株所提取的油脂中脂肪酸在酰基位置上不可能完全随机的结合。所以，以此公式计算的结果只能用来推测脂肪酸的大概分布情况。

Neff 等[48,49]利用高效液相色谱法对脂肪酸组成范围较宽的大豆油中甘油三酯的组分进行了部分分离分析，研究结果见表 13.6。这些数据表明，甘油三酯组成是如何随着脂肪酸组成的变化而变化的。

表 13.6 脂肪酰基组成宽泛的大豆油中酰基和甘油三酯的组成含量

单位：% mol

酰基	样品编号				
	1	2	3	4	5
棕榈酸酯（P）	3.9	21.4	23.6	28.2	8.5
硬脂酸酯（S）	3.3	3.3	19.0	3.9	26.5
油酸酯（O）	28.5	23.6	9.3	13.9	18.0
亚油酸酯（L）	61.8	49.0	38.0	43.8	38.9
亚麻酸酯（L_n）	2.5	2.7	10.0	10.2	8.2
甘油三酯种类					
L_nLL	2.0	1.2	1.4	3.2	2.6
L_nL_nO	—	0.1	0.1	0.2	0.1
L_nL_nP	—	—	0.4	0.6	0.1
LLL	30.0	11.5	3.7	9.6	6.5
L_nLO	1.7	1.5	0.8	2.0	1.9
L_nLP	0.4	1.7	6.9	9.4	2.2
LLO	26.9	14.4	3.6	8.7	7.1
L_nOO	0.4	0.5	0.1	0.3	0.3
LLP	6.4	20.7	17.5	21.4	11.6
L_nOP	0.1	1.0	1.4	2.1	0.4
L_nPP	0.1	—	1.5	2.0	0.1
LOO	13.9	7.3	1.3	3.1	2.5
LLS	3.6	2.6	7.7	2.0	13.0
LOP	3.7	16.3	7.4	12.2	6.4
PLP	0.8	8.6	13.8	14.8	2.0
OOO	4.6	2.1	1.0	0.8	1.1
LOS	2.6	2.3	3.9	1.3	11.8
POO	0.9	3.2	0.6	1.0	0.5
SLP	0.8	2.2	—	—	—
L_nSS	—	—	16.0	3.0	8.8
POP	0.2	1.7	1.2	1.5	0.3
PPP	—	—	0.1	—	—

续表

酰基	样品编号				
	1	2	3	4	5
SOO	0.7	0.5	0.3	0.2	2.1
SLS	0.3	0.2	6.5	0.3	12.3
SOP	0.1	0.4	1.3	0.2	1.4
PPP	—	—	0.6	—	0.6
SOS	—	—	0.6	—	3.4
PSS	—	—	0.2	—	0.1
SSS	—	—	—	—	0.1

大豆油中主要的磷脂是磷脂酰胆碱、磷脂酰乙醇胺和磷脂酰肌醇，一般分别占总磷脂含量的55.3%、26.3%和18.4%[50]。典型大豆油脂中这些磷脂上酰基基团的立体分布如表13.5所示。在所有的磷脂中，饱和的酰基基团集中分布在*sn*-1位上，不饱和的酰基基团，尤其是亚油酸酯，主要分布在*sn*-2位上。磷脂酰肌醇主要与棕榈酸和硬脂酸键合，而磷脂酰胆碱与硬脂酸的键合最少。Wang等[51]报道了不同磷脂类型上酰基基团的立体分布和不同脂肪酸组成的大豆油脂中每种酰基组合的数量。由于磷脂水解可能会产生一些磷脂酸和溶血磷脂[52]。水解产物的量一般随着大豆的生长年限和破损度而提高[53]。

大豆中还含有（170±47）mg/kg的脑苷脂，其中糖为葡萄糖，主要的脂肪酸为2-羟基棕榈酸[54]。大豆还含有微量的神经酰胺。这些物质在大豆植物的细胞信号发送中发挥着作用。

大豆毛油中约含有1.9mg/kg的维生素K_1或叶绿醌[55]。该维生素在血液凝结和骨骼代谢中起着作用。在精炼过程中，维生素K_1会部分损失[56,57]，尤其在脱臭过程中。油脂的氢化会使得部分维生素K_1转变成2′，3′-双氢维生素K_1[58]。

Wilson等[7,8,39,59]综述了大豆中脂肪酸生物合成的基因调控情况，并且讨论了具有特殊组成成分的大豆油的好处。一些市场上已经开始销售低棕榈酸酯含量的大豆油产品。然而，商品化低亚麻酸酯含量的大豆油往往受到玉米油的制约，因为玉米油与低亚麻酸酯大豆油的组成近似。低亚麻酸酯大豆油的种植、基因分离和加工成本通常比两种油脂的差价要高。高油酸酯大豆油的煎炸稳定性好，但是这一性质改变了煎炸产品的风味品质[60]。高油酸酯大豆油的市场认可度不高，主要是由于公众对种植和食用转基因作物的担心和质疑。

大豆中含有少量富含呋喃环的二酰基类化合物[30]。有报道认为，这是光氧化产生气味化合物3-甲基-2,4-二酮的源头[61]，但Kao等[62]发现，这些酰基物质含量高或低时，光氧化后的大豆油样品并没有呈现出风味上的差别。

13.3 大豆油的物理特性

脂肪酸的物理性质随其碳链的长度、不饱和度及取代基的不同而不同，且随着温度的变化而变化。已经有很多研究者尝试建立公式来预测这些性质。大豆油的性质应能反映其组分，特别是脂肪酸组成。研究者已经对典型大豆油的物理特性进行了广泛测定，但对脂肪酸组成经过修饰的大豆油的测定报道却较少。

典型组成的大豆油的物理性质见表13.7。Seitz[31]测定了7年间世界不同地区的77种大豆油样品，得出大豆油在20℃时的密度在0.9165g/mL至0.9210g/mL之间变化。Wesolowski[32]测定了53种波兰大豆油在19.9℃时的密度，称其密度值在0.9202g/mL至0.9165g/mL之间变化。同时也发现了大豆油的密度和其他变量之间的相关性：与折射率的相关性为0.62，与碘值的相关性为0.64，与皂化值的相关性为0.34，与酸值的相关性为0.59。Yokota和Tachimori[77,88]同样报道了密度与碘值间的相关性。Halvorsen等[79]和Rodenbush等[80]提出了根据植物油的脂肪酸组成预测其密度的公式，所预测的大豆油密度的误差在0.1%以内。植物油的密度随温度呈近似线性变化，Kravchenko等[65,66]发现在0~100℃中密度降幅为0.000668g/（mL·℃），而Alvarado[63,64]发现在20℃和70℃的密度降幅为0.000643g/（mL·℃），Noureddini等[67]发现在23.9~110℃的密度降幅为0.0006674g/（mL·℃）。

不同温度下大豆油与溶剂混合物的密度对于工程计算来说非常重要，大豆油与正己烷、二氯乙烯和三氯乙烯在25、37.8和50℃[81]的密度已有报道；同时，其与Skellysolve B在-20、-10、0、10、25和40℃[82]时的密度；与二氯甲烷在25℃[83]和正己烷在25℃[84]时的密度也已有报道。

Clark等[85]测定了大豆油的比热容，其值在1℃和271℃之间由1.875J/（g·℃）变化至2.788J/（g·℃）。热容随温度线性增加，速率为0.00293J/（g·℃）。Tochitani和Fujimoto[68]测定了大豆油从熔点左右开始至150℃间的比热容，发现其热容是线性增加的，且满足下面等式：

$$比热容[J/(g\cdot℃)] = 1.8221 + 0.0025785T \quad (13.1)$$

其中T指的是温度，单位为℃。他们的数据和Clark等[85]的结果较为一致，但比Kasprzycka-Guttman等[86]的数据要稍高一些，后者所测定的温度范围在70℃和140℃之间。Wang和Briggs[87]根据Morad等[88]所研究的等式预测出不同组分的大豆油的热容。

他们计算得出高油酸酯大豆油应当具有较高的热容，低饱和脂肪酸含量的大豆油应当比普通大豆油的热容稍低一些，其随温度变化率应该是0.0023859J/（g·℃）。他们的等式与实验结果相一致，误差为±5%。

表13.7 普通大豆油的物理性质

物理性质	结果
20℃时密度	0.9165～0.9261g/mL[31,32]， 降幅0.000643～0.000668g/（mL·℃）[63～67]
20℃时比热容	1.875，增幅0.0025785J/（g·℃）[68]
熔点	0.6℃[35]
浊点	-9℃[69]
倾点	-16～-12℃[69,70]
燃烧热	39.556～39.297kJ/g[71]
	（38.238±0.381）kJ/g[72]
热传递系数	在180℃条件下269.7W/km^2[73]
30℃时表面张力	27.6达因/cm下降0.077达因/（cm·℃）[63,64]
20℃时黏度	58.5～62.2mPa·s[31]
20℃时折射率n_D	1.4733～1.4760[32]
蒸气压	254℃时1μ（译者注：原书有误，疑为0.1Pa）[74]
汽化热	185kJ/mol[74]
24℃时介电常数	
干燥时	23.7Tohm·cm[75]
水分饱和时	7.25Tohm·cm[75]
烟点	≈245℃[76]
闪点	≈324℃[76]
燃点	≈360℃[76]

Miller等[73]测定了在煎炸温度下大豆油的热转移系数，发现其在170℃至190℃间从261.3W/km^{2}变化至276.2W/km^2，其中m^{2}指的是表面积的平方。

天然油脂的熔点通常在相当大的温度范围内变化，一般大豆油的熔点范围在0℃以下。在低温条件下可以使用差示扫描量热测定大豆油的熔化性质，另外，采用植物油作为燃料的想法同样也促使人们测定它们的浊点和倾点。表13.8[41]给出了各种类型大豆油开始熔化、最大熔化速率、熔化终止时的温度。表13.7给出了普通大豆油的浊点和倾点。Wang和Briggs同样给出了高油酸酯、低饱和酸酯、低亚麻酸酯大豆油的差示扫描量热熔化曲线。Hagura和Suzuki[89,90]通过油样中电容的变化来获取大豆油的熔化温度范围，且发现其与差示扫描量热所测得的结果是一致的。

Seitz[31]测定了四个地区77种大豆油在20℃时的黏度，变化范围在58.1mPa·s和62.2mPa·s之间（表13.7）。油脂的黏度随温度下降，但并不是线性变化的。Chhioffi[91]报道了20℃和80℃时大豆油的动力黏度值（黏度/密度），Miller等[73]也报道了在煎炸温度（170～190℃）条件下大豆油的动力黏度值；Kravchenko等[65,66]报道了在0℃和100℃间的动力黏度值，Nourreddini等[67]报道了23.9℃和110℃间的动力黏度值，Alvarado[63,64]报道了20℃和70℃间的动力黏度值，Arissen[92]报道了1℃和60℃间的动力黏度值。Dahlberg等[93]通过傅里叶变换红外光谱法预测了大豆油以及其他油脂的黏度。Rodenbush等[80]利用油脂的脂肪酸组成计算其折算密度（reduced density），后通过公式计算出油脂的黏度。

表13.8 不同脂肪酸组成的大豆油的熔化起始温度、最大速率温度和融化结束温度[41]

单位：℃

类型	熔化起始温度	熔化最大速率温度	熔化结束温度	16:0	18:0	18:1	18:2	18:3
普通	-39.6	-9.4	-0.6	11.4	4.2	26.1	50.3	7.9
18:0↑	-13.7	18.3	20.7	10.1	22.8	17.3	42.2	7.7
16:0和18:0↑	-17.1	16.8	18.9	24.6	18.7	8.6	37.5	10.7
16:0↑	-21.8	8.4	11.6	28.0	4.7	13.8	42.1	11.4
16:0↓	-46.1	-13.8	-8.1	3.4	2.6	18.0	64.8	11.2

许多研究者利用公式对所得的油脂黏度-温度的数据进行拟合[63~67,87,94]。其中一部分数据具有一定的理论意义，但所有的公式都需要有足够多的变量来完成数据拟合。Alavarado建立的一个方程式[63,64]为：

$$\ln\mu = \ln\mu_0 + \frac{E}{RT} \tag{13.2}$$

对于大豆油而言，E/R的值为3262，$\ln\mu_0$的值为-6.997。Wang和Briggs[87]用图表描述了脂肪酸组成经过修饰的大豆油的黏度在温度10～90℃的变化趋势。他们发现，与普通大豆油相比，高油酸大豆油的黏度高，低饱和酸大豆油的黏度低。

Miller等[73]研究了在170、180和190℃条件下大豆油的动力黏度，其值分别为3.151、2.880和2.614cm^2/s。Magne等[84]研究了-20℃和40℃之间大豆油-正己烷（Skellysolve B）混合物的黏度。Ibemesi和Igwe[95]测定了大豆油在甲苯、二甲苯、环己胺和四氢呋喃溶液中的比浓黏度（黏度/浓度）。他们发现，在质量浓度低于0.12g/mL时，比浓黏度异常升高，这可以归结于脂肪分子在溶剂中的聚集。Erhan等[96]测定了普通大

豆油与聚 α －烯烃和异丁酰油酸混合液以及高油酸大豆油与异十三醇己二酸及矿物油混合液的动力黏度，以便利于其在润滑油中使用。

Alvarado[63,64] 报道了 20～70℃时大豆油的表面张力，如表 13.7 所示。表面张力随着温度而线性下降，速率为 0.077 dyne/（cm·℃）。

Wesolowski[32] 测定了波兰 53 个大豆油样的折射率，其值范围见表 13.7。Sietz[31] 报道了几个地区不同样品的平均值，这些值（1.4747～1.4752）与 Wesolowski 的样品平均值相近。折射率取决于碳链的长度及不饱和度[97]，且经常用来反映油脂的氢化程度[98～102]。折射率也可用来反映油脂的自动氧化程度[103]。作为一个与折射率相关联的量，介电常数同样也是评估煎炸油品质质量的一个指标[104]。Perry 等[74] 测定了大豆油在不同温度下的蒸气压，发现所测得的数据满足下列等式：

$$\lg P = 18.3 - 9650/T \tag{13.3}$$

式中 P——压力，μm

T——温度，K

他们同样也对大豆油的汽化热进行了估测（表 13.7）。

Tomoto 和 Kusano[105,106] 测定了 20～101kPa、30～70℃时二氧化碳、氮气、氢气和氧气在大豆油中的溶解度。30℃时，二氧化碳、氮气、氢气的本生系数（标准状况下的气体体积/760mm Hg 气压下的大豆油体积）分别为 1.018、0.086、0.048。氧气在 30℃的本生系数为 0.141，但会随温度而升高，这可能是由于测定过程中发生氧化反应所导致的。在大气压为 0 的情况下，本生系数会线性下降到 0。本生系数的自然对数与 $1/T$（单位 K）呈线性关系，其常数为气体溶解热与气体常数的比值。二氧化碳、氮气和氢气的溶解热分别为 －10.13、－10.80 和 －16.16kJ/mol。由此可以计算出所研究范围内任一温度和压力下气体在大豆油中的溶解度。通过比较大豆油、橄榄油和亚麻籽油，可以发现本生系数受到油脂不饱和度的影响。大豆油的黏度随着二氧化碳溶解量的增加而降低，但随氮气溶解量的增加稍有增加。

Loncin[107] 综述了水在油脂中的溶解度。对于普通大豆油而言，22℃时水溶解的质量分数为 0.11%，但 60℃时会增加至 0.19%。水的溶解度随脂肪酸碳链长度的增加而降低，随游离脂肪酸百分含量的增加而增加。

大豆油－正己烷混合物在 75～120℃的蒸气压已有报道[108,109]，Smith[110] 也报道了大豆油与商业正己烷混合物类似的蒸气压数据。Arnold 和 Breuklander[83] 测定了二氯乙烯－大豆油混合物的沸点，发现蒸气压的对数与油的摩尔分数呈线性关系。Kusano[111,112] 测定了大豆油与正己烷、苯、四氯化碳等溶剂的混合物在 20～50℃的蒸气压，发现蒸气压的对数与 $1/T$ 呈线性关系。Anikin 等[113,114] 测定了大豆油与氯氟甲烷 113（三氯三氟代乙烷）

混合物在30～100℃的蒸气压。Aeberhard和Spekuljak[115,116]测定了正己烷－大豆油混合物中正己烷的蒸气压，发现其在25℃时的蒸气压可以通过下列等式进行预测：

$$p = 1217x - 0.0374x^2 + 0.000626x^3 \tag{13.4}$$

式中 p——蒸气压，单位为kPa

x——溶剂在混合物中的质量分数，%

Tekin和Hammond[75]测定了大豆油的电阻率，发现它随着温度的升高而呈对数降低趋势，从约－5℃时的100Tohm·cm降低到100℃时的0.251Tohm·cm。电阻率随着油中水饱和度的增加以及油酸、α－生育酚、β－胡萝卜素、磷脂以及单甘酯含量的增加而降低。

大豆油的烟点、闪点和燃点可以根据加宁杯（Cleveland cup）的方法进行测定，其变化幅度很大。Dickhart[117]报道的烟点为138℃，而Detwiler和Markley[76]报道的为241～250℃。Detwiler和Markley[76]发现烟点的变化程度与精炼程度，尤其是游离脂肪酸的去除，以及油脂提取方法有关。Yen等[118]发现加入酚类抗氧化剂后，会使烟点从191℃上升几度。已报道的大豆油闪点，即油脂的气化物靠近火源时可以燃烧的温度，为304℃[117]、326～331℃[76]、174℃[69]、318℃[70]和320℃[119]。Ali等通过彭斯克马丁密闭式测定仪并根据ASTM093－90（美国试验材料学会）的方法测得的闪点较低。已有研究者测定了正己烷－大豆油混合物的闪点，且与顶空气相色谱的测定数据进行了关联[120]。

使用加宁杯方法，即使用一个铜杯，测得大豆油的燃点或自燃温度（SIFs）为356～363℃[76]；使用一个不锈钢杯测得的数值为400℃[71]。大豆油的燃烧速率为0.43g/（m^2·s），火焰高度为129mm，辐照度为0.153kW/m^2[71]。Kowalski[119]用差示扫描量热研究了大豆油的自燃温度，在加热速率为40～90℃/min，氧气压力为800～2800kPa时，大豆油的自燃温度为260～290℃。他发现向样品中加入铜线可将大豆油的自燃温度降低5～15℃。自燃温度与氧气压力呈负相关性。Wakakura[121,122]使用扫描量热计，在氧气压力为980kPa条件下测定了平铺在玻璃棉上的大豆油和散装放置的大豆油的自燃温度，结果分别为147℃和376℃。

13.4 分级

为了便于大豆交易，美国联邦谷物检验局建立了大豆的分级标准（表13.9）[123]，美国联邦谷物检验局网站[124]提供的信息比本文所提供的更为详细[124]。大豆基于颜色的不同可分为两类，即黄豆和混合大豆。每类大豆分四个等级（美豆1、2、3和4）和一个美国样品等级。样品等级是指不符合其他等级的大豆。在设置等级时，需要考虑6个因素：包括容重、破损或热损坏粒、杂质含量、破裂豆及杂色豆。美国联邦谷物检验局官方分级中不考虑水分、蛋白质和脂肪含量等因素，尽管它们对加工来说非常重要，因为它们会影响终端产品的产量和质量，但在某些贸易市场上，可以在合同中对它们予以规范。现已能够应用近红外技术作为快速检测手段（检测时间在2min 内，且不需要对样品进行预处理）对大豆的水分、蛋白质及脂肪含量进行快速测定。基于大豆的组成及油脂和豆粕的销售价格，Brumm 和 Hurburgh[125]研发了一个计算机程序来预测大豆的加工价值。在某些情况下，那些高含油或高油高蛋白质含量的大豆会有价格溢价，导致生产者获利更多，关于这个程序的具体信息可以在网上进行查询[126]。

表 13.9 美国联邦谷物检验局对大豆的官方分级及等级要求

美国样品等级	每升容重的最小值（×16.676g）	最大限值				
		破损粒		杂质/%	破裂豆/%	杂色豆/%
		热损坏粒/%	总量/%			
一级	56.0	0.2	2.0	1.0	10.0	1.0
二级	54.0	0.5	3.0	2.0	20.0	2.0
三级	52.0	1.0	5.0	3.0	30.0	5.0
四级	49.0	3.0	8.0	5.0	40.0	10.0

容重低的大豆可能含油量较低。容重是指每升谷物的质量（以克为单位），这一过程需要利用官方认证的用于质量测试的工具以及 1.18L 未除杂的样品来完成。划分等级时考察的其他因素以其占样品质量的百分比计算得出。杂质，例如其他谷物、杂草籽、豆荚、叶子、茎等，会降低大豆的脂肪和蛋白质含量及其储存寿命。杂质可以通过对样品进行筛选而测定。将原料（大豆及大豆碎粒）通过一个 3.2mm 的圆孔筛，筛上物中除了未能筛分的大豆籽粒皆被认定为是杂质。破裂豆是指加工过程或过度干燥造成的机械破损大豆，它降低了脂肪含量和出油率，增加了油脂精炼过程中的损失。破裂豆（一般是子叶分成两半）及破损大豆（不止两片）增加了毛油中游离脂肪酸、磷脂、铁和过氧化物的含量。热损坏大豆会使游离脂肪酸的含量升高，油脂色泽加深，这都会增加油脂的精炼损耗[127]。破裂豆定义为大豆中有超过 1/4 的部分缺失，但整体并没有遭到损坏的大豆籽粒。破裂豆是大豆去除杂质后再筛选所得到的那部分豆粒。破损大豆则使其储存寿命、加工时油脂的产量都有所降低，引起油脂色泽加深，影响风味，增加油脂精炼过程中的损失[128]。受到土壤、天气、霜冻、高温、虫食（臭虫咬过的籽仁占总数的 1/4）、发霉或萌芽等严重损坏的大豆和大豆碎片称作破损大豆。其含量由样品除杂后经人工分拣得出。其他色泽的大豆可能会影响油脂的色泽，因为它会给油脂带来不理想的色素，比如绿色、黑色、棕色，

或其他多种颜色。

2002 年，从美国出口的大豆约有 2700 万吨，其中 4.8% 为美豆 1 号，94.6% 为美豆 2 号，0.4% 为美豆 3 号，0.1% 为美豆 4 号。 通过比较发现，巴西大豆在油脂含量、杂质、破损度、游离脂肪酸和水分含量方面较美国大豆略高（6 年内油脂含量平均高出 1.2%），但其容重略低[129]。

13.5 大豆制油

大豆的脂肪和蛋白质含量高，品质好，具有很好的经济价值。 压榨厂加工 27.2kg 一般可获得 5.0kg 的毛油、20.1kg 的饼粕（48% 的蛋白含量）以及 1.5kg 的豆皮。 根据美国农业部统计，加工大豆时，大豆油约占收益的 1/3，其他收益依靠豆粕中的蛋白质来获取[130]。 在过去五年里，饼粕（48% 的蛋白含量）的年平均价格为 153 ~ 289 美元/t，而油脂的价格为 311 ~ 569 美元/t。 豆皮的利用程度有限，大部分用于牛的饲料，出售价格大约为 66 美元/t，利润仅为 4.04 美元/t。 在同一时期，美国大豆的平均价格在 167 ~ 270 美元/t，压榨加工利润，即大豆价格和压榨收益之间的差值平均在 23.1 ~ 56.2 美元/t。

农民经常将大豆储藏在农场上的金属柜或收费的具有升降装置的混凝土筒仓中，以便在价格上涨时售出。 大豆的储藏水分应小于 13%，以保证其储藏安全性及大豆品质不发生劣变。 大豆收获前在农场上晾晒可以控制其水分含量达到储藏要求。 较低的水分含量增加了大豆在预处理时子叶破裂的可能性。 储存期间含水量较高会导致发霉或由于种子呼吸而造成热损坏现象的产生[131]。 这些形式的损坏会影响大豆的等级及加工中油脂的品质及含量。

已有文献对大豆的加工处理进行了详细介绍[132 ~ 134]。 如今，油脂既可以通过机械方式也可以通过有机溶剂浸出的方式进行制取。 在工业革命之前，大豆仅通过杠杆或动物驱动的螺旋杆进行压榨取油。 在 20 世纪初，大豆已然变成了美国的一种经济作物，当时可以使用蒸汽驱动的液压装置对其进行批次压榨取油。 如今则使用电动连续式螺旋压榨机，常称之为螺旋压榨机（这是某供应商生产的螺旋压榨机械的一个商标）或使用连续式逆流溶剂萃取装置进行大豆油的制取。

无论在何种情况下，大豆在进行取油之前一般都要经过预处理，以便更容易或更完全地出油，或是提高脱脂固体即饼粕的价值。 一般情况下，来自农场或储仓的大豆要经过清选，通过振动筛或除尘器去除茎、叶子、豆荚、破损的籽粒、泥土、石子以及其他种子。一般而言，将豆皮去除是有利的，因为它们的脂肪（<1%）和蛋白质含量较低。 大豆皮占大豆总质量的 7% ~ 8%。 脱皮后，送入操作成本较高的工序的物料量有所降低，同时提

高了饼粕中的蛋白质含量。脱皮处理可以将饼粕中蛋白质的含量提高大概 4 个百分点（例如，从溶剂浸出的未脱皮大豆粕中的 44% 上升至 48% ~49%），同时也降低了豆粕中的纤维含量（从 7.0% 降低至不到 3.3%）。高蛋白低纤维的饼粕在配合饲料市场中更受欢迎，尤其是在制备猪和家禽饲料时。与其他油料种子相比，大豆的外皮相对较易去除，使用波形滚筒碾磨机将大豆压成 6 ~8 瓣以脱去外壳，随后利用旋风分离器将豆皮与富含油脂和蛋白质的子叶高效分离。豆子的大小均一性对于高效破碎十分重要，而干旱引起的萎缩和皱褶使得大豆去皮较为困难，且脱皮效率较低[135]。分离的豆皮通常要经过重力分选，以除去任何小的吸附在外皮上的豆仁。通常情况下，清选过的大豆在破裂前，一般要进行加热干燥处理，使得大豆的水分在 9.5% 左右，且维持该水分 1 ~7d，以便大豆外皮松弛，提高脱皮效率。为了提高脱皮效率，现已制定了不同的热脱皮工艺技术，这些工艺技术经常使用于北方地区，那些区域的大豆蛋白质含量较低，因此饼粕中蛋白含量也较低，如果脱皮不彻底的话，就不可能达到豆粕中对蛋白含量的限定指标。

20 世纪 30 年代，大豆一般经过炒籽后再通过螺旋压榨取油。典型的大豆螺旋压榨工艺如图 13.1 所示，图 13.2 所示为一家工厂的照片。大豆经过热处理后，油脂被挤压出来。压榨后的油脂通常要经过沉淀池沉淀处理，以减少细小固体颗粒的含量，沉降物随后送入榨机进行循环压榨。油脂经过过滤送至精炼车间进行后续处理。如今在美国，传统的螺旋压榨工厂少于六家（不包括挤压膨化工厂，随后进行讨论）。现存只有一家位于美

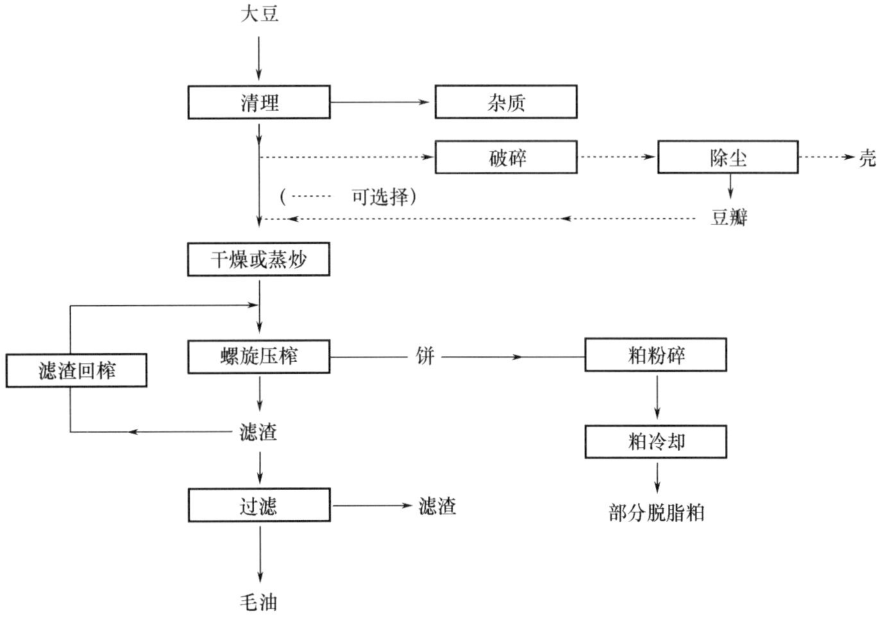

图 13.1　螺旋压榨大豆加工流程图

国艾奥瓦州罗尔斯顿的螺旋压榨工厂的加工量超过了800t/d。在最佳的处理条件下，饼中残油量可以低至4%～6%，这种螺旋压榨饼饲喂家畜可以使其获得较高的代谢能。由于炒籽和螺旋压榨过程中的热处理，这种饼粕的过瘤胃特征得以加强，由此提高了高产奶牛的饲喂效率。因此，如果当地奶牛数量足够多的话，螺旋压榨饼的出售价格会比溶剂浸出粕略高。当这种饼粕用于喂养反刍动物时，大豆一般不需要进行脱皮处理。

图 13.2　一家现代大豆螺旋压榨工厂的照片

由美国艾奥瓦州罗尔斯顿西部中心合作社提供，彩色版参见 http://www.mrw.interscience.wiley.com/biofp.

溶剂直接浸出是应用最为广泛的大豆油脂的提取方法，但是它同样也需要大量的资本注入以及足够大的加工规模以应对市场竞争。在实际生产中，美国98%的人豆加工厂都采用溶剂浸出法制取大豆油。加工流程见图13.3和图13.4。大部分溶剂浸出大豆油加工厂的日处理量超过了2500t（图13.5），有些处理量则达到了5000t/d（尤其是在巴西新建的工厂）。在美国，日处理量小于1000t的溶剂直接浸出工厂在市场竞争中是处于劣势的。在不同时期，大豆油浸出所采用的溶剂有：石油馏出物，如汽油、丙酮、二硫化碳、乙醇、三氯乙烯，甚至水，水不是真正的溶剂，但可以通过乳化作用将油脂分离出来。石油馏出物通常是含己烷异构体的混合物，沸点一般在65～71℃，也是至今仍然使用的唯一的浸出溶剂，它一般含有45%～70%的正己烷。在美国，正己烷被认为具有神经毒性，且已经证明其浓度较高时具有致毒性。美国职业与安全行政部门制定了工作地区正己烷在空气中的最大暴露量为500mg/L，时间加权平均水平不超过50mg/L[136]。近年来，由于人们对环境和安全越来越多的关注，使得大豆行业对使用其他溶剂代替正己烷产生了相当大的兴趣。目前，已有文献对替代溶剂萃取的技术进行了综述报道[137～139]。

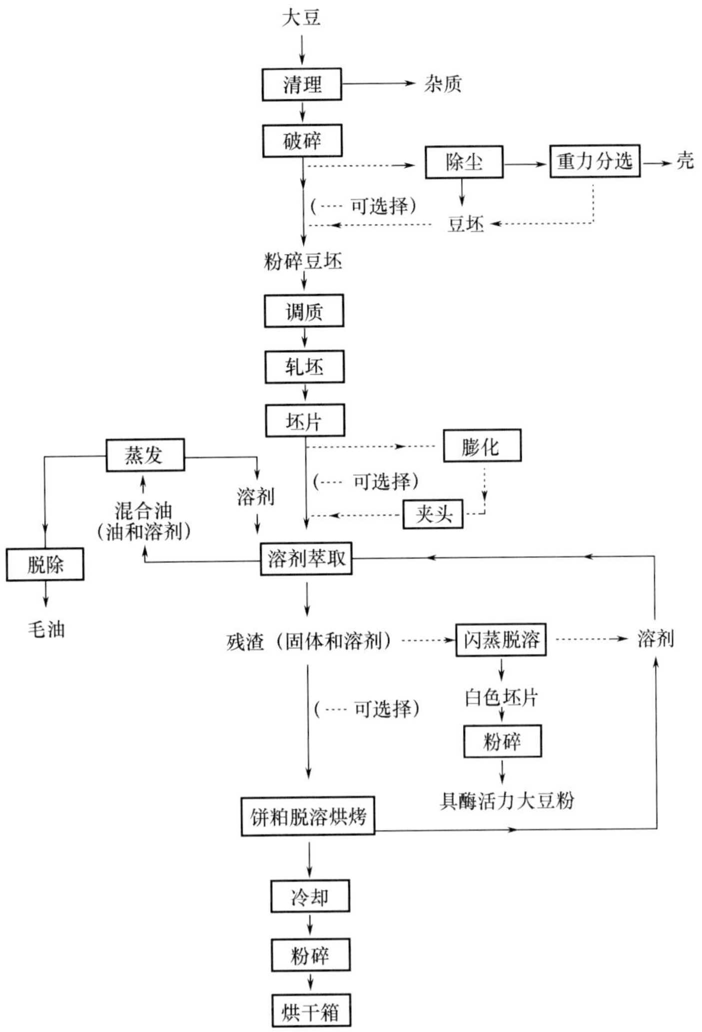

图 13.3　溶剂萃取大豆工艺流程图

干净去皮的大豆在用光面辊磨机进行轧片之前，要加热到 74℃进行软化调质处理。适当的破碎和调质对于大豆细胞的扭曲或破裂是十分必要的，因为这有利于增加油脂的提取效率，并降低不利于轧片或油脂提取的粉末的产生。高度变形的细胞是理想的[140]，这样可以使油体周围的细胞壁和假性膜受到足够的破坏，油脂就可以很容易地与溶剂接触并滤出。大豆一般压成 0.25mm 厚的薄片，这样可以达到理想的变形[141]。坯片可直接传送至浸出器或膨化机。近年来，膨化机的使用可以增大细胞变形，产生比轧片大豆更易于萃取的多孔颗粒，同时其容重也更大，这样一来，浸出装置就可以容纳更多的物料，油脂也可以更快地萃取出来，同时也减少了萃取时间，溶剂排出更完全，降低了饼粕脱溶装置的负

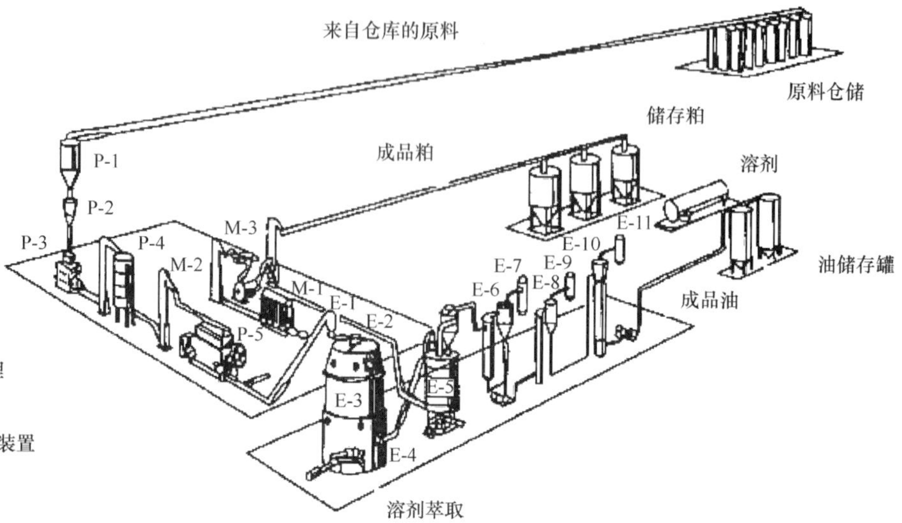

直接提取前处理

P-1 储仓
P-2 定量输送装置
P-3 破碎机
P-4 调质塔
P-5 轧坯机

粕处理

M-1 百叶式粕冷却器
M-2 粕粉碎机
M-3 粕筛选器

溶剂萃取

E-1 毛料坯升降机
E-2 浸出器物料运输机
E-3 静态栅栏浸出器
E-4 废料提升机
E-5 粕蒸脱机
E-6 第一蒸发器
E-7 第一冷凝器
E-8 第二蒸发器
E-9 第二冷凝器
E-10 汽提塔
E-11 真空冷凝器

图 13.4 大豆溶剂浸出的设备和工艺流程

French 油脂肪机械公司提供

图 13.5 现代溶剂浸出大豆加工厂的图片

由美国艾奥瓦州康瑟尔布拉夫斯邦基北美公司提供，彩色版参见 http://www.mrw.interscience.wiley.com/biofp.

载。所有的这些因素都会提高工厂的生产能力[142~144]。在不同的油脂加工厂中，需要膨化的坯片量是不同的，一般占总坯片量的三分之一，但在有些情况下，所有的坯片都需进行膨化处理。磷脂酶可导致磷脂转变成非水化磷脂，而膨化可使磷脂酶快速失活，从而提高了油脂品质，但研究者在这方面还没有取得一致的意见。作者认为，在过去的 25 年里，采用膨化技术在溶剂浸出取油方面是最为重要的一个变化。

相对于早期采用液浸式浸出，如今大豆油制取几乎都采用渗透式浸出。图 13.6 所示为一家现代连续浸出工厂的照片。渗透式浸出时溶剂流借助重力在浸床中流动。溶剂流动方向一般与浸出料的运动方向相反。如今，常见的浸出器有以下几种形式，如链式浸出器、篮式浸出器，以及浅床、深床型浸出器。大豆坯片或颗粒一般需要浸出 30~45min，分为 6 个或更多的萃取阶段。

图 13.6　现代溶剂浸出大豆加工厂的内部图片

由美国明尼苏达州明尼阿波利斯市皇冠钢铁工程公司提供，彩色版参见 http://www.mrw.interscience.wiley.com/biofp.

先浸提出的油品质量好，甘油三酯含量高，浸提的次数越多，油品质量越差。因此，低残油率时，萃取出的磷脂、游离脂肪酸以及色素的含量较大，精炼损失也较大。但是，目前工厂生产还是尽可能地提高出油率，一般将饼粕中的残油率控制在 0.5%~1.25%。因此，实验室中使用的提取装置，如索氏抽提器，不能够模拟工业生产中用的浸出器，无法对油脂进行连续式浸提，而且为了得到较高的出油率，溶剂应当逐步向物料中渗透以带走油脂，而不是一直将物料浸泡在溶剂中。混合油（富含油脂的油脂-溶剂萃取物）含有从新鲜坯片或膨化物料取出的 20%~30% 的油脂，混合油随后进入溶剂回收工序，包括两级蒸发和汽提脱溶。混合油离开一级蒸发器时含油 65%~70%，利用蒸脱机产生的蒸汽加热，在二级蒸发后油脂含量达到 90% ~95%。汽提塔使用直接喷射蒸汽、借助高温高真空来去除残留溶剂，使其在油中的残留量小于 0.2%。汽提塔中油的温度不应超过 115℃，以防止油脂烧焦产生黑色。测定闪点是保证溶剂蒸发装置正常工作的简单办法，且闪点应高于 150℃。所有蒸发的溶剂可循环至浸出器使用。脱溶后油脂应进行真空干燥，去除任何残留的汽提蒸汽冷凝物，干燥后的油在进入储存器前应立即进行冷却处理。

由于天然抗氧化剂（如磷脂、生育酚）的存在，在室温以及避免接触空气的条件下，大豆油可以在油罐中储存一段时间。毛油的水分含量必须较低以防止其水解。磷脂会在储罐或毛油运输车罐的底部形成胶状沉淀。

如今，使用超临界二氧化碳进行油脂的提取存在着很多设想，这项技术降低了安全风险，因为二氧化碳不易燃，而且得到的油脂品质质量更好[139]，但是，还未有工厂在实际生产中使用这项技术。这是由于缺乏商业上可行的连续化设备导致的，这种设备应该能够连续不断地给高压提取容器供应大豆坯片，同时将取过油的坯片移走。最近，一家公司研制了一种将超临界二氧化碳注入榨机榨膛中的螺旋压榨方法，这套设备成功地生产出了残油率比一般螺旋压榨法更低的大豆饼粕，且蛋白质热变性程度小。

取过油的坯片或膨化料输送至粕蒸脱机（DT）中进行脱溶处理。新的脱溶设备采用逆流蒸汽脱溶方式。Schumacher 式蒸脱机（包括脱溶/烤粕/干燥/冷却四步）已在大豆行业中广泛采用。这种设备能使浸出溶剂的残留量少于 500mg/L。脱溶过程采用间接水蒸气或直接水蒸气加热。在合适的真空条件下，溶剂经水蒸气带走并冷凝。后将水从冷凝的溶剂中分离除去，浸出溶剂可以循环使用。在蒸脱机中豆粕流经一系列的塔板。在此过程中豆粕经过高温烘烤以钝化蛋白酶抑制剂（特别是胰蛋白酶抑制剂），因为它会降低饲料的饲养效率。尿素酶活力可作为评判加热是否充分的标准。经过烘烤的豆粕其蛋白质溶解度通常较低，其蛋白质分散指数一般为 45PDI。随后将豆粕送至干燥冷却装置，以降低其温度以便于安全存储。豆粕中水分含量大约为 12%，脂肪残留量应少于 1.5%。浸出后粕中可萃取的油脂含量应低于 1.0%，但在脱溶受热过程中会释放出部分无法用溶剂提取的结合脂肪。过度的烘烤可能会降低豆粕的消化性和营养价值。豆粕随后经过锤式粉碎机粉碎成具有相同粒度的颗粒。

正如大部分美国大豆油加工厂做的那样，对大豆进行脱皮处理，豆粕中蛋白质含量可达到 48% 左右。另外，脱皮降低了饼粕中 50% 以上的纤维含量。有些工厂可能会将一定比例的大豆皮重新添加至饼粕中，以便调整和精确控制饼粕的蛋白含量。家畜饲料的蛋白质和纤维素含量应当尽量均一，以便花费最小的饲养成本来获取最大的饲料效率。豆粕粉碎后需要具有一定的粒度，保证其中的 95% 能够经过 U.S.10 目的筛子，而能够经过

U. S. 80 目筛子的最大量为 3% ~6% 。

一些工厂将部分取油后的轧片送至闪蒸器中，以制备高蛋白溶解性（PDI 70 ~ 90）的白豆粕。 白豆粕是生产可作为食品组分的分离蛋白和浓缩蛋白的原料，其蛋白含量分别大于 90% 和 65% 。

在把大豆毛油送往精炼工厂前，有些工厂会对其先进行脱胶处理。 如今，大豆磷脂的市场前景不容乐观，它不能够像大豆卵磷脂那样卖出而有利可图。 所以，胶体杂质往往会重新加入到豆粕中进行脱水处理。 它有利于提高饼粕的代谢能，并且以豆粕的价格卖出，增加了生产者的利润。

美国油籽加工协会对浸出大豆粕颁布了质量标准与贸易法规，相关文件可以在互联网上查到[145]。 与其他油脂、饼粕替代品相比，大豆产品的品质质量特性均一性很好。

最近，第三种加工工艺，即挤压膨化压榨法（设备制造商的注册商标是 Express Systems）得到了较快发展（图 13. 7 和图 13. 8）[146,147]。 在这一过程中，膨化机利用摩擦挤压产生热量，替代了以往的蒸汽加热。 加热的物料随后输送至螺旋压榨机，后续处理与螺旋压榨法相同工厂的处理能力一般为 5 ~ 50t/d。 在过去的 10 年里，大约建立了 70 家挤压膨化工厂用于大豆油的制取。 这些工厂通常是农场主所有的，他们将饼粕贩卖给牲畜饲养者[148]，将油脂贩卖给大的油脂精炼厂，尽管油脂的品质质量极好，但出售的时候也会给以一定的折扣，因为油脂精炼工厂处理小批量的大豆油的成本较高。 这些工厂习惯于使用传统的加工处理方式，并有可能生产出符合认证的有机或非转基因大豆油，这在某些国家来说具有丰厚的市场价值。 有些通过基因改良的大豆油和饼粕也存在着不小的商机，如低

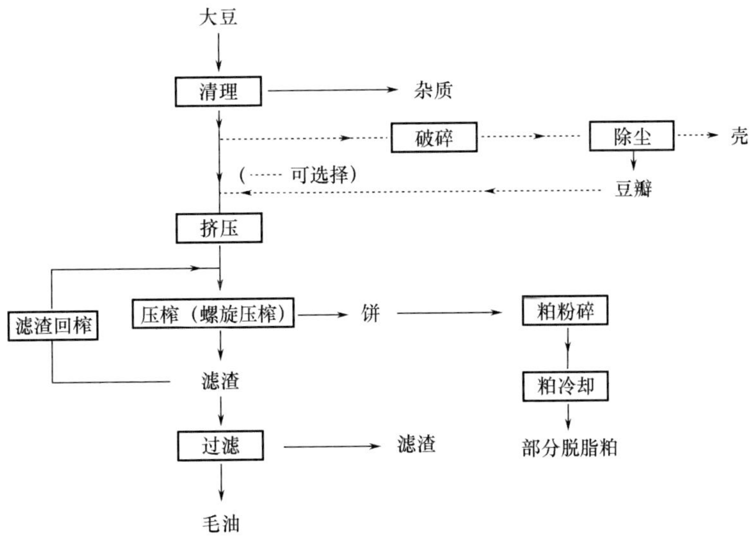

图 13. 7 挤压膨化制取大豆油的工艺流程图

亚麻酸大豆油、高饱和或低饱和脂肪酸大豆油、高油酸大豆油。在人类对太空进行探索时就已经提出了要利用转基因的方法处理大豆以获得不同的大豆产品[149]。美国航空航天局（NASA）计划在太空中种植大豆，因为对于诸如火星探测等太空活动来说，可靠的食物供给是必不可少的。

图 13.8 现代挤压膨化大豆加工厂的内部照片

彩色版参见 http://www.mrw.interscience.wiley.com/biofp.

13.6 不同方法提取的大豆油和饼粕质量

Wang 和 Johnson[150]比较了三种不同处理方法得到的大豆油和饼粕的质量，他们在一年内分三次从 13 家挤压膨化厂、8 家溶剂浸出厂、1 家连续螺旋压榨厂中采集大豆油和饼粕样品进行分析，结果见表 13.10 和表 13.11。溶剂浸出法是迄今最为有效的大豆取油方法，一般豆粕中的残油率只有 1.2%。与挤压膨化法相比，螺旋压榨法在取油效率方面通常较高，饼粕中的残油率为 6.3%，而挤压膨化厂的饼粕中的平均残油率为 7.2%。大部分溶剂浸出厂都会对大豆进行脱皮处理，得到 48% 或蛋白含量更高的大豆粕，且其水分含量严格控制在 12%。溶剂浸出法得到的大豆粕的均一性很好，一般比螺旋压榨法或挤压膨化法得到的饼粕的均一性要高。溶剂浸出大豆粕的蛋白质含量高，纤维含量低，是饲喂家畜和猪的理想饲料，其消耗量分别占大豆饼粕产量的 46% 和 25%。大部分利用挤压膨化法和螺旋压榨法得到的饼粕都用于饲养反刍动物，所以不必引进大豆脱皮设备进行脱皮处理。

食品行业中通常采用蛋白分散指数作为指示蛋白质变性程度的指标，对于采用挤压膨化法和螺旋压榨法得到的大豆饼粕来说，其蛋白分散指数是较低的。在饲养业中，用于测定蛋白质变性及过度蒸煮的指标是蛋白质氢氧化钾溶解度，挤压膨化法与溶剂浸出法得到的饼粕，其氢氧化钾溶解度值相似，但比螺旋压榨法得到的饼粕的要高（62%）。螺旋压榨法得到的饼粕的过瘤胃蛋白质值较高，表明更多的蛋白质没有经过瘤胃消化，不能转变为微生物蛋白，因此其营养价值比初始大豆蛋白要低。在 Wang 和 Johnson[151] 测定的所有大豆饼粕中，不论使用何种加工方法，其胰蛋白酶抑制剂的活性都很低，这对于蛋白质的消化是非常重要的。大豆（尤其是未加热的大豆）中的胰蛋白酶抑制剂可以有效地抑制胰蛋白酶和胰凝乳蛋白酶的活力，降低蛋白在消化过程中的水解能力。在大豆中有两种胰蛋白酶抑制剂，即 Kunitz 抑制剂和 Bowman-Brik 抑制剂。Kunitz 抑制剂相对而言较易于钝化，且只作用于胰蛋白酶，如果经过湿热处理，其只有约 85% 的抑制活性；Bowman - Brik 抑制剂对于热而言更为稳定（因其分子中含有 6 个交联的二硫键），它可作用于胰蛋白酶和胰凝乳蛋白酶。我们常将尿素酶的活力（一般通过 pH 的变化进行测定）作为蒸煮是否得当的快速检测指标。大豆饼粕的特性介绍参见 http://www.stratsoy.uiuc.edu/epv/。

表 13.10　不同取油方法得到的大豆饼粕质量

性质	加工方法		
	溶剂浸出	螺旋压榨	挤压膨化
水分含量/%	11.65	11.03	6.94
残油率*/%	1.2	6.3	7.2
蛋白质含量/%	48.8	43.2	42.5
尿素酶（ΔpH）	0.04	0.03	0.07
KOH 中蛋白质溶解度/%	89.1	61.6	88.1
蛋白质分散指数	44.5	10.6	18.1
过瘤胃蛋白质含量/%	36.0	48.1	37.6
亨特法“*L*”色泽	69.1	51.5	65.8
胰蛋白酶抑制剂/（mg/g）	5.46	0.3	5.52
胰蛋白酶抑制剂/（TIU/g）	5280	2000	12250

注：* 水分含量为 12% 时的测定值。

表 13.11 不同加工方法得到的大豆油的质量

性质	处理方法		
	溶剂浸出	螺旋压榨	挤压膨化
游离脂肪酸含量/%	0.31	0.33	0.21
磷含量/（mg/kg）	277	463	75
生育酚含量/（mg/kg）	1365	1217	1257
水分含量/%	0.08	0.05	0.08
过氧化值/（meq O_2/kg）	0.96	1.76	1.73
活性氧稳定性/h	39.8	36.2	23.9
罗维朋色泽，红色	11.1	17.5	10.2

不同类型的加工厂、相同类型的加工厂，以及同一采样时间生产出的油脂品质也会具有很大差异。游离脂肪酸含量，通常用来监测油籽在储存以及油脂制取过程中脂肪的水解程度。挤压–压榨法制取的油脂中游离脂肪酸含量比溶剂浸出法制取的油脂中游离脂肪酸含量要低得多，这可能是由于挤压过程将脂肪酶快速地钝化而造成的。螺旋压榨法制取的大豆油游离脂肪酸含量一般为0.33%，这与溶剂浸出法制取的大豆油中游离脂肪酸的含量接近。挤压膨化法制取的油脂在沉淀后其磷脂含量（75mg/kg）比溶剂浸出油（277mg/kg）中的磷脂含量要低得多。螺旋压榨法制取的油脂的磷脂含量（463mg/kg）则要比溶剂浸出油中的磷脂含量要高得多。挤压膨化法制取的油脂中磷脂易于水合沉淀，原因在于此过程中磷脂酶被快速加热钝化。挤压膨化法得到的毛油中的生育酚含量比溶剂浸出油要稍低。

过氧化值是评判油脂初期氧化产物的指标，挤压膨化法得到的毛油过氧化值要比溶剂浸出毛油的过氧化值稍高，其原因在于：挤压膨化过程的温度较高、油脂冷却时间较长、或是冷却储存环境较差、储存时间较长。油脂的氧化稳定性，以活性氧法测出，挤压膨化毛油的氧化稳定性比溶剂浸出毛油要低得多，可能是由于前者的过氧化值较高、磷（磷脂）含量和生育酚含量较低导致的。挤压膨化和溶剂浸出毛油的色泽有很大差异。与前者相比，溶剂浸出毛油的色泽更深。然而，与这两种类型的毛油相比，螺旋压榨法制取的毛油的色泽最深，可能是由于螺旋压榨过程中油料所受到的剧烈的热处理造成的。

13.7 大豆蛋白组分

脱脂大豆饼粕（白豆片）受到热的作用可能会产生一定的溶解性和酶活特性，经过粉碎并按大小分级成粗粒或粉末状颗粒，可用于制作烘焙产品、豆奶、肉制品的添加组分。Johnson 等[151,152]出版记载了这些产品的相关发展历史。大豆粉可与碱炼、脱色及脱臭后的油脂混合，使其卵磷脂或脂肪的含量增加，以期达到理想的功能特性。膨化处理可以使大豆粉形成类似肉一样的组织纤维状结构（TVP），这常被应用于人造肉的制作当中。在制作面包时，具有酶活力的大豆粉的添加量占面粉总量的0.5%左右，大豆粉中的脂肪氧合酶可以脱除小麦粉中的类胡萝卜素，使面包更白，并且可以提高面团的混合特性。白豆片可用于制备大豆分离蛋白或浓缩蛋白[132,153]。在等电点pH 4.5时，大豆蛋白在水中的溶解度很低，而在pH >8.0时其溶解度较高。利用这些溶解度特性可以进行大豆蛋白的分离和浓缩。

未经烘烤而进行闪蒸－脱溶的豆粕，蛋白质没有变性，且氢氧化钾溶解度较高（>70PDI，甚至>90PDI），它是用于生产大豆分离蛋白的理想原料。在某些情况下，大豆分离蛋白也可用挤压膨化压榨法得到的饼粕制备，但其产量较低。饼粕在水中粉碎后，用氢氧化钠调整pH 8.0，随后利用离心法去除不溶性的纤维杂质，溶解的部分加酸调整pH 4.5，蛋白质就会沉淀出来，将沉淀的蛋白凝块与溶解的糖离心分离。蛋白凝块可经过洗涤、中和及喷雾干燥得到大豆分离蛋白产品。

浓缩蛋白的溶解性不需要很高，对不溶性的蛋白质进行加热处理，使其中的水溶性物质（大部分是糖）尽可能的溶解，分离后即可得到大豆浓缩蛋白。如今，一般是通过加酸（pH 4.5）或是乙醇水溶液（60%～80%）将糖提取后制得的。乙醇水溶液是应用最为广泛的提取溶剂，因为可以得到风味柔和的产品，但乙醇会使蛋白质变性，降低了蛋白质的功能特性。通常，喷射蒸煮[154,155]或在碱溶液下进行均一化改性处理[156]可以恢复变性蛋白的部分功能特性。大豆浓缩蛋白的干基蛋白含量必须>65%。

在旧的文献中，基于沉降速度的不同，可以将大豆储藏蛋白中的大豆球蛋白和β－伴球蛋白分为11S和7S蛋白，二者占蛋白总量的65%～80%。目前已经建立了将大豆蛋白分离成单一蛋白的分离方法[157,158]。一些人认为β－伴球蛋白与大豆球蛋白相比对身体健康更为有利。

大豆分离蛋白可应用于牛乳类似物（牛乳替代品、饮料粉末）、肉冻、午餐肉以及婴儿乳粉的制作中，而大豆浓缩蛋白可应用于牛乳类似物（牛乳替代品、饮料粉末、乳酪、咖啡伴侣、冷冻甜点、植物稀奶油）、烘焙食物以及肉制品的制作中[156]。这些蛋白制品因其具有的功能特性如溶解度、吸水性和水合性、黏度、凝胶性、凝聚－附着性、弹性、乳化性、脂肪吸附与结合能力、起泡性以及色泽调控能力而广泛应用。最近Lee等[159]对这些产品的溶解性和热特性进行了比较。发现一些产品即使受到很大程度的变性，其仍然具有好的溶解度。

大豆蛋白制品对人体健康有许多益处，不仅是由于其所含有的优质蛋白质，还归因于其含有的植物化学伴随物，如大豆异黄酮、皂角苷等。现在已有大量证据表明，大豆蛋白制品可能会对高血压和心脏病、骨质疏松症以及特殊的癌症产生影响。这些观点使大豆蛋白制品公司对大豆蛋白产品产生了强烈的兴趣。1999 年 10 月，美国食品与药品管理局（FDA）发表声明，大豆蛋白对心血管健康有益。现在，美国食品标签法律允许在标签上标明“每天摄入含有 25g 大豆蛋白的低饱和脂肪及胆固醇的膳食，可降低患心脏病的风险。同时也允许标明该食品提供的蛋白质含量”。该份声明发表在联邦公报[160]上，并且可以在美国食品和药品管理局官网上进行查询[161]。

13.8 基本加工工序

大豆油的组成成分前文已经进行了详细叙述，由表 13.11 可以看出，大豆毛油中含有磷脂、游离脂肪酸、脂质氧化产物以及不皂化物，其中包括叶绿素和类胡萝卜素、生育酚、甾醇和烃类化合物。这些物质中有些物质对油脂的质量会产生负面影响，有些可能对油脂的营养和功能有正面作用。油脂精炼的目的就是去除这些不理想的物质，以得到气味温和、品质稳定、富含营养的油脂终产品。油脂精炼的基本工序为：①脱胶；②碱炼；③脱色；④氢化；⑤脱臭；⑥冬化或分提。图 13.9 所示为这些工序的基本流程。

13.8.1 脱胶

大豆毛油与其他植物油脂相比，磷脂含量相对较高。脱胶主要是去除大豆毛油中的这些胶体杂质，以提高其物理稳定性并便于进一步精炼。磷脂会加深油脂的色泽，而且它们同样可以作为前体产生异味物质[162]。脱胶时也可去除部分游离脂肪酸、色素以及其他杂质。如果不需要提取胶质和卵磷脂的话，也可以不经过脱胶而直接进行碱炼处理。传统观念认为，通过直接碱炼毛油所造成的中性油的损失会比经脱胶和随后对脱胶油进行精炼造成的损失要少。

大豆毛油的质量会影响脱胶效率。磷脂可以以水合的形式存在，这种磷脂可以通过加水而轻易除去，磷脂也可以以非水合的形式存在，这种磷脂不可以轻易地水合除去。有人认为非水合磷脂是磷脂的钙镁盐。这种物质的产生是由于在储存期间种子受到损害或不合理处理工序造成的。List 等[53]研究了大豆中促进非水化磷脂的形成因素，发现与以下四种因素相关：①豆子或坯片的水分含量；②磷脂酶 D 的活力；③取油前对豆子或坯片的热处理；④破碎或轧片时对细胞结构造成的破坏。结果表明，通过控制进入萃取工序的大豆或坯片的水分含量，钝化磷脂酶 D，优化破碎大豆或坯片的调质温度，可以将非水化磷脂的形成降至最低。通常，在传统溶剂浸出的大豆油中，一般含有 90% 的水化磷脂和 10% 的非水化磷脂。为了更完全地去除非水化磷脂，可加入磷酸或柠檬酸进行预处理，但胶质中含有这些物质会使其色泽加深，质量降低。大豆毛油中磷脂的总含量从 1.85% ~ 2.75%[19] 不等，从某种程度上讲，这会受到种子处理及所使用方法的影响。在浸出前采用膨化或 Alcon 工艺蒸煮坯片会增加毛油中总的磷脂含量以及胶中卵磷脂的百分含量[163]。

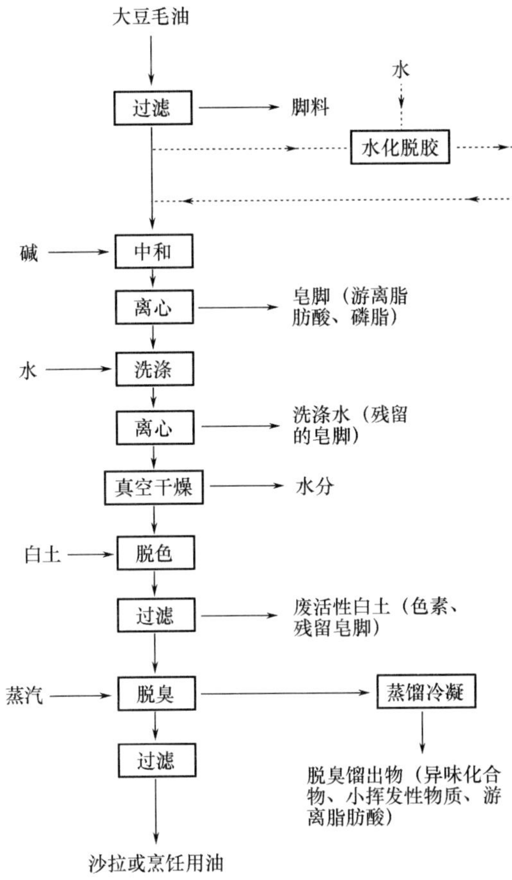

图 13.9 传统大豆油精炼工艺流程

脱胶可以通过间歇方式或连续式方式进行。在间歇式脱胶工艺中，向油中加入与总磷脂量同样比例的软水，加热至 70℃，混合搅拌 30 ~ 60min，随后进行沉淀或离心分离。在连续式水化脱胶工艺中，热油与水按一定比例混合，混合物经离心处理前在容器中静置 15 ~ 30min。磷含量一般可降至 12 ~ 170mg/kg[164]。大豆脱胶油磷含量一般不超过 50mg/kg，这远低于美国油料加工协会[165] 贸易规则中脱胶大豆毛油磷含量低于 200mg/kg 的规定。大豆油物理精炼的脱胶法与碱炼脱胶法不同，它要求更完全地去除磷脂，防止在脂肪酸蒸馏时油脂的颜色加深。为了更彻底地脱除磷脂，现已使用过几种改进的脱胶工艺方法[166,167]。

最近，聚合超滤膜已应用于大豆毛油的脱胶处理过程中，它可用于脱除混合油中的磷脂及胶杂[168]。大豆毛油同样可以利用甲醇提取脂肪酸以达到脱酸的目的，提取物再通过膜过滤分离出脂肪酸和溶剂[169]。界面活性剂辅助的膜法脱胶也应用于大豆毛油的脱胶过程中，得到的脱胶油中磷含量为20～58mg/kg[170]。超临界二氧化碳萃取也是一种有效的脱胶方法[171]。在55 MPa和75℃的条件下，大豆油与超临界二氧化碳逆流接触。油中的磷含量可从620mg/kg降低至不超过5mg/kg。超声波脱胶同样也可以成功地用于降低大豆油中的胶体含量[172]。

13.8.2 中和

中和也称为脱酸、碱炼或碱法精炼。中和是在间歇或连续式的工艺条件下，向大豆油中加入碱溶液（大部分为氢氧化钠溶液），中和去除游离脂肪酸。反应生成的皂也会吸附一些脱胶过程不能除去的天然色素、胶质以及黏性物质。用自然沉淀或离心的方法去除皂脚。大豆毛油未经过脱胶处理同样也可以进行碱炼，如果这样的话，大豆毛油一般会事先加入300～1000mg/kg的75%的磷酸，从而有利于磷脂的去除。与脱胶油相比，毛油中加入的超量碱的百分比要更高一些[173]。

在碱炼时油脂的品质质量会发生变化，如脂肪氧化程度、生育酚以及植物甾醇的损失，Wang和Johnson[174]比较了碱炼与其他工序中这些成分的变化趋势，如表13.12所示。碱炼过程中磷脂的进一步脱除（磷含量低于2mg/kg）同时也降低了大豆油的氧化稳定性[175]，因为其具有抗氧化特性。

碱炼中使用一种新方法，即采用一种基于硅胶的吸附剂，代替水洗可去除残余的皂。在该方法中，水的使用量及产生的废水量都得到了极大降低。硅胶钠也可作为温和的碱炼介质用于精炼特种油脂[176]，其聚集作用可使皂脚通过过滤而去除，而且它的碱性较小，使得中性油及微量营养成分的损失较小。其他吸附剂，如硅胶镁，在降低游离脂肪酸方面同样有效，另外它也可降低精炼油脂中初级和次级氧化产物的含量[175,177]。

表13.12 精炼对大豆油中生育酚、甾醇、角鲨烯含量的影响[25]

精炼工序	生育酚		甾醇		角鲨烯	
	含量/（mg/kg）	损失率/%	含量/（mg/kg）	损失率/%	含量/（mg/kg）	损失率/%
毛油	1132	—	3870	—	143	—
脱胶油	1116	1.4	3730	3.6	142	0.7
碱炼油	997	11.9	3010	22.2	140	2.1
脱色油	863	23.8	3050	21.2	137	4.2
脱臭油	726	35.9	2620	32.3	89	37.8

物理精炼或水蒸气精炼与水蒸气蒸馏脱臭过程类似。水蒸气蒸馏一般适用于高游离脂

肪酸含量的油脂，这种油脂如果进行碱炼的话精炼损失较大，物理精炼可以显著地降低精炼损失。酸法脱胶极大程度上降低了大豆毛油中磷脂的含量，这也使利用蒸馏的方式脱除游离脂肪酸成为可能。但是，将大豆毛油中磷脂的含量降至极低是比较困难的，这也阻碍了此项精炼技术在美国的推广应用。然而，在马来西亚，物理精炼几乎已经取代了化学精炼，成为棕榈油最主要的精炼方式。

13.8.3 脱色

脱色不仅能够去除会诱导油脂氧化的色素如叶绿素，更重要的是它能通过氧化作用，将过氧化物降解成小分子的羰基化合物，并在随后的脱臭工序中将其脱除。脱色也能去除其他杂质，如皂脚和金属离子。在大豆油精炼过程中，色泽在每步工序中基本上都会有所降低，然而，叶绿素的降低主要是在脱色阶段。酸性黏土对吸附叶绿素和过氧化物降解物最为有效，它经常应用于大豆油的脱色过程中。正常大豆毛油中叶绿素的含量一般为 1 ~ 1.5mg/kg，通过碱炼一般可以降低 25%，脱色时加入酸性白土可进一步将其降低至 15 μg/kg[178]。随后的氢化以及脱臭工序对红黄色素的脱除或降解作用比较明显，因此如果脱色时叶绿素的去除不完全的话，会导致精炼油脂呈现绿色。碱炼、脱色油特别易于氧化，相对于毛油、脱胶油、碱炼油或脱臭油而言，其稳定性较差[178]。

理想的脱色油其过氧化物的含量一般为零，油脂的颜色是评价和测定其色泽的重要指标。脱色白土的用量应基于待脱色油的质量进行适当调整，一般大豆油中用量在 0.3% ~ 0.6%。中性油中磷含量（5 ~ 10mg/kg）和皂含量（10 ~ 30mg/kg）低，对充分发挥吸附剂的脱色效果十分重要。在 100 ~ 120℃，常压下进行批次脱色、真空批次脱色或连续式真空脱色 20 ~ 30min，一般均可达到理想的脱色效果。Erickson[179] 对大豆油脱色做出了详尽叙述。

近期，以硅胶为基质的合成材料也应用于油脂的脱色当中。如今，以硫酸或盐酸处理过的斑脱土或蒙脱石制成的酸性白土已经替代了天然黏土、富勒土以及水合硅酸铝，被广泛地应用于油脂的脱色过程。生产商也不断提高白土的品质质量，研发新的脱色白土以满足市场的需求。研发的重点主要集中于白土的活性及过滤性。

13.8.4 氢化

大豆油的不饱和度较高，尤其是亚麻酸含量较高造成了它的氧化稳定性较差，严重限制了其在食品中的应用。氢化可提高大豆油的氧化稳定性和熔点。很大比例的大豆油经过氢化处理后应用于烹饪油、焙烤油、糖果脂、起酥油的生产。

在催化剂（一般为镍）存在的条件下，在合适的搅拌、温度下，大豆油用氢气处理，饱和程度就会增加，形成半固体或可塑性的脂肪，从而可用于多种食品的制作当中。常用术语“选择性”来表示脂肪酸从较不饱和形式变成较饱和形式的相对反应速率。好的选择性意味着氢化反应能依次降低亚麻酸酯、亚油酸酯、油酸酯的含量。为了达到亚麻酸完全氢化而其他酰基基团尽量不受影响的目的，与亚油酸转化成为油酸的反应速率相比，亚麻酸转化成为亚油酸的反应速率高些是比较理想的。一般来说，选择性随着温度、催化剂浓度的提高而增加，随着氢气压力、搅拌速率的降低而减小[180]。List 等[181]报道了压力对大豆油氢化选择性的影响，他们发现在选择性条件下，与含亚麻酸的甘油三酯相比，含亚油酸甘油三酯含量的下降速率较低。在较高压力下（3447kPa），反应是真正非选择性的；而在 344.7kPa 条件下，反应变成选择性的。大豆油中的杂质如磷、氧化产物、胡萝卜素和金属离子可使催化剂中毒，降低反应的催化效果[182]。镍催化剂的一个显著缺点是对亚麻酸与亚油酸的选择性较低，与传统的镍催化剂相比，铜催化剂对亚麻酸的选择性较大[183]。使用铜催化剂生产出的大豆油的氢化程度低（碘值为 110 ~ 115g I/100g），但亚麻酸的含量低于 1%。但铜催化剂的活性不如镍催化剂高；它们同样容易中毒[184]。而且，完全精炼大豆油中即使有微量的铜存在也会促使油脂氧化。

测定油脂氢化程度最常用的方法是通过折光指数来计算凝固点以及碘价。对碘值在 95g I/100g 以上的油脂，折光指数是一种有效的检测手段，但当对油脂进行进一步氢化时，折光指数不适合于预测其熔点，因为反式异构体的增加会导致油脂变硬，而这不是折光指数所能预测的[185]。对于人造奶油或起酥油来说，通过膨胀测定法测定其固体脂肪指数或通过核磁共振测定其固体脂肪含量是测定氢化油脂稠度最为合适的方法。这些指数可预测在特定温度下油脂的工作性能和乳化性能。

在氢化过程中，双键异构化或反式酸的形成是最为重要的副反应，对产品的物理特性甚至营养特性造成重要影响。反式双键与顺式相比，在热力学上是更为有利的构型；因此，在不完全氢化的情况下，会产生很多反式酸。反式酸与顺式相比，熔点高，因此含反式酰基基团较多的脂肪产品，一般熔点也会提高，这在制备起酥油和人造奶油时是期望的特性。部分氢化的大豆油至少含有 30 种不同的含有一个、两个、三个反式双键的异构体，从而导致形成超过 4000 种不同构型的甘油三酯。利用这种复杂性，可以生产出大量具有广泛物理特性和功能特性的油脂、人造奶油和起酥油。但是，食用反式脂肪与健康之间存在明确的关系，这就促使人们研究将油脂中反式酸的生成量降到最低。

大豆油氢化可以在间歇式或连续式设备下进行。美国工厂一般采用间歇式操作。Erickson 和 Erickson[180]、Hastert[186]以及 Kellens[187]对氢化进行了更为全面的综述。

13.8.5 脱臭

脱臭通常为传统油脂精炼的最后一道工序。它是水蒸气汽提的过程，高质量的水蒸气由脱除了空气并经适当处理的水产生，在高温（252～266℃）及高真空（<6mmHg）条件下，向大豆油中通入占油重1%～3%的水蒸气，使过氧化物分解，将一些游离脂肪酸及臭味化合物夹带出来。脱臭是利用在确定的条件下甘油三酯和其他异类挥发性物质的挥发度不同而完成的。脱臭可以有效地去除脱色后产生的霉味、白土味及氢化过程产生的氢化味。脱臭可以将碱炼油中的脂肪酸含量（0.1%～0.5%）或待物理精炼油脂的脂肪酸含量（0.5%～5%）降低至0.03%以下，这也是评判脱臭效果的一个重要指标。过氧化值为零是有效脱臭的另外一个指标。在高温条件下保持15～60min，油可达到热脱色的目的，使胡萝卜素得到大量降解。

脱臭工序中会发生许多有利的反应，但一些反应是非期望的，例如脂质水解、聚合、异构化。因此，脱臭温度需要严格地控制，以便获得最佳品质的成品大豆油。Okamoto等[188]研究了精炼条件对精炼植物油中反式酸含量的影响。脱臭油中反式酸的含量随着时间的延长而增加，油脂的不饱和度越大，反式酸形成的量就越大。大豆油中亚麻酸异构化速率比亚油酸异构化速率高6.5～16.3倍。Kemeny等[189]研究了植物油在204～230℃条件下脱臭2～86h，反式亚油酸及反式亚麻酸形成的动力学，其数据可以很好地估算在给定脱臭条件下精炼油脂中反式酸的含量水平。为了保留更多的营养组分以及阻止其他不理想反应的发生，在实际生产中已经对脱臭工艺进行了改进。如今，可以建立数学模型来描述大豆油物理精炼过程中不同脱臭条件，如时间、温度、蒸汽速率、压力对生育酚、氧化程度、聚合甘油三酯和反式酸的形成的影响[190]。生育酚的脱除主要与加工温度、蒸汽速率有关，而氧化和聚合甘油三酯的生成受所研究的工艺参数的影响并不显著。

脱臭有三种操作方式。间歇式操作是最不常用的方法，因为其效率低，且产品质量不稳定。半连续式及连续式脱臭提高了加工速率。连续式脱臭装置有几种结构，包括单壳圆筒型、垂直堆积板型、薄膜填充柱型。薄膜系统在蒸汽量使用最低的情况下，能够使脂肪酸获得最佳的接触效果，但它达不到理想的热脱色或有效的脱臭效果，因为它的相对停留时间较短。大豆油经过柱式蒸馏后必须在高温滞留罐停留一段时间才可达到脱色的目的[191]。

Jung等[178]研究了大豆油精炼过程中油脂的品质质量变化，结果见表13.13。对不同精炼阶段的大豆油的氧化稳定性的研究表明，毛油是最稳定的，高度纯化的油脂最不稳定[192]。Verleyen等[193]研究了精炼工序对大豆油及其他油脂中游离和酯化植物甾醇分布的影响。碱炼后，游离甾醇的含量会明显降低。脱臭去除了游离的甾醇，当对油脂进行物理精炼时，也促进了部分甾醇酯的形成，因为加热促进了游离甾醇和游离脂肪酸之间的反应。

表13.13 精炼工序对大豆油质量的影响[178]

精炼工序	磷/（mg/kg）	铁/（mg/kg）	叶绿素/（mg/kg）	过氧化值/（meq O_2/kg）	生育酚/（mg/kg）	游离脂肪酸/%
毛油	510	2.9	0.30	2.4	1670	0.74
脱胶	120	0.8	无测定	10.5	1579	0.36
碱炼	5	0.6	0.23	8.8	1546	0.02
脱色	1	0.3	0.08	16.5	1467	0.03
脱臭	1	0.3	0.00	0.0	1138	0.02

13.8.6 分提和冬化

分提或冬化是对于固脂含量较多的油脂的一种加工工序。在这一过程中，低温处理使固体脂结晶沉降，后经过滤和液体油分离以增加油脂的冷藏物理稳定性。碘值（IV）在110～115的部分氢化的大豆油，如果想要用作色拉油及烹饪油脂时，就需要对其进行分提处理。分提后，一些高饱和度的分子及高熔点的反式异构体会被脱除，得到清澈的液体油以满足低温储存的要求。较大的易于过滤的晶体的形成，以及将晶体从液体油中分离是具有一定难度的。为了防止较小晶核的形成，油的温度需要缓慢降低，成核现象只有在油过度冷却至远低于热力学平衡温度时才会发生。异质成核，即核的形成依赖于其他物质，一般发生在灰尘粒子周围或结晶器的壁上。晶体长大的速率取决于过冷和同质多晶。为了得到连续且均一的晶体类型，需要强烈但非破坏性的搅拌。为了使产生的色拉油有好的冷藏稳定性，大豆油需要氢化至碘值为100～110g I/100g（亚麻酸含量为2%～3%），且在2～3℃条件下进行冬化处理。为了得到烹调用油和煎炸油脂，需将其氢化至碘值低于90g I/100g（亚麻酸的含量低于0.5%），且从这种油中得到的硬脂部分是起酥油和人造奶油的良好基料油脂。晶体可以通过过滤、离心、倾柱洗涤来进行分离。Krishnamurthy和Kellens[194]对此进行了更为详细的综述。

13.9 其他精炼方法

尽管采用机械压榨的方法来提取大豆油在大豆加工中占了非常小的比例，但这种方法仍在美国许多农场公司或私有农场中使用以用于生产可作为饲料的大豆粕。现在挤压膨化技术已越来越多地应用于生产品质均一易于储存的大豆油脂以及用于小众市场的蛋白产品。该项加工技术具有规模小、不使用易燃溶剂、初期投资低、产品独特等优势，受到许多大豆种植者和加工者的青睐。

其他种类的通过机械方式进行大豆油制取的技术正在进一步发展之中。已研究出了简单的精炼方法来加工含有不同脂肪酸组成[174,177]的挤压膨化（E－E）大豆油。E－E油易于水化脱胶，使磷含量降低至很低的水平。用美国达拉斯集团（Jeffersonville，IN）生产的商业硅酸镁产品Magnesol®进行吸附处理，可使游离脂肪酸含量降低至0.04%。这种材料也会吸附一级和次级油脂氧化产物。最后使用适度的水蒸气脱臭作为最终精炼工序，可以得到高质量的大豆油。与传统精炼方式相比，吸附精炼手段要温和得多，例如，精炼过程中一级和次级脂质氧化产物的形成量少，且生育酚损失小。

13.10 副产品及其利用

13.10.1 卵磷脂

大豆磷脂易于获得且具有显著的功能特性，所以它是食用和药用磷脂的很好资源。大豆磷脂的组成如表13.14所示。粗磷脂中存在大量的中性油，通常经过脱油处理可以提高其功能特性。脱油是基于中性脂质和极性脂质在丙酮中的溶解度不同来进行的，磷脂在丙酮中沉降，随后进行分离。脱油后磷脂通过乙醇分提可进一步将磷脂分为富含磷脂酰胆碱的醇溶部分和富含磷脂酰肌醇的醇不溶部分。富含磷脂酰胆碱的部分是极好的水包油型乳化剂，富含磷脂酰肌醇部分是良好的油包水型乳化剂，后者常用于巧克力的制作。脱油磷脂和分提磷脂产品的典型组成见表13.15。

表13.14 商业大豆磷脂的组成与蛋黄卵磷脂的组分比较[195] 单位：%

组成	大豆磷脂	蛋黄卵磷脂
磷脂酰胆碱	10～15	65～70
磷脂酰乙醇胺	9～12	9～13
磷脂酰肌醇	8～10	—
磷脂酰丝氨酸	1～2	—
磷脂酸	2～3	—
溶血磷脂酰胆碱	1～2	2～4
溶血磷脂酰乙醇胺	1～2	2～4
植物糖酯	4～7	—
植物丝氨酸	0.5～2.0	—
其他含磷脂质	5～8	—
（神经）鞘磷脂	—	2～3
碳水化合物	2～3	—

续表

组成	大豆磷脂	蛋黄卵磷脂
游离脂肪酸	不超过 1	不超过 1
甘油一酯，甘油二酯	不超过 1	微量
水分	不超过 1.5	不超过 1.5
甘油三酯	35～40	10～15

利用超临界二氧化碳萃取技术可以从脱油大豆磷脂中选择性地提取磷脂酰胆碱[197]。已有实验研究了温度、压力、乙醇用量对提取磷脂酰胆碱的影响，在最佳条件下可以得到高纯度的产品。

与从机械压榨大豆油中得到的磷脂相比，从溶剂浸出豆油中得到的磷脂的组成有所不同[198]。从挤压膨化油中提取得到的磷脂中，磷脂酰胆碱所占的比例比溶剂浸出豆油的磷脂要高得多。用乙醇从粗磷脂中得到的富含磷脂酰胆碱和富含磷脂酰肌醇的馏分也显示出不同的功能特性[199]。

表 13.15 商业精制大豆磷脂产品的一般组成[196] 单位：%

组成	脱油后磷脂	醇溶性磷脂	醇不溶性磷脂
磷脂酰胆碱	29	60	4
磷脂酰乙醇胺	29	30	29
磷脂酰肌醇和糖脂	32	2	55
中性油	3	4	4
其他	7	4	8
乳化类型	W/O 或 O/W	O/W	W/O

大豆磷脂可以通过化学修饰来改变其乳化特性，提高其在溶液体系中的分散性。磷脂可以被酸、碱或酶水解，获得更好的亲水及乳化特性。磷脂羟基化后会提高其水包油型乳化特性及水相分散性。乙酰化会提高其流变性和乳化性、水相分散特性及热稳定性[200]。

13.10.2 脱臭馏出物

脱臭馏出物是指油脂水蒸气蒸馏过程中所收集到的物质。它是游离脂肪酸（特别是对物理精炼而言）、生育酚、植物甾醇及其酯、烃类、脂质氧化产物的混合物。脱臭馏出物的质量和组成取决于原料油的组成以及精炼条件。生育酚和甾醇是能从馏出物中提取得到的最有价值的组分，它们可用于营养补充剂以及制药行业[201]。一般大豆馏出物含约 33% 的不皂化物，其中 11% 为生育酚、18% 为甾醇[202]。

大豆生育酚是天然脂溶性抗氧化剂和维生素 E 的主要来源。天然 $d-\alpha-$生育酚的活性比合成的维生素 E 要高得多，而合成的维生素 E 是 8 种立体异构体的混合物[203]。植物甾醇是生产世界上 75% 以上类固醇药物的原料。基于植物甾醇、植物甾烷及其脂肪酸酯具有降低血液中胆固醇的作用[204,205]，最近它们在人造奶油、餐用涂布脂中的应用不断增加。Hollingsworth[206] 和 Hicks 以及 Moreau[207] 综述了含有植物甾醇的功能性食品的最新进展。

制备高纯度的生育酚和植物甾醇涉及分子蒸馏、络合反应、液 - 液萃取、超临界萃取、皂化以及色谱[175]等技术。大豆油脱臭馏出物通过尿素包埋和游离脂肪酸的皂化处理，可从中提取生育酚，且回收率较高[208]。为了提高甾醇和生育酚的分离效果，Shimada 等[209]通过脂肪酶将甾醇和游离脂肪酸进行酯化。这样通过分子蒸馏可以更好地分离甾醇酯和生育酚。Chang 等[210]使用超临界流体二氧化碳从大豆油脱臭馏出物中提取生育酚和甾醇。Sumner 等[211]提出用甲醇处理脱臭馏出物并获得了专利，这样处理的目的是使游离脂肪酸和其他脂肪酸酯转化为甲酯后进行汽提分离，然后用分子蒸馏分离甾醇和生育酚。

13.10.3 皂脚

皂脚是由毛油或脱胶大豆油经过碱炼得到的。皂脚由水分、游离脂肪酸、中性油、磷脂、不皂化物、蛋白质以及黏质物组成。它的组分取决于油脂的质量、油脂的萃取方法以及精炼条件。皂脚是油脂精炼中最廉价的副产品，它形成的比率一般为精炼大豆毛油体积的 6%[212]，美国的年产量差不多为 80 万吨。皂脚或酸化皂脚大部分作为饲料组分提供代谢能。大豆油经氢氧化钾碱炼后，用硫酸进行酸化处理，以氨水替代氢氧化钠溶液对皂脚进行中和处理以生产肥料[213]。也可以从皂脚中提取甲酯制备生物柴油[214~218]。

13.11 大豆油在食品和生物制品中的应用

13.11.1 大豆油的使用分布

2001—2002 年，美国大豆油用量为 832 万 t，97% 以上的大豆油（809 万 t）用于食品，剩下的用于非食品行业[219]。用于食品的大豆油中约 48%（389 万 t）用作起酥油；43%（358 万 t）用作烹饪油及色拉油；7%（56 万 t）用作人造奶油，不到 1%（6 万 t）用于其他食品。以大豆油为基料油脂生产的人造奶油占美国人造奶油产量的 95%，占起酥油产量的 83%。

在用于非食物制品的 24 万 t 大豆油中，约 16%（4 万 t）用于生产树脂和塑料；12%（3 万 t）用于生产油漆和清漆，13%（3 万 t）用于生产脂肪酸以及 59%（14 万 t）用于生产各种各样的非食用产品。大豆油在非食品行业重要的应用方面是：滑润剂[220]、油脂化学品[221]、生物塑料[222]、环境友好型溶剂大豆甲酯[223,224]、与柴油燃料混合成生物柴油（20%大豆甲酯/80%柴油燃料）[225,226]。在未来几年，大豆油用于生产生物柴油的量将会增加，因为2002年农场法为生产生物柴油提供了税收鼓励，有好几家新生物柴油厂在计划建设当中。在一些州，特别是明尼苏达州，立法鼓励生产生物柴油。美国国家生物柴油委员会（密苏里州杰斐逊市）和可再生燃料协会（华盛顿特区）支配着生物柴油的利润，并且拥有相当大的政治影响力。在2002年，美国生产了5700万L的生物柴油[227]，几乎是2001年的3倍。大豆油在食品中的应用类似于其他种类的油脂，这些油脂的使用及其产品在本册其他章节中有更为详细的讨论。该章节集中讨论了大豆油在这些应用中的特点。大豆油的主要用途就是用于烹饪油、色拉油、煎炸油脂、烘焙起酥油及人造奶油。只有少量大豆油用于植物性乳制品和糖果制品。

13.11.2 大豆毛油和精炼大豆油的贸易法则

由于美国政府没有贸易法则，所以美国油料加工协会（NOPA，华盛顿特区）建立了相关规则，包括相应的质量指标，以便于促进贸易和市场流通。限定的大豆油主要包括三种类型：脱胶大豆毛油、一次精炼大豆油以及全精炼大豆油（表13.16）。这些规则可从因特网上检索获得[228]。影响脱胶毛油、一次精炼大豆油等级划分的因素是水分及挥发性物含量、闪点、游离脂肪酸含量、烟点、不皂化物含量、绿色素、磷含量以及色泽。闪点反映了残留溶剂正己烷的量，其他因素反映的是预期的精炼损失。对于全精炼大豆油来说，还需要另外考虑其风味、冷冻试验、过氧化值及活性氧测定指标，这些指标反映了其低温结晶性能和氧化稳定性。大豆毛油以脱胶油的形式售出，因为胶质在运输或储存过程中会倾向于发生水解和沉淀，从而引发诸多加工问题。一次精炼大豆油很少进行贸易，因为大部分买主拥有自己的精炼工厂，或者他们会购买全精炼大豆油。最终的使用者对完全精炼大豆油都有着自己的理解和定义，这是建立在美国油籽加工协会对其定义之上的更加严格的限定[136]。

13.11.3 烹饪油和色拉油

通常，世界上大部分国家的大豆烹饪油脂及色拉油皆具有味道温和，色泽清淡的特征。而其他种类的油脂即使具有独特的风味和较深的色泽，也可能会被消费者接受。色拉油、烹饪油以及煎炸油的主要区别，反映在它们的氧化稳定性及热稳定性方面。烹饪油和煎炸油比色拉油具有更强的抗氧化性，因为烹饪油要暴露在更高的温度中。用于深度煎炸的油脂需要具有特殊的热稳定性。色拉油必须具有物理稳定性，以防在冷藏的温度下形成结晶。

因为大豆油的不饱和脂肪酸含量相对较高，尤其是不稳定的亚油酸（61%）、亚麻酸（7.8%），部分氢化可使烹饪油或色拉油具有更好的氧化稳定性。不同烹饪油及色拉油的一般规格见表13.17。

表 13.16 大豆脱胶毛油、一次精炼及全精炼大豆油的贸易规格[228]

因素	脱胶毛油	一次精炼大豆油①	全精炼大豆油①	分析方法②
水分和挥发性物	0.3（最高）③	0.10（最高）	0.10（最高）④	Ca 2d - 25
不溶性杂质/%		0.15 需打折	0.15 需打折	Ca 3a - 46
闪点/℃	121（最低）	121（最低）		Cc 9c - 95
游离脂肪酸/（%，以油酸计算）	0.75（最高） 1.25 需打折	0.10（最高） 0.15 需打折	0.05（最高）	Ca 5a - 40
不皂化物/%	1.5（最高）	1.5（最高）	1.5（最高）	Ca 6a - 40
鱼及海洋动物油脂	可忽略			28.121
磷/%	0.02（最高） 0.025 需打折			Ca 12 - 55
精炼脱色油色泽（罗维朋）		红色 3.5（最高）	黄 20，红 2.0（最高）	Cc 8e - 63 Cc 13b - 45
绿色		无		
风味			温和	
冷冻实验/h			5.5（最低）	Cc 11 - 53
过氧化值/（meg O_2/kg）			2.0（最高）	Cd 8 - 53
活性氧稳定性（达到 35PV 的时间）			8min	Cd 12 - 57

注：①在 21 ~ 29℃时外表需澄清明亮，且在这个温度范围内没有沉淀。
②分析方法与美国油脂化学家学会的官方方法一致，而鱼和海洋动物油脂采用的是官方分析化学协会方法。
③包括 AOCS Ca 3 ~ 46 所测定的不溶性杂质。
④油脂必须不含沉淀及任何杂质。

合成抗氧化剂，如叔丁基羟基茴香醚、丁基羟基甲苯、没食子酸丙酯、抗坏血酸、叔丁基对苯二酚可用于大豆烹饪油和煎炸油脂中[230]。这些抗氧化剂的单独添加量一般为 0.01%，两种或两种以上的添加量总和为 0.02%。源自鼠尾草、迷迭香及绿茶的天然抗氧化剂变得越来越受欢迎，因为消费者偏好于天然的食品组分[231]。

色拉油在低温下抗结晶能力与烹饪油不同。色拉油在冷藏温度（4.4℃）时必须无结晶产生，没有混浊现象产生，无沉淀，这也是色拉油的定义。大豆油用作色拉油时，0℃条件下储存至少在 5.5h 内不能有浑浊产生，同时不能有任何可见的晶体形成，油需保持透明澄清。全精炼大豆油一般都能够满足这个要求，故可以直接用作色拉油。其他的油脂，如葵花籽油及玉米油，如果要符合色拉油的定义，就需要经过脱蜡处理。大豆油可能要进行部分氢化，随后再进行冬化，这样，可以增强其氧化稳定性，在冷藏时也不会结晶和失去乳化性，当然，商业用调味品中使用的大部分大豆油并不进行氢化处理。

最近几年，以营养为导向研发出了新型的色拉油和烹饪油。艾奥瓦州大学开发出了一种饱和脂肪酸含量很低的油，名为 LoSatSoy，授权给美国国际杂交先锋公司（艾奥瓦州约翰斯顿），并作为色拉油或烹饪油进行商业化生产。这种特殊的大豆油的饱和脂肪酸含量只有普通大豆油的一半（即 7%，而不是 15%），因此，它的营养和健康价值得到了提升。

另外有些特种大豆油的亚麻酸含量较低（<2% 或 <1%），在用作色拉油或烹饪油时氧化稳定性高，甚至可与部分氢化的大豆油相媲美。如今，低亚麻酸含量的大豆油是含反式酸的氢化油脂的理想替代品。2006 年开始，贴有食品标签的产品必须标明每份食品中饱和脂肪以及反式脂肪酸的含量[232]。这将会促使食品生产企业尽可能地消除或降低产品中的反式脂肪酸含量。

表 13.17 大豆烹饪油及色拉油的贸易规范

因素	烹饪及色拉油				
	碱炼、脱臭大豆油	全精大豆油炼①	全精炼大豆油①	HW② 大豆油	分析方法③
指标出处	Fed④⑤	NSPA	ASCS⑥	Fed④	
水分及挥发物/%	0.06（最高）	0.10（最高）	0.10（最高）折算后 0.14	0.06（最高）	Ca 2d－25
不皂化物/%	—	1.5（最高）	—	—	Ca 6a－40
闪点/℃	—	—	228（最低）	—	Cc 9b－55
游离脂肪酸/（%，以油酸计）	0.05（最高）⑦⑧	0.05（最高）	0.05（最高）	0，05（最高）⑦⑧	Ca 5a－40
红色（罗维朋）	4（最高）	2.0（最高）	2.0 折算后 2.6	2.0（最高）	Cc 8b－52
黄色（罗维朋）	35（最高）	20（最高）	20（最高）	20（最高）	Cc 8b－52
过氧化值/（meq O_2/kg）	1.0（最高）⑧	2.0（最高）	0.5（最高）折算后 1.0	1.0（最高）⑧	Cd 8－53
活性氧脂肪稳定性⑨					
（1）8h 后过氧化值/（meq O_2/kg）	—	35（最高）	35（最高）	—	Cd 12－57
（2）过氧化值不超过 100meq O_2/kg 所对应的小时数	15（最低）⑧	—	—	25（最低）⑧	Cd 12－57
冷藏实验/h					
没有沉淀物及任何杂质	是⑩	是	是	是⑩	Ca 3－46

续表

因素	烹饪及色拉油				
	碱炼、脱臭大豆油	全精大豆油炼①	全精炼大豆油①	HW②大豆油	分析方法③
在21～29℃澄清透明	是	是	是	是	—
鱼油及海洋动物油脂测定	—	可忽略	—	—	⑪
碘值/（g I/100g）	—	—	—	105～115	Cd 1－25
亚麻酸/%	—	—	—	3.0（最高）或3.5（最高）	Cd 1－25 Cd 7－58 Cd 1－62
气味	⑫	⑫	⑫	⑫	⑬
是否允许/需要添加剂/防腐剂	⑭	⑮	⑯	⑭⑰	—

注：①一般指碱炼、脱色、脱臭的油。

②碱炼、脱色、部分氢化、冬化及脱臭、纯化的大豆油。

③根据美国油脂化学家学会的官方方法分析，除非另外标明。

④1978年3月24日颁布的美国联邦当局标准No. JJJ－S－30G，由美国联邦总务署签发。

⑤色拉油可能包括适度精炼及脱臭的棉籽、玉米、花生、大豆、芝麻、葵花籽或红花油或这些油的混合物。不能使用橄榄油。没有提及的植物油如果它们符合商业惯例的话，也可使用。

⑥1976年6月17颁布的PV－50－1法规，由农业稳定保护署，美国农业部签发。

⑦作为单一或混合抗氧化剂的没食子酸丙酯的限量为0.05%。

⑧样品拆包后应在7d内测定完毕。

⑨活性氧测定法。

⑩不包括罐头生产中使用的自树脂焊接材料。

⑪参照官方分析化学协会方法No. 28.107。

⑫样品拆包后应在7d内对其进行测试，测试方法见脚注m。所得到的油脂在加热后应该气味温和、无豆腥味、腐臭味、油漆味、霉味、皂味、鱼腥味、金属味以及其他不期望的气味。

⑬根据联邦规范JJJ－S－30G，约50g终产品置于150mL Pyrex干净耐热玻璃烧杯，加热到（177±3）℃，在这个温度下测定油的气味，降低到38℃测定风味。

⑭允许油中加入金属去除剂、消泡剂、抗氧化剂，以提高油的保存质量和使用性能。ASCA规范同样也允许添加羟基硬脂精。食用油制品中的添加剂应是联邦食品药品及化妆品法令和规则批准的品种并低于允许剂量。

⑮允许使用“一般认可安全”的防腐剂。

⑯在脱臭冷却阶段，应向油中加入0.005%的柠檬酸或0.006%的柠檬酸单异丙酯。

⑰包装气体必须达到食品级，可能是纯氮气或是氮气和近10%的二氧化碳加上空气中其他惰性气体的混合物，但含氧量不超过0.005%。油包装后15min内顶空气体中最大允许氧气量为0.05%（标准温度和压力下测得）。须在包装后马上或15min内测定。分析方法见芝加哥美国奶粉协会1963年发布的916号公告。

特种大豆油需要在转基因大豆生产、压榨和精炼体系中进行。其整个生产过程需要政府部门源源不断的财政资助以用来补偿在转基因认证过程中增加的资金花费。特种大豆油售价较高，导致其市场占有率有所降低。

13.11.4 煎炸油脂

大豆油除了用于普通的家庭烹饪油脂外，还广泛地用于家用及商业上的深度煎炸。煎炸食品在美国消费者中广受欢迎，这就为高稳定性煎炸油和快餐食品创造了巨大的市场。一般未经处理的烹饪油或色拉油，包括大豆油在内，本身是不适用煎炸的，因为它们太容易氧化。因此，这些油脂需要经过适当的修饰改性，使它们的性质更稳定以适用于煎炸使用。

热处理会加速油脂氧化，如商业及家庭中的煎炸过程。加热本身可以引发脂肪的氧化及分解。另外，在水分存在的情况下加热油脂，正如食品煎炸时那样，就会发生酯键水解，释放出脂肪酸[233]。游离脂肪酸反过来加速油脂的氧化。过氧化物的分解及缩合也会产生多种非挥发性单聚体（如双氧化酯及三氧化酯）、二聚物及多聚物（尤其在高温时）。这些二聚物及多聚物是挥发性羰基化合物的重要来源，且可降低大豆油的风味和氧化稳定性[234]。这些大分子质量的物质同样可以使油及食物制品发生一系列物理化学变化，包括黏度提高、极性增加、脂肪酸含量升高、色泽加深、起泡性增强[233]。

大豆起酥油一般要经过氢化处理以提高其稳定性，从而适用于煎炸操作。另外常常加入0.02～2mg/kg的聚二甲基硅氧烷作为消泡剂，这可大大延长大豆油的煎炸寿命[235]。在烹饪及色拉油章节中提到的抗氧化剂可以提高油脂在煎炸前的稳定性，并提高煎炸食品的氧化稳定性。尽管大部分抗氧化剂在高温下易挥发，在煎炸过程中浓度会降低，但有些抗氧化剂可转移并保留在食品中（维持效应），继而在食品储存过程中提供抗氧化保护。在实验过程中，不煎炸的棕榈液油加热8h后，丁基羟基甲苯和叔丁基羟基茴香醚的损失率分别为70%和60%。在常见的抗氧化剂中，叔丁基对苯二酚的分子质量最大（挥发性最低），有最大的维持效应[237]。

油脂氢化程度较高时会形成薄片状的脂肪或是形成具有起酥油特性的煎炸用油，这不仅为煎炸操作者提供了便利，同时也提高了油脂的煎炸稳定性。不幸的是，正如本章节其他地方所述，氢化会引起副反应，形成反式脂肪酸，最近对饮食中反式酸的关注，以及随后新的食品标签法要求对反式脂肪酸的标注[232]，已经促使食品生产商和油脂加工者开发出更加稳定的适用于煎炸的大豆油脂。

能提高大豆油稳定性而不产生反式酸的一个方法，就是向常规大豆油中加入少量的全氢化油脂（硬脂）。混合油随后进行酯交换，形成无反式酸的稳定型煎炸油。最近研究发现，在烹饪及色拉油章节中提到过低亚麻酸大豆油，当其与5%的全氢化大豆油混合时，它与传统的含反式脂肪的大豆油（已经为深度煎炸而进行稳定化处理）一样稳定，而且还保留了极好的风味特性[238]。其他提高大豆油煎炸稳定性的方法，是通过植物育种来提高大豆油的油酸含量，这可以通过传统的植物育种或生物技术的方法来完成。然而，当最终得到的油脂用于煎炸时，常使得煎炸食品具有不新鲜的、蜡质的风味，缺乏一般煎炸食物理想的风味[239,240]。

13.11.5 蛋黄酱及色拉酱

在美国，蛋黄酱、色拉酱以及法式调味汁是根据美国食品与药品管理局（FDA；联邦规范编码，章节21，169.140）发布的特性标准来定义的[241]。1930年颁布的食品，药品及化妆品法案和随后版布的修订本与改正本通过建立身份标准，来预防某些食物制品的掺杂和造假事件的发生。

蛋黄酱的定义是半固体状食品，含有不少于65%的植物油脂、鸡蛋黄及醋。但美国为了得到合理的质构，大部分蛋黄酱的含油量高达75%~82%[242]。大豆油常用于制作蛋黄酱，同时，冬化棉籽油、玉米油、菜籽油和氢化大豆油也可使用。蛋黄酱是水包油乳化物，油滴直径1~2μm。含油量越高，油滴在连续水相中的聚集就越紧密，因此黏度、硬度就越大。水包油乳化剂的生产难度较大，其分散相的体积要比连续相大7倍，故蛋黄酱的生产从某种角度来说是一门艺术。蛋白质是蛋黄酱中唯一允许添加的乳化剂，为了获得高质量高稳定性的蛋黄酱，加工条件扮演着关键作用。

色拉酱同样是水包油型乳化物，它是一种蛋黄酱替代品。色拉酱的标准定义（21CTR，1699.150）中要求其植物油含量不少于30%（但最多含油35%~50%）、醋、≥4%的蛋黄和淀粉。色拉酱的质构及黏度取决于淀粉，而蛋黄酱则更多依赖于油脂含量。色拉酱用油的选用标准与蛋黄酱相同。

蛋黄酱及色拉调味汁的质量是根据脂质部分的物理及氧化稳定性来评价的。机械振动、搅拌、极端温度或脂肪结晶可引起两相分离或乳化物分解。也可能发生植物油和鸡蛋脂质的氧化。由于油脂在这些制品的风味稳定性方面起着主要的作用，故只允许使用质量最好的色拉油。尤其重要的是要使用浊点时间长（冷冻试验时间长）的色拉油。在冷冻温度下储存时，如果脂肪发生结晶，乳化物就会破坏，产品就会析出油脂而品相变差。结晶抑制剂，如羟基硬脂晶、卵磷脂和聚甘油酯可用来防止结晶及乳化物的破坏。

蛋黄酱及色拉调味油由于它们较高的黏度，需要用勺子食用，而法式调味汁是可倾倒的水包油体系，根据其标准（21CFR，169.115），法式调味汁含油必须≥35%。鸡蛋制品是可选的成分。其他色拉酱，如千岛酱，不受标准定义的限制，可以使用任何成分。可倾倒的调味汁有两种不同的最终形式：乳化物或两相体系，这取决于产品是否进行均质。在美国，这些产品中所使用的油脂，主要是大豆色拉油。加拿大和欧洲也经常使用其他种类的色拉油，这取决于每个具体地区是否容易得到这些植物油脂以及相应的成本。

蛋黄酱、色拉酱以及法式调味汁中油脂含量高，所以制作色拉油的原料应无味、氧化稳定性高，这点非常重要。油的过氧化值应该低于2meq O_2/kg。蛋黄酱及色拉酱即使发生初期氧化，也可以检测到如“青草味”“豆腥味”这样的味道。顶空惰性气体包装对防止它们在运输，销售及消费储存阶段的氧化是非常重要的。包装一旦打开，惰性气体就会被空气取代，此时就要在冰箱中储藏，这点十分重要。

13.11.6 人造奶油

人造奶油是法国化学家 Hippolyte Megge Mouries 在 1869 年首次生产出来的。在普法战争期间，他因为黄油替代品的发明获得了奖励及产品专利。然而，直至 19 世纪 40 年代，人造奶油才被广泛使用。在那之前，美国强大的牛乳业阻止了许多州销售有色人造奶油。如今，在美国，人均消耗的人造奶油量是黄油的两倍多，人造奶油不再是黄油的廉价仿制品。与黄油不同，人造奶油可由多种油脂组成，具有一系列物理与功能特性，这些特性在如今许多食品应用方面很有价值。

在美国，人造奶油即人造黄油同样受控于美国食品与药品管理局（FDA）标准（21CFR，166.110），人造奶油至少要求含脂肪80%。在美国，大豆油是其最主要用油，接下来是棉籽油及玉米油。人造奶油配方中其他 20% 的组分为水和其他可选择的配料，包括乳制品、大豆分离蛋白、盐、可选的乳化剂（上限为 0.5%）、霉菌抑制剂、抗氧化剂、色素、香料以及酸化剂。人造奶油是油包水乳化物。

传统销售的人造奶油是棒状的，但现在人造奶油也可以是可倾式或软盒装产品。人造奶油也可以按搅打产品的形式销售，这种产品内部含有空气和惰性气体。目前，已有其他形式的人造奶油，包括已开发的多不饱和与低脂肪的涂抹脂产品，满足了消费者食用便利、低饱和脂肪低卡路里的需求。除了作为传统意义上的餐桌食品以外，人造奶油也广泛用于烘焙食品中，如曲奇饼干、泡芙用脂以及丹麦酥皮饼。

最近，消费者对人造奶油状涂抹脂的需求量大增，这种产品不受制于标准定义，且脂肪含量更少。大部分涂抹脂含 40% ~60% 的脂肪，其中含 40% 脂肪的涂抹脂在欧洲更受欢迎，而含 60% 脂肪在美国更受欢迎。但在过去 15 年，开发出了脂肪含量低于 20% 的低脂涂抹酱。受这种趋势的影响，与之前的 10 年相比，如今在美国，含 80% 脂肪的人造奶油产品的用量已明显降低。涂抹脂产品中脂肪作为连续相，要在这样少量的脂肪中，使如此高含量的水相体系得到稳定，就要求使用能产生足够剪切力的特殊设备和较多数量的乳化剂。Moustafa[243]报道，当水相含量超过74%时，水滴不再是球形的，而只能是多面形的。

人造奶油的加工过程包括：将脂肪和其他水相成分（包括水）分别搅拌，而后将水相在脂肪相中分散、乳化、骤冷使脂肪固化、固化物料捏合、熟化、成形、包装等工序。这些物料在进入曲面刮刀式换热器进行冷却结晶前应充分乳化。从冷却管出来的物料发生部分固化，然后在工作单元中进一步结晶。包装前，人造奶油产品的质构可在静置管中得到进一步改善。

人造奶油和起酥油中的结晶网络可夹带液体油脂。因此，它们会表现出一定的屈服应力，在这个应力范围之内，产品不会像黏性流体一样随意流动。屈服应力与涂抹性有关。Segura等[244]已对人造奶油的流变学特性进行了讨论。

在北美，人造奶油可能由氢化大豆油和棕榈油、部分氢化大豆油和棉籽油、玉米油和氢化玉米油或简单氢化大豆油混合而成。大部分油脂混合物中，大豆油的含量较高，这是为了在成本上具有竞争性。一些普通人造奶油的组成和特性见表13.18。

人造奶油和涂抹脂最重要的功能特性是涂抹性及硬度、油性及熔化特性。这些特性与脂肪含量、固体脂肪比例、脂肪熔点以及晶体类型有关。通过改变氢化程度，可获得广泛的质构和功能特性。稠度与乳化稳定性取决于结晶脂肪的量和类型。涂抹性和硬度可以通过测定固体脂肪指数以及针入度来预测。一般使用锥形针入计来测定人造奶油的硬度[245]。普通的人造奶油在冷藏温度下应该可涂抹，在常温下保持半固体状，在低于体温的温度下不应熔化。油脂析离是指脂肪晶体不再形成能够保持液体油的网络，液体脂肪从中分离出来。

表13.18 氢化及酯化大豆人造奶油的组成和特性[187]

大豆油	类型	固体脂肪含量/%			熔点/℃	反式脂肪酸/%	碘值/(g I/100g)
		10℃	21.1℃	33.3℃			
氢化	棒状人造奶油	28.6	18.9	5.3	46	31.0	92.1
氢化	盒装人造奶油	15.6	8.8	1.3	46	23.2	108.0
氢化	盒装人造奶油	7.1	4.5	2.0	46	12.9	121.8
酯化	90:10	1.7	1.3	0.2	40	1.7	123.8
酯化	85:15	4.3	2.2	0.9	46	2.1	116.6
酯化	80:20	8.0	3.5	2.2	47	1.6	109.4

脂肪具有同质多晶性，根据晶体中甘油三酯的不同排列，它们以不同的晶体形式存

在，目前已知的结晶型有 α 、β 、β′。一般认为 β′晶形对人造奶油来说是最适合的，其具有顺滑、令人愉悦的口感及合适的涂抹性。尽管氢化大豆油倾向于形成 β 型，但在美国，它在超过 90% 的人造奶油和餐桌涂抹脂中都有应用。氢化油脂中脂肪酸组成越相同，越倾向于形成 β 型。氢化油脂含脂肪异构体种类越丰富，形成 β 型的趋向就越小，且得到的人造奶油质构就越光滑。添加少量的 β′型的基料脂肪（棕榈油或棉籽油）或不同的大豆基料油脂，增加了脂肪酸的种类，使其偏向于形成较稳定的 β′型。将未改性的油与氢化程度不同的油混合，就能获得质构理想的人造奶油产品。可以获得的基料油脂的种类越广泛，就越能生产出范围较宽的产品，对加工条件的要求也就越低。如何利用各种基料油脂，采用不同的操作方式，设计出品质良好的人造奶油产品，Cho 等[246]已对此进行了评估。

人造奶油的基料油必须先经过氢化处理才能达到理想的固脂含量，但这同时会导致脂肪酸的异构化。新的规定要求在标签上标示反式脂肪的含量，这可能会使一些消费者不再食用传统的人造奶油。Emken[247]报道称，传统的人造奶油中反式酸的含量可能高达 21%，Kellens[187]认为可高达 31%，而 D' souza 等[248]报道，用于合成北美人造奶油的氢化原料中含有高熔点的甘油三酯，其棒状人造奶油中含 33.1% ~45% 的反式酸，软奶油中含 22.4% ~30.1% 的反式脂肪酸。反式酰基有助于提高人造奶油的硬度。最近一篇较为全面的综述认为，摄入反式酸的量如果超过总能量 4% 的话，可能会使血脂水平升高[249]，也可能会引发心脏病[250,251]。

一些公司正在使用不氢化和全氢化大豆油以及其他油脂来进行随机[252]或定向酯交换来生产低或零反式脂肪酸的人造奶油[253]。为了生产出这些产品，液体油脂要与全氢化原料进行酯交换，以便达到合适的可塑性。油脂中棕榈酸含量较高时，会对酯交换混合体系的结晶与同质多晶型造成影响[254]。

以甲醇的碱金属化合物作为催化剂，可以快速地完成化学酯交换反应。微生物脂肪酶也可作为生物催化剂用于酶促酯交换反应当中。酶法与化学法不同的是，如能采用位置专一性的酶，反应就会有选择性，但这种反应通常很慢，且对反应环境敏感。近期，脂肪酶催化酯交换的研究取得了进展，导致这种加工方法在工业中获得了应用[255]。然而，酶的成本和昂贵的加工设备限制了这种方法的广泛应用。

在研发零反式脂肪酸油脂方面，Erickson[256]概述了实验室规模、工厂规模、商业批次反应的各种方法。List 等[252]用 80% 的精炼脱色脱臭大豆油和 20% 的全氢化大豆油进行酯交换，研制出了零反式脂肪酸人造奶油，得到的产品中固脂含量与传统产品接近。随机酯交换得到的低（零）反式大豆人造奶油更倾向于形成 β′晶型[252]，但在冷却后结晶速率缓慢，导致产品比理想中的要硬[257]。向酯交换油脂中加入 20% 的液体大豆油，得到的产品会更软，更为理想。表13.19所示为综合使用氢化、酯交换、分提方法生产低反式脂肪的典型例子，产品所具有的物理特性与具有高反式酸含量的部分氢化大豆油不相上下。

另一方面，最近一些研究致力于生产出高饱和脂肪酸含量的大豆品种，有些品种的饱和酸多达43%，其中棕榈酸达23%，硬脂酸达20%，而普通大豆只有15%的饱和酸，其中棕榈酸占11%，硬脂酸为4%。大豆只含有顺式脂肪酸，因而混合油中没有反式酸。List等[258,259]认为，大豆育种得到含30%～40%饱和脂肪酸的大豆油，其固体含量不足以制造出好的人造奶油，但饱和脂肪酸含量得到提升的大豆油（17%～38%）可以与高熔点油，如棕榈油、酯交换棕榈油、棕榈油与大豆油的酯交换油、棉籽油和大豆油硬脂相混合，生产品质较好的人造奶油。Kok等[260]使用传统大豆油与育种得到的大豆油以体积比50∶50混合生产得到的油脂中，饱和脂肪酸含量较高（43%的饱和酸，其中棕榈酸23%、硬脂酸20%），混合物随后进行酯交换反映，得到的油可用于制作软管人造奶油。与其他较软的人造奶油相比，产品的感官特性仅有微小差异，这说明酯交换产品可为大部分消费者所接受。List等[259]同样报道，对高饱和脂肪酸（10%棕榈酸、18%硬脂酸）的纯大豆油进行随机酯交换，可以做出没有砂粒感的优质人造奶油（固体脂肪指数：10℃，5～8；21.1℃，2～3；33.3℃，1～2）。

表13.19 氢化、酯交换、分提法生产低反式酸人造奶油脂肪[187]的物理特性

项目	碘值/（g I/100g）	熔点/℃	固体脂肪含量/%			
			10℃	20℃	30℃	40℃
大豆油（SBO）原料	134	~7	0	—	—	—
全氢化大豆油（FHSBO）	1	71	95	94	94	93
SBO和FHSBO混合物（60∶40）	81	63	44	42	39	35
SBO和FHSBO（60∶40）	81	53	38	33	20	11
随机酯交换						
酯交换油分提						
软脂	91	24	25	1	0	0
硬脂	63	58	60	58	45	32

13.11.7 起酥油

起酥油是由植物或动物来源的油脂制成的，常用于烘焙，但起酥油这个术语也用于描述煎炸油以及烹饪油的半固体脂肪。起酥油如人造奶油一样，其固体脂肪以一种紧密的网

络小晶体结构存在，并将液体油脂束缚。塑性起酥油不同于人造奶油，起酥油不是乳化体系；它所有的原料均是脂质，并且可能含有乳化剂。在氢化工艺得到开发之前，猪油和牛油是起酥油主要的用油，但这些脂肪缺乏质构和功能的多样性，无法适应于多种产品的需求。如今，大部分起酥油都含有大豆油，主要是因为大豆油是可以提供适当功能性的最廉价的油脂。起酥油可以以多种形式存在：塑性、半固体（立方形的、薄片形、印花形）、可倾倒的流体（具有悬浮固体）、胶囊粉末以及薄片。对于塑性起酥油来说，大部分是由氢化油脂与常用乳化剂、固化剂相混合得到，或对混合油脂进行结晶、塑化而获得。起酥油包装后在30℃静置几天进行调质。在固化过程中，通常充入10% ~25%的空气以改善色泽及质构。可倾倒的起酥油和流体起酥油的生产是通过混合适当的油脂及乳化剂而制成的，其过程需要经过流体物料的冷却，在精确温度下搅拌悬浮晶体4 ~6h，以防止形成大的晶体颗粒，保证流体稳定。

加入到烘焙食品中的起酥油通过破坏面筋结构使食品起酥或嫩化。起酥油改善了产品的口感及食用品质，增加了润滑性，提高了面团的加工特性，形成了风味及结构，具有理想的纹理结构和质构[261]。起酥和嫩化效果对蛋糕、馅饼皮、点心、甜面包以及饼干的生产尤其重要。一般而言，对大部分起酥油应用来说，较为理想的是其固体脂肪指数随温度变化很小。表13.20所示为不同的商业起酥油的塑性和融化特性。一般面包中起酥油含量为2% ~5%、蛋糕中含5% ~25%、甜品中含20% ~30%、泡芙饼中含30% ~40%、馅饼皮中含20% ~35%。

大多数塑性起酥油都包装在22.68kg的聚乙烯衬里的盒子中，且主要用于糕饼店和食品商店。而大规模自动化批发式糕饼店很难使用这些产品，即使190kg重的圆桶包装式塑性起酥油也很难满足他们的需求。因此，研制出了以大豆油为基料油脂的可倾倒和可泵吸的液体起酥油。但液态油脂的奶油感和充气性能不强。加入少量硬脂（即硬脂精）和其他乳化剂，可以提高液体起酥油的功能特性。

不加入起酥油的情况下，采用发面团（一次发酵）或直接发酵的方法也能生产出质量理想的面包和面包圈，但加入起酥油后面包体积会增加多达25%。所增加的体积通常称为烤焙弹性，它使产品在整个货架期内的硬度逐渐降低。在美国，采用连续混合法生产超大体积的面包，使用该方法时，起酥油对于生产出高质量的面包来说非常重要。起酥油延迟了淀粉凝胶的形成，使面团能在结构固定之前产生较大的膨胀。美国人喜欢超大体积的面包，通过加入面粉质量6%的乳化性起酥油以完成，但是实际上一般加入量为3% ~5%。面包起酥油中的硬脂在降低面包外围塌陷方面起着非常重要的作用。面包起酥油中至少含有4%的氢化猪油硬脂。大部分商业白面包使用精炼脱色脱臭大豆油。

表 13.20 烘焙起酥油的一般组成和特性

类型	组分	固体脂肪含量/%					熔点/℃
		10℃	21.1℃	26.7℃	33.3℃	37.8℃	
曲奇和派皮面团用起酥油	不完全氢化大豆油及棕榈油（未乳化）	26~30	18~22	16~20	12~15	9.5~13	46~48
蛋糕和酥皮用起酥油	不完全氢化大豆油及棉籽油（甘油一酯和甘油二酯）	23~27	16~19	15~18	12~15	9~12	48~50
发酵型糖果点心	不完全氢化大豆油和棕榈油（甘油一酯和甘油二酯）	24~29	14~18		9~12		44~47
液体蛋糕用起酥油	不完全氢化大豆油（甘油一酯和甘油二酯，单硬脂酸甘油三酯，2-硬脂酰乳酸钠）						
乳油夹心酥皮	不完全氢化大豆油和棕榈油（甘油一酯和甘油二酯，聚山梨醇酯60）	25~28	19~22	18~21	14~17	11~14	47~49
饼干用起酥油	不完全氢化大豆油和棕榈油（未乳化）	25~30		16~20	7.5~11.5		44~47
发酵型人造奶油夹心糖果点心	不完全氢化大豆油和棕榈油（甘油一酯和甘油二酯）	25~30		15~19	6~9		41~42
液体面包用起酥油	不完全氢化大豆油（甘油一酯和甘油二酯）						
液体面包用起酥油	不完全氢化大豆油（甘油一酯和甘油二酯，2-硬脂酰乳酸钠，乙氧基甘油一酯和甘油二酯）						

面包起酥油应该以 β 形式结晶。普通塑性面包起酥油的基料油由 90% 的部分氢化大豆油（碘值为 70g I/100g）和 10% 猪油硬脂（碘值 <5g I/100g）组成；而一般流体面包起酥油的基料油是由 95% 的部分氢化大豆油（碘值为 95g I/100g）和 5% 的猪油硬脂组成。添加甘油一酯和甘油二酯主要是用来降低面包的老化速率，加入功能更好的乳化剂，如硬脂酸 2-乳酸钠，或乙氧化或琥珀酰的甘油一酯及甘油二酯，目的是用作面团调节剂，使面包获得较好的耐搅拌（糅）性，在承受外力时不损失体积[262]。

千层蛋糕、蛋糕甜甜圈、小松饼用乳化起酥油，可以增加其体积，减少气泡尺寸，产生适宜的内部纹理结构。奶油性（酪化性）的定义是指起酥油与小麦粉颗粒相混合以及将空气核融入油脂的性能。空气核可以成为面包气泡的形成位置，这对于蛋糕制作很重要。大量微小气泡融入起酥油中，可以提高烘焙食品的发酵性能。对于起酥油在蛋糕和冰淇淋中的应用，与较大的β晶型（5～15μm）相比，细针状的β′晶型（1μm）更为合适，因为β′晶型起酥油显得光滑，具有好的充气效果及更好的酪化性[263]。

通常，部分氢化大豆油与棉籽油或棕榈硬脂混合可得到β′晶型。大部分蛋糕起酥油含甘油一酯及甘油二酯，以减小酪化时裹入的气泡尺寸，从而在蛋糕中形成更细小的气穴和纹理，使每单位质量的体积（比体积）更大。然而，为了达到液体蛋糕起酥油合适的充气效果，需要将具有β结晶倾向的大豆硬脂的部分氢化大豆油与α－乳化剂相平衡，α－乳化剂通常是甘油一酯和甘油二酯以及甘油基乳糖脂肪酸酯。

一般而言，塑性起酥油应当具有一定的硬度和可塑性，同时具有一定的强度，不可太软太油腻。将硬脂加入到大豆油中可达到合适的质构、可塑性以及酪化性。塑性起酥油低温时应该较为柔软，可塑性高，在体温的条件下仍能保持半固体的状态。

大豆油是用于制备一系列起酥油最好的氢化基料油。有些起酥油中有多达50%的大豆油硬脂与部分氢化的大豆油相混合，但大豆油硬脂会以β形式结晶，除非大豆油硬脂与等量或更大量的β′型硬脂混合，例如氢化棕榈油或棉籽油相混合。部分氢化大豆油提高了起酥油的氧化稳定性。硬脂的量根据具体产品应用所要求的质构来决定。不同品种的烘焙食品需要不同的起酥功能和起塑性才能达到最佳品质。塑性可通过合适的固脂含量或固体脂肪指数来控制。一般而言，塑性起酥油应该有相对较平缓的固体脂肪指数，温度范围在15～32℃时，固体含量在15%～30%[264]。有一种得到这些特性的方法，即将两种来源的10%硬脂与90%部分氢化大豆油（碘值为65～80g I/100g）相混合，可得到理想的晶形结构。

13.11.8 糖果、仿制乳制品及低热量脂肪替代品

大豆油很少用来生产硬质黄油，而后者是生产糖果制品及人造乳制品的主要原料。人造巧克力、巧克力豆、咖啡伴侣、人造黄油、人造乳酪、冷冻甜点、脱脂牛乳、椰子油和棕榈仁油更受消费者的喜爱，因为它们的熔点变化更明确。它们在体温条件下要尽可能地融化，这一点对其应用非常重要，这可以防止蜡质口感的形成。我们经常使用一些经过分提处理得到的氢化大豆油和氢化棉籽油[265]来生产这些产品，以硫酸处理后的镍作为催化剂进行氢化处理得到的具有较高选择性的油脂也会偶尔使用。但这些油脂中反式酸的含量较高（>40%），新的反式脂肪酸标签规定限制了它们的用途。与天然制品相比，这些人造乳制品和巧克力制品的优势是功能性有所提高。因此，可以通过调整其在人造黄油中的冻融稳定性及熔化特性而满足在特殊食品中的应用[267]

因为对体重控制的广泛关注，最近低或零卡路里的脂质材料的生产非常引人关注。以脂质基质的脂肪替代品是抗酶水解的酯类物质，不易吸收，其能量相对较低，或有不同的

代谢模式。这些酯类物质可以由大豆油或是含有大豆油脂肪酸的物质构成。蔗糖聚酯或其他合成酯以及甘油二酯是这些低卡路里能量脂肪替代品[268~274]。

13.12 大豆油的氧化与品质

大豆油的氧化稳定性受其组成、取油前大豆的处理方式、加工条件以及添加剂的影响。影响大豆油稳定性的重要因素包括：脂肪酸组成以及游离脂肪酸、磷脂、天然抗氧化剂以及色素的存在[275]。重要的处理以及加工因素包括：水分过高、损坏、温度、与氧气接触、与促氧化金属接触、曝光[276]。

13.12.1 回味

大豆油的氧化稳定性差，这对于大豆油行业是一个主要问题。大豆毛油的一个特征是具有“豆腥味”，其在精炼、脱色以及脱臭过程中可以被去除，得到无味，色泽浅的大豆油。然而，在储存过程中，精炼大豆油会形成一种特有风味，常称为“回味”[277]。20世纪40年代前，一些人认为大豆油在精炼脱臭后可“返回”到起初未精炼的风味。大豆油对光敏感，即使将新鲜的脱臭大豆油放在向阳窗户旁，也会发生回味现象。该回味曾不被视为是氧化现象[278]。实际上，“回”词用得并不当，因为：①大豆油并没有回复到其初始的毛油味道；②光的作用是存在的，但却被极度夸大了；③这种异味的产生其实是一种氧化反应[278]。在20世纪40年代前，测定氧化的方法是用碘滴定法测定过氧化值，但这个方法灵敏度低，有时即使大豆油有明显的异味，由于其氧化程度较低也无法检测出来。随着更多高灵敏测定方法的出现，现在知道只要一发生氧化，大豆油在早期阶段（过氧化值为10meq O_2/kg或更低）就会出现“豆腥味”及“青草味”。氧化程度更大时会发生酸败（过氧化值为10meq O_2/kg或更高），此时会有“鱼腥味”或“油漆味”产生。这种风味劣变现象是富含亚麻酸酯的油脂的共同特征[279]，如今已广泛被公众所接受，大豆油的风味劣变是一种氧化现象，亚麻酸酯是大豆油回味的重要前体物质。

对付大豆油产生“回味”现象的办法是在一种很有趣的情况下发现的。在第二次世界大战将结束时，Warren Goss被派去学习德国油料行业的秘密，发现Tassusky博士和他的女儿获得了一项加工专利，将大豆毛油用水进行多重水洗或加入硅酸钠以及0.01%的柠檬酸进行脱臭[278]。该处理之所以有效，不是因为水洗，而是由于添加了柠檬酸。现在我们知道微量的金属可以加速油脂的风味变坏，用柠檬酸或其他金属失活剂进行处理，是提高风味稳定性的高效实用方法[274]。

13.12.2 油氧化的研究

为了阐述油脂的氧化机理，人们进行了广泛的研究。氧化是由于光、热以及金属所引发的自由基连锁反应，氧分子与不饱和脂肪酸反应，生成氢过氧化物[280]。引发不饱和脂肪氧化的一个很重要因素，是油脂在有氧或光敏剂存在的情况下暴露于光线中。普通的三线态氧以这种方式活化成单线态氧，再与不饱和脂肪酸反应[281]。氧气在大豆油中的溶解性较好[282]，大豆油中含有天然光敏氧化剂，如叶绿素或脱镁叶绿素。单线态氧易与不饱和脂肪酸的双键反应，例如，单线态氧与亚油酸甲酯反应，速度至少比一般的的三线态氧快1500倍[282]。单线态氧一旦引发氧化，生成的氢过氧化物就会降解产生自由基，在有三线态氧存在的情况下，反应模式会迅速变成自动催化。Carlsson等[283]研究发现，自由基清除剂不能阻止各种不饱和植物油脂的光氧化，但单线态氧淬灭剂可阻止其发生，且其阻止程度与这些化合物淬灭单线态氧的能力成正比。

在油脂及食品加工过程中，食物脂质中的脂肪酸通常会受热。过氧化物一旦形成，它们就会分解形成自由基，过氧化物的分解速率随着温度的升高而增加。该反应对于消费者和加工者来说都非常重要，因为它影响风味，在煎炸条件下，该反应影响煎炸食品的物理、营养以及毒理性质。

植物和动物中天然的酶可以诱导氧化反应。这些酶中最重要和广为人知的酶是脂肪氧合酶（亚油酸酯：氧化还原酶，E. C. 1. 13. 11. 12）（LOX）[284,285]。植物体系中的酶氧化反应受到脂肪氧合酶的调节，脂肪氧合酶催化氧分子与含 $c,c-1,4-$ 戊二烯分子的脂质（如亚油酸和亚麻酸酯）发生氧化反应，形成各种氢过氧化物，它们与亚油酸和亚麻酸酯自动氧化过程中形成的氢过氧化物异构体相同。大豆富含如 LOX－1、LOX－2 以及 LOX－3 之类的脂肪氧合酶同工酶，它们的活性与豆制品中风味的形成有关，尤其是青草味[285]。

单氢过氧化物是脂质氧化的初级产物。形成哪个位置的氢过氧化物异构体，取决于不饱和脂肪酸双键的位置、数目及氧化机制。一些文献已经报道了油酸、亚油酸和亚麻酸酯氧化形成氢过氧化物异构体的组成[286~291]。所形成的氢过氧化物是无味的，但它们相对不稳定，是各种挥发、不挥发性裂解产物的前体，对形成氧化风味非常重要。

初级氢过氧化物分解得到的次级挥发性裂解产物包括醛、烷烃、烯烃、醇以及烃类。不过，这些挥发性物质在风味上差别很大。当评估这些挥发性氧化产物对风味影响的时候，不仅需要知道它们各自的含量，还需知道它们各自的阈值。评价风味影响力的一种方式，就是根据阈值来划分的，尽管它们各自的风味影响力可随绝对含量而变化[292]。同样，风味化合物间相互作用在嗅觉反应方面可能比较重要。如果一个化合物必须以气相存在才能达到嗅感器官的话，相对挥发性也起重要作用。Lee等[293]创建了分散在水包油乳化体系中的各种挥发性物质的风味影响力与2－庚酮具体含量的关系式（表13.21）。通过这种方法，可发现新鲜以及氧化大豆油中，壬醛是对风味强度影响最大的组分，接下来的是 $t,t,t,c-2,4-$ 庚二烯及2－庚烯醇。庚烯醇有较大的气相色谱吸收峰，但它对风味强度的影响相对较小。最近，Kao等[294]认为，口腔中形成的粒子可以将裹入的甘油三酯带入到嗅觉上皮细胞，使得甘油三酯本身产生一些风味，这也意味着氧化大豆油中的化合物不需要挥发，也可以形成一定的风味。他们指出，新鲜大豆油中的坚果味只有当嘴唇张口或舌头离开上颚时才会觉察到，这两种嘴型下能产生粒子。Liu和Hammond[295]进一步的研究证明了该假设，即口腔粒子很大程度上影响着对氧化大豆油的典型酮类风味和其他食物的风味物的感知。

大量的研究结果显示，大豆油的风味强度与亚麻酸酯的含量有关。亚油酸酯和亚麻酸酯在一般大豆油中含量达60%～65%，毫无疑问会导致大豆油品质的不稳定，但如此少的亚麻酸酯含量就对大豆油风味有如此强烈影响，其原因尚且未知。亚麻酸酯氧化速率理论上要比亚油酸酯快两倍，但在一般大豆油中，亚油酸酯比亚麻酸酯要多7～8倍。亚麻酸酯所产生的风味化合物的阈值与亚油酸酯产生的风味化合物相比，似乎也没有低很多，用嗅觉上风味的相互作用可以解释这些效应。

表13.21　乳化物中检测到的2－庚酮浓度，其风味强度与商业大豆油在35℃荧光灯下氧化11d的分离成分相同[293]

组分	含量/（μg/kg）			
	0d	4d	7d	11d
1－戊烯－3－酮	0.21	0.46	1.14	1.00
戊醛	0.27	0.27	0.34	0.35
t－2－戊醛	0.27	0.18	0.24	0.35
甲苯	0.80	0.44	0.37	1.24
己醛	2.57	4.67	6.21	6.42
庚醛	12.35	15.50	17.47	16.19
t－2－庚烯醛	5.37	16.02	28.55	38.86
1－辛烯－3－酮	1.58	1.86	2.43	2.47
1－辛烯－3－醇	1.41	3.98	8.74	12.60
t,*c*－2,4－葵二烯醛	17.09	29.30	42.66	48.05
2－戊基呋喃	3.54	4.51	5.26	5.52
t,*t*－2,4－葵二烯醛	20.80	34.27	45.10	48.18
2－辛烯醛	5.14	8.07	10.82	12.09
壬醛	76.58	108.18	113.70	101.90
t,*c*－2,4－癸二烯醛	无	无	15.62	26.24
t,*t*－2,4－癸二烯醛	无	无	25.09	43.30
总量	148.0	227.8	323.8	364.8

13.12.3 控制/稳定措施

可以使用选择性氢化的方法，来降低亚麻酸酯或亚油酸酯和亚麻酸酯的含量，以提高大豆油的氧化稳定性。大豆油中亚麻酸酯的含量也可以通过育种或基因工程来改变[296]。

通过加入低浓度的链阻断抗氧化剂可阻扰链的延续或引发，从而抑制或延迟油脂的自动氧化[286]。链阻断抗氧化剂包括具有大体积烷基取代基空间位阻的酚类及芳香族类化合物，食品脂质中使用的普通合成链阻断抗氧剂有丁基羟基茴香醚、二丁基羟基甲苯、特丁基对苯二酚和没食子酸丙酯。这种类型的抗氧化剂与过氧自由基反应，终止链反应。等式（13.5）中形成的抗氧化自由基（A·）相对来说比较稳定，不能够引发或延续链氧化反应。

$$ROO\cdot + AH \rightarrow ROOH + A\cdot \quad (13.5)$$

酚类抗氧化剂通过形成共振式达到稳定状态（图13.10）[297]。半醌等自由基中间体经过一系列的反应（包括歧化反应）后，形成稳定的醌，它可重新生成原始的对苯二酚（图13.11）。不过，当温度提高后，抗氧化剂渐渐失去它们的效率，在诱导阶段其抗氧化效果最好。一旦抗氧化剂消耗完，氧化反应就加剧[297]。

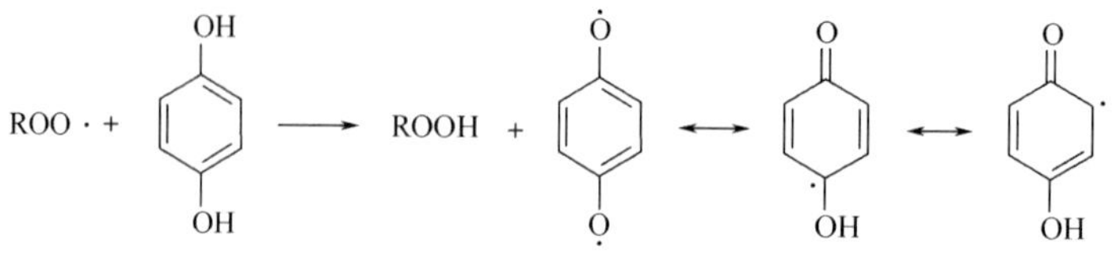

图13.10 酚类抗氧化剂共振式的形成

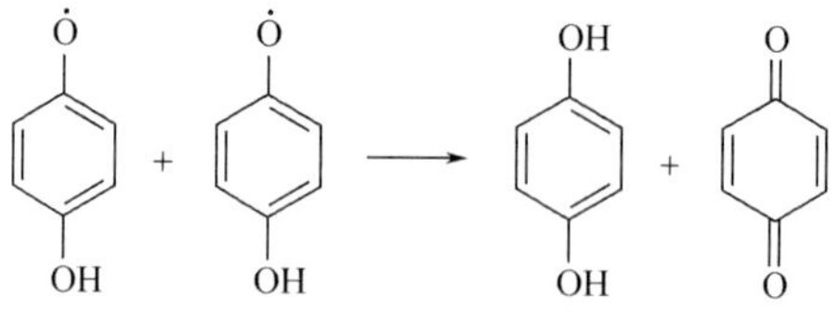

图13.11 半醌自由基歧化反应

预防性抗氧化剂降低了链反应的诱导速率。最重要的初始抑制剂是金属淬灭剂，它可以螯合金属离子。用于稳定食用脂质的金属淬灭剂包括柠檬酸、磷酸、酒石酸和磷脂。过氧化物毁灭剂同样也是预防性抑制剂，例如，硫化合物、磷酸盐、磷化氢，把氢过氧化物降解成更为稳定的醇[286]。

紫外光灭活剂通过吸收辐射来阻止氧化反应而不产生自由基。该类物质包括像碳黑、

水杨酸苯酯及 α -羟基二苯甲酮这样的色素。当同时使用阻断抗氧化剂与预防性抗氧化剂时，可以达到很明显的协同抗氧化效果，因为它们既抑制了诱导反应，又抑制了传播反应。人们已经认识到了食物中普通抗氧化剂和金属淬灭剂的协同作用[33]。Loliger[298]证明，与两种抗氧化剂单独或联合使用相比，维生素 E、维生素 C 以及磷脂三种抗氧化剂同时使用的效果比其中两者或单一抗氧化剂更显著。

光也是影响大豆油储存稳定性的一个重要因素。精炼以及脱色不仅能够去除天然的光敏剂，同时也去除了单线态氧淬灭剂如类胡萝卜素。去除的胡萝卜素如果得到保留，就可以有效保护脂质不受单线氧的破坏，但这样的油所呈现的黄色可能不被消费者所接受。另外一种保护储存油脂不受光损害的方法，是使用能够吸收光敏剂所必需的光或阻止光照射的包装袋或容器。

避免油脂被金属污染同样很重要，尤其是铜和铁这些强烈驱动大豆油发生氧化反应的金属。铜或铁合金不应当用来制作直接接触大豆油的设备，但不包括不锈钢。大豆油应该储存在用碳钢制作并内衬环氧或聚亚安酯漆的容器中，不锈钢或是者玻璃纤维-聚酯材质的容器中。

用氮气或二氧化碳取代容器顶空中的氧气，使其含量降低至≤2%可以降低植物油的氧化效应[299]。因此，当油脂需要延期储存或以热的液体状储存时，可以考虑用氮气或其他惰性气体进行保护。

13.12.4 成品油质量的评估

尽管美国官方对大豆油及其制品颁布了严格的等级限定，但是，对其气味和风味的感官评价才是最终评估油脂质量和稳定性的根本方法。感官评价不能被任何化学或仪器分析方法所完全取代，尽管一些方法与感官评价结果的相关性很好。油的感官评价一般是由一组专家或经过专门训练的人员来进行的，一般所采用美国油脂化学家协会[300]所推荐的方法。在评价期间，专家被要求给整体的风味质量评分，也包括多种风味的单独强度。与感官评价相比，尽管化学和物理测定方法更具有重复性且耗时少，但大豆油的氧化酸败和异味评估最好是感官测试。当然，感官评价得分与各种化学测定结果之间所建立的相关性，可以用来预测最终成品油的感官质量。

过氧化值，即每千克油中的过氧化物的毫克当量，可用于测定油脂的初级氧化产物——氢过氧化物。已经证明，过氧化值与大豆油的风味得分有很好的相关性，此法可应用在油储存过程中。过氧化值是油脂氧化状态的一种指标。一般认为，大豆油的过氧化值小于 1.0meq O_2/kg 时是“新鲜”的，过氧化值为 1.0～1.5meq O_2/kg 时大豆油氧化程度低，5.0～10.0meq O_2/kg 时中等，大于 10.0meq O_2/kg 氧化程度高，风味极差时大于 20meq O_2/kg[6]。

可以根据具体的环境，选择不同的测定方法来进行油脂过氧化值的测定[300~303]。

多不饱和脂肪酸氧化的第一步是双键位置的转变，导致共轭氢过氧化物的形成。共轭结构在232~234nm处有强吸收。共轭双烯值[300]表示油脂中共轭双烯酸的百分含量，也可以反映初期氧化产物。当油脂具有相同的初始脂肪酸组成时，共轭双烯值只能用作比较的方法，因为油脂中聚环氧化物含量越多，共轭双烯值提高的可能性就越大。因此，该方法只能在脂肪酸组成已知的情况下，作为油脂中氧化物的相对测定方法[303]。

由于长期以来将醛和一些酮作为脂质氧化和分解产物的标志，因此它们的测定在大豆油质量控制方面也很常见。*p*-茴香胺值[300]测定在350nm波长处有吸光度的醛（主要是2-烯醛）、2,4-二烯等物质。然而，这些测定并不是特异性的，因为色泽强度不仅与其浓度有关，而且还与醛的结构有关。因此，只有当油脂具有相似的结构和处理方法时，所测定的结果才有比较性[304]。

游离脂肪酸[305]、极性化合物[300]、黏度以及色泽分析经常用来测定油在加热或煎炸过程中的废弃点。它们是煎炸油的重要质量指标，因为这些组分影响到煎炸食品的品质质量。游离脂肪酸含量在煎炸过程中有所提高，它是由甘油三酯酯键水解释放出来的[233]。因而，它是油脂质量的一个重要指标。根据德国煎炸油质量标准，当极性化合物含量大于27%的时候，煎炸油应当弃用[306]。煎炸油黏度和色泽的变化同样可用作煎炸油降解程度的指标。

有很多其他的化学方法可用来测定脂质氧化物以及质量。著名的测定方法有：有硫代巴比妥酸（TBA）测试、羰基值、顶空氧分析。这些方法已在其他地方进行概述和讨论[287,307]。

油脂氧化过程中所形成的挥发性羰基化合物对于异味形成非常关键。因此，鉴定这些化合物有很重要的意义。由于几种原因的存在，使得分析油脂中的化合物有一定的困难。首先，很难将它们从油脂中定量地除去。其次，溶剂、玻璃制品以及其他实验室材料上羰基的污染，可能会导致结果的不准确。最后，在油脂氧化过程中可能会形成上百种挥发性的物质，使得在阐述时存在困难。如今，使用高效气相色谱柱和合适的鉴定方法使得挥发性物质的分析成为可能。

使用的基本气相色谱测定方法有三种[300]，即静态顶空、动态顶空和直接注射。静态顶空涉及液体样品上空气体的平衡，将一定体积的样品顶空气体注射到气相色谱中进行分离和定量。动态顶空分析即吹扫捕集方法，使用一种吸附剂（如Tenax GC、Chromosorb或Porapak Q），收集从加热样品中由惰性气体（如氦气或氮气）带出来的挥发性物质。在捕集之后，吸附剂可以通过溶剂提取，或直接转移到气相色谱入口处。直接注射法是将油样通过硅烷化的玻璃棉塞直接注射到气相色谱入口。这几种方法都有其自身的优点和缺点[287]。

最近，气相色谱－固体微萃取（GC－SPME）已经得到了开发[308~310]。该方法用涂有不同聚合物的纤维从食物体系中提取挥发性化合物。该方法可以用于固体、液体以及气态体系。该分析法可在评估挥发性物质方面相对容易，其维持的条件也一致。

Evans 等[311]、Scholz 和 Ptak[312]利用气相色谱法对正戊烷的含量进行了测定，并以此来评估植物油脂的酸败程度。Dupuy 等[313,314]使用改进过的气相色谱入口管测定大豆油中挥发性羰基化合物，发现了挥发性物质分析与感官评定之间有好的相关性。美国油脂化学家学会（AOCS）风味质量和稳定性委员会对使用气相色谱鉴别挥发性物质作为风味评定的标准方法[275]进行了评估，并颁布了两项推荐准则，名为“气－液色谱测定油脂中挥发性物质”Cg4－94，1997[300]和“食用油脂挥发性物质和感官评定上的相关性”美国油脂化学家学会（AOCS）Cg1－83，1997[300]。一项与美国油脂化学家学会（AOCS）合作的研究对三种挥发性物质的分析方法与美国油脂化学家学会（AOCS）风味等级[315]感官分析法进行了比较，证明美国油脂化学家学会（AOCS）方法是有效的。尽管使用这些方法已经取得了一致意见，委员会仍强调只有人类才能测定风味，因而气相色谱法所测得的特性（如氧化稳定性、裂解化合物）本身并不是感官特征。

毫无疑问，热处理会加速油脂的自动氧化，如商业及家庭式煎炸。除了发生自动氧化，油脂在有水分条件下加热（如在食品中应用时）可通过酯键水解释放出脂肪酸[233]。游离脂肪酸会加速油脂氧化。在加热处理过程中，二聚物、环状化合物的形成似乎是不饱和脂肪酸的主要热反应。不过，在热处理过程中有氧存在，同样会发生氧化聚合[233]。很明显，温度、加热时间、氧气等能很大程度上影响热反应以及氧化聚合反应的发生。

氢过氧化物的分解和聚合同样会产生多种非挥发性的物质，包括二氧化酯和三氧化酯以及二聚物和多聚物，尤其是在温度升高时。这些二聚物和多聚物许多是挥发性羰基化合物的丰富来源，可降低大豆油的风味和氧化稳定性[316]。这些高分子物质同样能让油及食物产生一系列的物理和化学变化，包括黏度、极性、游离酸含量的增加、颜色加深、油起泡性增加[233]。

13.12.5 储存和加工

生产质量优良的大豆油，需要严格控制大豆在收获、储存、油脂加工之中和之后直到成品油食用过程中免遭氧化、酶解以及微生物破坏。好的加工措施包括仔细控制精炼温度、脱色真空度、惰性气体保护。热可以加速空气中氧与食用油的反应，因此，过热对油的最终质量是有害的。在加工后，大豆油储存的温度应尽可能低，并避免光照射。

真空度对于脱色非常重要，因为温度高时，当油大面积与空气接触的话，氧化会很容易发生。在储存过程中，包装内应尽量装满油，因为这样的话，与油相比，顶空空间很小，就不易于获得氧气。同样，过氧化物的形成量是表面积/体积的比例的线性函数[275]。List[317]认为储油罐中会形成较大的温度梯度变化，使得内部油发生较大流动。这样的流动，会增加与空气接触的油的量，且加速氧气分散。因此，储存在容器中的大豆油，温度应该尽可能低，避免这样的情况发生。

13.12.6 等外品油脂的特殊处理

在农田中受损、经霜冻、水分浸蚀及储存中受损的大豆制取的油中，一般游离脂肪酸以及铁的含量较高，磷脂含量低，色泽深，与完好大豆制得的油脂相比，风味及氧化稳定性差。这样的大豆很难对其进行处理，用标准的加工方法进行加工时，得到的终产品的质量一般不能满足大豆油贸易或国内消费的标准。

美国大豆加工协会[318]贸易规定，初始大豆毛油用官方方法精炼及脱色后[300]，色泽满足罗维朋色泽6.0。一般霜冻损害的油不能满足这一要求。根据Stern和Grossman[319]的报道，霜冻大豆得到的毛油稍显绿色，是由一种与叶绿素（包括脱镁叶绿素）或其衍生物相关但不相同的化合物引起的。当对这样的油脂进行脱色时，酸性黏土比中性黏土效果更好，但要增加白土的使用量，在去除绿色色素方面才更为有效。根据Stern和Grossman[319]的报道，用活性炭（0.4%～1.0%）在90℃条件下预处理或用冷的正己烷－油混合物与活性炭进行吸附处理，对去除部分绿色素有效。如果活性炭再加上额外处理的糖和活性脱色黏土的话，完全去除绿色素也是有可能的。氢化同样也可用于去除大豆油中的绿色素。根据Beal等报道[175]，绿色油脂（碘值132g I/100g）在1%铬酸铜催化剂的存在下氢化至碘值为110g I/100g时，该油在冷却及过滤后不会显示变绿。不过，在实际生产中铬酸铜的使用较少。

当大豆在田野里暴露于雨天或潮湿的天气下时，大豆会发芽或腐烂，从这些大豆中提取得到的油脂会产生棕黑色并形成白垩质的质构[312]。干旱会严重影响大豆中蛋白质和油脂的含量，但很少会明显影响油脂的质量。根据List[317]，来自田野、霜冻、热、水分损害大豆的等外品油脂会在精炼加工中增加精炼损耗，精炼脱色油色泽较差，同时风味及氧化稳定性也有所降低。精炼损耗高可以通过使用磷酸或醋酸酐脱胶来得到部分控制。通过使用酸性黏土、增加黏土用量、提高脱色温度、受损害大豆加工得到的油的色泽问题可以得到部分解决。总体而言，生产高质量油的最好的实例就是去除那些品质较差的大豆。

13.13 膳食脂肪酸及其对健康的影响

13.13.1 胆固醇和心脏病

心脏病仍然是美国人中患病率最高的疾病。高血脂胆固醇增加了患心脏病的风险[319]，因此，一般而言，可以通过测定血清胆固醇的含量来预测一个人患心脏病的风险。尽管一些胆固醇是形成人体细胞膜和合成荷尔蒙及胆汁酸必需的组分，但太多的胆固醇可与心脏病相关联。吃进去的脂肪会影响血清胆固醇的水平。除了监视总体血清胆固醇外，血浆中高密度脂蛋白和低密度脂蛋白的比例在预测心脏病方面也同样重要。胆固醇是蜡状物，不能与水混合，它需要通过血液来循环，而血液大部分是水。脂蛋白运输胆固醇到身体的各个部位。低密度脂蛋白把胆固醇从肝运送到身体，把沉积物留在动脉壁上。高密度脂蛋白将胆固醇再次运输到肝，以便排出体外。如果低密度脂蛋白和高密度脂蛋白的比例过高的话，更多的胆固醇会沉积在动脉壁上，而不是被排出体外。因此低/高密度脂蛋白的比例可以用于预测一个人患心脏病的可能性。比例大于3表明在平均风险之上。膳食影响血浆胆固醇最重要的因子是：饱和油脂、总脂肪和膳食胆固醇的含量。

13.13.2 饱和脂肪及其对健康的影响

饱和脂肪比饮食中其他任何一种物质更能提高血浆胆固醇的水平。降低血浆胆固醇水平最为有效的方法，就是降低饮食中饱和脂肪的含量。在一般美国人饮食中，动物食品是饱和脂肪的主要来源。一些植物油脂也含有丰富的饱和脂肪，如椰子油、棕榈仁油以及棕榈油。其他的植物油，如大豆油，在氢化后饱和度会增加。食用太多的饱和脂肪会相应地增加心脏病、某些癌症和其他健康问题的患病风险。在美国，大豆油是主要的食用油脂，降低其饱和脂肪含量，就会减少这个国家的心脏病风险，尽管其饱和脂肪酸只占总脂肪酸的15%～16%。已经知道大豆油中主要的饱和物质是棕榈酸、硬脂酸。棕榈酸在大豆油饱和脂肪酸中占70%。用棕榈酸酯取代饮食中的碳水化合物或单不饱和酸，会增加血清低密度脂蛋白和总的胆固醇含量[320]。研究发现，在对血清脂质影响方面，硬脂酸相对比较中性，一些研究[321,322]认为，膳食硬脂酸实际上降低了血清低密度脂肪和总胆固醇含量，因而许多人建议，这种饱和酸不应该包括在能提高血胆固醇的酰基组分中。由于这些原因，爱荷华州大学科学家研发了LoSatSoy™，一种饱和脂肪酸只有传统大豆油一半的大豆油，棕榈酸酯降低至小于3%。

13.13.3 不饱和脂肪和身体健康

不饱和脂肪，不管是单不饱和或多不饱和，替代饱和脂肪后，均有助于降低血液中胆固醇含量。单不饱和脂肪的来源包括坚果、橄榄油以及双低菜籽油。多不饱和脂肪的来源包括玉米、红花、芝麻、大豆以及葵花籽油。

大豆油含有约21%的单不饱和油酸酯。研究发现，油酸酯的氧化速率比其他的多不饱和脂肪，如亚油酸酯以及亚麻酸酯的氧化速率要小得多。亚油酸和亚麻酸酯的氧化速率非常快，且是大豆油氧化稳定性差的主要原因[287,323]。单不饱和脂肪摄入量高的话，可能有助于在不降低高密度脂蛋白的情况下降低升高的总血浆胆固醇[324]。因此，高油酸酯含量的大豆油不仅比传统的大豆油更为稳定[275]，也能增加营养价值。

临床试验和人群试验已证明，饮食中的多不饱和脂肪能有效降低血浆胆固醇含量。认为大豆油有好的营养价值主要是因为它含有高含量的必需多不饱和脂肪。如之前所说，它含有约55%的亚油酸酯和8%的亚麻酸酯，两者均为必需脂肪酸。摄入占每日能量1%～2%的亚油酸酯是已被广泛接受的，因为这个数量能够满足啮齿类及人类对必需脂肪酸的需要[325]。亚油酸酯的生理作用已经得到很好阐明，如果缺乏，则会产生各种症状，如生长抑制、鳞状皮肤病、皮肤渗透性增加、脂肪肝、肾损害以及生殖损害。大豆油中含有8%的亚麻酸酯，不仅是必需脂肪酸极好的来源，同时也是 $n-3$ 脂肪酸家族（烃链末端的第三个碳原子处有双键）的成员。食用含 $n-3$ 脂肪酸的食物或油与很多健康有关联性。这种关联性最初来源于爱斯基摩人流行病学的研究，他们食用来源于海豹及冷水鱼的高含量 $n-3$ 脂肪酸[326]。与丹麦人相比，这些爱斯基摩人尽管某种程度上患出血性脑卒中的概率稍高，但患心脏病和免疫系统疾病的概率很低。即使到现在，大规模的流行病学研究仍认为，食用源于植物以及海洋的 $n-3$ 脂肪酸对于有患关心病风险的人群是有益的[327]。

13.13.4 反式酸及其对健康的作用

1897年发明的植物油催化氢化工艺可以降低多不饱和脂肪酸、提高植物油风味稳定性、扩大用途、改善植物油用于色拉酱、烹饪及深度煎炸过程中的性能，并可用来制作人造奶油、起酥油和其他烘焙食物以及甜点[328]。氢化反应的一个副反应是形成不饱和酸的位置异构体和几何异构体。反式异构体的形成快且广泛[320]。尽管氢化可以提高大豆油的氧化稳定性以及功能特性，但反式酸的存在会对大豆油的营养方面产生负作用。特别是，由于膳食中的反式脂肪会影响人们的身体健康[329]，部分氢化的大豆油在营养上的作用已经受到了密切关注；不过，这些反式基团的生理效应还不明确。在脱臭[330,331]及煎炸过程中，植物油也有可能生成一些反式酰基[332,333]，大部分植物起酥油中存在的 $9-c,12-t$-亚油酸酯比 $9-t,12-t$-亚油酸酯含量要高得多[334]。已有报道，在加热过的植物油中发现了上述异构体，以及亚麻酸酯的反式和顺式异构体[330,332,335]。反式异构体可对抗必需脂肪酸，尤其在饮食中亚油酸和亚麻酸酯有限的情况下。例如，在老鼠体中，18∶3的 c，

c,t 异构体得到延长，并去饱和形成 20∶5$n-3$ 和 22∶6$n-3$ 的 $n-3$ 反式异构体[336]；在人体血小板中也发现了异构体[337]。9 − c,12 − t − 亚油酸可以转化成含有反式双键的20∶4$n-6$。不幸的是，20∶4$n-6$ 反式异构体抑制了来源于全顺式 c − 20∶4$n-6$ 前列腺素的形成[338]。Mensink 和 Katan[250] 报道，相比富含顺式脂肪的饮食，高反式脂肪含量的饮食会提高总胆固醇水平，提高低密度脂蛋白/高密度脂蛋白胆固醇的比例，而且可能会比饱和脂肪更易提高体内胆固醇含量[339]，同时会相应增加乳腺癌的风险[340]。

据估计，美国消费者摄入的反式脂肪酸一般为 11.1～27.6g/（人·d）[341]。综合性评价认为，反式酰基的消耗达到总能量 4.0% 或占总能量更多时，可能会增加血浆胆固醇的量[342]。考虑到饮食中反式酰基基团存在的情况下对健康的影响，通过改变大豆油脂肪酸组成来提高其氧化稳定性和风味稳定性，已经变成植物育种者的目标。在某些方面，其获得的效果与氢化类似，但不会形成反式酸。

13.13.5 总脂肪及其对健康的影响

过度摄入任何脂肪都是不健康的。Klurfeld 和 Kritchevsky[342] 认为，饮食中的脂肪能加快肿瘤增长，部分原因可能是由于其提供的热量。在用化学试剂引起老鼠肿瘤的实验中，减少 25% 的能量摄入，能减少肿瘤的发生概率。目前，大部分美国儿童的脂肪摄入占他们所需能量的 34%[318]。而推荐的健康儿童脂肪摄入量平均值不应超过总能量的 30%。也有专家也建议，应降低儿童饱和脂肪摄入量至小于 10%。对于成年人也有类似的推荐[343]。

参考文献

1. Economic Research Service of United States Department of Agriculture. (October, 2002). Oil Crop Situation and Outlook Yearbook. Available: http://usda. mannlib. cornell. edu/reports/erssor/field/ocs-bby/ocs2002. pdf.

2. *2004 Soya & Oilseed Bluebook*, Soyatech, Inc., Bar Harbor, Maine, 2003.

3. T. J. Brumm and C. R. Hurburgh, Jr., Quality of the 2002 Soybean Crop from the United States, Report to the American Soybean Association.

4. D. M. Maestrl, J. M. Mariles, and C. A. Guzmán, *Grassas Aceites*, **49**, 395 − 399(1998).

5. C. R. Hurburgh, Jr., *J. Amer. Oil Chem. Soc.*, **71**, 1425 − 1427(1994).

6. D. M. Maestri, D. O. Labuckas, J. M. Meriles, A. L. Lamarque, J. A. Zygadlo, and C. A. Guzman, *J. Sci. Food Agric.*, **77**, 494 − 498(1998).

7. R. F. Wilson, *Agro-Food Industry Hi-Tech.*, **12**(6), 17 − 22(2002).

8. R. F. Wilson, *Lipid Technol.*, **11**, 107 − 110(2000).

9. J. A. Hoeck, W. R. Fehr, P. A. Murphy, and G. A. Welke, *Crop Sci.*, **40**, 48 – 51(2000).

10. J. -S. Choi, T. -W. Kwon, and J. -S. Kim, *Food Biotechnol.*, **5**, 167 – 169(1996).

11. C. Tsukamoto, S. Shimada, K. Igita, S. Kudou, M. Kokubun, K. Okubo, and K. Kitamura, *J. Agric. Food Chem.*, **43**, 1184 – 1192(1995).

12. T. Wang, Phospholipid fatty acid composition of modified soybeans and the effect of saturated fatty acid content on seed performance, Ph. D. Dissertation, Iowa State University, Ames, Iowa, 1998.

13. T. Gutfinger and A. Letan, *Lipids*, **9**, 658 – 663(1974).

14. M. Bastić, L. J. Bastić, J. A. Javanović, and G. Spiteller, *J. Amer. Oil Chem. Soc.*, **55**, 886 – 891(1978).

15. J. D. Weete and R. C. Manley, *J. Ala. Acad. Sci.*, **50**, 35 – 46(1979).

16. T. L. Mounts, S. L. Abidi, and K. A. Rennick, *J. Amer. Oil Chem. Soc.*, **73**, 581 – 586(1996).

17. J. L. Weihrauch and J. M. Gardner, *J. Amer. Diet. Assoc.*, **73**, 39 – 47(1978).

18. C. D. Evans, G. R. List, R. E. Beal, and L. T. Black, *J. Amer. Oil Chem. Soc.*, **51**, 444 – 448(1974).

19. G. R. List, A. J. Heakin, C. D. Evans, L. T. Black, and T. L. Mounts, *J. Amer. Oil Chem. Soc.*, **55**, 521 – 522(1978).

20. G. O. Almonor, G. P. Fenner, and R. F. Wilson, *J. Amer. Oil Chem. Soc.*, **75**, 591 – 596(1998).

21. C. Vlahakis and J. Hazebroek, *J. Amer. Oil Chem. Soc.*, **77**, 49 – 53(2000).

22. K. L. McCord, W. R. Fehr, T. Wang, G. A. Welke, S. R. Cianzio, and S. R. Schnebly, *Crop Sci.*, **44**, 772 – 776(2004).

23. S. -N. Ko, C. -J. Kim, H. Kim, C. -T. Kim, S. -H. Chung, B. -S. Tae, and I. -H. Kim, *J. Amer. Oil Chem. Soc.*, **80**, 585 – 589(2003).

24. L. H. Wiedermann, *J. Amer. Oil Chem. Soc.*, **58**, 159 – 166(1981).

25. S. Ramamurthi, A. R. McCurdy, and R. T. Tyler, in S. S. Koseoglu, K. C. Rhee, and R. F. Wilson, eds., *Proc. World Conf. Oilseed Edible Oils Process*, vol. 1, AOCS Press, Champaign, Illinois, 1998, pp. 130 – 134.

26. *Yearbook and Trading Rules*, National Oilseed Processors Association, Washington, D. C., 1993.

27. H. Klein, *Ernährung/Nutrition*, **23**, 452 – 460(1999).

28. D. M. Maestri, D. O. Labuckas, C. A. Guzmán, and L. M. Glorda, *Grasas Aceites*, **49**, 450 – 453(1998).

29. J. Siebrecht and J. Hazebroek, *J. Amer. Oil Chem. Soc.*, **74**, 989 – 998(1997).

30. X. Wu, E. G. Hammond, P. J. White, and W. Fehr, *J. Amer. Oil Chem. Soc.*, **74**, 1099 – 1103(1997).

31. F. G. Sietz, *Fette Scifen Anstrichm.*, **67**, 411 – 412(1965).

32. M. Wesolowski, *Food Sci. Technol.*, **95**, 377 – 383(1993).

33. X. Ndzana, W. R. Fehr, G. A. Welke, E. G. Hammond, D. N. Duvick, and S. R. Cianzio, *Crop Sci.*, **34**, 646 – 649(1994).

34. S. R. Schnebly, W. R. Fehr, G. A. Welke, E. G. Hammond, and D. N. Duvick, *Crop Sci.*, 36, 1462 –

1466(1996).

35. G. L. Graef, L. A. Miller, W. R. Fehr, and E. G. Hammond, *J. Amer. Oil Chem. Soc.*, **62**, 773 - 775 (1985).

36. T. Wang, E. G. Hammond, and W. R. Fehr, *J. Amer. Oil Chem. Soc.*, **78**, 1139 - 1144(2001).

37. A. J. Kinney, *J. Food Lipids*, **3**, 273 - 292(1996).

38. W. R. Fehr and E. G. Hammond(to Iowa State University Research Foundation), U. S. Patent 5, 534, 425, July 9, 1996.

39. R. F. Wilson, J. W. Burton, V. R. Pantalone, and R. E. Dewey, *Lipid Biotechnology*, Marcel Dekker, New York, 2002, pp. 95 - 113.

40. T. F. Horejsi, W. R. Fehr, G. A. Welke, D. N. Duvick, E. G. Hammond, and S. R. Cianzio, *Crop Sci.*, **34**, 331 - 334(1994).

41. R. B. Hartmann, W. R. Fehr, G. A. Welke, E. G. Hammond, D. N. Duvick, and S. R. Cianzio, *Crop Sci.*, **36**, 1466 - 1470(1996).

42. T. Wang, T. Harp, E. G. Hammond, J. S. Burris, and W. R. Fehr, *Seed Sci. Res.*, **11**, 93 - 97(2001).

43. W. R. Fehr, J. C. Thorne, and E. G. Hammond, *Crop Sci.*, **11**, 211 - 213(1971).

44. G. Ishikawa, H. Hasegawa, Y. Takagi, and T. Tanisaka, *Plant Breeding*, **120**, 417 - 423(2001).

45. T. K. Harp and E. G. Hammond, *Lipids*, **33**, 209 - 216(1998).

46. T. Wang, unpublished results, September 2003.

47. C. Litchfield, *Analysis of Triglycerides*, Academic Press, New York, 1972, pp. 233 - 264.

48. W. E., Neff, G. R. List, and W. C. Byrdwell, J. Liq. *Chromatogr. Related. Technol.*, **22**, 1649 - 1662 (1999).

49. W. E. Neff and W. C. Byrdwell, *J. Amer. Oil Chem. Soc.*, **72**, 1185 - 1191(1995).

50. T. Wang, E. G. Hammond, and W. R. Fehr, *J. Amer. Oil Chem. Soc.*, **74**, 1587 - 1594(1997).

51. T. Wang, E. G. Hammond, J. L. Cornette, and W. R. Fehr, *J. Amer. Oil Chem. Soc.*, **76**, 1313 - 1321 (1999).

52. T. L. Mounts and A. M. Nash, *J. Amer. Oil Chem. Soc.*, **67**, 757 - 760(1990).

53. G. R. List, T. L. Mounts, and A. C. Lanser, *J. Amer. Oil Chem. Soc.*, **69**, 443 - 446(1992).

54. E. Gutierrez, *Method Development for Sphingolipid Quantification in Soybeans and Soy Products*, M. S. Thesis, Iowa State University, Ames, Iowa 2003.

55. V. Piironen, T. Koivu, O. Tammisalo, and P. Mattila, *Food Chem.*, **59**, 473 - 480(1997).

56. T. Yamagami, M. Aoyama, T. Tsutsumi, S. Tokairin, H. Ehara, T. Maruyama, and I. Niiya, *Yukagakkai-shi*, **48**, 1271 - 1274(1999).

57. T. Yamagami, M. Aoyama, T. Tsutsumi, S. Tokairin, H. Ehara, T. Maruyama, and I. Niiya, *Chem. Abstr.*,

132, 77768(2000).

58. T. Koivu, V. Piironen, A. – M. Lampi, and P. Mattila, *J. Food Chem.*, **64**, 411 –414(1999).
59. R. F. Wilson, J. W. Burton, W. P. Novitzky, and R. E. Dewey, *J. Oleo Sci.*, **50**, 353 –358(2001).
60. K. Warner, P. Orr, and M. Glynn, *J. Amer. Oil Chem. Soc.*, **74**, 347 –356(1997).
61. H. Guth and W. Grosch, *Fat Sci. Technol.*, **93**, 249 –255(1991).
62. J. -W. Kao, X. Wu, E. G. Hammond, and P. J. White, *J. Amer. Oil Chem. Soc.*, **75**, 831 –835(1998).
63. J. deD. Alvarado, *Grasas Aceites*, **46**, 264 –269(1995).
64. J. deD. Alvarado, *Chem. Abstr.*, **124**, 200581(1996).
65. V. V. Kravchenko, A. K. Pugach, and V. Z. Geller, Izv. Vysshikh, Uchebnykh, Zavedenii, *Pishchevaya Tekhnol.*, **1987**, 79 –81(1987).
66. V. V. Kravchenko, A. K. Pugach, and V. Z. Geller, *Chem. Abstr.*, **108**, 54638(1987).
67. H. Noureddini, B. C. Teoh, and L. D. Clements, *J. Amer. Oil Chem. Soc.*, **69**, 1184 –1188(1992).
68. Y. Tochitani and M. Fujimoto, *Netsu Bussei*, **15**, 230 –236(2001).
69. Y. Ali, M. A. Hanna, and S. L. Cuppett, *J. Amer. Oil Chem. Soc.*, **72**, 1557 –1564(1995).
70. R. Sh. Kuliev, F. R. Shirinov, and F. A. Kuliev, *Chem. Technol. Fuels Oils.*, **35**, 235 –237(1999).
71. H. Koseki, Y. Natsume, and Y. Iwata, *J. Fire Sci.*, **19**, 31 –44(2001).
72. E. W. Washburn, ed. *International Critical Tables*, vol. 5, McGraw-Hill, New York, 1929, pp. 162 –169.
73. K. S. Miller, B. E. Farkas, and R. P. Singh, *J. Food Process. Preservation.*, **18**, 461 –472(1994).
74. E. S. Perry, W. H. Weber, and B. F. Daubert, *J. Amer. Chem. Soc.*, **71**, 3720 –3726(1949).
75. A. Tekin and E. G. Hammond, *J. Amer. Oil Chem. Soc.*, **75**, 737 –740(1998).
76. S. B. Detwiler, Jr. and K. S. Markley, *Oil & Soap*, **17**, 39 –40(1940).
77. K. Yokota and M. Tachimori, *Kogyo Kagaku Zasshi*, **40**(Suppl. binding) 426 –429(1937).
78. K. Yokota and M. Tachimori, *Chem. Abstr.*, **32**, 13680(1937).
79. J. D. Halvorsen, W. C. Mammel, Jr., and L. D. Clements, *J. Amer. Oil Chem. Soc.*, **70**, 875 – 880(1993).
80. C. M. Rodenbush, F. H. Hsieh, and D. S. Viswanath, *J. Amer. Oil Chem. Soc.*, **76**, 1415 –1419(1999).
81. H. F. Johnstone and I. H. Spoor, *Ind. Eng. Chem.*, **32**, 832 –835(1940).
82. F. C. Magne and E. L. Skau, *Ind. Eng. Chem.*, **37**, 1097 –1102(1945).
83. L. K. Arnold and L. J. Breuklander, *Iowa Acad. Sci.*, **57**, 157 –160(1950).
84. F. C. Magne, E. J. Hughes, and E. L. Skau, *J. Amer. Oil Chem. Soc.*, **27**, 552 –555(1950).
85. P. E. Clark, C. R. Waldeland, and R. P. Cross, *J. Ind. Eng. Chem.*, **38**, 350 –353(1946).
86. T. Kasprzycka-Guttman and D. Odzeniak, *Thermochimica Acta*, **191**, 41 –45(1991).
87. T. Wang and J. L. Briggs, *J. Amer. Oil Chem. Soc.*, **79**, 831 –836(2002).

88. N. A. Morad, A. A. Mustafa Kamal, F. Panau, and T. W. Yew, *J. Amer. Oil Chem. Soc.*, **77**, 1001 - 1105 (2000).

89. Y. Hagura and K. Suzuki, *Nippon Shokuhin Kagaku Kogaku Kaishi*, **49**, 272 - 276(2002).

90. Y. Hagura and K. Suzuki, *Chem. Abstr.*, **138**, 38393(2003).

91. V. Chioffi, Chim. *Provinciali*, **12**, 123 - 136(1961).

92. G. J. Arissen, *Verfkroniek*, **6**, 9 - 11(1996).

93. D. B. Dahlberg, S. M. Lee, S. J. Wenger, and J. A. Vargo, *Applied Spectroscopy*, **51**, 1118 - 1124(1997).

94. I. Boyaci, A. Tekin, M. Ç izmeci, and I. Javidpour, *J. Food Lipids*, **9**, 175 - 183(2002).

95. J. A. Ibemesi and I. O. Igwe, *J. Amer. Oil Chem. Soc.*, **68**, 147 - 152(1991).

96. S. Z. Erhan, S. Asaduauskas, and A. Adhvaryu, *J. Amer. Oil Chem. Soc.*, **79**, 1157 - 1161(2002).

97. E. G. Hammond and W. O. Lundberg, *J. Amer. Oil Chem. Soc.*, **31**, 427 - 432(1954).

98. K. R. Majors and R. T. Milner, *Oil & Soap*, **16**, 228 - 231(1939).

99. Y. Maruta and K. Tenurama, *Kogyo Kagaku Zasshi*, **40**(Suppl), 299(1937).

100. Y. Maruta and K. Tenurama, *Chem. Abstr.*, **31**, 65303(1937).

101. J. R. Dafler, *J. Amer. Oil Chem. Soc.*, **52**, 425 - 426(1975).

102. C. F. Cole, G. M. Hill, and A. J. Adams, *J. Amer. Oil Chem. Soc.*, **71**, 1339 - 1342(1994).

103. Y. H. Chu, *J. Amer. Oil Chem. Soc.*, **68**, 379 - 384(1991).

104. C. Inoue, Y. Hagura, M. Ishikawa, and K. Suzuki, *J. Food Sci.*, **67**, 1126 - 1129(2002).

105. N. Tomoto and K. Kusano, *Yukagaku*, **16**, 108 - 113(1967).

106. N. Tomoto and K. Kusano, *Chem. Abstr.*, **66**, 106141(1967).

107. M. Loncin, *Fette Seifen Anstrichm.*, **57**, 413 - 415(1955).

108. A. S. Smith and F. J. Wechter, *J. Amer. Oil Chem. Soc.*, **27**, 381 - 383(1950).

109. A. S. Smith, *J. Amer. Oil Chem. Soc.*, **28**, 360 - 361(1951).

110. A. S. Smith, *J. Amer. Oil Chem. Soc.*, **28**, 356 - 359(1951).

111. K. Kusano, *Yukagaku*, **8**, 8 - 14(1959).

112. K. Kusano, *Chem. Abstr.*, **54**, 2002060(1960).

113. A. I. Anikin, G. N. Danilova, and V. V. Klyuchkin, *Izvestiaya Vysshikh Ucbebnykh*, *Zavedenii Pishchevaya Tekhnologiya*, 43 - 45(1987).

114. A. I. Anikin, G. N. Danilova, and V. V. Klyuchkin, *Chem. Abstr.*, **108**, 54636(1988).

115. C. Aberhard and Z. Spekuljak, *Revista Facultad Ingenieria Quimica*, **48**, 7 - 12(1988).

116. C. Aberhard and Z. Spekuljak, *Chem. Abstr.*, **112**, 156952(1990).

117. W. H. Dickhart, *Amer. J. Pharm.*, **104**, 284(1932).

118. G. -C. Yen, C. H. Shao, C. J. Chen, and P. D. Duh, *Food Sci. Technol.*, **30**, 648 - 652(1997).

119. B. Kowalski, *Thermochimica Acta*, **173**, 117 – 127(1990).

120. V. Barquin, *Tecnicas Laboratorio*, **11**, 345 – 349(1987).

121. M. Wakakura, *Kenkyu Hokoku-Kanagawa-ken Kogyo Shikensho*, **55**, 76 – 77(1984).

122. M. Wakakura, *Chem. Abstr.*, **103**, 217718(1985).

123. Federal Grain Inspection Service, *Federal Grain Inspection Handbook*, Washington, D. C., 1990.

124. U. S. Department of Agriculture. Available: http://www. usda. gov/gipsa/referencelibrary/brochures/soy-insepction. pfd.

125. T. J. Brumm and C. R. Hurburgh, *J. Amer. Oil Chem. Soc.*, **67**, 302 – 307(1990).

126. University of Illinois, Urbana-Champaign, Illinois. Available: http://www. stratsoy. uiuc. edu/epv/.

127. T. L. Mounts, G. R. List, and A. J. Heakin, *J. Amer. Oil Chem. Soc.*, **56**, 883 – 885(1979).

128. G. R. List C. D. Evans, K. Warner, R. E. Beal, W. F. Kwiolek, L. T. Black, and K. J. Moulton, *J. Amer. Oil Chem. Soc.*, **54**, 8 – 14(1977).

129. C. R. Hurburgh, T. J. Brumm, J. M. Quin, and R. A. Hartwig, *J. Amer. Oil Chem. Soc.*, **67**, 966 – 973 (1990).

130. E. G. Hammond, L. A. Johnson, and P. A. Murphy, in C. Wrigley, C. Walker, andH. Corke, eds., *Encyclopaedia of Grain Sciences*, Academic Press, London, 2003.

131. P. Golbitz, 2003 *Soya & Oilseed Bluebook*, Soyatech, Inc., Bar Harbor, Maine, 2003.

132. D. Erickson, ed., *Handbook of Soybean Processing and Utilization*, AOCS Press, Champaign, Illinois, 1995.

133. L. A. Johnson, in P. J. Wan and W. Farr, eds., *Introduction to Fats and Oils*, AOCS Press, Champaign, Illinois, 2000, pp. 108 – 135.

134. L. A. Johnson, in C. Akoh and D. Min., eds., *Food Lipids*, 2nd ed., Marcel Dekker, New York, 2002, pp. 223 – 273.

135. T. J. Brumm, C. R. Hurburgh, and L. A. Johnson, *J. Amer. Oil Chem. Soc.*, **67**, 750 – 756(1990).

136. J. M. Guinn, American Soybean Association, St. Louis, MO. (2002). Available: http://www. asasoya. org/Import/Guinn_Quality_Standards_Trading_Rules2002. htm.

137. L. A. Johnson and E. W. Lusas, *J. Amer. Oil Chem. Soc.*, **60**, 181A – 193A(1983).

138. R. J. Hron, *J. Amer. Oil Chem. Soc.*, **59**, 674A – 684A(1982).

139. P. J. Wan and P. J. Wakelyn, eds., *Technology and Solvents for Extracting Oilseeds and Nonpetroleum Oils*, AOCS Press, Champaign, Illinois, 1997.

140. R. D. Good, *Oil Mill Gaz.*, **75**(3), 14 – 17(1970).

141. F. McDonald, *Oil Mill Gaz.*, **84**(12), 25(1980).

142. M. A. Williams, *Oil Mill Gaz.*, **91**(5), 24 – 29(1986).

143. M. A. Williams, *INFORM*, **6**(3), 289 -293(1995).

144. E. W. Lusas and L. R. Watkins, *J. Amer. Oil Chem. Soc.*, **65**, 1107 -1114(1988).

145. National Oilseed Processors Association, Washington, D. C. (2002). Available: http://www. asasoya. org/ Import/Guinn_Quality_Standards_Trading_Rules2002. htm.

146. A. I. Nelson, W. B. Wijeratne, S. W. Yeh, T. M. Wei, and L. S. Wei, *J. Amer. Oil Chem. Soc.*, **64**, 1341 -1347(1987).

147. N. W. Said, *INFORM*, **9**(2), 139 -144(1997).

148. T. Wang, L. A. Johnson, and W. Wijeratne, in N. T. Dunford and H. B. Dunford, eds., *Nutritionally Enhanced Edible Oil Processing*, AOCS Press, Champaign, Illinois, 2004, p. 219 -238.

149. T. Wang and L. A. Johnson, *J. Amer. Oil Chem. Soc.*, **78**, 311 -318(2001).

150. T. Wang and L. A. Johnson, in *Proceedings of* 2003 *International Conference on Environmental Systems*, Vancouver, British Columbia, Canada, 2003.

151. L. A. Johnson, D. J. Myers, and D. J. Burden, *INFORM*, **3**, 282 -290(1992).

152. L. A. Johnson, D. J. Myers, and D. J. Burden, *INFORM*, **3**, 429 -444(1992).

153. J. C. Endres, *Soy Protein Products: Characteristics, Nutritional Aspects, and Utilization.* AOCS Press, Champaign, Illinois, 2001.

154. C. T. Egger and R. E. Olson(assigned to Grain Processing Corporation, Muscatine, Iowa), U. S. Patent 3, 849, 391, November 19, 1974.

155. C. Y. Wang and L. A. Johnson, *J. Amer. Oil Chem. Soc.*, **78**, 189 -195(2001).

156. P. A. Howard, M. Campbell, and D. T. Zollinger(assigned to Central Soya Co., Ft. Wayne, Indiana), U. S. Patent Re. 32, 725, August 2, 1988.

157. S. Wu, P. A. Murphy, L. A. Johnson, A. R. Fratzke, and M. A. Reuber, *J. Amer. Oil Chem. Soc.*, **76**, 285 -293(1999).

158. S. Wu, P. A. Murphy, L. A. Johnson, M. A. Fratzke, and M. A. Reuber, *J. Agric. Food Chem.*, **48**, 2702 -2708(2000).

159. K. H. Lee, H. S. Ryu, and K. C. Rhee, *J. Amer. Oil Chem. Soc.*, **80**, 85 -90(2003). 646 SOYBEAN OIL

160. National Archives and Records Administration, *Federal Register*, **64**, (206), 57699 -57733(1999).

161. Food and Drug Administration. Available: http://vm. cfsan. fda. gov/%7Elrd/fr991026. html.

162. M. Kock, *J. Amer. Oil Chem. Soc.*, **60**, 198 -202(1983).

163. C. D. Evans, P. M. Cooney, C. R. Scholfield, and H. J. Dutton, *J. Amer. Oil Chem. Soc.*, **31**, 295 -297 (1954).

164. G. R. List, C. D. Evans, L. T. Black, and T. L. Mounts, *J. Amer. Oil Chem. Soc.*, **55**, 275 -276(1978).

165. *Yearbook and Trading Rules* (1993—1994), National Oilseed Processors Association, Washington,

D. C. , p. 86.

166. J. C. Seger and R. L. K. M. van de Sande, in D. R. Erickson, ed. , *World Conference Proceedings Edible Fats and Oils Processing: Basic Principles and Modern Practices*, AOCS Press, Champaign, Illinois, 1990, pp. 88 – 93.

167. A. J. Dijkstra, in T. A. Applewhite, ed. , *Proceedings of the World Conference on Oilseed Technology and Utilization*, AOCS Press, Champaign, Illinois, 1992, pp. 138 – 151.

168. C. Pagliero, N. Ochoa, J. Marchese, and M. Mattea, *J. Amer. Oil Chem. Soc.* , **78**, 793 – 796(2001).

169. L. P. Raman, M. Cheryan, and N. Rajagopalan, *J. Amer. Oil Chem. Soc.* , **73**, 219 – 224(1996).

170. S. Subramanian, M. Nakajima, A. Yasui, H. Nabetani, T. Kimura, and T. Maekawa, *J. Amer. Oil Chem. Soc.* , **76**, 1247 – 1253(1999).

171. G. R. List, J. W. King, J. H. Johnson, K. Warner, and T. L. Mounts, *J. Amer. Oil Chem. Soc.* , **70**, 473 – 476(1993).

172. K. J. Moulton and T. L. Mounts, *J. Amer. Oil Chem. Soc.* , **67**, 33 – 38(1990).

173. D. R. Erickson, in D. R. Erickson, ed. , *Practical Handbook of Soybean Processing and Utilization*, AOCS Press, Champaign, Illinois, 1995, pp. 184 – 202.

174. T. Wang and L. A. Johnson, *J. Amer. Oil Chem. Soc.* , **78**, 461 – 466(2001).

175. R. E. Beal, E. G. Lancaster, and O. L. Brekke, *J. Amer. Oil Chem. Soc.* , **33**, 619 – 624(1956).

176. E. Hernandez, *Abstracts:92nd AOCS Annual Meetings and Expo*, Minneapolis, 2001, p. S98.

177. T. Wang and L. A. Johnson, *J. Amer. Oil Chem. Soc.* , **78**, 809 – 815(2001).

178. M. Y. Jung, S. H. Yoon, and D. B. Min, *J. Amer. Oil Chem. Soc.* , **66**, 118 – 120(1989).

179. D. R. Erickson, in D. R. Erickson, ed. , *Practical Handbook of Soybean Processing and Utilization*, AOCS Press, Champaign, Illinois, 1995, pp. 203 – 217.

180. D. R. Erickson and M. D. Erickson, in D. R. Erickson, ed. , *Practical Handbook of Soybean Processing and Utilization*, AOCS Press, Champaign, Illinois, 1995, pp. 218 – 238.

181. G. R. List, W. E. Neff, R. L. Holliday, J. W. King, and R. Holser, *J. Amer. Oil Chem. Soc.* , **77**, 311 – 314(2000).

182. Y. Chu and L. Lin, *J. Amer. Oil Chem. Soc.* , **69**, 880 – 883(1992).

183. K. J. Moulton, R. E. Beal, and E. L. Griffin, *J. Amer. Oil Chem. Soc.* , **50**, 450 – 454(1973).

184. S. Koritala, *J. Amer. Oil Chem. Soc.* , **54**, 267 – 268(1977).

185. T. L. Mounts, in D. R. Erickson, E. H. Pryde, O. L. Brekke, T. L. Mounts, and R. A. Falb, eds. , *Handbook of Soybean Oil Processing and Utilization*, AOCS Press, Champaign, Illinois, 1980, pp. 131 – 144.

186. R. C. Hastert, in Y. H. Hui, ed. , *Bailey's Industrial Oil and Fat Products, vol. 4: Edible Oil and Fat Products: Processing Technology*, 5th ed. , John Wiley & Sons, Inc. , New York, 1996, pp. 213 – 300.

187. M. Kellens, in W. Hamm and R. J. Hamilton, eds., *Edible Oil Processing*, Sheffield Academic Press, Sheffied, U. K., 2000, pp. 129 – 173.

188. T. Okamoto, T. Tsutsumi, S. Tokairin, H. Ehara, T. Maruyama, I. Niiya, and M. Sugano, *Jpn. Inst. Oil & Fat*, **48**, 877 – 883(1999).

189. Z. Kemeny, K. Recseg, G. Henon, K. Kovari, and F. Zwobada, *J. Amer. Oil Chem. Soc.*, **78**, 973 – 979 (2001).

190. W. F. De Greyt, M. J. Kellens, and A. D. Huyghebaert, *Fett/Lipid*, **101**, 428 – 432(1999).

191. W. De Greyt and M. Kellens, in W. Hamm and R. J. Hamilton, eds., *Edible Oil Processing*, Sheffield Academic Press, Sheffied, U. K., 2000, pp. 79 – 128.

192. T. W. Kwon, H. E. Snyder, and H. G. Brown, *J. Amer. Oil Chem. Soc.*, **61**, 1843 – 1846(1984).

193. T. Verleyen, U. Sosinska, S. Ioannidou, R. Verhe, K. Dewettinck, A. Huyghebaert, and W. De Greyt, *J. Amer. Oil Chem. Soc.*, **79**, 947 – 953(2002).

194. R. Krishnamurthy and M. Kellens, in Y. H. Hui, ed., *Bailey's Industrial Oil and Fat Products*, *vol.* 3:*Edible Oil and Fat Products*:*Products and Application Technology*, 5th ed., John Wiley & Sons, Inc., New York, 1996, pp. 193 – 223.

195. A. Wendel, in M. Howe-Grant, ed., *Kirk-Othmer Encyclopedia of Chemical Technology*, vol. 15, 4th ed., JohnWiley & Sons, New York, 1995, pp. 192 – 210.

196. O. L. Brekke, in D. R. Erickson, E. H. Pryde, O. L. Brekke, T. L. Mounts, and R. A. Falb, eds., *Handbook of Soy Oil Processing and Utilization*, AOCS Press, Champaign, Illinois, 1980, pp. 71 – 88.

197. L. Teberikler, S. Koseoglu, and A. Akgerman, *J. Amer. Oil Chem. Soc.*, **78**, 115 – 119(2001).

198. Y. Z. Wu and T. Wang, *J. Amer. Oil Chem. Soc.*, **80**, 127 – 132(2003).

199. Y. Wu and T. Wang, *J. Amer. Oil Chem. Soc.*, **80**, 319 – 326(2003).

200. G. R. List, in B. F. Szuhai, ed., *Lecithins*:*Source*, *Manufacture & Uses*, AOCS Press, Champaign, Illinois, 1989, pp. 145 – 161.

201. M. D. Pickard, T. J. Jones, and R. T. Tyler, in Y. H. Hui, ed., *Bailey's Industrial Oil and Fat Products*, *vol.* 4:*Edible Oil and Fat Products*:*Processing Technology*, 5th ed., John Wiley & Sons, Inc., New York, 1996, pp. 603 – 630.

202. R. L. Winters, in D. R. Erickson, ed., *Proceedings*: *World Conference Edible Fats and Oils Processing*, *Basic Principles and Modern Practices*, AOCS Press, Champaign, Illinois, 1990, pp. 402 – 405.

203. J. P. Clark and S. S. Frandsen, in S. S. Koseoglu, K. C. Rhee, and R. F. Wilson, eds., *Proc. World Conf. Oilseed Edible Oils Process*, vol. 1, AOCS Press, Champaign, Illinois, 1998, pp. 135 – 138.

204. M. R. Law, *Western Journal of Medicine*, **173**, 43 – 47(2000).

205. L. Normen, P. Dutta, A. Lia, and H. Andersson, *Amer. J. Clin. Nutr.*, **71**, 908 – 913(2000).

206. P. Hollingsworth, *Food Tech.*, **55**, 59 –62(2001).

207. K. B. Hicks and R. A. Moreau, *Food Techol.*, **55**, 63 –67(2001).

208. H. Wu, X. Weng, O. Qiu, and L. Li, *Shanghai Daxue Xuebao-Ziran Kexueban*, **7**, 331 –333(2001).

209. Y. Shimada, S. Nakai, M. Suenaga, A. Sugihara, M. Kitano, and Y. Tominaga, *J. Amer. Oil Chem. Soc.*, **77**, 1009 –1013(2000).

210. C. J. Chang, Y. Chang, H. Lee, J. Lin, and P. Yang, *Ind. Eng. Chem. Res.*, **39**, 4521 –4525(2000).

211. C. E. Sumner, Jr., S. D. Barnicki, and M. D. Dolfi (to Eastman Chemical Co.), U. S. Patent 5, 424, 457, June 12, 1995.

212. P. Golbitz, *Soya & Oilseed Blue Book*, Soyatech, Inc., Bar Harbor, Maine, 2000.

213. R. S. Daniels, Can. Patent 1, 256, 449, June 27, 1989.

214. R. Stern, G. Hillion, P. Gateau, and J. C. Guibet, in A. R. Baldwin, ed., *Proceeding: World Conference on Emerging Technologies in the Fats and Oils Industry*, AOCS Press, Champaign, Illinois, 1986, pp. 420 –422.

215. H. N. Basu, and M. E. Norris(to Agricultural Utilization Research Institute), U. S. Patent 5, 525, 126, June 11, 1996.

216. M. J. Haas and K. M. Scott, *J. Amer. Oil Chem. Soc.*, **73**, 1393 –1401(1996).

217. M. J. Haas, S. Bloomer, and K. Scott, *J. Amer. Oil Chem. Soc.*, **77**, 373 –379(2000).

218. M. J. Hass, K. M. Scott, P. J. Michalski, and S. Runyon (to Runyon Industries), U. S. Patent 2, 003, 158, 074, August 21, 2003.

219. P. Golbitz, 2004 *Soya & Oilseed Bluebook*, Soyatech, Inc., Bar Harbor, Maine, 2004.

220. D. R. Kodali, *INFORM*, **14**, 121 –123(2003).

221. H. Eierdanz, in T. Applewhite, ed., *Proceedings of the World Conference on Oilseed Technology and Utilization*, AOCS Press, Champaign, Illinois, 1992, pp. 221 –223.

222. L. Crandall, *INFORM*, **13**, 626 –631(2002).

223. Annonymous, *Oils and Fats*, **17**(6), 18 –19(2001).

224. F. Sliney, *INFORM*, **12**, 10 –18(2001).

225. G. Knothe, *INFORM*, **13**, 900 –903(2001).

226. R. Ohlson, in T. Applewhite, ed., *Proceedings of the World Conference on Oilseed Technology and Utilization*, AOCS Press, Champaign, Illinois, 1992, pp. 221 –223.

227. American Soybean Association, St. Louis, MO. (2003). http://www.soystats.com/2003/page_24.htm.

228. *Yearbook and Trading Rules* 2003—2004, National Oilseed Processors Association, Washington, D. C., 2003.

229. E. F. Sipos and B. F. Szuhaj, in Y. H. Hui, ed., *Bailey's Industrial Oil and Fat Products*, vol. 2, 5th ed.,

John Willey & Sons, Inc. , New York, 1996, pp. 497 – 601.

230. E. R. Sherwin, *J. Amer. Oil Chem. Soc.* , **53**, 430 – 436(1976).

231. Q. Chen, H. Shi, and C. Ho, *J. Amer. Oil Chem. Soc.* , **69**, 999 – 1002(1992).

232. National Archives and Records Administration, Federal Register, 68,(133),(2003). Available: http://fda. gov/OHRMS/DOCKETS/98fr/03 – 17525. htm.

233. W. W. Nawar, in D. B. Min and T. H. Smouse, eds. , *Flavor Chemistry of Fats and Oils*, AOCS Press, Champaign, Illinois, 1985, pp. 39 – 60.

234. G. Paquette and D. B. Kupranycz, *Can. Inst. Food Sci. Technol. J.* , **18**, 197 – 206(1985).

235. I. P. Freeman, F. B. Padley, and W. L. Sheppard, *J. Amer. Oil Chem. Soc.* , **50**, 101 – 103(1973).

236. M. A. Augustin and S. K. Berry, *J. Amer. Oil. Chem. Soc.* , **60**, 1520 – 1523(1983).

237. M. H. Gordon and L. Kourimska, *Food Chem.* , **52**, 175(1994).

238. P. J. White, C. P. Su, and M. Gupta, in American Oil Chemists' Society annual meeting abstract book, pp. 45 – 46(2003).

239. K. Warner and S. Knowlton, *J. Amer. Oil Chem. Soc.* , **74**, 1317 – 1322(1997).

240. C. P. Su and P. J. White, in American Oil Chemists' Society annual meeting abstract book, p. 132 (2003).

241. *Code of Federal Regulations*, Food and Drug Administration, Washington, D. C.

242. H. J. Basset, *Cereal Foods World*, **24**(1), 7 – 9, 24, 25, 29, 30(1979).

243. A. Moustafa, in D. Erickson, ed. , *Practical Handbook of Soybean Processing and Utilization*, AOCS Press, Champaign, Illinois, 1995, pp. 339 – 362.

244. J. A. Segura, M. L. Herra, and M. C. Anon, *J. Amer. Oil Chem. Soc.* , **72**, 375 – 378(1995).

245. A. J. Haighton, *J. Amer. Oil Chem. Soc.* , **36**, 345 – 348(1959).

246. F. Cho, J. M. deMan, and O. B. Allen, *J. Food Lipids*, **1**, 25 – 52(1993).

247. E. A. Emken, *Ann. Rev. Nutr.* , **4**, 339 – 376(1984).

248. V. D'souza, L. deMan, and J. M. deMan, *J. Amer. Oil Chem. Soc.* , **68**, 153 – 162(1991).

249. R. Wood, in C. K. Chow, ed. , *Fatty Acids in Foods and Their Health Implications*, Marcell Dekker, New York, 1992, pp. 663 – 688.

250. R. P. Mensink and M. B. Katan, *N. Engl. J. Med.* , **323**, 439 – 445(1990).

251. H. B. Hu, M. J. Stampfer, J. E. Manson, E. Rimm, G. A. Colditz, B. A. Rosner, C. H. Hennekens, and C. W. Willet, *N. Engl. J. Med.* , **337**, 1491 – 1499(1997).

252. G. R. List, E. A. Emken, W. F. Kwolek, T. D. Simpson, and H. J. Dutton, *J. Amer. Oil Chem. Soc.* , **54**, 408 – 413(1997).

253. H. H. Hustedt, *J. Amer. Oil Chem. Soc.* , **53**, 390 – 392(1976).

254. M. A. M. Zeitoun, W. E. Neff, G. R. List, and T. L. Mounts, *J. Amer. Oil Chem. Soc.*, **70**, 467 – 471 (1993).

255. C. Hoy and X. Xu, in F. D. Gunstone, ed., *Structured and Modified Lipids*, Marcel Dekker, Inc., New York, 2001, pp. 209 – 239.

256. M. D. Erickson, in D. R. Erickson, ed., *Practical Handbook of Soybean Processing and Utilization*, AOCS Press, Champaign, Illinois, 1995, pp. 277 – 296.

257. G. R. List, T. Pelloso, F. Orthoefer, M. Chrysam, and T. L. Mounts, *J. Amer. Oil Chem. Soc.*, **72**, 383 – 384(1995).

258. G. R. List, T. L. Mounts, F. Orthoefer, and W. E. Neff, *J. Amer. Oil Chem. Soc.*, **73**, 729 – 732(1996).

259. G. R. List, T. Pelloso, F. Orthoefer, K. Warner, and W. E. Neff, *J. Amer. Oil Chem. Soc.*, **78**, 103 – 104 (2001).

260. L. L. Kok, W. R. Fehr, E. G. Hammond, and P. J. White, *J. Amer. Oil Chem. Soc.*, **76**, 1175 – 1181 (1999).

261. C. E. Stauffer, Fats and Oils, Eagan Press, American Association of Cereal Chemists, St. Paul, Minnesota, 1996.

262. W. M. Smith, *Bakers Dig.*, **53**(8), 8 – 10(1979).

263. H. Birnbaum, *Bakers Dig.*, **52**(2), 28 – 36(1978).

264. A. E. Thomas, *J. Amer. Oil Chem. Soc.*, **55**, 830 – 833(1978).

265. F. R. Paulicka, *J. Amer. Oil Chem. Soc.*, **53**, 421 – 424(1976).

266. R. D. O'Brien, in D. Erickson, ed., Practical Handbook of Soybean Processing and Utilization, AOCS Press, Champaign, Illinois, 1995, pp. 363 – 379.

267. J. H. Hetrick, *J. Amer. Oil Chem. Soc.*, **46**, 58A, 60A, 62A(1969).

268. S. A. Schlicker and C. Regan, *Topics Clin. Nutr.*, **6**, 50 – 60(1990).

269. T. Nagao and T. Teramoto, *Rinsho Eiyo*, **99**, 414 – 418(2001).

270. M. G. Soni, H. Kimura, and G. A. Burdock, *Food Chem. Toxicol.*, **39**, 317 – 329(2001).

271. N. Matsuo and I. Tokimitsu, *INFORM*, **12**, 1098 – 1102(2001).

272. T. Yasukawa and K. Yasunaga, *J. Oleo Sci.*, **50**, 427 – 432(2001).

273. C. Watkins, *INFORM*, **14**, 70(2003).

274. Anonymous, *Oils and Fats*, **17**(1), 18 – 19(2001).

275. C. Su, *Fatty Acid Composition of Oils, Their Oxidative, Flavor, and Heat Stabilities and the Resultant Quality in Foods*, Ph. D. Dissertation, Parks Library, Iowa State University, Ames, Iowa, (2003).

276. Y. H. Hui, in Y. H. Hui, ed., *Bailey's Industrial Oil & Fat Products*, vol. 2, 5th ed., John Wiley & Sons, Inc., New York, 1996, pp. 497 – 601.

277. T. H. Smouse, *J. Amer. Oil Chem. Soc.* , **56**, 747A – 750A(1979).

278. H. J. Dutton, in K. Warner and N. A. M. Eskin, eds. , *Methods to Assess Quality and Stability of Oils and Fat-Containing Foods*, American Oil Chemists' Society, Champaign, Illinois, 1995, pp. 1 – 16.

279. E. N. Frankel, in D. R. Erickson, E. H. Pryde, O. L. Brekke, T. L. Mounts, and R. A. Falb, eds. , *Handbook of Soy Oil Processing and Utilization*, AOCS Press, Champaign, Illinois, 1980, pp. 229 – 244.

280. E. H. Farmer, G. F. Bloomfield, A. Sundralingam, and D. A. Sutton, *Trans Faraday Soc.* , 38, 348 – 356 (1942).

281. M. B. Korycka-Dahl and T. Richardson, *CRC Critical Reviews in Food Science and Nutrition*, **10**, 209 – 241(1978).

282. P. J. Ke and R. G. Ackman, *J. Amer. Oil Chem. Soc.* , **50**, 429 – 435(1973).

283. D. J. Carlsson, T. Suprunchuk, and D. M. Wiles, *J. Amer. Oil Chem. Soc.* , **53**, 656 – 660(1976).

284. J. M. deMan, in C. K. Chow, ed. , *Fatty Acids in Foods and Their Health Implications*, Marcel Dekker, Inc. , New York, 1992, pp. 17 – 46.

285. R. J. Hsieh, in C. -T. Ho and T. G. Hartman, eds. , *Lipids in Food Flavors*, ACS Symposium Series 558, American Chemical Society, Washington, D. C. , 1994, pp. 30 – 48.

286. E. N. Frankel, *Prog. Lipid Res.* , **19**, 1 – 22(1980).

287. P. J. White, in R. D. O'Brien, W. E. Farr, and P. J. Wan, eds, *Fats and Oils Technology*, 2nd ed. , AOCS Press, Champaign, Illinois, 2000, pp. 341 – 353.

288. H. W. Gardner, in H. W. -S. Chan, ed. , *Autoxidation of Unsaturated Lipids*, Academic Press, Inc. , London, 1987, pp. 51 – 94.

289. E. N. Frankel, in D. B. Min and T. H. Smouse, eds. , *Flavor Chemistry of Fats and Oils*, AOCS Press, Champaign, Illinois, 1985, pp. 1 – 37.

290. E. N. Frankel, *Prog. Lipid Res.* , **22**, 1 – 33(1982).

291. E. N. Frankel, *Prog. Lipid Res.* , **23**, 197 – 221(1985).

292. M. D. Dixon and E. G. Hammond, *J. Amer. Oil Chem. Soc.* , **61**, 1452 – 1456(1984).

293. I. Lee, S. H. Fatemi, E. G. Hammond, and P. J. White, *J. Amer. Oil Chem. Soc.* , **72**, 539 – 546(1995).

294. J. -L. Kao, E. G. Hammond, and P. J. White, *J. Amer. Oil Chem. Soc.* , **75**, 1103(1998).

295. L. Liu, and E. G. Hammond, *J. Food Quality*, **23**, 521(2000).

296. K. Liu, *Inform*, **10**, 868 – 878(1999).

297. M. H. Gordon, in B. J. F. Hudson, ed. , *Food Antioxidants*, Elsevier Applied Science, New York, 1990, pp. 13 – 18.

298. J. Loliger, in D. B. Min and T. H. Smouse, eds. , *Flavor Chemistry of Lipid Foods*, AOCS Press, Champaign, Illinois, 1985, pp. 303 – 325.

299. S. J. Bishov, A. S. Henick, J. W. Giffee, I. T. Nil, P. A. Prell, and M. Wolf, *J. Food Sci.*, **36**, 532 – 535 (1971).

300. D. Firestone, ed., *Official Methods and Recommended Practices of the American Oil Chemists' Society*, 4th ed., AOCS Press, Champaign, Illinois, 1993.

301. D. L. Hamm, E. G. Hammond, V. Parvanah, and H. E. Snyder, *J. Amer. Oil Chem. Soc.*, **42**, 920 – 922 (1965).

302. C. Paqout, ed., *Standard Methods for the Analysis of Oils, Fats and Derivatives*, 7th ed., Pergamon Press, New York, 1987.

303. G. Yildiz, R. L. Wehling, and S. L. Cuppett, *J. Amer. Oil Chem. Soc.*, **80**, 103 – 107 (2003).

304. P. J. White, in K. Warner and N. A. M. Eskin, eds., *Methods to Assess Quality and Stability of Oils and Fat-Containing Foods*, AOCS Press, Champaign, Illinois, 1995, pp. 159 – 178.

305. I. H. Rukunudin, P. J. White, C. J. Bern, and T. B. Bailey, *J. Amer. Oil Chem. Soc.*, **75**, 563 – 568 (1998).

306. G. Billek, G. Guhr, and J. Waibel, *J. Amer. Oil Chem. Soc.*, **55**, 728 – 732 (1978).

307. J. I. Gray, *J. Amer. Oil Chem. Soc.*, **55**, 539 – 546 (1978).

308. J. Pawliszyn, in J. Pawliszyn, ed., *Solid Phase Microextraction: Theory and Practice*, Wiley-VCH, Inc., New York, 1997, pp. 97 – 140.

309. H. H. Jelen, M. Obuchowska, R. Zawirska-Wojtasiak, and E. Wasowicz, *J. Agric. Food Chem.*, **48**, 2360 – 2367 (2000).

310. D. D. Roberts, P. Pollien, and C. Milo, *J. Agric. Food Chem.*, **48**, 2430 – 2437 (2000).

311. C. D. Evans, G. R. List, R. L. Hoffman, and H. A. Moser, *J. Amer. Oil Chem. Soc.*, **46**, 501 – 504 (1969).

312. R. G. Scholz and L. R. Ptak, *J. Amer. Oil Chem. Soc.*, **43**, 596 – 599 (1966).

313. H. P. Dupuy, S. P., Fore, and L. A. Goldblatt, *J. Amer. Oil Chem. Soc.*, **50**, 340 – 342 (1973).

314. H. P. Dupuy, E. T., Rayner, and J. I. Wadsworth, *J. Amer. Oil Chem. Soc.*, **53**, 628 – 631 (1976).

315. K. Warner and T. J. Nelsen, *J. Amer. Oil Chem. Soc.*, **73**, 157 – 166 (1996).

316. G. Paquette and D. B. Kupranycz, *Can. Inst. Food Sci. Technol. J.*, **18**, 197 – 206 (1985).

317. G. R. List, in D. R. Erickson, E. H. Pryde, O. L. Brekke, T. L. Mounts, and R. A. Falb, eds., *Handbook of Soy Oil Processing and Utilization*, AOCS Press, Champaign, Illinois, 1980, pp. 267 – 354.

318. Iowa State University Extension. (2003). Available: http://www.extension.iastate.edu/Publications/4H956.pdf.

319. K. G. Stern, and Grossman H. S., (to H. Sobotka), U. S. Pat. 2, 842, 577 (1958).

320. J. M. DeMan, in C. K. Chow, ed., *Fatty Acids in Foods and Their Health Implications*, Marcel Dekker,

Inc. , New York, 1992, pp. 17 –46.

321. A. Bonanome and S. M. Grundy, *N. Engl. J. Med.* , **318**, 1244 –1248(1988).

322. S. M. Grundy and M. A. Denke, *J. Lipid Res.* , **31**, 1149 –1172(1990).

323. S. H. Fatemi and E. G. Hammond, *Lipids*, **15**, 379 –385(1980).

324. S. M. Grundy, L. Florentin, D. Nix, and M. F. Whelan, *Amer. J. Clin. Nutr.* , **47**, 965 –969(1988).

325. R. T. Holman, S. B. Johnson, and P. L. Ogburn, *Proc. Natl. Acad. Sci. USA*, **88**, 4835 –4839(1991).

326. W. E. M. Lands, in *Fish and Human Health*, Academic Press, Inc. , Orlando, Florida, 1986.

327. P. M. Kris-Etherton, W. S. Harris, and L. J. Appel, *Circulation*, **106**, 2747 –2757(2002).

328. J. M. King and P. J. White, in L. Jackson, ed. , *Impact of Processing on Food Safety*, Kluwer Academic/ Plenum Publishers, New York, 1999, pp. 51 –65.

329. K. Almendingen, O. Jordal, P. Kierulf, B. Sandstad, and J. I. Pedersen, *J. Lipid Res.* , **36**, 1370 –1384 (1995).

330. R. L. Wolff, *J. Amer. Oil Chem. Soc.* , **69**, 106 –110(1992).

331. R. L. Wolff, *J. Amer. Oil Chem. Soc.* , **70**, 219 –224(1993).

332. J. -L. Sebedio, A. Grandgiard, C. Septier, and J. Prevost, *Rev. Francas Corps Gras*, **34**, 15 –18(1987).

333. R. L. Wolff, *J. Amer. Oil Chem. Soc.* , **70**, 425 –430(1993).

334. K. Almendingen, O. Jordal, P. Kierulf, B. Sandstad, and J. I. Pedersen, *J. Lipid Res.* , **36**, 1370 –1384 (1995).

335. A. Grandgirard and F. Juilliard, Rev. *Francais Corps Gras*, **34**, 213 –219(1987).

336. A. Grandgirard, A. Piconneaux, J. L. Sebedio, S. F. O'Keefe, E. Semon, and J. L. Lequere, *Lipids*, **24**, 799 –804(1989).

337. J. M. Chardigny, J. L. Sebedio, and A. Granddirard, in A. Sinclair and R. Gibson, eds. , *Essential Fatty Acids and Eicosanoids*, AOCS Press, Champaign, Illinois, 1992, pp. 148 –152.

338. L. Bretillon, J. M. Chardigny, J. P. Noël, and J. L. Sébédio, *J. Lipid Res.* , **39**, 2228 –2236(1998).

339. J. R. Judd, B. A. Clevidence, R. A. Muesing, J. Wittes, M. E. Sunkin, and J. J. Podczasy, *Amer. J. Clin. Nutr.* , **59**, 861 –868(1994).

340. L. Kohlmeier and M. Mendez, Proc. Nutri. Soc. , 56, 369 –383(1997).

341. M. G. Enig, S. Atal, M. Keeney, and J. Sampugna, *J. Amer. College Nutr.* , **9**, 471 –486(1990).

342. D. M. Klurfeld and Kritchevsky, *INFORM*, **3**, 515 –516(1992).

343. U. S. Department of Agriculture and U. S. Department of Health and Human Services, *Nutrition and Your Health: Dietary Guidelines for Americans*, 3rd ed. , Home and Garden Bulletin No. 232, Washington D. C. , 1990.

14 葵花籽油

Maria A. Grompone

14.1 历史回顾

向日葵，也称葵花（*Helianthus annuus* L.），系菊科向日葵属，是北美最古老的油料作物之一。据考古资料显示，葵花的栽培历史可以追溯到公元前3000年前，最早是由居住在美国亚利桑那州北部的霍皮族印第安人种植的。

根据考古证据和历史故事得知，葵花曾经是美国印第安人生活的重要组成部分，它遍布于美国所有中部地区，从新墨西哥州到达科他州，东至宾夕法尼亚州和加拿大的安大略省。葵花的种植可能先于玉米。单头葵花是土著居民优先选择和种植的品种，它由野生多头葵花分化而来。在一些部落中，葵花可以当作果实食用，或者研磨成粉用于面包的制作当中。另一些部落则尝试将葵花盘煮水，把蒂磨碎，以做药用。从葵花籽中提取的油脂则可用于润滑身体和头发。种子、花瓣以及花粉可用来制作面部和身体用化妆品，同时也可用作染料对衣物和器具进行上色[1,2]。

14世纪初，西班牙人将葵花引入欧洲。最早对葵花进行科学评述的是一位名叫Nicolas Bautista Monardes的赛维利亚医生（1508—1588年），他撰写了一本名为*Historia medicinal de las cosas que se traen de nuestras Indias Occidentales*的书，这是一本关于起源于西印度群岛的植物的医学综述，共有三卷，分别于1565、1571和1574年在赛维利亚出版。在这本著作中，葵花被首次提及。Monardes并没有去过美洲，但他却对所接触到的葵花进行了详细描述，并为此亲自在植物园种植了一些葵花。同时，他也从海员、传教士和旅行者处搜集了一些有关葵花的信息。

1568年，与Monardes同时期的另外一本著作出自Rembert Dodoens之手，这是一本植物标本集，其中也对葵花进行了描述。尽管这个标本集以及此后其他的标本集都把葵花的起源归于秘鲁和中美洲，但是现在人们还是认为葵花起源于北美。

在欧洲，葵花的种植开始于西班牙，并迅速传至法国和意大利，逐渐地向欧洲北部和东部扩展。在一些地区，葵花是制作烟叶的原材料，它的用途还包括染料、食品和药材。葵花在开花期十分美丽，花盘硕大，呈金黄色，因其总朝着太阳而得名。在希腊语中helios意为太阳，anthos 意为花；葵花在西班牙语、英语、法语和德语中的名字分别为：*girasol*、*sunflower*、*tournesol* 和 *Sonnenblumen*。

直到 18 世纪，人们才将葵花籽当作油籽原料来用于制油。据记载，英国于 1716 年将第一个工业制取葵花籽油的专利授予给了 Arthur Bunyan，依据此专利可以利用压榨的方法生产出具有香气的高品质的葵花籽油，它可应用于羊毛、染料、皮革等的制造当中。葵花籽，即双头和单头葵花的种子，可用于制油[2]。

沙皇彼得一世在 1682—1725 年间将葵花引入俄国，他在荷兰见到了葵花，并将其种子带回了俄国。正是在俄国，葵花在食物和油料资源方面的应用取得了重要进展。俄国东正教在大斋节和基督降临节期间（宗教历法中规定斋戒并忏悔的时期）禁止教徒食用包括几种油脂在内的食物。然而葵花籽并不在列，所以可以利用它作为食用油脂的来源[2]。

葵花的种植迅速传遍了整个俄国，最早的栽培记载可以追溯至 1770 年。根据俄国科学院院刊记载，葵花籽首次用于制取油脂是在 1779 年。由于葵花籽油制取工业的发展，使得葵花的种植面积迅速增加。俄国是世界上最早也是至今最大的葵花生产国。人们一旦认识到了作物的经济价值，商业化的生产也就会悄然发生。1880 年，葵花的种植面积超过了 15 万 hm^2，而 1910 年这个数字就已经达到了 100 万 hm^2。从 1860 年开始，俄国就对如何提高葵花籽含油率展开了基础性研究。

19 世纪末，改良的俄国葵花品种被引入巴尔干半岛，由此引发了葵花种植面积的大规模扩张。然而，此葵花品种的抗寒性较差，限制了其在北欧地区的栽培和种植。

20 世纪初，葵花已经成为了俄国的主要作物类型。1912 年，科学家 V. S. Pustovoit 在库班河地区开始了相关的研究工作。自 1924 年起，克拉斯诺达尔一直都作为俄国油料育种的研究中心。1932 年，俄国成立了 Pustovoit 联合研究所。该研究所以 V. S. Pustovoit 的名字命名，以表彰他所作出的杰出贡献（Pustovoit 在 1972 年逝世之前一直主管育种部门的相关工作）。Pustovoit 的研究成果使得葵花籽的含油量和产量有了很大提高。1940 年，俄国培育的葵花品种含油率平均值为每千克葵花籽含油 330g。1965 年，由 Pustovoit 培育出的葵花品种含油率达到最高，为每千克含油 550g。

在试验田中将亲本植株交替地种植，通过葵花籽的自然杂交可以对其进行杂化处理，这推进了科学研究的进一步发展。自然杂交提高了葵花的产量，降低了病虫害的发生率，同时增加了葵花籽的油脂含量并且改善了其他农艺学品质。这些天然授粉的葵花品种中最著名的就要数“Peredovik”了，它是以一位俄国农学家的名字命名的。20 世纪 60 年代发生的两起大事给全世界的葵花产业带来了极大的影响，即苏联高含油葵花品种的育种成功，以及细胞质雄性不育和育性恢复基因的发现。1968 年，Leclercq 由栽培葵花和野生葵花（*Helianthus petiolaris*）的种间杂交后代得到了雄性不育葵花。通过对一些葵花品种育性恢复基因的鉴定，得到了具有特殊品质的杂交品种。很快，自然授粉的葵花品种就被产量高、抗病力强的杂交品种所取代。现在，在全世界范围内，杂交品种的葵花因其价格低，产率高而广泛种植[3]。

北美种植的葵花品种是 19 世纪末由东欧移民引入的，因此得名为“俄罗斯花生（Russian Peanuts）”。在美国和加拿大的俄罗斯移民会在他们的庭院里种植一些诸如 Giant 或 Mammoth Russian 的品种的葵花以供食用。这些品种的葵花也为后续商业改良葵花产品的问世提供了基础和可能。1968 年美国葵花的种植面积为 8.1 万公顷，产出的葵花籽大部分作为食物供人类消费，或是作为鸟类饲料[4]。

1966 年，俄罗斯通过自然授粉的方式培育出了一种葵花品种，后被引入至美国，其名为 Peredovik，含油率为 40% ~45%[3]。油葵的商业化生产正是起源于此品种的葵花，而且自 1960 年以来，美国一直致力于杂交葵花品种的改良研究，以期提高其油脂产量。

20 世纪 60 年代，由于苏联及其卫星国家对葵花籽油的需求量的日益增长，苏联不得不中断了其对欧洲葵花籽油的供应。这样一来，欧洲市场就出现了一块很大的空缺。也就在此时，研究者们指出牛油和黄油是造成冠心病发病的主要原因。葵花籽油含有大量的多不饱和脂肪酸，这引起了美国和加拿大油脂工业的关注。因此，至 20 世纪 70 年代后期，美国和加拿大的葵花产量有了很大的提高[1]。

19 世纪，俄罗斯移民将葵花籽作为可食用的种子引入阿根廷。起初，葵花的种植仅仅是小规模的。直到 1930 年全球经济危机的产生，才使得葵花的种植规模出现了首次扩张。此时，葵花籽油取代了进口油脂，以满足国内市场的需求。1930 年，阿根廷葵花籽油的产量为 1500t，到了 1945 年，这一数值达到了 5000t。阿根廷国家农业技术试验中心（INTA）和某些私人育种机构经过潜心研究，培育出了新型的抗病害能力强的葵花品种。虽然早在 1972 年杂交品种的葵花就已经投放市场，但其杂交特性在 1975 年之后才得以显现。如今，杂交品种葵花的种植面积已接近 100%。随着葵花籽和葵花籽油加工能力的日益提高，以及专业技术设备的不断改进，使得阿根廷每公顷葵花的产油量大幅增加。1977—1978 年，葵花籽的产量为 0.73t/hm^2，即 220 万公顷的种植面积可以产出 160 万 t 葵花籽；而 1987—1988 年，葵花籽的产量迅速增加到 1.38t/hm^2，即 211.7 万 hm^2 的种植面积可以产出 291.5 万 t 葵花籽[1,2]。

14.2 葵花的种植

14.2.1 概况

向日葵属共有68个已知品种，主要分为两大类：北美种和南美种。北美种的葵花遍布于整个美国，且加拿大和墨西哥也都有种植。但是，这两大类葵花品种间似乎没有关联；在南美，它们似乎都是由维氏菊属平行演化而来的[1]。

葵花大多都是通过异花授粉来完成传代的。野生的葵花有多个花头，这取决于昆虫的传粉数量。它也是现代商业培育的单头葵花的遗传基础。

葵花是一年生草本植物。植株高1~3m。花盘中部为管状花，由700~4000个小花组成。花盘外面分布着放射状的带状花冠。葵花的花头由成簇的小花组成，背面分布着由放射状花瓣所包裹的绿色苞叶。这就是人们所熟知的边缘花，它们不具有生殖机能，但是可以给蜜蜂和其他传粉昆虫提供信号。向着花盘的中心，生长着许许多多的管状小花，从植物学的角度来说，每一朵花都能够结出一粒胞果或是种子。

形成花盘放射状边缘的小花通常是不结果的，尽管它们具有发育不全的花柱和柱头，但是它们没有花药。可以产籽的小花都是完整的，每一个都具有管状的花冠和花药。葵花的花盘总是朝着太阳转动，直到花盘上的小花全部都经过授粉。到那时，葵花会保持着向东的固定姿势。葵花从播种到开花，总共需要70d左右。种籽在130d时成熟，10d后便可收获采摘收获[4,5]。

葵花适宜生长在温和的气候条件下（温带及亚热带），尤其是在美洲、欧洲和中国，温度范围主要是20~25℃，最佳生长温度是27~28℃。葵花喜温，耐旱，对土壤的水分需求度高。生长在炎热地区的葵花含油较少。葵花对温度波动（昼夜温差8~34℃）的耐受能力强[1,5]。

在种子成熟的期间，当温度条件为18~25℃时，种子的产量将达到最高。在开花期前后的15~20d，湿度条件对种子的产量至关重要。如果这段时间天晴无雨，种子的产量会有所提高。葵花的授粉几乎都是异花授粉，在同一花盘上的同花授粉是很少见的。一些昆虫，尤其是蜜蜂，是葵花的主要传粉媒介[2]。

由于受到大西洋的影响，阿根廷的气候条件十分适合于葵花的种植。保证葵花生长周期顺利建立与完成的主要气候因素有[6]：冬夏两季间有气温缓冲（平均温度在8~28℃）；东部大气环流保证了年降雨量达到500~1100mm；无霜冻期超过6个月。在阿根廷，葵花的种植区域在南纬26°（查科省）到39°（布宜诺斯艾利斯南部）之间。1990—

2000 年夏季，阿根廷的葵花种植面积平均达到 293 万 hm^2。 葵花种植区域覆盖亚热带（阿根廷北部）和温带（阿根廷中部及南部）[7]。

葵花成熟时，花盘背面的颜色由绿变黄，且苞叶呈棕褐色。 当种子达到商业成熟度时，即可进行收获采摘。 在这段时间内，处于生理成熟期的花盘含水量由 35% 下降到 11%。 提前对饱满硕大的葵花进行采摘，可以预防种子的脱落[2,8]。

在提前收获时，可能会使用诸如氯化镁之类的干燥剂对葵花进行脱水处理。 这样可以减少花盘、花茎和叶子的水分含量，但种子仍然可以保留大部分的水分而不易干枯。 因此，在贮藏之前，有必要对葵花种子进行人工干燥。

葵花种子在贮藏期间的水分含量必须低于 9.5%，以避免发生不期望的酶促反应。 当水分含量高于 20% 时，在收获后 12h 内就可发生一系列的酶促反应[5]。 葵花的种植期和收获期因产地所处的地理位置不同而有所差异。 就拿阿根廷和乌拉圭这两个国家来说，它们都位于南半球，葵花在每年的 10 月份种植，在来年的 2～4 月间收获，同样处于南半球的澳大利亚，则是在来年的 1～5 月间收获。 对于北半球的国家，如苏联，葵花的种植则是在每年的 3 月份，在 8～10 月间收获，类似地在美国，葵花在 4 月份或 5 月份种植，在 9 月或 10 月份收获，而在西班牙和意大利，葵花的收获则是在 8 月份[1,5]。

14.2.2 葵花的产量

种植区域不同，葵花的产量也是不同的。 1994 年，意大利葵花的最大产量为 2596kg/hm^2，希腊为 2577kg/hm^2，澳大利亚为 2544kg/hm^2，坦桑尼亚的产量最少，为 370kg/hm^2。近些年来，随着遗传学研究的深入发展，葵花的产量一直保持着增长的趋势。 图 14.1 所示为几个主要葵花生产国以及世界葵花年平均产量的变化情况[1,5]。

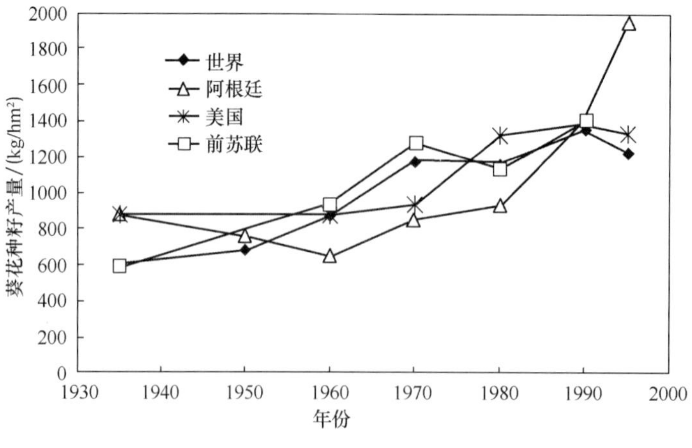

图 14.1 葵花主要生产国及世界葵花年均产量的变化[1,5]

14.2.3 葵花籽的结构

瘦果，即葵花的种子，底尖头圆。种子长10～15mm，宽4～12mm，截面呈4棱型。种子的外层包裹着果皮或种壳，占总质量的18%～45%。果皮下面覆盖着一层白色的薄膜，它由三层薄壁细胞构成，其中最内层的质构最为柔软。胚乳由含有丰富蛋白质的单层细胞构成，它紧紧地依附在葵花籽的种壳上。胚芽，就是我们所熟知的葵花籽仁，它包含两片子叶，子叶紧贴在突出的胚根上[9]。

葵花主要有两种基本类型：油用型[1]和非油用型[2]，后者一般用于制作鸟食和糖果使用。油用型葵花的种子较小，果皮多为黑色，皮薄，占种子总重量的20%～25%，含油为40%。非油用型葵花种子则稍有不同：它种子较长，果皮多为黑白相间的条纹，皮厚，易于和仁分离，占种子总质量的40%～45%，含油为30%。

油用型葵花种子的大小因栽培品种及其在花盘上所处位置的不同而不同。一般花盘外围的种子略大。种子在花盘上的位置不仅对含油量有所影响，也会造成脂肪酸组成的不同。相比于花盘中部和外部的种子，内部种子的含油较少。从花盘四周到中心，亚油酸和棕榈酸的含量逐渐增加，而油酸的含量逐渐降低[10]。

目前，常见葵花杂交品种的千粒质量从30～80g不等。外壳颜色多种多样，由白色到黑色，中间掺杂着灰色和棕色的条纹。外壳的厚度和结构以及种子的其他特性都取决于葵花的品种和种植条件[9]。

葵花的外壳主要是由纤维状物质组成，木质素和纤维素的比例相当。除了蛋白质和碳水化合物外，油用型葵花籽仁几乎包含了种子中的全部油脂。葵花籽仁占种子总重的70%，约含油55%，即含油量占种子总重的大约40%。葵花籽仁蛋白质含量为20%～35%，占葵花籽粕的比例（干基）接近57%[1,5,11]。

图14.2和图14.3所示分别为葵花籽壳和葵花籽仁的组成成分，图14.4所示为葵花籽饼粕的组成成分，脱壳葵花籽粕的相关数据在实际生产中较难获得[1,5,11]。

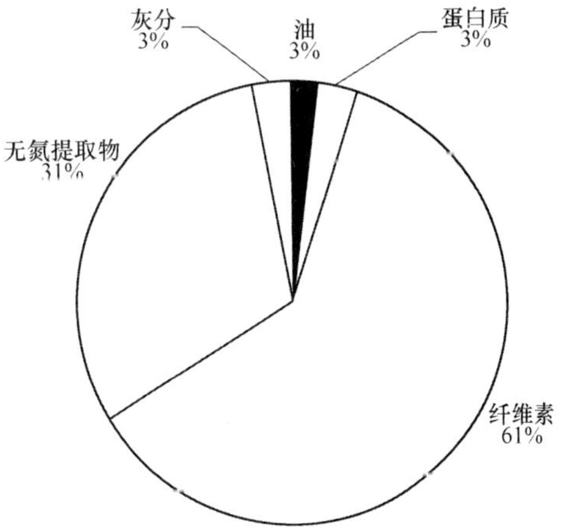

图14.2 葵花籽壳的组成成分[1,5,11]

14.2.4 影响葵花籽含油量的环境因素

在葵花籽生长过程中，葵花籽的含油量是不断变化的，即在开花期后的第14天至第35

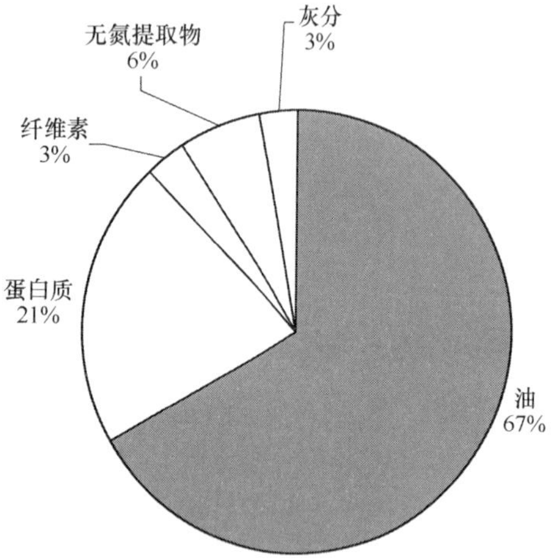

图 14.3 葵花籽仁的组成成分[1,5,11]

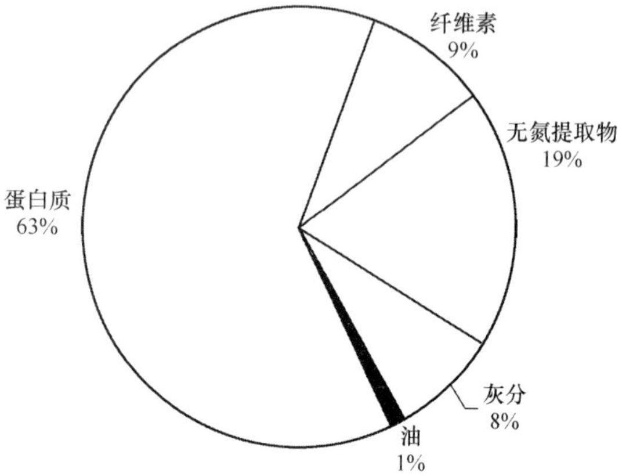

图 14.4 完全脱壳葵花籽粕的组成成分[1,5,11]

天，当葵花籽达到生理成熟时，其油脂含量会不断增加。成熟后其含油量基本保持稳定。从种子形成到成熟的不同阶段，油脂的组成也会有所变化。亚油酸的含量从开花期后第 14 天起逐渐增加，而油酸的含量则递减，饱和脂肪酸的含量也稍有下降[12]。

环境因素，诸如温度、光照等，会对葵花籽油的组成产生一定影响。Robertson 和 Russell[13]研究了气候条件（加拿大、美国明尼苏达州和加利福尼亚州的昼夜温差）对葵花籽油组成的影响，发现随着昼夜温差的增大，亚油酸的含量成比例的增加。Robertson 和 Green[14]研究了播种时间对葵花籽油含量和组成的影响。他们选取了 11 种不同的杂交葵花品种，分别于 2 月份和 8 月份在美国佛罗里达州进行播种。结果显示，8 月份播种得到的葵花籽中，油酸含量较低（平均为 19.4%），而亚油酸含量较高（平均为 68.4%），其间最低平均温度为 18℃。在 4 月初播种得到的葵花籽中，亚油酸的含量较少（平均为 36.3%），而油酸的含量却较高（平均为 54.6%），其间最高平均温度为 27℃。这意味着在佛罗里达，适当调整葵花籽的播种时间，可使得到的葵花籽油的组成有所不同。

影响葵花籽油脂肪酸组成的另一个主要因素是葵花从开花到成熟这一阶段的平均温度[15]。在西班牙，葵花籽油中油酸和亚油酸的比例是与不同种植区域的平均温度有关的，而平均温度不仅仅只与纬度相关，也与其他地理因素有关，这些地理因素决定了种植区域的小气候。随着气温的升高，亚油酸的含量下降，而油酸的含量有所增加。在西班牙南部，生长在气候温暖地区的葵花籽含油 48.7%，而生长在较冷地区的葵花籽含油量达到 70.2%。亚油酸和油酸含量的增加与温度并不一致，一般，油酸含量的增加值会大于亚油酸含量的减少值，其差值部分通过硬脂酸含量的降低来弥补，这就表明在这一过程中一部分硬脂酸转变成了油酸。以上变化的机理与温度对脱氢酶活力的影响有关，脱氢酶作用于油酸，使其转变为亚油酸。

有研究者进行了如下试验：将葵花种植在温度可控的室内，两组昼夜温度分别为20/10℃（昼/夜）和30/20℃（昼/夜），同时给予相同的光照强度和光照时间。结果表明，随着温度的升高，亚油酸和油酸的比例下降[16]，与此同时，硬脂酸的含量也稍有下降。法国、意大利、日本、美国、加拿大等国家的研究者通过试验也得到了类似的结果[17]。这是因为在高等植物中涉及亚油酸合成的那些酶都是相似的，即所有的油料作物都有一种催化脂肪酸合成的酶，能够产生数量不等的$C_{16:0}$、$C_{18:0}$、$C_{18:1}$、$C_{18:2}$和$C_{18:3}$。

有研究者对采样于阿根廷6个不同地区的葵花籽的组分含量进行了测定[18]。鉴于纬度和地区的不同，在葵花籽生长发育期间，环境的平均温度由北向南从28℃下降到20℃。研究发现，随着温度的上升，亚油酸的含量下降，而油酸的含量增加。在日本，也有相似的研究结果报道[19]。

14.2.5　葵花协会

国际葵花协会（ISA）总部设在巴黎，旨在加强国际合作以提高葵花的种植培育水平以及营养价值，同时促进和加强研究者之间的合作与交流，每四年举办一次国际会议。

另外，不同国家都有自己的协会。美国国家葵花协会（NSA），成立于1981年，总部设在北达科他州的俾斯麦，现有20000个协会成员，协会的宗旨是促进葵花产品在美国和国际上的生产和贸易达到较高的水平。澳大利亚葵花协会（ASA）成立于1976年，成员包括葵花种植者、研究者和来自葵花产业的员工。加拿大葵花协会（NSAC）成立于1996年，到1999年时，成员数已达到105个。阿根廷葵花协会（ASAGIR）成立于1980年，曾在1985年主办了第十一届国际葵花会议。

14.3　葵花籽油的物理和化学性质

14.3.1　葵花籽油的组成

和大多数植物油脂一样，葵花籽油主要由甘油三酯组成（98%～99%）。此外，还有少部分的磷脂、生育酚、甾醇和蜡，这些通称为“不皂化物”。（译者注：磷脂、蜡应是皂化物）。

14.3.1.1　葵花籽油的脂肪酸组成

通常，葵花籽油的亚油酸含量较高，油酸次之。其饱和脂肪酸的含量不超过脂肪酸总量的 15%，主要是棕榈酸和硬脂酸。表 14.1 列出了葵花籽油主要的脂肪酸组成情况[9,20]。

从营养的角度出发，葵花籽油有两方面值得特别关注：一方面，它可以提供人体必需脂肪酸，即亚油酸；另一方面，它的棕榈酸含量很少，而棕榈酸被认为会增加血液中低密度脂蛋白胆固醇的含量。

由于分析方法和取样样品的不断完善，文献报道的葵花籽油的组成也随之变化。这些变化可以通过食品法典委员会颁布的限定数值而反映出来。1981、1993 年[21]以及 1999 年（Codex-Stan 210—1999）颁布的葵花籽油的脂肪酸组成见表 14.2。食品法典委员会（Codex）成立于 1962 年，由联合国粮农组织（FAO）和世界卫生组织（WHO）共同创立，是鼓励食品公平交易，保护消费者健康和经济利益的最大的国际组织。油脂法典委员会（CCFO）的成立旨在世界范围内建立油脂及其制品的相关标准。这些标准的制定须以食品法典作为参考依据。

表 14.1 普通葵花籽油中主要脂肪酸的含量[9,20] 单位：%

脂肪酸	AOCS[20]	Merrien[9]
16 : 0	5 ~ 8	5 ~ 7
18 : 0	2.5 ~ 7.0	4 ~ 6
18 : 1	13 ~ 40	15 ~ 25
18 : 2	40 ~ 74	62 ~ 70
18 : 3	<0.3	<0.2

表 14.2 不同年份食品法典委员会颁布的普通葵花籽油的主要脂肪酸含量

单位：%

脂肪酸	1981 年	1993 年	1999 年
12 : 0			ND ~ 0.1
14 : 0	<0.5	<0.2	ND ~ 0.2
16 : 0	3 ~ 10	5.6 ~ 7.6	5.0 ~ 7.6
16 : 1	<1.0	<0.3	ND ~ 0.3
17 : 0			ND ~ 0.2
17 : 1			ND ~ 0.1
18 : 0	1 ~ 10	2.7 ~ 6.5	2.7 ~ 6.5
18 : 1	14 ~ 65	14 ~ 39.4	14.0 ~ 39.4
18 : 2	20 ~ 75	48.3 ~ 74.0	48.3 ~ 74.0
18 : 3	0 ~ 0.7	0 ~ 0.2	ND ~ 0.3

续表

脂肪酸	1981 年	1993 年	1999 年
20：0	0～1.5	0.2～0.4	0.1～0.5
20：1	0～0.5	0～0.2	ND～0.3
22：0	0～10	0.5～1.3	0.3～1.5
22：1	0～0.5	0～0.2	ND～0.3
22：2	ND	0～0.3	ND～0.3
24：0	0～0.5	0.2～0.3	ND～0.5
24：1	<0.5	ND	ND

注：ND 表示未检出，定义为不超过 0.05%。

根据食品法典（Codex-Stan 210—1999）所给出的组成限定，葵花籽油中饱和脂肪酸的含量应低于玉米油（最高 22%）、棉籽油（最高 32%）、花生油（最高 28%）和大豆油（最高 20%），但应高于红花籽油（最高 12%）和菜籽油（最高 12%）。葵花籽油中亚麻酸的含量相当低，通常不超过 0.3%，这使得葵花籽油具有很好的氧化稳定性。

不同国家产出的葵花籽油的脂肪酸组成也略有不同。加拿大油菜籽委员会在萨斯喀彻温省萨斯卡通市 POS 试验工厂研究的基础上，于 1979 年对食用油脂的组成进行了修订。POS 根据《加拿大消化》杂志上一篇报道[22]，分析了由加拿大和美国食品加工和制造企业提供的十份植物油样和三份动物油样。表 14.3 列出了加拿大、美国和阿根廷产出的葵花籽油的组成情况[2,23]。

表 14.3 不同年份加拿大/美国和阿根廷的普通葵花籽油的组成成分[2,22,23]

单位：%

脂肪酸	加拿大/美国 1979[22]	加拿大/美国 1994[22]	阿根廷 1981[23]	阿根廷 1998[2]
饱和脂肪酸	11	12	8.7	10.1
18：1	20	16	24.0	26.8
18：2	69	71	66.0	62.2

14.3.1.2 葵花籽油中甘油三酯的组成

图 14.5 显示了葵花籽油的主要甘油三酯（大于 1%）组成，此含量是基于 Prevot 的报道得来的[17]。由于葵花籽油的亚油酸含量较高，其主要甘油三酯是三亚油酸甘油酯（36.3%）和油酸二亚油酸甘油酯（29.1%），三油酸甘油酯几乎不存在（0.6%）。因此，葵花籽油中含有四个或更多双键的甘油三酯的含量超过了 80%，这使得葵花籽油的凝

固点很低，一般为 -19 ~ -16℃。在实际应用中，以葵花籽油为基料油脂制成的蛋黄酱在低温冷藏时，不会有破乳现象的产生。而利用其他种类的油脂（如花生油）制成的蛋黄酱则不具备这一特性。

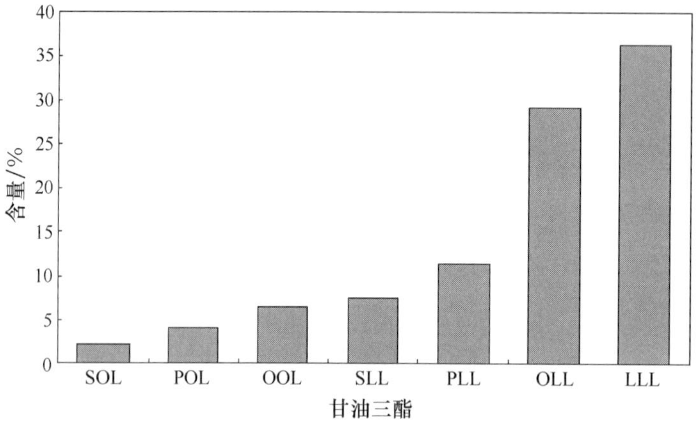

图 14.5 普通葵花籽油中主要甘油三酯的组成，此含量是基于 Prevot 的报道得来的[17]

P—棕榈酸 S—硬脂酸 O—油酸 L—亚油酸

Rossell 等[24]根据碳原子总数分析了 20 种葵花籽油的甘油三酯组成情况。含 54 个碳原子的甘油三酯占总量的 75.1% ~79.5%。这些甘油三酯的组成是 OOO、SOL、OOL、SLL、OLL 和 LLL（参见图 14.5 的图注）。将 Prevot[17]报道的数据用此种方法进行分析整合，得出含 54 个碳原子的甘油三酯占总量的 82.1%。两者的测定结果具有很好的一致性。

根据 1、2、3 位脂肪酸随机分布学说，油脂中的脂肪酸在甘油分子的 3 个位置上是随机分布的。油脂中各脂肪酸在 *sn*-1、*sn*-2、*sn*-3 位的分布是等量的。图 14.6 显示了由随机分布数学公式计算得出的葵花籽油中各脂肪酸的理论分布情况。其计算结果建立在以下基础上：饱和脂肪酸（Sat）的含量为 11%、油酸（O）的含量为 20%、亚油酸（L）的含量为 69%。图 14.6 同样也显示了经试验测定得到的葵花籽油的甘油三酯组成，但并未给出总的脂肪酸组成情况[17]。可以看出，两者之间的差别不大，尤其是在将油脂中脂肪酸组成会有所不同这一事实考虑在内的情况下。

在天然油脂中，脂肪酸并不是随机分布的。饱和脂肪酸主要集中在 *sn*-1，3 位上，几乎不存在于 *sn*-2 位上。亚油酸则主要集中在 *sn*-2 位上。例如，花生油含有 16.2% ~39.3% 的亚油酸，其中有 27.2% ~67.8% 都处于 *sn*-2 位，这也验证了亚油酸倾向于分布在甘油三酯 *sn*-2 位上的事实。

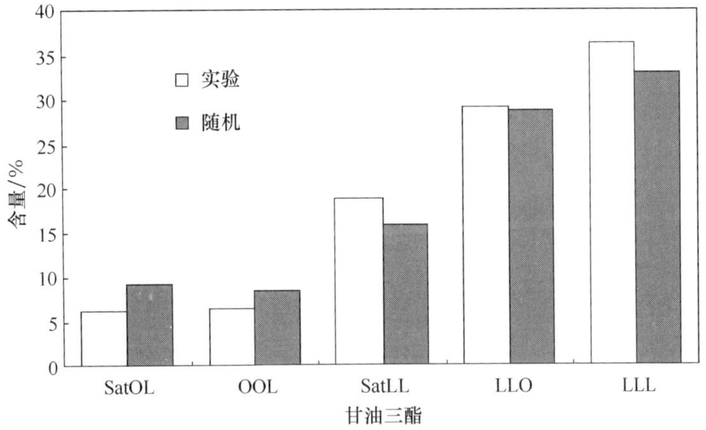

图 14.6 根据随机分布学说和实验测定得到的葵花籽油甘油三酯组成[17]

Sat—饱和脂肪酸 O—油酸 L—亚油酸

表 14.4 葵花籽油甘油三酯 *sn*－2 位上脂肪酸的分布情况，分别从 *sn*－1、*sn*－3 位脂肪酸组成[25]和总脂肪酸组成[24]两个角度进行分析

脂肪酸	Alvarez-Ortega 等[25]		Rossell 等[24]	
	sn－1＋*sn*－3	*sn*－2	总数	*sn*－2
16：0	9.2	0.5	5.7～6.9	0.2～0.4
18：0	6.1	0.4	3.0～6.3	0.1～0.3
18：1	34.0	34.7	14.0～34.4	12.1～31.3
18：2	50.7	64.2	55.5～73.2	66.2～87.4

表 14.4 所示为葵花籽油甘油三酯 *sn*－2 位上脂肪酸的分布情况，分别从 *sn*－1、*sn*－3 位脂肪酸组成[25]和总脂肪酸组成[24]两个角度进行分析。亚油酸在 *sn*－2 位出现的几率比在按等量分布的要稍微高一些。同时也要比在 *sn*－1,3 位的略微高，约是 1.27 倍。葵花籽油中亚油酸的含量极高，相比其他植物油脂来说，亚油酸在 *sn*－2 位上的优先分布就显得不那么明显。饱和脂肪酸趋向于分布在 *sn*－1 和 *sn*－3 位上，几乎不出现在 *sn*－2 位。油酸在三个位置上出现的几率是均等的。然而，二者之间较小的差别使得图 14.6 中显示的根据随机分布学说和实验测定得出的葵花籽油的甘油三酯组成具有显著的一致性。

14.3.1.3 葵花籽油中的非甘油三酯组分

（1）磷脂 葵花籽毛油中磷脂的含量范围是 0.5%～1.2%。溶剂浸出葵花籽油的磷脂含量比机械压榨葵花籽油的高。主要的磷脂类型有磷脂酰胆碱、磷脂酰乙醇胺、磷脂酰肌醇和磷脂酸。葵花籽油中的磷脂大部分是可水化磷脂，可以通过水化脱胶从毛油中去除（见 14.5.3.1 节）。

(2)生育酚 生育酚是带有酚羟基和烃基取代侧链的杂环化合物。它们的脂溶性很强，这归功于其长烷基侧链。国际法典委员会（Codex-Stan 210—1999）给出了葵花籽毛油中生育酚和生育三烯酚的含量，见表 14.5。

表 14.5 食品法典标准 210—1999 限定的葵花籽毛油中生育酚和生育三烯酚的含量

生育酚	含量/（mg/kg）	生育酚	含量/（mg/kg）
α －生育酚	403 ~ 935	α －生育三烯酚	ND
β －生育酚	ND ~ 45	γ －生育三烯酚	ND
γ －生育酚	ND ~ 34	δ －生育三烯酚	ND
δ －生育酚	ND ~ 7.0	总量	440 ~ 1520

注：ND 表示未检出。

不同生育酚异构体的生物价是不同的。以维生素 E 活性为判据，其生理活性大小依次为：$\alpha > \beta > \gamma > \delta$。维生素 E 的作用主要是抗氧化，尤其是在防止血浆细胞膜磷脂中多不饱和脂肪酸的氧化和过氧化方面发挥着重要作用。葵花籽油是维生素 E 的良好来源，富含丰富的 α －生育酚。从文献中报道的阿根廷葵花籽油中生育酚的含量得出类似的结论：葵花籽油中生育酚的总量为 700mg/kg，其中 91% α －生育酚[2]。

生育酚还是自由基清除剂。α －生育酚的生理活性最强，而 γ －生育酚的抗氧化活性最强。有研究者将葵花籽油生育酚添加至空白大豆油中，并且将大豆油生育酚添加至空白葵花籽油中，并以此进行试验考察二者的氧化稳定性。通常，葵花籽油不如大豆油稳定，但添加了大豆油生育酚之后，葵花籽油的稳定模式就与大豆油类似了。相反，添加了葵花籽油生育酚的大豆油的稳定性与葵花籽油的稳定性类似。这就表明，γ －生育酚的抗氧化性要比 α －生育酚好[26]。然而，也有其他一些研究者认为，α －生育酚具有比较高的抗氧化活性。现在，研究者们在生育酚同系物抗氧化活性大小的问题上产生了分歧，这可能是由于底物油脂不饱和度、氧化程度的测定和氧化产物分析方法上的不同而导致的。

根据国际食品法典委员会（Codex-Stan 210—1999）的限定，图 14.7 比较了葵花籽、花生、大豆、玉米和棉籽毛油中几种主要生育酚的最大含量水平。可以看出，葵花籽油中 α －生育酚的含量最高（译注：原文为生育酚含量最高，疑有误）。通常，γ －生育酚广泛存在于植物油脂中。

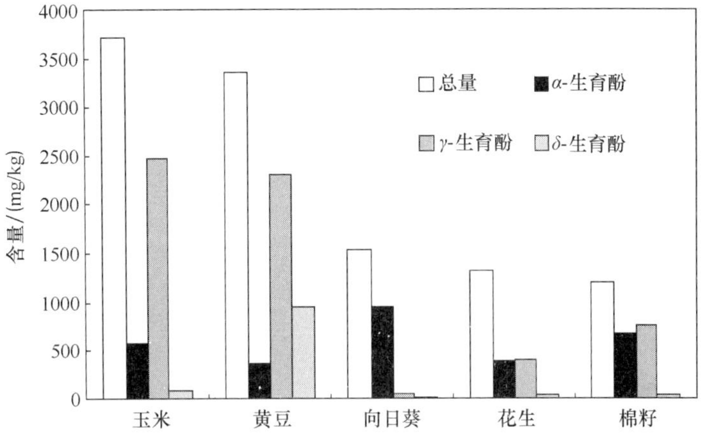

图 14.7 国际食品法典委员会（Codex-Stan 210—1999）限定的葵花籽、花生、大豆、玉米和棉籽毛油中主要生育酚的最大含量水平

(3)甾醇 甾醇是具有多环醇结构的甾烷类化合物。甾醇是油脂不皂化物的主要组成部分。不同油脂中甾醇的种类和数量是不同的。国际食品法典委员会（Codex-Stan 210—1999）给出了葵花籽油中总甾醇含量以及各种甾醇的百分比，见表 14.6。

表 14.6 国际食品法典委员会（Codex-Stan 210—1999）限定的普通葵花籽毛油中总甾醇含量和各种甾醇的含量百分比

甾醇	含量/（mg/kg）	甾醇	含量/（mg/kg）
胆固醇/%	<0.7	Δ^5 -燕麦甾醇/%	ND~6.9
菜籽甾醇/%	ND~0.2	Δ^7 -豆甾醇/%	7.0~24.0
菜油甾醇/%	7.4~12.9	Δ^7 -燕麦甾醇/%	3.1~6.5
豆甾醇/%	7.0~11.5	其他/%	ND~5.3
β -谷甾醇/%	56.2~65.0	总甾醇/（mg/kg）	2400~4600

注：ND 表示未检出。

在植物油脂中，葵花籽油的甾醇含量属于中等水平。根据国际食品法典委员会（Codex-Stan 210—1999）的数据，甾醇含量最高的三种油是低芥酸菜籽油，含甾醇 4800~11300mg/kg；玉米油，含甾醇 8000~22100mg/kg；芝麻油，含甾醇 4500~19000mg/kg。

在普通葵花籽油中，最主要的甾醇是 β -谷甾醇，其次是 Δ^7 -豆甾醇，而后者又可以作为葵花籽油掺假的特征性标志物，因为在大多数植物油脂中，红花籽油除外，Δ^7 -豆甾醇的含量很低（不超过 7%）。

(4)其他不皂化物成分 Codex-Stan 210—1999 指出，普通葵花籽毛油中不皂化物的含量为0.5%～1.5%[9,17]，即低于15g/kg。除了甾醇（2.4～4.6g/kg）、生育酚和生育三烯酚（0.4～1.5g/kg）以外，葵花籽油中还含有少量的其他种类不皂化物。脂肪族化合物和萜类化合物天然存在于植物油脂中。在萜类化合物中，角鲨烯的分布最广。角鲨烯在葵花籽油中的含量较低，为0.008%～0.019%[5]，即15～20mg/100g[9]。葵花籽油中脂肪醇的含量为100mg/100g[9]。

类胡萝卜素和叶绿素是植物油脂中主要的脂溶性色素。普通葵花籽毛油中，类胡萝卜素（和棕榈油中类似）和叶绿素（和米糠油、菜籽油、橄榄油和牛油果油中类似）的含量皆不高。这就使得葵花籽毛油的色泽呈淡琥珀色，在脱色处理后呈浅黄色。

14.3.2 葵花籽油的化学性质

国际食品法典委员会（Codex-Stan 210—1999）给出了葵花籽毛油的化学性质：皂化值范围为188～194mg KOH/g油[1]；碘值（由脂肪酸组成计算）为118～141g I/100g[2]。然而，Merrien[9]报道葵花籽油的碘值是120～134g I/100g，Bockisch[5]报道的则为110～143g I/100g（韦氏法）。

14.3.3 葵花籽油的物理性质

14.3.3.1 折光指数

折光指数是油脂的一个光谱特征指标，可以用于油脂氢化程度的快速测定。国际食品法典委员会（Codex-Stan 210—1999）指出，普通葵花籽油在40℃条件下的折光指数（n_D）是1.461～1.468。据Merrien[9]报道，葵花籽油在20℃条件下的折光指数为1.474～1.476。

14.3.3.2 密度

容器的体积和流速的测定通常是依据体积定量的方法。这些方法利用自动化的设备和仪器得以完成。然而，根据油脂的体积测定其质量通常取决于油脂的性质和温度。

国际食品法典委员会（Codex-Stan 210—1999）给出了普通葵花籽油在20℃条件下的相对密度，其值为0.918～0.923（相对于20℃的水）。这个数值与大多数植物油脂的密度没有明显差别。

图14.8所示为基于Subrahmanyam等[27]的报道的印度一种食用葵花籽油的密度与温度变化曲线。

14.3.3.3 黏度

当涉及泵力输送操作时，油脂的黏度就成为了一个基本参数指标。植物油脂的黏度取决于脂肪酸组成。含有羟基脂肪酸的油脂，如蓖麻油和lesquerelle油，具有非常高的黏度。

图14.9所示为精炼葵花籽油的动力黏度与温度的关系。根据Abramovic和Klofutar的报道[28]，葵花籽毛油具有相同的曲线变化趋势。

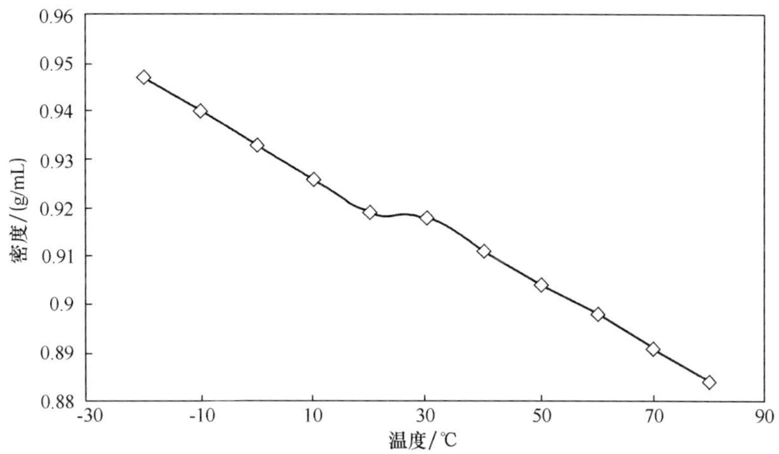

图 14.8　一种印度食用葵花籽油密度与温度的变化曲线[27]

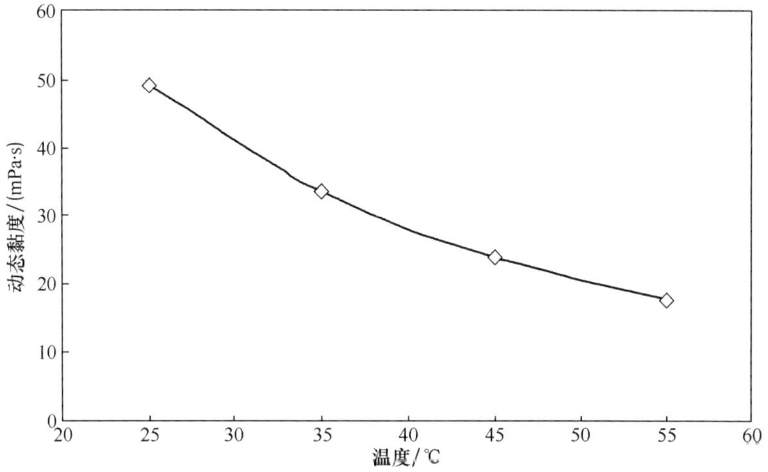

图 14.9　精炼葵花籽油的动力黏度与温度的变化曲线[28]

14.3.3.4　比热和燃烧热

常压下，葵花籽油的比热为 2.197J/（kg·℃）[29]。当油脂作为能量来源时，其能量值或燃烧热就成为了一个主要参数。所有植物油脂的总热量相差不大。Ali 和 Hanna[30] 报道，葵花籽油的总热量为 39575kJ/kg，而 Bhattacharyya 和 Reddy[31] 称葵花籽油的总热量为 39486kJ/kg。

14.3.3.5　烟点、闪点和燃点

油脂的烟点、闪点和燃点在油脂深度煎炸过程中是一个相关参数。这与油脂的脂肪酸组成没有太大关系，除非是含有短碳链脂肪酸的油脂，如黄油或椰子油。通常，油脂中游离脂肪酸的含量对三者的影响最为显著。据报道，全精炼葵花籽油（含 0.10% 游离脂肪

酸）的烟点为209℃，闪点为316℃，燃点为341℃[5]。

当考虑一种油脂是否可以用作柴油燃料替代品时，闪点也会成为一个重要的参数。所有植物油脂的闪点都远远高于柴油燃料，这反映了植物油脂的非挥发性。Ali 和 Hanna[30]报道普通葵花籽油的闪点是274℃。

14.3.3.6 熔化特性

（1）浊点和倾点　浊点是指油脂冷却至开始出现混浊的温度。倾点是指油脂在规定的试验条件下冷却时，能够继续流动的最低温度。

在低温泵力输送或作为柴油燃料替代品时，浊点和倾点是十分重要的参数。植物油脂的浊点和倾点要比柴油燃料高。

不同文献报道的普通葵花籽油浊点和倾点的数值相差较大。例如，Bockisch[5]称葵花籽油的浊点是 -10℃（其凝固点为 -18 ~ -16℃），而 Ali 和 Hanna[30]指出葵花籽油的浊点是7.2℃，倾点是 -15.0℃。这可能是由于葵花籽油冬化程度不一样而造成的。

（2）葵花籽油的热学性质　普通葵花籽毛油在室温下为液态，精炼葵花籽油在冷冻温度下也不会出现混浊，这些特性使得它适合用作色拉油。核磁共振和差示量热扫描法可以在较宽温度范围内测定油脂的热学性质。这两种方法可以用来评价油脂固体脂肪含量与温度的关系。

油脂的热分析图可以通过差示量热扫描测定得出，以此可以了解油脂的热学性质，而且可以通过峰面积的大小计算器固体脂肪的百分含量。这些信息都是脂类物质的特有性质参数。图14.10比较了精炼葵花籽油和精炼大豆油的热分析图[32]。由图可以清楚看出，

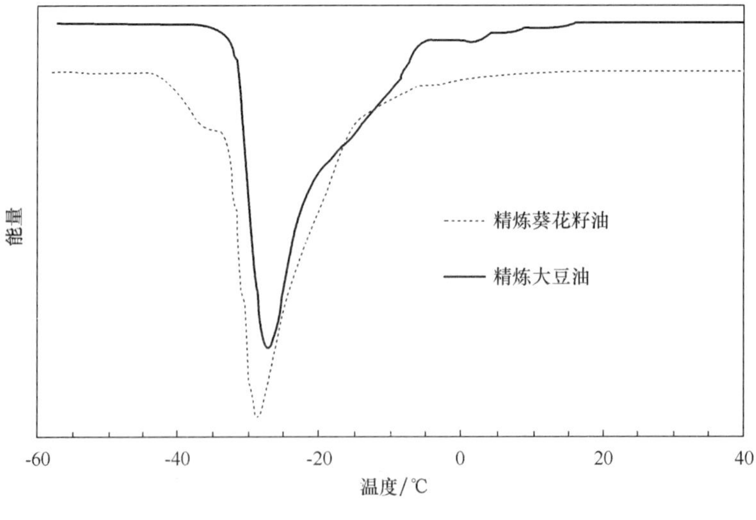

图14.10　精炼葵花籽油和精炼大豆油的热分析图[32]

葵花籽油在－15℃以上时就已经完全熔化，而大豆油在－5℃和5℃之间会出现一个次级小峰，这可能与其较高的饱和脂肪酸含量相关。通过对热分析图的数据进行偏积分处理，图14.11所示为精炼葵花籽油和精炼大豆油在不同温度下的固体脂肪指数[32]。

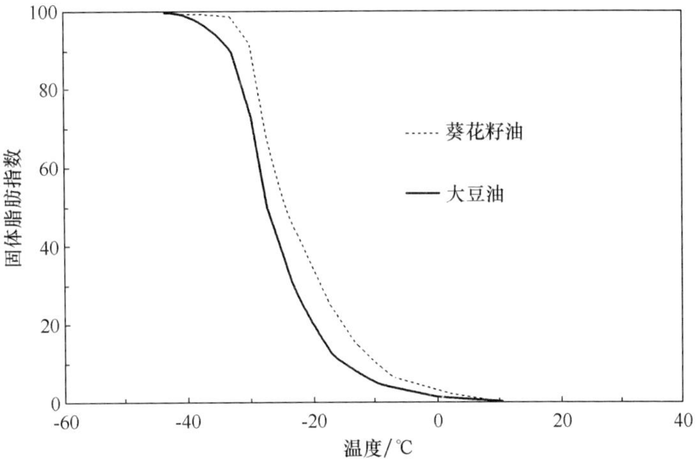

图14.11 精炼葵花籽油和精炼大豆油的固体脂肪指数[32]

14.4 脂肪酸组成经修饰的葵花籽

直到20年前，研究者们才发现植物油脂的脂肪酸组成与油籽原料之间具有紧密的联系。葵花籽油的脂肪酸组成也处在天然的范围之内。然而，现有的数据大多都是通过改性葵花籽油测定得到的，研究者们也为此建立了许多测定方法。

野生葵花籽的遗传多样性使得研究者得到了各种各样特征的葵花品种。美国艾奥瓦州中北部地区的植物引进局搜集了具有不同特性的葵花品种，以供有兴趣的研究人员和公司进行研究和使用。美国农业部葵花胚质资源收集中心是全球范围内最大的也是最完全的葵花胚质收集机构，它所收集的样品来自于美国48个州以及加拿大和墨西哥地区。美国农业部/农业研究服务中心（USDA/ARS）依据油脂含量及组成成分对这些野生葵花样品进行评估。

大多数育种的目的都是为了开发新的杂交品种，尽管也有一些是为了对自由授粉和人工授粉得到的葵花品种进行改善。考虑到对葵花产量、抗病力、均一性和自交亲和性的提升，自由授粉的葵花品种已经被杂交品种所取代。现在种植的葵花品种在油脂含量或是油脂组成成分方面已经有了较大的提高。

自1920年以来，近亲交配已经应用于葵花的育种当中。普遍使用的方法就是在现有葵花品种中使表型较好的植株进行自交。得到的种子在在下一年进行播种，继而不间断地对其进行选择。苏联的 Pustovoit 建立了适宜的方法对应用轮回选择法得到的葵花品种进行储存，该方法也包括了对葵花种子及通过异花授粉得到的葵花种子的评估。

为了获得杂交品种的葵花种子，在葵花授粉时，必须避免自花授粉和近亲授粉现象的发生。研究人员致力于寻求一种雌性亲本植株，以接受其他植株的授粉，即杂交，而其自身不能进行繁殖。这可以直接通过去雄处理来实现，即去除雄花的花粉管，此过程通常需要大量的劳动力。此外，还有其他的方法可以用于促使雄性不育。

通过杂交处理可以结合亲本植株的基因，从而改变葵花的特性。对于自花授粉和受控杂交的葵花来说，最重要的就是在开花期之前对花盘进行隔离，以避免异花授粉的发生。

人工杂交品种的葵花可以通过母本植株的去雄处理得到。利用酸的诱导效应，在不进行去雄处理的条件下，也同样可以得到雄性不育的植株。通过田地间交替种植的亲本植株的自然授粉作用，也可以得到类似的杂交品种的葵花。1964 年，第一个商业化杂交品种的葵花在加拿大问世[4]。

1958 年，胞质雄性不育的葵花植株首次被研究者发现，由此发现了所有植物细胞质中导致第二代植株雄性不育的相关因素。然而，可育的植株经过授粉后得到的后代仍然具备一些可育的特性。1969 年，法国的 Patrice Leclercq 通过 *Helianthus petiolaris* Nutt. 和 *Helianthus annuus* 种间杂交获得了胞质雄性不育的葵花种籽。1970 年，葵花的育性恢复品种被发现。两年后，以此方法培育出的杂交葵花籽在现实生产中已经得到了广泛地应用。1976 年，美国收获的葵花籽中，80% 都是通过杂交育种得到的。

利用胞质雄性不育系和细胞核育性恢复系单交或三交得到的杂交品种已经得到广泛应用。19 世纪 70 年代早期，法国和罗马尼亚利用细胞核雄性不育植株培育出了杂交品种的葵花，并于 1972 年首次引入美国[4]。

现在，各种各样不同基因型的葵花品种都实现了商业化生产。自由授粉的葵花个体间的基因型都是不同的。这在很大程度上增加了植株对环境条件的适应性。但是，这也使得植株间的均一性较差，有可能会导致对植株操作管理的困难度增加。自然授粉的葵花每年都可以获得，而对新鲜程度较高的葵花种子的买卖仅仅是为了保持其纯度和品种而已。

商业化的杂交葵花品种包括单次杂交和三系杂交葵花。前者是通过母本植株的杂交获得，产生了基因型相同的个体；后者则是通过单交品种和纯合子的杂交得到。这两种类型的杂交葵花种子每年必须由种植者收获，以完成次年的种植接代。

高品质杂交葵花种子的获得不但与其亲本植株的优劣有关，还取决于栽培地域与其他葵花种植区（也包括野生生长的葵花）间的隔离程度。考虑到昆虫作为授粉媒介，以及花粉的生存能力较强，使得不可能建立完全的隔离条件，然而，研究者们已经提出了建议对此进行修改。

作物自然发生的遗传变异是很少见的。为了获得具有特定脂肪酸组成的葵花品种，人们需要对其基因采取一定的额外处理。此种类型的葵花是通过培育新品种或植株的过程中得到的。油脂脂肪酸组成的改变可以通过诱变处理技术得以实现，利用化学诱变剂（如甲基磺酸乙酯）的诱导作用可以得到稳定的基因突变。在苏联，可以利用此种技术生产高油酸葵花籽。

14.4.1 饱和脂肪酸含量的改变

摄入饱和脂肪酸含量高的脂肪会增加患冠心病的风险。传统葵花籽油中的饱和脂肪酸的含量为11%～12%，这在植物油脂中是相对较低的。卡诺拉油含有7%的饱和脂肪酸，红花籽油中饱和脂肪酸的含量不超过10%，两者在食用油脂市场上是有利的竞争者。

1992年以来，美国葵花协会（NSA）赞助美国农业部（USDA）的研究者们开展了有关葵花的培育项目，以降低葵花籽油中饱和脂肪酸的含量水平。研究者们发现，以1950年左右取样于埃及的葵花种子作为亲本植株进行连续选择，就可以得到低棕榈酸和硬脂酸的葵花胚质。一些私人企业也在对此进行研究以获得低饱和脂肪酸（6%或更低）的杂交葵花品种。先锋良种国际公司的栽培研究人员已经可以将商业化葵花籽中的硬脂酸含量降低到1.5%。SVO公司和Triumph种子公司寻找到了一种试验植株，可以减少高油酸葵花籽油中饱和脂肪酸的含量[33,34]。

为了发掘植物油脂新的工业用途，也会采取措施来增加其饱和脂肪酸的含量水平。三种高硬脂酸葵花突变品种已经完成生化鉴定[35]，其种子脂肪中硬脂酸的含量分别高达28%、15%和14%。这样可以使得油脂在不经过氢化处理的情况下增加其固体脂肪含量，虽然这从营养的角度来说是对健康不利的。

14.4.2 高油酸葵花

葵花籽油中亚油酸的含量为66%～72%，饱和脂肪酸（棕榈酸和硬脂酸）为12%，油酸为16%～20%，α-亚麻酸的含量不到1%。人体中低密度脂蛋白胆固醇含量的增加，以及高密度脂蛋白胆固醇含量的降低被认为是冠心病产生的诱因之一。摄入大量富含饱和脂肪酸的食物会增加血液中总胆固醇及低密度脂蛋白的含量水平。传统的高亚油酸葵花籽油一直被认为是有益健康的，这是因为它含有的多不饱和脂肪酸的含量高，而饱和脂肪酸的含量则相对较低。

在日常饮食中，以多不饱和脂肪酸取代饱和脂肪酸，可使人体中总胆固醇和低密度脂蛋白的含量有所降低。也有研究表明，大量摄入多不饱和脂肪酸也会降低高密度脂蛋白的含量水平。一些学者通过模拟非现实的高多不饱和脂肪酸饮食摄入模型（多不饱和脂肪酸/单不饱和脂肪酸 >3）证实了这一点。其他学者也发现，在实际的多不饱和脂肪酸含量的膳食中，高密度脂蛋白含量的降低值在统计学上并不显著。单不饱和脂肪酸摄入量的增加，也会导致总胆固醇和低密度脂蛋白胆固醇的减少，而高密度脂蛋白胆固醇的含量并没有减少。由于油酸比亚油酸的抗氧化能力好，所以相比多不饱和脂肪酸，单不饱和脂肪酸的摄取就显得更有优势。含有过氧化脂质的食品可能会引起某些疾病的发生，建议消费者不要食用。综上所述，研究者们一直试图利用基因改良技术以培育出高油酸葵花籽油的新品种。

从代谢的角度出发，单不饱和脂肪酸比多不饱和脂肪酸更重要的这种观点也存在争议。争论的焦点在于 $n-3$ 多不饱和脂肪酸与 $n-6$ 多不饱和脂肪酸之间的区别。根据这两种脂肪酸的竞争代谢原则，建议增加摄入 $n-3$ 脂肪酸时，就应当相应地减少 $n-6$ 脂肪酸的摄入。亚油酸是 $n-6$ 多不饱和脂肪酸的合成前体，当减少亚油酸的摄入量时，有利于提高 $n-3$ 多不饱和脂肪酸与 $n-6$ 多不饱和脂肪酸的比例。与此同时，亚油酸又是一种人体必需脂肪酸。

高油酸葵花籽油中多不饱和脂肪酸的含量非常低，可以很好地满足油脂加工要求，但它并不符合营养学家建议的 $n-6$ 多不饱和脂肪酸与 $n-3$ 多不饱和脂肪酸的比例应在 5~10 之间这一要求。此外，食用高油酸葵花籽油也不意味着就像营养学家推荐的那样增加了$n-3$多不饱和脂肪酸的摄入，因为在所有品种的葵花籽油中亚麻酸的含量都非常低。

在俄罗斯，K. I. Soldatov 使用化学诱变剂硫酸二甲酯处理普通葵花种子，得到了高油酸含量的葵花品种。通过选育工程可以获得大量的葵花植株，其种子中油酸的含量高达 80%~90%。同样也是在俄罗斯，L. N. Kharachenko 研究了标准 Peredovik 和 Pervenets 的后代，它们都是由母本植株经过化学诱变得来的。研究发现，高油酸 Pervenets 品种葵花籽基因型的改变会导致其降解酶系统受到不可逆的阻碍抑制。G. N. Fick 对种植在美国、阿根廷、智利种植园区的 Pervenets 品种的葵花种子进行了培育，并将显性基因嵌入至杂交品种当中，使其更加适合商业化生产。1984 年，高油酸葵花籽在美国第一次实现了商业化种植[36,37]。

Lubrizol 公司取得了美国专利，该项专利授予给了 Sigco 和发明者 Gerhardt N. Fick。专利的内容涉及一种高油酸葵花籽和葵花籽油（油酸含量高达 80%，甚至更高，且亚油酸与油酸的比例低于 0.09）的培育方法。高油酸葵花籽的专利（美国专利号 4627192）于 1986

年10月9日获得，高油酸葵花籽油的专利（美国专利号4743402）于1988年5月10日获得。由Agrigenetics公司下属的SVO公司（同时也是Lubrizol公司的一部分）生产出的高油酸葵花籽油，命名为Trisun，已经在美国上市[33,34,38]。

在澳大利亚市场上出售的高油酸葵花籽油，名为Sunola，是Meadow Lea Foods公司的注册商标。这个品种的葵花种子是由澳大利亚农民通过传统的选育技术培育出来的。第一个Sunola植株是在澳大利亚昆士兰州培育出来的。Sunola葵花籽油的脂肪酸组成为85%的单不饱和脂肪酸、8%的多不饱和脂肪酸以及7%的饱和脂肪酸。从第一阶段成熟的Sunola葵花籽中提取出的油脂，其脂肪酸组成与传统的葵花籽相似。只有当油脂的合成阶段真正开始时，即开花期后的第三周，油酸的含量才开始明显地增加，亚油酸含量也迅速降低[39]。

位于加拿大中南部萨斯喀彻温省萨斯卡通市的加拿大农业研究中心提出了葵花籽油改性的另一种方法。此方法是通过研究两个不同类型的矮小早熟Sunola葵花品种而得出的，这些Sunola葵花是Western Grower种子公司商业化生产并进一步改善的Sunola品种。这些类型中的其中一种就是在1993年首次商业化生产的高亚油酸Sunola葵花。这个杂交葵花品种尤其适合加拿大西部地区的农民种植，因为葵花的生长期较短，先前这个地区并不种植。由于生长区域较为寒冷，使得这种葵花籽油中亚油酸的含量为72%~74%。其油酸含量为14%，饱和脂肪酸含量为12%。另一个杂交品种是高油酸Sunola葵花，于1995年开始种植。其成熟期约为100d，即比大多数葵花的成熟期短3周左右。其脂肪酸组成为87%油酸、5%亚油酸以及7%~8%饱和脂肪酸。此品种的葵花种子要比普通葵花的略小，外壳也略轻，上面覆盖有窄的条纹[33,34,40]。

由于这两种Sunola葵花品种都很特别，所以必须足够小心以防止传统葵花或卡诺拉的污染。然而，这种情况非常少见，因为Sunola种植在美国的北部地区，在那里传统葵花是不生长的，而加拿大的南部地区炎热干燥，不适于卡诺拉的种植与生长。

值得注意的是，Sunola作为改性葵花籽油的名称，在澳大利亚代表高油酸葵花籽油。然而在加拿大，它则是两种不同脂肪酸组成的葵花籽油的注册商标：一种是亚油酸含量比传统葵花籽油高的葵花籽油；另一种则是高油酸葵花籽油。对此应特别加以区分防止混淆。加拿大Western Grower种子公司已经培育出了高油酸Sunola植株，准备将其引入化妆品市场，其中一种的油酸含量高达88%。

Purdy[37]报道了Pervenets高油酸葵花籽油的脂肪酸组成和其它一些相关指标的分析结果，这些品种分别种植于美国的三个不同地区。种子的含油率在43.3%~47.9%（干基）之间，壳占种子总重的24%~33%。高油酸葵花籽油的脂肪酸组成见表14.7[37,41~43]。

表 14.7 高油酸葵花籽油[37,41,43]脂肪酸组成 单位：%

脂肪酸	Vermeersch[41]	Krawczyk[43]	Purdy[37]
16：0	3	6.7	2.7～4.2
18：0	5		3.4～5.0
18：1	83	80.0	80.5～86.7
18：2	9	12.0	4.0～8.5

依据植物油脂法典标准的修正草案（Alinorm 01/17），表 14.8 给出了高油酸葵花籽毛油的物理和化学性质参数。由高油酸 Pervenets 葵花品种提取得到的精炼油脂，其活性氧值为 51～56h，而传统品种的活性氧值只有 13h[37]。在另一研究中，Purdy[36]分别从高油酸 Pervenets 品种和高亚油酸葵花籽中提取油脂，其饱和脂肪酸的含量变化很小（8%～11%），主要的区别在于油酸与亚油酸的比例。表 14.9 所示为精炼葵花籽油的活性氧值。数据表明，随着油酸含量的增加，这些油脂的氧化稳定性显著增强。表 14.10 所示为高油酸葵花籽油（由 Pervenets 得来）和传统葵花籽油的甘油三酯组成，其中两种油的 *sn*－2位上几乎不含有饱和脂肪酸[25]。

表 14.8 高油酸葵花籽毛油的物理化学性质（食品法典委员会 Alinorm 01/17）

相对密度（25℃水/20℃）	0.909～0.915	碘值/（g I/100g）	78～90
折射系数（n_D 25℃）	1.467～1.471	不皂化物/（g/kg）	<15
皂化值/（mg KOH/g 油）	182～194		

表 14.9 不同油酸含量的精炼葵花籽油的活性氧值[36]

油酸含量	活性氧/h	油酸含量	活性氧/h
26%（常规）	11	83%（高油酸）	60
51%（常规）	18	89%（高油酸）	100
79%（高油酸）	38		

表 14.10 高油酸葵花籽油和传统葵花籽油的甘油三酯组成[25] 单位：%

	传统葵花籽油	高油酸葵花籽油
脂肪酸		
16：0	6.8	5.3
18：0	5.0	3.8
18：1	31.4	88.3

续表

	传统葵花籽油	高油酸葵花籽油
18 : 2	55.4	1.4
甘油三酯		
sn－1＋sn－3		
16 : 0	9.2	5.1
18 : 0	6.1	5.8
18 : 1	34.0	87.4
18 : 2	50.7	1.6
sn－2		
16 : 0	0.5	0.3
18 : 0	0.4	
18 : 1	34.7	98.6
18 : 2	64.2	1.1

表 14.11　高油酸葵花籽油和橄榄油中主要的甘油三酯组成[44]　单位：%

主要甘油三酯	橄榄油	高油酸葵花籽油
POO	30.5	12.1
OOO	49.9	65.1
OLL	0.3	3.1

注：O—油酸，P—棕榈酸，L—亚油酸。

尽管在高油酸葵花籽油和橄榄油中油酸的含量较高，但在橄榄油中饱和脂肪酸的含量要比高油酸葵花籽油中的稍高一些。它们的单不饱和脂肪酸的含量相似，但甘油三酯的组成却不相同（表 14.11）。在这两种油脂中，甘油三酯 OOO（O 代表油酸）是主要的类型，但高油酸葵花籽油中的 OOO 比橄榄油稍高一些，相反，橄榄油中甘油三酯 POO（P 代表棕榈酸）的含量较高。在高油酸葵花籽油和橄榄油中，油酸占据在 sn－2 位上，而其他位置上脂肪酸的分布则有所不同。另外，高油酸葵花籽油在 sn－2 位上分布着更多的亚油酸，而橄榄油在 sn－2 位上 α－亚麻酸的含量较高[44]。

高油酸葵花籽油和橄榄油间另一个主要的区别是，橄榄油有着一种截然不同的风味，使得它与高油酸葵花籽油及其他油脂之间呈现显著的不同。新鲜榨取的橄榄油被认为是最好的油脂，深受许多美食家的偏爱。

高油酸葵花籽油和橄榄油在脂肪酸组成上是相似的，由于价格上的差异，使得橄榄油掺假和欺诈事件时有发生。通过传统的分析方法很难检测出橄榄油中是否存在高油酸葵花籽油的掺假行为。但是，可以通过对二者的甾醇组成来加以区分。

高油酸葵花籽油和橄榄油的甾醇组成见表 14.12。很明显，高油酸葵花籽油中 β －谷甾醇的含量最高，达 42% ~70%，其次为 Δ^{7} －豆甾醇为 6.5% ~24%，菜油甾醇为 5% ~13%，豆甾醇为 4.5% ~13%。尽管这两种油脂的甾醇组成存在差别，但这种差别较小，不能够运用简单的分析方法加以区分。

表 14.12 高油酸葵花籽油和橄榄油的甾醇组成（依据食品法典委员会 Alinorm 01/17）[20]

甾醇组成	高油酸葵花籽油	橄榄油
菜油甾醇/%	5.0 ~ 13.0	≤4.0
豆甾醇/%	4.5 ~ 13.0	<4.0
β －谷甾醇/%	42.0 ~ 70	≥75.0
Δ^{5} －燕麦甾醇/%	1.5 ~ 6.9	4 ~ 14
Δ^{7} －豆甾醇/%	6.5 ~ 24.0	≤0.5
其他/%		
Δ^{7} －燕麦甾醇/%	ND ~ 9.0	
总甾醇/（mg/kg）	1700 ~ 5200	

注：ND 代表未检出。表中数据为占总甾醇含量的百分比。

还有一些研究者对橄榄油的掺伪进行了研究。运用不同的分析方法可以对橄榄油中掺入的传统葵花籽油或高油酸葵花籽油进行鉴定。葵花籽油掺入的最低检测限取决于所使用的分析方法。例如，通过测定甾醇组分的差异，添加传统葵花籽油或高油酸葵花籽油达到 0.7% 即可检出，而通过测定脂肪酸的差异，添加量低于 20% 则无法检出[45]。

高油酸葵花籽油因其特殊的脂肪酸组成和清淡的风味，已经广泛用作色拉油和烹调油。高含量的油酸可以使其在煎炸过程中保持较好的氧化稳定性。另外，它无须通过部分氢化处理来增加货架期，这就使其的营养价值有所提升。氢化过程中产生的反式脂肪酸会像饱和脂肪酸一样对血浆脂蛋白产生不利的影响，同时，它也会造成低密度脂蛋白含量的增加，以及高密度脂蛋白含量的减少[44]。

高油酸葵花籽油可以涂抹在谷类食品、咸饼干以及曲奇饼干上，以保持新鲜度和脆性。它也可以用于非乳奶精、点心及冷冻甜点的制作当中。油酸的特殊性质使得高油酸葵花籽油可以作为化妆品的配方组分。国际植物科技有限公司培育的 Florasun －90 葵花籽油的活性氧值大于 90h，相比之下，高油酸菜籽油的活性氧值小于 40h，而芝麻油的活性氧值大约为 20h。研究表明，高油酸葵花籽油对皮肤不刺激也不敏感，可用于生产防晒用品和天然油脂含量较高的化妆品，如浴油、按摩油、护肤品、唇膏和化妆品乳霜的基质油脂[33,34]。

目前，高油酸葵花籽油已经可以用于生产柴油机和汽油机的润滑油。名为 Helianthe 的产品由法国的 Tecnol Society 公司商业化生产并出售。此产品含有70% ~80% 的高油酸葵花籽油和 20% ~30% 的添加剂。Helianthe 是 5W40 型配方的润滑油，在点火时具有较高的黏度指数和流动性[41]。

14.4.3 中油酸葵花

高油酸葵花籽油中油酸含量为 80% 或更高，它的生产已经申请专利。然而，专利的持有者同意将培育的种子原料用于开发中油酸含量的葵花种子。1995 年 7 月，美国葵花协会（NSA）决定在提高葵花种子油酸含量方面开辟新的发展方向，即开发中油酸含量的葵花，其油酸含量为 65%，饱和脂肪酸含量不超过 10%，剩余的亚油酸也应在组分含量上保持平衡。研究表明，此类型的葵花籽油可以在煎炸过程中发挥较好的功能性。

培育中油酸葵花需要至少一个油酸亲本植株。位于北达科他州法戈市的美国农业部北方作物科学实验室已经向私人公司提供了中油酸葵花的杂交种子。它是用传统的杂交方法培育得到的，在此过程中并没有使用转基因的杂交葵花品种。中油酸葵花的基因表达可以通过部分显性基因和一个或多个经过微小修饰的显性基因来控制[46,47]。

在这个高油酸葵花籽油和传统高亚油酸葵花普遍盛行的市场上，以“NuSun”命名的葵花籽油似乎比较具有竞争力，而且这个商标已经被美国葵花协会注册。因此，一些种子公司或是其他公司若要在他们的产品中使用“NuSun”这个名字，必须取得美国葵花协会的授权认可。“NuSun”含有的饱和脂肪酸低于 10%，单不饱和脂肪酸为 50% ~75%，多不饱和脂肪酸为 30% ~32%，还有不到 1% 的亚麻酸[46]。

1999 年，“NuSun”首次实现了商业化生产。2000 年，宝洁公司在北美、欧洲部分地区和亚洲使用“NuSun”来生产品客薯片，发现与其他类型的油脂相比，极性化合物的形成速率很低，这是延长产品货架期的一个重要因素[46,48]。

图 14.12 所示为传统葵花籽油、中油酸葵花籽油和高油酸葵花籽油的脂肪酸组成，这些数据是根据植物油脂法典标准修正草案（油脂法典委员会第十八次会议报告，伦敦，2003）得到的。表 14.13 列出了中油酸葵花籽油的主要甘油三酯组成，并与传统的葵花籽油进行了比较[49]。显然，这两种油脂中不饱和甘油三酯的组成是不同的：中油酸葵花籽油含有更多的 OOO，传统葵花籽油中 LLL 和 LLO 的含量更为丰富，两者占总量的 60.3%。

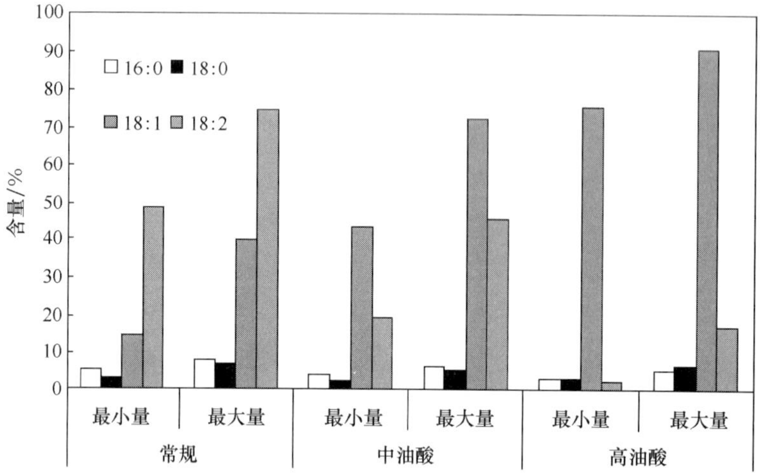

图 14.12 传统葵花籽油、中油酸葵花籽油和高油酸葵花籽油的脂肪酸组成

依据油脂委员会的植物油脂命名标准修正草案，2003 版

表 14.13 中油酸葵花籽油和传统葵花籽油的主要甘油三酯组成[49] 单位：%

主要甘油三酯	中油酸葵花籽油	传统葵花籽油
LLL	11.5	32.4
LLO	12.1	27.9
LLP	4.1	10.7
LOO	8.3	6.7
LLS	2.7	7.4
LOP	2.6	4.8
OOO	40.2	1.7
LOS	1.6	2.2
POO	5.7	0.6
SOO	5.4	0.4

注：L—亚油酸，O—油酸，P—棕榈酸，S—硬脂酸。

图 14.13 所示为中油酸葵花籽油中主要的甘油三酯组成情况[49]，并与根据随机分布原则计算所得的数据进行了比较。结果表明，甘油三酯中脂肪酸的分布并不符合随机分布模型，最大的区别在于主要甘油三酯类型如 OOL 和 OOO 的含量相差较大。相反，图 14.6 所示为传统葵花籽油甘油三酯的脂肪酸分布，与依据随机分布原则计算所得的数据相差并不大。表 14.14 所示为中油酸葵花籽毛油的物理化学性质，这些数据也是根据植物油脂法典标准的修正草案得到的（油脂法典委员会第 18 次会议的报

告，伦敦，2003）。

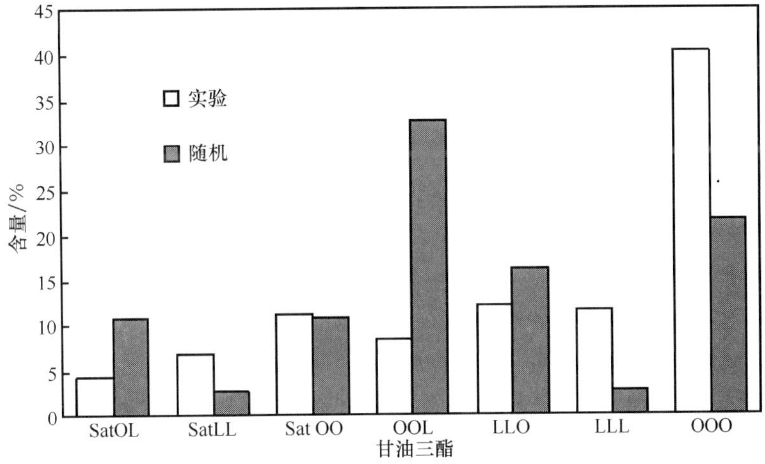

图 14.13 根据随机分布学说和实验测定所得的中油酸葵花籽油的甘油三酯组成[49]

Sat—饱和脂肪酸 O—油酸 L—亚油酸

表 14.14 中油酸葵花籽毛油的物理化学性质（根据植物油命名标准修正草案，2003）

相对密度（25℃水/20℃）	0.914～0.916	碘值/（g I/100g）	94～122
折射系数（n_D 25℃）	1.461～1.471	不皂化物/（g/kg）	<15
皂化值/（mg KOH/g 油）	190～191		

表 14.15 所示为中油酸葵花籽油的甾醇组成，这些数据也是根据植物油脂法典标准修正草案（油脂法典委员会第 18 次会议的报告，伦敦，2003）得到的。显而易见，β－谷甾醇的含量最高，为 56%～58%，其次是菜油甾醇为 9.1%～9.6%，豆甾醇为 9.0%～9.3%。在传统葵花籽油、中油酸葵花籽油和高油酸葵花籽油中，β－谷甾醇都是甾醇的主要组成成分。

表 14.15 中油酸葵花籽油和橄榄油的甾醇组成（依据植物油命名标准修正草案，2003）[20]

甾醇组成	中油酸葵花籽油/%	甾醇组成	中油酸葵花籽油/%
菜油甾醇	9.1～9.6	Δ^7－豆甾醇	7.7～7.9
豆甾醇	9.0～9.3	Δ^7－燕麦甾醇	4.3～4.4
β－谷甾醇	56～58	其他/%	5.4～5.8
Δ^5－燕麦甾醇	4.8～5.3		

14.4.4 半矮秆葵花和矮秆葵花

对具有特殊性质的葵花品种进行研究，以利于减小植株个体大小以及增加其气候适应能力。矮小的葵花品种分为半矮秆葵花和矮秆葵花，分别高 1.20 ~ 1.50m 和 0.80 ~ 1.20m。最近，矮秆葵花品种得到了迅速发展，包括矮秆杂交葵花和矮秆自由授粉葵花品种。

杂交的葵花品种有两类，其名分别为 Sunola 和 Sunwheat，它们是在加拿大由研究人员培育得到的，以用于解决由传统杂交品种引起的管理问题（传统杂交品种的葵花需要特殊的机械进行收获，且只能种植于萨斯喀彻温省东南部长地区）。这些新的杂交葵花品种比传统葵花矮 25% ~35%（既而得名为微秆或矮秆葵花），因此可以使用与收获谷类或卡诺拉相同的机械对其进行收获。此外，此种葵花成熟较早，使得生长周期较短，这也给种植者提供了多样化的耕种选择。

Sunola 是由位于萨斯卡通市的加拿大农业研究中心研究开发出的小型葵花品种，萨斯卡通市是唯一不能种植传统葵花的地区。Sunola 是自由授粉葵花品种经过持续筛选而得到的葵花品种。Sunola 植株高 60 ~ 90cm，花盘直径为 8 ~ 13cm。成熟期为 99 ~ 103d，比大多数葵花品种短 3 周左右。Sunola 含油率高，与品质最好的杂交葵花品种的含油率相似，而其亚油酸含量比其他任何一种商业化葵花的都要高，达 72% ~74%。

Sunwheat 是矮秆杂交品种的葵花，其叶子和花盘的大小与其他杂交品种相似，但植株稍矮一些，约 96 ~ 120cm。成熟期为 100 ~ 110d，含油率比 Sunola 稍低。Sunwheat 适宜种植在贫瘠的地区，且对酷热具有很强的抵抗能力。

14.5 葵花籽油的提取与加工

葵花籽油的提取与加工过程和其他的油料种子类似。在此将重点讨论针对葵花籽油生产的具体操作及细节。通常，葵花籽经预榨，而后经溶剂浸出得到毛油。葵花籽毛油再经过传统的精炼工序而得到成品油。另外，冷榨葵花籽油被认为是目前一种新型的特级油脂，品质可以与初榨橄榄油相媲美。

14.5.1 葵花籽的预处理

图 14.14 所示为葵花籽预处理过程的常见步骤。收获后的葵花籽经清选、干燥、储藏、脱壳工序，以完成后续的压榨和精炼处理。根据加工厂的实际情况，葵花籽在脱壳前可通过破碎处理以减小籽粒大小和便于脱壳。得到的葵花籽仁可能会进行进一步破碎，随后经历两个调质阶段，即蒸坯和轧坯。热调质和蒸坯的目的是调节葵花籽仁的温度（一般

为 100℃）和相对湿度（一般 3% ~4.5%）。预处理的最后一步是将破碎、脱壳和调质后的葵花籽仁进行轧坯处理。由于这些步骤对大多数油料种子都是普遍适用的，因此，本章节只对葵花籽比较特殊的处理工序加以阐述，即干燥和脱壳。

14.5.1.1 葵花籽的干燥

葵花籽储存前，其水分含量必须降低至 8% ~9%，然而，不同研究者给出的数据略有不同，其值分别为 15%[50]、9% ~10%[51]、8.5%[52] 和 10.5%[5]。为了防止不利的气候条件引起水分损失，葵花籽通常要在推荐的储存水分之上进行收获。

当水分含量高于推荐值时，葵花籽就可能因为微生物的生长繁殖产生大面积的腐败现象。随着生物的呼吸作用引起局部的温度升高，真菌会大量生长并覆盖种子表面。这样的温度为嗜热微生物提供了理想的生长环境，它们的新陈代谢可能会导致温度的进一步提高。酶和霉菌的活动降低了油脂的质量和得率。

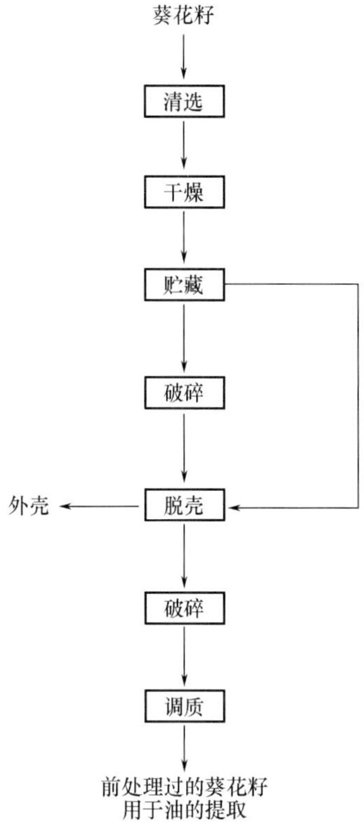

图 14.14 葵花籽的预处理过程

种子的水分含量通常以占全籽的质量百分比的形式表达。因为水与种子中的油脂组分不能互溶，它只分布在种子的非脂肪区域。我们将脱脂后种籽的水分含量定义为临界水分湿度。葵花籽的临界水分含量为 16%，虽然其推荐的最大储存水分含量 15%。

随着葵花籽油脂含量的上升，葵花籽中非脂类物质的含量有所下降。这使得葵花籽的临界水分含量与其脂肪含量呈现出负相关性，如表 14.16 所示（基于 Muller 的数据得出）[50]。当临界水分含量高于 15% 时，葵花种籽的呼吸速率就会增加。种子的呼吸作用是一个放热过程，它伴随着有机物的转移，同时也为其自燃创造了可能。

表 14.16 不同油脂含量和水分含量的葵花籽的临界水分[50]

油脂/%	非脂成分/%	水分/%	临界水分/%
35	65	9.75	15
40	60	9.00	15
45	55	8.25	15
48	52	7.80	15

种子的干燥可以在室温下进行，这个过程不需要辅助设备，也可以使用热风干燥机来进行干燥处理。干燥的第一步是除去新鲜葵花籽外部的水分。内部的水分则向外扩散，并在葵花籽表面蒸发。经过一定时间后，葵花籽达到了吸湿平衡状态，在此状态下其湿度保持恒定。此吸湿平衡状态是由环境的温度和相对湿度决定的。图 14.15 所示为三个不同温度下（10℃，25℃和 40℃）葵花籽的平衡水分含量（依据 Mazza 和 Jayas 的数据得出）[51]。

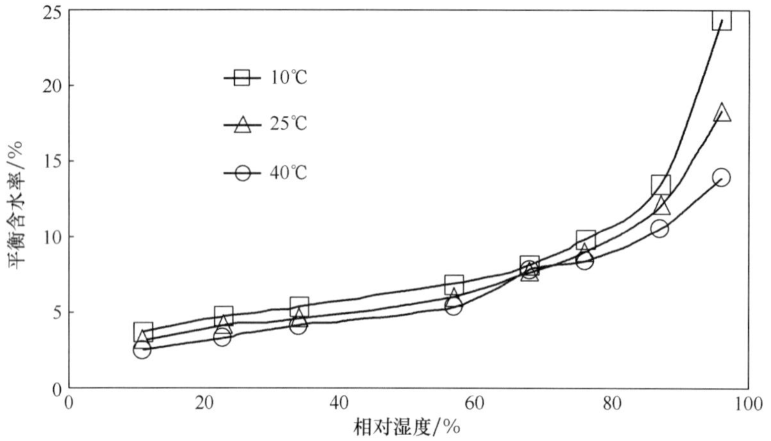

图 14.15 不同温度下带壳葵花籽的平衡水分含量[51]

葵花籽的平衡水分含量随脱壳处理而改变。将带壳葵花籽、葵花籽壳和葵花籽仁的平衡水分对 25℃时环境的相对湿度进行函数拟合（图 14.16）。所有葵花籽的最初水分含量皆为 5%（干基）。那些贮存在相对湿度低于 33% 环境下的样品靠解吸作用达到平衡，而那些储存在相对湿度高于 33% 环境下的样品靠吸湿作用达到平衡。

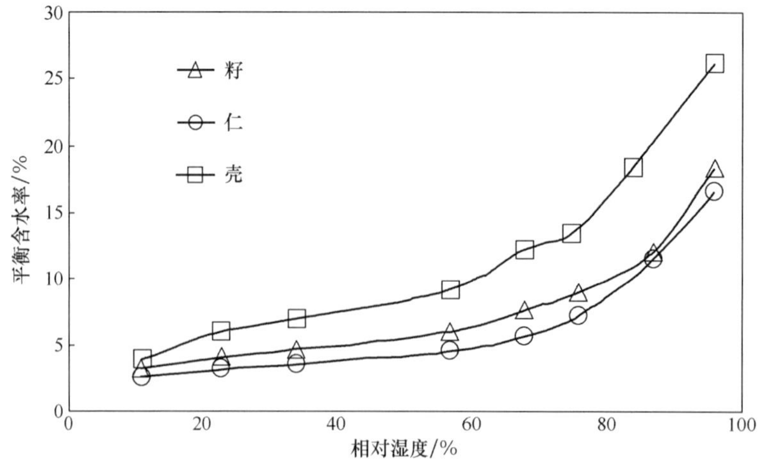

图 14.16 25℃条件下带壳葵花籽、葵花籽壳和葵花籽仁的平衡水分含量[51]

14.5.1.2 葵花籽的去壳

葵花籽含壳率大约为30%，因此加工前必须对其进行脱壳处理。葵花籽壳中蜡质含量较高，这也是必须对其进行脱壳处理的主要原因，否则这些蜡质组分会在油脂提取过程中转移至葵花籽油中。未脱壳制取的葵花籽油中的蜡质含量大约是脱壳制取的葵花籽油的5倍。然而，有一小部分的壳（大约15%）会特意保留在葵花籽仁中，以利于后续溶剂浸出时过滤操作的进行。为了使葵花籽壳更易于破碎和去除，通常将葵花籽的含水量降至8%以下。

葵花籽基因改良的主要目的是为了提高葵花籽的含油率和减少含壳率。改良葵花籽品种的壳更薄且与果仁贴得更为紧密。改良品种葵花籽的“脱壳能力”（葵花籽壳被破碎和去除的容易程度）要低于具有更厚外壳的未改良品种的籽粒。

脱壳是指利用机器去除葵花籽种皮（外壳）的过程。最常用的方法是在离心力的作用下使葵花籽高速旋出并与硬的机械表面相撞，使外壳破裂。这样松散的外壳就会从部分脱壳的葵花籽仁上脱离下来。除葵花籽的大小和形状之外，水分含量是其脱壳过程中最重要的参数。水分含量的降低有利于脱壳，对于油脂含量更高的杂交葵花品种这种效果更加明显。然而，水分含量的降低也会使脱壳时葵花籽的粉末度增加。所以，需要从提高脱壳能力和降低物料粉末度两个方面来确定最佳的水分含量。

14.5.2 葵花籽油的提取

在生产过程中，通常使用部分脱壳的葵花籽（水分含量约为8%，含壳率约为10%）进行取油。这一过程涉及机械压榨和己烷浸出两个步骤。图14.17所示为相关的单元操作流程。

葵花籽油的制取主要有两步：第一步是利用螺旋榨油机进行压榨处理。压榨后得到含油率为15%~20%的坯片。而后对其进行溶剂浸出（通常使用己烷）。之后，再对混合油和浸出粕进行脱溶处理。压榨油的品质要高于溶剂浸出油。然而，在油脂储存前，需要将两者进行混合。油脂加工厂有时也会将压榨葵花籽油进行单独出售，以提高其价值。葵花籽浸出得到的粕也可以作为副产品进行销售。

14.5.3 毛油的处理

图14.18所示为葵花籽油化学精炼和物理精炼（水蒸气蒸馏）的基本流程。传统的油脂精炼包括脱胶、碱炼、脱色、脱蜡和脱臭。葵花籽油碱炼后对其进行预脱蜡处理可以使其中的蜡质含量降低至100~150mg/kg，剩余的蜡质组分将在脱色后的冬化过程中除去。物理精炼则包括下列步骤：脱胶、脱色、脱蜡和脱臭。同样，在物理精炼中，将预脱蜡和脱胶过程相结合可以使后续脱蜡过程更为简单，同时也降低了生产成本。

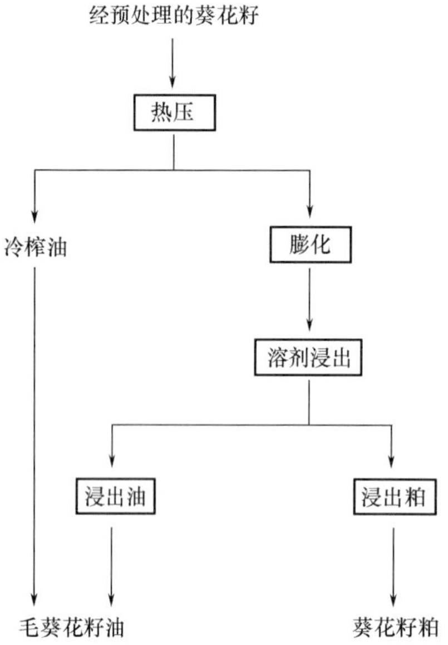

图 14.17 葵花籽毛油的工艺流程图

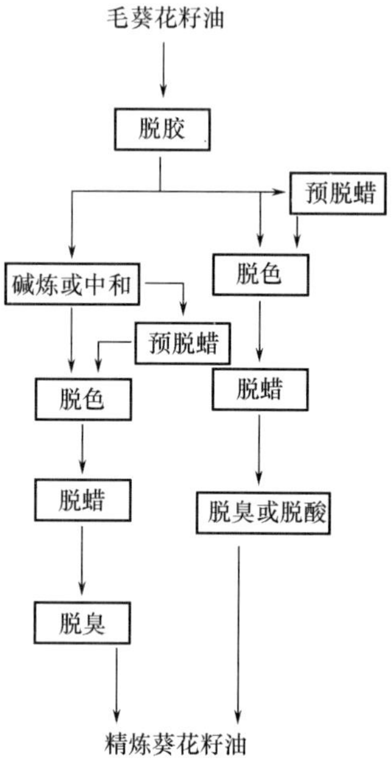

图 14.18 葵花籽毛油的精炼流程图

葵花籽油含有适量的胡萝卜素和叶黄素，但不含叶绿素。 用少于 1% 的活性白土就可以容易对其进行脱色处理。 在物理精炼过程中，脱色不仅能够除去色素类物质，还能除去磷脂和微量金属。 葵花籽毛油的精炼方法和其他油料一样。 在此，脱胶和脱蜡两个过程值得进行详细的阐述。 有关葵花籽油物理精炼的相关内容也一并进行阐述。

14.5.3.1 脱胶

葵花籽油中的主要磷脂组分包括磷脂酰胆碱（PC）、磷脂酰乙醇胺（PE）、磷脂酰肌醇（PI）和磷脂酸（PA）。 溶剂浸出法得到葵花籽油中磷脂的含量要高于压榨法得到的葵花籽油。 冷榨葵花籽油几乎不含任何磷脂组分。 葵花籽油中的大多数磷脂都是水化磷脂，可以通过水法脱胶的方法除去。 图 14.19 对比了三种葵花籽油的磷脂含量，它们分别是压榨葵花籽毛油、溶剂浸出葵花籽毛油和脱胶的葵花籽油。

非水化磷脂（多数为磷脂酸和溶血磷脂酸的镁盐、钙盐、甘油磷酸和无机磷酸盐）在水化脱胶后仍然存在于葵花籽油中。 因为磷脂酰胆碱是几乎完全水化的，而磷脂酸与钙、镁络合后为非水化的，且磷脂酰胆碱和磷脂酰肌醇的水化速率要明显快于磷脂酰乙醇胺和磷脂酸，所以脱胶葵花籽油可能含有比毛油更高的磷脂酸含量，但其他磷脂的含量要低于毛油（尤其是磷脂酰胆碱）。 图 14.20 所示为压榨油、溶剂浸出油和脱胶油中各种磷脂的含量范围[53]。 为了使水化脱胶的效果更好，可以在油中添加磷酸或柠檬酸以增强非水化

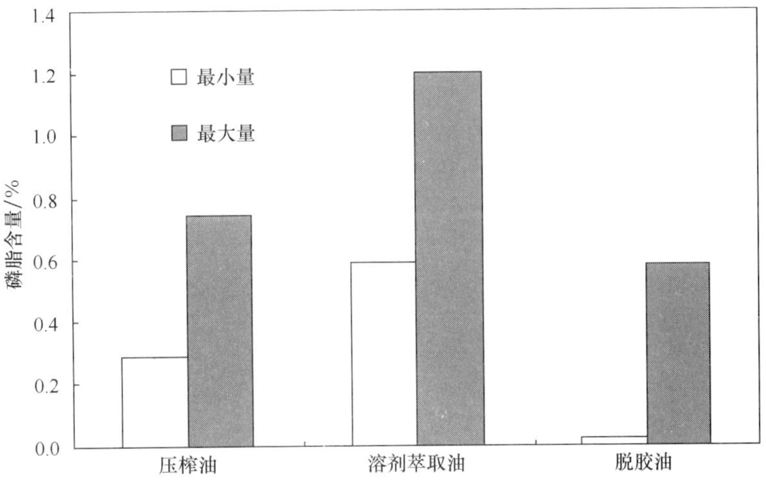

图 14.19 三种葵花籽毛油中磷脂含量（最大值与最小值）的比较，分别为压榨毛油、溶剂浸出毛油和脱胶葵花籽油[53]

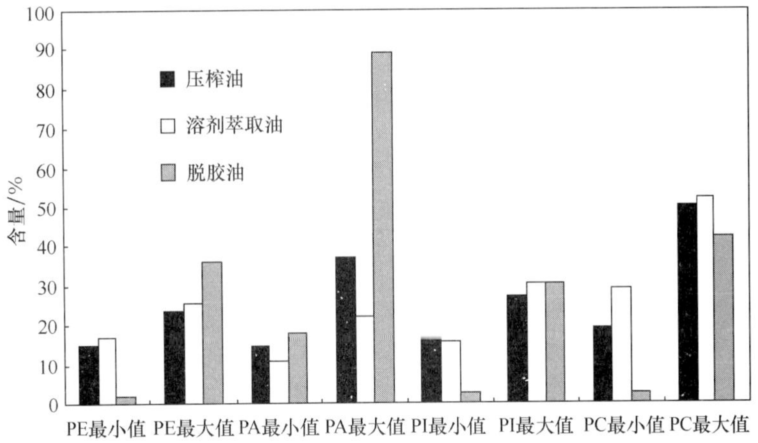

图 14.20 三种葵花籽毛油中各种磷脂的含量范围[53]

磷脂的水合性。非水化磷脂可以在特殊的生化反应中通过酶处理除去，比如酶催化的磷酸分子的水解反应。

Smiles 等[55]对六种毛油脱胶试剂进行了研究，它们分别是水、柠檬酸、磷酸、草酸、醋酸酐和顺丁烯二酸。从磷脂的脱除效果上来说，所有试剂的脱除效果均要明显地优于水。顺丁烯二酸和草酸的脱除率分别为 95% 和 90%。然而，油脂中残留磷脂的组成并没有什么太大的变化。

Pan 等[56]对水法脱胶和酸法脱胶过程中的变量（温度、反应时间、脱胶试剂的种类和浓度、pH、钙和镁的含量）对葵花籽油脱胶（包括酸法脱胶和水化脱胶）效率的影响进行了研究。所有的脱胶试剂（磷酸、柠檬酸及按 50∶50 混合比例混合的两种溶液）浓度均为 2.5%。磷酸的最佳脱胶条件为：60～70℃，添加量为溶液的 10%；柠檬酸的最佳脱胶条件为 70℃，添加量为溶液的 10%；而两者混合后的最佳脱胶条件为 60℃，添加量为 8%。

14.5.3.2 脱蜡

冬化是指将油脂持续冷却以使高熔点组分（蜡和/或三酰甘油）结晶的过程。这些组分是食用油脂在低温甚至室温下出现混浊的原因。

葵花籽油的冬化通常也称为“脱蜡”。近些年，技术的进步使一些高油量和高蜡含量的油料作物涌现出来。随着含油量的提高（高于 40%），种壳的硬度随之下降，壳中蜡的含量则有所提高。改良后的杂交葵花品种中蜡的含量为 3%～4%，而传统种子中蜡的含量仅为 1%。葵花籽中大约 83% 的蜡存在于种壳中，约 17% 存在于种衣中，另有微量存在于种仁中。

在葵花籽压榨或是浸出过程中，为了更好地提取其中的油脂，需要将一定量的种壳保留在葵花种籽当中。因此，相比与传统品种，改良葵花品种中的蜡质含量明显提高。根据葵花籽品种和精炼方法的不同，毛油中蜡的含量为 2000～3000mg/kg。

（1）精炼葵花籽油的低温稳定性　葵花籽油中的蜡是脂肪酸与醇形成的酯，它们的熔点约为 75℃，且在油中的溶解性很低，这就导致了温度降低时精炼油脂中会产生混浊。油脂的低温稳定性通常采用低温试验（AOCS Cc7－25 法）来测定。通过低温试验的油可以在 0℃条件下储存 5.5h 而无混浊现象产生。图 14.21 是葵花籽油中蜡质的溶解度随温度的变化曲线（数据参照 Bloch）[57]。在 0℃时蜡的溶解性是非常低的，温度升至 20℃后其溶解

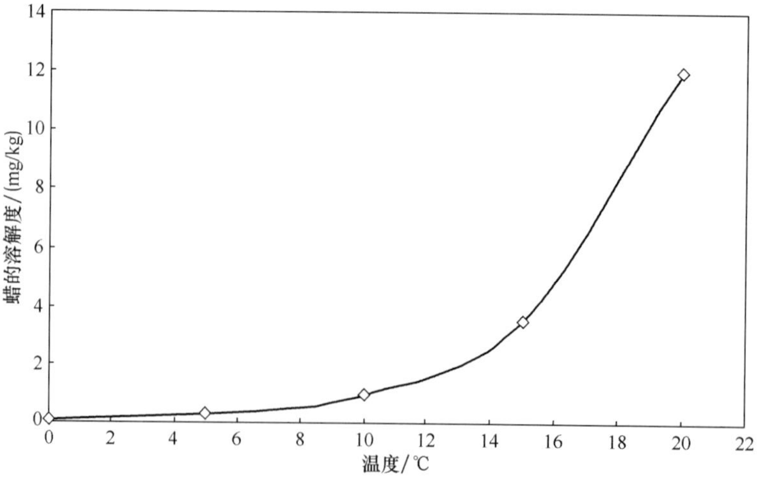

图 14.21 不同温度下葵花籽油中蜡的溶解度[57]

度为 12mg/kg。因此，将室温下保持澄清的葵花籽油放置于冰箱储存时，也可能会产生絮状物沉淀。

另外一个与其相关的问题就是即使精炼葵花籽油通过了冷冻试验，它也可能在长时间的储存条件下产生絮状沉淀。虽然这些沉淀物对油脂的营养和感官品质均不会造成影响，但消费者会因此感到油脂的不纯净，这也使得油脂生产企业避免使用透明的包装瓶来盛装葵花籽油。

其他一些因素也会影响葵花籽油混浊出现的时间。葵花籽油在0℃储存时，不同蜡质含量出现混浊的时间如图 14.22 所示。除了一份含 80mg/kg 蜡质的样品，所有的油样均通过了0℃低温、5.5h 的低温实验[58,59]。在一份含 6mg/kg 蜡的油样中，10d 后才出现混浊，这比低温试验中的时间要长得多。

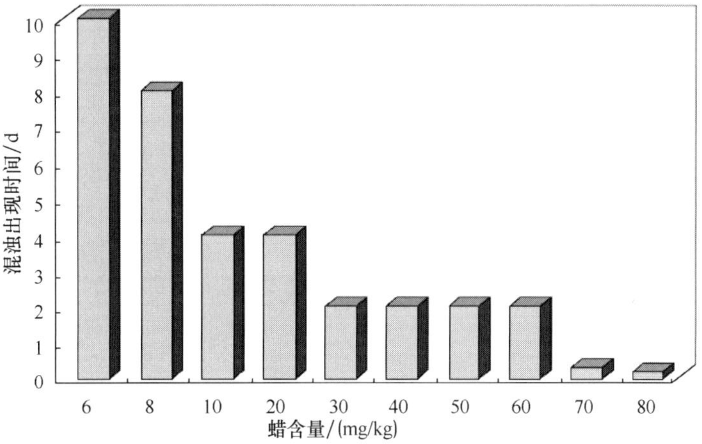

图 14.22 在0℃下不同蜡质含量的葵花籽油出现混浊的时间[58,59]

葵花籽油中混浊的出现是一个复杂的现象。对于给定蜡质含量的葵花籽油，混浊的出现与调温的温度有关。0℃以下混浊出现所需的时间和引起混浊的最低蜡质浓度均要在温度提高时加以考虑。然而，据报道，蜡质在13℃时结晶速率最高，即出现可以观察到的混浊所需的时间在此温度下最短[58,59]。考虑到上述困难，人们建立了几种分析方法来预测混浊的出现[60~62]或测定葵花籽油中的蜡质含量[53,63,64]。

(2)葵花籽油中蜡的含量和组成　葵花籽油中蜡的含量和组成均与取油方法有关。根据 Carelli 等[53]的研究结果，从同种子粒中提取出的葵花籽油，在工厂由正己烷浸出法得到的毛油含蜡量为 1073mg/kg、由热榨法得到的毛油含蜡量为 947mg/kg，而在实验室用冷榨法得到的毛油含蜡量为 771mg/kg。即，正己烷浸出法得到的油含蜡量最高，热榨法所得油比冷榨法所得油的含蜡量高。

图 14.23 所示为上述三种毛油中各种蜡质组分的含量（以含碳数划分）。冷榨毛油中碳数少于 42 的蜡质组成含量较多，热榨毛油的情况与其类似。葵花籽油中蜡质组分的提取效果与温度有很大的关系，尤其是那些碳数少于 42 的蜡质组分。在合适的条件下，它们的提取率可能会达到 70%。但是，不管采用何种制油工艺（浸出或压榨），脱胶过程都不会导致蜡质含量的明显减少。简而言之，葵花籽油中蜡质的含量和组分与精炼方法有很大的关系，但是脱胶并不会对此造成太大的影响。

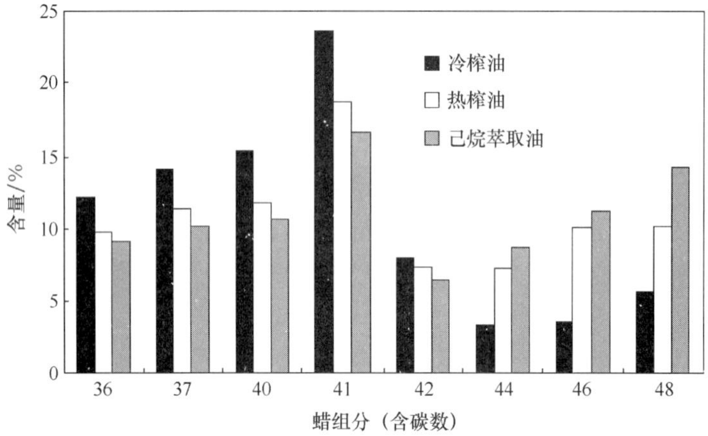

图 14.23 不同取油方式对葵花籽油中蜡质组分的影响[53]

Carlli 等[53]对葵花籽毛油（蜡质含量为 995mg/kg）和三种商品化的精炼食用油脂（蜡质含量为 366 ~ 624mg/kg）进行了研究，发现蜡质含量与精炼过程的条件有很高的相关性。毛油和其中一种精炼油脂中的蜡质组分如图 14.24 所示。精炼后，油脂中碳原子数为 40 和 41 的蜡质的残留量（稍高于碳数大于 42 的蜡质组分）比原油中要高，这表明高分子质

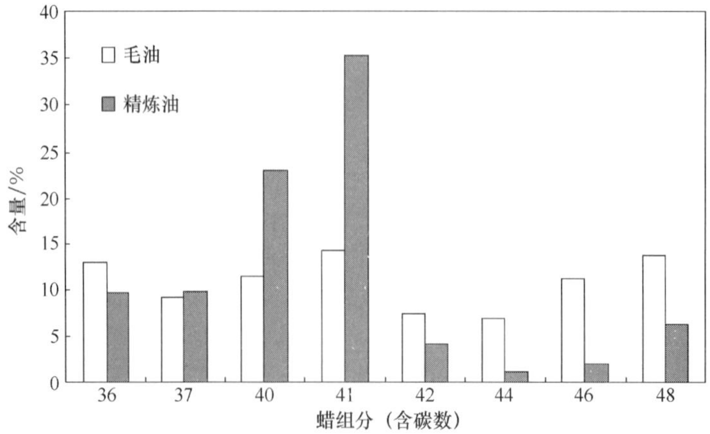

图 14.24 毛油和精炼油中的蜡质组分[53]

量的蜡质（熔点较高）在精炼过程中会较多地结晶，如在降温冷却过程中会产生蜡质的结晶。图14.25显示了葵花籽油脱蜡过程中蜡凝结物的组分（根据Carelli等的数据得出）[53]。与上述内容一致，高碳原子数的蜡质（碳原子数大于44）在含量上具有明显的优势。

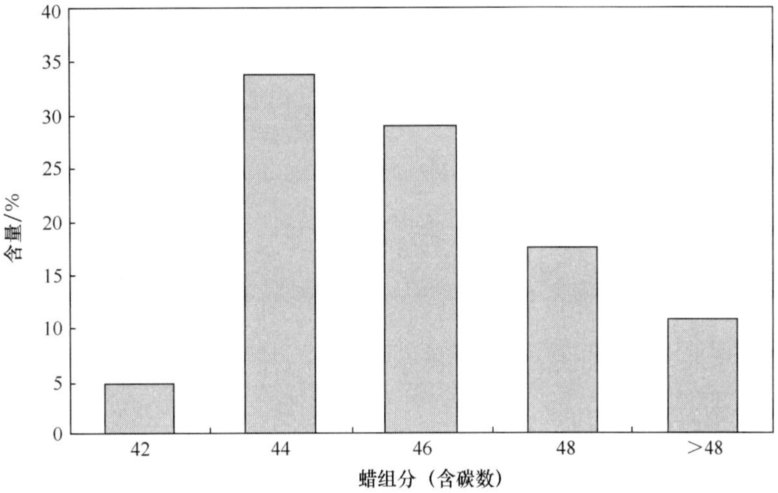

图14.25　葵花籽油脱蜡过程中蜡凝结物的组成成分[53]

由于油脂中残留的蜡质组分与从油脂中沉淀析出的蜡质组分会有明显的不同，所以必须对文献所报道的葵花籽的蜡质格外留意和关注。图14.26和图14.27比较了葵花籽蜡质中脂肪酸和脂肪醇的组成成分[53,65]。值得一提的是，Liu等[65]将葵花籽油在0℃储存一周让其充分结晶并分离出蜡质，其中高碳链酯的含量较高。Carelli等[53]从葵花籽毛油中定量提取出了所有的蜡质组分。

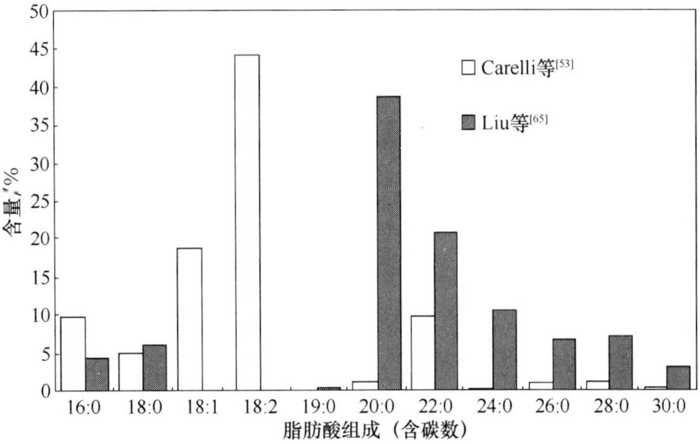

图14.26　葵花籽蜡质的脂肪酸组成[53,65]

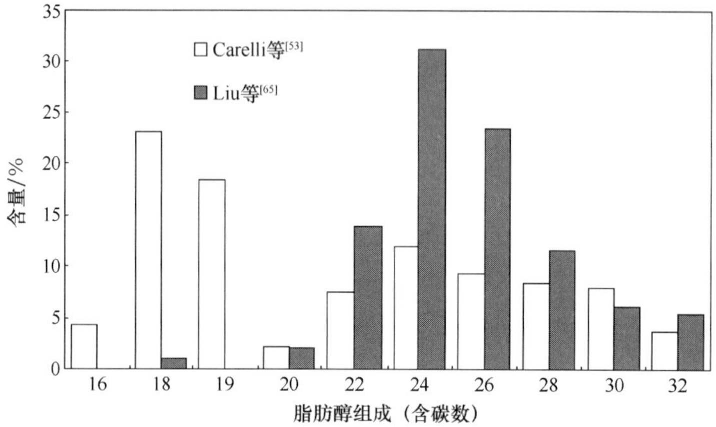

图 14.27 葵花籽蜡质的脂肪醇组成[53,65]

（3）葵花籽油的脱蜡　油脂的脱蜡有几种不同的方法，应用最广的是那些与精炼过程有关的方法。然而处理毛油时低温冷脱胶和超级脱胶则很少使用[57,66]。

生产能力较强的加工厂常常会采用低温碱炼的方式处理蜡质含量较高的葵花籽毛油。毛油在较低的温度下进行碱炼处理，蜡质和皂脚会一并去除。加工后所得的葵花籽油具有较好的品质，尽管在此过程中油脂的精炼损耗较大，尤其是对于那些游离脂肪酸含量超过1.5%的葵花籽毛油来说。

水法脱蜡是葵花籽油脱蜡方法中最新的一种。由于油脂中的磷脂胶杂会阻碍或延缓蜡质的结晶过程，所以应用此方法时脱蜡处理通常会安排在脱胶工序之后。高温碱炼低温水洗脱蜡已经逐渐取代了传统的脱蜡方法，葵花籽毛油经过高温碱炼，皂脚分离后，常常会在低温条件下（6～8℃）静置 8～10h，以使蜡质沉淀。有时也会加入少量的碱（NaOH）以利于沉淀，蜡质结晶成熟后，将油脂加热至 12～25℃并进行离心分离。最后，对冷却葵花籽油进行过滤处理以除去残留的蜡质组分。

在葵花籽油脱臭前后都要对其进行冷滤处理。将脱色或是脱臭油脂在 12～15℃条件下静置 12h，然后依靠过滤介质（珍珠岩或硅藻土）对其进行冷滤处理，以防止滤布堵塞。

14.5.3.3 物理精炼

物理精炼能否成功很大程度上取决于毛油的预处理程度。在物理精炼前，毛油中的磷脂必须完全地除去。非水化磷脂（主要是磷脂酸的钙镁盐以及溶血磷脂）的去除是葵花籽油采用物理精炼的一个难题。非水化磷脂可以通过添加酸来除去，通常使用的是磷酸、柠檬酸或是钙/镁离子螯合剂（用于防止不溶性盐产生沉淀）。对于某些油脂来说，在物理精炼前采用加酸处理以脱除其中的非水化磷脂是十分必要的。

油脂中非水化磷脂的含量因制油方法的不同而不同（表 14.17）。在精炼油脂和混合油脂中，非水化磷脂的含量较低[67]。葵花籽油中非水化磷脂的含量较低，且可以通过脱胶过程较好地去除。Dimic 等[67]提出了采用脱胶对葵花籽油进行预处理的简化方法。

表 14.17 葵花籽毛油中的总磷脂和非水化磷脂的含量[67]

项目	压榨油	浸出油	混合油
总磷脂/（g/100g 油）	0.24	1.32	0.70
非水化磷脂/（g/100g 油）	0.14	0.04	0.09
非水化磷脂 ×100/TP/%	59	3	13

在油脂的物理脱酸/脱臭过程中，部分不皂化物（如生育酚、甾醇和甾醇酯）、挥发性氧化产物及风味物质也会和游离脂肪酸一起被水蒸气蒸馏带出。理想情况下，油脂中的天然组分应该最大限度地保留在其中。当物理精炼温度低于 240℃时，大约有 85% 的生育酚都保留了下来。

葵花籽油加工产生的副产物取决于所采用的精炼方法（化学法/物理法）。化学精炼得到的“馏出物”可以作为生产生育酚和甾醇的原料。葵花籽油含有的生育酚 90% 以上为 α －生育酚，还有少量的 β －生育酚和 γ －生育酚。精炼产生的馏出物可以在维生素 E 的工业生产中发挥巨大的作用。因其具有降低心血管疾病患病风险的功效，人们也越来越认识到植物甾醇的重要价值。这就使得生育酚和甾醇作为食品添加剂的需求量有所增加。

物理精炼得到的馏出物因含有较多的游离脂肪酸，不适宜作为维生素 E 和甾醇的理想生产原料。化学精炼得到的馏出物中生育酚总量为 5% ~7%，而物理精炼馏出物中其含量仅为 1% ~2%[68]。

表 14.18 不同精炼阶段的葵花籽油中生育酚总含量[69]

精炼期	生育酚总含量/（mg/kg）	精炼期	生育酚总含量/（mg/kg）
毛油	823	脱蜡油	903
碱炼油	815	脱臭油	510
脱色油	843		

14.5.3.4 脱臭

葵花籽油的脱臭过程与其他植物油脂无明显区别。值得一提的是在此过程中葵花籽油中生育酚损失较多。葵花籽油中生育酚的平均含量适中（440 ~ 520mg/kg，依据 Codex-Stan 210—1999），而其中绝大多数为 α －生育酚。表 14.18 显示了葵花籽油脱臭过程中生育酚含量的减少情况。不过，生育酚会在脱臭馏出物中大量富集。

14.5.4 冷榨葵花籽油

目前市场上供应的初榨油脂并不局限于初榨橄榄油，也包括其他由冷榨法得到的油脂。相比于精炼油脂的感官品质，冷榨油因其优质的营养和风味得到消费者的好评。这些油脂没有经过化学处理，冷榨油由于“天然性”而备受青睐。在英国、德国、法国、意大利及瑞士，冷榨油的新市场正蓬勃兴起。初榨葵花籽油在加工和销售领域常常被冠以“冷榨油”或“一级冷榨油”的美名。

冷榨葵花籽油是在低温（如 30～35℃）下通过机械压榨得到的，它具有宜人的金黄色泽和独特的淡淡香气。其可见光谱分析表明，冷榨葵花籽油中叶绿素和类胡萝卜素的含量很低——这是未脱色油的特点。通常，冷榨葵花籽油在室温下于暗室中储存一年不会出现混浊现象，而这是未脱壳浸出葵花籽油的特点。葵花籽油高含量的生育酚使其具有天然的抗氧性，这比商业油脂中添加的抗氧化剂更为有效[70]。De Panfilis 等[71,72]对欧洲不同国家生产的冷榨葵花籽油进行了研究，发现这些油脂的酸价较高（0.65%～1.59%），这也是初榨油脂即未精炼油脂的特征之一。

14.6 普通葵花籽油的氢化

普通葵花籽油几乎不含有亚麻酸，这使其具有很强的氧化稳定性。因此，和大豆油及菜籽油一样，轻度的氢化处理（低温下）并不一定能提高葵花籽油的稳定性。氢化的目的是为了除去油脂中含有的亚麻酸，但是，此过程会造成大量的反式脂肪酸异构体的产生。在生产起酥油和人造奶油时，人们会将葵花籽油进行氢化处理。它是生产氢化油脂的优质原料，所生产出的氢化油具有相对平缓的熔化曲线，且熔点为 32～36℃。葵花籽油在氢化过程中的反应趋势与大豆油相似，它不需要特别的或是较为不同的反应条件。与菜籽油类似，葵花籽油中并不含有可能干扰氢化反应的其他成分。因此，这里只对葵花籽油氢化过程中的不同之处进行详细阐述，对各种植物油脂普遍适用的方面就不再赘述。葵花籽油氢化过程的主要变量参数为折射率、熔点、碘值和固体脂肪指数。

Topallar 等[73]对碘值为 82.4g I/100g 的普通氢化葵花籽油的密度和黏度进行了研究，氢化葵花籽油的密度略高于其未氢化的油脂样品，并随温度呈线性变化趋势。在给定的温度下，氢化过程使油脂的黏度增加一倍。

传统氢化过程中反式脂肪酸的生成量大约为 40%。图 14.28 所示为操作压力 300kPa，搅拌速率 1500r/min[74]的实验室条件下，氢化葵花籽油中反式脂肪酸的含量与氢化温度

（120、150 和 180℃）以及催化剂含量（20% 硅胶上键合的镍的含量，分别为油重的 0.03%、0.05%和 0.1%）的柱状关系图。

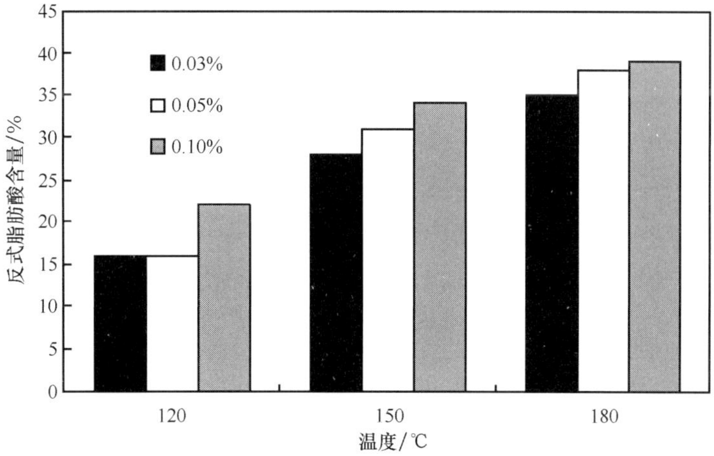

图 14.28 不同催化剂用量（20%硅胶上键合的镍的含量，分别为 0.03%、0.05%和 0.1%）、不同温度（120、150 和 180℃）下氢化葵花籽油中反式脂肪酸的含量[74]

油脂氢化过程中氢化温度较低（105～120℃），氢气浓度较大时，所产生的反式异构酸较少。中温氢化（150℃）可能没有选择性，而高温氢化（180℃）时会产生最大量的反式异构体，其含量几乎接近平衡值。因此，葵花籽油在最低温度和最少催化剂用量时产生的反式脂肪酸最少，在最高温度和最大催化剂用量时产生的反式脂肪酸最多，这正是我们希望得到的结果。

当反应温度为 180℃，搅拌速率为 750r/min，改变氢气的压力和催化剂用量时，反式脂肪酸的生成量没有太大的变化，如图 14.29 所示[74]。

传统的氢化过程会产生大量的反式脂肪酸。较其顺式异构体而言，反式脂肪酸具有更高的熔点，因此人们将其用于提高产品的耐温性和塑性。另一方面，从营养学的角度来讲，我们建议少摄入反式脂肪酸，也正因为这个原因，人们寻找了一些降低人造奶油中反式脂肪酸的方法。将油脂完全氢化后与未氢化的油脂进行酯交换反应是一个广泛采用的方法。另一种新方法是将油脂在超临界条件下进行氢化处理，使反式脂肪酸的含量降低至 5%以下。通过提高氢气向催化剂表面的迁移速率以及除去滞留在催化剂表面的油脂组分[74]可以将油脂的氢化速率提高大约 1000 倍左右。

目前，催化转移氢化反应（CTH）是开发应用中的方法之一。这种方法不同于传统的氢化方法，它以甲酸钠溶液代替传统氢化过程中使用的氢气作为氢供体。Naglic 等[75]采用此种氢化方法，对葵花籽油及其他种类的植物油脂进行了氢化处理。

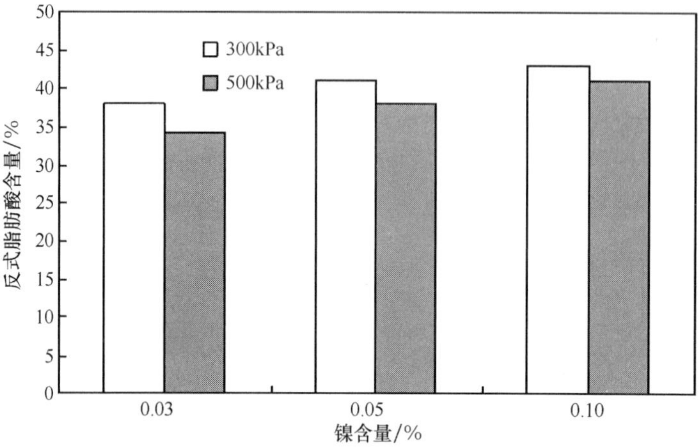

图 14.29 不同催化剂用量（20%硅胶上键合的镍的含量，分别为 0.03%、0.05%和 0.1%）、不同操作压力（300、500kPa）下氢化葵花籽油中反式脂肪酸的含量[74]

氢化葵花籽油在用于生产涂抹用人造奶油时会产生不利的影响。由于其倾向于形成 β 型晶型，这就导致了产品在储存过程中很容易产生起砂现象。人造奶油在快速冷却时，首先会形成 α 型晶型，随后快速转变成 β′型。β′型是人造奶油理想的晶体排列形式，因为它在特定的条件下会形成良好的三维网状结构，以此来锁定大量的液态油脂。从热力学角度来说，β 型是氢化葵花籽油的稳定形式。因此，就会产生 β′ 相向 β 相的晶型转变，继而导致产品在储存过程中出现粗糙、沙砾状的结构。β′相向 β 相的转变过程是极其缓慢的，完全转化所需要的时间由人造奶油生产过程的温度、结晶速率及产品的储存温度而定[76~79]。

研究者们尝试过许多方法来解决由氢化葵花籽油生产人造奶油时出现的起砂现象。氢化葵花籽油可与不完全氢化的棉籽油混合以增加 16 碳以上脂肪酸的含量。棉籽油的结晶温度比氢化葵花籽油要高，这样可促进 β′晶型的生长和稳定[76]。此外，可以通过添加食品乳化剂来解决人造奶油起砂的问题。将饱和或不饱和单甘酯作为改性剂添加至人造奶油中，可减少不期望现象的发生。此外，在人造奶油中添加 0.3%的失水山梨糖醇三硬脂酸酯可以抑制 β′晶型向 β 晶型的转变。添加蔗糖聚酯也会有同样的效果[80]。

14.7 葵花籽油的储存与变质

影响葵花籽油及其他种类植物油脂储存过程中氧化稳定性的因素有以下几点。其中一个因素就是油脂的不饱和度，例如，油酸和亚油酸的相对含量。油脂的制油工艺（压榨、溶剂浸出、超临界萃取等）、精炼程度（毛油、碱炼油、脱臭油等）、抗氧化剂的添加量及包装类型（容器的材料及惰性气体的添加）等均会对产品的货架寿命产生影响。此外，影响油脂氧化稳定性的其他主要因素通常涉及特殊的储存条件，如储存时间、储存温度及光照。

14.7.1 精炼葵花籽油的组成

不同杂交葵花品种所制取的葵花籽油的组成可能有所不同。人们普遍认为不饱和度在很大程度上影响着葵花籽油的氧化稳定性。利用活性氧法可以测定油酸/亚油酸的比例对葵花籽油氧化稳定性的影响[36]。据此，研究者们对从 Pervenets 品种葵花种子中提取的 3 份油脂样品（经过碱炼和脱臭处理）以及其他来自美国不同地区的油脂样品进行了测定。研究发现，油酸的含量从 18%升高至 89%，而亚油酸含量由 69%降低至 1%，饱和脂肪酸的含量几乎没有变化。油酸含量最少的油脂的活性氧值为 11h，而油酸含量最高的油脂的活性氧值为 100h。这些结果说明单不饱和脂肪酸对葵花籽油的氧化稳定性具有显著的影响。

任何一种油脂的固有稳定性可以通过其组成和不饱和脂肪酸的相对氧化速率来计算［油酸（按 1 计）、亚油酸（按 10 计）、亚油酸（按 25 计）］。数值越大，油脂越不稳定或对氧越敏感。考虑油脂的基本组成，普通葵花籽油的数值为 6.8，高油酸葵花籽油的数值为 1.9。橄榄油按此计算的固有稳定性数值为 1.5，略低于高油酸葵花籽油。然而，饱和脂肪酸含量较高的牛油（0.86）、棕榈仁油（0.27）以及椰子油（0.24）的数值更低。高油酸葵花籽油的固有稳定性是高亚油酸葵花籽油的 3.5 倍，且比大多数植物油脂都好[81]。

14.7.2 储存条件

影响油脂储存条件的三个因素分别为温度、光照和溶解的氧气含量。研究者考察了温度和光照对市售精炼高亚油酸葵花籽油稳定性的综合影响效果[82]。将储存于 PET（聚对苯二甲酸乙二醇酯）瓶中的葵花籽油（经上部充氮处理）放置于三个不同温度（35、45 和 60℃）的暗室中，每天用 18W 的荧光灯给予 12h 光照处理。人工光照处理条件是模拟油脂产品的存放条件（罐中避光）或是在超市货架上的放置条件设定的。

油脂是否变质的评判标准是由一组训练有素的消费者来完成的，应用此标准，三种温度（35、45 和 60℃）条件下油脂的货架寿命得到了确定。由此可以推断 20℃（即室温）下油脂的货架寿命。人们发现，贮藏温度对油脂劣变程度的影响巨大，即使是在惰性气体氮气保护下。例如，45℃无光照条件下储存，油脂的保质期为 102d，而 20℃时油脂的保质期为 1140d。

避光条件下推算的油脂货架期要明显长于暴露在光照条件下的食用油脂。20℃光照油脂的货架期为281d，而避光储存时其货架期为1140d左右，这要比油脂生产商所标定的保质期长两年以上。所以，为了延长葵花籽油的保质期，需要对其进行避光储存，如使用不透光的容器进行盛装。PET瓶并不能有效地阻止光照以防止葵花籽油品质的劣变。

其他的研究者[83]研究了光照对普通葵花籽油（碘值为132g I/100g）和不完全氢化葵花籽油（碘值为82g I/100g）的影响效果。油脂样品分别储存于PET瓶、玻璃瓶和涂锡玻璃瓶中，然后直接在大气环境下进行光照处理（对温度和暴露时间无另外说明）。结果得出，无论采用何种储存容器，未氢化油脂过氧化值的增量都要高于氢化油脂；玻璃瓶中试样的过氧化值出现快速增加的变化趋势，PET瓶居中，涂锡玻璃瓶中试样品质劣变最慢。这些结果与其他研究者的研究结果具有一致性[82]。

数据表明，油脂的氧化劣变程度随货架期的延长而增加。借助快速老化试验测定油脂的诱导时间，也可以反映出商品精炼葵花籽油的氧化稳定性。Grompone等[84]研究了商品葵花籽油的稳定性。他们把油样储存于其出厂的PET瓶中，储存期为一年。110℃条件下其OSI诱导时间从4.6h（试验开始时）减少至3.3h（一年后）。在同一厂家一年内不同时间生产的两份油脂中也发现了类似的OSI诱导时间变化趋势，当对这两份油样品进行同时测定时，发现当年生产的油脂诱导时间为3.9h，而前一年生产的油脂的诱导时间为3.2h[85]。

14.7.3 游离脂肪酸的存在

植物油脂中游离脂肪酸的促氧化作用众所周知。为了确定其具体的影响效果[86]，研究人员将纯油酸添加到高油酸含量的冷榨葵花籽油中（添加量为3%），结果发现促氧化作用的强弱与游离脂肪酸的浓度间具有直接相关性。

14.7.4 抗氧化剂添加

抗氧化剂的抗氧化效果因油脂种类的不同而不同，因此，需要对不同品种的葵花籽油进行分别检测。例如，曾有研究者考察了三种抗氧化剂及它们的混合物对精炼高油酸葵花籽油稳定性的影响效果[87]。在98℃条件下利用Rancimat法测定了二叔丁基羟基甲苯（BHT）、没食子酸丙酯（PG）和叔丁基对苯二酚（TBHQ）存在时葵花籽油的氧化诱导时间。与此同时，葵花籽油在储存过程中（于无盖玻璃瓶中避光储存，在47℃和30℃条件下分别储存30d以及67℃条件下储存10d）其他理化指标（酸值、过氧化值、茴香胺值、极性化合物含量）的含量变化也一并测定。

用Rancimat诱导时间来衡量油脂的稳定性时，会发现其稳定性随着抗氧化剂（叔丁基对苯二酚和没食子酸丙酯）浓度的增加而显著提高。当叔丁基对苯二酚添加量为50mg/kg 时，葵花籽油的氧化诱导时间由原油的 12. 7h 增加至 25. 7h；添加量为 200mg/kg 时，其氧化诱导时间则会增加至 42. 2h。没食子酸丙酯的抗氧化效果较叔丁基对苯二酚弱，当其添加量为 50mg/kg 时，葵花籽油的氧化诱导时间增加至 18. 8h；添加量为 200mg/kg 时为 32. 3h。二叔丁基羟基甲苯的抗氧化效果极差，对葵花籽油的氧化诱导时间几乎没有影响，当添加量为 200mg/kg 时，葵花籽油的氧化诱导时间仅延长至 14. 2h。因此，叔丁基对苯二酚的抗氧化效果是没食子酸丙酯的 1. 7 倍，是二叔丁基羟基甲苯的 22 倍。当采用 Rancimat 法对葵花籽油进行测定时，并没有发现这些抗氧化剂之间具有协同作用。

不同抗氧化剂对 47℃条件下避光储存的葵花籽油的抗氧化效果是不同的。研究者将过氧化值作为时间的函数建立曲线，通过外推法计算过氧化值达到 10meq O_2/kg 时油脂的储存时间，并以此作为评价标准。结果显示，估算的叔丁基对苯二酚的抗氧化能力比没食子酸丙酯高 9. 6 倍，比二叔丁基羟基甲苯高 51 倍。

根据这些研究结果可以得出，随着温度的降低，二叔丁基羟基甲苯的抗氧化效果有所增强，而没食子酸丙酯的抗氧化效果有所减弱。由 Rancimat 法测定的二叔丁基羟基甲苯的抗氧化能力比实际值要低，这可能是由于测定过程中二叔丁基羟基甲苯部分挥发损失所导致的。抗氧化剂的相对抗氧化能力由温度和测定方法共同决定。

不论采用何种测定方法和试验条件，叔丁基对苯二酚均是三种抗氧化剂中最有效的组分，其次是没食子酸丙酯，最后是二叔丁基羟基甲苯。进一步的研究应加强对与油脂储存条件相似的氧化实验中抗氧化剂抗氧化效果的评估。

14. 7. 5 微波和加热的作用

暴露于高温条件下的植物油脂品质劣变较快，且这种劣变可以通过化学和感官评定的方法来测定表征。例如，精炼高油酸葵花籽油在 60℃条件下受热 1h 后，其紫外吸收光谱在 234nm 处会出现吸收峰，这表明此过程中经亚油酸氧化产生了共轭二烯。类似，葵花籽油在 180℃条件下受热 1h 后，其在 268nm 处也会出现一个新的吸收峰，这与氧化产物，特别是乙二酮的产生有关成[84]。

温度升高会加速葵花籽油的酸败，且在微波加热过程中，此反应会变得更加复杂。为了确定不同因素对葵花籽油品质的影响效果[88]，研究人员将普通葵花籽油和高油酸葵花籽油置于如下不同的加热条件下：①微波加热，170℃，120min；②传统电加热，180℃，120min；③微波加热 120min，温度不高于 40℃。结果表明，对于两种试验油脂来说，微波加热对其品质的影响均比传统电加热要大。然而，油脂在不受热的情况下经过微波处理，对其品质不会产生较大的影响。 因此可以得出，温度的增加是这两种试验油脂品质劣质的主要原因。

14.7.6 葵花籽毛油

葵花籽毛油是经机械压榨或是己烷浸出取油后，再经过水法脱胶处理制得的。 大多数葵花籽油在精炼前都要储存相当长的时间。 冷榨葵花籽油具有很好的食用品质，其商品价值也较高。 无论是未精炼的葵花籽油还是冷榨葵花籽油，它们对温度的变化都非常敏感。

研究者考察了油脂组成、储存温度（30、47 和 67℃）以及氧气浓度（用开口或密封的容器盛放不同量的油脂，或是置于氮气保护环境下）对压榨和己烷浸出所得到的葵花籽毛油品质的影响[89,90]。 结果发现，尽管浸出葵花籽毛油的初始劣变速率较快，但其总体的氧化程度还是低于冷榨葵花籽油。 试验选用的所有油脂的不饱和脂肪酸含量和生育酚浓度均相同，而溶剂浸出葵花籽油中磷脂的浓度较高。 磷脂浓度似乎对葵花籽毛油的氧化稳定性起决定性作用，因其具有协同效应和金属离子清除能力。

研究者在 110℃条件下对取自三个不同工厂的初榨高亚油酸葵花籽油的氧化稳定诱导时间进行了测定[85]。 其值为 3.8 ~ 4.7h，比同时期生产的精炼葵花籽油（3.9h）持平或略高，但低于初榨橄榄油（8h）。 不论是采用物理法还是化学法制得的初榨油脂都保留着它们的天然抗氧化剂，这也是其氧化稳定性较强的原因之一。

14.7.7 超临界流体提取葵花籽油

虽然已有研究者对采用超临界流体法从油料种子中萃取油脂进行了报道，但是其中关于葵花籽油的内容较少[91]。 已有文献对采用超临界二氧化碳（SC - CO_2）在 20 ~ 70MPa 和 40 ~ 80℃条件下萃取葵花籽油的研究进行了报道。 结果表明，与其他油脂类似，葵花籽油在 80℃、70MPa 的条件下在超临界 CO_2 中的溶解度最大。 应用此方法可以将葵花籽中 90% 以上的油脂提取完全[92]。

超临界流体萃取得到的油脂的氧化稳定性较低。 为了弄清这一原因，研究人员对采用超临界二氧化碳萃取得到的葵花籽油进行了研究。 试验结果表明，虽然这些油脂的组成和感官性质与那些用溶剂浸出法得到的油脂相似，但它们的氧化劣变速率较高[93]。 同时可以得出，采用超临界二氧化碳萃取得到的葵花籽油的不稳定性与超临界流体中的氧气含量有关，在此过程中油脂中本身含有的生育酚也不能较好地发挥作用。 因此，由超临界二氧化碳萃取法得到的葵花籽油的氧化稳定性有所降低。 但是，可以通过添加抗坏血酸来提高其氧化稳定性。

14.8 葵花籽油的用途

14.8.1 可食用产品

14.8.1.1 普通葵花籽油

葵花籽油独有的风味、较强的氧化稳定性和浅金黄色的色泽使得其在家庭和工业领域均有着广泛的用途。在葵花籽油使用较为普遍的国家，人们常常把它当作色拉油和烹饪油脂使用。在工业生产中，葵花籽油可以用作煎炸油脂，也可以用于生产蛋黄酱和油基调味品。

14.8.1.2 高油酸葵花籽油简介

要想在非冷藏条件下延长非乳制咖啡伴侣的货架寿命，就要求其具有较高的氧化稳定性。高油酸葵花籽油和从中提取的甘油一酯是生产此种咖啡伴侣的上好原料。此外，高油酸葵花籽油也可用于生产液态人造奶油、液态涂抹脂和调味品等制品。

14.8.1.3 人造奶油

由于氢化葵花籽油倾向于形成 β 型晶型，所以必须采取一定的措施以防止起砂现象的产生。通过添加晶形改良剂可以延缓不稳定 α 型晶型向稳定 β 型晶型的转变，或是可以稳定作为中介相的 β' 型晶型。在人造奶油及部分起酥油的生产过程中，为了达到最佳的乳化状态，通常会添加 5% ~15% 的 β' 型氢化油脂[2]。有文献报道可以利用不完全氢化的棉籽油、不完全氢化的葵花籽油和未氢化的葵花籽油来生产人造奶油[76]。由于氢化棉籽油倾向于形成 β' 型晶型，所以用它与葵花籽油混合生产出的人造奶油品质较好。

富含反式脂肪酸食品的食用和消费曾经备受争议。由于不完全氢化油脂中含有大量的反式脂肪酸，为此人们也尝试采用其他制备方法以阻止此类有害物质的形成。这些方法中的其中一种就是将完全氢化的油脂与非氢化的液态油脂混合。混合物的氧化稳定性由非氢化油脂的性质决定。高油酸葵花籽油的多不饱和脂肪酸含量较低，因此它是一种很好的生产原料。一些公司也正在尝试生产这种类型的人造奶油制品。

如今，富含高油酸葵花籽油和其他种类油脂的非氢化液态人造奶油已经生产销售。例如 Parmalat Canada 公司出品的一款名为 Olivina 的非氢化液态人造奶油，它以精炼橄榄油、高油酸葵花籽油、普通葵花籽油、菜籽油、棕榈油和棕榈仁油混合而成[94]。

另外一种提高人造奶油氧化稳定性和质构的方法就是将氢化和非氢化油酯进行酯交换处理。例如，葵花籽油和完全氢化大豆油原本都倾向于形成 β 型晶型。然而，将二者混合进行酯交换处理可以明显增加其形成β'型晶型的趋势。 这种产品可以用于生产零反式脂肪酸人造奶油的基料油脂[95]。

14.8.1.4 牛油和普通葵花籽油的酯交换

牲畜资源丰富的国家会产生大量的牛油副产品。 在食品制造中牛油有很多应用，主要是用于焙烤产品和曲奇饼干。 牛油质地较硬，熔点较高（高于口腔温度），降低了其使用品质，也限制了其在食品加工业中的应用范围。 将牛油和植物油脂进行酯交换反应是解决这一问题的一种有效手段。

已有文献对牛油和普通葵花籽油的化学酯交换过程进行了相关报道[96~98]。 发现葵花籽油含量的改变对产品的固脂含量和熔点的影响较小。 然而在此过程中，产品的热学性质、晶形结构会发生显著的变化。 固体牛油（因其含有较大的晶核而会产生砂砾状口感）可以通过与葵花籽油发生酯交换反应变为液态脂肪混合物（在加工温度下）。 这种混合物倾向于形成微小的结晶，而改善了产品的稳定性和质构。

脂肪酶催化为化学催化剂酯交换提供了一种可供选择的新方法。 根据酶的专一性，可以得到不同性质的脂肪产品[99,100]。

14.8.1.5 普通及改良葵花籽油的油炸

作为一种常见的烹调方法，深度煎炸通常在连续或是间歇条件下进行。 在家庭或餐馆不连续长时间受热煎炸过程中，煎炸油都会或多或少的与空气接触，进而导致品质的劣变。 然而，通过添加新鲜油脂可以降低其劣变速率。

连续煎炸通常在食品工业中的应用范围较广，特别是在生产油炸或预炸食品时。 由于连续煎炸过程中煎炸油脂会被煎炸食品大量的带走，所以在此过程中需要添加大量的新鲜油脂。 在油脂连续煎炸过程中，因为油脂蒸气的保护作用使得油脂与氧气的接触机会较少。

深度煎炸油脂的品质劣变受很多因素的影响，这些因素包括煎炸频率（连续或间断）、油脂的更新、油温较高时的持续时间和油脂的种类。 油脂的分解产物会在煎炸过程中被食品吸收，它们不仅会影响食品的感官品质和营养价值，还会缩短食品的货架期。 油脂的分解产物包括极性化合物、甘油三酯聚合物和及二聚物、甘油二酯、过氧化物及挥发性化合物等。 产品的储存时间和特性取决于产品的种类。 以薯片为例，它们通常储存于室温条件下，但经过预炸的法式薯片则需要在冷冻条件下储存。

冷冻的预炸食品在食用前需要经过再次处理。 深度煎炸是生产预炸食品最常见的方法之一。 因此，这些食品在食用前需要经过两次油炸和一次冷冻处理。 研究者也对葵花籽油在煎炸过程中的氧化稳定性进行了研究。

(1) 普通葵花籽油　高亚油酸葵花籽油在阿根廷、乌拉圭等生产大国通常当作煎炸油脂来使用。相反，由于价格的原因，传统消费大国中烹调用橄榄油的消费量已有所减少。在西班牙，橄榄油的消费量已从1964年的55g/（人·d）减少到1987年的25g/（人·d）。如今，橄榄油已经被以葵花籽油为主的其他种类的油脂所取代[101~102]。

虽然已经有研究者对普通葵花籽油的煎炸特性进行了研究，但是很少有人对煎炸食品中含有的油脂的稳定性进行关注。在其中的一个研究中，研究人员利用高亚油酸葵花籽油进行薯条煎炸试验，之后将煎炸薯条粉碎成不同的尺寸，再在110℃条件下对其进行快速老化处理并测定其氧化诱导时间[84]。可以得出，试验测定结果与纯葵花籽油有所不同。以此方法测定的结果更能真实地反映出油脂的劣变程度，因为它可以用来反映完整食品基质中油脂的氧化稳定性。

近来发表的研究大多都是对无食品基质添加情况下油脂煎炸过程的模拟[103,104]，其他少部分则是在有食品基质（通常为薯条）添加的情况下进行的。有研究者对连续[101,105]以及间歇[106,107]煎炸过程中（添加新鲜油脂的次数不同）葵花籽油的品质劣变进行了研究，同时也对煎炸食品中提取的油脂的劣变程度进行了测定[101,108,109]。其他研究者对食品中夹带的葵花籽油在正常和快速老化条件下的劣变程度进行了考察。

试验结果表明，再不断添加新鲜油脂的情况下，普通葵花籽油在连续煎炸的过程中其极性化合物的含量几乎不会达到临界值25%，这表明葵花籽油具有较好的煎炸性能。然而，此种油脂只适用于对货架寿命较短的脆性食品进行煎炸，才能防止煎炸食品所夹带的油脂在食用前发生品质劣变[109]。

(2)高油酸葵花籽油　高油酸葵花籽油与普通葵花籽油具有类似的煎炸特性，这两种油脂也常常被研究者们拿来进行对比[104,109~119]。已有文献对葵花籽油在间歇[102,114,119]或连续式深度煎炸过程中的品质劣变进行了研究[110,114,119]。一些研究者利用Rancimat仪在180℃无鼓泡条件下对无食物基料油脂煎炸过程进行了模拟[104]，或对对流加热炉或热烤盘上的油脂品质进行了考察[113]。其他的研究则倾向于对煎炸食品（薯片和薯条[111]）中提取的油脂，以及正常或加速老化条件下煎炸食品中夹带油脂的劣变情况进行考察[109,112,115,116,119]。

Marquez-Ruiz等[119]对间歇或连续土豆煎炸过程中普通和高油酸葵花籽油的品质劣变情况进行了比较。实验结果发现，在煎炸和60℃储存30d的条件下，煎炸油脂和煎炸食品中的油脂皆发生了品质劣变。大致结论如下：①无论是采用间歇式还是连续式煎炸，高油酸葵花籽油的品质劣变程度均小于普通葵花籽油；②高油酸葵花籽油煎炸得到的食品及其在60℃储存条件下的稳定性皆高于普通葵花籽油；③煎炸食品在消费食用前都需要对其进行抗氧化保护处理。

高油酸葵花籽油是工业煎炸用油中最适宜的油脂类型，因为其煎炸制品的感官品质较好，劣变程度较低。对于冷冻预煎炸食品来说，采用高油酸葵花籽油或是普通葵花籽油都是较好的选择。例如，保质期为两年的预煎炸薯条在 -18℃条件下储存 19 个月时，其感官品质不会发生太大的改变。然而，普通葵花籽油煎炸得到的薯片在室温下放置 4 个月后就会有酸败现象的产生，且会随着反应的发生品质劣变更快更剧烈。尽管存在着上述的种种不同，但是由于薯片的商品货架期仅有三个月，这就使得这两种油脂在生产过程中都可以使用。

研究人员考察了二甲基聚硅氧烷（2mg/kg）对煎炸油脂的煎炸性能及薯片和薯条在储存期间品质变化的影响效果[4]。二甲基聚硅氧烷是一种消泡硅胶，它会在油脂表面形成一层保护膜，以减少油脂与空气的接触。在连续式煎炸过程中，二甲基聚硅氧烷对普通葵花籽油和高油酸葵花籽油起不到较好的保护作用，但是在与空气长时间接触的间歇式煎炸过程中，二甲基聚硅氧烷的保护能力可以较好地发挥。

(3) 中油酸含量的葵花籽油　随着中油酸葵花籽油的问世，研究者们对其的煎炸特性表现出了极大的兴趣。Abidi 和 Warner[120] 对三种葵花籽油（普通、高油酸和中油酸）进行煎炸试验，煎炸对象分别为薯条、薯片及新鲜玉米饼。然而，三种油脂的固有稳定性并没有太大的差异，因为它们中含有的抗氧化剂在类型和含量上都没有什么不同。

Kleingartner 和 Warner[48] 对使用中油酸葵花籽油进行煎炸的研究进行了总结。同时，几家生产企业也以中油酸葵花籽油为煎炸介质来生产油炸薯片。2000 年 7 月，宝洁公司宣布他们将把中油酸葵花籽油应用于 Pringles 土豆片的生产中。位于皮奥利亚的美国国家农业中心农业应用研究部也颁布了对玉米圆饼片和薯条煎炸过程中的评价准则。油脂的氧化稳定性通过间歇式煎炸过程中极性物质的生成量和食品储存期间风味的变化来评判。通过三年的研究发现，中油酸葵花籽油较其他种类未氢化油脂（大豆油、菜籽油、玉米仁油和棉籽油）有更好的煎炸特性和品质。

家庭和餐馆通常将油脂放在锅中对食品进行煎炸。研究人员比较了具有相似碘值的中油酸葵花籽油和商品菜籽油的煎炸稳定性[121]。试验结论是二者具有相似的煎炸稳定性，但是它们在加热时表现出的物理化学性质有很大不同。

14.8.2 工业用产品

14.8.2.1 生物柴油

作为化石燃料的替代品，生物柴油的重要性在过去 20 年中与日俱增。20 世纪 80 年代，美国就已有研究人员对植物油脂（芥末油、卡诺拉油、玉米油、大豆油、花生油）作为燃料进行了研究，他们发现葵花籽油的效果最佳。美国北达科他州立大学农业工程部对葵花籽油用于柴油机的效果进行了研究。美国艾奥瓦州立大学农业学院也对葵花籽油用作燃料进行了研究。研究人员在美国得克萨斯州 USDA – SEA – AR 亚热带地区的韦斯拉科借助拖拉机开展了短期研究。其他的研究都是在美国本土以外进行的。例如在南非，研究人员考察了葵花籽油在一系列柴油燃料中的燃烧效果。

植物油甲酯或乙酯已经取代了石油基柴油。在一些国家，它也已经被当作内燃机的燃料使用，尤其是与柴油混合使用时效果更好。由于欧洲人口密度较大，环境污染严重，这也推进了生物柴油的开发和使用。大量的柴油汽车成为了生物柴油制品的潜在市场。在德国，第一个生物柴油工厂建于 1995 年，年产量为 6 万 t。2001 年德国生物柴油的产量大约为 50 万 t。同年，意大利甲酯生物柴油的产量为 20 万 t。2001 年，法国生物柴油的总产量超过了 30 万 t，且目前仍在生产，其主要产品类型为菜籽油甲酯生物柴油。同时，菜籽油和葵花籽油生物柴油在澳大利亚也有生产。

普通葵花籽油和高油酸葵花籽油都可以用来生产甲酯生物柴油。这些产品于 1998 年在意大利就已经开始使用，有纯品和混合物两种形式。在澳大利亚，高油酸葵花籽油可以当作拖拉机的燃料使用。法国油籽部门立项对葵花籽油甲酯取代菜籽油甲酯作为燃料进行研究，以解决法国南部某些地区不适宜种植油菜的难题[41]。与此同时，西班牙、希腊、葡萄牙等国家也都开展了以葵花籽油为原料制备生物柴油的研究和试验。

研究者们对葵花籽油通过酯交换反应转变为生物柴油的最佳工艺条件进行了探究[122]。得出最佳的工艺参数为 3 倍化学当量的甲醇用量、KOH 溶液质量分数（0.28%）、反应温度（70℃）。已有文献对不同脂肪样品制备的生物柴油的特性及其（包括葵花籽油及甲酯）在压缩内燃机中的表现进行了报道[30,31,41,123]。表 14.19 所示为葵花籽油及其甲酯的主要特性。这些酯类物质的物理化学特性可以满足不同国家的限定标准，此外，还有一些特性得到了改良提升，如十六烷值。

表 14.19 以葵花籽油为基料油脂制备的生物柴油的性质[30,41,123]

指标	普通葵花籽油[30]	普通葵花籽油甲酯[41]	普通葵花籽油甲酯[123]	高油酸葵花籽油甲酯[41]
十六烷值	37	54	49	55
能量	39575kJ/kg	39687kJ/kg	33.5MJ/L	39733kJ/kg
浊点/℃	7.2	1	1	4
闪点/℃	183	180	274	185
密度/（kg/L）	0.9161	0.8866	0.860	0.8821

虽然甲酯是现在可供选择的最简单的化石能源替代品，然而，以可再生淀粉原料（如玉米）得到的乙醇来制备生产乙酯对其形成了不小的挑战。由于无法形成稳定的乳状液，

使得通过碱催化生产乙酯的难度大大增加。针对此问题，研究者们对葵花籽油乙酯的制备进行了许多研究[124]，这也为生物柴油的应用提供了新的选择。

14.8.2.2 润滑油

一直以来，矿物质润滑油在润滑油市场上都占据着主导地位。然而，随着对可降解产品的发展，植物油脂因其良好的润滑性能也越来越受到消费者和生产企业的关注。然而，植物油脂的脂肪酸组成是其劣势所在。富含饱和脂肪酸的油脂在低温时的流动性较差，而那些富含多不饱和脂肪酸的油脂的抗氧化能力较弱。但是，单不饱和脂肪酸含量较高的植物油脂克服了以上缺点，它们氧化稳定性较好且低温流动性尚佳[125]。

鉴于高油酸葵花籽油的抗氧化性能较好，它可以用作柴油机和汽油机的润滑油。例如，法国一款润滑油产品中含有70%～80%的高油酸葵花籽油和20%～30%的其他添加剂。研究人员也对利用高油酸葵花籽油生产酯类润滑油（丙基乙二醇、季戊四醇以及三甲基丙烷类）进行了研究。

14.8.2.3 植物油脂基质印刷油墨

平版印刷和凸版印刷过程中都需要使用印刷油墨。传统的油墨都是由颜料、烃类和/或聚酯树脂、烃类溶剂和其他可供选择的添加剂混合而成的。以植物油脂为基质的非石油油墨因许多特殊的应用需要而产生。此类油墨的生产成本比传统石油基质油墨的生产成本要低。葵花籽油就可以用于生产此种类型的印刷油墨[126]。

14.8.2.4 其他应用

葵花籽油是一种半干性油脂，它含有约70%的油酸。在经济条件允许的前提下，葵花籽油可以替代大豆油来生产涂料用树脂和印刷油墨。通过葵花籽油的环氧化作用，可以生产出品质稳定的聚氯乙烯材料。此外，通过葵花籽油的二聚化作用，可以生产出润滑油制造过程中的中间材料[41]。

因为环氧化物既是终产品也是化学半成品，所以研究者们对其给予了极大的关注。他们发现环氧化油脂（主要是高油酸葵花籽油）及其酯类衍生物可以作为增塑剂和添加剂在聚氯乙烯的生产过程中发挥巨大作用。以高油酸葵花籽油甲酯生产的环氧化酯的羟基值为0，环氧值为5.2/4.5，碘值为1.7/1.5[127]。

14.9 世界葵花籽油的产量和分布

1950年以来，世界范围内葵花籽的产量稳定增长，近些年来稍有下降。图14.30所示为1935年以来世界葵花籽产量的变化趋势[5,128,129]。2000—2001年间，世界葵花籽产量为2330万吨，产出的葵花籽油为890万t，葵花籽粕为1020万t。

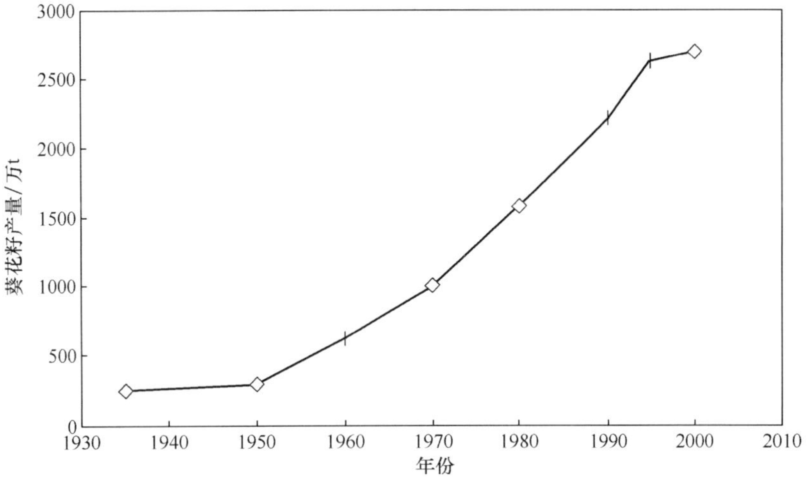

图 14.30 世界葵花籽的产量[5,128,129]

2001—2002 年间，世界葵花籽产量（7%）位居油料总产量的第三位，仅次于大豆（57%）和菜籽（11%）。到目前为止，世界范围内大豆产量一直遥遥领先，而葵花籽产量所占的比例较小[129]。

图 14.31 所示为近年来不同国家或地区葵花籽油产量的变化情况（根据 Gunstone 的数据得出[127]）。近十年来，世界葵花籽油的产量发生了较大的变化，包括分布范围和油脂产量，这是由于经济和政治等原因造成的，如苏联解体和中欧剧变。直到 1999 年，阿根廷还一直是世界葵花籽油的最大生产国。但自 1999 年开始，由于葵花被更有经济价值的作物所替代，导致葵花籽的产量有所下降。而苏联在这一年的葵花籽产量显著增加，使得

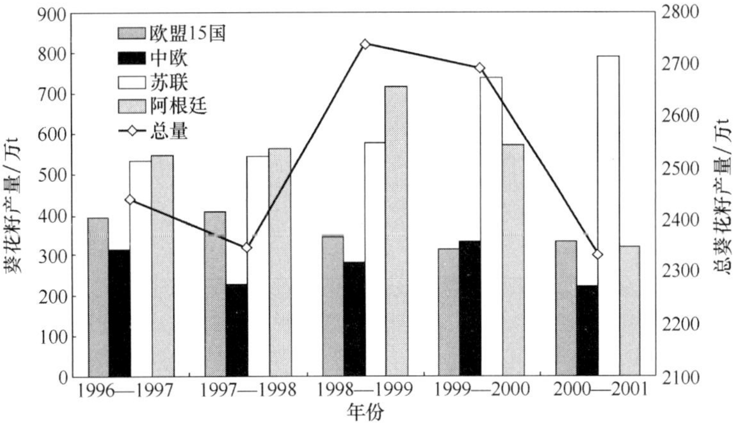

图 14.31 近年来不同国家葵花籽油的产量变化情况[129]

苏联成为世界上最大的葵花生产国。在2000—2001年，欧盟15国成为了世界第二大葵花生产地。由于阿根廷葵花的产量占世界葵花总产量的比例较大，这就使得阿根廷葵花籽油产量的下降对世界葵花籽油总产量的下降会产生显著的影响。

葵花籽油的产量是由葵花籽的产量决定的。葵花籽油是当今世界第四大植物油脂（包括棕榈油在内），如图14.32所示。全世界葵花籽油的产量大约为900万t，占植物油脂总产量的8%[129]。尽管葵花籽油在世界植物油脂总产量中排名第四，但其真正所占的比例还是相对较少的。

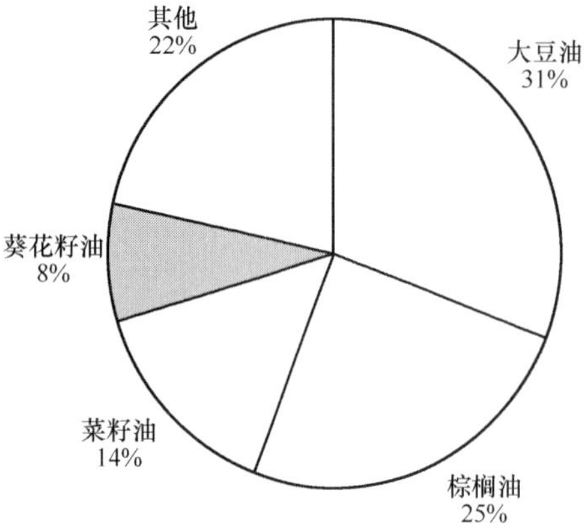

图14.32 2000—2001年世界植物油脂的产量分布[129]

图14.33所示为近些年来世界葵花籽油产量的变化情况，并与世界植物油脂总产量进行了比较[128,130,131]。根据文献［132］的相关报道，也对2008—2012年葵花籽油的产量进行了预测。可以看出，葵花籽油的产量呈现出稳定的趋势（略有降低），而世界油脂总产量则呈现出显著增加的趋势。

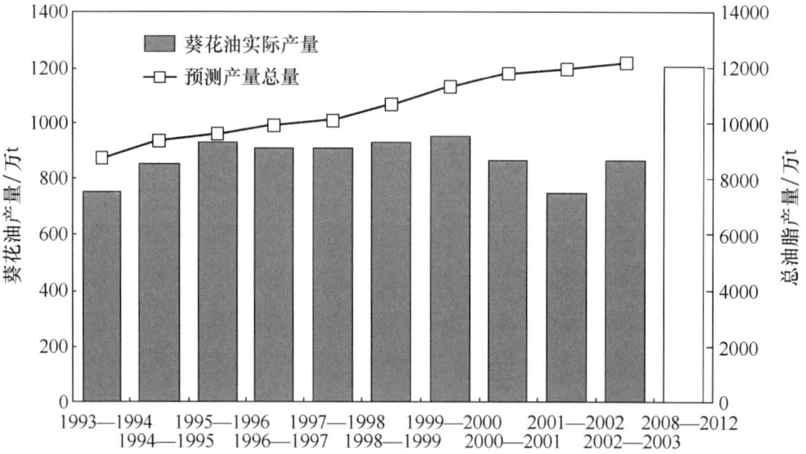

图14.33 近年来世界葵花籽油产量的变化情况[128,130~132]

图14.34所示为近年来世界各个国家和地区葵花籽油产量的变化情况，同样也与世界总产量进行了对比[129~131]。可见，欧盟和阿根廷这两个主要产地所占的比例相当，仅2000—2001年间阿根廷葵花籽油的产量略有下降，这是由于葵花籽产量降低导致的（图14.31）。1999—2000年间，苏联是世界葵花籽最大的生产国。但是近年来，葵花籽油在

国际贸易中所占份额已有所降低，如图 14. 31 和图 14. 33 所示。

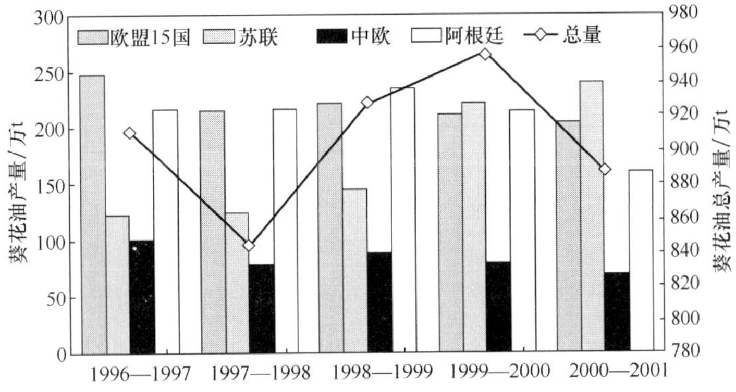

图 14. 34　近年来世界各国家和地区葵花籽油产量的变化情况[129~131]

大豆在世界油料作物中所占的比例较大，这是由于大豆粕中蛋白质含量较高所导致的，同时，大豆油过量供应也导致了其价格相对较低。这些都可以在植物油脂贸易过程中有所体现。图 14. 35 所示为 2000—2001 年间世界各个国家和地区葵花籽油产量所占的比例[129~131]。在此期间，苏联是世界最大的葵花籽油生产国（27%），其次为欧盟（23%）和阿根廷（18%）。

一个国家或地区生产的葵花籽油可以供应国内市场也可以对外出口销售。世界葵花籽油的出口分布并不与其产量分布相一致。2000—2001 年间世界各个国家和地区葵花籽油的出口比例如图 14. 36 所示[129~131]。

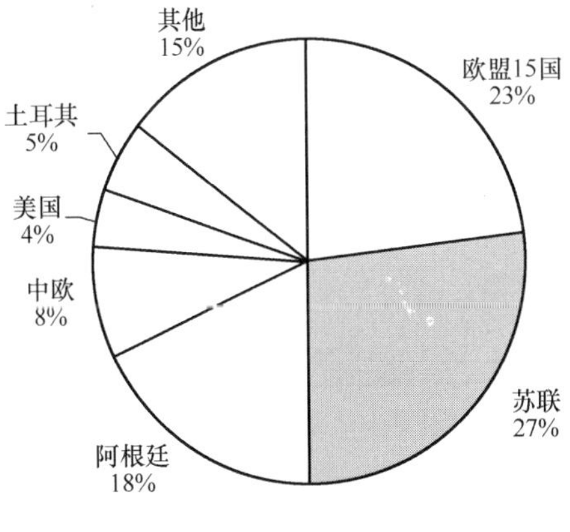

图 14. 35　2001—2002 年间世界各国家和地区葵花籽油产量所占的比例[129~131]

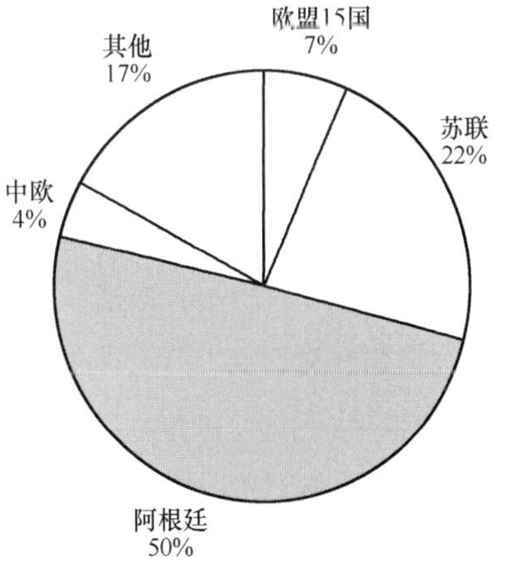

图 14. 36　2001—2002 年间世界各国家和地区葵花籽油出口量所占的比例[129~131]

2000—2001 年间，阿根廷是葵花籽油的主要出口国，出口量占葵花籽油总产量的 50%，是苏联（22%）的两倍多，而后者是同时期葵花籽油的最大生产国。由此也可以看出，阿根廷出口的葵花油（118 万 t）占世界总出口量（160 万 t）的比例相当之大。其出口的葵花籽油中毛油占了相当大的比重，而瓶装精炼葵花籽油的比例很小。

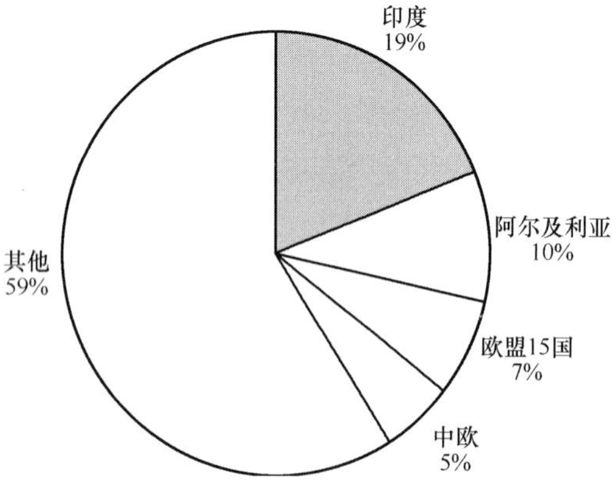

图 14.37　2000—2001 年间世界各国家和地区葵花籽油进口量所占的比例[129-131]

苏联葵花籽油的产量为 240 万 t，而出口量仅为 53 万 t，其产量远远高于出口量，这说明葵花籽油在苏联国内的消费量较大。苏联出口的主要类型为加工过的葵花籽油，输出国主要是中东国家，如阿尔及利亚、埃及、土耳其等。由于这种葵花籽油还需要后续加工，所以欧洲市场对其的需求量较少。图 14.37 所示为 2000—2001 年间世界各个国家和地区葵花籽油的进口情况[129~131]。通过图 14.35 和图 14.37 对比得知，世界主要的葵花籽油进口国一般都不是主要生产国。

在欧盟，葵花籽油的出口量为 16 万 t，进口量为 17 万 t，进出口量基本平衡，而欧盟是葵花籽的进口国，其葵花籽的进口量达 194 万 t。同样，中欧葵花籽油的出口量（10 万 t）和进口量（11 万 t）也基本平衡，但其却是葵花籽的出口国，出口量达 39 万 t。欧洲市场上的供求关系可以反映出国内市场的消费特点。在欧盟，可用于消费的植物油脂种类较多，这与阿根廷有所不同。菜籽油作为主要的油脂类型其产量最大，随后为葵花籽油、大豆油、棕榈油和橄榄油，不同地区间也有所不同。在南欧一些国家，如希腊、意大利、西班牙和葡萄牙，橄榄油是主要的油脂类型，占植物油脂消费总量的 36%。此外，葵花籽油的消费量也较大。在北欧，植物油脂的消费差异性较大，市售油脂类型与区域主要油籽种类有关（特别是菜籽油），而法国主要的油脂类型为葵花籽油。在北欧，大豆油、葵花籽油、菜籽油和棕榈油的消费量几乎占到了植物油脂消费总量的 80% 左右[133]。

2000—2001 年间，阿根廷葵花籽油产量为 160 万 t，出口量为 118 万 t，剩余的 42 万 t 中，75% 用于直接消费，其余的则用于制作人造奶油和蛋黄酱。对阿根廷国内植物油脂需求的研究分析表明，在植物油脂贸易中，葵花籽油占了 70%，其次为大豆油（26%），玉米油和橄榄油所占的比例较小。在阿根廷，葵花籽油是最主要的食用油脂种类。

葵花籽油和菜籽油的获利主要以其成品油脂的销售为主，而大豆则主要依赖于大豆饼粕的销售。葵花籽油销售获取的利润占总利润的 80%，是葵花籽粕销售利润的 6 ~ 7 倍。

因此，葵花籽的价格由葵花籽油的价格决定。

14.10 葵花籽油提取和加工过程中产生的副产品

葵花籽油制取加工过程中两种主要的副产物分别为葵花籽粕和葵花籽壳。钠皂是葵花籽油碱炼过程中产生的副产品，其中还可能含有一定量的磷脂，这取决于碱炼工艺。通过对葵花籽油进行处理，可以得到葵花籽卵磷脂。此外，重要的副产品还有蜡、生育酚等物质。

14.10.1 皂脚

葵花籽油碱炼过程中产生的钠皂可以用作动物饲料的配料。它具有较高的热量，同时含有一定量的磷脂，可以作为磷元素的良好来源。考虑到皂脚的运输费用较高，且当水分含量较高时易发酵的缺点，所以皂脚一般只在当地使用。在皂脚运输、储藏以及混入饼粕之前，必须对其进行脱水处理。

钠皂也可以通过酸化处理，以使其分解制备脂肪酸。得到的产品水分含量较低，通常称为“酸化油”。酸化油与毛油的储藏及运输条件一致。

物理精炼过程中得到的游离脂肪酸在肥皂的制作过程中可以与酸化油进行合并。考虑到其中亚油酸的含量较高（特别是精炼葵花籽油），致使形成的皂脚并不适合于制作香皂。为此，通常将其与小比例地与其他适宜的脂肪材料进行混合。此方法在牛油和葵花籽油生产国被广泛使用，以降低牛油或是牛油/椰子油混合油脂的脂肪酸冻点。在阿根廷和乌拉圭，牛油存在的问题之一就是脂肪酸冻点较高，平均值为45.4℃，有时可能会达到48℃[134,135]。葵花籽油的脂肪酸冻点为16～20℃，当与牛油混合时其脂肪酸冻点通常约为42℃，适宜于肥皂的制作。

14.10.2 葵花卵磷脂

根据食品和营养学家的建议，研究者们对磷脂的新来源进行了研究。油籽和谷物是磷脂的重要来源。葵花籽毛油中磷脂（卵磷脂）的含量为0.5%～1.2%[53,136～138]。通常，溶剂浸出葵花籽油中磷脂的含量比压榨油高。葵花籽油中主要的磷脂类型是磷脂酰胆碱、磷脂酰乙醇胺、磷脂酰肌醇和磷脂酸。其中大部分磷脂都是水化磷脂，可以通过水化脱胶过程将其从毛油中去除。大部分已经发表的文献都仅仅关注不同脱胶处理后葵花籽油中残留磷脂的含量和组成。然而，对分离得到的卵磷脂的研究较少。一些结论仍然只关注生产方法的效率和残留在脱胶油中的磷脂组成。

表 14.20 葵花籽油中磷脂的组成[136,139~141]

参考文献	磷脂酰胆碱/%	磷脂酰乙醇胺/%	磷脂酰肌醇/%	磷脂酸/%
Cherry/Kramer[140]	12.7~26.8；42.2~64.2	9.9~29.4；46.6	3.7~21.4；24.0~36.6	
Morrison[136]	52.0	19.7	26.0	2.2
Carelli 等[141]	44~48	20~21	20~21	12~15
Chapman[139]	48.7	21.2	27.9	2.2

葵花籽油中磷脂的组成取决于油脂的制取方法和使用的脱胶工艺，这就解释了文献报道的结果为什么会存在差异。葵花籽油中磷脂的组成成分见表 14.20[136,139~141]。同样，葵花籽油的脂肪酸组成变化也较大。根据 Cherry 和 Kramer 的报道[140]，棕榈酸的含量为 11.1%~31.9%、硬脂酸的含量为 3.0%~7.9%、油酸的含量为 13.3%~17.3%、亚油酸的含量为 42.8%~68.7%。世界范围内葵花卵磷脂的产量较少。这主要是因为与其他种类油脂相比，葵花籽毛油中卵磷脂的含量相对较低。大豆油中卵磷脂的含量为 2.9%、菜籽油中为 1.9%、棉籽油中为 2.4%、玉米油中为 2.0%~2.7%（以 70% 丙酮不溶物计）。在葵花盛产国，卵磷脂必须从葵花籽油中去除。考虑到它含有较多的磷脂酰胆碱和必需脂肪酸，葵花卵磷脂常常用作食品添加剂。在葵花籽油的精炼和分提阶段，葵花卵磷脂的品质得到了提升，可以用于食品和化妆品的生产。

Hollo 等[142]对匈牙利（葵花籽油占油脂总产量的 80%）有关葵花卵磷脂可利用性能的研究进行了报道。葵花卵磷脂可以以 2.5% 的比例添加至葵花籽粕中，或者在其与动物饲料混合之前对其进行干燥处理。将葵花卵磷脂添加至猪饲料中，有利于增加猪的体重，并缩短催肥期。葵花卵磷脂也可用于对家禽饲料的能量进行调整，考虑到葵花卵磷脂中天然胆碱组分的含量较高，故它可以取代合成氯化胆碱被广泛使用。葵花卵磷脂还可以作为食品工业用乳化剂和巧克力制造过程中的降黏剂。

14.10.3 葵花籽粕

通常，葵花籽压榨后得到的葵花籽饼中残油量为 10%~12%。将其用溶剂浸出后就会得到副产品葵花籽粕。为了方便处理和运输，葵花籽粕常常要在一定的压力和温度条件下进行处理，以使其挤压成葵花籽粕膨化料。葵花籽粕膨化料是动物饲料的第四大含油原材料，仅次于大豆粕膨化料、棉籽粕膨化料和菜籽粕膨化料。

阿根廷是世界上主要的葵花籽粕膨化料的生产国和出口国，其葵花籽粕膨化料的年产量达 190 万 t，其中 80%~85% 出口到鹿特丹市场，剩余的 30 万 t 用于国内市场销售[143]。

图 14.38 显示了近年来世界葵花籽粕产量的变化情况，包括对今后五年期的变化趋势预测[129]。图 14.39 显示了世界主要国家和地区葵花籽粕产量的比例。虽然有些地区或

国际组织的葵花籽粕产量很大，但阿根廷仍然是世界上最大的葵花籽粕生产国，其产量占世界总产量的16%。葵花籽粕的出口主要来源为阿根廷（出口量占产量的68%）和苏联（出口量占产量的19%），欧盟15国的（出口量占产量的66%）。大豆粕占据着世界油料粕的市场主要份额，而葵花籽粕仅占6%[129]。葵花籽制油过程中会产生三种葵花籽粕，分别为：由带壳葵花籽制得，约含有28%的蛋白质和25%～28%的纤维素；由部分去壳葵花籽制得，含有35%～37%的蛋白质和18%的纤维素；由两步去壳葵花籽制得，含有40%～42%的蛋白质和12%～14%的纤维素。因此，葵花籽粕的组成成分取决于葵花籽的去壳程度。葵花籽粕含油量在1.5%～2.5%，取决于葵花籽油的提取率和原材料种类[3,144～146]。

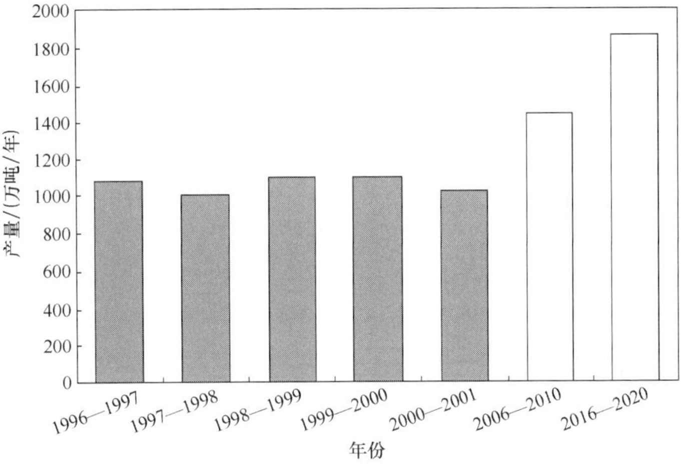

图14.38　近年来世界葵花籽粕产量的变化情况（实心柱为实际产量，空心柱为预估产量）[129]

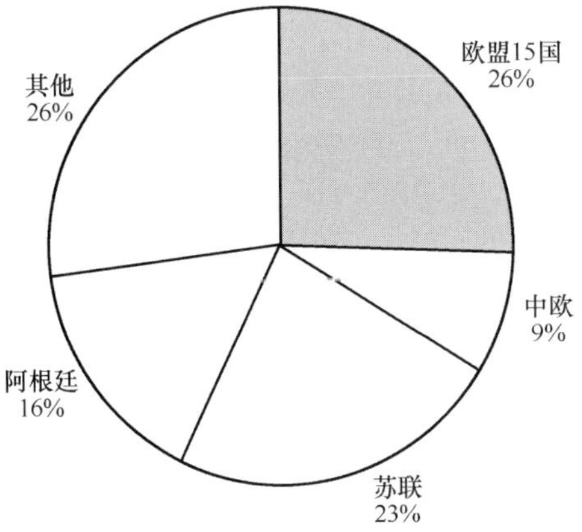

图14.39　2001—2002年世界主要国家和地区的葵花籽粕产量的比例[129]

在油料粕市场上，由带壳葵花籽生产得到的葵花籽粕不能和大豆粕相媲美，其用途局限于反刍动物饲料。此外，葵花籽壳中含有大量的粗纤维（60%～65%），这些物质不具有营养价值，所以只能当作反刍动物饲料使用。

葵花籽粕的氨基酸组成均衡合理。其能量可以和其他油料粕相媲美。葵花籽粕的能量与其残油率成正比，与纤维素含量成反比。葵花籽粕还是钙、磷、水溶性复合维生素B的良好来源，水溶性复合维生素B主要包括烟酸、维

生素 B_1、泛酸、核黄素和生物素[146]。此外，葵花籽粕中还含有多酚类化合物绿原酸。使用传统方法在碱性条件下提取得到葵花籽粕中，绿原酸可以和特定的蛋白质组分发生反应，使产品呈深绿色。已有文献报道可以采用一定的方法使绿原酸失活或除去，以到达用葵花籽粕生产浓缩蛋白的目的[3,146]。与大豆粕、棉籽粕和花生粕相比，由去壳葵花籽生产得到的葵花籽粕中含有较多的蛋氨酸和胱氨酸，但其赖氨酸含量较低。因此，在动物饲料中，葵花籽粕可以和大豆粕互为补充。当葵花籽粕作为唯一添加物添加到猪饲料和家禽饲料中时，需要额外添加适量的赖氨酸加以补充[145]。

葵花籽粕与小麦粉混合后，可以为人体提供一定的营养。尽管其色泽较深，但是葵花籽粕浓缩蛋白具有极好的消化性。已有文献报道可以通过碱液处理由脱脂葵花籽粕制取葵花籽浓缩蛋白[147]。此工艺生产的浓缩蛋白的干基蛋白含量为71%，谷氨酸和天冬氨酸含量丰富。制备过程中得到的上清提取液中富含钾和磷，可用作农业肥料。

14.10.4 葵花籽壳

葵花籽壳是葵花籽油制取过程中的副产品，其占葵花籽总重的22%～28%。在葵花籽制取之前或是制取过程中，都需要将葵花籽壳适度地分离去除。葵花籽壳也可以保留在葵花籽粕中，制成全葵花籽粕产品。葵花籽壳中粗蛋白的含量约为4%，脂质含量为5%（包括蜡、烃类化合物、脂肪酸、甾醇和三萜酸）。此外，葵花籽壳中还含有50%的碳水化合物（主要是纤维素和木质素）、26%的还原糖（主要是木糖）和2%的灰分。葵花籽壳中纤维素的含量较高（60%～65%），蛋白质含量和能量较低，这使其营养价值不高，仅可以作为动物饲料的配料使用[146]。

由于含量较高的纤维素和木质素都是葵花籽粕中的不可消化组分，所以当葵花籽壳用作动物饲料时，需要将葵花籽壳粉碎磨细，再将其与其他饲料配料混合。葵花籽壳还可以添加至浓缩粕粉中，以吸收诸如糖蜜之类的液体。由于葵花籽壳中不可消化的纤维素的含量较高，使其用作家畜饲料时的营养价值极低，所以常常用作家畜和禽类的垫草使用。

葵花籽壳也可以当作燃料使用，其燃烧热值为19.2MJ/kg，且葵花籽壳和葵花籽粕混合后的性能更好，其燃烧热值为23.6MJ/kg。在一些国家，葵花籽壳是价格较高的燃料的有效替代品，其灰分中钾的含量较高，可当作肥料使用[146]。

葵花籽壳还可以掺合木屑经过挤压成型处理来生产壁炉用燃烧材料，考虑到葵花籽壳中还原糖的含量较高，可用于生产酒精和糠醛。葵花籽壳的其他用途还包括可以用于生产建筑材料和隔热板。

14.10.5 蜡

葵花籽蜡是脂肪酸醇酯类化合物。其中脂肪酸的含碳数为14～30，主要为亚油酸

（44.0%）、油酸（18.6%）、山萮酸（9.7%）和棕榈酸（9.8%）。脂肪醇的碳链长度为16~32，主要是十八烷醇（23.1%）、十九烷醇（18.4%）和二十四烷醇（11.9%）。脂肪酸和脂肪醇生成的酯的碳数为36~48，主要为41碳（14.3%）、48碳（13.9%）、36碳（13.0%）、40碳（11.5%）、46碳（11.2%）和37碳（9.2%）。根据其他学者报道，葵花籽蜡中含有16~30碳的脂肪酸（主要为20和22碳）和20~32碳的脂肪醇（主要为24和26碳）。这些蜡质的皂化值为85~90mg KOH/g，碘值为8~12g I/100g，熔点为70~80℃。它们在低于40℃的温度条件下表现出非极性亲油性化合物的性质，而在较高的温度下则表现出弱亲水性的液晶态[53,57,64]。

葵花籽蜡主要存在于葵花籽壳中（1.5%~3%），其含量取决于葵花籽的种类、来源和储存条件。在油脂制取过程中，葵花籽蜡与油脂一并提取出来。葵花籽蜡的品质取决于葵花籽的脱壳程度、提取方法（压榨或溶剂浸出）和采用的温度和工艺技术。葵花籽毛油中蜡的含量为0.02%~0.35%，有时可高达1%。精炼葵花籽油中蜡质含量可高达60mg/kg[53,64]。如今，可以将葵花籽的蜡质组分与谷类、青贮饲料等混合，以作为家禽饲料的组分使用。

14.10.6 生育酚

在葵花籽油脱酸、脱色和脱臭过程中，会造成一小部分生育酚的损失。在脱臭过程中，损失的生育酚可以和其他挥发性化合物一起从脱臭馏出物中回收。葵花籽油的脱臭馏出物是甾醇的良好来源。图14.40所示为葵花籽油脱臭馏出物中生育酚的含量[148]。

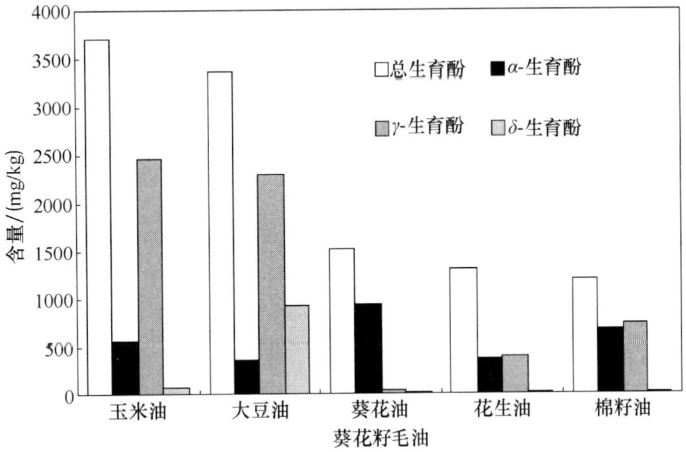

图14.40 葵花籽毛油脱臭馏出物中生育酚的含量[148]

从葵花籽油中得到的馏出物可以被医药企业用来分离生产生育酚和甾醇。生育酚是一种天然的抗氧化剂，可以通过杂环甲基化转变成维生素E。甾醇具有抑制肠内胆固醇吸收的作用，具有良好的应用前景，这也引起了研究者们的极大兴趣。

参考文献

1. H. Autino, F. Wnuk, and P. Vacca, *Aceites Grasas*, **3**, 21 –30(1993).

2. M. Melgarejo, *Aceites Grasas*, **8**, 49 –52(1998).

3. D. C. Zimmerman, in E. H. Pryde, L. H. Princen, and K. D. Mukherjee, eds., *New Sources of Fats and Oils*, AOCS Press, Champaign, Illinois, 1981.

4. G. N. Fick, in G. Röbbelen, R. K. Downey, and A. Ashri, eds., *Oil crops of the world*, McGraw-Hill, New York, 1989.

5. M. Bockisch, *Fats and Oils Handbook*, AOCS Press, Champaign, Illinois, 1998, pp. 237 –242.

6. F. Ucke, *Aceites Grasas*, **8**, 70 –73(1998).

7. S. C. Chapman and A. J. de la Vega, *Field Crop Res.*, **73**, 107 –120(2002).

8. R. A. Carr, *Aceites Grasas*, **7**, 373 –388(1997).

9. A. Merrien, *Aceites Grasas*, **8**, 75 –80(1998).

10. A. B. Afzalpurkar and G. Lakshminarayana, *J. Amer. Oil Chem. Soc.*, **57**, 105 –106(1980).

11. M. Rataus, *Aceites Grasas*, **5**, 335 –338(1995).

12. J. A. Robertson, G. W. Chapman, and R. L. Wilson, *J. Amer. Oil Chem. Soc.*, **55**, 266 –269(1978).

13. J. A. Robertson and R. B. Russell, *J. Amer. Oil Chem. Soc.*, **49**, 239 –244(1972).

14. J. A. Robertson and V. E. Green, *J. Amer. Oil. Chem. Soc.*, **58**, 698 –701(1981).

15. J. R. Lajara, U. Díaz, and R. Díaz Quidiello, *J. Amer. Oil Chem. Soc.*, **67**, 618 –623(1990).

16. E. Martínez-Force, R. Álvarez-Ortega, S. Cantisán, and R. Garcés, *J. Agric. Food Chem.*, **46**, 3577 –3582 (1998).

17. A. Prevot, Rev. *F. Corps Gras*, **34**, 183 –195(1987).

18. E. Santalla, I. Riccobene, and S. Nolasco, *Aceites Grasas*, **44**, 175 –178(1993).

19. A. Nagao and M. Yamazaki, *J. Amer. Oil Chem. Soc.*, **60**, 1654 –1658(1983).

20. Physical and Chemical Characteristics of Oils, Fats and Waxes, in *Official Methods and Recommended Practices of the American Oil Chemists' Society*, AOCS Press, Champaign, Illinois, 1997.

21. P. Gillatt, *Inform*, **5**, 981 –986(1994).

22. Anonymous, *Inform*, **5**, 1162 –1163(1994).

23. E. J. Campbell, *J. Amer. Oil Chem. Soc.*, **60**, 387 –392(1983).

24. J. B. Rossell, B. King, and M. J. Downes, *J. Amer. Oil Chem. Soc.*, **60**, 333 –339(1983).

25. R. Álvarez-Ortega, S. Cantisán, E. Martínez-Force, and R. Garcés, *Lipids*, **32**, 833 –837(1997).

26. K. Warner, T. L. Mounts, and G. R. List, *Inform*, **1**, 326(1990).

27. M. S. R. Subrahmanyam, H. S. Vedanayagam, and P. Venkatacharyulu, *J. Amer. Oil Chem. Soc.*, **71**, 901-905(1994).

28. H. Abramovic and C. Klofutar, *Acta Chim. Slov.*, **45**, 69-77(1998).

29. J. N. Coupland and D. J. McClements, *J. Amer. Oil Chem. Soc.*, **74**, 1559-1564(1997).

30. Y. Ali and M. A. Hanna, *Bioresource Technol.*, **50**, 153-163(1994).

31. S. Bhattacharyya and C. S. Reddy, *J. Agric. Eng. Res.*, **57**, 157-166(1994).

32. M. A. Grompone and B. Irigaray, Personal communication.

33. B. F. Haumann, *Inform*, **5**(11), 1198-1210(1994).

34. B. F. Haumann, *Aceites Grasas*, **8**, 81-92(1998).

35. S. Cantisán, E. Martínez-Force, and R. Garcés, *Plant Physiol. Biochem.*, **38**, 377-382(2000).

36. R. H. Purdy, *J. Amer. Oil Chem. Soc.*, **62**, 523-525(1985).

37. R. H. Purdy, *J. Amer. Oil Chem. Soc.*, **63**, 1062-1066(1986).

38. B. F. Haumann, *Inform*, **3**, 666-675(1992).

39. M. Mozzon, F. Bocci, and N. Frega, *J. Agric. Food Chem.*, **46**, 4198-4202(1998).

40. R. Scarth, in R. Przybylski and B. E. McDonald, eds., *Development and Processing of Vegetable Oils for Human Nutrition*, AOCS Press, Champaign, Illinois, 1995.

41. G. Vermeersch, *Aceites Grasas*, **8**, 112-116(1998).

42. T. Krawczyk, *Inform*, **10**, 555-561(1999).

43. T. Krawczyk, *Aceites Grasas*, **9**, 525-534(1999).

44. M. I. Gurr, *Lipids in Nutrition and Health*, The Oily Press, Bridgwater, 1999.

45. A. Cert, *Aceites Grasas*, **5**, 175-189(1995).

46. M. K. Gupta, *Inform*, **9**, 1150-1154(1998).

47. L. W. Kleingartner, in J. Janick and A. Whipkey, eds., *Trends in New Crops and New Uses*, ASHS Press, Alexandria, Virginia, 2002.

48. L. Kleingartner and K. Warner, *Cereal Foods World*, **46**, 399-404(2001).

49. G. List, K. R. Steidley, and W. F. Neff, *Aceites Grasas*, **10**, 569-573(2000).

50. S. Muller, *J. Amer. Oil Chem. Soc.*, **60**, 393-394(1983).

51. G. Mazza and D. S. Jayas, *Trans. Am. Soc. Agric. Eng.*, **34**, 534-538(1991).

52. D. C. Tandy, in P. J. Wan, ed., *Introduction to Fats and Oils Technology*, AOCS Press, Champaign, Illinois, 1991.

53. A. A. Carelli, L. M. Frizzera, P. R. Forbito, and G. H. Crapiste, *J. Amer. Oil Chem. Soc.*, **79**, 763-768(2002).

54. M. I. V. Brevedan, A. A. Carelli, and G. H. Crapiste, *Aceites Grasas*, **51**, 417 –423(2000).

55. A. Smiles, Y. Kakuda, and B. E. MacDonald, *J. Amer. Oil Chem. Soc.*, **65**, 1151 –1155(1988).

56. L. G. Pan, R. Harispe, A. Campana, M. C. Tomás, and M. C. Añón, *La Alimentación Latinoamericana*, **238**, 54 –60(2001).

57. S. Bloch, *Aceites Grasas*, **1**, 27 –33(1990).

58. J. Turkulov, E. Dimic, Dj. Karlovic, and V. Vuksa, *J. Amer. Oil Chem. Soc.*, **63**, 1360 –1363(1986).

59. J. Turkulov, E. Dimic, Dj. Karlovic, and V. Vuksa, *Aceites Grasas*, **10**, 256 –259(2000).

60. W. H. Morrison, *J. Amer. Oil Chem. Soc.*, **59**, 284 –285(1982).

61. M. A. Baltanás, H. Molina, and C. Silva, *J. Amer. Oil Chem. Soc.*, **75**, 363 –370(1998).

62. K. J. Moulton, *J. Amer. Oil Chem. Soc.*, **65**, 367 –368(1988).

63. A. A. Carelli, P. R. Forbito, P. Bodnariuk, and G. H. Crapiste, *Aceites Grasas*, **8**, 103 –111(1998).

64. S. Martini and M. C. Añón, *J. Amer. Oil Chem. Soc.*, **77**, 1087 –1092(2000).

65. H. Liu, R. Przybylski, K. Dawson, N. A. M. Eskin, and C. G. Biliaderis, *J. Amer. Oil Chem. Soc.*, **73**, 493 –497(1996).

66. S. Bloch, *Aceites Grasas*, **8**, 53 –66(1998).

67. E. Dimic, Dj. Karlovic, and J. Turkulov, *J. Amer. Oil Chem. Soc.*, **71**, 1357 –1361(1994).

68. K. Kövári, J. Dense, Z. Kemény, and K. Recseg, *OCL*, **7**, 305 –308(2000).

69. R. L. Winters, *Aceites Grasas*, **4**, 54 –61(1994).

70. M. Contini and M. Moresi, *Ind. Aliment.*, **33**, 149 –156(1994).

71. F. De Panfilis, T. G. Toschi, and G. Lercker, *Aceites Grasas*, **7**, 422 –429(1997).

72. F. De Panfilis, T. G. Toschi, and G. Lercker, *Inform*, **9**, 212 –221(1998).

73. H. Topallar, Y. Bayrak, and M. Iscan, *J. Amer. Oil Chem. Soc.*, **72**, 1519 –1522(1995).

74. N. Ajzenberg, *Aceites Grasas*, **53**, 229 –238(2002).

75. M. Naglic, A. Smidovnik, and T. Koloini, *J. Amer. Oil Chem. Soc.*, **75**, 629 –633(1998).

76. G. Rivarola, J. A. Segura, M. C. Añón, and A. Calvelo, J. Amer. Oil Chem. Soc., **64**, 1537 –1543(1987).

77. J. A. Segura, M. L. Herrera, and M. C. Añón, *J. Amer. Oil Chem. Soc.*, **67**, 989 –992(1990).

78. M. L. Herrera, *J. Amer. Oil Chem. Soc.*, **71**, 1255 –1260(1994).

79. M. L. Herrera, *Aceites Grasas*, **5**, 60 –67(1995).

80. M. L. Herrera and F. J. Márquez Rocha, *J. Amer. Oil Chem. Soc.*, **73**, 321 –325(1996).

81. M. D. Erickson and N. Frey, *Food Technol.*, 63 –67(1994).

82. G. Ramírez, G. Hough, and A. Contarini, *J. Food Qual.*, **24**, 195 –204(2001).

83. H. Topallar, Y. Bayrak, and M. Iscan, *J. Amer. Oil Chem. Soc.*, **74**, 1323 –1327(1997).

84. M. A. Grompone, T. Pagano, and Y. Pinchak, in Proceedings of the International Workshop on Fats, Oils

and Oilseeds Analysis(IUPAC), 2000, pp. 46 –61.

85. T. Pagano and M. A. Grompone, *Revista Ingeniería Química*, **15**, 11 –20(1999).

86. N. Frega, M. Mozzon, and G. Lercker, *Aceites Grasas*, **9**, 580 –585(1999).

87. A. A. Carelli, P. Bodnariuk, and G. H. Crapiste, *Aceites Grasas*, **10**, 227 –231(2000).

88. T. Albi, A. Lanzón, A. Guinda, M. León, and M. C. Pérez – Camino, *J. Agric. Food Chem.*, **45**, 3795 – 3798(1997).

89. G. H. Crapiste, M. I. Brevedan, and A. A. Carelli, *J. Amer. Oil Chem. Soc.*, **76**, 1437 –1443(1999).

90. G. H. Crapiste, M. I. Brevedan, and A. A. Carelli, *Aceites Grasas*, **11**, 67 –79(2001).

91. R. Eggers, in J. W. King, and G. R. List, eds., *Supercritical Fluid Technology in Oil and Lipid Chemistry*, AOCS Press, Champaign, Illinois, 1996.

92. F. Favati, J. W. King, and G. R. List, in J. W. King and G. R. List, eds., *Supercritical Fluid Technology in Oil and Lipid Chemistry*, AOCS Press, Champaign, Illinois, 1996.

93. L. Calvo, M. J. Cocero, and J. M. Diez, *J. Amer. Oil Chem. Soc.*, **71**, 1251 –1254(1994).

94. B. F. Haumann, *Inform*, **9**, 6 –13(1998).

95. M. A. M. Zeitoun, W. E. Neff, G. R. List, and T. L. Mounts, *J. Amer. Oil Chem. Soc.*, **70**, 467 – 471 (1993).

96. D. Chobanov and R. Chobanova, *J. Amer. Oil Chem. Soc.*, **54**, 47 –50(1977).

97. M. A. Grompone, *Grasas Aceites*, **42**, 349 –355(1991).

98. A. Rodríguez, E. Castro, M. C. Salinas, R. López, and M. Miranda, *J. Amer. Oil Chem. Soc.*, **78**, 431 – 436(2001).

99. T. A. Foglia, K. Petruso, and S. H. Feairheller, *J. Amer. Oil Chem. Soc.*, **70**, 281 –285(1993).

100. I. Jachmanián, M. Gil, and M. A. Grompone, *Aceites Grasas*, **46**, 84 –92(2002).

101. F. J. Sánchez-Muniz, C. Cuesta, M. C. Garrido-Polonio, and R. Arroyo, *Grasas Aceites*, **45**, 300 – 305 (1994).

102. A. Romero, F. J. Sánchez-Muniz, C. Tulasne, and C. Cuesta, *J. Amer. Oil Chem. Soc.*, **72**, 1513 – 1517 (1995).

103. D. B. Kupranycz, M. A. Amer, and B. E. Baker, *J. Amer. Oil Chem. Soc.*, **63**, 332 –337(1986).

104. D. Barrera-Arellano, G. Márquez-Ruiz, and M. C. Dobarganes, *Grasas Aceites*, **48**, 231 –235(1997).

105. R. Arroyo, C. Cuesta, C. Garrido-Polonio, S. López-Varela, and F. J. Sánchez-Muniz, *J. Amer. Oil Chem. Soc.*, **69**, 557 –563(1992).

106. C. Cuesta, F. J. Sánchez-Muniz, C. Garrido-Polonio, S. López-Varela, and R. Arroyo, *J. Amer. Oil Chem. Soc.*, **70**, 1069 –1073(1993).

107. C. Cuesta and F. J. Sánchez-Muniz, *Grasas Aceites*, **49**, 310 –318(1998).

108. M. C. Pérez-Camino, G. Márquez-Ruiz, M. V. Ruiz-Méndez, and M. C. Dobarganes, *J. Food Sci.*, **56**, 1644 – 1650(1991).

109. M. Martín-Polvillo, G. Márquez-Ruiz, N. Jorge, M. V. Ruiz-Méndez, and M. C. Dobarganes, *Grasas Aceites*, **47**, 54 – 58(1996).

110. J. R. K. Niemelä, I. Wester, and R. M. Lahtinen, *Grasas Aceites*, **47**, 1 – 4(1996).

111. J. L. Sébédio, M. C. Dobarganes, G. Márquez, I. Wester, W. W. Christie, G. Dobson, F. Zwobada, J. M. Chardigny, Th. Mairot, and R. Lahtinen, *Grasas Aceites*, **47**, 5 – 13(1996).

112. R. M. Lahtinen, I. Wester, and J. R. K. Niemelä, *Grasas Aceites*, **47**, 59 – 62(1996).

113. N. Jorge, G. Márquez-Ruiz, M. Martín-Polvillo, M. V. Ruiz-Méndez, and M. C. Dobarganes, *Grasas Aceites*, **47**, 14 – 19(1996).

114. N. Jorge, G. Márquez-Ruiz, M. Martín-Polvillo, M. V. Ruiz-Méndez, and M. C. Dobarganes, *Grasas Aceites*, **47**, 20 – 25(1996).

115. R. Raoux, O. Morin, and F. Mordret, *Grasas Aceites*, **47**, 63 – 74(1996).

116. L. J. Van Gemert, *Grasas Aceites*, **47**, 75 – 80(1996).

117. G. Dobson, W. W. Christie, and M. C. Dobarganes, *Grasas Aceites*, **47**, 34 – 37(1996).

118. P. Ch. Dutta and L. -A. Appelqvist, *Grasas Aceites*, **47**, 38 – 47(1996).

119. G. Márquez-Ruiz, M. Martín-Polvillo, N. Jorge, M. V. Ruiz-Méndez, and M. C. Dobarganes, *J. Amer. Oil Chem. Soc.*, **76**, 421 – 425(1999).

120. S. L. Abidi and K. Warner, *J. Amer. Oil Chem. Soc.*, **78**, 763 – 769(2001).

121. S. Kiatsrichart, M. S. Brewer, K. R. Cadwallader, and W. E. Artz, *J. Amer. Oil Chem. Soc.*, **80**, 479 – 483(2003).

122. G. Antolín, F. V. Tinaut, Y. Briceño, V. Castaño, C. Pérez and A. T. Ramírez, *Bioresource Technol.*, **83**, 111 – 114(2002).

123. H. Fukuda, A. Kondo and H. Noda, *J. Biosci. Bioeng.*, **92**, 405 – 416(2001).

124. W. Zhou, S. K. Konar, and D. G. B. Boocock, *J. Amer. Oil Chem. Soc.*, **80**, 367 – 371(2003).

125. D. R. Kodali, *Inform*, 14, 121 – 123(2003).

126. S. Z. Erhan, M. O. Bagby, and H. W. Cunningham, *J. Amer. Oil Chem. Soc.*, **69**, 251 – 256(1992).

127. X. Page's and C. Alfos, *OCL*, **8**, 122 – 125(2001).

128. A. J. M. Rodríguez, *Aceites Grasas*, **8**, 187 – 193(1998).

129. F. Gunstone, *Inform*, **13**, 159 – 163(2002).

130. F. Gunstone, *Inform*, **13**, 810 – 812(2002).

131. F. Gunstone, *Inform*, **14**, 42 – 43(2003).

132. Anonymous, *Inform*, **5**, 715(1994).

133. J. Fry and R. Stringfellow, *Aceites Grasas*, **9**, 43 – 47(1999).

134. M. A. Grompone and P. Moyna, *J. Amer. Oil Chem. Soc.*, **60**, 1331 – 1332(1983).

135. M. A. Grompone, Revista *Ingeniería Química*, **3**, 14 – 18(1991).

136. W. H. Morrison, *J. Amer. Oil Chem. Soc.*, **58**, 902 – 903(1981).

137. G. Gil, I. G. de Kuck, and R. A. Macchi, *Aceites Grasas*, **9**, 443 – 446(1999).

138. G. I. Dashiell, *Aceites Grasas*, **12**, 197 – 204(2001).

139. G. W. Chapman, *J. Amer. Oil Chem. Soc.*, **57**, 299 – 302(1980).

140. J. P. Cherry andW. H. Kramer, in B. F. Szuhaj, ed., *Lecithins—Sources, Manufacture and Uses*, AOCS Press, Champaign, Illinois, 1989.

141. A. A. Carelli, M. I. V. Brevedan, and G. H. Crapiste, *J. Amer. Oil Chem. Soc.*, **74**, 511 – 514(1997).

142. J. Holló, J. Perédi, A. Ruzics, M. Jeránek, and A. Erdélyi *J. Amer. Oil Chem. Soc.*, **70**, 997 – 1001 (1993).

143. P. A. Piras, *Aceites Grasas*, **8**, 205 – 206(1998).

144. S. P. Clark, P. J. Wan, and S. W. Matlock, *J. Amer. Oil Chem. Soc.*, **57**, 275A – 279A(1980).

145. Z. Liebowitz and C. Ruckenstein, *Aceites Grasas*, **3**, 40 – 44(1993).

146. M. A. Pickard, T. J. Jones, and R. T. Tyler, *Aceites Grasas*, **8**, 233 – 250(1998).

147. C. Ordóñez, M. G. Asenjo, C. Benitez and J. L. González, *Biores. Technol.*, **78**, 187 – 190(2001).

148. L. Walsh, R. I. Winters, and R. G. González, *Inform*, **9**, 78 – 83(1998).